工程量清单计价造价员培训教程

安 装 工 程

本书编委会　编

中国建筑工业出版社

图书在版编目（CIP）数据

安装工程/本书编委会编. —北京：中国建筑工业出版社，2004

工程量清单计价造价员培训教程

ISBN 7-112-06712-X

Ⅰ.安... Ⅱ.本... Ⅲ.建筑安装工程－工程造价－技术培训－教材 Ⅳ.TU723.3

中国版本图书馆 CIP 数据核字（2004）第 075151 号

工程量清单计价造价员培训教程

安 装 工 程

本书编委会 编

*

中国建筑工业出版社出版、发行（北京西郊百万庄）

新 华 书 店 经 销

世界知识印刷厂印刷

*

开本：787×1092 毫米 1/16 印张：45¾ 字数：1114 千字

2004 年 11 月第一版 2004 年 11 月第一次印刷

印数：1—4000 册 定价：**60.00** 元

ISBN 7-112-06712-X

F·579（12666）

本社网址：http://www.china-abp.com.cn

网上书店：http://www.china-building.com.cn

本书为《工程量清单计价造价员培训教程》之一。本书将建设部新颁《建设工程工程量清单计价规范》与《全国统一安装工程预算定额》有效地结合起来，以便帮助读者更好地掌握新规范，巩固旧知识。

本教材是技术性、实践性和政策性较强的课程。本书在编写时力求深入浅出、通俗易懂，加强其实用性，在阐述基础知识、基本原理的基础上，以应用为重点，做到理论联系实际，深入浅出地列举了大量的实例，突出了定额的应用、概预算编制及清单的使用等重点。

本书适合高等专科学校、高等职业技术学校和中等专业技术学校安装工程专业、工业与民用建筑专业与土建类其他专业作教学用书，也可供建筑安装工程技术人员及从事有关经济管理的工作人员参考。

* * *

责任编辑：时咏梅　封　毅
责任设计：孙　梅
责任校对：刘　梅　王金珠

编委会名单

主　编　李翠华　王　勇　张国栋

参　编　孙　丽　贺玉霞　刘　美　张丽霞

贾　峰　寇春艳　向明明　蒋萌荟

梅光林　陈　坤　王　珍　黄　锋

张　路　付春华　胡　丹　李富强

朱四华　郭志刚　高　山　刘明锋

曾　凯　候艳娟　薛丽红　吴保山

莫海华　宋龙海　刘方勤　陈灯松

吕碧江　谭新远　覃念平　苛　青

徐　君　何春波　王小军　尚少渊

前　言

目前，高职高专教育中安装工程及其相关专业已成为主要专业之一，专业学习人数不断扩大，教学要求越来越高，加之新规范的颁布、新制度的改革，以往出版的教材难以满足教学的需要。为了促进高职高专教学改革，加强新规范的应用，我们特组织编写此书。

本书将建设部新颁《建设工程工程量清单计价规范》和《全国统一安装工程预算定额》有效系统地结合起来。内容包括：机械设备安装工程，电气设备安装工程，热力设备安装工程，炉窑砌筑工程，静置设备与工艺金属结构制作安装工程，工业管道工程，消防工程，给排水、采暖、燃气工程，通风空调工程，自动控制及仪表安装工程，通信设备及线路工程，建筑智能化系统设备安装工程，长距离输送管道工程。

本教程与同类书相比，具有以下几个显著特点：

(1) 内容更新，即新规范的使用；

(2) 针对性、实用性强，重点突出，注意整体的逻辑性、连贯性；

(3) 内容全面，吸收了我国近 10 年来教学改革的阶段性成果，并以我国现行建筑行业的最新政策、法规为依据。

由于时间的限制和作者水平有限，本书在编写上还存在些许欠缺，望广大读者给出批评指正，以便下次修订时做得更完善。

目　录

第一章　单位工程施工图工程量清单计价的编制

第一节　机械设备安装工程

一、机械设备安装工程制图

下面介绍一些制图基本知识。

1. 图线

(1) 图线的宽度 b，应从下列线宽系列中选取：

0.18、0.25、0.35、0.5、0.7、1.0、1.4、2.0（单位：mm）。

每个图样，应根据复杂程度与比例大小，先确定基本线宽 b，再选用表 1-1-1 中适当的线宽组。

线　宽　组　　**表 1-1-1**

线宽比	线宽组（mm）					
b	2.0	1.4	1.0	0.7	0.5	0.35
$0.5b$	1.0	0.7	0.5	0.35	0.25	0.18
$0.35b$	0.7	0.5	0.35	0.25	0.18	

注：1. 需要缩微的图纸，不宜采用 0.18mm 线宽；

2. 在同一张图纸内，各不同线宽组中的细线，可统一采用较细的线宽组中的细线。

(2) 工程建设制图，应选用表 1-1-2 所示的线型。

线　型　　**表 1-1-2**

名　称		线　型	线　宽	一　般　用　途
实线	粗	——————	b	主要可见轮廓线
	中	——————	$0.5b$	可见轮廓线
	细	——————	$0.35b$	可见轮廓线、图例线等
虚线	粗	— — — — —	b	见有关专业制图标准
	中	— — — — —	$0.5b$	不可见轮廓线
	细	— — — — —	$0.35b$	不可见轮廓线、图例线等
点画线	粗	—— · —— · ——	b	见有关专业制图标准
	中	—— · —— · ——	$0.5b$	见有关专业制图标准
	细	—— · —— · ——	$0.35b$	中心线、对称线等
双点画线	粗	—— ·· —— ·· ——	b	见有关专业制图标准
	中	—— ·· —— ·· ——	$0.5b$	见有关专业制图标准
	细	—— ·· —— ·· ——	$0.35b$	假想轮廓线、成型前原始轮廓线
折断线		——∕∖——	$0.35b$	断开界线
波浪线		～～～～～～	$0.35b$	断开界线

（3）在同一张图纸内，相同比例的各图样，应选用相同的线宽组。

（4）图纸的图框线和标题栏线，可采用表 1-1-3 的线宽。

图框线、标题栏线的宽度（mm） **表 1-1-3**

幅面代号	图框线	标题栏外框线	标题栏分格线会签栏线
A0、A1	1.4	0.7	0.35
A2、A3、A4	1.0	0.7	0.35

（5）相互平行的图线，其间隙不宜小于其中的粗线的宽度，且不宜小于 0.7mm。

（6）虚线、点划线或双点划线的线段长度和间隔，宜各自相等。

（7）点划线或双点划线，当在较小图形中绘制有困难时，可用实线代替。

（8）点划线或双点划线的两端，不应是点，点划线与点划线交接或点划线与其他图线交接时，应是线段交接。

（9）虚线与虚线交接或虚线与其他图线交接时，应是线段交接。虚线为实线的延长线时，不得与实线连接。

（10）图线不得与文字、数字或符号重叠、混淆，不可避免时，应首先保证文字等的清晰。

2. 字体

（1）图纸上所需书写的文字、数字或符号等，均应笔画清晰、字体端正、排列整齐；标点符号应清楚正确。

（2）图纸上的文字、数字或符号等，必须用黑墨水书写。

（3）文字的字高，应从下列系列中选用：

2.5、3.5、5、7、10、14、20mm。

如需书写更大的字，其高度应按$\sqrt{2}$的比值递增。

（4）图及说明的汉字，应采用长仿宋体，宽度与高度的关系，应符合表 1-1-4 的规定。

长仿宋体字高宽关系（mm） **表 1-1-4**

字高	20	14	10	7	5	3.5	2.5
字宽	14	10	7	5	3.5	2.5	1.8

大标题、图册封面、地形图等的汉字，也可书写成其他字体，但应易于辨认。

（5）汉字的简化书写，必须遵守国务院公布的《汉字简化方案》和有关规定。

（6）拉丁字母、阿拉伯数字与罗马数字的书写与排列等，应符合表 1-1-5 的规定。

拉丁字母、阿拉伯数字、罗马数字书写规划 **表 1-1-5**

		一般字体	窄字体
字母高	大写字母	h	h
	小写字母（上下均无延伸）	$\frac{7}{10}h$	$\frac{10}{14}h$
小写字母向上或向下延伸部分		$\frac{3}{10}h$	$\frac{4}{14}h$
笔 画 宽 度		$\frac{1}{10}h$	$\frac{1}{14}h$

续表

		一般字体	窄字体
间隔	字母间	$\frac{2}{10}h$	$\frac{2}{14}h$
	上下行底线间最小间隔	$\frac{14}{10}h$	$\frac{20}{14}h$
	文字间最小间隔	$\frac{4}{10}h$	$\frac{6}{14}h$

注：1. 小写拉丁字母 *a*、*c*、*m*、*n* 等上下均无延伸，*j* 上下均有延伸；

2. 字母的间隔，如需排列紧凑，可按表中字母的最小间隔减少一半。

（7）拉丁字母、阿拉伯数字或罗马数字，如需写成斜体字，其斜度应是从字的底线逆时针向上倾斜 75°。斜体字的高度与宽度应与相应的直体字相等。

（8）汉字的字高，应不小于 3.5mm；拉丁字母，阿拉伯数字或罗马数字的字高，应不小于 2.5mm。

（9）表示数量的数字，应用阿拉伯数字书写；计量单位应符合国家颁布的有关规定，例如三千五百毫米应写成 3500mm，三百二十五吨应写成 325t，五十千克每立方米应写成 $50kg/m^3$。

（10）表示分数时，不得将数字与文字混合书写，例如四分之三应写成 3/4，不得写成 4 分之 3，百分之三十五应写成 35%，不得写成百分之 35。

（11）不够整数的小数数字，应在小数点前加 0 定位，例如 0.15、0.004 等。

3. 比例

（1）图样的比例，应为图形与实物相对应的线性尺寸之比。比例的大小，是指比值的大小，如 1:50 大于 1:100。

（2）比例应以阿拉伯数字表示，如 1:1、1:2、1:100 等。

（3）比例宜注写在图名的右侧，字的底线应取平；比例的字高，应比图名的字高小一号或二号（见图 1-1-1）。

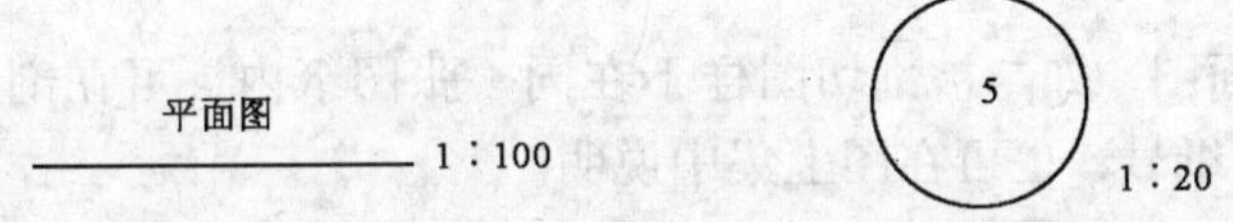

图 1-1-1　比例的注写

（4）绘图所用的比例，应根据图样的用途与被绘对象的复杂程度，从表 1-1-6 中选用，并应优先选用表中的常用比例。

（5）在一般情况下，一个图样应选用一种比例，根据专业制图的需要，同一图样也可选用两种比例。

绘图所用的比例　　**表 1-1-6**

常用比例	1:1，1:2，1:5，1:10，1:20，1:50，1:100，1:200，1:500，1:1000，1:2000，1:5000，1:10000，1:20000，1:50000，1:100000，1:200000
可用比例	1:3，1:15，1:25，1:30，1:40，1:60，1:150，1:250，1:300，1:400，1:600，1:1500，1:2500，1:3000，1:4000，1:6000，1:15000，1:30000

4. 符号

(1) 剖切符号

1) 剖面剖切符号:

①剖面的剖切符号，应由剖切位置线及剖视方向线组成，均应以粗实线绘制。剖切位置线的长度，宜为6~10mm；剖视方向线应垂直于剖切位置线，长度应短于剖切位置线，宜为4~6mm（见图1-1-2）。绘制时，剖面剖切符号不宜与图面上的图线相接触。

②剖面剖切符号的编号，宜采用阿拉伯数字，按顺序由左至右，由上至下连续编排，并应注写在剖视方向线的端部。

③需要转折的剖切位置线，在转折处如与其他图线发生混淆，应在转角的外侧加注与该符号相同的编号。

2) 断（截）面剖切符号:

①断（截）面的剖切符号，应只用剖切位置线表示，并应以粗实线绘制，长度宜为6~10mm。

②断（截）面剖切符号的编号，宜采用阿拉伯数字，按顺序连续编排，并应注写在剖切位置线的一侧，编号所在的一侧应为该断（截）面的剖视方向（如图1-1-3所示）。

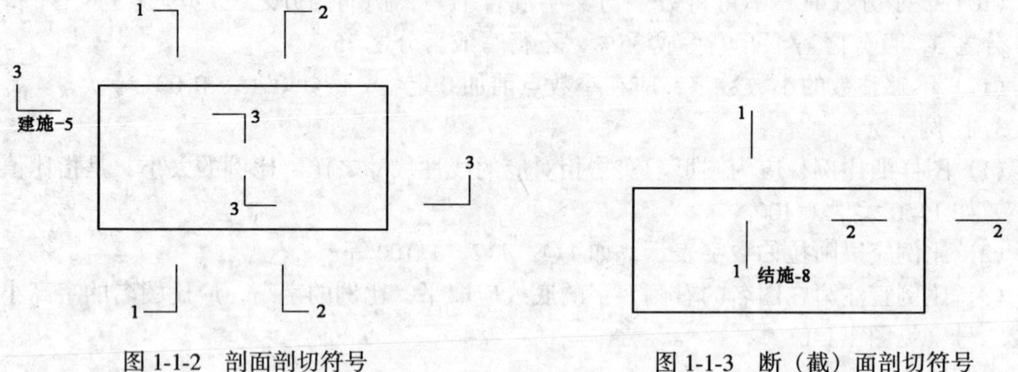

图1-1-2 剖面剖切符号

图1-1-3 断（截）面剖切符号

3) 剖切图或断面图，如与被剖切图样不在同一张图纸内，可在剖切位置线的另一侧注明其所在图纸的图纸号，也可在图上集中说明。

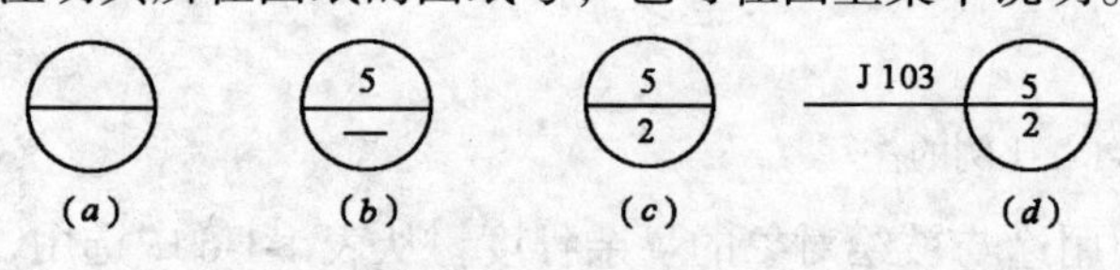

图1-1-4 索引符号

(2) 索引符号与详图符号

1) 图样中的某一局部或构件，如需另见详图，应以索引符号索引（如图1-1-4*a*所示），索引符号的圆及直径均应以细实线绘制，圆的直径应为10mm。索引符号应按下列规定编写:

①索引出的详图，如与被索引的图样同在一张图纸内，应在索引符号的上半圆中用阿拉伯数字注明该详图的编号，并在下半圆中间画一段水平细实线（如图1-1-4*b*所示）。

②索引出的详图，如与被索引的图样不在同一张图纸内，应在索引符号的下半圆中用阿拉伯数字注明该详图所在图纸的图纸号（如图1-1-4*c*所示）。

③索引出的详图，如采用标准图，应在索引符号水平直径的延长线上加注该标准图册

的编号（如图 1-1-4*d* 所示）。

索引符号如用于索引剖面详图，应在被剖切的部位绘制剖切位置线，并应以引出线引出索引符号，引出线所在的一侧应为剖视方向。索引符号的编写如图 1-1-5（*a*）、（*b*）、（*c*）、（*d*）所示。

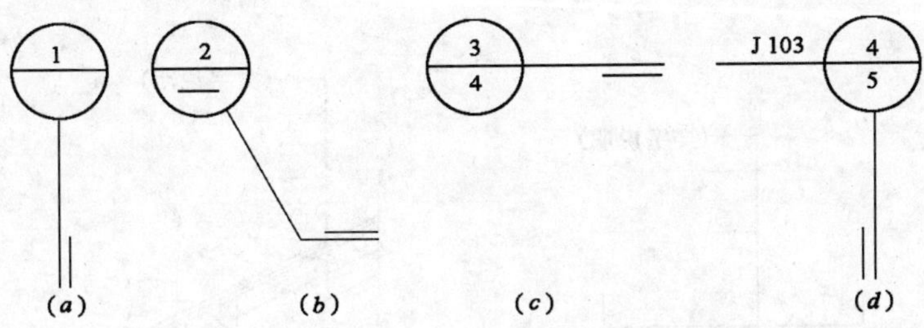

图 1-1-5 用于索引剖面详图的索引符号

2）零件、钢筋、杆件、设备等的编号，应以直径为 6mm 的细实线圆表示，其编号应用阿拉伯数字按顺序编写（如图 1-1-6 所示）。

3）详图的位置和编号，应以详图符号表示，详图应以粗实线绘制，直径应为 14mm。详图应按下列规定编号：

①详图与被索引的图样同在一张图纸内时，应在详图符号内用阿拉伯数字注明详图的编号（如图 1-1-6 所示）。

②详图被索引的图样，如不在同一张图纸内，可用细实线在详图符号内画一水平直径，在上半圆中注明详图编号，在下半圆中注明被索引图纸的图纸号（如图 1-1-7 所示）。也可不注被索引图纸的图纸号。

图 1-1-6 与被索引图样同在一张图纸内的详图符号

图 1-1-7 与被索引图样不在同一张图纸内的详图符号

（3）引出线

1）引出线应以细实线绘制，宜采用水平方向的直线、与水平方向成 30°、45°、60°、90°的直线，或经上述角度再折为水平的折线。文字说明宜注写在横线的上方（如图 1-1-8*a* 所示），也可注写在横线的端部（如图 1-1-8*b* 所示）。索引详图的引出线，应对准索引符号的圆心（如图 1-1-8*c* 所示）。

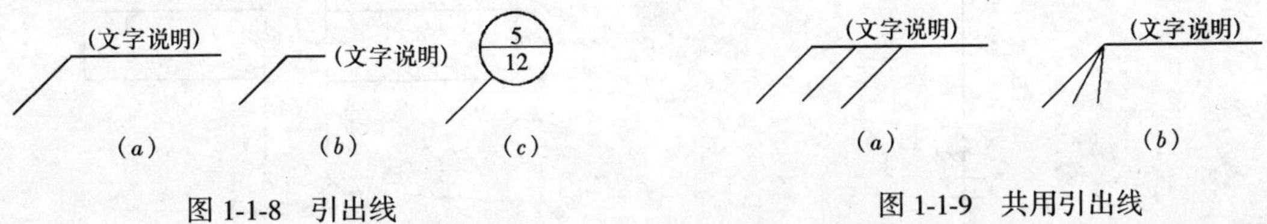

图 1-1-8 引出线

图 1-1-9 共用引出线

2）同时引出几个相同部分的引出线，宜互相平行（如图 1-1-9*a* 所示），也可画成集中于一点的放射线（如图 1-1-9*b* 所示）。

3）多层构造或多层管道共用引出线，应通过被引出的各层。文字说明宜注写在横线的上方，也可注写在横线的端部，说明的顺序应由上至下，并应与被说明的层次相互一致。如层次为横向排列，则由上至下的说明顺序应与由左至右的层次相互一致（如图 1-1-10 所示）。

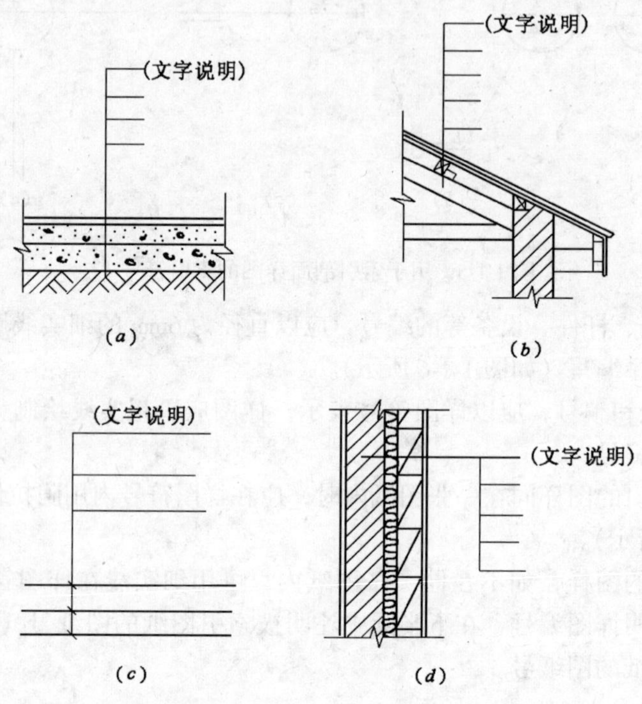

图 1-1-10　多层构造引出线

（4）其他符号

1）对称符号应按图 1-1-11 用细线绘制，平行线的长度宜用 6～10mm，平行线的间距宜为 2～3mm，平行线在对称线两侧的长度应相等。

2）连接符号应以折断线表示需连接的部位，应以折断线两端靠图样一侧的大写拉丁字母表示连接编号。两个被连接的图样，必须用相同的字母编号（如图 1-1-12 所示）。

3）指北针宜用细实线绘制，其形状如图 1-1-13 所示，圆的直径宜为 24mm，指针尾部的宽度宜为 3mm。需用较大直径绘制指北针时，指针尾部宽度宜为直径的 1/8。

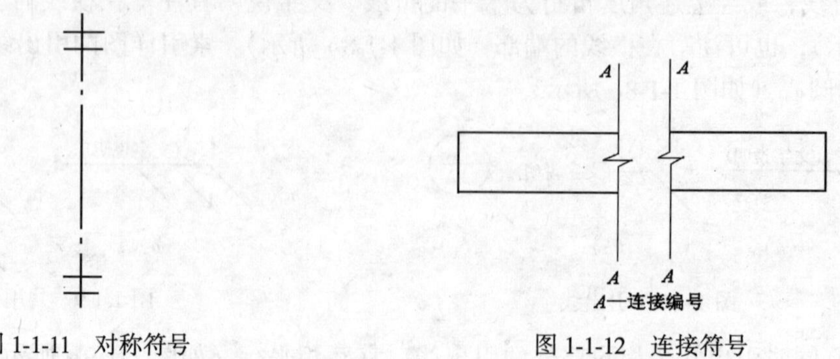

图 1-1-11　对称符号　　图 1-1-12　连接符号

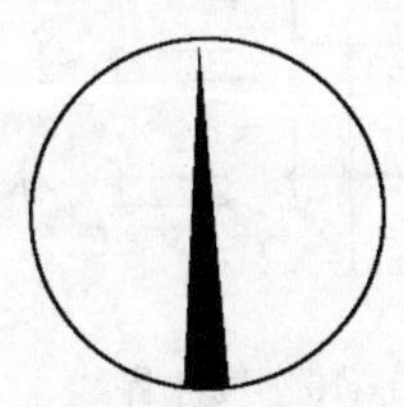

图 1-1-13　指北针

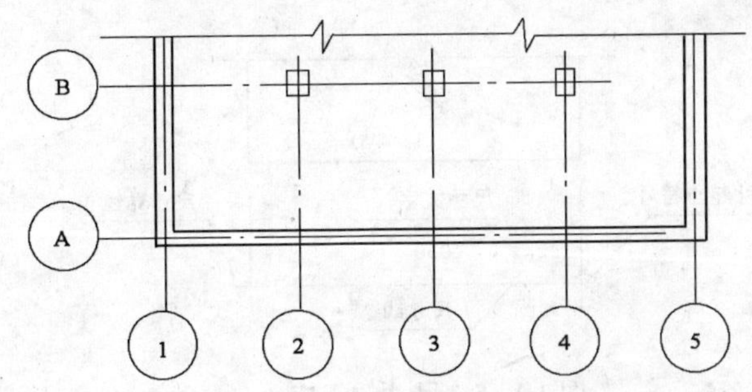

图 1-1-14　定位轴线编号顺序

（5）定位轴线

1）定位轴线应用细点划线绘制。

2）定位轴线一般应编号，编号应注写在轴线端部的圆内。圆应用细实线绘制，直径应为 8mm，详图上可增为 10mm。定位轴线圆的圆心，应在定位轴线的延长线上或延长线的折线上。

3）平面图上定位轴线的编号，宜标注在图样的下方与左侧。横向编号应用阿拉伯数字，从左至右顺序编写，竖向编号应用大写拉丁字母，从下至上顺序编写（如图 1-1-14 所示）。

4）拉丁字母中的 I、O、Z 不得用为轴线编号。如字母数量不够使用，可增加双字母或单字母加数字注脚，如 A_A、B_B……Y_A 或 A_1、B_1……Y_1。

5）定位轴线也可采用分区编号，编号的注写形式应为分区号-该区轴线号。

6）附加轴线的编号，应以分数表示，并应按下列规定编写：

①两根轴线之间的附加轴线，应以分母表示前一轴线的编号，分子表示附加轴线的编号，编号宜用阿拉伯数字顺序编号：

$\frac{1}{2}$ 表示 2 号轴线后附加的第一根轴线

$\frac{3}{C}$ 表示 C 号轴线后附加的第三根轴线

②1 号轴线或 A 号轴线之前的附加轴线应以分母 01、0A 分别表示位于 1 号轴线或 A 号轴线之前的轴线。

7）一个详图适用几根定位轴线时，应同时注明各有关轴线的编号。

8）通用详图的定位轴线，应只画图，不注写轴线编号。

（6）尺寸标注

1）尺寸界线、尺寸线及尺寸起止符号

①图样上的尺寸，应包括尺寸界线、尺寸线、尺寸起止符号和尺寸数字（如图 1-1-15 所示）。

②尺寸界线应用细实线绘制，一般应与被注长度垂直，其一端应离开图样轮廓线不小于 2mm，另一端宜超出尺寸线 2～3mm。必要时，图样轮廓线可用作尺寸界线（如图 1-1-16 所示）。

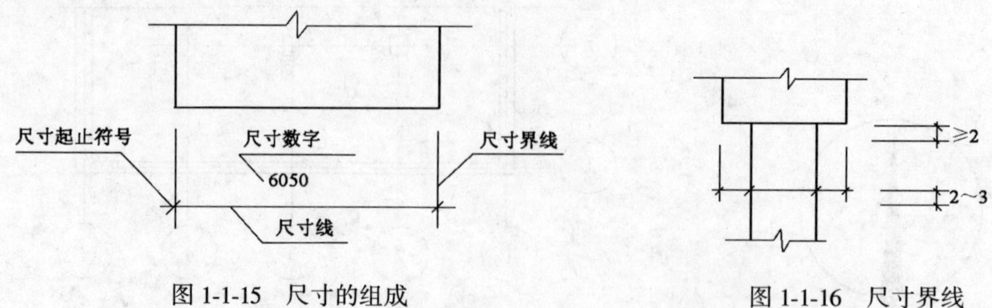

图 1-1-15　尺寸的组成　　　　图 1-1-16　尺寸界线

③尺寸线应用细实线绘制，应与被注长度平行，且不宜超出尺寸界线。任何图线均不得用作尺寸线。

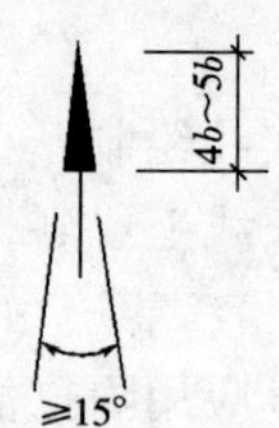

图 1-1-17　箭头尺寸起止符号

④尺寸起止符号一般应用中粗斜短线绘制，其倾斜方向应与尺寸界线成顺时针 45°角，长度宜为 2～3mm。

半径、直径、角度与弧长的尺寸起止符号，宜用箭头表示（如图 1-1-17 所示）。

2）尺寸数字

①图样上的尺寸，应以尺寸数字为准，不得从图上直接量取。

②图样上的尺寸单位，除标高及总平面图以米为单位外，均必须以毫米为单位。

③尺寸数字的读数方向，应按图 1-1-18（*a*）的规定注写。若尺寸数字在 30°斜线区内，宜按图 1-1-18（*b*）的形式注写。

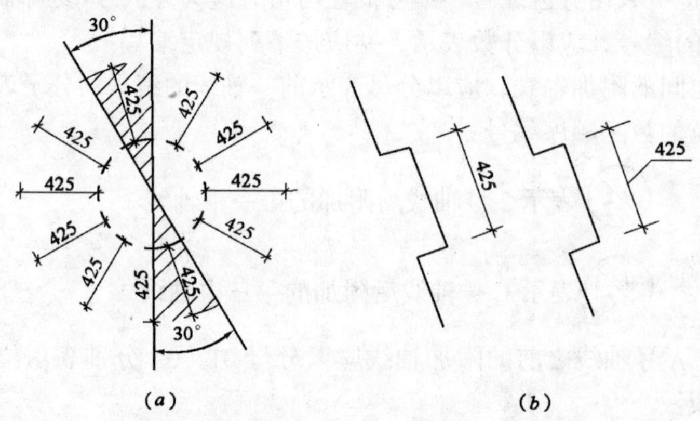

图 1-1-18　尺寸数字的读数方向

④尺寸数字应依据其读数方向注写在靠近尺寸线的上方中部，如没有足够的注写位置，最外边的尺寸数字可注写在尺寸界线的外侧，中间相邻的尺寸数字可错开注写，也可引出注写（如图 1-1-19 所示）。

3）尺寸的排列与布置

①尺寸宜标注在轮廓线以外，不宜与图线、文字及符号相交（如图 1-1-20 所示）。

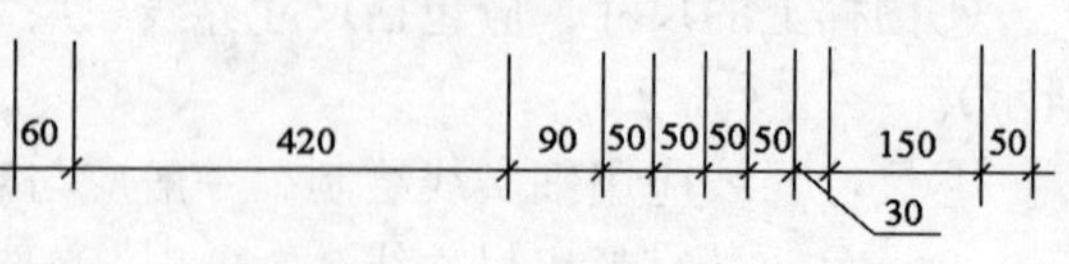

图 1-1-19　尺寸数字的注写位置

②尺寸不得穿过尺寸数字，不可避免时，应将尺寸数字处的图线断开（如图 1-1-21 所示）。

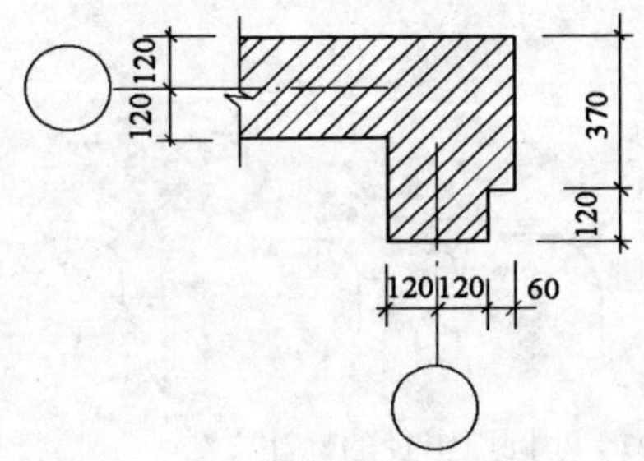

图 1-1-20 尺寸不宜与图线相交

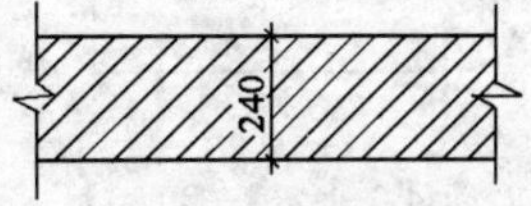

图 1-1-21 尺寸数字处图线应断开

③互相平行的尺寸线，应从被注的图样轮廓线由近向远整齐排列，小尺寸应离轮廓线较近，大尺寸应离轮廓线较远（如图 1-1-22 所示）。

④图样轮廓线以外的尺寸线，距图样最外轮廓线之间的距离，不宜小于 10mm。平行排列的尺寸线的间距，宜为 7~10mm，并应保持一致（如图 1-1-22 所示）。

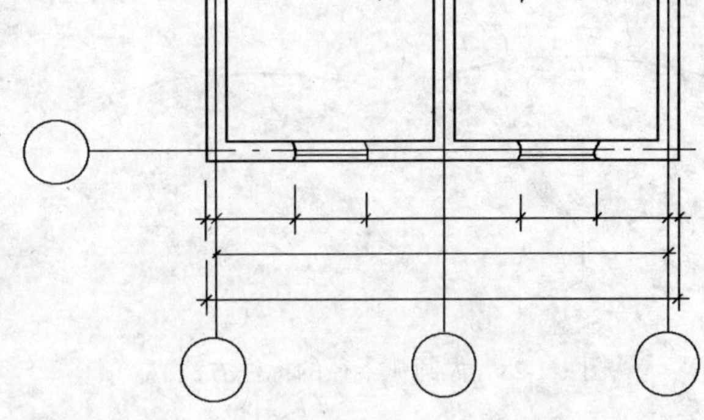

图 1-1-22 尺寸的排列

⑤总尺寸的尺寸界线，应靠近所指部位，中间的分尺寸的尺寸界线可稍短，但其长度应相等（如图 1-1-22 所示）。

4）角度、弧长、弦长的标注

①角度的尺寸线，应以圆弧线表示。该圆弧的圆心应是该角的顶点，角的两个边为尺寸界线。角度的起止符号应以箭头表示，如没有足够位置画箭头，可用圆点代替。角度数字应水平方向注写（如图 1-1-23 所示）。

②标注圆弧的弧长时，尺寸线应以与该圆弧同心的圆弧线表示，尺寸界线应垂直于该圆弧的弦，起止符号应以箭头表示，弧长数字的上方应加注圆弧符号（如图 1-1-24 所示）。

③标注圆弧的弦长时，尺寸线应以平行于该弦长的直线表示，尺寸界线应垂直于该弦，起止符号应以中粗斜短线表示（如图 1-1-25 所示）。

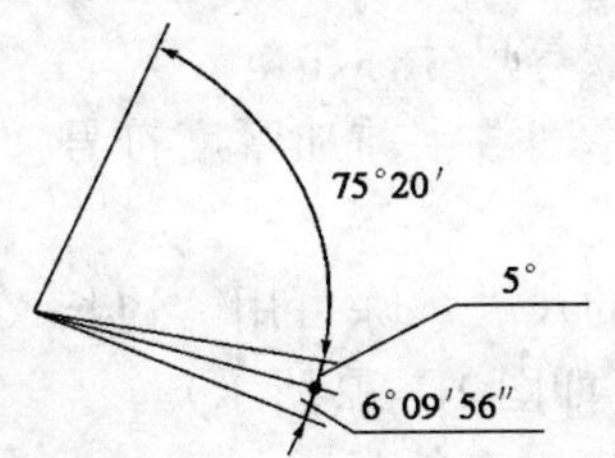

图 1-1-23 角度标注方法

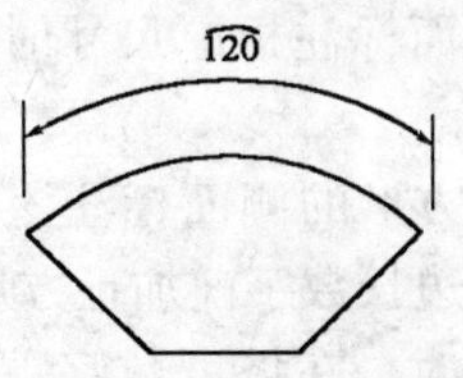

图 1-1-24 弧长标注方法

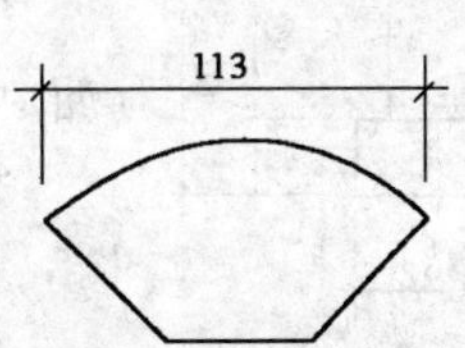

图 1-1-25 弦长标注方法

5）半径、直径、球的尺寸标准

①半直径的尺寸，应一端从圆心开始，另一端画箭头指至圆弧。半径数字前应加注半径符号“*R*”（如图 1-1-26 所示）。

②较小圆弧的半径，可按图 1-1-27 形式标注。

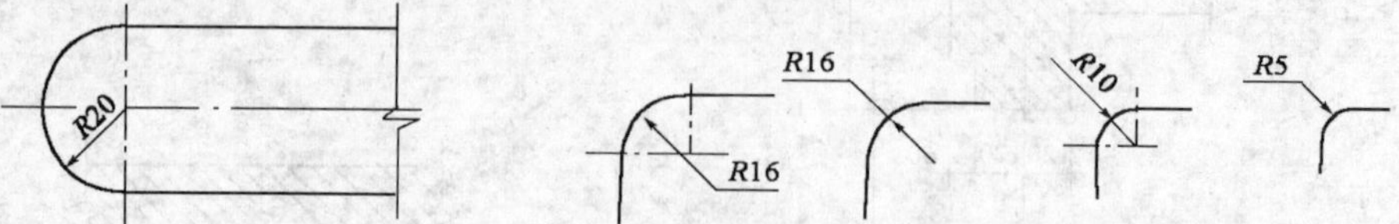

图 1-1-26　半径标注方法　　图 1-1-27　小圆弧半径的标注方法

③较大圆弧的半径，可按图 1-1-28 形式标注。

④标注圆的直径尺寸时，直径数字前，应加符号“ϕ”。在圆内标注的直径尺寸线应通过圆心，两端画箭头指至圆弧（如图 1-1-29 所示）。

⑤较小圆的直径尺寸，可标注在圆外（如图 1-1-30 所示）。

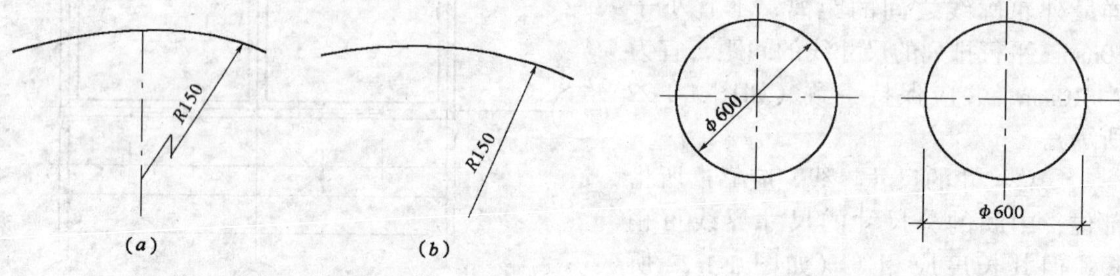

图 1-1-28　大圆弧半径的标注方法　　图 1-1-29　圆直径标注方法

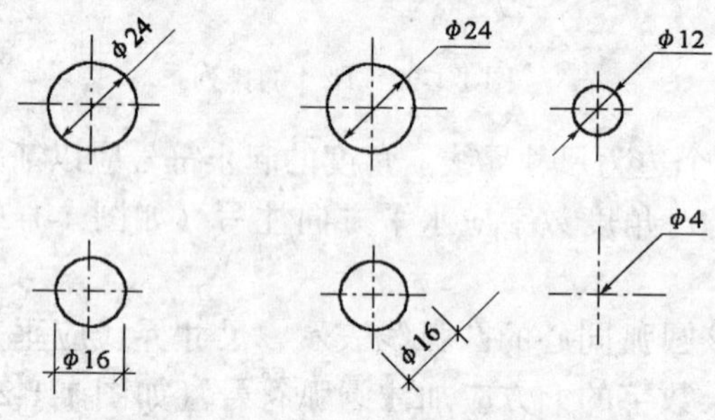

图 1-1-30　小圆直径的标注方法　　图 1-1-31　薄板厚度标注方法

⑥标注球的半径尺寸时，应在尺寸数字前加注符号“*SR*”。标注球的直径尺寸时，应在尺寸数字前加注符号“$S\phi$”。注写方法与圆弧半径和圆直径的尺寸标注方法相同。

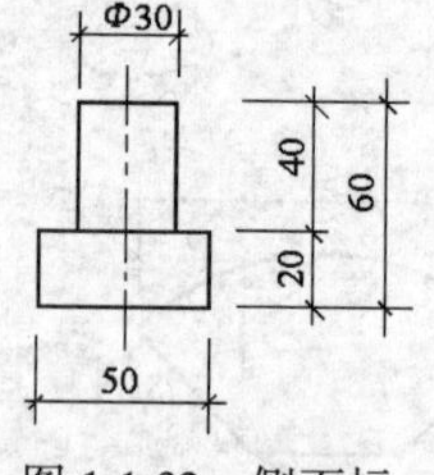

图 1-1-32　侧面标注正方形尺寸

6）薄板厚度、正方形、坡度、非圆曲线等尺寸标注

①在薄板板面标注板厚尺寸时，应在厚度数字前加厚度符号“δ”（如图 1-1-31 所示）。

②如需在正方形的侧面标注该正方形的尺寸，除可用“边长 × 边长”外，也可在边长数字前加正方形符号（如图 1-1-32 所示）。

③标注坡度时，在坡度数字下，应加注坡度符号（如图 1-1-33*a*、*b* 所示），坡度符号的箭头，一般应指向下坡方向，坡度也可用直角三

角形式标注（如图 1-1-33c 所示）。

④外形为非圆曲线的构件，可用坐标形式标注尺寸（如图 1-1-34 所示）。

⑤复杂的图形，可用网格形式标注尺寸（如图 1-1-35 所示）。

7）标高符号

个体建筑物图样上的标高符号，应按图 1-1-36（a）所示形式以细实线绘制。如标注位置不够，可按图 1-1-36（b）所示形式绘制，标高符号的具体画法如图 1-1-36（c）、图 1-1-36（d）所示。

①总平面图上的标高符号，宜用涂黑的三角形表示（如图 1-1-37a 所示），具体画法如图 1-1-37b）所示。

②标高符号的尖端，应指至被注的高度。尖端可向下，也可向上（如图 1-1-38 所示）。

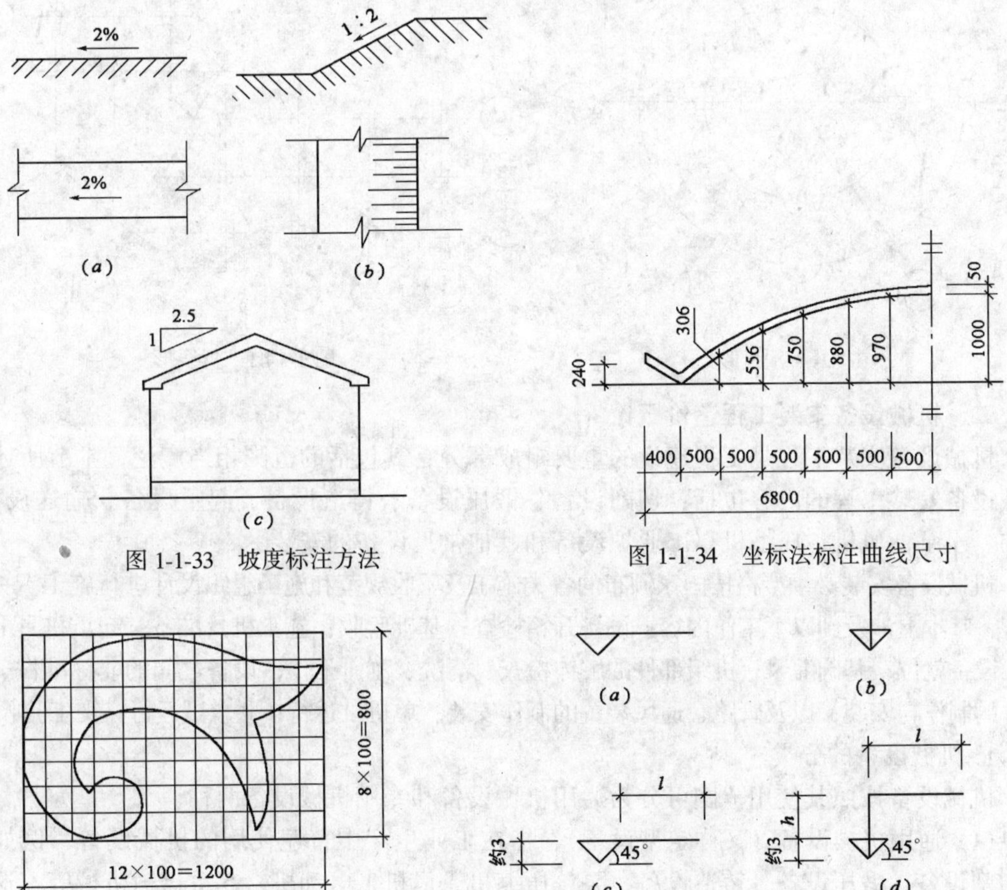

图 1-1-33　坡度标注方法

图 1-1-34　坐标法标注曲线尺寸

图 1-1-35　网络法标注曲线尺寸

图 1-1-36　个体建筑标高符号

注：注写标高数字的长度应做到注写后匀称，视需要而定。

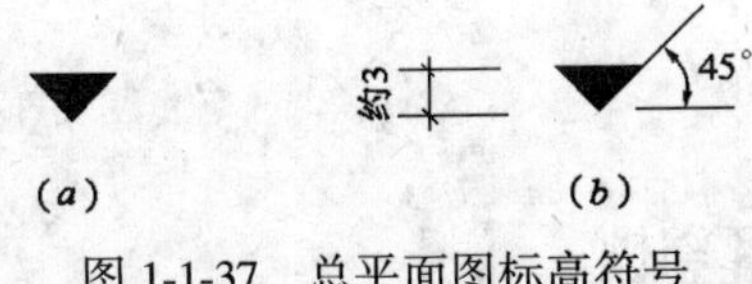

图 1-1-37　总平面图标高符号

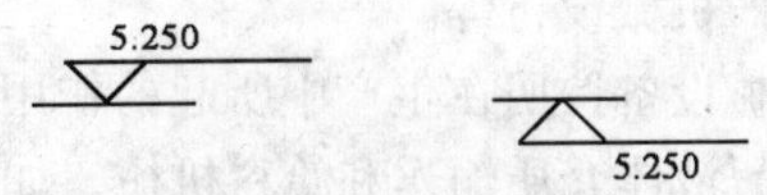

图 1-1-38　标高的指向

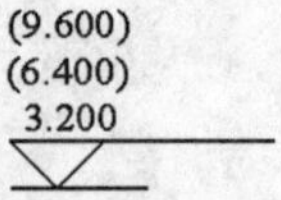

(9.600)
(6.400)
3.200

图 1-1-39 一个标高符号标注数个标高数字

③标高数字应以米为单位，注写到小数点以后第三位。在总平面图中，可注写到小数点后第二位。

④零点标高应注写成±0.000，正数标高不注写“+”，负数标高应注写“-”，例如3.000、-0.600。

⑤在图样的同一位置需表示几个不同标高时，标高数字可按图 1-1-39 的形式注写。

8）折线形平面的轴线编号方法（如图 1-1-40、图 1-1-41 所示）

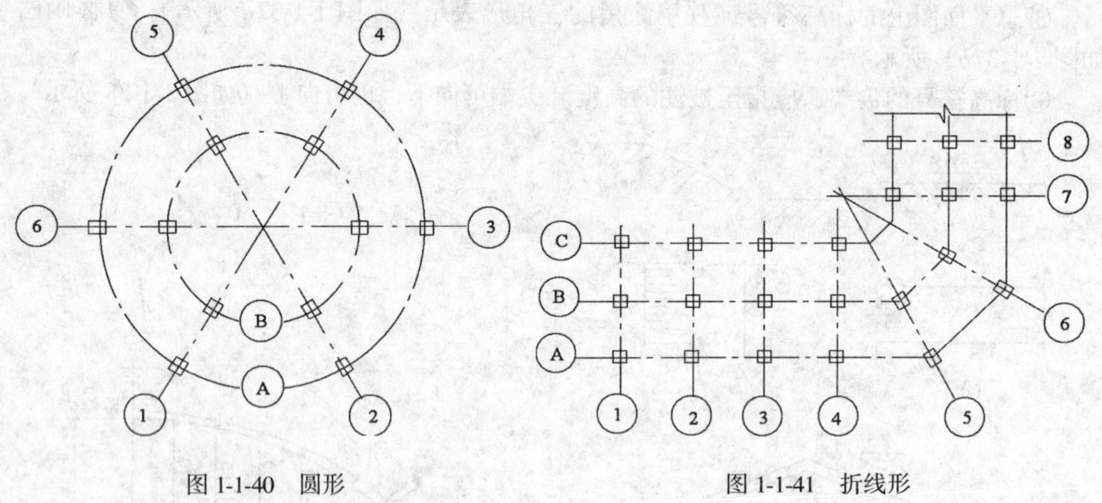

图 1-1-40 圆形　　图 1-1-41 折线形

二、机械设备安装工程造价概论

机械设备安装工程是工程建设的重要组成部分，其包括的范围相当广泛，本节所述的机械设备安装工程的内容包括：切削设备、锻压设备、铸造设备、起重设备、输送设备、电梯、水泵、风机、压缩机、工业炉设备和其他常见设备的安装。

机械设备安装必须严格按国家颁布的各类施工及验收规范和施工组织设计进行施工。一般而言，基本上涉及到以下工作内容：设备开箱检查；基础验收；施工机具准备；起重机具的设置；设备就位；基础灌浆；机组部件的解体检查、清洗、刮研工作；设备之间的非标准件、连接件的制作与安装，以及管路、通风装置的制作安装；单机试运行；联合试运行；交工验收。

1. 机械设备的分类

机械设备按照其使用范围可分为通用机械设备和专用机械设备两种。

（1）通用机械设备（又称定型设备），指在工业生产中普遍使用的机械设备，例如金属切削设备、锻压设备、铸造设备、泵、压缩机、风机、电动机、起重运输机械等。这类设备可以按定型的系列标准由制造厂进行批量生产。

（2）专用机械设备，指专门用于石油化工生产或某个生产方面的专用机械设备，如干燥、过滤、压滤机械设备，污水处理、橡胶、化肥、医药加工机械设备，炼油机械设备，胶片生产机械设备等。

机械设备按照在生产中所起的作用分类：

（1）液体介质输送和给料机械，如各种泵类。

（2）气体输送和压缩机械，如真空泵、风机、压缩机。

(3) 固体输送机械，如提升机、皮带运输机、螺旋输送机、刮板输送机等。

(4) 粉碎及筛分机械，如破碎机、球磨机、振动筛等。

(5) 冷冻机械，如冷冻机和结晶器等。

(6) 搅拌与分离机械，如搅拌机、过滤机、离心机、脱水机、压滤机等。

(7) 成型和包装机械，如扒料机，石蜡、沥青、硫磺的成型机械和产品的包装机械等。

(8) 起重机械，如各种桥式起重机、龙门吊等。

(9) 金属加工机械，如切削、研磨、刨铣、钻孔机床以及金属材料试验机械等。

(10) 动力机械，如汽轮机、发电机、电动机等。

(11) 污水处理机械，如刮油机、刮泥机、污泥（油）输送机等。

(12) 其他专用机械，如抽油机、水力除焦机、干燥机等。

2. 定额包含的工作内容

(1) 主要安装工序：包括工作准备；设备、材料及工机具搬运；设备开箱、点件、外观检查；配合基础验收、铲麻面；划线定位；起重机具装拆、清洗；吊装、组装、联接；放置垫铁及地脚螺栓；找正、找平、精平；焊接、固定、灌浆。

(2) 桅杆、人字架、三角架、环链手拉葫芦、滑轮组、钢丝绳、地锚等起重机具及其附件的领用、搬运、搭设、埋设地锚、拆除、退库等。

(3) 施工及验收规范中规定的调整、试验及无负荷试运转。

(4) 与设备本身联体的平台、梯子、栏杆、支架、屏盘、电机安全罩以及设备本体第一个法兰以内的管道等安装。

(5) 工种间交叉配合的停歇时间；临时移动水、电源时间以及配合质量检查、交工验收收尾结束等工作。

(6) 旧设备拆除时的工作内容：拆除前检测设备精度及完好程度，填写记录；铲除设备底座灌浆层；部件、附件及地脚螺母拆除；起重机具搭拆、起吊、上排、10m范围内的移位、涂油保护。

(7) 切削设备安装中：机体安装：底座、立柱、横梁等全套设备部件安装以及润滑装置及润滑管道安装，清洗组装时结合精度检查；跑车木工代锯机包括跑车和跑车轨道安装。

(8) 锻压设备安装中：机械压力机、液压机、水压机的拉紧大螺栓及立柱热装；液压机及水压机液压系统钢管的酸洗；水压机本体安装：包括底座、立柱、横梁等全部设备部件安装；润滑装置和润滑管道安装；缓冲器、充液罐等附属设备安装；分配阀、充液阀、接力电机操纵台等操纵装置安装；栏杆、梯子、基础盖板安装；立柱、横梁等主要部件安装前的精度预检；活动横梁导套的检查和刮研；分配器、充液阀、安全阀等主要阀件的试压和研磨；机体补漆；操纵台、梯子、栏杆、盖板、支撑梁、立式液罐和低压缓冲器表面刷漆；水压机本体管道安装：包括设备本体至第一个法兰以内的高低压水管、压缩空气管等本体管道安装、试压、刷漆；高压阀门试压；高压管道焊口预热和应力消除；高低压管道的酸洗；公称直径70mm以内的管道煨弯；锻锤砧座周围敷设油毡、沥青、砂子等防腐层以及垫木排找正时表面精修。

(9) 起重设备安装中：起重机静负荷、动负荷及超负荷试运转；必需的端梁铆接及脚手架搭拆；解体供货的起重机现场组装。

(10) 起重机轨道安装中：测量、领料、下料、矫直、钻孔；车挡制作与安装的领料、下料、调直、组装、焊接、刷漆等；脚手架搭拆。

(11) 输送设备安装中：机头、机尾、机架、轨道、托辊、拉紧装置、传动装置等安装、敷设及拉头。

(12) 电梯安装中：准备工作、搬运、放样板、放线、清理预埋件及道架、道轨、缓冲器等安装；组装轿厢、对重及厅门安装；稳工字钢、曳引机、抗绳轮、复绕绳轮、平衡绳轮；挂钢丝绳、钢带、平衡绳；清洗设备、加油、调整、试运行。

(13) 风机安装中：设备本体及与本体联体的附件、管道、润滑、冷却装置等的清洗、刮研、组装、调试；离心式鼓风机（带增速机）的垫铁研磨；联轴器或皮带及安全防护罩安装；设备带有的电动机及减震器安装。

(14) 风机拆装检查中：设备本体及部件以及第一个阀门以内的管道等拆卸、清洗、检查、刮研、换油、调间隙及调配重、找正、找平、找中心、记录、组装复原。

(15) 泵安装中：设备本体与本体联体的附件、管道、润滑冷却装置等的清洗、组装、刮研；深井泵的泵体扬水管及滤水网安装；联轴器或皮带安装。

(16) 泵拆装检查中：设备本体及部件以及第一个阀门以内的管道等拆卸、清洗、检查、刮研、换油、调间隙、找平、找正、找中心、记录、组装复原。

(17) 压缩机安装中：除活塞式 V、W 形及扇形压缩机组为整体安装外，其他各类压缩机均为解体安装。往复式 D、M、H 形对称平衡压缩机还包括拆装检查；与主机本体联体的冷却系统、润滑系统以及支架、防护罩等零件附件的整体安装；与主机在同一底座上的电动机整体安装；解体安装的压缩机在无负荷试运转后的检查、组装及调整；与往复式 D、M、H 形对称平衡压缩机配套的电动机解体安装。

(18) 离心式压缩机拆装检查中：原动机及主机以及与本体联体的各级出、入口第一个阀门以内的管路等拆卸、清洗、检查、刮研、调整间隙及其相对找正、找平、找中心、记录组装复原等工作；拆装检查所需增加的无负荷试运转及其停车拆卸、检查、清洗调整、组装等工作；油、水、汽系统试运转前必须的检查工作。

(19) 工业炉设备安装中：无芯工频感应电炉的水冷管道、油压系统、油箱、油压操纵台等安装以及油压系统的配管、刷漆、内衬砌筑；电阻炉、真空炉以及高频、中频感应炉的水冷系统、润滑系统、传动装置、真空机组、安全防护装置等安装；冲天炉本体和前炉安装；冲天炉加料机构的轨道、加料车、卷扬装置等安装；加热炉及热处理炉的炉门升降机构、轨道、炉篦、喷嘴、台车、液压装置、拉杆或推杆装置、传送装置、装料、卸料装置等安装；炉体管道机试压、试漏。

(20) 煤气发生设备安装中：煤气发生炉本体及其底部风箱、落灰箱安装、灰盘、炉篦及传动机构安装、水套、炉壳及支柱、框架、支耳安装、炉盖加料筒及传动装置安装、上部加煤机安装、本体其他附件及本体管道安装；无支柱悬吊式（W—G 型）煤气发生炉的料仓、料管安装；炉堂内径 1m 及 1.5m 的煤气发生炉包括随设备带有的结煤提升装置及轨道平台安装；电气滤清器安装包括沉电极、电晕极检查、下料、安装、顶部绝缘子箱外壳安装；竖管及人孔清理、安装、顶部装喷嘴和本体管道安装；洗涤塔外壳组装及内部零件、附件以及必须在现场装配的部件安装；除尘器安装包括下部水封安装；盘阀、钟罩阀安装包括操纵装置安装及穿钢丝绳；水压试验、密封试验及非密闭容器的灌水试验。

(21) 其他机械安装及设备灌浆中：设备整、解体安装；电动机及电动发电机组装联轴器或皮带轮；设备带有的电动机安装。

(22) 附属设备安装中：制冷机械专用附属设备整体安装；随设备带有与设备联体固定的配件（如放油阀、放水阀、安全阀、压力表、水位表等）安装；容器单体气密试验（包括装、拆空气压缩机本身及联接试验用的管道、装拆盲板、通气、检查、放气等）与排污；储气罐本体及与本体联体的安全阀、压力表等附件安装，气密试验；乙炔发生器本体及与本体联体的安全阀、压力表、水位表等附件安装；附属的密闭性和非密闭性设备安装、气密试验和试漏；水压机蓄势罐本体及底座安装；与本体联体的附件安装、酸洗、试压；空气分离塔本体及本体第一个法兰内的管道、阀门安装；与本体联体的仪表，转换开关安装；清洗、调整、气密试验；煤气站内各种设备附属的其他容器、构件安装；气密试验；分节的容器外壳组对焊接；零星小型金属构件制作，包括画线、下料、平直、加工、组对、焊接、刷（喷）漆、试漏；安装包括补漆。

3. 定额不包含的工作内容

(1) 设备自设备仓库运至安装现场指定堆放地点的搬运工作。

(2) 因场地狭小、有障碍物、沟、坑等引起的设备、材料、机具等增加的搬运装拆工作。

(3) 设备基础的铲磨、地脚螺栓孔的修整。预压以及在木砖地层上安装设备所增加的费用。

(4) 设备、构件、机件、零件、附件、管道及阀门、基础及基础盖板等的修理、修补、修改、检修、加工、制作、煨弯、研磨、防震以及测量、透视、探伤、强度试验等工作。

(5) 电气系统、仪表系统、通风系统、设备本体第一个法兰以外的管道系统等的安装、调试；非与本体联接的附属设备或平台、梯子、栏杆、支架、容器、屏盘等的安装制作、刷漆、防蚀、保温等工作。

(6) 设备本体无负荷试运转所用的水、电、气、油、燃料等。

(7) 负荷试运转，联合试运转，生产准备试运转。

(8) 专用垫铁、特殊垫铁（如螺栓调整垫铁、球形垫铁等）和地脚螺栓。

(9) 特殊技术措施和大型设备安装所需的专用机具等费用。

(10) 设备的拆装检查。

(11) 脚手架搭拆。

(12) 切削设备安装工序中的：设备润滑、液压系统的管道及管道附件加工、煨弯和阀门研磨；润滑、液压系统的法兰及阀门连接所用的垫圈（包括紫铜垫）加工；跑车代锯的木结构、轨道枕木、木保护罩的加工制作。

(13) 锻压设备安装中的：机械压力机、液压机、水压机拉紧大螺栓及主柱如需要热装时所需的加热材料（如硅碳棒、电阻丝、石棉布、石棉绳等）；除水压机、液压机以外，其他设备的管道酸洗；锻锤试运转中，锤头和锤杆的加热以及试冲击所需的枕木；水压机工作缸、高压阀门等的垫料、填料；设备所需灌注的冷却液、液压油、乳化液等；蓄势站安装及水压机与蓄势站的联动试运转；锻锤砧座垫木排的制作、防腐、干燥等；设备润滑、液压和空气压缩管路系统的管道和管路附件的加工、焊接、煨弯和阀门的研磨；设备和管路的保温；水压机管道安装中的支架、法兰、紫铜垫圈、密封垫圈等管路附件的制作及管子和焊口的探伤、透视和机械强度试验。

(14) 铸造设备安装中的：地轨安装；抛丸清理室的除尘机及除尘器与风机间的风管

安装。

（15）起重设备安装中的：试运转所需的重物供应和搬运。

（16）起重机轨道安装中的：吊车梁调整和轨道枕木干燥、加工、制作；"8"字形轨道加工制作；"8"字形轨道工字钢轨的立柱、吊架、支架、辅助梁等的制作与安装。

（17）输送设备安装中的：钢制外壳、刮板、漏斗制作与安装；特殊试验。

（18）电梯安装中的：各种支架的制作；电器工程部分；脚手架搭拆；电梯喷漆。

（19）风机安装中的：支架、底座及防护罩、减振器的制作、修改；联轴器及键和键槽的加工制作；电动机的抽芯检查、干燥、配线、调试。

（20）风机拆装检查中的：设备本体的整（解）体安装；电动机安装及拆除、检查、调整、试验；设备本体以外的各种管道的检查和试验等工作。

（21）泵安装中的：支架、底盘、联轴器、键和键槽的加工与制作；深井泵扬水管与水平面的垂直度测量；电动机的检查、干燥、配线和调试等；试运转所需排水的附加工程（如修筑水沟、接排水管等）。

（22）泵拆装检查中的：设备本体的整（解）体安装；电动机安装及拆装、检查、调整、试验；设备本体以外的各种管路的检查和试验工作。

（23）压缩机安装中的：除定额中已包括电动机整（解）体安装的压缩机外，其他类型压缩机，均不包括电动机、汽轮机及其他动力机械的安装；与主机本体联体的各级出入口第一个阀门以外的各种管道、空气干燥设备及净化设备、油水分离设备、废油回收设备、自控系统及仪表系统安装，以及支架、沟槽、防护罩等制作加工；介质的充灌；主机本体循环用油（按设备带有考虑）；电动机拆装检查及配线接线等电气工程。

（24）离心式压缩机拆装检查中的：机械设备的整（解）体安装。

（25）工业炉设备安装中的：除无芯工频感应电炉包括内衬砌筑外，均不包括炉体内衬砌筑；电阻炉电阻丝安装；热工仪表系统的安装和调试；风机系统的安装和试运转；液压泵房站的安装；阀门的研磨和试压；台车的组立和装配；冲天炉出渣轨道的安装；解体结构井式热处理炉的平台安装；烘炉。

（26）煤气发生设备中的：煤气发生炉炉顶平台安装；煤气发生炉支柱、支耳、框架因接触不良所需的加热和修整工作。洗涤塔和木格层的制作及散片组成整块、刷防腐漆；附属设备内部及底部砌筑、填充砂浆及填瓷环；洗涤塔、电气滤清器等的平台、梯子、栏杆安装；安全阀防爆薄膜试验；煤气排送机、鼓风机、泵的安装。

（27）其他机械安装中的：与设备本体非同一底座的各种设备、起动装置、仪表盘、柜等的安装和调试；电动机及其他动力机械的拆装检查、配管、配线和调试；刮研工作；非设备带有的支架、沟槽、防护罩等的制作与安装；设备的保温及油漆工作。

（28）附属设备安装中的：各种设备本体制作以及本体第一个法兰以外的管道、附件安装。

（29）平台、梯子、栏杆等金属构件制作、安装。

（30）小型制氧设备及其附属设备的试压、脱脂、阀门研磨；稀有气体及液氧或液氨的制取系统安装。

4．使用全国统一定额《机械设备安装工程预算定额》应注意的问题

（1）定额的使用范围

本册定额除适用于一般工业与民用常用机械设备安装工程外，其中的风机、泵、压缩机的安装所增加的拆装检查定额，也适用于化学工业的转动设备安装，但不适用于电站和热力工程的专用机泵安装。

（2）关于拆装检查定额的使用

本定额对风机、泵、压缩机等章的项目，除编有安装定额以外，还编有拆装检查定额。凡施工及验收技术规范规定必须进行拆装检查工作的，方可套用拆装检查定额。

（3）关于旧设备拆除

所谓旧设备拆除是指已安装好的设备，无论是否使用过，如需拆除，均视为旧设备拆除。

旧设备拆除费用按相应安装定额的50%计算，是指按相应安装定额基价（包括人工费、材料费、机械费）的50%计算，而不是人工费或人工费加机械费的50%计算。

旧设备拆除的工作内容，包括拆除前检查设备精度及完好程度，填写记录，铲除设备底座灌浆层，部件、附件及地脚螺栓拆除，起重机具搭拆、起吊、上排、10m范围内的移位，涂油防护。

（4）关于一般起重机具如金属桅杆，人字架等的摊销费

在定额说明中规定金属桅杆及人字架等一般起重机具的摊销费，按所安装设备的净重量（包括底座、辅机）每吨8.74元计算。

凡使用本册定额的设备安装均应照此规定计算列入直接费，包干使用，并且各地区不允许调整。

（5）关于超高费的计算

本册定额所指的"超高"，是指所安装的设备，其底座的安装标高（不是操作高度）超过地平面正或负10m时，即视为"超高"。凡属超高安装设备，其超高增加费按定额的人工和机械台班乘以表1-1-7所列调整系数。

调 整 系 数 **表1-1-7**

设备底座正或负标高（m）	≤15	≤20	≤25	≤30	≤40	>40
调 整 系 数	1.25	1.35	1.45	1.55	1.70	1.90

（6）脚手架搭拆费的计算

本册机械设备安装工程预算定额脚手架的搭拆费有下列三种不同的计算办法：

1）第四章，起重设备安装，脚手架搭拆费，在说明中作了具体规定，在编制起重机安装预算时，按照起重机主钩起重量按表列金额计算脚手架搭拆费。它的适用范围，只限于安装本章范围内的设备。不同地区使用时，人工单价可以按照该地区的标准换算，材料费和机械费不作调整。但主钩起重量小于5t者，不增加脚手架搭拆费。

2）第五章，起重机轨道安装，已将搭拆脚手架的人工费、材料费和机械费分别并入安装定额的人工费、材料费和机械费用，因此不需要再另外计算。

3）其他各章均未包括脚手架搭拆费，应按照当地规定的脚手架搭拆定额另行计算。

（7）安装大型设备起重机具的摊销费

安装大型（60t以上）设备，除按定额规定每吨计取8.74元的一般起重机具摊销费外，如需采取特殊技术措施或使用专用机具时，所发生的费用，应按实计算。

（8）调整规定

定额内的材料、机械的品种、规格、数量等是综合考虑的，因此，凡是定额说明中没有规定可以调整的，都不允许调整。

(9) 另外计算的内容

本册机械设备安装定额内，除各章另有说明外，均不包括下列内容，发生时应另行计算：

1）设备自设备仓库运至安装现场指定堆放地点的搬运工作。

2）因场地狭小、有障碍物、沟、坑等所引起的设备、材料、机具等增加的搬运、装卸工作。

3）设备基础的铲磨、地脚螺栓孔的修整、预压以及在木砖地层上安装设备所增加的费用。

4）设备、构件、机件、零件、附件、管道及阀门、基础盖板等的修理、修补、修改、检修、加工、制作、煨弯、研磨、防震以及测量、透视、探伤、强度试验等工作。

5）电气系统、仪表系统、通风系统、设备本体第一个法兰以外的管道系统等的安装、调试；非与设备本体联体的附属设备或平台、梯子、栏杆、支架、容器、屏盘等的安装、制作、刷漆、防腐，保温等工作，应按有关定额另行计算。

6）设备本体无负荷试运转所用的水、电、气、油、燃料等。

7）负荷试运转、联合试运转、生产准备试运转。

8）专用垫铁、特殊垫铁（如螺栓调整垫铁、球形垫铁等）和地脚螺栓。

9）特殊技术措施及大型设备安装所需的专用机具等费用。

10）设备的拆装检查。

11）脚手架搭拆。

(10) 起重机使用费用

本册定额第一章切削设备安装、第二章锻压设备安装和第十一章工业炉设备安装的施工方法是按利用厂房内的电动桥式起重机配合安装考虑的，起重机使用费不收不付。如不能利用时，定额人工及机械台班需乘以各章规定的系数。

5. 计算规则

计算规则分工程量计算规则和按系数计取的直接费的计算规则。

(1) 工程量计算规则

1）切削设备安装的工程量计算规则

①台式及仪表机床、车床、立式车床、钻床、镗床、磨床、铣床、齿轮及螺纹加工机床、刨床、插床、拉床、超声波加工及电加工机床、其他机床及金属材料试验机械、木工机械、跑车木工带锯机、剪切机及弯曲校正机的安装工程量计算，应按设备的不同名称和分类，区分其设备的不同重量，分别以台为单位计算。

②其他木工设备安装的工程量计算，应区别气动拔料器或气动踢木器，均以组为单位计算。

③带锯机保护罩制作与安装的工程量计算，应按其不同规格，分别以个为单位计算。

2）锻压设备安装的工程量计算规则

①机械压力机、液压机、自动锻压机及锻压操作机、剪切机及弯曲校正机的安装工程量计算，应按设备的不同名称，区分其设备的不同重量，分别以台为单位计算。

②空气锤、模锻锤、自由锻锤及蒸汽锤的安装工程量计算，应按设备的不同名称，区分其设备落锤的不同重量，分别以台为单位计算。

③锻造水压机的安装工程量计算，应按设备的不同公称压力，均以台为单位计算。

3）铸造设备安装的工程量计算规则

①砂处理设备、造型及造芯设备、落砂及清理设备、金属型铸造设备、材料准备设备的安装工程量计算，应按设备的不同型号、规格、名称，区分其设备的不同重量，分别以台为单位计算。

②抛丸清理室安装的工程量计算，应按设备的不同重量，以室为单位计算。

③铸造平台安装的工程量计算，应按方型平台或铸梁式平台，区分其安装形式的不同(安装在基础上或支架上)，在基础上安装还要区分灌浆或不灌浆，分别以吨为单位计算。

4）起重设备安装的工程量计算规则

①电动双梁桥式起重机、吊钩抓斗电磁三用桥式起重机、双小车吊钩桥式起重机、锻造桥式起重机、淬火桥式起重机、吊钩门式起重机、加料及双钩挂梁桥式起重机、梁式起重机的安装工程量计算，应按设备的不同名称，区分其不同的起重量和跨度，分别以台为单位计算。

②壁行及旋臂起重机安装的工程量计算，应按设备的不同名称，区分其不同臂长和起重量，分别以台为单位计算。

③电动葫芦及单轨小车安装的工程量计算，应按设备的不同名称，区分其不同起重量，分别以台为单位计算。

5）起重机轨道安装的工程量计算规则

①起重机轨道安装的工程量计算，应按钢轨的不同安装部位和固定型式，区分其不同纵向孔距（A）和横向孔距（B）以及轨道的不同型号，分别以米为单位计算。

②地坪上安装的轨道工程量计算，应按预埋钢底板焊接式或预埋螺栓式，区分轨道的不同型号，分别以米为单位计算。

③电动葫芦及单轨小车工字钢轨道安装的工程量计算，应区分轨道的不同型号，分别以米为单位计算。

④悬挂工字钢轨道及“8”形轨道安装的工程量计算，应按悬挂输送机钢轨或单梁悬挂起重机钢轨，区分轨道的不同型号，分别以米为单位计算。

⑤车档制作与安装：车档制作的工程量以吨为单位计算；车档安装的工程量计算，应按每个车档的不同单重，均以组（4个）为单位计算。

6）输送设备安装的工程量计算规则

①斗式提升机安装的工程量计算，应按胶带式或链式，区分其带的不同型号和公称高度，分别以台为单位计算。

②刮板输送机安装的工程量计算，应按设备的不同槽宽，区分其输送机卡度（驱动装置）的不同组数，分别以台为单位计算。

③板式（裙式）输送机安装的工程量计算，应按链板的不同宽度，区分其不同链轮中心距，分别以台为单位计算。

④螺旋输送机安装的工程量计算，应按设备的不同公称直径，区分其不同机身长度，分别以台为单位计算。

⑤悬挂式输送机安装的工程量计算，应按设备的不同名称，区分其不同分类和不同节距，分别以台为单位计算。

⑥固定式胶带输送机安装的工程量计算，应按设备的不同带宽，区分其不同输送长度，分别以台为单位计算。

⑦卸矿车及皮带秆安装的工程量计算，应按设备的不同名称，区分其不同带宽，分别以台为单位计算。

7）电梯安装的工程量计算规则

①交流半自动电梯的工程量计算，应按电梯的不同层数和站数，分别以台为单位计算。

②交流自动电梯及直流自动快速电梯、直流自动高速电梯、小型杂物电梯安装的工程量计算，应按电梯的不同层数和站数，分别以部为单位计算。

③电梯增减厅门、轿厢安装的工程量计算，应按厅门或轿厢门，区分其不同控制（手动或自动）及小型杂物电梯，分别以个为单位计算。

④电梯增减提升高度的工程量以米为单位计算。

⑤电梯金属门套安装的工程量以套为单位计算。

⑥直流电梯发电机组安装的工程量以组为单位计算。

⑦角钢牛腿制作与安装的工程量以个为单位计算。

⑧电梯机器钢板底座制作的工程量计算，应区分交流电梯或直流电梯，分别以座为单位计算。

8）风机安装及其拆装检查的工程量计算规则

①离心式通（引）风机、轴流通风机、回转式鼓风机、离心式鼓风机（带增速机）、离心式鼓风机（不带增速机）安装的工程量计算，应按风机的不同名称，区分其不同重量，分别以台为单位计算。

②风机拆装检查的工程量计算，应按风机的不同名称，区分其带增速机或不带增速机和设备的不同重量，分别以台为单位计算。

9）泵安装及拆装检查的工程量计算规则

①单级离心式泵及离心式耐腐蚀泵、多级离心泵、锅炉给水泵、冷凝水泵、热循环水泵、离心式油泵、离心式杂质泵、离心式深井泵、DB型高硅铁离心泵、蒸汽离心泵、旋涡泵、电动往复泵、高压柱塞泵（3~4柱塞）、高压高速柱塞泵（6~24柱塞）、蒸汽往复泵、计量泵、螺杆泵及齿轮油泵、真空泵、屏蔽泵安装的工程量计算，应按泵的不同名称，区分其不同重量，分别以台为单位计算。

②泵拆装检查的工程量计算，应按泵的不同名称，区分其不同重量，分别以台为单位计算。

10）压缩机安装及离心式压缩机拆装检查的工程量计算规则

压缩机安装的工程量计算，应按设备的不同规格、型号、名称，区分其不同重量，分别以台为单位计算；离心式压缩机拆装检查的工程量计算，应按设备的不同重量，分别以台为单位计算。

11）工业炉设备安装的工程量计算规则

①工业炉设备安装的工程量计算，应按工业炉的不同名称、型号，区分其不同重量，

分别以台为单位计算。

②解体结构井式热处理炉安装的工程量计算，应按其不同重量，分别以台为单位计算。

12）煤气发生炉安装的工程量计算规则

①煤气发生设备安装的工程量计算，应按炉堂的不同内径（米），区分其不同重量和有无支柱，分别以台为单位计算。

②洗涤塔安装的工程量计算，应按塔的不同直径和高度，分别以台为单位计算。

③电气滤清器安装的工程量计算，应按设备的不同型号，分别以台为单位计算。

④竖管安装的工程量计算，应按单竖管或双竖管，单竖管应区分其不同高度和直径，双竖管区分其不同直径，分别以台为单位计算。

⑤附属设备安装。

废热锅炉、废热锅炉竖管、除滴器、旋涡除尘器、除灰水封、隔离水封安装的工程量计算，应按设备的不同名称及不同直径和高度，分别以台为单位计算。

总管沉灰箱、总管清理水封、钟罩阀、盘阀安装的工程量计算，应按设备的不同名称，区分其不同直径，分别以台为单位计算。

焦油分离机的安装工程量以台为单位计算。

13）其他机械安装及设备灌浆的工程量计算规则

①溴化锂吸收式制冷机、膨胀机、柴油机、柴油发电机组、电动机及电动发电机组安装的工程量计算，应按设备的不同名称，区分其不同重量，分别以台为单位计算。

②制冰设备安装的工程量计算，应按设备的不同类别和名称、型号，区分其不同重量，分别以台为单位计算。

③冷风机和空气幕安装的工程量计算，应按设备的不同名称，区分其不同的冷却面积或设备直径及设备的不同重量，分别以台为单位计算。

④润滑油处理设备安装的工程量计算，应按设备的不同名称和型号，区分其不同重量，分别以台为单位计算。油沉淀箱安装的工程量以台为单位计算。

⑤地脚螺栓孔灌浆的工程量计算，应按一台设备灌浆的不同体积，均以立方米为单位计算。

⑥设备底座与基础间灌浆的工程量计算，应按一台设备灌浆的不同体积，均以立方米为单位计算。

14）附属设备安装的工程量计算规则

①立式管壳式冷凝器、卧式管壳式冷凝器及卧式蒸发器、淋水式冷凝器、蒸发式冷凝器、立式蒸发器、中间冷却器安装的工程量计算，应区分其不同的单台设备冷却面积，分别以台为单位计算。

②立式低压循环贮液器和卧式高压贮液器（排液桶）、储气罐的安装工程量计算，应按不同的设备容积，分别以台为单位计算。

③氨油分离器、氨液分离器、氨气过滤器、氨液过滤器、集油器、油视镜、紧急泄氨器安装的工程量计算，应区分设备的不同直径，分别以台为单位计算。

④玻璃钢冷却塔安装的工程量计算，应区分设备的单台处理水量，分别以台为单位计算。

⑤制冷容器单体试密与排污的工程量计算，按设备的不同容积，以次（台）为单位计算。

⑥乙炔发生器、小型空气分离塔、小型制氧机械附属设备安装的工程量计算，按不同的设备型号，分别以台为单位计算。

⑦乙炔发生器附属设备、水压机蓄势罐、安装的工程量计算，应按设备的不同重量，分别以台为单位计算。

⑧煤气发生设备附属其他容器构件的工程量计算，应按单台设备的不同重量，以吨为单位计算。

⑨煤气发生设备分节容器外壳组焊的工程量计算，应区分设备外径和组成节数，分别以台为单位计算。

⑩零星小型金属构件制作与安装的工程量计算，应区分金属结构件的单体重量，分别以台为单位计算。

(2) 按系数计取的直接费的计算规则

有些费用是直接发生在施工过程中的，但由于它涉及面广、单个项目中测定较困难，因此编制定额量，经过综合测定、规定按系数计取。

1）超高费用。

设备底座的安装标高，如超过地平面正或负 10m 时，则定额的人工和机械台班按表 1-1-8 乘以调整系数。

表 1-1-8

设备底座正或负标高（m），≤	15	20	25	30	40	>40
调 整 系 数	1.25	1.35	1.45	1.55	1.70	1.90

2）安装与生产同时进行增加费按人工费的 10%计取。

3）金属桅杆及人字架等一般起重机具的摊销费，按所安装设备的净重量（包括底座、辅机）每吨 8.74 元计算。

4）金属切削设备安装的施工方法系按利用厂房内的电动桥式起重机配合安装考虑的，起重机的使用费，不收不付。如不能利用时，定额人工及机械台班乘以表 1-1-9 所列的系数。

表 1-1-9

设备重量（t），≤	70	200	400	800
系 数	1.11	1.15	1.23	1.26

5）锻压设备安装的施工方法系按利用厂房内的电动桥式起重机配合安装考虑的，起重机的使用费，不收不付。如不能利用时，定额人工及机械台班乘以表 1-1-10 所列系数。

表 1-1-10

设备重量或分类（t），≤	200	450	950	锤 类	水压机
系 数	1.1	1.17	1.21	1.21	1.15

6）起重设备安装定额包括脚手架的搭拆工作。使用本定额时，每安装一台起重机，应按表 1-1-11 增加脚手架搭拆费用。

应增加的脚手架搭拆费用表 **表 1-1-11**

起重机主钩起重量（t）		5～30	50～100	150～400
应增脚手架费用（元）		442.25	829.22	995.07
其中	人 工 费（元）	56.90	105.62	128.03
	材 料 费（元）	371.00	696.28	834.76
	机械台班费（元）	14.35	27.32	32.28
	人工工日数（工日）	8.48	15.74	19.08

注：1. 双小车起重机按一个小车的起重量计算。

2. 上表中人工费可按当地的规定调整人工单价，材料费和机械台班费不作调整。

7）输送设备安装中的刮板输送机定额是按一组驱动装置计算的。如超过一组时，则将输送长度除以驱动装置组数（即米/组），以所得米/组来选用相应子目，再以组数乘以该子目的定额，即得其费用。

8）两部以上并列运行及群控电梯，应增加工日：30 层以内增加 7 工日，50 层以内增加 9 工日，80 层以内增加 11 工日。

9）小型杂物电梯按载重量 0.2t 以内，无司机操作考虑，如其底盘面积超过 $1m^2$ 时，人工乘以系数 1.2。载重量大于 0.2t 的杂物电梯，则按客、货梯相应的电梯定额执行。

10）离心式压缩机是按单轴考虑的，如安装双轴 H 形离心式压缩机时，则相应定额的人工乘以系数 1.4。

11）离心式压缩机拆装检查，原动机是按电动驱动考虑的，如为汽轮机驱动则相应定额的人工乘以系数 1.14。

12）工业炉设备安装的施工方法系按利用厂房内的电动桥式起重机配合安装考虑的，起重机的使用费，不收不付。如不能利用时，则定额人工和机械台班乘以系数 1.18。

13）无芯工频感应电炉安装是按每一炉组为两台炉子考虑的，如每一炉组为一台炉子时，则相应定额乘以系数 0.6。

14）加热炉及热处理炉如为整体结构（炉体已组装并有内衬砌体），则定额人工乘以系数 0.7。

15）煤气发生设备安装定额，如实际安装的煤气发生炉，其炉膛内径与定额内径相似，而其重量超过 10%时，先按公式求其重量差系数，然后按表 1-1-12 乘以相应系数调整安装费。

$$设备重量差系数 = \frac{设备实际重量}{定额设备重量}$$

安装费调整系数表 **表 1-1-12**

设备重量差系数	1.1	1.2	1.4	1.6	1.8
安装费调整系数	1	1.1	1.2	1.3	1.4

16）制冷设备各种容器的单体气密试验与排污定额是按一次考虑的。如“技术规范”和“设计要求”需要多次连续试验时，第二次的试验按第一次相应定额乘以调整系数 0.9；第三次及其以上的试验从第三次起每次均按第一次的相应定额乘以系数 0.75。

17）乙炔发生器附属设备是按“密闭性设备”考虑的。如为“非密闭性设备”时，则按相应定额的人工和机械台班乘以系数 0.8。

18）煤气发生设备除洗涤塔外，各种设备均按整体安装考虑的。如设备为解体安装需要在现场分节组对焊接时，除套用相应整体安装定额外，尚需套用“煤气发生设备分节容器外壳组焊”的相应定额。该定额是按外圈焊接考虑的。如外圈和内圈均需焊接时，则按相应定额乘以系数1.95。

19）煤气发生设备分节容器外壳组焊时，如所焊设备外径大于3m，则以3m外径及组成节数（3/3，3/2）的定额为基础，按表1-1-13乘以调整系数。

表 1-1-13

设备外径 ϕ（m），≤/组成节数	4/2	4/3	5/2	5/3	6/2	6/3
调 整 系 数	1.34	1.34	1.67	1.67	2	2

20）制冷站（库）、空气压缩站、乙炔发生站、水压机蓄势站、小型制氧站、煤气站等工程的系统调整费，按各站工艺系统内全部安装工程人工费的35%计算（不包括间接费），其中工资占50%。在计算系统调整费时，必须遵守下列规定：

①上述系统调整费仅限于全部采用《全国统一安装工程预算定额》中第一册《机械设备安装工程》（包括补充定额“附属设备安装”）、第二册《电气设备安装工程》、第六册《工艺管道工程》、第十一册《工艺金属结构工程》、第十三册《刷油、绝热、防腐工程》等五册有关定额的站内工艺系统安装工程。采用其他方式承包或非全部采用上述五册定额承包的站内工艺系统安装工程均不得计算上述系统调整费。

②各站内工艺系统安装工程的人工费，必须全部由上述五册有关定额的人工费组成，如上述五册有缺项时，则缺项部分的人工费在计算系统调整费时应予扣除，可参加系统工程调整费的计算。

另外，定额未包括内容，若在施工中发生时，也应另行计算。

6. 设备重量计算方法

（1）铸造设备安装

抛丸清理室安装的定额单位为“每一室”，是指设备基础等土建工程及电气箱、开关、敷设电气管线等电气工程外，成套供应的抛丸机、回转台、斗式提升机、螺旋输送机、电动小车等设备以及框架、平台、梯子、栏杆、漏斗、漏管等金属结构安装。设备重量，是指上述全套设备加金属结构件的总重量，使用定额时，按总重量计算。

（2）直联式或非直联式风机安装

直联式风机按风机本体及电动机和设备底座的总重量计算；非直联式风机按风机本体和底座的总重量计算。

（3）直联式和非直联式泵及深井泵安装

直联式泵按泵本体及电动机和底座的总重量计算；非直联式泵按泵本体及底座的总重量计算，不包括电机重量，但包括电机安装；深井泵按泵本体及电动机和底座及扬水管的总重量计算。

（4）活塞式压缩机及机组安装

活塞式V、W形及扇形压缩机及机组的设备重量，按同一底座上的主机、电动机、仪表盘及附件底座等的总重量计算；立式及L形压缩机、螺杆式压缩机、离心式压缩机则不包括电动机等动力机械的重量。

（5）往复式对称平衡压缩机安装

往复式 D、H、M 形对称平衡压缩机计算重量时包括主机、电动机及随主机到货的附属设备重量，但不包括附属设备安装（应按其他册有关定额另行计算）。

(6) 加热炉及热处理炉安装

加热炉及热处理炉如为整体结构（炉体已组装并有内衬砌体）计算设备重量时，应包括内衬砌体的重量；如为解体结构（炉体为金属结构件，需现场组合安装，无内衬砌体），则定额不变，计算设备重量时不包括内衬砌体的重量。

(7) 冷风机安装

冷风机定额的设备重量按冷风机、电动机、底座的总重量计算。

(8) 柴油发电机组安装

柴油发电机组定额的设备重量按机组的总重量计算。

(9) 其他机械安装

其他机械安装的设备重量，在同一底座上的机组按整体总重量计算；非同一底座上的机组按主机、辅机及底座的总重量计算。

7. 几个特定词语的含义

(1) 设备的水平和垂直运输

包括自安装现场指定堆放点运至安装地点的水平和垂直搬运。

(2) 材料和机具的水平和垂直运输

包括自施工单位现场仓库运至安装地点的水平和垂直搬运。

(3) 垂直运输基准面

在室内以室内平面为基准面，在室外以室外安装现场地平面为基准面。

(4) 施工现场（即工地）

指工厂（或电站）建设总平面图范围内，一般也是指工厂（或电站）围墙内的范围。

(5) 安装现场

是指距所安装设备的基础 70m 范围内。

(6) 安装地点

是指设备基础及基础周围附近。

(7) 现场仓库（工地仓库）

是指施工单位在施工现场（工地）内，存放材料和机（工）具的仓库（不是指设备仓库）。

(8) 指定堆放地点

是指施工组织设计中所指定的，在安装现场范围内较合理的堆放地点。

(9) 超高

设备场内搬运的垂直运距超过 ±10m 时为超高。

(10) 解体安装

是指一台设备的结构分成几大部件供货，需要在安装地点进行清洗、组装等工作。

(11) 拆装检查（解体拆装）

是指将一台整体或解体结构的设备，全部拆散（支解）进行清洗、检查、刮研、换油、调整、重新装配组合成为原形式的整体和解体结构设备。

(12) 设备重量

各种设备的重量均指设备的净重量（或称铭牌重量）。

（13）出库搬运。

出库搬运分为两种：

1）设备出库搬运。是指将要安装的设备，从设备仓库（在工地内或在工地外）运到安装现场指定堆放地点的搬运工作。定额内不包括设备出库搬运工作，需按有关规定或有关定额另行计算。

2）材料或工（机）具出库搬运。是指将材料或工（机）具从施工单位工地仓库（施工现场仓库）运到安装地点的搬运工作。其费用已包括在安装定额内。

（14）厂内搬运。

是指工厂（或电站）围墙范围内（也就是工地内）的搬运工作。

（15）场内搬运。

是指距离所安装设备的基础 70m 范围内的搬运工作。其费用已包括在定额内。

（16）二次搬运。

是指设备、材料的搬运工作，因场地狭小、有障碍物、沟、坑等阻碍，不能直接送到安装现场，所造成再次装卸搬运工作。

三、机械设备安装工程规范

C.1　机械设备安装工程

C.1.1　切削设备。工程量清单项目设置及工程量计算规则，应按表 1-1-14 的规定执行。

C.1.1　切削设备（编码：030101）　　**表 1-1-14**

项目编码	项目名称	项目特征	计量单位	工程量计算规则	工程内容
030101001	台式及仪表机床	1. 名称 2. 型号 3. 质量	台	按设计图示数量计算	1. 安装 2. 地脚螺栓孔灌浆 3. 设备底座与基础间灌浆
030101002	车床				
030101003	立式车床				
030101004	钻床				
030101005	镗床				
030101006	磨床安装				
030101007	铣床				
030101008	齿轮加工机床				
030101009	螺纹加工机床				
030101010	刨床				
030101011	插床				
030101012	拉床				
030101013	超声波加工机床				
030101014	电加工机床				
030101015	金属材料试验机械				
030101016	数控机床				
030101017	木工机械				

续表

项目编码	项目名称	项目特征	计量单位	工程量计算规则	工程内容
030101018	跑车带锯机	1. 名称 2. 型号 3. 质量	台	按设计图示数量计算	1. 本体安装 2. 保护罩制作、安装、除锈、刷漆
030101019	其他机床				1. 安装 2. 地脚螺栓孔灌浆 3. 设备底座与基础间灌浆

C.1.2 锻压设备。工程量清单项目设置及工程量计算规则，应按表 1-1-15 的规定执行。

C.1.2 锻压设备（编码：030102） **表 1-1-15**

项目编码	项目名称	项目特征	计量单位	工程量计算规则	工程内容
030102001	机械压力机	1. 名称 2. 型号 3. 质量	台	按设计图示数量计算	1. 安装 2. 地脚螺栓孔灌浆 3. 设备底座与基础间灌浆
030102002	液压机				1. 安装 2. 地脚螺栓孔灌浆 3. 设备底座与基础间灌浆 4. 管道支架制作、安装、除锈、刷漆
030102003	自动锻压机				1. 安装 2. 地脚螺栓孔灌浆 3. 设备底座与基础间灌浆
030102004	锻锤				
030102005	剪切机				
030102006	弯曲校正机				
030102007	锻造水压机安装	1. 名称 2. 型号 3. 质量 4. 公称压力			1. 安装 2. 地脚螺栓孔灌浆 3. 设备底座与基础间灌浆 4. 管道支架制作、安装、除锈、刷漆

C.1.3 铸造设备。工程量清单项目设置及工程量计算规则，应按表 1-1-16 的规定执行。

C.1.3　铸造设备（编码：030103）　　表 1-1-16

项目编码	项目名称	项目特征	计量单位	工程量计算规则	工程内容
030103001	砂处理设备	1. 名称 2. 型号 3. 质量	台	按设计图示数量计算	1. 安装 2. 地脚螺栓孔灌浆 3. 设备底座与基础间灌浆 4. 管道支架制作、安装、除锈、刷漆
030103002	造型设备				
030103003	造芯设备				
030103004	落砂设备				
030103005	清理设备				
030103006	金属型铸造设备				
030103007	材料准备设备				
030103008	抛丸清理室		室	按设计图示数量计算 注：设备质量应包括抛丸机、回转台、斗式提升机、螺旋输送机、电动小车等设备以及框架、平台、梯子、栏杆、漏斗、漏管等金属结构件的总质量	1. 抛丸清理室安装 2. 抛丸清理室地轨安装 3. 金属结构件和车档制作、安装 4. 除尘机及除尘器与风机间的风管安装
030103009	铸铁平台		t	按设计图示尺寸以质量计算	方形（梁式）铸铁平台安装、除锈、刷漆

C.1.4　起重设备。工程量清单项目设置及工程量计算规则，应按表 1-1-17 的规定执行。

C.1.4　起重设备（编码：030104）　　表 1-1-17

项目编码	项目名称	项目特征	计量单位	工程量计算规则	工程内容
030104001	桥式起重机	1. 名称 2. 型号 3. 起重质量	台	按设计图示数量计算	本体安装
030104002	吊钩门式起重机				
030104003	梁式起重机				
030104004	电动壁行悬挂式起重机				
030104005	旋臂壁式起重机				
030104006	悬臂立柱式起重机				
030104007	电动葫芦				
030104008	单轨小车				

C.1.5　起重机轨道。工程量清单项目设置及工程量计算规则，应按表 1-1-18 的规定执行。

C.1.5 起重机轨道（编码：030105） 表 1-1-18

项目编码	项目名称	项目特征	计量单位	工程量计算规则	工程内容
030105001	起重机轨道	1. 安装部位 2. 固定方式 3. 纵横向孔距 4. 型号	m	按设计图示尺寸，以单根轨道长度计算	1. 安装 2. 车档制作、安装

C.1.6 输送设备。工程量清单项目设置及工程量计算规则，应按表 1-1-19 的规定执行。

C.1.6 输送设备（编码：030106） 表 1-1-19

项目编码	项目名称	项目特征	计量单位	工程量计算规则	工程内容
030106001	斗式提升机	1. 名称 2. 型号 3. 提升高度	台	按设计图示数量计算	安装
030106002	刮板输送机	1. 名称 2. 型号 3. 输送机槽宽 4. 输送机长度 5. 驱动装置组数	组		
030106003	板（裙）式输送机	1. 名称 2. 型号 3. 链板宽度 4. 链轮中心距	台		
030106004	悬挂输送机	1. 名称 2. 型号 3. 质量 4. 链条类型 5. 节距			
030106005	固定式胶带输送机	1. 名称 2. 型号 3. 输送机的长度 4. 输送机胶带的宽度			
030106006	气力输送设备	1. 名称 2. 型号 3. 输送长度 4. 输送管尺寸			
030106007	卸矿车	1. 名称 2. 型号 3. 质量 4. 设备宽度			
030106008	皮带秤安装				

C.1.7　电梯。工程量清单项目设置及工程量计算规则，应按表 1-1-20 的规定执行。

C.1.7　电梯（编码：030107）　　**表 1-1-20**

<table>
<tr><th>项目编码</th><th>项目名称</th><th>项目特征</th><th>计量单位</th><th>工程量计算规则</th><th>工程内容</th></tr>
<tr><td>030107001</td><td>交流电梯</td><td rowspan="3">1. 名称
2. 型号
3. 用途
4. 层数
5. 站数
6. 提升高度</td><td rowspan="4">部</td><td rowspan="5">按设计图示数量计算</td><td rowspan="5">1. 本体安装
2. 电梯电气安装</td></tr>
<tr><td>030107002</td><td>直流电梯</td></tr>
<tr><td>030107003</td><td>小型杂货电梯</td></tr>
<tr><td>030107004</td><td>观光梯</td><td rowspan="2">1. 名称
2. 型号
3. 类别
4. 结构、规格</td></tr>
<tr><td>030107005</td><td>自动扶梯</td><td>台</td></tr>
</table>

C.1.8　风机。工程量清单项目设置及工程量计算规则，应按表 1-1-21 的规定执行。

C.1.8　风机（编码：030108）　　**表 1-1-21**

<table>
<tr><th>项目编码</th><th>项目名称</th><th>项目特征</th><th>计量单位</th><th>工程量计算规则</th><th>工程内容</th></tr>
<tr><td>030108001</td><td>离心式通风机</td><td rowspan="5">1. 名称
2. 型号
3. 质量</td><td rowspan="5">台</td><td rowspan="5">1. 按设计图示数量计算
2. 直联式风机的质量包括本体及电机、底座的总质量</td><td rowspan="5">1. 本体安装
2. 拆装检查
3. 二次灌浆</td></tr>
<tr><td>030108002</td><td>离心式引风机</td></tr>
<tr><td>030108003</td><td>轴流通风机</td></tr>
<tr><td>030108004</td><td>回转式鼓风机</td></tr>
<tr><td>030108005</td><td>离心式鼓风机</td></tr>
</table>

C.1.9　泵。工程量清单项目设置及工程量计算规则，应按表 1-1-22 的规定执行。

C.1.9　风机（编码：030109）　　**表 1-1-22**

<table>
<tr><th>项目编码</th><th>项目名称</th><th>项目特征</th><th>计量单位</th><th>工程量计算规则</th><th>工程内容</th></tr>
<tr><td>030109001</td><td>离心式泵</td><td rowspan="11">1. 名称
2. 型号
3. 质量
4. 输送介质
5. 压力
6. 材质</td><td rowspan="11">台</td><td>按设计图示数量计算
直联式泵的质量包括本体、电机及底座的总质量；非直联式的不包括电动机质量；深井泵的质量包括本体、电动机、底座及设备扬水管的总质量</td><td rowspan="11">1. 本体安装
2. 泵拆装检查
3. 电动机安装
4. 二次灌浆</td></tr>
<tr><td>030109002</td><td>旋涡泵</td><td rowspan="10">按设计图示数量计算</td></tr>
<tr><td>030109003</td><td>电动往复泵</td></tr>
<tr><td>030109004</td><td>柱塞泵</td></tr>
<tr><td>030109005</td><td>蒸汽往复泵</td></tr>
<tr><td>030109006</td><td>计量泵</td></tr>
<tr><td>030109007</td><td>螺杆泵</td></tr>
<tr><td>030109008</td><td>齿轮油泵</td></tr>
<tr><td>030109009</td><td>真空泵</td></tr>
<tr><td>030109010</td><td>屏蔽泵</td></tr>
<tr><td>030109011</td><td>简易移动潜水泵</td></tr>
</table>

C.1.10　压缩机。工程量清单项目设置及工程量计算规则，应按表 1-1-23 的规定执行。

C.1.10　压缩机（编码：030110）　　**表 1-1-23**

项目编码	项目名称	项目特征	计量单位	工程量计算规则	工程内容
030110001	活塞式压缩机	1. 名称 2. 型号 3. 质量 4. 结构形式	台	按设计图示数量计算 设备质量包括同一底座上主机、电动机、仪表盘及附件、底座等的总质量，但立式及 L 型压缩机、螺杆式压缩机、离心式压缩机不包括电动机等动力机械的质量 活塞式 D、M、H 型对称平衡压缩机的质量包括主机、电动机及随主机到货的附属设备的质量，但不包括附属设备安装	1. 本体安装 2. 拆装检查 3. 二次灌浆
030110002	回转式螺杆式压缩机				
030110003	离心式压缩机（电动机驱动）				

C.1.11　工业炉。工程量清单项目设置及工程量计算规则，应按表 1-1-24 的规定执行。

C.1.11　工业炉（编码：030111）　　**表 1-1-24**

项目编码	项目名称	项目特征	计量单位	工程量计算规则	工程内容
030111001	电弧炼钢炉	1. 名称 2. 型号 3. 质量 4. 设备容量 5. 内衬砌筑设计要求	台	按设计图示数量计算	1. 本体安装 2. 内衬砌筑、烘炉 3. 炉体结构件及设备刷漆
030111002	无芯工频感应电炉				
030111003	电阻炉	1. 名称 2. 型号 3. 质量			本体安装
030111004	真空炉				
030111005	高频及中频感应炉				
030111006	冲天炉	1. 名称 2. 型号 3. 质量 4. 熔化率			1. 本体安装 2. 前炉安装 3. 冲天炉加料机的轨道加料车、卷扬装置等安装 4. 轨道安装 5. 车挡制作、安装 6. 炉体管道的试压 7. 炉体结构件及设备刷漆

续表

项目编码	项目名称	项目特征	计量单位	工程量计算规则	工程内容
030111007	加热炉	1. 名称 2. 型号 3. 质量 4. 结构形式 5. 内衬砌筑设计要求	台	按设计图示数量计算	1. 本体安装 2. 砌筑 3. 炉体结构件及设备刷漆
030111008	热处理炉				
030111009	解体结构井式热处理炉安装	1. 名称 2. 型号 3. 质量			1. 本体安装 2. 炉体结构件刷漆及设备补刷油漆 3. 炉体管道安装、试压

C.1.12 煤气发生设备。工程量清单项目设置及工程量计算规则，应按表 1-1-25 的规定执行。

C.1.12 煤气发生设备（编码：030112） **1-1-25**

项目编码	项目名称	项目特征	计量单位	工程量计算规则	工程内容
030112001	煤气发生炉	1. 名称 2. 型号 3. 质量 4. 规格	台	按设计图示数量计算	1. 本体安装 2. 容器构件制作、安装
030112002	洗涤塔	1. 名称 2. 型号 3. 质量 4. 直径 5. 规格			1. 安装 2. 二次灌浆
030112003	电气滤清器	1. 名称 2. 型号 3. 质量 4. 规格			安装
030112004	竖管	1. 类型 2. 高度 3. 直径 4. 规格			
030112005	附属设备	1. 名称 2. 型号 3. 质量 4. 规格			1. 安装 2. 二次灌浆

C.1.13　其他机械。工程量清单项目设置及工程量计算规则，应按表 1-1-26 的规定执行。

C.1.13　其他机械（编码：030113）　　　　表 1-1-26

项目编码	项目名称	项目特征	计量单位	工程量计算规则	工程内容
030113001	溴化锂吸收式制冷机	1. 名称 2. 型号 3. 质量	台	按设计图示数量计算	1. 本体安装 2. 保温、防护层、刷漆
030113002	制冰设备	1. 名称 2. 型号 3. 质量 4. 制冰方式			
030113003	冷风机	1. 冷却面积 2. 直径 3. 质量			
030113004	润滑油处理设备	1. 名称 2. 型号 3. 质量			
030113005	膨胀机				1. 安装 2. 二次灌浆
030113006	柴油机				
030113007	柴油发电机组				
030113008	电动机				
030113009	电动发电机组				
030113010	冷凝器	1. 名称 2. 型号 3. 结构 4. 冷却面积			1. 本体安装 2. 保温、刷漆
030113011	蒸发器	1. 名称 2. 型号 3. 结构 4. 蒸发面积			
030113012	贮液器（排液桶）	1. 名称 2. 型号 3. 质量 4. 容积			
030113013	分离器	1. 类型 2. 介质 3. 直径			
030113014	过滤器				

续表

项目编码	项目名称	项目特征	计量单位	工程量计算规则	工程内容
030113015	中间冷却器	1. 名称 2. 型号 3. 质量 4. 冷却面积	台	按设计图示数量计算	1. 本体安装 2. 保温、刷漆
030113016	玻璃钢冷却塔				
030113017	集油器	1. 名称 2. 型号 3. 直径			本体安装
030113018	紧急泄氨器				
030113019	油视镜		支		
030113020	储气罐	1. 名称 2. 型号 3. 容积	台		
030113021	乙炔发生器				
030113022	水压机蓄势罐	1. 名称 2. 型号 3. 质量			
030113023	空气分离塔	1. 类型 2. 容积			1. 本体安装 2. 保温
030113024	小型制氧机附属设备	1. 名称 2. 型号 3. 质量			

C.1.14 “机械设备安装工程”适用于切削设备、锻压设备、铸造设备、起重设备、起重机轨道、输送设备、电梯、风机、泵、压缩机、工业炉设备、煤气发生设备、其他机械等的设备安装工程。

四、机械设备安装工程编制注意事项

（一）概况

本附录共分 13 节 122 个项目，包括：切削设备、锻压设备、铸造设备、起重设备、起重机轨道、输送设备、电梯、风机、泵、压缩机、工业炉设备、煤气发生设备、其他机械等。适用于机械设备安装工程工程量清单设置。清单项目所列工作内容，均为主要工序，工程量清单设置时必须考虑完成该项目工作的全部工序。

设备安装除各专业设备另有说明外，均不包括下列内容：电气系统、仪表系统、通风系统、设备本体第一个法兰以外的管道系统等的安装、调试工作执行相关项目编码。

（二）工程量清单项目设置

1. 附录 C.1.1 切削设备

本节包括了各类金属切削设备、木工机械加工设备等 19 项内容，共设置了 19 个清单项目编码。适用于机械设备工程中切削设备安装工程的工程量清单设置。与本节相关的电气系统参照附录 C.2 相应清单项目编码列项；仪表系统参照附录 C.10 相应清单项目编码列项。

工程量清单计量应根据不同型号的切削设备按其重量分别以设计图示数量进行，以

“台”为单位。

【例】 车床安装

项目编码：030101002001

项目名称：车床 C616 2t

计量单位：台

工程内容：①车床本体安装；②二次灌浆（灌浆料种类）。

本节不包括下列项目：大型设备安装所需的专用机具；负荷试运转、联合试运转、生产准备试运转；专用垫铁、特殊垫铁（如螺栓调整垫铁、球形垫铁等）和地脚螺栓。如果上述内容或者还有其他内容发生时，应增加工程内容列项，组成完整的工程实体项。

2. 附录 C.1.2 锻压设备

本节包括了锻压设备中压力机、自动锻压机、空气锤、锻锤、剪切机等 7 项内容，共设置了 7 个清单项目编码。适用于机械设备工程中锻压设备安装工程的工程量清单设置。与本节相关的电气系统参照附录 C.2 相应清单项目编码列项；仪表系统参照附录 C.10 相应清单项目编码列项；设备本体第一个法兰以外的管道系统参照附录 C.6 相应清单项目编码列项。

工程量清单计量应根据不同型号的锻压设备按其重量分别以设计图示数量进行，以“台”为单位。

【例】 液压机

项目编码：030102002001

项目名称：液压机 300t

计量单位：台

工程内容：①液压机本体安装；②二次灌浆（灌浆料种类）；③管道支架制作安装防腐（支架重量、油漆种类、漆膜厚度）；④管道焊口无损探伤（设计要求及规范规定）；⑤管道焊口机械强度试验（设计要求及规范规定）。

本节不包括下列项目：大型设备安装所需的专用机具；负荷试运转、联合试运转、生产准备试运转；专用垫铁、特殊垫铁（如螺栓调整垫铁、球形垫铁等）和地脚螺栓；无负荷试运转所用的水、电、气、油、燃料等。如果上述内容或者还有其他内容发生时，应增加工程内容列项，组成完整的工程实体项。

3. 附录 C.1.3 铸造设备

本节包括翻砂成型设备、砂清理设备、铸造所需其他设备等 9 项内容，共设置了 9 个清单项目编码。适用于铸造场所铸造设备安装工程的工程量清单设置。与本节相关的电气系统参照附录 C.2 相应清单项目编码列项；仪表系统参照附录 C.10 相应清单项目编码列项。

工程量清单计量应根据不同型号的铸造设备按其重量分别以设计图示数量进行，以台为单位。

【例】 造型设备

项目编码：030103003001

项目名称：砂模造型设备 4t

计量单位：台

工程内容：①设备本体安装；②二次灌浆（灌浆料种类）。

本节不包括下列项目：大型设备安装所需的专用机具；负荷试运转、联合试运转、生产准备试运转；专用垫铁、特殊垫铁（如螺栓调整垫铁、球形垫铁等）和地脚螺栓。如果上述内容或者还有其他内容发生时，应增加工程内容列项，组成完整的工程实体项。

4. 附录 C.1.4　起重设备

本节包括了各类起重设备的本体安装，按不同类型的起重设备设置 8 部分内容，共设置了 8 个清单项目编码。适用于机械设备安装工程中起重设备安装工程的工程量清单设置。与本节相关的电气系统参照附录 C.2 相应清单项目编码列项；仪表系统参照附录 C.10 相应清单项目编码列项。

工程量清单计量应根据不同型号的起重设备按其起重量分别以设计图示数量进行，以台为单位。

【例】　电动双梁桥式起重机

项目编码：030104001001

项目名称：电动双梁桥式起重机起重量 10t　跨距 19.5m

计量单位：台

工程内容：起重设备本体安装。

本节不包括下列项目：大型设备安装所需的专用机具；试运转重物的准备与运输；试运转所用的动力、燃料等。如果上述内容或者还有其他内容发生时，应增加工程内容列项，组成完整的工程实体项。

5. 附录 C.1.5　起重机轨道

本节内容包括了各类起重机轨道的安装 1 项内容，设置 1 个清单项目。适用于机械设备安装工程中起重机轨道安装工程的工程量清单设置。

工程量清单计量应根据不同安装部位、固定方式、纵横向孔号、轨道型号分别编码列项，依据设计图示尺寸，按单根轨道长度，以米为单位。

【例】　起重机轨道（G325）安装

项目编码：030105001001

项目名称：混凝土梁上压板　螺栓式　固定　纵向　孔距 600mm　横向孔距 260mm　38kg/m　起重机轨道安装

计量单位：m

工程内容：①导轨安装；②车挡制作、安装、刷油、防腐（油漆种类、漆膜厚度）。

本节不包括下列项目：轨道安装所需的专用机具、专用垫铁、特殊垫铁。如果上述内容或者还有其他内容发生时，应增加工程内容列项，组成完整的工程实体项。

6. 附录 C.1.6　输送设备

本节包括了提升机、各类输送机及与输送设备配套的卸矿车、皮带秤等 8 部分内容，共设置了 8 个清单项目编码。适用于采用工程量清单计价的机械设备安装工程中输送设备安装工程的工程量清单设置。与本节相关的电气系统参照附录 C.2 相应清单项目编码列项；仪表系统参照附录 C.10 相应清单项目编码列项。

工程量清单计量，斗式起重机应根据型号和提升高度为特征分别编码列项，按设计图示数量以台为单位；刮板输送机应根据型号、输送机槽宽、输送机长度、驱动装置组数等特征分别编码列项，按设计图示数量以“组”为单位；板（裙）式输送机应根据型号、链板宽度、链轮中心距等特征分别编码列项，按设计图示数量以台为单位；悬挂输送应根据型号机、重量、链条类型、节距等为特征分别编码列项，按设计图示数量以台为单位；固定式胶带输送机应根据型号、输送机长度和胶带宽度为特征分别编码列项，按设计图示数量以台为单位；气力输送设备应根据型号、输送长度和输送管尺寸等特征分别编码列项，按设计图示数量以台为单位；卸矿车和皮带秤安装应根据型号、重量和设备宽度等特征分别编码列项，按设计图示数量以台为单位。

【例】 刮板输送机

项目编码：030106002001

项目名称：刮板输送机槽宽 420mm　驱动装置 55m/组 ×4

计量单位：台

工程内容：刮板输送机本体安装。

本节不包括下列项目：负荷试运转、联合试运转、生产准备试运转；无负荷试运转所用的动力、燃料等。如果上述内容或者还有其他内容发生时，应增加工程内容列项，组成完整的工程实体项。

7. 附录 C.1.7　电梯

本节包括了交流电梯、直流电梯、小型杂货电梯、观光电梯和自动扶梯 5 部分内容，共设置了 5 个清单项目编码。适用于机械设备安装工程中电梯安装工程的工程量清单设置。与本节相关的电气系统参照附录 C.2 相应清单项目编码列项；支架制作参照附录 C.5 相应清单项目编码列项。

工程量清单计量应根据型号、用途、层数、站数、提升高度结构、规格等特征分别依据设计图示数量，以“部（台）”为单位。

【例】 交流自动电梯

项目编码：030107001001

项目名称：交流自动客运电梯层高 3.2m　8层　8站

计量单位：部

工程内容：电梯本体安装。

本节不包括下列项目：电梯安装所需的专用机具费用。

8. 附录 C.1.8　风机

本节包括通风机，引风机，鼓风机等 5 部分内容，共设置了 5 个清单项目编码。适用于机械设备安装工程中风机安装工程的工程量清单设置。与本节相关的电气系统参照附录 C.2 相应清单项目编码列项；支架制作参照附录 C.5 相应清单项目编码列项。

工程量清单计量应根据不同型号和重量分别依据设计图示数量，以“台”为单位。

【例】 离心式引风机

项目编码：030108003001

项目名称：离心式引风机　1.5t

计量单位：台

工程内容：①设备本体安装；②拆装检查；③二次灌浆（灌浆料种类）。

计算设备重量时，直联式风机的重量包括本体及电机、底座的总重量。

9. 附录 C.1.9　泵

本节包括了离心式泵、旋涡泵、往复泵、转子泵、真空泵、屏蔽泵等 11 部分内容，共设置了 11 个清单项目编码。适用于机械设备安装工程中机泵安装工程的工程量清单设置。与本节相关的电气系统参照附录 C.2 相应清单项目编码列项；支架制作参照附录 C.5 相应清单项目编码列项。

工程量清单计量应根据不同型号、重量、输送介质、压力和材质等特征分别依据设计图示数量，以“台”为单位。

【例】　离心式深水泵

项目编码：030109001001

项目名称：离心式深水泵　2t

计量单位：台

工程内容：①水泵本体安装；②水泵拆装检查；③二次灌浆（灌浆料种类）。

计算设备重量时，直联式泵的重量包括本体及电机、底座的总重量；非直联式泵的重量不包括电机重量；深井泵的重量包括本体、电机、底座及扬水管的总重量。

本节不包括下列项目：负荷试运转；无负荷试运转所用的动力。如果上述内容或者还有其他内容发生时，应增加工程内容列项，组成完整的工程实体项。

10. 附录 C.1.10　压缩机

本节包括了活塞式压缩机、回转式螺杆压缩机、离心式压缩机等 7 部分内容，共设置了 7 个清单项目编码。适用于机械设备安装工程中压缩机安装工程的工程量清单设置。

与本节相关的电气系统参照附录 C.2 相应清单项目编码列项；随机管路参照附录 C.6 相应清单项目编码列项；随机附属静置设备参照附录 C.5 相应清单项目编码列项；仪表系统参照附录 C.10 相应清单项目编码列项。

工程量清单计量应根据不同型号、重量、结构形式等特征分别依据设计图示数量，以“台”为单位。

【例】　活塞式压缩机

项目编码：030110007001

项目名称：活塞式 H 型中间同步（电动机驱动）压缩机 120t 解体安装

计量单位：台

工程内容：①压缩机主机解体安装；②电动机（规格型号）安装；③二次灌浆（灌浆料种类）。

计算设备重量时，其设备重量包括同一底座上主机、电动机、仪表盘及附件、底座等的总重量。

本节不包括下列项目：负荷试运转、联合试运转、生产准备试运转；无负荷试运转所用的水、电、气、油、燃料等。如果上述内容或者还有其他内容发生时，应增加工程内容列项，组成完整的工程实体项。

11. 附录 C.1.11　工业炉

本节包括了电弧炼钢炉、电频感应炉、电阻炉、冲天炉、加热炉、热处理炉、炉窑砌筑等 10 部分内容，共设置了 10 个清单项目编码，适用于机械设备安装工程中工业炉安装工程的工程量清单设置。与本节相关的电气系统参照附录 C.2 相应清单项目编码列项；附属设备钢结构及导轨安装参照附录 C.5 相应清单项目编码列项；仪表系统参照附录 C.10 相应清单项目编码列项。

工程量清单计量应根据不同型号、重量、熔化率等特征分别编码列项，依据设计图示数量，以“台”为单位。

【例】 冲天炉

项目编码：030111006001

项目名称：熔化率 10t/h 冲天炉

计量单位：台

工程内容：①冲天炉本体和前炉安装；②加料机构（含导轨、加料车、卷扬装置）安装；③出渣导轨（长度）安装；④车挡制作安装刷油防腐（油漆种类、漆膜厚度）；⑤炉体结构及设备刷油防腐（油漆种类、漆膜厚度）。

本节不包括下列项目：烘炉，负荷试运转，联合试运转，生产准备试运转，无负荷试运转所用的水、电、气、油、燃料等。如果上述内容或者还有其他内容发生时，应增加工程内容列项，组成完整的工程实体项。

12. 附录 C.1.12 煤气发生设备

本节包括了煤气发生炉、煤气洗涤塔、电气滤清器、竖管、煤气发生附属设备 5 部分内容，共设置了 5 个清单项目编码。适用于以煤或焦炭作燃料的冷热煤气发生炉及各种附属设备、构件等煤气发生设备安装工程的工程量清单设置。与本节相关的电气系统参照附录 C.2 相应清单项目编码列项；附属设备钢结构安装参照附录 C.5 相应清单项目编码列项；仪表系统参照附录 C.10 相应清单项目编码列项。

工程量清单计量应根据不同型号、重量、规格、高度、直径等特征，分别依据设计图示数量，以“台”为单位。

【例】 煤气洗涤塔

项目编码：030112002001

项目名称：煤气洗涤塔 ϕ 2650/H18800

计量单位：台

工程内容：①洗涤塔安装；②二次灌浆（灌浆料种类）。

本节不包括下列项目：负荷试运转、联合试运转、生产准备试运转；无负荷试运转所用的水、电、气、油、燃料等。如果上述内容或者还有其他内容发生时，应增加工程内容列项，组成完整的工程实体项。

13. 附录 C.1.13 其他机械

本节包括了制冷设备及其附属设备、动力设备及其附属设备、乙炔气生产设备及其附属设备、小型制氧设备及其附属设备等 27 项内容，共设置了 27 个清单项目编码。适用于采用工程量清单计价的机械设备安装工程中其他机械设备安装工程的工程量清单设置。与本节相关的电气系统参照附录 C.2 相应清单项目编码列项；附属设备钢结构安装参照附录 C.5 相应清单项目编码列项；各种设备本体第一个法兰以外的管道、附件参照附录 C.6 相应清单项目编码列项；仪表系统参照附录 C.10 相应清单项目编码列项。

工程量清单计量应根据不同型号、重量、冷却面积、蒸发面积、介质、直径等特征分别编码列项，依据设计图示数量以台为单位。动力设备中的大型电机安装以 t 为计量单位。

【例】 制冰设备

项目编码：030113002001

项目名称：盐水制冰设备加水器 0.8t

计量单位：台

工程内容：①设备本体安装；②防腐蚀（数量、油漆种类、漆膜厚度）；③岩棉板保温层（厚度）；④镀锌薄钢板护层（厚度、安装方式）。

本节不包括下列项目：负荷试运转、联合试运转、生产准备试运转；无负荷试运转所用的水、电、气、油、燃料等。如果上述内容或者还有其他内容发生时，应增加工程内容列项，组成完整的工程实体项。

（三）需要说明的问题

1. 项目特征。项目特征是设置清单项目的主要依据，用于区分规范中同一清单条目下各个具体的清单项目。如规范清单条目 030104001001 桥式起重机，特征中，名称是指具体清单列项的名称，用名称区分是何种起重机，写出具体的起重机名称；起重量则是通过设备的工作能力描述是何种起重机，跨距是进一步通过设备的外形尺寸描述是何种起重机，项目特征列项完整后即确定了设备的惟一性。

2. 规范的每一清单条目，项目特征不尽相同，都有其特定的含意，对特征的理解要对应不同的主项。

3. 工程内容是清单项目计价的提示，工程内容列项是工程量清单编制的主要工作。工程内容列项，应避免漏项或重复，准确的工程内容列项是清单计价准确的保证。清单项目所综合工程内容能够通过主项按设计要求或工艺要求计算出工程量的应标明设计要求或工艺要求，如果主项工程量与综合工程内容工程量不对应，在列综合项时还要列出综合工程内容的工程量。

第二节　电气设备安装工程

一、电气设备安装工程制图

电气施工图是指导电气施工和编制电气工程预算的主要依据。电气施工图是依据国家主管部门颁发的有关电气技术标准和电气通用图形符号绘制而成的。

（一）电气施工图的分类

电气施工图按不同的分项工程划分，可分为变配电工程施工图、动力工程施工图、照明工程施工图、防雷接地工程施工图、弱电工程（通信广播）施工图以及架空线路施工图等。

电气施工图按图纸不同的表现功能，可分为基本图和详图，分别表示的内容如下：

1. 基本图

电气施工图基本图包括图纸目录、设计说明、系统图、平面图、立（剖）面图（变配电工程图）、控制原理图（二次线路图）、设备材料表等。

(1) 设计说明。设计说明一般包括供电方式、电压等级、主要线路敷设方式及在图中未能表达的各种电气安装高度、工程主要技术数据、施工和验收要求以及有关事项等。

设计说明，根据工程规模及说明内容的多少，既可单独编制说明，也可注在图面的空余处。

(2) 主要设备材料表。设备材料表列出该项工程所需的各种主要设备、线管、支架型材、导线等器材的名称、型号、规格、材质、数量，是供订货、采购设备和材料使用的。设备材料表上所列主要材料的数量，由于与工程量的计算方法和要求不同，不能作为工程量编制预算，只能作为参考数量。

(3) 系统图。系统图是依据用电负荷和配电方式绘制出来的。系统图是把整个工程的供电线路用单线联结形式表示的线路图，但不表示空间位置关系。

通过识读系统图可以了解以下内容：

1) 整个变、配电系统的联结方式，从主干线至各分支回路分几级控制，有多少个分支回路。

2) 主要变电设备、配电设备的名称、型号、规格及数量。

3) 主干线路的敷设方式、型号、规格。

(4) 电气平面图。电气平面图，一般分为变配电平面图、动力平面图、照明平面图、弱电平面图、室外电气工程平面图，在高层建筑中有标准层平面图、干线布置图等。

电气平面图的特点是将同一层内不同安装高度的电气设备及线路都放在同一平面上来表示。

通过电气平面图的知识，可以了解以下内容：

1) 建筑物的平面布置、轴线分布、尺寸及图纸比例。

2) 各种变、配电设备的编号、名称、各种用电设备的名称、型号以及它们在平面图上的位置。

3) 各种配电线路的起点和终点、敷设方式、型号、规格、根数，以及在建筑物中的走向、平面和垂直位置。

(5) 控制原理图。控制原理图是根据控制电器的工作原理，按规定的线段和图形符号绘制成的电路展开图，一般不表示各电气元件的空间位置。

控制原理图具有线路简单、作用顺序分明、便于识读和分析研究的特点，是二次配线的依据。控制原理图不是每套图纸都有，只在工程具有控制及保护电器时才具备。

识读控制原理图应掌握不在控制盘上的那些控制元件和控制线路的连结方式。识读控制原理图应与平面图接线图核对，以免漏算。

2. 详图

(1) 电气工程详图是指盘、柜的盘面电器及线路布置图和某些电气部件的安装大样图。大样图的特点是对安装部件的各部位都注有详细尺寸，一般是在没有标准图可选用并有特殊要求的情况下才绘制。

(2) 标准图。标准图是具有通用性质的详图，表示一组设备或部件的具体图形和详细尺寸，便于制作安装，是施工图的组成部分。

(二) 电气施工图的表示方法

电气施工图是用各种线型和符号来表达设计内容的，识读电气施工图必须要掌握。

1. 线型

电气施工图上的线型与其他专业施工图上的线型是一样的，但它的含意却完全不同。电气施工图线型的含意如下：

（1）实线：用以表示基本线、简图主要内容用线、可见轮廓线、可见导线。

（2）虚线：用以表示辅助线、屏蔽线、机械连接线、不可见轮廓线、不可见导线、计划扩展内容用线。

（3）点画线：用以表示分界线、结构围框线、功能围框线、分线围框线。

（4）双点画线：辅助围框线。

图线的宽度一般从0.25，0.35，0.5，0.7，1.0，1.4mm系列中选取。通常只选用两种宽度的图线，粗线的宽度为细线的2倍。但在某些图中，可能需要两种以上宽度的图线，在这种情况下，线的宽度应以2的倍数依次递增。

平行线之间的最小间距应不小于粗线宽度的2倍，同时不小于0.74mm。

指引线的表示方法：指引线应是细实线，指向被注释处，并在其末端加注如下的标记：

如末端在轮廓线内，用一黑点；

如末端在轮廓线上，用一箭头；

如末端在电路线上，用一短斜线。

2. 符号

在电气图中，由于电气设备及元器件很多，所以用图形符号和文字符号来加以区别。每个符号都代表一定的含意，只有理解和掌握这些符号和它们之间的相互关系，才能识读电气图的全部内容。

近几年来，我国相继颁布了一批电气图形符号新国家标准，同时废除了20世纪60年代制定的旧标准。要求从1990年1月1日起，所有电气技术文件和图纸一律使用新国家标准，不准再使用旧的国家标准。应说明的是：目前仍处于新旧标准交替时期，新旧标准仍在许多工程的电气图纸上同时使用。

当电气图形标准符号出现几种形式时，选择符号应遵循以下原则：

1）尽可能采用优选形式；

2）在满足需要的前提下，尽量采用最简单的形式；

3）在同一图号的图中使用同一种形式。

（1）电气图形符号新标准的特点

1）具有通用性。新标准基本上全部采用了IEC（国际电工委员会）发布的图形符号和制图标准，并转化为国家标准，在国际上具有通用性，有利于对外开放和技术交流。

2）具有实用性。与旧标准相比，许多图形符号的结构得到了简化，除个别情况外，一般图形符号的线条可以不分粗细，使绘图工作量明显减少。

3）具有科学性。与旧标准相比，新标准图形符号的表达更为确切，既容易理解，又不易混淆。

4）具有先进性。新标准中增加了大量新技术领域的图形符号，例如属于微电子技术的图形符号等。为便于在计算机辅助绘图系统中使用标准给出的符号，标准中专门作了规定和要求，以满足计算机辅助绘图的需要。

(2) 使用新标准的注意事项

1) 标准中已尽可能完整地给出符号要素、限定符号和一般符号，但只给出有限的组合符号的例子。在应用时，可通过已规定符号适当组合进行派生。

2) 为适应不同图样或用途的要求，可以改变彼此有关的符号尺寸，如电力变压器和测量用互感器可以采用不同大小的符号。在应用中，图形符号可根据需要缩小或放大。当一个符号用以限定另一个符号时，该符号常常缩小绘制。缩小或放大时，各符号相互间及符号本身的比例应保持不变。

3) 标准中出示的符号方位不是强制的。在不改变符号含义的前提下，符号可根据图面布置的需要旋转或成镜像放置，但文字和指示方向不得倒置。

4) 导线符号可以用不同粗细的线条表示。

5) 大部分符号上都可以增加补充信息。但是仅在有表示这种信息的推荐方法的情况下，标准中才出示实例。

6) 标准中有些符号具有几种图形形式，在使用时应优先采用“优选形”。同时应注意在同一张电气图中只能选用一种图形形式，图形符号的大小和线条的粗细要基本一致。

7) 图形符号中的文字符号、物理量符号等，应视为图形符号的组成部分。这些文字符号、物理量符号应符合有关标准的规定。

(3) 电气图形符号的名词术语

1) 图形符号——通常用于图样或其他文件，以表示一个设备或概念的图形、标记或字符。

2) 符号要素——一种具有确定意义的简单图形，必须同其他图形组合以构成一个设备或概念的完整符号。例如灯丝、阴极、阳极、管壳等符号要素组成电子管的符号。符号要素组合使用时，其布置可以同符号表示的设备的实际结构不一致。

3) 一般符号——用以表示一类产品和此类产品特征的一种通常很简单的符号。

4) 限定符号——用以提供附加信息的一种加在其他符号上的符号。限定符号通常不能单独使用。但一般符号有时也可用作限定符号，如电容器的一般符号加到传声器符号上即构成电容器或传声器的符号。

5) 方框符号——用以表示元件、设备等的组合及其功能，既不给出元件、设备的细节也不考虑所有连接的一种简单的图形符号。方框符号通常用在使用单线表示法的电气图中，也可用在表示全部输入和输出接线的电气图中。

(4) 电气技术中的文字符号。文字符号分为基本文字符号和辅助文字符号两类。

1) 基本文字符号。基本文字符号分为单字母符号和双字母符号两种。单字母符号是按拉丁字母将各种电气设备、装置和元器件划分为 23 大类，每一大类用一个专用单字母符号表示；双字母符号由一个表示种类的单字母符号与另一字母组成，其组合形式应以单字母符号在前，另一字母在后的次序列出。只有当用单字母符号不能满足要求，需要将此类进一步划分时，才采用双字母符号，以便更具体地表述电气设备、装置和元器件等。

2）辅助文字符号。辅助文字符号用以表示电气设备、装置和元器件以及线路的功能、状态和特征。辅助文字符号也可放在表示种类的单字母符号后边组成双字母符号。为简化文字符号，若辅助文字符号由两个以上字母组成时，允许只采用第一位字母进行组合。辅助文字符号还可以单独使用。

（三）电气施工图的识读

1. 电气施工图的识读特点

电气安装工程施工图除了少量的投影图外，主要是一些系统图、原理图和接线图。对于投影图的识读，其关键是要解决好平面与立体的关系，即搞清电气设备的装配、连接关系。对于系统图、原理图和接线图，因为它们都是用各种图例符号绘制的示意性图样，不表示平面与立体的实际情况，只表示各种电气设备、部件之间的联结关系。因此，识读电气施工图必须按以下要求进行：

（1）要熟悉各种电气设备的图例符号。在此基础上，才能按施工图主要设备材料表中所列各项设备及主要材料分别研究其在施工图中的安装位置，以便对总体情况有概括的了解。

（2）对于控制原理图，要搞清主电路（一次回路系统）和辅助电路（二次回路系统）的相互关系和控制原理及其作用。

控制回路和保护回路作用于主电路，对主电路起启动、停止、制动、保护等作用。

（3）对于每一回路的识读应从电源端开始，顺电源线，依次通过每一电气元件时，都要弄清楚它们的作用及给整个系统带来的变化。

（4）仅仅掌握电气制图规则及各种电气图例符号，对于理解电气图是远远不够的。必须具备有关电气的一般原理知识和电气施工技术，才能真正达到看懂电气施工图的目的。

2. 识读电气施工图的程序和要求

电气施工平面图是编制预算计算工程量的主要依据，因为它比较全面地反映了工程的基本状况。电气工程所安装的电气设备、元件的种类、数量、安装位置，管线的敷设方式、走向、材质、型号、规格、数量等都可以在识读平面图过程中计算出来。为了在比较复杂的平面布置中搞清系统电气设备、元件间的联结关系，还需要进一步识读外部接线图，因为接线图表明了主要设备的连接关系。进而识读高、低压配电系统图，在理清电源的进出、分配情况以后，重点对控制原理图进行识读，以便了解各电气设备、元件在系统中的作用。在此基础上，再结合平面图进行识读，就可以对电气施工图有全面的理解。

一套电气施工图少则数十张，多则上百张，编制预算时，并不是都用得到。平面图和立面图是编制预算最主要的图纸，应进行重点识读。识读平、立面图在于能够准确地计算工程量，为正确编制预算打好基础。但识读平、立面施工图时要结合其他相关图纸相互对照识读，可以加深对平、立面图的正确理解。

（1）是否已掌握平、立面图的内容，对下述问题如已有完整准确的了解，可以作出判断。

1）对整个单位工程所选用的各种电气设备的数量及其作用有全面地了解；

2）对采用的电压等级，高、低压电源进出回路及电力的具体分配情况有清楚地概念；

3）对电力传动、控制及保护原理有大致的了解；

4）各种类型的电缆、管道、导线的根数、长度、起止位置、敷设方式有详细地了解；

5）对需要制作加工的非标准设备及非标准件的品种、规格、数量等有精确地统计；

6）防雷、接地装置的布置，材料的品种、规格、型号、数量要有清楚地了解；

7）需要进行调整、试验的设备系统，结合定额规定及项目划分，要有明确的数量概念；

8）对设计说明中的技术标准、施工要求以及与编制预算有关的各种数据，都已经掌握。

（2）电气工程识图，还必须与下述内容结合起来，才能把施工图吃透、算准：

1）在识图的全过程中要和熟悉预算定额结合起来。把预算定额中的项目划分、包含工序、工程量的计算方法、计量单位等与施工图结合起来。

2）要掌握施工图，还必须深入现场，了解实际情况，把在现场实际情况弄清楚。

3）识读施工图要结合有关的规范、标准、通用图集以及施工组织设计、施工方案等一起识读，以弥补施工图表达不清和不足之处。

4）要学习和掌握必要的电气技术基础知识和积累现场施工的实践经验。

3. 变配电工程施工图的识读

电气设备根据其使用功能，分为一次设备和二次设备。一次设备指发电、输电、变电、配电系统上使用的设备，如发电机、变压器、断路器、隔离开关、自动空气开关、接触器、刀开关、电抗器、电动机、避雷器、熔断器、电流互感器、电压互感器等；二次设备指对一次设备运行进行监测、控制、调节、保护所需的电气设备，如测量仪表、继电器、操作开关、按钮、自动控制设备、电子计算机、信号设备以及供给这些设备电能的供电装置，如蓄电池、整流器等。有些设备和电器如接触器、刀开关、电动机、熔断器等，在一次、二次设备上均可使用。

由一次设备相互连接，构成的电气回路，称为一次回路，表示一次回路的图样，称为一次回路图或一次回路接线图。由二次设备相互连接，构成对一次设备进行监测、控制、调节和保护的电气回路，称为二次回路图或二次回路接线图。二次回路包括控制回路、监测回路、信号回路、保护回路、调节回路、操作电源回路和励磁回路。

变配电工程常用的施工图有一次回路系统图、二次回路原理接线图、二次回路展开接线图、安装接线图及设备布置图。

（1）一次回路系统图。一次回路又称主回路。一次回路一般都采用单线图的形式。图1-2-1是以单线图表示的某变电所一次回路系统图。从图上可以看出该变电所的一次回路是由三相高压隔离开关 *GK*、油断路器 *YCD*、两只电流互感器 LH_a、LH_c、电力变压器 *B*、自动开关 *ZK* 以及避雷器 *BL* 组成。图中表明了各电气设备的连接方式。

（2）二次回路原理接线图。二次回路原理接线图是用来表示二次回路工作原理及其相互作用的图样。在原理接线图上，不仅表示出二次回路中各元件的连接方式，而且还表示了与二次回路有关的一次设备和一次回路。二次接线图能够使读图者对整个二次回路的结构有一个整体概念，根据二次回路原理接线图可以绘制二次回路展开图和安装接线图。

图 1-2-2 是变压器过电流保护二次原理接线图。由图可以看出 LJ 是过电流继电器，它的线圈分别串接在 A 相和 G 相电流互感二次回路 $2LA_a$、$2LH_c$ 中，组成了电流速断保护，即当电流超过继电器的整定值时，继电器的常开触点闭合，接通跳闸线圈而使油断路器 YOD 跳闸，切断电流保护变压器。

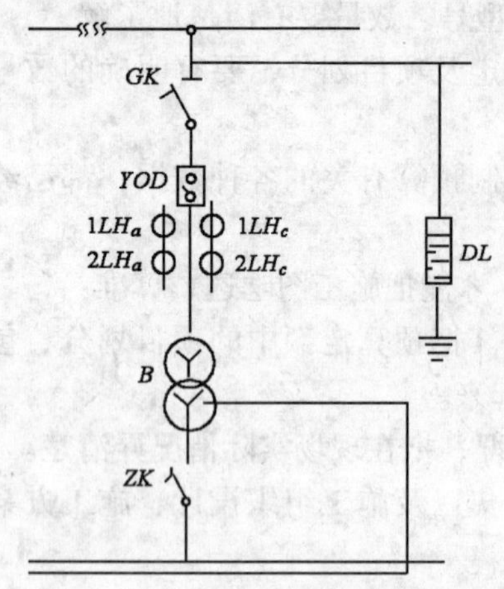

图 1-2-1　某变电所一次回路系统图

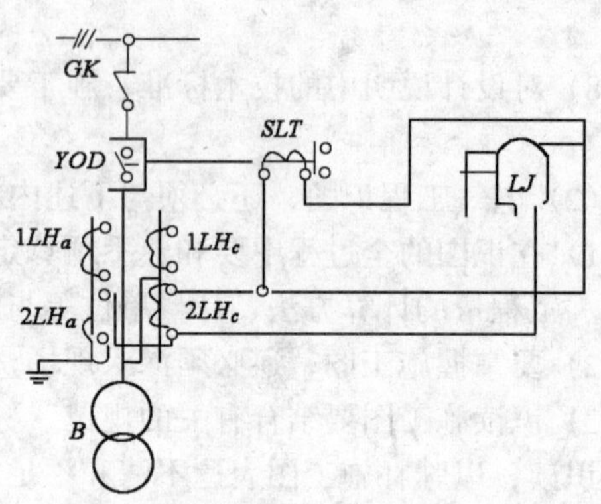

图 1-2-2　过电流保护二次原理接线图

(3) 二次回路展开接线图。二次回路展开接线图是二次回路原理图的一种实用形式。展开图简单明了，易于看清动作顺序，所以在设计中应用较为广泛。必须将属于同一个仪表或继电器的电流线圈、电压线圈和各种不同功能的触点，分别画在几个不同的回路中。为了避免混淆，属于同一个仪表或继电器的各个元件（如线圈、触点等）采用同一的文字标号。

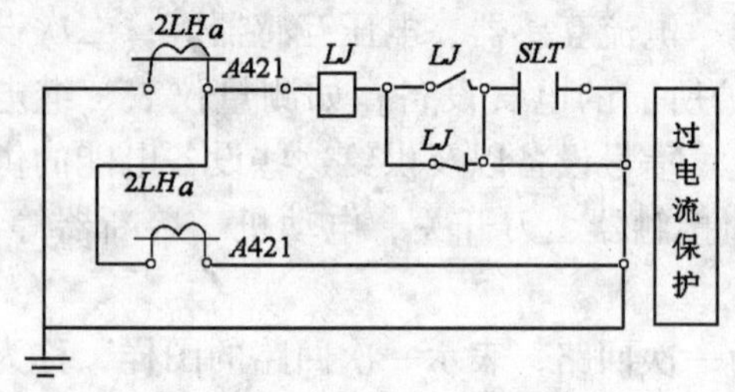

图 1-2-3　二次电流回路展开图

图 1-2-3 为二次电流回路展开图。在图上，每个设备的线圈和接点并不画在一起，而是按照它们所完成的动作一一排列在各自的回路中。

(4) 安装接线图。为了施工和维护的方便，在展开图的基础上，还绘制有安装接线图，用来表达电源引入线的位置、电缆线的型号、规格、穿管直径；配电盘、柜的安装位置、型号及分支回路标号；各种电器、仪表的安装位置和接线方式。安装接线图是现场安装和配线的主要依据。安装接线图一般包括盘面布置图、盘背面接线图和端子排图等图样。

1) 盘面布置图。盘面布置图是加工制造盘、箱、柜和安装盘、箱、柜上电器设备的依据。盘、箱、柜上各个设备的排列、布置系根据运行操作的合理性并适当考虑到维修和施工的方便而安置的。

2) 盘背面接线图。盘背面接线图是以盘面布置图为基准，以原理接线图为依据而绘制的接线图，它表明了盘上各设备引出端子之间的连接情况，以及设备与端子排间的连接情况，它是盘上配线的依据。

3）端子排图。端子排图是表示盘、箱、柜内需要装设端子排的数目、形式、排列次序、位置，以及它与盘、箱、柜上设备和盘、箱、柜外设备连接情况的图样。

(5) 设备布置图　在一次回路系统图中，通常不表明电气设备的安装位置，因此，需要另外绘制设备布置图以表示电气设备的确切定位。在设备布置图上，每台设备的安装位置、具体尺寸及线路的走向等都有明确表示。设备布置图一般可分为设备平面布置图和立（剖）面图两种图样，它是设备安装的主要依据。

图 1-2-4 是二次回路的安装接线图。

图 1-2-5 是变电所设备布置图，包括设备平面布置图和剖面图。

4. 动力工程施工图的识读

动力工程包括的范围从电源进线开始经各种控制设备、配管配线（包括二次配线）到电机或用电设备接线以及接地及对设备和系统的调试等。

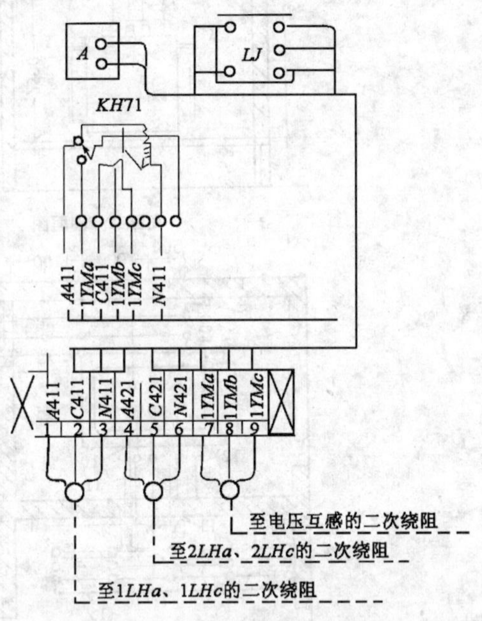

图 1-2-4　二次回路安装接线图

动力工程施工图和变配电工程施工图包括的施工图种类基本相同，主要图样有一次回路系统图、二次回路原理接线图、二次回路展开接线图、安装接线图、平面布置图及盘面布置图等。

(1) 一次回路系统图　一次回路系统图（简称为系统图）有单线图和多线图两种表示方法，以单线图表示较为普遍。

图 1-2-6 是某水处理车间动力工程 N_2 配电箱系统图，它是该车间总的配电设备。

从图上可以看出，该配电箱的电源由 N_1 电源切换箱引入，经配电箱内的总开关控制，分 6 个回路向不同的用电设备供电（其中两个回路为备用）。

每个回路均采用熔断器作保护，配线方式为 BLV-500 塑料铝芯线穿钢管埋地或沿墙暗配。

(2) 动力工程平面布置图　动力工程平面布置图（简称为平面图）是表示动力设备与用电设备平面安装位置以及导线走向、敷设方式、规格型号、连接方式的图样。动力工程平面图上表示的设备、导线的位置并不确切，施工时或计算工程量时还要结合设计说明、规范、标准图和现场常规作法等进行。

图 1-2-7 为某水处理车间的动力工程平面布置图，从图上可以了解到以下工程内容：

1）电源从主厂房低压配电室引来，采用 2 根 VLV29-13 × 70 × 1 × 25 聚氯乙烯绝缘电力电缆穿 *DN*80 钢管埋地敷设。从④轴线处引进室内接入 N_1 两路电源切换箱，再由 N1 用一根同样电缆接入 N_2 车间总配电箱。

2）N_2 配电箱安装四个回路，向 N_3、N_4 配电箱、1 号设备、二层 C_7 组合式电源插座等用电设备供电：N_3 配电箱有四个回路，向 2 号 A、2 号 B、3 号 A 和 3 号 B 等四台泵供电；N_4 配电箱有五个回路，向 4 号、5 号、6 号、P_1 用电设备和二层 C_4 组合式电源插座供电，配电箱均为落地式。

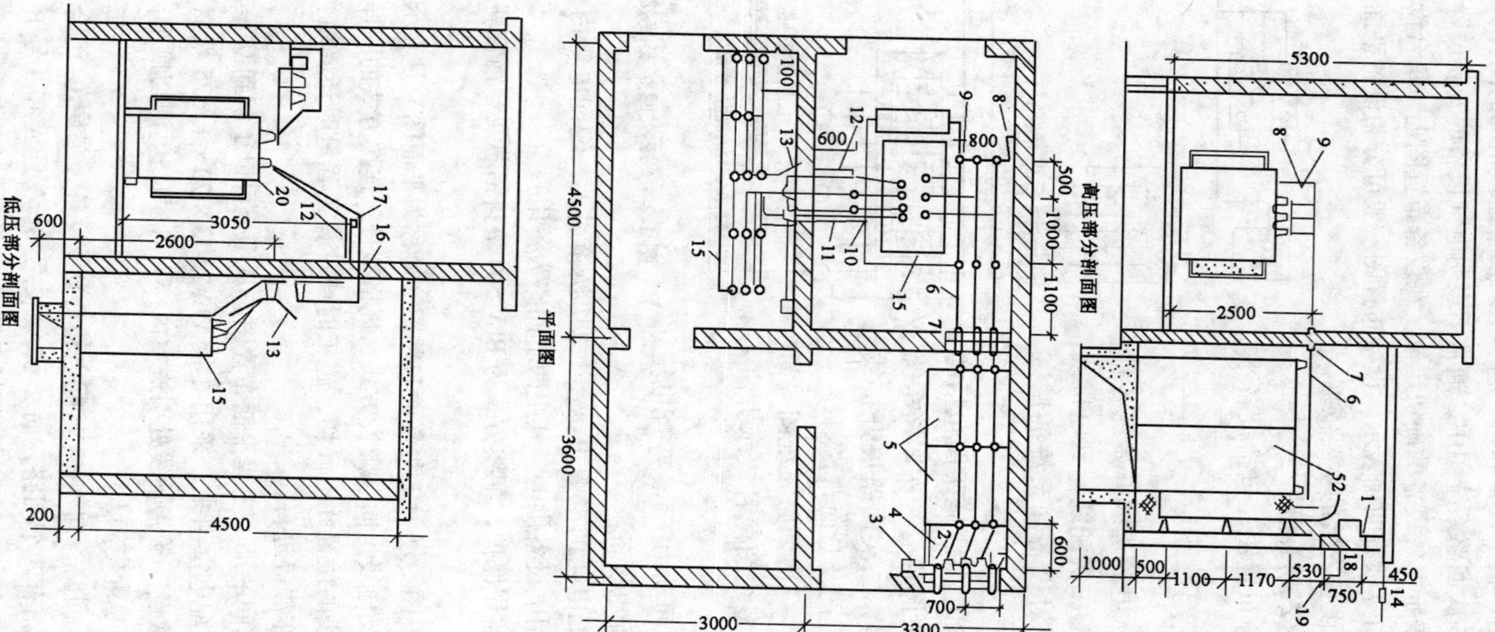

图 1-2-5　变电所系统布置图

1—穿墙套管；2—隔离开关；3—隔离开关操作机构；4—保护网；5—高压开关柜；6—高压母线；7—穿墙套管；8—高压母线支架；9—支持绝缘子；10—低压中性母线；11—低压母线；12—低压母线支架；13—空气开关；14—架空引入线架及零件；15—低压配电屏；16—低压母线穿墙板；17—电车绝缘子；18—阀型避雷器；19—避雷器支架；20—电力变压器

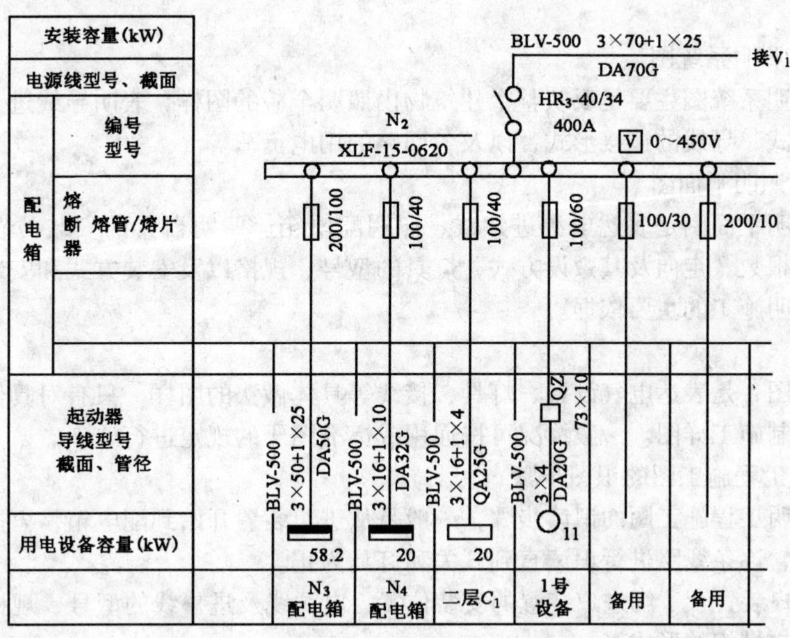

图 1-2-6 N_2 配电箱系统图

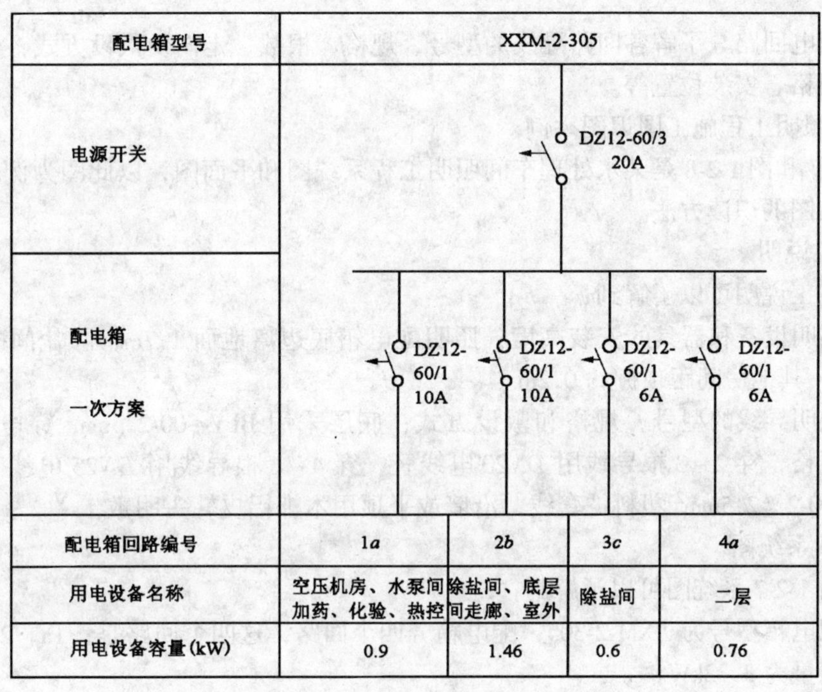

图 1-2-7 照明配电箱系统图

（四）室内照明工程施工图的识读

室内照明工程施工图，主要是表示室内照明设备、照明器具（灯具、开关等）安装和照明线路敷设的图样。室内照明工程施工图常用的有室内照明系统图、平面图和详图等。

1. 室内照明系统图

室内照明系统图主要是反映整个建筑物内照明全貌的图样，表明导线进入建筑物后电能的分配方式、导线的连接形式，以及各回路的用电负荷等。

2. 室内照明平面图

室内照明平面图是表达电源进户线、照明配电箱、照明器具的安装位置，导线的规格、型号、根数、走向及其敷设方式，灯具的型号、规格以及安装方式和安装高度等的图样。它是照明施工的主要依据。

3. 详图

施工详图，是表达电气设备、灯具、接线等具体做法的图样。只有对具体做法有特殊要求时才绘制施工详图。一般情况可按通用或标准图册的规定进行施工。

4. 照明工程施工图的识图步骤

电气照明工程施工图的识读步骤，一般是从进户装置开始到配电箱，再按配电箱的回路编号顺序，逐条线路进行识读直到开关和灯具为止。

(1) 进户装置　了解进户装置的安装位置、电源线及进户线的型号、规格、根数、敷设方式，进户横担的形式等。

(2) 照明配电箱　了解照明配电箱的型号、规格、安装位置、箱内电器设备及元件的设置。

(3) 配电回路　了解各回路导线的型号、规格、根数、走向及敷设方式，灯具及开关的型号、规格、安装位置等。

(五) 照明工程施工图识图举例

图 1-2-7 和图 1-2-8 是某水处理车间照明工程系统图和平面图，以此图为例介绍电气照明工程施工图的识读方法。

1. 施工说明

识读施工说明可以了解到：

(1) 照明设备和器具的安装高度：照明配电箱底边离地面 1.7m；除盐间的拉线开关距地面 3m，其他房间距顶棚约 0.2m。

(2) 照明导线的型号、规格和敷设方式：底层采用 BLV-500-2.5mm^2 穿电线管暗敷。电线管的规格，穿 2~3 根导线用 *DN*20 电线管，穿 4~6 根导线用 *DN*25 电线管；二层采用 BLVV-500-2×2.5mm^2 塑料护套线，沿墙或平顶用木榫铝皮轧头明敷。

2. 识读系统图

识读图 1-2-7 系统图可以了解到：

照明配电箱型号为 XXM-2-305，配电箱分四个回路，这四个回路是：1a、2b、3c、4a。用电设备容量为 3.72kW。

3. 识读平面图

通过识读图 1-2-8 平面图可以掌握以下情况：

(1) 电源引入线。照明配电箱的电源由安装在附近的 N_2 动力配电箱引入。电源引入线采用 BLV-500 型，规格为 3×6+1×4，穿 *DN*25 电线管沿墙明配。

(2) 照明配电箱。照明配电箱安装在空压机房的北墙上，配电箱的底边离地面 1.7m。

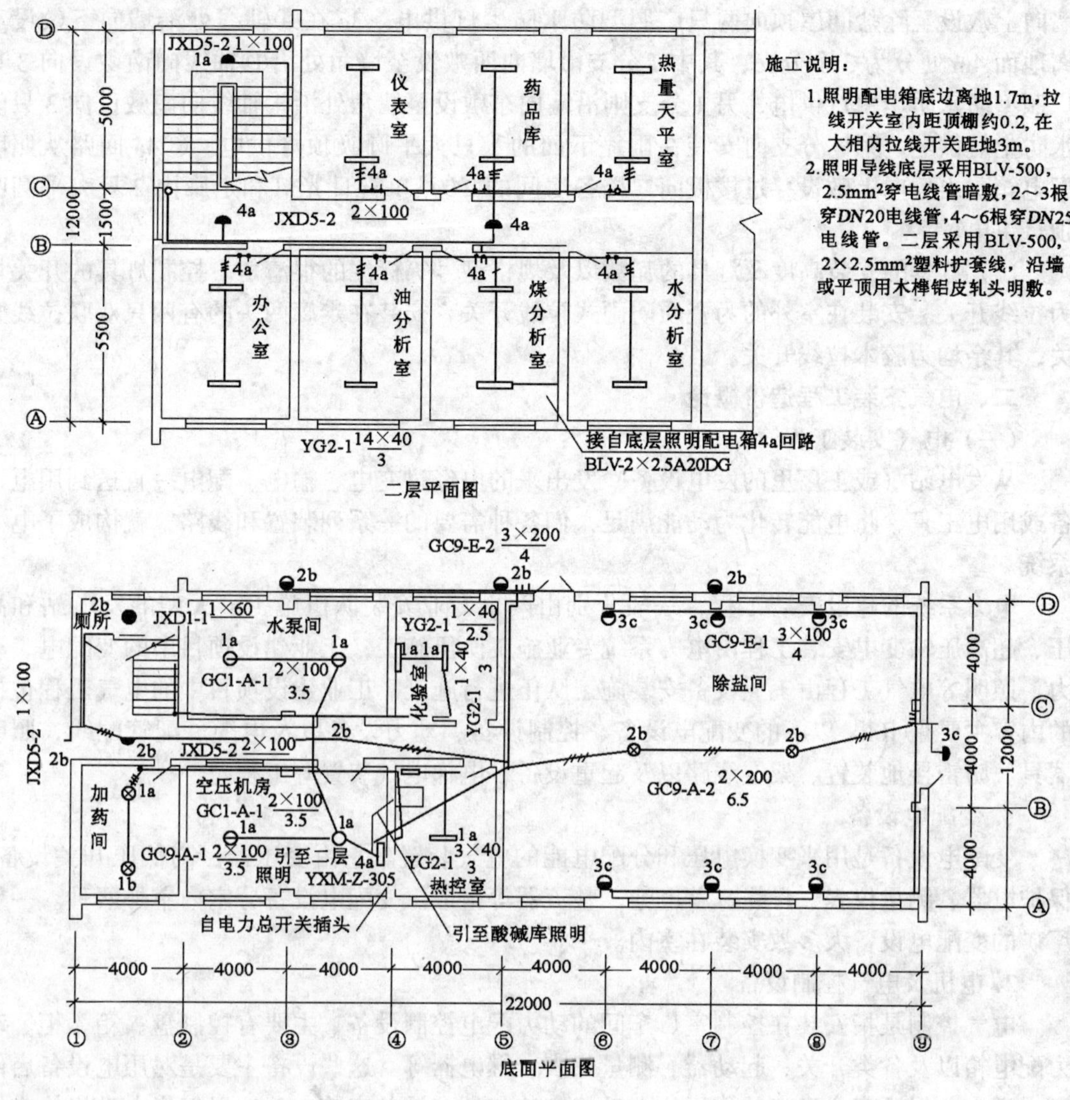

图 1-2-8　照明平面图

从配电箱引出三路电源向各房间供电。

（3）各回路的管线走向及灯具情况。①1a 回路从配电箱引出后沿墙向上敷设从屋顶向空压机房两只配照型工厂灯供电，在第一只灯具处分出一分支沿屋顶敷至西墙，在此处又分为三路分支，一路沿墙向北敷设至热控室向两只单管荧光灯供电，第二路沿墙向南敷设至加药间向两只广照型防水防尘灯供电，第三路穿过山墙和走廊进入水泵间后又分为三个分支，第一个分支沿墙向北敷设向化验室两只单管日光灯供电，第二分支沿墙向南敷设向楼梯间 1 只大平圆吸顶灯供电，第三分支向水泵间两只配照型工厂灯供电。②2b 和 3c 两个回路四根导线穿 1 根电线管从配电箱引出后沿墙向上敷设至屋顶，穿过热控室至除盐间南墙及走廊附近分为三个分支，其中 1 分支沿走廊敷设，向走廊内 2 只和雨篷下 1 只，共三只大平圆吸顶灯及厕所内 1 只圆球吸顶灯供电，另 1 分支沿⑤轴线向西敷设至外墙面向安装在Ⓓ轴线外墙上的 3 只广照型防水防尘壁灯供电，第 3 分支则仍与 3c 回路一起沿墙向上敷设至除盐间屋顶向两只广照型防水防尘灯供电。3c 在⑨轴线处沿墙向下敷设至离地面 4m 处分为 3 个分支，其中 1 分支沿墙向西敷设至墙角处沿Ⓓ轴线向南敷设向 3 只广照型防水防尘壁灯供电，另 1 分支则沿墙向东敷设至墙角处沿Ⓐ轴线向南敷设向 3 只防水防尘灯供电，第三分支向安装在雨篷下面的 1 只大平圆吸顶灯供电。③4a 回路从照明配电箱引出后向上敷设穿过楼板向二楼各房间的 24 只单管日光灯和走廊内 2 只大平圆吸顶灯供电。

(4) 灯具的安装高度及灯具的瓦数以及规格型号等标注的很清楚。控制灯具的开关均为拉线开关。安装在室外的为瓷质防雨式拉线开关，安装在走廊两头的有两只双联拉线开关，其余均为胶木拉线开关。

二、电气安装工程造价概论

(一) 电气安装工程简介

从发电站（或工厂里的发电设备）发出来的电经过变电、输电、配电一直送到用电设备或用电工具，将电能转化为动能满足人们各种需要的一系列装置和线路，就构成了电力系统。

电力系统的建设安装工程，一般分别由两个专业安装队伍施工。大型的发电站和高压、超高压输变电安装工程由电力系统专业施工队伍施工；工业建设项目中的变配电、动力、照明等电气工程由工业设备安装施工队伍进行施工。工业建设项目中的电气工程包括的内容主要是 10kV 以下的变配电设备、控制设备、动力设备以及电缆、配管配线、照明器具、防雷接地装置、架空线路以及起重设备、电梯电气装置等工程。

1. 变配电设备

变配电设备是用来变换电压和分配电能的电气装置。它由变压器、高低压开关设备、保护电器、测量仪表、母线、蓄电池、整流器等组成。变配电设备分室内室外两种。一般厂矿的变配电设备大多数安装在室内。

2. 电机及电气控制设备

电气控制是指安装在控制室、车间的动力配电控制设备，主要有控制盘、箱、柜、动力配电箱以及各类开关、起动器、测量仪表、继电器等。这些设备主要是对用电设备启停电、送电、保证安全生产的作用。电动机安装包括在设备安装中，这里仅指电动机检查接线。

3. 起重设备及电梯的电气装置

起重设备电气装置是指桥式、梁式、门式起重机、电动葫芦等起重设备电气装置的安装，主要包括随起重设备成套供应的操作室内的开关控制设备、管线以及滑触线、移动软电缆、辅助母线的安装。

电梯电气装置是指平层开关、按钮、配电柜、信号等的安装。电梯按控制方式分为自动电梯和半自动电梯两种，凡属集选和信号控制的称为自动电梯；用按钮控制的称为半自动电梯。按电梯需用电源又分为直流电梯和交流电梯两种。

4. 电缆

电缆按用途可分为电力电缆、控制电缆和通讯电缆等，按电压可分为 500V、1000V、6000V、10000V，最高电压可达到 110kV、220kV、330kV 等多种。

电力电缆的作用是用来输送和分配大功率电能；控制电缆是配电装置中传递操作电

流、连接电气仪表、继电保护和自动控制等回路用的。由于电缆耐压性能好，敷设及维护方便，占位置小等优点，所以厂内的动力、照明、控制、通讯等多采用电缆。电缆的敷设方式，一般采取埋地敷设、穿导管敷设、沿支架敷设、沿钢索敷设、沿槽架敷设等多种。

5. 照明器具

照明按照系统分类可分为一般照明、局部照明、混合照明（综合照明）、事故照明、工作照明。一般照明是供整个面积上需要的照明；局部照明只供某一局部工作地点的照明；一般照明和局部照明往往混合使用；在重要的车间或工作场所有的还设有事故照明，当一般照明发生故障熄灭时，事故照明能保证工作人员不致中断工作。

照明装置的电源电压有 220V 和 36V 两种。照明装置一般为 220V，在特殊情况采用 36V。

照明按光源分为两种类型：一种是热辐射光源，另一种是气体放电光源。属热辐射光源的灯具有白炽灯、卤素灯（碘钨灯、溴钨灯）；属于气体放电光源的有日光灯、紫外线杀菌灯、高压钠灯、高压氙气灯等。

按照灯具的结构形式可分为开敞式照明灯具、封闭式灯具、完全封闭式灯具、密闭式灯具等。

照明灯具按照其安装形式又可分为吸顶灯、壁灯、弯脖灯和吊灯等。吊灯又分为软线吊灯、链吊灯和管吊灯等。

照明工程系统包括配管工程、配线工程、灯具安装工程、配电箱（板）及开关插座安装工程以及其他附属工作等。

6. 配管配线

配管配线是指由配电箱接到用电器具的供电和控制线路的安装，分明配和暗配两种。导线沿墙壁、顶棚、梁、柱等明敷称为明配线；导线在顶棚内，用瓷夹或瓷瓶配线称为暗配线。明配管是指将管子固定在墙壁、顶棚、梁、柱、钢结构、支架等敷设；暗配管是指配合土建施工，将管子预埋在墙壁、楼板或顶棚内。暗配管可以不破坏建筑物，增加美观，耐水、防潮、使用寿命长，但施工麻烦，配合土建施工周期长，不易维修。

配管配线按敷设方式分类：配线工程常用的有瓷夹配线、塑料夹配线、瓷珠配线、瓷瓶配线、针式绝缘子配线、蝶式绝缘子配线、木槽板配线、塑料槽板配线、钢索扎头配线等。配管工程分为沿砖或混凝土结构明配、沿砖或混凝土结构暗配、钢结构支架配管、钢索配管、钢模板配管等。

配管配线按材质不同分类：绝缘导线有聚氯乙烯绝缘导线、聚丁绝缘导线、橡皮绝缘线、耐高温布电线等。其中各种绝缘导线又有铜芯和铝芯之分。各种配管管材有电线管、钢管、硬塑料管、半硬塑料管及金属软管等。

管内穿线比配线具有以下优点：

（1）电线完全受到保护管的保护，不容易受到损伤；

（2）由于年久电线绝缘老化及混线而发生的火灾较少；

（3）管路接地可靠，当电线发生短路、断路、接地等情况时，也没有触电危险；

(4) 能防水、防潮、防腐蚀等；

(5) 容易更换导线。

7.10kV 以下架空线路

远距离输电，往往采取架空线路。10kV 以下架空线路一般是指从区域性变电站至厂内专用变电站（总降压站）的配电线路以及厂区内的高低压架空线路。

架空线路一般由电杆、金具、绝缘子、横担、拉线和导线组成。

(1) 电杆按材质区分，有木电杆、水泥电杆和铁塔三种。

(2) 横担有木横担、角钢横担、瓷横担三种。

(3) 绝缘子有针式绝缘子、蝶式绝缘子、悬式绝缘子。

(4) 拉线有普通拉线、水平拉线、弓形拉线，V（Y）形拉线。

(5) 导线，架空用的导线分为绝缘导线和裸导线两种。

8. 电气调试

所有安装的电气设备在送电运行之前必须进行严格的试验和调整。

电气系统调试包括以下内容：汽轮发电机及调相机系统调试，电力变压器系统调试，送配电系统调试，特殊保护装置调试，自动投入装置调试，事故照明切换及中央信号装置调试，母线系统调试，接地装置、避雷器、耦合电容器调试，静电电容器调试，硅整流设备调试，电动机调试，电梯调试，起重机电气调试等。

9. 防雷及接地装置

防雷及接地装置是指建筑物，构筑物电气设备等为了防止雷击的危害以及为了预防人体接触电压及跨步电压、保证电气装置可靠运行等所设置的防雷及接地设施。

防雷接地装置由接地极、接地母线避雷针、避雷网、避雷针引下线等构成。

（二）常用电气材料、电器和设备

1. 管材

各种管子在电气安装工程中主要用来保护电线和电缆。绝缘电线穿在管子内敷设，可免受外力损伤，保证安全使用，更换导线方便，还可暗敷于建筑物表层内部以增强美观，并可延长使用年限。

穿线用的管子有低压流体输送钢管、电线管（薄壁管）、塑料管、金属软管等。低压流体输送钢管多用于动力线路或底层地墙内暗配管，电线管多用于照明配线，塑料管由于价格低，施工方便，近年来已在照明配线上广泛采用。重型硬塑料管多在化工厂有防腐蚀要求的场所使用。

2. 型钢

型钢包括角钢、槽钢、扁钢、工字钢、圆钢等，在电气工程中广泛用作电线、电缆、设备支架，室外架空线路的横担，配电屏的基础、行车滑触线以及各种接地装置中用作引下线、接地母线与接地极等。

3. 电线

电线是电气工程中的主要材料，分为绝缘电线和裸导线两种：

(1) 绝缘电线。绝缘电线按绝缘材料不同分为橡皮绝缘电线，聚氯乙烯绝缘电线（即塑料线），丁腈聚氯乙烯复合物绝缘电线等。绝缘电线可用于各种形式的配线和管内穿线。常用绝缘电线的型号、品种见表 1-2-1。

常用绝缘电线的型号、品种表 　　**表 1-2-1**

类　别	型　号	名　称
聚氯乙烯塑料绝缘电线（JB666—71）	BL	铜芯聚氯乙烯绝缘电线
	BLV	铝芯聚氯乙烯绝缘电线
	BVV	铜芯聚氯乙烯绝缘聚氯乙烯护套电线
	BLVV	铝芯聚氯乙烯绝缘聚氯乙烯护套电线
	BVVB	铜芯聚氯乙烯绝缘聚氯乙烯护套平型电线
	BVR	铜芯聚氯乙烯绝缘软线
	BLVR	铝芯聚氯乙烯绝缘软线
	BV-10S	铜芯聚氯乙烯绝缘耐高温电线
	RVB	铜芯聚氯乙烯绝缘平行软线
	RVS	铜芯聚氯乙烯绝缘绞形软线
	RVZ	铜芯聚氯乙烯绝缘聚氯乙烯护套软线
橡皮绝缘电线（JB665—65）（JB870—66）	BX	铜芯橡皮线
	BLX	铝芯橡皮线
	BBX	铜芯玻璃丝织橡皮线
	BBLX	铝芯玻璃丝织橡皮线
	BXR	铜芯橡皮软线
	BXS	棉线织双绞软线
丁腈聚氯乙烯复合物绝缘软线（JB1170—71）	RFS	复合物绞形软线
	RFB	复合物平行软线

（2）裸导线。裸导线是没有绝缘保护的电线，其类型有 LJ 型铝绞线，LGJ 型钢芯铝绞线和 LMY 型铝母线、TMY 型铜母线几种。

1）LJ 型铝绞线通常用于室外架空线路或在厂房内沿屋架或行车梁上作配电干线架设使用。

2）LGJ 型钢芯铝绞线是在电线芯中含有一根镀锌钢丝，能承受较大拉力，用于长距离输电线路。

3）LMY 型铝母线和 TMY 型铜母线，简称铝排、铜排，是一种硬质导线，常用作车间配电干线，架设在屋架或行车梁上和变配电工程中的高、低压母线。

4．电缆

电缆有电力电缆和控制电缆。

由于电缆绝缘性能好并有铠装保护，能承受机械外力作用和一定的拉力，从而能在各种环境条件下进行敷设，作输配电线路和控制、信号线路之用。

根据电压等级、所采用绝缘材料和外护层或铠装不同，电力电缆有多种系列产品。如 VLV、VV 系列聚氯乙烯绝缘聚氯乙烯护套电力电缆，YJLV、YJV 系列交联聚氯乙烯绝缘聚氯乙烯护套电力电缆，ZLQ、ZQ 系列油浸纸绝缘电力电缆，ZLL、ZL 系列油浸纸绝缘铝包电力电缆。

由于聚氯乙烯绝缘电缆的生产工艺和施工工艺要比油浸纸绝缘电缆简单，且没有铅包或铝包，可节约很多有色金属，所以目前多采用聚氯乙烯绝缘电缆。

控制电缆是供交流 500V 或直流 1000V 及以下配电装置中仪表、电器、电路控制之用，也可供连接电路信号，作为信号电缆用。

常用的控制电缆有 KLVV、K 系列聚氯乙烯绝缘聚氯乙烯护套控制电缆和 KXV 系列橡皮绝缘聚氯乙烯护套控制电缆。

5. 动力工程常用设备

动力工程中常用的设备属低压电气产品，它有各种各样的结构和用途，统称有十三大类，按原一机部"Q/D131—66 低压电器产品型号申请办法"规定，产品的每一型号代表一种类型的产品，但可以包括该产品的若干个派生系列，产品的全型号系指在产品型号之后，附加规格（如电流、电压或容量数值等）以及其他数字或字母，以确定某一产品的主要规格及其派生特征，如图 1-2-9 所示。

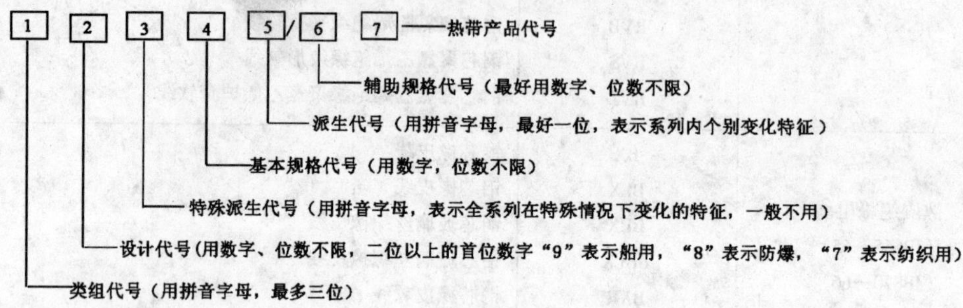

图 1-2-9 低压电气型号表示方法

类组代号与设计代号的组合，就表示产品的系列，如 CJ10 表示交流接触器第 1.0 个系列。电缆型号各部分的代号及其含意见表 1-2-2，电缆型号表示方法如图 1-2-10 所示。

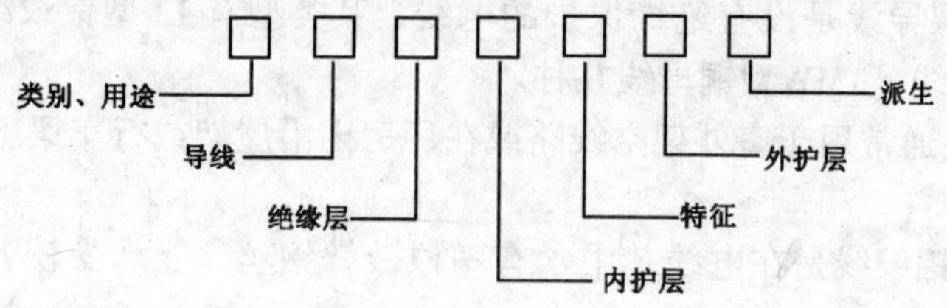

图 1-2-10 电缆型号表示方法

电缆型号各部分的代号及其含意 **表 1-2-2**

类别用途	绝缘	内护层	特征	铠装层外护层	派生
N—农用电缆	V—聚氯乙烯	H—橡皮	CY—充油	0—相应的裸外护层	1—第一种
V—塑料电缆	X—橡皮	HF—非燃橡套	D—不滴流	1—一级防腐	2—第二种
X—橡皮绝缘电缆	XD—丁基橡皮	L—铝包	F—分相护套	1—麻被护套	110—110kV
YJ—交联聚乙烯塑料电缆	YJ—交联聚乙烯塑料	Q—铅包	P—贫油、干绝缘	2—二级防腐	120—120kV
Z—纸绝缘电缆	Y—聚乙烯塑料	Y—塑料护套	P—编织屏蔽	2—钢带铠装麻被	150—150kV
G—高压电缆		LW—皱纹铝套	Z—直流	3—单层细钢丝铠装麻被	03—拉断力 0.3t
K—控制电缆		V—聚氯乙烯	C—滤尘器用	4—双层细钢丝麻被	1—拉断力 1t

续表

类别用途	绝　缘	内护层	特　征	铠装层外护层	派　生
P—信号电缆		F—氯丁烯	C—重型	5—单层粗钢丝麻被	TH—湿热带
V—矿用电缆		A—综合护套	D—电子显微镜	6—双层粗钢丝麻被	外被层
VC—采掘机用电缆			G—高压	9—内铠装	0—无
VZ—电钻电缆			H—电焊机用	29—内钢带铠装	1—纤维层
VN—泥碳工业用电缆			J—交流	20—裸钢带铠装	2—聚氯乙烯
W—地球物理工作用电缆			Z—直流	30—细钢丝铠装	3—聚乙烯
WB—油泵电缆			CQ—充气	22—铠装加固电缆	
WC—海上探测电缆			YQ—压气	25—粗钢丝铠装	
WE—野外探测电缆			YY—压油	11—一级防腐	
X-D—单焦点X光电缆			ZRC（A）—阻燃	12—钢带铠装一级防腐	
X-E—双焦点X光电缆				120—钢带铠装一级防腐	
H—电子轰击炉用电缆				13—细钢丝铠装一级防腐	
J—静电喷漆用电缆				15—细钢丝铠装一级防腐	
Y—移动电缆				130—裸细钢丝铠装一级防腐	
SY—同轴射频电缆				23—细钢丝铠装二级电缆	
DS—电子计算机用电缆				59—内粗钢丝铠装	

注：L—铝，T—铜（略）。

类组代号的汉语拼音字母方案见表1-2-3。

灯具类型代号　　**表1-2-3**

普通吊灯	壁灯	花灯	吸顶灯	柱灯	卤钨控制灯	防水防尘灯	腷膜灯	投光灯	工厂一般灯具	剧场及摄影灯	信号标志灯
P	B	H	D	Z	L	F	按专用符号	T	G	W	X

例如：刀开关类组的型号如图1-2-11所示。

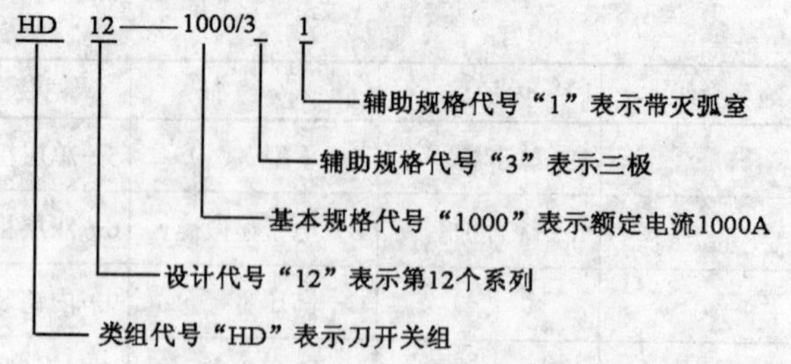

图 1-2-11　刀开关类组的型号示意图

接触器的型号如图 1-2-12 所示。

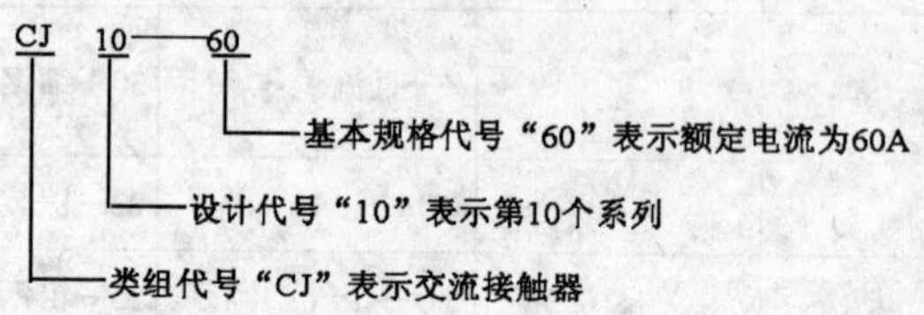

图 1-2-12　接触器的型号示意图

6. 灯具

常用灯具型号编制及安装方式代号表示如图 1-2-13 所示，灯具类型代号见表 1-2-3，灯具控制或性能代号见表 1-2-4，光源代号见表 1-2-5。

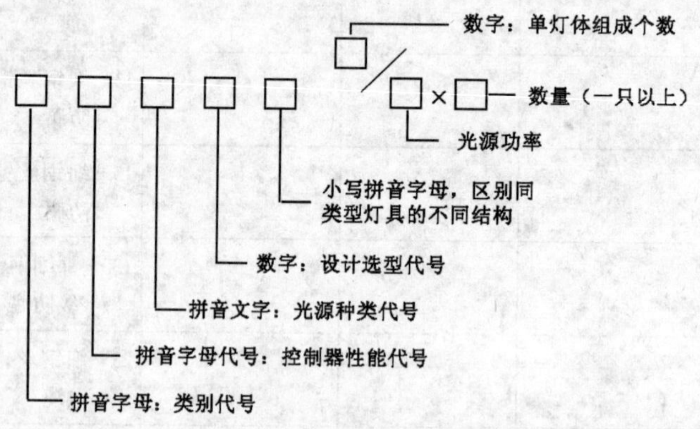

图 1-2-13　常用灯具型号编制及安装方式代号示意图

灯具控制或性能代号　　　　**表 1-2-4**

开启式	防护式	密闭式	安全型	隔膜型
K	B	M	A	专用型号

光源代号　　　　**表 1-2-5**

白炽灯	荧光灯	卤钨灯	汞灯	钠灯	金属卤素灯
B	Y	L	G	N	J

7. 变配电工程常用设备（如表 1-2-6 所示）

（1）变压器。变压器是变电所（站）的主要设备，它的作用是变换电压，将电网的电压经变压器降压或升压，以满足各用电设备的需要。

变压器按用途可分为两类：一类是电力变压器，如城乡工矿变电所用的降压变压器，带调压的变压器，发电厂用的升压变压器等；另一类是特种变压器，即专用变压器，如电炉变压器、试验变压器、自耦变压器等。

变压器型号的含意：各种变压器的型号都用汉语拼音字母表示，各个字母都包含不同的含意。在变压器型号后面的数字部分，斜线的左面表示额定容量（kVA），斜线的右面表示一次测的额定电压（kV）。电力变压器的型号及含意如下：

S——三相；D——单相；J——油浸自冷式；G——干式；F——风冷；Z——有载调压；B——全密封式；L——铝线。

例如：SJL_1——1000/10 型，表示为三相油浸式铝线电力变压器，额定容量为1000kVA，高压侧电压为10kV，第一次系列设计。

(2) 互感器。互感器是一种特种变压器，专供测量仪表和继电保护配用。仪表配用互感器的目的有两点：一是使测量仪表与被测量的高压电路隔离，以保证安全；二是扩大仪表的量程。

互感器按用途不同，分为电压互感器和电流互感器两种。

低压电气类组代号汉语拼音字母方案表 表 1-2-6

代号	名称	A	B	C	D	G	H	J	K	L	M	P	Q	R	S	T	U	W	X	Y	Z
H	刀开关和转换开关				刀开关		封闭式负荷开关		开启式负荷开关					熔断器式刀开关	刀形转换开关					其他	组合开关
R	熔断器			插入式			汇流排式			螺旋式	密闭管式				快速	有填料管式			限流	其他	
D	自动开关									照明	灭磁				快速			框架式	限流	其他	塑料外壳式
K	控制器					鼓形						平面				凸轮				其他	
C	接触器					高压		交流				中频			时间					其他	直流
Q	启动器	按钮式		磁力				减压							手动		油浸		星三角	其他	综合
J	控制继电器									电流				热	时间	通用		温度		其他	中间
L	主令电器	按钮						接近开关	主令控制器						主令开关	足踏开关	旋转	万能转换开关	行程开关	其他	
Z	电阻器	板形元件	冲片元件		管形元件										烧结元件	铸铁开关			电阻器	其他	
B	变阻器			旋臂式						助磁		频敏	启动			启动调整	油浸启动	液体启动	滑线式	其他	
T	调整器				电压																
M	电磁铁												牵引					起重			制动
A	其他			插销			接线盒														

（3）开关设备。开关设备是电力系统中重要的控制电气，随着电压等级和使用要求不同，产品种类、型号系列众多。常用的开关设备有：高压断路器、隔离开关、负荷开关三大类。

（4）操作机构。操作机构是高压开关设备中不可缺少的配套装置。按其操作形式及安装要求，分电磁或电动操作机构、弹簧储能操作机构、手动操作机构等。

（5）熔断器。高压熔断器一般用于 35kV 以下高压系统中，保护电压互感器和小容量电气设备，是串接在电路中最简单的一种保护电器。常用的高压熔断器有 RN1、RN2 型户内高压熔断器和 RW4 型高压户外跌落式熔断器。

（6）避雷器。避雷器是用来防护雷电产生的大气过电压波（即高电位）沿线路侵入变电所或其他建筑物内，危害保护设备的绝缘。它并接于被保护的设备线路上，当出现过电压时，它就对地放电，从而保护了设备绝缘。避雷器的形式有阀式避雷器和管式避雷器等系列。阀式避雷器常用于保护变压器，所以常装在变（配）电所的母线上；管式避雷器通常用于保护变电所进线端。

（7）高压开关柜。高压开关柜通常在 3～10kV 变（配）电所作为接受与分配电能或控制高压电机用，目前生产的高压开关柜有手车式、活动式和固定式三种类型。

（8）低压配电屏（柜）。低压配电屏广泛用于发电厂、变（配）电所及工矿企业中，作为电压 500V 以下，三相三线或三相四线制系统的户内动力及照明配电使用。目前低压配电屏产品按结构形式分，有离墙式、靠墙式和抽屉式三种类型。

（9）静电电容器。电容器柜（屏）是用于工矿企业变电所和车间电力设备较集中的地方，作为减少电能损失，改善电力系统功率因素的专用设备。常用的电容器柜有 GR-1 型高压静电电容器柜，BJ-1 型、BJ（F）-3 型、BSJ-0.4、BSJ-1 型等系列低压静电电容器柜。

（10）电容器。电容器也称电力电容器，主要用于提高工频电力系统的功率因素，可以装于电容器柜内成套使用，也可单独组装使用。通常用于 10kV 以下电力系统的为改善和提高功率因素的电容器，主要有移相电容器和串联电容器。

（11）穿墙套管。高压穿墙套管适用于 35kV 以下电站、变电所配电装置及电器设备中，供导线穿过建筑物墙板或电器设备箱壳作导电部分与地绝缘及支持之用，500V 以下的低压导线穿过墙板或箱体等情况时，用过墙绝缘板等方法。穿墙套管分户内型和户外型两类，目前也有生产厂家生产户内、户外通用型的穿墙套管，简化了品种，提高了通用性。

（12）高压支持绝缘子。高压支持绝缘子在电站、变电所变配电装置及电气设备中，供导电部分绝缘和固定之用，它不属于电气设备。支持绝缘子品种系列，按结构分为 A 型、B 型，即为实心结构（不击穿式）、薄壁结构（可击穿式）；按绝缘子外表形状分普通型（少棱）和多棱形两种。

（三）电气设备安装工程定额说明

1. 变压器

（1）变压器定额同样适用于自耦变压器、带负荷调压变压器及并联电抗器的安装。电炉变压器按同电压、同容量变压器定额乘以系数 2.0。整流变压器按同电压、同容量变压器定额乘以系数 1.6。油浸式电抗器按同电压、同容量的变压器定额套用。

（2）变压器安装及干燥中的枕木、绝缘导线、石棉布是按一定的折旧率摊销的，实际摊销量与定额不符时不作换算。

(3) 变压器的器身检查：4000kVA 以下按吊芯考虑，4000kVA 以上按吊钟罩考虑。如4000kVA 以上的变压器需吊芯检查时，定额机械台班乘以系数 2.0。

(4) 变压器水冷系统以冷却器为界，冷却器至变压器的管道安装包括在本定额内，冷却器及外部管道安装使用第六册《工艺管道工程》有关定额。

(5) 变压器干燥是按涡流干燥法考虑的，2000kVA 以下的不采用抽真空，2000kVA 以上的采用抽真空；不论实际干燥时间长短，其人工工日及耗电量均不作调整。凡充氮运输的变压器，不考虑干燥。

(6) 变压器油按设备带来考虑，但施工中变压器油的过滤损耗及操作损耗已包括在有关定额中。

(7) 本章定额不包括下列工作内容：

1) 变压器干燥棚、滤油棚的搭拆工作。

2) 变压器铁梯及母线铁构件的制作安装。

3) 瓦斯继电器的解体检查及试验。

4) 端子箱的制作安装。

5) 油样的试验、化验及色谱分析。

6) 二次喷漆。

2. 配电装置

(1) 设备本体所需要的绝缘油、六氟化硫气体、液压油均按设备处理。

(2) 安装用的脚手架（10kV 以下除外），已按摊销量计入定额，包干使用，不作换算。

(3) 设备安装定额不包括端子箱、支架的制作及安装，设备的油过滤，需用时另套本册有关定额。

(4) 设备安装定额中，地脚螺栓按土建预埋考虑，也不包括二次灌浆。

(5) 隔离开关安装高度超过 6m 时，不论单相或三相均套用“安装高度超过 6m”定额。如操作机构为地面操作时，应另加主材费用。

(6) 联锁装置及信号接点定额包括安装检查，但不包括该项设备的费用。

(7) 互感器系按单相考虑的，不考虑吊芯及绝缘油过滤。

(8) 混凝土电抗器安装定额系按 6~10kV 编制的，对三相叠放、三相平放、二相叠放、一相平放安装方式作了综合考虑，不论采用何种安装方式，均不作换算。

(9) 高压成套配电柜安装定额系综合考虑编制的，均不作换算。定额中不包括基础槽钢的安装埋设、母线配制及设备的干燥。

(10) 成套母线桥安装定额作为一项设备安装，如母线桥为自行制作时，另套本册第六章有关定额。

3. 母线、绝缘子

(1) 户内支持绝缘子定额已综合考虑了安装在墙上或铁构架上，不同场合时不作换算。定额中未包括金属构架制作安装，可另套第六章有关定额。

(2) 组合软母线的安装是按标准跨距考虑的，如实际跨距与定额不符时不作换算。

(3) 软母线定额中不包括组合导线两端的构件制作安装和支持瓷瓶、带形母线安装，另外套用本册有关定额。

（4）引下线、跳线及设备连线定额已作综合考虑，不再分别计算。

（5）带形母线用的伸缩接头按成品考虑，定额只包括安装。

（6）设备安装定额均未包括支架的制作，需要时另套第六章有关定额。

4. 控制、继电保护屏

（1）户外端子箱包括变压器、断路器及电压互感器等的端子箱。

（2）集中控制台安装，适用于长度在 2m 以上 4m 以下的集中控制台，2m 以内的集中控制台另套本册有关定额。

（3）屏上辅助设备安装，包括标签框、光字牌、信号灯、附加电阻、连接片及二次回路熔断器、分流器等的安装。

（4）未包括的工作内容：

1）二次喷漆及喷字。

2）电器及设备干燥。

3）设备基础槽钢、角钢的制作，另套本册第六章一般铁构件制作定额。

4）焊（压）接线端子，另套本册第六章有关定额。

5）端子排外部接线。

5. 蓄电池

（1）蓄电池支架安装定额是依据国家标准图集 D211 编制的。

（2）蓄电池定额适用于固定型各种电池，车用蓄电池可按本章密闭式蓄电池相应定额套用。

（3）蓄电池定额的容器、电极板、隔板、连接铅条、焊接条、紧固螺栓、螺母、垫圈均按设备带有考虑。

6. 动力、照明控制设备

（1）本章包括配电盘、模拟盘、可控硅柜及各种低压电器安装，盘柜配线，焊、压接线端子，铁构件制作安装，木配电箱（板）制作及木夹具制作。

（2）控制设备安装，除限位开关及水位电气信号装置外，均未包括支架制作及基础型钢制作安装，需另套本章有关定额。

（3）铁构件制作安装定额适用于本册范围内的各种支架的制作安装。

（4）铁构件制作均不包括镀锌。

（5）轻型铁构件系指结构厚度在 3mm 以内的构件。

（6）各项设备安装均未包括焊、压接线端子及二次接线，应另套本章有关定额。

（7）“端子板外部接线”定额，适用于盘、柜、箱、台的端子外端接线。

（8）设备的补充注油，按设备考虑。

（9）本章设备安装定额不包括二次重新喷漆。

7. 电机及调相机

（1）定额中的电机干燥是按全国多数情况综合考虑，实际中不论电机是否干燥或干燥的时间长短，所需要的人工及电度数均不作调整，但定额中只包括一次干燥。

（2）本章只列入电机检查接线定额，电机本体安装见第一册《机械设备安装工程》定额及第十四册《热力设备安装工程》定额。

8. 起重设备电气设置

(1) 起重机电气设备安装定额系按经过厂家试验合格的成套起重机考虑的。即操作室内的开关控制设备、管线以及操作室至各电气设备、器具的电线管（过桥管除外）均按随机安装好考虑的。非成套供应的起重机，则按分部分项定额编制预算。

(2) 滑触线支架的基础铁件及螺栓，按土建预埋考虑。

(3) 滑触线及支架的油漆，均按涂一遍考虑。

(4) 软电缆敷设未包括轨道安装及滑轮制作。

(5) 滑触线的辅助母线安装，套用车间干线相应定额。

(6) 滑触线伸缩器和座式电车绝缘子支持器的安装，已分别包括在“滑触线安装”和“滑触线支架安装”定额内，不再另行计算。

(7) 滑触线及支架安装，是按 10m 以下标高考虑的。

(8) 铁构件制作，套用第六章有关定额。

9. 电缆

(1) 本章包括常用的 10kV 以下的电力和控制电缆敷设、未考虑在河流积水区、水底、井下等条件下的电缆敷设。

(2) 电缆在山地、丘陵地区直埋敷设时，人工乘以系数 1.3。该地段所需的材料如固定桩、夹具等按实计算。

(3) 电缆敷设定额中均未考虑波形增加长度及预留等富余长度，该长度应计入工程量之内。

(4) 人工开挖路面、顶管土方工程和电缆沟挖填土，套用第三册《送电线路工程》相应定额。

(5) 支架制作安装，套用本册第六章有关定额。

(6) 电缆保护用的钢管敷设，套用第十章的配管相应定额。

(7) 本章定额未包括下列工作内容：

1) 隔热层、保护层的制作安装。

2) 电缆的冬期施工加温工作。

(8) 电缆敷设及电缆头制作安装均按铝芯电缆考虑，铜芯电缆敷设按相应截面定额的人工和机械乘以系数 1.4，电缆头制作安装按相应定额乘以系数 1.2。

(9) 37 芯以下控制电缆敷设套用 $35mm^2$ 以下电力电缆敷设定额。

10. 配管、配线

(1) 本章定额工程量计算方法规定如下：

1) 灯具、明暗开关、插销、按钮等的预留线，分别综合在有关定额内，编制预算时，不另计算以上预留线工程量。但配线进入开关箱、柜、板的预留线，按附表规定预留长度，分别计入相应的工程量内。

2) 瓷夹、瓷瓶（包括针式瓷瓶）、塑料线夹、木槽板、塑料槽板、塑料护套线定额中的分支接头、水弯已综合考虑在定额内，计算工程量时，按图示计算水平及绕梁柱和上下走向的垂直长度。

3) 瓷瓶、塑料护套线定额不分芯数，均按单根线路延长米计算；瓷夹、木槽板按二线、三线式延长米计算。

4）瓷瓶暗配、由线路支持点至顶棚下橼的工程量按实计算。

5）各种配管工程量的计算，不扣除管路中间接线箱、盒、灯头盒、开关盒所占长度。

6）穿线定额中，照明与动力分别综合了接头线长度，编制预算时不再计算接头工程量，照明线路只编了4mm^2以下的，4mm^2以上按动力穿线定额计算。

7）钢索架设工程量计算按图示延长米，以墙、柱内橼计算，不扣除拉紧装置所占长度。

（2）配管工程均未包括接线箱、盒、支架制作安装，钢索架设及拉紧装置制作安装，插接式母线槽支架制作，槽架制作及配管支架应另套第六章铁构件制作定额。

（3）连接设备导线预留长度表（见表1-2-7）。

连接设备导线预留长度表（单位：每一根线） **表1-2-7**

序号	项目	预留长度	说明
1	各种箱、柜、盘、板、盒	高+宽	盘面尺寸
2	单独安装（无箱、盘）的铁壳开关、闸刀开关、启动器、母线槽进出线盒等	0.3m	以安装对象中心算起
3	由地平管子出口引至动力接线箱	1m	以管口计算
4	电源与管内导线连接（管内穿线与软、硬母线接头）	1.5m	以管口计算
5	出户线	1.5m	以管口计算
6	分支接头	0.2m	分支线预留

11. 照明器具

（1）各型灯具的引线，除注明者外，均已综合考虑在定额内，使用时不作换算。

（2）路灯、投光灯、碘钨灯、氙气灯、烟囱、水塔指示灯、均已考虑了一般工程的高空作业因素。其他器具，安装高度如超过5m，则应按手册说明中规定的超高系数另行计算。

（3）定额内已包括利用摇表测量绝缘及一般灯具的试亮工作（但不包括调试工作）。

（4）灯具安装定额适用范围见表1-2-8。

灯具安装定额适用范围 **表1-2-8**

定额名称	灯具种类
软线吊灯	材质为玻璃、塑料、搪瓷、形状如碗、伞、平盘灯罩组成的各式软线吊灯
圆球吸顶灯	螺口、卡口圆球吸顶灯
半圆球吸顶灯	半圆球吸顶灯、扁圆罩吸顶灯、平圆型吸顶灯
吊链灯	五星罩、和平鸽罩、水晶罩、明月罩、喇叭罩、花篮罩等玻璃罩吊链灯
一般弯脖灯	圆球弯脖灯、马路弯灯、风雨壁灯
一般墙壁灯	单双圆筒壁灯、鞍型壁灯、玉柱型壁灯
荧光灯	荧光灯、紫外线灯
直杆工厂吊灯	配照（GC_1-A）、广照（GC_3-A）、深照（GC_5-A）、斜照（GC_7-A）、圆球（GC_{17}-A）、双罩（GC_{19}-A）
吊链式工厂灯	配照（GC_1-B）、广照（GC_3-B）、深照（GC_5-B）、斜照（GC_7-B）、圆球（GC_{17}-B）、双罩（GC_{19}-B）
吸顶式工厂灯	配照（GC_1-C）、广照（GC_3-C）、深照（GC_5-C）、斜照（GC_7-C）、双罩（GC_{19}-C）
弯杆式工厂灯	配照（$GC_1\text{-}\frac{D}{E}$）、广照（$GC_3\text{-}\frac{D}{E}$）、深照（$GC_5\text{-}\frac{D}{E}$）、斜照（$GC_7\text{-}\frac{D}{E}$）、双罩（GC_{19}-C）、局部深罩（$GC_{26}\text{-}\frac{F}{H}$）

续表

定额名称	灯具种类
悬挂式工厂灯	配照（21-$\frac{1}{2}$）、深照（GC_{23}-$\begin{matrix}1\\2\\3\end{matrix}$）
防水防尘灯	广照（GC_9-$\begin{matrix}A\\B\\C\end{matrix}$）、广照有保护网（$GC_{11}$-$\begin{matrix}A\\B\\C\end{matrix}$）、散照（$GC_{15}$A、B、C、D、E、F、G）
防潮灯	扁形防潮灯（GC-31）、防潮灯（GC-33）
腰形舱顶灯	腰形舱顶灯 CCD_2-1
碘钙灯	DW 型、220V300～1000W 内
管形氙气灯	自然冷却式 220　380V、20kW 内
投光灯	TG_1、TG_2、TG_5、TG_7、TG_{14}型室外投光灯
高压水银灯镇流器	外附式镇流器 125～450W
安全灯	（AOB）-$\begin{matrix}1\\2\\3\end{matrix}$）、（AOC-$\frac{1}{2}$）型安全灯
防爆灯	CB3C-200 型防爆灯
高压水银防爆灯	CB4C-$\frac{125}{250}$型高压水银防爆灯
防爆荧光灯	CB4C-$\frac{1单}{2双}$管防爆型荧光灯
病房指示灯	病房指示灯、影剧院太平灯
病房暗脚灯	病房或其他建筑物暗脚灯
无影灯	3-12 孔管式无影灯
艺术花吊灯	各型（如：橄榄、纱罩、玉兰、荷花、碗形罩）普通艺术花灯
艺术壁灯	各型（如：橄榄、纱罩、玉兰、荷花、碗形罩）普通艺术花灯
面包灯	面包灯、大小口橄榄罩等
大口方罩	大小口方罩、大小矩形罩顶灯
庭院路灯	圆球柱灯、高压水银柱灯、玉兰花柱灯

12. 电梯电气装置

（1）本章适用于国内生产的各种客、货、病床和杂物电梯的电气装置安装，但不包括自动扶梯和观光梯。

（2）项目划分以原一机部发布的《电梯系列型谱》JB/Z 110—74 为依据，项目与型谱的关系参照表 1-2-9。

表 1-2-9

项目		电梯型谱			
序号	类别	拖动系统	操纵方式	类型	起重量及速度
1	交流半自动	交流双速	手柄操纵、按钮控制	客、货、病床梯	5t 以下：1m/s
2	交流自动	交流双速	信号控制、集选控制、有/无司机	客、货、病床梯	3t 以下：1m/s
3	直流自动快速	直流可控硅励磁	信号控制、集选控制、有/无司机	客、货、病床梯	1.5t 以下：1.5～1.75m/s
4	直流自动高速	直流可控硅励磁	集选控制、有/无司机	客梯	1.5t 以下：2～3m/s
5	小型	交流单速	轿外按钮控制、无司机	杂物梯	0.2t 以下：1m/s 以内
6	电厂专用电梯	交流双速		客货梯	

(3) 电梯是按每层一门为准，增或减时，另按增（减）厅门相应定额计算。

(4) 电梯安装的楼层高度，是按平均层高 4m 以内考虑的，如平均层高超过 4m 时，其超过部分可另按提升高度定额计算。

(5) 两部或两部以上并列运行或群控电梯，按相应的定额分别乘以系数 1.2。

(6) 本定额是以室内地坪 ±0.000 首层为基站，±0.000 以下为地坑（下缓冲）考虑的，如遇有“区间电梯”（基站不在首层)，下缓冲地坑设在中间层时，则基站以下部分楼层的垂直搬运应另行计算。

(7) 电梯安装材料、电线管及线槽、金属软管、管子配件、紧固件、电缆、电线、接线箱（盒)、荧光灯及其他附件、备件等，均按设备带有考虑。

(8) 小型杂物电梯是以载重量在 200kg 以内，轿箱内不载人为准。载重量大于 200kg 的轿箱内有司机操作的杂物电梯，进行客货电梯的相应项目。

(9) 本定额不包括下列各项工作。

1) 电源线路及控制开关的安装。

2) 电动发电机组的安装。

3) 基础型钢和钢支架制作。

4) 接地极与接地干线敷设。

5) 电气调试。

6) 电梯的喷漆。

7) 轿箱内的空调、冷热风机、闭路电视、步话机、音响设备。

8) 群控集中监视系统以及模拟装置。

13. 防雷及接地装置

(1) 本章定额适用于建筑物、构筑物的防雷接地，变配电系统接地，设备接地以及避雷针的接地装置。

(2) 户外接地母线敷设定额系按自然地坪考虑的，包括地沟的挖填土和夯实工作，套用本定额时不应再计算土方量。遇有石方、矿渣、积水、障碍物等情况时另行计算。

(3) 本章定额不适于采用爆破法敷设接地线、接地极的安装。也不包括接地电阻率高的土质而需要换土或化学处理的接地装置及接地电阻的测定工作。

(4) 本章定额除避雷网安装定额外，均已综合考虑了高空作业的工作。

(5) 避雷针制作套用第六章构件制作定额。

14. 10kV 以下架空线路

(1) 本章定额按平原条件编制，如在丘陵、山地、泥沼地带施工时，其人工和机械乘以表 1-2-10 所列地形系数。

表 1-2-10

平 原	丘 陵	一般山地、泥沼地带
1.0	1.2	1.6

(2) 地形划分：

1) 平原地带：指地形比较平坦，地面比较干燥的地带。

2) 丘陵地带：指地形起伏的矮岗、土丘等地带。

3）一般山地：指一般山岭、沟谷地带、高原台地等。

4）泥沼地带：指有水的庄稼田地或泥水淤积的地带。

（3）线路一次施工工程量按5根以上电杆考虑，如5根以内者，其人工和机械乘以系数1.2。

（4）导线跨越：

1）每个跨越间距均按50m以内考虑的，大于50m而小于100m时按两处计算，以此类推。

2）在同一跨越档内，有两种以上跨越物时，则每一跨越物视为“一处”跨越，分别套用定额。

3）单线广播线不算跨越物。

（5）横担安装定额已包括金具及绝缘子安装人工，但绝缘子及金具的材料费应另行计算。

（6）线路土（石）方工程及工地运输，套用《送电线路》册相应定额。

（7）铁构件套用本册第六章有关定额。

15．电气调整

（1）本章各项调试定额均已包括本系统范围内所有设备的本体调试工作，一般情况不作调整；但由于控制技术发展很快，新的调试项目和调试内容不断增加，因此凡属于新增加的调试内容可以另行计算。

（2）本定额已包括调试用的消耗材料和仪表使用费，该两项费用合计按调试人工费的100%取费（其中仪表使用费平均为人工费的95%，具体仪表费见各项定额）。

本定额不包括更新换代仪表和特殊仪表使用费，新式仪表使用费可参照第十册《自动化控制装置及仪表工程》定额的规定执行。

（3）定额不包括设备的烘干处理、电缆故障查找、电动机抽芯检查以及由于设备元件缺陷造成的更换、修理和修改，亦未考虑由于设备元件质量低劣对调试工效的影响，遇此情况时，可以另行计算。

（4）本定额的调试范围只限于电气设备本身和调整试验，不包括电动机带动机械设备的试运工作，发生时应另行计算。

（5）各项调试定额均包括熟悉资料、核对设备、填写试验记录和整理、编写调试报告等附属工作，但不包括试验仪表装置的转移费用。

（6）发电机及大型电机调试定额，不包括试验用的蒸汽、电力和其他动力能源消耗。

（7）电力变压器如有“带负荷调整装置”的调试时，定额乘以系数1.12。

（8）变压器系统调试未包括避雷器、自动装置、特殊保护装置和接地网的调试，可另套专项调试定额。

（9）单相变压器如带一台备用变压器时，定额乘以系数1.2。

（10）送配电调试定额中的1kV以下定额适用于所有低压供电回路，如从低压配电装置至分配电箱的供电回路；但从配电箱至电动机的供电回路已包括在电动机的系统调试定额之内。供电系统调试包括系统内的电缆试验、瓷瓶耐压等全套调试工作。供电桥回路中的断路器、母线分段断路器皆作为独立的系统计算、定额皆按一个系统一侧配一台断路器考虑的，若两侧皆有断路器时，则按两个系统计算。

（11）两部或两部以上并列运行或群控的电梯，按相应的定额乘以系数1.5。

16. 装饰灯具安装工程

（1）本定额未注明灯具型号，按其安装方式分为吊式、吸顶式和组装式三大类，并按灯具的垂吊长度（指灯具本身长度）外缘尺寸分列子目，并附相应图片，使用定额时，应根据设计要求灯型，参照图号确定相应定额子目。

（2）在宾馆、饭店、影剧院、商场等安装装饰灯具，如因营业干扰安装工作的正常进行时，其降效增加的费用，按人工费的10%计算。

（3）高层建筑增加费按第二册规定费用计算。

（四）电气设备安装工程量计算规则

1. 变压器

（1）变压器安装及干燥，按不同电压等级、不同容量分别以台为计量单位。

（2）变压器油过滤，以吨为计量单位，可按制造厂规定充油量计算。

计算公式：

$$油过滤数量（t）=设备油重（t）\times（1+损耗率）$$

2. 配电装置

（1）断路器、负荷开关、电流互感器、电压互感器、耦合电容器、阻波器、电力电容器的安装以台为计量单位。

（2）隔离开关、熔断器、避雷器、电抗器的安装，以组为计量单位，每组按三相计算。

（3）结合滤波器的安装，以套为计量单位。每套包括结合滤波器和单极刀闸安装，不包括抱箍、钢支架、紫铜母线的安装，应另套本册定额相应项目。

（4）支持电容器、阻波器等高压设备的安装，定额内均不包括绝缘台的安装，应另按施工图设计套用相应项目。

（5）成套高压配电柜的安装，以台为计量单位。未包括基础槽钢、母线及引下线的配制安装。

（6）配电设备安装的支架、抱箍及延长轴、轴套、间隔板和配电箱（板），按施工图设计的需要量计算。

（7）负荷开关套用同电压等级隔离开关定额。

（8）二段式传动的隔离开关安装，除按额定电流套用相应定额外，另再套“二段式传动增加”定额。

（9）若采用半高型、高型布置的隔离开关，均套用“安装高度超过6m以上”的定额。

（10）空气断路器罐至储气罐的管路应另行计算。

3. 母线、绝缘子

（1）悬式绝缘子串安装，指垂直安装的跳线、引下线或阻波器等设备用的绝缘子串，按单、双串分别以串为计量单位。耐张绝缘子串的安装，已包括在软母线安装定额内。

（2）软母线安装，指直接由耐张绝缘子串悬挂的部分，以跨/三相为计量单位。设计跨距不同时，不得调整。导线、绝缘子、线夹、弛度调节金具、均压环、间隔棒等，均按施工图设计用量计算。

(3) 软母线引下线安装，指由T形线夹或并槽线夹从软母线引向设备的连接线，以组为计量单位，每三相为一组；软母线经终端耐张线夹引下（不经T形线夹或并槽线夹引下）与设备连接的部分均执行引下线定额，不得换算。

(4) 两跨软母线间的跳引线安装，以组为计量单位，每三相为一组。不论两侧的耐张线夹是螺栓式或压接式，均执行软母线跳线定额，不得换算。

(5) 设备连接线安装，指两设备间的连接部分。不论引下线、跳线、设备连接线，均应区别导线截面，按三相为一组计算。

(6) 使用两根导线连接的引下线、设备连接线、跳线，均按2mm×1400mm以下定额执行。

(7) 组合软母线安装，按三相为一组计算。跨度（包括水平悬挂部分和两端引下部分之和）系以45m以内为准，如设计长度超过45m时，可按比例增加定额材料量，但人工和机械不得调整。导线、绝缘子、线夹，按施工图设计需用量加定额规定损耗量计算，计价后列入材料费内。

4. 控制、继电保护屏

(1) 控制、继电保护屏安装以台为计量单位。

(2) 电器、仪表、分流器以个（块）为计量单位。

(3) 穿通板制作安装以块为计量单位，采用电木板或环氧树脂板时应另行计算其材料费。

(4) 在屏、柜上加装少量小电器、设备元件时，套用2—386“屏上其他辅助设备”定额子目。

(5) 单独的电气仪表安装执行电器、仪表、小母线安装的相应项目，电度表安装套用2—383“测量表计继电器”定额子目。单独仪表的调试不另取费。

5. 蓄电池

(1) 蓄电池支架：应按蓄电池支架的不同结构形式，区别其不同安装方式（即单排式和双排式），分别以米为单位计算。

(2) 穿通板组合安装：应按穿通板组合的不同孔数，以块为单位计算。

(3) 绝缘子、圆母线安装：绝缘子安装工程量以个为单位计算；圆母线安装工程量，应按不同材质，区别其不同直径，分别以米为单位计算。

(4) 蓄电池安装：应按蓄电池的不同形式和容量，分别以个为单位计算。

(5) 蓄电池充放电：应按蓄电池充放电的不同容量（安培小时），分别以组为单位计算。

(6) 蓄电池支架安装未包括支架制作及干燥处理，另按成品价计算。

(7) 穿通板组合安装未包括穿通板和穿墙套管，另按成品计算。

(8) 绝缘子、圆母线安装不包括支架制作安装和母线、绝缘子的价值，应另行计算。

6. 动力、照明控制设备

(1) 配电盘、箱、板安装：配电盘（箱）安装的工程量，应区别动力和照明。小型配电箱和配电板安装应按不同半周长，分别以台（块）为单位计算。事故照明切换盘的安装工程量以台为单位计算。

(2) 可控硅柜、模拟盘安装：可控硅柜的安装工程量应按不同千瓦；模拟盘的安装工程量应按其不同宽度，以台为单位计算。

(3) 控制开关安装：控制开关安装的工程量应按不同种类和名称，其中：空气自动开关应区别手动和电动；组合控制开关应区别普通型和防爆型，分别以个为单位计算。

(4) 熔断器、限位开关安装：熔断器安装应按不同形式（螺旋式、防爆式）；限位开关应区别普通型和防爆型，分别以个为单位计算。

(5) 控制器、起动器安装：控制器安装应区别主令、鼓型、凸轮不同类型；起动器应区别磁力起动器和自耦减压起动器；以及交流接触器安装的工程量，分别以台为单位计算。

(6) 电阻器、变阻器安装：电阻器安装的工程量应区别一箱和每增加一箱，以箱为单位计算；变阻器安装的工程量应区别油浸式和频敏式，以台为单位计算。

(7) 按钮、电笛安装：按钮和电笛安装的工程量，应区别普通型和防爆型，均以个为单位计算。

(8) 水位电气信号装置及制动器安装：水位电气信号装置应区别机械式和电子式；制动器安装应区别电磁式和电磁铁式，分别以套（台）为单位计算。

(9) 盘柜配线：盘柜配线的工程量应按导线的不同截面积，分别以10m为单位计算。

(10) 端子板安装及外部接线：端子板的外部接线，应按导线的不同截面积，并区别有端子和无端子，分别以10个头为单位计算；端子板安装的工程量以组为单位计算。

(11) 焊、压接线端子：焊、压接线端子安装的工程量，应按不同材质，区别导线的不同截面积，分别以10个为单位计算。

(12) 铁构件制作安装及箱、盘、盒制作：铁构件制作安装的工程量，应区别一般铁构件和轻型铁构件；以及箱、盒制作，分别以吨为单位计算。

网门、保护网制作安装及二次喷漆的工程量均以平方米为单位计算。

(13) 木配电箱制作：木质配电箱制作应区别木板配电箱和墙洞配电箱，按其不同半周长划分子目，分别以套为单位计算。

(14) 配电板制作及包铁皮：配电板制作应按不同材质，均以平方米为单位计算。

木配电板包铁皮的工程量以平方米为单位计算。

(15) 裸母线木夹板制作安装：应区别三线式和四线式，并按其不同截面积划分子目，分别以10套为单位计算。

(16) 电镀用母线木夹板制作安装：应区别二线式和三线式，并按每极母线不同片数划分子目，分别以10套为单位计算。

7. 电机及调相机

(1) 发电机及调相机检查接线：应按发电机及调相机不同型式（空冷式、氢冷和水氢式、水冷式），区别其不同容量（千瓦），分别以台为单位计算。

(2) 直流发电机组安装接线：应区别直流发电机组的不同容量，分别以台为单位计算。

(3) 直流、交流电动机检查接线：应区别直流、交流电动机的不同容量，分别以台为单位计算。

(4) 交流防爆电动机及立式电动机检查接线：应区别交流防爆电动机及立式电动机的不同容量，分别以台为单位计算。

(5) 发电机电阻器安装：应区别发电机励磁电阻器的不同容量，分别以台为单位计算。

8. 起重设备电气装置

(1) 普通桥式起重机电气安装：应按普通桥式起重机的不同形式（吊钩式、抓斗式及电磁式），区别其不同起重量，分别以台为单位计算。

(2) 双小车、双钩梁起重机电气安装：应按双小车、双钩梁起重机的不同起重量，分别以台为单位计算。

(3) 门型、单梁起重机及电葫芦电气安装：单梁起重机应区别其不同控制方式（地面控制和操纵室控制）；电葫芦应区别其不同起重量，分别以台为单位计算。

门型起重机电气安装的工程量以台为单位计算。

(4) 滑触线安装：应按钢材的不同种类和名称，区别其不同型号和规格，分别以100m/单相为单位计算。

(5) 移动软电缆安装：应按软电缆的不同型号规格、移动方式（沿钢索和沿轨道）。沿钢索安装区别其不同长度，均以根为单位计算；沿轨道安装区别其不同截面积，均以米为单位计算。

(6) 滑触线支架安装：应按滑触线安装的不同形式（3横架式和6横架式），区别其不同固定方法（螺栓固定和焊接固定），分别以付为单位计算。指示灯的安装工程量以套为单位计算。

(7) 滑触线拉紧装置及挂式支持器制作安装：滑触线拉紧装置应区别不同材质（扁钢、圆钢），均以套为单位计算；挂式支持器制作安装的工程量以套为单位计算。

9. 电缆

(1) 电缆沟铺砂、盖砖及移动盖板安装：电缆沟铺砂、盖砖、盖保护板安装应区别不同根数和每增加1根，分别以100m为单位计算。

电缆沟揭盖盖板，应区别不同板长，分别以100m为单位计算。

(2) 电缆保护管、顶管敷设：电缆保护管安装应按不同材质，区别不同管径，分别以10m为单位计算。

顶管敷设工程量，应区别每根不同长度，分别以根为单位计算。

(3) 电缆敷设：电缆敷设的工程量应按不同安装方式，区别电缆不同截面积，分别以100m为单位计算。

(4) 户内浇注式电力电缆终端头制作安装：应按电力电缆的不同电压，区别不同截面积，分别以个为单位计算。

(5) 户内干包式电力电缆终端头制作安装：应按电力电缆的不同电压，区别不同截面积，分别以个为单位计算。

(6) 户外电力电缆终端头制作安装：应按电力电缆的不同浇注形式和电压，区别不同截面积，分别以个为单位计算。

(7) 电力电缆中间头制作：应按电力电缆的不同电压，区别不同截面积，分别以个为单位计算。

(8) 控制电缆头制作安装：应区别控制电缆的终端头和中间头，按控制电缆的芯数划分子目，分别以个为单位计算。

(9) 电缆保护管长度，除按设计规定长度计算外，遇有下列情况，应按以下规定增加保护管长度：

1) 横穿道路，按路基宽度两端各加 2m;

2) 垂直敷设管口距地面加 2m;

3) 穿过建筑物外墙者，按基础外缘以外加 1m;

4) 穿过排水沟，按沟壁外缘以外加 0.5m。

(10) 电缆保护管埋地敷设时，其土方量的计算：凡施工图有注明的，按施工图规定计算；未注明的一般按沟深 0.9m，沟宽按导管两侧边缘各加 0.3m 工作面计算。

(11) 直埋电缆挖、填土（石）方量的计算可参考表 1-2-11 规定计算。

表 1-2-11

项　目	电 缆 根 数	
	1～2	每增一根
每米沟长挖方量（m^3/m）	0.45	0.153

注：1. 两根以内的电缆沟，上口宽度系按 600mm，下口宽度 400mm、深度按 900mm 计算。

2. 每增加一根电缆，其宽度增加 170mm。

3. 以上土方量系按埋深从自然地坪起算，如设计埋深超过 900mm 时，多挖的土方量另行计算。

(12) 单芯电缆敷设可按同截面的三芯电缆敷设定额基价乘以系数 0.66 计算。

(13) 电缆敷设长度应根据敷设路径的水平和垂直距离，另按表 1-2-12 规定增加附加长度。

表 1-2-12

序　号	项 目 名 称	预留长度	说　明
1	电缆敷设驰度、弯度、交叉	2.5%	按全长计算
2	电缆进入建筑物	2.0m	规程规定最小值
3	电缆进入沟内或吊架时引上余值	1.5m	规程规定最小值
4	变电所进线、出线	1.5m	规程规定最小值
5	电力电缆终端头	1.5m	检修余量
6	电缆中间接头盒	两端各留 2.0m	检修余量
7	电缆进控制及保护屏	高 + 宽	按盘面尺寸
8	高压开关柜及低压动力配电盘	2.0m	盘下进出线
9	电缆至电动机	0.5m	不包括接线盒至地坪间距离
10	厂用变压器	3.0m	从地坪起算
11	车间动力箱	1.5m	从地坪起算
12	电梯电缆与电缆架固定点	0.5m	规范最小值

(14) 电缆终端头及中间头均以个为计量单位。一根电缆有两个终端头，中间电缆头根据设计需要确定。

(15) 电缆支架及吊索：

1) 电缆支架、吊架、槽架制作安装，以吨为计量单位，执行本册第六章定额。

2) 吊电缆的钢索及拉紧装置，分别执行相应的定额。

3）钢索的计算长度，以两端固定点的距离为准，不扣除拉紧装置的长度。

10．配管、配线

（1）各种配管应区别不同敷设方式、位置及管材材质、规格，以延长米计算。不扣除管路中间的接线箱（盒）、灯头盒、开关盒所占的长度。

（2）定额中未包括钢索架设及拉紧装置、接线箱（盒）、支架的制作安装，其工程量另行计算。接线箱分别以明、暗装及其半周长，按个计算。接线盒区别其明、暗装及类型，按个计算。

（3）管内穿线，管内穿线分照明线路和动力线路，按不同导线的截面，按单线延长米计算。线路的分支接头线的长度已综合考虑在定额中，不再计算接头长度。

导线截面超过 $6mm^2$ 以上的照明线路，按动力穿线计算。

（4）线夹配线，区别瓷夹配线和塑料夹配线、两线式和三线式，按敷设在木、砖、混凝土等不同结构和导线规格，以线路延长米计算。

（5）绝缘子配线，包括鼓形绝缘子、针式绝缘子及蝶式绝缘子配线，以单线延长米计算。

（6）槽板配线，应区别木槽板、塑料槽板配线和二线、三线式线路，按延长米计算。

（7）瓷瓶暗配，按线路支持点至顶棚下椽距离的长度计算。

（8）钢索架设，按图示墙（柱）内缘距离，以延长米计算。不扣除拉紧装置所占长度。

（9）塑料护套线配线，区别二芯线或三芯线，按单根线路延长米计算。

（10）灯具，明、暗开关，插座，按钮等的预留线，已分别综合在相应定额内，不另行计算。

配线进入开关箱、柜、板的预留线，分别计入相应的工程量。

（11）在空心板内穿线可按“管内穿线”定额执行。

（12）插座盒安装执行“开关盒”定额子目。

11．照明器具

（1）照明灯具的工程量计算，应区别灯具的种类、型号、规格，以“10套”为计量单位。

（2）各种开关、插座、安全变压器、电铃、电风扇的工程量，应区别其安装方式、规格分别以10套或台为计量单位。

（3）多联插座安装的计算，如遇双联，按单联定额基价乘以系数1.5；三联乘以系数2.0计算。

（4）非本章定额适用范围内的装饰灯具安装，套用装饰灯具安装工程补充定额。

12．电梯电气装置

（1）电梯电气装置安装应区别自动控制或半自动控制，交流信号或直流信号，自动快速或自动高速，集选控制电梯或小型杂物电梯及电厂专用电梯，按不同规格（层/站），分别以部为单位计算。

（2）电梯增加厅门和自动轿厢门的安装工程量均以个为单位计算。电梯增加提升高度的工程量以米为单位计算。

13．防雷及接地装置

（1）户外接地母线敷设，按图示长度以米为计量单位。定额内已包括挖土、填土、夯实。

（2）接地母线、避雷线敷设，其长度按施工图设计水平和垂直规定长度另加3.9%的附加长度（指转弯、上下波动、避绕障碍物、搭接头所占长度），按延长米计算。

（3）避雷针、独立避雷针安装，分别按每根或每基为单位计算。针体的加工，按“铁构件制作”定额相应项目以吨计算。接地极以根为计量单位，其长度按设计长度计算，设计无规定时，每根长度按2.5m计算。如设计有管帽时，另按加工件计算。

（4）一般避雷针制作执行“轻型构件”制作定额；独立避雷针制作执行“一般构件”制作定额。

（5）电缆支架的接地线应执行室内接地母线安装定额。

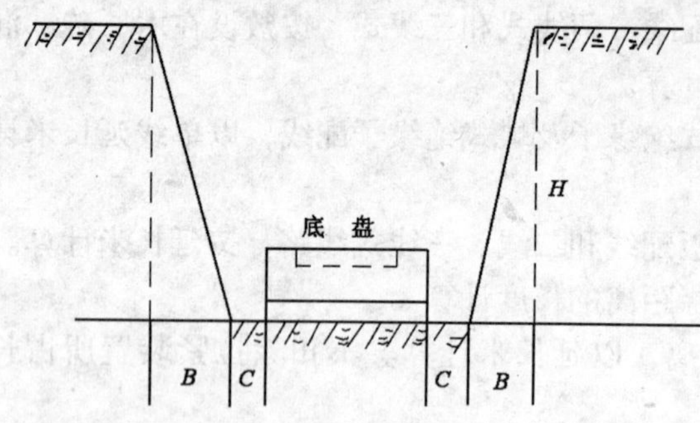

（6）户外接地母线敷设包括的土方量是按沟深750mm，每米沟长的土方量为$0.34m^3$考虑的，如设计要求深度不同时，可按实际土方量计算其增（减）土方量。

（7）电梯的接地干线和接地极的安装应套用本章相应定额。

14.10kV以下架空线路

（1）杆基挖地坑的土方量按施工图杆基尺寸，分别不同土质，以立方米为计量单位。

土方量计算公式如下：

$$V=(a+2c+KH)\times(b+2c+KH)+\frac{1}{3}K^2H^2$$

式中 V——地坑体积；

a——坑底净长；

b——坑底净宽；

K——放坡系数取0.33；

H——坑的深度；

c——工作面取100mm。

$$K=\frac{B}{H} \qquad B=KH$$

设计无规定时，可按表1-2-13计算杆坑土方量。

表1-2-13

放坡系数	杆高（m）		7	8	9	10	11	12	13	15
	埋深（m）		1.2	1.4	1.5	1.7	1.8	2.0	2.2	2.5
	底盘规格（mm）		600×600			800×800			1000×1000	
1:0.25	土方量	带底盘	1.36	1.78	2.02	3.39	3.76	4.60	6.87	8.76
	（m^3）	不带底盘	0.82	1.07	1.21	2.03	2.26	2.76	4.12	5.26

注：1. 土方量计算公式亦适用于拉线坑；

2. 双接腿杆坑按带底盘的土方量计算；

3. 木杆按不带底盘的土方量计算。

（2）杆塔组立，分别杆塔形式，按根计算。

（3）横担组装，按施工图设计规定，分别不同形式，以组为计量单位。

（4）拉线制作安装，按施工图设计规定，分别不同型式，以组为计量单位。拉线长度按设计全根长度计算。设计无规定时按表 1-2-14 计算。

（5）导线的架设，按不同截面分别按单线每公里计算。导线预留长度规定见表 1-2-15。

单位：m/根　**表 1-2-14**

项　目		普通拉线	V（Y）形拉线	弓形拉线
杆高(m)	8	11.47	22.94	9.33
	9	12.61	25.22	10.10
	10	13.74	27.48	10.92
	11	15.10	30.20	11.82
	12	16.14	32.28	12.62
	13	18.69	37.38	13.42
	15	19.68	39.36	15.12
水　平　拉　线		26.74		

注：水平拉线间距以 15m 为准，如实际间距每增大 1m，则拉线长度相应增加 1m。

单位：m/根　**表 1-2-15**

项　目　名　称		长　　度
高压	转　角	2.5
	分支、分段	2.0
低压	分支、终端	0.5
	交叉、跳线、转角	1.5
与　设　备　连　线		0.5
进　　户　　线		2.5

（6）10kV 架空线路的电杆定位可执行第三册“送电线路工程”的土石方工程施工定位定额的相应项目。

15. 电气调整

（1）电气调试系统的划分以电气系统图为单位。电气设备元件的调试均包括在相应定额的系统调试之内，不另行计算。其中各工序调整费用需单独计算时，可按表 1-2-16 所列比例计算。

表 1-2-16

比率（%）　项目 工序	发电机 调相机	各种变压器 消弧线圈	输配电 线路设备	电气驱 动装置
一次设备本体试验	25	30	40	30
附属二次设备试验	15	30	20	30
一次电流及二次回路检查	15	20	20	20
继电器及仪表试验	25	20	20	20
启动试验	20			

（2）电气系统调整所需电力消耗已包括在定额内，不另计算。但大型电机及发电机的联合启动调试用蒸汽、电力和其他动力能源消耗及变压器的空载试运转电力消耗，另行计算。

（3）供电桥回路的断路器、母线分段断路器，作为独立的系统计算调试费。

（4）送配电设备系统调试，以一侧一台断路器为准。若两侧均设计有断路器时，则按两个系统计算。

（5）送配电设备系统调试，适用于各种供电回路（包括照明供电回路）的系统调试。凡供电回路中设有仪表、继电器、电磁开关等调试元件的（不包括刀闸开关、保险器），均作为调试系统计算。

（6）变压器系统的调试，以每个电压侧一台断路器为准。多出部分，按相应电压等级的送配电设备系统调试的相应定额，另行计算。

（7）特殊保护装置，均以构成一个保护回路为一套，其工程量计算规定如下：

1）发电机转子接地保护，按全厂发电机共用一套计算；

2）距离保护，按设计规定所保护的送电线路断路器台数计算；

3）高频保护，按设计规定所保护的送电线路断路器台数计算；

4）零序保护，按发电机、变压器、电动机的台数或送电线路断路器的台数计算；

5）母线差动保护和故障示波器的调试，均以一块屏为一套系统计算；

6）线路纵横差保护，按所保护线路的断路器台数计算；

7）失磁保护，按发电机的台数计算；

8）变流器的断线保护，按变流器台数计算；

9）振荡闭锁装置，凡能构成振荡闭锁的，一个回路设备为一套计算系统。

（8）自动装置及信号系统调试，均包括继电器、仪表等元件本身和二次回路的调整试验。具体规定如下：

1）备用电源自动投入装置，按连锁机构的个数确定备用电源自投装置系统数。如，一个备用厂用变压器作为三段厂用工作母线备用的厂用电源，计算备用电源自投调试时，应为三个系统。又如，装设自动投入装置的两条互为备用的线路或两台变压器，计算备用电源自投调试时，应为两个系统。备用电动机自动投入装置亦按此计算。

2）线路自动重合闸调试系统，按采用自动重合闸装置的线路自动断路器的台数计算系统数。

3）自动调频装置的调试，以一台发电机为一个系统。

4）同期装置调试，按设计构成一套能完成同期并车行为的装置为一个系统计算。

5）蓄电池及直流监视系统调试，一组蓄电池按一个系统计算。

6）事故照明切换装置调试，按设计凡能完成交直流切换的，一套装置为一个调试系统计算。

7）周波减负荷装置调试，凡有一个周率继电器，不论带几个回路，均按一个调试系统计算。

8）远动装置调试，远动装置本体按一个调试系统计算。

9）变送器屏，以屏的个数计算。

10）中央信号装置调试，按冲击继电器的个数计算。

（9）接地网的调试规定如下：

1）接地网拉地电阻的测定。一个发电厂或变电站连为一体的母网，按一个系统计算；远离厂区，自成母网不与厂区母网相连的独立接地网，另按一个系统计算。

2）避雷针接地电阻的测定。每一避雷针均有一单独接地网（包括独立的避雷针、烟囱避雷针等）者，均按一根（组）计算。

3）独立的接地装置按根（组）计算。如一台柱上变压器有一独立的接地装置，即按一根（组）计算。

（10）避雷器、耦合电容器，静电电容器、高频阻波器的调试，按每三相为一组计算；单个装设的亦按一组计算；上述设备如设置在发电机，变压器，输、配电线路的系统或回路内，仍应按相应定额计算调试费用。

（11）高压电气除尘系统调试，按一台升压变压器、一台机械整流器及附属设备为一组计算。

（12）硅整流装置调试，按一套硅整流装置为一个系统计算。

（13）电动机的调试，分别按电机启动方式、功率、电压等级，以台为计量单位。

（14）电梯电气调试，以部为计量单位。

16. 装饰灯具安装工程

（1）吊式艺术装饰灯具安装，以10套为单位计算。

（2）吸顶式艺术装饰灯具安装，以10套为单位计算。

（3）荧光艺术装饰灯具安装：其组合光带和内藏组合式灯按10m为单位计算；发光棚安装按10m^{2}为单位计算；立体广告灯箱、荧光灯光沿按10m为单位计算。

（4）几何形状组合、标志、诱导、水下、点光源艺术装饰灯具及草坪灯和歌舞厅灯具安装均以10套为单位计算。

（五）电气设备安装工程量计算注意事项

1. 变压器

（1）不是所有变压器都需干燥，应根据绝缘情况而定，只有需要干燥的变压器才可计取干燥费。

（2）在特殊情况下，如需搭干燥棚和滤油棚，可另行计算搭棚费。

（3）变压器基础型钢（指非设备配套供应）制作安装本定额未包括，应另行计算。

（4）电炉变压器、消弧线圈、并联电抗干燥，可按同电压、同容量的变压器干燥定额执行（但电炉变压器应按规定乘系数）。

（5）变压器油的试验、化验发生的费用均按实际发生计算。

（6）变压器安装的部分金属件如需做无损探伤检验，发生时，可按第十一册“工艺金属结构工程”无损探伤检验定额执行。

（7）电压等级在110kV以上的变压器安装采用真空注油，如制造厂家对注油油温及铁芯温度提出要求时，可按批准的加温技术措施另行计算。

2. 配电装置

（1）联锁装置及信号接点的安装检查不包括该设备的费用。

（2）电力电容器安装仅指本体安装。与本体连接的线段及安装，均按导线连接形式套用相应定额，其主材另按设计规格、数量计算。

（3）阻波器在支撑绝缘台上安装不包括支撑绝缘台的材料及安装，应另行计算。

（4）结合滤波器安装定额，已包括隔离刀闸的安装，抱箍和紫铜母线材料应另行计算。

（5）本章“配电装置”定额未包括基础型钢的安装埋设，若设计采用槽钢或角钢时，可套用2—393、2—394定额子目；需要二次灌浆的，可执行第一册“机械设备”第十三章“设备底座与基础间灌浆”的定额。

3. 母线、绝缘子

（1）车间带形母线安装不能套用本章定额。

（2）人工乘以系数后，增加的人工费应加入基价。

（3）本章未计价材料（详见本章定额子目）较多，应按设计用量乘损耗系数后另行计算。

（4）母线的预留长度应计入工程量。

4. 控制、继电保护屏

（1）所有表计试验均包括在系统调试内。有些不作系统调试的一次仪表，只收校验费，校验费的标准，可按校验单位的收费标准计算。

（2）电气设备的基础槽钢、角钢安装的工程量计算，按基础槽钢、角钢的单根延长米计算。

（3）屏、柜、箱通常可以根据以下解释，选用定额（本划分也适用于配电设备）：

1）柜：尺寸较大，四面封闭（背面有网栅），一般用于高压；

2）屏：尺寸小于柜，正面安装设备，背后敞开，一般用于低压及直流控制保护；

3）箱：尺寸小于柜，四面封闭，一般来说用途单一，易于维护；

4）柜和屏通常安装在基础型钢上或落地安装，箱一般安装在墙柱上或支架上。

5）“控制”和“操作”是同一概念。通常用于电站的热力设备称“操作”，用于电气设备称“控制”。

（4）用在蓄电池项目的整流器设备，本册未编制该项定额，可套用第四册“通信设备”第一章“安装通信电源设备”定额的“安装通信用配电换流设备”的相应项目。如果是硅整流柜安装，仅包括安装、固定、盘内校线、接地等，其配件和附属设备另执行其他有关定额。

5. 蓄电池

电气工程用的蓄电池执行本册定额，通讯工程用的蓄电池应执行第四册“通讯设备安装工程”定额第一章“安装通信电源设备”有关定额子目。

6. 动力、照明控制设备

（1）小型配电箱（板）内设备元件安装和配线应另套单项安装定额。

（2）各定额子目中的接线端子是指接地用接线端子，配电用接线端子应另套定额。

（3）水位电气信号装置的安装包括支架的制作和安装，但不包括水泵房电气控制开关设备、晶体管继电器安装及水泵房至水塔、水箱的管线敷设。

（4）变配电装置的低压柜执行第四章“电源屏”2—366 安装子目；车间的低压柜执行 2—438 安装子目。

（5）电缆托架的制作和安装按以下规定执行定额：

1）主结构厚度在 3mm 以下的执行“轻型铁构件”定额；

2）主结构厚度大于 3mm 的，执行“一般铁构件”定额。

3）需要镀锌时另行计算。

（6）木配电箱制作安装不包括箱内配电板制作和安装，也不包括箱内电气装置的安装及盘上配线和元件安装，均应另行执行有关定额。

（7）木配电箱和插座箱的安装应执行“小型配电箱”有关定额子目。

(8) 铁构件制作安装及箱、盘、盒制作，如需镀锌应另行计费。

(9) 配电板制作及包铁皮定额已包括制作配电板所需板材和铁皮用量，不得另计费用。

7. 电机及调相机

电机解体检查的电气配合用工已包括在电机检查接线定额中。电机解体拆装检查应编补充定额。

8. 起重设备电气装置

(1) 滑触线安装定额未包括绝缘子安装，应另套2—250定额子目。

(2) 滑触线支架安装定额未包括支架制作，应按支架主结构厚度套用第六章铁构件制作有关定额。

(3) 本定额所指的“成套设备”系按起重设备在生产厂已经全部制作、配套齐全并试验合格，附有试验记录的，即使为运输方便而分装成若干箱件的，仍然属于成套设备，可以直接执行定额。

有些起重设备，生产厂只供设备和材料（如电缆、导线、管道、角钢之类）等散件成品，并未经生产厂配套试车，即为“非成套设备”。对于“非成套设备”不能直接执行整体起重设备安装定额，应分别执行有关子目，即配管执行配管定额，电缆执行电缆定额，穿线执行穿线定额。

(4) 滑触线辅助母线安装，应根据其具体的安装位置，选用相应定额。

(5) 滑触线拉紧装置和挂式支持器的固定支架应套用第六章构件制作定额。

(6) 滑触线安装，应计算预留长度，其预留长度按表1-2-17规定计算。

单位：m/根　**表1-2-17**

序　号	项　　目	预留长度	说　　明
1	圆钢，铜母线与设备连接	0.2	从设备端子接口起算
2	圆钢，铜母线终端	0.5	从最后一个支持点起算
3	角钢母线终端	1.0	从最后一个支持点起算
4	扁钢母线终端	1.3	从最后一个支持点起算
5	扁钢母线分支	0.5	分支线预留
6	扁钢母线与设备连接	0.5	从设备接线端子接口起算
7	轻轨母线终端	0.8	从设备接线端子接口起算

9. 电缆

(1) 电力电缆敷设定额的截面是按电缆的单芯截面计算的，不得将三芯和零线截面相加计算。电缆头制作安装定额也与此相同。

(2) 计算“竖直通道电缆”时，应按竖井内电缆的长度及穿越过竖井的电缆长度之和计算。

(3) 电缆沟盖板揭盖，是按揭盖一次考虑的，如多次揭盖应另行计算增加揭盖部分。

(4) 厂外电缆（包括进厂部分）敷设，套用第三册《送电线路安装工程》35kV电缆敷设相应定额乘以系数0.9。

(5) 厂内外电缆的划分原则上以厂区的围墙为界，没有围墙的以设计的全厂平面范围来确定。

（6）竖井电缆敷设定额是按电缆垂直敷设的安装条件综合考虑的，应和其他电缆一样按规定条件计取各种应该计取的费用。如高层建筑中的施工电缆，则应计取高层建筑增加费。

（7）电力电缆头制作安装定额中已包括了接线端子的压（焊）接工作，不得另行计算。

（8）干包电缆头适用于塑料绝缘电缆和橡皮绝缘电缆。

（9）10kV 以下塑料电缆终端头、中间对接头、手套、雨罩、中间连接盒属未计价材料，其规格按表 1-2-18 ~ 表 1-2-21 规定选择：

三叉塑料手套规格选择 **表 1-2-18**

型号	适用线芯截面（mm^2）		
	1kV（三芯）	6kV（三芯）	10kV（三芯）
ST-31	16 及以下	—	—
ST-32	25	—	—
ST-33	35 ~ 50	16	—
ST-34	70 ~ 95	25 ~ 35	—
ST-35	120 ~ 150	50 ~ 95	16 ~ 35
ST-36	185 ~ 240	120 ~ 185	50 ~ 70
ST-37	—	240	95 ~ 150
ST-38	—	—	185 ~ 245

四叉塑料手套规格选择 **表 1-2-19**

型号	适用线芯截面（mm^2）
	1kV（四芯）
ST-41	3 × 25 + 1 × 10 – 3 × 25 + 1 × 10
ST-42	3 × 50 + 1 × 16 – 3 × 95 + 1 × 35
ST-43	3 × 120 + 1 × 35 – 3 × 185 + 1 × 50

塑料雨罩规格选择 **表 1-2-20**

型号	适用线芯截面（mm^2）	
	6kV	10kV
YS-1	16 ~ 120	16 ~ 50
YS-2	150 ~ 240	70 ~ 240

塑料中间盒规格选择 **表 1-2-21**

型号	适用线芯截面（mm^2）		塑料盒内径（mm）
	1kV（三芯、四芯）	6kV、10kV（三 芯）	
LSV-1	50 及以下	—	80
LSV-2	70 ~ 120	—	100
LSV-3	150 ~ 240	—	125
LSV-4	—	50 及以下	100
LSV-5	—	70 ~ 120	125
LSV-6	—	150 ~ 240	150

注：1. 塑料中间连接盒带有浇灌孔。

2. 单芯、二芯塑料电缆的塑料中间连接盒规格，可根据与其相接近的三芯电缆外径来选用。

10. 配管、配线

（1）在吊顶（顶棚）内配管应执行明配管定额子目。

（2）电气配管需要在混凝土地面刨沟时，执行本章 2—934 ~ 2—938 子目。

（3）钢管在砖混结构中暗配，其刨沟、填补工作已包括在定额内（旧房维修除外），不得另行计算。

(4) 对于旧房维修将明装改为暗配所需的“剔墙槽”可参考湖北省定额管理站制定的“剔墙槽”定额规定执行。如表 1-2-22 所示。

剔　墙　槽　　　　**表 1-2-22**

工作内容：测位、剔槽、清理土渣　　　　单位：10mm

定额编号			鄂补 2—1	鄂补 2—2	鄂补 2—3
项　目			管　径（mm 以内）		
			20	38	75
基　价			5.03	6.04	7.52
名　称	单　位	单　价	数　量		
综合工日	工　日	6.71	0.75	0.90	1.12

注：1. 剔墙槽以砖墙为准。

2. 本定额以单管为准，多根管剔墙时，按单根延长米计算。

3. 本定额适用于旧房（民用、公用）维修工程。

(5) 车间带形母线安装定额未包括支架制作和母线伸缩器制作安装，应另行计算。但包括了绝缘子的安装工作。

(6) 插接式母线槽及进出线盒安装定额，不包括母线槽及配件的价值（如：绝缘隔板、绝缘螺栓、压板等），应另行计算其材料费。

(7) 塑料槽板配线、塑料护套线明敷设定额，已包括了分支线用接线盒，不得另行计算。但开关、插座如需安装接线盒应另行计算。

11. 照明器具

(1) 吊链式荧光灯的引下线已综合在定额内，不另行计算。

(2) 吊管式的电线管和法兰座按灯具带考虑，如灯具未带应另计材料费。

(3) 荧光灯具安装组装型定额适用于散件供货灯具，其需对灯架、镇流器、启辉器座等进行组装和接线；成套型是指已组装好的灯具。

(4) 如成套灯具未带灯泡或灯管，应另计材料费，并应乘灯泡或灯管的损耗率。

(5) 套用成套型吊链式荧光灯定额时，如灯具未带吊盒和瓜子链，应另计其材料费。

(6) 艺术灯的引下线按灯具自带考虑。

(7) 碘钨灯、投光灯、密闭灯具、路灯的安装定额已考虑了支架安装，但未包括支架制作。如其他灯具安装需用支架，应计算支架的制作安装费。

(8) 安全变压器安装定额包括了支架安装，未包括支架制作，应另行计算制作费用。

(9) 吊风扇的安装定额已包括了吊钩的制作安装，不另计算。

(10) 本章所指的“灯具调试”不是指所有灯具安装都要进行调试，而是指有特殊要求（如要求亮度可调等）的灯具调试，其具体内容按产品出厂要求。

12. 电梯电气装置

(1) 本章定额未包括的工作内容，应另套有关定额。

(2) 本章定额未包括的工作内容中：电源线路是指配电柜到电梯控制柜之间的线路，由控制柜到电机的线路安装已包括在定额中；不包括的控制开关是指不属电梯应带范围的控制开关。

13．防雷及接地装置

（1）接地母线的挖沟是按一般土质综合考虑的，如果土质不同（指遇有石方、矿渣、积水、流砂、障碍物等），可按第三册“送电线路工程”第二章“土石方工程”说明中有关规定进行调整。

（2）户外接地母线是指挖沟埋地的接地母线，其他应套用户内接地母线定额。

（3）避雷网安装定额已包括了支架的制作和安装，不另计算。

（4）避雷网安装如未做混凝土块，则不应计算此项费用。

（5）构架接地定额包括 4m 以内接地线，不包括接地极及超过 4m 的接地线。

（6）特殊需要对管道法兰及阀门进行接地跨接的，应套用 2—1224 定额子目。

（7）高层建筑需要防雷接地的门窗的接地，可套用接地跨接线有关定额。

14．10kV 以下架空线路

（1）π 形杆安装应按两根计算。

（2）杆上变压器安装及台架制作安装定额，未包括变压器干燥、检修平台和防护栏杆的制作安装。

（3）配电箱安装未包括焊压接线端子。

（4）横担安装定额，未包括横担、支撑、绝缘子的价格，应另行计算其材料费；导线架设未包括导线、金具的价格，应另行计算材料费。

（5）未计价的绝缘子和金具，按设计选用的国标图中的用量乘损耗系数进行计算。低压线路中：直线杆和直线转角杆通常采用 PD-1T 针式绝缘子；承力杆通常采用 ED 型蝴蝶绝缘子，其中导线为 16～150mm^2 时，采用 ED-2 型，导线为 185～240mm^2 用 ED-1 型。常用的绝缘子和金具可按附表 1-2-23 进行计算。

绝缘子组合表（单位：10 套） **表 1-2-23**

名称	单位	低压绝缘子						高压绝缘子（10kV）				
		针式			蝶式			悬垂、蝶式组合		针式	瓷拉棒	瓷横担
		PD1-1	PD1-2	PD1-3	ED-1	ED-2	ED-3	X-4.50	X-4.5	P-10	SL-10	（跳线用）
低压针式绝缘子	个	10.12	10.12	10.12								
低压蝶式绝缘子	个				10.12	10.12	10.12					
高压针式绝缘子	个									10.05		
高压蝶式绝缘子	个							10.05	10.05			
高压悬式绝缘子	个							10.05	10.05			
瓷拉棒	个										10.20	
瓷横担 CD-10	个											10.20
铁拉板 40×200	块					20.10	20.10					
铁拉板 40×230	块							20.10	20.10			
铁拉板 40×300	块				20.10			20.10	20.10			
六角螺栓 M12×110	套											
六角螺栓 M16×40	套					20.40	20.40					30.60
六角螺栓 M16×65	套							20.40	10.20			
六角螺栓 M16×110	套							10.20	10.20			
六角螺栓 M16×130	套											

续表

名称	单位	低压绝缘子						高压绝缘子 (10kV)				
		针式			蝶式			悬垂、蝶式组合		针式	瓷拉棒	瓷横担
		PD1-1	PD1-2	PD1-3	ED-1	ED-2	ED-3	X-4.50	X-4.5	P-10	SL-10	(跳线用)
六角螺栓 M16×200	套				20.40			10.20	10.20		20.40	
瓷横担支座 50×8×274	个											10.05
销钉 $\phi 6\times 30$	个											10.05
球头挂环	个							10.05				
碗头挂板	个							10.05				

注：以蝶式代针式绝缘子时，按实际换算。

15. 电气调整

(1) 汽轮发电机及调相机系统调试定额，不包括特殊保护装置、信号装置、同期装置、备用励磁机系统的调试，应另套相应定额。

(2) 三相电力变压器系统调试定额，不包括避雷器、自动装置、特殊保护装置和接地网的调试。如遇三卷变压器则按同量定额乘以系数 1.2，单相电力变压器系统调试定额同比。

(3) 送配电设备系统调试适用于各种送配电设备和低压供电回路的系统调试，当断路器为六氟化硫断路器和空气断路器时，定额乘以系数 1.3。

(4) 特殊保护装置调试，均以构成一个保护回路为一套计算。失灵保护套用故障录波器定额；高频保护包括收（发）讯机；定子接地保护和负序反时限保护套用失磁保护。

(5) 线路自动重合闸装置，不论电气型或机械型均适用于本定额；双侧电源自动重合闸是按同期考虑的。

(6) 母线系统调试定额：不包括特殊保护装置的调试以及 35kV 以上母线和设备耐压试验；1kV 以下的母线系统适用于低压配电装置母线及电磁母线，不适用于动力配电箱母线，动力配电箱至电动机的母线已综合考虑在电动机调试定额内；母线系统是以一段母线上有一组电压互感器为一个系统计算的。

(7) 接地装置调试定额不适用于岩石地区。

(8) 高频阻波器调试，按同电压的避雷器调试定额乘以系数 1.4。

(9) 可控硅整流设备的调试按相应硅整流设备定额乘以系数 1.4。

(10) 低压笼型电机中的“可调试控制”是指带调速器的电机，或可逆式控制以及其他特殊方式的控制（如：带能耗制动的电机、多速电机、降压起动等笼形电机）。

(11) 电机联锁装置调试不包括电机及其起动控制设备的调试，应分别套定额。

(12) 起重机电气调试定额不包括电源滑触线、联锁开关、电源开关的调试工作，应另套 1kV 以下供电系统调试。

(13) 发电机组起动调试定额，只包括发电机组本身的电气起动调试，不包括外围电气设备的配合运行。

(14) 电梯调试定额均不包括电源开关系统的调试，应另套 1kV 以下送配电设备系统调试定额；半自动电梯调试定额亦适用于手动操作电梯的调试。

（15）接地装置调试定额 2—1415“接地极”单位应为“组”。

（16）变压器吊芯试验已包括在变压器系统调试定额内，不另计算。

（17）开关柜和电缆的试验已包括在“送配电设备系统调试”定额子目内，不另计算；为电动机供电的电缆和开关柜的试验则包括在“电机系统调试”子目内；开关柜若无输出供电回路，但柜内设有仪表、继电器、电磁开关等调试元件的可作为调试系统计算。

（18）电机调试定额，并不是工程中所有的电机不分大小都可套用本定额，一般三相电机可按控制方式套用本章定额；一般小型单相电机不计调试费，但伺服电机等特殊小型电机需要进行调试的仍可计取调试费。

（19）接地装置调试应分不同情况按试验次数计算：

1）接地极不论是由一根或两根以上组成的，均作一次试验；如果接地电阻达不到要求时再打一根地极，再作试验，则另计一次试验费。

2）接地网是由多根接地极连成的，只套接地网试验定额，包括其中的接地极；如果接地网是由若干组构成的大接地网，则按分网计算接地试验，一般分网由 10～20 根接地极构成。如果分网计算有困难，可按网长每 50m 为一个试验单位，不足 50m 也按一个网计算。设计有规定的，可按设计数量计算。

（20）有继电保护的低压电机调试定额适用于有过压、过流、过热等多种保护的电机调试，不适用于只有热继电器保护的电机。

（21）避雷器放电记录工作包括在避雷器调试定额内。

（22）变电所的 10kV 供电电缆与变压器系统调试按图 1-2-14 进行划分。

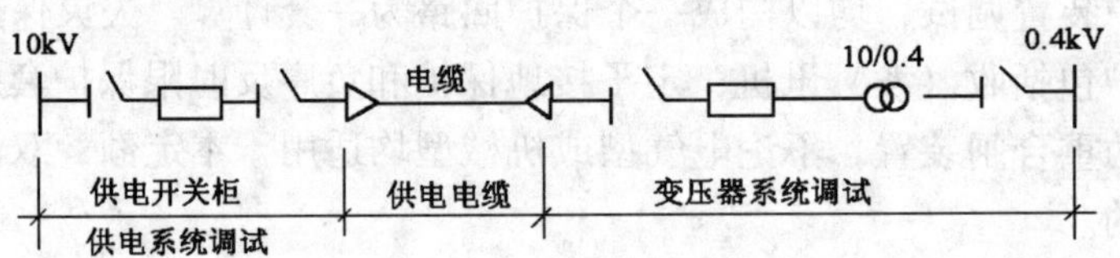

图 1-2-14

（23）调试用的仪表和装置的转移：属现场范围内的转移费已包括在定额内；现场范围外的转移费应另行计算。

（24）送配电设备系统调试 1kV 以下定额，适用于所有低压供电回路，该回路必须设有仪表、继电器、电磁开关等调试元件。低压配电装置输出回路输出 m 个回路，其中有 N 个回路符合该规定，则可计算 N 个系统，但从配电装置到电动机的供电回路除外。

（25）一个单位工程最少要计算一个回路的低压供电系统的调试。例如一栋楼房的照明，各分配电箱内只有闸刀开关和保险器，这些分配电箱就不能作为独立的“低压供电系统”，只能计算该楼总配电箱为一个“低压供电回路”的调试费。如分配电箱内装有仪表、继电器、电磁开关等调试元件，则分配电箱可作为独立的“供电系统”计算调试费。

（26）自动投入装置调试定额，应区别备用电源自投与线路重合闸：

1）备用电源自投是指两路电源同时送到一个配电装置，它分为下面两种：

①一路电源工作，一路电源备用，当工作电源发生故障时，备用电源自动投入，这种情况可计算一个备用电源自动投入调试。

②两路电源互为备用，不论那路电源发生故障，另一路都能自动投入，这种自动投入装置应计算二个备用电源投入装置调试。

以上两种备用电源投入装置不得套用重合闸定额。

2）自动重合闸装置：是用来消除或减轻架空线路遭受瞬时故障引起停电事故的装置。当发生瞬时故障使断路器跳闸后，它可经延时后重新自动合闸，合闸成功，电网可继续运行。

(27) 如果两台电机是互为备用，则应计算两个备用电动机自投系统调试。

(28) 电动机联锁装置：是指电动机必须按工艺要求顺序（先后次序）起动，要有两台以上的电机。如制冷系统中的冷冻循环泵和冷却循环泵，必须先开动冷却循环泵电机进行循环后，才能开动冷冻循环泵。

16. 装饰灯具安装工程

(1) 本定额已综合考虑了脚手架搭拆费用，不另计算。

(2) 串、挂、组装装饰物，均按在脚手架上操作考虑，超高作业因表已考虑在定额内，不另计超高作业费用。

(3) 本定额未包括金属支架制作和安装，应另行计算。

(4) 水下艺术装饰灯具安装，其移动防水线未计材料费。

(5) 草坪灯具安装，其混凝土底座未计材料费。

（六）送电线路工程

送电线路分两大类：即主要材料（装置性材料）的数量统计及计价，安装工程量的统计、分类及汇总，以及各种系数的正确应用。

送电线路工程受地形地质条件影响较多，因此在统计工程量时必须具备：设计图纸；编制原则；主要材料价格；预算定额；其他费用规定。具体编制的顺序：统计杆塔明细表，计列工程中数量列入各类表格内（见“上东线升压工程)，编制主材各单位工程预算价并将数量逐一统计换算成运输总重量，以作编制“工地运输”单位工程预算书。

1. 送电线路

(1) 工地运输：指定额内的未计价材料，自工地集散仓库（或集放点）运至沿线各杆（塔）位的装卸、运输及空载回程等全部工作。

1）工地运输的地形，应按运输路径的地形来划分，也可与工程地形相同。

2）工地运输平均运距计算，应根据沿线交通运输条件，选择不同的运输方式，采用加权平均的方法计算平均运距。

就运输方式而言，仅分人力运输和机械运输两大类。人力运输的定额单位为（t·km)；机械运输的定额单位分装卸（t）和运输（t·km）两项。

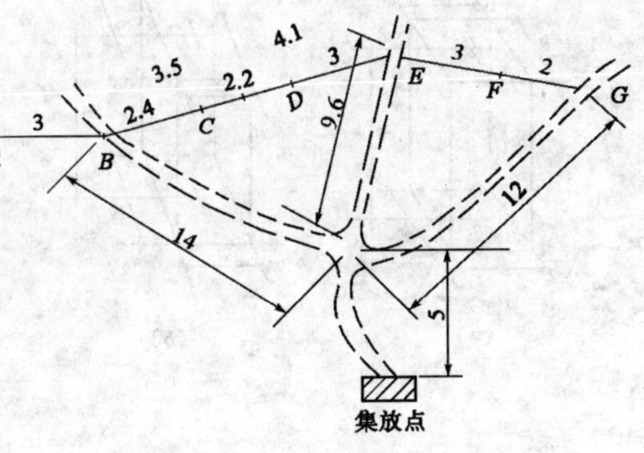

图 1-2-15

【例】 按图 1-2-15 所示，计算人力、汽车的平均运距。

说明：A. 先用汽车将线路器材运送到 *B*、*E*、*G* 三点。

B. 从 B、E、G 三点将器材以人力运送至各桩位。

【解】 平均运距计算

汽车运距（若控制段不同，运距有变化，现按两种控制段分别计算）

$$L_{CP汽1}=\frac{5.4\times19+14.6\times8.2+17\times2}{15.6}=16.43\text{km}$$

$$L_{CP汽2}=\frac{7.6\times19+14.6\times6+17\times2}{15.6}=17.05\text{km}$$

按同理求人力运距（考虑线路的弯曲系数 1.2）

$$L_{CP人}=\frac{(3\times1.5+3.5\times1.75+4.1\times2.05+3\times1.5+2\times1)\times1.2}{15.6}$$

$$=1.96\text{km}$$

3）运输是按下式计算

概、预算量 = 设计量 ×（1 + 损耗量）

运输量 = 概预算量 × 毛重系数（或单位重量）

注：毛重系数或单位重量按统一预算定额规定。

（2）土（石）方工程量：坑、槽的土质，应以设计提供的地质资料划分，但不作分层计算；凡同一坑、槽中出现两种以上土质时，以厚度最大的一种作为类别；若遇有流砂时，则均作流砂计算。

杆、塔坑，拉线坑的土（石）方量以立方米计算，并按设计图的基础底面积为基数，考虑不同土质的操作裕度和不同埋深的边坡系数进行计算。

1）杆、拉线、塔坑土（石）方量

①正方体（不放边坡）$V=a^2\times h$（m^3）（图 1-2-16a）

②长方体（不放边坡）$V=a\times b\times h$（m^3）（图 1-2-16b）

③平截方尖柱体（放边坡）$V=\frac{h}{3}\times(a^2+aa_1+a_1^2)$（$m^3$）（图 1-2-16$c$）

④平截长方尖柱体（放边坡）$V=\frac{h}{6}\times[ab+(a+a_1)(b+b_1)+a_1b_1]$（$m^3$）（图 1-2-16$d$）

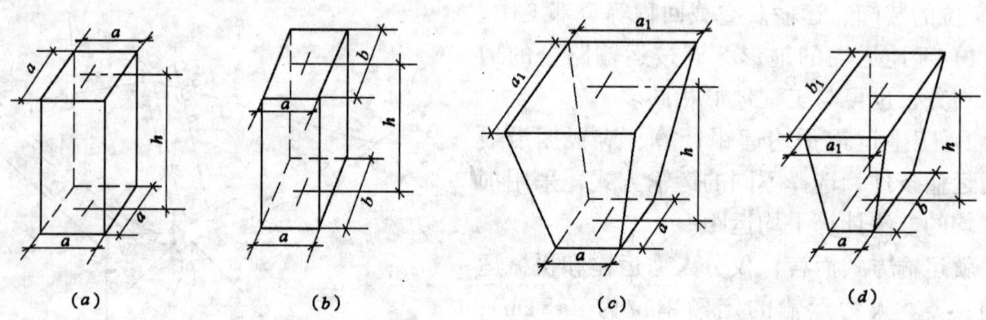

图 1-2-16

（a）正方体（不放边坡）；（b）长方体（不放坡）；

（c）平截方尖柱体（放边坡）；（d）平截长方尖柱体（放边坡）

2）尖峰及施工基面。尖峰及施工基面土（石）方量计算，应按设计提供的基面标高并按地形、地貌以实际情况进行计算。常见的计算方法如下：

①塔位立于山坡的施工基面（图 1-2-17）

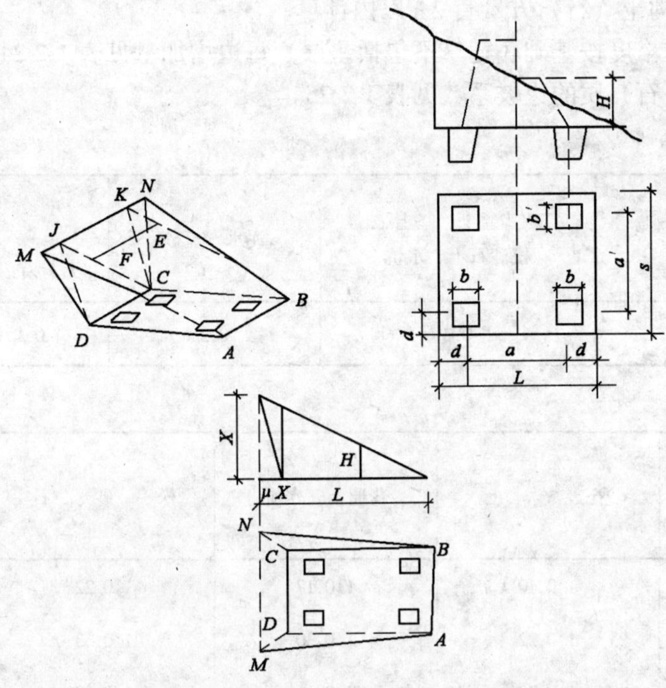

图 1-2-17　塔立于山坡上施工基面示意图

A. 不放坡部分的体积（*ABCDEFΔ*）$V_a = L \cdot S \cdot H$

B. 放坡部分体积由三个部分组成：μ 为边坡系数

上坡方向 *CDEFCK* 体积

体积 $V_2 = \mu x \cdot x \cdot \frac{S}{2} = \mu x^2 \cdot \frac{S}{2}$

C. 左右两侧（*ADMGA* + *BCKNB*）

体积 $V_3 = 2\left(\mu x \cdot x \cdot \frac{L}{6}\right) = \mu x^2 \frac{L}{3}$

基面总体积 $V = V_a + V_2 + V_3$

②塔位立于山脊上的施工基面（图 1-2-18）

由于山脊两侧坡度的陡缓不同，不按近似长方体积计算，但应乘以小于 1 的修正系数 K。一般可取 0.6。

$$
\begin{aligned}
V &= K \cdot L \cdot S \cdot H + \mu H \cdot H \cdot S \\
&= KLSH + \mu H^2 S
\end{aligned}
$$

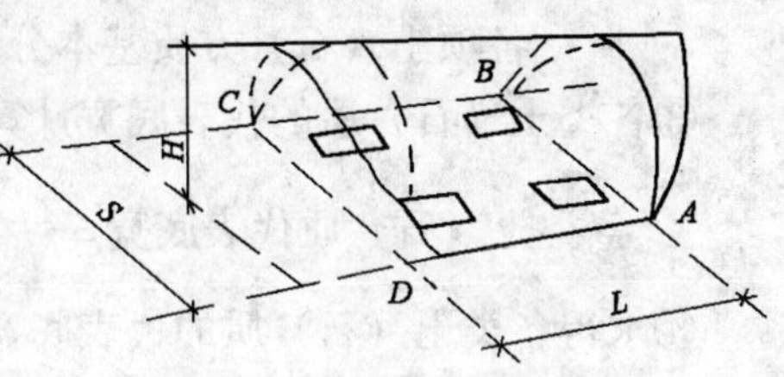

图 1-2-18　塔立于山脊上施工基面示意图

其中　μ——边坡系数。

3）其他土、石方量

①无底盘、卡盘的电杆坑：$V = 0.8 \times 0.8 \times h$（$m^3$）。

②带卡盘的电杆，如原计算坑的尺寸不能满足安装时，因卡盘超长而增加的土（石）

方量另计。

③电杆坑的土（石）方量，未包括马道的土（石）方量，需要时按每坑 $0.6m^3$ 另计。

④接地槽土（石）方量计算：$V=0.4\times$长度$\times$槽深（m^3）。

⑤电力电缆沟土（石）方量套 2m 以内计算。

4）施工操作裕度按基础底宽（不包括垫层）每边增加量见表 1-2-24。

5）各类土（石）质的边坡系数见表 1-2-25。

表 1-2-24

土质分类	普通土、坚土 松砂石土、水坑	泥水、流砂	岩石	
			无模板	有模板
每边裕度（m）	0.2	0.3	0.1	0.2

表 1-2-25

坑深 \ 边坡系数 \ 土质	坚土	普通土、水坑	松砂石	流砂、泥水、岩石
2.0m 以内	1:0.10	1:0.17	1:0.22	不放坡
3.0m 以内	1:0.22	1:0.30	1:0.33	不放坡
3.0m 以上	1:0.30	1:0.45	1:0.60	不放坡

6）几种特殊条件的规定：

①冻土厚度≥300mm 者，冻土层的挖方量，按坚土挖方定额乘以系数 2.0 调整；

②岩石坑挖填，需要排水者，可按挖填方（岩石）人工定额乘以系数 1.05 调整。

7）如不具备逐项基础的地质资料，可以土（石）质所占百分率，按下列方法进行计算：

①按杆、塔明细表，对各种杆、塔进行分类汇总，按下式求出设计基本土（石）方总量：

$$\text{设计基本土（石）方总量}=\Sigma\text{基础底面积}\times\text{埋深}\times\text{基数}$$

②按土（石）方质百分率求各项土（石）质基本分量：

$$\text{各项土（石）方质基本分量}=\text{设计基本总量}\times\text{土（石）质百分率}$$

③各类土（石）质的代表底宽计算公式为：

$$\text{各类土（石）质代表底宽}=\sqrt{\frac{\text{各类土（石）质基本分量}}{\text{平均埋深}\times\text{总基数}\times\text{土（石）质百分率}}}\ (\text{m})$$

④求得各类土（石）质的代表底宽，再按土（石）质分类加操作裕度，并按埋深和土（石）质分类规定的安全边坡，套用“土（石）方工程量计算表”或按计算公式求出单基的预算土（石）方量。

⑤各类土（石）质的预算土（石）方量＝单基预算量×总基数×土（石）质百分率

8）回填土方已包括在定额内，不再计算。

(3) 基础工程

1) 基础工程分为预制式和现浇式两类。预制件均按基为计量单位，并按每基的重量选用子目；现浇基础应按施工图规定的混凝土（或砂浆）配合比，根据定额配合比用量表计算其砂、石、水泥的用量，再按规定的损耗率计算材料用量，计价后并入材料费。

砂、石、水泥预算用量 = 定额用量 ×（1 + 损耗率）

2) 爆扩桩和灌注桩的超灌量，设计有规定时，按设计规定计算；无规定时，则按本定额说明（即下列规定）计算：

①爆扩桩基础，按设计浇制量的 8%计算；

②灌注桩基础，按设计浇制量的 23%计算。

3) 铺石垫层石方量，按设计的体积换算成重量，并按规定的损耗率计算，计价后列入材料费。

铺石灌浆垫层，除按铺石计算石方量外，其砂浆用量，如设计有规定者按设计规定计算，设计未作规定时，可按 M5 砂浆计算，其用量为垫层体积的 2.5%，计价后列入材料费。

4) 基础防腐按涂刷一遍为准，其工程量应按设计规定需要涂刷的面积计算；如需涂刷两遍时，按相应定额乘以系数 1.8。

(4) 杆塔工程

1) 杆、塔组立，以基为计量单位。定额所列的每基重量，是指整基杆（塔）组合杆件（不包括基础、拉线盘、卡盘及套筒的重量）的总重量。

2) 拉线的制作安装，以根为计量单位。拉线长度按下式计算，计价后列入材料费。定额对不同材质和规格已作综合考虑，它适用于单根拉线的制作与安装，若安装 V 型、Y 型或双拼型拉线时，应按两根计算。

拉线的预算用量 =（设计斜长 + 把头留长）×（1 + 损耗率）

3) 接地，以“根”为计量单位。接地体长度按下式计算，计价后列入材料费。

接地体预算用量 = 设计用量 ×（1 + 损耗率）

4) 混凝土塔的基础及筒身，按图示尺寸以立方米计算，并执行建筑工程预算定额有关基础和烟囱的相应定额项目。

塔头部分的支架及横担（型钢）的吊、组装，可按塔头的总重量（t）与塔全高（m）的乘积，以“t·m”为计算单位。其基价按每吨米 3.6 元计算，其中人工费占 28%，机械费占 53%，并按塔位所在地形增加相应的地形增加费。

(5) 架线工程

1) 避雷线、导线的架设，是以不同截面和根数，以“m”为计量单位，导线、避雷线按预算用量计价后列入材料费内，预算用量按下式计算，计价后，列入材料费。

避雷线、导线的预算用量 = 线路亘长（km）× 根数 × 线的单位重量（kg/km）× （1 + 损耗率）

预算用量已包括弧度增长量和跨接线的长度，如设计采用不同规格的线材时，跨接线用量另计。

2）架线，其工程量以线路的设计亘长为准，不扣除跨越架线档的长度。定额中的跨越架设，系指越线架的搭、拆和越线架的运输以及因施工困难增加的工作量，以处为计量单位。

2. 电缆工程

（1）土（石）方工程

1）路面开挖，执行“通信线路工程”定额“开凿路面”项目及其相应的工程量计算规则。

2）电缆槽（沟）的土（石）方开挖和回填，应在扣除路面开挖部分的实际挖填量后，按不同土质套用坑深2m以内的电杆坑挖、填方定额，并按“土（石）方工程量计算表”计算基础土（石）方量。

3）电缆沟（槽）土石方量计算及图示（图1-2-19）：

①直埋方式：$V = aLh = [0.6 + 0.35(n-1)] \times (h-b)L$

②保护管方式：$V = aLh\left[\frac{n}{2}(d+D) + 0.1(n-1) + 0.4\right] \times (h-b)L$

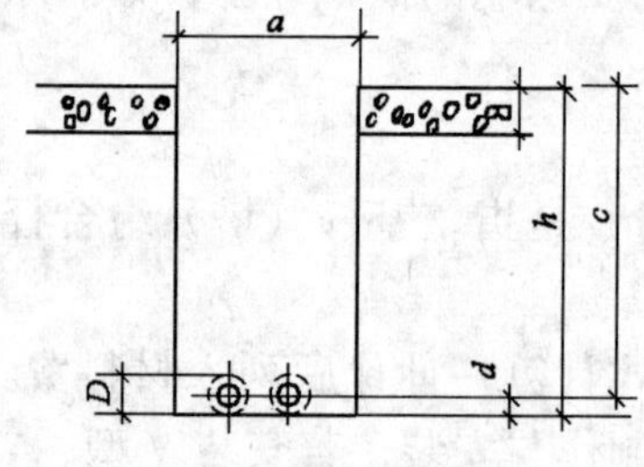

图1-2-19

式中 V——体积（m^3）；

a——沟（槽）实宽（m）；

L——沟（槽）长度（m）；

h——沟（槽）实深（m）；

n——电缆并列埋设根数；

d——电缆直径或保护管内径（m）；

D——保护管插口外径（m）。

（2）电缆敷设的预算用量 = 设计长度 ×（1 + 损耗率）

（3）电缆中间接头和终端头的制作安装

1）中间接头的数量，按设计规定计算。如设计无规定时，可参照制造厂的生产长度和线路敷设条件确定，也可按下列方法计算。

①35kV：

$$n\text{（套/三相）} = \frac{L}{l} - 1 = \frac{L}{200} - 1 = 0.005L - 1$$

式中 n——中间接头数（套/三相）；

L——电缆施工图设计的计算长度，即：“设计用量”（m）；

l——每段电缆的平均长度按200m考虑。

说明：计算结果如遇小数时，其第一位小数，一舍二进。

②110～220kV电缆，根据施工图设计和施工组织设计的要求计算。

2）电缆终端头数量的确定应根据施工图设计和施工组织设计计算。

三、电气设备安装工程规范

C.2 电气设备安装工程

C.2.1 变压器安装。工程量清单项目设置及工程量计算规则，应按表1-2-26的规定执行。

C.2.1 变压器安装（编码：030201） **表 1-2-26**

<table>
<tr><th>项目编码</th><th>项目名称</th><th>项目特征</th><th>计量单位</th><th>工程量计算规则</th><th>工 程 内 容</th></tr>
<tr><td>030201001</td><td>油浸电力变压器</td><td rowspan="2">1. 名称
2. 型号
3. 容量（kV·A）</td><td rowspan="7">台</td><td rowspan="7">按设计图示数量计算</td><td>1. 基础型钢制作、安装
2. 本体安装
3. 油过滤
4. 干燥
5. 网门及铁构件制作、安装
6. 刷（喷）油漆</td></tr>
<tr><td>030201002</td><td>干式变压器</td><td>1. 基础型钢制作、安装
2. 本体安装
3. 干燥
4. 端子箱（汇控箱）安装
5. 刷（喷）油漆</td></tr>
<tr><td>030201003</td><td>整流变压器</td><td rowspan="3">1. 名称
2. 型号
3. 规格
4. 容量（kV·A）</td><td rowspan="3">1. 基础型钢制作、安装
2. 本体安装
3. 油过滤
4. 干燥
5. 网门及铁构件制作、安装
6. 刷（喷）油漆</td></tr>
<tr><td>030201004</td><td>自耦式变压器</td></tr>
<tr><td>030201005</td><td>带负荷调压变压器</td></tr>
<tr><td>030201006</td><td>电炉变压器</td><td rowspan="2">1. 名称
2. 型号
3. 容量（kV·A）</td><td>1. 基础型钢制作、安装
2. 本体安装
3. 刷油漆</td></tr>
<tr><td>030201007</td><td>消弧线圈</td><td>1. 基础型钢制作、安装
2. 本体安装
3. 油过滤
4. 干燥
5. 刷油漆</td></tr>
</table>

C.2.2 配电装置安装。工程量清单项目设置及工程量计算规则，应按表 1-2-27 的规定执行。

C.2.2 配电装置安装（编码：030202） 表 1-2-27

项目编码	项目名称	项目特征	计量单位	工程量计算规则	工 程 内 容
030202001	油断路器	1. 名称 2. 型号 3. 容量（A）	台	按设计图示数量计算	1. 本体安装 2. 油过滤 3. 支架制作、安装或基础槽钢安装 4. 刷油漆
030202002	真空断路器				1. 本体安装 2. 支架制作、安装或基础槽钢安装 3. 刷油漆
030202003	SF_6 断路器				
030202004	空气断路器				
030202005	真空接触器				
030202006	隔离开关	1. 名称、型号 2. 容量（A）	组		1. 支架制作、安装 2. 本体安装 3. 刷油漆
030202007	负荷开关				
030202008	互感器	1. 名称、型号 2. 规格 3. 类型	台		1. 安装 2. 干燥
030202009	高压熔断器	1. 名称、型号 2. 规格	组		安装
030202010	避雷器	1. 名称、型号 2. 规格 3. 电压等级			
030202011	干式电抗器	1. 名称、型号 2. 规格 3. 质量			1. 本体安装 2. 干燥
030202012	油浸电抗器	1. 名称、型号 2. 容量（kV·A）	台		1. 本体安装 2. 油过滤 3. 干燥

续表

项目编码	项目名称	项目特征	计量单位	工程量计算规则	工程内容
030202013	移相及串联电容器	1. 名称、型号 2. 规格 3. 质量	个	按设计图示数量计算	安装
030202014	集合式并联电容器	1. 名称、型号 2. 规格 3. 质量	个	按设计图示数量计算	安装
030202015	并联补偿电容器组架	1. 名称、型号 2. 规格 3. 结构	台	按设计图示数量计算	安装
030202016	交流滤波装置组架	1. 名称、型号 2. 规格 3. 回路	台	按设计图示数量计算	安装
030202017	高压成套配电柜	1. 名称、型号 2. 规格 3. 母线设置方式 4. 回路	台	按设计图示数量计算	1. 基础槽钢制作、安装 2. 柜体安装 3. 支持绝缘子、穿墙套管耐压试验及安装 4. 穿通板制作、安装 5. 母线桥安装 6. 刷油漆
030202018	组合型成套箱式变电站	1. 名称、型号 2. 容量（kV·A）	台	按设计图示数量计算	1. 基础浇筑 2. 箱体安装 3. 进箱母线安装 4. 刷油漆
030202019	环网柜	1. 名称、型号 2. 容量（kV·A）	台	按设计图示数量计算	1. 基础浇筑 2. 箱体安装 3. 进箱母线安装 4. 刷油漆

C.2.3　母线安装。工程量清单项目设置及工程量计算规则，应按表1-2-28的规定执行。

C.2.3　母线安装（编码：030203）　　**表1-2-28**

项目编码	项目名称	项目特征	计量单位	工程量计算规则	工　程　内　容
030203001	软母线	1. 型号 2. 规格 3. 数量（跨/三相）	m	按设计图示尺寸以单线长度计算	1. 绝缘子耐压试验及安装 2. 软母线安装 3. 跳线安装
030203002	组合软母线	1. 型号 2. 规格 3. 数量（组/三相）			1. 绝缘子耐压试验及安装 2. 母线安装 3. 跳线安装 4. 两端铁构件制作、安装及支持瓷瓶安装 5. 油漆
030203003	带形母线	1. 型号 2. 规格 3. 材质			1. 支持绝缘子、穿墙套管的耐压试验及安装 2. 穿通板制作、安装 3. 母线安装 4. 母线桥安装 5. 引下线安装 6. 伸缩节安装 7. 过渡板安装 8. 刷分相漆
030203004	槽形母线	1. 型号 2. 规格			1. 母线控制、安装 2. 与发电机变压器连接 3. 与断路器、隔离开关连接 4. 刷分相漆
030203005	共箱母线	1. 型号 2. 规格		按设计图示尺寸以长度计算	1. 安装 2. 进、出分线箱安装 3. 刷（喷）油漆（共箱母线）
030203006	低压封闭式插接母线槽	1. 型号 2. 容量（A）			
030203007	重型母线	1. 型号 2. 容量（A）	t	按设计图示尺寸以质量计算	1. 母线制作、安装 2. 伸缩器及导板制作、安装 3. 支承绝缘子安装 4. 铁构件制作、安装

C.2.4 控制设备及低压电器安装。工程量清单项目设置及工程量计算规则，应按表1-2-29的规定执行。

C.2.4 控制设备及低压电器安装（编码：030204） 表1-2-29

<table>
<tr><th>项目编码</th><th>项目名称</th><th>项目特征</th><th>计量单位</th><th>工程量计算规则</th><th>工 程 内 容</th></tr>
<tr><td>030204001</td><td>控制屏</td><td rowspan="6">1. 名称、型号
2. 规格</td><td rowspan="6">台</td><td rowspan="15">按设计图示数量计算</td><td rowspan="3">1. 基础槽钢制作、安装
2. 屏安装
3. 端子板安装
4. 焊、压接线端子
5. 盘柜配线
6. 小母线安装
7. 屏边安装</td></tr>
<tr><td>030204002</td><td>继电信号屏</td></tr>
<tr><td>030204003</td><td>模拟屏</td></tr>
<tr><td>030204004</td><td>低压开关柜</td><td rowspan="2">1. 基础槽钢制作、安装
2. 柜安装
3. 端子板安装
4. 焊、压接线端子
5. 盘柜配线
6. 屏边安装</td></tr>
<tr><td>030204005</td><td>配电（电源）屏</td></tr>
<tr><td>030204006</td><td>弱电控制返回屏</td><td>1. 基础槽钢制作、安装
2. 屏安装
3. 端子板安装
4. 焊、压接线端子
5. 盘柜配线
6. 小母线安装
7. 屏边安装</td></tr>
<tr><td>030204007</td><td>箱式配电室</td><td>1. 名称、型号
2. 规格
3. 质量</td><td>套</td><td>1. 基础槽钢制作、安装
2. 本体安装</td></tr>
<tr><td>030204008</td><td>硅整流柜</td><td>1. 名称、型号
2. 容量（A）</td><td rowspan="8">台</td><td rowspan="2">1. 基础槽钢制作、安装
2. 盘柜安装</td></tr>
<tr><td>030204009</td><td>可控硅柜</td><td>1. 名称、型号
2. 容量（kW）</td></tr>
<tr><td>030204010</td><td>低压电容器柜</td><td rowspan="6">1. 名称、型号
2. 规格</td><td rowspan="6">1. 基础槽钢制作、安装
2. 屏（柜）安装
3. 端子板安装
4. 焊、压接线端子
5. 盘柜配线
6. 小母线安装
7. 屏边安装</td></tr>
<tr><td>030204011</td><td>自动调节励磁屏</td></tr>
<tr><td>030204012</td><td>励磁灭磁屏</td></tr>
<tr><td>030204013</td><td>蓄电池屏（柜）</td></tr>
<tr><td>030204014</td><td>直流馈电屏</td></tr>
<tr><td>030204015</td><td>事故照明切换屏</td></tr>
</table>

续表

项目编码	项目名称	项目特征	计量单位	工程量计算规则	工程内容
030204016	控制台	1. 名称、型号 2. 规格	台	按设计图示数量计算	1. 基础槽钢制作、安装 2. 台（箱）安装 3. 端子板安装 4. 焊、压接线端子 5. 盘柜配线 6. 小母线安装
030204017	控制箱	1. 名称、型号 2. 规格	台	按设计图示数量计算	1. 基础型钢制作、安装 2. 箱体安装
030204018	配电箱	1. 名称、型号 2. 规格	台	按设计图示数量计算	1. 基础型钢制作、安装 2. 箱体安装
030204019	控制开关	1. 名称 2. 型号 3. 规格	个	按设计图示数量计算	1. 安装 2. 焊压端子
030204020	低压熔断器	1. 名称、型号 2. 规格	个	按设计图示数量计算	1. 安装 2. 焊压端子
030204021	限位开关	1. 名称、型号 2. 规格	个	按设计图示数量计算	1. 安装 2. 焊压端子
030204022	控制器	1. 名称、型号 2. 规格	台	按设计图示数量计算	1. 安装 2. 焊压端子
030204023	接触器	1. 名称、型号 2. 规格	台	按设计图示数量计算	1. 安装 2. 焊压端子
030204024	磁力启动器	1. 名称、型号 2. 规格	台	按设计图示数量计算	1. 安装 2. 焊压端子
030204025	Y－△自耦减压启动器	1. 名称、型号 2. 规格	台	按设计图示数量计算	1. 安装 2. 焊压端子
030204026	电磁铁（电磁制动器）	1. 名称、型号 2. 规格	台	按设计图示数量计算	1. 安装 2. 焊压端子
030204027	快速自动开关	1. 名称、型号 2. 规格	台	按设计图示数量计算	1. 安装 2. 焊压端子
030204028	电阻器	1. 名称、型号 2. 规格	台	按设计图示数量计算	1. 安装 2. 焊压端子
030204029	油浸频敏变阻器	1. 名称、型号 2. 规格	台	按设计图示数量计算	1. 安装 2. 焊压端子
030204030	分流器	1. 名称、型号 2. 容量（A）	台	按设计图示数量计算	1. 安装 2. 焊压端子
030204031	小电器	1. 名称 2. 型号 3. 规格	个（套）	按设计图示数量计算	1. 安装 2. 焊压端子

C.2.5 蓄电池安装。工程量清单项目设置及工程量计算规则，应按表 1-2-30 的规定执行。

C.2.5 蓄电池安装（编码：030205） 表 1-2-30

项目编码	项目名称	项目特征	计量单位	工程量计算规则	工 程 内 容
030205001	蓄电池	1. 名称、型号 2. 容量	个	按设计图示数量计算	1. 防震支架安装 2. 本体安装 3. 充放电

C.2.6 电机检查接线及调试。工程量清单项目设置及工程量计算规则，应按表 1-2-31 的规定执行。

C.2.6 电机检查接线及调试（编码：030206） 表 1-2-31

项目编码	项目名称	项目特征	计量单位	工程量计算规则	工 程 内 容
030206001	发电机	1. 型号 2. 容量（kW）	台	按设计图示数量计算	1. 检查接线（包括接地） 2. 干燥 3. 调试
030206002	调相机				
030206003	普通小型直流电动机	1. 名称、型号 2. 容量（kW） 3. 类型			1. 检查接线（包括接地） 2. 干燥 3. 系统调试
030206004	可控硅调速直流电动机				
030206005	普通交流异步电动机	1. 名称、型号 2. 容量（kW） 3. 起动方式			
030206006	低压交流异步电动机	1. 名称、型号、类型 2. 控制保护方式			
030206007	高压交流异步电动机	1. 名称、型号 2. 容量（kW） 3. 保护类别			
030206008	交流变频调速电动机	1. 名称、型号 2. 容量（kW）			
030206009	微型电动、电加热器	1. 名称、型号 2. 规格			
030206010	电动机组	1. 名称、型号 2. 电动机台数 3. 联锁台数	组		
030206011	备用励磁机组	名称、型号			
030206012	励磁电阻器	1. 型号 2. 规格	台		1. 安装 2. 检查接线 3. 干燥

C.2.7　滑触线装置安装。工程量清单项目设置及工程量计算规则，应按表 1-2-32 的规定执行。

C.2.7　滑触线装置安装（编码：030207）　　表 1-2-32

项目编码	项目名称	项目特征	计量单位	工程量计算规则	工程内容
030207001	滑触线	1. 名称 2. 型号 3. 规格 4. 材质	m	按设计图示单相长度计算	1. 滑触线支架制作、安装、刷油 2. 滑触线安装 3. 拉紧装置及挂式支持器制作、安装

C.2.8　电缆安装。工程量清单项目设置及工程量计算规则，应按表 1-2-33 的规定执行。

C.2.8　电缆安装（编码：030208）　　表 1-2-33

项目编码	项目名称	项目特征	计量单位	工程量计算规则	工程内容
030208001	电力电缆	1. 型号 2. 规格 3. 敷设方式	m	按设计图示尺寸以长度计算	1. 揭（盖）盖板 2. 电缆敷设 3. 电缆头制作、安装 4. 过路保护管敷设 5. 防火堵洞 6. 电缆防护 7. 电缆防火隔板 8. 电缆防火涂料
030208002	控制电缆				
030208003	电缆保护管	1. 材质 2. 规格			保护管敷设
030208004	电缆桥架	1. 型号、规格 2. 材质 3. 类型			1. 制作、除锈、刷油 2. 安装
030208005	电缆支架	1. 材质 2. 规格	t	按设计图示质量计算	

C.2.9 防雷及接地装置。工程量清单项目设置及工程量计算规则，应按表1-2-34的规定执行。

C.2.9 防雷及接地装置（编码：030209） 表1-2-34

项目编码	项目名称	项目特征	计量单位	工程量计算规则	工程内容
030209001	接地装置	1. 接地母线材质、规格 2. 接地极材质、规格	项	按设计图示尺寸以长度计算	1. 接地极（板）制作、安装 2. 接地母线敷设 3. 换土或化学处理 4. 接地跨接线 5. 构架接地
030209002	避雷装置	1. 受雷体名称、材质、规格、技术要求（安装部位） 2. 引下线材质、规格、技术要求（引下形式） 3. 接地极材质、规格、技术要求 4. 接地母线材质、规格、技术要求 5. 均压环材质、规格、技术要求	项	按设计图示数量计算	1. 避雷针（网）制作、安装 2. 引下线敷设、断接卡子制作、安装 3. 拉线制作、安装 4. 接地极（板、桩）制作、安装 5. 极间连线 6. 油漆（防腐） 7. 换土或化学处理 8. 钢铝窗接地 9. 均压环敷设 10. 柱主筋与圈梁焊接
030209003	半导体少长针消雷装置	1. 型号 2. 高度	套	按设计图示数量计算	安装

C.2.10 10kV以下架空配电线路。工程量清单项目设置及工程量计算规则，应按表1-2-35的规定执行。

C.2.10 10kV以下架空配电线路（编码：030210） 表1-2-35

项目编码	项目名称	项目特征	计量单位	工程量计算规则	工程内容
030210001	电杆组立	1. 材质 2. 规格 3. 类型 4. 地形	根	按设计图示数量计算	1. 工地运输 2. 土（石）方挖填 3. 底盘、拉盘、卡盘安装 4. 木电杆防腐 5. 电杆组立 6. 横担安装 7. 拉线制作、安装
030210002	导线架设	1. 型号（材质） 2. 规格 3. 地形	km	按设计图示尺寸以长度计算	1. 导线架设 2. 导线跨越及进户线架设 3. 进户横担安装

C.2.11 电气调整试验。工程量清单项目设置及工程量计算规则，应按表 1-2-36 的规定执行。

C.2.11 电气调整试验（编码：030211） 表 1-2-36

项目编码	项目名称	项目特征	计量单位	工程量计算规则	工程内容
030211001	电力变压器系统	1. 型号 2. 容量（kV·A）	系统	按设计图示数量计算	系统调试
030211002	送配电装置系统	1. 型号 2. 电压等级（kV）	系统	按设计图示数量计算	系统调试
030211003	特殊保护装置	类型	系统	按设计图示数量计算	调试
030211004	自动投入装置	类型	套	按设计图示数量计算	调试
030211005	中央信号装置、事故照明切换装置、不间断电源	类型	系统	按设计图示系统计算	调试
030211006	母线	电压等级	段	按设计图示数量计算	调试
030211007	避雷器、电容器	电压等级	组	按设计图示数量计算	调试
030211008	接地装置	类别	系统	按设计图示系统计算	接地电阻测试
030211009	电抗器、消弧线圈、电除尘器	1. 名称、型号 2. 规格	台	按设计图示数量计算	调试
030211010	硅整流设备、可控硅整流装置	1. 名称、型号 2. 电流（A）	台	按设计图示数量计算	调试

C.2.12　配管、配线。工程量清单项目设置及工程量计算规则，应按表1-2-37的规定执行。

C.2.12　配管、配线（编码：030212）　　表1-2-37

项目编码	项目名称	项目特征	计量单位	工程量计算规则	工 程 内 容
030212001	电气配管	1. 名称 2. 材质 3. 规格 4. 配置形式及部位	m	按设计图示尺寸以延长米计算。不扣除管路中间的接线箱（盒）、灯头盒、开关盒所占长度	1. 刨沟槽 2. 钢索架设（拉紧装置安装） 3. 支架制作、安装 4. 电线管路敷设 5. 接线盒（箱）、灯头盒、开关盒、插座盒安装 6. 防腐油漆 7. 接地
030212002	线　　槽	1. 材质 2. 规格		按设计图示尺寸以延长米计算	1. 安装 2. 油漆
030212003	电气配线	1. 配线形式 2. 导线型号、材质、规格 3. 敷设部位或线制		按设计图示尺寸以单线延长米计算	1. 支持体（夹板、绝缘子、槽板等）安装 2. 支架制作、安装 3. 钢索架设（拉紧装置安装） 4. 配线 5. 管内穿线

C.2.13　照明器具安装。工程量清单项目设置及工程量计算规则，应按表 1-2-38 的规定执行。

C.2.13　照明器具安装（编码：030213）　　　　**表 1-2-38**

项目编码	项目名称	项目特征	计量单位	工程量计算规则	工程内容
030213001	普通吸顶灯及其他灯具	1. 名称、型号 2. 规格	套	按设计图示数量计算	1. 支架制作、安装 2. 组装 3. 油漆
030213002	工厂灯	1. 名称、安装 2. 规格 3. 安装形式及高度			1. 支架制作、安装 2. 安装 3. 油漆
030213003	装饰灯	1. 名称 2. 型号 3. 规格 4. 安装高度			1. 支架制作、安装 2. 安装
030213004	荧光灯	1. 名称 2. 型号 3. 规格 4. 安装形式			安装
030213005	医疗专用灯	1. 名称 2. 型号 3. 规格			
030213006	一般路灯	1. 名称 2. 型号 3. 灯杆材质及高度 4. 灯架形式及臂长 5. 灯杆形式（单、双）			1. 基础制作、安装 2. 立灯杆 3. 杆座安装 4. 灯架安装 5. 引下线支架制作、安装 6. 焊压接线端子 7. 铁构件制作、安装 8. 除锈、刷油 9. 灯杆编号 10. 接地

续表

项目编码	项目名称	项目特征	计量单位	工程量计算规则	工 程 内 容
030213007	广场灯安装	1. 灯杆的材质及高度 2. 灯架的型号 3. 灯头数量 4. 基础形式及规格	套	按设计图示数量计算	1. 基础浇筑（包括土石方） 2. 立灯杆 3. 杆座安装 4. 灯架安装 5. 引下线支架制作、安装 6. 焊压接线端子 7. 铁构件制作、安装 8. 除锈、刷油 9. 灯杆编号 10. 接地
030213008	高杆灯安装	1. 灯杆高度 2. 灯架型式（成套或组装、固定或升降） 3. 灯头数量 4. 基础形式及规格			1. 基础浇筑（包括土石方） 2. 立杆 3. 灯架安装 4. 引下线支架制作、安装 5. 焊压接线端子 6. 铁构件制作、安装 7. 除锈、刷油 8. 灯杆编号 9. 升降机构接线调试 10. 接地
030213009	桥栏杆灯	1. 名称 2. 型号 3. 规格 4. 安装形式			1. 支架、铁构件制作、安装，油漆 2. 灯具安装
030213010	地道涵洞灯				

C.2.14 其他相关问题，应按下列规定处理：

1."电气设备安装工程"适用于10kV以下变配电设备及线路的安装工程。

2. 挖土、填土工程，应按附录A相关项目编码列项。

3. 电机按其质量划分为大、中、小型。3t以下为小型，3~30t为中型，30t以上为大型。

4. 控制开关包括：自动空气开关、刀型开关、铁壳开关、胶盖刀闸开关、组合控制开关、万能转换开关、漏电保护开关等。

5. 小电器包括：按钮、照明用开关、插座、电笛、电铃、电风扇、水位电气信号装置、测量表计、继电器、电磁锁、屏上辅助设备、辅助电压互感器、小型安全变压器等。

6. 普通吸顶灯及其他灯具包括：圆球吸顶灯、半圆球吸顶灯、方形吸顶灯、软线吊灯、吊链灯、防水吊灯、壁灯等。

7. 工厂灯包括：工厂罩灯、防水灯、防尘灯、碘钨灯、投光灯、混光灯、高度标志灯、密闭灯等。

8. 装饰灯包括：吊式艺术装饰灯、吸顶式艺术装饰灯、荧光艺术装饰灯、几何型组合艺术装饰灯、标志灯、诱导装饰灯、水下艺术装饰灯、点光源艺术灯、歌舞厅灯具、草坪灯具等。

9. 医疗专用灯包括：病房指示灯、病房暗脚灯、紫外线杀菌灯、无影灯等。

四、电气设备安装工程编制注意事项

（一）概况

本章共设置了 12 节 126 个清单项目。包括变压器、配电装置、母线及绝缘子、控制设备及低压电器、蓄电池、电机检查接线与调试、滑触线装置、电缆、防腐接地装置、10kV 以下架空及配电线路、电器调整试验、配管及配线、照明器具（包括路灯）等安装工程。适用于工业与民用建设工程中 10kV 以下变配电设备及线路安装工程量清单编制与计量。

（二）工程量清单项目设置

1.C.2.1　变压器安装

本节适用于油浸电力变压器、干式变压器、自耦式变压器、带负荷调压变压器、电炉变压器、整流变压器、电抗器及消弧线圈安装的工程量清单项目的编制和计量。

（1）清单项目的设置与表述：根据规范表 1-2-39 变压器安装，工程量清单项目设置及工程量计算规则，应按表 1-2-39 的规定执行。

C.2.1　变压器安装（编码：030201）　　**表 1-2-39**

项目编码	项目名称	项目特征	计量单位	工程量计算规则	工　程　内　容
030201001	油浸电力变压器	1. 名称 2. 型号 3. 容量（kV·A）	台	按设计图示数量计算	1. 基础型钢制作、安装 2. 本体安装 3. 过滤绝缘油 4. 干燥 5. 网门及铁构件制作安装 6. 刷（喷）油漆
030201002	干式变压器				1. 基础型钢制作、安装 2. 本体安装 3. 干燥 4. 端子箱（汇控箱）安装 5. 刷（喷）油漆

从规范表 1-2-39 看，030201001～030201002 都是变压器安装项目。所以设置清单项目时，首先要区别所要安装的变压器的种类，即名称、型号，再按其容量来设置项目。名称、型号、容量完全一样的，数量相加后，设置一个项目即可；型号、容量不一样的，应分别设置项目，分别编码。

举例说明：某工程的设计图示，需要安装四台变压器，其中：

一台油浸式电力变压器 SL_1-1000kV·A/10kV

一台油浸式电力变压器 SL_1-500kV·A/10kV

两台干式变压器 SG-100kV·A/10-0.4kV

SL_1-1000kV·A/10kV 需做干燥处理，其绝缘油要过滤。根据本规范表 1-2-39 的规定，上例中的项目特征为：①名称；②型号；③容量。

该清单项目名称可以用表 1-2-40 表述。

表 1-2-40

第一组特征（名称）	第二组特征（型号）	第三组特征（容量）
油浸电力变压器	LS_1 –	1000kV·A/10kV
油浸电力变压器	LS_1 –	500kV·A/10kV
干式变压器	LG –	100kV·A/10 – 0.4kV

依据本规范 3.2.3 的规定，后三位数字由编制人设置，按容量的大小顺序排列在清单项目表中。并按设计要求和附录中工程内容，对该项目进行描述（见表 1-2-41）。

分部分项工程量清单　　表 1-2-41

序号	项　目　编　码	项　目　名　称	计量单位	工程数量
1	030201001001	油浸电力变压器安装 SL_1-1000kV·A/10kV (1) 变压器需作干燥处理 (2) 绝缘油需过滤 (3) 基础型钢制作安装	台	1
2	030201001002	油浸电力变压器安装 SL_1 – 500kV·A/10kV 基础钢型制作、安装	台	1
3	030201002001	干式变压器安装 SG-100kV·A/10-0.4kV 基础型钢制作、安装	台	2

关于项目的设置，这里提到两个概念，一是表述，二是描述，这是为了区别项目特征和工程内容的作用。项目特征是为了表示项目名称的，它是实体自身的特征。而工程内容是与完成该实体相关的工程。如上表中序号 1 的油浸电力变压器安装，名称型号和容量是其自身的特征，最能体现该清单项目；而干燥、过滤、基础型钢制作、安装不是其自身特征，所以设置项目名称时不相关。但由于项目是包括全部内容的，即完成该变压器的安装还要求干燥、过滤和基础型钢制作、安装，需提示报价者要考虑这些内容。序号 2 的油浸电力变压器安装，就不需要干燥和过滤，所以不作提示，只要求报价人考虑型钢制作、安装。可见项目名称表述清楚，才能区别不同型号、规格，以便区分编码和设置项目。而依据工程内容对项目名称的描述又是综合单价报价的主要依据，所以设计如果有要求或施工中将要发生“工程内容”以外的内容，必须加以描述，也是报价的依据之一。两者（特征和工程内容）作用不同，必须按规范要求分别体现在项目设置和描述上。

（2）清单项目的计量：

1）根据表 1-2-39 的规定，变压器安装工程计量单位为台。

2）计量规则：按设计图示数量，区别不同容量，以台计算。

工程量清单项目的计量，均指形成实体部分的计量，而且只规定了该部分的计量单位和计算规则。关于需在综合单价中考虑的“工程内容”中的项目，因为它不体现在清单项目表上，其计量单位和计算规则不作具体规定。在计价时，其数量应与该清单项目的实体量相匹配，可参照《消耗量定额》及其计算规则计算在综合单价中。

（3）工程量清单的编制。根据规范 3.1.3 规定，工程量清单应由分部分项工程量清单、措施项目清单、其他项目清单组成。现就分部分项工程量清单的编制作以下说明。

1）编制的规则：本规范 3.2.2 条“分部分项工程量清单应根据附录 A、附录 B、附录 C、附录 D、附录 E 中规定的统一项目编码、项目名称、计量单位和工程量计算规则进行编制。”这是一条强制性的条文，3.2.3～3.2.6 条又进一步规定了项目编码和项目名称的设置要求，这几部分在上节已进行了详细解释。此 5 条是编制人员必须遵守的规则。

2）工程量清单编制依据：主要依据是设计施工图或扩初设计文件和有关施工及验收规范，招标文件、合同条件及拟采用的施工方案可作为参改依据。

3）工程量清单编制的一般顺序和要求：

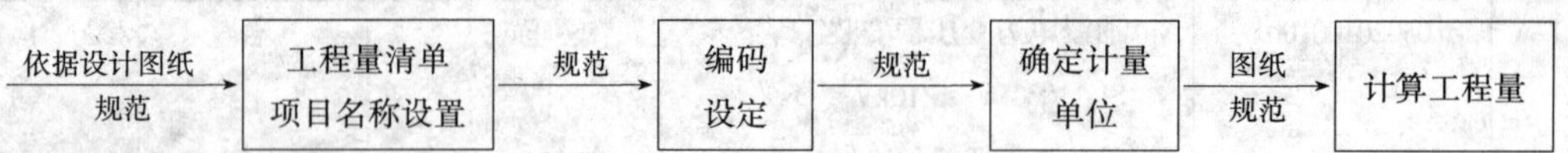

工程量清单编制的要求：

①项目名称设置要规范。即清单项目名称一定要按本附录 C 的规定设置，不能各行其事。因为只有正确设置了项目名称，才能有正确的计量单位和相应的工程量计算规则，才能做到全国的四个统一。反之，名称不按规范附录设置，给投标报价和评标都会带来不应有的困难。

②项目描述要到位。它是用附录 C 中该项目所对应的“工程内容”中应完成的工程，来描述项目的。所谓到位就是要将完成该项目的全部内容体现在清单上不能有遗漏，以便投标人报价。如果因描述不到位而引发纠纷，将以清单的描述论责任，而不是以附录提示的“工程内容”来论定。所以编制工程量清单时，项目描述一定要到位。有一点值得提示：有的工程内容，如刷油、试压等，在全国统一安装工程预算定额中已作了综合考虑。如电气配管工程项目，定额的工作内容中已包括了刷油，而且消耗材料中也给出了油漆的消耗量。即使是这样，在电气工程的钢管明配项目的描述中仍要加上刷油内容。这是因为清单的编制与定额不应直接相关。除指定使用这个定额可以不描述刷油（因为定额已包括了刷油）外，一般均应给以描述。

在编制工程量清单时，有的“工程内容”无法确定其发生与否，如变压器安装“工程内容”中的干燥和油过滤两项，有的需要到货后经检查方可确定其干燥或不干燥，绝缘油过滤还是不需过滤。在这种情况下如何描述？可按发生描述，也可不描述（即按不发生考虑）。但必须在招标文件有关条款明确，如发生与清单描述不同时，如何做增减处理。

③工程量计算按规则要准确。规范 3.2.6 条规定工程数量应按下列规定进行计算：

A. 工程量的计算应按附录 A、附录 B、附录 C、附录 D、附录 E 中的工程量计算规则执行。所谓按规则就是必须按附录中每个清单项目的计算规则计量。

3.2.6 条并对数量的有效位数作了规定。

B. 工程量的有效位数应遵守下列规定：

以"t"为单位，应保留小数点后三位数字，第四位四舍五入；

以"m^3"、"m^2"、"m"为单位，应保留小数点后两位小数，第三位四舍五入；

以个、次等为单位，应取整数。

(4) 工程量清单计价：工程量清单计价主要是指投标标底计算或投标报价的计算。

根据本规范 4.0.2 条规定，单位工程造价由分部分项清单费、措施项目清单费、其他项目清单费、规费和税金组成。

其中分部分项清单费是由各清单项目的工程量乘以其综合单价后的总和，即 Σ（清单项目的工程量 × 综合单价）。

各清单项目的工程量的计算前面已讲过了，标底价或投标报价均在此工程量清单基础上，先计算出各项目的综合单价，再计算出分部分项清单费用。因此，综合单价的计算就成了计算标底和报价的关键环节，所以现在介绍综合单价的计算。当然对一个有经验的报价人，可以用经验数字报价，但如果招标人要求提供综合单价分析表时，还要按规范规定的单价分析表做。

综合单价的构成在本规范 2.0.3 条已明确规定：即完成一个规定计量单位工程所需的人工费、材料费、机械费、管理费和利润，并考虑风险因素。

它的编制依据是投标文件、合同条件、工程量清单及定额。特别要注意清单对项目内容的描述，必须按描述的内容计算，这就是所谓的"包括完成该项目的全部内容"。

综合单价的计算，应从综合单价分析表开始（如表 1-2-42)。

表 1-2-42

工程名称：

序号	项目编码	项目名称	工程内容	综合单价组成					综合单价
				人工费	材料费	机械费	管理费	利润	

工程内容指该清单项目所综合的工程内容，按项逐一填写。如前例油浸式电力变压器安装，清单描述：变压器安装、干燥、滤油。

体现在分析表的工程内容栏如表 1-2-43 所示。

表 1-2-43

序号	工 程 内 容	单 位	数 量
1	油浸式电力变压器 SL_1-1000kV·A/10kV 安装	台	1
2	变压器干燥	台	1
3	绝缘油过滤	kg	1
4	干燥棚搭拆	座	1
5	铁梯、扶手等构件制作	100kg	2.5
6	铁梯、扶手等构件安装	100kg	2.5

综合单价在参照定额计算价格时，表内的单位可按预算定额规定。数量与实物工程量就不是一个概念了。这里的数量是指包括采取措施后的预留量，也就是预算工程量计算规则中规定的量。这个区别在配管配线工程中非常明显，预算量与清单中给出的量不是一个

值，但在设备安装中看不出这个区别。在相关说明中说的安装预留度，按设计要求或规范规定长度，在综合单价中考虑，均按此处理。

表1-2-42中的人工费、材料费、机械费均为表中的数量与定额基价的人工费、材料费、机械费相乘后得到的人、材、机的费用，这部分就是通常指的直接费部分。这里用的定额可以是社会平均水平的，供中介做标底时的依据。报价人可以根据本企业的水平调整定额的消耗量（不一定非要有一套企业自己的定额）来计价。

分析表1-2-42中的管理费和利润，编标底时可参考社会平均水平（或以费用定额的有关规定数）计算。投标报价则应完全根据企业自身的管理水平、技术装备水平，在权衡市场竞争状况后，确定期望率来计算。

以油浸式电力变压器安装和扳把开关明装为例，其综合单价计算见表1-2-44和表1-2-45所示。

分部分项工程量清单综合单价计算表　　表1-2-44

工程名称：　　计量单位：台

项目编码：030201001001　　工程数量：1

项目名称：油浸式电力变压器安装 SL_1-1000kV·A/10kV　　综合单价：8140.32元

序号	定额编号	工作内容	单位	数量	其中：（元）					
					人工费	材料费	机械费	管理费	利润	小计
	2-3	油浸式电力变压器 SL_1-1000kV·A/10kV安装	台	1	113.31	120.39	124.99	176.08	67.99	584.76
	2-25	变压器干燥	台	1	109.80	414.04	14.82	170.62	65.88	775.17
	补	干燥棚搭拆	座	1	510.0	1190.0				1700.0
	2-30	绝缘油过滤	t	0.71	55.72	155.89	232.95	86.59	33.43	564.58
	2-358	铁梯、扶手等构件制作	100kg	2.5	626.95	1025.0	103.58	974.28	376.17	3105.98
	2-359	铁梯、扶手等构件安装	100kg	2.5	407.50	60.98	63.60	633.26	244.50	1409.84
		合　计			1823.28	2948.30	539.94	2040.83	787.97	8140.32

分部分项工程量清单综合单价计算表　　表1-2-45

工程名称：　　计量单位：套

项目编码：030204031001　　工程数量：28

项目名称：扳把开关明装（二位双联）　　综合单价：18.98元

序号	定额编号	工程内容	单位	数量	其中：（元）						小计
					人工费	材料费	机械费	直接费	管理费	利润	
	2-1636	扳把开关明装（双联）	10套	2.8	53.96	361.34	—	415.30	83.85	32.38	531.53
		合　计		—	53.96	361.34		415.30	83.85	32.38	531.53

表中合计额除以该项的实物量，即为该项综合单价。表1-2-44中的管理费是按人工费的155.4%计算的，利润是按人工费的60%计算的。从表1-2-44中看出安装这台变压器的

利润是成本的10%左右。这个利润是国内当前较偏上的水平。

从综合单价分析表中可以看到，综合单价所包括的工程内容及其消耗的人工、材料、机械费或量，还体现出管理费和利润，这对招标人评标定标有着重大的参考价值。

投标报价人可通过分析表做到报价心中有数，充分利用各种报价技巧，达到中标获利的目的。

此分析表中因工期短的因素没有考虑风险，如果因工期长或其他因素，需要考虑风险时，可在人工费、材料费上按系数增加风险费，也可在总计后加个百分点，作为风险损失。

2.C.2.2　配电装置安装

(1) 本节的内容：包括各种断路器、真空接触器、隔离开关、负荷开关、互感器、电抗器、电容器、滤液装置、高压成套配电柜、组合型成套箱式变电站及环钢柜等安装。

(2) 适用范围：各配电装置的工程量清单项目设置与计量。

(3) 清单项目的设置与计量：依据施工图所示的工程内容（指各项工程实体），按照附录C.2.2上的项目特征：名称、型号、容量等设置具体清单项目名称，按对应的项目编码编好后三位码。

本节大部分项目以“台”为计量单位，少部分以“组”“个”为计量单位。计算规则均是按设计图图示数量计算。

【例】　设计图示安装2台多油断路器（型号为DNI-10-600A），根据C.2.2配电装置安装（编码：030202）中多油断路器的项目特征为①名称；②型号；③容量，依据特征来表述该清单项目名称为：

多油断路器DNI-10-600A

编码为030202001001

该项应综合的工程内容有：①多油断路器的本体安装；②绝缘油过滤；③基础槽（角）钢安装或支架制作、安装；④除锈、刷油漆。

上述4项内容若有不需承包商做的，在描述该项工程内容时就不应写上。如果除4项内容外，还需对方做的，应补充描述在该清单项目名称中。

(4) 相关说明：

1) 本节包括了各种配电设备安装工程的清单项目，但其项目特征大部分是一样的，即设备名称、型号、规格（容量），它们的组合就是该清单项目的名称，所以不一一列举说明。但在项目特征中，有一特征为“质量”，该“质量”是规范对“重量”的规范用语，它不是表示设备质量的优或合格，而指设备的重量，如电抗器、电容器安装时，均以重量划类区别，所以其项目特征栏中就有“质量”二字。

2) 油断路的SF6断路器等清单项目描述时，一定要说明绝缘油，SF6气体是否设备带有，以便计价时确定是否计算此部分费用。

3) 本节设备安装如有地脚螺栓者，清单中应注明是由土建预埋还是由安装者浇筑，以便确定是否计算二次灌浆费用（包括抹面）。

4) 绝缘油过滤的描述和过滤油量的计算参照上节的绝缘油过滤的相关内容。

5) 本节高压设备的安装没有综合绝缘台安装。如果设计有此要求，其内容一定要表述清楚，避免漏项。

3.C.2.3　母线安装

(1) 本节内容：包括软母线、带型母线、槽形母线、共箱母线、低压封闭插接母线、重型母线安装。

(2) 适用范围：适用于以上各种母线安装工程工程量清单项目设置与计量。

(3) 清单项目的设置与计量：依据施工图所示的工程内容（指各项工程实体），按照附录 C.2.3 的项目特征：名称、型号、规格等设置具体项目名称，并按对应的项目编码编好后三位码。

本节除重型母线外的各项计量单位均为"m"，重型母线的计量单位为"t"。计算规则均为按设计图示尺寸以单线长度计算，而重型母线按设计图示尺寸以重量计算。

【例】　某工程设计图示的工程内容有 300m 带形铜母线安装。

依据附录 C.2.3 母线安装（编码：030203）中，030202003 带形母线的项目特征：型号、规格、材质来表述，该清单项目名称为：带形铜母线（型号、规格即截面积），其编码 030203003001。如果该工程还有其他规格的铜带形母线，就在最后的 001 号依此往下编码。

从附录 C.2.3 中可看出其计量单位是"m"，这是必须采用的单位。计算规则为按设计图示尺寸以单线长度计算。

该项应综合的内容见其工程的内容栏：如：①支持绝缘子，穿墙套管的耐压试验安装；②穿通板制作安装；③母线安装；④母线桥安装；⑤引下线安装；⑥伸缩节安装；⑦过渡板安装；⑧刷分相漆。

以上各项凡要求承包商做的，均应在描述该清单项目时予以说明，便于投标报价。

(4) 其他相关说明：

1) 本节有关预留长度，在做清单项目综合单价时，按设计要求或施工及验收规范的规定长度一并考虑。

2) 清单的工程量为实体的净值，其损耗量由报价人根据自身情况而定。中介在做标底时，可参考定额的消耗量，无论是报价还是做标底，在参考定额时，要注意主要材料及辅材的消耗量在定额中的有关规定。如母线安装定额中就没有包括主辅材的消耗量。

4.C.2.4　控制设备及低压电器安装（编码：030204）

(1) 本节的内容：包括控制设备：各种控制屏、继电信号屏、模拟屏、配电屏、整流柜、电气屏（柜）、成套配电箱、控制箱等；低压电器：各种控制开关、控制器、接触器、启动器等。本节还包括现在大量使用的集装箱式配电室。

(2) 适用范围：上述控制设备及低压电器的安装工程工程量清单项目设置计量。

(3) 清单项目的设置与计量：本节的清单项目的特征均为名称、型号、规格（容量），而且特征中的名称即实体的名称，所以设备就是项目的名称，只需表述其型号和规格就可以确定其具体编码。因此项目名称的设置很直观、简单。

本节除集装箱式配电室的计量单位按吨外，大部分为以台计量，个别以套个计量。计算规则均按设计图示数量计算。

【例】　某工程设计图示工程内容中，安装一台控制屏，该屏为成品、内部配线一切都配好。设计要求只需做基础槽钢和进出的接线。

依据附录 C.2.4 控制设备及低压电器安装（编码：030204）中，030204001 控制屏项目特征为：名称、型号、规格，便可列出该清单项目的名称、编码和计量单位。结合设计要求，该项目的工程内容应为：①基础槽钢制作、安装、防腐；②屏安装；③焊（压）接线端子。

报价者（或标底编制者）按上述三个内容报价即可。

(4) 其他相关说明：

1) 清单项目描述时，对各种铁构件如需镀锌、镀锡、喷塑等，需予以描述，以便计价。

2) 凡导线进出屏、柜、箱、低压电器的，该清单项目描述时均应描述是否要焊、(压) 接线端子。而电缆进出屏、柜、箱、低压电器的，可不描述焊、(压) 接线端子，因为已综合在电缆敷设的清单项目中。

3) 凡需做盘（屏、柜）配线的清单项目必须予以描述。

4) 盘、柜、屏、箱等进出线的预留量（按设计要求或施工及验收规范规定的长度）均不作为实物量，但必须在综合单价中体现。

5.C.2.5　蓄电池安装

(1) 本节的内容：蓄电池安装工程量清单项目包括碱性蓄电池、固定密闭式铅酸蓄电池和免维护铅酸蓄电池安装。

(2) 适用范围：适用于各种蓄电池安装工程量清单项目设置与计量。

(3) 清单项目的设置与计量：依据施工图所示的工程内容（指各项工程实体），对应附录 C.2.5 的项目特征：名称、型号、容量，设置具体清单项目名称，并按对应的项目编号编好后三位编码。

本节的各项计量单位均为“个”。免维护铅酸蓄电池的表现形式为“组件”，因此也可称多少个组件。计算规则按设计图示数量计算。

本节项目特征和项目名称基本一致，所以不举例。

(4) 其他相关说明：

1) 如果设计要求蓄电池抽头连接用电缆及电缆保护管时，应在清单项目中予以描述，以便计价。

2) 蓄电池电解液如需承包方提供，亦应描述。

3) 蓄电池充放电费用综合在安装单价中，按“组”充放电，但需摊到每一个蓄电池的安装综合单价中报价。

6.C.2.6　电机检查接线及调试

(1) 本节内容：电机检查接线调试工程量清单项目包括交、直流电动机和发电机的检查接线及调试。

(2) 适用范围：适用于发电机、调相机、普通小型直流电动机、可控硅调速直流电动机、普通交流同步电动机、低压交流异步电动机、高压交流异步电动机、交流变频调速电动机、微型电机、电加热器、电动机组的检查接线及调试的清单项目设置与计量。

(3) 清单项目的设置与计量：本节的清单项目特征除共同的基本特征（如名称、型号、规格）外，还有表示其调试的特殊个性。这个特性直接影响到其接线调试费用，所以必须在项目名称中表述清楚。如：

1) 普通交流同步电动机的检查接线及调式项目，要注明启动方式：直接启动还是降压启动。

2）低压交流异步电动机的检查接线及调试项目，要注明控制保护方式：刀开关控制、电磁控制、非电量联锁、过流保护、速断过流保护及时限过流保护……。

3）电动机组检查接线调试项目,要表述机组的台数,如有联锁装置应注明联锁的台数。

本节除电动机组清单项目以组为单位计量外，其他所有清单项目的计量单位均为台。计算规则按设计图示数量计算。

本节的项目设置及计量非常直观、简洁，不予举例说明。

(4) 相关说明：

1）电机是否需要干燥应在项目中应予以描述。

2）电机接线如需焊压接线端子亦应描述。

3）按规范要求，从管口到电机接线盒间要有软管保护，项目应描述软管的材质和长度，报价时考虑在综合单价中。

4）工程内容中应描述“接地”要求，如接地线的材质、防腐处理等。

5）本节在检查接线项目中，按电机的名称、型号、规格（即容量）列出。而全统定额按大中型列项，以单台重量在3t以下的为小型；单台重量在3~30t者为中型；单台重量30t以上者为大型。在报价时，如果参考《全国统一安装工程预算定额》，就按电机铭牌上或产品说明书上的重量对应定额项目即可。

7.C.2.7 滑触线装置安装

(1) 本节内容：滑触线装置安装工程量清单项目包括轻型、安全节能型滑触线，扁钢、角钢、圆钢、工字钢滑触线及移动软电缆安装。

(2) 适用范围：适用于以上各种滑触线安装工程量清单项目的设置与计量。

(3) 清单项目的设置与计量：本节的清单项目特征均为名称、型号、规格、材质。而特征中的名称既为实体名称，也为项目名称，直观、简单。但是规格却不同，如节能型滑触线的规格是用电流（A）来表述。

角钢滑触线的规格是角钢的边长×厚度；

扁钢滑触线的规格是扁钢截面长×宽；

圆钢滑触线的规格是圆钢的直径；

工字钢、轻轨滑触线的规格是以每米重量（kg/m）表述。

本节各清单项目的计量单位均为“m”。计算规则是按设计图示以单根长度计算。

各清单项目应综合考虑的工程内容要描述清楚：①滑触线支架制作、安装；②滑触线安装；③拉紧装置及挂式支持器制作、安装；④除锈、刷油（油漆名称、刷油要求）。

(4) 其他相关说明：

1）清单项目应描述支架的基础铁件及螺栓是否由承包商浇筑。

2）沿轨道敷设软电缆清单项目，要说明是否包括轨道安装和滑轮制作的内容，以便报价。

3）滑触线安装的预留长度不作为实物量计量，按设计要求或规范规定长度，在综合单价中考虑。

8.C.2.8 电缆敷设

(1) 本节内容：电缆敷设工程量清单项目包括电力电缆和控制电缆的敷设，电缆桥架安装，电缆阻燃槽盒安装，电缆保护管敷设等。

(2) 适用范围：适用于以上电缆敷设及相关工程的工程量清单项目的设置和计量。其中电缆保护管敷设项目指埋地暗敷设或非埋地的明敷设两种；不适用于过路或过基础的保护管敷设。

(3) 清单项目设置与计量：本节的各项目特征基本为型号、规格、材质，但各有其表述法。如：

电缆敷设项目的规格指电缆截面；

电缆保护管敷设项目的规格指管径；

电缆桥架项目的规格指宽 + 高的尺寸，同时要表述材质：钢制、玻璃钢制或铝合金制。还要表述类型：指槽式、梯式、托盘式、组合式等。

电缆阻燃盒项目的特征是型号、规格（尺寸）。以上所有特征均要表述清楚。

清单项目的计量单位均为“m”。电缆敷设计量规则均为按设计图示单根尺寸计算，桥架按图示中心线长度计算。

清单项目设置的方法：依据设计图示的工程内容（电缆敷设的方式、位置、桥架安装的位置等）对应附录 C.2.8 的项目特征，列出清单项目名称、编码。

(4) 相关说明：

1) 电缆沟土方工程量清单按附录 A 设置编码。项目表述时，要表明沟的平均深度、土质和铺砂盖砖的要求。

2) 电缆敷设中所有预留量，应按设计要求或规范规定的长度，考虑在综合单价中，而不作为实物量。

3) 电缆敷设需要综合的项目很多，一定要描述清楚。如工程内容一栏所示：揭（盖）盖板；电缆敷设；电缆终端头、中间头制作、安装；过路、过基础的保护管；防火墙堵洞、防火隔板安装、电缆防火涂料；电缆防护、防腐、缠石棉绳、刷漆。

9.C.2.9 防雷及接地装置

(1) 本节内容：包括接地装置和避雷装置的安装。接地装置包括生产、生活用的安全接地、防静电接地、保护接地等一切接地装置的安装。避雷装置包括建筑物、构筑物、金属塔器等防雷装置，由受雷体、引下线、接地干线、接地极组成一个系统。

(2) 适用范围：适用于上述接地装置和防雷装置的工程量清单的编制与计量。

(3) 清单项目的设置与计量：依据设计图关于接地或防雷装置的内容，对应附录 C.2.9 的项目特征，表述其项目名称，相对应的编码、计量单位和计算规则；根据“工程内容”一栏的提示，描述该项目的工程内容，如避雷针防雷系统。其特征有：

1) 受雷体名称、材质、规格、技术要求；

2) 引下线材质（名称）规格、技术要求；

3) 接地极材质（名称）规格、数量、技术要求；

4) 接地母线材质（名称、规格）技术要求；

5) 均压环材质（名称）、规格、设计要求。

【例】 某建筑上设有避雷针防雷装置。清单项目名称为：避雷针防雷系统安装。钢管 *DN* 25，针长 2.5m，平屋面上安装，利用柱筋引下（2 根柱筋），接地极 L50 × 50 × 5 角钢，接地母线扁钢 40mm × 4mm。

以上特征必须表述清楚。装设的部位也很重要，它影响到安装费用，如：装在烟囱上；装在平面屋顶上；装在墙上；装在金属容器顶上；装在金属容器壁上；装在构筑物上。

引下线的形式主要是单设引下线还是利用柱筋引下。

描述在此显得更重要，因为计量单位为“项”，它要求必须把包括的内容说清楚。“项”是按设计要求一个系统（接地电阻值）便可作为一项计量。每一项中应给出各项的数量，如接地极根数、引下线米数等。

(4) 相关说明：

1) 利用桩基础做接地极时，应描述桩台下桩的根数，每桩几根柱筋需焊接。其工程量可计入柱引下线的工程量中一并计算。

2) 利用柱筋作引下线的，一定要描述是几根柱筋焊接作为引下线。

3) “项”的单价，要包括特征和“工程内容”中所有的各项费用之和。

10.C.2.10　10kV 以下架空配电线路

(1) 本节内容：10kV 以下架空配电线路工程量清单项目包括电杆组立、导线架设两大部分项目。

(2) 适用范围：适用于上述工程的工程量清单项目的设置与计量。

(3) 清单项目的设置与计量：依据设计图示的工程内容（指电杆组立或线路架设），对应附录 C.2.10 电杆组立的项目特征：材质、规格、种类、地形等。材质指电杆的材质，即木电杆还是混凝土杆；规格指杆长；种类指单杆、接腿杆、撑杆。

以上内容必须对项目表述清楚。

电杆组立的计量单位是根，按图示数量计。

在设置项目时，一定要按项目特征表述该清单项目名称。对其应综合的辅助项目（工程内容），也要描述到位，如电杆组立要发生的项目：工地运输；土（石）方挖填；底、拉、卡盘安装；木电杆防腐；电杆组立；横担安装；拉线制作、安装。

导线架设的项目特征为：型号（即有材质）、规格，导线的型号表示了材质，是铝线还是铜导线。规格是指导线的截面。

导线架设的工程内容描述为：导线架设；导线跨越；跨越间距；进户线架设应包括进户横担安装。

导线架设的计量单位为“km”，按设计图示尺寸，以单根长度计算。

在设置清单项目时，对同一型号、同一材质，但规格不同的架空线路要分别设置项目，分别编码（最后三位码）。

(4) 相关说明：

1) 杆坑挖填土清单项目按附录 A 的规定设置、编码。

2) 杆上变配电设备项目按附录 C.2.1、C.2.2、C.2.3 相关项目的规定度量与计量。

3) 在需要时，对杆坑的土质情况、沿途地形予以描述。

4) 架空线路的各种预留长度，按设计要求或施工及验收规范规定的长度计算在综合单价内。

11.C.2.11　电气调整试验

(1) 本节内容：电气调整试验清单项目包括电力变压器系统、送配电装置系统、特殊保护装置（距离保护、高频保护、失灵保护、失磁保护、交流器断线保护、小电流接地保护)、自动投入装置、接地装置等系统的调整试验。

(2) 适用范围：适用于上述各系统的电气设备的本体试验和主要设备分系统调试的工程量清单项目设置与计量。

(3) 清单项目的设置与计量：本节的项目特征基本上是以系统名称或保护装置及设备本体名称来设置的。如变压器系统调试就以变压器的名称、型号、容量来设置。

供电系统的项目设置：1kV 以下和直流供电系统均以电压来设置，而 10kV 以下的交流供电系统则以供电用的负荷隔离开关、断路器和带电抗器分别设置。

特殊保护装置调试的清单项目按其保护名称设置，其他均按需要调试的装置或设备的名称来设置。

计量单位多为“系统”，也有“台”、“套”、“组”，按设计图示数量计算。

名称和编码均按表 1-2-36 规定设置。

(4) 相关说明：调整试验项目系指一个系统的调整试验，它是由多台设备、组件（配件）、网络连在一起，经过调整试验才能完成某一特定的生产过程，这个工作（调试）无法综合考虑在某一实体（仪表、设备、组件、网络）上，因此不能用物理计量单位或一般的自然计量单位来计量，只能用“系统”为单位计量。

电气调试系统的划分以设计的电气原理系统图为依据。具体划分可参照《全国统一安装工程预算工程量计算规则》的有关规定。

12.C.2.12　配管、配线

(1) 本节内容：电气工程的配管、配线工程量清单项目。配管包括电线管敷设，钢管及防煤钢管敷设，可挠金属管敷设，塑料管（硬质聚氯乙烯管、刚性阻燃管、半硬质阻燃管）敷设。配线包括管内穿线，瓷夹板配线，塑料夹板配线，鼓型、针式、蝶式绝缘子配线，木槽板、塑料槽板配线，塑料护套线敷设，线槽配线。

(2) 适用范围：适用于上述配管、配线工程量清单项目的设置与计量。

(3) 清单项目的设置与计量：依据设计图示工程内容（指配管、配线），按照附录 C.2.12 上的项目特征，如配管特征：名称、材质、规格、配置形式及部位，和对应的编码，编好后三位码。

在配管清单项目中，名称和材质有时是一体的，如钢管敷设，“钢管”即是名称，又代表了材质，它就是项目的名称。而规格指管的直径，如 $\phi 25$。配置形式在这里表示明配或暗配（明、暗敷设）。部位表示敷设位置：①砖、混凝土结构上；②钢结构支架上；③钢索上；④钢模板内；⑤吊棚内；⑥埋地敷设。

【例】　项目名称，钢管 $\phi 25$ 混凝土结构暗敷设，包括了所有项目特征。这些特征都将直接影响单价，所以必须描述清楚。另外，影响钢管 $\phi 25$ 敷设单价的因素还有完成其安装的工程内容，见表 1-2-37 工程内容栏。如：①刨混凝土沟槽（指混凝土地面刨沟，动力管常见）；②钢索架设（指钢索上配管项目）；③支架制作、安装；④电线管路本身敷设；⑤接线盒（箱）、灯头盒，开关盒、插座盒的安装；⑥防腐刷油；⑦接地。

以上内容在本工程中将要发生的或承包商必须完成的内容全部要描述在该清单项目中。如果本工程不是在钢索上敷设的，除②以外均应给予描述，即综合单价中包括了①③④⑤⑥⑦的工作内容，报价人必须据此报价。

上例的清单项目设置如下表：

序号	项目编码	项目名称	计量单位	工程数量
1	030212001001	钢管 ф25，混凝土结构暗设 (1) 刨混凝土沟槽 (2) 支架制作、安装 (3) 接线盒、灯头盒等安装 (4) 接地 (5) 防腐刷油（油漆名称）	m	
2	030212001002	钢管 ф25，混凝土结构，暗设 (1) 刨混凝土沟槽 (2) 支架制作、安装	m	

本节的计量单位均为“m”。计算规则：按设计图示尺寸以延长米计算，不扣除管路中间的接线箱（盒）、灯头盒、开关盒所占长度。

根据计算规则，将数量填到“工程数量”一栏内就完成了该项目的清单编制。

030213005 医疗专用灯具：病房指示灯，病房暗脚灯，无影灯。

(4) 清单项目的设置与计量：依据设计图示工程内容（灯具）对应附录 C.2.13 的项目特征，表述项目名称即可。本节项目的基本特征（名称、型号、规格）大致一样，所以实体的名称就是项目名称，但要说明型号、规格，而市政路灯要说明杆高、灯杆材质、灯架形式及臂长，以便区别其安装单价。

本节各清单项目的计量单位为套，计算规则按图示数量计算。

【例】 现在各城市在车站、码头、广场、立交桥等处，多采用高杆灯。某立交桥工程，设计用 2 套高杆灯照明，杆高 40m，灯架为成套可升降型的，4 个灯头，混凝土基础。对应附录 C.2.13，高杆灯的特征和工程内容，清单项目设置如下：

030213008001	高杆灯（型号）安装高度 40m，可升降，四灯头成套灯架 (1) 浇筑基础，包括挖土方 (2) 立杆 (3) 灯架安装 (4) 引下线支架安装 (5) 焊压接线端子 (6) 升降机构接线、调试 (7) 补刷油漆 (8) 接地 (9) 灯杆编号	套	1

(5) 相关说明：灯具没带引导线的，应予说明，提供报价依据。

第三节 热力设备安装工程

一、热力设备工程造价概论

(一) 概述

热力系统是表示火力发电厂运行时热力循环状态的特征。在火力发电厂中，燃料的化学能转变为蒸汽热能的过程主要是靠热力系统中的设备及管路系统来完成的。

凝汽或发电厂最简单的热力系统是由锅炉汽轮发电机、凝汽器、凝结水泵、抽气器、低压加热器、高压加热器、除氧器、给水泵等设备及与其相连接的管路组合而成。

由于锅炉设备体积大、辅机多、消耗材料多，与其他主机比较，在安装中涉及的问题繁杂。所以，锅炉设备的安装是火电厂热力设备安装工程中工作量最大，工期最长的一部分。

1. 锅炉简要工作过程及主要设备

煤从储煤场用输煤皮带送入锅炉房原煤仓内，经过给煤机进入磨煤机被磨成煤粉，煤粉经由给粉机靠热风将其送入炉膛或由排粉机直接打入炉膛，与炉膛内的热空气混合燃烧，产生高温火焰和烟气。

由锅炉给水系统进入炉膛的炉水，经锅炉加热而吸收了高温火焰和炽热烟气中的大部分热量被蒸发，最终形成具有一定压力和温度的过热蒸汽。

被炉水和蒸汽吸收热量后的温度已降低的炉膛烟气再被引入锅炉尾部，通过省煤器和空气预热器以进一步降低炉膛烟气温度并回收热量。

从锅炉尾部排出的含有一定量灰尘的烟气经除尘器除去其中的大部分灰粒，最后由引风机吸出，通过烟囱排入大气。

炉膛内煤粉燃烧所遗留下的灰渣经渣斗排入冲灰和冲渣沟，然后再由灰渣泵打入灰场。

从蒸汽锅炉的概念上来讲，锅炉是由“锅”和“炉”以及为保证进行正常安全运行所必需的附助设备等系统组成。

“锅”是指锅炉中盛放炉水和蒸汽的密封受压部分，是锅炉的吸热部分，主要包括：汽包、下降管、水冷壁、过热器和省煤器等。

“炉”是指锅炉中使燃料进行燃烧产生高温的部分，是锅炉的放热部分。主要包括：锅炉炉架、除灰装置、燃烧设备等。

以上所说的锅炉设备系指：锅炉本体设备，除本体设备以外，如给水泵、送风机、引风机、磨煤机、给粉机、除尘设备、制粉设备等，都称之谓锅炉的辅助设备。

随着我国电力工业的发展，高参数、大容量锅炉的安装技术越来越复杂，越来越重要。为了进一步了解大型锅炉的安装施工，以下着重就锅炉本体的主要设备的情况做一简单介绍。

(1) 锅炉炉架。大型锅炉是一个很复杂的组合体，在锅炉整体中，炉架是用来支承汽包、联箱、受热面、平台、扶梯和其他构件的结构。

锅炉炉架一般分为混凝土炉架和钢结构炉架两种形式。钢炉架是由立柱和横梁以及相当数量的支柱、支架和斜撑等组成的主体井架。

虽然不同形式和容量的锅炉，其钢架的尺寸和结构不一样，但是主要的结构形式基本上是相似的。钢架中最主要的是支撑立柱和横梁，它们通常是由工字钢和槽钢等型钢或钢板焊成。

(2) 水冷壁。水冷壁是锅炉的主要受热面之一，通常由直径为 $\phi 50 \sim \phi 83$ 的许多根密集排列的无缝钢管所组成。其下端与下联箱相连，上端与上联箱相接，或直接接汽包。

水冷壁的主要作用是使炉水受热、蒸发，产生饱和蒸汽，同时又起到了冷却和保护炉墙的作用。

在电站锅炉中，水冷壁大都垂直布置在炉膛内壁的四周，主要通过辐射换热方式吸收热量。水冷壁的吸热量十分可观，常可达全部燃料燃烧所释放出来热量的一半左右。

(3) 过热器。过热器是由进、出口联箱及许多蛇形管组装而成，按照传热方式的不同，过热器可分为低温对流过热器、屏式过热器和高温对流过热器等。蛇形管可作立式或卧式布置。过热器的进、出口联箱一般置于炉墙外部。对流过热器大都垂直悬挂于锅炉的尾部。辐射过热器多半装于锅炉的炉顶部位或包覆于炉墙内壁上。

过热器是将饱和蒸汽加热到一定温度的表面式换热器，起着分配和汇集蒸汽的作用。

由于大容量锅炉的过热器都布置在烟温较高的区域内，其蒸汽温度和管壁热负荷都很高，所以，过热器的材料大都采用一些具有良好高温强度性能，含有铬、钼、钒的耐热合金钢。

(4) 省煤器。省煤器是利用锅炉烟气中的余热来加热锅炉给水的热交换器。其显著的优点在于它可以降低排烟温度和提高锅炉效率，因而起到了"省煤"的作用。

省煤器的构造和工作原理都比较简单，其受热面是由许多蛇形钢管组成的，其进口与出口处都装有联箱，烟气在省煤器管外流过，水在管内流动，当水流过省煤器时，吸收了烟气的热量，从而提高了温度。

省煤器一般都布置在锅炉尾部烟道内。

(5) 汽包。汽包也称汽鼓，它是自然循环和强制循环锅炉设备的主要部件，同时也是锅炉完成加热、蒸发、过热这三个重要过程的连接枢纽，从重量上讲，它是锅炉中单件重量最重的一个部件，大型锅炉的汽包一般都在100~200t左右。

(6) 空气预热器。空气预热器是为了提高锅炉效率，改善煤的着火燃烧条件的设备。空气预热器有管式和回转式两种。目前容量超过400t/h的锅炉普遍采用的是回转式空气预热器。

(7) 主要设备的布置特点及汽水流程

1) 主要参数

配套汽轮发电机额定功率	200MW		
额定蒸发量	670t/h	给水温度	240℃
过热蒸汽压力	14.3MPa	锅炉本体金属总重量	3600t
过热蒸汽温度	540℃		

2) 结构特点　本锅炉为超高压中间再热自然循环汽包锅炉，Ⅱ型结构，有中间走廊，室内布置。

汽包内径为$\phi1800$，壁厚为80mm，采用分段蒸发。

水冷壁采用膜式壁，中间为双面水冷壁，将炉膛分成左右对称的两部分，为缩短起动时间，水冷壁下联箱内装有外来的蒸汽加热装置。

设有前、后屏过热器，一级对流过热器，高温及低温再热器。尾部受热面采用双级双流布置。

锅炉燃用褐煤，固态排渣，尾部采用钢珠除尘。采用轴向叶轮旋流燃烧器，前墙布量，分三排，每排8只。配置空气预热器两级。

3) 给水、蒸汽流程

给水→给水泵→省煤器→汽包（蒸汽）→部分炉顶过热器（由前到后）→悬吊管→侧包墙过热器→后包墙过热器→部分炉顶过热器（由后到前）→前屏过热器→一级喷水减温器并第一次交叉→后屏过热器（两侧逆流部分）→减温器管第二次交叉→后屏过热器（中

间顺流部分）→汽—汽热交换器→对流过热器冷段（两侧逆流）→二级喷水减温器并第三次交叉→对流过热器热段（中间顺流）→主蒸汽出口联箱→经主蒸汽管道去汽轮机做功。

2. 锅炉设备安装方法分类

锅炉设备安装方法是根据锅炉的供货状况、结构特性和施工的现场条件以及吊装机具的现实情况来确定的。其安装方法一般可分为散件安装和组合安装两种。

(1) 散件安装。散件安装法是按照一定的次序将零部件直接作为吊装件来进行安装的一种方法。这种安装方法主要优点是不需要大面积的组合场地，不需要搭组合支架和节省了组件起吊时的加固用料，其主要缺点是施工工期长，安装工作复杂，大量的高空作业，既不便于施工同时危险性也大。

(2) 组合安装。组合安装法是把各种能组合的零部件在组合场预先进行组合装配，使之成为便于吊装的组合件，然后运到安装地点，吊装就位。这种方法的主要优点是：平地（组合场）施工比高空作业方便，便于操作和检查，危险小，同时减轻了起重工作的作业量，提高了起重机械的利用率，其次是由于组合工作不需要等待土建的基础施工，所以可以缩短安装工期。其缺点是：需要大面积的组合场地，组合支架和组件临时加固的用料较多，吊装方案和程序比较复杂。

在目前锅炉设备安装中，只要设备结构允许和现场条件具备，都采用组合安装法。

(3) 组件划分。锅炉组合件的划分是根据设备的构造特点、外形尺寸、部件重量、安装方式、吊装机械与组合机械的起重能力，组合场地的大小及运输条件等情况来决定的。其组合件的划分应本着以下原则：

1）要保证组合件在组合、安装工艺上的完整性。

2）要求组件有较大的刚性，以保证组件在装车运输、起吊安装的水平或垂直移动时不产生永久变形。

3）组件的重量必须限制在现场现有起重和运输机械的最大承重能力的范围以内。

4）组件的运输、吊装就位时方便，并不妨碍下道工序。

5）组件在吊装过程中，不应增加复杂的辅助安装工作，尽可能减少高空作业，避免高空找正、对口，组件安装要方便。

6）注意满足受热面组件的安装条件，合理确定炉膛的“开口”方式。

所谓“开口”就是在钢架安装时留出一侧，不上其横梁，或留出炉顶，不上其顶梁，让受热面组件吊入。因为钢架是受热面组件的支承结构，钢架吊装完毕并找正后，即可吊装受热面组件，这些组件从火室的前、后、左、右、侧“开口”处吊入，或从炉顶的“开口”处吊入。炉膛的“开口”方向取决于安装工艺的合理程度、设备结构特征和吊装机械的能力。

3. 锅炉的分类

锅炉是利用燃料燃烧释放的热能或其他热能，将工质加热到一定参数（温度和压力）的设备。

锅炉按其用途不同通常可以分为动力锅炉和工业锅炉两类。动力锅炉是用于发电和动力方面的锅炉，如电站锅炉。动力锅炉所生产的蒸汽用作将热能转变成机械能的工质以产生动力，其蒸汽压力和温度都比较高，如电站锅炉蒸汽压力大于等于 3.9MPa，过热蒸汽温度大于等于 450℃。用于为工农业生产和采暖及生活提供蒸汽或热水的锅炉称为工业锅炉，又称供热锅炉，其工质出口压力一般不超过2.5MPa。

对于工业锅炉，按输出工质不同，可分为蒸汽锅炉、热水锅炉和导热油锅炉；按燃料和能源不同，可分为燃煤锅炉、燃气锅炉、燃油锅炉和余热锅炉；燃煤锅炉按燃烧方式不同，又可以分为层燃炉、悬燃炉、沸腾炉和流化床炉；按锅炉本体结构不同，可分为火管锅炉和水管锅炉；按锅筒放置方式不同，可分为立式或卧式锅炉；按其出厂形式不同，又可分为整装（快装）锅炉、组装锅炉和散装锅炉。

4.锅炉设备组成

锅炉房设备包括锅炉本体及辅助设备两部分。

(1) 锅炉本体。锅炉本体主要是由"锅"与"炉"两大部分组成。"锅"是指容纳锅水和蒸汽的受压部件，包括锅筒（又称汽包）、对流管束、水冷壁、集箱（联箱）、蒸汽过热器、省煤器和管道组成的封闭汽水系统，其任务是吸收燃料燃烧释放出的热能，将水加热成为规定温度和压力的热水或蒸汽。

"炉"是指锅炉中使燃料进行燃烧产生高温烟气的场所，是包括煤斗、炉排、炉膛、除渣板、送风装置等组成的燃烧设备。其任务是使燃料不断良好地燃烧，放出热量。"锅"与"炉"一个吸热，一个放热，是密切联系着的一个整体设备。

此外，为了保证锅炉正常工作，安全运行，还必须设置一些附件和仪表，如安全阀、压力表、温度表、水位警报器、排污阀、吹灰器等，还有构成锅炉围护结构的炉墙，以及支撑结构的钢架。

(2) 锅炉辅助设备。锅炉辅助设备是保证锅炉安全、经济和连续运行必不可少的组成部分，主要包括运煤除灰、通风、水、汽等设备以及一些控制装置。它们分别组成锅炉房的运煤除灰系统、通风系统、水、汽系统和仪表控制系统。

1) 运煤、除灰系统。其作用是连续供给锅炉燃烧所需的燃料，及时排走灰渣。通常煤由煤场运来，经碎煤机破碎后，用皮带运输机，送入锅炉前部的煤仓，再经其下部的溜煤管落入炉前煤斗机将依靠自重煤落入炉排上；煤燃尽后生成的灰渣则由灰渣斗落到刮板除渣机中，由除渣机将灰渣输送到室外灰渣场。

2) 通风系统。其作用是供给锅炉燃料燃烧所需要的空气量，排走燃料燃烧所产生的烟气。空气经送风机提高压力后，先送入空气预热器，预热后的热风经风道送到炉排下的风室中，热风穿过炉排缝隙进入燃烧层。

燃烧产生的高温烟气在引风机的抽吸作用下，以一定的流速依次流过炉膛和各部分烟道，烟气在流动过程中不断将热量传递给各个受热面，而使本身温度逐渐降低。

为了除掉烟气中携带的飞灰，以减轻对引风机的磨损和对大气环境的污染，在引风机前装设除尘器，烟气经净化后，通过引风机提高压力后，经烟囱排入大气。除尘器捕集下来的飞灰，可由灰车送走。

3) 水、汽系统。其作用是不断向锅炉供给符合质量要求的水，将蒸汽或热水分别送到各个热用户。为了保证锅炉要求的给水质量，通常要设水处理设备（包括软化、除氧），经过处理的水进入水箱，再由给水泵加压后送入省煤器，提高水温后进入锅炉，水在锅内循环，受热汽化产生蒸汽，过热蒸汽从蒸汽过热器引出送至分汽缸内，由此再分送到通向各用户的管道。

对于热水锅炉房，则有热网循环水泵、换热器、热网补水定压设备、分水器、集水器、管道及附件等组成的供热水系统。

4）仪表控制系统。为了使锅炉安全经济地运行，除了锅炉本体上装有的仪表外，锅炉房内还装设备种仪表和控制设备，如蒸汽流量计、压力表、风压计、水位表以及各种自动控制设备。

锅炉的工作包括三个同时进行着的过程，即燃料的燃烧过程，高温烟气向水或蒸汽的传热过程，以及蒸汽的产生过程。其中任何一个过程进行得正常与否，都会影响锅炉运行的安全性和经济性。

5. 锅炉安装

锅炉按结构装置可分为火管锅炉和水管锅炉。

水管锅炉是在锅筒的外面设置了很多根管子（称为受热面），通常这些管子的上端与锅筒相连，下端与集箱（或下锅筒）相连。水管锅炉的形式较多，构造也有差异，按锅筒的数目和锅筒的放置形式，可分为单纵锅筒水管锅炉，单横锅筒水管锅炉，双纵锅筒水管锅炉，双横锅筒水管锅炉等，现以双横锅筒水管锅炉的安装为例。

双横锅筒水管锅炉属于散装式，安装比较复杂，其安装主要程序为：锅炉钢架，上下锅筒，胀管，附属设备安装，水压试验，筑炉、烘炉、煮炉，定压和试运行等。

（1）锅炉钢架安装

1）基础工作。锅炉基础通常由土建单位施工，安装前应对锅炉基础进行验收。

2）锅炉钢架安装。锅炉钢架是整个锅炉的骨架，其安装质量将直接影响到锅筒、集箱、对流排管等的安装及炉墙的砌筑。

（2）锅筒安装

1）锅筒检查。锅筒安装前要进行检查，主要检查外观情况，外形，尺寸和胀接管孔的直径偏差、管孔表面凹痕及纵沟等，对环向沟纹深度不得大于0.5mm，宽度不应大于1mm。

2）锅筒支承物的安装。双横锅筒的支承有三种方法；第一种是下锅筒设支座，上锅筒靠对流管束（或升降管）支撑；第二种是下锅筒设支座，而上锅筒用吊环吊挂；第三种是上、下锅筒均设支座。锅筒支座由滚柱和底板两部分组成。

3）锅筒的就位与调整。上下锅筒采用吊车或扒杆进行吊装就位。锅筒就位后，应对锅筒的纵向中心线、横向中心线、锅筒两端面的垂直中心线按有关规范要求进行调整。

（3）受热面管子（对流管束）的安装

通常将对流管束，水冷壁管采用胀接法使管端与锅筒上（或集箱上）管孔进行连接。胀接前应检查管子并进行管端退火、打磨、清理，管孔清理，管子和管孔的选配。送配时，应注意全部管子胀接端与管孔之间的间隙保持均匀，以保证胀接质量，管端退火通常采用铅浴法，胀管时有两道工序，先用固定胀管器固定胀管，再用翻边胀管器继续使管端管径扩大并翻边。经翻边后，一方面胀管接头的强度大大提高，同时也减少了水出入管端的阻力损失。

（4）省煤器安装

省煤器通常由支承架，带法兰的铸铁肋片管、铸铁弯头或蛇形管等组成，安装在锅炉尾部烟管中，水进入省煤器后，经与高温烟气换热使水温提高。

省煤器在组合前应认真做好检查工作，先核对支架，再检查省煤器。铸铁省煤器每根肋片管上损坏的肋片数不应多于总肋片数的10%，整个省煤器中有破损肋片的管数不应多于总管数的10%；管及弯头的密封面应无径向沟槽、裂纹、歪斜坑凹及其他缺陷。对蛇形管，与联箱管接头对口前，应仔细检查联箱内部，清除杂物；对蛇形管应逐根进行通球检查，保证畅通无阻。通球检查时所用的压缩空气压力不低于0.6MPa，通球直径为管内径的75%。省煤器安装时，严格注意管排侧面、管端与护墙之间的间隙，应符合图纸规定，以保证自由膨胀。

(5) 空气预热器安装

空气预热器分为板式、管式和回转式三种结构形式，常采用的是钢管式和回转式预热器。空气经过预热器变成热风进入燃烧室，既能改变燃烧条件，又能充分利用排烟的余热。该装置安装前，应对管箱进行外表质量检查，对损伤的管子应修复，预热器上方无膨胀节时，应留出适当的膨胀间隙。如有膨胀节时，则应连接良好，不得有变形和泄漏现象。

(6) 过热器安装

过热器是将锅筒内产生的饱和水蒸气，再一次进行加热，使之成为过热蒸汽的设备，饱和蒸汽即湿蒸汽，经过热器加热后变成干蒸汽。

过热器是由进、出口联箱及许多蛇形管组装而成的，按照传热方式的不同，过热器可分为低温对流过热器、屏式过热器和高温辐射过热器。对流过热器大都垂直悬挂于锅炉尾部；辐射过热器多半装于锅炉的炉顶部或包覆于炉墙内壁上。过热器是将饱和蒸汽加热到一定温度的表面式换热器，起着分配和汇集蒸汽的作用。对于大容量锅炉的过热器都布置在烟温较高的区域内，其蒸汽温度和管壁热负荷都很高，所以，过热器的材料大多采用一些含有铬、钼、钒等元素，具有良好高温强度性能的耐热合金钢。

过热器安装时，先将过热器联箱和减温器上位。吊装组合件时，其次序是先一级后二级，每级由里向外，逐排上位，逐排焊接。焊接质量要好，防止漏烟。安装膨胀节时，注意膨胀方向不要装错，密封装置不要漏掉。

(7) 炉排安装

工业锅炉中用得较多的有链条炉排、抛煤机炉炉排、往复推动炉和振动炉排，各种形式的炉排安装工序和要求都各不相同，应按锅炉安装使用说明书的要求进行安装。一般情况下，炉排安装顺序为：

1）安装前将铸铁炉排片、炉排梁等构件配合处的飞边、毛刺磨掉，以保证各部位的良好配合。

2）安装前要进行炉外冷态空运转，运转时间不应少于2～3d，如发生卡住、跑偏等现象，应予以清除。

3）炉排安装顺序按炉排形式而定，一般是由下而上的顺序安装。要按设计图纸核对尺寸，保证安装允许的偏差值和炉排两端的缝隙大小，以防影响炉排的运行。

4）安装炉排的变速机构。

5）炉排安装完毕，要认真检查。确认合格后，再进行冷态试运转。

(8) 锅炉安全附件的安装

锅炉安全附件主要指的是压力表、水位计和安全阀。

1）压力表安装

锅炉上常用的压力表为弹簧式压力表，安装时应注意以下几点：

①新装的压力表必须经过计量部门检验，铅封不允许损坏，压力表不许超过检验使用年限。

②压力表要装在与汽包蒸汽空间直接相通的地方，同时便于观察、冲洗，并要避免由于压力表受到振动和高温而造成损坏。

③当锅炉工作压力低于2.5MPa表压时，压力表精度不应低于1.5级，压力表盘直径不得小于100mm，表盘刻度极限值应为工作压力的1.5~3.0倍（最好为2倍），刻度盘上应画红线指出工作压力。

④压力表要作为独立装置安装，不应和其他管道相连。

⑤压力表下面要装有存水弯管，以积存冷凝水，避免蒸汽直接接触弹簧弯管，而使弹簧管过热。

⑥在压力表和存水弯管之间，要装旋塞或三通旋塞，以便吹洗、检验压力表。

2）水位计安装

汽包水位高低直接关系到锅炉的安全运行。锅炉上必须要安装两个彼此独立的水位计，以保证正确地指示锅炉水位的高低。中低压工业锅炉常用平板玻璃水位计和低位水位计，小型锅炉常用玻璃管式水位计。水位计与上汽包的水空间和汽空间相连接，上汽包最低安全水位至少比水位计玻璃板（管）的最低可见边缘高25mm；上汽包内的最高安全水位至少比水位计玻璃板（管）的最高可见边缘低25mm，水位计上装有三个管路阀，即蒸汽通路阀、水通路阀和放水冲洗阀。水位计安装时应注意以下几点：

①蒸发量大于0.2t/h的锅炉，应安装两个彼此独立的水位计，以便能够校核锅炉内的水位。

②水位计要垂直安装；连通管路的布置应能使该管路中的空气排尽；整个管路应密封良好；汽连通管不应保温。

③水连通管与汽连通管要尽量水平布置，其内径不得小于18mm，连接管的长度要小于500mm，以保证水位计灵敏准确。

④放水旋塞下方应装有接地面的水管，并引到安全地点，旋塞的内径以及玻璃管的内径都不得小于8mm。

⑤水位计与汽包之间的汽、水连接管上不能安装阀门，更不得装设球形阀。如装有阀门，在运行时应将阀门全开，并予以铅封。

3）安全阀安装

锅炉内汽体压力达到安全阀开启压力时，安全阀自动打开，排出汽包中的一部分蒸汽，使压力下降，避免过压造成事故。中、低压锅炉常用的安全阀有弹簧式和杠杆式两种。

蒸发量大于0.5t/h的锅炉，至少应装设两个安全阀（不包括省煤器上的安全阀），且其中一个应能够先打开。开启压力见表1-3-1。

安全阀的阀座内径应大于25mm；几个安全阀共同装设在一根与汽包相连的短管上时，短管通路截面积应大于所有几个安全阀门面积总和的1.25倍。同样，排气管的截面积亦至少为安全阀总截面积的1.25倍。

4）锅炉水压试验

安全阀的开启压力调整表　　**表 1-3-1**

锅炉工作压力（表压）(MPa)	安全阀的开启压力
<1.3	工作压力 + 0.02MPa
	工作压力 + 0.05MPa
1.3～3.9	1.04 倍工作压力
	1.06 倍工作压力
>3.9	1.05 倍工作压力
	1.08 倍工作压力

锅炉水压试验的范围包括有锅筒、联箱、对流管束、水冷壁管、过热器、锅炉本体范围内管道及阀门等，但不包括安全阀。

①准备工作。将上下锅筒内清理干净；对升降管水冷壁管进行通球试验；封闭人孔、手孔；拆下安全阀并以盲板堵住。每台锅炉装压力表两块；打开锅炉上的主汽阀（此时该阀代替排气阀）；关闭排污阀；将锅炉、手压泵以管道与水源连接。

②试验压力。水压试验的试验压力见表 1-3-2。

③试验介质。水压试验时，试验用水应清洁，试压环境温度不得低于 5℃，水温一般应保持 15～40℃。特殊情况下，允许在室温低于 5℃但高于 -5℃下进行试验，但此时要使用热水，水温不宜超过 60℃，并要采用必要的防冻措施。

锅炉水压试验压力表　　**表 1-3-2**

项目名称	锅筒工作压力 P（MPa）	试验压力（MPa）
锅炉本体	<0.6	$1.5P$ 且不小于 0.2
锅炉本体	0.6～1.2	$P+0.3$
锅炉本体	>1.2	$1.25P$
过热器	任何压力	同锅炉试验压力
可分式省煤器	任何压力	$1.25P+0.5$

④试验过程。打开注水阀，向锅炉内注水至满，空气排尽后关闭放气阀和注水阀。以手压泵徐徐升压，升至 0.3～0.4MPa 时，进行一次检查，必要时拧紧人孔、手孔和法兰的螺栓。当升至工作压力时暂停，检查各胀口、焊口有无漏水。然后继续升压至试验压力，保持 5min，回降至工作压力，进行全面检查；以不漏水为合格。

对于洇水（水珠不往下流）和水印（有水迹）的胀口，可不补胀；漏水口可补胀，但补胀次数不得超过两次，且胀管率在允许范围内。

水压试验后，应将水全部放净，不得使锅筒、过热器、省煤器等内部有积水，以防冬天冻裂。

(9) 炉墙的砌筑

炉墙直接受高温火焰的烘烤，要求炉墙一是要具有耐高温的性能；二是在高温下要强度高、变形小。因此，对筑炉所用材料、砌筑质量要求严格。

1）筑炉常用材料

锅炉的炉墙通常分为内墙、隔烟墙和外墙。内墙、隔烟墙直接受火焰侵袭，采用耐火砖、耐火泥砌筑。耐火砖分为普型和异型两种，耐火泥由生料（生耐火泥）、熟料（熟耐火泥）配制而成。外墙不直接承受火焰的烘烤，采用优质红（青）砖和水泥砂浆砌筑。

2）材料的检查

筑炉所用砖，耐火泥、水泥及河砂要严格检查。每块砖均应棱角完整，长、宽、厚尺寸相同；无扭曲、裂纹等缺陷。耐火水泥、水泥应认真检查出厂日期及有否变质失效情况；水泥应采用42.5级；河砂应干净无杂物。

3）炉墙的砌筑

分为砌筑炉墙和砌筑弧形拱。

①砌筑炉墙。砌筑内墙的灰浆配合比为：当砌筑温度高，砖缝宽≤2mm的耐火砖内墙时，用熟耐火泥75%，生耐火泥25%配制；当砌筑温度较低，砖缝宽≤3mm的耐火砖内墙时，用熟耐火泥65%，生耐火泥35%配制。耐火泥的细度要满足砌筑要求，使用前要用筛孔小于灰缝宽度的筛子筛过。砌筑红（青）砖外墙时，可采用水泥、石灰混合砂浆，其配合比为水泥∶石灰∶河砂＝1∶1∶（4～6）（体积比）。

在砌筑过程中，要保持内、外墙及四周的进度基本上一致，各层砖的灰缝要错开，顺砌错缝为砖长的1/2，横砌错缝为砖长的1/4。内、外墙不得有垂直的通缝。每砌5～7层时，应设置适当块数的牵联砖（用耐火砖）炉墙砌到一定高度时，应检查其垂直度和平整度：垂直度每米≤3mm，全高不超过15mm；凹凸度≤5mm，砖缝灰浆应均匀、饱满。砖缝宽度要求符合设计要求。

耐火砖内墙的外转角处应留伸缩缝，缝内以大于间隙的石棉绳涂耐火泥填充，缝两侧的墙要平直，炉墙与钢结构的接触处应垫石棉板。

②砌筑弧形拱。炉顶和炉墙上的门、孔上部，通常均为拱形。弧形拱用楔形耐火砖砌筑而成，拱砖为奇数，拱顶中央的一块砖称为锁砖，位于通过拱弧圆心的垂直线上。

砌拱时，从两侧向中间砌筑，砖缝≤2mm，最后一块中央锁砖的楔形缺口应略小于砖的厚度，以能插入约2/3砖长为宜；然后用木槌把剩余的1/3轻轻打入。拱两侧的砖（拱脚砖），用异型耐火砖砌筑。拱上部的炉墙，可用加工的耐火砖沿弧形竖砌。

（10）烘炉

烘炉的目的是为了将炉墙中的水分慢慢烘干，以防锅炉投入运行时，由于炉膛内火焰温度高，使炉墙内的水分急剧蒸发而产生裂纹。

烘炉前，锅炉本体要经水压试验，砌筑保温工作全部结束；引送风系统、给水系统、排污系统、运煤与除渣系统等在单机运行中，已在额定负荷下正常运转；热工仪表等仪器仪表已检验合格；照明及必要消防设施齐全、可靠。

1）烘炉前的准备工作

烘炉前的主要工作如下：一是作全面检查；二是将炉膛内的杂物清理干净；三是把锅炉房内施工时搭设的脚手架拆除，其他杂物清理干净；四是准备好足够的木柴和煤（其中不得有钢钉、钢丝）；五是备好烘炉所用工具；六是打开炉门、烟道门道等，进行自然通风，使燃烧室内的炉墙先风干几天。

2）烘炉

烘炉可采用燃料燃烧或蒸汽烘炉的方法，通常采用前者。燃料燃烧烘炉时，先注入软水，水由省煤器注入，直至达到上锅筒最低水位。在炉膛内架好木柴，开始自然通风，维持火苗，然后逐渐加大火焰。燃烧木柴一般不超过3d。逐渐加煤燃烧，开动引、送风机。

烘炉过程温升要平稳，第一天温升不超过 50℃，以后每天不超过 20℃，后期抽气温度最高不超过 200～220℃；砖砌轻型炉墙，每天温升不超过 80℃，后期烟气温度不超过 160℃；耐热混凝土炉墙，在正常养护期满后开始烘炉，每天温升不超过 10℃，后期温度不超过 160℃，在最高温度范围内，持续时间不少于 1d。烘炉后，炉墙灰浆试样中水分降至 2.5%以下即为合格。

（11）煮炉

煮炉，就是将选定的药品先调成一定浓度的水溶液，而后注入锅炉内进行加热。其目的是为了除掉锅炉的油污和铁锈等。

1）煮炉用药。煮炉时用的药品及其配方见表 1-3-3。

煮炉所用药品及数量表 **表 1-3-3**

化学药品	药品加入量（kg/m^3 锅水）		
	铁锈不多的新锅炉	锈蚀较大的锅炉	迁装炉
苛性钠（NaOH）	2～3	3～4	5～6
磷酸三钠（$Na_3PO_4 \cdot 12H_2O$）	2～3	2～3	5～6

2）加药前的准备工作。加药前，一是操作人员要配备工作服、胶皮手套、胶鞋、防护镜等劳保用品以及急用药品，操作地点附近要有清水；二是准备好加药桶和其他工具；三是将煮炉用药品先调成 20%浓度的水溶液，搅拌均匀，使其充分溶解，并除去杂质。

3）加药。加药时，炉水应处于最低水位，用加药桶将调制的药液一次注入锅筒内。注意：不得将固体药品注入锅筒内，更不得使药液和水进入过热器内。

4）煮炉。煮炉时间通常为 2～3d。为了保证煮炉质量，煮炉末期的蒸汽压力应保持在锅筒工作压力的 75%左右。煮炉期间，应定期从锅筒和水冷壁下集箱取样作化验分析，当炉水的碱度低于 45mmol/L 时，应补充加药。

煮炉时间一到，逐渐减小炉火；增加排污及注水次数，使炉温缓慢地降低。而后将炉水排尽，打开人孔、手孔，清除锅筒及集箱内的沉积物；冲洗锅筒内部以及与药物接触过的阀门等处，并检查排污阀是否堵塞。

煮炉后，锅筒和集箱内壁无油垢、锈斑为合格。

（12）定压及蒸汽严密性试验

煮炉及清洗检查合格后，将人孔、手孔盖装上。向炉内注软水至正常水位。而后进行加热至 0.3～0.4MPa 做检查，无问题时继续升压至工作压力进行全面检查：若人孔、手孔、阀门、法兰等处无渗漏；锅筒、集箱等处的膨胀情况良好，炉墙外部表面无开裂，则蒸汽严密性试验合格。

安全阀的调整（定压），可与蒸汽严密性试验同时进行。过热器和锅筒上安全阀调整时，均以锅筒上的压力表为准。安全阀的开启压力应调整到表 1-3-4 规定的数值。

调整的顺序：先调开启压力高的，后调开启压力低的安全阀。而且，要使锅筒上两个安全阀中，有一个必须在较低压力下开启（该阀称为控制安全阀）。有过热器时，必须保证过热器上安全阀先开启。

非沸腾式省煤器安全阀，在蒸汽严密性试验之前，以水压进行调整。

安全阀的开启压力 **表 1-3-4**

锅筒工作压力 P（MPa）	安全阀名称	开启压力（MPa）
<1.3	锅筒控制安全阀	$P+0.02$
	锅筒工作安全阀	$P+0.03$
	过热器安全阀	稍低于锅筒控制安全阀
1.3~2.5	锅筒控制安全阀	$1.03P$
	锅筒工作安全阀	$1.05P$
	过热器安全阀	$1.02P$
任何压力	非沸腾式省煤器入口安全阀	$1.25P$
	非沸腾式省煤器出口安全阀	$1.10P$

上述各项工作完成之后，锅炉即可进行全负荷试运行，连续运行 72h 无问题时，便可办理交工手续。

6. 锅炉给水处理

在锅炉房使用的各种水源中，无论是天然水，还是自来水，都含有一些杂质，不能直接用于锅炉给水，必须经过处理，符合锅炉给水水质标准后才能供给锅炉使用，否则会影响锅炉的安全经济运行。因此，锅炉房要设置给水处理设备。

(1) 水中杂质及其危害

天然水中的悬浮物和胶体物质通常是在水厂里通过混凝和过滤处理后大部分被清除，但仍有一部分溶解盐类（主要是钙、镁盐类）会析出或浓缩沉淀出来。沉淀物的一部分比较松散，称为水渣；而另一部分附着在受热面内壁，形成坚硬而质密的水垢。水垢的存在对锅炉安全、经济运行危害很大，主要是：

1) 水垢的导热系数为钢的导热系数的 1/30~1/50，根据试验，受热面内壁附着 1mm 厚的水垢，就要多消耗煤 2%~3%左右。

2) 由于水垢导热性差，会使受热面金属壁温升高而过热，使其机械强度显著下降，导致管壁起疱，甚至产生爆炸事故。

3) 锅炉水管内结垢后，会减小管内流通截面积，增加水循环的流动阻力，破坏正常的水循环，严重时会将水管完全堵塞，使管子烧损。且水垢很难清除，缩短锅炉使用寿命。

为了保证工业锅炉的安全、经济运行，锅炉给水必须经过处理，即降低水中钙、镁盐类的含量（软化），减少水中的溶解气体（除氧），使其符合规定的水质标准要求，防止锅内结垢，减轻对受热面金属的腐蚀。

锅炉用水，根据其所处的部位和作用不同，可分为以下几种：

1) 原水。是指锅炉的水源水，也称生水。原水主要来自江河水、井水或城市自来水。一般每月至少化验 1 次。

2) 软化水。原水经过水质软化处理，硬度降低，符合锅炉给水水质标准的水。

3) 回水。锅炉蒸汽或热水使用后的凝结水或低温水，返回锅炉房循环利用时称为回水。

4) 补给水。无回水或回水量不能满足供水需要，必须向锅炉补充供应的符合标准要求的水称为补给水。

5）给水。送入锅炉的水称为锅炉给水，通常由回水和补给水两部分组成。

6）锅水。锅炉运行中在锅内吸热、蒸发的水。

7）排污水。为除掉锅水中的杂质，降低水中杂质含量，从汽锅中放掉的一部分锅水，称为锅炉排污水。

（2）水质标准

为了防止锅炉由于结垢、腐蚀及锅水起沫而影响锅炉的安全、经济运行，锅炉给水及锅水均要求达到一定的水质标准。

我国现行的《低压锅炉水质》标准（GB 1576—96）中规定：锅炉给水应采用锅外化学水处理，对额定蒸发量≤2t/h，且 $P \leqslant 1.0$MPa 的锅炉可采用锅内加药处理，水质标准要符合表 1-3-5 的规定。

锅内加药处理的锅炉水质指标 **表 1-3-5**

项　目	给　水	锅　水
悬浮物（mg/L）	≤20	
总硬度（mmol/L）	≤4	
总碱度（mmol/L）		8～26
pH（25℃时）	≥7	10～12
溶解固形物（mg/L）①		＜5000

①如溶解固形物有困难时，可采用测定氯离子（Cl^-）的方法来间接控制，但溶解固形物与氯离子（Cl^-）的比值关系应根据试验确定，并应定期复试和修正此比值关系。

对于蒸汽锅炉采用锅外化学水处理时，其水质标准要符合表 1-3-6 的规定。热水锅炉的水质标准应符合表 1-3-7 的规定。

蒸汽锅炉锅外化学水处理的水质指标 **表 1-3-6**

项　目		给　水			锅　水		
额定蒸汽压力（MPa）		≤1.0	＞1.0 ≤1.6	＞1.6 ≤2.5	≤1.0	＞1.0 ≤1.6	＞1.6 ≤2.5
悬浮物（mg/L）		≤5	≤5	≤5			
总硬度（mmol/L）		≤0.03	≤0.03	≤0.03			
总碱度（mmol/L）	无过热器				6～26	6～24	6～16
	有过热器					≤14	≤12
pH（25℃时）		≥7	≥7	≥7	10～12	10～12	10～12
溶解氧（mg/L）		≤0.1	≤0.1	≤0.05			
溶解固形物（mg/L）	无过热器				＜4000	＜3500	＜3000
	有过热器					＜3000	＜2500
SO_4^{2-}（mg/L）						10～30	10～30
PO_4^{3-}（mg/L）						10～30	10～30
相对碱度						＜0.2	＜0.2
含油量（mg/L）		≤2	≤2	≤2			

注：当锅炉额定蒸发量大于等于 6t/h 时应除氧，额定蒸发量小于 6t/h 的锅炉如发现局部腐蚀时应采取除氧措施，对于供汽轮机用汽的锅炉给水含氧量应小于等于 0.05mg/L。

热水锅炉的水质指标 **表 1-3-7**

项目	锅内加药处理[③]		锅外化学处理	
	给水	锅水	给水	锅水
悬浮物（mg/L）	≤20		≤5	
总硬度（mmol/L）	≤4		≤0.06	
pH（25℃时）	≥7	10～12	≥7	10～12[②]
溶解氧（mg/L）[①]			≤0.1	≤0.1
含油量（mg/L）	≤2		≤2	

①锅炉额定热功率大于等于4.2MW时应除氧，额定热功率小于4.2MW的锅炉应尽量排除氧。

②通过补加药剂使锅水pH控制在10～12。

③锅炉额定热功率小于等于2.8MW的热水锅炉可采用锅内加药处理，但必须对锅炉的结垢、腐蚀和水质加强监督，认真做好加药工作。

（3）锅炉给水的处理

1）锅炉给水的过滤

工业锅炉房用水一般由水厂供给。如果原水的悬浮物含量较高，为了减轻软化设备的负担，必须进行原水的过滤处理。对于顺流再生固定床离子交换器，悬浮物大于等于5mg/L的原水应经过滤；进入逆流再生固定床离子交换器或浮动床交换器的原水，悬浮物含量大于等于2mg/L时应先经过滤；悬浮物含量大于20mg/L的原水或经石灰处理后的水均应混凝、澄清后经过滤处理。

工业锅炉房常用的过滤设备是单流式机械过滤器，也是最简单的一种过滤器。

单流式机械过滤器管路系统简单，运行稳定，过滤速度为4～5m^3/h，运行周期一般为8h。单流式机械过滤器本体为密闭的钢制圆柱形容器，设有进水、排水管路，过滤器内装填过滤材料，常用的有石英砂、大理石、无烟煤等。石英砂不宜用于过滤碱性水，因为石英砂在水中溶解产生硅酸对锅炉有害；无烟煤、大理石适用于带碱性的水。滤料直径为0.5～1.5mm。

采用压力式机械过滤器过滤原水时，台数不宜少于2台，其中1台备用。每台每昼夜反洗次数可按1～2次设计。

较大型的过滤装置多采用无阀滤池。

2）离子交换设备

离子交换设备种类较多，有固定床、浮动床、流动床等。浮动床、流动床离子交换设备适用于原水水质稳定，软化水出力变化不大、连续不断运行的情况，固定床则无需上述要求，是工业锅炉房常用的软化水设备。

①固定床钠离子交换器。固定床离子交换器，是指运行时交换器中的交换剂层是固定而不流动的，一般原水由上而下经过交换剂层，使水得到软化，简称固定床。

固定床离子交换按其再生运行方式不同，可分为顺流再生和逆流再生两种。

顺流再生固定床的优点是结构简单，运行维修方便，对各种水质适应性强。但缺点是再生效果不理想。为了克服顺流再生的交换器底部交换剂再生程度较低的缺点，通常采用逆流再生方式。逆流再生离子交换器具有出水质量高、盐耗低等优点，所以在生产中被广泛采用。

②浮动床离子交换器及运行。浮动床属于固定床逆流再生离子交换器的一种新工艺。交换剂几乎装满交换器，运行时原水以一定的速度从下向上通过交换器，交换剂层被水流托起呈悬浮状态，故称之为浮动床离子交换器，简称浮动床。由于运行时原水与再生液的流向相反，因而浮动床具有逆流再生的优点，即出水质量好，再生剂耗量低。此外，它还具有运行流速高（可达 40～50m/h），产水量大，自耗水量少，设备比较简单等优点。浮动床应连续运行，不宜频繁地间断运行，否则易乱层。它适用于进水总硬度小于4mmol/L，原水水质稳定，软化水出力变化不大，连续不间断运行场合。

③流动床离子交换设备。固定床离子交换器虽然运行可靠，但它是间歇运行的，为了保证连续供水，就要设置备用交换器。流动床则是完全连续的工作系统，能满足连续供水的要求。

流动床离子交换系统主要由交换塔和再生清洗塔组成。

流动床的工艺流程分为软化、再生和清洗三部分，并配有再生液制备和注入设备及流量计等，组成完整的工艺流程。

流动床离子交换装置敞开式不承受压力，可用塑料制作，设备简单，可连续出水，出水质量好，再生剂用量省，操作简单，便于自动化管理，但再生清洗塔的安装高度一般高于 7m，另外它对原水质量和流量变化的适应性差，树脂输送平衡不易掌握，运行调整较为麻烦。因此它适用于进水硬度小于 4mmol/L，原水质量稳定，流量变化小和操作水平高，维修能力较强的中小型锅炉房。

3）阳离子交换软化及除碱

水中的悬浮物和胶体物质通常经过水厂的沉淀、过滤等处理后被大部分去除。但水中的硬度、碱度等杂质仍然存在，为了满足锅炉给水水质要求，需要对锅炉给水进行处理。工业锅炉房水处理的主要内容是软化和除氧，即除去水中的钙、镁离子，降低给水的含氧量。利用不产生硬度的阳离子（如 Na^+、H^+）将水中的 Ca^{2+}、Mg^{2+} 置换出来，从而达到使水软化的目的，这种方法称为阳离子软化法，又称离子交换软化法。离子交换软化是通过离子交换剂实现的。

常用的阳离子交换法有钠离子、氢离子交换等方法。

①钠离子交换软化。目前在工业锅炉水处理中，钠离子交换软化用得最多。离子交换器中装入阳离子交换剂，原水流过钠离子交换剂时，交换剂中的 Na^+ 与水中的 Ca^{2+}、Mg^{2+} 离子进行置换反应，使水得到软化。钠离子交换既可除去水中的暂硬，又可除去永硬，但不能除碱，因为构成天然水碱度主要部分的暂时硬度按照等物质量的规则转变为钠盐碱度 $NaHCO_3$；另外，按等物质量的交换规则 1 molCa^{2+}（40.08g）与 2 molNa^+（45.98g）进行交换反应，使得软水中的含盐量有所增加。

随着交换软化过程的进行，交换剂中的 Na^+ 逐渐被水中的 Ca^{2+}、Mg^{2+} 所代替，交换剂由 NaR 型逐渐变为 CaR_2 或 MgR_2 型。当软化水的硬度超过某一数值后，水质已不符合锅炉给水水质标准的要求时，则认为交换剂已经“失效”，此时应立即停止软化，对交换剂进行再生（还原），以恢复交换剂的软化能力。常用的再生剂是食盐 NaCl。

②离子交换除碱。钠离子交换软化的主要缺点是不能除碱，对于暂硬高的碱性水，采用此法往往会使锅水碱度过高，增加锅炉排污水量和热量损失。采用氢－钠离子交换及部分钠离子交换等系统就能达到降低锅水碱度的目的。

氢离子交换软化法，从碱度消除和含盐量降低来看，具有明显的优越性，然而由于出水呈酸性和用酸作为再生剂，故氢离子交换器及其管道要有防腐措施，且处理后的水不能直接送入锅炉，因此它不能单独使用。通常它和钠离子交换器联合使用，即氢－钠离子交换，使氢离子交换产生的游离酸与经钠离子交换后水中的碱相中和而达到除碱的目的。此时中和所产生的 CO_2 可用除 CO_2 器除去，这样既消除了酸性，降低了碱度，又消除了硬度，并使水的含盐量有所降低。失效的氢离子交换剂还原时，用质量分数为 2%左右的硫酸，或不超过 5%的盐酸。氢—钠离子交换软化一般适用于处理暂硬较高的碱性水。

③部分钠离子交换。部分钠离子交换软化是让原水部分经过钠离子交换器软化，另一部分原水直接进入水箱。水中的非碳酸盐硬度经钠离子交换后，转变为 $NaHCO_3$，它在水箱中受热分解，形成的 $NaCO_3$ 和 NaOH 与原水中的硬度发生反应，生成难溶于水的 $CaCO_3$ 沉淀，同时消除了一部分碱度，由排污排除。

部分钠离子交换软化法可软化、除碱而不需另加药剂；可减小设备容量，减少交换剂和再生剂用量，降低费用。但软化不彻底，水箱或锅炉内有沉渣，故此法只适用于小型锅炉。

④部分氢离子交换。氢—钠离子交换软化设备投资和运行费用都较高，限制了在小型锅炉房的应用。对于小型锅炉，如原水碱度大于硬度，即“负硬”水，可采用部分氢离子交换法，即一部分原水经氢离子交换器除去碱度、硬度而产生游离酸，再与另一部分原水混合除去原水中多余的碱度，然后通过除气器除掉过程中生成的 CO_2 作为锅炉给水。给水的硬度不得大于锅内加药处理的标准，即硬度 4mmol/L，因此它只适用于 $\leqslant$2t/h 的锅炉。又称锅内与锅外相结合的方法。

7. 锅炉的烟气净化

工业锅炉主要是以煤为燃料。煤在锅炉内燃烧后，产生大量的烟尘及硫和氮的氧化物等有害气体。这些有害物排放到大气中，严重地污染了周围大气环境。

(1) 烟尘与排放标准

1) 烟尘

燃煤锅炉排烟中的烟尘由两部分组成。一部分是煤在燃烧过程中放出的硫及氮的氧化物气体，以及碳氢化合物在缺氧条件下分解和裂化出来的微小炭粒（炭黑），其粒径为 0.05～1.0μm，烟气中炭黑多时即形成黑烟。另一部分是由于烟气的扰动作用而被带走的灰粒和未燃尽的煤粒，也称飞灰，其粒径一般为 1～100μm。

粒径小于 10μm 的尘粒能长期飘在空气中，称为飘尘。粒径大于 10μm 的尘粒，由于自身重力的作用，在短时间内可以降落在地面上，称为降尘。工业锅炉排出的烟尘中 10%～30%是小于 5μm 的尘粒。这些微粒具有很强的吸附能力。

锅炉排放的烟尘是一种空气的污染物，对人体健康、环境、生态及经济都有严重的危害，必须加以限制，不能任意排放。

2) 烟气排放标准

锅炉烟尘排放标准是为防止污染，保护环境而对锅炉烟尘排入环境的数量所作的限制规定。

锅炉排出烟气中的烟尘浓度规定采用 $1m^3$ 排烟体积中含有烟尘的质量（mg）来表示，称为烟尘浓度。

根据对环境质量的不同要求，我国对工业锅炉烟尘允许排放浓度按《锅炉大气污染物排放标准》（GWPB 3—1999）中的规定进行选用，见表1-3-8。

锅炉烟尘最高允许排放浓度和烟气黑度限值 **表1-3-8**

<table>
<tr><th colspan="2" rowspan="2">锅炉类别</th><th rowspan="2">适用区域</th><th colspan="2">烟尘排放浓度（mg/m³）</th><th rowspan="2">烟尘黑度级（林格曼黑度）</th></tr>
<tr><th>Ⅰ时段</th><th>Ⅱ时段</th></tr>
<tr><td rowspan="5">燃煤锅炉</td><td rowspan="2">自然通风锅炉（<0.7MW（1t/h）</td><td>一类区</td><td>100</td><td>80</td><td rowspan="2">1</td></tr>
<tr><td>二、三类区</td><td>150</td><td>120</td></tr>
<tr><td rowspan="3">其他锅炉</td><td>一类区</td><td>100</td><td>80</td><td rowspan="3">1</td></tr>
<tr><td>二类区</td><td>250</td><td>200</td></tr>
<tr><td>三类区</td><td>350</td><td>250</td></tr>
<tr><td rowspan="4">燃油锅炉</td><td rowspan="2">轻柴油、煤油</td><td>一类区</td><td>80</td><td>80</td><td rowspan="2">1</td></tr>
<tr><td>二、三类区</td><td>100</td><td>100</td></tr>
<tr><td rowspan="2">其他燃料油</td><td>一类区</td><td>100</td><td>80</td><td rowspan="2">1</td></tr>
<tr><td>二、三类区</td><td>200</td><td>150</td></tr>
<tr><td colspan="2">燃气锅炉</td><td>全部区域</td><td>50</td><td>50</td><td>1</td></tr>
</table>

注：1. 禁止新建以重油、渣油为燃料的锅炉。
2. 一类区为自然保护区、风景游览区、疗养地、名胜古迹区、重要建筑物周围；二类区为市场信息区、郊区、工业区、其县以上城镇；三类区为其他地区。

在实际燃烧过程中，要使燃料全部完全燃烧是不可能的，要烟气中一点飞灰没有也是不可能的。一般说的消烟除尘，是指把烟气的黑度和含尘量降低到不会导致污染环境和危害人体健康的程度。

（2）除尘设备

工业锅炉中常用的除尘方式有干法与湿法两种。

干法除尘，基本上是利用机械方法改变烟气流的方向时产生的惯性力，将灰粒分离出来，使排出的烟气得到净化。常用的有旋风险尘器。

湿式除尘，一般是利用水膜粘住或吸附烟气中的灰粒，或用喷雾的水使灰粒凝聚随水清洗下来。常用的除尘设备有水浴式除尘器和麻石水膜除尘器。该种除尘方式除尘效率较高，但耗水量较大，排出烟气中常带水，排出的水呈酸性，如不加以处理，对地下水有污染，在寒冷地区还要考虑防冻的措施。因此，湿式除尘受到一定的限制。

1）旋风除尘器

旋风除尘器是使含尘烟气旋转运动，从而使尘粒在离心力的作用下从烟气中分离出来的装置。旋风除尘器结构简单，管理方便，处理烟气量大，除尘效率高，是工业锅炉烟气净化中应用最广泛的一类除尘设备。

目前旋风除尘器种类很多，下面仅介绍几种常用的旋风除尘器。

①立式旋风除尘器。除尘器本体由筒体、烟气进口管、平板反射屏、烟气排出管及排灰口等组成。

该除尘器由于采用了收缩、渐扩形进口，提高了烟气进口流速，使离心力增大。

由于该设备有合理的气流组织，使已被分离出来的尘粒，有可能完全捕集下来。因此，该除尘器效率较高，热态运行效率达 90%～93%，阻力为 774～860Pa。适用于 1～4t/h的层燃锅炉。

除了单筒立式除尘器，还有双筒、四筒或多筒组合体除尘器，以适应不同容量锅炉的需要。

②立式多管旋风除尘器。上面介绍的旋风除尘器大多用于中、小型除尘系统中，当处理烟气量增加时，由于入口流速要保持在合适的范围内以及出口管尺寸不能太大（否则会使除尘效率下降），因此，必须用多个小型旋风除尘器并联起来组成除尘装置。立式多管除尘器就是为这个目的而设计的。

该除尘器是由组装在一个壳体内的若干单个立式小旋风子，烟气进、出管，烟气分配室及贮灰斗所组成。这种除尘器的优点是可以处理较大的烟气量，并具有较高的除尘效率，多个旋风子组成一个整体，便于烟道的连接和设备的布置。缺点是耗费的钢材或铸铁量大，且易于磨损。这种除尘器效率可达 92%～95%，阻力为 500～800Pa。

③卧式旋风除尘器。筒体为对数螺旋线的蜗壳，烟气由切向入口进入蜗壳内，使气流稳而均匀地旋转，旋转烟气沿内壁向牛角锥尖方向流动，被分离出来的尘粒落入牛角尖处，经锁气器排出。其除尘效率可达到 92%，阻力为 725Pa。由于筒体为卧式，降低了除尘器高度，使安装简便，适用于容量为 1～4t/h 锅炉。

④立式双旋风除尘器。这种除尘器是由一个大旋风蜗壳和一个小旋风分离器组成。

含尘烟气切向进入大旋风蜗壳，在旋转离心作用下，尘粒被抛向大蜗壳的外边缘，当烟气旋转到 270°时，最外边缘上约 15%～20%的含尘浓缩的烟气进入小旋风分离器进一步净化。

该除尘器除尘效率为 88%～92%，阻力为 608～715Pa。除尘器下部排烟气同引风机进口连接方便。适用于容量为 1～20t/h 的锅炉。

⑤卧式双旋风除尘器。锅炉烟气经大旋风、小旋风及水封冲灰器将尘粒分离排出。因此，能达到较好的分离效率，提高了整个除尘设备的负荷适应性。由于卧式布置，安装高度较低，容易布置。适用于 1～20t/h 锅炉。

旋风除尘器结构简单，耗电量少，在捕集 5μm 以下的尘粒时效率很低。旋风除尘器的除尘效率，除了与其本身结构有关外，还与下列因素有关：

烟气进口速度：除尘器进口的烟气流速在 10～25m/s 范围内烟气净化效率较高。流速增大会使除尘器阻力增加，流速减小会使除尘效率降低。

烟尘的粒度和密度：烟尘粒度越粗，密度越大，除尘效率越高。

烟气的初始含尘浓度：烟气初始含尘浓度高时，一般降尘效率也高。

筒体的绝对尺寸：筒体直径越小，尘粒所受的离心力越大，除尘效率越高。

除尘装置的严密性：旋风除尘器一般是在负压下工作，排灰装置漏风会使除尘器效率下降，当漏风率为 5%时，除尘器效率由原来的 90%下降到 50%；当漏风率达到 15%时，除尘效率接近于零。因此，对旋风除尘器的排灰装置（锁气器）的使用应给以足够的重视。

当锅炉容量在 1～2t/h 以下时，可在除尘器排灰口设置固定式灰斗。

在容量较大的锅炉所配的旋风除尘器上，还有采用转动式锁气器、电磁锁气排灰阀和湿式排灰装置的。

2）麻石水膜除尘器

利用水形成的水膜或水滴同含尘的烟气接触，使尘粒从烟气中分离出来，这是麻石水膜除尘器除尘的基本原理。

这种除尘器主要由圆柱形筒体淋水装置、灰斗、烟气进口、烟气出口和排灰装置等组成。

筒体用麻石花岗岩砌筑，淋水装置一般采用溢流外水槽式供水，其供水靠除尘器内外的压差溢流来实现。

含尘烟气在下部以15～20m/s，最大不超过23m/s的速度切向进入筒体，形成急剧旋转的上升气流，筒体部分烟气流速一般为4～5m/s，流速过大，水膜可能破裂而产生水滴。烟尘在离心力的作用下被甩向壁面，并被沿筒壁留下的水膜所湿润和粘附，然后同水一起流入锥形灰斗，经水封和排灰水沟冲到沉灰池，而净化后的烟气从上部出口排出。

由于这种分离出来的烟尘不可能再被烟气第二次带走，所以除尘效率较高，较小的尘粒也能除掉。同时还能把烟气中的SO_2和SO_3清除，因此该除尘器的排水呈酸性，筒体采用麻石材料主要是防止设备被腐蚀，对除尘后的含酸废水要配置处理装置。

这种除尘器效率较高，约为90%～95%，阻力较小，约为40～90Pa，结构简单，工作可靠。

3）自激水泡沫除尘器

该设备由烟气冲击室、洗涤反应槽、漂移凝聚室、脱水装置、脱硫液供给装置、刮板除灰机等组成。

这种形式除尘器属于湿式除尘，脱硫效果比麻石除尘器好，且耗水量少，占地小，设备简单。其与旋风除尘器组成干湿结合的二级除尘系统可适用于抛煤机倒转炉排锅炉、沸腾炉及循环硫化床锅炉。

该形式除尘器适用于4～35t/h锅炉中，除尘效率达95%，脱硫效率为50%～80%，阻力小于1400Pa。

(3) 烟气的脱硫

烟气脱硫通常有三种途径：

1）煤燃烧前脱硫。常用的方法是洗煤和煤气化后脱硫，这两种方法难于应用在工业锅炉中。

2）煤在燃烧过程中脱硫，即炉内脱硫。常用的方法有型煤固硫和向锅炉炉膛直接喷固硫剂。这在技术上都是可行的，但设备投资与运行管理费用大。

3）烟气脱硫。目前有回收法和抛弃法两大类。

回收法可回收硫，但流程长，设备多，投资大，效率低和成本高。

抛弃法分为喷雾干燥烟气脱硫和石灰湿法脱硫。这两种方法对工业锅炉尤为适用。

喷雾干燥烟气脱硫，系统简单、投资小，只要雾化和脱硫塔设计、运行良好，可得到较高的脱硫效率。

石灰湿法脱硫，是以石灰水为吸收剂，在脱硫塔内烟气与吸收液烟气与吸收液充分接触反应，最后生成硫酸钙与亚硫酸钙水溶液，经沉淀处理达到可循环使用的标准后返回使用。但系统中设备及管道易结垢，需经常冲洗。

此外，采用流化床直接脱硫，也可以不设置投资很大的排烟脱硫装置而达到脱硫的目的。

8. 锅炉的主要性能指标

为了表明锅炉的构造、容量、参数和运行的经济性等特点，通常用下述指标来表示锅炉的基本特性。

(1) 蒸发量

蒸汽锅炉每小时生产的额定蒸汽量称为蒸发量，单位是 t/h。蒸汽锅炉用额定蒸发量表明其容量的大小，即在设计参数和保证一定效率下锅炉的最大连续蒸发量，也称锅炉的额定出力或铭牌蒸发量。工业锅炉的蒸发量一般为 0.1～65t/h。

对于热水锅炉则用额定热功率来表明其容量的大小，单位是“MW”。

(2) 压力和温度

蒸汽锅炉出汽口处的蒸汽额定压力或热水锅炉出水口处热水的额定压力称为锅炉的额定工作压力，又称最高工作压力，单位是“MPa”。

对于生产饱和蒸汽的锅炉，只需标明蒸汽压力。对于生产过热蒸汽的锅炉，必须标明蒸汽过热器出口处的蒸汽温度，即过热蒸汽温度，单位是“℃”。

对于热水锅炉则有额定出口的热水温度和额定的进口回水温度之分。

与额定热功率、额定热水温度及额定回水温度相对应的通过热水锅炉的水流量称为额定循环水量，单位是“t/h”。

(3) 受热面蒸发率和受热面发热率

锅炉受热面是指锅内的汽水等介质与烟气进行热交换的受压部件的传热面积，一般用烟气侧的金属表面积来计算受热面积，单位为“m^2”。

每平方米受热面每小时所产生的蒸汽量，称为锅炉受热面蒸发率，单位是“kg/ (m^2·h)”。

热水锅炉每小时每平方米受热面所产生的热量称为受热面的发热率，单位是“kJ/ (m^2·h)”。

锅炉受热面蒸发率或发热率是反映锅炉工作强度的指标，其数值越大，表示传热效果越好，锅炉所耗金属量越少。

一般工业锅炉的受热面蒸发率＜40kg/ (m^2·h)；热水锅炉的受热面发热率＜83700kJ/ (m^2·h)。

(4) 锅炉热效率

锅炉热效率是指锅炉有效利用热量与单位时间内锅炉的输入热量的百分比，也称为锅炉效率，用符号 η 表示，它是表明锅炉热经济性的指标，一般工业燃煤锅炉热效率在 60%～82%左右。

有时为了概略衡量蒸汽锅炉的热经济性，还常用煤水比或煤汽比来表示，即锅炉在单位时间内的耗煤量和该段时间内产汽量之比。煤水比的大小与锅炉形式、煤质及运行管理质量等因素有关。工业锅炉的煤水比一般为 1:6～1:7.5。

9. 锅炉的规格与型号

每台锅炉都用一个规定型号来表示，我国工业锅炉产品型号由三部分组成，各部分之间用短横线相连，表示方法如下：

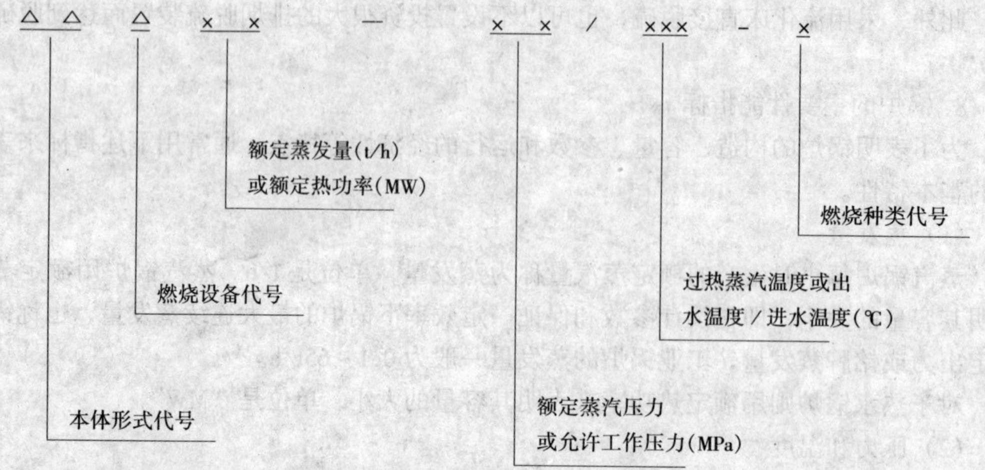

型号的第一部分分为三段：第一段用两个汉语拼音字母表示锅炉本体形式，形式代号见表1-3-9；第二段用一个汉语拼音字母表示锅炉的燃烧方式（废热锅炉无燃烧方式代号），燃烧方式代号见表1-3-10；第三段用阿拉伯数字表示蒸汽锅炉的额定蒸发量（t/h）或热水锅炉的额定热功率（MW），废热锅炉则以受热面（m^2）表示。

型号的第二部分表示介质参数。共分两段，中间用斜线分开。第一段用阿拉伯数字表示额定蒸汽压力或允许工作压力（MPa）；第二段用阿拉伯数字表示过热蒸汽温度或热水锅炉的出水温度/进水温度。对生产饱和蒸汽的锅炉，则无斜线和第二段。

锅炉形式的代号 **表1-3-9**

锅炉总体形式	代号	锅炉总体形式	代号
立式水管	LS（立、水）	单锅筒纵置式	DZ（单、纵）
立式火管	LH（立、火）	单锅筒横置式	DH（单、横）
卧式外燃	WW（卧、外）	双锅筒纵置式	SZ（双、纵）
卧式内燃	WN（卧、内）	双锅筒横置式	SH（双、横）
单锅筒立式	DL（单、立）	纵横锅筒式	ZH（纵、横）
		强制循环式	QX（强、循）

燃烧设备代号 **表1-3-10**

燃烧方式	代号	燃烧方式	代号
固定炉排	G（固）	抛煤机	P（抛）
固定双层炉排	C（层）	沸腾炉	F（沸）
活动手摇炉排	H（活）	室燃炉	S（室）
链条炉排	L（链）	振动炉排	Z（振）
往复推动炉排	W（往）	下饲炉排	A（下）

型号的第三部分表示燃烧种类。以汉语拼音字母表示燃料种类，同时以罗马数字代表

燃料分类与其并列，见表1-3-11。如同时使用几种燃料，主要燃烧代号放在前面。

燃烧种类代号 表1-3-11

燃料种类	代号	燃料种类	代号	燃料种类	代号
Ⅰ类劣质煤	LⅠ	Ⅲ类烟煤	AⅢ	柴油	YC
Ⅱ类劣质煤	LⅡ	褐煤	H	重油	YZ
Ⅰ类无烟煤	WⅠ	贫煤	P	液化石油气	QY
Ⅱ类无烟煤	WⅡ	型煤	X	天然气	QT
Ⅲ类无烟煤	WⅢ	木柴	M	焦炉煤气	QJ
Ⅰ类烟煤	AⅠ	稻壳	D	油页岩	YM
Ⅱ类烟煤	AⅡ	甘蔗渣	G	其他燃料	T

例如，型号为SHL10－1.25/350－AⅡ型的锅炉，表示为双锅筒横置式锅炉，采用链条炉排，蒸发量为10t/h，额定工作压力为1.25MPa，出口过热蒸汽温度为350℃，燃用二类烟煤。

又如型号为DZW1.4－0.7/95/70－AⅡ型的锅炉，表示为单锅筒纵置式，往复推动炉排炉，额定热功率为1.4MW，允许工作压力为0.7MPa，出水温度为95℃，进水温度为70℃，燃用Ⅱ类烟煤的热水锅炉。

(二）刷油、绝热、防腐蚀工程简介

1.除锈工程

(1）锈蚀的分类

金属表面锈蚀分为四个等级。等级标准见表1-3-12。

金属表面锈蚀标准 表1-3-12

类　别	锈 蚀 情 况
微　锈	氧化皮完全紧附，仅有少量锈点
轻　锈	部分氧化皮开始破裂脱落，红锈开始发生
中　锈	氧化皮部分破裂脱落，呈堆粉末状，除锈后用肉眼见到腐蚀小凹点
重　锈	氧化皮大部分脱落，呈片状锈层或凸起的锈斑，脱锈后出现麻点或麻坑

(2）除锈方法

1）人工除锈。人工除锈是用废旧砂轮片、砂布、铲刀、钢丝刷、手锤等简单工具，以磨、敲、铲、刷等方法将金属表面的氧化物及铁锈等除掉。一般是用在刷防锈漆和调合漆的设备。管道和钢结构的表面除锈和无法使用机械除锈的场合进行弥补除锈。

2）半机械除锈。半机械除锈是指人工使用风（电）砂轮、风（电）钢丝刷轮等机械进行除锈，适用于小面积或不易使用机械除锈的场合。半机械除锈的质量和效率比人工除锈要高。

3）机械除锈。机械除锈是利用各种除锈机械的机械力去冲击、摩擦、敲打金属表面，达到去除金属表面的氧化物、铁锈及其他污物的目的。适用于对金属处理要求较高的大面积除锈工作。

机械除锈可分为干法喷砂除锈、湿法喷砂除锈、高压水除锈和射流控制真空喷丸除锈等。

4）化学除锈。化学除锈又称为酸洗除锈，它是利用一定浓度的无机酸水溶液对金属表面起溶蚀作用，以达到去除表面氧化物及油污的目的。化学除锈通常用于形状复杂的设备或零部件的除锈。

（3）金属表面处理的质量等级和处理方法

金属表面处理的质量等级分四个级别，其中每个等级要求达到的标准见表1-3-13。

为达到以上四个等级的质量标准，允许用以下的方法进行处理：

1）一级标准必须采用喷砂法、机械处理法。

2）二级标准应采用喷砂法、机械处理法或化学处理法。

3）三级标准可采用人工、机械处理或喷砂法。

采用人工或机械处理法处理时，应尽可能避免使金属表面受损，不得使用能使其变形的工具或手段。

4）四级标准可采用人工处理。

除锈等级标准表 **表1-3-13**

级　别	标　准
一　级	彻底除掉金属表面上的油脂、氧化皮、锈蚀产物等一切杂物，表面无任何可见残留物，呈现均一的金属本色，并有一定的粗糙度
二　级	完全除去金属表面上的油脂、氧化皮、锈蚀产物等一切杂物。残存的锈斑，氧化皮等引起轻微变色的面积在任何100mm×100mm面积上不得超过5%
三　级	完全除去金属表面上的油脂、疏松氧化皮、浮锈等杂物。紧附的氧化皮、点蚀锈坑或旧漆等斑点残留物的面积在任何100mm×100mm的面积上不得超过1/3
四　级	除去金属表面上的油脂、铁锈、氧化皮等杂物。允许有紧附的氧化皮、锈蚀产物或旧漆存在

2. 刷油工程

（1）刷油的作用

刷油的作用主要是保护和色彩标志。

1）保护作用。油漆在母体的表面形成一层薄膜，将母体与空气、水分、日光及外界的腐蚀性物质（包括化学药品、有机溶剂、矿物油等）隔绝起来，使它不受侵蚀，延长使用寿命。有的油漆如磷化底漆，对金属能起缓蚀作用；还有的油漆如富锌底漆，对金属能起电化学保护作用。

2）色彩标志。各种管道、设备涂上各色油漆作为标志，便于操作人员识别和操作。

（2）油漆的组成、分类和编号

1）油漆的组成。油漆是一种混合剂，主要由不挥发份和挥发份两部分组成。油漆涂到物体表面后，其挥发份逐渐挥发逸出，余下不挥发部分干结成膜。

不挥发份（成膜物质）也称油漆的固体份。它又可分为主要、次要及辅助成膜物质三种。主要成膜物质可以单独成膜，也可以粘接颜料等物质共同成膜，所以也称胶粘剂。

胶粘剂有油料和树脂两类。油料一般多用干性油，如桐油、亚麻仁油等；树脂有松香、生胶、醇酸树脂、酚醛树脂等。

颜料基本上分着色颜料、防锈颜料和体质颜料（又称填充料）三类。着色颜料主要是使油漆有色彩并增加涂膜厚度，提高涂膜的耐久性，常用锌白、炭黑、锑红、锌黄等。防锈颜料使涂料具有防锈能力，常用红丹粉、铅粉、氧化铁红等。体质颜料使涂膜增加厚度，提高耐磨和耐久性能，常用硫酸钡、大白粉、滑石粉等。

挥发份（稀释剂）用以溶解或稀释涂料，改变涂料的稠度，使之便于施工。稀释剂应具有溶解成膜物质的能力，所以各类油漆要用相应的稀释剂来稀释，如果用错，就有可能发生沉淀、析出、失光和施工困难等弊病。常用的稀释剂有松香水、酒精、二甲苯、丙酮以及各种混合溶剂。

油漆中不加颜料的透明体称为清漆，加有颜料的不透明体称色漆（瓷漆、调合漆、底漆等），干性油内加大量着色、体质颜料成稠厚浆状体的称为厚漆。

油漆的组成中没有挥发性稀释剂的称为无溶剂漆，而呈粉末状的则称为粉末涂料。以一般有机溶剂作稀释剂的称为溶剂型漆，以水作稀释剂的则称为水性漆。

2）油漆的分类。

油漆常用的分类方法有：按使用对象分类，按施工方法分类，按作用分类，按是否含有颜料分类，按漆膜的外观分类，按成膜物质分类等。见表1-3-14和表1-3-15。后一种分类法是目前最广泛的一种分类方法。我国就是采用的这种分类方法。

油 漆 分 类 表　　**表1-3-14**

序号	代号	发音	名称	序号	代号	发音	名称
1	Y	衣	油脂	10	X	希	乙烯树脂
2	T	特	天然树脂	11	B	波	丙烯酸树脂
3	F	佛	酚醛树脂	12	Z	资	聚酯树脂
4	L	肋	沥青	13	H	喝	环氧树脂
5	C	雌	醇酸树脂	14	S	思	聚氨酯
6	A	啊	氨基树脂	15	W	吴	元素有机聚合物
7	Q	欺	硝酸纤维	16	J	移	橡胶类
8	M	模	纤维脂及醚	17	E	额	其他
9	G	哥	过氯乙烯树脂	18			辅助材料

辅助材料按用途分类表　　**表1-3-15**

序号	代号	发音	名称	序号	代号	发音	名称
1	X	希	稀释剂	4	T	特	脱漆剂
2	F	佛	防潮剂	5	H	喝	固化剂
3	G	哥	催干剂				

3）油漆命名。

油漆全名＝颜料或颜色名称＋成膜物质名称＋基本名称。例如：红醇酸磁漆，锌黄酚醛防锈漆等。

对于某些有专业用途和特性的产品，必要时在成膜物质后面加以阐明。例如：醇酸导电磁漆，白硝基外用磁漆等。

4）油漆的编号。油漆编号分为油漆和辅助材料两种型号。

油漆符号分三个部分，第一部分是成膜物质，用汉语拼音字母表示（见表1-3-14）；

第二部分是基本名称，用二位数字表示（见表 1-3-16）；第三部分是序号，以表示同类品种间的组成、配合比和用途的不同。

油漆基本名称编号 **表 1-3-16**

代 号	代表名称	代 号	代表名称	代 号	代表名称	代 号	代表名称
00	油漆	20	铅笔漆	42	甲板漆 甲板防滑漆	65	粉末涂料
01	清漆	22	木器漆	43	船壳漆	66	感光涂料
02	厚漆	23	罐头漆（浸渍）	44	船底漆	80	地板漆
03	调和漆	30	绝缘漆（覆盖）	50	耐酸漆	81	渔网漆
04	磁漆	31	绝缘漆（磁烘）	51	耐碱漆	82	锅炉漆
05	烘漆	32	绝缘漆（粘合）	52	防腐漆	83	烟囱漆
06	底漆	33	绝缘漆	53	防锈漆	84	黑板漆
07	腻子	34	漆包线漆	54	耐油漆	85	调合漆
08	水溶漆 乳胶漆	35	硅钢片漆	55	耐水漆	86	标志漆 路线漆
09	大 漆	36	电容器漆	60	防火漆	98	胶 液
10	锤纹漆	37	电阻漆 电位器漆	61	耐热漆	99	其 他
11	皱纹漆	38	半导体漆	62	变色漆		
12	裂纹漆	40	防污漆 防蛆漆	63	涂布漆		
14	透明漆	41	水线漆	64	可剥漆		

【例】

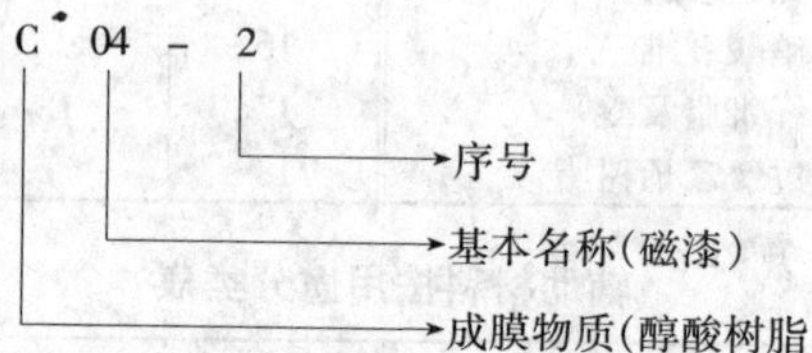

辅助材料型号分两部分，第一部分是辅助材料种类；第二部分是序号。

【例】

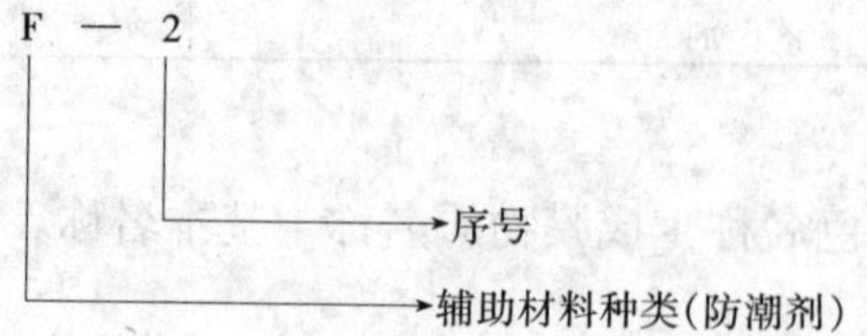

（3）油漆的选用

正确地选用油漆，对被涂物的漆膜质量和使用寿命有重要关系。选用油漆一般应考虑：

1）油漆的使用范围和环境条件。选用油漆应首先明确油漆的使用范围和环境条件。

例如，室外钢结构用漆，主要是防止钢铁锈蚀和良好的户外耐久性能；而室内的建筑用漆就要色彩柔和。

2）被涂物的材质。同一种油漆对于不同材质的被涂物有不同的效果。例如，适用于钢铁表面的油性防锈油漆，若应用在中和处理的新混凝土表面时，由于混凝土中所含的碱性物质使油漆起皂化反应，会使涂层很快脱落。

3）油漆的配套性。油漆的配套性是指采用底漆、腻子、面漆和罩光漆做复合漆层时，要注意底漆适应何种面漆（即底漆与面漆的附着力及不被面漆咬起等），底漆与腻子、腻子与面漆，面漆与罩光漆彼此之间的附着力如何。否则，将可能造成油漆的分层、析出、脱漆等质量事故。

4）经济效果。选择油漆品种时，既要考虑施工费用的高低，也要考虑涂层的使用期限，将当前利益与长远利益结合起来。应尽量选用便于施工、价格合理、使用寿命长的油漆。

(4）油漆的施工

油漆与物体表面的结合，主要是机械性的粘合和附着，漆膜的破坏绝大部分表现为剥落和脱层。因此，油漆的施工一方面要重视被涂物件表面即底漆的处理，另一方面则要根据不同品种油漆的性能和被涂材料及其形状，选择适当的施工方法。

常用的施工方法有刷涂、喷涂、淋涂和浸涂等，其中以刷涂应用最普遍。金属表面的刷涂操作工序主要是底层除锈、刷涂防锈漆和面漆等。

3. 绝热工程

所谓绝热工程，是指在生产过程中，为了保持正常生产的最佳温度范围和减少热载体（如过热蒸汽、饱和水蒸水、热水和烟气等）和冷载体（如液氨、液氮、冷冻盐水和低温水等）在输送、贮存和使用过程中热量和冷量的散失浪费，提高热、冷效率，降低能源消耗和产品成本，因而对设备和管道所采取的保温和保冷措施，称之为绝热工程。绝热工程按用途可以分为保温、加热保温和保冷三种。

(1）绝热的目的

1）减少热损失，节约热量。当设备和管道内的介质温度高于周围空气温度时，热量将经过金属壁传到周围空气中去，造成热量损失。经过设备和管道进行合理保温后，热量损失可以减少 80%～90%，从而可以节约大量的燃料。

2）改善劳动条件，保证操作人员安全。对车间内部的高温设备和管道进行保温，可以使设备和管道的表面温度降低，使环境温度不致太高，从而可以改善劳动条件，起到防暑、降温作用。

对于温度高于 65℃的设备和管道，从生产工艺上虽不需要保温，但为保证操作人员安全，需在人经常走动可能触及的范围内作防烫保护性保温。

3）防止设备和管道内液体冻结。在寒冷的季节，高凝固点物质在设备、管道内流动不快或停储时间较长时，将产生冻结、堵塞，通常采用加热保护性保温。

室外或没有采暖房间内的设备、管道、水箱等，如果是间歇性工作也有冻结的可能，也需要加热性保温。

4）防止设备或管道外表面结露。当设备和管道外表面温度低于或等于周围空气的露点温度时，就会产生结露。表面结露，使凝结水往下滴，这样一来，不仅影响了环境卫生，同时也影响生产及产品质量。如果有腐蚀性气体，还会使管道、设备被腐蚀。

为了防止结露，就需要进行保温，使保温后的外表面温度高于周围空气的露点温度。

5）防止介质在输送中温度降低。在化工工业生产过程中，有的化学反应是在管道或设备中进行，有的是要求在输送中不能发生结晶或凝固，其中温度是一个很重要的参数，如果温度降低，就会使化学反应减慢，发生结晶或凝固，造成堵塞。为了防止或减少温度下降，就必须进行保温。对于那些高凝固点、高黏度的油品或容易结晶的化工物料，还需要进行加热保温（如加伴热管等）。

6）防止火灾。为了防止在高温管道、设备附近的可燃和易燃、易爆物品以及木结构的建筑物等引起火灾，就需要对管道和设备进行保温，使之表面温度降到十分安全的状态。

7）提高耐火绝缘。为了保证在发生火灾时管道和设备不被烧毁，需要用保温的方法提高耐火等级。

8）防止蒸发损失。高温和低温贮槽在室外露天安装，化工物料管道在室外架空敷设时，由于太阳辐射热引起升温，使贮槽、管道内介质蒸发，造成浪费。如果在贮槽或管道外进行保温，就可以防止或减少蒸发。

9）防止气体冷凝。有些气体在输送过程中，由于温度的降低，使气体冷凝成液体，有的液体还对管道或设备产生腐蚀，为了减少热损失防止冷凝，也需要进行保温。

（2）绝热材料

1）绝热材料的分类。绝热材料一般是轻质、疏松、多孔的纤维状材料。按其成分不同，可分为有机材料和无机材料两大类。

热力设备及管道保温用的材料多为无机绝热材料，此类材料具有不腐烂、不燃烧、耐高温等特点。例如石棉、硅藻土、珍珠岩、玻璃纤维、泡沫混凝土、硅酸钙等。

低温保冷工程多用有机绝热材料，此类材料具有容重轻、导热系数小、原料来源广、不耐高温、吸湿时易腐烂等特点。例如软木、聚苯乙烯泡沫塑料、聚氨基甲酸酯、牛毛毡、羊毛毡等。

按照绝热材料使用温度限度又可分为高温用、中温用和低温用绝热材料三种。

高温用绝热材料使用温度可在700℃以上。这类纤维质材料有硅酸铝纤维、硅纤维等；多孔质材料有硅藻土、蛭石加石棉、耐热胶粘剂等制品。

中温用绝热材料，使用温度在100~700℃之间。中温用纤维质材料有石棉、矿渣棉、玻璃纤维等；多孔质材料有硅酸钙、膨胀珍珠岩、蛭石、泡沫混凝土等。

低温用绝热材料，使用温度在100℃以下的保冷工程中。

绝热材料按照其形状不同可分为松散粉末、纤维状、粒状、瓦状、砖等几种。

按照施工方法不同可分为湿抹式绝热材料、填充式绝热材料、绑扎式绝热材料、包裹及缠绕式绝热材料。

湿抹式即将石棉、石棉硅藻土等保温材料加水调合成胶泥涂抹在热力设备及管道的外表面上。

填充式是在设备或管道外面做成罩子，其内部填充绝热材料，如填充矿渣棉、玻璃棉等。

绑扎式是将一些预制保温板或管壳放在设备或管道外面，然后用钢丝绑扎，外面再涂保护层材料。属于这类的材料有石棉制品、膨胀珍珠岩制品、膨胀蛭石制品、硅酸钙制品等。

包裹及缠绕式即把绝热材料做成毡状或绳状，直接包裹或缠绕在被绝缘的物体上。属于这类材料有矿渣棉毡、玻璃棉毡以及石棉绳、稻草绳等材料。

2）对绝热材料的要求。选用绝热材料时，应满足下列要求：

①导热系数小。只有导热系数小的材料才能作为绝热材料，导热系数越小，则绝热效果越好。

②密度小。富于多孔性的绝热材料的密度小。一般绝热材料的密度应低于 600kg/m^3。选用密度小的绝热材料，对于架空敷设的管道可以减轻支承构架的荷载，节约工程费用。

③具有一定的机械强度。绝热材料的抗压强度不应小于 0.3MPa。只有这样才能保证绝热材料及制品在本身自重及外力作用下不产生变形或破坏，才能更好地满足使用及施工要求。

④吸水率小。绝热材料吸水后，其结构中各气孔内的空气被水排挤出去，由于水的导热系数比空气的导热系数大 24 倍，因此吸水后的绝热材料的绝热性能变坏。所以在选用绝热材料时应当注意。

⑤不易燃烧且耐高温。绝热材料在高温作用下，不应改变其性能甚至于着火燃烧，尤其对于温度较高的过热蒸汽管道保温时，要选用耐高温的绝热材料。

⑥施工方便和价格低廉。为了满足绝热工程施工方便的要求，尽可能选用各种绝热材料制品，如保温板、管壳及毛毡等，并尽可能做到就地取材和就近取材，以减少运输过程中的损坏和运输费用，从而节约投资。

(3) 绝热结构

绝热结构是由绝热层和保护层两部分组成的。在室内，为了区别不同的管道、设备，在保护层的外面再刷一层着色漆。绝热结构直接关系到绝热效果、投资费用、使用年限以及外表面整齐美观等问题。因此，对绝热结构的要求如下：

1）保证热损失不超过标准热损失。当已知被绝热物体及内部介质温度时，它的热损失主要取决于绝热材料的导热系数，导热系数越小，绝热层就越薄，反之绝热层就越厚。在标准热损失的范围内，绝热层越薄越好。

2）绝热结构应有足够的机械强度。绝热结构必须有足够的机械强度，要在自重的作用下或偶尔受到外力冲击时不致脱落下来，根据被绝热物体所处的场合不同，对于绝热结构的机械强度要求也有所不同。

3）要有良好的保护层。无论采用哪种绝热结构、敷在哪里，都必须有良好的保护层，使外部的水蒸汽、雨水以及潮湿泥土中水分都不能进入绝热材料内。

4）绝热结构不能使管道和设备受到腐蚀。要使产生腐蚀的物质在绝热材料中的含量尽量减少。

5）绝热结构要简单，尽量减少材料消耗量。在满足要求条件下越简单越好。同时还要减少绝热材料和辅助材料的消耗量，更要减少金属材料的消耗量。

6）绝热结构所需要的材料应就地取材。为了降低投资，在满足保温的前提下，尽量就地取材选用廉价的绝热材料。

7）绝热材料所产生的应力不要传到管道或设备上。由于管道和设备与绝热结构的热膨胀系数不同，将产生不同的伸长量，如果在结构上处理不好，就会影响管道或设备的自由伸缩，或使绝热结构所产生的应力作用在管道或设备上。尤其是间歇运行系统，温差变化较大，在考虑绝热结构时必须注意这个问题。

8）绝热结构应当施工简便，维护检修方便。

9）决定绝热结构时要考虑管道或设备震动情况。在管道弯曲部分，方形伸缩器以及管道与泵或其他转动设备相连接时，由于管道伸缩以及泵或设备产生震动，传到管道上来，绝热结构如果不牢固，时间一长就会产生裂缝以致脱落。在这种情况下，最好采用毡材或绳状材料。

10）绝热结构外表应整齐美观。绝热结构外表应当整洁光滑，尤其是布置在室内的管道，应当与周围的环境协调起来，不应影响室内美观。

(4) 保护层

1）使用保护层的目的。

①使用保护层，能延长绝热结构的使用寿命。不论绝热材料质量多好，强度多高，都有可能在内力或外力作用下遭到破坏，为了避免破坏和延长使用寿命，在绝热层的外面做保护层是十分必要的。

②防止雨水及潮湿空气的侵蚀。敷设在室外的架空管道或敷设在高湿的室内管道，保温层都会遭到雨淋或受潮。绝热材料吸收水分之后，就会降低绝热性能，为此必须做保护层来防护。

③使用保护层可以使保温外表面平整、美观。

④便于涂刷各种色漆。为了识别管道、设备内部介质的种类，往往在外表面涂刷各种色漆。做了保护层以后，便于涂刷各种色漆。

2）保护层的分类。根据保护层所用的材料不同、施工方法不同可以分为以下三类：

①涂抹式保护层。属于这类的保护层有沥青胶泥、石棉水泥砂浆等，其中石棉水泥砂浆是最常用的一种。

②金属保护层。属于这类的保护层有普通薄钢板（黑铁皮）、镀锌薄钢板、铅皮、聚氯乙烯复合钢板、不锈钢板等。

③毡、布类保护层。属于这类的保护层有油毡、玻璃布、塑料布、白布、帆布等。

3）对保护层的要求：要有良好的防水作用；不易燃烧，化学稳定；耐压强度高；在温度变化或振动的情况下不易开裂；密度轻，导热系数小；结构简单，施工方便；使用寿命长，投资省。

(5) 防腐蚀工程

在石油化工生产中，许多介质含有酸、碱、盐及其他腐蚀性成份。防腐蚀工程是为避免设备和管道腐蚀损失、减少使用昂贵的合金钢，杜绝生产中的跑冒滴漏和保证设备连续运转及安全生产的重要手段。

1）防腐蚀涂料。防腐蚀涂料分为油漆厂生产的定型产品和在施工现场配制两种。油漆厂生产的涂料有：酚醛树脂漆、聚氨酯漆、氯磺化聚乙烯漆、过氯乙烯漆和 KJ－130 涂料等；现场配制的涂料有：生漆、环氧和酚醛树脂漆，冷固环氧树脂漆，环氧呋喃树脂漆，酚醛树脂漆，无机富锌漆和环氧银粉漆等。

2）玻璃钢衬里。玻璃钢又名玻璃纤缝增强塑料，它是以合成树脂为主材掺入固化剂、稀释剂、增韧剂、耐酸粉料配制成的胶液作为胶粘剂，以玻璃纤维毡、布、带等制品为增强材料所制成的一种防腐蚀材料。

玻璃钢是一种非金属防腐蚀材料，被广泛应用于碳钢设备的衬里和塑料管加强。

3）橡胶板及塑料板衬里。橡胶板及塑料板衬里，是把耐腐蚀橡胶板及塑料板贴衬在碳钢设备或管道的内表面，使衬里后的设备、管道具有良好的耐酸、碱、盐腐蚀能力和具有较高机械强度的衬里层。

耐腐蚀橡皮板具有优良的性能，除强氧化剂（如硝酸、浓硫酸、铬酸及过氧化氢等）及某些溶剂（如苯、二硫化碳、四氯化碳等）外，能耐大多数无机酸、有机酸、碱、各种盐类及醇类介质的腐蚀。因而在石油、化工生产装置中常被用于碳钢设备、管道的衬里。

塑料是一种具有优良耐腐蚀性能、有一定机械强度和耐温性能的材料。在石油、化工生产装置中应用较多的有聚氯乙烯塑料板衬里和聚合异丁烯板衬里。

4）衬铅及搪铅。铅能耐浓度95%以下浓硫酸、60%以下醋酸、48%以下氢氟酸和铬酸的腐蚀。浓硫酸贮罐一般都是用衬铅措施来防止浓硫酸对碳钢设备的腐蚀。

衬铅及搪铅是两种覆盖铅层的方法。衬铅的施工方法比较简单，生产周期短，成本低，适用在立面、静荷载和正压情况下工作；搪铅与设备器壁之间结合均匀牢固，没有间隙，传热性能好，适用于负压、回转运动或震动情况下工作。

5）喷镀。金属喷镀中有喷铝、喷钢、喷铜等。喷镀工艺有粉末喷镀法和金属丝喷镀法，金属丝喷镀法又分电喷镀和气喷镀两种。常用的是金属丝喷镀法。

在有润滑剂的情况下，喷镀层金属同原金属相比有较好的耐磨性，磨擦系数要低于5%～10%。

在碳钢设备上喷镀铝、锌等能有效地防止某些腐蚀性介质（如工业废水、海水、大气、弱酸、碱、盐等）的腐蚀和高温氧化。

金属喷镀还可以应用于修复由于磨蚀、铸造缺陷或由于机械加工错误而报废的物件。

6）耐酸砖、板衬里。耐酸砖、板衬里是采用耐腐蚀胶泥将耐酸砖、板贴衬在金属设备内表面，形成较厚的防腐蚀保护层。其耐腐蚀性、耐磨性和耐热性等方面效果较好，并有一定的抗冲击性能。因此，作为一种传统的防腐蚀技术被广泛应用于各类塔器、贮罐、反应釜的衬里。

（三）名词术语解释

1. 锅炉：利用燃料燃烧释放的热能或其他热能加热给水或其他工质，以获得规定参数（温度、压力）和品质的蒸汽、热水或其他工质的设备。

2. 锅炉机组：锅炉机组包括：锅炉本体、锅炉范围内管道，烟、风和燃料的管道及其附属设备，测量仪表和其他锅炉附属机械等。

3. 固定式锅炉：安装于固定基础上不可移动的锅炉。

4. 蒸汽锅炉：用以产生蒸汽的锅炉。

5. 电站锅炉：蒸汽主要用于发电的锅炉。

6. 工业锅炉：蒸汽主要用于工业生产和采暖的锅炉。

注：按GB1921—88工业蒸汽锅炉参数系列，工业锅炉出口蒸汽压力最大为25表大气压（2.45MPa，表压），最大连续蒸发量最大为60t/h。

7. 热水锅炉：用以产生热水的锅炉。

注：出水温度 130℃及以上的热水锅炉称为高温热水锅炉。

8. 室内锅炉：布置在锅炉房内的锅炉。

9. 露天锅炉：布置在露天的锅炉。

10. 快装锅炉：按照运输条件所允许的范围，在制造厂完成总装整台发运的锅炉。

11. 组装锅炉：在制造厂内将整台锅炉分成几个装配齐全的大件，运到工地后可将诸大件方便地组合而成的锅炉。

12. 散装锅炉：安装工作主要在工地进行的锅炉。

13. 高压锅炉：出口蒸汽压力为 80～110 表大气压（7.84～10.8MPa，表压）锅炉。

注：按我国电站锅炉现行的蒸汽参数系列，高压锅炉出口蒸汽压力规定为 100 表大气压（9.81MPa）。

14. 中压锅炉：出口蒸汽压力 30～50 表大气压（2.94～4.90MPa，表压）的锅炉。

注：按我国电站锅炉现行的蒸汽参数系列，中压锅炉出口蒸汽压力规定为 39 表大气压（3.83MPa，表压）。

15. 低压锅炉：出口蒸汽压力不大于 25 表大气压（2.45MPa，表压）的锅炉。

16. 自然循环锅炉：工质依靠下降管中的水与上升管中汽水混合物之间的密度差进行循环的锅炉。

17. 固体燃料锅炉：燃用固体燃料（煤、油页岩、甘蔗渣、木柴和固体废料等）的锅炉。

18. 液体燃料锅炉：燃用液体燃料（燃料油、工业废液和碱液等）的锅炉。

19. 燃煤锅炉：以煤为燃料的锅炉。

20. 余热锅炉、废热锅炉：利用各种废气、废料或废液中显热或（和）可燃物质的锅炉。

21. 水管锅炉：烟气在受热面管子外部流动，工质在管子内部流动的锅炉。

22. 横锅筒锅炉、横汽包锅炉：锅筒纵向轴线与锅炉前后轴线垂直的锅炉。

23. 纵锅筒锅炉、纵汽包锅炉：锅筒纵向轴线与锅炉前后轴线平行的锅炉。

24. 锅壳锅炉：蒸发受热面主要布置在锅壳内的锅炉，包括卧式锅壳锅炉、立式锅炉和固定机车锅炉。曾称：火管锅炉。

25. 卧式锅壳锅炉：锅壳纵向轴线平行于地面的锅炉，燃料在炉胆或外置式炉膛中燃烧后流入烟管。

26. 立式锅炉：锅壳纵向轴线垂直于地面的锅炉。

27. 额定蒸发量：蒸汽锅炉在额定蒸汽参数、额定给水温度、使用设计燃料并保证效率时所规定的蒸发量。

28. 额定供热量：热水锅炉在额定回水温度、额定回水压力和额定循环水量长期连续运行时应予保证的最大供热量。

29. 额定蒸汽参数：额定蒸汽压力和额定蒸汽温度合称为蒸汽参数。

30. 额定蒸汽压力：蒸汽锅炉在规定的给水压力的负荷范围内长期连续运行时应予保证的出口蒸汽压力。

31. 额定蒸汽温度：蒸汽锅炉在规定的负荷范围、额定蒸汽压力和额定给水温度下长期连续运行所必须保证的出口蒸汽温度。

32. 热水温度：热水锅炉在额定回水温度、额定回水压力和额定循环水量长期连续运行时应予保证的出口热水温度。

33. 给水温度：蒸汽锅炉进口处给水温度。

注：额定给水温度为在规定负荷范围内应予保证的给水温度。

34. 回水温度：供热系统中循环水在锅炉进口处的温度。

35. 给水：符合一定质量要求并用给水装置送入锅炉的水。

36. 凝结水：热力系统中蒸汽经冷凝而成的水。

37. 补给水：热力系统中，用各种汽水损失或因无生产回水而从系统外部补充的给水。

38. 锅水、炉水：锅炉循环回路中的水。

39. 火床：炉排上的燃料层。

40. 烟气露点：烟气中含有硫酸酐的水蒸气开始凝结时的温度。

41. 水循环：依靠水和汽水混合物的密度差或循环泵的压头使锅水在循环回路中循环流动的现象。

42. 汽水分离：利用各种分离原理（离心力分离、惯性力分离、重力分离和水膜分离等）分离汽水混合物并使饱和蒸汽达到一定干度的过程。

43. 压力燃烧：炉膛出口烟气静压大于大气压力的燃烧方式。

44. 负压燃烧：炉膛出口烟气静压大于大气压力的燃烧方式。

45. 火床燃烧：固体燃料以一定厚度分布在炉排上进行燃烧的方式。

46. 火室燃烧、悬浮燃烧：燃料以粉状、雾状或气态随同空气喷入炉膛中进行燃烧的方式。

47. 自然通风：依靠自生通风压头克服烟风道阻力的通风方式。

48. 机械通风：依靠机械方法所产生的压头克服烟风道阻力的通风方式。

49. 锅炉本体：由锅筒、受热面及其间的连续管道（包括烟道和风道）、燃烧设备、构架（包括平台和扶梯）炉墙和除渣设备所组成的整体。

50. 受热面：从放热介质中吸收热量并传递给受热介质的表面。

51. 辐射受热面：主要以辐射换热方式从放热介质吸收热量的受热面。

52. 对流受热面：主要以对流换热方式从放热介质吸收热量的受热面。

53. 受压部件：承受内部或外部介质压力作用的部件。

54. 受压元件：承受内部或外部介质压力作用的零件。

55. 封头：锅筒或锅壳的封口部分。

56. 集箱、联箱：用以汇集或分配多根管子中工质的筒形压力容器。

57. 管束：由同一进口集箱和出口集箱（或锅筒）之间并联管子所组成的束状对流受热面。

58. 烟道：用以引导烟气或布置受热面的通道。

59. 风道：输送空气的通道。

60. 折焰角：后墙在炉膛出口处向内延伸所形成的凸出部分，用以改善炉内气流分布。

61. 设计压力：受压部件或受压元件强度计算时所规定的计算压力。

62. 燃烧消耗量：单位时间内锅炉所消耗的燃料量。

63. 计算燃料消耗量：扣除固体未完全燃烧热损失后的燃料消耗量。

64. 排污量：连续排污的排污水流量。

注：一般用排污时锅炉蒸发量的百分数即排污率表示。

65. 理论空气量：燃料燃烧计算中每公斤或每标准立方米燃料完全燃烧所需要的空气量。

66. 过量空气系数：燃料燃烧时实际供给的空气量与理论空气量之比。

67. 热风温度：空气预热器出口的空气温度。

68. 排烟温度：锅炉最末级受热面出口处的平均烟气温度。

69. 炉膛出口烟气温度：炉膛出口截面上的平均烟气温度。

70. 炉膛容积：炉膛边界范围以内的容积。

71. 炉膛容积热负荷：每小时送入炉膛单位容积中的平均热量（以燃料应用基低位发热量计算）。

72. 炉排（面积）热负荷：每小时送往炉排单位面积上的平均热量（以燃料应用基低位发热量计算）。

73. 炉膛：进行燃烧和传热的空间。

74. 炉排：火床燃烧时，承载固体燃料并从其下部送入一次风进行燃烧的装置。

75. 链条炉排：连续加入燃料和排出灰渣，具有不断移动闭合炉排面的炉排。

76. 振动炉排：以振动方式周期地加入燃料和排出灰渣的炉排。

77. 往复炉排：以往复运动方式周期地加入燃料和排出灰渣的炉排。

78. 抛煤机：用机械或（和）风力将燃料连续地播散到炉排上使其燃烧的装置。

79. 锅筒、汽包：水管锅炉中用以进行蒸汽净化，组成水循环回路和蓄水的筒形压力容器。上锅筒，既有汽空间又有水空间；下锅筒，只有水空间。

80. 锅壳：作为锅壳锅炉汽水空间外壳的筒形压力容器。

81. 锅筒内部装置、汽包内部装置：布置在锅筒内部用以进行给水分配、蒸汽净化以及加药和排污的装置。

82. 蒸发受热面：主要用于使工质汽化的受热面。

83. 水冷壁：布置在炉膛内壁上主要用水冷却的受热面。

84. 防焦箱：装设在炉排两侧炉墙内壁上防止炉墙粘附熔渣的水冷集箱。

85. 锅炉管束：用作对流蒸发受热面的管束。

86. 防渣管：布置在炉膛出口具有较大节距的对流蒸发受热面。

87. 烟管、火管：烟气在管内冲刷的蒸发受热面。

88. 过热器：将饱和温度或高于饱和温度的蒸汽加热到规定过热温度的受热面。

89. 省煤器：利用低温烟气加热给水的对流受热面。

90. 铸铁省煤器：由铸铁肋片管所组成的省煤器。

91. 空气预热器：利用低温烟气加热空气的对流受热面。

92. 管式空气预热器：烟气和空气分别在管内外流动的空气预热器。

93. 锅炉构架：支承锅炉各部件并保持其相对位置的构架。

94. 锅炉汽水系统：由受热面和锅炉范围内管道所组成的汽—水流程系统。

95. 锅炉范围内管道：规定接口范围内锅炉汽水管道的总称，包括水、蒸汽、减温水、排污、疏水、放水和放气等管道。

96. 安全阀：当阀门进口侧静压超过其起座压力时能突然起跳至全开的自动泄压器件，用于蒸汽或气体。

97. 水位表：显示锅筒或其他容器中水位的表计。

98. 注水器：利用锅炉本身蒸汽喷射作用所造成的真空，吸入给水并进行混合送入锅炉的给水装置。

99. 炉墙：用耐火砖和保温材料等所砌筑或敷设的锅炉外壳。

100. 吹灰器：利用蒸汽、压缩空气或水作介质在运行中清除受热面烟气侧沉淀物的装置。

101. 除渣设备：收集由炉膛中或炉排上所落下的灰渣并将其排出的设备。

102. 锅炉效率、锅炉热效率：锅炉有效利用热量与单位时间内所消耗的输入热量的百分比。

103. 给水品质：给水酸碱度、硬度和杂质含量。

104. 蒸汽品质：蒸汽的纯洁程度。

105. 蒸汽湿度：蒸汽中所含水分的质量百分数。

106. 锅水浓度、炉水浓度：锅水的酸碱度和杂质含量。

107. 总含盐量：水中所含盐类的总量。

108. 全固形物：水中悬浮物和溶解固形物含量的总和。

109. 溶解固形物：将水样滤出其悬浮物后进行蒸发和干燥所得的残渣。

110. 悬浮物：水样中用规定过滤材料所分离出的固形物。

111.（总）硬度：水中钙盐和镁盐的总含量。

注：总硬度等于非碳酸盐硬度（永久硬度）与碳酸盐硬度（暂时硬度）之和，分析时用所测出的硬度为总硬度。

112. 碱度：水中所含能接受氢离子的物质的含量。

注：碱度分为酚酞碱度和甲基橙碱度（全碱度）两种。

113. 热损失：输入热量中未能为工质所吸收的部分，一般用所损失的热量与输入热量的百分比表示。

114. 排烟热损失：锅炉排出烟气的显热所造成的热损失。

115. 气体未完全燃烧热损失、化学未完全燃烧热损失：由于排烟中残留的可燃气体未放出其燃烧热所造成的热损失。

116. 固体未完全燃烧热损失、机械未完全燃烧热损失：由于飞灰、炉渣和漏煤中可燃物未放出其燃烧热所造成的热损失。

117. 散热损失：炉墙、锅炉范围内管道和烟风道向周围环境散热所造成的热损失。

118. 灰渣物理热损失：锅炉排出的炉渣的显热所造成的热损失。

119. 飞灰可燃物含量、飞灰含碳量：锅炉对流烟道飞灰中的可燃物含量。

120. 炉渣可燃物含量、炉渣含碳量：锅炉冷灰斗或出灰口处炉渣中可燃物含量。

121. 漏煤可燃物含量：炉排下漏煤中的可燃物含量。

122. 烟气含尘量：单位容积的烟气中所含飞灰量。

123. 负荷试验：为确定锅炉的经济负荷、最低负荷以及相应于机组各种出力的负荷所进行的试验。

124. 通球试验：对弯管或对接焊接的管子，通入规定直径的球以判定管子内径收缩程度的检查项目。

125. 安全阀校验：用升压方法测定安全阀起座压力是否准确可靠和符合有关规程要求的检验项目。

126. 启动：锅炉由点火、升压向汽轮机供汽到规定负荷的过程。

127. 上水：在点火前将符合给水品质要求和一定温度的水送入锅炉的过程。

128. 水位：容器（锅筒或汽水分离器等）中水面的位置。

129. 点火水位：上水时锅筒中所建立的水位。

注：应根据点火后锅水膨胀的汽化使水位上升的数值确定点火水位。

130. 放水：将锅炉中的水放出。

注：主要有升压时放水以排出水渣和使热面受热均匀，停炉时放水以防止腐蚀和满水时放水以降低水位。

131. 疏水：将受热面或管道中所产生的凝结水放出。

132. 排污：运行将带有较多盐类和水渣的锅炉水排放到锅炉外。

133. 升压：点火后工质受热汽化，锅炉压力按规定速度升至工作压力的过程。

134. 并汽：母管制锅炉启动时将压力和温度均符合规定的蒸汽送入母管的过程。

135. 停炉：按规定程序切断燃料和给水，停止送、引风，使锅炉停止运行的过程。

136. 停用：锅炉因检修或其他原因需较长时间停止运行的状态。

137. 压火：炉排锅炉作热备用时，暂停供给燃料但适当进行通风，使火床保持适量燃烧不致熄灭的状态。

138. 停炉保护：在锅炉停用时期，为防止汽水系统金属内表面受到完全或水中溶解氧的腐蚀而采取的保护措施。

139. 化学清洗：用酸性或碱性化学药品的水溶液清除汽水系统内表面上杂物和沉积物的方法，用以确保运行中有良好的汽、水品质和防止发生腐蚀或结垢。

140.（碱）煮炉：在汽水系统内部加入碱性溶液，点火后维持一定压力和排汽量以清除汽水系统内表面上杂物和沉积物的方法。

141. 冲管：用具有一定流速的清水清除汽水系统和管道内表面上杂物的方法。

142. 吹管：用具有一定参数的蒸汽清除过热器、再热器和蒸汽管道内表面上杂物的方法。

143. 钝化：在经酸洗后的金属表面上用钝化液进行流动或浸泡清洗以形成保护层的方法。

144. 烘炉：用点火或其他加热方法以一定的温升速度和保温时间烘干炉墙的过程。

145. 汽水分层：汽水混合物在水平或倾角较小的管内流动，当流速较低时水在下部，汽在上部分层流动的现象。

146. 汽塞：蒸汽泡在蒸发受热面上升管中聚集，阻塞水循环的现象。

147. 汽水共腾：当蒸发量瞬时增加使锅筒水位急剧变化或水位上升超过极限水位时，由于大量锅水被带入蒸汽空间，使机械携带大幅度增加的现象。

148. 泡沫共腾：当锅水中含有油脂、悬浮物或锅水浓度过高时，蒸汽泡表面水膜因含有杂质而不易撕破，在锅筒水面上产生大量泡沫的现象。

149. 烟气侧沉积物：从烟气中沉积到受热面外表面或炉墙内壁上的物质，包括烟炱、熔渣、高温粘结灰、低温沉积灰和松灰等。

150. 汽水侧沉积物：从水或蒸汽中沉积到受热面和管道内表面或汽轮机叶片上的矿物质或盐类，包括水渣、水垢和积盐等。

151. 结渣：熔渣或高温粘结灰粘附在炉膛或高温对流受热面上的现象。

152. 积灰：低温粘结灰或松灰聚积在对流受热面上的现象。

153. 堵灰：对流受热面的烟气侧沉积物厚度不断增加，使烟气通道堵塞的现象。

154. 点状腐蚀：由于给水中溶解氧含量过大，造成给水系统和省煤器内表面上电化学腐蚀，状如麻点。

155. 延性腐蚀：水垢或水渣下的受热面由于锅水中游离碱所产生的腐蚀凹坑，腐蚀部位的金相组织和机械性能均无变化。

156. 氢脆：水垢或水渣下的受热面由于锅水中的氢所产生的细小裂纹，腐蚀部位的金相组织和机械性能发生变化，有明显的脱碳现象。

157. 苛性脆化：锅筒的铆接或胀接部位因局部应力集中和游离碱含量过高产生晶间裂纹的脆化现象。

158. 高温腐蚀：烟气中所含碱金属的复合硫酸盐以液态在过热器等高温受热面上沉积所造成的腐蚀。

159. 低温腐蚀：当壁温低于烟气露点时，烟气中含有硫酸酐的水蒸气在壁面凝结所造成的腐蚀。

（四）热力设备安装工程工程量计算

1. 有关规定

（1）《热力设备安装工程》（以下简称本定额）的适用范围

《热力设备安装工程》适用于新建、扩建项目中25MW以下汽轮发电机组、130t/h以下锅炉设备的安装。

（2）关于增加系数规定

1）安装与生产同时进行增加的费用，按人工费的10%计算。

2）在有害身体健康的环境中施工增加的费用，按人工费的10%计算。

3）脚手架搭拆费，按下列系数计算，其中人工工资占25%：

本定额第一章至第五章按人工费的10%计算；

本定额第六章按人工费的5%计算。

4）双汽包安装按相同项目乘以系数1.40。

5）35～130t/h锅炉机组压力在8MPa以上时，应按表1-3-17增加无损检验探伤人工、材料、机械费。

6）方、圆、异型管道、配风箱及与管道一起配制的法兰，安装时不计施工损耗；无缝钢管、低压流体输送钢管按设计重量加3.5%的施工损耗；管道连接用螺栓按设计数量加2%的施工损耗。

7）汽轮发电机的油管，包括设计单位设计的油管道的安装，执行《全国统一安装工程预算定额》第六册《工业管道工程》中的中压碳钢管安装定额，并均乘以系数2.20。

无损检验探伤人工、材料、机械增加量 表 1-3-17

子目名称	人工（%）	材料（%）	机械（%）
水冷壁系统安装	10	47	47
过热器系统安装	10	49	49
省煤器系统安装	10	49	49
本体管路系统安装	10	120	120

注：1. 材料指子目中的软胶片、增感屏等 21 种探伤用材料乘以上表系数；

2. 机械指子目中的 X 光探伤机械乘以上表系数；

3. 人工指子目中总人工费乘以上表系数。

8）本体管道的无损检验费未计入定额，执行本定额时，按机组供货重量每 t 增加 1071.15 元，其中人工为 14.37 工日。

9）定额中卸料车按轻型卸料车考虑的，如采用重型卸料车时，乘以系数 1.50。

10）阴阳离子交换器的树脂装填高度，每增加 1m 定额乘以系数 1.30，增加不足 1m 时不予调整。

11）采用体内再生的阴阳混合离子交换器时，定额乘以系数 1.10，但对体外再生的阴阳混合离子交换器，逆流再生或浮床运行的设备，执行定额时均不作调整。

12）体外再生罐安装中，带有空气擦洗装置的设备时，定额乘以系数 1.10。

13）搅拌器安装中，带有电动搅拌装置时，定额乘以系数 1.20。

14）锅炉本体下部组件包括链条炉排、底座等。如为散件供货需在现场组合安装时，应按定额基价乘以系数 1.20。

15）炉后体外省煤器如为散件供货，需在现场接口研磨、上弯头、组合、水压试验、安装时，应按定额基价乘以系数 1.06。

（3）炉墙砌筑材料、半成品损耗率见表 1-3-18。

（4）周转性材料折旧率见表 1-3-19。

炉墙砌筑材料、半成品损耗率 表 1-3-18

序号	材料名称	损耗率（%）	序号	材料名称	损耗率（%）	序号	材料名称	损耗率（%）
1	标准耐火砖	7	13	珍珠岩粉	6	25	炉墙抹料	6
2	异型耐火砖	4	14	石英粉	4	26	密封涂料	5.1
3	硅藻土砖	4	15	菱苦土粉	6	27	高压碳钢管	4.5
4	烧结普通砖	3	16	氯化粉	10	28	合金钢管	4.5
5	硅藻土板	6	17	石棉粉	4	29	铸铁板	8
6	水泥珍珠岩板	12	18	高压氯纤维	4	30	高压螺栓、螺帽、垫圈	
7	水玻璃珍珠岩板	12	19	超细玻璃棉缝合毡	1	31	平板　设计选用的规格钢板	6.2
8	微孔硅酸钙板	10	20	硅质酸泥及环氧胶泥	5			
9	瓷板	6	21	石棉剂	4	32	平板　非设计选用的规格钢板	经测算后确定
10	水泥	4	22	耐火混凝土	6			
11	耐火泥	4	23	耐火塑料	6	33	管材、管件（包括无缝、焊接钢管及电缆管）	3
12	生料硅藻土粉	6	24	保温混凝土	6			

续表

序号	材料名称	损耗率（%）	序号	材料名称	损耗率（%）	序号	材料名称	损耗率（%）
34	紧固件（包括螺栓、螺母、垫圈、弹簧垫圈）		40	铅油	2.5	47	铜线	0.5
			41	机油	3	48	砂浆	3
35	型钢	5	42	油麻	5	49	木材	5
36	带帽螺栓	3	43	青铅	8	50	塑料布	6.42
37	砂	8	44	木柴	5	51	钢丝网	5
38	焦炭	5	45	橡胶石棉板	15			
39	锯条	5	46	线麻	5			

周转性材料折旧率 **表 1-3-19**

序号	材料名称及用途	折旧率（%）	序号	材料名称及用途	折旧率（%）
一	枕木及运输排子		(2)	阀门	50
1	滚杠运输用枕木		(3)	冲管支架	25
	设备重量在 80t 以下	5	(4)	水压试验堵头	25
	设备重量在 80t 以上	7	(5)	安装用特配工具模具	25
2	垫用枕木	10	(6)	其他周转钢材	25
3	运输用排子	5	三	热处理周转材料	
二	周转性钢材		1	预热用导线	5
1	受热回校管平台	4	2	热处理用导线	20
2	钢架组合平台	8	3	热处理用石棉布	50
3	受热面组合架	10	四	锅炉砌筑用模板	
4	受热面加固铁构成型件	10.5	1	预制锅炉炉墙	33.30
5	冲管临时系统		2	现浇锅炉炉墙	50
(1)	管道	25			

(5) 地震区锅炉防震结构安装的定额规定

地震区锅炉防震结构的安装应按定额另行计算。

(6) 皮带运输机安装的定额规定

定额系以整台机按 10m 长度考虑的，实际长度不同时，可按皮带运输机中间构架定额进行调整。

(7) 配仓皮带机安装的定额规定

定额系以整台机按 10m 长度考虑的，实际长度不同时，可按皮带运输机中间构架定额进行调整。

(8) 敷管式与膜式水冷壁炉墙工程量计算的规定

在计算工程量时应扣除加热管道埋入炉墙部分。

(9) 炉墙中局部耐火混凝土、耐火塑料及保温混凝土浇灌、炉墙填料填塞计算工程量的规定：

在计算工程量时应扣除管道穿墙部分的体积。

(10) 轻炉墙砌筑及设备内衬定额单位“m^3”或“m^2”的含义：

指砌体的实际体积或面积。计算工程量时，以下部分不作扣除：

1）小于25mm的膨胀缝所占体积；

2）断面积小于$0.02m^2$的孔洞；

3）炉门喇叭口的斜度；

4）墙根交叉处的小斜坡。

2. 需另行计算的定额未包括项目

本定额不包括下列工作内容，应另行计算：

(1) 中压锅炉设备

1）锅炉本体

①露天电站锅炉的特殊防护措施。

②炉墙砌筑、保温及保温表面的油漆。

③膨胀指示器的制作。

④重油或轻油点火管路、阀门及油枪的安装。

⑤安全门排汽管、点火排汽管及消声器的安装。

⑥省煤器支撑梁的通风管制作与安装及支撑梁耐火塑料的浇灌。

⑦炉墙砌筑用的小型铁件（炉墙拉钩、耐火塑料的挂钩）的安装。

⑧燃油燃烧器的检查、组合、安装。

⑨给水管路的冲洗、附属机械的静态、动态联动试验。

⑩锅炉配备蒸汽管路的冲洗工作。

2）锅炉附属机械设备

①电动机检查、干燥、电气检查、接线与空载试运转。

②整套设备的电气连锁试验。

③轴承等设备冷却水管、油管的主材费。

④电动机吸风管的制作材料费。

3）锅炉专用辅助设备

①设备的周围平台、扶梯、栏杆、撑架及防雨罩的配制、组合、安装。

②设备的附件、支吊架、风门、人孔门等的配制。

③不随设备供货而与设备连接的各种管道安装。

④设备保温及保温面油漆。

⑤基础的二次灌浆。

4）烟、风、煤管道

①烟、风、煤管道、附件及支架的配制。

②保温、保温面或金属面油漆。

③管道内部防腐衬里及防磨罩壳内混凝土或铸石板的砌筑。

④混凝土或砖烟、风道的砌筑。

⑤制粉系统的蒸汽消防管道安装。

⑥煤粉仓煤粉放空管道安装。

5）煤粉分离器

防爆门引出管及防雨罩的配制安装。

6）除尘器安装

①水膜式、文丘里式除尘器内衬的砌筑。

②混凝土或砖砌水膜式、文丘里式除尘器筒体的砌筑。

③多管式除尘器上下部密封填料的浇灌。

④旋风子除尘器内衬的灌砌。

7）排汽消声器安装

消声器本体及支架的制作与安装。

8）暖风器安装

管路系统的安装。

(2）汽轮发电机设备

1）汽轮发电机本体

①基础二次灌浆。

②设备或管道保温及保温面油漆。

③汽轮机叶片频率测定。

2）发电机本体

①发电机及励磁机的电气部分检查、干燥、接线及电气调整试验。

②随机供应以外的水冷发电机冷却水管安装。

3）备用励磁机安装

电动机、励磁机电气部分检查、干燥、接线及电气调整试验。

4）汽轮机本体管道安装

①蒸汽管道用蒸汽吹洗。

②电动与自动阀门的电气部件检查、接线及调整。

③由设计部门设计的非厂供的本体管道（整套设计或补充设计）安装。

5）汽轮发电机整套空负荷试运转

调试人员及电厂运行人员发生的费用。

6）汽轮发电机成套附属机械设备

①电动机的检查、干燥、接线与空运转试验。

②平台、梯子、栏杆、基础框架、地脚螺栓的配制。

③基础二次灌浆。

④设备保温及保温面油漆。

⑤铜管及铜管头退火，以及退火工具的制作（铜管如需退火时，按设备缺陷处理)。

⑥凝汽器水位调整器的汽、水侧连接管道安装。

⑦凝汽器水封管及放水管安装。

⑧除氧器蒸汽压力调整阀的自动调整装置安装。

⑨疏水器及危急泄水器支架制作与安装。

⑩疏水器与加热器间汽、水侧连接管的安装。

⑪加热器空气门及空气管的配制与安装。

⑫加热器液压保护装置阀门及管道系统安装。

⑬加热器水侧出、入口自动阀检修与安装。

⑭电磁阀、快速电动闸阀电气系统的接线与调整。

⑮抽气器的空气箱、射水管或蒸汽管安装。

⑯油箱支吊架制作与安装。

⑰滤油器支架制作与安装。

(3) 燃料供应设备

1) 电动机的检查、电气检查、接线及空载试转。

2) 油罐、平台、扶梯、栏杆、基础框架及地脚螺栓的配制。

3) 大型设备的轨道安装。

4) 落煤管及挡板的配制。

5) 电子设备及其他电气装置的安装调试。

6) 设备的制作和保温。

(4) 水处理专用设备

1) 水处理专用设备

①不随设备供货的平台、梯子、栏杆的制作与安装。

②设备接口法兰以外管子安装及管道支吊架配制与安装。

③设备的保温和保温面油漆。

④基础二次灌浆。

⑤填料(石英砂、磺化煤、无烟煤、活性炭、焦炭、树脂、瓷环、塑料环等)的本身费用。

2) 钢筋混凝土池类工艺流程装置安装

①混凝土预制件的安装。

②池与池及池体外部的平台、梯子、栏杆的制作与安装。

③池体范围内的钢制平台、梯子、栏杆、反应室、导流窗、集水槽、取样槽的配制。

④池体范围各部件及池壁的防腐和油漆。

3) 水处理设备及箱罐安装

①水箱信号装置的安装。

②除二氧化碳器风道的制作与安装。

③除二氧化碳器平台、梯子、栏杆的制作与安装。

④酸碱储罐内外壁的防腐。

⑤取样设备安装中取样架的主材。

4) 油处理设备安装

油处理设备内部的除锈和防腐。

5) 水处理设备系统试运转

水处理设备系统试运转未包括的费用:

①机、炉试运转时,需要配合发生的人工、材料及机械费(以成品单价计入机、炉试运转的有关定额中)。

②水处理设备在制出合格产品后,为检验设计质量和设备质量,以及为取得经济合理的运行方式而进行各种生产调整试验费用(属全厂联合试运转)。

(5) 工业与民用锅炉

1）工业与民用锅炉

①电机检查接线等电气性工作。

②设备基础二次灌浆工作。

③炉墙砌筑、保温及油漆。

④给水设备、鼓（引）风机安装，烟囱、烟（风）道制作与安装，除尘设备安装。

上述不包括的内容执行相应册定额或本章相应项目。

2）常压、立式锅炉本体设备安装

①锅炉本体一次门以外的管道安装、保温、油漆工程。

②各种泵类、箱类安装工程。

3）快装锅炉成套设备安装

①锅炉本体一次门以外的管道安装及其保温油漆工程。

②除上述外的非锅炉生产厂供应的设备和非标构件的制作与安装。

4）组装锅炉本体安装

①锅炉本体一次门以外的管道安装及其保温油漆工程。

②除上述外的非锅炉生产厂供应的设备和非标构件的制作与安装。

③锅炉本体组件接口的耐火砖砌筑、门拱砌筑、保温油漆工程。

④本定额只限锅炉本体组件分为两大件。

5）散装锅炉本体安装

①炉墙砌筑、保温和油漆工程。

②各型锅炉的辅助机械、附属设备的安装。

③锅炉本体一次门以处的管道、管件、阀门的安装。

④不属于锅炉生产厂随机供货的金属构件、煤斗、连接平台的安装。

⑤锅炉热工仪表的校验、调整、安装。

上述未包括的工作内容，执行本章相应项目或相应册定额。

6）燃油（气）锅炉本体安装

①炉墙砌筑、保温和油漆工程。

②各型散装燃油（气）锅炉的泵类、油箱、水箱类的安装。

③不属于制造厂供货的金属结构件、煤斗、连接平台的安装。

④不论整装或散装炉本体一次门以外的汽、油、水管道、管件、阀门、热工仪表的安装，以及保温、水压试验。

⑤整装炉的上水系统（给水泵和管路、注水器及管路）的安装。

⑥试运行所需用的轻油或重油、软化水、电力的消耗量均未计入定额，但烘炉、煮炉的油、水、电已计入定额。

⑦本定额所选用的燃油（气）锅炉型号、规格、种类是按一般普通常规产品考虑的，特殊特种燃油（气）锅炉均不适用本定额。

7）烟净化设备安装

旋风子的蜗壳制作、内衬的镶砌，另执行加工配制和保温、砌筑相应定额项目。

8）锅炉水处理设备安装

①设备及管道的保温、油漆、设备的二次灌浆、地脚螺栓的配制。

②设备进、出口第一片法兰以外的管道安装工程。

9）板式换热器设备安装

①设备及管道的保温、油漆、设备的二次灌浆、地脚螺栓配制。

②设备进、出口第一片法兰以外的管道安装工程。

10）输煤设备安装

①框架、支架的配制及油漆工作。

②电机的检查接线工作。

11）除渣设备安装

电机的检查接线及油漆工作。

（五）刷油、防腐蚀工程量计算规则

1. 一般规定

设备、管道除锈、刷油、防腐工程量计算单位，以平方米为计算单位。

（1）复合层衬里工程或多层衬里工程，均按第一层面积计算。

（2）设备上的人孔、管口所占面积不另行计算，同时在计算设备表面积时也不扣除。

（3）刷油、防腐工程量与除锈工程量应一致。

金属结构的刷油、防腐工程量的计算单位以公斤为计算单位。

设备、管道壁厚大于10mm时，其内表面积的计算按设备、管道内径计算。设备、管道壁厚小于10mm时，其内表面积计算按设备、管道的外径计算。

2. 计算公式

（1）设备筒体、管道表面积 S（m^2）

$$S\ (m^2) = \pi \times D \times L$$

式中 π——取定3.14；

D——设备筒体、管道直径，m；

L——设备筒体、管道高或延长米，m。

（2）设备封头本体表面积

$$S\ (m^2) = \pi \times (D/2)^2 \times 1.6 \times n$$

式中 π ——取定3.14；

D ——设备直径，m；

n ——设备封头个数；

1.6——调整系数。

如果设备封头设计图纸给出直边高度等可以直接计算出封头面积所需尺寸时，则应按图纸实际尺寸计算不执行上式，否则按上式计算。

（3）设备封头与筒体法兰的面积（见图1-3-1）

$$S\ (m^2) = (D + A) \times \pi \times A$$

式中 D ——设备直径，m；

π ——取定3.14；

A ——法兰宽，m。

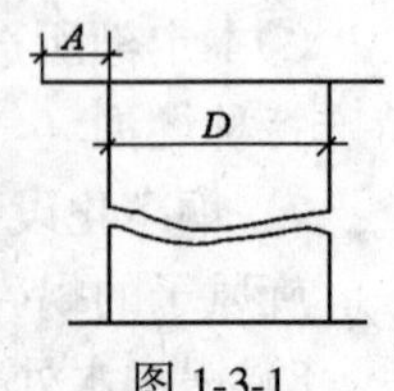

图1-3-1

（4）阀门本体面积

$$S\ (\mathrm{m}^2)\ = \pi \times D \times 2.5D \times 1.05 \times N$$

式中 π ——取定 3.14；

D ——阀门内径，m；

1.05——调整系数；

N ——阀门个数法兰本体面积。

$$S\ (\mathrm{m}^2)\ = \pi \times D \times 1.5D \times 1.05 \times N$$

式中 π ——取定 3.14；

D ——法兰内径，m；

1.05——调整系数；

N ——法兰个数。

（5）弯头本体面积

$$S\ (\mathrm{m}^2)\ = \pi \times D \times \frac{2\pi \times 1.5D}{B} \times N$$

式中 π——取定 3.14；

D——直径，m；

N——弯头个数；

B——当弯头为 90°时，B 值取 4。当弯头为 45°时，B 值取 8。

绝热后的外表面积（保护层面积）的计算按第二部分绝热工程量计算执行。

3. 工程量计算

计算图 1-3-2 的防腐工程量。

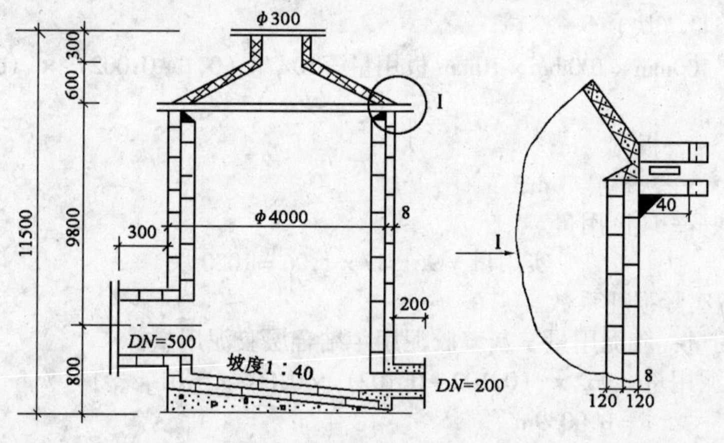

图 1-3-2

本台设备顶部采用挂网硅质胶泥抹面，筒体衬 $\delta = 113$mm 厚耐酸砖两层，底部采用硅质胶泥找坡，再衬 $\delta = 65$mm 耐酸砖两层、筒体（包括底部）衬隔离层——三布两底两面环氧玻璃钢。上口部位采用 $\delta = 10$mm 厚耐酸瓷板两层。

计算工程量：

（1）防腐面积

$$S = 3.14 \times 0.3 \times 0.3 + \ (4/2 + 0.3/2)\ \times \sqrt{0.6^2 + 1.85^2} \times 3.14 + 4 \times \ (11.5 - 0.9)\ \times 3.14 + 2^2 \times 3.14 + \ (4 + 0.04)\ \times 3.14 \times 0.04$$

$=0.283+13.13+133.136+12.56+0.51$

$=159.62m^2$

（2）隔离层玻璃钢面积

$S=3.14\times4\times（11.5-0.9）+2^2\times3.14+（4+0.04）\times3.14\times0.04$

$=133.136+12.56+0.51$

$=145.696+0.51$

$=146.21m^2$

（3）筒体衬 $\delta=113mm$ 厚耐酸砖面积

$$S=3.14\times4\times（11.5-0.9）=133.136m^2$$

（4）底部衬 $\delta=65mm$ 厚耐酸砖面积

$$S=2^2\times3.14=12.56m^2$$

（5）顶部抹面面积及衬板面积

抹面面积

$$S=（4/2+0.3/2）\times\sqrt{0.6^2+1.85^2}\times3.14=13.13m^2$$

衬板面积（上口部位）

$$S=3.14\times0.3\times0.3=0.283m^2$$

（6）底部胶泥（1:40）找坡度面积

$$S=2^2\times3.14=12.56m^2$$

4．耐酸瓷板计算

规格尺寸与现行定额中板规格尺寸不同时应作调整计算，例如采用 100mm×100mm×10mm 瓷板衬里，每 $10m^2$ 板材、人工、胶泥用量如何计算？

（1）板材用量（块）

100mm×100mm×10mm 板用量 $=10/[（0.1+0.002）\times（0.1+0.002）]$

$=961.17$ 块

式中 0.1 ——板宽，m；

0.002 ——灰缝宽，m；

961.17 块——理论用量。

实用量 $=961.17\times1.06=1020$ 块

式中 1.06——实际损耗系数。

（2）胶泥用量：胶泥用量 = 灰缝胶泥用 + 结合层胶泥用量

1）灰缝胶泥用量 $=962\times（0.102+0.102）\times0.002\times0.01$

$=0.0039m^2$

式中 962 ——板材理论用量；

0.002——灰缝宽，m；

0.01 ——板材厚度，m。

灰缝胶泥实用量 $=0.0039\times1.05=0.0041m^3$

2）结合层胶泥实用量 $=10\times0.006\times1.05$

$=0.063m^3$

胶泥用量 $=0.0041+0.063=0.067m^3$

（3）人工用量：根据测算人工用量与板材单块面积成反比。

5．胶泥找坡所需胶泥用量计算

以上图为例直径为 4m，坡度比为 1∶40 时，每 $10m^2$ 胶泥用量

（1）最大厚度 = 4000 ÷ 40 = 100mm

（2）平均厚度 = 100 ÷ 2 = 50mm

（3）胶泥实际用量 $= 3.14 \times 2^2 \times 0.05 \times 1.05$

$= 0.66m^3$

每 $10m^2$ 胶泥用量 $= 0.66 \div (2^2 \times 3.14) \times 10$

$= 0.525m^3$

6. 采用胶泥抹面厚度与现行定额不同时如何使用现行定额

例如实际抹面厚度 $\delta = 35mm$ 时，（现行定额抹面厚度 $\delta = 20mm$）

（1）胶泥用量 $= 0.21 \div 20 \times 35 = 0.368m^3$

0.21——现行定额每 $10m^2$ 用量。

（2）胶泥搅拌机台班用量 $= 0.368 \div 0.21 \times 1$

= 1.75 台班

（3）人工用量 = 12 +（21.56 − 12）÷ 20 × 35

= 28.73 工日

其中（21.56 − 12）——现行定额抹面人工用量。

1）根据前面讲的人工用量调整原则列入下表 1-3-20。

人 工 用 量（工 日）　　表 1-3-20

砖、板规格（mm）	每 $10m^2$ 理论用块数	每 $10m^2$ 实际用块数	单板面积（m^2）	每 $10m^2$ 人工用量（工日）							
				φ1.5m 下	1.5m 上	1.5m 下	1.5m 上	1.5m 下	1.5m 上	1.5m 下	1.5m 上
100×50×10	1885	2010	0.005	35.39	33.35	37.55	35.01	33.60	32.60	40.08	36.91
100×70×10	1362	1452	0.007	25.28	23.24	27.44	24.90	23.49	22.49	30.03	26.86
100×100×10	961	1024	0.010	17.70	15.66	19.86	17.32	15.91	14.91	22.45	19.28
150×75×10	855	912	0.01125	15.73	13.69	17.89	15.35	13.94	12.94	20.42	17.25
150×75×15	855	912	0.01125	15.79	13.75	17.95	15.41	14.00	13.00	20.48	17.31
150×75×20	855	912	0.01125	15.85	13.81	18.01	15.47	14.06	13.06	20.54	17.37
150×75×25	855	912	0.01125	15.91	13.87	18.07	15.53	14.12	13.12	20.60	17.43
180×110×10	491	521	0.0198	13.76	12.56	15.77	14.29	12.21	11.28	18.10	16.19
180×110×15	491	521	0.0198	13.82	12.62	15.83	14.35	12.27	11.34	18.16	16.25
180×110×20	491	521	0.0198	13.88	12.68	15.89	14.41	12.33	11.40	18.22	16.31
180×110×25	491	521	0.0198	13.94	12.74	15.95	14.47	12.39	11.46	18.28	16.37
180×110×30	491	521	0.0198	14.00	12.80	16.01	14.53	12.45	11.52	18.34	16.43
180×110×35	491	521	0.0198	14.06	12.86	16.07	14.59	12.51	11.58	18.40	16.49
200×100×15	485	514	0.020	13.68	12.49	15.67	14.21	12.15	11.23	17.98	16.09
200×100×20	485	514	0.020	13.74	12.55	15.73	14.27	12.21	11.29	18.04	16.15
200×100×25	485	514	0.020	13.80	12.61	15.79	14.33	12.27	11.35	18.10	16.21

续表

砖、板规格（mm）	每 $10m^2$ 理论用块数	每 $10m^2$ 实际用块数	单板面积（m^2）	每 $10m^2$ 人工用量（工日）							
				ϕ1.5m 下	1.5m 上	1.5m 下	1.5m 上	1.5m 下	1.5m 上	1.5m 下	1.5m 上
200×100×30	485	514	0.020	13.86	12.67	15.85	14.39	12.33	11.41	18.16	16.27
150×150×15	433	459	0.02225	13.54	12.35	15.56	14.07	11.99	11.06	17.88	15.98
150×150×20	433	459	0.02225	13.60	12.41	15.62	14.13	12.05	11.12	17.94	16.04
150×150×25	433	459	0.02225	13.66	12.47	15.68	14.19	12.11	11.18	18.00	16.10
150×150×30	433	459	0.02225	13.73	12.53	15.74	14.25	12.17	11.24	18.06	16.16
150×150×35	433	459	0.02225	13.79	12.59	15.80	14.31	12.23	11.30	18.12	16.22

2）每 $10m^2$ 各种规格砖、板材用量详见表 1-3-21。

每 $10m^2$ 各种规格砖、板材用量表 **表 1-3-21**

序号	规格（mm）	衬厚	理论计算量（块）	损耗		总用量（块）
				%	数量	
1	230×113×65	230mm	10÷〔（0.113+0.003）×（0.065+0.003）〕=1268	4	51	1319
2	230×113×65	113mm	10÷〔（0.23+0.003）×（0.065+0.003）〕=632	4	25	657
3	230×113×65	65mm	10÷〔（0.23+0.003）×（0.065+0.003）〕=370	4	15	385
4	100×50	一层	10÷〔（0.100+0.003）×（0.05+0.002）〕=1886	6.6	124	2010
5	75×75	一层	10÷〔（0.075+0.003）×（0.05+0.002）〕=1687	6.6	111	1798
6	100×70	一层	10÷〔（0.100+0.003）×（0.070+0.002）〕=1362	6.6	90	1452
7	100×100	一层	10÷〔（0.100+0.003）×（0.070+0.002）〕=961	6.6	63	1024
8	150×70	一层	10÷〔（0.150+0.003）×（0.070+0.002）〕=914	6.6	60	974
9	150×75	一层	10÷〔（0.150+0.003）×（0.075+0.002）〕=855	6.6	57	912
10	180×110	一层	10÷〔（0.180+0.003）×（0.110+0.002）〕=491	6	30	521
11	100×90	一层	10÷〔（0.180+0.003）×（0.090+0.002）〕=597	6	36	633
12	200×100	一层	10÷〔（0.200+0.003）×（0.100+0.002）〕=485	6	29	514
13	150×150	一层	10÷〔（0.150+0.003）×（0.150+0.002）〕=433	6	26	459

3）衬砌 $10m^2$ 砖、板胶泥用量见表 1-3-22。

衬砌 $10m^2$ 砖、板胶泥用量表 **表 1-3-22**

序号	砖、板规格（mm）	衬厚	结合层厚（mm）	灰缝宽（mm）	理论用量（m^3）	损耗率（%）	总用量（m^3）
1	230×113×65	230mm	0.009	0.003	0.251	5	0.264
2	230×113×65	113mm	0.009	0.003	0.154	5	0.162
3	230×113×65	65mm	0.009	0.003	0.115	5	0.121
4	100×50×10	一层	0.008	0.002	0.086	5	0.090

续表

序号	砖、板规格（mm）	衬厚	结合层厚（mm）	灰缝宽（mm）	理论用量（m^3）	损耗率（%）	总用量（m^3）
5	100×50×10	一层	0.008	0.002	0.085	5	0.089
6	75×75×10	一层	0.006	0.002	0.085	5	0.080
7	100×70×10	一层	0.008	0.002	0.084	5	0.088
8	150×70×10	一层	0.008	0.002	0.084	5	0.088
9	150×75×10	一层	0.008	0.002	0.084	5	0.088
10	180×110×10	一层	0.008	0.002	0.083	5	0.087
11	150×75×15	一层	0.008	0.002	0.086	5	0.090
12	180×110×15	一层	0.008	0.002	0.084	5	0.088
13	200×100×15	一层	0.008	0.002	0.084	5	0.088
14	150×150×15	一层	0.008	0.002	0.084	5	0.088
15	150×75×20	一层	0.008	0.002	0.088	5	0.092
16	180×90×20	一层	0.008	0.002	0.087	5	0.091
17	180×110×20	一层	0.008	0.002	0.086	5	0.090
18	200×100×20	一层	0.008	0.002	0.086	5	0.090
19	150×150×20	一层	0.008	0.002	0.085	5	0.089
20	150×75×15	一层	0.008	0.002	0.090	5	0.095
21	180×110×25	一层	0.008	0.002	0.087	5	0.091
22	180×100×25	一层	0.008	0.002	0.087	5	0.091
23	150×150×25	一层	0.008	0.002	0.087	5	0.091
24	180×110×30	一层	0.008	0.002	0.089	5	0.093
25	200×100×30	一层	0.008	0.002	0.089	5	0.093
26	150×150×30	一层	0.008	0.002	0.088	5	0.092
27	180×110×35	一层	0.008	0.002	0.090	4	0.095
28	150×150×35	一层	0.008	0.002	0.089	5	0.093

4）衬砌每 10m^2 硫酸、水机械台班消耗量见表 1-3-23。

衬砌每 10m^2 硫酸、水机械台班消耗量表 **表 1-3-23**

序号	砖、板规格（mm）	衬厚	硫酸 40%（kg）	水（t）	机械台班		
					胶泥搅拌机 1.5kW	砂轮机 11kW	排风机 7.5kW
1	230×113×65	230mm	2	1.6	0.5	0.2	0.6
2	230×113×65	113mm	2	0.8	0.5	0.2	0.6
3	230×113×65	65mm	2	0.5	0.5	0.2	0.6
4	各种耐酸板	一层	2	0.5	0.5	0.2	0.6

5）手工糊衬玻璃钢工程中衬布所用树脂胶液的调整计算。

现行“定额”衬布所用的树脂胶液是按一定布的厚度考虑的，实际工程中使用的布厚度（或毡厚）与现行“定额”不同时应按下面计算式调整计算。

$$实际布厚用胶液量=\frac{现行定额胶液量}{现行定额布厚度}\times 实用布厚度$$

以“全统定额十三册”13—654环氧玻璃钢为例，实际使用布厚为0.4mm计算实际胶液用量。

$$\begin{aligned}0.4\text{mm}厚布所用胶液&=\frac{1.76+0.14+0.70+0.18+0.26}{0.225}\times 0.4\\&=3.04\div 0.225\times 0.4\\&=5.4\text{kg}\end{aligned}$$

胶液中各种材料用量分别为：

3.04：13—654子项玻璃钢一层布胶液用量；

0.225：13—654子项平均布厚度。

3.04：含环氧树脂1.76kg、固化剂（乙二胺）0.14kg、丙酮0.70kg、二丁酯0.18kg、石英粉0.26kg。

则实际用5.4kg胶液中各种材料用量为：环氧树脂＝（1.76/3.04）×5.4＝3.13kg

乙二胺＝（0.14/3.04）×5.4＝0.25kg

丙　酮＝（0.70/3.04）×5.4＝1.24kg

二丁酯＝（0.18/3.04）×5.4＝0.32kg

石英粉＝（0.26/3.04）×5.4＝0.46kg

（六）绝热工程量计算规则

1.一般规定

（1）绝热层以立方米为计算单位；

（2）防潮层、保护层以平方米为计算单位。

2.计算公式

（1）管道、设备筒体绝热

$$\begin{aligned}V(\text{m}^3)&=L\times\pi\times(D+\delta+\delta\times 3.3\%)\times(\delta+\delta\times 3.3\%)\\&=L\times\pi\times(D+1.033\delta)\times 1.033\delta\end{aligned}$$

绝热层按平方米为计算单位时，其计算公式为：

$$S_j(\text{m}^2)=L\times\pi\times(D+1.33\delta)$$

$$\begin{aligned}S(\text{m}^2)&=L\times\pi\times(D+2\delta\times 2\delta\times 5\%+2d_1+3d_2)\\&=L\times 3.14\times(D+2.1\delta+0.0032+0.005)\end{aligned}$$

式中　L ——管道、设备筒体长，m；

D ——管道、设备筒体外直径，m；

δ ——绝热层厚度，m；

3.3% ——规范允许偏差系数；

5% ——规范允许偏差系数；

$2d_1$ ——捆扎线或钢带直径或厚度，m；

$3d_2$——防潮层厚度，m。

(2) 伴热管道绝热

伴热管道绝热工程量计算主要是计算伴热管道的综合直径（外径）。然后将综合直径代入上两式便可计算出伴热管道绝热工程量。

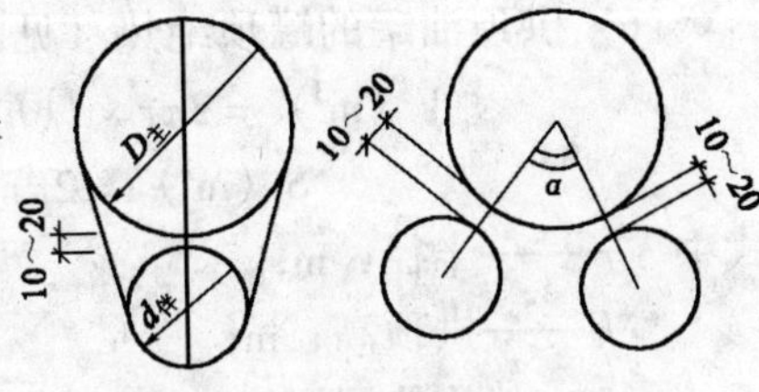

图 1-3-3　伴热管（α<90°）

$$D' = D_{主} + D_{伴} + (10 \sim 20\text{mm})$$

此式适用单管伴热、双管伴热而且管径相同、夹角 α 小于 90°（见图 1-3-3）。

式中　D'——综合直径（外径），m；

$D_{主}$——主管道外径，m；

$D_{伴}$——伴热管外径，m。

(10~20mm)——主管道与伴热管之间的间隙。如果设计图纸已注明间隙尺寸，按设计图纸执行，反之按平均值计算即 15mm 执行。

$$D' = D_{主} + D_{伴}大 + (10 \sim 20\text{mm})$$

此式适用双管伴热，夹角 α 小于 90°，管径不同。

$$D' = D_{主} + 1.5D_{伴} + (10 \sim 20\text{mm})$$

此式适用双管伴热，管径相同，夹角 α 大于 90°（见图 1-3-4）。

(3) 阀门绝热

$$V(\text{m}^3) = \pi \times (D + 1.033\delta) \times 2.5D \times 1.033\delta \times 1.05 \times N$$

$$S(\text{m}^2) = \pi \times (D + 2.1\delta) \times 2.5D \times 1.05 \times N$$

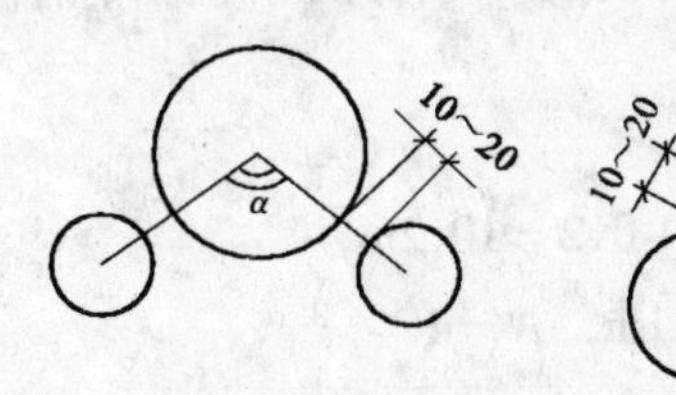

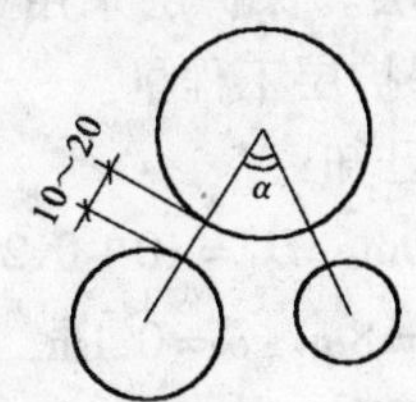

图 1-3-4　伴热管（α>90°）

式中　π——3.14；

D——外径，m；

δ——绝热层厚度，m；

$2.5D$——阀门长，m；

1.05——调整系数；

N——阀门个数。

(4) 法兰绝热

$$V(\text{m}^3) = \pi \times (D + 1.033\delta) \times 1.5D \times 1.033\delta \times 1.05 \times N$$

$$S(\text{m}^2) = \pi \times (D + 2.1\delta) \times 1.5D \times 1.05 \times N$$

式中　1.05——调整系数；

N——法兰个数，其他符号代表意同上。

应当指出在计算管道延长米时，不扣除阀门、法兰的占有量。因为以上公式已综合考虑了不扣除的因素。

(5) 设备封头绝热

$$V(\text{m}^3) = \pi \times \left[\frac{D + 1.033\delta}{2}\right]^2 \times 1.033\delta \times 1.6 \times N$$

$$S(\text{m}^2) = \pi \times \left[\frac{D + 2.1\delta}{2}\right]^2 \times 1.6 \times N$$

式中　1.6——调整系数；

N——设备封头个数；

D ——设备外径，m；

δ ——绝热层厚度，m；

π ——3.14。

上两式不适用于拱顶油罐的罐顶绝热工程量计算。

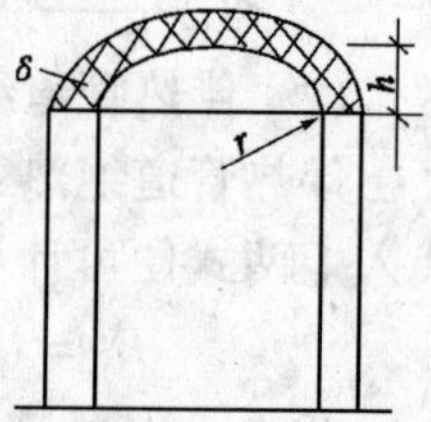

（6）拱顶油罐的罐顶绝热（见图 1-3-5）

$$V\ (\mathrm{m}^3)\ =2\pi r\times\ (h+1.033\delta)\ \times 1.033\delta$$

$$S\ (\mathrm{m}^2)\ =2\pi r\times\ (h+2.1\delta)$$

图 1-3-5　拱顶油罐的罐顶绝热

式中　r——半径，m；

h——拱顶高，m；

δ——绝热层厚度，m。

（7）抹面保护层面积的计算

$$S\ (\mathrm{m}^2)\ =L\times\pi\times\ (D+2.1\delta+d)$$

式中　L——管道、设备筒体长，m；

π ——3.14；

D——管道、设备筒体外径，m；

δ ——绝热层厚度，m；

d ——抹面保护层厚度，m。

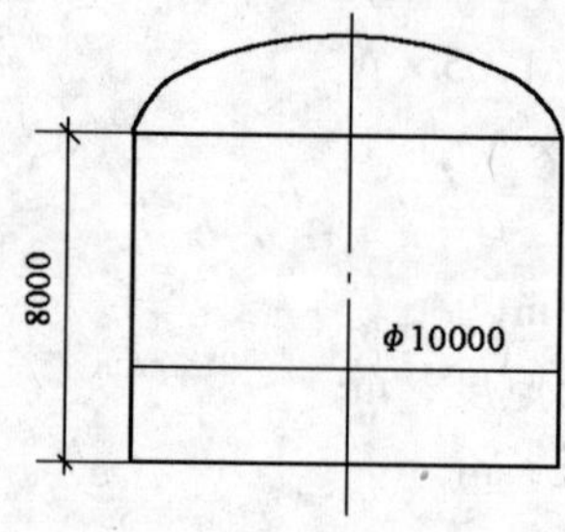

图 1-3-6　钢贮罐

【例】　有一化工生产用钢贮罐，如图 1-3-6 所示，直径 10m，高度 8m，椭圆形盖顶。贮罐采用岩棉板保温，保温厚度 $\delta=100\mathrm{mm}$，做两层。保护层采用 $\delta=0.75\mathrm{mm}$ 镀锌薄钢板一层。求绝热层和保护层工程量。

【解】　从题中已知：

$$D=10\mathrm{m},\ D_1=10+0.2=10.2\mathrm{m},$$

$$L=8\mathrm{m},\ \delta=0.1\mathrm{m},\ N=1$$

贮罐筒体保温体积：

第一层：

$$\begin{aligned}V_1&=L\times\pi\times\ (D+1.033\delta)\ \times 1.033\delta\\&=8\times 3.14\times\ (10+1.033\times 0.1)\ \times 1.033\times 0.1\\&=26.22\mathrm{m}^3\end{aligned}$$

第二层：

$$\begin{aligned}V_2&=L\times\pi\times\ (D_1+1.033\delta)\ \times 1.033\delta\\&=8\times 3.14\times\ (10.2+1.033\times 0.1)\ \times 1.033\times 0.1\\&=26.74\mathrm{m}^3\end{aligned}$$

贮罐顶盖保温体积：

第一层：

$$\begin{aligned}V_1'&=\ [\ (D+1.033\delta)\ /2]^2\times\pi\times 1.5\times 1.033\delta\times N\\&=\ [\ (10+1.033\times 0.1)\ /2]^2\times 3.14\times 1.5\times 1.033\times 0.1\times 1\\&=12.42\mathrm{m}^3\end{aligned}$$

第二层：

$$V_2' = [(D_1+1.033\delta)/2]^2\times\pi\times1.5\times1.033\delta\times N$$
$$= [(10.2+1.033\times0.1)/2]^2\times3.14\times1.5\times1.033\times0.1\times1$$
$$=12.91\text{m}^3$$

贮罐总的保温体积（即岩棉板的用量）V 为：

$$V = V_1+V_2+V'_1+V'_2$$
$$=26.22+26.74+12.41+12.91$$
$$=78.29\text{m}^3$$

贮罐筒体镀锌薄钢板面积：

$$S_1 = L\pi\times(D+2.1\delta+0.0082)$$
$$=8\times3.14\times(10.2+2.1\times0.1+0.0082)$$
$$=216.71\text{m}^2$$

贮罐顶盖镀锌薄钢板面积：

$$S_2 = [(D_1+2.1\delta)/2]^2\times\pi\times1.5\times N$$
$$= [(10.2+2.1\times0.1)/2]^2\times3.14\times1.5\times1$$
$$=127.6\text{m}^2$$

整个贮罐外包镀锌铁皮用量 S 为：

$$S=S_1+S_2=261.71+127.6=389.31\text{m}^2$$

答：绝热工程量为 78.28m^3。保护层工程量为 344.3m^2。

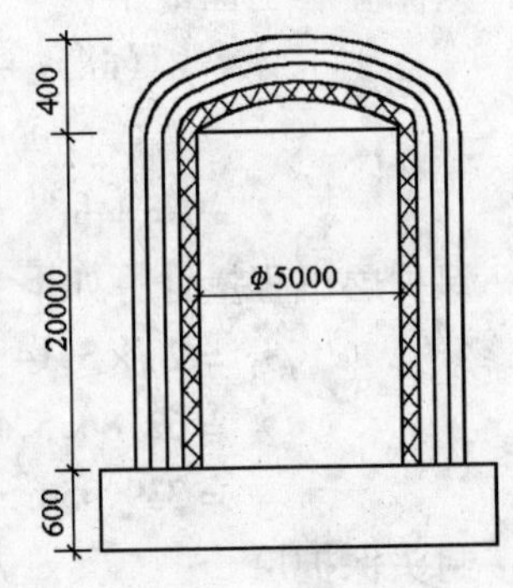

图 1-3-7　岩棉板储罐

【例】　如图 1-3-7 所示，某台设备直径（外径）5m，筒体高 20m，上封头高 0.4m 安装在 0.6m 高设备基础上。采用岩棉板保温每层厚度 $\delta=50$mm，共保四层，保护层采用镀锌薄钢板（$\delta=0.75$mm）一层，计算绝热层（保温层）工程量及镀锌薄钢板保护层工程量。

【解】　对于多层安装的绝热层工程量计算执行（1）中公式

同理设备封头绝热工程量计算执行（5）中公式

第一层　$V_1 = 20\times3.14\times(5+1.033\times0.05)\times1.033\times0.05$
$$=62.8\times5.05165\times0.05165$$
$$=16.39\text{m}^3$$

第二层　$V_2 = 20\times3.14\times(5+0.05\times2+1.033\times0.05)\times1.033\times0.05$
$$=62.8\times5.15165\times0.05165$$
$$=16.71\text{m}^3$$

第三层　$V_3 = 20\times3.14\times(5+0.05\times4+1.033\times0.05)\times1.033\times0.05$
$$=62.8\times5.25165\times0.05165$$
$$=17.03\text{m}^3$$

第四层　$V_4 = 20\times3.14\times(5+0.05\times6+1.033\times0.05)\times1.033\times0.05$
$$=62.8\times5.35165\times0.05165$$

$= 17.28\text{m}^3$

封头第一层 $V'_1 = 3.14 \times \left(\dfrac{5 + 1.033 \times 0.05}{2}\right)^2 \times 1.033 \times 0.05 \times 1.6 \times 1$

$= 3.14 \times 6.37979 \times 0.05165 \times 1.6 \times 1$

$= 1.66\text{m}^3$

第二层 $V'_2 = 3.14 \times \left(\dfrac{5 + 0.05 \times 2 + 1.033 \times 0.05}{2}\right)^2 \times 1.033 \times 0.05 \times 1.6$

$= 3.14 \times 6.63487 \times 0.05165 \times 1.6$

$= 1.72\text{m}^3$

第三层 $V'_3 = 3.14 \times \left(\dfrac{5 + 0.05 \times 4 + 1.033 \times 0.05}{2}\right)^2 \times 1.033 \times 0.05 \times 1.6$

$= 3.14 \times 6.89496 \times 0.05165 \times 1.6$

$= 1.79\text{m}^3$

第四层 $V'_4 = 3.14 \times \left(\dfrac{5 + 0.05 \times 6 + 1.033 \times 0.05}{2}\right)^2 \times 1.033 \times 0.05 \times 1.6$

$= 3.14 \times 7.1600 \times 0.05165 \times 1.6$

$= 1.86\text{m}^3$

则保温层工程量

$$V = V\ (\text{m}^3)_1 + V\ (\text{m}^3)_2 + V\ (\text{m}^3)_3 + V\ (\text{m}^3)_4 + V\ (\text{m}^3)'_1 + V\ (\text{m}^3)'_2 + V\ (\text{m}^3)'_3 + V\ (\text{m}^3)'_4$$

$= 74.44\text{m}^3$

保护层工程量计算如下：

$S_1 = 20 \times 3.14 \times (5 + 0.05 \times 6 + 2.1 \times 0.05 + 0.0032 + 0.005)$

$= 62.8 \times 5.4132$

$= 339.95\text{m}^2$

封头保护层

$S'_1 = 3.14 \times \left(\dfrac{5 + 0.05 \times 6 + 2.1 \times 0.05}{2}\right)^2 \times 1.6 \times 1$

$= 3.14 \times 7.3035 \times 1.6 \times 1$

$= 36.69\text{m}^2$

则保护层面积

$S = S\ (\text{m}^2)_1 + S\ (\text{m}^2)'_1$

$= 339.95 + 36.69$

$= 376.64\text{m}^2$

【例】 如图 1-3-8 所示，某工艺管道直径（外径）$\phi325$，长 $L = 200\text{m}$，采用岩棉管壳保温厚度 $\delta = 120\text{mm}$，防潮层采用油毡纸一层，保护层采玻璃布两层外涂调合漆，计算保温层工程量及防潮层、保护层工程量。

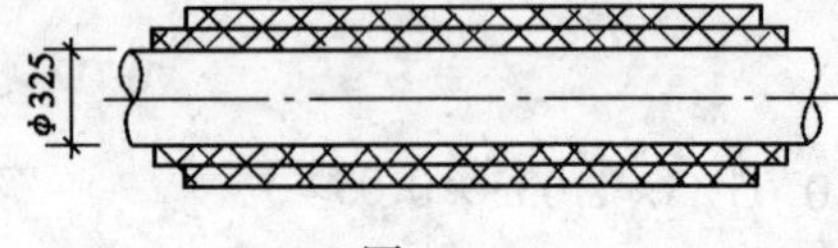

图 1-3-8

【解】 根据工业设备及管道绝热工程施工及验收规范（GBJ126 ~ 89）要求保温层厚度大于 100mm，保冷层厚度大于 80mm 时，应分为两层或多层安装施工，各层厚度宜接近。此例保温层厚度 120mm，所以应按两层（每层厚度 δ = 60mm 为宜）安装。分层安装其工程量需要分层计算结果相加。

则 $V_1 = 200 \times 3.14 \times (0.325 + 0.06 \times 1.033) \times 1.033 \times 0.06$

$= 628 \times (0.325 + 0.06198) \times 0.06198$

$= 628 \times 0.38698 \times 0.06198 = 15.06\text{m}^3$

此项计算也可以直接查表（管道绝热、刷油工程量计算表）

$V_2 = 200 \times 3.14 \times (0.325 + 0.06 \times 2 + 1.033 \times 0.06) \times 1.033 \times 0.06$

$= 628 \times 0.50698 \times 0.06198$

$= 19.73\text{m}^3$

保温层工程量

$V = V(\text{m}^3)_1 + V(\text{m}^3)_2$

$= 15.06 + 19.73$

$= 34.79\text{m}^3$

防潮层同保护层工程面积应相同，即：

$S = 200 \times 3.14 \times (0.325 + 0.06 \times 2 + 2.1 \times 0.06 + 0.0032 + 0.005)$

$= 628 \times (0.325 + 0.120 + 0.126 + 0.0082)$

$= 628 \times 0.5792$

$= 363.74\text{m}^2$

【例】 如图 1-3-9 所示在绝热层外表面采石棉水泥抹成坡形防止雨水浸蚀，抹坡及抹坡后保护工程量如何计算？

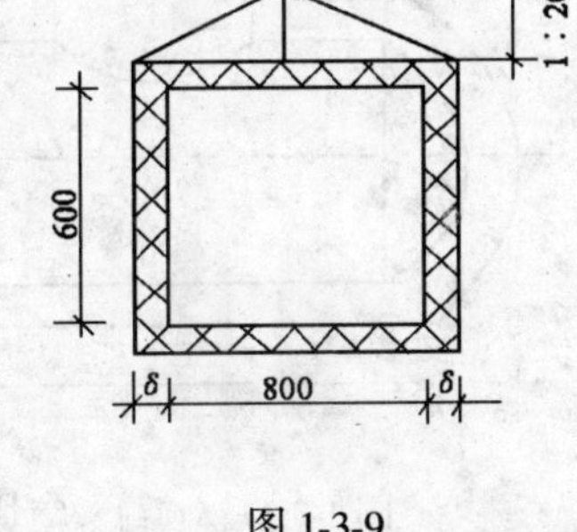

图 1-3-9

【解】 （1）按抹坡比例（坡比为 1:20）计算抹坡用石棉水泥量

最大厚度为（800/2 + 50）÷ 20 = 22.5mm

平均厚度为 22.5/2 = 11.25mm

石棉水泥理论用量 = $0.01125 \times 0.45 \times 2 \times L$（长度）

$= 0.010125 \times L$

假设矩型管道长 $L = 100\text{m}$

则实际石棉水泥用量为（损耗率为 6%）$= 0.010125 \times 100 \times 1.06$

$= 1.073\text{m}^3$

1.073m^3 是石棉水泥抹坡总用量，然后按石棉水泥的配比分别计算其具体材料用量。

（2）抹坡施工可以执行现行定额石棉水泥抹面有关子项。平均厚度 11.25mm 执行定额 15mm 厚度子项人工。其材料、机械用量按实际材料用量及用此材料量换算机械用量。

（3）保护层工程量

$S(\text{m}^2) = 100 \times [(0.8 + 0.05 \times 2 + 0.70 \times 2) + \sqrt{0.0225^2 + 0.45^2} \times 2]$

$= 100 \times [2.3 + \sqrt{0.000506 + 0.2025} \times 2]$

$= 100 \times (2.3 + 0.9011)$

$= 320.11\text{m}^2$

（七）绝热保温（冷）工程量计算及定额套用

1. 管道保温（冷）工程量

（1）管道保温（冷）安装工程量　按“m^3”计量，计算管道长度时不扣除法兰、阀门、管件所占长度。其保温工程量按下式计算，如图 1-3-10 所示。也可查定额第十三册《刷油、绝热、防腐蚀工程》定额附录九表计算。

$$V_{管} = L\pi\ (D + \delta + \delta \times 3.3\%)\ \times\ (\delta + \delta \times 3.3\%)$$

或

$$V_{管} = L\pi\ (D + 1.033\delta)\ \times 1.033\delta$$

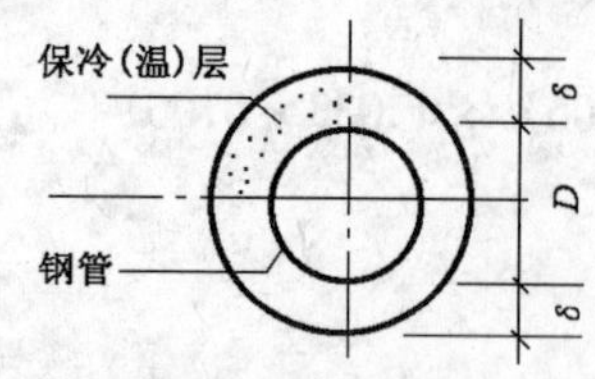

图 1-3-10　管道保温

式中　D——管道外径；

δ——保温层厚度；

3.3%——保温（冷）层偏差。

管道保温工程按保温材质不同，查套相应子目。铝箔玻璃棉筒、棉毡保温层，按各地补充定额执行。

（2）管道保温瓦块制作工程量　按下式计算：

$$V_{制} = 瓦块安装工程量 \times（1 + 加工损耗率）$$

加工损耗率按 5%～8%考虑。

加工制作按材质不同，套相应子目。

2. 设备体保温（冷）工程量

（1）圆封头圆筒体（立式、卧式）保温工程量，如图 1-3-11 所示。

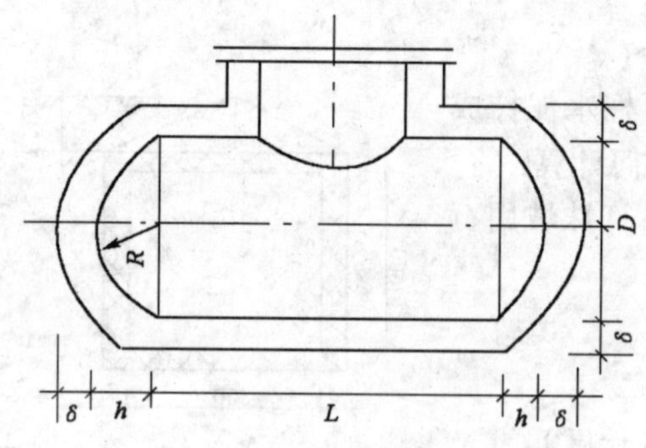

图 1-3-11　圆封头筒体保温

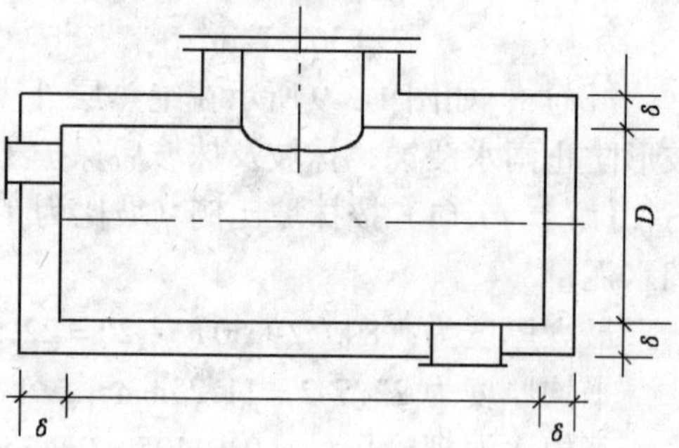

图 1-3-12　平封头筒体保温

$$V_{圆} = L\pi\ (D + \delta + \delta \times 3.3\%) \cdot (\delta + \delta \times 3.3\%) + \pi\left(\frac{D + \delta + \delta \times 3.3\%}{2}\right)^2 \times 1.6 \times\ (\delta + \delta \times 3.3\%)\ n$$

或

$$V_{圆} = 筒体保温 + 两个圆封头保温 = 筒体保温 + 2\pi R\ (h + \delta + \delta \times 3.3\%) \cdot (\delta + \delta \times 3.3\%)$$

式中　1.6——封头展开面积系数；

n——封头个数。

（2）平封头圆筒体（立式、卧式）保温工程量（见图 1-3-12），其计算式如下：

$$V_{平} = (L + 2\delta + 2\delta \times 3.3\%)\ \pi\ (D + \delta + \delta \times 3.3\%) \cdot (\delta + \delta \times 3.3\%) + \pi\left(\frac{D}{2}\right)^2 \cdot\ (\delta + \delta \times 3.3\%)\ n$$

即　$V_{平} = 筒体保温 + 两个平封头保温$

式中　n——平封头个数。

（3）当有人孔和管接口时，还必须加上这些保温体积，如图 1-3-13 所示。按下式计算：

$$V=\pi h(d+1.033\delta)\times 1.033\delta$$

(4) 设备体保温（冷）工程量　按“m^3”计量，根据保温材质不同分加工制作和安装，套用相应子目。

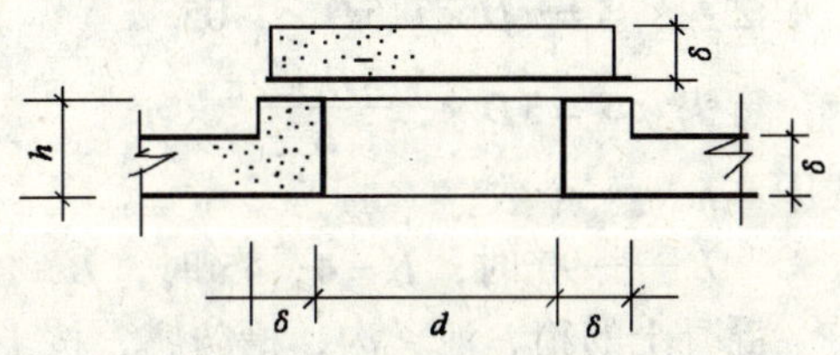

图 1-3-13　人孔及管接口保温

3. 法兰、阀门保温（冷）工程量

(1) 法兰保温工程量　以个计量，按保温材质套用相应子目，如图 1-3-14 所示。按下式计算：

$$V_{兰}=\pi 1.5D\times 1.05D\cdot(\delta+\delta\times 3.3\%)\cdot n$$

或

$$V_{兰}=1.6274\pi D^2\delta n$$

(2) 阀门体保温工程量　以个计量。如图 1-3-15 所示。按下式计算，套相应子目。

$$V_{阀}=\pi 2.5D\times 1.05D\cdot(\delta+\delta\times 3.3\%)\cdot n$$

或

$$V_{阀}=2.7116\pi D^2\delta n$$

式中　D——法兰、阀门直径；

δ——保温层厚度；

1.5；1.05；2.5——法兰、阀门表面积系数；

3.3%——绝热层偏差系数；

n——保温法兰及阀门个数。

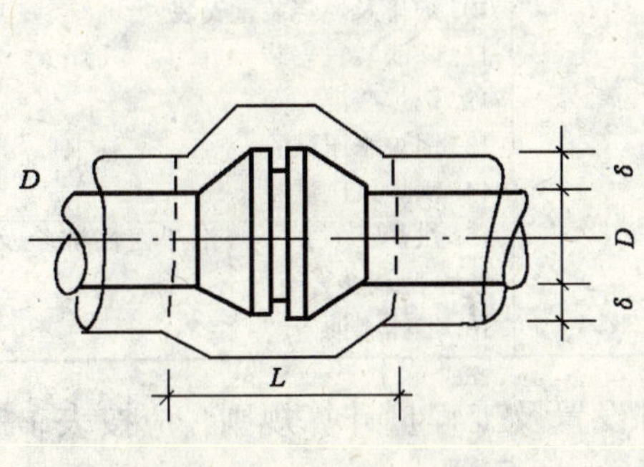

图 1-3-14　法兰盘保温

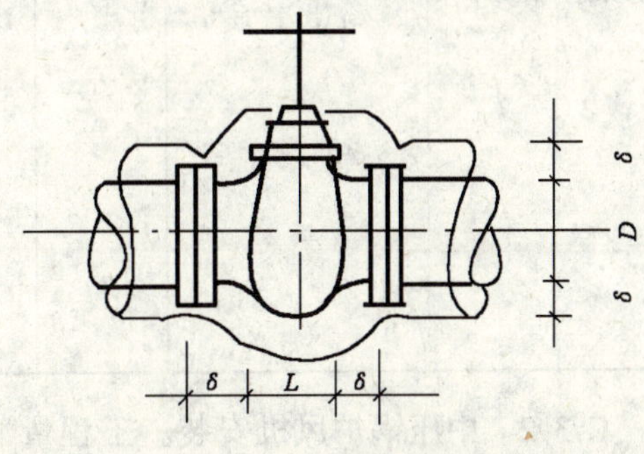

图 1-3-15　阀门保温

4. 保温层的保护层制作工程量

保护层工程量以“m^2”计量。其计算方法与管道、设备保温后刷油工程计算方法相同。套用相应定额子目。

5. 防腐工程

防腐工程量与刷油量相同，只不过设备、管道、支架不是刷普通油漆而是刷防腐涂料。如生漆、聚氨酯漆、环氧和酚醛树脂漆、聚乙烯漆、无机富锌漆、过氯乙烯漆等，仍以“m^2”计量。所以工程量计算方法与不保温时的设备、管道的工程量计算同前；支架仍按 100kg 质量折算成 5.8m^2 计算工程量。

阀门、法兰防腐工程量按下式计算：

阀门　$S=\pi D\times 2.5D\times 1.05\cdot n$

法兰　$S=\pi D\times 1.5D\times 1.05\cdot n$

弯头　$S=\pi D\times \frac{1.5D\times 2\pi}{B}\times n$

式中　n——个数；

B——90°时，$B=4$；45°时，$B=8$。

混凝土的箱、池、沟、槽防腐，按土建预算定额规定方法计算。

二、热力设备安装工程规范

C.3　热力设备安装工程

C.3.1　中压锅炉本体设备安装。工程量清单项目设置及工程量计算规则，应按表1-3-24的规定执行。

C.3.1　中压锅炉本体设备安装（编码：030301）　　**表 1-3-24**

项目编码	项目名称	项目特征	计量单位	工程量计算规则	工程内容
030301001	锅炉本体	1. 结构形式 2. 蒸汽出率（t/h）	台	按设计图示数量计算	1. 钢炉架安装 2. 汽包安装 3. 水冷系统安装 4. 过热系统安装 5. 省煤器安装 6. 空气预热器安装 7. 本体管路系统安装 8. 本体金属结构安装 9. 本体平台扶梯安装 10. 炉排及燃烧装置安装 11. 除渣装置安装 12. 锅炉酸洗 13. 锅炉水压试验 14. 锅炉风压试验 15. 烘炉、煮炉、蒸汽严密性试验及安全门调整 16. 本体刷油

C.3.2　中压锅炉风机安装。工程量清单项目设置及工程量计算规则，应按表1-3-25的规定执行。

C.3.2　中压锅炉风机安装（编码：030302）　　**表 1-3-25**

项目编码	项目名称	项目特征	计量单位	工程量计算规则	工程内容
030302001	送、引风机	1. 用途 2. 名称 3. 型号 4. 规格	台	按设计图示数量计算	1. 本体安装 2. 电动机安装 3. 附属系统安装 4. 平台、扶梯、栏杆制作、安装 5. 保温 6. 油漆

C.3.3　中压锅炉除尘装置安装。工程量清单项目设置及工程量计算规则，应按表1-3-26的规定执行。

C.3.3　中压锅炉除尘装置安装（编码：030303）　　表1-3-26

项目编码	项目名称	项目特征	计量单位	工程量计算规则	工程内容
030303001	除尘器	1. 名称 2. 型号 3. 结构形式 4. 筒体直径 5. 电感面积（m^2）	台	按设计图示数量计算	1. 本体安装 2. 附件安装 3. 附属系统安装 4. 保温 5. 油漆

C.3.4　中压锅炉制粉系统安装。工程量清单项目设置及工程量计算规则，应按表1-3-27的规定执行。

C.3.4　中压锅炉制粉系统安装（编码：030304）　　表1-3-27

项目编码	项目名称	项目特征	计量单位	工程量计算规则	工程内容
030304001	磨煤机	1. 名称 2. 型号 3. 出力	台	按设计图示数量计算	1. 本体安装 2. 传动设备、电动机安装 3. 附属设备安装 4. 油系统安装，油管路酸洗 5. 钢球磨煤机的加钢球 6. 平台、扶梯、栏杆及围栅制作、安装 7. 密封风机安装 8. 油漆
030304002	给煤机				1. 主机安装 2. 减速机安装 3. 电动机安装 4. 附件安装
030304003	叶轮给粉机				1. 主机安装 2. 电动机安装
030304004	螺旋输粉机				1. 主机安装 2. 减速机、电动机安装 3. 落粉管安装 4. 闸门板安装

C.3.5　中压锅炉烟、风、煤管道安装。工程量清单项目设置及工程量计算规则，应按表1-3-28的规定执行。

C.3.5　中压锅炉烟、风、煤管道安装（编码：030305）　　表 1-3-28

项目编码	项目名称	项目特征	计量单位	工程量计算规则	工程内容
030305001	烟道	1. 管道断面尺寸 2. 管壁厚度	t	按设计图示质量计算	1. 管道安装 2. 送粉管弯头浇灌防磨混凝土 3. 风门、挡板安装 4. 管道附件安装 5. 支吊架制作、安装 6. 附属设备安装 7. 油漆 8. 保温
030305002	热风道				
030305003	冷风道				
030305004	制粉管道				
030305005	送粉管道				
030305006	原煤管道				

C.3.6　中压锅炉其他辅助设备安装。工程量清单项目设置及工程量计算规则，应按表 1-3-29 的规定执行。

C.3.6　中压锅炉其他辅助设备安装（编码：030306）　　表 1-3-29

项目编码	项目名称	项目特征	计量单位	工程量计算规则	工程内容
030306001	扩容器	1. 名称、型号 2. 出力（规格） 3. 结构形式、质量	台	按设计图示数量计算	1. 本体安装 2. 附件安装 3. 支架制作、安装 4. 保温
030306002	排汽消声器				1. 本体安装 2. 支架制作、安装 3. 保温
030306003	暖风器		只		1. 本体安装 2. 框架制作、安装 3. 保温
030306004	测粉装置	1. 名称、型号 2. 标尺比例	套		1. 本体安装 2. 附件安装
030306005	煤粉分离器	1. 结构类型 2. 直径	台		1. 本体安装 2. 操作装置安装 3. 防爆门及人孔门安装

C.3.7　中压锅炉炉墙砌筑。工程量清单项目设置及工程量计算规则，应按表 1-3-30 的规定执行。

C.3.7 中压锅炉炉墙砌筑（编码：030307） 表 1-3-30

项目编码	项目名称	项目特征	计量单位	工程量计算规则	工程内容
030307001	敷管式、膜式水冷壁炉墙和框架式炉墙砌筑	1. 砌筑材料名称、规格 2. 砌筑厚度 3. 保温制品名称及保温厚度 4. 填塞材料名称	m^2	按设计图示的设备表面尺寸，以面积计算	一、炉墙砌筑 1. 炉底磷酸盐混凝土砌筑 2. 炉墙耐火混凝土砌筑 3. 炉墙保温混凝土砌筑 4. 炉墙矿、岩棉毡、超细棉等制品敷设 5. 炉墙密封、抹面 6. 炉顶砌筑 二、炉墙中局部浇筑 1. 耐火混凝土 2. 耐火塑料 3. 保温混凝土 4. 燃烧带敷设 三、炉墙耐火材料填塞

C.3.8 汽轮发电机本体安装。工程量清单项目设置及工程量计算规则，应按表 1-3-31 的规定执行。

C.3.8 汽轮发电机组本体安装（编码：030308） 表 1-3-31

项目编码	项目名称	项目特征	计量单位	工程量计算规则	工程内容
030308001	汽轮发电机组	1. 汽轮机的结构形式、型号 2. 机组容量（MW）和发电机型号 3. 本体管道质量	组	按设计图示数量计算	一、汽轮机安装 1. 本体安装 2. 调速系统安装 3. 主汽门、联合汽门安装 4. 保温 5. 油漆 二、发电机及励磁机安装 1. 本体安装 2. 抽真空系统安装 3. 发电机整套风压试验 三、本体管道安装 1. 随本体设备成套供应的系统管道、管件、阀门安装 2. 管道系统水压试验 3. 油漆 4. 保温 四、空负荷试运 1. 危急保安器试运 2. 给水泵组试运 3. 润滑油系统试运 4. 真空系统试运 5. 汽机汽封系统试运 6. 调速系统试运 7. 发电机水冷系统试运 8. 低压缸喷水试运 9. 其他项目试运

C.3.9　汽轮发电机辅助设备安装。工程量清单项目设置及工程量计算规则，应按表1-3-32的规定执行。

C.3.9　汽轮发电机辅助设备安装（编码：030309）　表1-3-32

<table>
<tr><th>项目编码</th><th>项目名称</th><th>项目特征</th><th>计量单位</th><th>工程量计算规则</th><th>工程内容</th></tr>
<tr><td>030309001</td><td>凝汽器</td><td>1. 结构形式
2. 型号
3. 冷凝面积</td><td rowspan="4">台</td><td rowspan="4">按设计图示数量计算</td><td>1. 外壳组装
2. 铜管安装
3. 内部设备安装
4. 管件安装
5. 附件安装</td></tr>
<tr><td>030309002</td><td>加热器</td><td>1. 结构形式
2. 型号
3. 热交换面积</td><td>1. 本体安装
2. 附件安装
3. 支架制作、安装
4. 保温</td></tr>
<tr><td>030309003</td><td>抽气器</td><td>1. 结构形式
2. 型号
3. 规格</td><td rowspan="2">1. 本体安装
2. 附件安装
3. 支吊架制作、安装
4. 油漆</td></tr>
<tr><td>030309004</td><td>油箱和油系统设备</td><td>1. 名称
2. 结构形式
3. 型号
4. 冷却面积
5. 油箱容积</td></tr>
</table>

C.3.10　汽轮发电机附属设备安装。工程量清单项目设置及工程量计算规则，应按表1-3-33的规定执行。

C.3.10　汽轮发电机附属设备安装（编码：0303010）　　**表1-3-33**

项目编码	项目名称	项目特征	计量单位	工程量计算规则	工程内容
030310001	除氧器及水箱	1. 结构形式 2. 型号 3. 水箱容积	台	按设计图示数量计算	1. 水箱本体及托架安装 2. 除氧器本体安装 3. 附件安装 4. 保温 5. 油漆
030310002	电动给水泵	1. 型号 2. 功率			1. 本体安装 2. 附件安装 3. 电动机安装 4. 油漆
030310003	循环水泵				
030310004	凝结水泵				
030310005	机械真空泵				
030310006	循环水泵房入口设备	1. 名称 2. 型号 3. 功率 4. 尺寸			1. 旋转滤网安装 2. 钢闸门安装 3. 清污机安装 4. 附件安装 5. 油漆

C.3.11　卸煤设备安装。工程量清单项目设置及工程量计算规则，应按表1-3-34的规定执行。

C.3.11　卸煤设备安装（编码：030311）　　**表1-3-34**

项目编码	项目名称	项目特征	计量单位	工程量计算规则	工程内容
030311001	抓斗	1. 型号 2. 跨度 3. 高度 4. 起重量	台	按设计图示数量计算	1. 构架安装 2. 行走机构安装 3. 抓斗安装 4. 附件安装 5. 平台扶梯制作、安装 6. 油漆
030311002	斗链式卸煤机	1. 型号 2. 规格 3. 输送量			1. 构架安装 2. 行走、传动机构安装 3. 斗链安装 4. 输送机构安装 5. 附件安装 6. 平台扶梯制作、安装 7. 油漆

C.3.12　煤场机械设备安装。工程量清单项目设置及工程量计算规则，应按表 1-3-35 的规定执行。

C.3.12　煤场机械设备安装（编码：030312）　　**表 1-3-35**

项目编码	项目名称	项目特征	计量单位	工程量计算规则	工程内容
030312001	斗轮堆取料机	1. 型号 2. 跨度 3. 高度 4. 装载量	台	按设计图示数量计算	1. 门座架安装 2. 行走机构安装 3. 皮带机安装 4. 取料机构安装 5. 液压机构安装 6. 油漆
030312002	门式滚轮堆取料机				1. 构架安装 2. 转动机构安装 3. 输送机安装 4. 取料机构安装 5. 检修用吊车安装 6. 油漆

C.3.13　碎煤设备安装。工程量清单项目设置及工程量计算规则，应按表 1-3-36 的规定执行。

C.3.13　碎煤设备安装（编码：030313）　　**表 1-3-36**

项目编码	项目名称	项目特征	计量单位	工程量计算规则	工程内容
030313001	反击式碎煤机	1. 型号 2. 功率	台	按设计图示数量计算	1. 本体安装 2. 电动机安装 3. 传动部件安装 4. 油漆
030313002	锤击式破碎机				
030313003	筛分设备	1. 型号 2. 规格			1. 本体安装 2. 电动机安装 3. 油漆

C.3.14 上煤设备安装。工程量清单项目设置及工程量计算规则，应按表 1-3-37 的规定执行。

C.3.14 上煤设备安装（编码：030314） **表 1-3-37**

项目编码	项目名称	项目特征	计量单位	工程量计算规则	工程内容
030314001	皮带机	1. 型号 2. 长度 3. 皮带宽度	m	按设备安装图示长度计算	1. 构架、托辊安装 2. 头部、尾部安装 3. 减速机安装 4. 电动机安装 5. 拉紧装置安装 6. 皮带安装 7. 附件安装 8. 扶手、平台 9. 油漆
030314002	配仓皮带机	1. 型号 2. 长度 3. 皮带宽度	m	按设备安装图示长度计算	1. 皮带机安装 2. 中间构架安装 3. 附件安装 4. 油漆
030314003	输煤转运站落煤设备	1. 型号 2. 质量	套	按设计图示数量计算	1. 落煤管安装 2. 落煤斗安装 3. 切换挡板安装 4. 传动装置安装 5. 油漆
030314004	皮带秤	1. 名称 2. 型号 3. 规格	套	按设计图示数量计算	1. 安装 2. 油漆
030314005	机械采样装置及除木器	1. 名称 2. 型号 3. 规格	套	按设计图示数量计算	1. 本体安装 2. 减速机安装 3. 电动机安装 4. 油漆
030314006	电动犁式卸料器	1. 型号 2. 规格	台	按设计图示数量计算	1. 犁煤器安装 2. 落煤斗安装 3. 电动推杆安装 4. 油漆
030314007	电动卸料车	1. 型号 2. 规格 3. 皮带宽度	台	按设计图示数量计算	1. 卸煤车安装 2. 减速机安装 3. 电动机安装 4. 电动推杆安装 5. 落煤管安装 6. 导煤槽安装 7. 扶梯、栏杆制作、安装 8. 油漆
030314008	电磁分离器	1. 型号 2. 结构形式 3. 规格	台	按设计图示数量计算	1. 本体安装 2. 附属设备安装 3. 附属构件安装

C.3.15　水力冲渣、冲灰设备安装。工程量清单项目设置及工程量计算规则，应按表1-3-38的规定执行。

C.3.15　水力冲渣、冲灰设备安装（编码：030315）　　**表 1-3-38**

<table>
<tr><th>项目编码</th><th>项目名称</th><th>项目特征</th><th>计量单位</th><th>工程量计算规则</th><th>工程内容</th></tr>
<tr><td>030315001</td><td>捞渣机</td><td rowspan="4">1. 型号
2. 出力（t/h）</td><td rowspan="6">台</td><td rowspan="10">按设计图示数量计算</td><td rowspan="2">1. 本体安装
2. 减速机安装
3. 电动机安装
4. 附件安装
5. 油漆</td></tr>
<tr><td>030315002</td><td>碎渣机</td></tr>
<tr><td>030315003</td><td>水力喷射器</td><td rowspan="3">1. 本体安装
2. 附件安装
3. 油漆</td></tr>
<tr><td>030315004</td><td>箱式冲灰器</td></tr>
<tr><td>030315005</td><td>砾石过滤器</td><td>1. 型号
2. 直径</td></tr>
<tr><td>030315006</td><td>空气斜槽</td><td>1. 型号
2. 长度
3. 宽度</td><td>1. 槽体、端盖板安装
2. 载气阀安装</td></tr>
<tr><td>030315007</td><td>灰渣沟插板门</td><td rowspan="3">1. 型号
2. 门孔尺寸（mm）</td><td rowspan="3">套</td><td rowspan="4">1. 本体安装
2. 内部组件安装
3. 电动机安装
4. 附件安装
5. 油漆</td></tr>
<tr><td>030315008</td><td>电动灰斗闸板门</td></tr>
<tr><td>030315009</td><td>电动三通门</td></tr>
<tr><td>030315010</td><td>锁气器</td><td>1. 型号
2. 出力（m^3/h）</td><td>台</td></tr>
</table>

C.3.16　化学水预处理系统设备安装。工程量清单项目设置及工程量计算规则，应按表1-3-39的规定执行。

C.3.16　化学水预处理系统设备安装（编码：030316）　　**表 1-3-39**

<table>
<tr><th>项目编码</th><th>项目名称</th><th>项目特征</th><th>计量单位</th><th>工程量计算规则</th><th>工程内容</th></tr>
<tr><td>030316001</td><td>反渗透处理系统</td><td>1. 型号
2. 出力（t/h）</td><td rowspan="2">套</td><td rowspan="2">按设计图示数量计算</td><td>1. 组件安装
2. 附属设备安装
3. 油漆</td></tr>
<tr><td>030316002</td><td>凝聚澄清过滤系统</td><td>1. 名称、型号
2. 规格
3. 出力（t/h）
4. 容积</td><td>1. 澄清器安装
2. 过滤器安装
3. 混合器安装
4. 水箱安装
5. 水泵、溶液泵安装
6. 计量箱、计量装置安装
7. 加热器安装
8. 油漆</td></tr>
</table>

C.3.17 锅炉补给水除盐系统设备安装。工程量清单项目设置及工程量计算规则，应按表1-3-40的规定执行。

C.3.17 锅炉补给水除盐系统设备安装（编码：030317） 表1-3-40

项目编码	项目名称	项目特征	计量单位	工程量计算规则	工程内容
030317001	机械过滤系统	1. 名称 2. 型号 3. 规格 4. 直径或容积(m^3) 5. 树脂高度	套	按设计图示数量计算	1. 机械过滤器安装 2. 水箱安装 3. 水泵安装 4. 鼓风机安装 5. 油漆
030317002	除盐加混床设备				1. 水箱和水泵安装 2. 计量箱、计量装置安装 3. 喷射器安装 4. 树脂预处理 5. 树脂装填 6. 油漆
030317003	除二氧化碳和离子交换设备	1. 型号 2. 出力（t/h） 3. 直径 4. 树脂高度			1. 除二氧化碳器安装 2. 混合器安装 3. 阴阳离子交换器安装 4. 再生罐安装 5. 树脂贮存罐安装 6. 油漆

C.3.18 凝结水处理系统设备安装。工程量清单项目设置及工程量计算规则，应按表1-3-41的规定执行。

C.3.18 凝结水处理系统设备安装（编码：030318） **表 1-3-41**

项目编码	项目名称	项目特征	计量单位	工程量计算规则	工程内容
030318001	凝结水处理设备	1. 名称 2. 型号 3. 规格 4. 出力（t/h） 5. 容积或直径	台	按设计图示数量计算	1. 设备及随设备供货的管、管件、阀门和本体范围内的平台、梯子、栏杆安装、填料 2. 随设备供货的配套设备、配件安装 3. 油漆 4. 灌水试运和水压试验 注：凝结水处理设备包括： 1. 离子交换器安装 2. 再生器安装 3. 过滤器安装 4. 树脂贮存罐安装 5. 树脂捕捉器安装 6. 树脂喷射器安装 7. 酸碱贮存罐安装 8. 计量箱安装 9. 吸收器安装 10. 水泵安装

C.3.19 循环水处理系统设备安装。工程量清单项目设置及工程量计算规则，应按表1-3-42的规定执行。

C.3.19 循环水处理系统设备安装（编码：030319） **表 1-3-42**

项目编码	项目名称	项目特征	计量单位	工程量计算规则	工程内容
030319001	循环水处理设备	1. 型号 2. 出力（规格） 3. 直径	台	按设计图示数量计算	1. 设备及随设备供货的管、管件、阀门和本体范围内的平台、梯子、栏杆安装 2. 随设备供货的配套设备、配件安装 3. 油漆 4. 灌水试运和水压试验 注：循环水处理及加药设备包括： 1. 钠离子软化器安装 2. 食盐溶解过滤器安装 3. 加药设备安装 4. 凝汽器铜管镀膜设备安装 5. 空压机安装 6. 起重设备安装 7. 油漆

C.3.20 给水、炉水校正处理系统设备安装。工程量清单项目设置及工程量计算规则，应按表1-3-43的规定执行。

C.3.20 给水、炉水校正处理系统设备安装（编码：030320） 表1-3-43

项目编码	项目名称	项目特征	计量单位	工程量计算规则	工程内容
030320001	给水、炉水校正处理设备	1. 型号 2. 出力（规格） 3. 容积或直径	台	按设计图示数量计算	1. 设备及随设备供货的管、管件、阀门和本体范围内的平台、梯子、栏杆安装 2. 随设备供货的配套设备、配件安装 3. 油漆 4. 灌水试运和水压试验 注：给水、炉水校正处理设备包括： 1. 汽水取样设备安装 2. 炉内水处理装置安装 3. 药液的制备、计量设备安装 4. 输送泵安装 5. 油漆

C.3.21 低压锅炉本体设备安装。工程量清单项目设置及工程量计算规则，应按表1-3-44的规定执行。

C.3.21 低压锅炉本体设备安装（编码：030321） 表1-3-44

项目编码	项目名称	项目特征	计量单位	工程量计算规则	工程内容
030321001	成套整装锅炉	1. 结构形式 2. 蒸汽出率（t/h） 3. 供热量（MW/h）	台	按设计图示数量计算	1. 锅炉本体安装 2. 附属设备安装 3. 管道、阀门、表计安装 4. 保温 5. 油漆
030321002	散装和组装锅炉				1. 钢炉架安装 2. 汽包、水冷壁、过热器安装 3. 省煤器、空气预热器安装 4. 本体管路、吹灰器安装 5. 炉排、门、孔安装 6. 平台扶梯制作、安装 7. 炉墙砌筑 8. 保温 9. 油漆 10. 水压试验、酸洗 11. 烘炉、煮炉

C.3.22　低压锅炉附属及辅助设备安装。工程量清单项目设置及工程量计算规则，应按表1-3-45的规定执行。

C.3.22　低压锅炉附属及辅助设备安装（编码：030322）　　表1-3-45

项目编码	项目名称	项目特征	计量单位	工程量计算规则	工程内容
030322001	除尘器	1. 名称 2. 型号 3. 规格 4. 质量	台	按设计图示数量计算	1. 本体安装 2. 附件安装 3. 油漆
030322002	水处理设备	1. 型号 2. 出力（t/h）	台	按系统设计清单和设备制造厂供货范围计算	1. 浮动床钠离子交换器或组合式水处理设备的本体安装 2. 内部组件安装 3. 附件安装 4. 填料 5. 设备灌水试运及水压试验 6. 油漆
030322003	板式换热器	1. 型号 2. 质量	台	按设计图示数量计算	1. 本体安装 2. 管件、阀门、表计安装 3. 保温
030322004	输煤设备（上煤机）	1. 结构形式 2. 型号 3. 规格	台	按设计图示数量计算	1. 本体安装 2. 附属部件安装 3. 油漆
030322005	除渣机	1. 型号 2. 输送长度 3. 出力（t/h）	台	按设计图示数量计算	1. 本体安装 2. 机槽安装 3. 传动装置安装 4. 附件安装 5. 油漆
030322006	齿轮式破碎机	1. 型号 2. 辊齿直径	台	按设计图示数量计算	1. 本体安装 2. 润滑系统安装 3. 液压管路安装 4. 附件安装 5. 油漆

C.3.23 其他相关问题，应按下列规定处理：

1.“热力设备安装”适用于130t/h以下的锅炉和2.5万kW（25MW）以下的汽轮发电机组的设备安装工程及其配套的辅机、燃料、除灰和水处理设备安装工程。

2.中、低压锅炉的划分：蒸发量为35t/h的链条炉和蒸发量为75t/h及130t/h的煤粉炉为中压锅炉，蒸发量为20t/h及以下的燃煤、燃油（气）锅炉为低压锅炉。

3.通用性机械应按C.1中机械设备安装工程项目编码列项。

1）锅炉风机安装项目除了中压锅炉送、引风机外，还包括其他风机安装。

2）汽轮发电机系统的泵类安装项目除了电动给水泵、循环水泵、凝结水泵、机械真空泵外，还包括其他泵的安装。

3）起重机械设备安装，包括汽机房桥式起重机等。

4）柴油发电机和压缩空气机安装。

5）锅炉点火燃油系统的卸油设备、油泵、加热器、油过滤器、油罐和污油箱安装。

4.各系统的管道安装，除了由设备成套供应的管道和包括在设备安装工程内容中的润滑系统管道以外，应按C.6中工业管道工程项目编码列项。

5.锅炉重型炉墙的耐火砖砌筑应按C.4中炉窑砌筑工程项目编码列项。

6.中压锅炉安装“工程内容”中各部分的范围如下：

1）钢炉架安装：燃烧室的立柱、横梁及连接件安装；尾部对流井的立柱、横梁及连接件安装。

2）汽包安装：汽包及其内部装置安装；外置式汽水分离器及连接管道安装；底座或吊架制作安装；保温。

3）水冷系统安装：水冷壁组件安装；联箱安装；降水管、汽水引出管安装；支吊架、支座、固定装置安装；刚性梁及其连接件安装；炉水循环泵系统安装。

4）过热系统安装：蛇形管排及组件安装；顶棚管、包墙管安装；联箱、减温器、蒸汽联络管安装；联箱支座或吊杆、管排定位或支吊铁件安装；刚性梁及其连接件安装。

5）省煤器安装：蛇形管排组件安装；包墙及悬吊管安装；联箱、联络管安装；联箱支座、管排支吊铁件安装；防磨装置安装；管系支吊架安装；保温。

6）空气预热器安装：设备供货范围内的部（组）件安装；检修平台安装；保温；油漆。

7）本体管路系统安装：锅炉本体设计图范围内属制造厂定型设计的系统管道安装；阀门、管件、计量表安装；支吊架安装；吹灰器安装；保温；油漆。

8）本体金属结构安装：锅炉本体的金属构件安装；保温；油漆。

9）本体平台、扶梯安装：锅炉本体设备成套供应的平台、扶梯、栏杆及围护板安装；除锈；油漆。

10）炉排及燃烧装置安装：35t/h炉的炉排、传动机组件安装；煤粉炉的燃烧器、喷嘴、点火油枪安装；保温。

11）除渣装置安装；除渣室安装；渣斗水封槽安装；链条炉的碎渣机、输灰机安装。

12）锅炉酸洗：酸洗设备安装；酸洗管路的配制、安装及拆除；永久性设备恢复；废液处理。

13）锅炉水压试验：锅炉本体及其汽水系统的水压试验；水压试验用临时管系的安

装、拆除；设备恢复。

14）锅炉风压试验：锅炉本体燃烧室风压试验；尾部烟道风压试验；空气预热器风压试验。

15）烘炉、煮炉、蒸汽严密性试验及安全门调整。

16）本体油漆：钢架、各种结构、平台扶梯及金属外墙皮的油漆。

三、热力设备安装工程编制注意事项

（一）概述

本章包括中压锅炉的本体安装，附属机械、专用辅助设备安装，汽轮发电机本体安装及附属机械设备安装，汽轮机辅助设备安装，燃料供应设备、水处理专用设备安装，炉墙砌筑，低压锅炉（工业与民用锅炉）本体及附属、辅助设备安装，共设置了23节90个清单项目。适用于130t/h以下的锅炉和25MW汽轮发电机组安装工程的工程量清单项目的设置与计量。

（二）工程量清单项目设置

1.C.3.1　中压锅炉本体设备安装试运

(1) 本节内容：包括钢炉架、汽包、水冷系统、过热系统、省煤器、空气预热器、本体管路系统、各种金属结构、本体平台扶梯、炉排燃烧装置、除尘装置安装，水压试验、风压试验、锅炉酸洗、烘煮炉、蒸汽严密性试验、安全门调整、本体油漆。

(2) 适用范围：适用于中压锅炉上述本体设备安装和试压试运工程量清单的编制与计价。

(3) 清单项目的设置与计量：中压锅炉（指本体设备的）的特征，指该锅炉的型号、规格（蒸汽出率t/h）、结构形式（链条炉、煤粉炉），所以清单项目设置就按其名称、型号、规格（出力）设置。

计量单位为台，计算规则均按设计图示的数量计算。

本节的项目设置和计量非常简单、直观，无需举例说明。

2.C.3.2　中压锅炉风机安装

(1) 本节内容：离心式引风机、离心式送风机和离心式排粉机安装。

(2) 适用范围：适用于上述风机安装工程量清单项目的设置与计量。

(3) 清单项目的设置与计量：依据设计图示的工程内容（指各种风机），对应附录C.3.2送、引风机的项目特征：用途、名称、型号、规格设置项目名称。对应编码(030303001)和“工程内容”，将工程内容中要求承包方完成的工作详细描述清楚。

3.C.3.3　中压锅炉风机安装

(1) 本节内容：中压锅炉的辅助设备——除尘器的安装，包括水膜式、旋风子式、多管式、文丘里式捕滴管安装。

(2) 适用范围：适用于各式除尘器安装工程量清单项目的设置与计量。

(3) 清单项目的设置与计量：依据设计图示的内容，对应附录C.3.3项目特征：名称、型号、结构形式、筒体直径来设置项目名称、名称型号及结构形式，直观、简单。如“水膜式除尘器，金属筒体ϕ3100”。将工程内容描述在项目之下。

计量单位为台，计算规则按设计图示数量计算。

4.C.3.4　中压锅炉制粉系统安装

(1) 本节内容：中压锅炉制粉系统设备安装，包括磨煤机、给煤机、叶轮给粉机、螺旋输粉机安装。

(2) 适用范围：适用于制粉系统上述设备安装的工程量清单的编制与计量。

(3) 清单项目设置与计量：依据表 1-3-27 项目特征：名称、型号、出力（规格），实体本身的名称就是项目名称，所以只要规格表述好，项目的设置是不难的。而对项目的描述，则要下点功夫，如工程内容一栏，有 8 个内容：①本体安装；②传动设备、电动机安装；③附属设备安装；④油系统安装及油管路酸洗；⑤钢球磨煤机加钢球；⑥平台、扶梯、栏杆及围棚制作、安装；⑦密封风机安装；⑧油漆。项目的描述越详细越有利于计价。

计量单位为台，计算规则按设计图示数量计算。

5.C.3.5　中压锅炉烟、风煤管道安装

(1) 本节内容：中压锅炉的风道（冷、热风）烟道、制粉管道、送粉管道、原煤管道安装。

(2) 适用范围：适用于上述内容的工程量清单的编制与计价。

(3) 清单项目设备与计量：本节项目特征均为管道断面尺寸和管壁厚度。管道安装的实体名称（风道、烟道、制粉、送粉管道等）均为项目名称，所以项目设置时，只在名称后面表述管道的截面尺寸和壁厚即可。计量单位为“t”，计算规则按设计图示重量计算。

(4) 相关说明：清单项目的工程内容描述中，对油漆要注明油漆名称和技术要求，保温要注明保温材料和技术要求。

本节的管道项目划分，不是按材质、规格简单划分，而是按功能划分为：烟道；热风道；冷风道；制粉管道；送粉管道；原煤管道。

所有项目均从第十位到十二位这三位码设置，按管径、保温材质、厚度的不同分别列项编码。

6.C.3.6　中压锅炉其他辅助设备安装

(1) 本节内容：包括扩容器、排汽消声器、暖风器、测粉装置、煤粉分离器的安装工程。

(2) 适用范围：适用于中压锅炉的上述辅助设备安装工程量清单的编制与计价。

(3) 清单项目的设置与计量：

1) 扩容器分为排污扩容器和疏水扩容器，排污扩容器又分为定期排污和连续排污两种，它们的特征均体现在名称、型号和规格上。排污扩容器的规格以直径区分，疏水扩容器则以容积区分。清单项目就以其名称（型号）和规格来设置。

2) 排汽消声器，这里单指多孔多次转折式，在特征一栏中的“结构类型”即指消声器，也可通过名称来体现，其规格按中、高压和重量来分别设置清单项目。

3) 煤粉分离器的特征“结构类型”指粗粉和细粉之别。

上述清单项目均以台为计量单位，按设计图示数量计算。

4) 测粉装置按“标尺比例”不同设置清单项目。以套为计量单位，按图示数量计算。

参照表 1-3-29 的工程内容，对清单项目应做的工作内容应予以描述，作为报价的依据。

7.C.3.7　中压锅炉墙砌筑

（1）本节的内容：中压锅炉的炉墙砌筑。

（2）适用范围：适用于敷管式、膜式水冷壁炉墙和框架式炉墙的砌筑、浇筑和填塞。

（3）清单项目的设置与计量：本清单项目名称是一个统称，没有指出炉墙种类。在设置清单项目名称时，首先要注明炉墙种类，即敷管式水冷壁、膜式水冷壁炉墙、框架式炉墙。可按表1-3-30特征：①砌筑材料名称、规格；②砌筑厚度；③保温制品名称及厚度；④填塞材料名称、规格来表述。

本节均以“m^2”为计量单位。计算规则按设计图示的设备表面尺寸以面积计算。

（4）相关说明：清单项目设置后，除了按项目特征表述外，还要参照表1-3-30的工程内容，结合设计要求，对该清单项目应完成的工作进行描述，为报价提供依据。

炉墙砌筑的工程内容包括炉底处理、炉顶砌筑、炉墙中局部浇筑和炉墙填塞。

8.C.3.8　汽轮发电机组本体安装

（1）本节内容：汽轮发电机组本体设备安装工程清单项目。

（2）适用范围：适用于汽轮发电机组本体设备安装工程清单项目的设置与计价。

（3）清单项目的设置与计量：本节项目特征有：①汽轮机的结构形式和型号；②发电机型号及机组容量（MW）；③本体管道质量。其中汽轮机的结构形式应注明背压或抽气式。按以上三个特征分别设置清单项目，要表述本体管道的重量。

计量单位为组，计算规则按设计图示数量计算。

（4）相关说明：汽轮发电机组的安装工程内容较复杂，因此，应注意对该清单项目的描述。它的工程内容应包括汽轮机安装、发电机与励磁机安装、主体管道安装及机组的空负荷试运。

9.C.3.9　汽轮发电机辅助设备安装

（1）本节内容：包括凝汽器、加热器、抽气器、油箱和油系统设备安装工程。

（2）适用范围：适用于汽轮发电机的上述辅助设备安装工程量清单的编制与计价。

（3）清单项目的设置与计量：本节清单项目的一个特点是名称与特征中的结构类型可以取而代之，即只要把名称表述详细一点本身就体现了结构的特征，如编码030310002加热器，从结构类型看它分为高压加热器、低压加热器和其他加热器，在“加热器”名称前加上高压或低压或其他名称时就是项目名称。除此之外，凝汽器项目还要表述冷凝面积，加热器项目还要表述加热面积，油箱清单项目还要表述油箱容积。编码030310004项目油系统设备还包括冷油器，要表述其冷却面积等。

本节计量单位均为台，计算规则按设计图示数量计算。

（4）关于清单项目的描述：参考C.3.9中的工程内容，结合设计要求，对应完成的工程，结合表1-3-32中的工程内容加以描述，作为投标报价的依据，要求描述既扼要又全面。

10.C.3.10　汽轮发电机附属设备安装

（1）本节内容：包括除氧器及水箱、电动给水泵、循环水泵、凝结水泵、机械真空泵、循环水泵房入口设备安装。

（2）适用范围：适用于汽轮发电机组的上述附属设备安装工程量清单的编制与计价。

（3）清单项目设置与计量：按C.3.10的项目特征设置清单项目。

本节各项的计量单位均为台，计算规则均按设计图示数量计算。

11.C.3.11　卸煤设备安装

(1) 本节内容：包括桥式抓斗（桁架式龙门抓斗、箱式龙门抓斗）和斗链式卸煤机安装。

(2) 适用范围：适用于上述卸煤设备安装工程量清单项目的设置与计价。

(3) 清单项目的设置与计量：按附录 C.3.11 的项目特征：名称、型号、跨度、高度、起重量设置项目，均以“台”为单位，计算规则按设计图示数量计算。

12.C.3.12　煤场机械设备安装

(1) 本节内容：包括斗轮堆取料机、门式滚轮堆取料机安装。

(2) 适用范围：适用于上述煤场机械安装工程量清单项目的设置与计价。

13.C.3.13　碎煤设备安装

(1) 本节内容：包括反击式碎煤机、锤击式破碎机、筛分设备安装。

(2) 适用范围：适用于上述碎煤设备安装工程量清单项目的设置与计价。

14.C.3.14　上煤设备安装

(1) 本节内容：包括皮带机、配仓皮带机、输煤转运站落煤设备、皮带秤、机械采样装置及除木器、电动犁式卸料器、电动卸料车、电磁分离器等安装。

(2) 适用范围：适用于上述上煤设备的安装工程量清单项目的设置与计价。

15.C.3.15　水力冲渣、冲灰设备安装

(1) 本节内容：包括捞渣机、碎渣机、水力喷射器、箱式冲灰器、砾石过滤器、空气斜槽、灰渣沟插板门、电动灰斗闸板门、电动三通门、锁气器安装。

(2) 适用范围：适用于上述水力冲渣、冲灰设备安装工程量清单项目的设置与计价。

16.C.3.16　化学水预处理系统设备安装

(1) 本节内容：包括反渗透处理系统设备、凝聚澄清过滤系统设备安装。

(2) 适用范围：适用于电厂化学水预处理系统的上述设备安装工程量清单项目的设置与计价。

(3) 清单项目的设置与计量：本节的各清单项目名称均为各系统的各种设备的统称，不是实体设置的名称，所以在设置清单项目时，要以具体设备的名称和特征来表述。如编码 030317002 凝聚澄清过滤系统，它包括澄清器、过滤器、混合器、水箱、水泵、溶液泵、计量箱、计量装置、加热器安装。设置清单项目时，应为：澄清器安装 50t/h；过滤器安装 $\phi1000$；混合器安装 $\phi1000$；水箱安装 $100m^3$；水泵器安装（型号、规格）；溶液泵器安装（型号、规格）；计量箱安装 $3m^3$；计量装置安装（型号、规格）；加热器安装（型号、规格）。

本节各清单项目的计量单位均为台，计算规则按设计图示数量计算。

(4) 关于清单项目描述：按设计要求结合附录 C.3.16 中的工程内容，对需完成的工作加以描述。

17.C.3.17　锅炉补给水除盐系统设备安装

(1) 本节内容：包括机械过滤系统安装、除盐加混床设备安装、除二氧化碳和离子交换设备安装。

(2) 适用范围：适用于锅炉补给水除盐系统上述设备安装工程量清单项目的设置与计价。

(3) 清单项目的设置与计量：本节项目名称均为某一系统的各种设备的统称，不是某实体（设备）的名称，所以在设置清单项目时一定要用具体设备的名称和特征来表述。如编码030318003除二氧化碳和离子交换设备安装，从附录C.3.17工程内容看，它包括了除二氧化碳器安装外还有混合器、阴阳离子交换器、再生罐、树脂贮存罐的安装及设备的油漆工作。在清单项目设置时，就要按具体设备和其特征来设置。如：除二氧化碳器（直径、填料高度）安装；混合器（容积）安装；阴阳离子交换器（直径、树脂高）安装；再生罐（直径）安装；树脂贮存罐（直径）安装。本节的计量单位均为台，计算规则按设计图示数量计算。

18.C.3.18 凝结水处理系统设备安装

(1) 本节内容：包括离子交换器、再生器、过滤器、树脂贮存罐、树脂捕捉器、树脂喷射器、酸碱贮存罐、计量箱、吸收器、水泵等的安装和设备油漆。

(2) 适用范围：适用于凝结水处理系统上述设备的安装工程量清单项目的设置与计价。

(3) 清单项目的设置与计量：本节项目名称"凝结水处理设备"为凝结水处理系统各种设备的统称，不是某设备实体的名称，所以在设置清单项目时，要以具体设备的名称和其特征来表述。如：离子交换器 ϕ 1250 树脂高 1.6m；再生器；过滤器；树脂贮存罐；树脂捕捉器 ϕ 219；树脂喷射器；酸碱贮存罐；计量箱；喷射器（吸收器）；水泵。

本节各清单项目的计量单位均为台，计算规则按设计图示数量计算。

19.C.3.19 循环水处理及加药设备

(1) 本节内容：包括钠离子软化器，食盐溶解过滤器、加药设备、凝汽器钢管镀膜设备、空压机、起重设备安装。

(2) 适用范围：适用于中压锅炉循环水处理的上述设备安装工程量清单项目的设置与计价。

(3) 清单项目的设置与计量：清单项目的设置需按附录C.3.19的项目特征栏中的相关内容设置。其中钠离子软化器和食盐溶解过滤器的规格均以设备直径表述。而加药设备大多为非标准设备，按设计标示表述其规格。凝汽器铜管镀膜设备亦按设计标示表述其规格。

本节各清单项目的计量单位均为台，计算规则按设计图示数量计算。

20.C.3.20 给水、炉水校正处理系统处理设备安装

(1) 本节内容：包括汽水取样设备、炉内水处理装置、药液的制备装置、药液计量设备、输送泵安装。

(2) 适用范围：适用于中压锅炉的给水、炉水校正处理系统的上述设备安装工程量清单项目的设置与计价。

(3) 清单项目的设置与计量：本节项目名称为该系统的各种设备的统称，不是某实体（设备）的名称，所以在设置清单项目时，一定要用具体设备的名称，结合附录C.3.20的项目特征（型号、出力、容积或直径）来表述项目名称。如：取样器安装；水处理装置安装；药液制备装置安装；药液计量设备安装；输药泵安装。

设备的型号、出力、容积按设计标示填写。

各项目的计量单位均为台，计算规则按设计图示数量计算。

(4) 清单项目的描述：按设计要求或验收规范，结合附录 C.3.20 的工程内容描述应完成的工程内容。

21.C.3.21　低压锅炉本体设备安装

(1) 本节内容：包括成套整装锅炉和散装、组装锅炉安装。

(2) 适用范围：成套整装锅炉（指厂家成套整体供货的常压、立式生活锅炉和快装锅炉)、散装锅炉（指厂家按锅炉本体的钢架、汽包、水冷壁、过热器、省煤器、空气预热器、本体管路等部件的成品、半成品供货、现场组装的供热锅炉或电厂用启动锅炉)、组装锅炉（指厂家按锅炉本体分为上、下两大组件供货的蒸汽、热水燃煤锅炉）安装工程量清单项目的设置与计价。

(3) 清单项目的设置与计量：在表 1-3-44 的项目特征中有：结构形式；蒸汽出率（t/h)；供热量（MW/h)。

这里的结构形式是指成套整装锅炉（包括立式或快装锅炉)，散装锅炉和组装锅炉。在设置清单项目时一定要区别表述，并按其型号标明蒸汽出力和供热量。

本节各清单项目的计量单位均为“台”，按设计图示的数量计算工程量。

22.C.3.22　低压锅炉附属及辅助设备安装

(1) 本节内容：包括除尘器、水处理设备、板式换热器、输煤（上煤机）除渣机、齿轮式破碎机安装。

(2) 适用范围：适用于低压锅炉的上述附属及辅助设备安装工程量清单项目的设置与计价。

(3) 清单项目的设置与计量；清单项目设置必须按表 1-3-45 的项目特征栏中的相关内容设置，名称、型号、规格等必须明确。如编码 030323002 水处理设备，就要依据设计图明确表述其项目名称，是浮动床离子交换器安装（或者是组合式水处理设备)，其规格用软化水产量（t/h）也称“出力”表述。

对该清单项目的描述也很重要，它是投标报价的依据，所以要按设计和施工与验收规范的要求，结合表 1-3-45 工程内容栏的内容，对该项目名称详细描述。如上述 030323002 的描述：钠离子交换器本体安装（包括内部组件)；附件安装；填料；设备灌水试运及水压试验；油漆。

除上述内容外，如果还有需要承包商做的，亦必须予以描述，作为报价的依据。

23.C.3.23　与本章相关问题，应按下列规定处理

(1) 中、低压锅炉的划分：蒸发量为 35t/h 的链条炉和蒸发量为 75t/h 及 130t/h 的煤炉为中压锅炉，蒸发量为 20t/h 及以下的燃煤、燃油（气）锅炉为低压锅炉。

(2) 通用机械设备应按本附录 C.1 相关规定编制清单。

1) 锅炉风机安装项目指除了中压锅炉送、引风机外，还包括其他风机安装。

2) 汽轮发电机系统的泵类安装项目指除了电动给水泵、循环水泵、凝结水泵、机械真空泵外，还包括其他泵的安装。

3) 起重机械设备安装，包括汽机房桥式起重机等。

4) 柴油发电机和压缩空气机安装。

5) 锅炉点火燃油系统的卸油设备、油泵、加热器、油过滤器、油罐和污油箱安装。

(3) 各系统的管道安装，除了由设备成套供应的管道和包括在设备安装工程内容中的

润滑系统管道以外，应按本附录 C.6 工业管道工程的规定编制清单。

(4) 锅炉重型炉墙的耐火砖砌筑应按附录 C.4 炉窑砌筑工程的规定编制清单。

第四节 炉窑砌筑工程

一、炉窑砌筑工程制图

(一) 图样布置

1. 在同一张图纸上，如绘制几个图样时，图样的顺序，宜按主次关系从左至右依次排列。

2. 每个图样，一般匀应标注图名，图名宜标注在图样的下方或一侧，并在图名下绘一粗横线，其长度应以图名所占长度为准。使用详图符号作为图名时，符号下不画粗横线。

3. 分区绘制的建筑平面图，应绘制组合示意图，指出该区在建筑平面中的位置。各分区图样的分区部位及编号均应一致，并应与组合示意图（见图 1-4-1）一致。

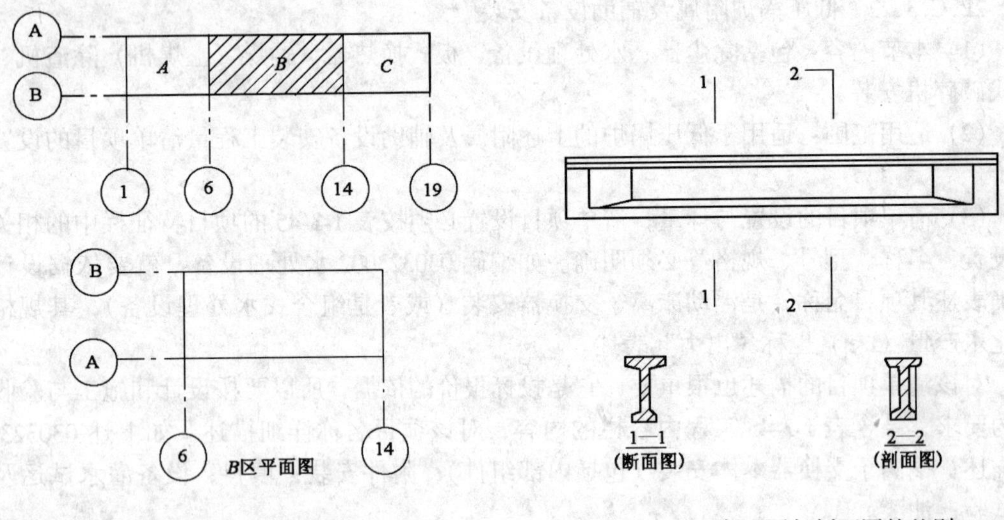

图 1-4-1 组合示意图

图 1-4-2 断面图与剖面图的差别

4. 同一工程不同专业的总平面图，在图纸上的布图方向均应一致；个体建（构）筑物平面图在图纸上的布图方向，必要时可与其在总平面图上的布图方向不一致，但必须标明方位；不同专业的个体建（构）筑物的平面图，在图纸上的布图方向均应一致。

5. 立面的某些部分，如与投影面不平行（圆形、折线形、曲线形等），可将该部分伸展至与投影面平行，再以直接正投影法绘制，并应在图名后注写“展开”字样。

(二) 断面图与剖面图

1. 断面图内只宜画出剖切面切到部分的图形；剖面图内除应画出断面图形外，还应画出沿投影方向看到的部分（见图 1-4-2）。

2. 剖（断）面图，应按下列方法剖切后绘制：

(1) 用一个剖切面剖切（见图 1-4-3*a*）。

(2) 用两个或两个以上平行的剖切面剖切（见图 1-4-3*b*）。

(3) 用两个或两个以上相交的剖切面剖切（见图 1-4-3c）。用此法剖切时，应在剖面图的图名后加注“展开”字样。

3. 分层剖切剖面图，应按层次以波浪线将各层隔开，波浪线不应与任何图线重合（见图 1-4-4）。

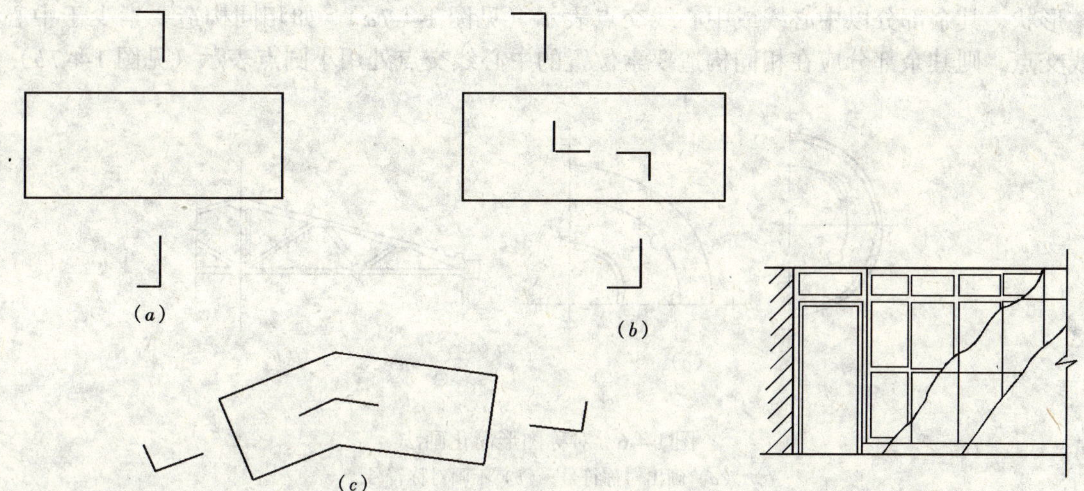

图 1-4-3　剖（断）面

(a) 一个剖切面剖切；(b) 两个平行的剖切面剖切；(c) 两个相交的剖切面剖切

图 1-4-4　分层剖切剖面图

4. 断面图宜按顺序依次排列（见图 1-4-5a），杆件的断面图也可绘制在靠近杆件的端部处或中断处（图 1-4-5b）。结构梁板断面图可画在结构布置图上（见图 1-4-5c）。

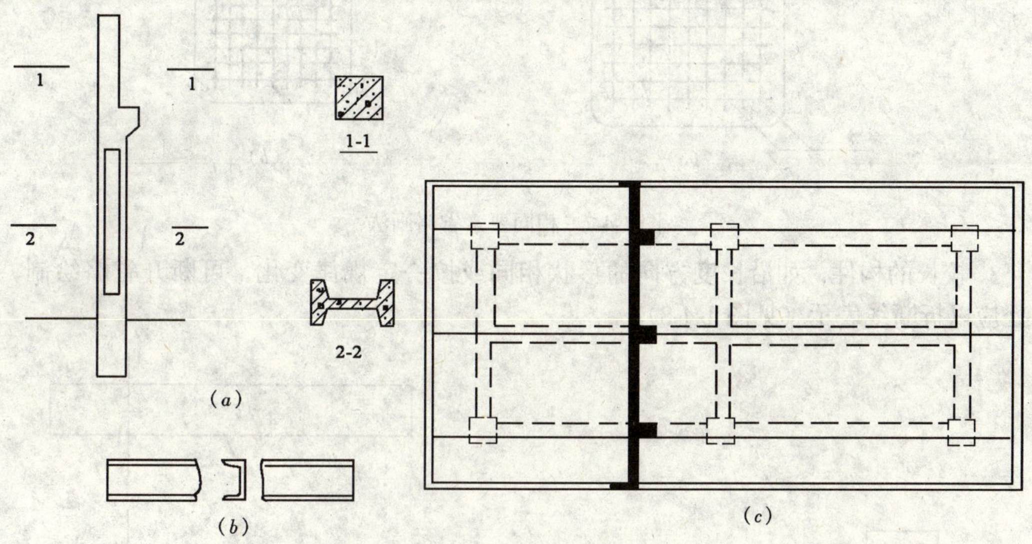

图 1-4-5　断面图

(a) 断面图按顺序排列；(b) 断面图画在杆件中断处；(c) 断面图画在布置图上

(三) 简化画法

1. 构配件的对称图形，可只画该图形的一半，并画出对称符号（见图 1-4-6a）。也可稍超出图形的对称线，此时不宜画对称符号（见图 1-4-6*b*）。

对称的形体，需画剖（断）面图时，也可以对称符号为界，一半画外形图，一半画剖（断）面图。

2. 构配件内多个完全相同而连续排列的构造要素，可仅在两端或适当位置画出其完整形状，其余部分以中心线或中心线交点表示（见图 1-4-7*a*）。如相同构造要素少于中心线交点，则其余部分应在相同构造要素位置的中心线交点处用小圆点表示（见图 1-4-7*b*）。

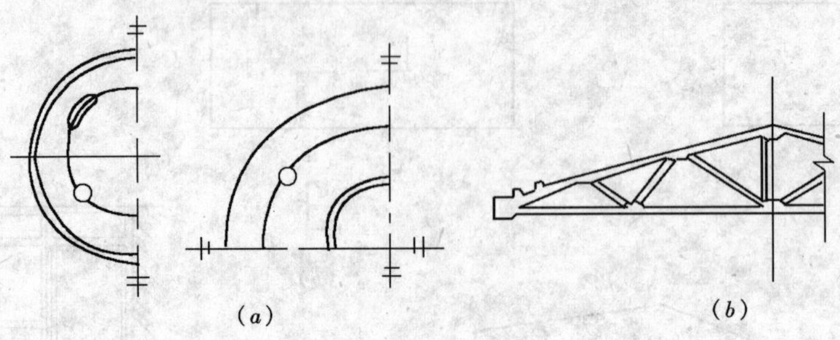

图 1-4-6　对称图形简化画法

（*a*）画出对称符号；（*b*）不画对称符号

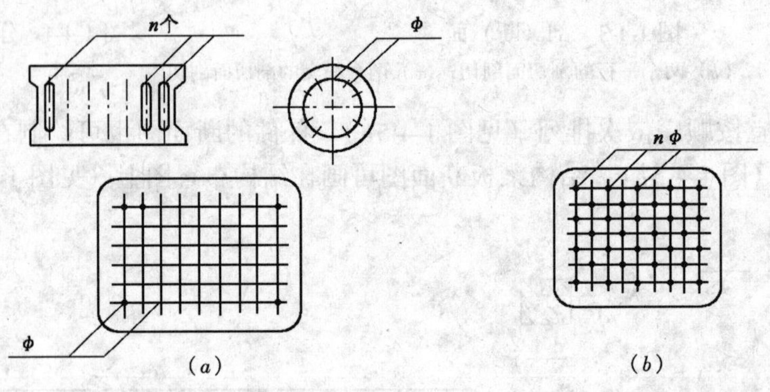

图 1-4-7　相同要素省略画法

3. 较长的构件，如沿长度方向的形状相同或按一定规律变化，可断开省略绘制，断开处应以折断线表示（见图 1-4-8）。

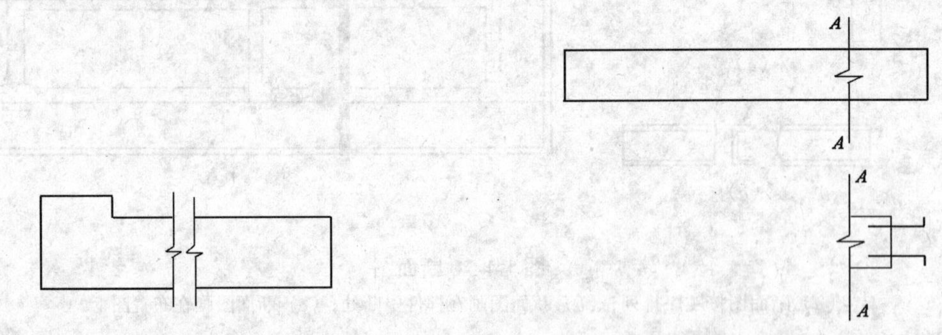

图 1-4-8　折断省略画法　　　　图 1-4-9　构件局部不同省略画法

4. 一个构配件，如绘制位置不够，可分成几个部分绘制，并应以连接符号表示相连。

5. 一个构配件，如与另一构配件仅部分不相同，该构配件可只画不同部分，但应在两个构配件的相同部分与不同部分的分界线处分别绘制连接符号，两个连接符号应对准在同一线上（见图 1-4-9）。

（四）轴测图

1. 房屋建筑的轴测图，应采用下列轴测投影法绘制：

（1）正等轴测法（简称正等测），见图 1-4-10（*a*）；

（2）正二等轴测法（简称正二测），见图 1-4-10（*b*）；

（3）正面斜轴测法（包括斜等轴测和斜二轴测），见图 1-4-10（*c*）；

（4）水平斜轴测（包括水平斜等测和水平斜二测），见图 1-4-10（*d*）。

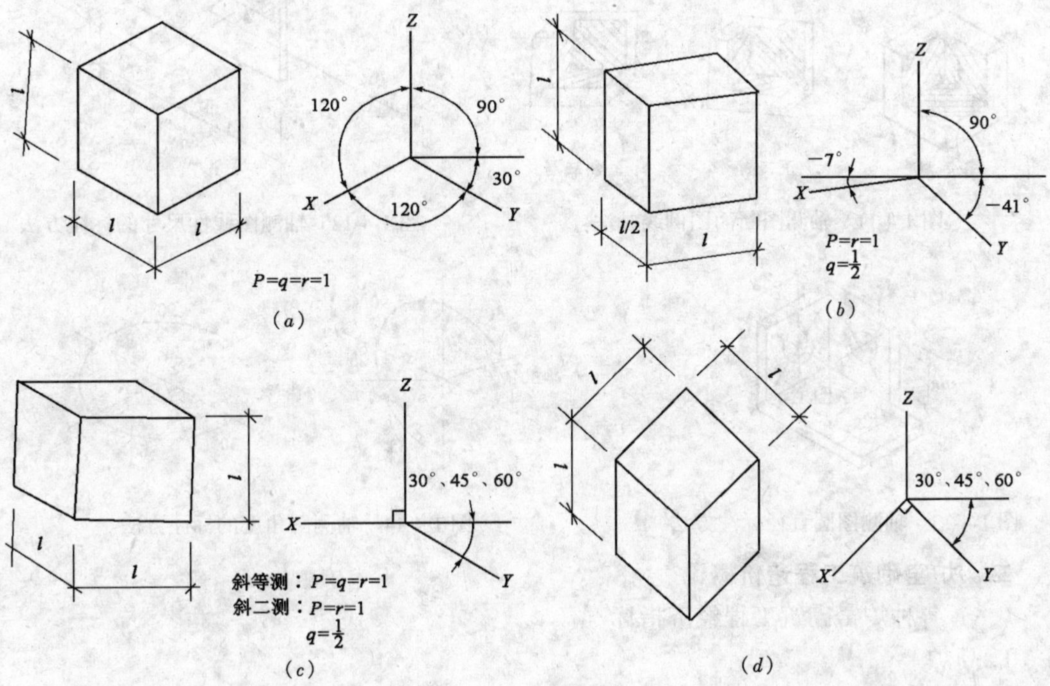

图 1-4-10　轴测图

（*a*）正等轴测图画法；（*b*）正二等轴测图画法；（*c*）正面斜轴测图画法；（*d*）水平斜轴测图画法

2. 轴测图的轮廓线，可见轮廓线宜用中粗实线绘制，断面轮廓线宜用粗实线绘制，不可见轮廓线一般不绘出，必要时，可用细虚线绘出所需部分。

3. 轴测图的断面上应绘出其材料图例线，图例线应按其断面所在坐标面的轴测方向绘制。如以 45°斜线为材料图例线时，其画法如图 1-4-11 所示。

4. 轴测图的线性尺寸，应标注在各自所在的坐标面内，尺寸线应与被注长度平行，尺寸界线应平行于相应的轴测轴，尺寸数字的方向应平行于尺寸界线，如出现字头向下倾斜时，应将尺寸线断开，在尺寸线断开处水平方向注写尺寸数字。轴测图的尺寸起止符号宜用小圆点（见图 1-4-12）。

5. 轴测图中的圆直径尺寸，应标注在圆所在的坐标内；尺寸线与尺寸界线应分别平行于各自的轴测轴。圆弧半径和小圆直径尺寸也可引出标注，但尺寸数字应注写在平行于轴测轴的引线上（见图 1-4-13）。

6. 轴测图的角度尺寸，应标注在该角所在的坐标面内，尺寸线应画成相应的椭圆弧。必要时，也可用适当的圆弧代替。尺寸数字应水平方向注写（见图 1-4-14）。

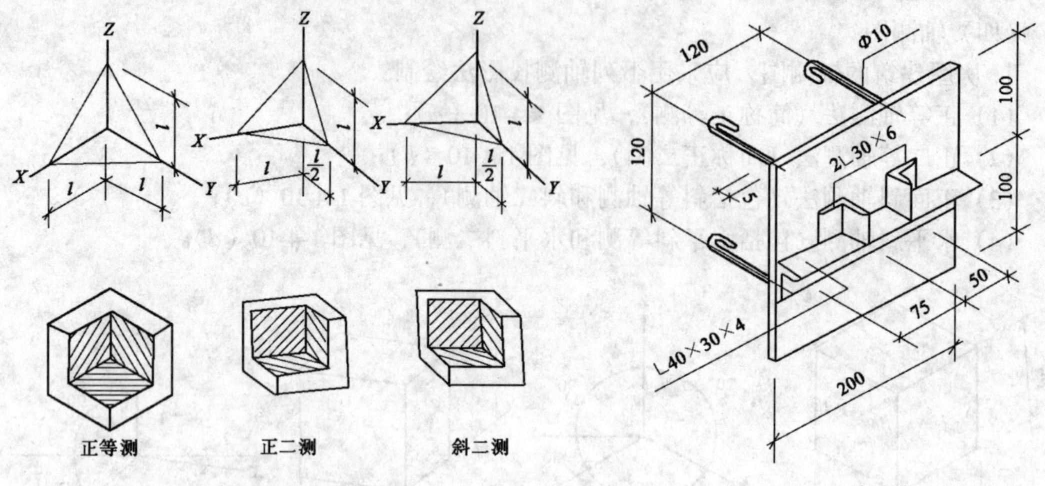

图 1-4-11　轴测图断面图例线画法

图 1-4-12　轴测图线性尺寸的标注方法

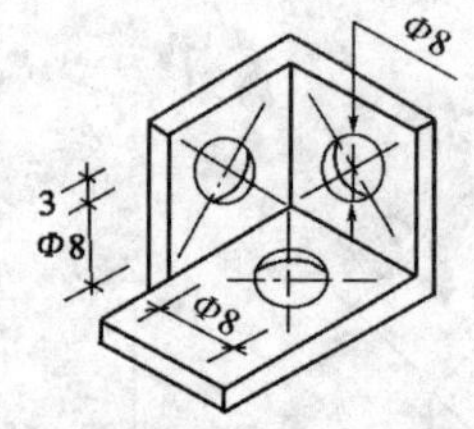

图 1-4-13　轴测图圆直径标注方法

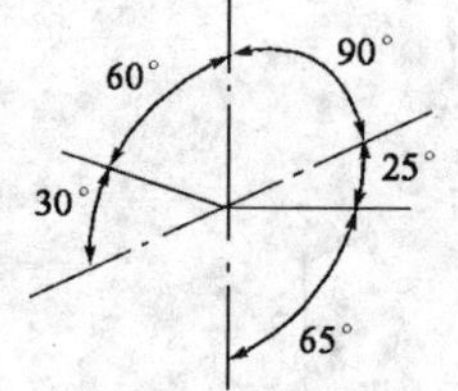

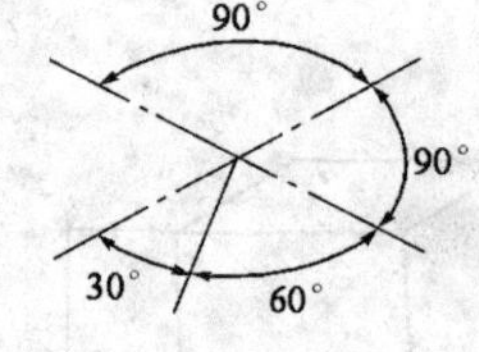

图 1-4-14　轴测图角度的标注方法

二、炉窑砌筑工程造价概论

（一）各种炉窑砌筑工程经济指标

1. 高炉

高炉是炼铁炉，炉体竖立且高。小型高炉炉体全高（不含上升管）20 余米，大型高炉近 50m。炉体按其形体和作用，可划分为炉喉、炉身、炉腰、炉股、炉缸和炉底。

炉料（铁矿石料、石灰石、焦炭）从炉顶通过炉喉装入炉内，由风口送入热风炉热风，促进炉内炉料在高温下进行放热、吸热的冶炼过程。废气、煤气上升进入上升管，铁矿石熔化积聚于炉缸，渣液上浮，铁水下沉，分别于渣口、铁口排出炉体外（也有不设渣口的高炉）。

高炉大小，以炉喉下线至炉缸底的有效容积而定。国内在 20 世纪 70 年代定为 250m^3 以下称小型，620 ~ 251m^3 称中型，1000m^3 左右称大型。随着钢铁事业的发展，以及有效容积和施工方法的变化，目前按预算口径定为 300m^3 以下称小型，1500m^3 以下称中型，1500m^3 以上称大型。

2. 热风炉

热风炉是高炉的主要附属设备之一。它的用途是利用高炉煤气、焦炉煤气燃烧产生的热量，借助格子砖的热交换作用把鼓入热风炉的空气变成高温热风，通过热风管道送入高炉内，促进高炉冶炼。

通常一座高炉配有3～4座并联的热风炉。在同一时间里，其中一座向高炉送热风，其余几座相继燃烧煤气，将热量储存在格子砖中，以保证随时提供高炉生产所需要的高温热风。

热风炉分为内燃式及外燃式两种。内燃式热风炉其燃烧室和蓄热室同处于一个圆形筒体中，中间用砖墙隔开，形成燃烧室和蓄热室。内燃式热风炉一般与中小型高炉匹配，其优点是投资少，但在热交换过程中，中间隔墙的两侧面温差会造成中间隔墙损坏。随着高炉对热风温度要求的提高，隔墙两侧面温度增大，更会加快隔墙损坏。因此，目前大中型高炉多采用外燃式热风炉。外燃式热风炉其燃烧室和蓄热室各自在独立的圆形筒体中，炉顶部用连络管连通来进行热交换过程。虽投资大，但热效率持久，炉龄长。

3. 电（弧）炉

炼钢电（弧）炉是用电能转变的热能来熔炼金属的热工设备。先装入废钢铁（通称废料）或者还原铁，通过它们与3根人造石墨极之间产生的三相交流电弧熔化炉料，在电弧继续加热的情况下进行精炼作业，炼成所需成分和温度（1600～1650℃）的钢水。出钢以后修补损伤的耐火材料，继续装入钢铁料，反复进行生产作业。

电（弧）炉在操作上有如下特点：

（1）在得到高温的同时，能够比较容易地控制输入功率；

（2）易于在精炼期形成氧化性气氛或还原性气氛；

（3）对钢铁原料的特殊要求少；

（4）由于停炉而产生的热损失较少。

所以，电（弧）炉是现代炼钢炉中比较先进灵活的一种。特别是1964年美国碳化物公司施维博等人开始提出的超高功率电炉（简称UHP），是在最近出现的电炉设备本身划时代的进步。鉴于它的生产率高，经济效益好，现正在全世界迅速普及。例如1992年在中国天津无缝钢管公司投产使用的150t超高功率偏口出钢炉底的EBT式电弧炉，具有容量大，熔化快，冶炼时间短，自动加料控制、留钢留渣操作，节省能源等优点。炉内衬采用了高级镁质砖及特殊镁质耐火材料，极大地延长了炉子的使用寿命，是目前国际上使用的先进炉型之一。

4. 平炉

平炉是炼钢工业中主要热工设备之一，但由于其建设资金、建设周期与设备量大，消耗能源多，生产效益不理想，已逐步淘汰并逐步转向为顶吹氧气转炉炼钢所替代。近年来由于科技发展，平炉通过改造使用了吹氧新技术，实现了快速炼钢，并促进产品质量的提高，因此具备条件的工厂又恢复采用平炉炼钢。

平炉按炉体结构可分为固定式和倾动式两种；按工艺操作特点又可分为酸性炉和碱性炉；按所用的燃料又可分为烧煤气和烧重油两种。平炉的大小以金属料的装入量（t）来表示。

平炉各部位的最高工作温度：熔炼室为1700～1800℃；炉头为1650℃；上升道为1600℃；沉渣室为1450℃；蓄热室为1350℃；烟道为900℃。

因此，砌筑平炉应使用耐火度高、荷重软化点高、气孔率小、热稳定性好、抗渣性强以及机械强度高的耐火材料。

5. 环形加热炉

环形加热炉是轧制无缝钢管和车轮轮箍工厂，用来加热异形钢坯、处理无缝钢管与圆饼形钢坯的主要设备。环形加热炉的炉底、炉墙与炉顶呈环形，通过液压传动转动炉底，但炉墙与炉顶固定不动，并带有耐热金属拉钩紧箍。炉墙分内、外两环，每环墙上均分布有燃烧嘴。燃料为煤气。炉膛内分为预热、加热及均热三段。温度固定不变。由于该炉的炉长不受限制，加热中能保护钢坯不因受冲撞而划伤，从而提高轧制产品的质量。

6. 均热炉

均热炉是为轧钢厂开胚钢锭，进行加热和均热钢锭以达到轧制温度的热工设备。

均热炉的炉型可分为蓄热式、上部燃烧式和下部燃烧式三种，其中单侧上烧嘴预热式均热炉，由于其对于钢锭的加热质量好，对装入的冷、热钢锭适应性强，产量高，生产操作与炉子设计结构简单，符合建设投资省、建设速度快与生产效益好的优点，近年来已被广泛采用。该炉的炉膛为长方形，两侧墙稍具弧形。移动式炉盖使用异型粘土质耐火挂砖砌筑。

均热炉由两个炉膛组成一组，每个炉膛单独进行工作，一般单侧上烧嘴预热式均热炉炉膛宽 2320mm，长 5500mm，高 4100mm，见示意图 1-4-15。

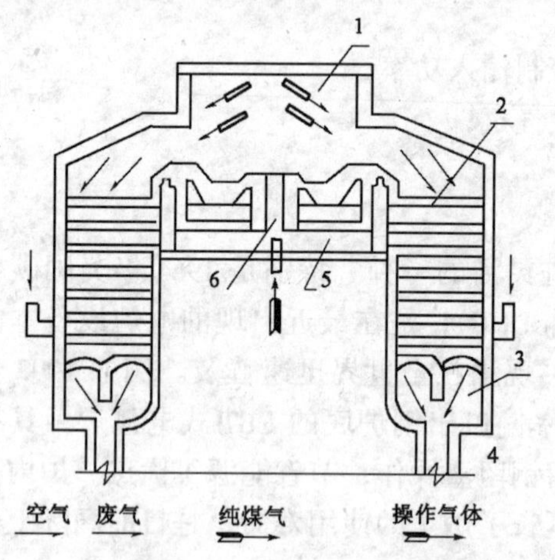

图 1-4-15　均热炉示意图

1—炉膛；2—陶质换热器；3—换热器下部烟道；4—厂内烟道；5—热风道；6—燃烧器

7. 罩式热处理炉

成迭的钢板和成卷的带钢的退火广泛采用罩式炉。该退火炉采用比较先进的保护气体炉外分流加热的方法。被加热的钢卷放在炉台上，用内罩罩住加热，退火温度 750℃，燃烧气体在内罩和加热罩之间流动，热气体通过对流加热内罩，加热后的内罩通过热辐射加热钢卷，这样，避免了燃烧气体直接接触钢卷，避免了钢卷在加热过程中被氧化。同时，加热比较均匀，退火效果较好。

传统的罩式热处理炉加热罩本体、炉顶工作层均采用轻质粘土砖，烧嘴附近则砌以耐火普通砖，炉顶轻质砖与炉壳间填轻质料。目前，国内罩式炉内衬砌筑已逐步用一种新型的轻质耐火材料——硅酸铝纤维板、毡、砖代替。该材料具有重量轻、耐高温、热稳定性好、热传导率低、热容小、抗机械振动好、受热膨胀小、隔热性能好等特点。罩式热处理炉炉台及炉罩下半部位选用成型的纤维砖砌筑，炉罩上部及炉顶均由 25mm 厚纤维毡 3 层，75mm 厚纤维板 3 层组成。

8. 焦炉

焦炉是一种结构复杂，长期连续生产的热工设备。它的用途是将煤在隔绝空气的条件下，通过加热与干馏，从而获得焦炭和其他副产品。

焦炉按加热系统的不同可分为各种形式。常见的有双联下喷式 58 型焦炉，二分火道考贝式焦炉，经我国改造的奥托式焦炉与通过引进吸收消化并已推广的 M 型大容积焦炉等。按其炭化室高度可分为 4300mm 以上，4300mm 以下和 2700mm 以下三个系列的大、中、小型焦炉。

焦炉主体结构可划分为燃烧室，炭化室，斜烟道，蓄热室，小烟道装煤孔和炉顶等部位。其用砖品种繁多，型号复杂，用砖量大。由于焦炉生产与加煤车，拦焦车，熄火车，推焦车等四大车须保持准确的操作标准距离，因此对焦炉施工质量要求严格，其设计砖缝和允许公差为工业炉施工之最。故对焦炉用砖必须进行严格的选分，预砌筑和集中砖加工。施工中为严禁孔道堵塞，除了及时地清扫除尘外，在投产前还必须彻底进行压力吹风清扫。焦炉在烘炉前后还有大量的冷热态精整密封工程。

9. 连续式直立炉

直立式炭化炉是以单种煤为原料的中温干馏炉，它分为连续式和间歇式两种，国内大多采用连续式直立炭化炉。该炉的主要优点是：对于煤炭的选择性好；干馏产物的二次裂解少，化工产品的产率较高；利用水蒸汽喷射，可产生水煤气，从而增加煤气产量；装煤排焦均不需要大型的机械设备，工程造价较常规的焦炉低。

连续式直立炭化炉结构可划分成小烟道、蓄热室、燃烧室、炉顶等部位，如图 1-4-16 所示。直立炉与焦炉比较：砖型更为复杂；孔洞胀缝多；炭化室高而窄小。因此，预砌筑和集中砖加工数量大，施工工效低。为严禁孔洞堵塞，与焦炉一样，在投产前需进行严格的吹风清扫；烘炉前后进行大量的冷热态精整密封工程。

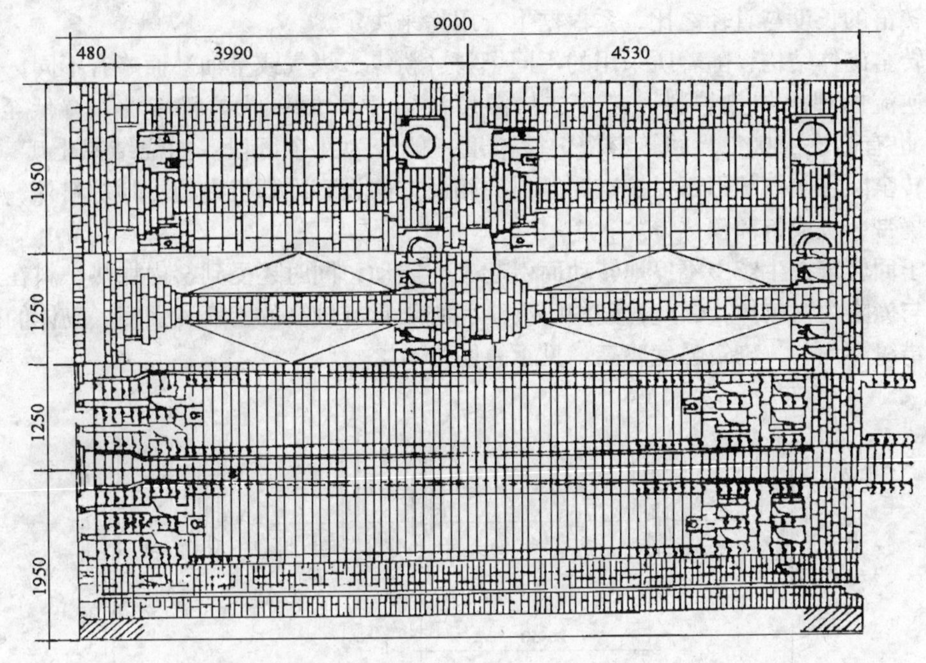

图 1-4-16　JLK－Ⅱ型立式炉纵剖面图

10. 硅铁电炉

硅铁电炉俗称铁合金加热炉。其生产工艺的原理是，以装入炉内的原料为电阻，然后通过电阻所产生的热能来熔化炉料，除了能生产硅铁外，还能生产磷铁，镍铁等其他铁合金。

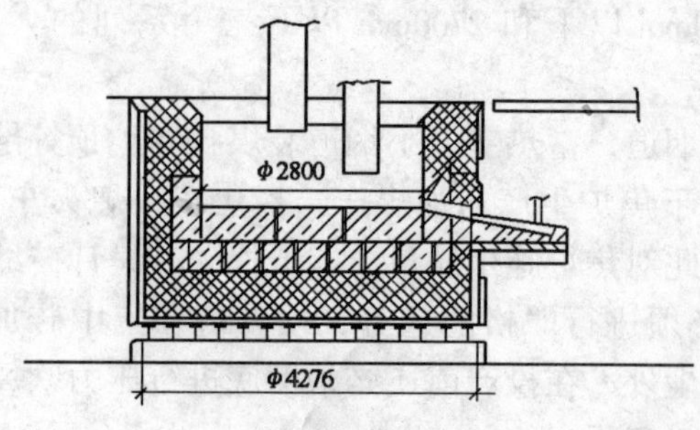

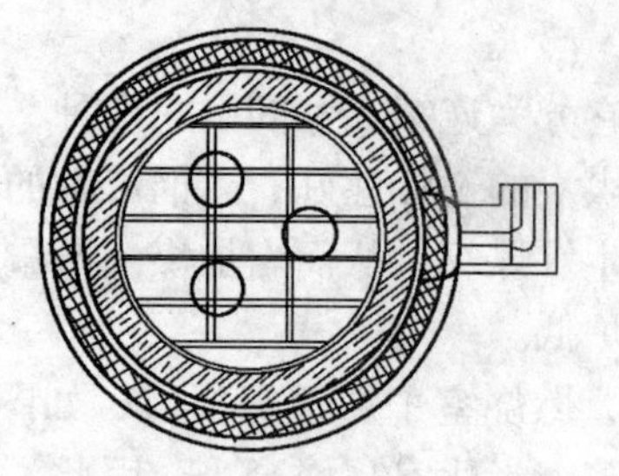

图 1-4-17　硅铁电炉

该炉的结构，均为采用埋入式，即将电极埋入原料层内，通过炉内的热交换及冶金化学反应进行冶炼。炉顶结构采用有盖封闭式，是为了防止污染和利用余热有效地提高生产能力。

硅铁电炉的大小以通入炉内的电容量来表示，目前有 2500 ~ 18000kVA 等多种不同规格。

硅铁电炉的炉底和炉墙除受高温作用外，还承受装料时的冲撞，及炉渣和熔融金属流动时的冲刷和化学侵蚀作用，因此，所使用的耐火材料应具有较高的耐火度、荷重软化点与抗渣侵蚀能力，砌筑质量必须严格达到规范要求，其中大型炭砖内衬，必须进行严格的挑选，预装铣平到最小的公差。如图 1-4-17 所示。

11. 回转窑

回转窑的用途很广，在有色冶炼工业中，主要被用来干燥精矿、烧结铝矾土及焙烧氢氧化铝。

回转窑的长度与直径之比，系根据生产用途来决定。

回转窑砌体结构，随着所采用的不同燃料（粉煤、煤气或重油）而略有不同，但均按顺流或逆流原理来加热炉料。窑的加热温度决定于所加热的炉料特性，有低至 500 ~ 900℃，也有高达 1600℃。回转窑按炉筒长度一般分为几个区段。如烧结铝土矿（矾土）用的回转窑除在窑筒的下部，按窑筒倾斜的相反方向设有冷却机专门冷却炉料外，窑内可分为燃烧带，烧成带和预热带。

由于回转窑在生产中不停地转动而引起砌体震动，同时还受到窑内加热炉料在运动中的磨损与撞击内衬砌体，因此衬砌的耐火制品必须具有较高的密度和强度。砌体的砖缝要严密，错缝要均匀，砌筑强度要高。见示意图 1-4-18。

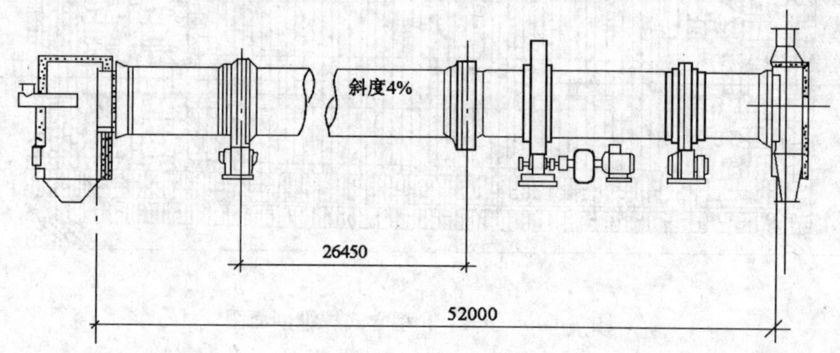

图 1-4-18　回转窑

12. 隧道窑

隧道窑是耐火材料与陶瓷工业中，应用较广泛的热工设备。窑体可分为预热带、加热带、烧成带和冷却带。隧道窑采用的是连续生产工艺，把准备窑烧制的砖坯或半成品放置在窑车上，然后由牵引系统拉入窑内，由窑头进料，经烧成冷却最后从窑尾出窑而得成品。

隧道窑的长度主要根据烧成带的长度而定，而烧成带的长度，系根据工作温度和砌筑应用材料以及所烧制品的不同而异。一般烧制黏土质耐火砖的温度1300~1350℃，其窑长为90m左右；烧制硅砖，高铝砖的温度为1400~1600℃左右，其窑长为160m左右；烧制镁质耐火砖的温度为1600~1750℃左右，其窑长为160~180m左右；烧制陶瓷用品的温度只需900~1100℃左右，其窑长60~90m左右。因此对隧道窑窑体所砌筑的耐火制品，应使用耐火度、机械强度和荷重软化温度较高，高温体积稳定性好，以及外形尺寸准确的耐火制品。见示意图1-4-19、图1-4-20。

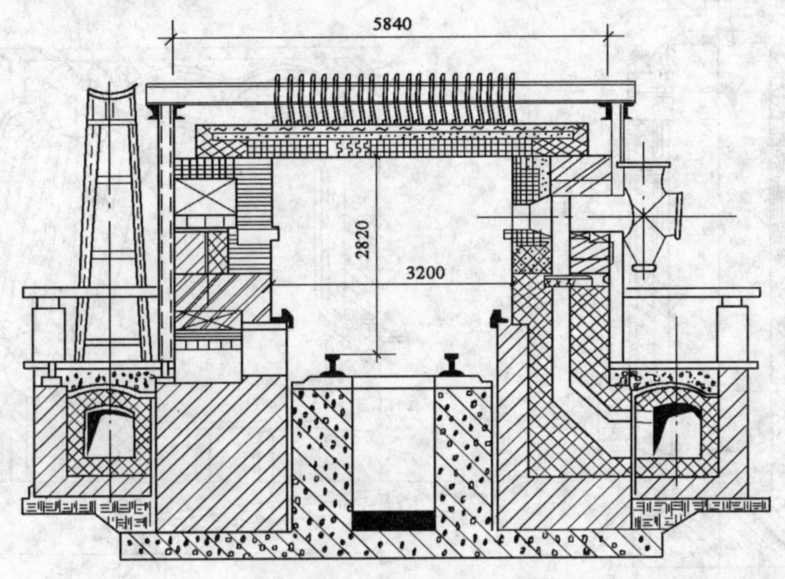

图1-4-19　隧道窑（横断面图）

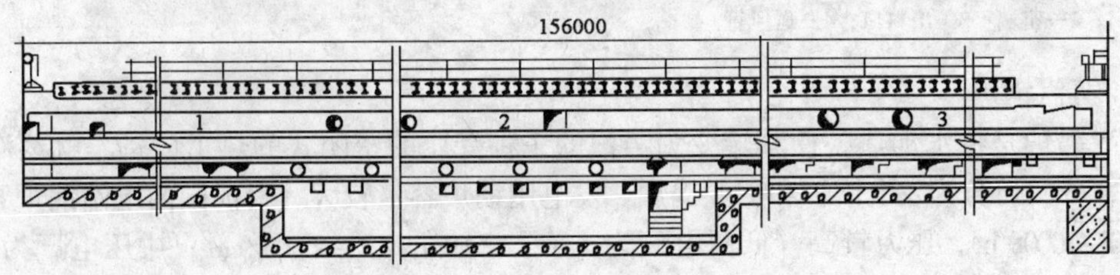

图1-4-20　隧道窑（纵断面图）
1—预热带；2—烧成带；3—冷却带

13. 倒焰窑

倒焰窑是烧制耐火制品的主要热工设备之一。按其水平断面的形状分为圆窑和方窑，按其用途不同分为烧制黏土质的、硅质的、高铝质的和镁质的倒焰窑等。倒焰窑的规格按其有效容积分为大、中、小三种：50~100m^3的为小型；100~200m^3的为中型；大于200m^3的为大型。

倒焰窑一般采用烟煤作燃料，也有采用煤气或重油作燃料的。倒焰窑的温度：

烧制黏土质制品的为 1250～1420℃；烧制硅质制品的为 1380～1450℃。

14．竖窑

竖窑是用来煅烧原料的常用炉窑，通常都呈圆筒形，装料口在窑顶，出料口在窑底，其容积最小只有 10m^3，而最大的达 300m^3。一般煅烧石灰石的竖窑温度为 1100～1200℃；煅烧黏土的温度为 1250～1350℃；煅烧白云石或镁石的温度为 1500～1700℃。

由于竖窑砌体遭受高温作用和炉料下降时的磨损作用，因此，所用的耐火材料应具有与煅烧原料基本相同的化学性能；与原料煅烧温度相适应的耐火度以及较好的高温体积稳定性、机械强度和抗渣性等。见示意图 1-4-21。

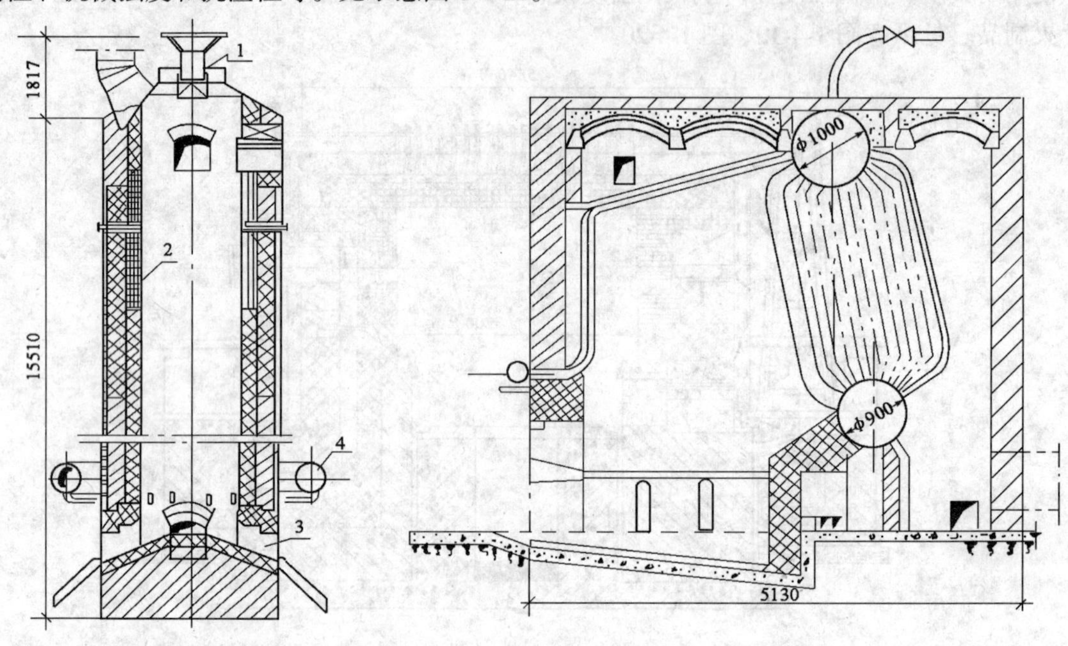

图 1-4-21　竖窑

1—装料口；2—窑墙；3—出料口；4—送风管

图 1-4-22　蒸汽锅炉

15．蒸汽锅炉

蒸汽锅炉是将水加热，使其转变为蒸汽的一种受压的密闭式的热工设备。就蒸汽锅炉的用途来分，可分为发电锅炉和工业锅炉。发电用锅炉容量较大（目前国内电站锅炉容量已高达 400～1000t/h），压力较高（低压电厂为 1.3～2.5MPa，13～25kgf/cm^2；中压电厂为 2.5～6.0MPa，25～60kgf/cm^2；高压电厂为 6MPa，60kgf/cm^2 以上），蒸汽温度也较高，一般均在 350℃以上，最高可达 570℃。而工业锅炉容量最大的为 75t/h，最小至 1t/h，常用的为 20t/h，压力一般在 2.5MPa（25kgf/cm^2）以下，常用压力为 0.8～1.3MPa（8～13kgf/cm^2），蒸汽温度均在 350℃以下。

依据蒸汽锅炉的结构形式，可分为烟管与水管锅炉两大类别。常用的工业锅炉主要是水管锅炉。水管锅炉从结构上可分为联箱式和弯管式两类。工业锅炉多为弯管式双锅筒水管锅炉。见示意图 1-4-22。蒸汽锅炉（工业用水管锅炉）主要由汽包（即锅筒）、水冷壁、过热器、省煤器、链式炉箅及落灰斗组成，而炉墙保温工程是围绕着生产需要而设计，主要是炉墙（包括炉膛燃烧室墙，折焰墙，省煤器墙与前后拱），炉顶和落灰斗三部分组成。

如图 1-4-22 所示。整个生产与施工工艺都比较简单，但是锅炉的砌筑，必须在锅炉经水压试验合格与检查验收后方可进行，所有砌入墙内的零件、水管与吊挂装置的安装质量，均应符合设计和砌筑的要求。锅炉耐火砌体工程完成后，必须要进行严格的烘炉和煮炉（重型炉墙的烘炉时间为 14 ~ 16 昼夜）。

16. 鼓风炉

鼓风炉的功能，主要是通过炉内造渣去掉含在铜、铅、镍等矿石中的 SiO_2，同时用焦炭等使氧化物还原得到粗金属。由于鼓风炉有效容积太小，又污染环境严重，所以除了炼铅外，其他金属几乎不用了。

17. 闪速炉（含贫化电炉）

闪速炉是将焙烧、熔炼和吹炼系统生产程序，合并在一套设备内进行的铜或镍冶炼的闪速式冶炼炉，该炉具有生产能力大，自动化程度高，燃料消耗低，对原料适应能力强，并且综合利用好及无公害等特点，是当代火法炼铜、镍新技术。

闪速炉熔炼系统包括配料、干燥、闪速炉、贫化电炉、电收尘与热风设备等系统。

闪速炉的炉体主要由反应塔、沉淀池和直升烟道组成。它的主要生产工艺流程是：采用干精矿细粉用热风同时由喷嘴吹入反应塔，通过氧化反应，使塔内产生熔融液，经过沉淀池分离后形成冰铜和溶渣。溶渣再通过贫化电炉可回收到内含的精铜。

18. 反射炉

反射炉是长期以来火法冶炼硫化铜的主要炉型。反射炉是采用重油或天然气作燃料，利用烧嘴的火焰形成炉顶的辐射热来熔炼铜精矿原料和硅石、石灰石，生成冰铜及熔渣，为下一步工序转炉炼铜提供条件。

反射炉的构造，炉底采用镁质捣打料，炉顶用吊挂镁铬砖，炉墙也用高级耐火材料砌成。如图 1-4-23 所示。

19. 铝电解槽

铝电解槽是电解氧化铝，以制取金属铝的热工设备。

铝电解槽按槽体结构可分为有底式和无底式两种；按槽壳外形分为圆形、椭圆形、正方形和长方形四种；按阳极结构分为预焙阳极和连续自焙阳极；按导电方式可分为侧部导电和上部导电等。在全统定额中是选定由贵阳铝镁设计院推荐的 80kA 上插式自焙阳极电解槽为计算含量基础。

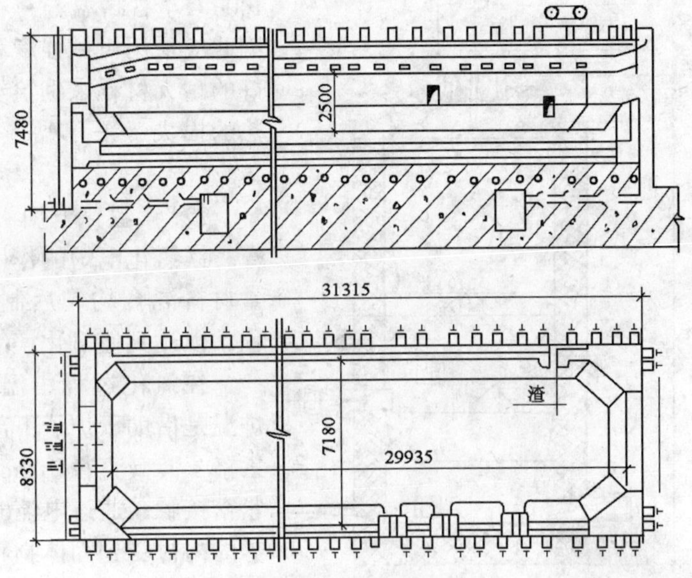

图 1-4-23　反射炉

20. 镁电解槽

镁电解槽是电解熔融氯化镁以生产金属镁的热工设备。

镁电解槽按插入阳极的方式分为侧插式与上插式两种类型。电解槽的规格是根据生产时通过直流电的大小来表示，一般有 6kA、36kA 和 60kA 等。

电解过程的平均温度为 700～750℃。电流由阳极母线导入，经阳极、电解质和阴极，由阴极母线导出，然后流向另一个槽的阳极母线。

镁电解槽的内衬一般用耐火质黏土砖及耐酸胶泥砌筑。内衬的寿命主要决定于异型隔板砖与阳极石墨块的质量。

隔板在结构上决定了阴极室与阳极室的尺寸，阴极与阳极间的距离和两室间的密封程度，同时由于电解质的液面在电解的过程中经常变化，使隔板浸入电解质中的部分也发生变化而引起温度的波动。因此异型隔板砖应具有正确的外形、良好的热稳定性和耐酸性，以及低的透气率与气化率。同时砌筑异型隔板砖时，必须保持砌体尺寸精确，砖缝小而严密。

21. 炭素焙烧炉

炭素焙烧炉是在隔绝空气的条件下，通过电极所产生的高温，来焙烧加热通过高压成型的生电极、炭块和化学阳极等炭素制品，以达到提高炭素制品的机械强度，增大炭素制品的导电性和抗热性。

炭素焙烧炉分为连续作业与间歇作业两种型号。目前在我国常用的均为连续多室焙烧炉。

连续多室焙烧炉是由许多互相以火道连通的、分成并列成两行的炉室所组成。连续多室焙烧炉一般有 18 室、20 室、30 室与 32 室几种规格，每一种规格的炭素焙烧炉又分成有火井与无火井两种，它们都是采用煤气作燃料，并充分利用燃烧废气和制品冷却的热量。

由于焙烧炉底部的砖墩与坑面砌体，承受着上部砌体和焙烧制品的静荷重，而上部的电极箱、火井箱和燃烧喷嘴等部位的砌体，要遭受 1400℃左右高温与一个焙烧周期内温度变化的影响，因此应采用机械强度和荷重软化点较高、热稳定性较好的耐火材料来砌筑炭素焙烧炉。为减少负荷重量和热的损失，采用黏土质隔热耐火砖砌筑可移动的炉盖。

22. 镁氯化电炉

镁氯化电炉的作用是使加入炉内的由菱镁矿和炭素材料混合均匀后制成的团块，在炉中完成氯化过程，以达到使氧化镁氯化为氯化镁。

在氯化过程中温度大致在 200～1000℃下进行。炉温是借助于炉子下部两个水平面上的炭素电极与碳素格子砖（直径 100mm，高 100mm）所组成的电阻体紧密接触，通过电流时发出高热而获得的。镁氯化电炉的内衬受到固体物料、熔融金属和熔渣的磨损与侵蚀作用及浓度较高的氯化氢气体的渗透与酸蚀。因此，内衬的耐火材料和砌体应具有良好的耐酸性，对气体与熔融物的耐渗透性，低的气孔率以及细小而严

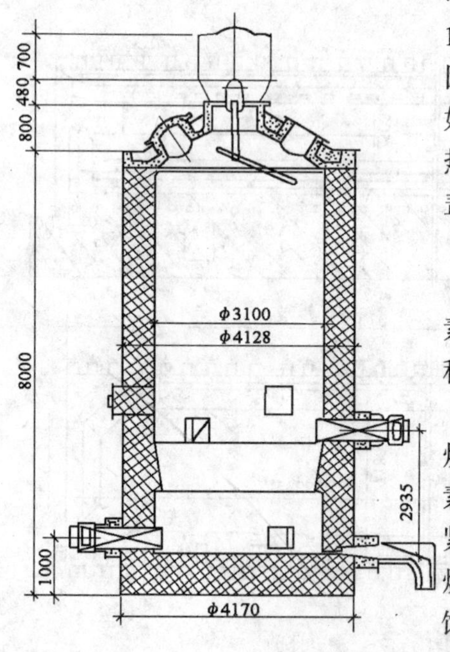

图 1-4-24　镁氯化电炉

窑的砖缝。如图 1-4-24 所示。

23. 矿热电炉

矿热电炉是借助电流通过电极而在电极间产生电弧，以及借助电极与炉渣接触的电阻与炉渣本身的电阻产生的热能来熔炼金属的热工设备。如图 1-4-25 所示。

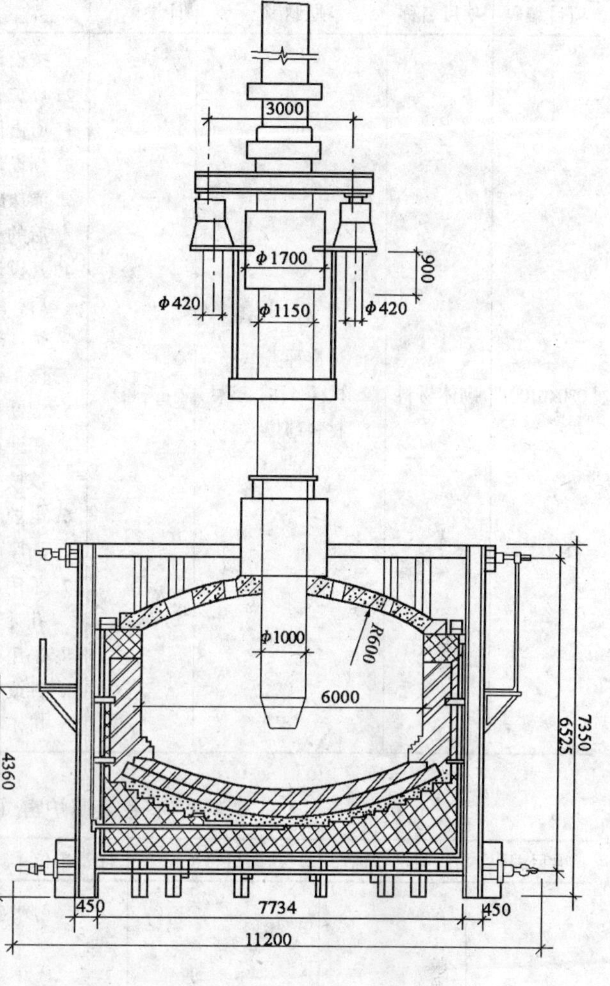

图 1-4-25　16500kVA 矿热电炉

矿热电炉的大小是以通入炉内电容量来表示的。目前有 30000kVA 和 18000kVA 等规格。矿热电炉的炉底和炉墙除受到高温作用外，还受到装料时的撞击，炉渣与熔融金属流动时的冲刷和化学侵蚀作用，因此，所用的耐火材料应具有较高耐火度和荷重软化温度，较好的热稳定性以及抗渣能力。

矿热电炉的用途，目前主要用于熔炼具有难熔特点的某些矿石，例如铜矿和镍矿石。

24. 工业炉窑

工业炉窑是工业生产的主要热工和动力设备。工业炉的作用是将投进炉内的物料充分加热熔化或气化，焙烧或烘烧，用高温改变物料的形态和物理化学性质。如对物料进行熔化冶炼的有炼钢、炼铁、熔炼玻璃、电解铝等；对物料进行气化的有煤的干馏焦化、发生炉煤气等；对物料进行加热有各种形式的加热炉等；对物料进行焙烧的有石灰、陶瓷、耐火材料的烧制等；对金属模具、铸造件、坯料进行烘烤等。

工业炉窑炉型的划分主要按两点：一是按生产产品和生产工艺的不同划分，如玻璃熔窑、倒焰窑、电炉、热风炉、退火炉、加热炉、化铁炉、炼铜炉、焦炉、反射炉、石灰窑等；二是按工业炉的形态划分，如隧道窑、回转窑、竖窑、高炉、平炉、转炉、环形炉、冲天炉、锅炉等。

三、炉窑砌筑工程规范

C.4　炉窑砌筑工程

C.4.1　冶金炉窑。工程量清单项目设置及工程量计算规则，应按表 1-4-1 的规定执行。

C.4.2　有色金属炉窑。工程量清单项目设置及工程量计算规则，应按表 1-4-2 的规定执行。

C.4.1 冶金炉窑（编码：030401） 表 1-4-1

项目编码	项目名称	项目特征	计量单位	工程量计算规则	工程内容
030401001	砌体材料	1. 炉窑种类 2. 材料名称、型号 3. 材料部位	m^3（t）	1. 按设计图示尺寸以体积计算 2. 焦炉、均热炉所有孔洞不论大小，所占体积需扣除 3. 当设计要求红砖、硅藻土隔热砖、漂珠砖需作改型加工时，按改型后的实体计算 4. 凡设计要求采用母砖加工成子砖后，组装成结合砖的高炉与热风炉各部位，其工程量按加工后实体积计算 5. 混铁车的受铁口、出铁口所占体积计算时应予扣除。罐底突出斜坡按平均值计算 6. 电炉熔池反拱底垫层工程量按平均厚度计算 7. 采用加工砖形成的看火孔、窥视孔计算时可不扣除 8. 采用砖加工或浇注料为金属拉固件或锚固件所预留的沟缝或胀缝可不扣除	1. 砌筑 2. 选砖 3. 机械集中磨砖 4. 机械集中切砖 5. 预砌筑 6. 二次勾缝吹风清扫 7. 镶铁件 8. 钢模板装拆

C.4.2 有色金属炉窑（编码：030402） 表 1-4-2

项目编码	项目名称	项目特征	计量单位	工程量计算规则	工程内容
030402001	砌体材料	1. 炉窑种类 2. 材料名称、型号 3. 材料部位	m^3（t）	1. 按设计图示尺寸以体积计算 2. 铝电解槽炭块组制作，应按浇注磷生铁或捣打底糊的净重计算（不包括炭块和钢棒质量） 3. 铝电解槽阴极炭块安装，按成品炭块（主铣燕尾槽）的净重计算 4. 铝电解槽捣打底糊，包括垫缝及槽延板以及侧部炭块之间缝内的用量 5. 铝电解槽侧部炭块和角部炭块如采用毛坯加工，计算中只计加工后成品部分质量 6. 铝电解槽阳极注型计算，包括阳极糊的注型和腻缝	1. 砌筑 2. 选砖 3. 机械集中磨砖 4. 机械集中切砖 5. 预砌筑 6. 捣打底糊缝垫 7. 钢棒砂洗 8. 方钢加工 9. 浇注磷生铁 10. 底部糊连接 11. 阳极注型 12. 铝壳制作、安装 13. 铺钢板 14. 石墨阳极预制、浸渍、安装 15. 分层烘干 16. 磷酸浸渍

C.4.3 化工炉窑。工程量清单项目设置及工程量计算规则，应按表 1-4-3 的规定执行。

C.4.3 化工炉窑（编码：030403） 表 1-4-3

项目编码	项目名称	项目特征	计量单位	工程量计算规则	工程内容
030403001	砌体材料	1. 炉窑种类 2. 材料名称、型号 3. 材料部位	m^3	1. 按设计图示尺寸以体积计算 2. 拉钩砖砖槽内，无论是否放置金具，在计算时均不扣除 3. 内衬采用耐火纤维毡（板）层铺式结构时，其边缘搭接缝按设计要求计算 4. 氧化铝空心球结构应按设计图示尺寸计算体积后再按容重折算工程量	1. 砌筑 2. 选砖 3. 机械集中磨砖 4. 机械集中切砖 5. 预砌筑 6. 金具制作、安装

C.4.4 建材工业炉窑。工程量清单项目设置及工程量计算规则，应按表 1-4-4 的规定执行。

C.4.4 建材工业炉窑（编码：030404） 表 1-4-4

项目编码	项目名称	项目特征	计量单位	工程量计算规则	工程内容
030404001	砌体材料	1. 炉窑种类 2. 材料名称、型号 3. 材料部位	m^3	按设计图示尺寸以体积计算	1. 砌筑 2. 选砖 3. 机械集中磨砖 4. 机械集中切砖 5. 预砌筑

C.4.5 其他专业炉窑。工程量清单项目设置及工程量计算规则，应按表 1-4-5 的规定执行。

C.4.5 其他专业炉窑（编码：030405） 表 1-4-5

项目编码	项目名称	项目特征	计量单位	工程量计算规则	工程内容
030405001	砌体材料	1. 炉窑种类 2. 材料名称、型号 3. 材料部位	m^3（t）	1. 按设计图示尺寸以体积计算 2. 连续式直立炉炉体所有孔洞不论大小所占体积在计算时都必须扣除	1. 砌筑 2. 选砖 3. 机械集中磨砖 4. 机械集中切砖 5. 预砌筑 6. 二次勾缝吹风清扫 7. 镶铁件 8. 刷浆、刷红土 9. 特种泥浆沟缝

C.4.6　一般工业炉窑。工程量清单项目设置及工程量计算规则，应按表 1-4-6 的规定执行。

C.4.6　一般工业炉窑（编码：030406）　　**表 1-4-6**

项目编码	项目名称	项目特征	计量单位	工程量计算规则	工程内容
030406001	砌体材料	1. 炉窑种类 2. 材料名称、型号 3. 材料部位	m^3（t）	按设计图示尺寸以体积计算	1. 砌筑 2. 选砖 3. 机械集中磨砖 4. 机械集中切砖 5. 预砌筑

C.4.7　不定形耐火材料。工程量清单项目设置及工程量计算规则，应按表 1-4-7 的规定执行。

C.4.7　不定形耐火材料（编码：030407）　　**表 1-4-7**

项目编码	项目名称	项目特征	计量单位	工程量计算规则	工程内容
030407001	现浇耐火（隔热）浇注料浇注	1. 浇注材料 2. 浇注部位 3. 浇注厚度	m^3	按设计图示尺寸以体积计算	1. 浇注料浇注 2. 模板装、拆 3. 特殊养护 4. 埋设钢筋 5. 铺挂钢丝网
030407002	耐火捣打料捣打	1. 捣打材料 2. 捣打方式 3. 压缩比要求			1. 耐火捣打料捣打 2. 模板装、拆 3. 特殊养护
030407003	耐火可塑料捣打	1. 捣打材料 2. 捣打部位			1. 耐火可塑料捣打 2. 模板装、拆 3. 特殊养护 4. 表面修整
030407004	耐火喷涂料喷涂	1. 喷涂材料 2. 喷涂部位 3. 喷涂厚度 4. 喷涂直径	m^3	按设计图示喷涂接触面积计算	耐火喷涂料喷涂
030407005	人工涂抹不定形耐火材料	1. 涂抹材料 2. 涂抹厚度		按设计图示涂抹面积计算	耐火材料涂抹
030407006	耐火（隔热）浇注料制品预制	1. 材质 2. 质量	m^3	按设计图示尺寸以体积计算	1. 预制 2. 模板装、拆 3. 特殊养护
030407007	耐火（隔热）浇注料预制块安装	1. 制品种类 2. 砌筑泥浆			安装

C.4.8 辅助项目。工程量清单项目设置及工程量计算规则，应按表 1-4-8 的规定执行。

C.4.8 辅助项目（编码：030408） **表 1-4-8**

<table>
<tr><th>项目编码</th><th>项目名称</th><th>项目特征</th><th>计量单位</th><th>工程量计算规则</th><th>工程内容</th></tr>
<tr><td>030408001</td><td>抹灰</td><td>1. 抹灰材料
2. 抹灰部位</td><td rowspan="2">m^2</td><td rowspan="2">按设计图示尺寸以面积计算</td><td>抹灰</td></tr>
<tr><td>030408002</td><td>涂抹料涂抹</td><td>涂抹材料</td><td>涂抹</td></tr>
<tr><td>030408003</td><td>填料充填</td><td>填充材料</td><td rowspan="2">m^3</td><td rowspan="2">按设计图示尺寸以体积计算</td><td>充填</td></tr>
<tr><td>030408004</td><td>灌浆</td><td>灌浆材料</td><td>1. 灌注
2. 压注</td></tr>
<tr><td>030408005</td><td>贴挂高温（隔热）板（毡）</td><td>1. 贴挂材料
2. 贴挂部位
3. 贴挂厚度</td><td>m^2</td><td>按设计图示尺寸以面积计算</td><td>贴挂板（毡）</td></tr>
<tr><td>030408006</td><td>缠石棉绳</td><td>石棉绳直径</td><td>m</td><td>按设计图示尺寸以长度计算</td><td>缠石棉绳</td></tr>
<tr><td>030408007</td><td>叠砌耐火纤维模块</td><td>1. 供货状态（成品或半成品）
2. 连接方法</td><td>m^3</td><td>按设计图示尺寸以体积计算</td><td>叠砌</td></tr>
<tr><td>030408008</td><td>炉窑金具件制作、安装</td><td>材质</td><td>kg</td><td>按设计图示尺寸以质量计算</td><td>制作、安装</td></tr>
</table>

C.4.9 其他相关问题，应按下列规定处理：

1.“炉窑砌筑工程”适用于各种炉窑耐火与隔热砌体工程（其中蒸汽锅炉只限于蒸发量 75t/h 以内的中、小型蒸汽锅炉工程）、不定型耐火材料内衬工程。

2. 凡涉及到土方开挖、回填、运输，应按附录 A 的相关项目编码列项。

3. 除另有说明外，工程量计算时不扣除下列情况构成的体积：

1）小于 25mm 的膨胀缝所占体积。

2）断面积小于 $0.02m^2$ 的孔洞。

3）断面积小于 $0.06m^2$、长度（或深度）不超过 1m 的孔洞。

4）炉门喇叭口的斜坡。

5）墙根交叉处的小斜坡。

四、炉窑砌筑工程编制注意事项

（一）概况

炉窑砌筑工程量清单计价方法分为 4 节，21 个项目。本章将炉窑砌筑分为“专业炉窑”与“一般工业炉窑”，仅因为现行《工业炉砌筑工程施工及验收规范》GBJ 211—87 中专业炉窑砌筑要求一般都比一般工业炉窑要求高，辅助工序也要求多一些，而且专业炉砌筑要求也都是按炉种单列的。实行工程量清单报价，两者并没什么区别，都是根据企业的承受能力，确定砌筑的工、料、机消耗和辅助工序的数量。

（二）适用范围

本章适用于工业与民用新建、扩建和技改项目中的各种炉窑耐火与隔热砌体工程（其中蒸汽锅炉只限于蒸发量 75t/h 以内的中、小型汽锅炉砌筑工程），不定型耐火材料内衬工程和其他项目工程的工程量清单项目的设置与计价。

（三）和其他专业交叉处理

1. 本章如涉及到土方开挖、回填、运输按附录 A 相应项目设置清单项目。

2. 凡属炉体外烟道（按烟道第一条沉降缝分界），烟囱的砌筑和保温工程，按附录 A 相应项目设置清单项目。

3. 属于炉体外的管道的保温，绝热工程按附录 A 相应项目设置清单项目。

4. 在炉窑砌体中需要安装仪表、烧嘴、看火孔和其他埋设件，按附录 C.10、附录 C.5 设置清单项目。

5. 蒸发量 75t/h 以上的蒸汽锅炉炉墙及保温工程，按附录 C.3 相应项目设置清单项目。

6. "炉窑金具"是指直接焊接到金属炉壳上的小型零星工艺金属构件，起到拉固、挂吊、支撑与紧固不定形耐火材料或毡垫的作用。砌体内的埋设件与挂砖吊钩、护炉金属结构件，按附录 C.5 相应项目设置清单项目。

（四）需要说明的问题

1. 炉窑砌筑工程量清单计价规则中项目特征含义。

(1) 炉窑种类。《工业炉砌筑工程施工及验收规范》对于不同的炉窑规定了不同的要求。不同的炉窑砌筑，工、料、机的消耗是不同的。辅助工序和施工的难易程度也不尽相同。因此我们在组合综合单价时，必须考虑不同的炉窑种类。

(2) 材料名称、型号。不同的耐火材料，也就是不同的材料名称，价格是不同的，耐火材料价格从 200 ~ 300 元/t 到 1 ~ 2 万元/t 相差很大，同种材料不同牌号也一样相差很大，报价时应当注意。

耐火材料的型号，按《耐火制品的分型的定义》GBJ 1024—88 分为标型、普型、异型、特型，市场上也有将造型比特型更复杂的取名为超型，但国家标准里没有这一型定义，我们在工程量清单报价时，可以按材料的标型、普型、异型、特型分开报价，也可以按各型号的百分比综合报价。

(3) 材料部位。相同的耐火制品，用于不同部位砌筑的难度不同，人工工日、材料、机械台班消耗，辅助工序也不相同，在确定工程量清单报价时应予考虑。

一般相同的部位，相同耐火制品，砌体类别不同的情况很少，所以我们在项目特征中，没有再列砌体类别。

2. 工程内容确定原则。除砌筑外表中所列的工作内容，并不是每一个炉种、每一个砖种都必须的。工程内容的确定应根据《工业炉砌筑工程施工及验收规范》规定要求确定。施工及验收规范目前仍然是国家强制性要求执行的，不应当由企业自行确定。

由于各个企业的施工技术水平不同，材料的质量影响着工程内容中的选砖、砖加工、预砌筑等数量不会一样，工作内容中的工序是报价中必不可少的，但具体数量企业应根据实际情况及各自的技术水平确定。

3. 高炉施工吊盘没有列入施工措施项目中，高炉施工吊盘造价较高，要按高炉炉内不同的内径变化而伸缩，而且要有提升装置和机械。但其功能仍然是脚手架的功能，是能提升、能伸缩的吊盘脚手架。长期以来筑炉工程的脚手架费用都是按直接费系数包干的。2000 版《全国统一安装工程预算定额》（炉窑砌筑工程）是按人工费系数包干的。这样在高炉砌筑工程中，脚手架包干系数如包括高炉施工吊盘显然是不够的，而加大系数又与其他炉窑脚手架包干系数不一致。因此，一直以来都把高炉施工吊盘单列另计费用。今后实际工程量清单报价，施工的脚手架属于施工措施项目，不组成工程实体，企业应根据合理的施工方案组织施工。脚手架的搭设自然也是企业优化施工措施应考虑的内容，这样高炉施工吊盘也不必再从脚手架费用中单列报价了。

4. 本章辅助项目都是指组成工程实体的其他筑炉工程项目，不要与工程内容中的辅助工序混淆了。工程内容中的选砖、砖加工、预砌筑拱胎、模板等是完成砌筑时不定形耐火材料捣打的必要手段。完成这些工序的人工、材料、机械台班消耗是企业在工程量清单报价中自行确定的。

5. 炉窑砌筑工程量清单计价规范中，耐火砌体计量单位是以“m^3”计量，在一些工程中也有要求按“t”报价的。如果在招标文件中，没有给耐火制品的实际容重时（一般都不会有），可按表1-4-9换算。

常用耐火（隔热）制品容重（体积密度）表 **表1-4-9**

制品名称	牌号或规格	容重（t/m^3）
硅藻土隔热砖	GG－0.4	0.40
	GG－0.5	0.50
	GG－0.6	0.60
	GG－0.7a	0.70
	GG－0.7b	0.70
黏土质隔热耐火砖	NG－0.4	0.40
	NG－0.5	0.50
	NG－0.6	0.60
	NG－0.7	0.70
	NG－0.8	0.80
	NG－0.9	0.90
	NG－0.10	1.00
	NG－1.3a	1.30
	NG－1.3b	1.30
	NG－0.15	1.50
硅质隔热耐火砖	QG－0.4	0.40
	QG－0.6	0.60
	QG－0.8	0.80
	QG－1.0	1.00
	QG－1.2	1.20
氧化铝隔热砖		1.30
高炉用黏土质耐火砖	GN－41	2.20
热风炉用黏土质耐火砖	GN－42	2.20
	RN－36	2.10
	RN－40	2.15
玻璃窑用大型黏土砖	RN－42	2.20
玻璃窑用耐碱黏土砖	BN－40	2.15
玻璃窑用低气孔黏土砖		2.10
硅砖		2.38
	GZ－93	1.90
	GZ－94	1.90

制品名称	牌号或规格	容重（t/m^3）
焦炉用硅砖	JG－94	1.90
玻璃窑用硅砖	BG－94	2.10
	BG－95	2.10
平炉炉顶用硅砖	PG－95	2.10
		2.00
半硅砖	LZ－48	2.30
高铝砖	LZ－55	2.45
	LZ－65	2.60
高炉用高铝砖	GL－48	2.40
	GL－55	2.60
	GL－65	2.80
高铝质隔热耐火砖	LG－0.4	0.40
	LG－0.5	0.50
	LG－0.6	0.60
	LG－0.7	0.70
	LG－0.8	0.80
	LG－0.9	0.90
	LG－0.1	1.00
漂珠砖	PG－0.5	0.50
	PG－0.7	0.70
	PG－0.9	0.90
氯化铝空心球砖	一级品	1.20
	二级品	1.40
	三级品	1.60
黏土质耐火热	N－1	2.00
	N－2a	2.15
	N－2b	2.15
	N－3a	2.10
	N－3b	2.10
	N－4	2.10
	N－5	2.10
	N－6	2.06

续表

制品名称	牌号或规格	容重（t/m³）	制品名称	牌号或规格	容重（t/m³）
热风炉用高铝砖	RL－48	2.30	石墨砖		1.72
	RL－55	2.45	焦油白云石砖		2.80
	RL－65	2.60	石英砖		2.10
电炉炉顶高铝砖	DL－65	2.55	青石砖	结合黏土质	2.05
	DL－75	2.75		结合高铝质	2.40
	DL－80	2.80	缸砖		2.20
抗剥落高铝砖		2.60	耐碱隔热砖		1.70
磷酸盐结合高铝砖	P－80	2.65	致密黏土砖	NZM	2.38
	PA－80	2.70	铝炭砖	TKL－1	2.50
	PA－80	2.80	泡沫刚玉轻质砖		1.90
莫来石砖		2.85	铸铁板		7.80
红柱石砖		2.75	氧化铝空心球		1.40
硅线石砖		2.55	硅酸铝纤维毡		0.20
镁砖	NZ－87	2.80	高铝纤维毡		0.32
	NZ－89	2.90	耐火喷涂料	FN－130	1.65
镁炭砖	MT－12A	2.85		FN－140	1.95
	MT－12B	2.80	耐火可塑料		2.20
	MT－12C	2.75	粗缝糊	THC－1	1.65
	电熔镁炭砖	3.15	阳板糊	THY－1	1.38
	树脂结合镁炭砖	3.15	炭素捣打料	BFD－S10	1.80
电熔镁砖		3.00	刚玉质耐火捣打料		3.20
镁硅砖	MGZ－82	2.80	碳化硅质耐火捣打料		2.80
镁铝砖	MI－80	3.00	高铝质耐火捣打料		2.60
	MGc－8	2.80	岩棉		0.15
镁铬砖	MGc－12	3.00	珍珠岩		0.12
炭砖（块）	成品	1.60	硅酸钙板	220#	0.22
碳化硅砖		2.60	黏土陶粒	统料	0.70
铝碳化硅砖		2.85	红砖		1.80
刚玉砖	烧结型	3.10	石棉板		1.00
电熔刚玉砖		3.10	水渣		0.50
2B刚玉砖		3.20	干砂		1.50
电熔锆刚砖		3.30	沥青		1.25
锆英石砖	ZS－Z	3.30	无水泥浆		2.30
	ZS－G	3.80	炭胶		1.60
电熔玄武岩板		2.60	辉煌绿岩铸石板		2.20

注：表中是现行国家技术标准中规定的设计容重，如与实际产品容重不符时，应按实际容重调整。

6. 管道衬砖（包括烟道）遇有岔口时，工程量清单计量除按图示尺寸计算外，还应根据岔口造型，不同管径适当增加工程量（如表 1-4-10）。如图 1-4-26 所示。

每个管道岔口可增加的工程量参考表 **表 1-4-10**

编 号 管道直径(mm)	1	2	3	4	5	6	7
1000 以下	0.05	0.10	0.03	0.09	0.10	0.20	0.06×节数
1000 以上	0.09	0.18	0.04	0.22	0.18	0.36	0.08×节数

注：1. 如烟道岔口增加工作量为管道相应项目的 1/2。
2. 异径管道可按大直径计量。

7. 如有下列情况构成的体积，工程量清单计算时不必扣除。

(1) 小于 25mm 的膨胀缝所占体积计量时不扣除；

(2) 断面积小于 $0.02m^3$ 的孔洞；

(3) 断面积小于 $0.06m^3$、长度（或深度）不超过 1m 的孔洞；

(4) 炉门喇叭口的斜坡；

(5) 墙根交叉处的小斜坡。

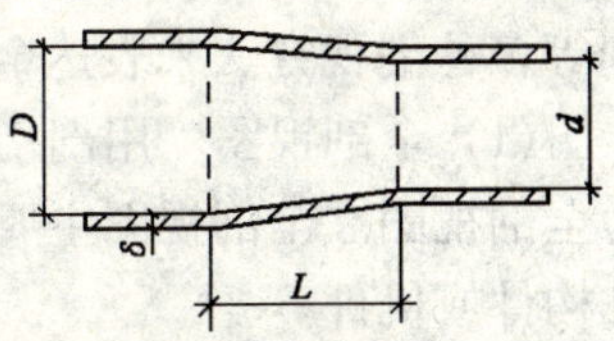

图 1-4-26
D—变径管大口直径；d—变径管小口直径；δ—衬砖厚度；L—变径管长度

但由异、特型耐火砖（或制品）拼砌而成的孔洞，或异、特型耐火砖本身所带的孔洞均应扣除其体积。

第五节 静置设备与工艺金属结构制作安装工程

一、静置设备与工艺金属结构制作安装工程制图

（一）金属结构施工图的种类

金属结构包括的范围很广，各类结构件的形式各不相同，所以施工图的表达方法也多种多样。常用的金属结构施工图一般有以下几种：

1. 简图

简图是用较小比例画出杆件重心线（或轴线）的单线图，用来表示结构件的形式、跨度、高度和各种杆件的几何轴线长度，是金属结构件制作时放样的依据。

2. 装配图

一件金属结构构件或一台大型金属容器，都是由若干个杆件、零件，根据工作原理和性能，按一定的装配关系和设计要求装配起来的。装配图是用来表达结构构件或设备的整体结构、工作原理、杆件或零件之间装配关系的图样。装配图的基本内容一般应包括以下几个方面：

(1) 用一组视图表示结构构件或设备的结构特点，各组成杆件、零件形状的相互位置和装配关系以及工作原理。

(2) 装配图上的尺寸主要表达各杆件、零件的装配关系，至于各零件的内、外形状不一定全部表达。

(3) 结构构件或设备在装配、安装、检验、调整中所要达到的技术标准，要在图中的空白处加以说明。

(4) 装配图上杆件、零件较多，图形复杂。为了便于看图、装配，对结构构件中的所有杆件、零件都应进行编号，并在装配图的标题栏上方，顺序地由下向上填写材料、零件的明细表。对较复杂的金属结构构件，也常使用单独装订成册的材料、零件明细表。

(5) 序号或代号在装配图上的标注，应按照水平或垂直方向排列整齐，并依顺时针或逆时针方向顺序排列。在整个图上无法连续时，可只在每个水平或垂直方向顺序排列。

3. 剖视图

剖视图是金属结构构件施工图中应用最广泛的图样。剖视图主要用来表达物体内部或被遮盖部分的结构情况。剖视图中一般可采用全剖、半剖、局部剖、旋转剖、阶梯剖、斜剖等多种剖视方法来表达金属结构构件所需要的全部或某一部位的内部结构情况。

(1) 全剖视图。用剖切平面，将一个金属结构构件或机件全部剖开所得的剖视图，称为全剖视图。全剖视图主要用于内部形状复杂的不对称结构构件或机件，及外形简单的对称构件或机件。

(2) 半剖视图。半剖视图是当结构件具有对称平面时，在垂直于对称平面的投影面上投影所得的图形，可以对称中心线为界，一半画成剖视图，另一半画成视图。半剖视图的主要的点在于剖切的一半可以表达结构件的内部情况，而未剖切的一半可表达外形。

(3) 局部剖视图。用剖切平面将结构件中某一局部剖切而得的剖视图称为局部剖视图。在局部剖视图中，剖切部分与未剖切部分以波浪线分开，波浪线不应和图形上的其他图线重合。局部剖视是一种比较灵活的表现内形的方法，但在一个视图中，剖切部位不宜过多，不然显得图形支离破碎，如在表达连接板与杆件的连接情况时，可采用局部剖切的方法，不需将整个视图画出。

(4) 斜剖视图。为了表达某些与水平轴线倾斜部分的结构构件内部形状，用剖切平面过该部分剖切，向与剖切平面平等的辅助投影面投影，得到反映该部分的剖视图。这种用不平行于任何基本投影面的剖切平面剖切结构件而得到的剖视图称为斜剖视图。斜剖视图一般按投影方向配置，并与基本视图保持投影关系。必要时，也可以将斜剖视图移到适当位置或将图形旋转。

斜剖视图在金属结构件施工图（特别是屋架之类的构件）中经常被采用。它的灵活性很强，从哪个方向能够看清楚构件的形状和大小，就从哪个方向选取视图。

(5) 阶梯剖视图。用几个互相平行的剖切平面剖开结构件的内表所得的剖视图。称为阶梯剖视图。识读阶梯剖视图要注意剖切位置，在剖切平面的起始，转折和终止处的粗短实线和代号（A、B……Ⅰ、Ⅱ……）表示，识读时应予以注意。

(6) 旋转剖视图。以两个相交的剖切平面剖切结构件，并将结构件的倾斜部分旋转到选定的投影面平行进行投影，可以把结构件上不同位置的孔、洞清楚地表示在一个剖视图上。这种用两个相交的剖切平面剖切结构件所得的剖视图称为旋转剖视图。

旋转剖视图的标注方法，是在剖切位置的起始、相交和终止处，标以短粗实线，表明剖切位置，并以箭头表示投影方向。旋转剖视图多用于表示回转体的轮、盘、盖等类零件。

4. 详图

详图是构成结构件各杆件、零件的图形，它全面地表达出每个杆件（型钢）规格和组成、连接方式、节点构造以及详细尺寸、技术要求等。它是加工制造杆件、零件，装配部件和成品时的指导性文件。

为了更清楚地表达杆件、零件的构造及各部分尺寸，常采用大于原图形的比例画出，使该零件图放大。

（二）金属结构施工图的特点

金属结构施工图的表示方法，具有一定的特点，掌握了这些特点，对于识读金属结构施工图有很大帮助。金属结构施工图的特点，主要表现在以下几个方面：

1. 比例大。金属结构施工图采用的比例一般在 1:10 ~ 1:50 的范围内。图面内容表达的比较详细具体。金属结构施工图的细部图的比例则更大些，一般都在 1:5 ~ 1:10 之间。

2. 同一构件在不同方向可用不同比例。在绘制桁架施工图时，往往轴线用一个比例，而断面和节点用另一个比例。这样图纸虽然与实际结构形状不相符合，但它的优点是可以把某些重大部分放大，便于更清楚地了解其结构情况。所以，在识读这类图纸时，主要把图上所注的尺寸掌握好，而不必考虑其图上的形状。

3. 各杆件的中心线和重心线是绘制金属结构杆件图的基准，也是放样划线的依据。识读金属结构施工图时，首先应当对各杆件的中心线和重心线的尺寸以及它们之间的关系和各构件的轴线进行了解并搞清楚。

4. 每一视图上都注有各杆件或零件的编号，并列有详细的杆件、零件明细表。这是因为在绘制金属结构施工图时，不可能把所有杆件、零件全部绘出，若利用视图上的杆件、零件编号，再配合零件表对照起来，就可以把所有杆件、零件的名称、材质、规格和数量掌握清楚。

5. 视图或剖视图比较多。为了能详细表达金属结构构件的全部构造情况，以满足加工制造和安装的要求，金属结构构件采用多种视图和剖视方法，以明确表达金属结构组合件各个部位的细部。

（三）金属结构施工图的识读

1. 识读金属结构施工图的顺序

(1) 首先看标题栏。了解结构件的名称、构件的代号、图纸比例等。

(2) 看设计说明和图例。从中掌握对金属结构件技术标准和安装要求，以及视图的表达方法等。

(3) 以主视图为主，结合其他各视图互相对照识读，以便于掌握结构件的全部构造情况。

(4) 找出主要零件，以主要零件为中心，按照零件编号（或按编号顺序），结合材料明细表，逐一查清每个零件的具体情况，并掌握各个零件与整个结构的连接关系。

2. 金属结构件识图举例

图 1-5-1 为天桥构件图，该图采用了三个视图表示天桥构件的全貌。立面图为主视图，从识读立面图可以了解到各杆件之间的相互关系和相对位置，了解各连接板的规格和位置，以及各立柱间的距离等。从俯视图可以看到天桥的走道是用花纹钢板铺成，并注出天桥总长度为 7.5m。从剖面图可以看到天桥扶手为钢管，护腰为扁钢以及十字斜撑的连接方法。三个视图读完之后可概括了解天桥的构造，但有很多组合件的具体规格、尺寸在视图上并未详细注出，而只对每个杆件都编有顺序号，要了解每个杆件的具体名称、规格、数量、材质、重量等，可按照编号查阅材料明细表（见表 1-5-1）。

材料明细表 **表 1-5-1**

序号	名称	数量	材质	每件重量（kg）	共计重量（kg）	附注	序号	名称	数量	材质	每件重量（kg）	共计重量（kg）	附注
比例	1:50	天桥			总重	513kg	比例	1:50	天桥			总重	513kg
日期		××设计院			图号		日期		××设计院			图号	
1	扶手 ϕ33.5×3.25（$1\frac{1}{4}$″）	2	Q235A	17.4	34.8	L = 7.2m	11	联接板 - 6	1	Q235A	8.7	8.7	250×780
2	主体 ∟40×40×4	14	Q235A	2.52	35.3	L = 1.04m	12	花纹钢板 - 4	1	Q235A	15	157	654×7200
3	护腰 -4×25	2	Q235A	5.7	11.4	L = 7.2m	13	斜撑 ∟63×63×6	4	Q235A	6.6	26.4	L = 1.15m
4	三角板 - 6	2	Q235A	1.9	3.8		14	节点板 - 6	4	Q235A	3.4	13.6	
5	上弦杆 ∟63×63×6	2	Q235A	43	86	L = 7.5m	15	斜撑 ∟63×63×6	4	Q235A	6.87	27.5	L = 1.2m
6	节点板 - 6	4	Q235A	0.9	3.6		16	联接直杆 ∟40×40×4	5	Q235A	1.74	8.7	L = 760
7	下弦杆 ϕ15	2	Q235A	10.3	20.6	L = 7.4m	17	连接直杆 ∟40×40×4	6	Q235A	3.02	18.1	L = 1.25M
8	节点板 - 6	6	Q235A	1	6		18	节点板 - 6	2	Q235A	3.25	6.5	
9	竖杆 ∟63×63×6	6	Q235A	3.4	20.4	L = 600	19	联接板 - 6	1	Q235A	7	7	200×760
10	节点板 - 6	4	Q235A	1.2	4.8		20	十字斜撑 ∟40×40×4	6	Q235A	2.05	12.3	L = 850

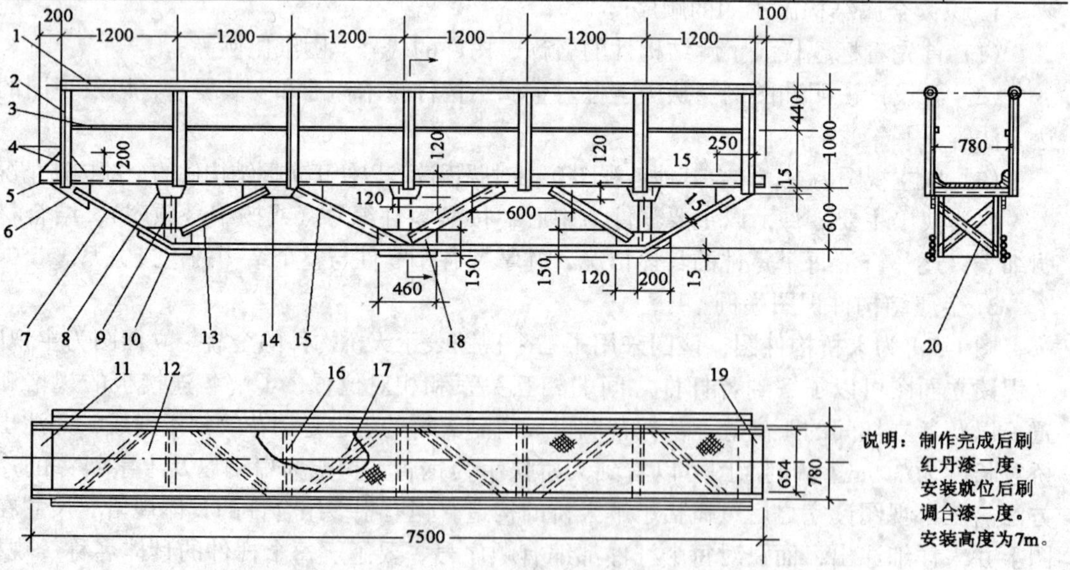

说明：制作完成后刷红丹漆二度；安装就位后刷调合漆二度。安装高度为7m。

图 1-5-1 天桥制作图

3. 大型金属贮罐施工图

金属贮罐施工图的绘图方法及表现形式，是金属结构图与机械图相结合的一种图样。其中装配图、剖面图等是采取金属结构图的图法，而详图和零件加工图则采取机械图的画法。

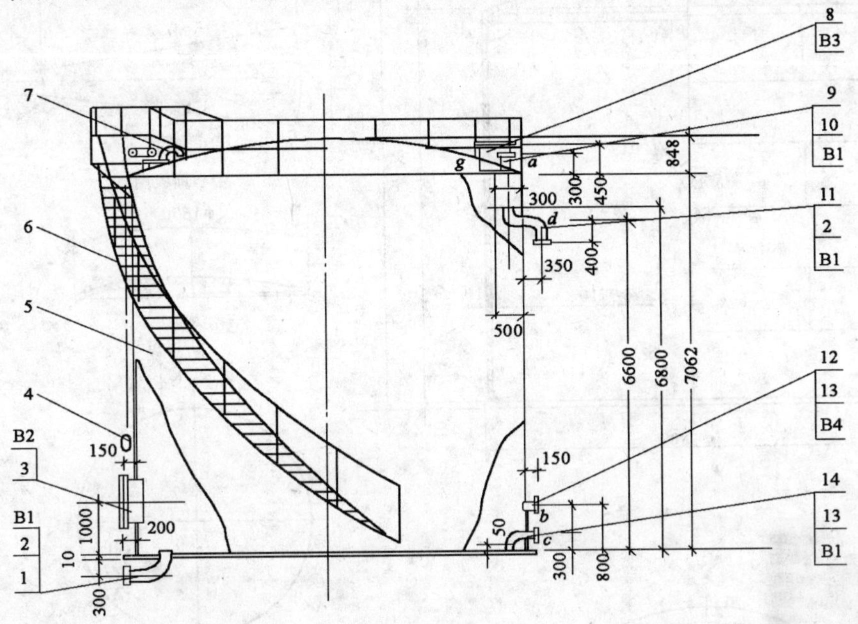

图 1-5-2　立式拱顶贮罐装配图

图 1-5-2、图 1-5-3、图 1-5-4 和表 1-5-2 所表示的是一台 300m³ 立式拱顶贮罐的构造图纸。该套图纸由装配图、接管方位图、剖面图、展开图和材料明细表组成。

装配图表达了贮罐的全貌。贮罐由罐体、盘梯、浮球液位计、接管、人孔、法兰、补强板等零件组成。装配图中采用了局部剖切的办法表达了接管、人孔、法兰、补强板的形式和立面位置。装配图对每个组合件做了编号，根据编号可以从材料明细表中查到该组合件的名称、规格、数量、材质、单重和总重量，从而了解到该贮罐本体重量 19972kg，盘梯 987kg，总重量为 20959kg（重量中未包括人孔、法兰、液面计重量）。

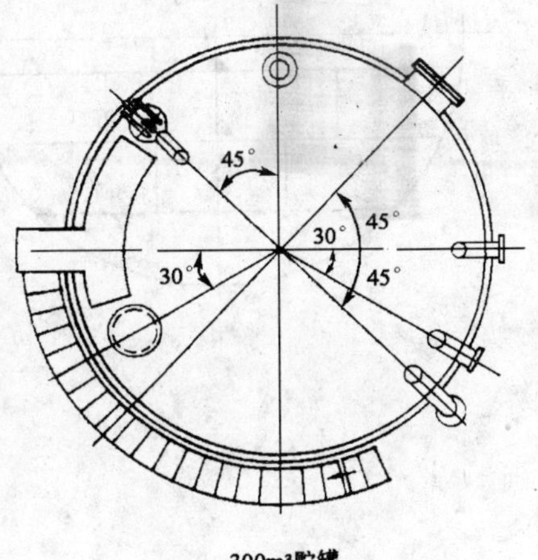

图 1-5-3　接管方位图

从接管方位图可以了解到各接管、人孔安装的水平位置。

剖面图采用了半剖的方法。从剖面图可以了解到贮槽的底板和壁板的板材厚度为 10mm，顶板板材厚度为 6mm，罐体的内面直径为 7710mm，总高度为 7920mm。从剖面图还了解到焊接要求和排板方法等。

展开图表达了顶板和中心顶板的下料尺寸以及弧度要求。

从施工说明可以了解到对焊缝的检查方法及贮罐刷漆、防腐等具体要求。

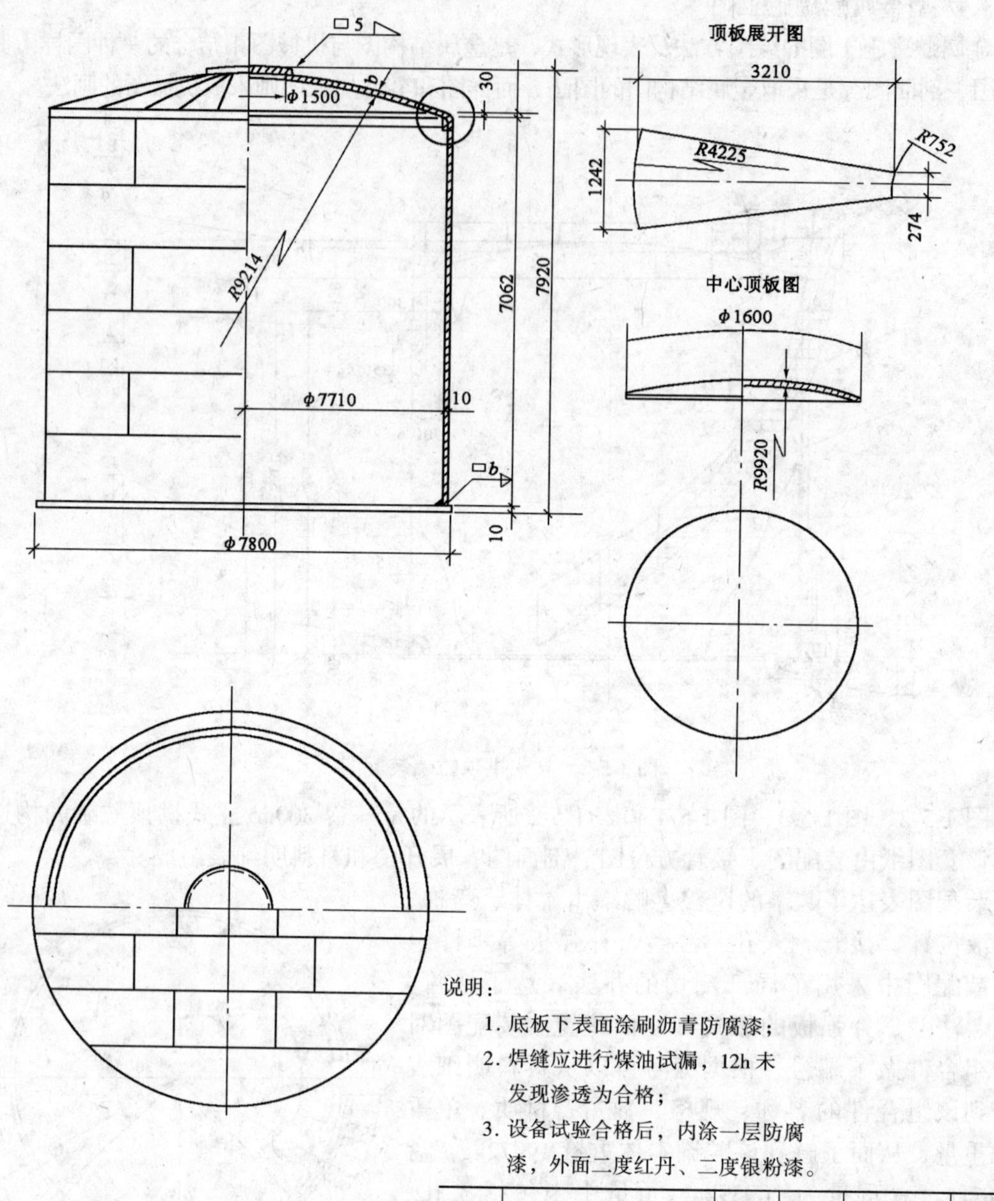

说明：

1. 底板下表面涂刷沥青防腐漆；
2. 焊缝应进行煤油试漏，12h 未发现渗透为合格；
3. 设备试验合格后，内涂一层防腐漆，外面二度红丹、二度银粉漆。

序号	名称	数量	材质	每件	共计
				重量（kg）	
比例	1:100	金属贮罐		总重	19924kg
日期		××设计院		图号	
1	钢板 $\delta=10$	210m^2	Q235	78.5kg/m^2	17300
2	钢板 $\delta=6$	51m^2	Q235	47.1kg/m^2	2400
3	角钢 L63×63×6	24.5m	Q235	9.15kg/m	224

图 1-5-4　贮罐剖面图

材 料 明 细 表 **表 1-5-2**

序号	图号	名称	数量	材料	每件	共计	附 注
					质量（kg）		
比例	1:100	300m³ 贮罐				总重	20959kg
设计阶段		施　　工	××设计院			图号	
日　期		年　月　日					
1		l 接管 ϕ 108×4	1	Q235	5.6		$L=550$
2		补强板 -10	2	Q235	1.8	3.6	
3		补强板 -10	1	Q235	25	25	
4		浮球液面计	1	装配件	128		
5		体	1	焊接件	19924	199924	
6		盘梯	1	焊接件	987	987	
7		f 接管 ϕ 159×4.5	1	Q235	34.5		$L=2000$
8		补强板 -6	1	Q235	15	15	
9		a 接管 ϕ 108×4	1	Q235	1.1		$L=450$
10		补强板 -6	1	Q235	1.1	1.1	
11		d 接管 ϕ 108×4	1	Q235	4.6		$L=1100$
12		b 接管 ϕ 89×4	1	Q235	2.1		$L=250$
13		补强板 -10	2	Q235	1.5	3	
14		C 接管 ϕ 89×4	1	Q235	5		$L=600$
B_1	S311-16	法兰 DN100	3	Q235	2.89		
B_2	JB580-64-5	人孔 DN500	1	Q235	81		
B_3	JB577-64-3	人孔 DN500	1	Q235	62		
B_4	S311-16	法兰 DN80	2	Q235	2.48		

二、静置设备与工艺金属结构制作安装工程造价概论

安装后处于静止状态即在生产操作过程中无需动力传动的设备称为静置设备。这些设备大都不能作为定型设备批量生产，而是按照设计图纸，由制造厂生产或由施工单位在现场制造，故又称之为非标准设备或非定型设备。

在设备安装工程中，还有一部分与设备相关联的辅助设施，主要包括设备框架、管廊柱子、桁架结构、联合平台、设备支架、梯子、平台及料仓、烟囱、漏斗等，称为金属构件。

本节所述工艺金属结构除包括上述内容外，还包括容器、塔油罐、球罐、气柜、火炬、排气筒等。

（一）静置设备的分类

静置设备通常可按如下方法进行分类：

(1) 按设备的设计压力（P）分类

常压设备：$P<0.1$MPa；

低压设备：0.1MPa$\leqslant P<1.6$MPa；

中压设备：1.6MPa$\leqslant P<10$MPa；

高压设备：10MPa$\leqslant P<100$MPa；

超高压设备：$P \geqslant 100MPa$。

注：$P<0$ 时 +1，为真空设备。

(2) 按设备在生产工艺过程中的作用原理分类

1）反应设备（代号 R）是指主要用来完成介质化学反应的压力容器。如反应器、反应釜、分解锅、聚合釜、高压釜、超高压釜、合成塔、变换炉、蒸煮锅、蒸球（球形蒸煮器）、磺化锅、煤气发生炉等。

2）换热设备（代号 E)。主要用于完成介质间热量交换的压力容器称为换热设备。如管壳式余热锅炉、热交换器、冷却器、冷凝器、蒸发器、加热器、硫化锅、消毒锅、染色器、烘缸、蒸锅（蒸缸或炒锅)、预热锅、煤气发生炉水夹套等。

3）分离设备（代号 S)。主要用于完成介质的流体压力平衡和气体净化分离等的压力容器称为分离设备。如分离器、过滤器、集油器、缓冲器、洗涤器、吸收塔、铜洗塔、干燥塔、气提塔、分气缸、除氧器等。

4）储存设备（代号 C，其中球罐代号 B)。主要是用于盛装生产用的原料气体、流体、液化气体等的压力容器。如各形式的贮槽、贮罐等。

(3) 按“压力容器安全技术监察规程”（即按设备的工作压力、温度、介质的危害程度）分类

一类容器。

1）非易燃或无毒介质的低压容器；

2）易燃或有毒介质的低压分离器外壳或换热器外壳。

二类容器。

1）中压容器；

2）剧毒介质的低压容器；

3）易燃或有毒介质（包括中度危害介质）的低压反应器外壳或贮罐；

4）低压管壳式余热锅炉；

5）搪玻璃压力容器。

三类容器。

1）毒性程度为极度和高度危害介质的中压容器和 $P \cdot V$ 大于等于 $0.2MPa \cdot m^3$ 的低压容器；

2）易燃或毒性程度为中度危害介质且 $P \cdot V$ 大于等于 $0.5MPa \cdot m^3$ 的中压反应容器和 $P \cdot V$ 大于等于 $10\ MPa \cdot m^3$ 的中压储存容器；

3）高压、中压管壳式余热锅炉；

4）高压容器、超高压容器。

(4) 按结构材料分类

制造设备所用的材料有金属和非金属两大类。

金属设备中，目前应用最多的是低碳钢和普通低合金钢。在腐蚀严重或产品纯度要求高的场合使用不锈钢，不锈复合钢板或铝制造设备；在深冷操作中可用铜和铜合金；不承压的塔节或容器可用铸铁。

非金属材料可用作设备的衬里，也可作独立构件。常用的有硬聚氯乙烯、玻璃钢、不透性石墨、化工搪瓷、化工陶瓷以及砖板、橡胶衬里等。

(5) 按设备重量（G）等级分类

小型设备：$G \leqslant 40$ t；

中型设备：$40 \text{ t} \leqslant G \leqslant 80$ t；

大型设备：$G > 80$ t。

(6) 按介质安全性质分级

1）易燃、易爆介质。易燃介质亦即爆炸危险介质，系指其气体或液体的蒸汽、薄雾与空气混合形成爆炸混合物，且其爆炸下限小于10%（体积百分数），或爆炸上限与下限之差值不小于20%的介质。如氢的爆炸下限为4.00%，上限为74.20%；乙醇（蒸汽）的爆炸下限为3.28%，上限为18.95%。

2）介质毒性的分级。化学介质的毒性危害程度以国家有关标准规定的指标为基础进行分级。依据危害情况可分为极度危害、高度危害、中度危害和轻度危害四级。

①极度危害（Ⅰ级）。其最高允许浓度不大于0.1 mg/m^3。如乙撑亚胺（乙烯胺）、二甲基亚硝胺、二硼烷、三乙基氯化锡、甲基对硫磷、异氰酸甲酯、汞、硫芥（芥子气）、氯甲醚等。

②高度危害（Ⅱ级）。其最高允许浓度（C）为：$0.1\ mg/m^3 < C \leqslant 1.0\ mg/m^3$。如：三甲肼、二硝基苯、二硝基氯化苯、三氯化磷。丙烯腈、丙烯酰氨、甲醛、甲酸（蚁酸）、对硝基苯胺、呋喃丹、苯胺、肼、环氧乙烷、臭氧、菸碱、硫酸二甲酯等。

③中度危害（Ⅲ级）。其最高允许浓度（C）为：$1.0\ mg/m^3 < C \leqslant 10\ mg/m^3$。如一氧化碳、一氯醋酸、乙二胺、乙酸、乙酸酐、二甲胺、二氧化硫、二氯乙烷、丁胺、三氧化硫、三溴甲烷、四氯化碳、甲醇、环已酮、苯、苯酚、苯乙烯、α-萘胺、硝酸、乙炔、糠醛、磷酸三丁酯等。

④轻度危害（Ⅳ级）。其最高允许浓度 $C > 10\ mg/m^3$。

（二）容器

容器一般是由筒体（又称壳体）、封头（又称端盖）及其附件（法兰、支座、接管、人孔、视镜、液面计）所组成。容器结构如图1-5-5所示。

容器可根据不同的用途、选用材质、制造方法、形状、承压要求、装配方式、安装位置、器壁厚薄而有各种不同的分类方法。若根据形状，容器主要有圆筒形、球形、矩形三种。如图1-5-6所示。

矩形容器由平板焊接而成，制造简便，但承压能力差，只用作小型常压储槽。球形容器由数块弓形板拼焊而成，承压能力好，但由于安置内件不方便和制造工艺复杂，故一般用作内有一定压力的大中型贮罐。圆筒形容器是由圆柱形筒体和各种成形封头所组成，作

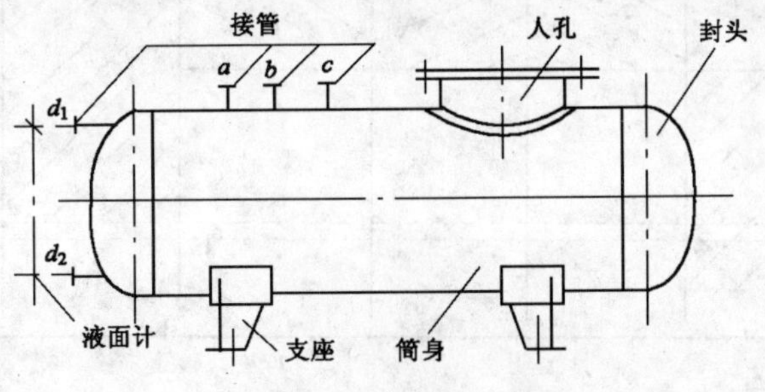

图1-5-5　容器的结构

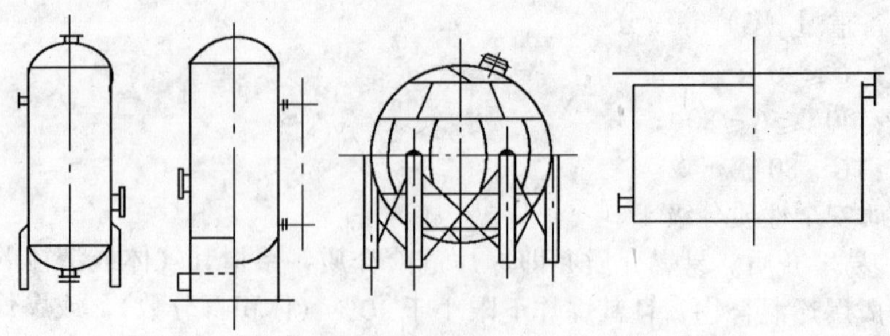

图 1-5-6 容器形状示意图

为容器主体的圆筒，制造容易，安装内件方便，而且承压能力较好，因此这类容器被广泛应用。圆筒形容器是用钢板卷制成筒体（也可采用无缝钢管做筒体），然后分别与平盖、锥形盖、椭圆形封头组成平底平盖、平底锥盖、椭圆形封头等立式、卧式容器。

（1）一般容器

容器的型式类别见图 1-5-7。

容器形式	立式						卧式	
分类	平底平盖	平底锥盖	90°无折边锥形底平盖	无折边球形封头	90°折边锥形底椭圆形盖	椭圆形封头	无折边球形封头	椭圆形封头
标准号	JB1421—74	JB1422—74	JB1423—74	JB1424—74	JB1425—74	JB1426—74	JB1427—74	JB1428—74
示意图	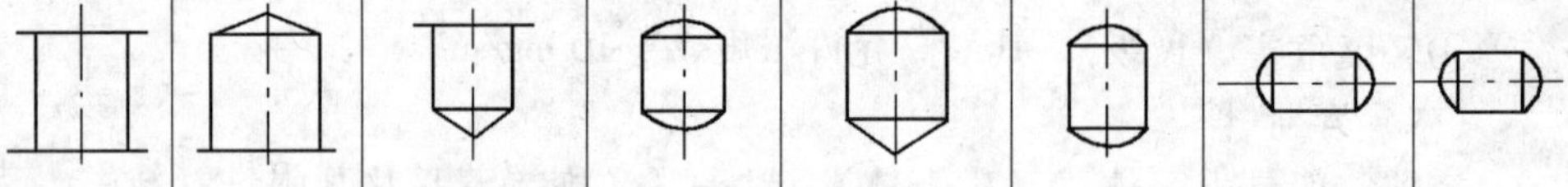							
公称压力（MPa）	常压			0.07	0.6	0.25～4.0	0.07	0.25～4.0
公称容积（m^3）								

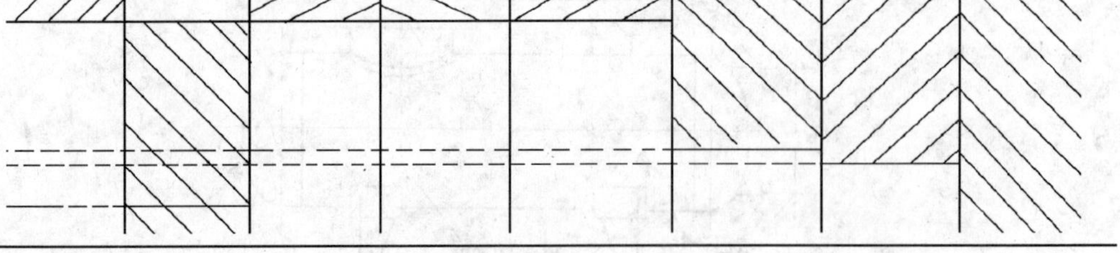

图 1-5-7 容器的形式

（2）带搅拌容器

在一定容积和一定压力与温度的容器中，借助于搅拌器搅拌功能向介质传递必要的能量进行化学反应，故称有搅拌反应器，习惯上称反应釜，或称搅拌罐。搅拌设备的结构如图 1-5-8 所示。

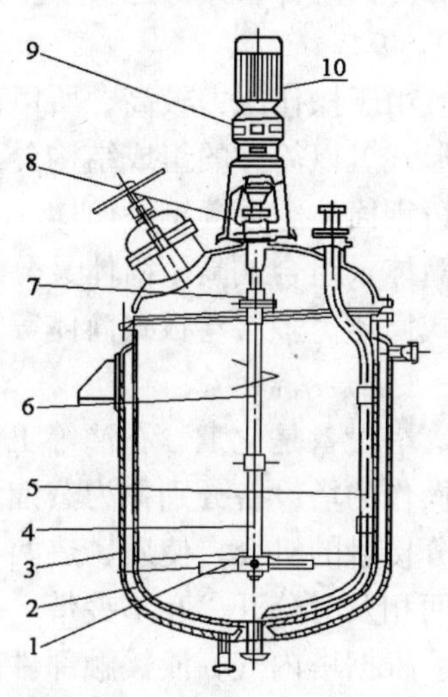

图 1-5-8　搅拌设备结构图

1—搅拌器；2—罐体；3—夹套；4—搅拌轴；5—压出管；6—搅拌轴；7—联轴器；8—轴承装置；9—减速器；10—电动机

搅拌设备在石油化工生产中被用于物料混合、溶解、传热、制备悬浮液、聚合反应、制备催化剂等。它主要由搅拌装置、轴封和搅拌罐三大部分组成。其构成形式如下：

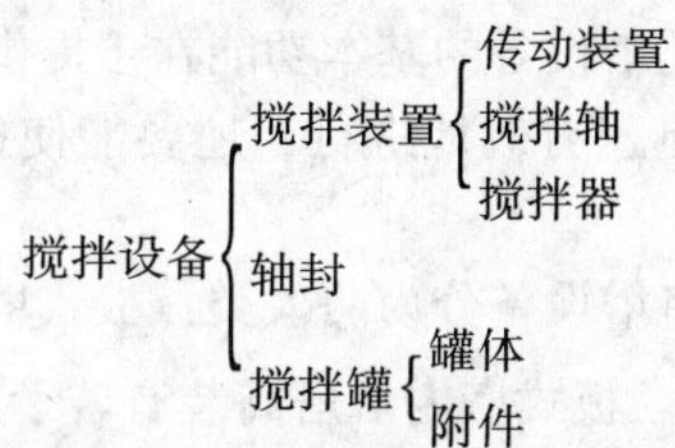

1）搅拌装置。搅拌装置按其安装形式可以分为立式容器中心搅拌、偏心式搅拌、倾斜式搅拌、底搅拌、卧式容器搅拌、旁入室搅拌等。由于搅拌操作的多种多样，也使搅拌器存在着许多形式。典型的搅拌器形式有浆式、涡轮式、推进式、锚式、框式、螺杆式等。

2）轴封。轴封是搅拌设备的一个重要组成部分。转轴密封的形式很多，最常用的有填料密封、机械密封、迷宫密封、浮动环密封等。虽然搅拌器轴封也属于转轴密封的范畴，但由于搅拌器轴封的作用是保证搅拌设备内处于一定的正压或真空，防止反应物料溢出和杂质的渗入，因此不是所有转轴密封形式都能用于搅拌设备。

3）搅拌罐。搅拌罐包括罐体和装焊在罐体上的各种附件。常用的罐体是立式圆筒形容器，它有顶盖、筒体和罐底，通过支座安装在基础或平台上。罐体在规定的操作温度、操作压力下，为物料完成其搅拌过程提供了一定的空间。由于物料在反应过程中一般都拌有热效应，即反应过程中放出热量或吸收热量，因此在罐体的外部或内部需设置供加热或冷却用的传热装置。例如在罐体外部设置夹套；在罐体内部设置蛇管等。

（3）高压容器

操作压力大于 10MPa 的设备通常称为高压容器。如合成氨中的操作压力 15～32MPa 的氨合成塔、操作压力为 20MPa 的尿素合成塔、30MPa 的甲醇合成塔；又如高压聚乙烯装置中的 150～200MPa 的聚乙烯反应釜等均属超高压容器。这些设备通过高压操作强化介质的化学反应和化工操作的过程而生成新的物质。高压容器的主要构件是筒体、密封件、端盖和筒体端部以及紧固连接

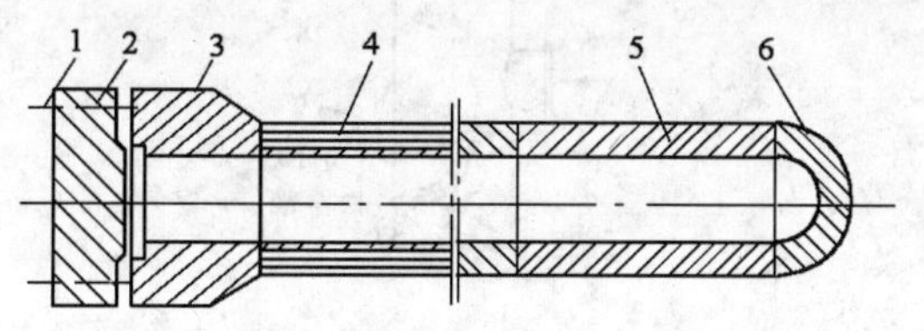

图 1-5-9　高压容器（多层筒体、单层筒体）

1—螺栓螺母；2—定盖；3—端部法兰；4—多层筒体；5—单层筒体；6—球底

件等。其内件按其工艺要求不同，形式多样。高压筒体是高压容器的主体。其基本结构如图 1-5-9。

由于操作压力较高，所以高压容器是一个壁厚很厚的设备，因而它出现了许多筒体结构形式。以筒体的组成结构分类有整体式和组合式两大类。其中，整体式高压筒体又可分为铸钢筒体、无缝钢管筒体、单层厚板焊接筒体（单层卷板式、单层瓦片式）和整体锻造式筒体。组合式高压筒体又分为多层包扎式筒体、热套式筒体、错绕扁平钢带式筒体、绕板式筒体、多层卷板式筒体等。

（三）塔器

塔设备是化工、石油等工业中广泛使用的重要生产设备。用以实现蒸馏和吸收两种分离操作的塔设备分别称为蒸馏塔和吸收塔。这类塔设备的基本功能在于提供气、液两相以充分接触的机会，使质、热两种传递过程能够迅速有效地进行；还要能使接触之后的气、液两相及时分开，互不夹带。

根据塔内气、液接触部件的结构形式，可将塔设备分为两大类：板式塔与填料塔。

板式塔内沿塔高装有若干层塔板（或称塔盘），液体靠重力作用由顶部逐板流向塔底，并在各块板面上形成流动的液层；气体则靠压强差推动，由塔底向上依次穿过各塔板上的液层而流向塔顶。气、液两相在塔内进行逐级接触，两相的组成沿塔高呈阶梯式变化。板式塔结构如图 1-5-10 所示。

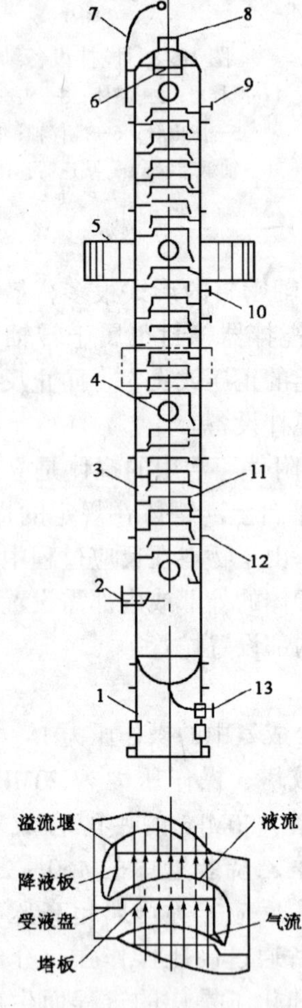

图 1-5-10 板式塔示意图

1—裙座；2—气体入口管；3—壳体；4—人孔；5—扶梯平台；6—除沫装置；7—吊柱；8—气体出口管；9—回流管；10—进料管；11—塔板；12—保温圈；13—出料管

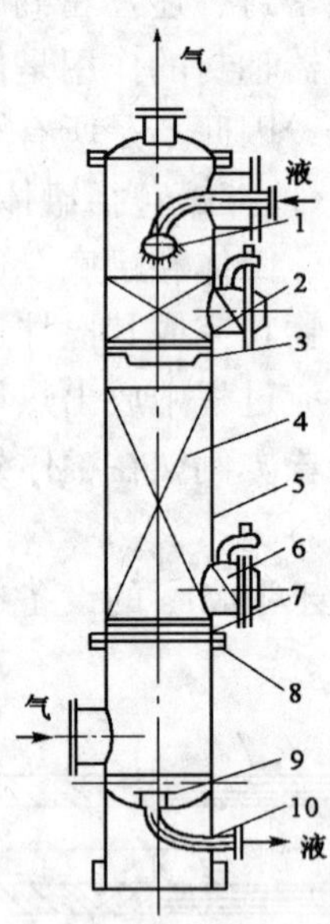

图 1-5-11 填料塔示意图

1—莲篷头（喷淋装置）；2—装填料孔；3—液体再分配器；4—填料；5—塔体；6—卸填料孔；7—格栅；8—支持圈；9—出料装置；10—支座

填料塔内装有各种形式的固体填充物，即填料。液相由塔顶喷淋装置分布于填料层上，靠重力作用沿填料表面流下；气相则在压强差推动下穿过填料的间隙，由塔的一端流向另一端。气、液在填料的润湿表面上进行接触，其组成沿塔高连续地变化。填料塔结构参见图 1-5-11。

塔设备的结构，除了种类繁多的各种内件外，其余构件大致相同，如塔体、塔体支座、除沫器、接管、人孔和手孔、吊柱等。

1. 板式塔。按照塔内气、液流动方式，可将塔板分为错流塔板与逆流塔板两类。

错流塔板如图 1-5-12（*a*）所示，板间有专供液体流通的降液管（又称溢流管）。适当安排降液管的位置及堰的高度，可以控制板上液体流径与液层厚度，从而获得较高的效率。但是降液管大约占去塔板面积的 20%，影响了塔的生产能力；而且，液体横过塔板时要克服各种阻力，降低分离效率。

逆流塔板如图 1-5-12（*b*）所示，板间不设降液管，气、液同时由板上孔道逆向穿流而过，故又称穿流塔板。这种塔板结构简单，板上无液面落差，气体分布均匀，板面利用充分，可增大处理量及减小压强降，但需要较高的气速才能维持板上液层，操作弹性差且效率较低，目前在蒸馏、吸收等气-液传质操作中应用尚远不及错流塔板广泛。

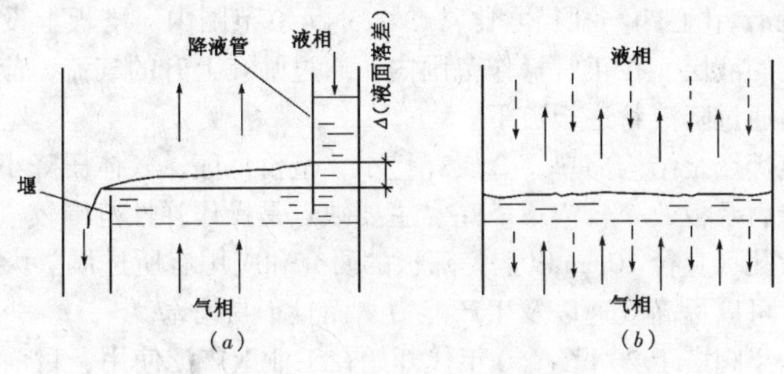

图 1-5-12　错流塔板与逆流塔板

常用的板式塔有泡罩塔、筛板塔、浮阀塔、舌形喷射塔以及新发展起来的一些新型塔和复合型塔（如浮动喷射塔、浮舌塔、压延金属网板塔、多降液管筛板塔等）。

（1）泡罩塔。泡罩塔是很早就为工业蒸馏操作所采用的一种气液传质设备。每层塔板上装有若干短管作为上升气体通道，称为升气管。由于升气管高出液面，故板上液体不会从中漏下。升气管上覆以泡罩，泡罩下部周边开有许多齿缝。操作状况下，齿缝浸没板上液层之中，形成液封。如图 1-5-13（*a*）所示。上升气体通过齿缝被分散成细小的气泡或流股进入液层。板上的鼓泡液层或充气的泡沫体为气、液两相提供了大量的传质界面。液体通过降液管流下，并依靠溢流堰以保证塔板上存有一定厚度的液层。泡罩的形式不一，化工中应用最广泛的是圆形泡罩，如图 1-5-13（*c*）所示。圆形泡罩在塔板上作等边三角形排列，泡罩中心距等于直径的$\frac{4}{3}\sim\frac{5}{3}$倍。

泡罩塔的优点是不易发生漏液现象，有较好的操作弹性，即当气、液负荷有较大的波动时，仍能维持几乎恒定的板效率；塔板不易堵塞，对于各种物料的适应性强。缺点是塔板结构复杂，金属耗量大，造价高；板上液层厚，气体流径曲折，塔板压降大，兼因雾沫夹带现象较严重，限制了气速的提高，故生产能力不大。而且，板上液流遇到的阻力大，致使液面

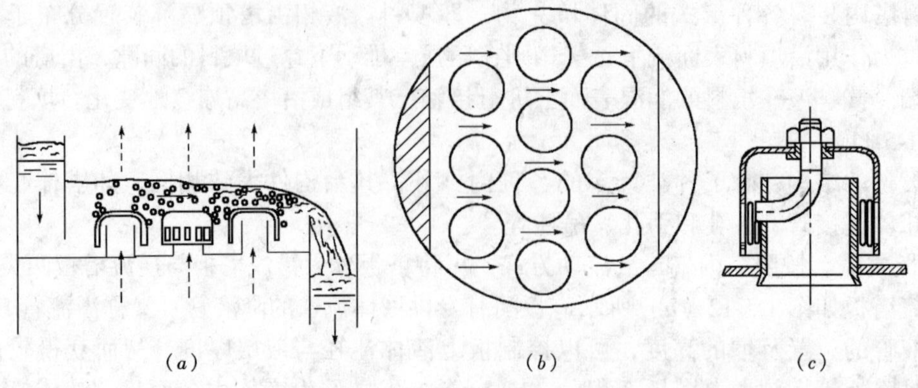

图 1-5-13　泡罩塔板

(a) 泡罩塔板操作状态示意图；(b) 泡罩塔板平面图；(c) 圆形泡罩

落差大，气体分布不匀，也影响了板效率的提高。因此，近年来泡罩塔已很少建造。

(2) 筛板塔。筛板塔是在塔板上开有许多均匀分布的筛孔，上升气流通过筛孔分散成细小的流股，在板上液层中鼓泡而出，与液体密切接触。筛孔在塔板上作正三角形排列，其直径宜为 3～8mm，孔心距与孔径之比常在 2.5～4.0 范围内。塔板上设置溢流堰，以使板上维持一定浓度的液层。在正常操作范围内，通过筛孔上升的气流，应能阻止液体经筛孔向下泄漏。液体通过降液管逐板流下。

筛板塔的突出优点是结构简单，金属耗量小，造价低廉；气体压降小，板上液面落差也较小，其生产能力及板效率较泡罩塔高。主要缺点是操作弹性范围较窄，小孔筛板容易堵塞。近年来对大孔（直径 10mm 以上）筛板的研究和应用有所进展。大孔径筛板塔采用气、液错流方式，可以提高气速以及生产能力，而且不易堵塞。

(3) 浮阀塔。浮阀塔于 20 世纪 50 年代开始在工业上广泛使用，目前已成为国内许多工厂进行蒸馏操作时最乐于采用的一种塔型。在吸收、脱吸等操作中也有应用，效果较好。浮阀塔板的结构特点，是在带有降液管的塔板上开有若干大孔（标准孔径为 39mm），每孔装有一个可以上下浮动的阀片。由孔上升的气流，经过阀片与塔板的间隙而与板上横流的液体接触。国内最常采用的阀片形式有 F1 型，另外还有 V－4 型及 T 型浮阀。F1 型浮阀国外称为 V－1 型。

F1 型浮阀的结构简单，制造方便，节省材料，广泛用于化工及炼油生产中。F1 型浮阀又分轻阀与重阀两种。一般场合都采用重阀，只在处理量大并且要求压强降很低的系统（如减压塔）中，才用轻阀。V－4 型浮阀的特点是阀孔被冲成向下弯曲的文丘里形，用以减小气体通过塔板时的压强降。阀片除腿部相应加长外，其余结构尺寸与 F1 型轻阀无异。V－4 型浮阀适用于减压系统。T 型浮阀的结构比较复杂，是借助固定于塔板上的支架以限制拱形阀片的运动范围，多用于易腐蚀、含颗粒或易聚合的介质。

浮阀塔具有下列优点：

1) 生产能力大。由于浮阀安排比较紧凑，塔板的开孔面积大于泡罩塔板，故其生产能力约比圆形泡罩塔板的大 20%～40%，而与筛板塔相近。

2) 操作弹性大。由于阀片可以自由升降以适应气量的变化，故其维持正常操作所容许的负荷波动范围比泡罩塔及筛板塔的都宽。

3）塔板效率高。由于上升气体以水平方向吹入液层，故气液接触时间较长而雾沫夹带量较小，板效率较高。

4）气体压强降及液面落差较小。因为气、液流过浮阀塔板时所遇到的阻力较小，故气体的压强降及板上的液面落差都比泡罩塔板的小。

5）塔的造价低。浮阀塔的造价约为具有同等生产能力的泡罩塔的60%～80%，而为筛板塔的120%～130%。浮阀对材料的抗腐蚀性要求较高，一般都采用不锈钢制造。

（4）喷射型塔。

1）舌形塔板。舌形塔板是20世纪60年代初期提出的一种喷射型塔板，塔板上冲出许多舌形孔，舌叶与板面成一定角度，向塔板的溢流出口侧张开。上升气流穿过舌孔后，沿舌叶的张角向斜上方以较高速度（20～30m/s）喷出。从上层塔板降液管流出的液体，流过每排舌孔时，即为喷出的气流强烈扰动而形成泡沫体，并有部分液滴被斜向喷射到液层上方。最后在塔板的出口侧，被喷射的液流高速冲至降液管上方的塔壁，流入降液管。舌形塔板开孔率较大，故可采用较大气速，生产能力比泡罩、筛板等塔型的都大，且操作灵敏、压强降小。当塔内气体流量较小时，不能阻止液体经舌孔泄漏。所以舌型塔板也有对负荷波动的适应能力较差的缺点。此外，板上液流被气体喷射后，仍带有大量的泡沫，易将气泡带到下层塔板，尤其在液体流量很大时，这种气相夹带的现象更严重，将使板效率明显下降。这是喷射型塔板一个值得注意的问题。

2）浮动喷射塔板。浮动喷射塔板是综合舌形塔板的并流喷射与浮阀塔板的气道截面积可变两方面的优点而提出的一种喷射型塔板。这种塔板的主体由一系列平行的浮动板组成，浮动板支承在支架的三角槽内，可在一定角度内转动。由上层塔板降液管流下来的液体，在百叶窗式的浮动板上面流过，上升气流则沿浮动板间的缝隙喷出，喷出方向与液流方向一致。由于浮动板的张开程度能随上升气体的流量而变化，使气流的喷出速度保持较高的适宜值，因而扩大了操作的弹性范围。

浮动喷射塔的优点是生产能力大，操作弹性大，压强降小，持液量小。缺点是操作波动较大时液体入口处泄漏较多；液量小时，板上易“干吹”；液量大时，板上液体出现水浪式的脉动，因而影响接触效果，板效率降低。塔板结构复杂，浮板也易磨损及脱落。如何变更结构以改善操作性能并保证长期运转的可靠性，尚有待进一步研究。

3）浮舌塔板。浮舌塔板是综合浮阀和固定舌形塔板的长处而提出的又一种喷射型塔板。据研究，这种塔板的压强降要比浮阀塔板及固定舌形塔板都低，而操作弹性范围较两者都大，在板效率及泄漏量方面也优于固定舌形塔板。

2.填料塔。填料塔也是一种重要的气液传质设备。它的结构很简单，在塔体内充填一定高度的填料，其下方有支承板，上方为填料压板及液体分布装置。液体自填料层顶部分散后沿填料表面流下而润湿填料表面；气体在压强差推动下，通过填料间的空隙由塔的一端流向另一端。气液两相间的传质通常是在填料表面的液体与气相间的界面上进行的。塔壳可由陶瓷、金属、玻璃、塑料制成，必要时可在金属筒体内衬以防腐材料。为保证液体在整个截面上的均匀分布，塔体应具有良好的垂直度。

填料塔不仅结构简单，而且有阻力小和便于用耐腐材料制造等优点，尤其对于直径较小的塔、处理有腐蚀性的物料或要求压强较小的真空蒸馏系统，都表现出明显的优越性。另外，对于某些液气比较大的蒸馏或吸收操作，若采用板式塔，则降液管将占用过多的塔截面积，此时也宜采用填料塔。

近年来，国内外对填料的研究与开发进展颇快。由于性能优良的新型填料不断涌现以及填料塔在节能方面的突出优势，大型的填料塔目前在工业上已非罕见。

填料是填料塔的核心，填料塔操作性能的好坏，与所选用的填料有直接关系。填料的种类很多，大致可分为实体填料与网体填料两大类。实体填料包括环形填料（如拉西环、鲍尔环和阶梯环）和鞍形填料（如弧鞍、矩鞍）以及栅板填料。波纹填料等由陶瓷、金属、塑料等材质制成的填料。网体填料主要是由金属丝网制成的各种填料，如鞍形网、θ网、波纹网等，参见图 1-5-14。

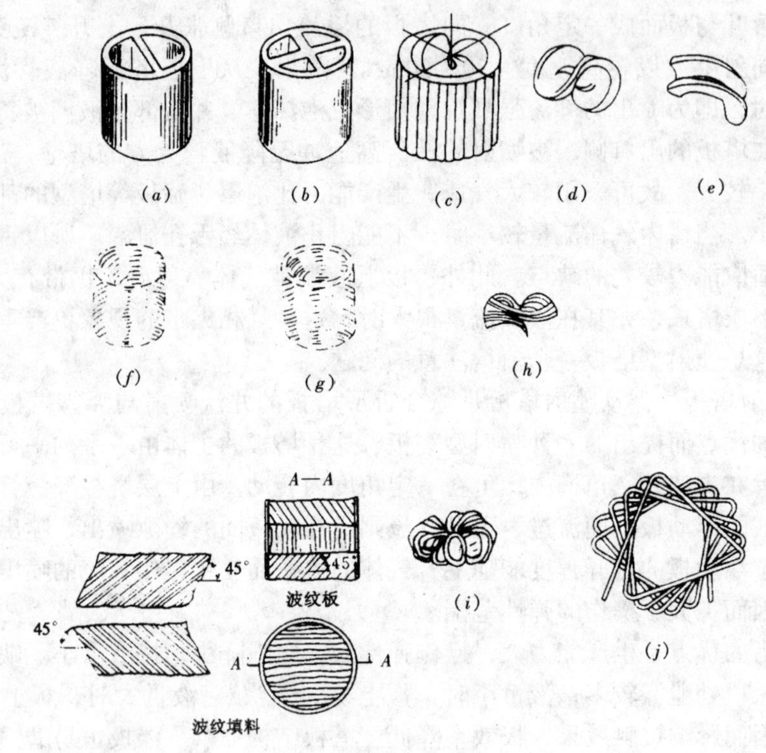

图 1-5-14　填料的形式

（a）θ圈填料；（b）十字腰填料；（c）单螺旋式填圈填料；（d）鞍形填料；（e）弧鞍形；（f）θ网圈；（g）双层θ网圈丝网填料；（h）鞍形网；（i）Teller 花环填料；（j）多角螺旋

为使填料塔发挥良好的效能，填料应符合以下几项主要要求：

(1) 要有较大的比表面积。单位体积填料层所具有的表面积称为填料的比表面积，以σ表示，其单位为“m^2/m^3”。填料的表面只有被流动的液相所润湿，才能构成有效的传质面积。因此，若希望有较高的传质速率，除须有大的比表面积之外，还要求填料有良好的润湿性能及有利于液体均匀分布的形状。

(2) 要有较高的空隙率。单位体积填料层所具有的空隙体积称为填料的空隙率。以ε表示，其单位为“m^3/m^3”。一般说来，填料的空隙率多在 0.45 ~ 0.95 范围以内。当填料的空隙率较高时，气、液通过能力大且气流阻力小，操作弹性范围较宽。

(3) 从经济、实用及可靠的角度出发，还要求单位体积填料的重量轻、造价低，坚固耐用，不易堵塞，有足够的机械强度，对于气、液两相介质都有良好的化学稳定性等。

上述各项条件，未必为每种填料所兼备，在实际应用时，可根据具体情况加以适当选择。

(四) 工艺金属结构

工艺金属结构是指在工业生产中用来支承和传递工艺设备、工艺管道以及其他附加应力所引起的静、动荷载，或者为了方便工艺操作，保证生产正常进行，在主体单元中所设置的辅助设施。它主要包括设备框架、支架、管廊、柱子、桁架结构、联合平台、一般梯子、平台等。此外，按照全国统一安装工程预算定额的归类，尚包括服务于工业生产在现场制造的物料储存设备，排放处理生产废气的大型金属构造物以及相应的附属设施，包括金属油罐、气柜、火炬、排气筒、漏斗、料仓、烟道、烟囱等。

金属油罐是石油化工工业的主要存储容器。金属油罐按其在空间的位置可分为立式油罐、无力矩油罐、拱顶油罐、浮顶油罐等。

无力矩油罐即悬链式油罐。它是根据悬链线原理，用薄钢板制造的顶盖和中心柱组成顶部。这种悬链形顶板只有拉应力而无弯曲应力，故称为无力矩油罐。由于这种油罐有一定的缺点，近年来已逐渐被拱顶油罐所代替。

拱顶罐是指罐顶为球冠状，罐体为圆柱形的一种容器。罐顶盖是由 4～6mm 的薄钢板和加强筋压制而成。这种罐顶可承受较高的剩余压力，有利于减少贮液蒸发损耗。由于其制作较易、造价较低，故在国内外石油、化工工业中使用较为广泛。

浮顶油罐的浮顶与油面直接接触，随油品收发而上下浮动，在浮顶与罐内壁之间的环形空间，有随着浮顶上下的密封装置，由于这种罐几乎没有气体空间，从而大大减少了油品的挥发损耗。浮顶罐的种类有单盘式、双盘式、浮子式等几种。

内浮顶油罐。此种贮罐的顶部为拱顶与浮顶的结合，外部为拱顶，内部为浮顶。内部的浮顶可减少油的挥发损耗，而外部的拱顶又可避免雨水、尘土等污物从环形空隙处进入罐内。这种贮罐主要用于储存航空煤油等要求较高的油品。

油罐附件。为了使金属油罐正常工作，适应各种油品的贮存、发放、计量和维修等要求，在罐体内需要安装一些特殊用途的附属配件，通称为油罐附件。这些附件有：进出接合管、人孔、透光孔、排污孔、清扫口、通气管、呼吸阀、安全阀、量油孔、旁通管、膨胀管、升降管、喷淋管、加热器、防火器及空气泡沫发生器、静电接地及避雷针、梯子、平台、栏杆等。

钢制球罐简称为球罐。球罐与圆柱形贮罐相比具有许多优点。在相同的容积下，球罐表面积最小；在压力和直径相同的条件下，球罐壁的内应力最小，而且均匀，其壁厚仅为立式贮罐的一半。球罐还具有占地面积小，基础工程量小等特点。因而，球罐作为压力容器在国内外得到广泛的应用。

球罐的完整结构包括：球壳支撑结构，人孔和罐壁接合管、阀及过流阀，内外梯子平台、温度、压力、液位检测表，隔热喷淋装置，保温保冷刷油，紧急切断装置、安全阀装置、防震、减振和防雷接地装置等。球罐的本体结构是由多块球壳板拼装而成。球壳板可分为赤道板，上、下温带板，南、北极板。球壳板是通过下料、切割、板边坡口后压制而成。将各板片对接焊成整个球体，即成为球罐。球罐的接管、支柱等各个部件均用焊接方法连在球壳上。在建造球罐时一般都设置内外盘梯，盘梯是由球顶至地面沿球壁设置的圆弧形梯子。盘梯有两种结构形式：一种是可以沿赤道导轨以球顶部为中心旋转 360°，称为旋转梯，一种是固定的螺旋形盘梯，不能旋转。球罐的支撑结构是由与赤道、球壳板连接的几根支柱（包括上支柱、下支柱、支柱盖板）和连接支柱的拉杆、支柱底板、地脚螺栓和加强筋等构成。

气柜是石油化工、冶金工业生产过程中用以储备和输送气体的容器，在城市煤气供应中也用气柜来储备和输送气体，它还能起均衡气体压力的作用。调节煤气成分的设备，所以通常称用煤气柜。常用的气柜有低压湿式直升储气柜和低压湿式螺旋储气柜两种。干式直升储气柜近年来已开始在某些工程中建造，但使用尚不广泛。低压湿式储气柜的优点是构造简单，制造和安装较为方便、应用较广，缺点是有外部导轨和联系杆件，钢材用量较多。

火炬和排气筒是石油化工装置中的大型钢结构，是用来燃烧装置开工时或在运转中出现异常情况和停车检修时排放出来的可燃气体。在正常生产过程中一般不点燃。目前常用的火炬筒有 $\phi400 \sim \phi1200$，高度 120m 以内的风缆绳锚定式和塔架固定式两种。一般炼油系统采用风缆式，化工系统采用塔架式，国外引进装置中的火炬大多是塔架式。火炬的塔架为碳钢制造，而筒体有碳钢和不锈钢两种。火炬的特点是高大，吊装难度较大，尤其是塔架式火炬吊装更为困难。近来一般是采取整体吊装，既避免了繁重的高空作业，又能保证吊装进度，是一种既经济又实用的施工方法。

金属结构与混凝土、砖木结构相比有强度高、塑性和韧性好、重量轻、制作和安装工业化程度高的特点。在现行建筑和安装工程预算定额中，将金属结构分为两大类型，一类是工艺金属结构，一类是建筑金属结构。

工艺金属结构除了前述的油罐、球罐、气柜、火炬外，主要是指在工业生产装置中，为支承和传递工艺设备或工艺管道本身的重量，以及其他附加应力所引起的荷载而制作安装的钢结构工程，包括设备框架、管廊、柱子、桁架、联合联台、设备支架、梯子、平台、漏斗、料仓、烟道、烟囱等。此外，本册定额还包括一些辅助工程如设备容器开孔、现场组装平台、角钢法兰煨制等，同时还包括无损探伤检查。

（五）换热设备

换热器是用来完成各种不同传热过程的设备，它是化工、石油、动力原子能和其他许多工业部门广泛应用的一种通用工艺设备。在化工厂建设中，换热器约占全部工艺设备投资的 11%，在现代石油炼厂中换热器约占全部工艺设备投资的 40%左右。

1. 换热设备分类

换热器依据不同的传递机理设计。热传递有 3 种基本方式：传导、对流和辐射。换热器的类型随着工业发展而扩大。在工业生产中，由于用途、工作条件、载热体的特性等不同，对换热器提出了不同的要求，出现了各种不同形式和结构的换热器。

（1）按作用原理或传热方式分类。

1）混合式换热器。混合式换热器（或称直接式换热器）是通过换热流体的直接接触与混合的作用来进行热量交换的。

2）蓄热式换热器。蓄热式换热器大多是用耐火砖垒砌而成。其内部用耐火砖垒砌成的“火格子”或者用成形填料填充。它是让两种不同的流体先后通过同一固体填料的表面，热载体先通过，把热量蓄积在填料中，冷流体通过时将热量带走，从而实现冷、热两种流体之间的热量传递。如炼焦炉的蓄热室的多孔格子砖、空分蓄冷器中卵石等的表面。

3）间壁式换热器。它是利用一种固体壁面将进行热交换的两种流体隔开，使它们通过壁面进行传热。这种形式的换热器使用最广泛。

(2) 按生产中使用目的分类。分成冷却器、加热器、冷凝器、汽化器（或再沸器）和换热器等。

(3) 按换热器所用材料分类。一般分成金属材料和非金属材料换热器。

(4) 按换热器传热面的形状和结构分类。

2. 几种常用换热器

常用的换热器有夹套式、蛇管式、套管式、列管式、螺旋板式、板式、板翅式等。

(1) 夹套式换热器。这种换热器构造简单，如图 1-5-15 所示。换热器的夹套安装在容器的外部，夹套与器壁之间形成密封的空间，为载热体（加热介质）或载冷体（冷却介质）的通路。夹套通常用钢或铸铁制成，可焊在器壁上或者用螺钉固定在容器的法兰或器盖上。

夹套式换热器主要用于反应过程的加热或冷却。在用蒸汽进行加热时，蒸汽由上部接管进入夹套，冷凝水则由下部接管流出。作为冷却器时，冷却介质（如冷却水）由夹套下部的接管进入，而由上部接管流出。

该种换热器的传热系数较小，传热面又受容器的限制，因此适用于传热量不太大的场合。为了提高其传热性能，可在容器内安装搅拌器，使器内液体作强制对流；为了弥补传热面的不足，还可在器内安装蛇管等。

(2) 蛇管式换热器。其传热面是由弯曲成圆柱形或平板形的蛇形管子组成（蛇管形状如图 1-5-16 所示）。蛇管的材料有钢管、铜管或其他有色金属管、陶质管、石墨管等。蛇管式换热器又可分沉浸式和喷淋式两种，如图 1-5-17 所示。

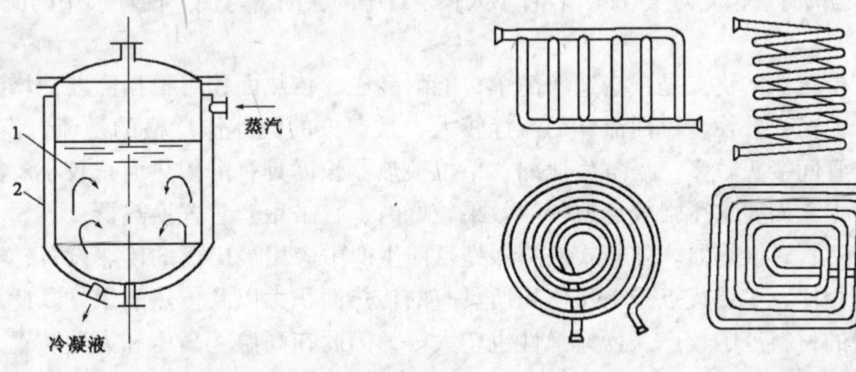

图 1-5-15 夹套式换热器

1—容器；2—夹套

图 1-5-16 蛇管的形状

1）喷淋式蛇管换热器。喷淋式换热器多用作冷却器。固定在支架上的蛇管排列在同一垂直面上，换流体在管内流动，自最下管进入，由最上管流出。冷水由最上面的多孔分布管（淋水管）流下，分布在蛇管上，并沿其两侧下降至下面的管子表面，最后流入水槽而排出。冷水在各管表面上流过时，与管内流体进行热交换。这种设备常放置在室外空气流通处，冷却水在空气中汽化时，可带走部分热量，以提高冷却效果。它和沉浸式蛇管换热器相比，还具有便于检修和清洗、传热效果也较好等优点，其缺点是喷淋不易均匀。

2）沉浸式蛇管换热器。沉浸式蛇管换热器的蛇管多以金属管子弯制而成，或制成适

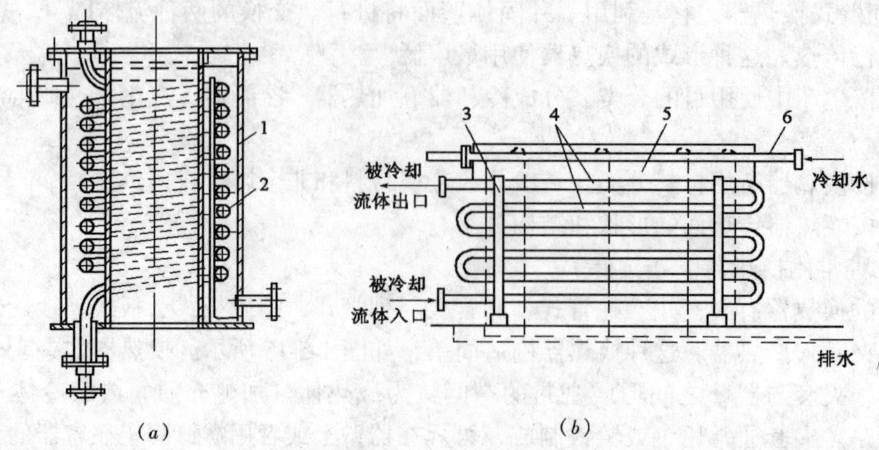

图 1-5-17 蛇管式换热器
(a) 沉浸式蛇管换热器；(b) 喷淋式换热器
1—壳体；2—蛇管；3—支架；4—换热管；5—淋水板；6—喷淋管

应容器要求的形状，沉浸在容器中。两种流体分别在蛇管内、外流动而进行热量交换。这种蛇管换热器的优点是结构简单，价格低廉，便于防腐蚀，能承受高压。主要缺点是由于容器的体积较蛇管的体积大得多，故管外流体的对流换热系数较小，因而总传热系数 K 值也较小。如在容器内加搅拌器或减小管外空间，则可提高传热系数。

(3) 套管式换热器。套管式换热器系用管件将两种尺寸不同的标准管连接成为同心圆的套管，然后用180°的回弯管将多段套管串连而成。每一段套管称为一程，程数可根据传热要求而增减。每程的有效长度为4~6m，若管子太长，管中间会向下弯曲，使环形中的流体分布不均匀。

套管换热器的优点是：构造较简单；能耐高压；传热面积可根据需要而增减；适当地选择管子内径、外径，可使流体的流速较大，且双方的流体作严格的逆流，有利于传热。缺点是：管间接头较多，易发生泄漏；单位换热器长度具有的传热面积较小。故在需要传热面积不太大而要求压强较高或传热效果较好时，宜采用套管式换热器。

(4) 列管式换热器。列管式换热器是目前生产中应用最广泛的传热设备，与前述的各种换热器相比，主要优点是单位体积所具有的传热面积大以及传热效果好。此外，结构简单，制造的材料范围较广，操作弹性也较大等，因此在高温、高压和大型装置上多采用列管式换热器。

列管式换热器中，由于两流体的温度不同，使管束和壳体的温度也不相同，因此它们的热膨胀程度也有差别。若两流体的温度相差较大（50℃以上）时，就可能由于热应力而引起设备的变形，甚至弯曲或破裂，因此必须考虑这种热膨胀的影响。根据热补偿方法的不同，列管换热器有下面几种形式：

1）固定管板式换热器。所谓固定管板式即两端管板和壳体连接成一体，因此它具有结构简单和造价低廉的优点。但是由于壳程不易检修和清洗，因此壳方流体应是较洁净且不易结垢的物料。当两流体的温度差较大时，应考虑热补偿。图 1-5-18 为具有补偿圈（或称膨胀节）的固定管板式换热器，即在外壳的适当部位焊上一个补偿圈，当外壳和管束热膨胀不同时，补偿圈发生弹性变形（拉伸或压缩），以适应外壳和管束的不同的热膨胀程度，这种补偿方法简单，但不宜用于两流体的温度差太大（大于70℃）和壳方流体压强过高（高于600kPa）的场合。

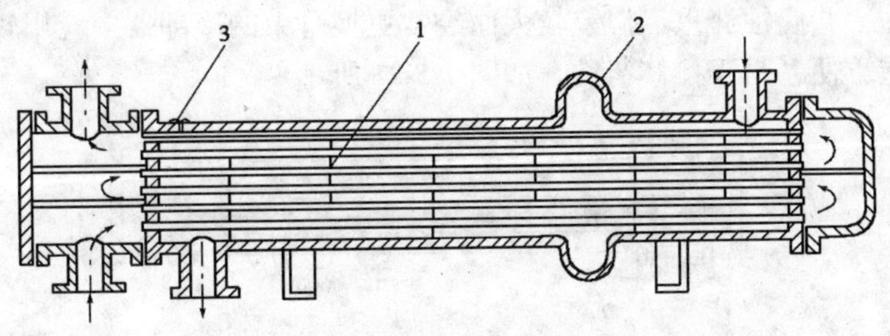

图 1-5-18 具有补偿圈的固定管板式换热器

1—挡板；2—补偿圈；3—放气嘴

2）U形管换热器。U形管换热器如图1-5-19所示。管子弯成U形，管子的两端固定在同一管板上，因此每根管子可以自由伸缩，而与其他管子和壳体均无关。这种形式换热器的结构也较简单，重量轻，适用于高温和高压场合。其主要缺点是管内清洗比较困难，因此管内流体必须洁净；且因管子需一定的弯曲半径，故管板的利用率差。

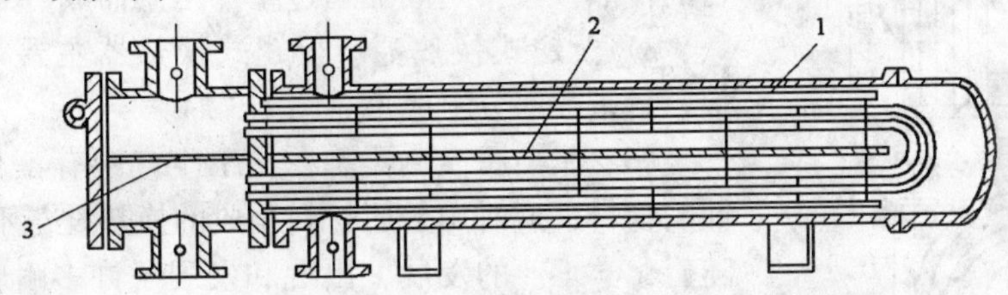

图 1-5-19 U形管换热器

1—U形管；2—壳程隔板；3—管程隔板

3）浮头式换热器。浮头式换热器如图1-5-20所示，两端管板之一不与外壳固定连接，该端称为浮头。当管子受热（或受冷）时，管束连同浮头可以自由伸缩，而与外壳的膨胀无关，浮头式换热器不但可以补偿热膨胀，而且由于固定端的管板是以法兰与壳体相连接的，因此管束可从壳体中抽出，便于清洗和检修，故浮头式换热器应用较为普遍，但结构较复杂，金属耗量较多，造价较高。

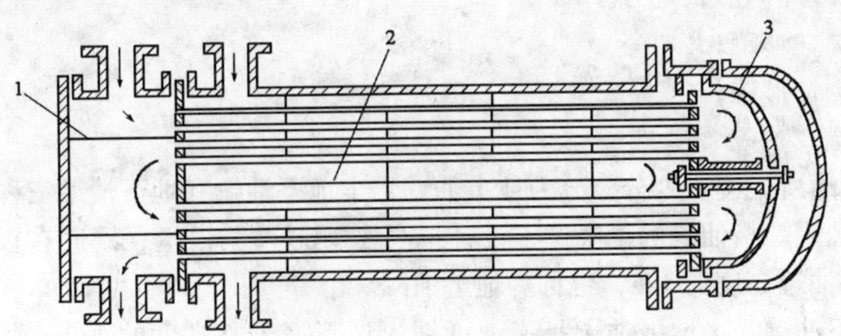

图 1-5-20 浮头式换热器

1—管程隔板；2—壳程隔板；3—浮头

以上几种类型的列管换热器，都有系列标准可供选用。规格型号中通常标明形式、壳体直径、传热面积、承受的压强和管程数等。

4）填料函式列管换热器。填料函式列管换热器的活动管板和壳体之间以填料函的形式加以密封。在一些腐蚀严重、温差较大而经常更换管束的冷却器中应用较多。其结构较浮头简单，制造方便，易于检修清洗，如图 1-5-21 所示。

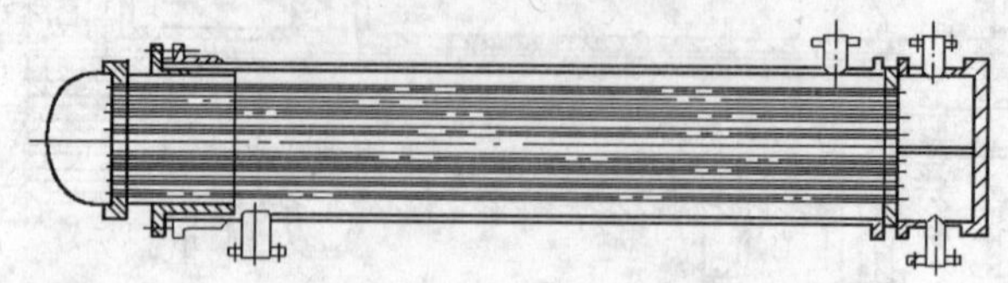

图 1-5-21　填料函式列管换热器

（5）板片式换热器。板片式换热器的传热面是由冷压成形或经焊接的金属板材构成的。属于这类的换热器有螺旋板式换热器、板式换热器和板翅式换热器等。

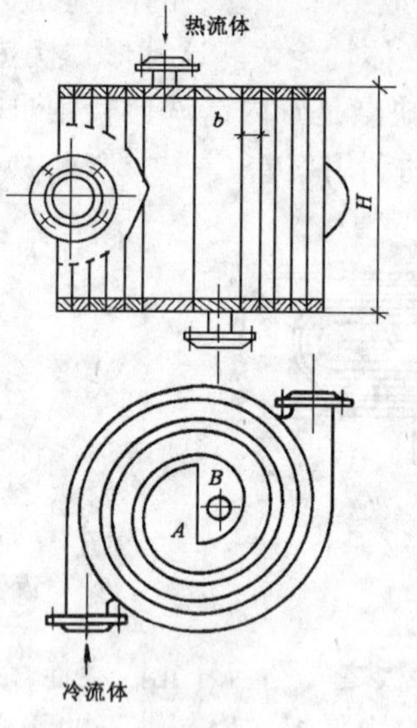

图 1-5-22　螺旋板式换热器

1）螺旋板式换热器。螺旋板式换热器是用两张平行的金属薄板卷制而成，见图 1-5-22。

2）板式换热器。板式换热器由很多波纹或半球形突出物的传热板按一定间隔通过垫片压紧而成，见图 1-5-23。

3）板翅式换热器。板翅式换热器主要是由平板、翅板、封条 3 部分组成，见图 1-5-24。

（6）非金属换热器。在化工生产中有不少具有强腐蚀性的物料，这时用普通材料制成的换热设备不能满足需要。随着化学工业的发展，出现和发展了许多耐腐蚀的新型材料（如陶瓷、玻璃、聚四氟乙烯、石墨等）的换热器。

（六）油罐

储罐按其制造材质可分为金属罐和非金属罐。在化工、石油化工和石油等工业中储存液化气以外的原料油和其他油主要采用金属储罐，即金属油罐。

1. 油罐分类

金属油罐分类可根据油罐所处位置、几何形状和不同结构形式等几方面来划分。

（1）按油罐几何形状划分。

1）立式圆柱形罐；

2）卧式圆柱形罐；

3）球形罐。

（2）按油罐所处位置划分。分为地上油罐、半地下油罐和地下油罐三种。

1）地上油罐。指油罐的罐底位于设计标高 ±0.00 及其以上；罐底在设计标高 ±0.00 以下但不超过油罐高度的 1/2，也称为地上油罐。

2）半地下油罐。半地下油罐是指油罐埋入地下深于其高度的 1/2，而且油罐的液位的最大高度不超过设计标高 ±0.00 以上 0.2m。

3）地下油罐。地下油罐指罐内液位处于设计标高 ±0.00 以下 0.2m。

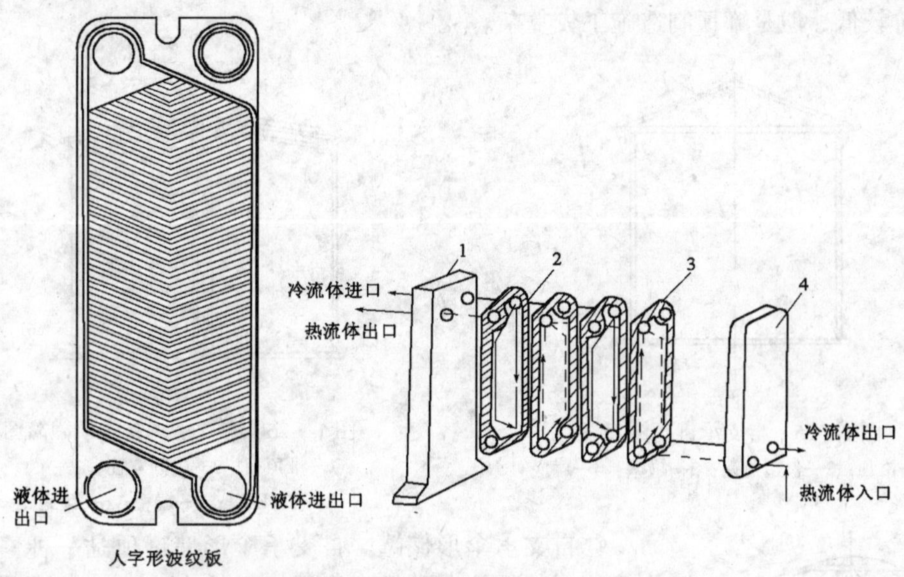

图 1-5-23　板式换热器

1—固定压板；2—板片；3—垫片；4—活动压板

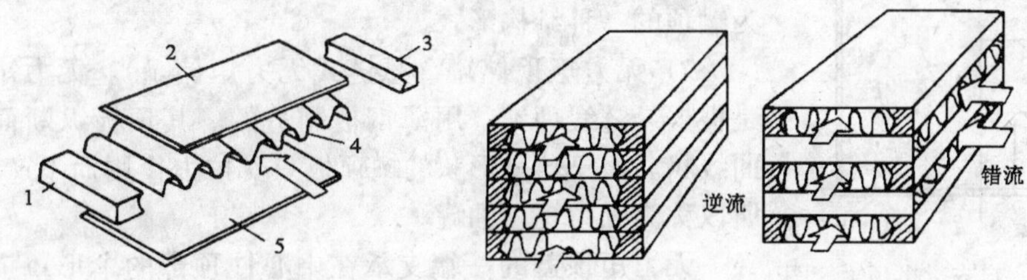

图 1-5-24　板翅式换热器

1、3—封条；2、5—平隔板；4—翅片

(3) 按不同结构形式划分。分为固定顶储罐、浮顶储罐、无力矩储罐和套顶储罐。

1）固定顶储罐。固定顶储罐可分为锥顶储罐、拱顶储罐、自支承伞形储罐。

①锥顶储罐。锥顶储罐又可分为自支承和有支承锥顶罐两种。自支承锥顶罐是一种形状接近于正圆锥体表面的罐顶，锥顶载荷靠顶板周边支承于罐壁上，如图 1-5-25 所示；有支承式锥顶罐，如图 1-5-26 所示。

梁柱式锥顶罐是另一种形状接近正圆锥体表面的罐顶，罐顶的载荷主要由梁和柱上的檩条或置于有支柱或无支柱的桁架上的檩条承担。一般用于容积大于 1 000 m^3 的贮罐。梁柱式锥顶罐不用于有不均匀下沉的地基或地震载荷较大的地区。锥顶罐与相同容积拱顶罐相比，锥顶制造简单，施工方便，但钢材耗用较多。

②拱顶储罐。拱顶储罐系我国石油、化工各部门广泛采用的一种储罐。拱顶储罐可分为自支承拱顶储罐和支承式拱顶储罐。拱顶储罐是指罐顶形状接近于球形，罐顶由 4～6mm 的钢板和加强筋组成。拱顶载荷靠顶板周边支承在罐壁上的储罐为自支承拱顶罐，如图 1-5-27 所示。拱顶载荷主要靠柱和罐顶桁架支承于罐壁上的储罐为支承式拱顶罐。拱顶储罐与相同容积的锥顶罐比较，耗用钢材量较少，能承受较高的剩余压力，减少储液蒸

发，造价较低，但是罐顶制造施工较复杂。

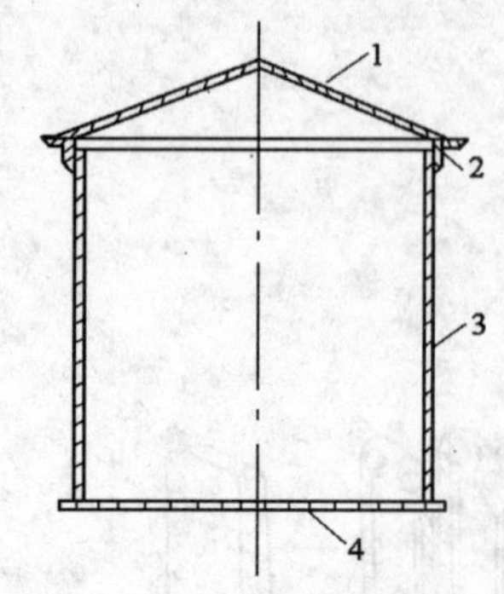

图 1-5-25 自支承锥顶罐简图

1—锥顶；2—包边角钢；3—罐壁；4—罐底

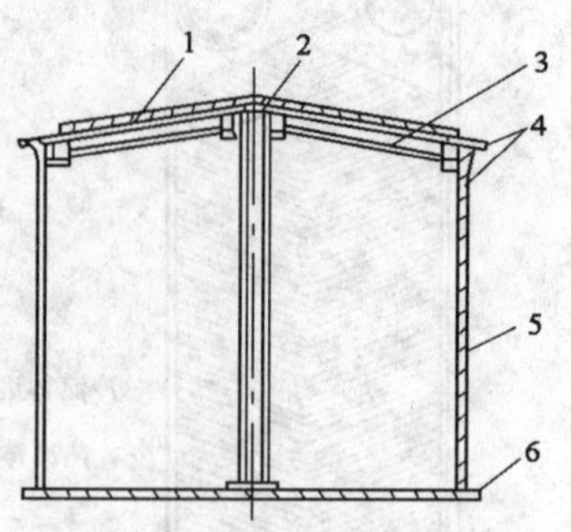

图 1-5-26 有支承式锥式顶罐简图

1—锥顶板；2—中间支柱；3—梁；4—承压圈；5—罐壁；6—罐底

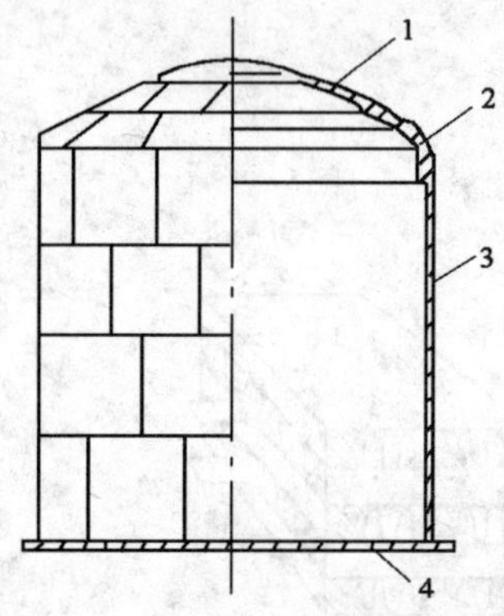

图 1-5-27 自支承拱顶罐简图

1—罐顶；2—包边角钢；3—罐壁；4—罐底

③自支承伞形储罐。自支承伞形储罐顶是一种修正的拱形罐顶，其任何水平截面都是规则的多边形，与罐顶板数有同样多的棱边，罐顶载荷靠拱顶板支承于罐壁上，因此是自支承拱顶的变种。这种伞形罐顶在美国和日本的规范中被列为罐顶的一种结构形式。

2）无力矩顶储罐（悬链式无力矩储罐）。无力矩顶储罐是根据悬链线理论，用薄钢板制造的。其顶板纵断面呈悬链曲线状。由于这种形状的罐顶板只受拉力作用而不产生弯矩，所以称为无力矩顶油罐。

无力矩顶盖的一端支承在中心柱顶部的伞形罩上，另一端支承在储罐圆周装有包边角钢或刚性环上形成一悬链曲线。在这种曲线下，钢板仅在拉力作用下工作，而不会出现弯曲力矩。其特点是结构简单，施工方便，钢材得到充分利用，从而可节省钢材，钢材耗量比拱顶罐要少 15%左右。但是由于顶板太薄，易积水、易腐蚀、操作行走不便、不安全，故近年建造较少，如图 1-5-28 所示。

3）浮顶储罐。浮顶储罐分为浮顶储罐、内浮顶储罐（带盖内浮顶储罐）。

①浮顶储罐。浮顶储罐的种类很多，如单盘式、双盘式、浮子式等。浮顶储罐的浮顶

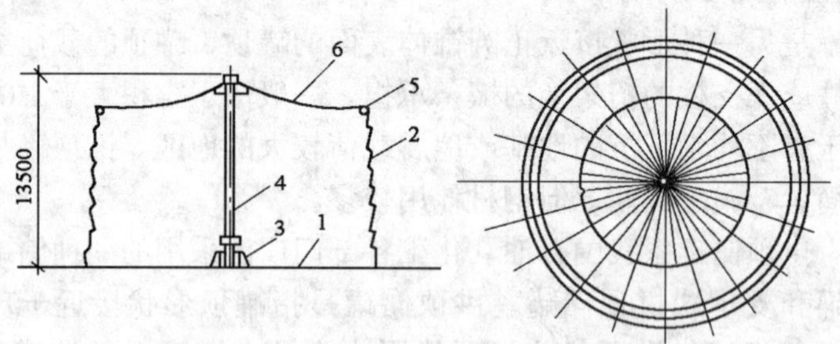

图 1-5-28 无力矩顶立式油罐示意图

1—罐底；2—罐壁；3—支座；4—中间立柱；5—刚性环；6—悬链顶板

是一个漂浮在贮液表面上的浮动顶盖，随着储液的输入输出而上下浮动，浮顶与罐壁之间有一个环形空间，这个环形空间中有一个密封装置，使罐内液体在顶盖上下浮动时与大气隔绝，从而大大减少了储液在储存过程中的蒸发损失。采用浮顶罐储存油品时，可比固定顶罐减少油品损失 80%左右。

单盘式浮顶罐在浮顶周围建造环形浮船，用隔板将浮船分隔成若干个不渗漏的舱室，在环形浮船范围内的面积以单层钢板覆盖。如图 1-5-29 所示。

双盘式浮顶罐的上下分别以钢板全面覆盖，两层钢板之间由边缘环板、径向与环向间隔板隔成若干个不渗漏的舱室，如图 1-5-30 所示。双盘式浮顶从强度来看是安全的，并且上下顶板之间的空气层有隔热作用。我国浮顶油罐系列中，容量在 1 000 ~ 5 000m^3 的浮顶油罐采用双盘式浮顶。双盘式材料消耗量大、造价高，不如单盘式浮顶经济。

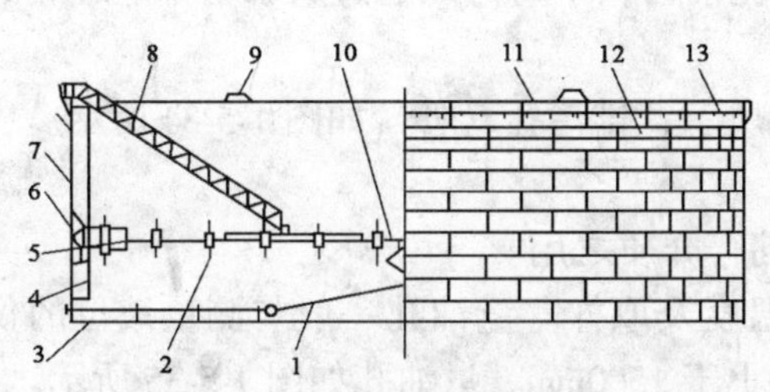

图 1-5-29　单盘式浮顶罐

1—中央排水管；2—浮顶立柱；3—罐底板；4—量液管；5—浮船；6—密封装置；7—罐壁；8—转动浮梯；9—泡沫消防挡板；10—单盘板；11—包边角钢；12—加强圈；13—抗风圈

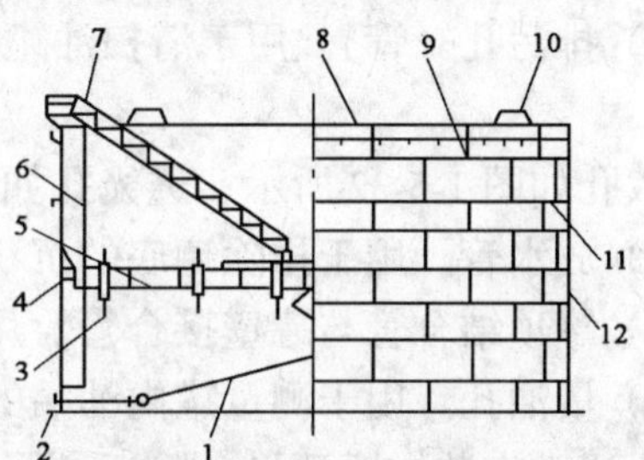

图 1-5-30　双盘式浮顶罐

1—中央排水管；2—罐底板；3—浮顶立柱；4—密封装置；5—双盘顶；6—量液管；7—转动浮梯；8—包边角钢；9—抗风圈；10—泡沫消防挡板；11—加强圈；12—罐壁

一般情况下，浮顶罐用于原油、汽油、溶剂油、重整原料油以及需要控制蒸发损失及大气污染、控制放出不良气体、有着火危险的产品的储存。

②内浮顶储罐。内浮顶储罐是带罐顶的浮顶罐，也是拱顶罐和浮顶罐相结合的新型储罐。内浮顶储罐的顶部是拱顶与浮顶的结合，外部为拱顶，内部为浮顶。如图 1-5-31 所示。

内浮顶储罐具有独特优点：一是与浮顶罐比较，因为有固定顶，能有效地防止风、砂、雨、雪或灰尘的侵入，绝对保证储液的质量。同时，内浮盘漂浮在液面上，使液体无蒸发空间，减少蒸发损失 85% ~ 96%；减少空气污染，减少着火爆炸危险，易于保证储液质量，特别适合于储存高级汽油和喷气燃料及有毒的石油化工产品；由于液面上没有气体空间，故减少罐壁罐顶的腐蚀，从而延长储罐的使用寿命；二是在密封相同情况下，与浮顶相比可以进一步降低蒸发损耗。

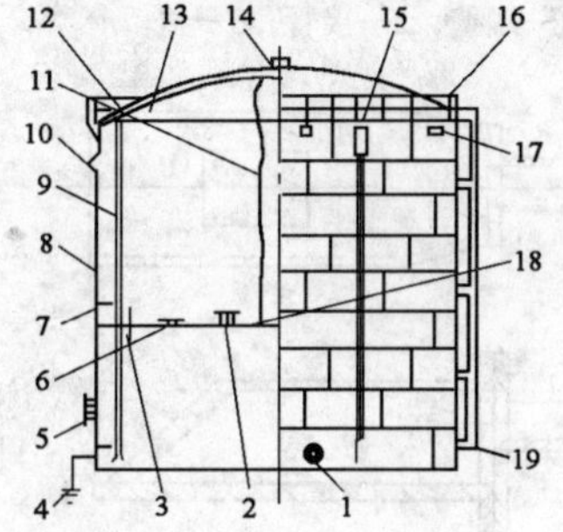

图 1-5-31　内浮顶储罐

1—罐壁人孔；2—自动通气阀；3—浮盘立柱；4—接地线；5—带芯人孔；6—浮盘人孔；7—密封装置；8—罐壁；9—量油管；10—高液位警报器；11—静电导线；12—手工量油口；13—固定罐顶；14—罐顶通气孔；15—消防口；16—罐顶人孔；17—罐壁通气孔；18—内浮盘；19—液面计

内浮顶储罐的缺点：与拱顶罐相比，钢板耗量比较多，施工要求高；与浮顶罐相比，维修不便（密封结构），储罐不易大型化，目前一般不超过 10 000m^3。

2. 金属油罐附件

罐体上安装的一些供特殊用途的附属配件，即油罐附件，应适应各种油品的储存、发放、计量和维修等的要求，确保金属油罐的正常工作。

(1) 拱顶、无力矩顶油罐附件。

1) 人孔。专为操作人员进出油罐检查、清洗和修理之用。人孔安装的中心线一般位于罐底以上 700mm 处，距罐壁垂直焊缝不得小于 1 500mm。

2) 透光孔。专为对罐内进行检查、修理、刷洗时透光、通风之用。一般安装在罐内的顶部。

3) 排污孔（管）。用于清扫油罐时排出淤泥油污，平时可以通过放水管排泄罐底的沉积水。

人孔如图 1-5-32 所示；透光孔如图 1-5-33 所示；排污孔（管）如图 1-5-34 所示。

4) 放水管。用于排除罐底的沉积水。

5) 罐顶结合管与罐壁接合管。用于进出储存介质之用。

6) 量油孔。用于测量罐内油品的液面、温度及取样。量油孔一般与测量液位的仪表相连。通常安装在罐顶平台附近，距管壁应不小于 1500mm。量油孔如图 1-5-35 所示。

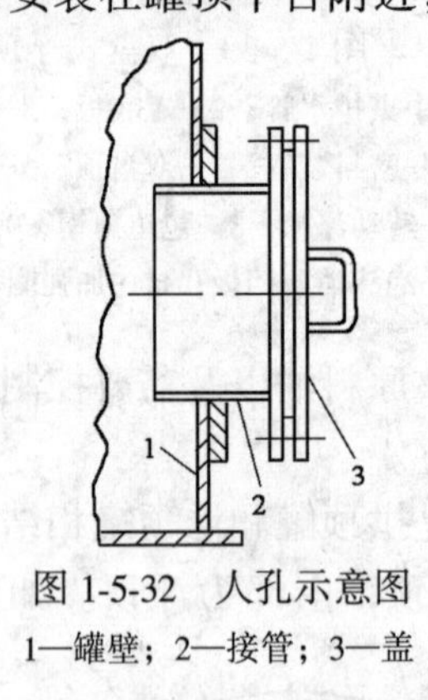

图 1-5-32 人孔示意图

1—罐壁；2—接管；3—盖

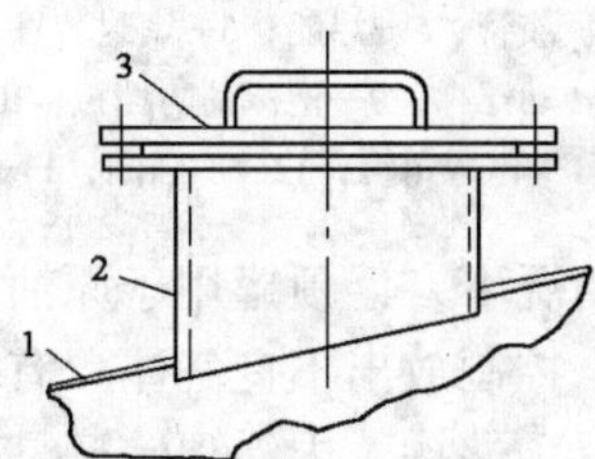

图 1-5-33 透光孔示意图

1—罐顶板；2—接管；3—盖板

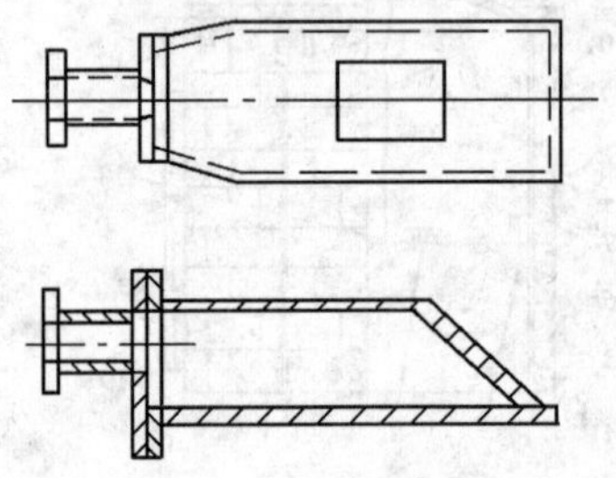

图 1-5-34 排污孔（管）示意图

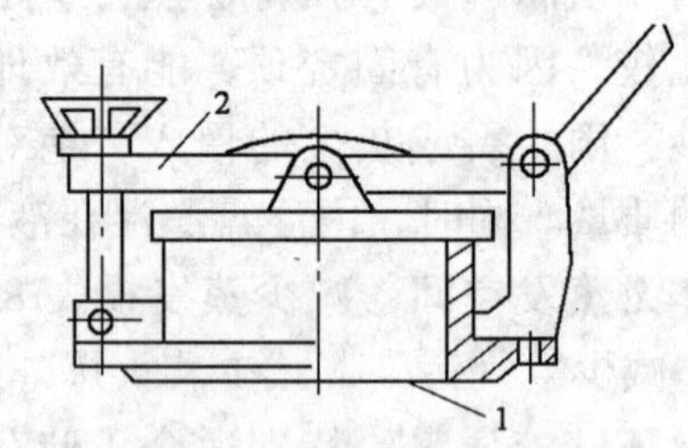

图 1-5-35 量油孔示意图

1—孔本体；2—开启装置

7) 呼吸阀、安全阀、通气管。呼吸阀的作用是调节罐内油气压力，当罐内压力过高时，通过呼吸阀将部分多余油气排出，使罐内压力下降；当罐内压力过低时，通过呼吸阀从罐外吸入空气，使罐内压力升高，始终保持与大气压恒定的状态。呼吸阀安装在油罐的顶部。

安全阀的作用是当油罐在操作过程中，由于呼吸阀失灵或其他原因影响正常工作时，可通过它调节罐内压力，从而防止由于罐内正压或负压太高、罐壁应力过大而造成油罐外形破坏或油罐被抽瘪。安全阀安装在罐顶中部。

通气管是为罐内通风和调节罐内气压而设，安装在油罐的最高点。

8）防火器。用来防止火星、空气经过安全阀或呼吸阀进入罐内引起意外。它安装在呼吸阀或安全阀的下面。

9）内部关闭阀操纵装置。该装置用来连接罐内外自动关闭阀，完成进油和出油。它安装在油罐进出口连接管上，与罐内自动关闭阀和罐外自动关闭阀的手摇操作器连在一起。

10）加热器。加热器分局部加热器和全面加热器两种。其作用是通过蒸汽对原油和重油加热，以防止油品凝固。局部加热器安装在进出油接合管附近。全面加热器安装在罐底上。油罐加热盘管示意图如 1-5-36 所示。

11）升降管。通过回转接头与出油接合管相连接，用卷扬机带动升降，可选择抽取罐内任何部位油品，一般只安装在润滑油或特种油品罐上。

12）泡沫发生器。当罐内油品发生意外起火燃烧时，利用泡沫发生器产生泡沫剂灭火。泡沫发生器一般安装在油罐上部的罐壁上，也可安装在油罐顶的边缘处。为了提高灭火效能，一般油罐通常都需要两个或更多的泡沫器对称安装。

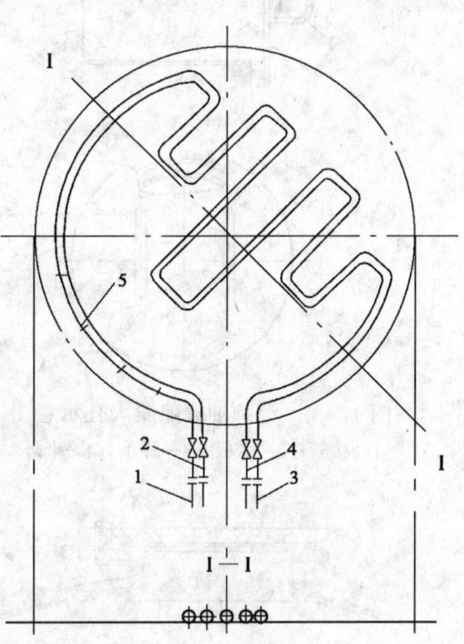

图 1-5-36 油罐加热盘管示意图

1、2—蒸汽进口；3、4—蒸汽出口；5—支架

13）回转接头与升降管。回转接头与出油管相连接。升降管又与回转接头和出油管相连，以卷扬机带动升降，可选择抽取罐内任何部位的油品，一般只安装在润滑油或特种油品罐上。

14）进料孔。用于进料。

(2) 浮顶油罐附件。

1）浮船人孔、单盘顶人孔、试验人孔盖板。浮船人孔也称船舱人孔，每个船舱有一个人孔，船舱数与人孔数量相等。它由接管、卡环、盖板等组成。

单盘人孔安装在浮船的单盘板上，一般数量为 2 个。它由接管（与油面相通）通过法兰与盖紧固住，接管直径为 600mm 左右。

试验人孔盖板，由厚钢板加工而成，它与人孔接管上安装的折页式关节轴连接，当打开盖板与法兰连接螺栓时，盖板可以由关节轴旋转张开，关闭时可以旋转与接管上法兰对齐位置，再压上软垫，将螺栓紧固住。浮顶油罐船舱人孔如图 1-5-37 所示。浮顶油罐单盘人孔如图1-5-38所示。罐壁人孔示意图如图 1-5-39 所示。

2）自动透（通）气阀。自动透气阀是对罐体内气压起自动调节作用的附件。

3）盘边透气阀。盘边透气阀安装在单盘上靠近船舱相对称的位置上，由无缝钢管组焊而成。浮顶油罐旁边通气阀示意图如图 1-5-40 所示。

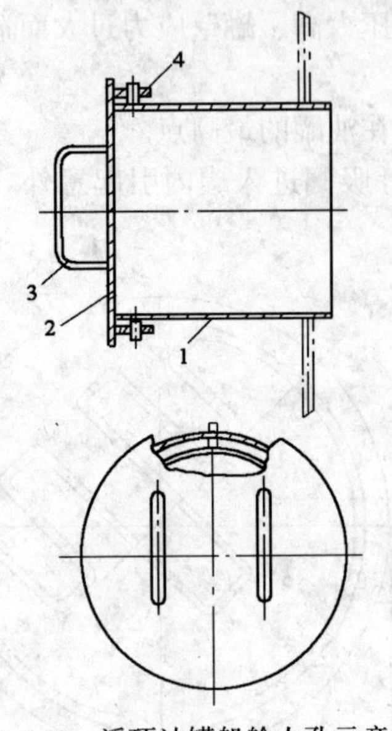

图 1-5-37　浮顶油罐船舱人孔示意图

1—接管；2—盖板；3—提手；4—卡环

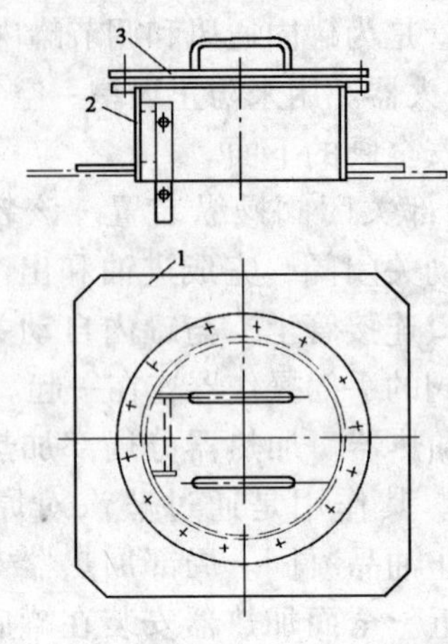

图 1-5-38　浮顶油罐单盘人孔示意图

1—条板；2—接管；3—盖

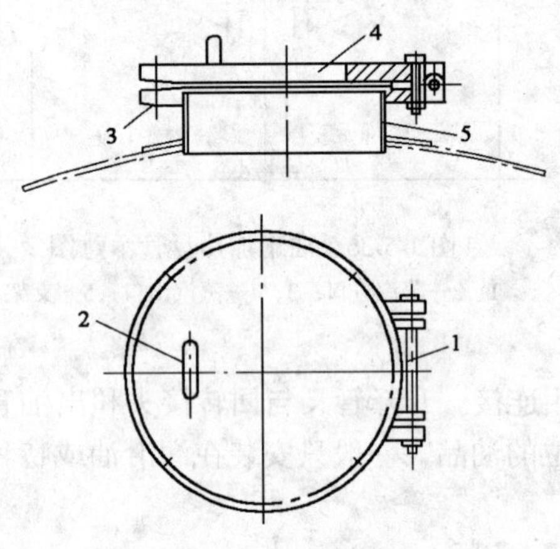

图 1-5-39　罐壁人孔示意图

1—关节轴；2—手柄；3—平焊法兰；4—法兰盘；5—接管

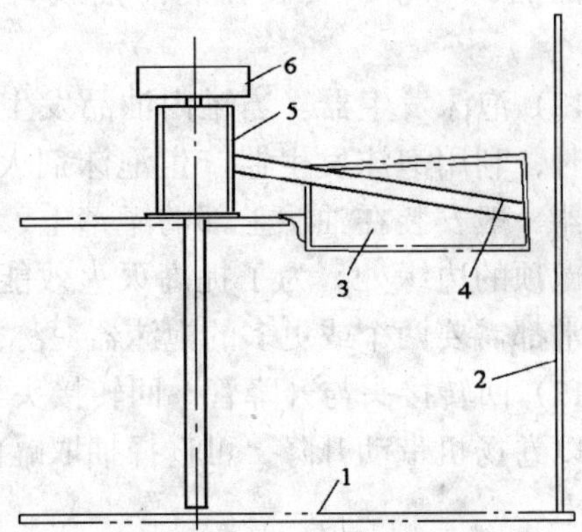

图 1-5-40　浮顶油罐通气阀示意图

1—罐底；2—罐壁；3—浮顶；4—通气管；5—阀体；6—阀盖

4）浮顶支柱与单盘支柱。浮顶支柱由无缝钢管制成，支柱靠近罐底一面焊有盲板，顶部与套管有销轴联结，不致掉下，浮顶支柱可随浮顶的上升而上升。单盘支柱由无缝钢管制成，在单盘上均布对称安装，支柱的底部与罐底焊接的底板接触，以支持单盘的重量。

5）中央排水管。主要用于单盘顶的排水之用，由无缝钢管制成。为便于折叠，安设有直角旋转接头、闸阀，可以将浮顶的水排出罐外。

6）量油管。每台油罐有一套量油管，它安装在罐顶平面平台之上。量油管由无缝钢管制成，下端距罐底500～600mm位置有一喇叭口，浮船顶板上有耐油橡胶石棉垫密封。量油管顶上有法兰盖，用螺栓紧固住。量油时，打开法兰盖即可。

(七) 球罐

近几年来球形罐在国内外发展很快，在我国石油、化工、冶金等工业部门，广泛采用钢质球形储罐。它可以用来作为液化石油气、液化天然气、液氧、液氨、液氮及其他中间介质的储存容器，也可作为压缩气体（空气、氧气、氮气、城市煤气）的储罐。球罐通常为大容量有压力的储存容器。

球形罐与通常立式圆筒形储罐相比，在相同容积和相同压力情况下，球罐的表面积最小，故所需钢材面积最小；在相同直径情况下，球罐壁内应力最小，而且均匀，因此其承载能力比圆筒形容器大1倍，故球罐的板厚只需圆筒形容器板厚的一半。

由上述特点可知，在制造球罐时，钢材消耗量可大幅度减少，一般可节省钢材30%～45%以上。此外，球罐占地面积小，基础工程量小，可有效利用土地面积。

(1) 球罐的构造。球罐由本体、支柱（承）及附件组成。

1) 球罐本体。球罐本体是球罐结构的主体，它是球罐储存物料承受物料工作压力和液体静压力的构件。它是由壳板拼焊而成的一个圆球形容器。其结构外形见图1-5-41。由于球壳体直径大小不同，球壳板的数量也不一样。球壳有环带式（橘瓣式）、足球瓣式（见图1-5-42）、混合式结构三种形式。

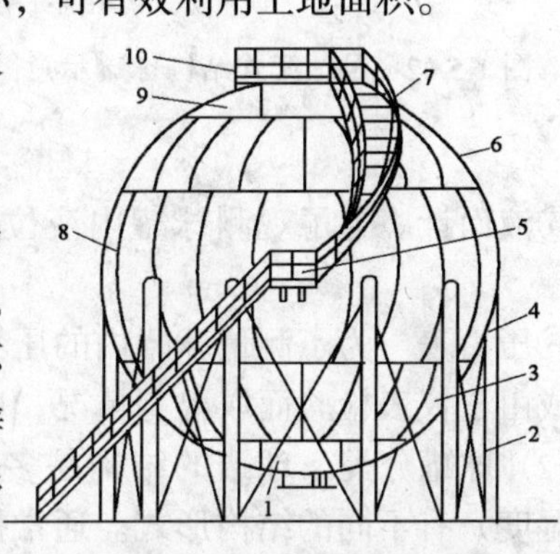

图1-5-41　球罐结构外形示意图

1—南极板；2—拉杆；3—下温带板；4—支柱；5—中间平台；6—上温带板；7—螺旋盘梯；8—赤道带板；9—北极板；10—顶部平台

2) 球罐支柱（承）。球罐支柱（承）是用于支承本体重量和储存物料重量的结构部件，有柱式及裙式两种结构。

3) 球罐的附件。

①梯子平台。一般球罐设置顶部平台和中间平台。顶部平台是工艺操作平台，球罐的工艺接管及人孔、仪表等，大部分都设置在上极板处。中间平台是为了操作人员上下顶部平台时中间休息或作为检查球罐赤道部位外部情况而设置的，如图1-5-43所示。球罐梯子和平台结构与球罐的数量有关。根据现场布局和工艺操作、工艺要求的不同而设置。两台球罐采用联合顶部平台，并共用方形柱式螺旋盘梯组合结构。多个球罐采用中部栈桥把各球罐联合起来的组合式平台和梯子结构。为了满足对低温球罐、高强钢制和有腐蚀介质的球罐经常检查的需要，避免事故出现而设置了内外旋转梯。

②人孔和接管。人孔是为了操作人员进出球罐进行检验和维修而设置的，同时也用于现场组装焊接球罐时进行焊后整体热处理、进风、燃烧口和烟气排出等。一般人孔选用*DN*500～600。人孔与球壳相焊接部分的材质要选用和球壳相同或相当的材质。根据结构需要球罐装有各种接管及补强圈、补强接管。

③水喷淋装置。球罐上装设水喷淋装置是为了内盛的液化石油气、可燃气体和毒性气体的隔热需要，同时也可起消防保护作用。

④隔热和保冷设施。隔热和保冷一般是为了保证介质的一定温度。储存液化石油气、

可燃性气体和液化气及有毒气体的球罐和支柱，应该设置隔热设施。球罐储存低温物料（如乙烯液氨）时应设保冷装置。

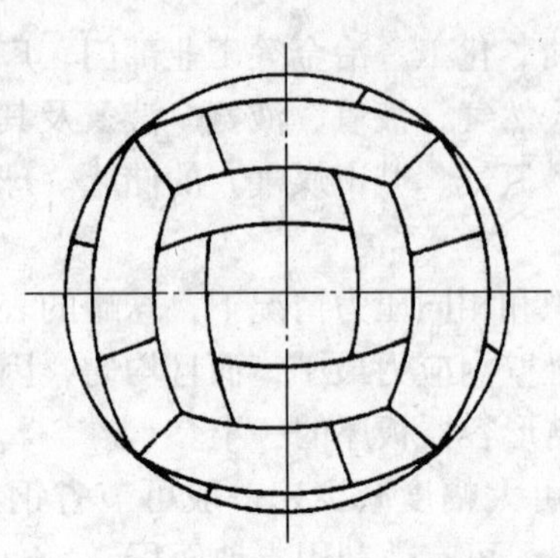

图 1-5-42　足球瓣式结构球罐示意图

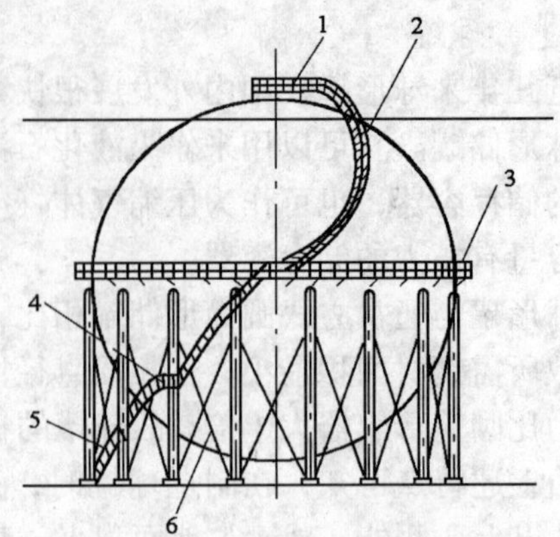

图 1-5-43　球罐平台

1—顶部操作平台；2—上部盘梯；3—中间平台；4—中部平台；5—下部盘梯；6—球罐

⑤液面计。为了观测球罐内液位情况，一般在储存液体和液化气的球罐中装置液面计。

⑥压力表。为了测量球罐内的压力而设置压力表。考虑到压力表由于某种原因而发生故障或由于仪表检验而取出等情况，应在球壳的上部和下部各设一块压力表。

(2) 球罐分类。球罐的结构是多种多样的，根据不同的使用条件（介质、容量、压力、湿度）有不同的结构形式。通常按照外观形状、壳体构造和支承方式的不同来分类。

1）按形状分为圆球形和椭圆形。

①图 1-5-44 为圆形单层纯橘瓣赤道正切柱式支承的球罐。这种球罐由壳体、支柱、拉杆、操作平台、爬梯及各种附件等组成。在某些情况下，罐内设有转梯，外部设有隔热保温层或防火水喷淋管等。

②图 1-5-45 为椭圆形罐，使用它是为了防止罐内液体产生蒸发损失，特别适用于汽油和天然气的储存。

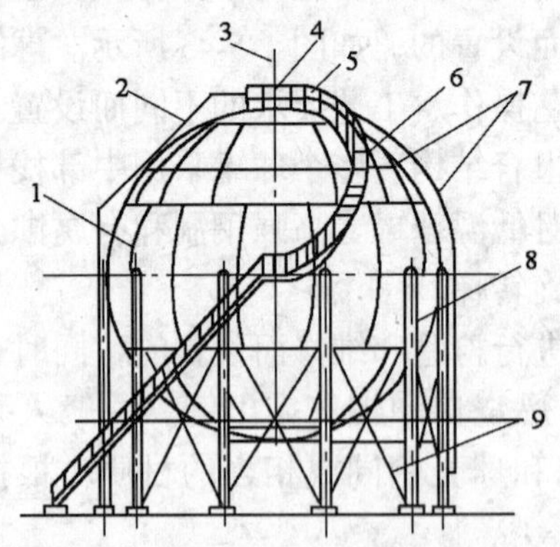

图 1-5-44　赤道正切柱式支承单层壳球罐

1—球壳；2—液位计导管；3—避雷针；4—安全泄放阀；5—操作平台；6—盘梯；7—喷淋水管；8—支柱；9—拉杆

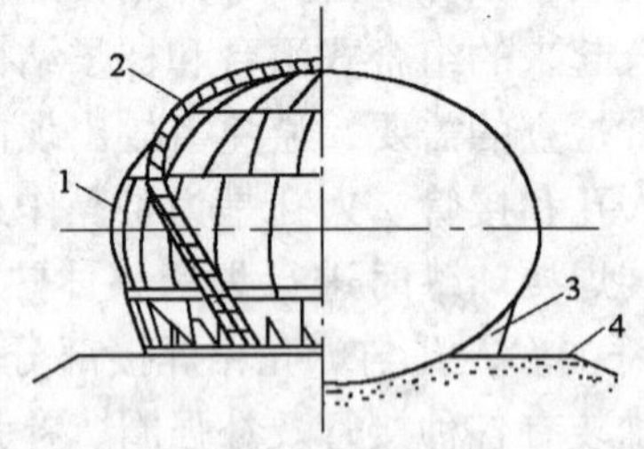

图 1-5-45　椭球罐

1—椭球壳；2—盘梯；3—托架；4—基础

2）按壳体层数分为单层壳体和双层壳体。

①单层壳体最常见，多用于常温高压和高温中压。

②双层壳体球罐由外球和内球组成，如图 1-5-46 所示，由于双层壳体间放置了优质绝热材料，所以绝热保冷性能好，故能储存温度低的液化气。双层壳体球罐采用双金属复合板制造，适用于超高压气体或液化气的储存，目前使用不多。

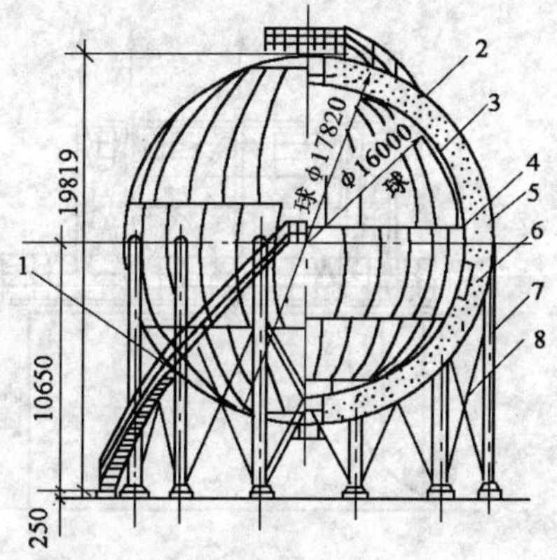

图 1-5-46　双重壳体球罐的结构图

1—盘梯；2—外球壳；3—内球壳；4—拉条；5—悬挂吊杆；6—绝缘材料；7—支柱；8—拉杆

3）按球壳的组合方式分为纯橘瓣式、纯足球瓣式和足球橘瓣混合式。

①纯橘瓣式球壳是按橘瓣结构形式（或称西瓜皮瓣）进行分割组合的，这种结构形式称纯橘瓣球壳。这种球壳的特点是球壳拼装焊缝较规则，施工简单，可加快组焊进度。纯橘瓣式球壳结构有赤道带，球罐支承大多数为赤道正切柱式支承。纯橘瓣式球壳适用于任何大小的球罐，为世界各国普遍采用的一种结构方式。目前我国自行设计制造的球罐都是采用纯橘瓣式球壳。

②纯足球瓣式球壳。其优点是球瓣的尺寸相同或相近，制作开片简单省料。缺点是组装比较困难，有部分支柱搭在球壳的焊缝上造成该处焊接应力较复杂。

③足球橘瓣混合式球壳。其结构特点是，赤道带采用橘瓣式，上下极板是足球瓣式。优点是制造球皮工作量小，焊缝短，施工进度快，另外可以避免支柱搭在球壳焊缝上带来的不足。缺点是两种球瓣组装校正麻烦，球皮制造要求高。

4）按支承结构分为柱式支承和裙式支承。

①柱式支承中又以赤道正切柱式支承用得最多，在国内较为普遍。此外还有 V 形柱式支承、三柱汇一型支承。支柱由各种规格大小的无缝钢管制成。

②裙式支承分为圆筒裙式支承、锥形支承、钢筋混凝土连续基础支承和半埋式支承、锥底支承和高架式支承。这种结构的特点是支座较低，稳定性好，由钢板制作时，可节省钢材。

（八）气柜

气柜是煤气和混合气的储存设备。它可以用来调节煤气高低不均匀的供气负荷。气柜实际上就是储气柜，按储气压力大小可分为低压储气柜和高压储气柜两种。低压储气柜按密封方式分类为：湿式和干式两种，湿式有直立式和螺旋式；干式气柜是利用弹性垫片及油封填充方法，保持密封，目前使用很少。高压气柜通常称为高压储气罐，有圆筒形（立式或卧式）和球形。

(1) 低压湿式气柜。湿式气柜属于低压储气罐，主要由水槽和钟罩组成。钟罩分为数节（随煤气进出而升降），按升降方式不同，可分为直立式和螺旋式两种。下面介绍几种常用的低压湿式气柜结构。

①直立式低压湿式气柜。低压湿式直立式气柜由水槽、钟罩、塔节、水封、顶架、导轨立柱、导轮、配重及防真空装置等组成。直立式储气柜外形如图 1-5-47 所示。结构示意如图1-5-48所示。

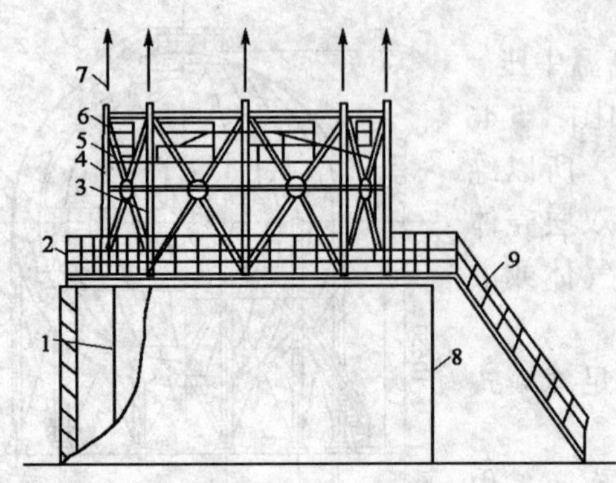

图 1-5-47　300m³ 湿式储气罐外形

1—水槽；2—护栏走台；3—钟罩；4—导轨；5—托辊；6—重锤托架；7—避雷针；8—外围墙；9—外梯

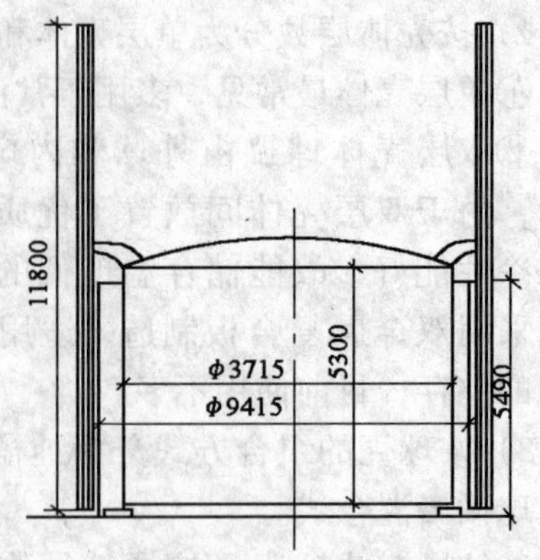

图 1-5-48　300m³ 湿式储气罐结构示意图

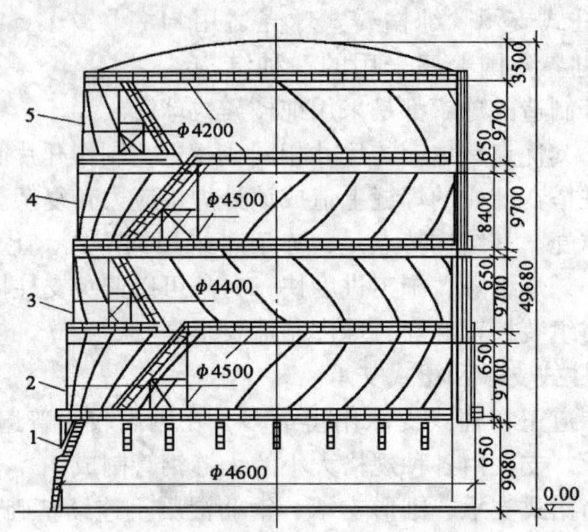

图 1-5-49　5 000m³ 低压湿式螺旋气柜结构示意图

1—水槽；2—1 塔节；3—2 塔节；4—3 塔节；5—4 塔节

②螺旋式低压湿式储气柜。低压湿式螺旋气柜的结构由水槽、塔节、钟罩、导轨、平台、顶板和顶架、进出气管等部分组成。气柜本体由钢板拼焊而成。直立式气柜安设有立柱式导轨，每个塔节靠其侧面的斜导轨与相邻塔节上的导轮相互滑动而缓慢旋转上升或下降，如套筒式结构。螺旋式低压湿式气柜则是沿着螺旋式导轨升降，它和直立式低压湿式气柜相比较，可节约钢材 15%～30%，但不能承受强烈风压，故在风速太大的地区不应采用。低压螺旋式气柜如图 1-5-49 所示。

(2) 低压干式气柜。低压干式气柜同低压湿式气柜一样，是一种压力基本稳定、储气容积可以在一定限度内变化的低压储气设备。它是在低压湿式气柜的基础上发展起来的。低压干式气柜的外形有多角形和圆筒形两种。罐筒由钢板焊接或铆接而成，筒内装有一个可以移动的活塞，其直径和罐筒内径相等。为了使活塞上下移动稳定，设有导架装置。进气时，活塞上升；用气时，活塞下降，借助活塞本身的重量把煤气压出。由于造成煤气压力的设备是活塞，故可使输出煤气的压力基本保持稳定。

（九）火炬及排气筒

1. 工作原理

火炬及排气筒是石油化工装置中的大型钢结构设备。用于将连续或间断地排放的尾气（可燃气体）燃烧后成为无害气体，直接排放到大气中。这些可燃气体包括用作燃料后剩余的部分及生产停车、发生事故时需排放的废气。将这些废气送入火炬总管燃烧掉，或由高耸的排气筒排放到大气中。这是保证安全生产的一项重要措施，也是减少化工废气对周围环境污染的重要手段。

送往火炬系统的排放气，先由装置区的管路进入气液分离罐进行气液分离，在这里分离出来的凝液，用泵送往不合格油的储罐。排出气则送往火炬，从火炬头喷出在大气中燃烧。

火炬筒头上安装有点火烧嘴（长明灯）经常燃烧，排放气不论何时出来，均能燃烧。另外在点火烧嘴上设有点火设施，从地面上就可以点燃火嘴。在烟囱的底部设有水封装置，以防止回火。

2. 火炬及排气筒的种类及结构

火炬及排气筒有塔式、拉线式、自立式三种形式。塔式是经常被采用的一种形式。其中，多数是塔架扶直自立式筒体，也有少数是塔架支撑悬挂式筒体。火炬筒及排气筒可用钢板卷制而成，也可以用无缝钢管、不锈钢管制成。火炬及排气筒塔架是用型钢或钢管组焊制成一定高度的塔架，均为碳钢材料。火炬筒或排气筒固定竖立于塔架中心。火炬筒顶部安装有火炬头，作火炬燃烧排气用。

（1）钢管制塔架。钢管塔架结构一般制成截面为三棱体的空间桁架，它由各种规格的无缝钢管焊接的竖杆、横杆、斜杆等组成。塔架高度由设计规定。

几何断面形状为三棱体的塔架，内有爬梯、平台；维修人员可从底部由爬梯通向顶部平台。由于塔架为变截面结构，截面的尺寸随不同高度而改变。图 1-5-50 ~ 图 1-5-55 为塔架结构示意图。

（2）型钢制塔架。型钢塔架由工字钢、槽钢、角钢制成，其断面一般为四方形空间桁架结构。高度一般为 50 ~ 120m。其截面尺寸根据高度不同逐渐变小。为便于维修操作，塔架应安装花纹板平台。

（3）风缆绳式火炬、排气筒。风缆绳式火炬、排气筒的结构为立式筒体，靠筒体安设引火管、导火管，火炬筒顶部安装有点火头组件。筒体底部固定在混凝土基座上，用 6 根缆绳固定。这种火炬设两套点火系统：自动点火系统及手动点火系统。

（十）关于增加系数规定

1. 脚手架搭拆费

（1）静置设备制作的脚手架搭拆费，按人工费的 5% 计算，其中人工工资占 25%；

（2）除静置设备制作工程外，本定额其他项目的脚手架搭拆费，按人工工资的 10% 计算，其中人工工资占 25%。

2. 安装与生产同时进行增加费

安装与生产同时进行的增加费用，按人工费的 10% 计算。

3. 在有害身体健康环境中施工增加费

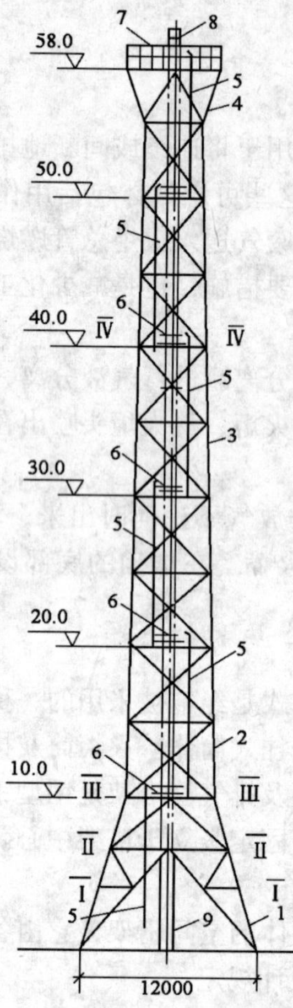

图 1-5-50 火炬筒钢管塔架外形示意图

1—无缝钢管 *DN*180×14；2—无缝钢管 *DN*159×12；
3—无缝钢管 *DN*127×10；4—无缝钢管 *DN*95×6；
5—爬梯；6—平台；7—顶部平台；8—火炬头；9—火炬筒

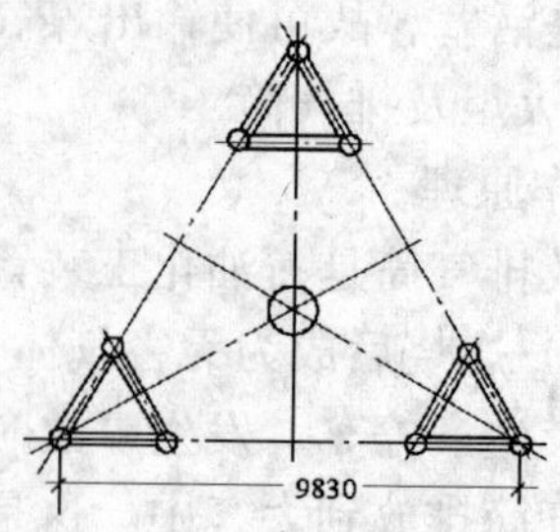

图 1-5-51 火炬筒钢管塔架Ⅰ—Ⅰ剖视图

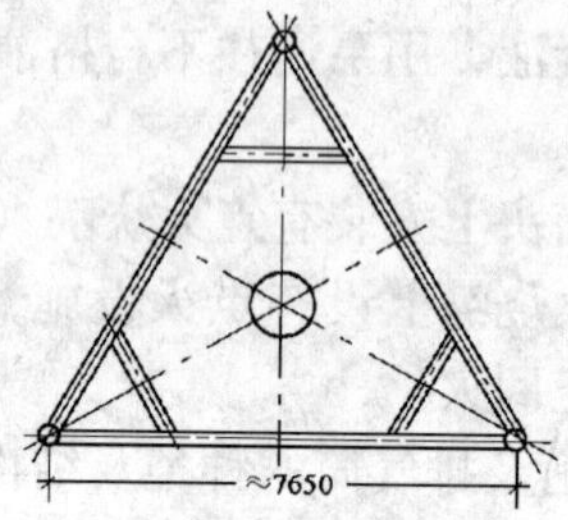

图 1-5-52 火炬筒钢管塔架Ⅱ—Ⅱ剖视图

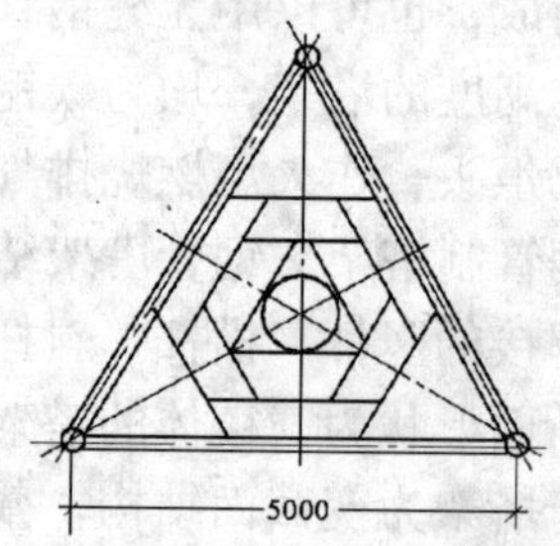

图 1-5-53 火炬筒钢管塔架Ⅲ—Ⅲ剖视图

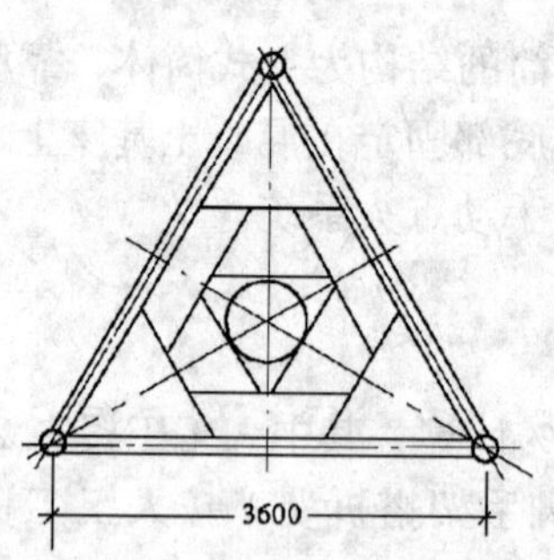

图 1-5-54 火炬筒钢管塔架Ⅳ—Ⅳ剖视图

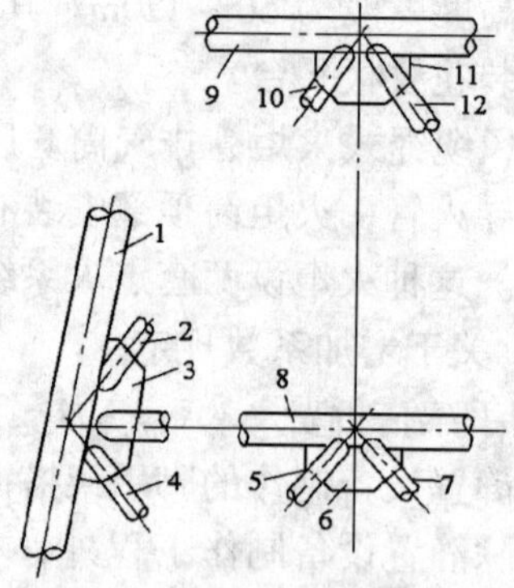

图 1-5-55 钢管制塔架结构示意图

1—竖杆；2、3、4、5、7、10、12—斜杆；6、11—筋板；8、9—横杆

在有害身体健康环境中施工的增加费用，按人工费的10%计算。

4. 低碳不锈钢的定额系数规定

金属材质是分别以碳钢、低合金钢、不锈钢的制造工艺进行编制的。除超低碳不锈钢按不锈钢定额基价乘以系数1.35调整外，其余材质不得调整定额基价。

5. 矩形容器按平底平盖的定额系数规定

矩形容器按平底平盖定额乘以系数1.10。

6. 夹套式容器按内外容器的容积定额系数规定

夹套式容器按内外容器的容积分别执行本定额的相应项目，并乘以系数1.10。

7. 不锈钢椭圆双封头容器设计压力 $PN>1.6$MPa 时的系数规定

当碳钢椭圆双封头容器设计压力 $PN>1.6$MPa 时，执行低合金钢容器定额的相应项目。当不锈钢椭圆双封头容器设计压力 $PN>1.6$MPa 时，定额乘以系数1.10。

8. 碳钢塔内件执行填料塔定额相应项目的系数规定

碳钢塔的内件为不锈钢时，则内件价格另计，其余部分执行填料塔定额的相应项目，定额乘以系数0.90。

9. 塔器设计压力 $PN>1.6$MPa 时的系数规定

当塔器设计压力 $PN>1.6$MPa 时，按定额相应项目乘以系数1.10。

10. 热交换器管径的系数规定

定额中热交换器的管径均按 $\phi25$ 考虑的，若管径不同时可按系数调整：当管径 $<\phi25$ 时乘以系数1.10；当管径 $>\phi25$ 时，乘以系数0.95。

11. 热交换器要求胀接加焊接再焊胀时的系数规定

热交换器要求胀接加焊接再焊胀时，按胀接定额乘以系数1.15。

12. 热交换器设计压力 $PN>1.6$MPa 时的系数规定

当热交换器的设计压力 $PN>1.6$MPa 时，按相应定额项目乘以系数1.08。

13. 分段设备组装的有关调整系数

(1) 分段容器按两段一道口取定，每增加一道口时，定额乘以系数1.35。

(2) 分段塔器按三段两道口取定，若分段到货一道口时，定额乘以系数0.75；三段以上每增加一段，定额乘以系数1.35。

14. 不同材质的分段、分片设备组装

按表1-5-3系数调整。

不同材质的分段、分片设备组装调整系数 **表1-5-3**

材质	合金钢	低温钢	复合钢	
			碳钢	不锈钢
人工费	1.15	1.20	1.15	1.20
材料费	1.02	1.12	1.02	1.10
机械费	1.12	1.20	1.12	1.20

注：1. 合金钢、低温钢设备以碳钢设备为基数；
2. 复合板设备只计算复合板部分。

15. 热交换器抽芯检验的系数规定

热交换器安装不包括抽芯检验，如需抽芯检验时，应执行热交换器抽芯检验的相应定额项目，其人工、机械乘以系数1.30。

16. 容器若为壳体与内芯分别安装时的系数规定

整体设备安装，若容器为壳体与内芯分别安装时，其定额人工、机械乘以系数1.50。

17. 常压设备注水试漏的系数规定

常压设备注水试漏：若在基础上试漏，按1MPa的定额基价乘以系数0.60；若在道木堆上试漏，定额基价乘以系数0.85。

18. 容器、热交换器水压试验系数调整

容器、热交换器水压试验，定额是按一般容器、固定管板式测算的；其他结构型式的容器、热交换器的水压试验按表1-5-4的系数调整。

容器和热交换器（除一般容器、固定管板式外）调整系数　　表1-5-4

设备名称	调整系数	设备名称	调整系数数
带搅拌装置的容器	0.90	蛇管式热交换器	0.95
内有冷却、加热及其他装置的容器	1.10	U形管式热交换器	
浮头式热交换器	1.30	套管式热交换器	
螺旋板式热交换器	0.85	排管式热交换器	

19. 设备水压试验定额的系数规定

设备水压试验定额是按设备吊装就位后进行取定的，若必须在道木堆上进行水压试验时，则定额基价乘以系数1.35。

20. 金属抱杆定额项目的系数规定

（1）抱杆安装拆除按单金属抱杆以“座”为单位计算；若采用双金属抱杆时，每座抱杆均乘以系数0.95；

（2）抱杆台次使用费规定（见表1-5-5）。

抱杆台次使用费　　单位：万元　　表1-5-5

序号	抱杆名称	起重能力及规格	摊销次数	台次使用费	辅助抱杆台次使用费	备注
1	格架式金属抱杆	100t/50m	10	8.08	1.86	1. 抱杆以起重能力为计价依据，抱杆高度只供参考； 2 每安装、拆除一次，计算一次台次使用费； 3. 抱杆增设灵机时，灵机的台次使用费以相应主抱杆的台次使用费为基数，乘以系数0.08； 4. 抱杆摊销次数是综合计算取定的，计价时不得调整
2	格架式金属抱杆	150t/50m	10	11.13	1.86	
3	格架式金属抱杆	200t/55m	8	19.41	3.14	
4	格架式金属抱杆	250t/55m	8	29.98	3.41	
5	格架式金属抱杆	350t/60m	6	46.25	4.22	
6	格架式金属抱杆	500t/80m	5	64.92	5.94	

注：抱杆加设摇头吊杆称为灵机吊。

21. 油罐制作安装的系数规定

油罐制作安装定额是按一个工地同时建造同系列两座以上（含两座）油罐考虑的；如果只建造一座时，其定额人工、机械乘以系数1.25。

22. 油罐整体充水试压的系数规定

整体充水试压定额是按同容量的两座以上（含两座）油罐连续交替试压考虑的，若一座油罐单独试压时，其定额人工、机械、水均乘以系数1.40。

23. 内浮顶油罐与拱顶油罐的水压试验系数规定

内浮顶油罐与拱顶油罐的水压试验同列为一个定额项目，但内浮顶油罐水压试验中的人工、机械应乘以系数 1.20。

24. 球形罐水压试验的系数规定

球形罐水压试验定额是按一台单独进行计算的，若同时试压超过一台时，每台试压定额乘以系数 0.85。

25. 角钢摲八字的系数规定

角钢摲八字按角钢圈煨制定额乘以系数 1.10。

26. 格栅板为成品供货时的系数规定

格栅板按原材料供货，需在现场下料制作，若格栅板系成品供货时，定额乘以系数 0.90，主材格栅板的重量不得计算损耗率。

27. 火矩、排气筒的筒体制作组对的系数规定

火矩、排气筒的筒体制作组对是按钢板卷制计算的，若采用无缝钢管时，除主材外均乘以系数 0.60。

（十一）工程量计算规则

1. 静置设备制作工程

(1) 金属容器、塔器、热交换器的“容积”是指按制造图示尺寸计算（不考虑制造公差）以“m^3”表示，不扣除内部附件所占体积。“金属净重量”是指以制造图示尺寸计算的金属重量，以“t”为计量单位。

(2) 金属容器、塔器、热交换器的设备重量，以金属净重量“t”为计量单位，不扣除开孔割除部分的重量；不包括外部附件（人、手孔，接管，鞍座，支座）和内部防腐、刷油、绝缘及填充物的重量。塔器的工程量应包括基础模块的重量。

(3) 外购件和外协件的重量应从制造图的重量内扣除，其单价另行计算。

(4) 计算材料消耗量时，应以金属净重量区分各结构组成部分的材质，按定额规定的主材利用率分别计算。

(5) 鞍座、支座制作，按制造图纸的金属净重量，以“t”为计量单位。

(6) 人孔、手孔、各种接管制作，按图纸规定的规格、设计压力，以个为计量单位。

(7) 设备法兰制作，按设计压力、公称直径以个为计量单位。

(8) 地脚螺栓制作，按螺栓直径以个为计量单位。

(9) 定额中金属容器、塔器、热交换器分别为碳钢、低合金钢、不锈钢材质，除超低碳不锈钢执行不锈钢定额乘以系数 1.35 外，其余材质均不得调整定额。如设计采用复合钢板时，按复合层的材质执行相应定额项目。

(10) 当碳钢、不锈钢平底平盖容器有折边时，执行椭圆形封头容器相应定额项目；当碳钢、不锈钢锥底平盖容器有折边时，执行锥底椭圆封头容器相应定额项目。

(11) 无折边球形双封头容器制作，执行同类材质的锥底椭圆封头容器相应定额项目。

(12) 蝶形封头容器制作，执行椭圆形封头容器相应定额项目。

(13) 矩形容器执行平底平盖定额乘以系数 1.1。

(14) 金属容器已综合考虑了简单内件和复杂内件的含量，除带有内角钢圈、筛板、栅板等特殊形式的内件，执行填料塔相应定额项目外，其余均不得调整。

(15) 夹套式容器按内外容器的容积分别执行相应定额项目乘以系数 1.1。

(16) 当立式金属容器带有裙座时，应将裙座金属重量计入容器本体内。

(17) 当碳钢椭圆双封头容器设计压力 *PN* 大于 1.6MPa 时，执行低合金容器定额相应项目。当不锈钢椭圆双封头容器设计压力 *PN* 大于 1.6MPa 时，定额乘以系数 1.1。

(18) 塔器内件采用特殊材质时，其内件应另行计算。

(19) 碳钢塔的内件为不锈钢时，其内件价格另行计算，其余部分执行填料塔相应定额项目乘以系数 0.9。

(20) 当塔器设计压力 *PN* 大于 1.6MPa 时执行相应定额乘以系数 1.1。

(21) 组合塔（两个以上封头组成的塔）应按多个塔计算，塔的个数按各组段计算，并按每个塔段重量分别执行相应定额项目。

(22) 定额中热交换器管径均按 ϕ25 考虑。当管径小于 ϕ25 时定额乘以系数 1.1，当管径大于 ϕ25 时定额乘以系数 0.95。

(23) 热交换器如要求胀接加焊接再焊胀时，执行胀接定额乘以系数 1.15。

(24) 当热交换器压力 *PN* 大于 1.6MPa 时，执行相应定额乘以系数 1.08。

2. 静置设备安装工程

(1) 分片、分段设备组装

1) “分片设备组装”和“分段设备组装”项目内均不包括设备吊装就位工作内容，应按“设备整体安装”定额另行计算。

2) 分片、分段设备组装根据设备名称、不同材质焊接形式、设备直径等条件，按设备金属重量以“t”为计算单位。

3) “设备金属重量”包括设备本体以及随设备供货的内部固定件、设备开口件、加强板、裙座、支座等全部金属件的重量，但不包括设备填充、内衬、塔盘和内部可拆件、外部梯子、平台、栏杆以及采用立装法施工的内件重量。

4) 分段容器是按两段一道口取定，分段塔器是按三段两道口取定，如实际到货情况与定额不同时，应按规定调整。

5) 不同材质的分片、分段设备组装，应按定额有关规定调整。

(2) 整体设备安装

1) 根据设备类型、基标高、设备重量范围分别以台为计量单位。

2) “设备重量范围”是指整体设备的本体、附件、吊耳、绝缘内衬以及随设备一次吊装的管线、梯平台、栏杆和吊装加固件等的全部重量，但不包括立式安装的塔盘和填充物的重量。

3) 整体设备安装定额基础标高在 10m 以内、设备吊装重量达到 80t，基础标高在 10m 以上至 20m 以内、设备吊装重量达到 60t，基础标高在 20m 以上、设备吊装重量达到 40t 时，均选用格架式金属抱杆吊装。若实际采用的吊装机具和吊装方法与定额不同时，定额不得调整。但超出定额范围以外的设备吊装，经批准可按实际计算。

4) 整体设备安装中已按不同安装高度划分定额项目，不得再计取超高费。

(3) 塔盘与塔内固定件安装

1) 塔盘安装，根据塔盘形式和设备直径以层为计量单位。

2) 塔内固定件安装，按设备直径以层为计量单位。

3) 塔内衬合金板，区分不同的构造部位，按合金板的重量以“t”为计量单位。

4）设备填充，按填充物的种类、材质、排列形式和规格，以“t”为计量单位。

3. 金属油罐制作安装工程

（1）罐本体制作安装。

1）金属油罐本体制作安装定额不包括配件、加热器、胎具、临时加固件和压力试验等工作内容。区别不同种类、容量和构造形式，按设计排版图（如无设计排版图时，可按经过批准的制作下料配板图）所示几何尺寸计算金属重量，以“t”为计量单位。

2）金属油罐本体的金属重量包括罐底板、罐壁板、罐顶板、角钢圈、支持圈以及罐体上的搭接、垫板、加强板等的金属重量。

3）金属油罐底板、罐壁板、罐顶板均按几何面积展开计算，不扣除罐体上所有孔洞所占面积。

4）油罐上的梯子、平台、栏杆，应按工艺金属结构制作安装定额另行计算。

5）金属油罐定额不包括型钢圈煨制和搿八字的工作内容，应按工艺金属结构计算。

6）不锈钢储罐本体制作安装工程量计算规则与碳钢油罐的工程量计算规则完全一致。

（2）碳钢油罐的各种配件，应区别不同种类和不同规格，以个、套、台、“t”为计量单位。不锈钢储罐配件安装按定额规定执行。

（3）油罐水压试验，区别不同的规格，以座为计量单位。定额包括临时管线的敷设和拆除，并考虑了材料回收利用和批量施工等因素，定额不得调整。

4. 球形罐组装工程

（1）球形罐定额以罐体分片到货，现场拼装、就位、焊接为依据。罐体拼装就位，按罐体不同容积、板厚计算，其重量包括球皮（球壳板）、支柱、拉杆及接管的短管、加强板等全部重量，以“t”为计量单位，不扣除人孔、接管孔面积所占的重量。罐体上的螺旋梯、平台、栏杆制作安装工程量应按相应定额计算。

（2）球罐的人孔、接管孔开孔现场组对安装，根据不同孔径与板厚，以套为计量单位，执行相应定额。

（3）球罐压力试验。

1）球罐的水压试验，按球罐不同容积，以台为计量单位。定额内包括了临时水管线敷设与拆除的工作内容。

2）球罐的气密性试验，按球罐不同容积不同设计压力，以台为计量单位。

5. 气柜制作安装工程

（1）气柜制作安装。

1）气柜制作安装应根据气柜的结构形式和不同容积，按设计排版图（如无设计排版图时，可按经过批准的下料配板图）所示几何尺寸计算，以“t”为计量单位，不扣除孔洞和切角面积所占重量。

2）计算气柜重量时还应包括轨道、导轮、法兰的重量，不包括配重块、平台、梯子、栏杆的重量。

（2）气柜充水、气密、快速升降试验，根据气柜结构形式和不同容积，以座为计量单位。定额包括临时水管线的敷设、拆除和材料摊销量。

6. 工艺金属结构制作安装工程

（1）金属结构制作安装。

1）各类金属构件的制作安装，均按施工图纸所示尺寸计算，不扣除孔眼和切角所占重量，以“t”为计量单位。

2）多角形联接筋板以图示最长边和最宽边尺寸，按矩形面积计算重量。

3）工艺金属结构制作安装定额内已考虑安装时焊接或螺栓联接增加的重量，不得另行计算。

（2）烟囱、烟道制作安装。

1）烟囱以直径大小、烟道以构造形式分别按设计排版图所示尺寸计算，不扣除孔洞和切角所占重量，以“t”为计量单位。

2）烟囱、烟道的金属重量包括筒体、弯头、异径过渡段、加强圈、人孔、清扫孔、检查孔等的全部重量。

（3）漏斗、料仓制作安装，根据设计排版图所示尺寸，按不同材质和构造形式，分别以“t”为计量单位，不扣除孔洞切角所占的重量。定额不包括角钢圈的煨制和擗八字的工作内容。

（4）火炬及排气筒制作安装。

1）火炬、排气筒筒体制作组对，根据不同直径，按施工图纸所示尺寸计算，不扣除孔洞所占面积及其配件的重量，以“t”为计量单位。

2）型钢塔架与钢管塔架制作安装，根据塔架的重量范围，按施工图纸所示尺寸计算，不扣除孔洞切角所占的重量，以“t”为计量单位。塔架上的平台、梯子、栏杆应按相应定额另行计算。

3）火、柜、排气筒整体吊装，区分为不同形式，按火炬、排气筒的高度以座为计量单位。

4）火炬、排气筒整体吊装的加固件以“t”为计量单位，执行相关“设备吊装加固件”的定额项目。

5）火炬头安装以套为计量单位。

7. 设备压力试验与设备清洗、钝化、脱脂

（1）“设备压力”是指设计压力；“设备容积”是以设计图纸的标准为依据，如图纸无标注时，则按图纸尺寸以“m^3”计算，不扣除设备内部附件所占体积。

（2）容器、反应器、塔器、热交换器设备水压试验和气密试验，根据设备容积和压力，以“台”为计量单位。设备水压试验项目内已包括水压试验临时水管线（含阀门、管件）的敷设与拆除。定额内已列入管材、阀门、管件的材料摊销量，不得再计算水压试验的措施工程量及材料摊销量。

（3）设备水冲洗、压缩空气吹洗、蒸汽吹洗，根据设备类型和容积以台为计量单位。设备压缩空气吹洗和蒸汽吹洗措施用消耗材料摊销应不分数量以次为计量单位。

（4）设备酸洗钝化，根据设备材质和容积，以台为计量单位。设备酸洗钝化措施用消耗量摊销，按容积以“次”为计量单位，另行计算。

（5）焊缝酸洗钝化，区分不同材质以“m”为计量单位。

（6）设备脱脂，根据设备类型、脱脂材料和设备直径，以“m^2”为计量单位。

（7）钢结构脱脂，根据脱脂材料按钢结构净重量，以“t”为计量单位。

（8）设备压力试验与设备清洗、钝化、脱脂项目内所有临时措施的摊销次数及每次

（或每台）的摊销量均为综合取定，不得调整。

8. 设备制作安装其他项目

(1) 金属抱杆的选用：

1）根据设备吊装重量与吊装高度，按照本定额规定的范围选用金属抱杆。

2）金属抱杆规格的选定，应以审批后的施工组织设计（或施工方案）为依据。

3）金属抱杆的选用以抱杆起重量为依据，金属抱杆的高度只作参考，不作为取定的依据。

(2) 金属抱杆的安装、拆除、移位及抱杆台次使用费均按单金属抱杆，以座为计量单位。如采用双金属抱杆时，应按规定进行调整。

(3) 金属抱杆的安装、拆除，不论采用那种施工方案，均不得调整。定额内不包括拖拉坑埋设。

(4) 金属抱杆水平位移的次数应以审批后的施工组织设计为计算依据，水平移位的距离可按设备平面布置图测算，每移位 15m 计算一次水平移位（不足 15m 的按 15m 计算），当移位距离累计达到或等于 60m 时，按新立一座抱杆计算，移位次数应为（$n-1$）次。一次移位距离大于或等于 60m 时，在计算新立一座抱杆后，不再执行移位定额。

(5) 金属抱杆每安装、拆除一次，可计取一次台次使用费。同一规格的金属抱杆在一个装置内最多只能计算三次台次使用费。

(6) 金属抱杆水平移位距离累计达到或超过 60m 及一次移位达到或超过 60m，均应分别按新立一座抱杆计算台次使用费，但不再计算辅助抱杆台次使用费。

(7) 拖拉坑挖埋的计算，应根据承受能力，按审批后的施工组织设计以个为计量单位。若实际采用的埋件与定额不同时，埋件材料费可以换算，其余不得调整。

(8) 吊耳的数量以审批后的施工方案为依据，按荷载能力以个为计量单位。

(9) 吊耳的构造形式与选用的材料，是根据其荷载要求综合取定的，若实际吊耳选用与定额取定不同时，不得调整。

(10) 封头压制胎具按胎具直径以“每个封头”为计量单位。铸造胎具适用于整体封头压制，焊接胎具适用于分片封头压制。

(11) 筒体卷弧胎具按每台制作设备扣除外部附件的金属重量，以“t”为计量单位。

(12) 浮头式热交换器试压胎具，根据热交换器设备直径以台为计量单位。

(13) 设备分段组装胎具及设备分片组装胎具均按设备金属重量范围以台为计量单位。

(14) 设备组装及吊装加固，根据审批后的施工方案以“t”为计量单位。

(15) 胎具及加固件的定额，均已综合了重复利用和材料回收率，不得调整。

9. 综合辅助项目

(1) X（γ）射线焊缝无损探伤，应区别不同板厚，以胶片张为计量单位。拍片张数按设计规定计算的探伤焊缝总长度除以定额取定的胶片有效长度计算，胶片有效长度为 250mm。

(2) 超声波、磁粉、渗透金属板材对接焊缝探伤，以焊缝长度“m”为计量单位；金属板材板面探伤，以板材面积“m^2”为计量单位。

(3) 焊接工艺评定、产品试板按设备以台为计量单位，不分设备容积和重量，每台计算一次。

（4）钢卷板开卷与平直以金属重量“t”为计量单位，按平直后的金属板材重量计算。

（5）现场组装平台的铺设和拆除应根据批准的施工组织设计，按其搭设方式，以座为计量单位。

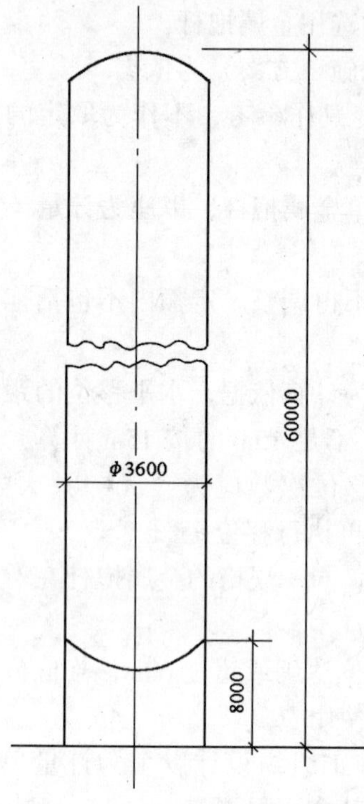

图 1-5-56　丙烯塔外形示意图

（6）焊缝预热后，应根据板厚不同按实际热处理焊缝长度，以“m”为计量单位。

（7）液化气焊缝预热、后热器具制作，应根据设备类型和容积以台为计量单位。容器、塔器类设备，如容积大于300m^3时，可执行球罐定额。

（8）设备整体热处理，应根据设备重量以“t”为计量单位。

（9）焊后局热处理，应根据设备板厚以焊缝“m”为计量单位。

（10）钢材半成品运输应按运输方式，以“t”为计量单位。定额内的“每增加 1 km”是指超出定额范围所增加的运输距离，不包括二次装卸。

【例】　工程内容：某化工厂组对安装一座丙烯塔，塔直径 3 600mm，总高 65m（包括裙座），单重 202t（不包括塔盘及其他附件），塔体分三段到货。丙烯塔的外形示意图如图 1-5-56 所示。

施工内容：分段组对，安装就位。

编制要求：根据施工图确定施工项目，计算工程量。

工程量计算：统计分段组对安装就位的工程量（表 1-5-6）。

塔组对安装工程量汇总表　　**表 1-5-6**

工程量名称	工程量	
	定额单位	数量
塔分段组对	t	202
X 射线透照	10 张	1.4
超声波探伤	10m	2.3
转胎使用费	t	
吊耳制作	个	4
组对脚手架搭拆费	元	
塔体安装	台	1
300t 双抱杆安装、拆除费	座	1
水平移位费	座	1
主杆台次费	台次	1
辅助抱杆台次费	台次	1
临时支撑技措	t	5
安装脚手架费	元	
二次灌浆	m^2	2
扣除道木费	元	

注：计算过程略

(1) 塔分段组对。

(2) 无损探伤X射线透照14张，作超声波检查23m。

(3) 塔起吊工具设置，根据施工方案采用起重量300t双抱杆一座，可按此规格计取台次使用费与安装、拆除费。

(4) 吊耳制作，按实际发生计费。

(5) 设备基础二次灌浆0.8m^3。

(6) 塔盘安装：浮阀塔盘87层。

(7) 吊装加固措施费：制作件3 000kg。

(8) 转胎使用增加费。

(9) 脚手架搭拆费。

三、静置设备与工艺金属结构制作安装工程规范

C.5 静置设备与工艺金属结构制作安装工程

C.5.1 静置设备制作。工程量清单项目设置及工程量计算规则，应按表1-5-7的规定执行。

C.5.1 静置设备制作（编码：030501） **表1-5-7**

项目编码	项目名称	项目特征	计量单位	工程量计算规则	工程内容
030501001	容器制作	1. 构造形式 2. 材质 3. 立式 4. 卧式 5. 焊接方式 6. 容积 7. 直径 8. 质量 9. 内部构件	台	按设计图示数量计算 注：容器的金属质量是指容器本体、容器内部固定件、开孔件、加强板、裙座（支座）的金属质量。其质量按设计图示的几何尺寸展开计算，不扣除容器孔洞面积	1. 容器制作 2. 接管、人孔、手孔制作与装配 3. 鞍座、支座制作、安装 4. 设备法兰制作 5. 地脚螺栓制作 6. 胎具的制作、安装与拆除 7. 容器附属梯子、栏杆、扶手制作、安装 8. 压力试验（整体容器制作） 9. 预热、后热与整体热处理 10. 除锈、底漆
030501002	塔器制作	1. 构造形式 2. 材质 3. 焊接方式 4. 质量 5. 内部构件		按设计图示数量计算 注：塔器的金属质量是指塔器本体、塔器内部固定件、开孔件、加强板、裙座（支座）的金属质量。其质量按设计图示几何尺寸展开计算，不扣除容器孔洞面积	1. 塔器制作 2. 接管、人孔、手孔制作与装配 3. 设备法兰制作 4. 地脚螺栓制作 5. 胎具的制作、安装与拆除 6. 塔附属梯子、栏杆、扶手制作、安装 7. 压力试验（整体塔器制作） 8. 预热、后热与整体热处理

续表

项目编码	项目名称	项目特征	计量单位	工程量计算规则	工程内容
030501003	换热器制作	1. 构造形式 2. 材质 3. 质量 4. 焊接方式	台	按设计图示数量计算 注：换热器的金属质量是指换热器本体的金属质量	1. 换热器制作 2. 接管制作与装配 3. 鞍座、支座制作、安装 4. 设备法兰制作 5. 地脚螺栓制作 6. 胎具的制作、安装与拆除 7. 压力试验 8. 预热、后热与整体热处理

C.5.2 静置设备安装。工程量清单项目设置及工程量计算规则，应按表 1-5-8 的规定执行。

C.5.2 静置设备安装（编码：030502） **表 1-5-8**

项目编码	项目名称	项目特征	计量单位	工程量计算规则	工程内容
030502001	分片、分段容器	1. 到货状态 2. 材质 3. 立式 4. 卧式 5. 安装高度 6. 焊接方式 7. 直径 8. 质量 9. 内部构件	台	按设计图示数量计算 注：容器的金属质量是指容器本体、容器内部固定件、开孔件、加强板、裙座（支座）的金属质量。其质量按设计图示几何尺寸展开计算，不扣除容器孔洞面积	1. 安装 2. 焊缝热处理 3. 吊耳制作、安装 4. 压力试验 5. 容器除锈、刷油 6. 容器绝热 7. 容器清洗、脱脂、钝化 8. 二次灌浆 9. 吊装 10. 容器设备组装胎具
030502002	整体容器	1. 立式 2. 卧式 3. 安装高度 4. 质量	台	按设计图示数量计算 注：容器整体安装质量是指容器本体、配件、内部构件、吊耳、绝缘、内衬以及随容器一次吊装的管线、梯子、平台、栏杆、扶手和吊装加固件的全部质量	1. 安装 2. 吊耳制作、安装 3. 压力试验 4. 容器除锈、刷油 5. 容器绝热 6. 容器清洗、脱脂、钝化 7. 二次灌浆
030502003	分片、分段塔器	1. 到货状态 2. 材质 3. 直径 4. 安装高度 5. 焊接方式 6. 质量 7. 塔盘结构类型	台	按设计图示数量计算 注：塔器的金属质量是指设备本体、裙座、内部固定件、开孔件、加强板等的全部质量，但不包括填充和内部可拆件以及外部平台、梯子、栏杆、扶手的质量。其质量按设计图示几何尺寸展开计算，不扣除孔洞面积	1. 塔器组装 2. 焊缝热处理 3. 吊耳制作、安装 4. 压力试验 5. 塔器除锈、刷油 6. 塔器绝热 7. 塔器清洗、脱脂、钝化 8. 二次灌浆 9. 吊装 10. 塔器设备组装胎具

续表

项目编码	项目名称	项目特征	计量单位	工程量计算规则	工程内容
030502004	整体塔器	1. 安装高度 2. 质量 3. 结构类型	台	按设计图示数量计算 注：塔器整体安装质量是指塔器本体、裙座、内部固定件、开孔件、吊耳、绝缘内衬以及随塔器一次吊装就位的附塔管线、平台、梯子、栏杆、扶手和吊装加固件的全部质量	1. 塔器安装 2. 吊耳制作、安装 3. 压力试验 4. 塔器除锈、刷油 5. 塔器绝热 6. 塔器清洗、脱脂、钝化 7. 二次灌浆 8. 塔盘安装 9. 塔类固定件安装 10. 设备填充
030502005	换热器	1. 构造形式 2. 质量 3. 安装高度		按设计图示数量计算	1. 安装 2. 换热器地面抽芯检查 3. 补刷面漆 4. 水压试验 5. 二次灌浆 6. 换热器绝热
030502006	空气冷却器	1. 管束质量 2. 风机质量			1. 管束（翅片）安装 2. 构架安装 3. 风机安装 4. 除锈 5. 刷油 6. 二次灌浆
030502007	反应器	1. 内有复杂装置的反应器 2. 内有填料的反应器 3. 安装高度 4. 质量			1. 安装 2. 压力试验 3. 二次灌浆 4. 补刷面漆 5. 绝热
030502008	催化裂化再生器	1. 安装高度 2. 质量 3. 龟甲网材料			1. 安装 2. 压力试验 3. 补刷面漆 4. 绝热 5. 龟甲网安装
030502009	催化裂化沉降器				
030502010	催化裂化旋风分离器				

续表

项目编码	项目名称	项目特征	计量单位	工程量计算规则	工程内容
030502011	空分分馏塔	1. 安装高度 2. 质量 3. 保冷材料	台	按设计图示数量计算	1. 安装 2. 保冷材料填充 3. 二次灌浆 4. 补刷面漆
030502012	电解槽	1. 构造形式 2. 质量	台	按设计图示数量计算	1. 安装 2. 补刷面漆
030502013	箱式玻璃钢电除雾器	壳体材料	套	按设计图示数量计算	安装
030502014	电除尘器	1. 壳体质量 2. 内部结构 3. 除尘面积	台	按设计图示数量计算	1. 安装 2. 补刷面漆
030502015	污水处理设备	1. 名称 2. 规格	台	按设计图示数量计算	安装
030502016	焊缝热处理	1. 焊缝预热 2. 焊缝后热 3. 焊后局部热处理 4. 板材厚度	m	按设计图示或要求以焊缝长度计算	焊缝热处理
030502017	整体热处理	1. 设备整体热处理 2. 球形罐整体热处理 3. 设备质量 4. 球罐容积 5. 球罐加热方式	台	按设计图示数量计算	整体热处理

C.5.3 工业炉安装。工程量清单项目设置及工程量计算规则，应按表 1-5-9 的规定执行。

C.5.3 工业炉安装（编码：030503） **表 1-5-9**

项目编码	项目名称	项目特征	计量单位	工程量计算规则	工程内容
030503001	燃烧炉、灼烧炉	1. 能力 2. 质量	台	按设计图示数量计算	1. 燃烧炉、灼烧炉安装 2. 二次灌浆
030503002	裂解炉制作、安装	1. 能力 2. 质量 3. 结构			1. 裂解炉制作、安装 2. 附件安装 3. 压力试验 4. 绝热 5. 除锈、刷油 6. 胎具的制作、安装与拆除
030503003	转换炉制作、安装				1. 转换炉制作、安装 2. 附件安装 3. 压力试验 4. 绝热 5. 除锈、刷油 6. 胎具的制作、安装与拆除
030503004	化肥装置加热炉制作、安装				1. 化肥装置加热炉制作、安装 2. 附件安装 3. 压力试验 4. 绝热 5. 除锈、刷油 6. 胎具的制作、安装与拆除
030503005	芳烃装置加热炉制作、安装				1. 芳烃装置加热炉制作、安装 2. 附件安装 3. 压力试验 4. 绝热 5. 除锈、刷油 6. 胎具的制作、安装与拆除
030503006	炼油厂加热炉制作、安装				1. 炼油厂加热炉制作、安装 2. 附件安装 3. 压力试验 4. 绝热 5. 除锈、刷油 6. 胎具的制作、安装与拆除
030503007	废热锅炉安装	1. 结构 2. 质量			1. 废热锅炉安装 2. 二次灌浆 3. 压力试验 4. 绝热 5. 补刷面漆

C.5.4 金属油罐制作安装。工程量清单项目设置及工程量计算规则，应按表 1-5-10 的规定执行。

C.5.4 金属油罐制作安装（编码：030504） 表 1-5-10

项目编码	项目名称	项目特征	计量单位	工程量计算规则	工程内容
030504001	拱顶罐制作、安装	1. 材质 2. 构造形式 3. 容量 4. 质量	台	按设计图示数量计算 注：质量包括罐底板、罐壁板、罐顶板（含中心板）、角钢圈、加强圈以及搭接、垫板、加强板的金属质量，不包括配、附件质量 其质量按设计图示尺寸以展开面积计算，不扣除罐体上孔洞所占面积	1. 罐本体制作、安装 2. 型钢圈煨制 3. 水压试验 4. 卷板平直 5. 除锈 6. 刷油 7. 绝热 8. 拱顶罐临时加固件制作、安装与拆除 9. 拱顶罐组装胎具制作、安装与拆除
030504002	浮顶罐制作、安装	1. 材质 2. 质量 3. 构造形式 4. 内浮顶罐容积 5. 单、双盘罐容积	台	按设计图示数量计算 注：罐本体金属质量包括罐底板、罐壁板、罐顶板、角钢圈、加强圈以及搭接、垫板、加强板的全部质量，但不包括配、附件质量 其质量按设计图示尺寸以展开面积计算，不扣除孔洞所占面积	1. 罐本体制作、安装 2. 型钢圈煨制 3. 内浮顶罐水压试验 4. 浮顶罐升降试验 5. 卷板平直 6. 除锈、刷油 7. 绝热 8. 浮顶罐组装加固 9. 浮顶罐组装胎具制作 10. 浮顶罐组装胎具安装、拆除 11. 浮顶罐船舱胎具制作

续表

项目编码	项目名称	项目特征	计量单位	工程量计算规则	工程内容
030504003	大型金属油罐制作、安装	1. 油罐容量 2. 材质 3. 质量 4. 罐底中幅板连接形式 5. 板幅调整 6. 浮船船舱支柱构造形式 7. 抗风圈与加强圈 8. 积水坑 9. 人孔 10. 罐内加热盘管直径 11. 浮顶加热器	座	1. 按设计图示数量计算 2. 罐本体按油罐构造特点分部位及部件，以几何尺寸展开面积计算，不扣除孔洞所占面积，并增加各部位搭接和对接垫板的金属质量 3. 不同的板幅应按规定调整其金属质量 4. 油罐附近以不同的种类和规格分别计算	1. 底板预制、安装 2. 壁板预制、安装 3. 底板板幅调整 4. 壁板板幅调整 5. 浮船船舱预制、安装 6. 浮船支柱预制、安装 7. 抗风圈、加强圈预制、安装 8. 大型浮顶附件预制、安装 9. 积水坑制作、安装 10. 排水管制作、安装 11. 接管与配件安装 12. 加热盘管制作、安装 13. 浮顶加热器制作、安装 14. 大型油罐压力试验 15. 大型油罐除锈、刷油 16. 大型油罐绝热
030504004	油罐附件	1. 配件种类 2. 规格 3. 型号	个	按设计图示数量计算	1. 安装 2. 除锈 3. 刷油 4. 绝热
030504005	加热器制作、安装	1. 加热器构造形式 2. 蒸汽盘管管径 3. 排管的长度 4. 连接管主管长度 5. 支座构造形式	m	1. 盘管式加热器按设计图示尺寸以长度计算，不扣除管件所占长度 2. 排管式加热器按配管长度计算	1. 制作、安装 2. 支座制作、安装 3. 连接管制作、安装 4. 除锈、刷油

C.5.5　球形罐组对安装。工程量清单项目设置及工程量计算规则，应按表 1-5-11 的规定执行。

C.5.5　球形罐组对安装（编码：030505）　　表 1-5-11

项目编码	项目名称	项目特征	计量单位	工程量计算规则	工程内容
030505001	球形罐组对安装	1. 材质 2. 球罐容量 3. 规格尺寸 4. 球板厚度 5. 质量	台	按设计图示数量计算 注：球形罐组装的质量包括球壳板、支柱、拉杆、短管、加强板的全部质量，不扣除人孔、接管孔洞面积所占质量	1. 球形罐组装 2. 焊接工艺评定 3. 产品试板试验 4. 焊缝热处理 5. 整体热处理 6. 球形罐水压试验 7. 球形罐气密性试验 8. 球形罐除锈、刷油 9. 球形罐绝热 10. 二次灌浆 11. 组装胎具制作、安装、拆除
030505002	球形罐焊接防护棚制作、安装、拆除	1. 构造形式 2. 球形罐容量	台	按防护棚的构造形式计算	焊接防护棚制作、安装、拆除

C.5.6　气柜制作、安装。工程量清单项目设置及工程量计算规则，应按表 1-5-12 的规定执行。

C.5.6　气柜制作、安装（编码：030506）　　表 1-5-12

项目编码	项目名称	项目特征	计量单位	工程量计算规则	工程内容
030506001	气柜制作、安装	1. 构造形式 2. 容量	座	按设计图示数量计算 注：气柜金属质量包括气柜本体、附件、梯子、平台、栏杆的全部质量，但不包括配重块的质量 其质量按设计图示尺寸以展开面积计算，不扣除孔洞和切角面积所占质量	1. 气柜本体制作、安装 2. 焊缝热处理 3. 型钢圈煨制 4. 配重块安装 5. 气柜组装胎具制作、安装与拆除 6. 轨道煨弯胎具制作 7. 气柜充水、气密、快速升降试验 8. 气柜无损检验 9. 除锈、刷油

C.5.7 工艺金属结构制作安装。工程量清单项目设置及工程量计算规则，应按表 1-5-13 的规定执行。

C.5.7 工艺金属结构制作安装（编码：030507） **表 1-5-13**

<table>
<tr><th>项目编码</th><th>项目名称</th><th>项目特征</th><th>计量单位</th><th>工程量计算规则</th><th>工程内容</th></tr>
<tr><td>030507001</td><td>联合平台制作、安装</td><td>1. 每组质量
2. 平台板材质量</td><td rowspan="7">t</td><td>按设计图示尺寸以质量计算
包括平台梯子、栏杆、扶手质量，不扣除孔眼和切角所占质量
注：多角形连接筋板质量以图示最长边和最宽边尺寸，按矩形面积计算</td><td rowspan="3">1. 制作、安装
2. 除锈、刷油</td></tr>
<tr><td>030507002</td><td>平台制作、安装</td><td>1. 构造形式
2. 每组质量
3. 平台板材料</td><td>按设计图示尺寸以质量计算，不扣除孔眼和切角所占质量
注：多角形连接筋板质量以图示最长边和最宽边尺寸，按矩形面积计算</td></tr>
<tr><td>030507003</td><td>梯子、栏杆、扶手制作、安装</td><td>1. 名称
2. 构造形式
3. 踏步材料</td><td>按设计图示尺寸以质量计算</td></tr>
<tr><td>030507004</td><td>桁架、管廊、设备框架、单梁结构制作、安装</td><td>1. 桁架每组质量
2. 管廊高度
3. 设备框架跨度</td><td rowspan="2">按设计图示尺寸以质量计算，不扣除孔眼和切角所占质量
注：多角形连接筋板质量以图示最长边和最宽边尺寸，按矩形面积计算</td><td>1. 制作、安装
2. 钢板组合型钢制作
3. 除锈、刷油
4. 二次灌浆</td></tr>
<tr><td>030507005</td><td>设备支架制作、安装</td><td>支架每组质量</td><td>1. 制作、安装
2. 除锈、刷油</td></tr>
<tr><td>030507006</td><td>漏斗、料仓制作、安装</td><td>1. 材质
2. 漏斗形状
3. 每组质量</td><td>按设计图示尺寸以质量计算，不扣除孔眼和切角所占质量</td><td>1. 制作、安装
2. 型钢圈煨制
3. 超声波探伤
4. 除锈、刷油
5. 二次灌浆</td></tr>
<tr><td>030507007</td><td>烟囱、烟道制作、安装</td><td>1. 烟囱直径范围
2. 烟道构造形式</td><td>按设计图示尺寸展开面积以质量计算，不扣除孔洞和切角所占质量
注：烟囱、烟道的金属质量包括筒体、弯头、异径过渡段、加强圈、人孔、清扫孔、检查孔等全部质量</td><td>1. 制作、安装
2. 型钢圈煨制
3. 除锈、刷油
4. 二次灌浆
5. 地锚埋设</td></tr>
<tr><td>030507008</td><td>火炬及排气筒制作、安装</td><td>1. 材质
2. 筒体直径
3. 质量</td><td>座</td><td>按设计图示数量计算
注：火炬、排气筒筒体按设计图示尺寸计算，不扣除孔洞所占面积及配件的质量</td><td>1. 筒体制作组对
2. 塔架制作组装
3. 吊装
4. 火炬头安装
5. 除锈、刷油
6. 二次灌浆</td></tr>
</table>

C.5.8　铝制、铸铁、非金属设备安装。工程量清单项目设置及工程量计算规则，应按表1-5-14的规定执行。

C.5.8　铝制、铸铁、非金属设备安装（编码：030508）　　表1-5-14

项目编码	项目名称	项目特征	计量单位	工程量计算规则	工程内容
030508001	容器安装	1. 材质 2. 构造 3. 质量 4. 绝热材质及要求	台	按设计图示数量计算 注：安装的设备质量包括本体、附件、绝热、内衬及随设备吊装的管道、支架、临时加固措施、索具及平衡梁的质量，但不包括安装后所安装的内件和填充物的质量	1. 整体安装 2. 清洗、钝化及脱脂 3. 容器除锈、刷油 4. 容器绝热 5. 二次灌浆
030508002	塔器类	1. 材质 2. 构造 3. 质量 4. 绝热材质及要求	台	按设计图示数量计算 注：设备质量按设计图示计算，包括内件及附件的质量 多节铸铁塔的安装质量，包括塔本体、底座、冷却箱体、冷却水管、钛板换热器笠帽、塔盖等图示标注（供货）的全部质量	1. 塔器整体安装 2. 塔器分段组装 3. 塔器清洗、钝化及脱脂 4. 塔器除锈、刷油 5. 塔器绝热 6. 二次灌浆
030508003	热交换器	1. 质量 2. 构造形式	台	按设计图示数量计算 注：设备质量按设计图纸的质量计算，包括内件及附件的质量	1. 整体安装 2. 除锈、刷油 3. 二次灌浆

C.5.9　撬块安装。工程量清单项目设置及工程量计算规则，应按表1-5-15的规定执行。

C.5.9　撬块安装（编码：030509）　　表1-5-15

项目编码	项目名称	项目特征	计量单位	工程量计算规则	工程内容
030509001	撬块	1. 功能 2. 质量 3. 面积 4. 绝热材质及要求	套	按设计图示数量计算 注：撬块质量包括撬块本体钢结构及其连接器的质量，以及撬块上已安装的设备、工艺管道、阀门、管件、螺栓、垫片、电气、仪表部件和梯子、平台等金属结构的全部质量	1. 撬块整体安装 2. 撬上部件与撬外部件的连接 3. 二次灌浆 4. 补刷油漆 5. 绝热

C.5.10　无损检验。工程量清单项目设置及工程量计算规则，应按表 1-5-16 的规定执行。

C.5.10　无损检验（编码：030510）　　**表 1-5-16**

项目编码	项目名称	项目特征	计量单位	工程量计算规则	工程内容
030510001	X 射线无损检测	1. 名称 2. 板厚	张	按设计图纸或规范要求计量	无损检测 X 射线
030510002	γ 射线无损检测				无损检测 γ 射线
030510003	超声波探伤	1. 名称 2. 部位 3. 板厚	m、m^2	按设计图纸或规范要求计量。金属板材对接焊缝、周边超声波探伤按米计量，板面超声波探伤检测按平方米计量	1. 对接焊缝超声波探伤 2. 板面超声波探伤 3. 板材周边超声波探伤
030510004	磁粉探伤	1. 名称 2. 部位 3. 板厚	m、m^2	按设计图纸或规范要求计量。金属板材周边磁粉探伤按米计量，板面磁粉检测按平方米计量	1. 板材周边磁粉探伤 2. 板面磁粉探伤
030510005	渗透探伤	1. 名称 2. 探伤剂材料 3. 部位	m	按设计图纸或规范要求以米计量	渗透探伤

C.5.11　衬里（喷涂）工程。工程量清单项目设置及工程量计算规则，应按表 1-5-17 的规定执行。

C.5.11　衬里（喷涂）工程（编码：030511）　　**表 1-5-17**

项目编码	项目名称	项目特征	计量单位	工程量计算规则	工程内容
030511001	衬里（喷涂）	1. 衬里（喷涂）部位 2. 名称、型号 3. 规格 4. 厚度	m^2	按设计图示尺寸以面积计算	1. 除锈 2. 砌衬 3. 养生 4. 酸洗

C.5.12　其他相关问题，应按下列规定处理：

1. 凡涉及电机接线、干燥、检查应按附录 C.2 相关项目编码列项。炉窑砌筑和金属结构大型框架的混凝土防火层应按附录 C.4 相关项目编码列项。随设备整体吊装的管线安装应按附录 C.6 相关项目编码列项。

2. 设备、罐类和工业管道的界线划分应以设备、罐类外部法兰为界。

3. 联合平台是指两台以上设备的平台互相连接组成的，便于检修、操作使用的平台。

四、静置设备与工艺金属结构制作安装工程编制注意事项

（一）概况

本附录包括静置设备制作、安装，加热炉制作、安装，金属油罐制作、安装，球型罐组装，气柜制作、安装和工艺金属结构制作、安装，以及铝制、铸铁、非金属设备安装、撬块安装和大型金属油罐制作、安装工程，共设12节49个编码。适用于新建、扩建项目中的静置设备与工艺金属结构制作安装工程的工程量清单设置。

清单项目所列工作内容，均为主要工序，工程量清单设置时必须考虑完成该项目工作的全部工序。

本附录涉及的电机接线、干燥、检查应按附录C.2相关项目编码列项；仪表系统应按附录C.10相关项目编码列项；炉窑砌筑和金属结构大型框架的混凝土防火层应按附录C.4相关项目编码列项；随设备整体吊装的管线安装应按附录C.6相关项目编码列项。

（二）工程量清单项目设置

1. 附录C.5.1 静置设备制作

本节包括了容器制作、塔器制作、换热器制作内容。

适用于碳钢、低合金钢、不锈钢金属材料的1、2类金属容器、塔器、热交换器的整体、分段、分片制作以及静置设备附件制作工程的工程量清单设置。

工程量计量：容器、塔器、换热器应根据构造形式、材质、安装方式、焊接方式、容积、直径、重量、内部构件等特征分别编码列项，以设计图示数量以台为单位计量。静置设备附件制作中的鞍座、支座制作，根据单件重量分别编码列项以“t”为单位计量。静置设备附件制作中的接管、人孔制作安装按设计图示数量以个为单位计量。

【例】 碳钢塔制作

项目编码：030501002001

项目名称：碳钢Q235填料塔ϕ3000　H45000　126.5t

计量单位：台

工程内容：①塔本体整体制作；②接管制作、安装（规格、数量）；③设备人孔制作、安装（规格、压力等级、数量）；④地脚螺栓制作（规格、数量）；⑤水压试验（压力等级）；⑥预热、后热处理（板厚、焊缝长度）；⑦刷油防腐（涂料种类，涂层厚度）。

本节内容覆盖面较大，综合的工程内容比较多，工程量清单列项时应参照设计图和规范要求详细列出所需综合的工程内容。

2. 附录C.5.2 静置设备安装

本节包括了容器、塔器的整体安装，分片、分段安装，换热器、空气冷却器、反应器安装等内容。适用于材质为碳钢、合金钢、不锈钢等容器、反应器、热交换器、塔器、电解槽、除雾器、除尘器、污水处理等设备安装工程的工程量清单设置。

随设备整体吊装的管线安装应按附录C.6相关项目编码列项；电气系统应按附录C.2相关项目编码列项；仪表系统应按附录C.10相关项目编码列项。

工程量清单计量应根据到货状态、材质、安装方式、焊接方式、安装高度、直径、重量、内部构件等特征分别以设计图示数量按台（套）为单位进行计量，焊缝热处理以“m”为单位计量。

【例】 碳钢塔整体安装

项目编码：030502004001

项目名称：碳钢填料塔 ϕ 3000 H45000 126.5t 基础标高 6m

计量单位：台

工程内容：①塔本体安装；②吊耳制作安装；③水压试验（压力等级）；④防腐（涂料种类，涂层厚度）；⑤岩棉板保温（厚度）；⑥镀锌板保护层（厚度、安装方式）；⑦二次灌浆（灌浆料种类）⑧设备填充（填料种类、规格、填充方式、重量）。

本节内容覆盖面较大，综合的工程内容比较多，工程量清单列项时应参照设计图和规范要求详细列出所需综合的工程内容。

分片设备的重量是指本体、内部固定件、开孔件、加强板、裙座（支座）的金属重量；分段设备是指本体、配件、内部构件、吊耳、绝缘、内衬以及随设备一次吊装的管线、梯子、平台、栏杆、扶手和吊装加固件的全部重量。

3. 附录 C.5.3 工业炉安装

本节包括了燃烧炉、灼烧炉的整体安装；乙烯裂解炉、转化炉、化肥装置加热炉、芳烃装置加热炉制作、安装；炼油厂加热炉的制作、安装；废热锅炉安装等内容。适用于石油化工装置、化肥装置、炼油装置等工业炉安装工程的工程量清单设置。

与本节内容相关的管线安装应参照附录 C.6 相关项目编码列项；炉窑砌筑和金属结构大型框架的混凝土防火层参照附录 C.4 相关项目编码列项；电气系统应参照附录 C.2 相关项目编码列项；仪表系统应参照附录 C.10 相关项目编码列项。

工程量计量应根据工业炉的生产能力、重量和结构形式等特征分别编码列项，以设计图示数量以“台”为单位进行计量。

【例】 乙烯裂解炉

项目编码：030503002001

项目名称：10 万 t/年·台乙烯裂解炉制作、安装

计量单位：台

工程内容：①炉体金属结构制作安装（重量）；②炉管安装（重量）；③上升下降管（重量）；④横跨管和集箱（重量）；⑤汽包（重量）；⑥支架安装：弹簧支吊架（重量），钢吊架（重量）；⑦附属设备安装：急冷锅炉（重量），风机（重量），消声器（重量）；⑧防腐蚀：喷砂除锈（重量、面积），刷普通防腐涂料（涂料种类，涂层厚度、重量、面积），刷耐高温防腐涂料（涂料种类，涂层厚度、面积）；⑨保温绝热：普通材料保温（材料种类，保温厚度、体积），耐高温材料保温（材料种类，保温厚度、体积），镀锌铁板保护层（厚度、面积）。

工业炉的工程量清单设置以台为计量单位，每台炉尤其是大型工业炉综合了很多的工程内容，所以工程内容列项必须考虑整台炉的完整性，不可漏项。且所组合的工程内容必须标明相应的技术要求及明确的工程量。

炉管焊接工艺评定、炉管水压试验的临时管线以及工业炉化学清洗等费用应根据实际情况，考虑在综合单价之中。

4. 附录 C.5.4 金属油罐制作、安装

本节包括了拱顶罐、浮顶罐、大型金属油罐制作、安装等五部分内容。适用于拱顶

罐、内浮顶罐、浮顶罐制作、安装工程的工程量清单设置。与本节内容相关的管线安装工程参照附录 C.6 相关项目编码列项；电气系统参照 C.2 相关项目编码列项；仪表系统参照附录 C.10 相关项目编码列项。

工程量清单计量应根据油罐的材质、容积和罐体构造形式等特征分别以设计图示数量以台（座）为单位进行计量，附件安装以个为单位计量，加热器制作以“m”为单位计量。

【例】 10000m^3 拱顶油罐

项目编码：030504001001

项目名称：对接式 10000m^3 碳钢拱顶油罐制作、安装

计量单位：台

工程内容：①罐本体制作安装（重量）；②型钢圈制作（重量）；③油罐附件安装：人孔安装（规格、数量），透光孔安装（规格、数量），防火器安装（规格、数量），安全阀（规格、数量），呼吸阀（规格、数量），泡沫器（型号、数量），清扫孔（数量），量油管制作、安装（规格、数量），罐顶量油管结合管（规格、数量），罐顶结合管（规格、数量），进油管（规格、数量），罐壁进出油结合管（规格、数量），罐壁进出油结合管（规格、数量），罐壁进出油结合管（规格、数量）；④水压试验；⑤防腐（油漆种类、漆膜厚度）；⑥岩棉板保温（厚度）；⑦镀锌板护层（厚度）；⑧油罐胎具制作、安装、拆除。

金属油罐的工程量清单设置以台为计量单位，每台罐综合了很多的工程内容，所以工程内容列项必须考虑整台罐的完整性，列项要完全，不可漏项。且所组合的工程内容必须标明相应的技术要求及明确的工程量。

焊接工艺评定、水压试验的临时管线等费用应根据实际情况，考虑在综合单价之中。

5. 附录 C.5.5 球形罐组对安装

本节包括了各类球形罐组对安装；球形罐焊接防护棚制作、安装、拆除两部分内容。适用于球形罐安装工程的工程量清单设置。

与本节内容相关的管线安装工程参照附录 C.6 相关项目编码列项；电气系统参照附录 C.2 相关项目编码列项；仪表系统参照附录 C.10 相关项目编码列项。

工程量清单计量应根据球形罐的材质、容积和球板厚度等特征分别以设计图示数量以台为单位进行计量。

【例】 2000m^3 球形罐安装

项目编码：030505001001

项目名称：2000m^3 球形罐安装　$\delta = 36$

计量单位：台

工程内容：①球壳板组对焊接（厚度、重量）；②焊缝热处理（厚度、长度）；③整体热处理；④二次灌浆（灌浆料种类）；⑤水压试验、气密性试验；⑥刷油防腐（防腐材料种类，漆膜厚度）；⑦保温（保温材料种类，保温厚度）；⑧镀锌钢板保护层（厚度）；⑨组装胎具制作、安装、拆除；⑩产品试板试验、焊接工艺评定、材料超声波探伤（设计或规范要求）。

球罐的工程量清单设置以台为计量单位，每台球罐综合了很多的工程内容，所以工程内容列项必须考虑整台罐的完整性，列项要完全，不可漏项。所组合的工程内容必须标明

相应的技术要求。

6. 附录 C 5.6 气柜制作、安装

本节包括了各类气柜的安装。适用于静置设备与工艺金属结构制作、安装工程中气柜制作、安装工程的工程量清单设置。

与本节内容相关的管线安装工程参照附录 C.6 相关项目编码列项；电气系统参照附录 C.2 相关项目编码列项；仪表系统参照附录 C.10 相关项目编码列项。

工程量清单计量应根据气柜构造形式和容积等特征分别以设计图示数量进行以座为单位计量。

【例】 200000m³ 气柜安装

项目编码：030506001001

项目名称：200000m³ 低压湿式螺旋气柜制作安装

计量单位：座

工程内容：①气柜本体制作、安装（重量）；②型钢圈制作（重量）；③铸铁配重块（重量）；④200000m³ 气柜组装胎具制作、安装、拆除（数量）；⑤200000m³ 气柜轨道煨弯胎具制作（数量）；⑥焊缝热处理（长度）；⑦200000m³ 低压湿式螺旋气柜充水、气密、快速升降试验；⑧刷油防腐（防腐材料种类、漆膜厚度、容积）；⑨焊缝无损探伤（设计或规范要求）。

气柜制作、安装的工程量清单设置以座 为计量单位，每座气柜综合了很多的工程内容，所以工程内容列项必须考虑整座气柜的完整性，列项要完全，不可漏项。所组合的工程内容必须标明相应的技术要求及明确的工程量。

7. 附录 C.5.7 工艺金属结构制作、安装

本节包括了安装工程的钢平台；梯子、栏杆、扶手；桁架、管廊、设备框架、单梁结构；设备支架；漏斗、料仓；烟囱、烟道；火炬、排气筒的制作、安装等内容。

适用于安装工程中工艺金属结构、烟囱烟道、火炬、排气筒、漏斗、料仓等金属结构安装工程的工程量清单设置。

金属结构大型框架的混凝土防火层应按附录 C.4 相关项目编码列项；电气系统参照附录 C.2 相关项目编码列项；仪表系统参照附录 C.10 相关项目编码列项。

工程量清单计量应根据重量、材料、跨度等特征分别以设计图示数量以“t”为单位计量。

【例】 平台制作、安装

项目编码：030507002001

项目名称：格栅板扇形平台 0.6t

计量单位：t

工程内容：①平台制作、安装；②除锈（除锈等级）；③刷油防腐（油漆种类，漆膜厚度）。

本节内容不包括钢结构的无损探伤、防火、结构的预热与后热。如果上述内容发生，需单独列项或综合在主项内。烟囱缆风绳地锚埋设需单独列项。

8. 附录 C.5.8 铝制、铸铁、非金属设备安装

本节包括了容器、塔器、热交换器安装三部分内容。

适用于铝制、铸铁、非金属设备安装工程的工程量清单设置。

与本节内容相关的管线安装工程参照附录 C.6 相关项目编码列项；电气系统参照附录 C.2 相关项目编码列项；仪表系统参照附录 C.10 相关项目编码列项。

工程量清单计量应根据设备的材质、构造和重量等特征分别以设计图示数量进行以台为单位计量。

【例】 容器安装

项目编码：030508001001

项目名称：铸铁容器 5t

计量单位：台

工程内容：①铸铁容器（重量）整体安装；②刷油防腐（涂料种类、涂层厚度、数量）；③保温（保温材料种类，保温厚度）；④二次灌浆（灌浆料种类）。

非金属设备有多种材质，所以综合工程内容的选用要针对设备特点按设计技术要求组合列项。

9. 附录 C.5.9 撬块安装

本节专为撬块安装设置，包括各种功能的撬块安装工程。

适用于具有独立功能的工艺包括整体安装工程的工程量清单设置。

随撬块整体吊装的管线安装应按附录 C.6 相关项目编码列项；电气系统应按附录 C.2 相关项目编码列项；仪表系统应按附录 C.10 相关项目编码列项。

工程量清单计量应根据撬块功能、重量范围和面积范围等特征分别以设计图示数量以套为单位进行计量。

【例】 氮氧发生工艺包

项目编码：030509001001

项目名称：氮氧发生撬块　L12 × W4 × H3（单位：m）65t

计量单位：套

工程内容：①撬块整体安装；②撬块与外部系统连接；③二次灌浆。

撬块内电气系统、仪表系统的工程量清单列项时，因其已完成安装，只能就系统试验列项。

10. 附录 C.5.10 无损检验

本节为金属无损检验设置，包括 X 射线、γ 射线、超声波、磁粉、渗透五部分内容。

适用于金属设备制作、金属结构制作安装、工艺管道预制安装的焊口及材料无损检验的工程量清单设置。

工程量清单计量，射线探伤应根据板材厚度按设计和规范要求计算出感光胶片消耗数量，以张为单位计量。超声波、磁粉、渗透对焊缝、板材边缘探伤应根据板材厚度以“m”为单位计量。超声波、磁粉对板材探伤应根据板材厚度以“m^2”为单位计量。

【例】 超声波金属无损检验

项目编码：0305100031001

项目名称：超声波 $\delta = 46mm$ 金属板材对接焊缝无损检验

计量单位：m

工程内容：无损检验。

（三）需要说明的问题

1. 项目特征：项目特征是设置清单项目的主要依据，用于区分规范中同一清单条目下各个具体的清单项目。如规范清单条目 030504001001 对接式 10000m^3 碳钢拱顶罐制作、安装，其特征中，材质是指清单项目主体使用何种材料，写出具体的材料名称；构造形式是指壁板连接是搭接还是对接，容积用于区分油罐的大小，项目持证列项完整后即确定了设备的惟一性。

2. 规范中每一项清单条目特征不尽相同，都有其特定的含意，对特征的理解要对应不同的主项理解。

3. 工程内容是清单项目计价的提示。工程内容列项是工程量清单编制的主要工作。工程内容列项，应避免工程内容的漏项或重复，准确的工程内容列项是清单计价准确的保证。清单项目所综合工程内容能够通过主项按设计要求或规范要求计算出工程量的应标明设计要求或所选用的规范（如：金属球罐焊缝 100%探伤），如果主项工程量与综合工程内容工程量不对应，在列综合项时还要列出综合工程内容的工程量。

4. 静置设备定义的说明：

（1）"静置设备"是指不需动力带动，安装后处于静止状态的部分工艺设备。

（2）"设备类型"是指设备构造形式及其用途的划分。

（3）"设备容积"是指按设计图图示尺寸计量，不扣除内部构件所占体积。

（4）"设备压力"是指设计压力，以（MPa）表示。

（5）"设备重量"是指不同类型设备的金属重量。

（6）"设备直径"是指设计图标注的设备内径尺寸。

（7）"设备安装高度"是指以设计正负零为基准至设备底座安装标高点的高度。

（8）"设备到货状态"是指设备运到施工现场的结构状态，分为整体设备、分段设备和分片设备。

（9）"设备安装形式"是指卧式设备安装和立式设备安装。

（10）"设备焊接方式"是指对设备施工的技术要求分为电弧焊与氩电联焊。

第六节　工 业 管 道 工 程

一、工业管道工程制图

（一）管道施工图的基本知识

1. 管道施工图的分类

管道施工图按图形和作用可分为以下几种：

（1）图纸目录　按照前后顺序编排好的图纸目录是作为图纸前后排列和清点图纸的索引。

（2）设计说明　施工图纸上无法用线型或符号表达的内容，如技术标准、质量要求等具体要求，要用文字形式来加以说明。设计说明的主要内容包括设计依据、设计标准、主要技术数据、工程质量标准以及施工和验收应注意的问题等。

（3）设备、材料清单　清单上列有工程所需的各种设备和主要材料的名称、规格、型号、材质、数量等的明细表，作为设备订货和材料采购使用。

（4）工艺流程图　工艺流程图是表示生产装置工艺过程的形象示意，表明了生产工艺线上所需的主要设备、附属设备管道布置、介质的输入输出以及介质流向、阀门控制、仪表装置等全过程。通过它可以对该装置的生产工艺流程、设备信号、仪表控制点（包括温度、压力、流量、分析仪表的检测点）以及管道的规格、编号、输送的介质、流向主要控制阀门等有全面的了解，但流程图不表示设备、管道的具体位置。

（5）轴测图　轴测图是一种立体图，是在一个图面上同时反映出管线的空间走向和具体位置，可较形象地表示管线布置情况，减少看正投影图的困难，能弥补平、立面图的不足，是管道施工图中的重要图样之一。

轴测图在室内给排水和采暖施工图中用以代替立面图或剖面图。室内给排水和采暖施工图设计人员一般只绘制平面图和轴测图。

（6）平面图　平面图是施工图中最基本的一种图样，它主要表达建（构）筑物和设备的平面布置，管线的水平走向、排列和规格尺寸，以及管子的坡度和坡向、管径和标高等具体数据。识读平面图后，就可以了解工程的全面情况。

（7）立面图和剖面图　立面图和剖面图是施工图中最常见的一种图样，它主要表达建（构）筑物和设备的立面布置，管线垂直方向的排列和走向，以及每根管线编号、管径和标高等具体数据，立面图和剖面图的识图方法基本相同。

（8）节点图　节点图是一种放大的图样，当平面图及其他施工图纸对某些管道节点的详细结构及尺寸无法表达清楚的时候，为了加工或安装的需要，要绘制节点图。节点用代号来表示它在施工图上的具体位置。例如，“A 节点”，就是在施工图上用“A”所表示的部位。

（9）大样图　大样图是表示一组设备的配管或组合配管件安装的一种图样。大样图的特点是用双线图表示，对物体有真实感，并对组装件的各部位的详细尺寸作了标注。

（10）标准图　标准图是具有通用性的图样。标准图中标有成组管道、设备或部件的具体图形和详细尺寸。但是它一般不能用来作为单独进行施工的图纸，而只能作为某些施工图的一个组成部分。标准图由国家或有关部门出版标准图集，作为国家标准或部的标准颁发。

2. 符号

（1）管路代号。管道施工图中输送各种介质的管道，一般用实线表示。为了区别各种不同类别的管道，在实线的中间须注上规定的汉语拼音字母符号。介质为水的管道用“S”表示，如图 1-6-1 所示。S 为上水管、S_1 为生产上水管、S_2 为生活上水管、S_3 为生产生活上水管等。

——S——S——
——S_1——S_1——
——S_2——S_2——
——S_3——S_3——

图 1-6-1　上水管的规定符号

输送液体与气体管道的符号，按 GB 140—59 的规定有 23 大类，每一大类又分若干种，每种符号以它的符号右下角的数字来区别，如表 1-6-1 所示。

液体与气体的管路代号 表 1-6-1

类别	名称	规定符号	类别	名称	规定符号
1	上水管	S	13	氢气管	QQ
2	下水管	X	14	氩气管	YA
3	循环水管	XH	15	氨气管	AQ
4	化工管	H	16	沼气管	ZQ
5	热水管	R	17	乙炔气管	YI
6	凝结水管	N	18	二氧化碳管	E
7	冷冻水管	L	19	鼓风管	GF
8	蒸汽管	Z	20	通风管	TF
9	煤气管	M	21	真空管	ZK
10	压缩空气管	YS	22	乳化剂管	RH
11	氧气管	YQ	23	油管	Y
12	氮气管	DQ			

如施工图仅有一种管道或同一图上大多数是相同的管道，其符号可以省略，但需在图中加以说明。

在管道施工图中，还常用一些字母来表示管道的有关技术参数，如 R（r）表示管道的弯曲半径，i 表示管道的坡度，G 表示管螺纹，ϕ 表示无缝钢管外径及设备的直径，D 表示焊接钢管的内径，d 表示铸铁管或非金属管的内径，DN 表示低压流体输送管道、阀门及管件的公称通径，δ 表示管材和板材的厚度等。

（2）管道图例。管道施工图上的管件、阀门、卫生器具、散热器等均以规定的图例符号表示。各专业工程施工图都有各自不同的图例符号。

3. 管道施工图标注方法

（1）标高。管道的安装高度用标高表示。在立（剖）面图上，表示管子的垂直间距一般只注明相对标高而不注明间距尺寸。立面图的标高符号与平面图一样，在需要标注的地方做一引出线，如图 1-6-2（a）所示。图 1-6-2（b）在化工管道中常用来表示管中标高、管底标高和管顶标高。

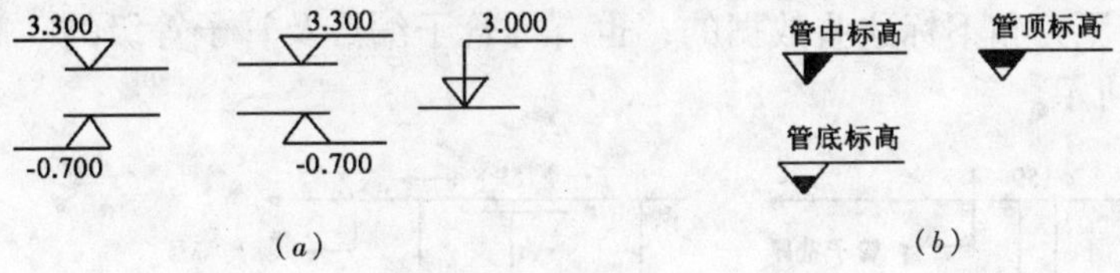

图 1-6-2 标高符号及标注法

在轴测图上，管道的标高一般标注在管线的下方。

管道的相对标高，一般以建筑物底层室内地坪为正负零，用 ± 0.000 表示。比地坪低的用“ - ”号表示，比地坪高的用“ + ”号表示（一般正标高数字前不加 + 号）。标高单位以米表示，标高数字一般注至小数点以后第三位。

远离建筑物的室外管道标高，一般用绝对标高表示。我国把青岛黄海平均海平面定为绝对标高的零点，其他各地标高都以它为基准来推算。

对于管径较大的管子，不仅可注管子中心标高，也可注管顶标高和管底标高，其符号如图 1-6-2（*b*）所示。管道标高一般都注管子中心，但是排水管往往注在管底。

(2) 坡度及坡向。坡度符号为“*i*”，标注时在坡度符号后面划一等号，在等号后面注上坡度值。坡向符号用箭头表示。通常的表示方法有图 1-6-3（*a*）、图 1-6-3（*b*）所示的两种。

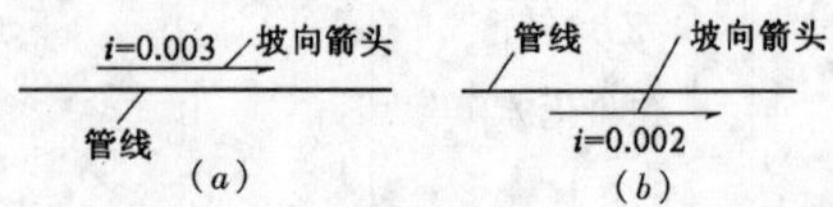

图 1-6-3 坡度及坡向的表示方法

(3) 尺寸标注及尺寸单位。管道施工图中注有各部位的详细尺寸，作为安装制作的主要依据，尺寸线用来指出所注部位的尺寸。尺寸符号由四部分组成：即尺寸界线、尺寸线、箭头（或起止线）和尺寸数字，如图 1-6-4 所示。管子或管件的真实大小以图纸所注尺寸数字为准，与图形的大小及绘制的准确度无关。

管道的尺寸数字应注在尺寸线的上面，以毫米为单位。为了使图纸简单明了，可免注毫米单位。但若取其他单位时，则必须注明。

(4) 管道连接的表示法。管道连接的形式有法兰连接、承插连接、螺纹连接和焊接连接。它们的连接符号如图 1-6-5 所示。

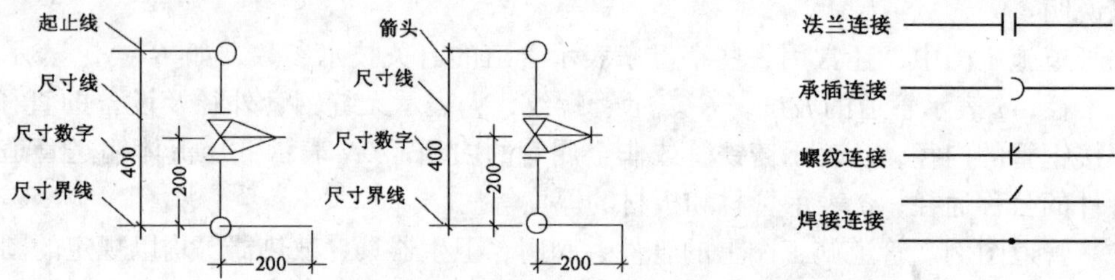

图 1-6-4 尺寸及尺寸单位标准

图 1-6-5 管道连接形式及图例符号

法兰连接的图例符号在平、立（剖）面图及轴测图中可以看到，承插、螺纹和焊接连接的图例符号一般仅在轴测图上出现，而在平、立（剖）面图上很少出现。如果施工图中无轴测图时，管子连接形式可在施工图说明中用文字说明。

(5) 管线的表示方法。管线在施工图上的表示方法较多，有标编号的和不标编号的；有标介质、温度、压力和不标这些数据的；也有标管子编号及管子等级的。简单的管线表示方法如图 1-6-6 所示。

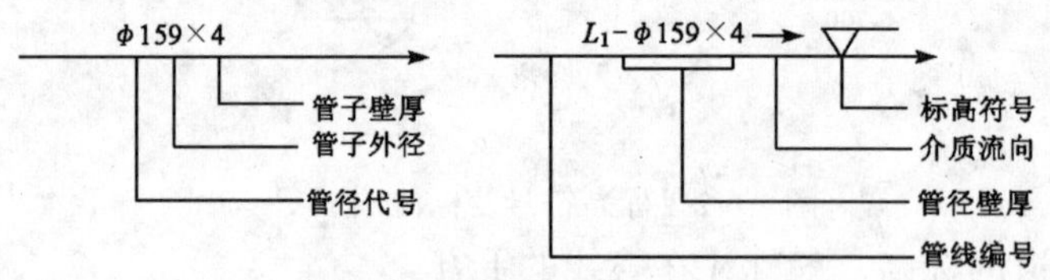

图 1-6-6 管线的表示方法（一）

图中 L_1 表示管线编号，ϕ 159×4 表示管子的外径为 159mm，壁厚为 4mm，箭头表示介质的流动方向。

比较完整的管线表示方法如图 1-6-7 所示。

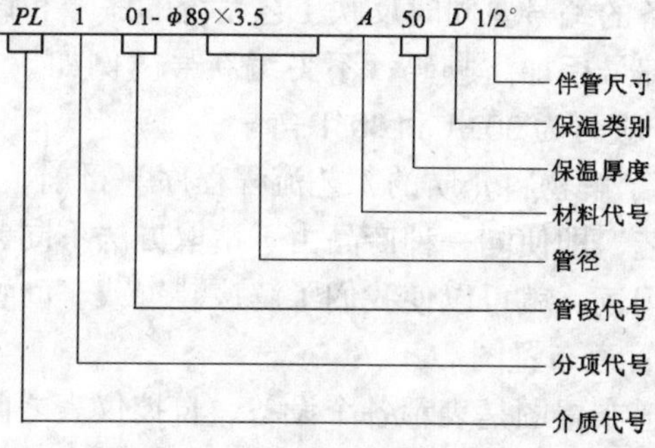

图 1-6-7 管线的表示方法（二）

（二）化工工艺管道施工图的识读

在化工、石油等工业中，按生产工艺流程的要求，用管道把各单台设备、塔、泵等连接成完整的生产工艺系统。这种表示化工生产过程与联系的图样称为化工工艺管道图。

1. 工艺流程图

工艺流程图主要是用来表示整个化工厂、车间或某一装置生产过程概况的图样。工艺流程图也称为带控制点的工艺流程图，或简称为流程图。

（1）工艺流程图的内容

工艺流程图一般包括以下内容：

1）用示意性的图形表示所有设备的外形轮廓，并注明设备的名称或编号。

2）用粗实线表示管线，并把所有设备上的管接口用管线依次连接起来。带自动控制的工艺管道，在流程图上还把控制点（如测压点、测温点和分析取样点）或控制设备也表示出来。

3）用统一规定的管路代号表示管线，用图形符号（图例）表示管件、阀门和各控制点。

4）用箭头注明介质的工艺流向。

工艺流程图上还附有设备一览表，详细地列出设备的编号、名称、规格、数量等，以便看图时能图表对照，便于理解。

工艺流程图是一种示意性的展开图。

（2）流程图的识读

识读流程图可以了解和掌握系统物料介质的工艺流向运行程序，设备编号、名称、规格、数量等，以及所有管线的编号、规格，管件、阀门、控制点的部位和名称，在识读管道平、立（剖）面布置图时，可以对照参考。

识读工艺管道流程图时应注意下列问题：

1）了解流程图的画法。工艺管道流程图是一种示意性的展开图样，它只说明物料介质的运行程序。表示物料介质去向的粗实线或中粗实线称为流程线，流程线用箭头标明物料介质的流向，并注明管路编号和规格尺寸。在流程线的开始和终了部位，用文字注明物料介质名称及其来源和去向。当流程线与流程线或流程线与设备发生交叉而实际上并不连接时，应将其中一线断开或曲折绕过另一条线或设备来表示，但不能用投影原理去理解它。流程图上采用的表示管件、阀门和控制点的符号或代号，都应采用国家有关部门颁发的标准图例符号，并说明其含意。

2）掌握设备的数量、名称和编号。各种设备和塔器等在流程图上，基本上是按一定比例用细实线表示的示意性图形，但当设备过大、过长或过小时则不按比例绘出，所以流程图标题栏内是不注明比例的。

设备的编号要同时反映工艺系统的序号和设备的序号。对于用途和规格相同的设备一般是在编号后加注脚码，不另编新号。例如，相同规格和用途的两台泵，它们的编号为303时，应写为303A和303B等。

3）了解物料介质的工艺流程程序。目前，化工产品品种繁多，每种产品都有各自的生产工艺，即使同一种产品由于萃取方法不同，所需的设备和工艺流程也不同。通过对流程图的识读，就可以使我们了解该装置或车间物料介质的工艺流程程序。

2. 管道布置图

管道布置图是表示各个设备、自控仪表之间管道的空间走向、连接和阀门、配件及控制点安装位置的图样。管道布置图是管道安装施工的依据，因此，管道布置图又称管道安装图简称配管图。管道布置图实际上是在设备布置图上添加管道及管配件的图形或标记绘制的。因此，它有着与设备布置图大致相同的内容和要求。为了便于看图，管线采用粗实线或中粗实线把管线表示出来，而图样中的厂房建筑和设备的图形则用细实线绘制。管道布置图一般分为管道平面图、管道立面图、管段图、管架图和管件图。

（1）管道平面图

管道平面图是管道安装施工图中最关键的图样。通过对管道平面图的识读，可以了解和掌握如下内容：

1）厂房各层楼面或平台的平面布置及定位尺寸。

2）厂房或装置的设备的平面布置、定位尺寸及设备的编号和名称。

3）管线的平面位置、定位尺寸、编号、规格和介质流向，以及每根管子的坡度和坡向，有时还注出横管的标高等具体数据。

4）管配件、阀门及仪表控制点等的平面位置及定位尺寸。

5）管架及管墩的平面布置及定位尺寸。

（2）管道立面图

管道布置在平面图上无法表示清楚的部位，可采用剖面图来表示。剖面图与立面图的表达方式是完全一致的，剖面图是一种局部的立面图，只表达在平面图上的剖切部位。通过对管道立面图的识读，可以了解和掌握以下内容：

1）各层楼面或平台的垂直剖面及标高尺寸。

2）各层机器设备的立面布置、标高尺寸及设备的编号和名称。

3）管线的立面布置、标高尺寸以及编号、规格、介质流向。

4）管件、阀件以及仪表控制点的立面布置和标高尺寸。

（3）管段图

管段图是表达两台设备之间或管线中的某一段管线及其所附管件、阀件、仪表控制点等具体配置情况的立体图样。管段图只画整个管线系统中某一段，并且以轴测图的形式来表示，以清晰完整地表现每一路管线的具体走向和安装尺寸。利用管段图进行预制安装给施工提供方便。预算人员利用管段图计算工程量可提高工作效率和准确度。

工艺管道的管段图大多采用正等测投影的方法绘制，图样中的管件、阀件按大致比例绘出，而管子长度则不一定按比例。但尺寸标注比较详细。因此，计算管道工程量时，不能用比例尺测量，而应当按图注尺寸逐段计算。

（4）管架图及管件图

管架图及管件图属于施工图中的详图。各种类型的管道支架图，可以从标准图集中直接查到。

1）管架图。管架图是表达管架的具体结构、制造及安装尺寸的图样。其画法是支架本身用中实线等较粗线段来表示，管道、保温材料和不属于管架制作范围的建（构）筑物，一般用细实线或双点画线表示。

2）管件图。管件图是完整表达管件具体构造及详细尺寸，以供预制加工和安装用的图样。其内容与画法和机械零部件图相同，图纸除了按正投影原理绘制并标注有关尺寸外，有的图纸还列出材料明细表和标题栏等。

二、工业管道工程造价概论

凡是在生产工艺流程中，输送生产所需各种介质的管道，包括生产上水管、排水管、循环水管、油管和压缩空气、氮气、氧气、煤气管道等，都属于工艺管道。

工艺管道，在一个生产装置的运转过程中，起输送各种物料的作用，包括气体、液体和易流动的固体物质。由于各种物料的操作温度、压力和腐蚀程度不同，设计所采用的管材、阀门和管件，也是多种多样的。工艺管道安装工程所用的各种管材、阀门和管件等，它们都以材料费的形式进入安装工程直接费。

以下分别介绍常用管材、管件、阀门、法兰、垫片及螺栓、工艺管道附件和管架，工艺管道清洗，脱脂、试压、吹冲洗。

（一）管材

1. 黑色金属管材

(1) 铸铁管。一般都是由含碳量在1.7%以上的灰口铁铸造而成。其特点是经久耐用，抗腐蚀性强，性质较脆，多用于给排水和煤气管道。为了增强抗腐蚀性能、埋地敷设的铸铁管的内外管壁都涂有沥青。

铸铁管的连接形式，分承插口连接和法兰连接两种，除特殊情况外，极少采用焊接。

给水及煤气用承插铸铁管，分高压（不大于1MPa），普压（不大于0.75MPa）和低压（不大于0.45MPa）。其规格范围壁厚9~30mm，公称直径75~1500mm，单根管子的长度3~6m。这类管材在铸造厂出厂时外表面已涂有沥青防腐。

排水用承插铸铁管，适用于污水的排放，一般都是自流式，不承受压力。其规格范围壁厚5~7mm，公称直径50~200mm，单根管子的长度为1.5~3m。这类管材的防腐一般都是在施工现场进行管内外沥青防腐。地上明装的应按设计要求防腐。

双盘法兰铸铁管的特点是装拆方便，工业上常用于输送硫酸、碱类等介质。其规格范围壁厚9~15mm，公称直径75~900mm，单根管子带法兰的长度为3~4m。

(2) 焊接钢管。也称有缝钢管或水煤气管，一般由Q235碳素钢制造。按管材的表面处理形式分为镀锌和不镀锌两种。表面镀锌的发白色，又称为白铁管或镀锌钢管；表面不镀锌的即普通焊接钢管。镀锌焊接钢管，常用于输送介质要求比较洁净的管道，如给水，洁净空气等；不镀锌的焊接钢管，用于输送蒸汽、煤气、压缩空气和冷凝水等。

焊接管在出厂时分两种，一种是管端带螺纹的。管端带螺纹的焊接钢管，每根管材长度为4~9m，不带螺纹的焊接钢管，每根管材长度为4~12m。

焊接钢管按管壁厚度不同，分为薄壁钢管、加厚钢管和普通钢管。工艺管道上用量最多的是普通钢管，其试验压力为2.0MPa。加厚钢管的试验压力为3.0MPa。

焊接管的连接方法较多，有螺纹连接、法兰连接和焊接。法兰连接又分螺纹法兰连接和焊接法兰连接，焊接方法中又分为气焊和电弧焊。

常用焊接钢管的规格范围为公称直径 6～150mm。

(3) 无缝钢管。按制造材质可分为碳素无缝钢管、低合金无缝钢管和不锈、耐酸无缝钢管。按公称压力可分为低压（$0<P\leqslant1.6$MPa）、中压（$1.6<P\leqslant10$MPa）、高压（$P>10$MPa）三类。工艺管道常用的是普通无缝钢管，以下按材质分类介绍。

1）碳素无缝钢管，常用的制造材质为 10 号、20 号、35 号钢。其规格范围为公称直径 15～500mm，单根管长度 4～12m，容许操作温度为 －40～450℃，广泛用于各种对钢无腐蚀性的介质管道，如输送蒸汽、氧气、压缩空气和油品油气等。

2）低合金无缝钢管，通常是指含一定比例铬钼金属的合金钢管，也称铬钼钢管。常用的钢号有 12CrMo、15CraMo、Cr5Mo 等，其规格范围为公称直径 15～500mm，单根管长度 4～12m，适用温度范围为 －40～570℃。低合金无缝钢管，用于输送各种温度较高的油品、油气和腐蚀性不强的盐水，低浓度有机酸等。

3）不锈耐酸无缝钢管，根据铬、镍、钛各金属不同含量，品种很多，有 1Cr13、Cr17Ti、Cr18Ni12Mo2Ti、1Cr18Ni9Ti 等。这些钢号中用量最多的是 1Cr18Ni9Ti，在施工图上常用简化材质代号 18—8 来表示。各种不锈耐酸无缝钢管的适用温度范围 －190～600℃，在化工生产中用来输送各种腐蚀性较强的介质，如硝酸和尿素等。

4）高压无缝钢管，其制造材质与上面介绍的无缝钢管基本相同，只是管壁比中低压无缝钢管要厚，最厚的管壁在 60mm 以上。其规格范围为管外径 24～325mm，单根管长度 4～12m，适用压力范围 10～32MPa，工作温度 －40～400℃。在石油化工装置中用以输送：原料气、氢氮气、合成气、水蒸气，高压冷凝气、水等介质。

(4) 钢板卷管。是由钢板卷制焊接而成，分为直缝卷焊钢管和螺旋卷焊钢管两种。直缝卷焊钢管多数在施工现场制造或委托加工厂制造，专业钢管厂不生产。钢板材料有 Q235、10 号、20 号、16Mn、20g 等，其规格范围为公称直径 200～3000mm，最大的有 4000mm；壁厚一般为 4～16mm。单根管长度公称直径 200～900mm 的为 6.4m；公称直径 1000～3000mm 的为 4.8m。适用工作温度，Q235 为 －15～300℃，10 号、20 号、16Mn 为 －40～450℃，20g 为 －40～480℃，均适用于低压范围。

螺旋卷焊钢管，由钢管制造厂生产、材质有 Q235、16Mn。其规格范围为公称直径 200～700mm，壁厚 7～10mm，单根管长度 8～18m。适用工作温度 Q235 为 －15～300℃，16Mn 为 －40～450℃；操作压力 Q235 为 2.5MPa，16Mn 为≤4MPa。

2. 有色金属管材

有色金属管在工艺管道中常用的有铜管、铝管、铝合金管和铅管，分为无缝的和用板材卷焊的两类。

(1) 铜管。铜管分紫铜和黄铜管两种。制造紫铜管所用的材料牌号有 T2、T3、T4 和 TVP 等，含铜量较高，要占 99.7%以上；黄铜管所用的材料牌号有 H62、H68 等，都是锌和铜的合金，如 H62 黄铜管，其材料成分铜为 60.5%～63.5%，锌为 39.6%，其他杂质 <0.5%。

常用无缝铜管的规格范围为外径 12～250mm，壁厚 1.5～5mm；铜板卷焊管的规格范围为外径 155～505mm，供货方式有单根的和成盘的两种。

（2）铝管。铝管是化学工业常用的管道，按其制造材质分工业纯铝管 L2、L6 和防锈铝合金管 LF2、LF6 常用铝管的规格范围，无缝铝管的外径为 18～120mm，壁厚 1.5～5mm；铝板卷焊铝管的外径为 159～1020mm，壁厚 6～8mm，铝管输送的介质操作温度在 200℃以下，当温度高于 160℃时，不宜在压力下使用。

铝管的特点是重量轻，不生锈，但机械强度差，不能承受较高的压力，适用于输送脂肪酸、硫化氢、二氧化碳和硝酸、醋酸等。

（3）铅管。铅管分为纯铅管和合金铅管两种，纯铅管也称软铅管，这种管材常用 Pb2、Pb3 等纯铅制造；合金铅管也称硬铅管，是铅与锑的合金制成，常用的材质牌号为 PbSb0.5、PbSb2、PbSb4 等。铅管的规格通常是用内径乘以壁厚来表示，常用规格范围为 15～200mm，直径为 100mm 的铅管，需用铅板卷制。

铅管在化工、医药等工业使用的较多，适用于输送硫酸、二氧化硫、氢氟酸等。铅管的最高使用温度为 200℃，当温度高于 140℃时，不宜在压力下使用。铅管的机械强度不高，但重量很重，是金属管材中最重的一种。

有色金属管材除上述几种以外，还有钛、铝镁、铝锰等合金管材，这里不作详述。

3. 非金属管材

（1）硬聚氯乙烯塑料管。硬聚氯乙烯塑料管材分轻型管和重型管两种，其规格范围为 8～200mm。

硬聚氯乙烯塑料管，具有耐腐蚀性强，重量轻，绝热，绝缘性能好，易加工安装等特点。可输送多种酸、碱、盐及有机溶剂。使用温度范围为 -14～40℃，最高温度不能超过 60℃使用的压力范围，轻型管在 0.6MPa 以下，重型管在 1.0MPa 以下。这种管材使用寿命比较短。

（2）橡胶管。工业用橡胶管，根据输送的介质不同，划分为很多种，常用于输送温度压力都比较低的介质，如压缩空气、水、低压蒸汽和氮气等。

一般用于临时性或经常移动的管道，如原料或成品的装车、装桶、设备管道清洗吹扫所用的管道，常用的有夹布胶管规格为 $\phi 13 \sim \phi 152$，全胶管规格为 $\phi 3 \sim \phi 76$。

（3）玻璃管。工业用玻璃管，多用于化工、医药生产装置，它具有很好的耐腐蚀性能，除氢氟酸、氟硅酸、热磷酸和强碱以外，能输送多种无机酸、有机酸和有机溶剂等介质。其特点是化学稳定性高、透明、光滑和耐磨。玻璃管的使用温度一般在 120℃以下，使用压力在 2.0MPa 以下，直管的规格范围为 *DN*25～*DN*100。

（4）混凝土管。混凝土管有预应力混凝土管和自应力混凝土管，这两种管材主要用于输送水。管口连接是承插接口，用圆形截面橡胶圈密封。预应力钢筋混凝土管，规格范围为内径 400～1400mm，适用压力范围为 0.4～1.2MPa。自应力钢筋混凝土管，其规格范围内径为 100～600mm，适用压力范围为 0.4～1.0MPa。钢筋混凝土管可以代替铸铁管和钢管，输送低压给水、气等。

另外还有混凝土排水管，包括素混凝土管和轻、重型钢筋混凝土管。

（5）陶瓷管。陶瓷管有普通陶瓷管和耐酸陶瓷管两种，一般都是用承插口连接。普通陶瓷管的规格范围为内径 100～300mm。耐酸陶瓷管的规格范围内径为 25～800mm。

陶瓷管主要用于输送生产给排水管道。

除以上几种非金属管材以外，还有石棉水泥管、玻璃钢管和石墨管等。

4. 其他管道

以下主要介绍一些比较特殊的管道，这些管道在使用统一安装定额，计算工程量时比较复杂。

（1）衬里管道。衬里管道，一般是指在碳钢管的内壁，衬上耐腐蚀性强的材质，达到既有机械强度，有一定的受压能力，又有较好的防腐性能。常用的衬里管，有衬橡胶管、衬铅管、衬塑料管和衬搪瓷管等。衬里管一般是先将碳管安装好，拆下来以后再进行衬里，衬好里以后再进行二次安装。为了衬里时操作方便，衬里的碳钢管多采用法兰连接，而且每根管不能很长，尤其是直径在200mm以下的管，每根管过长衬里时，就比较困难，不易保证质量。

（2）加热套管。加热套管，分为直管和管件全封闭加热和直管半封闭加热套管，简称为全加热套管和半加热套管。加热套管是在输送生产介质的管道外面，再加一层直径较大的套管，一般把输送生产介质直径较小的管称为内管，把外层直径较大的管称为外管。加热套管是为了防止内管所输送的生产介质，因输送生产过程中温度下降而凝结，所以在内管与外管之间接通蒸汽，达到加热保温的目的。

所谓加热套管，就是使内管（包括直管和管件），始终处于有外套管加热保温的工作状态。所谓半加热套管，就是内管不能完全用外套管保温，有些管件或法兰接头部分，要裸露在外面，此时在相邻两侧的外套管用旁通管连接通汽加热。

加热套管的制作安装都比较复杂，质量要求很高。

（3）蒸汽伴热管。蒸汽伴热管，是伴随物料输送管一起敷设的蒸汽管。常用的伴热管直径都比较小，一般在25mm以下，常用的是单根和双根，特殊的情况也可采用多根。蒸汽伴热管的作用与加热套管类似，都是起加热保温作用。为了防止蒸汽伴管的泄漏，一般设计要求采用无缝钢管。伴热管所用的蒸汽压力，一般不超过1.0MPa。

伴热管都设在主管的下半周，并在主管与伴管的外皮之间加有隔热石棉板条垫层，以防止主管局部过热，达到加热温度均匀的效果。

（二）管件

1. 弯头

弯头是用来改变管道的走向。常用弯头的弯曲角度为90°、45°和180°，180°弯头也称为U形弯管，也有特殊的角度，但为数极少。

（1）玛钢弯头。玛钢弯头，也称铸铁弯头，是最常见的螺纹弯头，这种玛钢管件，主要用于采暖，上下水管道和煤气管道上，在工艺管道中，除经常需要拆卸的管道外，其他物料管道上很少使用。玛钢弯头的规格很小，常用的规格范围为100~125mm，按其不同的表面处理分镀锌和不镀锌两种。

（2）铸铁弯头。铸铁弯头，按其连接方式分为承插口式和法兰连接口式两种。

（3）压制弯头。压制弯头也称为冲压弯头或无缝弯头，是用优质碳素钢，不锈耐酸钢和低合金钢无缝管，在特制的模具内压制而成型的。其弯曲半径为公称直径的一倍半（$r=1.5DN$），在特殊场合下也有一倍的（$r=1DN$）。其规格范围在公称直径200mm以内。其压力范围，常用的为4.0、6.4和10MPa。压制弯头都是由专业制造厂和加工厂用标准无缝钢管冲压加工而成的标准成品，出厂时弯头两端应加工好坡口。

（4）冲压焊接弯头。是采用与管道材质相同的板材用模具冲压成半块环形弯头，然后将两块半环弯头进行组对焊接成型。由于各类管道的焊接标准要求不同，通常是按组对的半成品出厂，现场施工根据管道焊缝等级进行焊接，因此，也称为两半焊接弯头。其弯曲半径同无缝管弯头，规格范围为公称直径 200mm 以上，公称压力在 4.0MPa 以下。

(5) 焊接弯头。焊接弯头也称虾米腰或虾体弯头。制作方法有两种，一种是在加工厂用钢板下料，切割后卷制焊接成型，多数用于钢板卷管的配套。另一种是用管材下料，经组对焊接成型，其规格范围一般在 200mm 以上。使用压力在 2.5MPa 以下，温度不能大于 200℃，一般在施工现场制作。

(6) 高压弯头。高压弯头，是采用优质碳素钢或低合金钢锻造而成。根据管道连接形式，弯头两端加工成螺纹或坡口，加工的精密度很高，要求管口螺纹与法兰口螺纹能紧密配套自由拧入并不得松动，要有材料和制造厂的合格证，适用于 Pg16、22.0、32.0MPa 的石油化工管道，常用规格范围为 *DN*6～200。

2. 三通

三通是主管道与分支管道相连接的管件，根据制造材质和用途的不同，划分为很多种，从规格上划分，要分为同径三通和异径三通，同径三通也称为等径三通；同径三通是指分支接管的管径与主管的管径相同；异径三通是指分支管的管径不同于主管的管径，所以也称为不等径三通，一般异径三通用量要多一些。

(1) 玛钢三通。玛钢三通的制造材质和规格范围，与玛钢弯头相同，主要用于室内采暖、上下水和煤气管道。

(2) 铸铁三通。铸铁三通同铸铁弯头一样，都是用灰铸铁浇铸而成，常用的规格和压力范围也相同。按其连接方式不同，分为承插铸铁三通和法兰铸铁三通两种。承插铸铁三通，主要用于给排水管道，给水管道多采用 90°正三通；排水管道，为了减少流体的阻力，防止管道堵塞，通常采用 45°斜三通。法兰铸铁三通，一般都是 90°正三通，多用于室外铸铁管。

(3) 钢制三通。定型三通的制作，是以优质管材为原料，经过下料、挖眼、加热后用模具拨制而成，再经机加工，成为定型成品三通。中低压钢制成品三通，在现场安装时都是采用焊接。

钢板卷管所用三通，有两种情况，一种是在加工厂用钢板下料，经过卷制焊接而成，另一种是在现场安装时挖眼接管。

(4) 高压三通。高压三通常用的有两种，一种是焊制高压三通，一种是整体锻造高压三通。焊制高压三通，选用优质高压钢管为材料，制造方法类似挖眼接管，主管上所开的孔，要与相接的支管径相一致。焊接质量要求严格，通常焊前要求预热，焊后进行热处理，其规格和压力范围同高压弯头。

整体锻造高压三通，一般是采用螺纹法兰连接。其规格范围为 *DN*12～109，使用温度，25 号碳钢高压三通为 200℃以下，低合金钢和不锈耐酸钢高压三通为 510℃以下，使用压力在 20.0MPa 以下。

3. 异径管

异径管的作用是使管道变径，按流体运动方向来讲，多数是由大变小，也有的由小变大，如蒸汽回水管道和下水管道的异径管就是由小变大，故异径管也俗称为大小头。

(1) 玛钢异径管。玛钢异径管，大体上分两种，一种是内螺纹异径管也称外接头；另一种是内螺纹和外螺纹结合的管件，称作补芯，它虽然不叫做异径管，但是起到异径管的作用。

玛钢异径管的规格范围比较小，常用的为½～2英寸，2英寸以上的不常见。

（2）钢制异径管。钢制异径管，分为无缝的和有缝的两种，无缝异径管用无缝钢管压制，有缝异径管用钢板下料，经卷制焊接而成，也称焊制异径管，都包括同心和偏心。偏心异径管的底部有一个直边，使用时能使管底成一个水平面，便于停产检修时排放管中物料。

无缝异径管的规格范围为 *DN*25～400，使用压力 10.0MPa 以下；有缝焊接异径管的规格范围为 *DN*32～1600，使用压力 4.0MPa 以下。

（3）其他异径管。其他异径管，如铸铁异径管和高压异径管等，其制造方法、规格和压力范围，基本上与铸铁弯头和高压弯头相同。

4. 其他管件

（1）凸台。凸台也称管咀，是自控仪表专业在工艺管道上的一次部件，是由工艺管道专业来安装，所以把管凸台也列为管件。工艺管道用的单面管接头也属这一种，都是一端焊在主管上，另一端或者是安装其他管件，或者是另外再接管，其规格范围为 *DN*15～200，高中低压管道上都使用。

（2）封头。封头，是用于管端起封闭作用的堵头，常用的封头有椭圆形和平盖形两种。

椭圆形封头也称为管帽，其规格范围为 *DN*25～500，多用于中低压管道上。平盖封头，按其安装位置可分为两种，一种是平盖封头略大于管外径，在管外焊接。另一种平盖封头略小于管内径，把封头板放入管内焊接。常用的规格范围为 *DN*15～200，这种封头多用于压力较低的管道上。

（3）盲板。盲板，其作用是把管道内介质切断，根据使用压力和法兰密封面形式分以下几种：

1）光滑面盲板，与光滑式密封面法兰配合使用，其适用压力范围为 1.0～2.5MPa。

2）凸面盲板，其本身一面带凸面，另一面带凹面，与凹凸式密封面法兰配合使用。使用压力 4.0MPa，规格范围为 25～400mm。

3）梯形槽面盲板，与梯形槽式密封面法兰配合使用，使用压力范围为 6.4～16.0MPa，规格范围为 25～300mm。

4）8字盲板，也分为光滑面、凹凸面和梯形槽面三种，使用压力与以上三种盲板相同。8字盲板所不同的是，它把两种用途结合在一个部件上，即把盲板和垫圈相连接固定在一起。法兰内垫入盲板时，外面露出的垫圈作为管道是否切断的直观标志。

（三）阀门

在工艺管道上，能够灵活控制管内介质流量的装置，统称阀门或阀件。

阀门的种类很多，按制造厂材质划分，有铸铁阀门、碳钢阀门、铜阀门、铬钼合金阀门、不锈耐酸钢阀门以及各种非金属阀门等；按阀门的驱动种类，可分为手动、电动和气动；按阀门的连接形式，可分为螺纹连接、法兰连接和焊接等。现分别介绍如下：

1. 常用阀门

（1）截止阀

截止阀是工艺管道上使用最多的一种。阀体内部结构比旋塞复杂，有阀座和压盖，压盖与丝杆连接，可以上下活动，它的关闭就是靠压盖的提取或压紧阀座来实现的。截止阀可以调节流量，制造和维修较方便，但对流体阻力较大，易堵塞。结构形式如图 1-6-8 所示。

(2) 旋塞

旋塞，也称转心门，是通过转动阀体中带有透孔的锥形栓塞起到控制介质流量的作用，结构形式如图 1-6-9 所示。其连接形式有螺纹连接和法兰连接两种，制造材质为灰铸铁。旋塞的优点是开闭迅速，流体通过时阻力比较小，适用于输送带有沉淀物质的管道上。适用温度最高不超过 200℃，适用压力 1.6MPa 以下。

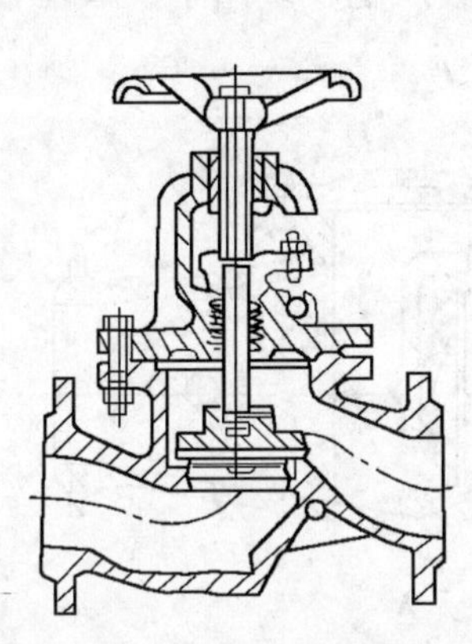

图 1-6-8　截止阀

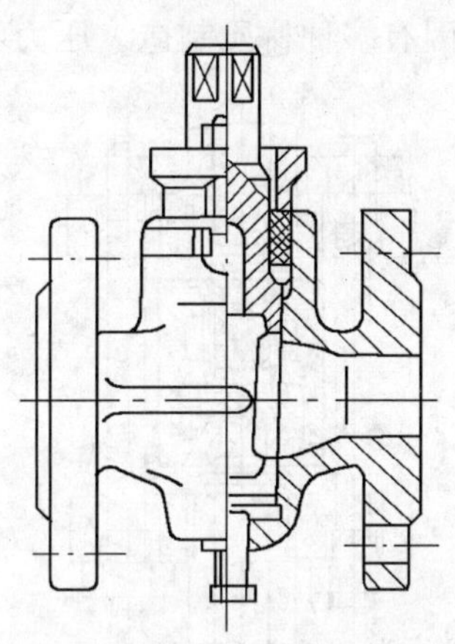

图 1-6-9　旋塞

(3) 闸阀

闸阀，也称闸板阀，也是工艺管道上比较常用的一种阀门。阀体内有闸板，当闸板被阀杆提升时阀门便开启，流体通过。其结构形式有明杆和暗杆，闸板有平行式和楔式如图 1-6-10 所示。平行闸板两边的密封面是平行的，通常分成两个单独加工，再合并在一起使

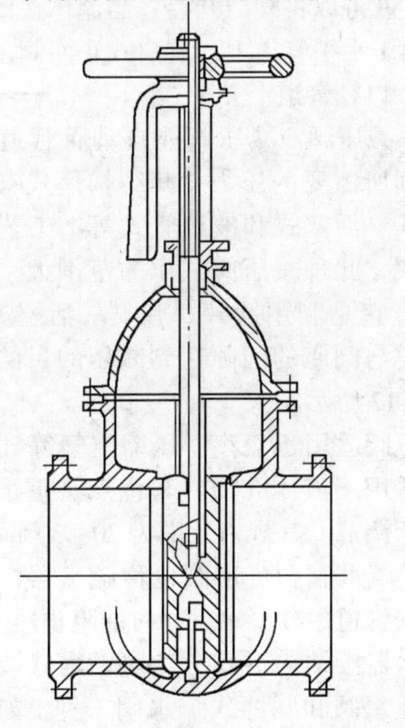

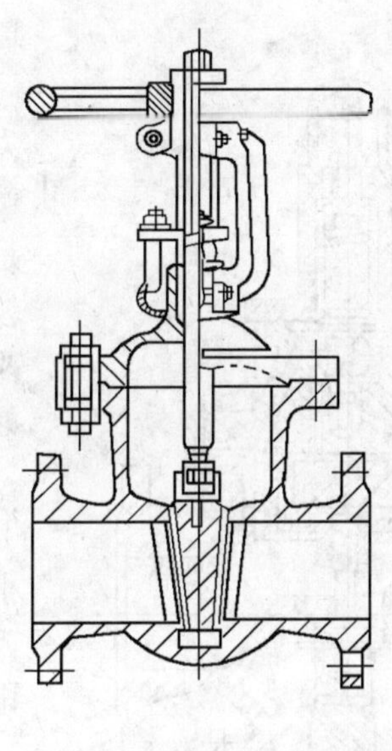

图 1-6-10　闸阀

用，所以也把平行式的闸阀称做为双闸板闸阀。一般把楔式闸板大多加工成单闸板，这种闸板的加工比双闸板困难。

闸阀的优点很多，密封性能比较好，流体的阻力小，开启和关闭比较容易，并具有一定的调节性能，明杆闸阀还可以直观阀门的开关程度；其缺点是阀体结构比较复杂，外形尺寸比截止阀大，密封面容易磨损。

闸阀因有多种材质制造，压力和使用温度范围都比较广泛，多用于大口径管道上。

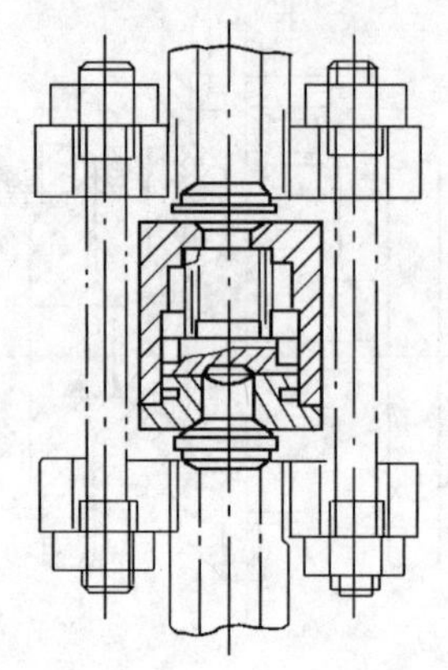

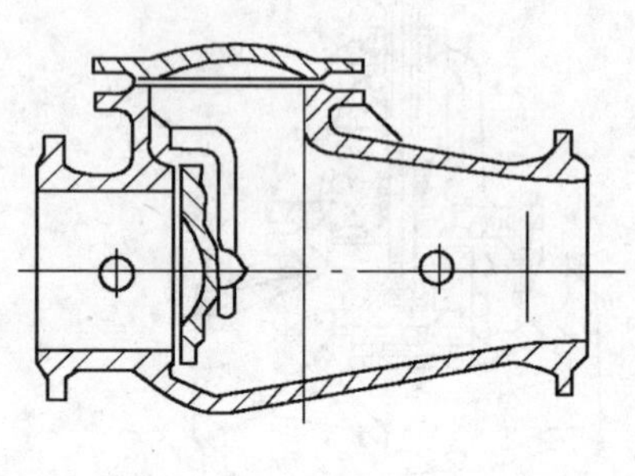

图 1-6-11 止回阀

（4）止回阀。止回阀，也称逆止阀和单向阀。其结构形式分两种：一种为升降式，一种为旋启式，如图 1-6-11 所示，此种阀门是一种能自动开闭的阀门，阀体内有阀盖板，当流体按预定方向流动时，靠流体自身的压力，就可以将阀门开启；当流体往回流时阀盖板自动关闭，因此称止回阀。升降式止回阀多用于水平管道上；旋启式止回阀多用于垂直管道上及大口径管道上。

（5）减压阀。减压阀能自动将管道内的介质压力减低到所需要的压力，其结构形式有薄膜式、弹簧薄膜式、活塞式和波纹管式等。工艺管道常用的是活塞式，此种减压阀减压的范围大，工作性能比较稳定。它是利用膜片、弹簧、活塞等灵敏元件，改变阀瓣与阀座的间隙达到减压的目的，结构形式如图 1-6-12 所示。

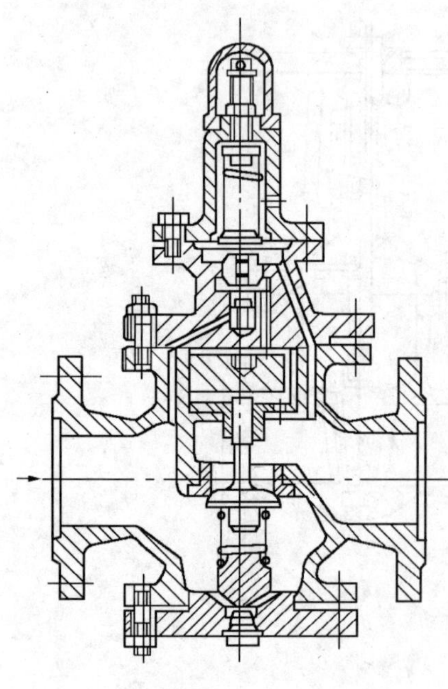

图 1-6-12 减压阀

减压阀适用于蒸汽、压缩空气等气体输送管道上，不适用于液体介质。其优点是重量较轻、尺寸小、便于调节。其规格范围为 20 ~ 300mm。

（6）疏水阀。疏水阀也称疏水器，它的作用是排除蒸汽管道中冷凝水，同时能阻止蒸汽的泄漏。

疏水器按结构形式分为热动力式疏水阀、钟形浮子式疏水阀和脉冲式疏水阀三种，如图 1-6-13 所示。热动式疏水阀，应用范围比较广泛，最高工作

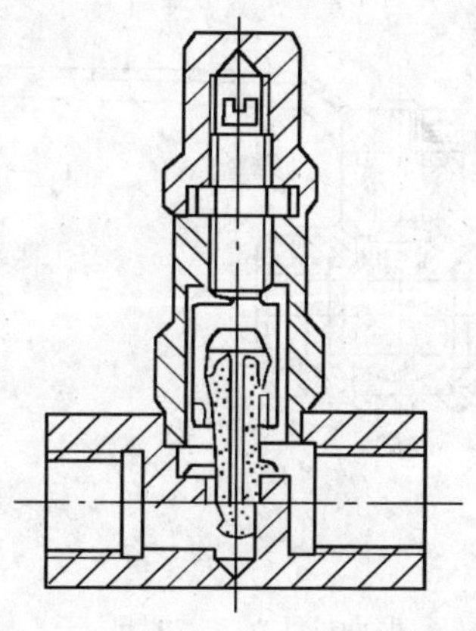

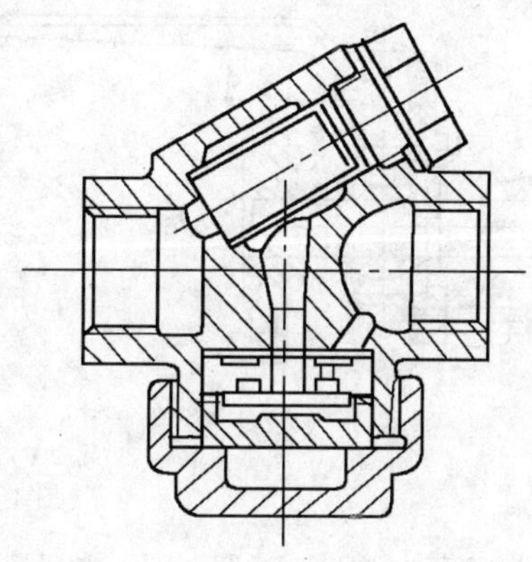

图 1-6-13　脉冲式疏水器热动力式疏水阀

温度可达 300℃，最高公称压力为 4.0MPa，其规格最大为 *DN*50。

（7）电磁阀。电磁阀是靠本体内电磁作用把阀栓开启，切断电源后，磁力消失阀栓自动下降关闭。此种阀多用于炼油工业，适用于输送温度不大于 60℃的水、空气、油气和黏度不大的油品介质等，不适用于温度和压力较高的管道。其结构形式如图 1-6-14 所示。其规格范围为 *DN*15～100，公称压力为 1.6MPa。

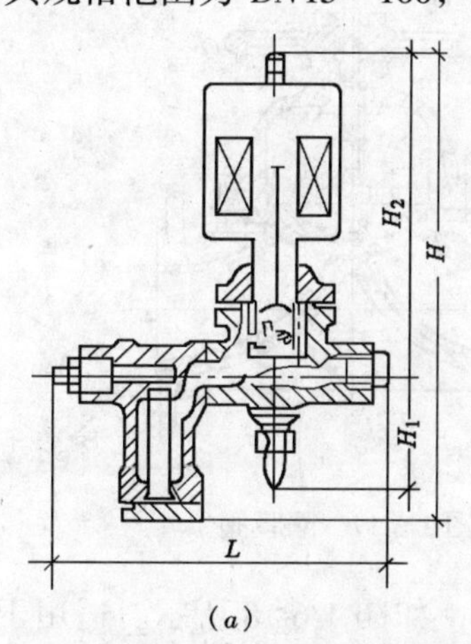

（*a*）

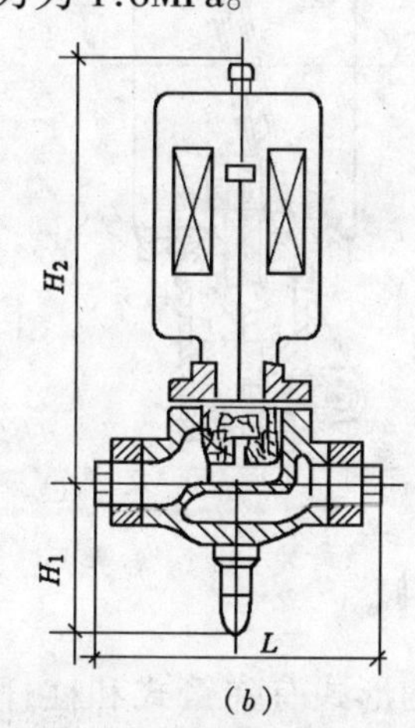

（*b*）

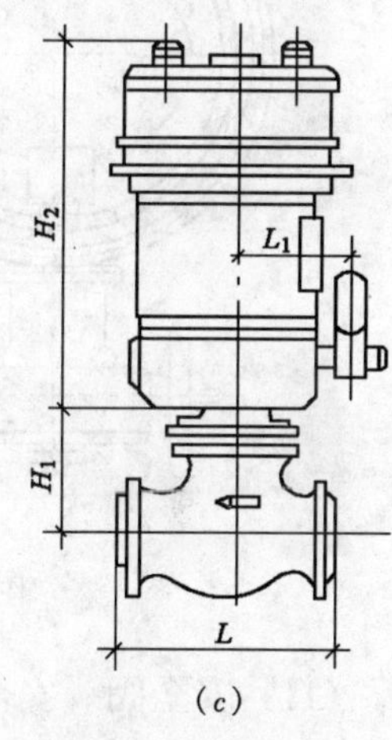

（*c*）

图 1-6-14　电磁阀

（8）球阀。球阀，阀心起关闭作用的是一个有孔的球体，旋转球体达到开关的目的。其结构形式比闸阀和截止阀都简单，如图 1-6-15 所示。其优点是体积小、重量轻、开关迅速、操作方便、流体阻力小。连接形式有螺纹和法兰两种。最大公称直径为 200mm，适用压力范围很广，各种压力都有，但常用于低温、高压、要求开关迅速的部位。

（9）蝶阀。蝶阀是靠旋转体内阀板来达到开关目的，这种结构比较简单，如图 1-6-16 所示。其优点是外形体积比较小，重量轻，开关方便，流体阻力小，适用于直径较大的输送水、空气、原油和油品等介质的低压管道上。温度不能超过 80℃，公称压力为 1.0MPa 以下。最大公称直径为 1600mm。传动方式有手动、电动和气动三种。

（10）隔膜阀。阀的开闭部件是一层隔膜，阀杆旋转带动隔膜起落，隔膜提起时流体

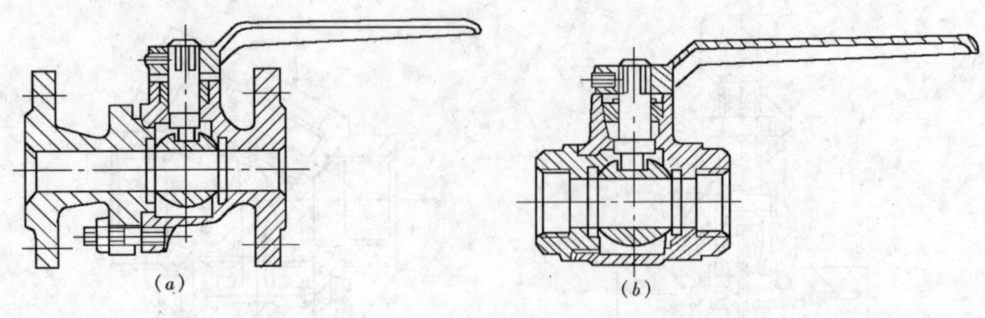

图 1-6-15　球　阀

通过，隔膜落下与阀座压紧时将流体切断，结构形式如图 1-6-17 所示。公称压力为 0.6MPa 以下。最高温度不能超过 60℃。最大公称直径 250mm。传动方式有手动、电动和气动三种，适用于输送酸、碱和其他带腐蚀性的介质管道上。

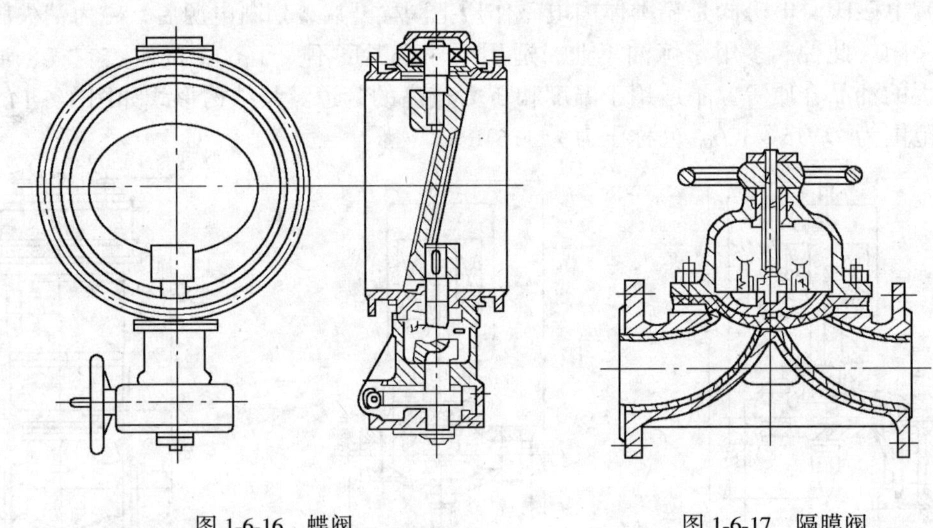

图 1-6-16　蝶阀　　　　图 1-6-17　隔膜阀

（11）安全阀。安全阀的结构形式有弹簧式和杠杆式两种，如图 1-6-18 所示。适用于锅炉受压容器和管道上。当设备或管道内的介质压力，超过规定标准时，安全阀能自动开启放空，当压力恢复正常量时，它能自动关闭起安全保护作用。最大公称压力为 16.0MPa，最大公称直径 150mm。安全阀安装前应按设计规定进行调压试验。

（12）陶瓷阀。陶瓷阀适用于输送介质腐蚀性较强的管道上，多用于化工生产中输送氯气、液氯和盐酸等介质，可代替不锈耐酸钢，但此阀门的密封性能较差，不适用于压力较高的管道上。安装、检修时要特别注意，受冲击易破裂。

（13）硬聚氯乙烯塑料阀。硬聚氯乙烯塑料阀，按其结构形式分旋塞、球阀和截止阀。适用于输送一般的酸性和碱性溶液的管道上。工作温度范围在 - 10 ~ 60℃，公称压力为 0.3MPa 以下。此种阀门具有体轻、耐腐蚀、易加工等特点，但由于温度限制，不宜在室外使用。

（四）法兰

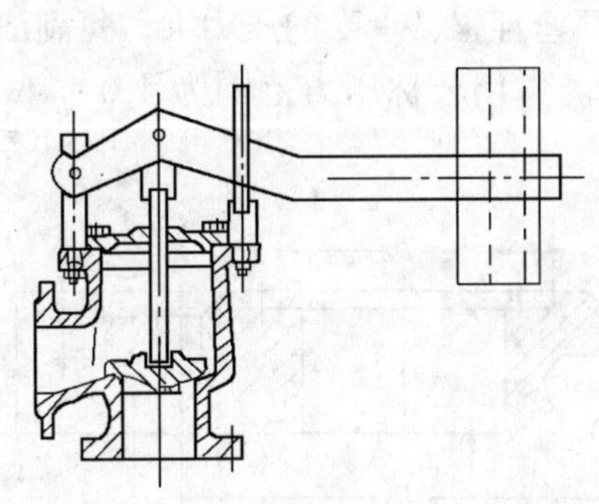

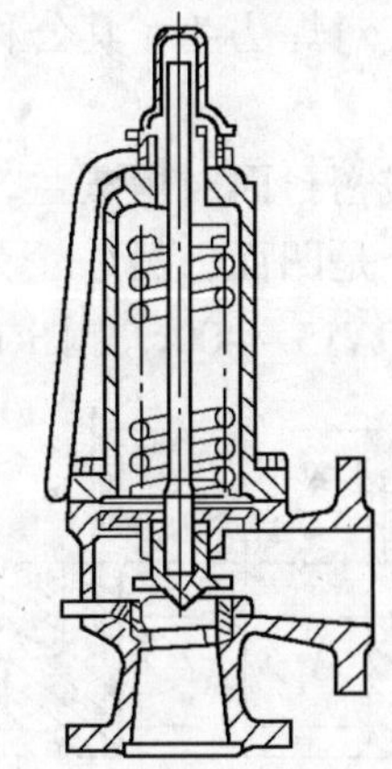

图 1-6-18　安全阀

法兰是工业管道上起连接作用的一种部件。这种连接形式的应用范围非常广泛，如管道与工艺设备连接，管道上法兰阀门及附件的连接，采用法兰连接既有安装拆卸的灵活性，又有可靠的密封性。

工艺管道所输送的介质，种类繁多，温度和压力也不同，因此对法兰的强度和封密提出了不同的要求。为了满足工艺管道安装工程的需要，出现了很多种结构和压力不同的法兰。为编制施工图预算，在计算法兰工程量时，有个比较清楚的概念，对各种法兰简要介绍如下：

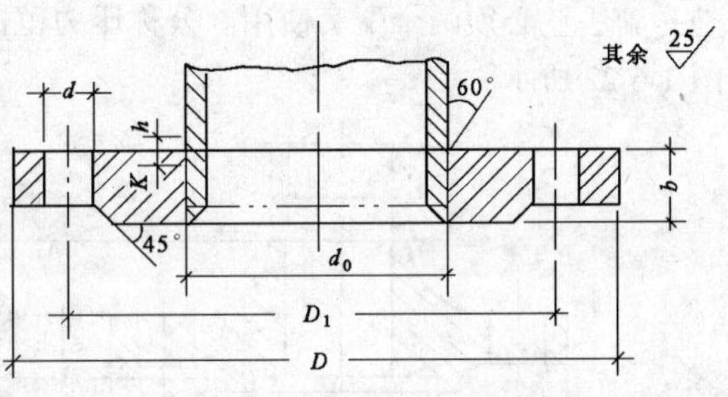

图 1-6-19　平焊钢法兰

1. 平焊法兰

平焊法兰是中低压工艺管道最常用的一种。这种法兰与管子的固定形式，是将法兰套在管端，焊接法兰里口和外口，使法兰固定，适用公称压力不超过 2.5MPa。用于碳素钢管道连接的平焊法兰，一般用 Q235 和 20 号钢板制造；用于不锈耐酸钢管道上的平焊法兰，应用与管子材质相同的不锈耐酸钢板制造。平焊钢法兰密封面，一般都为光滑式，密封面上加工钢有线沟槽。通常统称为水线，如图 1-6-19 所示。

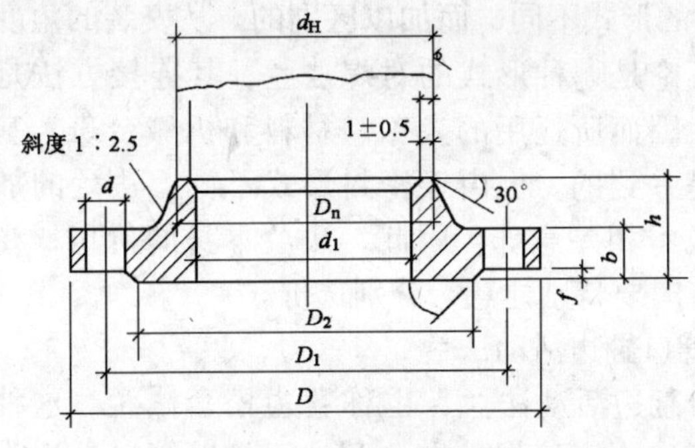

图 1-6-20　光滑面对焊法兰

平焊钢法兰的规格范围如下：

公称压力 *DN*0.25MPa 以下的 *DN*10 ~ 1600；0.6MPa 的为 *DN*10 ~ 1000；*DN*1.0 ~ 1.6MPa 的为 *DN*10 ~ 600；2.5MPa 的为 *DN*10 ~ 500。

2. 对焊法兰

对焊钢法兰，也称高颈法兰和大尾巴法兰，它的强度大不易变形，密封性能较好，有多种形式的密封面，适用的压力范围很广。

光滑式对焊法兰，其公称压力为 2.5MPa 以下，规格范围为 *DN*10 ~ 800，如图 1-6-20 所示。

凹凸式密封面对焊法兰，由于凹凸密封面严密性强，承受的压力大，每副法兰的密封面必须一个是凹面，另一个是凸面，不能搞错。常用公称压力范围为 4.0 ~ 16.0MPa，规格范围为 *DN*15 ~ 400，如图 1-6-21 所示。

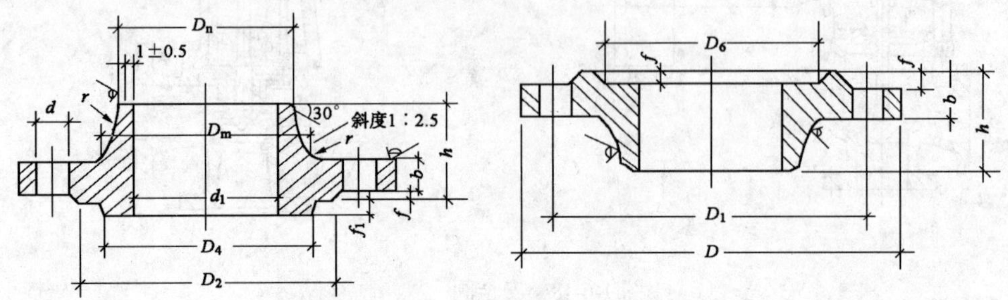

图 1-6-21　凹凸式密封面对焊钢法兰

榫槽式密封面对焊法兰，这种法兰密封性能好，结构形式类似凹凸式密封面法兰，也是一副法兰必须两个配套使用。公称压力范围为 1.6 ~ 6.4MPa，常规范围 *DN*15 ~ 400，如图 1-6-22 所示。

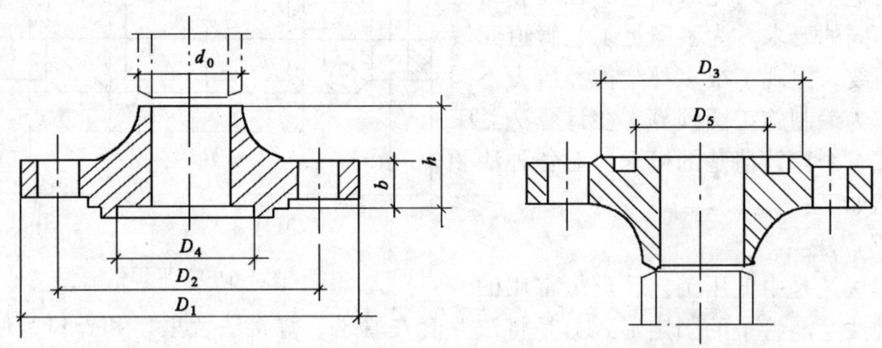

图 1-6-22　榫槽面对焊法兰

梯形槽式密封面对焊法兰，这种法兰在石油工业管道比较常用，承受压力大，常用在公称压力为 6.4、16.0MPa。规格范围为 *DN*15 ~ 250，如图 1-6-23 所示。

上述各种密封对焊法兰，只是按其密封面的形式不同，而加以区别的。从安装的角度来看，不论是哪种形式的对焊法兰，其连接方法是相同的，因而所耗用的人工、材料和机械台班，基本上也是一致的。但由于密封形式不同，法兰的加工制造成本相差悬殊，因此，法兰本身的价格，在编制预算时要特别注意，分别选价。

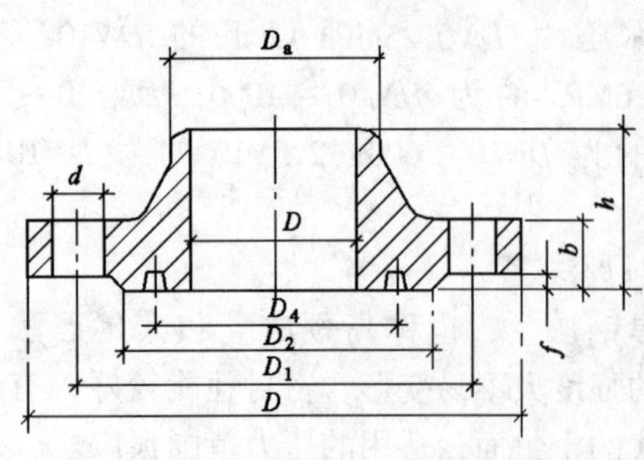

图 1-6-23　梯形槽面对焊钢法兰

3. 管口翻边活动法兰

管口翻边活动法兰，也称卷边松套法兰。这种法兰与管道不直接焊接在一起，而是以管口翻边为密封接触面，套法兰起紧固作用，多用于铜、铝和铅等有色金属及不锈耐酸钢管道上。其最大的优点是由于法兰可以自由活动，法兰穿螺栓时非常方便，缺点是不能承受较大的压力。适用于公称压力 0.6MPa 以下的管道连接，规格范围为 *DN*10～500。法兰材料为 Q235 号钢，如图 1-6-24 所示。

4．焊环活动法兰

焊环活动法兰，也称焊环松套法兰。它是将与管子相同材质的焊环，直接焊在管端，利用焊环作密封面，其密封面有光滑式和榫槽式两种。

焊环法兰多用于管壁较厚的不锈钢管和铜管法兰的连接。法兰的材料为 Q235、Q235 碳素钢。其公称压力和规格范围 0.25MPa 为 *DN*10～450；1.0MPa 为 *DN*10～300；1.6MPa 为 *DN*10～200，如图 1-6-25 所示。

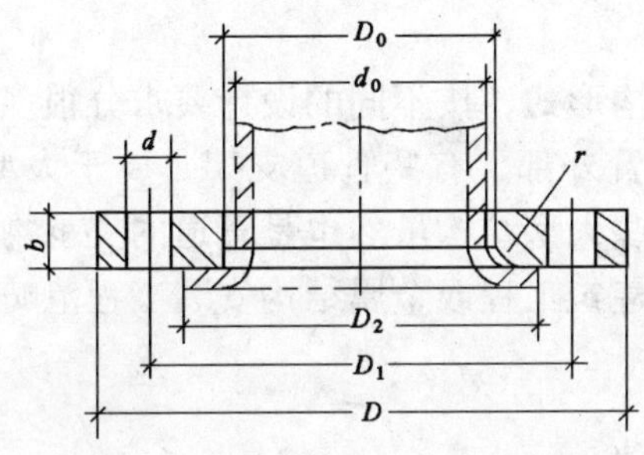

图 1-6-24　卷边松套钢法兰

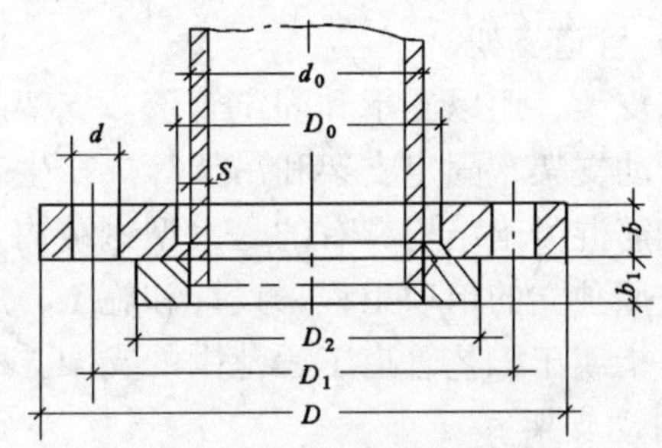

图 1-6-25　焊环活动法兰

5．螺纹法兰

螺纹法兰，是用螺纹与管端连接的法兰，有高压和低压两种。

低压螺纹法兰，包括钢制和铸铁制造两种，随着工业的发展，低压螺纹法兰已被平焊法兰所代替，除特殊情况外，基本不采用。

高压螺纹法兰，被广泛应用于现代工业管道的连接。密封面由管端与透镜垫圈形成，对螺纹与管端垫圈接触面的加工要求精密度很高。这种法兰的特点是法兰与管内介质不接触，安装也比较方便。适用压力 22.0、32.0MPa，其规格范围为 *DN*6～150mm。如图 1-6-26 所示。

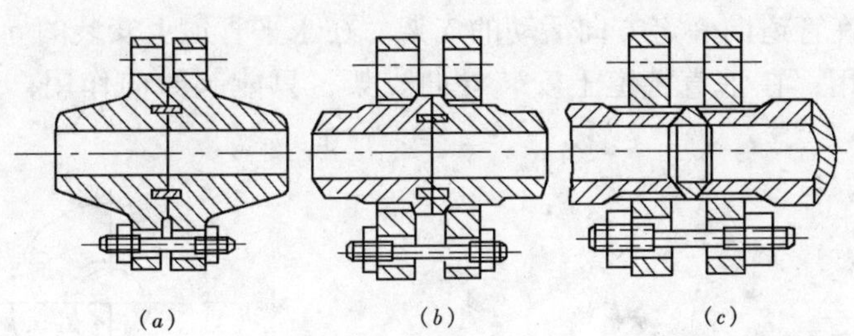

图 1-6-26　高压管线法兰连接结构式

(*a*) 带颈对焊法兰；(*b*) 活套法兰；(*c*) 螺纹连结法兰

6．其他法兰

(1) 对焊翻边短管活动法兰，其结构形式与翻边活动法兰基本相同，不同之处是它不在管端直接翻边，而是在管端焊一个成品翻边短管，其优点是翻边的质量较好，密封面平整，用压力在 2.5MPa 以下的管道连接，其规格范围为 15~300mm。

(2) 插入焊法兰，其结构形式与平焊法兰基本相同，不同之处在于法兰口内有一环形台，平焊法兰没有这个凸台。插入焊法兰适用压力在 1.6MPa 以下，其规格范围为 15~80mm。

(3) 铸铁两半式活法兰，这种法兰可以灵活拆卸，随时更换。它是利用管端两个平面紧密结合以达到密封效果，适用压力较低的管道如陶瓷管道的连接其规格范围为 *DN*25~300。

7. 法兰盖

法兰盖是与法兰配套使用的部件，它和封头一样在管端起封闭作用。密封面有光滑式和凸凹式，其规格和适用压力范围与配套法兰一致。

(五) 管道支架

管道支架，用以支承和固定管道。支架的结构形式，按不同的设计要求分很多种，常用的有滑动支架、固定支架和吊架等。在生产装置外部，有些管道支架是属于大型管架，有的是钢筋混凝土结构，有的是大型钢结构，这些大型结构虽然也是管道的支承物，但通常都是按照独立的单项工程来设计和施工，属于建筑工程或金属结构安装工程范畴，下面介绍的是指属于工艺管道工程范围的支架。

1. 滑动支架

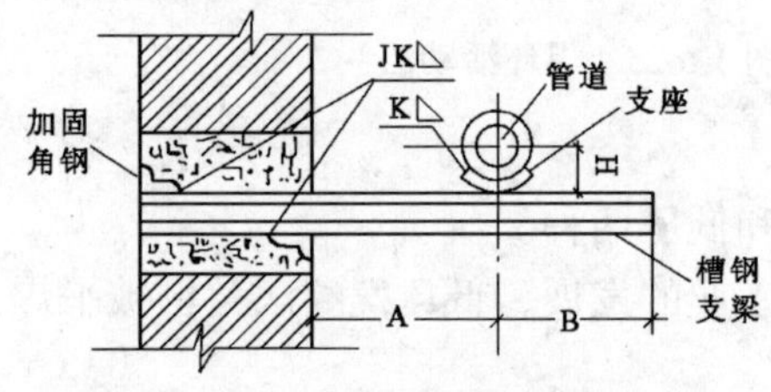

图 1-6-27 滑动管架

滑动支架，也称活动支架。一般都安装在水平敷设的管道上，它一方面承受管道的重量，另一方面是允许管道受温度影响发生膨胀或收缩时，沿轴向前后滑动。此种管架多数是安装在两个固定支架之间，如图 1-6-27 所示。

2. 固定支架

固定支架，它安装在要求管道不允许有任何位移的地方。如较长的管道上，为了使每个补偿器都起到应有的作用，就必须在一定长度范围内设一个固定支架，使支架两侧管道的伸缩，作用在补偿器上，如图 1-6-28 所示。

3. 导向支架

导向支架，是允许管道向一定方向活动的支架。在水平管道上安装的导向支架，既起导向作用又起支承作用；在垂直管道上安装导向支架，只能起导向作用，如图 1-6-29 所示。

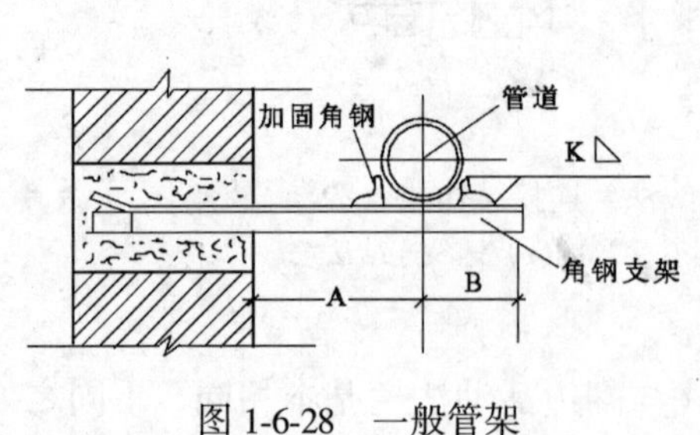

图 1-6-28 一般管架

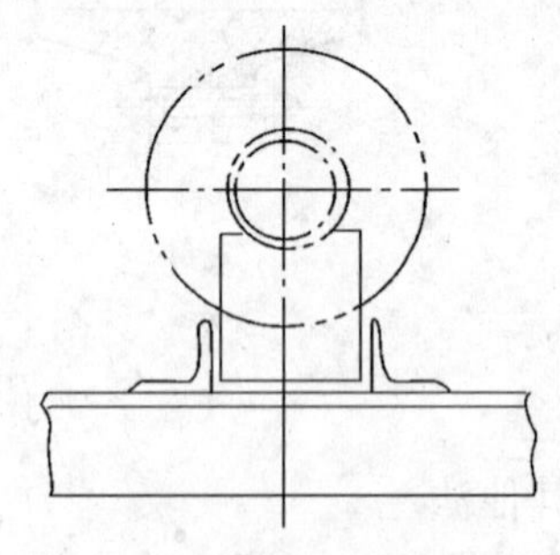
图 1-6-29 导向支架

以上三种支架，如安装在保温管道上，还必须安装管托，管托一般都是直接与管道固定在一起，管托下面接触管架。不保温的管道可以直接安装在钢支架上。有些管道不能接触碳钢的，还要另加垫片。

4. 吊架

吊架，是使管道悬垂于空间的管架。有普通吊架和弹簧吊架两种，弹簧吊架适用于有垂直位移的管道，管道受力以后，吊架本身起调节作用，如图 1-6-30、图 1-6-31 所示。

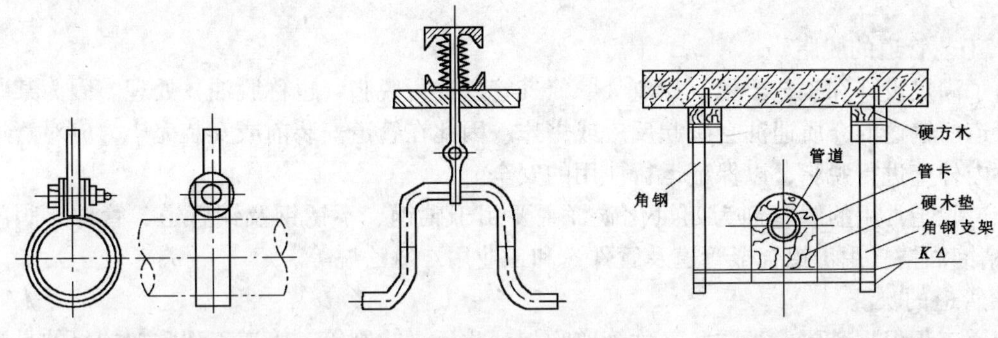

图 1-6-30　管道吊架　　图 1-6-31　弹簧吊架　　图 1-6-32　木垫式管架

除此以外，还有大量的管托架和管卡子，管托根据管径大小，有单支承和双支承等多种。管卡子是 U 形圆钢卡子，用量最多。

5. 木垫式管架

木垫式管架是用型钢做成框架式管架，然后在框内衬硬木垫，叫做木垫式管架，这个管架分为悬吊式和固定式两种。一般适用于制冷工艺管道，空调冷冻水保温隔热管道。如图 1-6-32 所示。

6. 管道支架间距见表 1-6-2。

管道最大的吊支架间距（m）　　　**表 1-6-2**

公称直径 DN	外壁×壁厚 D×d	汽体管道（无保温）	氨氟液管道（无保温）	汽体管道（有保温）	氨氟液管道（有保温）	水　管（有保温）
6	10×2.0	–	1.0	–	0.3	–
10	14×2.0	–	1.5	–	0.5	–
15	18×2.0	–	1.5	–	0.6	–
20	22×2.0	2.0	2.0	1.0	0.8	0.5
25	32×2.5	2.5	2.0	1.0	1.0	1.0
32	33×2.5	3.0	2.5	1.0	1.5	1.0
40	45×2.5	3.0	3.0	1.5	2.0	1.5
50	57×3.5	4.0	3.5	2.0	2.5	2.0
70	76×3.5	4.5	4.0	2.5	2.5	2.5
80	89×3.5	5.0	4.5	3.0	2.5	2.5
100	103×3.5	5.5	5.0	3.0	3.0	3.0
125	133×4.0	7.0	5.5	3.5	3.5	3.5
150	159×6.0	7.5	6.0	4.5	4.0	4.0
200	219×6.0	9.5	7.0	6.0	–	5.5
250	273×7.0	11.0	8.5	7.0	–	6.5
300	325×8.0	12.0	9.5	8.5	–	7.5
350	377×10	13.5	10.5	10.0	–	8.5

(六）工艺管道清洗、脱脂、试压、吹（冲）洗

1. 工艺管道的酸洗和碱洗

工艺管道的酸洗和碱洗，就是用化学药品的水溶液来清除管道或设备内的各种沉积物，并使金属表面形成良好的防腐保护膜，以达到某些工艺管道或设备投入使用前的工艺要求和安全运行。

管道进行酸洗的方法有硫酸法、盐酸法、磷酸法和硝酸法。管道的碱洗常用的为苛性钠溶液。

2. 工艺管道的脱脂

为了满足设计和工艺要求，如氧气、氮气管道进行脱脂（也称脱油）处理。因为某些工艺管道所输送的介质遇油会引起反应或爆炸，因此在管道安装前或安装完毕，应对管道及附件内外壁进行脱脂，以保证运行使用的安全。

管道脱脂常用的脱脂剂为四氯化碳（主要用于碳钢、不锈钢及铜管道、管件、阀门等）、精馏酒精（用于铝合金管道及管件）和工业用二氯乙烷等。

3. 管道的吹洗

管道工程根据其要求不同，又称管道吹扫、吹污、吹刷等。管道工程吹扫的目的是当管道安装完毕，在投产使用前对管子进行内部清扫，以便排出管道在安装过程中残留在管子内部的砂子、泥土、铁屑、焊渣等各种污物，以防管道投入使用后堵塞管道，污染管内介质，或引起管道燃烧、爆炸等事故（如氧气管道、乙炔管道、氢气管道、煤气管道等）。

管道吹扫根据设计要求采用压缩空气、氮气和氧气分别进行。

4. 管道工程的试压

管道工程安装完毕，根据管道的工艺要求、输送的介质和压力的不同进行强度试验、严密性试验和真空试验。通常给水管道采用水压试验。制氧、煤气和输油管道选用水作介质进行了强度试验再用气体作介质进行严密性试验。各种化工工艺管道的试验介质，应按设计的具体规定采用。冷冻管道根据制冷工艺的要求除进行必要的气密性和强度试验外，还必须进行真空试验和进行氨泄漏试验，以满足制冷工艺的要求。为确保管道或设备安全可靠的使用，管道试压是管道安装过程中不可忽视的重要一环。

（七）工业管道工程量计算规则

1. 说明

(1) 本定额管道压力等级的划分：

低压：$0 < P \leqslant 1.6$MPa，中压：$1.6\text{MPa} < P \leqslant 10$MPa，高压：$10\text{MPa} < P \leqslant 42$MPa。

蒸汽管道 $P \geqslant 9$MPa、工作温度$\geqslant 500$℃时为高压。

(2) 定额中各类管道适用材质范围：

1）碳钢管适用于焊接钢管、无缝钢管、16Mn 钢管。

2）不锈钢管除超低碳不锈钢管按章说明外，适用于各种材质。

3）碳钢板卷管安装适用于低压螺旋钢管、16Mn 钢板卷管。

4）铜管适用于紫铜、黄铜、青铜管。

5）管件、阀门、法兰适用范围参照管道材质。

6）合金钢管除高合金钢管按章说明计算外，适用于各种材质。

(3) 定额中的材料用量，凡注明“设计用量”者应为施工图工程量，凡注明“施工用

量”者应为设计用量加规定的损耗量。

(4) 本定额是按管道集中预制后运往现场安装与直接在现场预制安装综合考虑的，执行定额时，现场无论采用何种方法，均不作调整。

(5) 本定额的管道壁厚是考虑了压力等级所涉及到的壁厚范围综合取定的。执行定额时，不得调整。

(6) 直管安装按设计压力及介质执行定额，管件、阀门及法兰按设计公称压力及介质执行定额。

(7) 方型补偿器弯头执行本册定额第二章相应项目，直管执行本册定额第一章相应项目。

(8) 空分装置冷箱内的管道属设备本体管道，执行第五册《静置设备与工艺金属结构制作安装工程》相应项目。

(9) 设备本体管道，随设备带来的，并已预制成型，其安装包括在设备安装定额内；主机与附属设备之间连接的管道，按材料或半成品进货的，执行本定额。

(10) 生产、生活共用的给水、排水、蒸汽、煤气输送管道，执行本定额；民用的各种介质管道执行第八册《给排水、采暖、燃气工程》相应项目。

(11) 单件重100kg以上的管道支架，管道预制钢平台的搭拆，执行第五册《静置设备与工艺金属结构制作安装工程》相应项目。

(12) 管道刷油、绝热、防腐蚀、衬里等执行第十一册《刷油、防腐蚀、绝热工程》相应项目。

(13) 地下管道的管道沟、土石方及砌筑工程，执行《全国统一建筑工程基础定额》。

2. 管道安装

(1) 管道安装按压力等级、材质、焊接形式分别列项，以“10m”为计量单位。

(2) 管道安装不包括管件连接内容，其工程量可按设计用量执行本册定额第二章管件连接项目。

(3) 各种管道安装工程量，均按设计管道中心长度，以延长米计算，不扣除阀门及各种管件所占长度；主材应按定额用量计算。

(4) 衬里钢管预制安装，管件按成品，弯头两端按接短管焊法兰考虑，定额中包括了直管、管件、法兰全部安装工作内容（二次安装、一次拆除），但不包括衬里及场外运输。

(5) 有缝钢管螺纹连接项目已包括封头、衬芯安装内容，不得另行计算。

(6) 伴热管项目已包括煨弯工序内容，不得另行计算。

(7) 加热套管安装按内、外管分别计算工程量，执行相应定额项目。

3. 管件连接

(1) 各种管件连接均按压力等级、材质、焊接形式，不分种类，以10个为计量单位。

(2) 管件连接中已综合考虑了弯头、三通、异径管、管帽、管接头等管口含量的差异，应按设计图纸用量，执行相应定额。

(3) 现场加工的各种管道，在主管上挖眼接管三通、摔制异径管，均应按不同压力、材质、规格，以主管径执行管件连接相应定额，不另计制作费和主材费。

(4) 挖眼接管三通支线管径小于主管径1/2时，不计算管件工程量；在主管上挖眼焊接管接头，凸台等配件，按配件管径计算管件工程量。

（5）管件用法兰连接时，执行法兰安装相应项目，管件本身安装不再计算安装费。

（6）全加热套管的外套管件安装，定额按两半管件考虑的，包括两道纵缝和两个环缝。两半封闭短管可执行两半弯头项目。

（7）半加热外套管摔口后焊在内套管上，每个焊口按一个管件计算。外套碳钢管如焊在不锈钢管内套管上时，焊口间需加不锈钢短管衬垫，每处焊口按两个管件计算，衬垫短管按设计长度计算，如设计无规定时，可按50mm长度计算。

（8）在管道上安装的仪表部件，由管道安装专业负责安装：

1）在管道上安装的仪表一次部件，执行本章管件连接相应定额乘以系数0.7。

2）仪表的温度计扩大管制作安装，执行本章管件连接定额乘以系数1.5，工程量按大口径计算。

（9）管件制作，执行本册第五章相应定额。

4. 阀门安装

（1）各种阀门按不同压力、连接形式，不分种类以个为计量单位。压力等级按设计图纸规定执行相应定额。

（2）各种法兰、阀门安装与配套法兰的安装，应分别计算工程量；螺栓与透镜垫的安装费已包括在定额内，其本身价值另行计算；螺栓的规格数量，如设计未作规定时，可根据法兰阀门的压力和法兰密封形式，按本定额附录的“法兰螺栓重量表”计算。

（3）减压阀直径按高压侧计算。

（4）电动阀门安装包括电动机安装。检查接线工程量应另行计算。

（5）阀门安装综合考虑了壳体压力试验（包括强度试验和严密性试验）、解体研磨工序内容，执行定额时，不得因现场情况不同而调整。

（6）阀门壳体液压试验介质是按普通水考虑的，如设计要求用其他介质时，可作调整。

（7）阀门安装不包括阀体磁粉探伤、密封作气密性试验、阀杆密封添料的更换等特殊要求的工作内容。

（8）直接安装在管道上的仪表流量计执行阀门安装相应项目乘以系数0.7。

（9）中压螺纹阀门安装执行低压相应项目，人工乘以系数1.2。

5. 法兰安装

（1）低、中、高压管道、管件、法兰、阀门上的各种法兰安装，应按不同压力、材质、规格和种类，分别以“副”为计量单位。压力等级按设计图纸规定执行相应定额。

（2）不锈钢、有色金属的焊环活动法兰安装，可执行翻边活动法兰安装相应定额，但应将定额中的翻边短管换为焊环，并另行计算其价值。

（3）中、低压法兰安装的垫片是按石棉橡胶板考虑的，如设计有特殊要求时可作调整。

（4）法兰安装不包括安装后系统调试运转中的冷、热态紧固内容，发生时可另行计算。

（5）高压碳钢螺纹法兰安装，包括了螺栓涂二硫化钼工作内容。

（6）高压对焊法兰包括了密封面涂机油工作内容，不包括螺栓涂二硫化钼、石墨机油或石墨粉。硬度检查应按设计要求另行计算。

（7）中压螺纹法兰安装，按低压螺纹法兰项目乘以系数1.2。

（8）用法兰连接的管道安装，管道与法兰分别计算工程量，执行相应定额。

(9) 在管道上安装的节流装置，已包括了短管装拆工作内容，执行法兰安装相应定额乘以系数0.7。

(10) 配法兰的盲板只计算主材费，安装费已包括在单片法兰安装中。

(11) 焊接盲板（封头）执行管件连接相应项目乘以系数0.6。

(12) 中压平焊法兰执行低压平焊法兰项目乘以系数1.2。

6. 板卷管与管件制作

(1) 板卷管制作，按不同材质、规格以"t"为计量单位，主材用量包括规定的损耗量。

(2) 板卷管件制作，按不同材质、规格、种类以"t"为计量单位，主材用量包括规定的损耗量。

(3) 成品管材制作管件，按不同材质、规格、种类以个为计量单位，主材用量包括规定的损耗量。

(4) 三通不分同径或异径，均按主管径计算，异径管不分同心或偏心，按大管径计算。

(5) 各种板卷管与板卷管件制作，其焊缝均按透油试漏考虑，不包括单件压力试验和无损探伤。

(6) 各种板卷管与板卷管件制作，是按在结构（加工）厂制作考虑的，不包括原材料（板材）及成品的水平运输、卷筒钢板展开、分段切割、平直工作内容，发生时应按相应定额另行计算。

(7) 用管材制作管件项目，其焊缝均不包括试漏和无损探伤工作内容，应按相应管道类别要求计算探伤费用。

(8) 中频煨弯定额不包括煨制时胎具更换内容。

7. 管道压力试验、吹扫与清洗

(1) 管道压力试验、吹扫与清洗按不同的压力、规格，不分材质以"100m"为计量单位。

(2) 定额内均已包括临时用空压机和水泵作动力进行试压、吹扫、清洗管道连接的临时管线、盲板、阀门、螺栓等材料摊销量；不包括管道之间的串通临时管口及管道排放口至排放点的临时管，其工程量应按施工方案另行计算。

(3) 调节阀等临时短管制作装拆项目，使用管道系统试压、吹扫时需要拆除的阀件以临时短管代替连通管道，其工作内容包括完工后短管拆除和原阀件复位等。

(4) 液压试验和气压试验已包括强度试验和严密性试验工作内容。

(5) 泄漏性试验适用于输送剧毒、有毒及可燃介质的管道，按压力、规格，不分材质以"m"为计量单位。

(6) 当管道与设备作为一个系统进行试验时，如管道的试验压力等于或小于设备的试验压力，则按管道的试验压力进行试验；如管道试验压力超过设备的试验压力，且设备的试验压力不低于管道设计压力的115%时，可按设备的试验压力进行试验。

8. 无损探伤与焊缝热处理

(1) 管材表面磁粉探伤和超声波探伤，不分材质、壁厚以"m"为计量单位。

(2) 焊缝X光射线、γ射线探伤，按管壁厚不分规格、材质以张为计量单位。

(3) 焊缝超声波、磁粉及渗透探伤，按规格不分材质、壁厚以口为计量单位。

(4) 计算X光、γ射线探伤工程量时，按管材的双壁厚执行相应定额项目。

(5) 管材对接焊接过程中的渗透探伤检验及管材表面的渗透探伤检验，执行管材对接焊缝渗透探伤定额。

(6) 管道焊缝采用超声波无损探伤时，其检测范围内的打磨工程量按展开长度计算。

(7) 无损探伤定额已综合考虑了高空作业降效因素。

(8) 无损探伤定额中不包括固定射线探伤仪器适用的各种支架的制作，因超声波探伤所需的各种对比试块的制作，发生时可根据现场实际情况另行计算。

(9) 管道焊缝应按照设计要求的检验方法和数量进行无损探伤。当设计无规定时，管道焊缝的射线照相检验比例应符合规范规定。管口射线片子数量按现场实际拍片张数计算。

(10) 焊前预热和焊后热处理，按不同材质、规格及施工方法以口为计量单位。

(11) 热处理的有效时间是依据《工业管道工程施工及验收规范》(GB 50235—97) 所规定的加热速率、温度下的恒温时间及冷却速率公式计算的，并考虑了必要的辅助时间、拆除和回收用料等工作内容。

(12) 执行焊前预热和焊后热处理定额时，如施焊后立即进行焊口局部热处理，人工乘以系数 0.85。

(13) 电加热片加热进行焊前预热或焊后局部热处理时，如要求增加一层石棉布保温，石棉布的消耗量与高硅（氧）布相同，人工不再增加。

(14) 用电加热片或电感应法加热进行焊前预热或焊后局部处理的项目中，除石棉布和高硅（氧）布为一次性消耗材料外，其他各种材料均按摊销量计入定额。

(15) 电加热片是按履带式考虑的，如实际与定额不符时可按实调整。

9. 其他

(1) 一般管架制作安装以“t”为计量单位，适用于单件重量在 100kg 以内的管架制作安装；单件重量大于 100kg 的管架制作安装应执行相应定额。

(2) 木垫式管架重量中不包括木垫重量，但木垫安装已包括在定额内。

(3) 弹簧式管架制作，不包括弹簧本身价格，其价格应另行计算。

(4) 冷排管制作与安装以“m”为计量单位。定额内包括煨弯、组对、焊接、钢带的轧绞、绕片工作内容；不包括钢带退火和冲、套翘片，其工程量应另行计算。

(5) 分气缸、集气罐和空气分气筒安装中，不包括附件安装，应按相应定额另行计算。

(6) 套管制作与安装，按不同规格，分一般穿墙套管和柔、刚性套管，以个为计量单位，所需的钢管和钢板已包括在制作定额内，执行定额时应按设计及规范要求选用项目。

(7) 有色金属管、非金属管的管架制作安装，按一般管架定额乘以系数 1.1。

(8) 采用成型钢管焊接的异形管架制作安装，按一般管架定额乘以系数 1.3，其中不锈钢用焊条可作调整。

(9) 管道焊接焊口充氩保护定额，适用于各种材质氩弧焊接或氩电联焊焊接方法的项目，按不同的规格和充氩部位，不分材质以口为计量单位。执行定额时，按设计及规范要求选用项目。

三、工业管道工程规范

C.6 工业管道工程

C.6.1 低压管道。工程量清单项目设置及工程量计算规则，应按表 1-6-3 的规定执行。

C.6.1 低压管道（编码：030601） **表 1-6-3**

项目编码	项目名称	项目特征	计量单位	工程量计算规则	工 程 内 容
030601001	低压有缝钢管	1. 材质 2. 规格 3. 连接形式 4. 套管形式、材质、规格 5. 压力试验、吹扫、清洗设计要求 6. 除锈、刷油、防腐、绝热及保护层设计要求	m	按设计图示管道中心线长度以延长米计算，不扣除阀门、管件所占长度，遇弯管时，按两管交叉的中心线交点计算。方形补偿器以其所占长度按管道安装工程量计算	1. 安装 2. 套管制作、安装 3. 压力试验 4. 系统吹扫 5. 系统清洗 6. 脱脂 7. 除锈、刷油、防腐 8. 绝热及保护层安装、除锈、刷油
030601002	低压碳钢伴热管	1. 材质 2. 安装位置 3. 规格 4. 套管形式、材质、规格 5. 压力试验、吹扫、设计要求 6. 除锈、刷油、防腐设计要求			1. 安装 2. 套管制作、安装 3. 压力试验 4. 系统吹扫 5. 除锈、刷油、防腐
030601003	低压不锈钢伴热管	1. 材质 2. 安装位置 3. 规格 4. 套管形式、材质、规格			1. 安装 2. 套管制作、安装 3. 压力试验 4. 系统吹扫
030601004	低压碳钢管	1. 材质 2. 连接方式 3. 规格 4. 套管形式、材质、规格 5. 压力试验、吹扫、清洗设计要求 6. 除锈、刷油、防腐、绝热及保护层设计要求			1. 安装 2. 套管制作、安装 3. 压力试验 4. 系统吹扫 5. 系统清洗 6. 油清洗 7. 脱脂 8. 除锈、刷油、防腐 9. 绝热及保护层安装、除锈、刷油
030601005	低压碳钢板卷管				

续表

项目编码	项目名称	项目特征	计量单位	工程量计算规则	工程内容
030601006	低压不锈钢管	1. 材质 2. 连接方式 3. 规格 4. 套管形式、材质、规格 5. 压力试验、吹扫、清洗设计要求 6. 绝热及保护层设计要求	m	按设计图示管道中心线长度以延长米计算，不扣除阀门、管件所占长度，遇弯管时，按两管交叉的中心线交点计算。方形补偿器以其所占长度按管道安装工程量计算	1. 安装 2. 焊口焊接管内、外充氩保护 3. 套管制作、安装 4. 压力试验 5. 系统吹扫 6. 系统清洗 7. 油清洗 8. 脱脂 9. 绝热及保护层安装、除锈、刷油
030601007	低压不锈钢板卷管				
030601008	低压铝管				1. 安装 2. 焊口焊接管内、外充氩保护 3. 焊口预热及后热 4. 套管制作、安装 5. 压力试验 6. 系统吹扫 7. 系统清洗 8. 脱脂 9. 绝热及保护层安装、除锈、刷油
030601009	低压铝板卷管				
030601010	低压铜管				1. 安装 2. 焊口预热及后热 3. 套管制作、安装 4. 压力试验 5. 系统吹扫 6. 系统清洗 7. 脱脂 8. 绝热及保护层安装、除锈、刷油
030601011	低压铜板卷管				
030601012	低压合金钢管				1. 安装 2. 套管制作、安装 3. 焊口热处理 4. 压力试验 5. 系统吹扫 6. 系统清洗 7. 脱脂 8. 除锈、刷油、防腐 9. 绝热及保护层安装、除锈、刷油

续表

项目编码	项目名称	项目特征	计量单位	工程量计算规则	工 程 内 容
030601013	低压钛及钛合金管	1. 材质 2. 连接方式 3. 规格 4. 套管形式、材质、规格 5. 压力试验、吹扫、清洗设计要求 6. 绝热及保护层设计要求	m	按设计图示管道中心线长度以延长米计算，不扣除阀门、管件所占长度，遇弯管时，按两管交叉的中心线交点计算。方形补偿器以其所占长度按管道安装工程量计算	1. 安装 2. 焊口焊接管内、外充氩保护 3. 套管制作、安装 4. 压力试验 5. 系统吹扫 6. 系统清洗 7. 脱脂 8. 绝热及保护层安装、除锈、刷油
030601014	衬里钢管预制安装	1. 材质 2. 连接形式 3. 安装方式（预制安装或成品管道） 4. 规格 5. 套管形式、材质、规格 6. 压力试验、吹扫设计要求 7. 除锈、刷油、防腐、绝热及保护层设计要求			1. 管道、管件、法兰安装 2. 管道、管件拆除 3. 套管制作、安装 4. 压力试验 5. 系统吹扫 6. 除锈、刷油、防腐 7. 绝热及保护层安装、除锈、刷油
030601015	低压塑料管	1. 材质 2. 连接形式 3. 接口材料 4. 规格 5. 套管形式、材质、规格 6. 压力试验、吹扫设计要求 7. 绝热及保护层设计要求			1. 安装 2. 套管制作、安装 3. 脱脂 4. 压力试验 5. 系统吹扫 6. 绝热及保护层安装、除锈、刷油
030601016	钢骨架复合管				
030601017	低压玻璃钢管				
030601018	低压法兰铸铁管				
030601019	低压承插铸铁管				
030601020	低压预应力混凝土管				

C.6.2　中压管道。工程量清单项目设置及工程量计算规则，应按表 1-6-4 的规定执行。

C.6.2　中压管道（编码：030602）　　**表 1-6-4**

项目编码	项目名称	项目特征	计量单位	工程量计算规则	工 程 内 容
030602001	中压 有缝钢管	1. 材质 2. 连接方式 3. 规格 4. 套管形式、材质、规格 5. 压力试验、吹扫、清洗设计要求 6. 除锈、刷油、防腐、绝热及保护层设计要求	m	按设计图示管道中心线长度以延长米计算，不扣除阀门、管件所占长度，遇弯管时，按两管交叉的中心线交点计算。方形补偿器以其所占长度按管道安装工程量计算	1. 安装 2. 套管制作、安装 3. 压力试验 4. 系统吹扫 5. 系统清洗 6. 脱脂 7. 除锈、刷油、防腐 8. 绝热及保护层安装、除锈、刷油
030602002	中压碳钢管				1. 安装 2. 焊口预热及后热 3. 焊口热处理 4. 焊口硬度测定 5. 套管制作、安装 6. 压力试验 7. 系统吹扫 8. 系统清洗 9. 油清洗 10. 脱脂 11. 除锈、刷油、防腐 12. 绝热及保护层安装、除锈、刷油
030602003	中压 螺旋卷管				
030602004	中压 不锈钢管	1. 材质 2. 连接形式 3. 规格 4. 套管形式、材质、规格 5. 压力试验、吹扫、清洗设计要求 6. 绝热及保护层设计要求			1. 安装 2. 焊口焊接管内、外充氩保护 3. 套管制作、安装 4. 压力试验 5. 系统吹扫 6. 系统清洗 7. 油清洗 8. 脱脂 9. 绝热及保护层安装、除锈、刷油
030602005	中压 合金钢管	1. 材质 2. 连接方式 3. 规格 4. 套管形式、材质、规格 5. 压力试验、吹扫、清洗设计要求 6. 除锈、刷油、防腐、绝热及保护层设计要求			1. 安装 2. 焊口预热及后热 3. 焊口热处理 4. 焊口硬度测定 5. 焊口焊接管内、外充氩保护 6. 套管制作、安装 7. 压力试验 8. 系统吹扫 9. 系统清洗 10. 油清洗 11. 脱脂 12. 除锈、刷油、防腐 13. 绝热及保护层安装、除锈、刷油

续表

项目编码	项目名称	项目特征	计量单位	工程量计算规则	工 程 内 容
030602006	中压铜管	1. 材质 2. 连接方式 3. 规格 4. 套管形式、材质、规格 5. 压力试验、吹扫、清洗设计要求 6. 绝热及保护层设计要求	m	按设计图示管道中心线长度以延长米计算，不扣除阀门、管件所占长度，遇弯管时，按两管交叉的中心线交点计算。方形补偿器以其所占长度按管道安装工程量计算	1. 安装 2. 焊口预热及后热 3. 套管制作、安装 4. 压力试验 5. 系统吹扫 6. 系统清洗 7. 脱脂 8. 绝热及保护层安装、除锈、刷油
030602007	中压钛及钛合金管				1. 安装 2. 焊口焊接管内、外充氩保护 3. 套管制作、安装 4. 压力试验 5. 系统吹扫 6. 系统清洗 7. 脱脂 8. 绝热及保护层安装、除锈、刷油

C.6.3 高压管道。工程量清单项目设置及工程量计算规则，应按表 1-6-5 的规定执行。

C.6.3 高压管道（编码：030603） 表 1-6-5

项目编码	项目名称	项目特征	计量单位	工程量计算规则	工 程 内 容
030603001	高压碳钢管	1. 材质 2. 连接形式 3. 规格 4. 套管形式、材质、规格 5. 压力试验、吹扫、清洗设计要求 6. 除锈、刷油、防腐、绝热及保护层设计要求	m	按设计图示管道中心线长度以延长米计算，不扣除阀门、管件所占长度，遇弯管时，按两管交叉的中心线交点计算。方形补偿器以其所占长度按管道安装工程量计算	1. 安装 2. 焊口预热及后热 3. 焊口热处理 4. 焊口硬度检测 5. 套管制作、安装 6. 压力试验 7. 系统吹扫 8. 系统清洗 9. 油清洗 10. 脱脂 11. 除锈、刷油、防腐 12. 绝热及保护层安装、除锈、刷油
030603002	高压合金钢管				
030603003	高压不锈钢管	1. 材质 2. 连接方式 3. 规格 4. 套管形式、材质、规格 5. 压力试验、吹扫、清洗设计要求 6. 绝热及保护层设计要求			1. 安装 2. 焊口焊接管内、外充氩保护 3. 套管制作、安装 4. 压力试验 5. 系统吹扫 6. 系统清洗 7. 油清洗 8. 脱脂 9. 绝热及保护层安装、除锈、刷油

C.6.4 低压管件。工程量清单项目设置及工程量计算规则，应按表 1-6-6 的规定执行。

C.6.4 低压管件（编码：030604） **表 1-6-6**

<table>
<tr><th>项目编码</th><th>项目名称</th><th>项目特征</th><th>计量单位</th><th>工程量计算规则</th><th>工 程 内 容</th></tr>
<tr><td>030604001</td><td>低压碳钢管件</td><td rowspan="5">1. 材质
2. 连接方式
3. 型号、规格
4. 补强圈材质、规格</td><td rowspan="15">个</td><td rowspan="15">按设计图示数量计算
注：1. 管件包括弯头、三通、四通、异径管、管接头、管上焊接管接头、管帽、方形补偿器弯头、管道上仪表一次部件、仪表温度计扩大管制作安装等
2. 管件压力试验、吹扫、清洗、脱脂、除锈、刷油、防腐、保温及其补口均包括在管道安装中
3. 在主管上挖眼接管的三通和摔制异径管，均以主管径按管件安装工程量计算，不另计制作费和主材费；挖眼接管的三通支线管径小于主管径 1/2 时，不计算管件安装工程量；在主管上挖眼接管的焊接接头、凸台等配件，按配件管径计算管件工程量
4. 三通、四通、异径管均按大管径计算
5. 管件用法兰连接时按法兰安装，管件本身安装不再计算安装
6. 半加热外套管摔口后焊接在内套管上，每处焊口按一个管件计算；外套碳钢管如焊接不锈钢内套管上时，焊口间需加不锈钢短管衬垫，每处焊口按两个管件计算</td><td rowspan="2">1. 安装
2. 三通补强圈制作、安装</td></tr>
<tr><td>030604002</td><td>低压碳钢板卷管件</td></tr>
<tr><td>030604003</td><td>低压不锈钢管件</td><td rowspan="3">1. 安装
2. 三通补强圈制作、安装
3. 管焊口焊接内、外充氩保护</td></tr>
<tr><td>030604004</td><td>低压不锈钢板卷管件</td></tr>
<tr><td>030604005</td><td>低压合金钢管件</td></tr>
<tr><td>030604006</td><td>低压加热外套碳钢管件（两半）</td><td rowspan="2">1. 材质
2. 型号、规格</td><td rowspan="2">安装</td></tr>
<tr><td>030604007</td><td>低压加热外套不锈钢管件（两半）</td></tr>
<tr><td>030604008</td><td>低压铝管件</td><td rowspan="3">1. 材质
2. 连接方式
3. 型号、规格
4. 补强圈材质、规格</td><td rowspan="2">1. 安装
2. 焊口预热及后热
3. 三通补强圈制作、安装</td></tr>
<tr><td>030604009</td><td>低压铝板卷管件</td></tr>
<tr><td>0306040010</td><td>低压铜管件</td><td>1. 安装
2. 焊口预热及后热</td></tr>
<tr><td>030604011</td><td>低压塑料管件</td><td rowspan="5">1. 材质
2. 连接形式
3. 接口材料
4. 型号、规格</td><td rowspan="5">安装</td></tr>
<tr><td>030604012</td><td>低压玻璃钢管件</td></tr>
<tr><td>030604013</td><td>低压承插铸铁管件</td></tr>
<tr><td>030604014</td><td>低压法兰铸铁管</td></tr>
<tr><td>030604015</td><td>低压预应力混凝土转换件</td></tr>
</table>

C.6.5 中压管件。工程量清单项目设置及工程量计算规则，应按表1-6-7的规定执行。

C.6.5 中压管件（编码：030605） 表1-6-7

项目编码	项目名称	项目特征	计量单位	工程量计算规则	工程内容
030605001	中压碳钢管件	1. 材质 2. 连接方式 3. 型号、规格 4. 补强圈材质、规格	个	按设计图示数量计算 注：1. 管件包括弯头、三通、四通、异径管、管接头、管上焊接管接头、管帽、方形补偿器弯头、管道上仪表一次部件、仪表温度计扩大管制作安装等 2. 管件压力试验、吹扫、清洗、脱脂、除锈、刷油、防腐、保温及其补口均包括在管道安装中 3. 在主管上挖眼接管的三通和摔制异径管，均以主管径按管件安装工程量计算，不另计制作费和主材费；挖眼接管的三通支线管径小于主管径1/2时，不计算管件安装工程量；在主管上挖眼接管的焊接接头、凸台等配件，按配件管径计算管件工程量 4. 三通、四通、异径管均按大管径计算 5. 管件用法兰连接时按法兰安装，管件本身安装不再计算安装 6. 半加热外套管摔口后焊接在内套管上，每处焊口按一个管件计算；外套碳钢管如焊接不锈钢内套管上时，焊口间需加不锈钢短管衬垫，每处焊口按两个管件计算	1. 安装 2. 三通补强圈制作、安装 3. 焊口预热及后热 4. 焊口热处理 5. 焊口硬度检测
030605002	中压螺旋卷管件				
030605003	中压不锈钢管件				1. 安装 2. 管道焊口焊接内、外充氩保护
030605004	中压合金钢管件				1. 安装 2. 三通补强圈制作、安装 3. 焊口预热及后热 4. 焊口热处理 5. 焊口硬度检测 6. 管焊口充氩保护
030605005	中压铜管件	1. 材质 2. 型号、规格			1. 安装 2. 焊口预热及后热

C.6.6 高压管件。工程量清单项目设置及工程量计算规则，应按表 1-6-8 的规定执行。

C.6.6 高压管件（编码：030606） **表 1-6-8**

项目编码	项目名称	项目特征	计量单位	工程量计算规则	工 程 内 容
030606001	高压 碳钢管件	1. 材质 2. 连接方式 3. 型号、规格	个	按设计图示数量计算 注：1. 管件包括弯头、三通、四通、异径管、管接头、管上焊接管接头、管帽、方形补偿器弯头、管道上仪表一次部件、仪表温度计扩大管制作安装等 2. 管件压力试验、吹扫、清洗、脱脂、除锈、刷油、防腐、保温及其补口均包括在管道安装中 3. 在主管上挖眼接管的三通和摔制异径管，均以主管径按管件安装工程量计算，不另计制作费和主材费；挖眼接管的三通支线管径小于主管径 1/2 时，不计算管件安装工程量；在主管上挖眼接管的焊接接头、凸台等配件，按配件管径计算管件工程量 4. 三通、四通、异径管均按大管径计算 5. 管件用法兰连接时按法兰安装，管件本身安装不再计算安装 6. 半加热外套管摔口后焊接在内套管上，每处焊口按一个管件计算；外套碳钢管如焊接不锈钢内套管上时，焊口间需加不锈钢短管衬垫，每处焊口按两个管件计算	1. 安装 2. 焊口预热及后热 3. 焊口热处理 4. 焊口硬度检测
030606002	高压 不锈钢管件				1. 安装 2. 管焊口充氩保护
030606003	高压 合金钢管件				1. 安装 2. 焊口预热及后热 3. 焊口热处理 4. 焊口硬度检测 5. 管焊口充氩保护

C.6.7 低压阀门。工程量清单项目设置及工程量计算规则，应按表 1-6-9 的规定执行。

C.6.7 低压阀门（编码：030607） **表 1-6-9**

项目编码	项目名称	项目特征	计量单位	工程量计算规则	工程内容
030607001	低压螺纹阀门	1. 名称 2. 材质 3. 连接形式 4. 焊接方式 5. 型号、规格 6. 绝热及保护层设计要求	个	按设计图示数量计算 注：1. 各种形式补偿器（除方形补偿器外）、仪表流量计均按阀门安装工程量计算 2. 减压阀直径按高压侧计算 3. 电动阀门包括电动机安装	1. 安装 2. 操纵装置安装 3. 绝热 4. 保温盒制作、安装、除锈、刷油 5. 压力试验、解体检查及研磨 6. 调试
030607002	低压焊接阀门				
030607003	低压法兰阀门				
030607004	低压齿轮、液压传动、电动阀门				
030607005	低压塑料阀门				
030607006	低压玻璃阀门				
030607007	低压安全阀门				1. 安装 2. 操纵装置安装 3. 绝热 4. 保温盒制作、安装、除锈、刷油 5. 压力试验 6. 调试
030607008	低压调节阀门				1. 安装 2. 临时短管装拆 3. 压力试验、解体检查及研磨

C.6.8 中压阀门。工程量清单项目设置及工程量计算规则，应按表 1-6-10 的规定执行。

C.6.8 中压阀门（编码：030608） **表 1-6-10**

项目编码	项目名称	项目特征	计量单位	工程量计算规则	工 程 内 容
030608001	中压螺纹阀门	1. 名称 2. 材质 3. 连接形式 4. 焊接方式 5. 型号、规格 6. 绝热及保护层设计要求	个	按设计图示数量计算 注：1. 各种形式补偿器（除方形补偿器外）、仪表流量计均按阀门安装 2. 减压阀直径按高压侧计算 3. 电动阀门包括电动机安装	1. 安装 2. 操纵装置安装 3. 绝热 4. 保温盒制作、安装、除锈、刷油 5. 压力试验、解体检查及研磨 6. 调试
030608002	中压法兰阀门				
030608003	中压齿轮、液压传动、电动阀门				
030608004	中压安全阀门				1. 安装 2. 操纵装置安装 3. 绝热 4. 保温盒制作、安装、除锈、刷油 5. 压力试验 6. 调试
030608005	中压焊接阀门			按设计图示数量计算 注：1. 各种形式补偿器（除方形补偿器外）、仪表流量计均按阀门安装 2. 减压阀直径按高压侧计算	1. 安装 2. 操纵装置安装 3. 焊口预热及后热 4. 焊口热处理 5. 焊口硬度测定 6. 焊口焊接内、外充氩保护 7. 绝热 8. 保温盒制作、安装、除锈、刷油 9. 压力试验、解体检查及研磨
030608006	中压调节阀门				1. 安装 2. 临时短管装拆 3. 压力试验、解体检查及研磨

C.6.9 高压阀门。工程量清单项目设置及工程量计算规则，应按表 1-6-11 的规定执行。

C.6.9 高压阀门（编码：030609） **表 1-6-11**

项目编码	项目名称	项目特征	计量单位	工程量计算规则	工 程 内 容
030609001	高压螺纹阀门	1. 名称 2. 材质 3. 连接形式 4. 焊接方式 5. 型号、规格 6. 绝热及保护层设计要求	个	按设计图示数量计算 注：1. 各种形式补偿器（除方形补偿器外）、仪表流量计均按阀门安装 2. 减压阀直径按高压侧计算	1. 安装 2. 操纵装置安装 3. 绝热 4. 保温盒制作、安装、除锈、刷油 5. 压力试验、解体检查及研磨
030609002	高压法兰阀门				
030609003	高压焊接阀门				1. 安装 2. 操纵装置安装 3. 焊口预热及后热 4. 焊口热处理 5. 焊口硬度测定 6. 焊口焊接内、外充氩保护 7. 阀门绝热 8. 保温盒制作、安装、除锈、刷油 9. 压力试验、解体检查及研磨

C.6.10　低压法兰。工程量清单项目设置及工程量计算规则，应按表 1-6-12 的规定执行。

C.6.10　低压法兰（编码：030610）　　　　表 1-6-12

项目编码	项目名称	项目特征	计量单位	工程量计算规则	工 程 内 容
030610001	低压碳钢螺纹法兰	1. 材质 2. 结构形式 3. 型号、规格 4. 绝热及保护层设计要求	副	按设计图示数量计算 注：1. 单片法兰、焊接盲板和封头按法兰安装计算，但法兰盲板不计安装工程量 2. 不锈钢、有色金属材质的焊环活动法兰按翻边活动法兰安装计算	1. 安装 2. 绝热及保温盒制作、安装、除锈、刷油
030610002	低压碳钢平焊法兰				
030610003	低压碳钢对焊法兰				
030610004	低压不锈钢平焊法兰				1. 安装 2. 绝热及保温盒制作、安装、除锈、刷油 3. 焊口充氩保护
030610005	低压不锈钢翻边活动法兰				1. 安装 2. 绝热及保温盒制作、安装、除锈、刷油 3. 翻边活动法兰短管制作 4. 焊口充氩保护
030610006	低压不锈钢对焊法兰				
030610007	低压合金钢平焊法兰				1. 安装 2. 绝热及保温盒制作、安装、除锈、刷油 3. 焊口充氩保护
030610008	低压铝管翻边活动法兰				1. 安装 2. 焊口预热及后热 3. 绝热及保温盒制作、安装、除锈、刷油 4. 翻边活动法兰短管制作 5. 焊口充氩保护
030610009	低压铝、铝合金法兰				
030610010	低压铜法兰				1. 安装 2. 焊口预热及后热 3. 绝热及保温盒制作、安装、除锈、刷油
030610011	铜管翻边活动法兰				

C.6.11　中压法兰。工程量清单项目设置及工程量计算规则，应按表1-6-13的规定执行。

C.6.11　中压法兰（编码：030611）　　　　**表1-6-13**

项目编码	项目名称	项目特征	计量单位	工程量计算规则	工 程 内 容
030611001	中压碳钢螺纹法兰	1. 材质 2. 结构形式 3. 型号、规格 4. 绝热及保护层设计要求	副	按设计图示数量计算 注：1. 单片法兰、焊接盲板和封头按法兰安装计算，但法兰盲板不计安装工程量 2. 不锈钢、有色金属材质的焊环活动法兰按翻边活动法兰安装计算	1. 安装 2. 绝热及保温盒制作、安装、除锈、刷油
030611002	中压碳钢平焊法兰				1. 安装 2. 焊口预热及后热 3. 焊口热处理 4. 焊口硬度检测 5. 绝热及保温盒制作、安装、除锈、刷油
030611003	中压碳钢对焊法兰				
030611004	中压不锈钢平焊法兰				1. 安装 2. 绝热及保温盒制作、安装、除锈、刷油 3. 焊口充氩保护
030611005	中压不锈钢对焊法兰				
030611006	中压合金钢对焊法兰				1. 安装 2. 焊口预热及后热 3. 焊口热处理 4. 焊口硬度检测 5. 绝热及保温盒制作、安装、除锈、刷油 6. 焊口充氩保护
030611007	中压铜管对焊法兰				1. 安装 2. 焊口预热及后热 3. 绝热及保温盒制作、安装、除锈、刷油

C.6.12 高压法兰。工程量清单项目设置及工程量计算规则，应按表1-6-14的规定执行。

C.6.12 高压法兰（编码：030612） **表1-6-14**

项目编码	项目名称	项目特征	计量单位	工程量计算规则	工程内容
030612001	高压碳钢螺纹法兰	1. 材质 2. 结构形式 3. 型号、规格 4. 绝热及保护层设计要求	副	按设计图示数量计算 注：1. 单片法兰、焊接盲板和封头按法兰安装计算，但法兰盲板不计安装工程量 2. 不锈钢、有色金属材质的焊环活动法兰按翻边活动法兰安装计算	1. 安装 2. 绝热及保温盒制作、安装、除锈、刷油
030612002	高压碳钢对焊法兰				1. 安装 2. 焊口预热及后热 3. 焊口热处理 4. 焊口硬度检测 5. 绝热及保温盒制作、安装、除锈、刷油
030612003	高压不锈钢对焊法兰				1. 安装 2. 绝热及保温盒制作、安装、除锈、刷油 3. 硬度测试 4. 焊口充氩保护
030612004	高压合金钢对焊法兰				1. 安装 2. 绝热及保温盒制作、安装、除锈、刷油 3. 高压对焊法兰硬度检测 4. 焊口预热及后热 5. 焊口热处理 6. 焊口充氩保护

C.6.13 板卷管制作。工程量清单项目设置及工程量计算规则，应按表1-6-15的规定执行。

C.6.13 板卷管制作（编码：030613） **表1-6-15**

项目编码	项目名称	项目特征	计量单位	工程量计算规则	工程内容
030613001	碳钢板直管制作	1. 材质 2. 规格	t	按设计制作直管段长度计算	1. 制作 2. 卷筒式板材开卷及平直
030613002	不锈钢板直管制作				1. 制作 2. 焊口充氩保护
030613003	铝板直管制作				1. 制作 2. 焊口充氩保护 3. 焊口预热及后热

C.6.14　管件制作。工程量清单项目设置及工程量计算规则，应按表 1-6-16 的规定执行。

C.6.14　管件制作（编码：030614）　　　　**表 1-6-16**

项目编码	项目名称	项目特征	计量单位	工程量计算规则	工 程 内 容
030614001	碳钢板管件制作	1. 材质 2. 规格	t	按设计图示数量计算 注：管件包括弯头、三通、异径管；异径管按大头口径计算，三通按主管口径计算	1. 制作 2. 卷筒式板材开卷及平直
030614002	不锈钢板管件制作	1. 材质 2. 规格	t	按设计图示数量计算 注：管件包括弯头、三通、异径管；异径管按大头口径计算，三通按主管口径计算	1. 制作 2. 焊口充氩保护
030614003	铝板管件制作	1. 材质 2. 规格	t	按设计图示数量计算 注：管件包括弯头、三通、异径管；异径管按大头口径计算，三通按主管口径计算	1. 制作 2. 焊口充氩保护 3. 焊口预热及后热
030614004	碳钢管虾体弯制作	1. 材质 2. 规格	个	按设计图示数量计算	制作
030614005	中压螺旋卷管虾体弯制作	1. 材质 2. 规格	个	按设计图示数量计算	制作
030614006	不锈钢管虾体弯制作	1. 材质 2. 规格	个	按设计图示数量计算	1. 制作 2. 焊口充氩保护
030614007	铝管虾体弯制作	1. 材质 2. 焊接形式 3. 规格	个	按设计图示数量计算	1. 制作 2. 焊口充氩保护 3. 焊口预热及后热
030614008	铜管虾体弯制作	1. 材质 2. 焊接形式 3. 规格	个	按设计图示数量计算	1. 制作 2. 焊口预热及后热
030614009	管道机械煨弯	1. 压力 2. 材质 3. 规格	个	按设计图示数量计算	煨弯
030614010	管道中频煨弯	1. 压力 2. 材质 3. 规格	个	按设计图示数量计算	1. 煨弯 2. 硬度测定
030614011	塑料管煨弯	1. 材质 2. 型号、规格	个	按设计图示数量计算	煨弯

C.6.15　管架件制作。工程量清单项目设置及工程量计算规则，应按表 1-6-17 的规定执行。

C.6.15　管架件制作（编码：030615）　　**表 1-6-17**

项目编码	项目名称	项目特征	计量单位	工程量计算规则	工 程 内 容
030615001	管架 制作安装	1. 材质 2. 管架形式 3. 除锈、刷油、防腐设计要求	kg	按设计图示质量计算 注：单件支架质量 100kg 以内的管支架	1. 制作、安装 2. 除锈及刷油 3. 弹簧管架全压缩变形试验 4. 弹簧管架工作荷载试验

C.6.16　管材表面及焊缝无损探伤。工程量清单项目设置及工程量计算规则，应按表 1-6-18 的规定执行。

C.6.16　管材表面及焊缝无损探伤（编码：030616）　　**表 1-6-18**

项目编码	项目名称	项目特征	计量单位	工程量计算规则	工 程 内 容
030616001	管材表面 超声波探伤	规格	m	按规范或设计技术要求计算	超声波探伤
030616002	管材表面 磁粉探伤				磁粉探伤
030616003	焊缝 X 光 射线探伤	1. 底片规格 2. 管壁厚度	张		X 光射线探伤
030616004	焊缝 γ 射线 探伤				γ 射线探伤
030616005	焊缝超声波 探伤	规格	口		超声波探伤
030616006	焊缝磁粉 探伤				磁粉探伤
030616007	焊缝渗透 探伤				渗透探伤

C.6.17　其他项目制作安装。工程量清单项目设置及工程量计算规则，应按表1-6-19的规定执行。

C.6.17　其他项目制作安装（编码：030617）　　　　**表1-6-19**

<table>
<tr><th>项目编码</th><th>项目名称</th><th>项目特征</th><th>计量单位</th><th>工程量计算规则</th><th>工 程 内 容</th></tr>
<tr><td>030617001</td><td>塑料法兰制作安装</td><td>1. 材质
2. 规格</td><td>副</td><td rowspan="2">按设计图示数量计算</td><td>制作、安装</td></tr>
<tr><td>030617002</td><td>冷排管制作安装</td><td>1. 排管形式
2. 组合长度
3. 除锈、刷油、防腐设计要求</td><td>m</td><td>1. 制作、安装
2. 钢带退火
3. 加氨
4. 冲套翅片
5. 除锈、刷油</td></tr>
<tr><td>030617003</td><td>蒸汽气缸制作安装</td><td>1. 质量
2. 分气缸及支架除锈、刷油
3. 除锈标准、刷油防腐设计要求</td><td rowspan="3">个</td><td>按设计图示数量计算。若蒸汽分气缸为成品安装，则不综合分气缸制作</td><td>1. 制作、安装
2. 支架制作、安装
3. 分气缸及支架除锈、刷油
4. 分气缸绝热、保护层安装、除锈、刷油</td></tr>
<tr><td>030617004</td><td>集气罐制作安装</td><td>1. 规格
2. 集气罐及支架除锈、刷油</td><td>按设计图示数量计算。若集气罐安装为成品安装，则不综合集气罐制作</td><td>1. 制作、安装
2. 支架制作、安装
3. 集气缸及支架除锈、刷油</td></tr>
<tr><td>030617005</td><td>空气分气筒制作安装</td><td>1. 规格
2. 分气筒及支架除锈、刷油</td><td rowspan="2">按设计图示数量计算</td><td rowspan="3">1. 制作、安装
2. 除锈、刷油</td></tr>
<tr><td>030617006</td><td>空气调节喷雾管安装</td><td>型号</td><td>组</td></tr>
<tr><td>030617007</td><td>钢制排水漏斗制作安装</td><td>1. 规格
2. 除锈、刷油、防腐设计要求</td><td>个</td><td>工程量按设计图示数量计算。其口径规格按下口公称直径计算</td></tr>
<tr><td>030617008</td><td>水位计安装</td><td>形式</td><td>组</td><td rowspan="2">按设计图示数量计算</td><td rowspan="2">安装</td></tr>
<tr><td>030617009</td><td>手摇泵安装</td><td>规格</td><td>个</td></tr>
</table>

C.6.18　其他相关问题，应按下列规定处理：

1.“工业管道工程”适用于厂区范围内的车间、装置、站、罐区及其相互之间各种生产用介质输送管道和厂区第一个连接点以内生产、生活共用的输送给水、排水、蒸汽、煤气的管道安装工程。

2. 与其他专业的界线划分：给水应以入口水表井为界。排水应以厂区围墙外第一个污水井为界。蒸汽和煤气应以入口第一个计量表（阀门）为界。锅炉房、水泵房应以墙皮为界。

3. 工业管道压力等级划分：低压：$0 < P \leqslant 1.6$（MPa）；中压：$1.6 < P \leqslant 10$（MPa）；高压：$10 < P \leqslant 42$（MPa）；蒸汽管道：$P \geqslant 9$（MPa）；工作温度 > 500℃。

4. 各类管道适用材质范围。

1）碳钢管适用于焊接钢管、无缝钢管、16Mn 钢管等；

2）不锈钢管适用于各种材质不锈钢管；

3）碳钢板卷管适用于低压螺旋钢管、16Mn 钢板卷管；

4）铜管适用于紫铜、黄铜、青铜管；

5）合金钢管适用于各种材质合金钢管；

6）铝管适用于各种材质的铝及铝合金管；

7）钛管适用于各种材质的钛及钛合金管；

8）塑料管适用于各种材质的塑料及塑料复合管；

9）铸铁管适用于各种材质的铸铁管；

10）管件、阀门、法兰适用范围参照管道材质。

5. 凡涉及到管沟及井类的土石方开挖、垫层、基础、砌筑、抹灰、地沟盖板预制安装、回填、运输、路面开挖及修复、管道支墩等，应按附录 A、附录 D 相关项目编码列项。

四、工程管道工程编制注意事项

（一）概况

1. 附录 C.6 工业管道内容包括低、中、高压的管道安装、管件安装、阀门安装、法兰安装、板卷管制作、管件制作、管架件制作安装、管材表面及焊缝无损探伤、其他项目制作安装等。共 125 个清单项目。

2. 本附录适用于采用工程量清单报价的新建、扩建的输送生产介质的工业管道工程。

3. 工业管道工程与其他各专业之间的工程范围划分如下：

(1) 生产用水、燃气、蒸汽以厂区入口处计量表为分界限，计量表以外为其他专业，计量表以内为本附录范围。

(2) 排水以厂区内的最后一个污水井分界，污水井以外为其他专业，污水井以内为本附录范围。

(3) 锅炉房给水、燃气（热水）、软化水和水泵间的管道均为本附录范围。锅炉房及水泵房内的管道均以外墙皮（地下室以楼板或外墙皮）为分界点，外墙皮或楼板以外为其他专业，外墙皮或楼板以内为本附录范围。

(4) 用于生产同时用于生活输送各种介质的管道为共用管道，共用管道应视为工业管道，属本附录范围。

4. 本附录需说明的问题：

(1) 关于项目特征。项目特征是工程量清单计价的关键依据之一，由于项目的特征不同，其计价也相应发生差异，如不锈钢管道安装，其特征中有用手工电弧焊连接；有用氩弧焊连接；有用氩电联焊连接。三者的计价结果是有差异的，因而招标单位在编制工程量清单时，要明确描述该清单项目的特征。投标人应按工程特征要求计价。

(2) 关于工程量计算规则。工程量清单的工程量必须依据工程量计算规则的要求编制，工程量只能列实物工程量，所谓实物工程量是工程完工后的实体量。如土方工程，其挖土量只能依据设计图沟的断面和深度计算，不能将放坡的土方量计入工程量；如管道及阀门、法兰的绝热和保护层，均有施工误差增加量，绝热的增加量为3.3%，施工误差增加量不能列入绝热工程量。投标单位在编制分部分项工程量清单综合单价时，可以根据企业技术条件适当增加施工误差增加量。但这个量是有竞争性质的。

(3) 关于工程内容。工程量清单的工程内容是完成该工程量清单可能发生的综合工程项目，工程量清单计价时，按图纸、规范、规程等要求，选择编列所需项目。

(4) 下列各项费用投标单位在报价时应根据工程实际情况有选择的计价，并计入综合单价。特殊条件下施工增加费（安装生产同时进行、有害身体健康环境中施工、封闭式地沟施工、厂区范围以外施工时增加的运输费）、特殊材质施工增加费（超低碳不锈钢材、高合金钢材）、管道系统单体试运转所需的水电、蒸汽、燃气、气体、油及油脂等材料费。

(5) 关于措施项目清单。措施项目清单为工程量清单的组成部分，措施项目可按照《建设工程工程量清单计价规范》表3.3.1所列项目根据工程需要情况选择列项。工业管道经常发生的措施项目一般有：脚手架搭拆费、组装平台的搭拆、管道防冻和焊接保护措施、特殊管道充气保护、高压管道检验、大口径管道排水措施、地下管道穿越地上建筑物时保护措施等，措施项目清单应单独编制、单独计价，不能和分部分项工程量清单计价混在一起，措施项目编制见《建设工程工程量清单计价规范》措施项目费分析表。

(6) 编制本附录工程量清单项目如涉及到管沟及管沟的土石方、垫层、基础、抹灰、地沟盖板、土石方回填、土石方运输等，按附录A的相关项目编制工程量清单，路面开挖及修复、管道支墩、井砌筑等按附录D编制工程量清单。

(7) 本附录清单项目如涉及到管道支架的除锈、油漆、管道的绝热、防腐、保护层等工程量清单项目，可参照《全国统一安装工程预算定额》刷油、防腐蚀、绝热工程册的工料机耗用量或建设行政主管部门发布的社会平均消耗量定额计价。

（二）工程量清单项目设置

1. 附录C.6.1～C.6.3　低、中、高压管道安装

(1) 概况。本章第一、二、三节为工业管道安装，按压力（低、中、高）、管径、材质（碳钢、铸铁、不锈钢、合金钢、铝、铜、非金属）、连接形式（丝接、焊接、法兰连接、承插连接、胶圈接口）及管道压力检验、吹扫、吹洗方式等不同特征而设置的清单项目。编制工程量清单时应明确描述以下各项特征。

1) 压力。本附录规定管道安装的压力划分范围如下：

低压：$0 < P \leqslant 1.6$MPa；

中压：1.6MPa $< P \leqslant$ 10MPa；

高压：a. 一般管道：10MPa $< P \leqslant$ 42MPa；

b. 蒸汽管道：$P>9\text{MPa}$，工作温度≥500℃。

2）材质。工程量清单项目必须明确描述材质的种类、型号。如焊接钢管应标出一般管或加厚管；无缝钢管应标出冷拔、热轧、一般石油裂化管、化肥钢管、Q235、10号、20号；合金钢管应标出16Mn、15MnV、Cr5Mo、Cr2Mo；不锈耐热钢应标出1Cr13、1Cr18Ni9、1Cr18Ni9Ti、Cr18Ni13 Mo3Ti、Cr18Ni13 Mo2Ti；铸铁管应标出一般铸铁、球墨铸铁、硅铸铁；纯铜管应标出TI、T2、T3；黄铜管应标出H59～H96；一般铝管应标出LI～L6；防锈铝管应标出LF2～LF12；塑料管应标出PVC、UPVC、PPC、PPR、PE等，以便正确确定主材价格。

3）管径。焊接钢管、铸铁管、玻璃管、玻璃钢管、预应力混凝土管按公称直径表示；无缝钢管（碳素钢、合金钢、不锈钢、铝、铜）、塑料管应以外径表示。用外径表示的应标出管材的壁厚，如108mm×4mm、133mm×5mm、219mm×8mm、377mm×10mm等。

4）连接形式。应按图纸或规范要求明确指出管道安装时的连接形式。连接形式包括丝接、焊接、承插连接（膨胀水泥、石棉水泥、青铅）、法兰连接等。焊接的还应标出氧乙炔焊、手工电弧焊、埋弧自动焊、氩弧焊、氩电联焊、热风焊等。

5）管道压力试验、吹扫、清洗方式。工程量清单项目管道安装的压力试验、吹扫、清洗方式应作出明确确定。如压力采用液压、气压、泄露性试验或真空试验，吹扫采用水冲洗、空气吹扫、蒸汽吹扫，清洗采用碱洗、酸洗、油清洗等。

6）除锈、防腐蚀及绝热应按图纸或规范要求标出除锈方式（手工、机械、喷砂、化学等）、防腐采用的防腐材料种类和绝热方式及材料种类，如岩棉瓦块、矿棉瓦块、超细玻璃棉毡缠裹绝热、硅酸盐类材料涂抹等。

7）套管形式为管子安装套管时要求采用一般管套管、刚性套管或柔性套管。

（2）工程内容。

1）本附录各工程量清单所列工程内容是完成该工程量清单时可能发生的工程内容，如实际完成工程项目在本附录工程内容中未列的工程项目可以进行补充。

2）工程内容所列的项目绝大部分属于计价的项目，招标人在编制标底或投标人在投标报价时应按图纸、规范、规程或施工组织设计的要求，选择编列所需项目（充氩保护、焊前预热、后热、管道脱脂、焊口硬度测试都属于特殊情况下所设工程内容，必须是图纸有明确要求或规范、规程中有规定要求的可以列项）。工程内容中所列项目应在分部分项工程量清单综合单价分析表中列项分析。

（3）需要说明的问题。

1）管道在计算压力试验、吹扫、清洗、脱脂、防腐蚀、绝热、保护层等工程量时，应将管件所占长度的工程量一并计入管道长度中。

2）管道安装在计算焊缝无损探伤时，应将管道焊口、管件焊口、焊接的阀门焊口、对焊法兰焊口、平焊法兰焊口、翻边法兰短管焊口一并计入管道焊缝无损探伤工程量内。管件、阀门、法兰不再列焊缝无损探伤项目。

3）《全国统一安装工程预算定额》的伴热管项目包括管道煨弯工作内容，如招投标采用上述定额计价时，不应再计算煨弯工作内容。

4）用法兰连接的管道（管材本身带有法兰的除外，如法兰铸铁管）应按管道安装与法兰安装分别列项。

2. 附录 C.6.4 ~ C.6.6　低、中、高压管件安装

(1) 概况。低、中、高压管件安装，按压力、材质、规格、口径、连接形式及焊接方式不同分别列项。在编制管件安装工程量清单时，应明确确定该项目的特征。

1) 压力。本附录规定管件安装的压力划分范围如下：

低压：$0 < P \leqslant 1.6\text{MPa}$；

中压：$1.6\text{MPa} < P \leqslant 10\text{MPa}$；

高压：①一般管道：$10\text{MPa} < P \leqslant 42\text{MPa}$；

②蒸汽管道：$P > 9\text{MPa}$，工作温度 > 500℃。

2) 材质。管件安装清单项目必须明确描述材质的种类、型号。如低压碳钢管件（包括焊接钢管管件、无缝钢管管件）、不锈钢管件（包括不锈耐热钢 12CrMo、12CrMoV、15CrMo、Cr5Mo、Cr2Mo 等、不锈耐酸钢 1Cr13、1Cr18Ni9、1Cr18Ni9Ti、Cr18Ni13 Mo3Ti、Cr18Ni13Mo2Ti)、合金钢管件（如 16Mn、15MnV 等)、铸铁管件（如一般铸铁、球墨铸铁、硅铁等)、铜管管件（如 T1、T2、T3、H59 ~ H96 等)、铝管管件（如 L1 ~ L6、LF2 ~ LF12)、塑料管件（如 PVC、UPVC、PPC、PPR、PE 等)。

3) 连接形式。管件安装清单项目应明确标出管件安装的连接形式。如丝接、焊接（氧乙炔焊、电弧焊、氩弧焊、氩电联焊)、承插连接（膨胀水泥、石棉水泥、青铅）等。

4) 型号及规格。管件安装清单项目应明确描述规格、型号。碳钢管件、不锈钢管件、合金钢管件、预应力管件、玻璃钢管件、玻璃管件、铸铁管件按公称直径；铝管件、铜管件、塑料管件按管外径。另外，规格还应标出弯头、三通、四通、异径管等，”有型号要求的管件应标出型号，以便计算主材价格。

(2) 工程内容。

1) 本附录各工程量清单所列工程内容是完成该工程量清单项目时可能发生的工程内容，如实际完成工程项目与本附录所列工程内容不同时，可以进行补充。

2) 工程内容所列项目绝大部分属于计价的项目，编制工程量清单时应按图纸、规范、规程或施工组织设计的要求，选择编制所需项目，如焊口预热及后热；焊口热处理、三通补强圈制作安装、焊口充氩保护、焊口硬度测试等。工程内容中所列项目、应在分部分项工程量清单综合单价分析表中列项分析。

(3) 需要说明的问题。

1) 管件安装需要做的压力试验、吹扫、清洗、脱脂、防锈、防腐蚀、绝热、保护层等工程内容已在管道安装中列入，管件安装不再计算。

2) 管件用法兰连接时，按法兰安装列项，管件安装不再列项。

3. 附录 C.6.7 ~ C.6.9　低、中、高压阀门安装

(1) 概况。本附录为低、中、高压阀门安装，按压力、材质、规格、型号、连接形式及绝热、保护层等不同分别列项。在编制阀门安装工程量清单项目时，应明确描述出下列特征：

1) 压力。本附录规定阀门安装的压力划分范围如下：

低压：$0 < P \leqslant 1.6\text{MPa}$；

中压：$1.6\text{MPa} < P \leqslant 10\text{MPa}$；

高压：①一般管道：$10\text{MPa} < P < 42\text{MPa}$；

②蒸汽管道：$P>9MPa$，工作温度≥500℃。

2）材质。阀门安装清单项目必须明确描述阀门的材质。如碳钢、不锈钢、合金钢、铜等。

3）连接形式。阀门安装连接形式应明确描述丝接、焊接、法兰等。

4）型号及规格。阀门规格按公称直径、型号必须明确描述，如Z15T~10、Z4lT~16、J11T~10、J41H~16C、H41T~10等。

5）如阀门要求绝热或保护层时，应指出绝热材料种类、保护层方式等。

（2）工程内容。

1）本附录各工程量清单所列工程内容是完成该工程量清单项目时可能发生的工程内容，如实际完成工程项目与本附录工程内容不同时，可以进行增减。

2）工程内容所列项目绝大部分属于计价的项目，编制工程量清单时应按图纸、规范、规程的要求，选择编制所需项目。工程内容中所列项目，应在分部分项工程量清单综合单价分析表中列项分析。

（3）需要说明的问题。

1）工程内容中的压力试验和阀门解体检查及研磨项目，均已包括在《全国统一安装工程预算定额》第六册的各阀门的安装工料机耗用量定额中，如招标人编制标底，其工料机耗用量是按《全国统一安装工程预算定额》的工料消耗计价时，则上述工程内容不应再另行计价。投标人投标报价时，如采用企业定额，而企业定额又不包括上述工程内容的工料机消耗量时，则上述工程内容可另行计价。

2）阀门与法兰连接时，其连接用螺栓应计入阀门安装材料费中，法兰安装不再计算螺栓。

4.附录C.6.10~C.6.12　低、中、高压法兰安装

（1）概况。低、中、高压法兰安装，按压力、材质、规格、型号、连接形式及绝热、保护层等不同分别列项。在编制法兰安装工程量清单项目时，应明确标出下列特征。

1）压力。本附录规定法兰安装的压力划分范围如下：

低压：$0<P\leqslant1.6MPa$；

中压：$1.6MPa<P\leqslant10MPa$；

高压：①一般管道：$10MPa<P\leqslant42MPa$；

②蒸汽管道：$P>9MPa$，工作温度≥500℃。

2）材质。法兰安装清单项目必须明确标出法兰的材质。如碳钢、不锈钢（12CrMo、1Cr18Ni9、Cr18Ni13 Mo3Ti等）、合金钢（16Mn、15MnV等）。铜（T1、T2、T3、H59~H96等）、铝（L1~L6、LF2~LF12）。

3）连接形式。法兰安装清单项目应明确标出法兰安装的连接形式。如丝接、焊接（如氧乙炔焊、电弧焊、氩弧焊、氩电联焊等）。

4）型号及规格。法兰安装清单项目应明确标出规格、型号。碳钢法兰、不锈钢法兰、不锈钢翻边法兰、合金钢法兰均按公称直径表示；铝法兰、铝翻边法兰、铜法兰、铜翻边法兰按外径表示；法兰型号应按平焊法兰、对焊法兰、翻边活动法兰表示。

（2）工程内容。

1）本附录各工程量清单所列工程内容是完成该工程量清单项目时可能发生的工程内容，如实际完成工程项目与该工程内容不同时，可以进行增减。

2）工程内容所列项目绝大部分属于计价的项目，编制工程量清单时应按图纸、规范、规程的要求，选择列项，如焊口预热及后热、焊口热处理、焊口充氩保护、焊口硬度测试等。工程内容中所列项目，应在分部分项工程量清单综合单价分析表中列项分析。

（3）需要说明的问题：

1）翻边活动法兰短管如为成品供应时，不列工程内容中的翻边活动法兰短管制作项目。

2）盲板（法兰盖）安装只计算本身材料费，不计算安装费。

3）法兰与阀门连接时，连接用的螺栓应计入阀门安装材料费中，除法兰与法兰连接外，法兰安装不再计算螺栓的材料费。

5. 附录 C.6.13　板卷管制作

（1）概况。板卷管制作，按材质、焊接形式、规格等不同分别列项。在编制板卷管制作工程量清单项目时，应明确标出下列特征。

1）材质。板卷管制作清单项目必须明确标出材质。如碳钢、不锈钢耐热钢（16Mo、12CrMo、15CrMo 等）、耐酸钢（1Cr18Ni9、1Cr18Ni9Ti、Cr18Ni13Mo2Ti、Cr18Ni13 Mo3Ti 等）、铝板（L1～L6、LF2～LF21 等）。

2）焊接形式应标明手工电弧焊、埋弧自动焊、氩弧焊、氩电联焊等。

3）规格。碳钢管、不锈钢管按工程直径表示；铝板管按管外径表示。

（2）需要说明的问题。碳钢卷板直管如使用卷筒式板材时，卷筒板材的开卷、平直等另行计价。

6. 附录 C.6. 14　管件制作

（1）概况。管件制作，按管件压力、材质、焊接形式、规格、制作方式等不同分别列项。在编制管件制作工程量清单项目时，应明确标出下列特征。

1）材质。管件制作清单项目必须明确标出材质。如碳钢（如 A3、A3F 等）、不锈钢（如 16Mo、12CrMo、15CrMo、1Cr18Ni9、1Cr18Ni9Ti、Cr18Ni13 Mo2Ti、Cr18Ni13 Mo3Ti 等）、铝（L1～L6、LF2～LF21 等）、铜（T1、T2、T3、H59～H96 等）。

2）焊接形式应标明电弧焊、氩弧焊、氩电联焊等。

3）规格。碳钢、不锈钢按公称直径表示；铝、铜、塑料按管外径表示；板卷管管件制作应标明弯头、三通、四通、异径管等。

4）制作方式应标明板制、管制、煨制、焊制等。

（2）工程内容。所列项目应按图纸、规范、规程或施工组织设计的要求，选择列项，如焊口预热及后热、焊口热处理、管焊口充氩保护、焊口硬度测试等。

（3）需要说明的问题。碳钢板制管件制作如采用卷筒式板材时，应对卷筒板材的开卷、平直等另行计价。

7. 附录 C.6.15　管架件制作安装

（1）概况。管架制作安装，按管架的材质、形式等不同分别列顶。在编制管架制作安装工程量清单项目时，应明确标出下列特征。

1）材质及形式应按一般管架、木垫式管架、弹簧式管架。

2）标明除锈方式、油漆品种。

（2）工程内容。所列项目应按图纸、规范、规程或施工组织设计的要求，选择列项，如弹簧式管架全压缩弯曲试验及工作载荷试验。

（3）需要说明的问题：

1）本附录的管架只限于管架单重在100kg以内的项目，如单重超过100kg时，可按照《建设工程工程量清单计价规范》附录C.5.7工艺金属结构制作安装的桁架或管廊项目编制工程量清单。

2）编制标底如用《全国统一安装工程预算定额》的工料机消耗量计价时，则木垫式管架的木垫、弹簧式管架的弹簧主材价应另行计算。

8. 附录C.6.16　管材表面及焊缝无损探伤

（1）概况。管材表面及焊缝无损探伤，按探伤的种类、管材的规格、底片规格及管材壁厚等不同特征分别列项。在编制管材表面及焊缝无损探伤工程量清单项目时，应明确标出下列特征。

1）应明确标出探伤的种类，如X射线探伤、γ射线探伤、超声波探伤、普通磁粉探伤、荧光磁粉探伤、渗透探伤。

2）探伤的管材规格按公称直径列项。

3）X射线探伤及γ射线探伤应标明底片规格及管壁厚度。

（2）需要说明的问题。在工程内容中，未列的探伤试块制作及探伤时固定支架的制作，如工程需要时另行计价。

9. 附录C.6.17　其他项目制作安装

（1）本章为第17节其他项目制作安装，是按各独立的制作安装项目列项，互相之间无相关联系，各自有各自的项目特征、工程量计算规则及工程内容。

（2）本节有关事项，可参照附录C.6.1～C.6.6的要求办理。

第七节　消　防　工　程

一、消防工程制图

建筑消防系统，以建筑物或高层建筑物为被控对象，通过自动化手段实现火灾的自动报警及自动扑灭。

在结构上，建筑消防系统通常由两个子系统构成，即自动报警（监测）子系统及自动灭火子系统。系统中设置了检测反馈环节，因此消防系统是典型的闭环控制系统。其方块结构如图1-7-1所示。

图1-7-1中的火灾报警控制器是消防系统的核心部件，它包括火灾报警显示器及控制器。随着现代科技的高速发展，火灾报警控制器不断溶入微机控制技术，智能技术，使其结构发生了质的变化。现代火灾报警控制器都是以微处理器为主要器件，因此使其结构紧凑，功能完善，使用方便灵活。

消防系统火灾报警控制器数量的选择，应根据消防系统本身的要求。由单个火灾报警控制器构成的针对某一监控区域的消防系统称为单级自动监控自动灭火系统，有时又简称为单级自动监控系统或区域自动监控系统。

与单级自动监控系统相类似，由多个火灾报警控制器构成的针对多个监控区域的消防系统称为多级自动监控自动灭火系统，简称为多级自动监控系统或集中——区域自动监控

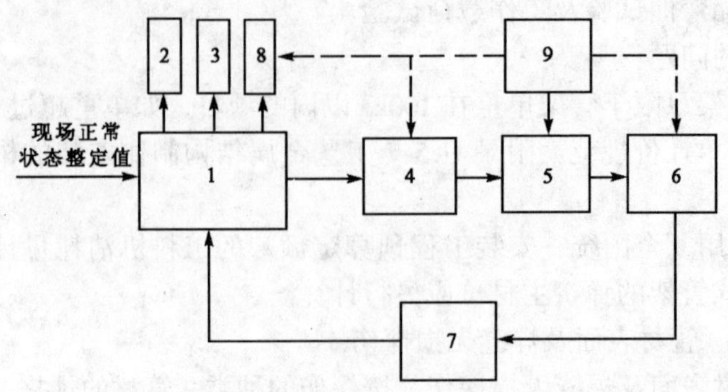

图 1-7-1　建筑消防系统方块结构图

1—自动报警控制器；2—中控室火灾报警装置；3—消防联锁系统；
4—联动装置；5—灭火执行器；6—灭火现场；7—检测反馈装置；
8—现场火灾报警装置；9—手动控制装置

系统。多级自动监控系统的方块结构如图 1-7-2 所示。

二、消防工程造价概论

（一）实用建筑消防系统主要装置介绍

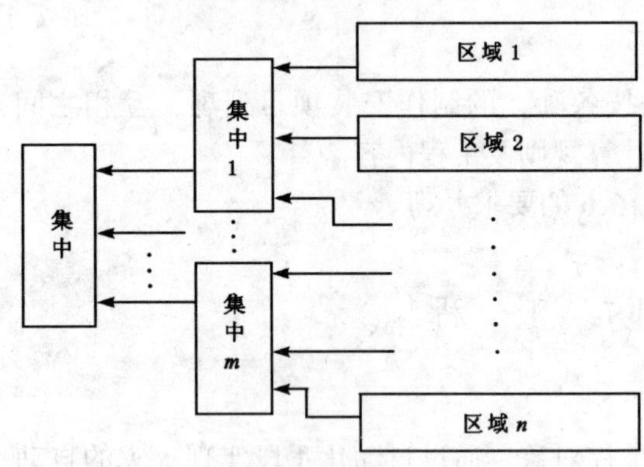

图 1-7-2　多级自动监控系统方块结构图

实用建筑消防系统方块结构如图 1-7-3 所示。

由图 1-7-3 可见，系统主要由火灾探测器、火灾自动报警控制器、声光报警装置（包括故障灯、故障蜂鸣器、光字牌、火灾警铃）、联动装置（输出若干控制信号，驱动灭火装置）、联锁装置（输出若干控制信号，驱动排烟机、风机等减灾装置）等构成。

1. 火灾探测器

火灾探测器是火灾探测的主要部件，它安装在监控现场，用以监测现场火情。

火灾探测器将现场火灾信息（烟、光、温度）转换成电气信号，并将其传送到自动报警控制器，在闭环控制的自动消防系统中完成信号的检测与反馈。

手动报警按钮的作用与火灾探测器类似，不过它是由人工方式将火灾信号传送到自动报警控制器。

目前，国内已有许多厂家生产火灾探测器，其产品规格、型号虽有所不同，但构成的基本原理是相同的。在实际使用中，根据安装方式的不同，可分为露出型和埋入型，带确认灯型和不带确认灯型；从工作原理上又可分为感烟、感温及感光探测器等。用户可根据不同需要，选择合适的火灾探测器。

图 1-7-4 表示了常用的 JTY-LZ-1101 点型离子感烟火灾探测器的产品外形。

2. 火灾报警控制器

火灾报警控制器是自动消防系统的重要组成部分，它的完美与先进是现代建筑消防系

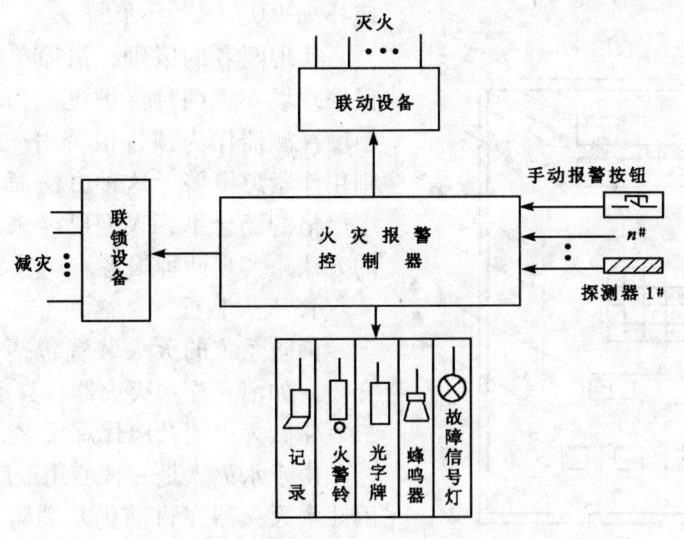

图 1-7-3　实用建筑消防系统方块结构图

统的重要标志。

火灾报警控制器接收火灾探测器送来的火警信号，经过运算（逻辑运算）处理后认定火灾，输出指令信号。一方面启动火灾报警装置，如声、光报警等；另一方面启动灭火联动装置，用以驱动各种灭火设备，同时也启动联锁减灾系统，用以驱动各种减灾设备。有的火灾报警控制器还能启动自动记录设备，记下火灾状况，以备事后查询。

现代火灾报警控制器采用先进的微处理技术、电子技术及自动控制技术，使其结构向着体积小、功能强、控制灵活、安全可靠的方向发展。智能型火灾报警控制器正进入建筑消防系统。

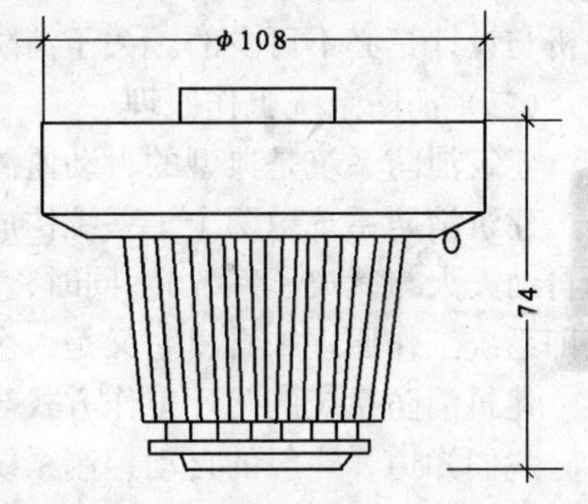

图 1-7-4　JTY-LZ-1101 产品外形图

JB-TB-W256/96 型壁挂式区域报警控制器产品外形及面板布置如图 1-7-5 所示。

3. 报警显示装置

报警显示装置包括故障灯、故障蜂鸣器、火灾事故光字牌及火灾警铃等。

报警显示装置以声光向人们提示火灾与事故的发生，并且也能记忆与显示火灾与事故发生的时间及地点。

报警显示装置通常与火灾控制器合装，并统称为火灾报警控制器。

现代消防系统使用的报警显示常常分为预告报警的声光显示及紧急报警的声光显示。两者的区别在于预告报警是在探测器已经动作，即探测器已经探测到火灾信息。但火灾处于燃烧的初期（也称阴燃阶段），如果此时能用人工方法及时去扑火，阴燃阶段的火灾就会被扑灭，而不必动用消防系统的灭火设备。毫无疑问，这对于“减少损失，有效灭火”来说，都是十分有益的。

紧急报警则是表示火灾已经被确认，火灾已经发生，需要动用消防系统的灭火设备快

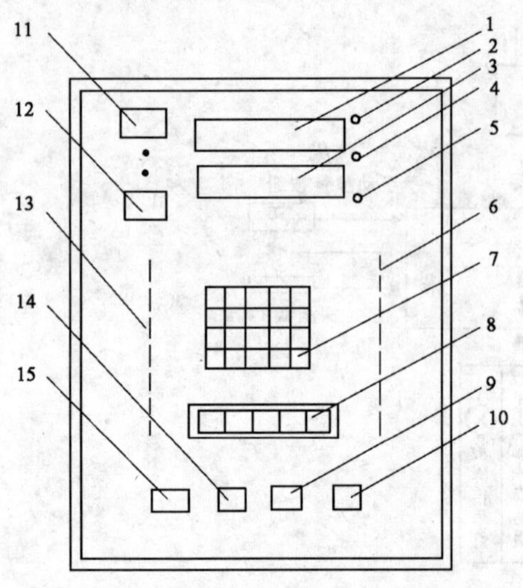

图 1-7-5 报警控制器产品外形及面板布置示意图
1—数码显示 1；2—时钟显示指示；3—数码显示 2；4—首次报警显示；5—报警显示；6—状态显示指示；7—键盘；8—按键开关；9—消音开关；10—电压指示；11—火警显示；12—故障显示；13—故障类型指示；14—打印机开关；15—打印机

速扑灭火灾。

实现两者的区别，最简单的方法就是在被保护现场安置两种灵敏度的探测器，其中高灵敏度探测器作为预告报警用；低灵敏度探测器则用作紧急报警。这种方法简单易行，但在要求严格的场合下，人们已经采用了其他更有效的方法来实现两种报警。

4. 灭火装置

消防系统的灭火装置包括灭火器械与灭火介质，如消火栓水灭火器，自动喷洒水灭火器，二氧化碳灭火器及卤代烷灭火器等。

由于水灭火是一种使用最广泛的灭火方法，因此水灭火器在目前仍是消防系统中的主要灭火装置。水灭火器一般有室内消火栓灭火装置、自动喷洒水灭火装置及水帘水幕灭火装置等。

人们常常将联动灭火系统与联锁减灾系统合称为自动灭火系统，所以在建筑消防系统中就有如下说法：建筑消防系统通常由自动报警子系统与自动灭火子系统构成。

掌握自动消防系统的基本组成单元，典型设备的基本结构及工作原理，对消防系统的分析与设计是必不可少的。关于消防系统的基本单元及典型设备可参看图 1-7-6。

（二）消防系统工作原理

建筑消防系统是典型的自动监测火情、自动报警、自动灭火的自动化消防系统。

建筑消防系统由两个子系统构成，即自动监测、自动报警子系统及自动灭火系统（包括自动灭火与减灾子系统）。同时，从建筑消防系统的监测火情、报警及自动灭火的全过程即系统工作原理来看，它又是一个典型的闭环控制系统。

建筑消防系统的闭环工作方式与一般自动控制系统略有不同。

我们知道，一般的自动控制系统是当反馈信号送到系统给定端时，与系统给定输入信号（系统输入设定值）进入控制器，控制器在极短的时间内对两个信号的差值进行运算、处理，形成系统控制信号，控制系统的输出。

建筑消防系统同样需要反馈信号送到系统给定端，反馈信号是由设置在保护现场的火灾探测器提供的。反馈值与系统给定值即现场正常状态（无火灾）时的烟雾浓度、温度（或温度上升速率）及火光照度等参数的规定（标定）值一并送入火灾报警控制器。但与一般自动控制系统不同的是在火灾报警控制器运算、处理这两个信号的差值时，要人为地加一段适当的延时。火灾报警控制器在这段时间内对信号进行逻辑运算、处理、判断、确认。只有确认是火灾时，火灾报警控制器才发出系统控制信号，控制系统输出，即驱动灭火设备，实现快速、准确灭火。

这段人为的延时（一般设计在 20～40s 之间），对建筑消防系统是非常必要的。

可以想象，如果火灾未经确认，火灾报警控制器就发出系统控制信号，驱动灭火系统

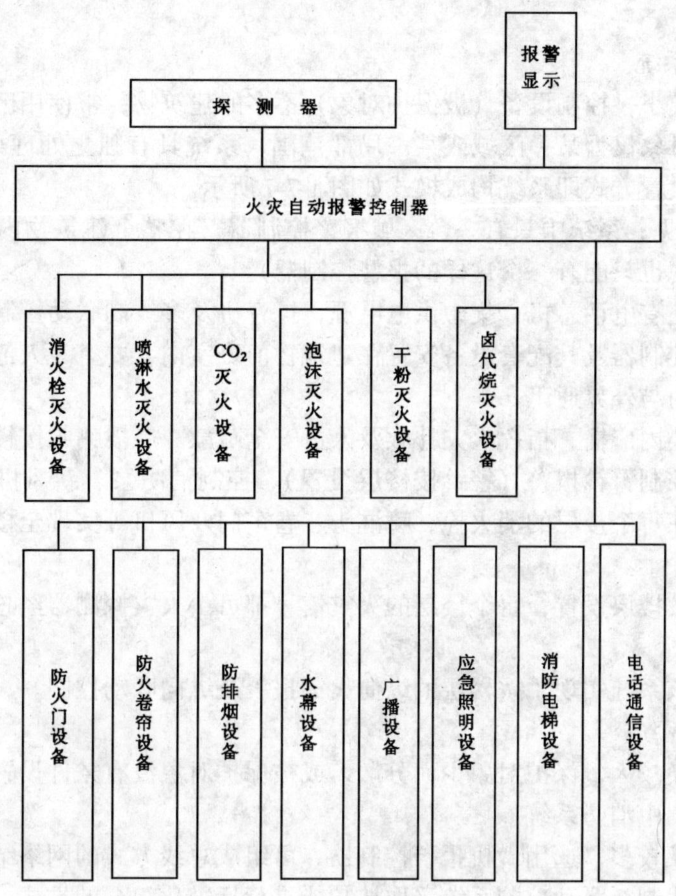

图 1-7-6 建筑消防系统基本单元及典型设备示意图

动作，势必造成不必要的浪费与损失。

还需指出，所谓的建筑消防系统中的控制信号，可以理解为由火灾报警控制器发出的两路主令控制信号，其中一路信号为启动灭火设备的主令信号，另一路为启动报警设备的主令信号。而对于启动联锁减灾设备的主令信号可理解为联锁信号。

另外，从控制的角度看，建筑消防系统以现场探测器检测的火灾信号为系统反馈信号，以灭火设备的动作为输出，利用火灾报警控制器作延时判断。确认火灾后便立即发出系统控制信号。从而实现了现场灭火的闭环控制。

建筑消防系统的闭环控制保证了消防系统的动作迅速、准确、安全可靠。

从使用角度看，建筑消防系统可以是单级式的，也可以是多级式的。

现代高层建筑中被监控的区域往往是几个或几十个，因此就必须由若干个区域监控系统联网组成区域——集中消防系统，也即多级自动消防系统。

（三）建筑消防系统构成模式

所谓消防系统构成模式是指消防系统中火灾报警控制器与主要灭火、减灾设备的安装配置方式。根据我国有关消防法规规定，对于建筑物尤其是高层建筑物，通常可将消防系统构成四种类型。即区域消防系统、集中消防系统、区域——集中消防系统及控制中心消防系统。

1. 区域消防系统

对于建筑规模小，控制设备（被保护对象）不多的建筑物，常使用区域消防系统。

该系统保护对象仅为某一区域或某一局部范围，系统具有独立处理火灾事故的能力。系统主要设备的设置方式即系统构成模式如图1-7-7所示。

由图1-7-7可见，系统中只有一台区域报警控制器（在整个建筑物内，只能有一个这样的系统，系统内也只能有一个这样的报警控制器）。

与其配套的还有电话总机，集中供电电源，扩音机及多线制联动控制器。

通常将报警控制器及其配套设备安置在建筑物值班室内，要有专人值班。

电话负责楼内与外界通讯。

扩声机负责楼内广播，指挥火灾扑救及人员安全疏散。广播喇叭按楼层设置。

联动控制器控制警铃报警（警铃按楼层设置）、控制消防泵、新风机、喷淋泵及消防电梯。借助设置在每个楼层的消火栓、喷淋头、卷帘门及风口等实现全楼的灭火、减灾及安全疏散。

火灾探测器按楼层设置，每个楼层的火灾信号都可由火灾探测器经总线直接送入区域火灾报警控制器。

由此可见，该系统实现了按楼层的纵向火灾报警及纵向联动控制。

2. 集中消防系统

当建筑物规模较大，保护对象少而分散，或被保护对象没有条件设置区域报警控制器时，可考虑设置集中消防系统。

如被保护对象较多，选用微机报警控制器，可组成总线方式的网络结构。在网络结构中，报警采用总线制，联动控制系统采取按功能进行标准化组合的方式。现场设备的操作与显示，全部通过消防控制室，各设备之间的联动关系可由逻辑控制盘确定。

如果可能，报警和联动控制都通过总线的方式，除少部分就地控制外，其余大部分由消防控制室输出联动控制程序进行控制。

集中消防系统应设置消防控制室，集中报警控制器及其附属设备应安置在消防控制室内。

3. 区域——集中消防系统

由于高层建筑及其群体的需要，区域消防系统的容量及性能已经不能满足要求，因此有必要构成区域——集中消防系统。

该系统适用于规模较大，保护控制对象较多，有条件设置区域报警控制器且需要集中管理或控制的场所。

区域——集中消防系统主要设备的设置方式即系统构成模式如图1-7-8所示。

由图1-7-8可见，系统中设置1501集中报警控制器及其附属设备，如消防电话总机1756，集中供电电源1752，消防广播总机1757及CRT显示器等。它们都被设置在消防控制室或消防控制中心内。

区域报警控制器被设置在通常按楼层划分的各个监控区域内，而且每个区域报警控制器都与1811（或1801）联动控制器联动。区域报警控制器接收区域火灾探测器发送的火灾信号。因此该系统实现了按每个监控区域由区域报警控制器控制的横向联动灭火控制。

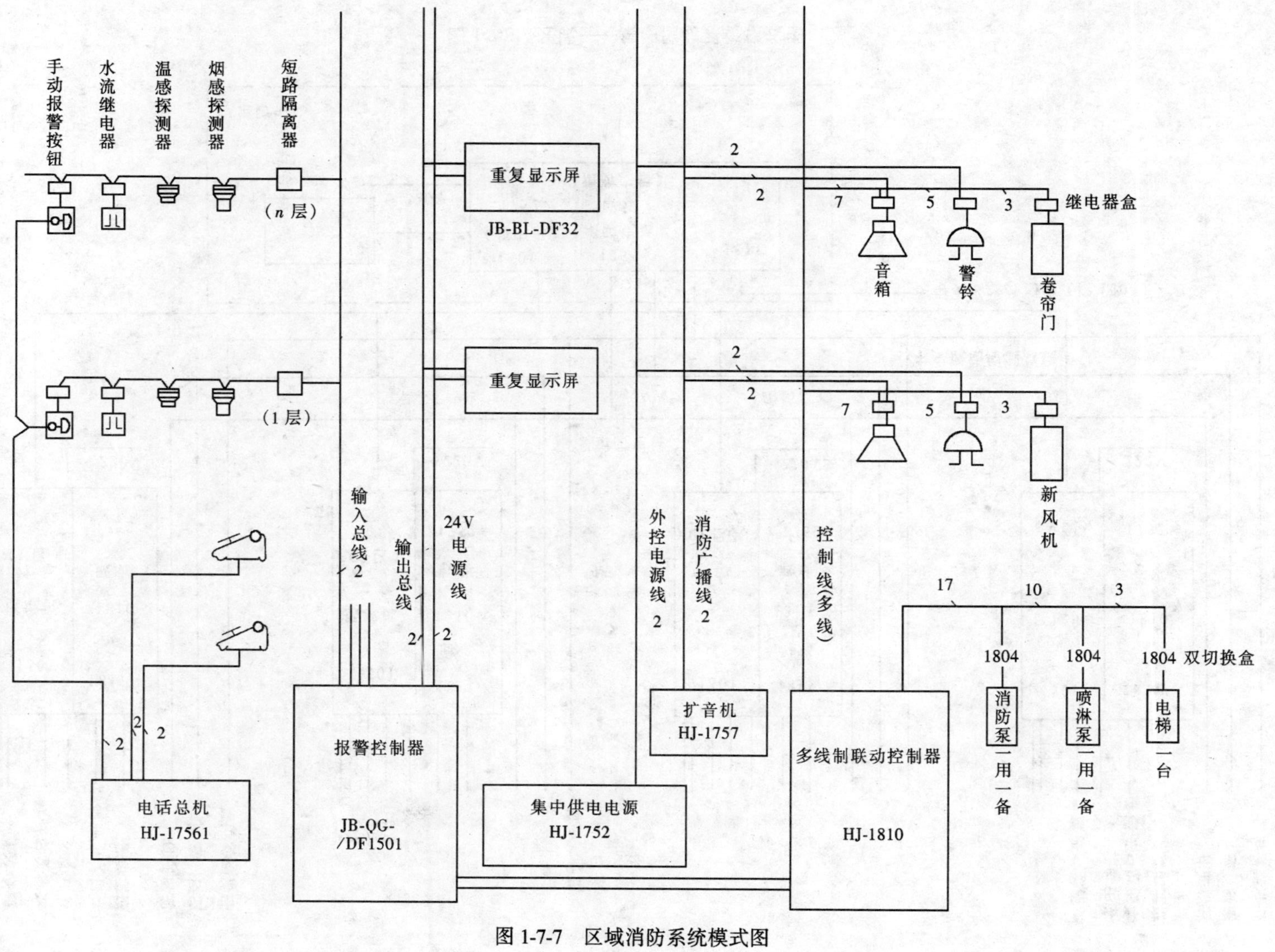

图 1-7-7　区域消防系统模式图

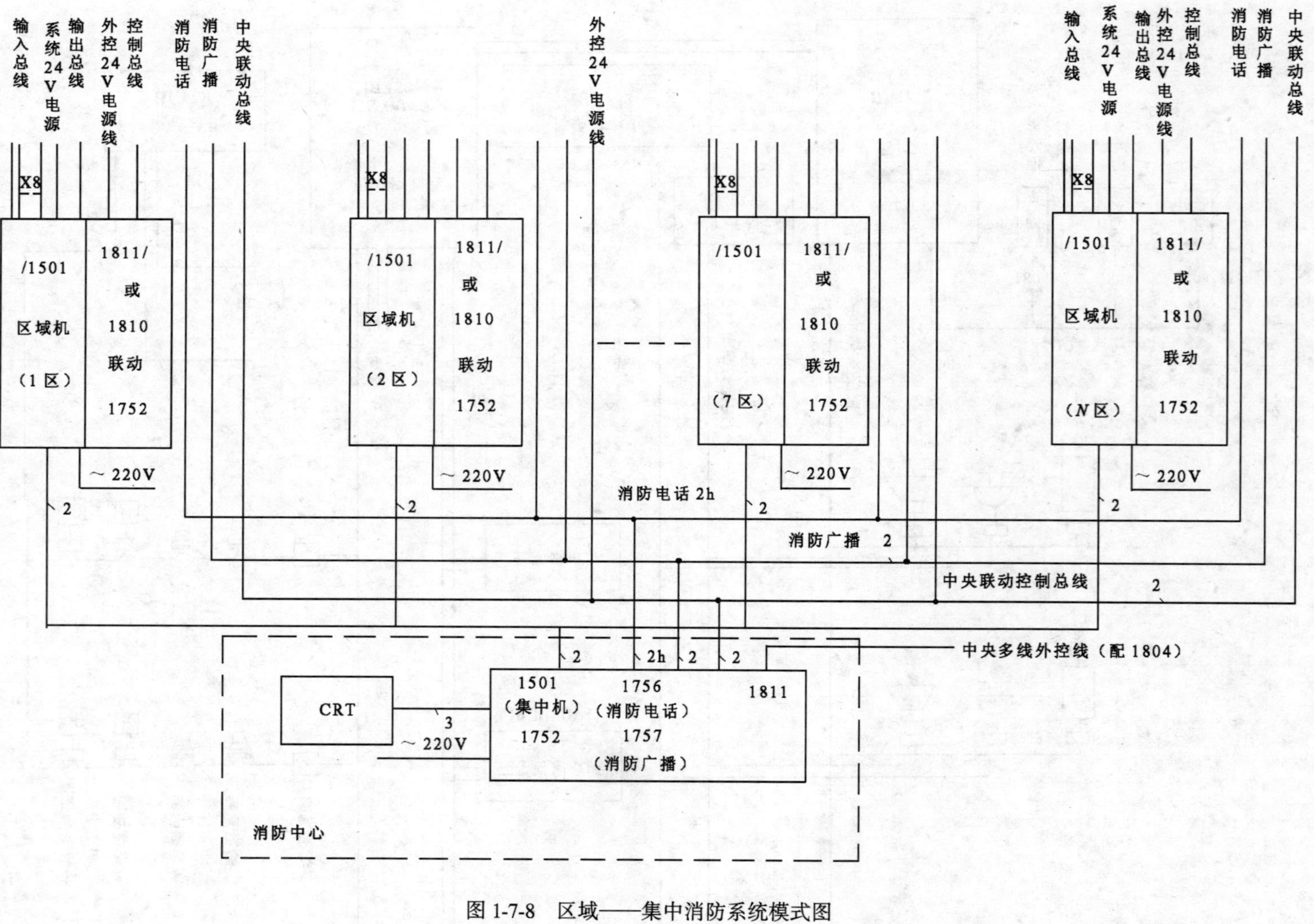

图 1-7-8　区域——集中消防系统模式图

消防电话及消防广播是由总机控制各区域或各楼层分设的电话分机及广播喇叭，实现了按区域或楼层的纵向控制。

火灾报警是由各区域报警控制器实现的。由于区域报警控制器是按区域或楼层分设的，因此各区域报警控制器向集中报警控制器发送火灾信号的方式是纵向发送。

也有的区域——集中消防系统，火灾报警采用了纵向发送方式，但联动灭火却是由消防控制室（消防中心）集中控制的灭火设备实现的，即区域报警控制器不联动灭火设备。

值得注意的是，在区域——集中消防系统中设置的消防控制室（消防中心）是十分重要的。

根据我国有关消防法规规定，消防控制室的位置、面积及内部的供电、照明、通风、防火等都要符合消防法规的规定。

通常在消防控制室除了设置集中报警控制器及其附属设备外，还设置模拟盘及操作控制台。

模拟盘负责火灾及事故的地址（房间号）显示，消防电梯、消防水泵、正压风机及排烟机等动力设备的运行状态显示，消火栓灭火系统、自动喷淋系统、卤代烷灭火系统以及安全疏散诱导系统的启动、停止显示，防火门、防火阀、排烟阀、防火卷帘门、紧急广播、消防电话等设备的动作显示等。借助模拟盘就可以使消防控制室始终掌握整个系统的工作情况。

操作控制台通常都装有微机及其附属设备，其附属设备根据需要可由下列部分或全部控制装置组成：

室内消火栓灭火系统的控制装置；

自动喷水灭火系统的控制装置；

泡沫、干粉灭火系统的控制装置；

卤代烷、二氧化碳等管网灭火系统的控制装置；

电动防火门、防火卷帘的控制装置；

通风空调、防烟、排烟设备及电动防火阀的控制装置；

电梯的控制装置；

火灾事故广播设备的控制装置；

消防通讯设备等。

4. 控制中心消防系统

对于建筑规模大，需要集中管理的群体建筑及超高层建筑，应采用控制中心消防系统。

该系统能显示各消防控制室的总状态信号并负责总体灭火的联络与调度。若系统采用总线制结构，对于控制中心的调度与管理可视为上位机管理，各消防控制室的管理可视为下位机管理，即通常所说的二级管理。

（四）常用术语

为便于对自动消防系统的分析与设计，对一些常用消防术语及名词作如下解释：

1. 火灾报警控制器

火灾报警控制器是由控制器和声、光报警显示器组成。

火灾报警控制器接收系统给定输入信号及现场检测反馈信号、输出系统控制信号。

2. 火灾探测器

火灾探测器是一种传感器，有时也称作“一次检测元件”或“敏感元件”。

3. 火灾正常状态

火灾探测器或火灾报警控制器发出火灾报警信号之前被监控现场的工作状态，也即被监控现场火灾参数信号小于探测器动作值的状态。

4. 故障状态

为确保自动监控系统可靠工作，对于系统中由于某些环节不能正常工作而造成的故障必须给以显示并尽快排除。这种故障称为故障状态。

5. 火灾报警

消防系统中的火灾报警分为预告报警及紧急报警。

预告报警是指火灾刚处在“阴燃阶段”由报警装置发出的声、光报警。这种报警预示火灾可能发生，但不启动灭火设备和减灾设备。

紧急报警是指火灾已经被确认的情况下，由报警装置发出的声、光报警。报警的同时，必须给出启动灭火装置及减灾装置的控制信号。

预告报警的声警显示用变调的喇叭声，光警显示用闪烁的红色火警信号灯；紧急报警的声警显示采用不间断火警铃，光警显示采用红色火警信号灯；故障报警的声警显示用蜂鸣器，光警显示用黄色信号灯。

6. 探测部位

所谓探测部位是指作为一个报警回路的所有火灾探测器所能监控的场所。一个部位只能作为一个回路接入自动报警控制器。换句话说，在报警控制器内凡占一个部位，则必对应着一个回路的所有探测器。

7. 部位号

部位号是指在报警控制器内设置的部位号，它对应着接入的探测器的回路号。

8. 探测范围

探测范围通常指一只探测器的保护面积，其度量方法是采用一只火灾探测器能有效可靠地探测到火灾参数的地面面积。

9. 监控区域号

监控区域也称报警区域。监控区域号一般也就是建筑物内每一台区域报警控制器的编号。监控区域号为集中报警控制器显示火灾区域提供了方便。

10. 火灾报警控制器容量

所谓“容量”，对区域报警控制器及集中报警控制器有不同的解释。

区域报警控制器的容量是指它所监控的区域内最多的探测部位数。而集中报警控制器的容量除指它所监控的最多探测部位数外，还指它所监控的最多“监控区域”数，即最多的区域报警控制器的台数。

11. 区域与集中报警控制器

区域报警控制器与集中报警控制器在结构上没有本质区别。区域报警控制器只是针对某个被监控区域，而集中报警控制器则是针对多区域的、作为区域监控系统的上位管理机或集中调度机。

从功能上讲，集中报警控制器比区域报警控制器更齐全、更完善。

（五）常见的消防设备

1. 火灾探测器：火灾探测器是火灾探测的主要部件，它安装在监控现场，用以监测现场火情。它将现场火灾信息（烟、光、温度）转换成电气信号，并将其传送到自动报警控制器，在闭环控制的自动消防系统中完成信号的检测与反馈。常用的分类方法按探测器的结构造型，探测的火灾参数、输出信号的形式和使用环境等。按探测器的结构分类，可分成线型和点型两大类。线型火灾探测器是一种响应某一连续线路周围的火灾参数的火灾探测器。其连续线路可以是“硬”的（可见的）、也可以是“软”的（不可见的）。点型探测器是一种响应空间某一点周围的火灾参数的火灾探测器。按火灾探测器探测的火灾参数的不同，可以划分为感温、感烟、感光、气体和复合式等几大类。感温探测器是对警戒范围内某一点或某一线段周围的温度参数（异常高温、异常温差、异常温升速率）敏感响应的火灾探测器。根据监测温度参数的不同，感温探测器有定温、差温和差定温三种。定温探测器用于响应环境温度达到或超过预定值的场合。差温探测器用于响应环境温度异常升温其升温速率超过预定值的场合。差定温探测器兼有差温和定温两种探测器的功能。感烟探测器是一种响应燃烧或热介产生的固体或液体微粒的火灾探测器。由于它能探测物质燃烧初期在周围空间所形成的烟雾粒子浓度，因此它具有非常好的早期火灾探测报警功能。感光探测器亦称火焰探测器或光辐射探测器。它能响应火焰射出的红外线、紫外线和可见光。复合式火灾探测器是一种能响应两种或两种以上火灾参数的火灾探测器。主要有感烟感温、感光感温、感光感烟火灾探测器。按照它所安装场所的环境条件分类有：①陆地型：主要用于陆地，无腐蚀性气体，温度范围 -10～+50℃，相对温度在85%以下的场合中。②船用型：其特点是耐用和耐温。它在50°以上的高温和90%～100%高湿环境中都可以长期正常工作。耐酸型：其特点是不受酸性气体的腐蚀。适用于空间经常积聚有较多含酸气体的场所。

2. 点型探测器：这是一种响应某一点周围的火灾参数的火灾探测器。目前生产量最大，民用建筑中几乎都是使用的点型探测器，线型探测器多用于工业设备及民用建筑中一些特定场合。点型探测器又可分点型感烟火灾探测器，点型感温火灾探测器等。

(1) 点型感烟探测器是对警戒范围中某一点周围空间烟雾敏感响应的火灾探测器。建筑工程中，点型感烟探测器使用量最大。它又可分为离子感烟火灾探测器，光电感烟火灾探测器。

1) 离子感烟探测器是根据烟雾（烟粒子）粘附（亲附）电离离子，使电离电流变化这一原理而设计的。工程中使用的离子感烟探测器，主要由两个串联的单极性电离室和一个中央电极组成。其中一个外电离室（又称测量室），另一个叫内电离室（又称补偿室或基准室）。内、外电离室之间设置一个中央电极，它引至信号放大回路的输入端，异电的中央电极保证了内、外电离室在电器上的分开。外电离室的几何形状要让烟雾很容易进入，用它来探测火灾时的烟雾，并利用粘附原理产生的效应供电路鉴定。内电离室尽可能密封好，不要让烟雾进入，但又能感受到外界环境如压力、温度、湿度等的变化，使内电离室不但提供一个电路工作时的基准电压，而且还能补偿由于外界环境变化对电路的影响，以提高探测器的稳定性，减少误极。离子感烟探测器具有灵敏度、稳定性好、误报率低、寿命长、结构紧凑、价格低廉等优点，是火灾初始阶段预报警的理想装置，因而得到广泛应用。

2）光电感烟探测器是利用火灾时产生的烟雾可以改变光的传播性，并通过光电效应而制成的一种火灾探测器。根据烟离子对光线产生吸收（遮挡）、散（乱）射的作用，光电感烟探测器可分为遮光型和散射型两种。主要由检查室、电路、固定支架和外壳等组成。其中检测室是其关键部件。①遮光型的工作原理。当火灾发生时，有烟雾进入检测室，烟离子将光源发出的光遮挡（吸收），到达光敏元件的光能将减弱，其减弱程度与进入检测室的烟雾浓度有关。当烟雾达到一定浓度，光敏元件接收的光强度下降到预定值时，通过光敏元件启动开关电路并经以后电路鉴别确认，探测器即动作，向火灾报警控制器送出报警信号。②散射型光电感烟探测器是应用烟雾粒子对光的散射作用并通过光电效应而制作的一种火灾探测器。它和遮光型光电感烟探测器的主要区别在暗室结构上，而电路组成、抗干扰方法等基本相同。由于是利用烟雾对光线的散射作用，因此暗室的结构就要求 E（红外发光二极管）发出的红外光线在无烟时，不能直接射到光敏元件 R（光敏二极管）。实现散射的暗室各有不同，其中一种是在光源与光敏元件之间加入隔板（黑框）。

（2）点型感温探测器是对警戒范围中某一点周围的的温度响应的火灾探测器。在民用建筑中，就使用量而言，除离子感烟探测器作为基本类型选用而居于首位外，其次要数点型感温火灾探测器。感温探测器的结构较简单，关键部件是它的热敏元件。常用的热敏元件有双金属片、易熔合金、低熔点塑料、水银、酒精、热敏绝缘材料、半导体热敏电阻、膜盒结构等。感温探测器是以对温度的响应方式分类，定温火灾探测器、差温火灾探测器、差定温火灾探测器。点型定温探测器是一种对警界范围中某一点周围温度达到或超过规定值时响应的火灾探测器，当它探测到温度达到或超过其温度值时，探测器动作，向报警控制器送出报警信号。定温探测器的动作温度应按其所在的环境温度进行选择。差温火灾探测器是对警戒范围中某一点周围的温度上升速度超过规定值时响应的火灾探测器。差定温探测器兼差温和定温两种功能。差定温探测器同时具有定温和差温功能，即对于火灾初始段温度上升速度快的，其差温部分动作；对温度上升速率慢，但只要环温达到了动作温度值，其定温部分动作。这样就扩大了它的使用范围。

3. 红外线探测器：红外线探测器，它是一种对火焰辐射的红外光敏感响应的火灾探测器。它主要由外壳、固定部件、红外滤光片、敏感元件、印刷电路板等组成。红外滤光片只让火焰光谱中的红外光透过，使探测器工作在火焰辐射的红外波段范围内，以得较强的信噪比。置于敏感元件的前方兼作敏感元件的保护层，由锗片制成。敏感元件：将红外光转换成电信号的光敏元件。通过红外滤光片的分散红外光要聚焦到敏感元件上，以增强敏感元件接收的红外光辐射强度。此产品是采用对红外光敏感的硫化铅作为敏感元件。其他如硫化镉、硅光电池、硅光电子元件等都可以作为红外光的敏感元件。聚焦可采用反射式或凸透镜等方式实现。电路设计的指导思想是既要让探测器检测到频率为 3 ~ 30Hz 范围的火焰闪烁真信号，又要能鉴别假信号。红外探测器对恒定的红外辐射，一般电光源如白炽灯、荧光灯、太阳光及瞬时的闪烁现象不反应，具有响应快、抗干扰性好、误报小、电路工作可靠、通用性强、能在有烟雾场所及户外工作等优点。通常用于电缆地沟、坑道、库房、地下铁道及隧道等场所。特别适用于无阴燃烧阶段的燃料火灾（如醇类、汽油等易燃液体）的早期报警。

4. 火焰探测器：火焰探测器又叫感光火灾探测器，它是一种能对物质火焰的光谱特性、光照强度和火焰闪烁频率敏感响应的火灾探测器。和感烟、感温、气体等火灾探测器比较，感光探测器的主要优点是：响应速度快，其敏感元件在接收到火焰辐射光后的几毫秒，甚至几个微秒内就发出信号，特别适用于突然起火无烟的易燃易爆场所；它不受环境气流的影响，是惟一能在户外使用的火灾探测器；另外，它还有性能稳定、可靠、探测方位准确等优点，因而得到普遍重视，成为目前火灾探测的重要设备和发展方向。它分为红外感光探测器、紫外感光探测器。红外感光火灾探测器又称红外火焰探测器，它是一种对火焰辐射的红外光敏感响应的火灾探测器。紫外感光火灾探测器又称紫外火焰探测器，它是一种对紫外光辐射敏感响应的火灾探测器。紫外感光探测器由于使用了紫外光敏感元件，而紫外光敏管同时也具有光电管和充气闸流管的特性，所以它使紫外感光火灾探测器具有如下主要特点：

(1) 响应速度快、灵敏度高。紫外感光探测器的响应速度远远快于其他类型的火灾探测器，甚至比最快的红外感光探测器还要快几倍。光敏管的工作状态只需要个别光子的作用就可以改变，极易被激发，故而灵敏度很高。

(2) 脉冲输出。由于紫外光敏管是在截止和导通两个状态交替工作，就使探测器轨迹运行在脉冲状态，其输出信号为计数脉冲。

(3) 可以交流或直流供电。光敏管两个电极加以交流电压或直流电压可以正常工作，其影响只是输出的脉冲个数不同。其他类型的探测器都是只能在直流电压下工作。

(4) 工作电压高。由于光敏管产生“雪崩”式放电过程需要在强电场作用下才能发生，这就要求两极的工作电压很高，通常在200V以上。这会给装配和使用带来不便。而其他类型的火灾探测器都可以在较低的直流电压下工作。

5. 可燃气体火灾探测器：可燃气体火灾探测器是一种能对空气中可燃气体浓度进行检测并发出报警信号的火灾探测器。可燃气体火灾探测器是通过测量空气中可燃气体爆炸下限以内的含量，以便当空气中可燃气体浓度达到或超过报警设定值时自动发出报警信号，提醒人们及早采取安全措施，避免事故发生。可燃气体探测器除具有预报火灾，防火防爆功能外，还可以起监测环境污染作用。和紫外火焰探测器一样，主要在易燃易爆场合中安装使用。它有催化型可燃气体探测器、半导体可燃气体探测器。催化型是用难熔的铂金丝作为探测器的气敏元件。工作时，铂金丝要先被靠近它的电热体预热到工作温度。铂金丝在接触到可燃气体时，会产生催化作用，并在自身表面引起强烈的氧化反应（即所谓“无烟燃烧”），使铂金丝的温度升高，其电阻增大，通过由铂金丝组成的不平衡电桥将这一变化取出，通过电路发出报警信号。半导体可燃气体探测器是一种用对可燃气体高度敏感的半导体元件作为气敏元件的火灾探测器，可以对空气中散发的可燃气体，如烷（甲烷、乙烷等）、醛（丙醛、丁醛等）、醇（乙醇等）、炔（乙炔）等或气化可燃气体，如一氧化碳、氢气及天然气等进行有效的监测。可燃气体探测器要与专用的可燃气体报警器配套使用组成可燃气体自动报警系统。若把可燃气体爆炸浓度下限（L·E·L）定为100%，而预报的报警通常设在20%～25%L·E·L范围，则不等空气中可燃气体浓度引起燃烧或爆炸，报警就提前报警了。

6. 线型探测器：这是一种响应某一连续线路周围的火灾参数的火灾探测器。其连续线路可是“硬”的（可见的），也可以是“软”的（不可见的）。如空气管线型差温火灾探测器，是由一条细长的铜管或不锈钢构成“硬”的（可见的）连续线路。又如红外光速线型感烟火灾探测器，是由发射器和接收器之间的红外光束构成“软”（不可见）的连续线路。

7. 报警模块：报警模块不起控制作用，只能起监视、报警作用。报警控制器的接口，以 8153 作为 I/O 接口和存贮器，能自动完成火灾报警，故障报警，火灾记忆及火灾优先等功能。

8. 镀锌钢管：镀锌钢管是一种焊接钢管，一般由 Q235 号碳素钢制造。它的表面镀锌发白，又称白铁管。表面不镀锌的焊接钢管为普通焊接钢管。镀锌焊接钢管常用于输送要求比较洁净的介质，如：给水、洁净空气等。螺纹连接是钢管连接的常用方式，焊接管在出厂时分两种，管端带螺纹和不带螺纹。一般每根长度为 4 ~ 9m，不带螺纹的焊接管，每根管材长度为 4 ~ 12m。螺纹连接靠各种带螺纹的管件和管端带螺纹的管端，相互吻合旋紧而连接起来的。

9. 螺栓：螺栓按加工方法不同，分为精制和粗制两种，粗制螺栓的毛坯用冲制或锻压方法制成，钉头和栓杆都不加工，螺纹用切削式滚压方法制成。这种螺栓因精度较差，多用于土建钢、木结构中，精制螺栓用六角棒料车制而成螺纹及所有表面均经过加工，精制螺栓又分普通螺栓（结构与粗制螺栓相同）和配合螺栓，由于制造精度高，在机械中应用较广。螺栓头一般为六角形，也有方形，这样便于拧紧。常用的螺栓材料有 Q215、Q235 等碳素钢。

10. 法兰：法兰是固定在管口上带螺栓孔的圆盘。法兰连接严密性好，拆卸安装方便，故用于需要检修或定期清理的阀门、管路附属设备与管子的连接，如泵房管道的连接常采取法兰连接。

11. 阀门：是指控制水流、调节管道内的水量和水压的重要设备。通常放在分支管处，穿越障碍物和过长的管线，一般设在配水支管的下游，以便关阀门时不影响支管的供水。阀门的种类多，分类方法也多，但一般是按其动作特点分为两大类：一是驱动阀门。指借用外力（人力或其他动力）来操纵的阀门，如闸阀、旋塞等。二是自动阀门。指借助介质流量、参数能量变化而动作的阀门，如止回阀、安全阀等。阀门的构造，一般说由阀体、阀瓣、阀盖阀杆和手轮等部件组成。

12. 消防泵：消防水泵目前多采用离心式水泵，它是给水系统的心脏，对系统的使用安全影响很大。在选择水泵时，要满足系统的流量和压力要求。消防水泵房宜与生活、生产水泵房合建，以便节约投资，方便管理。消防水泵房应采用一、二级耐火等级的建筑；附设在建筑内的消防水泵房、应用耐火极限不低于 1h 的燃烧体墙和楼板与其他部位隔开；消防水泵房应设直通室外的出口。设在楼层上的消防水泵房应靠近安全出口；以内燃机作动力的消防水泵房，应有相应的安全措施。泵房设施包括水泵的引水、水泵动力、泵房通信报警设备等。消防泵宜采用自灌式引水方式。采用其他引水方式时，应保证消防泵在 5min 内启动。消防泵可采用电动机、内燃机作为动力，一般要求应有可靠的备用动力。消防水泵房应具有直通消防控制中心或消防队的通信设备。

13. 隔膜式气压水罐：由于平时气压水罐内的气与水压力处于平衡状态，一般稳定在消防给水最高需要工作压力值上。即常高压给水在发生火灾时，人们开始启用消防灭火设备（消火栓、水枪）由于水枪喷水使气压水罐内水量不断流出，水量减少压力逐渐下降。当罐内压力下降到消防给水的最低允许工作压力数值时，设在气压罐上的电接点压力表（或压力控制器）使水泵开启，满足消防给水的水量、水气要求。当水泵启动后电接点压力表就不再控制水泵的开停。当消火栓不用时可手动停泵，恢复电接点压力表对水泵的控制。隔膜式气压水罐消防给水的特点：

(1) 常年保持消防给水高压制。在高层建筑消防给水系统中，管道、管件和阀件等多数采用丝扣连接，在较高压力作用下系统做到完全不渗不漏，是很困难的，可在系统上增设一套平时补压用的隔膜式气压水罐和补压泵，用这套补压装置来维持系统的高压，当使用消火栓时再使消防泵启动，补压泵和消防泵的启动可用不同的压力来控制，系统设计压力下降5%～10%（一般取7%）时补压泵启动，上升到设计压力时补压泵停，系统设计压力泵停，系统设计压力下降10%～15%（一般取12%）时消防泵启动。

(2) 消防给水系统实现了自动化。在消防系统给水中安装了气压水罐和电接点压力表，按照不同的压力值，使补压泵和消防泵能自动的开启和停止，使系统实现了自动化。在消防给水系统的总干管上还可以安装一个水流指示器。当启用消火栓时，由于系统干管水流动，水流指示器发出信号，接通电警铃式电声光报警器报警。立即开启消防泵，而不管罐内压力是否达到电接点压力表下限压力给定值。

(3) 消火栓使用简便出水快。由于消防水泵的启动是自动的，因此过去通常采用的消火栓箱内设置消防水泵启动按钮做法就没有意义了，当有火灾人们动用消火栓时，只需打碎消火栓箱玻璃，拿出水枪打开阀门就可出水灭火，无须再去寻找按钮，这在消火栓使用上是简便的，出水是快，对高层建筑消防提供了很大的安全性。消防水泵是受电接点压力表控制而启动的。目前我国常用的消防水泵启动时间一般只有3～4s，启动速度比规范要求：即消防水泵应在火警发生后5s开始工作，快的很多。但是，应该指出的是利用气压水罐消防给水系统对配电系统要求较高，必须是双电源式双回路供电，且在最末一级配电箱处应能自动切换。

14. 自动报警系统：自动报警系统是以火灾为监控对象，根据防灾要求和特点而设计、构成和工作的，是一种及时发现和通报火情，并采取有效措施控制和扑灭火灾而设置在建筑物中或其他对象与场所的自动消防设施。

消防栓的控制：室内消防栓系统中消防泵的启动和控制方式选择，与建筑物的规模和水系统有关，以确保安全、控制电路简单合理为原则。消防栓系统中消防泵联动控制的基本逻辑是：当手动消防按钮的报警信号送入系统的消防控制中以后，消防泵控制屏或控制装置产生手动或自动信号直接控制消防泵，同时接收水位信号器返回的水位信号。一般的，消防泵的控制都是经消防中心控制室来联动控制。

15. 自动喷水系统控制：对湿式灭火系统的控制，主要是对系统中所设喷淋泵的启、停控制。平时无火灾时，管网压力水由高位水箱提供，使管网内充满压力水。火灾时，由于着火区温度急剧升高，使闭式喷头中玻璃球体内不同颜色的液体受热膨胀而导致玻璃球炸裂，喷头打开，喷出压力水灭火。此时湿式报警阀自动打开，准备输送喷淋泵（消防泵）的消防供水。压力开头检测到降低了的水压，并将其水压信号送入湿式报警控制箱，启动喷淋泵。当水压超过某一值时，停止喷淋泵。所以从喷淋泵的控制过程看，它是一个闭环控制过程。系统中的水流指示器、压力开关将水流转换成火灾报警信号，控制报警控制柜（箱）发出声、光报警并显示灭火地址。

16. 泡沫灭火系统：凡能与水混溶，并可通化学反应或机械方法产生灭火泡沫的灭火剂称为泡沫灭火剂，其组成包括发泡剂、泡沫稳定剂、降粘剂、抗冻剂、助溶剂、防腐剂及水。以泡沫为灭火介质的灭火系统称为泡沫灭火系统。

泡沫灭火系统主要用于扑灭非水溶性可燃液体及一般固体火灾。其灭火原理是泡沫灭火剂的水溶液通过化学、物理作用，充填大量气体（CO_2、空气）后形成无数小气泡，覆盖在燃烧物表面，使燃烧物与空气隔绝，阻断火焰的热辐射，从而形成灭火能力。同时泡沫在灭火过程中析出液体，可使燃烧物冷却。受热产生的水蒸汽还可降低燃烧物附近的氧气浓度，也能起到较好的灭火效能。

17. 发生器：泡沫发生器是指产生泡沫的各基料在一个容器发生反应（化学或物理的）产生大量泡沫以用灭火。此容器跟比例混合器和喷嘴连通，按设计的比例在比例混合器内混合后的原料通过阀门到达发生器内，通过物理的或化学的作用产生大量泡沫由喷嘴喷出灭火。

18. 泡沫比例混合器：根据预先设计的比例纳入各种基料并将其充分混合的结构。比例设计是否合理、混合是否充分对泡沫产生速度的快慢、量的大小非常重要。

19. 湿式报警装置：湿式报警装置有湿式报警阀、延迟器、水力警铃等。湿式报警阀主要用于湿式自动喷水灭火系统上，在其立管上安装，作用是接通或切断水源；启动水力警铃；防止水倒回到供水源。目前我国生产的有导向阀型和隔板座圈型两种。湿式报警阀平时阀芯前后水压相等（水通过导向杆中的水压平衡小孔，保持阀板前后水压平衡）。由于阀芯的自重和阀芯前后所受水的总压力不同，阀芯处关闭状态（阀芯上面的总压力大于阀芯下面的总压力）。发生火灾时，闭式喷头喷水，由于水压平衡小孔来不及补水，报警阀上面的水压下降，此时阀下水压大于阀上水压，于是阀板开启，向洒水管及喷水头供水，同时水沿着报警阀的环形槽进入延迟器，压力继电器及水力警铃等设施，发出水警信号并启动消防水泵等设施。延迟器主要用于湿式喷水灭火系统安装在湿式报警阀与水力警铃，水力继电器之间的管网上，用以防止湿式报警阀因水压不稳所引起的误动作而造成的误报。水力警铃。主要用于湿式喷水灭火系统，安装在湿式报警阀附近。当报警阀打开水源，水流将冲动叶轮，旋转铃锤，打铃报警。

20. 管道支吊架：管道支架的结构形式，按不同设计要求分很多种，常用的滑动支架，固定支架和吊架等。在生产装置外部，有些管道支架是属于大型管架，有的是钢筋混凝土结构，有的是大型钢结构，下面介绍给排水、采暖工程范围的支架。

(1) 滑动支架，也称活动支架。一般都安装在水平敷设的管道上，它一方面承受管道的重量，另一方面允许管道受温度影响发生膨胀式收缩时，沿轴向前后滑动。此种管架多数是安装在两个固定支架之间。

(2) 固定支架，它安装在要求管道不允许有任何位移的地方。如较长的管道上，为了使每个补偿器都起到应有的作用，就必须在一定长度范围内设一个固定支架，使支架两侧管道的伸缩，作用在补偿器上。

(3) 导向支架，是允许管道向一定方向活动的支架。在水平管道上安装的导向支架，既起导向作用也起到支承作用；在垂直管道上安装导向支架，只能起导向作用。以上三种支架，如安装在保温管道上，还必须安装管托，管托一般都是直接与管道固定在一起，管托下面接触管架。不保温的管道可以直接安装在钢支架上，有些管道不能接触碳素钢的，还要另加垫片。

(4) 吊架，是使管道悬垂于空间的管架，有普通吊架和弹簧吊架两种，弹簧吊架适用于有垂直位移的管道，管道受力以后，吊架本身起调节作用。

(5) 木垫式管架是用型钢做成框架式管架，然后在框内衬硬木垫，叫做木垫式管架，这个管架分为悬吊式和固定式两种。一般适用于制冷工艺管道，空调冷冻水保温隔热管道。

（六）二氧化碳灭火系统

二氧化碳灭火原理是通过减少空气中氧的含量，使其达不到支持燃烧的浓度。

二氧化碳灭火系统可分为：全淹没系统、局部应用系统和移动式系统三类。根据二氧化碳灭火系统的操作方式，分成自动灭火系统、半自动灭火系统和手动灭火系统。按二氧化碳的储存方式，又可分成高压储存灭火系统和低压储存灭火系统。

1. 全淹没（全充满）二氧化碳灭火系统

房间内设置固定的二氧化碳喷头，起火后能在要求时间内达到灭火浓度的系统，称为全淹没系统。该系统由储罐、输气管、分配管、喷头以及报警启动设备组成。

在无人居住的房间、地下室、封闭的机器、炉子、容器、储槽、仓库、库房，或工作人员在30s内能离开的通讯机房、计算机房、精密仪器室、档案室、资料室等，宜采用全淹没二氧化碳灭火系统。

2. 局部应用系统

在保护空间（或机器设备）内设置固定的二氧化碳喷头（或采用移动式二氧化碳喷枪），并在要求的时间内使起火部位达到灭火浓度的系统，称为局部应用系统。它由储罐、配管、喷头或灭火短管等组成。

当发生火灾时，二氧化碳释放方式可根据需要，有平面式的，有立体空间式的，它反对保护对象的特定部分或特定设施释放二氧化碳灭火剂。与被保护对象有很大开口部分，而又无法密闭，用全淹没系统不能达到灭火效果；或保护对象规模庞大，用全淹没系统不仅二氧化碳用量很大，且有可能造成人员生命危险的情况下，采用本系统较为适宜。

3. 移动式系统

这种设备由二氧化碳钢瓶、集合管、软管、软管卷轴、软管以及喷筒等组成。它需由操作人员接近灭火点进行灭火，故其设置地点受到限制。通常只设在两面均敞开的小范围的保护现场，如停车场等。

（七）消防及安全防范设备安装工程系统组成

消防是防火和灭火的总称。一般的消防系统主要是由两部分组成：一为感应机构，即火灾自动报警系统；二为执行机构，即灭火、联动控制系统。

火灾自动报警系统是由探测器、手动报警按钮、报警器、警报器、事故广播、显示和联动控制器等组成，完成检测火情并及时报警的任务。

1. 火灾自动报警系统

火灾自动报警系统的组成结构形式多种多样，就目前而言有智能型、全总线型、综合型和传统的区域报警系统、集中报警系统。不论何种形式其作用均是：自动发现火警及时报警，不失时机的控制火情，将火灾的损失减低到最低程度。

1）探测器。火灾探测器种类繁多。若按探测感应源分类有：感烟探测器、感温探测器、感光探测器和复合型探测器等；若按探测器外形分类则有：点形探测器和线形探测器。

火灾探测器的作用有：捕捉、检测火灾发生过程中的“信号”，并将捕捉检测到的信号转换成电信号立即传送至报警控制器和消防控制中心，是一种自动检测控制电器。

2）手动报警按钮。火灾自动报警系统应设置有自动（探测器）和手动（按钮）两种触发装置。手动报警按钮是在应急状态下由人工手动通报火警或确认火警的近控制电器。手动报警按钮的紧急程度高于火灾探测器报警，是一种人工检测控制电器。

3）编址模块。编址模块分为编址输入模块、输出模块、编址输入/输出模块、监视模块、信号模块、控制模块、信号接口、控制接口、单控模块、双控模块等，不同厂家产品各异，名称也不尽相同，但其用途基本一致。

①编址输入模块

用途：将各种消防输入设备的开关信号（如探测器报警信号和手动报警按钮信号）接入探测点线，实现火灾信号向报警控制器的传输，达到报警和控制的目的。

适用范围：适应水流指示器、报警阀、压力开关、非编址手动报警按钮、普通型感烟、感温火灾探测器等。

②编址输入/输出模块

用途：将报警器发出的动作指令通过继电器触点控制现场设备完成规定的动作，同时将动作完成信号反馈给报警器，起到联动控制与被动控制设备间的桥梁作用。

适应范围：排烟阀、送风阀、风机、喷淋泵、消防广播、警铃（笛）等。

4）火灾报警控制器。火灾报警控制器是火灾自动报警系统的中心，它的作用是接收火灾信号、启动火灾报警装置、指示火灾部位、记录有关火灾信息、确认火警、发送自动灭火设备和消防联动控制设备的信号、自动检测系统的正常运行并对特定故障等给出声光报警、对有关探测器和设备等实施供电。

火灾报警控制器的基本功能：

①主备电源。投入使用时主、备电源开关全打开；主电源供电，控制器自动在主电源供电下运行，同时对电池充电；主电源断电，控制器自动切换成电池供电，从而保证系统的正常运行。

②火灾报警。接收探测器、手动报警按钮、消火栓报警按钮、水流指示器、报警阀、压力开关等输入模块设备传送来的火灾信号，在控制器中报警并显示首次报警地址和报警总数。

③故障报警。系统正常运行时，对系统各部件和主要设备进行监视性自动巡检，一有异常立即报警并显示故障报警地址，便于管理人员或设备维护人员进行检查维修，保证系统正常工作。

④时钟锁定、记录着火时间。系统中的时钟在投入运行时调整到位，当火灾或故障时，时钟显示锁定；这对判定火灾起因或故障原因等有特定的作用。

⑤火警优先。系统在故障状态下出现火警，报警器自动由故障报警转换成火灾报警，火警消除后自动恢复原有故障报警。

2. 灭火及联动系统

灭火及联动系统是由液体灭火、气体灭火、事故照明、疏散指示、防排烟设施、专用通讯系统等组成，完成接到火警自动灭火的任务。

三、消防工程规范

C.7.1　水灭火系统。工程量清单项目设置及工程量计算规则，应按表1-7-1的规定执行。

C.7.1 水灭火系统（编码：030701） 表 1-7-1

项目编码	项目名称	项目特征	计量单位	工程量计算规则	工 程 内 容
030701001	水喷淋镀锌钢管	1. 安装部位（室内、外） 2. 材质 3. 型号、规格 4. 连接方式 5. 除锈标准、刷油、防腐设计要求 6. 水冲洗、水压试验设计要求	m	按设计图示管道中心线长度以延长米计算，不扣除阀门、管件及各种组件所占长度；方形补偿器以其所占长度按管道安道安装工程量计算	1. 管道及管件安装 2. 套管（包括防水套管）制作、安装 3. 管道除锈、刷油、防腐 4. 管网水冲洗 5. 无缝钢管镀锌 6. 水压试验
030701002	水喷淋镀锌无缝钢管				
030701003	消火栓镀锌钢管				
030701004	消火栓钢管				
030701005	螺纹阀门	1. 阀门类型、材质、型号、规格 2. 法兰结构、材质、规格、焊接形式	个	按设计图示数量计算	1. 法兰安装 2. 阀门安装
030701006	螺纹法兰阀门				
030701007	法兰阀门				
030701008	带短管甲乙的法兰阀门				
030701009	水表	1. 材质 2. 型号、规格 3. 连接方式	组		安装
030701010	消防水箱制作安装	1. 材质 2. 形状 3. 容量 4. 支架材质、型号、规格 5. 除锈标准、刷油设计要求	台		1. 制作 2. 安装 3. 支架制作、安装及除锈、刷油 4. 除锈、刷油
030701011	水喷头	1. 有吊顶、无吊顶 2. 材质 3. 型号、规格	个	按设计图示数量计算	1. 安装 2. 密封性试验
030701012	报警装置	1. 名称、型号 2. 规格	组	按设计图示数量计算（包括湿式报警装置、干湿两用报警装置、电动雨淋报警装置、预作用报警装置）	安装

续表

项目编码	项目名称	项目特征	计量单位	工程量计算规则	工程内容
030701013	温感式水幕装置	1. 型号、规格 2. 连接方式	组	按设计图示数量计算（包括给水三通至喷头、阀门间的管道、管件、阀门、喷头等的全部安装内容）	安装
030701014	水流指示器	规格、型号	个	按设计图示数量计算	
030701015	减压孔板	规格			
030701016	末端试水装置	1. 规格 2. 组装形式	组	按设计图示数量计算（包括连接管、压力表、控制阀及排水管等）	
030701017	集热板制作安装	材质	个	按设计图示数量计算	制作、安装
030701018	消火栓	1. 安装部位（室内、外） 2. 型号、规格 3. 单栓、双栓	套	按设计图示数量计算（安装包括：室内消火栓、室外地上式消火栓、室外地下式消火栓）	安装
030701019	消防水泵接合器	1. 安装部位 2. 型号、规格		按设计图示数量计算（包括消防接口本体、止回阀、安全阀、闸阀、弯管底座、放水阀、标牌）	
030701020	隔膜式气压水罐	1. 型号、规格 2. 灌浆材料	台	按设计图示数量计算	1. 安装 2. 二次灌浆

C.7.2 气体灭火系统。工程量清单项目设置及工程量计算规则，应按表1-7-2的规定执行。

C.7.2 气体灭火系统（编码：030702） **表1-7-2**

<table>
<tr><th>项目编码</th><th>项目名称</th><th>项目特征</th><th>计量单位</th><th>工程量计算规则</th><th>工 程 内 容</th></tr>
<tr><td>030702001</td><td>无缝钢管</td><td rowspan="4">1. 卤代烷灭火系统、二氧化碳灭火系统
2. 材质
3. 规格
4. 连接方式
5. 除锈、刷油、防腐及无缝钢管镀锌设计要求
6. 压力试验、吹扫设计要求</td><td rowspan="4">m</td><td rowspan="4">按设计图示管道中心线长度以延长米计算，不扣除阀门、管件及各种组件所占长度</td><td rowspan="4">1. 管道安装
2. 管件安装
3. 套管制作、安装（包括防水套管）
4. 钢管除锈、刷油、防腐
5. 管道压力试验
6. 管道系统吹扫
7. 无缝钢管镀锌</td></tr>
<tr><td>030702002</td><td>不锈钢管</td></tr>
<tr><td>030702003</td><td>铜管</td></tr>
<tr><td>030702004</td><td>气体驱动装置管道</td></tr>
<tr><td>030702005</td><td>选择阀</td><td>1. 材质
2. 规格
3. 连接方式</td><td rowspan="2">个</td><td rowspan="2">按设计图示数量计算</td><td>1. 安装
2. 压力试验</td></tr>
<tr><td>030702006</td><td>气体喷头</td><td>型号、规格</td><td rowspan="3">安装</td></tr>
<tr><td>030702007</td><td>贮存装置</td><td rowspan="2">规格</td><td rowspan="2">套</td><td>按设计图示数量计算（包括灭火剂存储器、驱动气瓶、支框架、集流阀、容器阀、单向阀、高压软管和安全阀等贮存装置和阀驱动装置）</td></tr>
<tr><td>030702008</td><td>二氧化碳称重检漏装置</td><td>按设计图示数量计算（包括泄漏开关、配重、支架等）</td></tr>
</table>

C.7.3 泡沫灭火系统。工程量清单项目设置及工程量计算规则，应按表 1-7-3 的规定执行。

C.7.3 泡沫灭火系统（编码：030703） **表 1-7-3**

<table>
<tr><th>项目编码</th><th>项目名称</th><th>项目特征</th><th>计量单位</th><th>工程量计算规则</th><th>工 程 内 容</th></tr>
<tr><td>030703001</td><td>碳钢管</td><td rowspan="3">1. 材质
2. 型号、规格
3. 焊接方式
4. 除锈、刷油、防腐设计要求
5. 压力试验、吹扫的设计要求</td><td rowspan="3">m</td><td rowspan="3">按设计图示管道中心线长度以延长米计算，不扣除阀门、管件及各种组件所占长度</td><td rowspan="3">1. 管道安装
2. 管件安装
3. 套管制作、安装
4. 钢管除锈、刷油、防腐
5. 管道压力试验
6. 管道系统吹扫</td></tr>
<tr><td>030703002</td><td>不锈钢管</td></tr>
<tr><td>030703003</td><td>铜管</td></tr>
<tr><td>030703004</td><td>法兰</td><td rowspan="2">1. 材质
2. 型号、规格
3. 连接方式</td><td>副</td><td rowspan="5">按设计图示数量计算</td><td>法兰安装</td></tr>
<tr><td>030703005</td><td>法兰阀门</td><td>个</td><td>阀门安装</td></tr>
<tr><td>030703006</td><td>泡沫发生器</td><td>1. 水轮机式、电动机式
2. 型号、规格
3. 支架材质、规格
4. 除锈、刷油设计要求
5. 灌浆材料</td><td rowspan="3">台</td><td rowspan="2">1. 安装
2. 设备支架制作、安装
3. 设备支架除锈、刷油
4. 二次灌浆</td></tr>
<tr><td>030703007</td><td>泡沫比例混合器</td><td>1. 类型
2. 型号、规格
3. 支架材质、规格
4. 除锈、刷油设计要求
5. 灌浆材料</td></tr>
<tr><td>030703008</td><td>泡沫液贮罐</td><td>1. 质量
2. 灌浆材料</td><td>1. 安装
2. 二次灌浆</td></tr>
</table>

C.7.4 管道支架制作安装。工程量清单项目设置及工程量计算规则，应按表 1-7-4 的规定执行。

C.7.4 管道支架制作安装（编码：030704） **表 1-7-4**

项目编码	项目名称	项目特征	计量单位	工程量计算规则	工 程 内 容
030704001	管道支架制作安装	1. 管架形式 2. 材质 3. 除锈、刷油设计要求	kg	按设计图示质量计算	1. 制作、安装 2. 除锈、刷油

C.7.5 火灾自动报警系统。工程量清单项目设置及工程量计算规则，应按表 1-7-5 的规定执行。

C.7.5 火灾自动报警系统（编码：030705）　　表 1-7-5

项目编码	项目名称	项目特征	计量单位	工程量计算规则	工程内容
030705001	点型探测器	1. 名称 2. 多线制 3. 总线制 4. 类型	只	按设计图示数量计算	1. 探头安装 2. 底座安装 3. 校接线 4. 探测器调试
030705002	线型探测器	安装方式	m		1. 探测器安装 2. 控制模块安装 3. 报警终端安装 4. 校接线 5. 系统调试
030705003	按钮	规格	只		1. 安装 2. 校接线 3. 调试
030705004	模块（接口）	1. 名称 2. 输出形式			1. 安装 2. 调试
030705005	报警控制器	1. 多线制 2. 总线制 3. 安装方式 4. 控制点数量	台		1. 本体安装 2. 消除报警备用电源 3. 校接线 4. 调试
030705006	联动控制器				
030705007	报警联动一体机				
030705008	重复显示器	1. 多线制 2. 总线制			1. 安装 2. 调试
030705009	报警装置	形式			
030705010	远程控制器	控制回路			

C.7.6 消除系统调试。工程量清单项目设置及工程量计算规则，应按表1-7-6的规定执行。

C.7.6 消防系统调试（编码：030706） 表1-7-6

项目编码	项目名称	项目特征	计量单位	工程量计算规则	工程内容
030706001	自动报警系统装置调试	点数	系统	按设计图示数量计算（由探测器、报警按钮、报警控制器组成的报警系统；点数按多线制、总线制报警器的点数计算）	系统装置调试
030706002	水灭火系统控制装置调试			按设计图示数量计算（由消火栓、自动喷水、卤代烷、二氧化碳等灭火系统组成的灭火系统装置；点数按多线制、总线制联动控制器的点数计算）	
030706003	防火控制系统装置调试	1. 名称 2. 类型	处	按设计图示数量计算（包括电动防火门、防火卷帘门、正压送风阀、排烟阀、防火控制阀）	
030706004	气体灭火系统装置调试	试验容器规格	个	按调试、检验和验收所消耗的试验容器总数计算	1. 模拟喷气试验 2. 备用灭火器贮存容器切换操作试验

C.7.7 其他相关问题，应按下列规定处理：

1. 管道界限的划分：喷淋系统水灭火管道：室内外界限应以建筑物外墙皮1.5m为界，入口处设阀门者应以阀门为界；设在高层建筑物内的消防泵间管道应以泵间外墙皮为界。消火栓管道：给水管道室内外界限划分应以外墙皮1.5m为界，入口处设阀门者应以阀门为界。与市政给水管道的界限应以水表井为界；无水表井的，应以与市政给水管道碰头点为界。

2. 湿式报警装置：包括湿式阀、蝶阀、装配管、供水压力表、装置压力表、试验阀、泄放试验阀、泄放试验管、试验管流量计、过滤器、延时器、水力警铃、报警截止阀、漏斗、压力开关等。

3. 干湿两用报警装置：包括两用阀、蝶阀、装配管、加速器、加速器压力表、供水压力表、试验阀、泄放试验阀（湿式、干式）、挠性接头、泄放试验管、试验管流量计、排气阀、截止阀、漏斗、过滤器、延时器、水力警铃、压力开关等。

4. 电动雨淋报警装置：包括雨淋阀、蝶阀（2个）、装配管、压力表、泄放试验阀、流量表、截止阀、注水阀、止回阀、电磁阀、排水阀、手动应急球阀、报警试验阀、漏斗、压力开关、过滤器、水力警铃等。

5. 预作用报警装置：包括干式报警阀、控制蝶阀（2个）、压力表（2块）、流量表、截止阀、排放阀、注水阀、止回阀、泄放阀、报警试验阀、液压切断阀、装配管、供水检验管、气压开关（2个）、试压电磁阀、应急手动试压器、漏斗、过滤器、水力警铃等。

6. 室内消火栓：包括消火栓箱、消火栓、水枪、水龙头、水龙带接扣、挂架、消防按钮。

7. 室外地上式消火栓：包括地上式消火栓、法兰接管、弯管底座。

8. 室外地下式消火栓：包括地下式消火栓、法兰接管、弯管底座或消火栓三通。

9. 凡涉及到管沟及井类的土石方开挖、垫层、基础、砌筑、抹灰、地井盖板预制安装、回填、运输，路面开挖及修复、管道支墩等，应按附录 A、附录 D 相关项目编码列项。

四、消防工程编制注意事项

（一）概述

1. 附录 C.7 消防工程内容包括：水灭火系统、气体灭火系统、泡沫灭火系统、火灾自动报警系统。水灭火系统中包括消火栓灭火和自动喷淋灭火两部分。

2. 本附录共分 6 节，共 47 个项目。其中包括灭火管道安装、部件及阀门法兰安装、报警装置、水流指示器、消火栓、气体驱动装置、泡沫发生器等。

3. 本附录适用于采用工程量清单计价的工业与民用建筑的消防工程。

4. 本附录与其他有关工程的界限划分。

（1）水消防管道的室内外划分，以建筑外墙皮 1.5m 处为分界点。如入口处设阀门时，以阀门为分界点。

（2）消防水泵房内的管道为工业管道项目，与消防管道划分以泵房外墙皮或泵房屋顶板为分界点。

（3）消防管道与市政管道的划分，以计量井为界。无计量井的，以市政给水管道的碰头点为界。

5. 本附录需要说明的问题：

（1）关于项目特征。项目特征是工程量清单计价的关键依据之一，由于项目的特征不同，其计价的结果也相应发生差异，因之招标单位在编制工程量清单时，应在可能的情况下明确描述该工程量清单项目的特征。投标人按招标人提出的特征要求计价。

（2）关于工程量清单计算规则。

1）工程量清单的工程量，必须依据工程量计算规则的要求编制，工程量只列实物量，所谓实物量即是工程完工后的实体量。如土石方工程，其挖填土石方工程量只能按设计沟断面尺寸乘沟长度计算。不能将放坡的土石方量计入工程量内。绝热工程量只能按设计要求的绝热厚度计算，不能将施工的误差增加量计入绝热工程量。投标人在投标报价时，可以按自己的企业技术水平和施工方案的具体情况，将土石方挖填的放坡量和绝热的施工误差量计入综合单价内。增加的量越小越有竞标能力。

2）有的工程项目，由于特殊情况不属于工程实体，但在工程量清单计量规则中列有清单项目，也可以编制工程量清单，如本附录的消防系统试调项目就属此种情况。

3）关于工程内容。工程量清单的工程内容是完成该工程量清单可能发生的综合工程项目，工程量清单计价时，按图纸、规程、规范等要求，选择编列所需项目。

6. 下列几项费用，投标人在报价时可根据现场实际需要和企业的技术能力酌情增列施工增加费，并计入综合单价。

（1）高层建筑施工增加费；

（2）安装与生产同时进行增加费；

（3）在有害身体健康环境中施工增加费；

（4）超高施工增加费；

（5）设置在管道间、管廊内管道施工增加费；

（6）现场浇筑的主体结构配合施工增加费；

（7）沟内、地下室内、暗室内、库内无自然采光需人工照明的施工增加费。

7. 关于措施项目清单。措施项目清单为工程量清单的组成部分，措施项目可按照《建设工程工程量清单计价规范》表 3.3.1 所列项目，根据工程需要情况选择列项。消防工程可能发生的措施项目一般有：脚手架搭拆费、临时设施、文明施工、安全施工、夜间施工、二次搬运等费用。措施项目清单应单独编制，并应按措施项目清单编制要求计价。

8. 编制本附录清单项目如涉及到管沟及管沟的土石方、垫层、基础、砌筑、抹灰、地沟盖板、土石方回填、土石方运输等工程内容时，按附录 A 的相关项目编制工程量清单。路面开挖及修复、管道支墩、井砌筑等工程内容，按附录 D 相关项目编制工程量清单。

9. 清单项目如涉及到管道油漆、除锈，支架的除锈、油漆，管道的绝热、防腐等工程量清单项目，可参照《全国统一安装工程预算定额》刷油、防腐蚀、绝热工程册的工料机耗用量计价。

（二）工程量清单项目设置

1. 附录 C.7.1 水灭火系统

（1）概况。

1）水灭火系统包括消火栓灭火和自动喷淋灭火。包括的项目有管道安装、系统组件安装（喷头、报警装置、水流指示器）、其他组件安装（减压孔板、末端试水装置、集热板）、消火栓（室内外消火栓、水泵接合器）、气压水罐、管道支架等工程，并按安装部位（室内外）、材质、型号规格、连接方式及除锈、油漆、绝热等不同特征设置清单项目。编制工程量清单时，必须明确描述各种特征，以便计价。

2）特征中要求描述的安装部位：管道是指室内、室外；消火栓是指室内、室外、地上、地下；消防水泵接合器是指地上、地下、壁挂等。要求描述的材质：管道是指焊接钢管（镀锌、不镀锌）、无缝钢管（冷拔、热轧）。要求描述的型号规格：管道是指口径（一般为公称直径，无缝钢管应按外径及壁厚表示）；阀门是指阀门的型号，如 Z41T－10－50、J11T－16－25；报警装置是指湿式报警、干湿两用报警、电动雨淋报警、预作用报警等；连接形式是指螺纹连接、焊接。

（2）需要说明的问题。

1）工程内容所列项目大多数为计价项目，但也有些项目是包括在《全国统一安装工程预算定额》相应项目的工作内容中。如招标单位是依据《全国统一安装工程预算定额》工料机耗用量编制招标工程标底时，应删除《全国统一安装工程预算定额》工作内容中与本附录各项工程内容相同的项目，以免重复计价。

2）招标人编制工程标底如以《全国统一安装工程预算定额》为依据计价时，以下各工程应按下列规定办理。

①消火栓灭火系统的管道安装，按《全国统一安装工程预算定额》第八册相关项目的规定计价。

②喷淋灭火系统的管道安装、消火栓安装、消防水泵接合器安装，按《全国统一安装工程预算定额》第七册相关项目的规定计价。

③水灭火系统的阀门、法兰安装、套管制作安装，按《全国统一安装工程预算定额》第六册相关项目的规定计价。

④水灭火系统的室外管道安装，按《全国统一安装工程预算定额》第八册相关项目的规定计价。

3）无缝钢管法兰连接项目，管件、法兰安装已计入管道安装价格中，但管件、法兰的主材价按成品价另计。

2. 附录 C.7.2　气体灭火系统

（1）概况。

1）气体灭火系统是指卤代烷（1211、1301）灭火系统和二氧化碳灭火系统。包括的项目有管道安装、系统组件安装（喷头、选择阀、储存装置）、二氧化碳称重检验装置安装，并按材质、规格、连接方式、除锈要求、油漆种类、压力试验和吹扫等不同特征，设置清单项目。编制工程量清单时，必须明确描述各种特征，以便计价。

2）特征要求描述的材质；无缝钢管（冷拔、热轧、钢号要求）、不锈钢管（1Cr18Ni9、1Cr18Ni9Ti、Cr18Ni13 Mo3Ti）、铜管为纯铜管（TI、T2、T3）、黄铜管（H59～H96），规格为公称直径或外径（外径应按外径乘管厚表示），连接方式是指螺纹连接和焊接，除锈标准是指采用的除锈方式（手工、化学、喷砂），压力试验是指采用试压方法（液压、气压、泄露、真空），吹扫是指水冲洗、空气吹扫、蒸汽吹扫，防腐刷油是指采用的油漆种类。

（2）需要说明的问题。

1）储存装置安装应包括灭火剂储存器及驱动瓶装置两个系统。储存系统包括灭火气体储存瓶、储存瓶固定架、储存瓶压力指示器、容器阀、单向阀、集流管、集流管与容器阀连接的高压软管、集流管上的安全阀；驱动瓶装置包括驱动气瓶、驱动气瓶支架、驱动气瓶的容器阀、压力指示器等安装，气瓶之间的驱动管道安装应按气体驱动装置管道清单项目列项。

2）二氧化碳为灭火剂储存装置安装不需用高纯氮气增压，工程量清单综合单价不计氮气价值。

3. 附录 C.7.3　泡沫灭火系统

（1）泡沫灭火系统包括的项目有管道安装、阀门安装、法兰安装及泡沫发生器、混合储存装置安装，并按材质、型号规格、焊接方式、除锈标准、油漆品种等不同特征列项。编制工程量清单时，必须明确描述各种特征，以便计价。

（2）如招标单位是按照建设行政主管部门发布的现行消耗量定额为依据时，泡沫灭火系统的管道安装、管件安装、法兰安装、阀门安装、管道系统水冲洗、强度试验、严密性试验等按照《全国统一安装工程预算定额》第六册的有关项目的工料机耗用量计价。

4. 附录 C.7.4　管道支架制作安装

（1）管道支架制作安装适用于各灭火系统项目的支架制作安装，灭火系统的设备支架也使用本项目。

(2) 支架制作安装工程量清单应描述支架的除锈要求、刷油的油种等特征。

5. 附录 C.7.5　火灾自动报警系统

(1) 概况。火灾自动报警系统主要包括探测器、按钮、模块（接口)、报警控制器、联动控制器、报警联动一体机、重复显示器、报警装置（指声光报警及警铃报警)、远程控制器等。并按安装方式、控制点数量、控制回路、输出形式、多线制、总线制等不同特征列项。编列清单项目时，应明确描述上述特征。

(2) 需要说明的问题。

1) 火灾自动报警系统分为多线制和总线制两种形式。多线制为系统间信号按各自回路进行传输的布线制式，总线制为系统间信号按无限性两根线进行传输的布线制式。

2) 报警控制器、联动控制器和报警联动一体机安装的工程内容的本体安装，应包括消防报警备用电源安装内容。

3) 消防通讯项目工程量清单按《建设工程工程量清单计价规范》附录 C.11 规定编制工程量清单。

4) 火灾事故广播项目工程量清单按《建设工程工程量清单计价规范》附录 C.11 规定编制工程量清单。

6. 附录 C.7.6　消防系统调试

(1) 概况。消防系统调试内容包括自动报警系统装置调试、水灭火系统控制装置调试、防火控制系统装置调试、气体灭火控制系统装置调试，并按点数、类型、名称、试验容器规格等不同特征设置清单项目。编制工程量清单时，必须明确描述各种特征，以便计价。

(2) 各消防系统调试工作范围如下：

1) 自动报警系统装置调试为各种探测器、报警按钮、报警控制器，以系统为单位按不同点数编制工程量清单并计价。

2) 水灭火系统控制装置调试为水喷头、消火栓、消防水泵接合器、水流指示器、末端试水装置等，以系统为单位按不同点数编制工程量清单并计价。

3) 气体灭火控制系统装置调试由驱动瓶起始至气体喷头为止。包括进行模拟喷气试验和储存容器的切换试验。调试按储存容器的规格、容器的容量不同以个为单位计价。

4) 防火控制系统装置调试包括电动防火门、防火卷帘门、正压送风门、排压阀、防火阀等装置的调试，并按其特征以处为单位编制工程量清单项目。

(3) 需要说明的问题。气体灭火控制系统装置调试如需采取安全措施时，应按施工组织设计要求，将安全措施费用按《建设工程工程量清单计价规范》表 1.3.1 安全施工项编制工程量清单。

第八节　给排水、采暖、煤气安装工程

一、给排水、采暖、煤气安装工程制图

(一) 给排水管道施工图的基本知识

1. 给排水工程施工图的分类

给水排水工程施工图按内容来分，可以大致分为以下三类。

(1) 室外管道及附属设备图

指城镇居住区和工矿企业区的给水排水管道施工图。属于这类图样的有区域管道平面图、街道管道平面图、工矿企业厂区管道平面图、管道纵剖图、管道上的附属设备图、泵站及水池和水塔管道施工图、污水及雨水出口施工图。

(2) 室内管道及卫生设备图

指一幢建筑物内用水房间（如厕所、厨房、实验室、锅炉房）以及工厂车间用水设备的管道平面布置图、管道系统平面图、卫生设备、用水设备、加热设备和水箱、水泵等的施工图。

(3) 水处理工艺设备图

指给水厂和污水处理厂的平面布置图、水处理设备图（如沉淀池、过滤池、曝气池、消化池等全套施工图)、水流或污流流程图。

给水排水工程施工图按图纸表现的形式可分为基本图和详图两大类。

2. 室内给排水工程施工图的识读

给水排水工程施工图中的管道、卫生器具、阀门以及设备等都是用图例符号表示的，在识读施工图时，必须弄懂这些图例符号。

(1) 平面图的识读

室内给水排水管道平面图，是给水排水施工图中最基本最重要的图样。它主要表示了建筑物内给水和排水管道及有关卫生器具或用水设备的平面布置。这种布置图上的图形都是示意性的，同时，管配件（如活接头、补心、管箍等）也不表示出来，因此，在熟读图纸的同时还必须熟悉给水排水管道的施工工艺。

识读管道平面图，应掌握的主要内容和注意事项如下：

1) 查明卫生器具、用水设备（开水炉、水加热器等）和升压设备（水泵、水箱）的类型、数量、安装位置、定位尺寸。

卫生器具及各种设备通常是用图例来表示的，它只能说明器具和设备的类型，而没有具体表现各部尺寸及构造。因此，必须结合有关详图或技术资料，搞清楚这些器具和设备的构造、接管方式和尺寸。常用的卫生器具和设备的构造和安装尺寸应心中有数，以便于准确无误地计算工程量和现场施工。

2) 弄清楚给水引入管和污水排出管的平面位置、走向、定位尺寸、与室外给水排水管网的连接形式、管径、坡度等。

给水引入管通常是从用水量最大或不允许间断供水的位置引入，这样可使大口径管道最短，供水可靠。给水引入管上一般都装设阀门。阀门如果装在室外阀门井内，在平面图上就能够表示出来，这时要查明阀门的型号、规格及距建筑物位置。

污水排出管与室外排水总管的连接，是通过检查井来实现的。要了解检查井距外墙的距离，即排出管的长度。排出管在检查井内通常取管顶平连接（排出管与检查井内排水管的管顶标高相同)，以免排出管埋设过深或产生倒流。

给水引入管和污水排出管通常都注上系统编号，编号和管道种类分别写在直径为 8mm ~ 10mm 圆圈内，圆圈内过圆心画一水平线，线上面标注管道种类，如给水系统写“给”或写汉语拼音字母“J”，污水系统写“污”或写汉语拼音字母“W”。线下面标注编号，用阿拉伯数字书写。

3）查明给水排水干管、立管、支管的平面位置、走向、管径及立管编号。

平面图上的管线虽然是示意性的，但是它还是按一定比例绘制的，因此，计算平面图上的工程量可以结合详图、图注尺寸或用比例尺计算。

如果系统内立管较少时，可只在引入管处进行系统编号，只有当立管较多时，才在每个立管旁边进行编号。立管编号标注方法与系统编号基本相同。

4）消防给水管道要查明消火栓的布置、口径大小及消防箱的形式与安装位置。

消火栓一般安装在消防箱内，但也可以装在消防箱外或靠近消防箱的地方。消防箱底距地面 1.35m。消防箱有明装、暗装和单门、双门之分，读图时一定要搞清楚。

除了普通消防系统外，在物资仓库、厂房和公共设施等重要部位，往往设置自动喷洒灭火装置或水幕灭火装置，如果遇有这类系统的施工图，除了弄清管道布置、管径、走向、连接方法等以外，还要查明喷头的型号、构造、数量和安装要求。

5）在给水管道上设置水表时，要查明水表的型号、安装位置以及表前后的阀门设置。

6）对于室内排水管道，还要查明清通设备布置情况、明露敷设弯头和三通。有时为了便于通扫，在适当位置设置有门弯头和有门三通（即设有清扫口的弯头和三通），在识读时也要注意；对于大型厂房，要注意是否设置检查井和检查井进口管的连接方向；对于雨水管道，要查明雨水斗的型号、数量及布置情况，并结合详图搞清雨水斗与天沟的连接方式。

(2) 系统轴测图的识读

给水和排水管道系统轴测图，通常按系统画成正面斜等测图，主要表明管道系统的立体走向。在给水系统轴测图上卫生器具不画出来，只画出水龙头、淋浴器莲蓬头、冲洗水箱等符号；用水设备如锅炉、热交换器、水箱等则画出示意性的立体图，并在支管上注以文字说明；在排水系统轴测图上也只画出相应的卫生器具的存水弯或器具排水管。

识读系统轴测图应掌握的主要内容和注意事项如下：

1）查明给水管道系统的具体走向、干管敷设形式、管径及其变径情况、阀门的设置、引入管、干管及各支管的标高。

识读给水管道系统图时，一般按引入管、干管、立管、支管及用水设备的顺序进行。

2）查明排水管道系统的具体走向、管路分支情况、管径、横管坡度、管道各部标高、存水弯型式、清通设备设置情况、弯头及三通的选用（90°弯头还是135°弯头，正三通还是斜三通等）。

识读排水管道系统图时，一般是按卫生器具或排水设备的存水弯、器具排水管、排水横管、立管、排出管的顺序进行。

在识读时结合平面图及说明，了解和确定管材和管件。排水管道为了保证水流通畅，根据管道敷设的位置往往选用135°弯头和斜三通，在分支处变径有不用大小头而用变径三通。存水弯头有铸铁、黑铁和“P”式“S”式以及有清扫口和不带清扫口之分。在识读图纸时也要弄清楚卫生器具的种类、型号和安装位置等。

3）在给水排水施工图上一般都不表示管道支架，而由施工人员按规程和习惯做法自己确定。给水管支架一般分为管卡、钩钉、吊环和角钢托架，支架需要的数量及规格应在识读图纸时确定下来。民用建筑的明装给水管通常用管卡，工业厂房给水管则多用角钢托架或吊环。铸铁排水立管通常用铸铁立管卡子，装设在铸铁排水管的承口上面，每根管子上设一个；铸铁排水横管则采用吊卡，间距不超过 2m，吊在承口上。

(3) 详图的识读

室内给水排水工程的详图，主要是管道节点、水表、消火栓、水加热器、开水炉、卫生器具、过墙套管、排水设备、管道支架等的安装图。这些图都是用正投影法绘制的，图纸上都有详细尺寸，可供安装和计算材料消耗量时使用。

(4) 识图举例

图 1-8-1 和图 1-8-2 是某水处理车间给水排水管道平面图和系统轴测图。通过对平面图和系统轴测图的识读可以了解到如下内容：

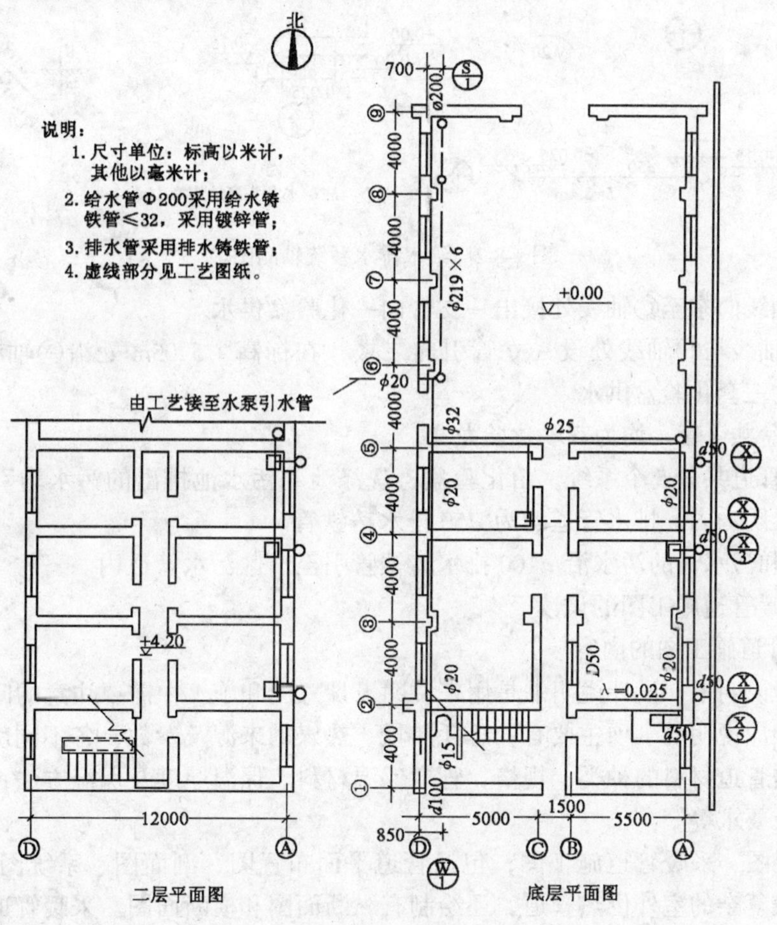

图 1-8-1　给水排水平面图

1）给水管从Ⓓ 轴线和⑨轴线标高 - 0.9m 处引入室内，管材为 $d200$ 给水铸铁管，给水系统与工艺管道合用。工艺管道为 $\phi219\times6$ 无缝钢管，用虚线表示以便与给水管道相区别。

2）在Ⓓ轴线和⑥轴线处，给水管从工艺管道上接出后在Ⓓ轴线与⑤轴线处分为两路，一路沿Ⓓ轴线向南到②轴线处引入厕所，厕所内装低水箱蹲式大便器和污水池各一套。另一路沿⑤轴线向东至Ⓐ轴线处，沿Ⓐ轴线向南，供污水池和洗涤池（土建做）用水，该路

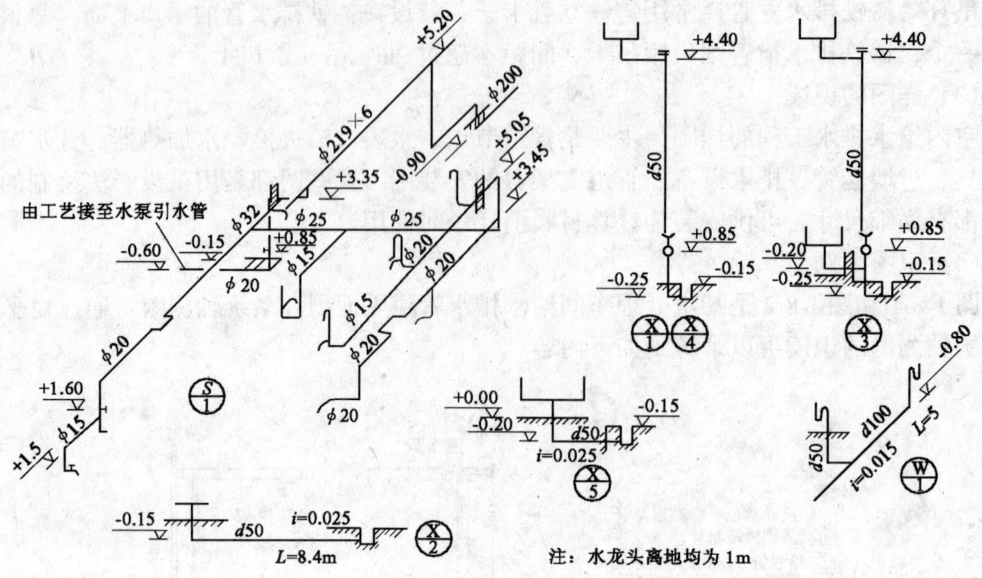

图 1-8-2　给水排水系统轴测图

管线在沿⑤轴线向东至Ⓒ轴线处接出一支管向一化验盆供水。

3）在Ⓐ轴线与⑤轴线处设一立管引向二楼，在标高 + 5.05m 处沿Ⓐ轴线水平敷设，向三个房间的三套化验盆供水。

4）化验盆共 4 套，均为双联化验龙头。

5）排水管道共分 5 个系统，由化验盆、洗涤池和污水池排出的污水均引至沿Ⓐ轴线的墙外，排入阴沟内。排水管道均为 *d*50 排水铸铁管。

6）厕所和污水池的污水沿 *d*100 排水铸铁管引至厂区污水管道内。

（二）采暖管道施工图的识读

1. 采暖管道施工图的内容

（1）设计说明书　设计说明书是用来说明设计意图和施工中需要注意的问题，通常在设计说明书中应说明的事项主要有：总耗热量，热媒的来源及参数，各不同房间温度、相对湿度，采暖管道材料的种类、规格，管道保温材料、保温厚度及保温方法，管道及设备的刷油遍数及要求等。

（2）施工图　采暖管道施工图，包括管道平面布置图、剖面图、系统图、（轴测图）和详图。比较复杂的室外供热管道，还绘制有纵断面图和横断面图。采暖管道均绘制轴测图，因为轴测图能比较直观地反映管道的走向及其与设备之间的关系。详图主要是管道节点详图和标准通用图。

（3）设备材料表　采暖工程所需要的设备和材料，在施工图册中都列有设备材料清单，以备订货和采购之用。

2. 室内采暖施工图的表示方法

（1）管道与散热器的表示方法　采暖管道、散热器、附件及设备画在给定的建筑平面图上。采暖平面图上的管道、散热器和附件等的表示方法都是示意性的，但在系统轴测图上则表示采暖系统的全貌，表示出管道与散热器之间的连接以及排气和疏水等装置。

（2）集气罐的表示方法　集气罐是热水采暖系统常用的排水装置之一，设置在系统的末端或总立管顶端，以及供水干管的始端。集气罐有立式、横式两种，用厚度4.5～8mm的钢板或直径150mm、200mm、250mm的钢管焊制而成。按照接管方式的不同，横式集气罐分为Ⅰ型和Ⅱ型两种，立式集气罐分为Ⅰ型、Ⅱ型和Ⅲ型三种。

有些热水采暖系统采用自动排气集气罐，这种集气罐内装有柱形浮标，当热水进入时浮标浮起，顶住放气管；当空气进入罐内时，浮标下沉，放气管打开进行放气。

3. 室内采暖管道施工图的识读

（1）平面图的识读

室内采暖平面图主要表示管道、附件及散热器在建筑物平面上的位置以及它们之间的相互关系。平面图是采暖施工的主要图纸，识读时要掌握的主要内容和注意事项如下：

1）了解建筑物内散热器（热风机、辐射板等）的平面位置、种类、片数以及散热器的安装方式（是明装、暗装或半暗装）。

散热器一般设置在各个房间的窗台下，有的也沿内墙布置。散热器以明装较多，只有美观上要求较高或因热媒温度高需防止烫伤时才采用暗装。暗装或半暗装一般都在图纸说明书中注明，识读时要注意。

散热器的种类较多，有翼型、柱型、光滑管、钢串片式、扇管式、板式、辐射板以及热风机等多种。采用何种散热器，除用图例识别外，一般在设计说明书中亦有注明。散热器的片数标注在散热器旁边，便于识读。

2）了解水平干管的布置方式、干管上的阀门、固定支架、补偿器等的平面位置和型号以及干管的管径。

要了解干管是敷设在最高层、中间层还是在底层。供水、供气干管敷设在最高层的称为上分式系统；供水、供气干管敷设在中间层的称为中分式系统；供水、供气干管敷设在底层的称为下分式系统。在底层平面图上还会出现回水干管或凝结水干管（虚线），识读时也要注意。

识读时还应弄清补偿器的种类、型式和固定支架的型式、安装要求，以及平面位置等。

3）通过立管编号查清系统立管数量和布置位置。

4）在热水采暖系统平面图上还标有膨胀水箱、集气罐等设备的位置、型号以及设备上连接管道的平面布置和管道直径。

5）在蒸汽采暖系统平面图上还有疏水装置的平面位置及其规格尺寸。水平管的末端常积存有凝结水，为了排除这些凝结水，在系统末端设有疏水装置。另外，当水平干管抬头登高时，在转弯处也要设疏水器。识读时要了解疏水器的规格及疏水装置的组成。

6）查明热媒入口及入口地沟情况。当热媒入口无节点图等，平面图上一般将入口装置组成和各配件、阀件，如减压阀、混水器、疏水器、分水器、分汽缸、除污器、控制阀门等管径、规格以及热媒来源、流向、参数等表示清楚。如果入口装置是按标准图设计的，则在平面图上注有规格及标准图号，识读时可按标准图号查阅标准图。如果施工图中画有入口装置节点时，可按平面图标注的节点图编号查找热媒入口放大图进行识读。

（2）系统轴测图的识读

采暖系统轴测图表示从热媒入口至出口的管道、散热器、主要设备、附件的空间位置和相互关系。系统轴测图是以平面图为主视图，进行斜投影绘制的斜等测图。识读系统轴测图要掌握的主要内容和注意事项如下：

1）采暖系统轴测图可以清楚地表达出干管与立管之间以及立管、支管与散热器之间的连接方式、阀门安装位置及数量，整个系统的管道空间布置等一目了然。散热器支管都有一定的坡度，其中供水支管坡向散热器，回水支管则坡向回水立管。

要了解各管段管径、坡度坡向、水平管的标高、管道的连接方式以及立管编号等。

2）了解散热器类型及片数。光滑管散热要查明散热器的型号（A 型或 B 型）、管径、排数及长度；翼型或柱型散热器，要查明规格及片数以及带脚散热器的片数；其他采暖方式，则要查明采暖器具的型式、构造以及标高。

3）要查清各种阀件、附件与设备在系统中的位置，凡注有规格型号者，要与平面图和材料明细表进行核对。

4）查明热媒入口装置中各种设备、附件、仪表之间的关系及热媒的来源、流向、坡向、标高、管径等。如有节点详图时，要查明详图编号。

(3) 详图的识读

室内采暖施工图的详图包括标准图和节点图两种。标准图是室内采暖管道详图的一个重要组成部分。供热管、回水管与散热器之间的具体连接形式、详细尺寸和安装要求，一般都用标准图表示。因此，对施工人员和预算人员都要掌握这些标准图，记住必要的安装尺寸和管道配件。在平面图、系统轴测图中无法表达清楚，标准图又没有的情况下，才由设计人员绘制局部节点详图。

标准图中主要包括以下内容：

1）膨胀水箱和冷凝水箱的制作、配件与安装；

2）分汽缸、分水器、集水器的构造、制作与安装；

3）疏水器、减压阀、减压板的组成形式和安装方法；

4）散热器的连接与安装要求；

5）采暖系统立、支、干管的连接形式；

6）管道支、吊架的制作与安装；

7）集汽罐的制作与安装。

(4) 识图举例

图 1-8-3 是某水处理车间底层和二层的采暖平面图，图 1-8-4 是该车间的采暖系统轴测图。

识读采暖施工图时，要把平面图和系统轴测图联系起来，这样可以互相对照，便于识图。

通过对平面图和系统轴测图的识读，可以了解掌握以下内容：

1）从平面图可以了解到该建筑物的方向为东西朝向，总宽度为 12m，总长度为 32m，①至⑤轴线为两层建筑，⑤到⑨轴线为单层建筑。采暖系统设备在①至⑤轴线需要采暖的各房间内。

2）热媒入口降压装置设置在楼梯间。该采暖系统为双管上分式蒸汽采暖系统。供热干管安装在二层楼的顶棚下面。沿墙敷设，有三个固定支架，设计标高为 +8.3m，坡度为 $i=0.003$。根据管子长度可以计算出各转弯处的标高。凝水干管设计标高，二层楼为

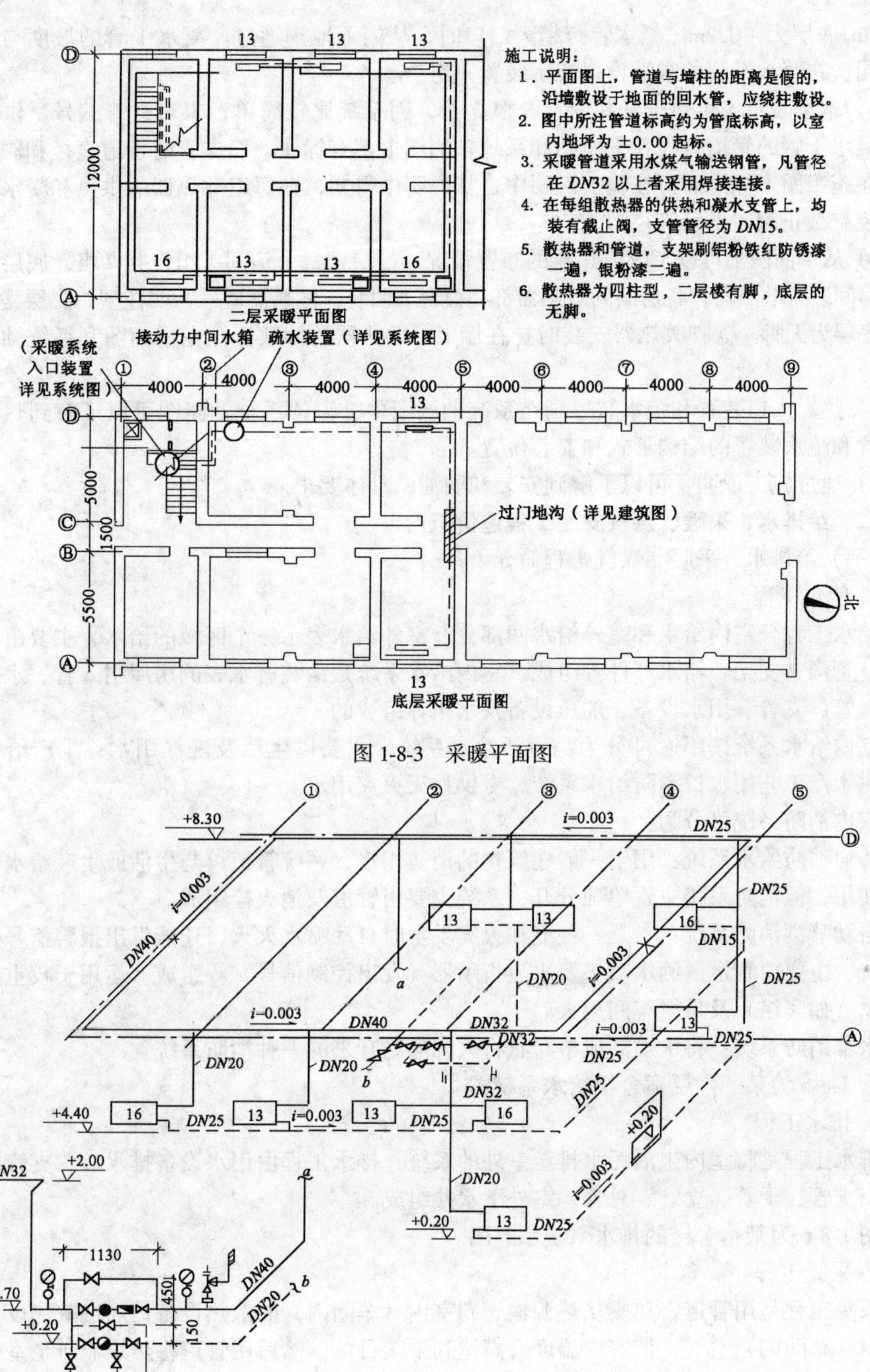

图 1-8-3 采暖平面图

图 1-8-4 采暖系统图

+4.4m,底层为+0.2m。凝水管跨越大门口时，从门下地沟通过。凝水干管的坡度与供热管相同，在凝水干管的末端设置疏水装置一组。

3）本采暖系统供热干管共设置5根立管，因系统比较简单，未对立管编号。供热干管和凝水干管的管道直径在平面图和系统轴测图上都有标注。而支管的管道直径和阀门设置未在施工图上标注而写在施工说明中，从说明中得知，在每组散热器的供热和凝水支管上均装有截止阀，支管管径为*DN*15。

4）从平面图上可以了解散热器的布置情况：二层楼每个房间1组，共7组，底层只有两个房间装有散热器，各房间的散热器都在窗台下明装。散热器型号为四柱型，二层楼为有脚，底层为无脚。无脚散热器安装时挂在墙上。散热器的片数标注在平面图和系统轴测图上。

5）热媒入口装置和疏水装置画在系统轴测图中，识读系统轴测图可以了解到热媒入口装置和疏水装置的结构形式和安装位置。

6）通过施工说明，可以了解到安装和刷油漆具体要求。

二、给排水、采暖、煤气安装工程造价概论

（一）给排水、采暖、煤气工程简介

1.给水工程

给水工程分室内给水和室外给水两部分。室外给水表示一个区域的给水，主要由给水管道、管沟、支架、给水部件等组成。室内给水系统是由装有水表的房屋引入管、水平干管、立管、支管、用水设备、加压设备及水箱等组成的。

室内给水系统按用途可分为：生活给水系统，主要供生活及洗涤用水；生产给水系统，供生产工艺用水；消防给水系统，专供扑灭火灾用水。

室内消防系统可分为：

普通消防给水系统：用于一般建筑物的消防用水，系统管道可与生活或生产给水管道合并使用，但消防系统主管单独分开，系统主要由管道及消火栓组成。

自动喷洒消防系统：它是一种能在火灾发生时自动喷水灭火，还能发出报警信号的消防系统。主要由管道、洒水喷头及水流指示器（发出控制信号）等组成。运用于较重要的建筑物（如宾馆）及易燃车间灭火。

水幕消防系统：将水喷洒成幕布状将火源隔绝开来的一种消防系统。

图1-8-5为某一六层宿舍楼给水系统图。

2.排水工程

排水工程是将室内生活污水排至室外的系统。排水工程由用水设备排水口、支管或存水弯、支管、干管、立管、总管、室外下水井组成。

图1-8-6为某宿舍楼的排水系统示意图。

3.采暖工程

采暖工程是用管道将热媒从热源输送到室内（车间内）的散热设备，通过散热设备加热室内（车间内）空气，使室内温度升高达到采暖目的，然后用管道将热媒输送至室外或热源重新加热的系统。

采暖热媒一般为热水、蒸汽及废热资源等。

采暖系统一般由入户管、入口装置、干管、立管、支管、散热设备、回水管以及管路

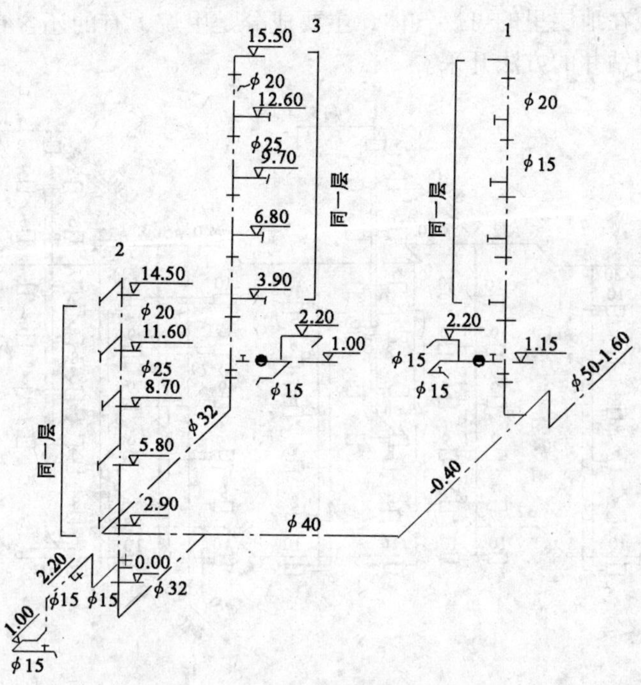

图 1-8-5　某三单元六层宿舍给水系统图

1—给水管采用镀锌钢管丝扣连接；2—每户上水入口设 φ15 水表一组；

3—上水明管刷银粉两遍，埋地管刷沥青两遍

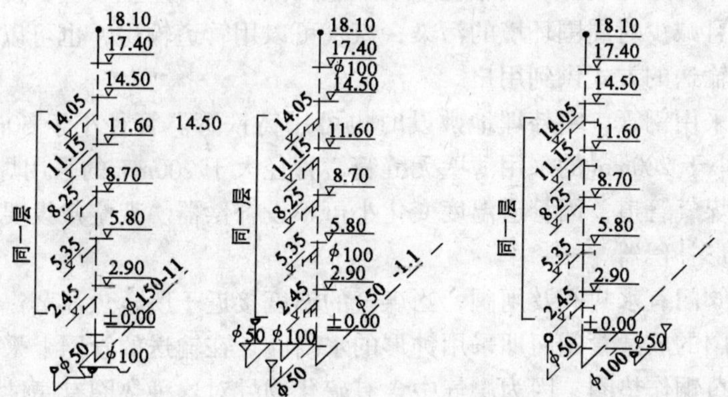

图 1-8-6　某三单元六层宿舍排水系统图

注：1. 排水采用承插铸铁管，水泥接口；2. 大便器为高水箱蹲式大便器；3. 水池为高低水池，地漏排水；
4. 铸铁明管刷两遍红丹漆、两遍银粉，埋地管刷沥青两遍。

附件组成。

图 1-8-7 为某宿舍楼的供暖系统图。

4. 燃气工程

城市煤气供应系统提供的煤气，基本上分为两大类：即人工煤气和天然煤气。

人工煤气是由固体燃料（煤）或液体燃料（重油）经过加工制取的。主要有干馏煤气、油煤气和液化石油气。

天然气是蕴藏在地层里的可燃气体，主要成分是甲烷，有的还含有乙烷、丙烷和丁烷等。天然气可以用钻井的方法开采。

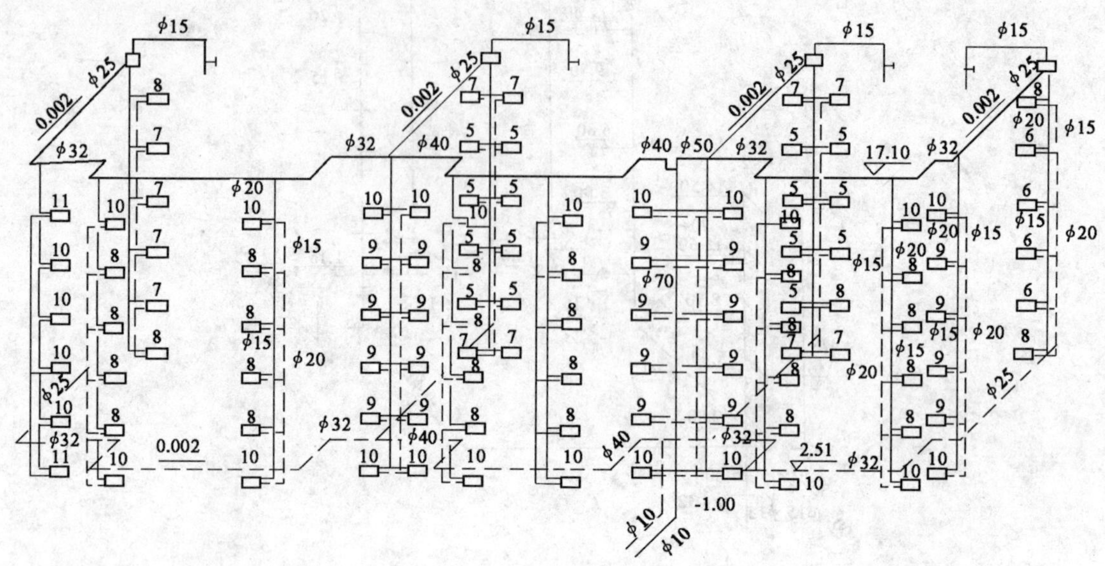

图 1-8-7　某宿舍楼供暖系统图

煤气是一种优质燃料，它的火焰温度比煤的火焰温度高，能够通过控制阀调节火力的大小，操作简便，使用灵活；煤气燃烧时不产生灰渣，很少产生烟气，使燃烧产生的热量得到充分利用，且减少对周围环境的污染；煤气可以用管道输送，也可以装瓶供应。在城市一般采用管道输送的方式供到用户。

煤气管一般采用钢管，室外埋地敷设时也可用铸铁管。管径小于 50mm 采用焊接管，管径大于 50mm 小于 200mm 的采用薄壁无缝管，管径大于 200mm 的采用焊接钢板卷管。

地下敷设的煤气管道，因管道温度变化小可不设补偿器。架空敷设要在两个固定支架中间设波形或鼓形补偿器。

煤气使用的阀门有水封阀及闸阀，当煤气的温度接近于所含焦油蒸汽的露点时，使用水封阀，如流程图的放散管阀门即采用钟形的水封阀。在输送的管网上采用闸阀，闸阀不允许使用青铜或黄铜作垫圈，因为煤气中含有硫化物，对这种垫圈有腐蚀作用。闸阀安装前要用煤油进行渗透试验，合格的方能使用。

煤气管道穿过楼板及屋顶时需要设套管，套管要略高于楼板，并用水泥浆固定，管子和套管可填麻丝和充灌沥青。伸出屋面管子焊上防雨罩，伞罩须在安装前套到管子上。

煤气管道因煤气是易燃气体，均要有接地装置。

城市煤气管道，按管道的输送压力，一般可分为：

低压煤气管道：$P \leqslant 5\text{kPa}$；

中压煤气管道：$5 < P \leqslant 150$（kPa）；

次高压煤气管道：$150 < P \leqslant 300$（kPa）；

高压煤气管道：$300 < P \leqslant 800$（kPa）。

注：P 指煤气管道的输送压力。

（二）给排水、采暖、煤气工程常用材料、部件介绍

1. 常用管材及管件

工程所用的管材种类较多，按制造材质可分为碳素钢管、铸铁管、有色金属管和非金属管。

（1）碳素钢管及管件

1）无缝钢管　普通无缝钢管是用普通碳素钢、优质碳素钢、低合金钢或合金结构钢制成，其品种规格多、强度大、适应性强，是一种应用广泛的管材。无缝钢管有热轧、冷轧之分，其规格一般以外径乘壁厚来表示。例如：$\phi108\times4.5$ 即表示外径为 108mm，壁厚为 4.5mm 的无缝钢管。

给排水、采暖、煤气工程常用无缝钢管规格见表 1-8-1。

普通无缝钢管常用规格（摘自 YB231—70）　　**表 1-8-1**

外径（mm）	壁厚（mm）											
	2.5	3.0	3.5	4.0	4.5	5.0	6.0	7.0	8.0	9.0	10.0	12.0
	理论重量（kg/m）											
12	0.586	0.666	0.734	0.789	—	—	—	—	—	—	—	—
14	0.709	0.81	0.91	0.99	—	—	—	—	—	—	—	—
18	0.956	1.11	1.25	1.38	1.50	1.60	—	—	—	—	—	—
20	1.08	1.26	1.42	1.58	1.72	1.85	2.07	—	—	—	—	—
25	1.39	1.63	1.86	2.07	2.28	2.47	2.81	3.11	—	—	—	—
32	1.76	2.15	2.46	2.76	3.05	3.33	3.85	4.32	4.74	—	—	—
38	2.19	2.59	2.98	3.35	3.72	4.07	4.74	5.35	5.95	—	—	—
42	2.44	2.89	3.35	3.75	4.16	4.56	5.33	6.04	6.71	7.32	—	—
45	2.62	3.11	3.58	4.04	4.49	4.93	5.77	6.56	7.30	7.99	—	—
57	3.36	4.00	4.62	5.23	5.83	6.41	7.55	8.63	9.67	10.65	—	—
60	3.55	4.22	4.88	5.52	6.16	6.78	7.99	9.15	10.26	11.32	—	—
73	4.35	5.18	6.00	6.81	7.60	8.38	9.91	11.39	12.82	14.21	—	—
78	4.53	5.40	6.26	7.10	7.93	8.75	10.36	11.91	13.12	14.37	—	—
89	5.33	6.36	7.38	8.38	9.38	10.36	12.28	14.16	15.98	17.76	—	—
102	6.13	7.32	8.50	9.67	10.82	11.96	14.21	16.40	18.55	20.46	—	—
108	6.50	7.77	9.02	10.26	11.49	12.70	15.09	17.44	19.73	21.97	—	—
114	—	—	—	10.48	12.15	13.44	15.98	18.47	20.91	23.31	25.65	30.19
133	—	—	—	12.73	14.26	15.78	18.79	21.75	24.66	27.52	30.33	35.81
140	—	—	—	13.42	15.04	16.65	19.83	22.96	26.04	29.08	32.06	37.88
159	—	—	—	—	17.15	18.99	22.64	26.24	29.79	33.29	36.75	43.50
168	—	—	—	—	—	20.10	23.97	27.79	31.57	35.29	38.97	46.17
219	—	—	—	—	—	—	31.52	36.60	41.63	46.61	51.54	61.26
245	—	—	—	—	—	—	—	41.09	46.76	52.38	57.95	68.95
273	—	—	—	—	—	—	—	45.92	52.28	58.60	64.88	77.24
325	—	—	—	—	—	—	—	—	62.54	70.14	77.68	92.63
377	—	—	—	—	—	—	—	—	—	81.68	90.51	108.02
426	—	—	—	—	—	—	—	—	—	92.55	102.59	122.52
480	—	—	—	—	—	—	—	—	—	104.54	115.90	139.49
530	—	—	—	—	—	—	—	—	—	115.62	128.23	154.29

2）低压流体输送钢管　低压流体输送钢管一般用 A_2、A_3、A_4 普通碳素钢制成。一般分镀锌和不镀锌两种，镀锌的钢管一般称为白铁管，不镀锌的钢管称为黑铁管。

低压流体输送钢管的规格一般以公称直径表示，其规格见表1-8-2。

低压流体输送用钢管的规格（摘自GB $\frac{3092-28}{3091-82}$） **表1-8-2**

公称通径 D_g		外径	普通管		加厚管		每米钢管分配的管接头重量（以每6m一个管接头计算）
			壁厚	不计管接头的理论重量	壁厚	不计管接头的理论重量	
(mm)	(in)	(mm)	(mm)	(kg/m)	(mm)	(kg/m)	(kg)
8	¼	13.50	2.25	0.62	2.75	0.73	—
10	⅜	17.00	2.25	0.82	2.75	0.97	—
15	½	21.25	2.75	1.25	3.25	1.44	0.01
20	¾	26.75	2.75	1.63	3.50	2.01	0.02
25	1	33.50	3.25	2.42	4.00	2.91	0.03
32	1¼	42.25	3.25	3.13	4.00	3.77	0.04
40	1½	48.00	3.50	3.84	4.25	4.58	0.06
50	2	60.00	3.50	4.88	4.50	6.16	0.08
65	2½	75.50	3.75	6.64	4.50	7.88	0.13
80	3	88.50	4.00	8.34	4.75	9.81	0.20
100	4	114.00	4.00	10.85	5.00	13.44	0.40
125	5	140.00	4.50	15.04	5.50	18.24	0.60
150	6	165.00	4.50	17.81	5.50	21.63	0.80

3）碳素钢管管件　管件是使管道连接、分支、转弯、变径时所用的接头零件。

无缝管常用的管件是弯头、三通、变径管、法兰。

低压流体输送钢管管件有弯头、三通、大小头、活接头、管箍、法兰等。

(2) 硬聚氯乙烯塑料管。硬聚氯乙烯塑料管是用聚氯乙烯树脂加入稳定剂、润滑剂等，采用挤压成型制造，有轻型和重型两种，规格以公称直径*DN*表示，其理论重量见表1-8-3。

硬聚氯乙烯塑料管的长度一般为4m。

硬聚氯乙烯塑料管规格（摘自HG2—63—63） **表1-8-3**

公称通径	外径	轻管（$P_g \leqslant 6$）		重管（$P_g \leqslant 10$）	
		壁厚	近似重量	壁厚	近似重量
(mm)	(mm)	(mm)	(kg/m)	(mm)	(kg/m)
8	12.5±0.4	—	—	2.25±0.3	0.1
10	15±0.5	—	—	2.5±0.4	0.14
15	20±0.7	2±0.3	0.16	2.5±0.4	0.19
20	25±1	2±0.3	0.2	3±0.4	0.29
25	32±1	3±0.45	0.38	4±0.6	0.49
32	40±1.2	3.5±0.5	0.56	5±0.7	0.77
40	51±1.7	4±0.6	0.88	6±0.9	1.49
50	65±2	4.5±0.7	1.17	7±1	1.74
65	76±2.3	5±0.7	1.56	8±1.2	2.34
80	90±3	6±1	2.20	—	—
100	114±3.2	7±1	3.3	—	—
125	140±3.5	8±1.2	4.54	—	—
150	166±4	8±1.2	5.6	—	—
200	218±5.4	10±1.4	7.5	—	—

(3) 铸铁管及管件。铸铁管根据用途可分给水铸铁管和排水铸铁管两类。

给水铸铁管是用灰口铁浇铸而成。规格以公称直径表示。有低压、中压、高压三种，低压给水铸铁管最大工作压力为4.5MPa；中压给水铸铁管最大工作压力为7.5MPa；高压给水铸铁管最大工作压力为10.0MPa。

给水铸铁管常用于地下给水管道、煤气管道。

排水铸铁管是用灰口铁浇铸而成，性质较脆，只适用于没有压力的自流排水工程。

常用于给水管道的铸铁管件有弯头、三通、四通、弯径管、双承短管（又称套袖）、盘承短管（又称短管甲）、承盘短管（又称短管乙）。

常用于排水管道的铸铁管件有存水弯、弯头、三通、四通、变径管等。

2. 常用栓类、阀门

(1) 消火栓

1) 室内消火栓　室内消火栓是由消火栓、水龙带、水枪、消火栓箱组成。其品种有单出口、双出口两种。常用的规格有 ϕ50 及 ϕ65 两种。

2) 室外消火栓　室外消火栓分地上式、地下式两种，就安装形式而言，地上式分甲型和乙型，地下式分甲型、乙型和丙型，其具体形式请参看标准图集 S148。

3) 消防水泵接合器　消防水泵接合器是用于建筑消防系统与消防车连接，便于消防车对建筑消防系统进行加压给水的装置，其安装形式可参看《全国通用建筑标准设计》。

(2) 阀门

阀门是给排水、采暖、煤气工程中应用极广泛的一种部件。其作用是关闭或开启管路以及调节管道内介绍的流量和压力。

按照阀门的职能和结构特点，可分为截止阀、闸阀、节流阀、球阀、蝶阀、隔膜阀、旋塞阀、止回阀、安全阀、疏水阀等。这些阀件都是在管道安装工程中常使用的。

1) 截止阀：这种阀门常用于工业管道和采暖管道上。内部严密可靠。启闭较缓慢，可调节流量。可分标准式、直流式、直角式等。

2) 闸阀：又称闸板阀。这种阀门多用于煤气、油类、供水管道等。闸阀有明杆、暗杆、平行式、楔式等结构形式。介质可通过两个方向流动，流体阻力小。

3) 球阀：作开启或关闭设备和管道用。分内螺纹、电动等。

4) 蝶阀：一般作管道或设备的开启或关闭用，有的也可作节流用。

5) 隔膜阀：一般用于腐蚀性介质。它是用橡胶或塑料制成隔膜，与阀瓣相连，随阀瓣上下移动来达到开启或关闭的作用，既能保证密封，又能防腐。

6) 旋塞阀：主要用作开启或关闭管道介质也可以作一定程度的节流用。有直通、三通、四通等形式，后两种作分配换向用。它是靠旋转阀体内开设孔道的塞子来达到启闭或分配、换向的目的。

7) 止回阀：又称逆止阀。是利用介质压力自行开启，阻止介质逆向流动的阀门。当介质倒流时，阀瓣能自行关闭。有升降式和旋启式两种。

8) 减压阀：减压阀的作用是自动将设备或管道内介质的压力减低到所需要的压力。结构形式有薄膜式、弹簧薄膜式、活塞式、波纹管式等。

9) 安全阀：安全阀用于锅炉、容器等设备和管道上。当介质压力超过规定数值时，它能自动开启，排除过剩介质压力。常用的有杠杆式、弹簧式和脉冲式等。

10）疏水阀：又称疏水器。主要用于蒸汽管道和加热器、散热器等蒸汽系统中，供自动排除冷凝水，并防止蒸汽泄漏。

3. 卫生器具简介

卫生器具是指用于公共建筑及民用建筑中的卫生间、厨房等使用的卫生陶筑器具。如：大便器、小便器、浴盆、妇女卫生盆、洗面盆、洗涤盆、淋浴器等。这些卫生陶筑的品种规格及形式，详情可查阅产品样本或有关材料设备手册。现将常用的安装方式简介如下。

（1）浴盆。按材质可以分为扩搪瓷浴盆、玻璃钢浴盆、聚丙乙烯塑料浴盆等。一般常用规格为：1050mm、1250mm、1500mm 三种。目前国内浴盆安装方法：单冷水、冷热水、冷热水带喷头。较高级宾馆内还设有高级进口的自动冲洗带按摩器浴盆。

（2）妇女卫生盆。妇女卫生盆也称坐浴盆和净身盆。一般设在纺织厂的妇女卫生间或产科医院。在妇女卫生盆后装置冷热水水嘴，冷、热水之间设有转换开关，使水流经盆底的喷嘴向上喷出。

（3）洗脸盆。按安装方法可分为立式洗面盆（即带有陶瓷支柱的洗面器），支架式洗面盆和挂式洗脸盆（即直接固定在墙面的形式）。

洗脸盆的形状有长方形、椭圆形和三角形。

按用水情况又分：普通冷水嘴洗脸盆、钢管接立式水嘴单冷水洗脸盆、钢管接立式水嘴冷热水洗脸盆、铜管接立式水嘴冷热水洗脸盆、理发用冷热水洗脸盆、肘式开关及脚踏开关控制水的医用洗脸盆，还有立式冷热水洗脸盆等，可分别套用相应定额。

（4）大便器。可分为蹲式大便器、坐式大便器两种。

1）蹲式大便器

蹲式大便器安装在砧砌的坑台中，大便器在底层设置时，宜采用 S 型存水弯，设一步台阶；在楼层设置时，宜采用 P 型存水弯，一步台阶；如果用 S 型存水弯，宜做成二步台阶。

蹲式大便器一般设置高水箱（瓷），高水箱上部由给水管供水，用浮球阀进行控制，下面的冲洗管用皮碗与大便器的进水口连接，并用铜丝扎紧，周围垫上干砂，在做地坪时抹一层水泥砂浆，以便剔开维修。

蹲式大便器还有手压阀冲洗、延时自闭冲洗阀冲洗等形式，其排水为冲落式。

2）坐式大便器

坐式大便器一般为虹吸式排水，坐式大便器本体构造中自带水封装置，故不另设存水弯。坐式大便器坐落在卫生间地面上，不设台阶。在地面的垫层里，按坐式大便器底座上螺孔的位置预先埋上梯形木砧、然后用木螺丝钉把坐式大便器固定在木砧上；水箱也需要用木砧固定在墙上。坐式大便器的水箱分为高、低两种，一般常用为低水箱坐式大便器。

（5）小便器和小便槽。小便器的形式有挂式和立式两种，冲水形式可采用手动冲洗阀冲洗，数量较多时可采用水箱冲洗，立式小便器还有自动冲洗式。

小便槽建造简单，造价低，能同时容纳很多人使用，因此在一些公共建筑、学校、集体宿舍等建筑的男厕所中应用较广。小便槽可用普通阀门控制的多孔管冲洗或用自动冲洗水箱定时冲洗。

（6）洗涤盆。洗涤盆常装在住宅厨房及公共食堂厨房内供洗涤餐具和食物用。一般为陶瓷洗涤盆。目前还有不锈钢制各种带台式的洗涤盆。

（7）化验盆。一般用于医疗、科研单位的化验室内，化验盆为支架敷设在墙上和台上，根据化验水嘴不同分为单嘴、双嘴、鹅颈水嘴三种，还有用脚踏开关控制的化验盆。

（8）淋浴器。淋浴器常装在公共浴室及住宅厕所内，安装方便，费用不大。淋浴器安装分：冷水、冷热水两种。

（9）水龙头。水龙头也叫水嘴，水嘴有铁壳铜芯水嘴、铁壳皮芯水嘴、全铜水嘴，其规格较多，一般为 *DN*15、*DN*20、*DN*25，丝扣连接安装简便。

（10）排水栓。一般用于污水池中，排水栓为铸铁的，安装形式有带存水弯和不带存水弯两种，常用规格有 *DN*40、*DN*50。

（11）地漏、扫除口。地漏、扫除口一般为铸造制，规格 *DN*50、*DN*100、*DN*150，常用的地漏有丝接、插接两种。

（12）电热水器。一般为挂式，还有汽水混合加热器，燃气热水器等。按设计要求安装。

（三）本定额的工作内容

1. 管道安装：管道及接头零件安装；水压试验或灌水试验；ϕ32 以内钢管的管卡及托钩制作安装；钢管包括弯管制作与安装（伸缩器除外），无论是现场煨制或成品弯管均不得换管；铸铁排水管、雨水管及塑料排水管的管卡及托吊支架、臭气帽、雨水漏斗的制作与安装；穿墙及过楼板铁皮套管安装人工。

2. 室外消火栓安装：管口除沥青，制加垫；紧螺栓；底座及消火栓安装；水压试验。

3. 室内消火栓安装：预留洞；埋木砖；切管；套丝；安消防栓箱；绑扎水龙带；水压试验。

4. 消防水泵接合器安装：切管；焊法兰；制垫；紧螺栓；底座及本体安装；水压试验。

5. 螺纹阀安装：切管；套丝；制垫；加垫；上阀门；水压试验。

6. 法兰阀安装：切管；套丝；上法兰；制垫；加垫；调直；紧螺栓；水压试验。

7. 法兰阀（带短管甲乙）青铅接口安装：管口除沥青；制加垫；化铅；打麻；接口；紧螺栓；水压试验。

8. 法兰阀（带短管甲乙）膨胀水泥接口安装：管口除沥青；制加垫；调制接口材料；接口；紧螺栓；水压试验。

9. 法兰阀（带短管甲乙）石棉水泥接口安装：管口除沥青；制加垫；调制接口材料；接口；紧螺栓；水压试验。

10. 自动排气阀、手动放风阀安装：支架制作安装；丝堵攻丝；套丝；安装；水压试验。

11. 螺纹浮球阀安装：切管；套丝；安装；水压试验。

12. 法兰浮球阀安装：切管；焊接；制垫；加垫；紧螺栓；水压试验。

13. 法兰液压式水位控制阀安装：切管；挖眼；焊接；制垫；加垫；固定；紧螺栓；安装；水压试验。

14. 浮标液面计 FQ—1 型安装：支架制作安装；液面计安装。

15. 水塔水池浮漂及水位标尺制作安装：预埋螺栓；下料；制作；安装；导杆升降调

整。

16. 减压器组成、安装：切管；套丝；上零件；组对；制垫；加垫；找平；找正；安装；水压试验。

17. 减压器（焊接）安装：切管；套丝；上零件；组对；焊接；制垫；加垫；安装；水压试验。

18. 疏水器（螺纹连接）组成安装：切管；套丝；上零件；制垫；加垫；组成；安装；水压试验。

19. 疏水器（焊接）组成安装：切管；套丝；上零件；制垫；加垫；焊接；安装；水压试验。

20. 螺纹水表组成与安装：切管；套丝；制垫；加垫；安装；水压试验。

21. 焊接法兰水表（带旁通管及止回阀）组成安装：切管；焊接；制垫；加垫；水表阀门、止回阀安装；上螺栓；通水试验。

22. 浴盆、妇女卫生盆安装：栽木砖；切套；套丝；盆及附件安装；上下水管连接；试水。

23. 洗脸盆、洗手盆安装：留堵洞眼：栽木砖；切管；套丝；上附件；盆及托架安装；上下水管连接；试水。

24. 洗涤盆、化验盆安装：留堵洞眼；栽螺栓；切管；套丝；上零件；安装托架器具；上下水管连接；试水。

25. 淋浴器组成、安装：留填洞眼；栽木砖；切管；套丝；淋浴器安装；试水。

26. 水龙头安装：上水嘴；试水。

27. 大便器安装：留堵洞眼；栽木砖；切管；套丝；大便器与水箱及附件安装；上下水管连接；试水。

28. 倒便器安装：切管；套丝；倒便器安装；上下水管连接；试水。

29. 小便器安装：栽木砖；切管；套丝；小便器安装；上下水管连接；试水。

30. 大便槽自动冲洗水箱器安装：留填洞眼；栽托架；切管；套丝；安装水箱；试水。

31. 小便槽冲洗管制作、安装：切管；套丝；钻眼；上零件；栽管卡；安装；试水。

32. 排水栓安装：切管；套丝；上零件；安装；与下水管连接；试水。

33. 地漏地面扫除口安装：安装；与下水管连接；试水。

34. 开水炉安装：就位；稳固；安装附件；水压试验。

35. 电热水器、开水炉安装：留填墙眼；栽螺栓；就位；稳固；附件安装；试水。

36. 容积式水加热器安装：安装；就位；上零件；水压试验。

37. 蒸汽—水加热器、冷热水混合器安装：切管；套丝；加热器、混合器安装；试水。

38. 消毒锅、消毒器、饮水器安装：就位；安装；上附件；试水。

39. 铸铁散热器组成安装：制垫；加垫；组成；栽钩；稳固；水压试验。

40. 光排管散热器制作安装：切管；焊接；组成；栽钩；水压试验；打眼栽钩；稳固。

41. 钢制闭式散热器安装：打填墙眼；安装；稳固。

42. 钢制板式散热器安装：打堵墙眼；栽钩；安装。

43. 钢制壁式散热器安装：预埋螺栓；汽包及钩架安装；稳固。

44. 钢柱式散热器安装：打堵墙眼；栽钩；安装；稳固。

45. 暖风机安装：吊装；稳固；试运转。

46. 太阳能集热器安装：预埋件及支架制作安装；吊装；稳固；找正。

47. 热空气幕安装：安装；稳固；试运转。

48. 钢板水箱制作：下料；坡口；平直；开孔；接板组对；配装零部件；焊接；注水试验。

49. 补水箱及膨胀水箱安装：稳固；装配零件；水压试验。

50. 矩形钢板水箱安装：稳固；装配零件；水压试验。

51. 室外煤气管道丝接安装：切管；套丝；上零件；调直；管道及管件安装；气压试验。

52. 室外煤气管道焊接安装：切管；坡口；调直；弯管制作；对口；焊接；磨口；管道及管件安装；气压试验。

53. 室外铸铁煤气管青铅接口安装：切管；管道及管件安装；挖工作坑；熔化接口材料；接口；气压试验。

54. 室外铸铁煤气管水泥接口安装：管口除沥青；切管；管道及管件安装；挖工作坑，调制接口材料；接口；养护；气压试验。

55. 室内煤气钢管丝接安装：打堵洞眼；切管；套丝；上零件；调直；栽管卡及钩钉；管道及管件安装；气压试验。

56. 铸铁抽水缸（$0.5kg/cm^2$ 以内）安装：缸体、抽水管、防护罩安装。

57. 碳钢抽水缸（$0.5kg/cm^2$ 以内）安装：下料；焊接；压缩空气试验；缸体、抽水管、防护罩安装。

58. 调长器安装：灌沥青；断管；焊法兰；安装；加垫；找平；找正；紧螺栓。

59. 调长器与阀门联装：灌沥青；断管；焊法兰；安装；加垫；找平；找正；紧螺栓。

60. 燃气表安装：支架制作安装；表接头安装；燃气计量表安装。

61. 开水炉、采暖炉、热水器安装：灶前阀门至灶具间管道配制；安装；预埋地脚螺栓；打墙眼；栽卡子；温度计、水位计安装。

62. 民用灶具安装：灶前阀门至灶具间管道配制；安装；打墙眼；栽卡子；灶具安装。

63. 煤气燃烧器安装：灶前阀门至灶具间管道配制；安装；托架制作安装；灶具安装。

64. 液化气燃烧器安装：灶前阀门至灶具间管道配制；安装；燃烧器托架制作安装；燃烧器安装。

65. 燃气管道钢套管制作与安装：切管；切焊圆钢支架；填料；安装。

66. 燃气嘴安装：上气嘴；气压试验。

67. 新建给水管与原有干管碰头（石棉水泥接口）：刷管口；断管；调制接口材料；接口；水压试验。

68. 新建给水管与原有干管碰头（青铅接口）：刷管口；断管；化铅；接口；水压试验。

69. 承插铸铁雨水管（水泥接口）及铸铁雨水漏斗安装：场内搬运；检查及清扫管材；切管；管道及管件安装；雨水漏斗安装；调制接口材料；接口养护；灌水试验。

70. 活动法兰铸铁煤气管道安装（机械接口）：下管；上法兰；胶圈；支撑圈；找坡度；找正；接口；紧螺栓；管道及管件安装；气压试验。

71. 管道压缩空气试压与吹扫：准备工具、材料；制、堵盲板；装拆临时管线；充气加压；检查；吹除杂物；清理现场。

72. 管道气密性试验：准备工具、材料；制、堵盲板；装拆临时管线；试验检查；清理现场。

73. 单管水压试验：装拆临时管线及试压工具、管子搬运；上堵试压、检查、放水，分别堆放等全部操作过程。

74. 除上述各条所述内容外，均包括工种间交叉配合的停歇时间；临时移动水电源；配合质量检查和施工地点范围内的设备、材料、成品、半成品、工器具的运输等。

（四）室内给水、排水工程量计算

1. 室内给水、排水系统组成

（1）室内给水系统组成。一般由六大部分组成见图 1-8-8 及图 1-8-9。

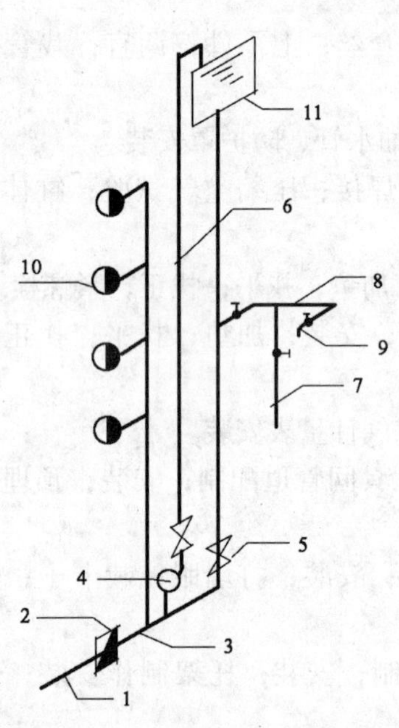

图 1-8-8　给水系统基本组成示意图

1—引入管（进户管）；2—水表井；3—水平干管；4—水泵；5—主控制阀；6—立干管；7—立支管；8—水平支管；9—水嘴；10—消火栓；11—水箱

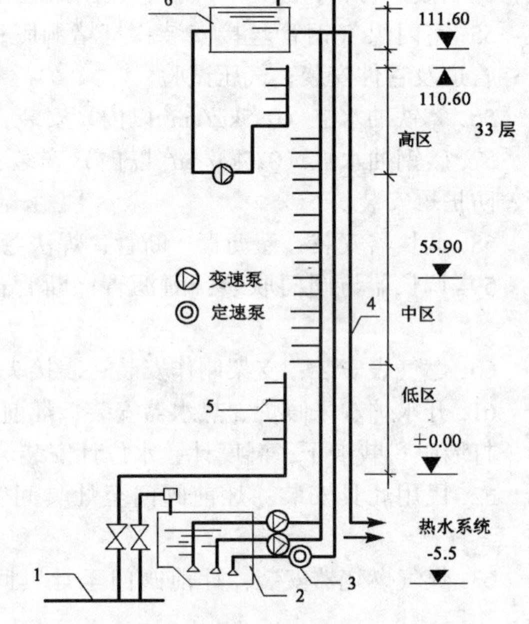

图 1-8-9　高层建筑给水系统示意图

1—市政给水管；2—水池；3—水泵；4—立干管；5—水平管；6—水箱

1）进户管（引入管）；

2）水表节点（水表井）；

3）管网系统：水平干管、立干管、水平支管、立支管；

4）给水管道附件：阀门、水嘴；

5）升压、储水设备：水泵、水箱；

6）消防设备：消火栓、喷淋管及喷淋头等。

（2）室内排水系统组成。如图 1-8-10 所示，室内排水系统组成有：

1）污水收集器：便器等用水设备；

2）排水管网：排水干管及横管；

3）透气装置：排气管、透气管、透气帽；

4）排水管网附件：存水弯、地漏；

5）清通装置：地面扫除口、检查口、清通口；

6）检查井。

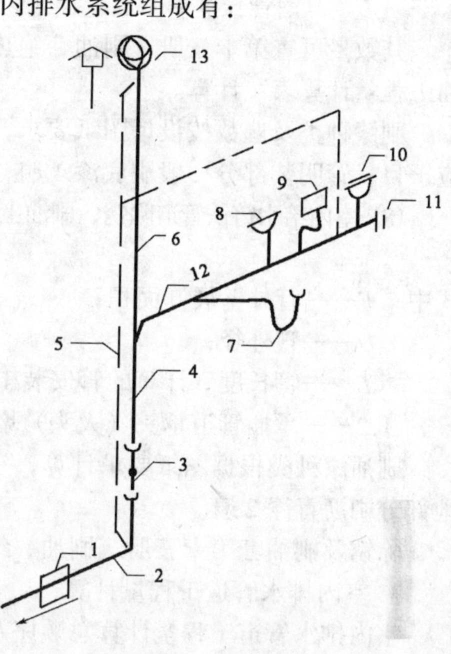

图 1-8-10　排水系统组成

1—检查井；2—排出管；3—检查口；4—排水立管；5—排气管；6—透气管；7—大便器；8—地漏；9—脸盆；10—地面扫除口；11—清通口；12—排水横管；13—透气帽

2. 室内给水管道工程量的计算

工程量计算总的顺序：由入（出）口起，先主干，后支管；先进入，后排出；先设备，后附件。

计算要领：以管道系统为单元计算，先小系统，后相加为全系统；以建筑平面特点划片计算。用管道平面图的建筑物轴线尺寸和设备位置尺寸为参考计算水平管长度；以管道系统图、剖面图的标高算立管长度。

（1）室内给水管道工程量。管道以施工图所示管道中心线长度“m”计量。不扣除阀门及管件所占长度。

室内外管道界线划分：入口处阀门井；外墙皮 1.5m 处。

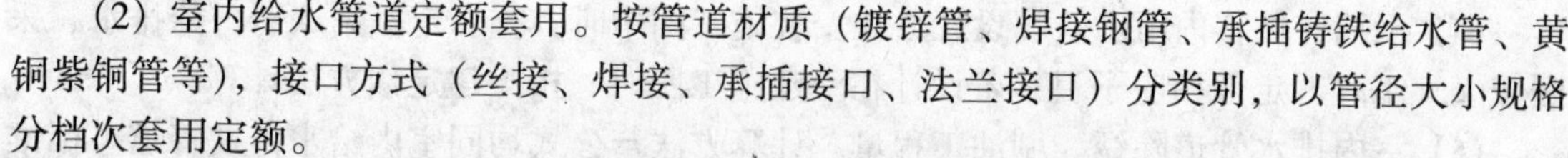

（2）室内给水管道定额套用。按管道材质（镀锌管、焊接钢管、承插铸铁给水管、黄铜紫铜管等），接口方式（丝接、焊接、承插接口、法兰接口）分类别，以管径大小规格分档次套用定额。

（3）管道本身为未计价材料。其管材未计价价值按下式计算：

管材未计价值 = 按管道图计算的工程量 × 管材定额消耗量 × 相应管材单价

（4）管道安装已包括。接头零件、水压试验、穿墙及过楼板的镀锌薄钢板套管安装，直径 *DN*32 以内管的管卡及托钩的制作安装，均综合在定额之内。

（5）室内管道安装不包括。穿墙、过楼板镀锌薄钢板套管的制作，工程量以个计量；钢管材质的穿墙及过楼板套管安装，以延长米计量，套用室外焊接钢管安装相应子目；*DN*32 以上的钢管支架以“t”计量计算制作，并列项计算支架的除锈、刷油漆等，套第十三册《刷油、绝热、防腐蚀工程》定额相应子目；室内给水管件应另行计算未计价值。

（6）室内给水管道的消毒、冲洗。以直径大小为档次、按管道长度（不扣除阀门、管件所占长度）以“m”计量。

(7) 室内给水钢管除锈、刷油漆工程量。均以管道展开表面积计算工程量。按下式计算，以“m^2”计量。

$$F=\pi DL$$

式中 D——钢管外径；

L——钢管长度。

其数量可查第十三册《刷油、绝热、防腐蚀工程》附录第九表“无缝钢管、绝热、刷油工程量计算表”计算。

刷漆种类及遍数按设计图纸要求，查套第十三册《刷油、绝热、防腐蚀工程》定额相应子目。管明装部分一般刷底漆1遍，其他漆2遍；埋地或暗装部分管道刷沥青漆2遍。

(8) 室内给水铸铁管道除锈、刷油工程量。均以管道展开表面积按“m^2”计量，按下式计算：

$$F=1.2\pi DL$$

式中 F——管外壁展开面积；

D——管外径；

L——管长度（计算的管安装工程量）；

1.2——承插管道承头（大头）增加面积系数。

刷油漆种类根据图纸要求计算，一般是露在空间部分刷防锈漆1遍、调合漆2遍；埋地部分刷沥青漆2遍。

除锈及刷油套第十三册《刷油、绝热、防腐蚀工程》定额相应子目。

3. 室内排水管道工程量计算

室内排水管道工程量计算总顺序及计算要领与室内给水管道工程量计算相同。

(1) 室内排水管道工程量计算。规则同给水，以“m”计量。室内外管道界线划分，仍以外墙皮1.5m处，或以第一个出户排水检查井为界。

(2) 室内排水管道定额套用。按管道材质（铸铁排水管、塑料排水管）及接口材料、方式、管径大小为区别，套用相应定额。

(3) 室内排水管道安装定额包括管卡、托架、吊架、透气帽制作与安装，以及管道接头零件的安装。

(4) 承插铸铁室内雨水管。设计放在安装施工图中时，查套定额第八册《给排水、采暖、煤气工程》定额相应子目；若设计在土建施工图时，按土建定额方法计算。

(5) 室内排水管道除锈、刷油工程量。计算方法与公式均同室内给水铸铁管道。标准图规定露在空间部分排水管道刷防锈底漆1遍，银粉漆2遍；埋地部分刷沥青漆2遍，或热沥清2遍。套第十三册《刷油、绝热、防腐蚀工程》定额相应子目。

(7) 室内排水管道部件安装

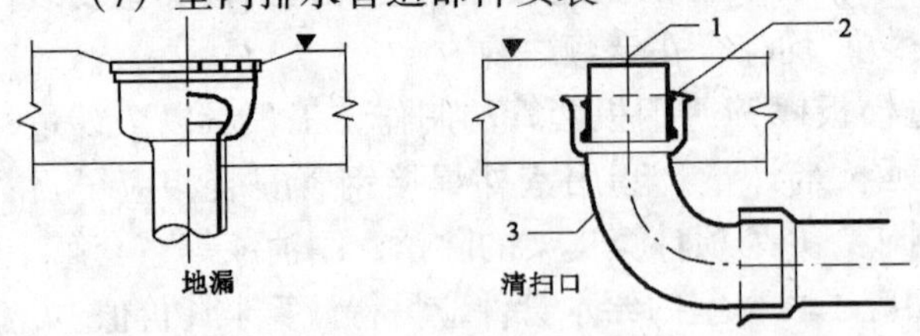

图 1-8-11 地漏与清扫口

1—铜清扫口盖；2—铸铁清扫口身；3—排水管弯头

1) 地漏安装，以个计量，见图1-8-11。

2) 地面扫除口（清扫口）安装，以个计量，见图1-8-11。安装在地面以下。

3) 清通口，安装在楼层排水横管尾端，见图1-8-10。清通口有两种

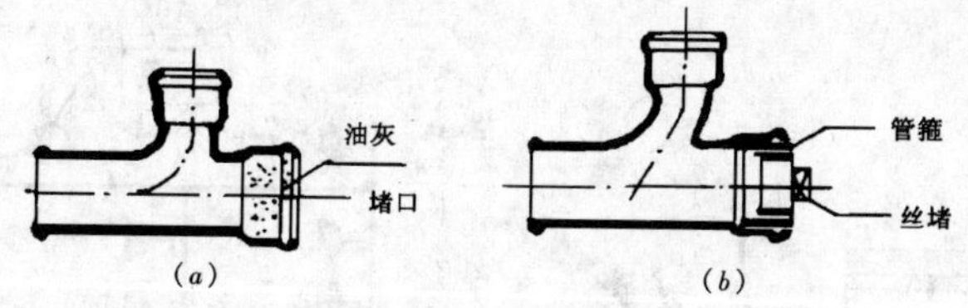

图 1-8-12　清通口构造

(a) 油灰堵口；(b) 丝堵堵口

做法，见图 1-8-12。

一种是油灰堵口，按个计量，借套地面扫除口子目，不计算未计价材料。

另一种是打上一个管箍，用大丝堵堵口，仍按个计量，也套地面扫除口子目，但是管箍和丝堵为未计价材料。

4）排水栓安装，以带存水弯和不带存水弯及规格大小分档，以组计量，见图 1-8-13。

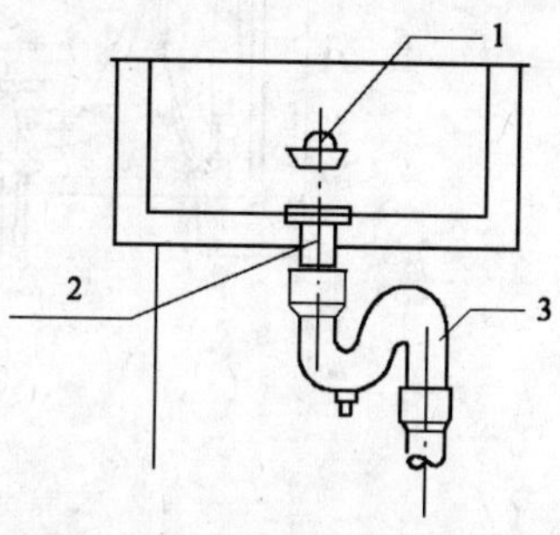

图 1-8-13　排水栓安装

1—带链堵；2—排水栓；3—存水弯

4. 栓类、阀门及水表组安装工程量计算

(1) 各种阀门安装。以螺纹连接、法兰连接分类，不论型号，均按规格的大小为档次，以个计量。

(2) 水表安装。螺纹水表以个计量；焊接法兰水表组安装以组计量，见图 1-8-14。

(3) 法兰盘安装。按碳钢法兰和铸铁法兰及焊接与丝接分类，以管道公称直径分档，以副计量。两片法兰为一副。

(4) 室内双出口及单出口消火栓安装。不分明装、暗装、半暗装，按不同公称直径，以套计量。

未计价材料为"成套消火栓"。包括：消火栓结门（SN，CNA50、65）1个；消火栓箱1个；水龙带架1套；水龙带，麻质（单出口 20m，双出口 40m）1根或2根；消火栓接扣1个或2个；水枪，单出口 *DN*50 1支，双出口 *DN*65 2支。见图 1-8-15。

5. 卫生器具安装工程量计算

(1) 盆类安装

浴盆、妇女净身盆、洗脸盆、洗手盆、洗涤盆和化验盆等，按所用冷水、热水分档次，以组计量。

1）浴盆安装范围分界点：给水（冷、热）水平管与支管交接处；排水管在存水弯（柜）处。见图 1-8-16 中点画线所示范围。图中水平管安装高度 750mm，若因水平管设计标高超过 750mm，冷热水水嘴而增加引下管，该引下管计算入管道安装中。

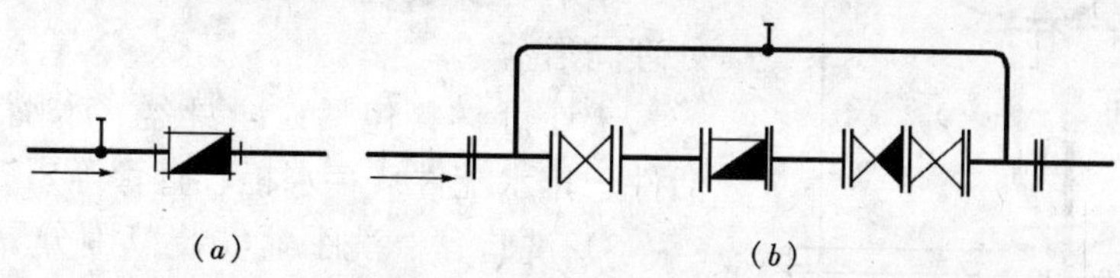

图 1-8-14　水表组成示意

(a) 螺纹连接水表；(b) 法兰连接水表组

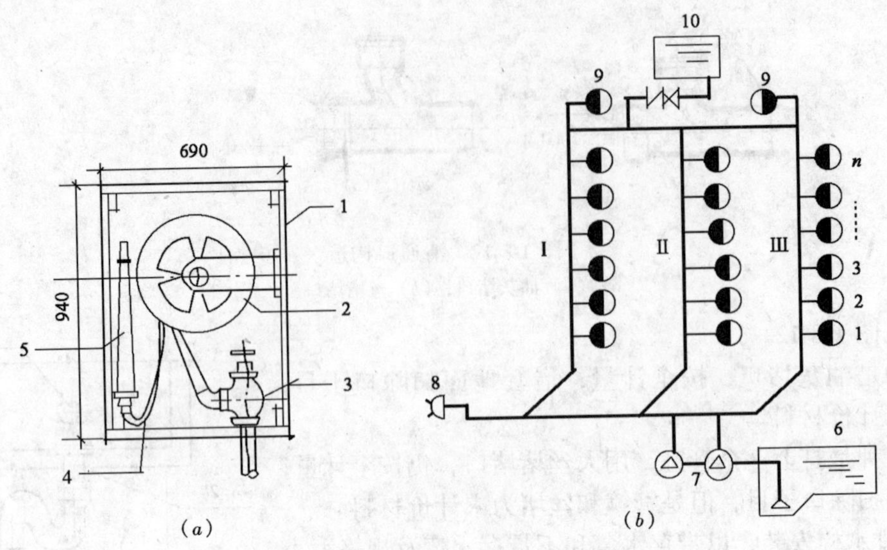

图 1-8-15 室内消火栓及消火栓系统

(a) 室内消火栓；(b) 高层消火栓系统

1—消火栓箱体；2—消火栓水龙带盘；3—消火栓；4—水龙带；5—水枪

6—水池；7—消防水泵；8—接合器；9—试验消火栓；10—水箱

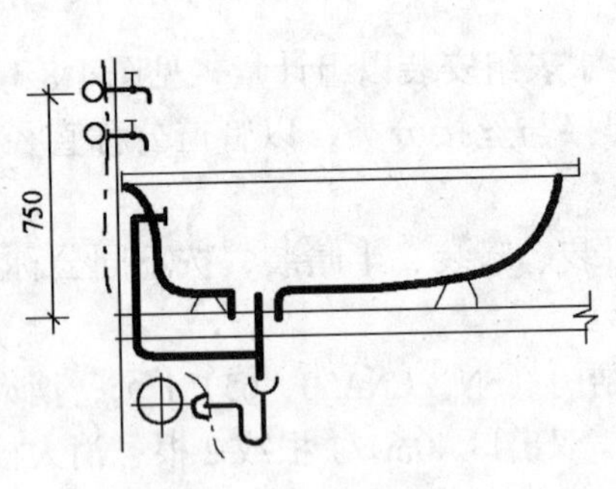

图 1-8-16 浴盆安装范围

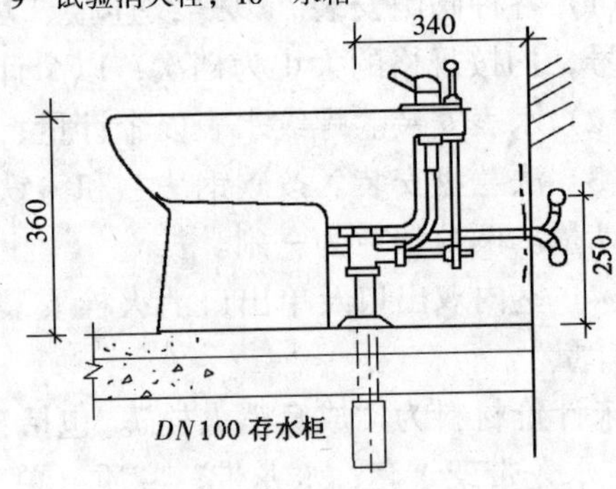

图 1-8-17 妇女净身盆安装范围

浴盆未计价材料包括：浴盆、冷热水嘴、排水配件、蛇形管带喷头、喷头卡架和喷头挂钩等的价值。

浴盆的支架，及四周侧面砌砖，粘贴的瓷砖。应按土建定额计算。

2）妇女净身盆安装范围分界点：给水（冷、热）水平管与支管交接处；排水管在存水弯（柜）处。见图 1-8-17 中点画线。

水平管安装高度 250mm，超高而产生引下管，处理同浴盆。

未计价材料包括：净身盆、水嘴、冲洗喷头铜活件、排水配件（存水柜、直管等）等。

3）洗脸盆、洗手盆安装范围分界点：见图 1-8-18 所示，划分方法同浴盆。未计价材料包括：盆具、开关铜活及排水配件、铜活等。

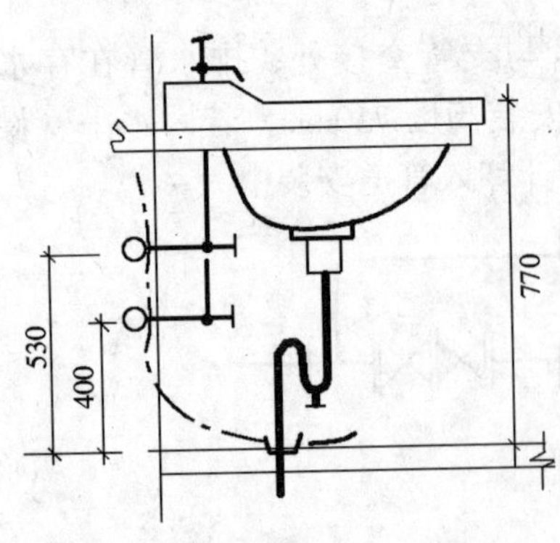

图 1-8-18 洗脸（手）盆安装范围

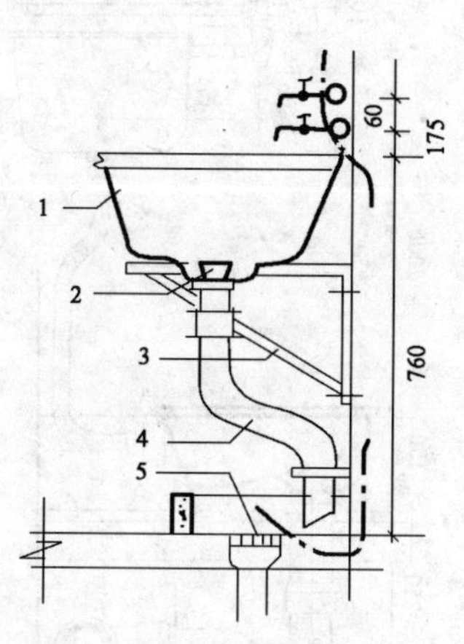

图 1-8-19　洗涤盆安装范围

1—洗涤盆；2—排水栓；3—托架；4—排水弯管；5—地漏

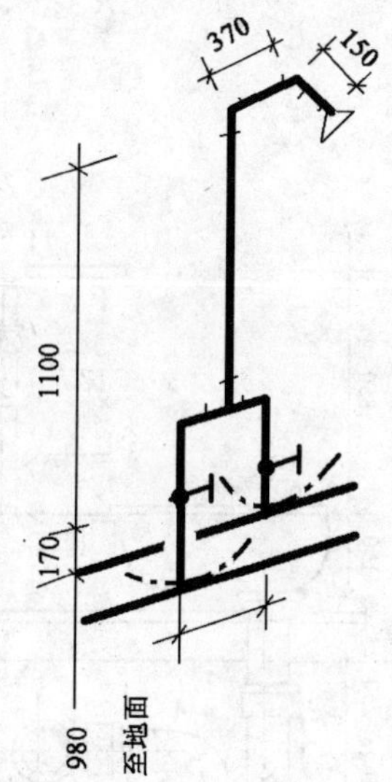

图 1-8-20　淋浴器安装范围

4）洗涤盆安装范围分界点：见图 1-8-19，划分方法同洗脸盆。

安装工作包括：上下水管连接、试水、安装洗涤盆、盆托架，不包括地漏安装。

未计价材料包括：洗涤盆 1 个、开关（水嘴）及弯管。

（2）器类安装。有淋浴器、大便器、小便器、小便槽冲洗管等安装。

1）淋浴器安装：见图 1-8-20 所示，安装范围划分点为支管与水平管交接处。

钢管组成冷、热水淋浴器安装，以“组”计量。当高度超过标准图尺寸而增加管长时，超过部分管计入管安装中。

未计价材料：淋蓬头及铜截止阀。

铜管制品冷热水淋浴器，仍以组计量。未计价材料包括：全部淋浴器铜活。

2）大便器、小便器安装：均以组计量。

蹲式普通冲洗阀大便器安装，见图 1-8-21 所示安装范围。给水以水平管与支管交接处，排水管以存水弯交接处为安装范围划分点。

未计价材料只包括大便器 1 个。

手押阀冲洗和延时自闭式冲洗阀蹲式大便器安装，均以组计量。安装范围划分点同普通冲洗阀蹲式大便器安装。

未计价材料包括：大便器 1 个；各自包括手押阀 1 个或延时自闭式冲洗阀 1 个。

定额中没有延时自闭式冲洗阀大便器安装定额，可套用手押阀冲洗定额，未计价材料按延时自闭阀计价。

高水箱蹲式大便器安装，以组计量，安装范围划分见图 1-8-22 所示。

未计价材料：水箱及全部铜活 1 套，大便器 1 个。

坐式低水箱大便器安装，以组计量。安装范围划分见图 1-8-23 所示。

未计价材料包括：坐式便器及带盖、铜活 1 套；瓷质低水箱（或高水箱）带铜活 1 套。

当安装排水管软管接头时，套补充定额。

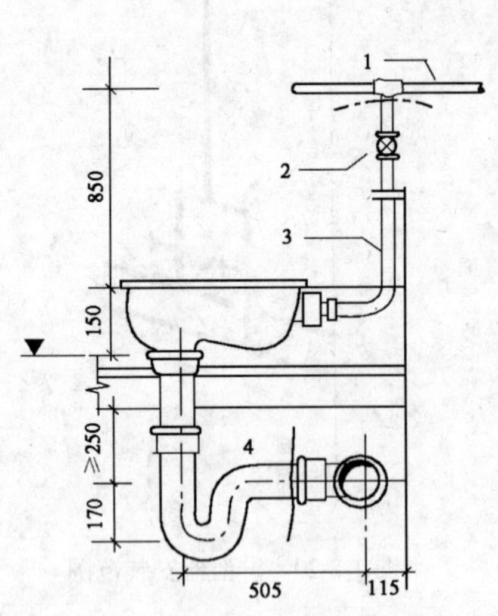

图 1-8-21　蹲式大便器安装范围

1—水平管；2—*DN*25 普通冲洗阀；
3—*DN*25 冲洗管；4—*DN*100 存水弯

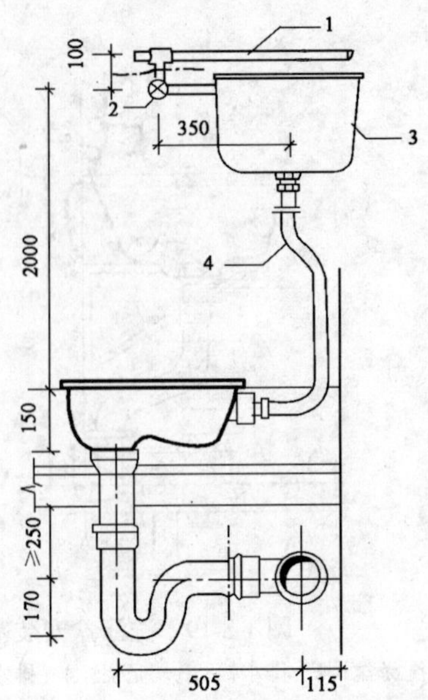

图 1-8-22　高水箱蹲式便器安装范围

1—水平管；2—*DN*15 进水阀；
3—水箱；4—*DN*25 冲洗管

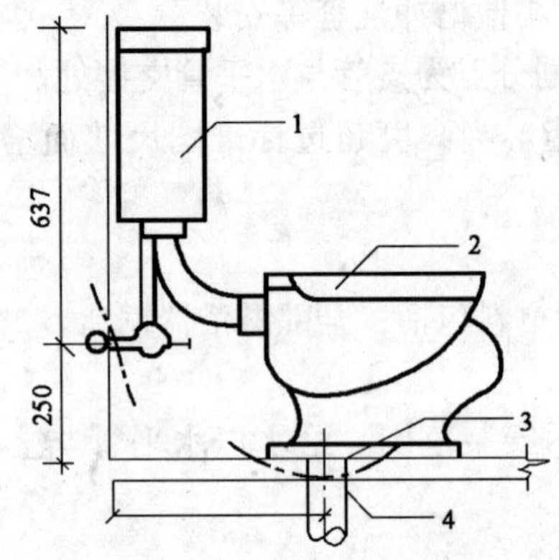

图 1-8-23　坐式低水箱大便器安装范围

1—水箱；2—坐式便器；3—油灰；
4—*DN*100 铸铁管

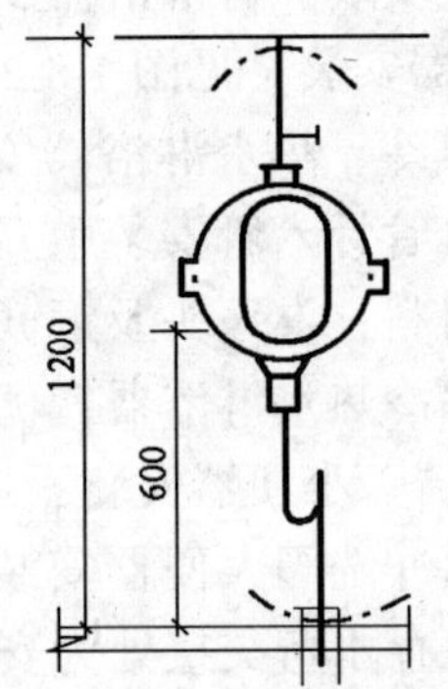

图 1-8-24　挂式小便斗安装范围

普通挂式小便器安装，以组计量。安装范围划分点：水平管与支管交接处，见图 1-8-24 所示。

未计价材料：小便斗或铜活全套。

挂斗式自动冲洗水箱“三联”小便斗安装，以组计量。安装范围仍是水平管与支管交接处，见图 1-8-25 所示。

未计价材料包括：小便斗 3 个；瓷质高水箱 1 套，或铜活全套。

立式（落地式）及自动冲洗小便器安装，见图 1-8-26，以组计量。

未计价材包括：小便器、瓷质高水箱、铜活全套。

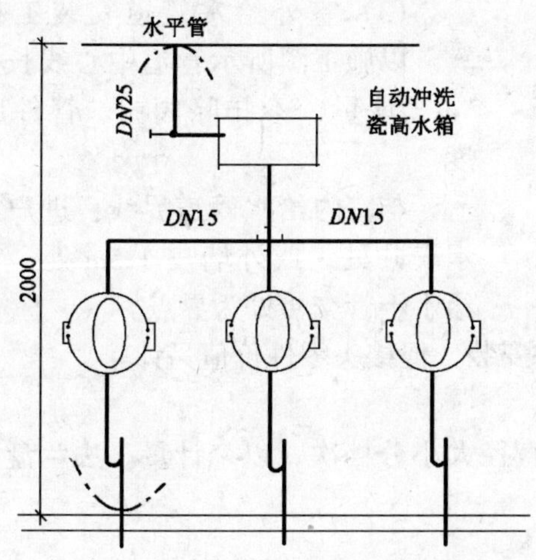

图 1-8-25　高水箱三联挂斗小便器安装范围

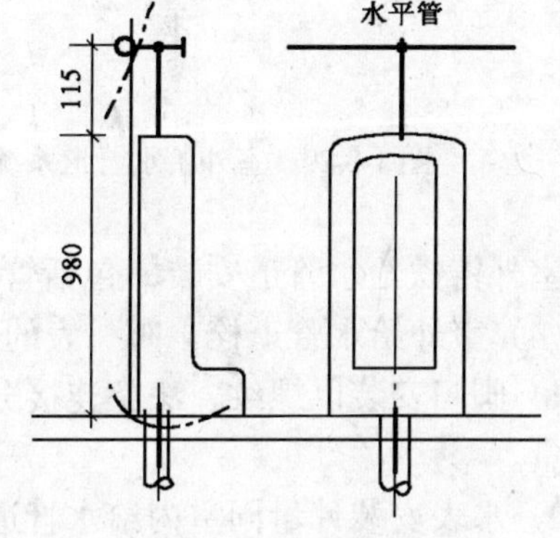

图 1-8-26　立式小便器安装范围

小便槽安装，分别计算工程量，见图 1-8-27。多孔冲洗管按“m”计量，套相应子目。控制阀门计算在管网阀门中，以个计量。地漏以个计量。

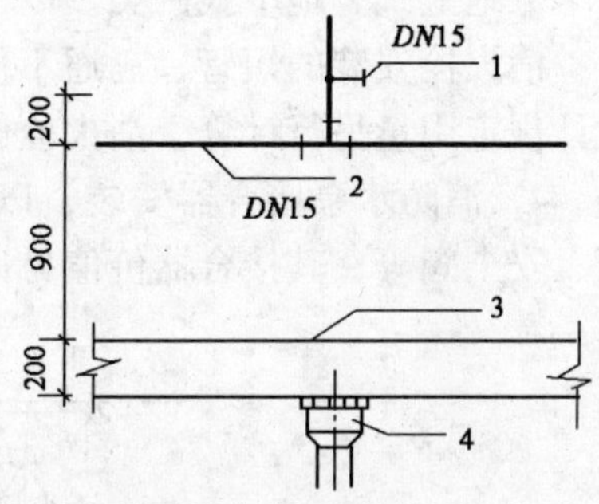

图 1-8-27　小便槽安装范围

1—DN15 截止阀；2—DN15 多孔冲洗管；3—小便槽踏步；4—地漏

(3) 水加热设备安装

1) 电热水器及电开水炉安装：电开水炉、电热水器安装包括挂式和立式两种，均以台计量。

RS 型热水器，KS 型开水炉，属局部热水及开水供应，安装范围以阀门为界。电开水炉及电热水器为未计价材料。

2) 集中水加热器：容积式水加热器安装以号数分档，以台计量。安装范围以加热器各接口法兰盘为界。卧式、立式均同。

未计价材料：容积式水加热器 1 台。

(五) 室外给排水工程量计算

1. 室外给水管道系统组成

(1) 室外给水管道本定额所属范围，见图 1-8-28。

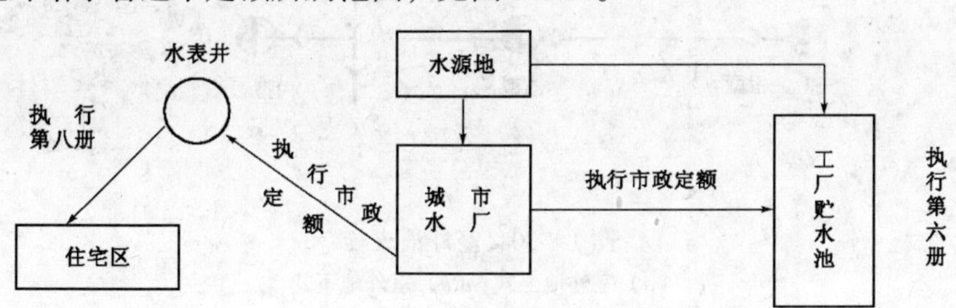

图 1-8-28　室外给水管道范围

(2) 室外给水管道系统组成，见图 1-8-29。

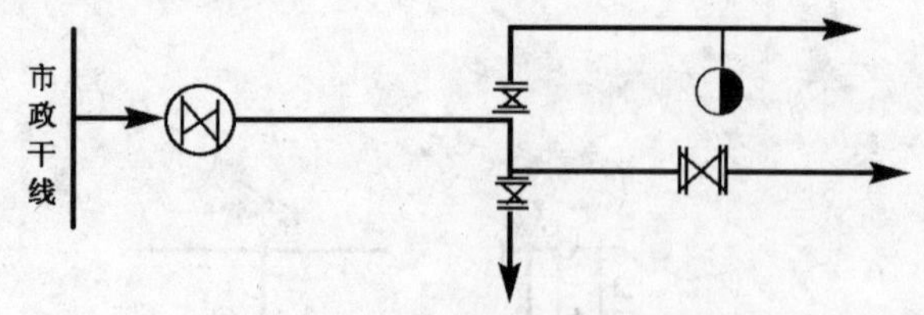

图 1-8-29　室外给水管道系统

(3) 室外给水管道安装工程量计算。以施工图所示管道中心线长度，以“m”计量，不扣除阀门、管件所占长度。

与室内给水管道界线：进户第一个水表井处，或外墙皮 1.5m 处，与市政给水干管交接处为界点。

室外铸铁给水管道安装，包括管接头零件安装，但接头零件价值另计。

(4) 室外给水管道栓、阀、表的安装。

1）阀门安装以螺纹、法兰连接分类，以直径大小分档次，以个计量。法兰盘安装以副计量。

2）水表安装计量同室内给水管道水表安装。

3）室外消火栓安装，见图 1-8-30。

分地上式、地下式两类。以甲、乙、丙型分档，以组计量。

消火栓安装的短管、三通不包括在定额内，按实计算；水枪、水龙带及附件安装，按设计规定用量另行计算，消火栓价值也另计。

4）消防水泵接合器安装，以组计量，见图 1-8-31。定额不包括接合器前闸阀、止回阀、安全阀等，其接合器价值另计。

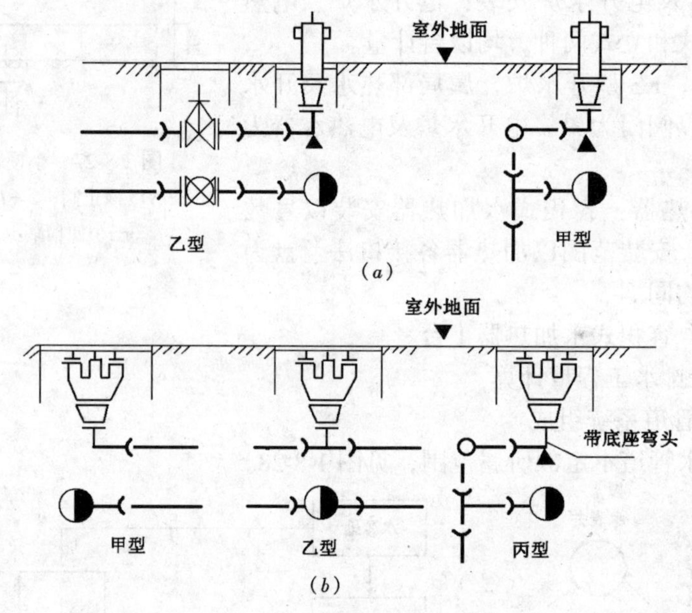

图 1-8-30　室外消火栓
(a) 室外地上式；(b) 室外地下式

5）管道消毒、清洗，见室内给水管道安装。

2. 室外排水管道系统工程量计算

(1) 室外排水管道定额所属范围，见图 1-8-32。

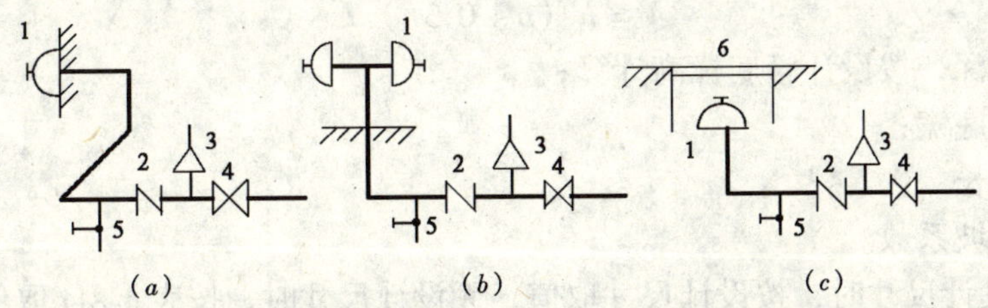

图 1-8-31　消防水泵接合器
(a) 墙壁式；(b) 地上式；(c) 地下式
1—消防接口；2—止回阀；3—安全阀；4—阀门；5—放水阀；6—井盖

(2) 室外排水管道系统的组成，见图 1-8-33。

(3) 室外排水管道工程量计算。以施工平面图和纵断面图所示管道中心线尺寸计算，以“m”计量，窨井、管道连接件所占长度不扣除。

与室内排水管界线点：室内排出口第一个检查井，或室外墙皮 1.5m 处，与市政排水干管交接处为界线点。

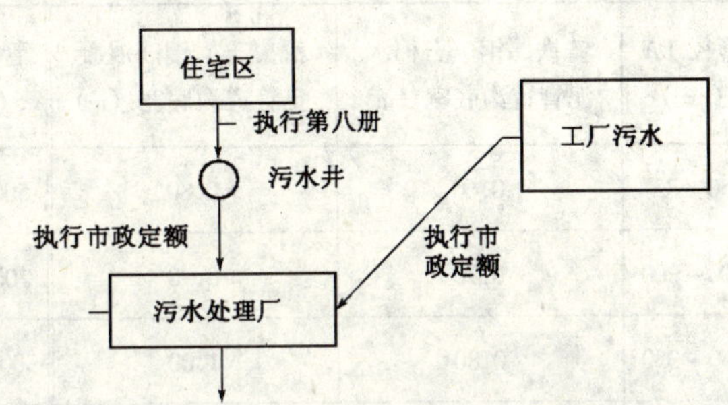

图 1-8-32　室外排水管道定额所属范围

(4) 室外排水铸铁管道安装。套用室内铸铁排水管道相应子目乘 0.3 系数计算。其未计价材料按 10.03m 计算。

室外排水塑料承插管安装，套用相应室内塑料排水管子目乘 0.5 系数计算。其未计价材料按 10.02m 计算。

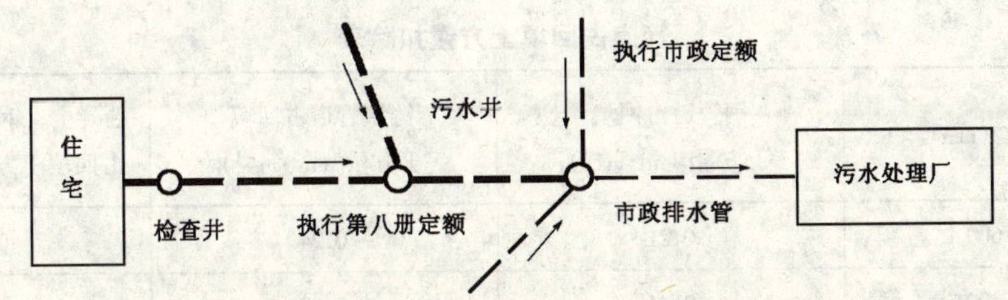

图 1-8-33　室外排水管道系统

(5) 室外混凝土及钢筋混凝土排水管道安装。按当地土建定额规定计算及套用定额。

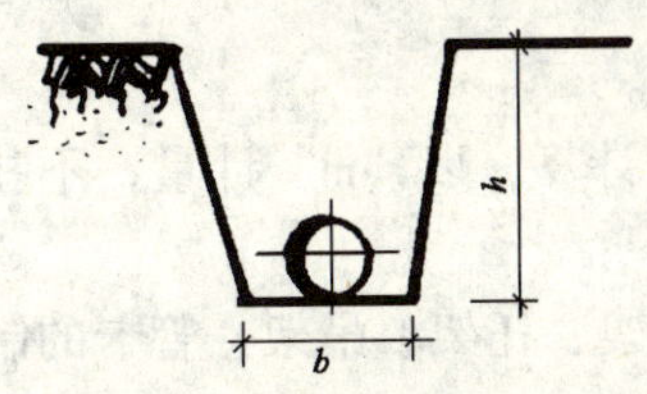

图 1-8-34　管沟断面

(6) 检查井、污水池、化粪池等构筑物。按当地土建定额计算及套用定额。

3. 室内外给排水管道土方工程量计算

室内外管道土石方，安装定额中不列此项定额，按各地土建定额套用，工程量可按下述方法计算。

(1) 管沟挖方量计算，见图 1-8-34。按下式计算：

$$V = h\ (b + 0.3h)\ l$$

式中 h——沟深，按设计管底标高计算；

b——沟底宽；

l——沟长；

0.3——放坡系数。

沟底宽有设计尺寸时，按设计尺寸取值，无设计尺寸时，按表 1-8-4 取值。

计算管沟土石方量时，各种检查井和排水管道接口处的加宽，而多挖土石方工程量不增加。但铸铁给水管道接口处操作坑工程量应增加，按全部给水管沟土方量的 2.5% 计算增加量。

管道沟底宽取值 **表 1-8-4**

管径 DN（mm）	铸铁、钢、石棉水泥管道沟底宽（m）	混凝土、钢筋混凝土管道沟底宽（m）	管径 DN（mm）	铸铁、钢、石棉水泥管道沟底宽（m）	混凝土、钢筋混凝土管道沟底宽（m）
50 ~ 75	0.60	0.80	500 ~ 600	1.30	1.50
100 ~ 200	0.70	0.90	700 ~ 800	1.60	1.80
250 ~ 350	0.80	1.00	900 ~ 1000	1.80	2.00
400 ~ 450	1.00	1.30			

（2）管道沟回填土工程量：

1）DN500 以下的管沟回填土方量不扣除管道所占体积；

2）DN500 以上的管沟回填土方量按表 1-8-5 所列数值扣除管道所占体积。

管道占回填土方量扣除表 **表 1-8-5**

管径 DN（mm）	钢管道占回填土方量（$m^3 \cdot m^{-1}$）	铸铁管道占回填土方量（$m^3 \cdot m^{-1}$）	混凝土、钢筋混凝土管道占回填土方量（$m^3 \cdot m^{-1}$）
500 ~ 600	0.21	0.24	0.33
700 ~ 800	0.44	0.49	0.60
900 ~ 1000	0.71	0.77	0.92

（六）采暖、热水管道系统工程量计算

1. 采暖、热水管道工程量计算

管道工程量计算总的顺序和计算要领与室内给水管道相同。

（1）采暖、热水管道安装工程量。按图示管道中心线长度计算，以“m”计量，不扣除阀门、管件及伸缩器所占长度，应扣除暖气片所占长度。

管道安装定额包括：管道煨弯、焊接、试压等。管道的支架、托架、吊架、管卡的制作与安装，室内采暖、供热管道与室内给水管道安装相同。

穿墙过楼板套管计算同给水管道。伸缩器安装另套定额。

(2) 管道安装定额套用，同给水管道。

(3) 管道冲洗工程量与定额套用，同给水管道。

2. 管道伸缩器安装工程量计算

(1) 方形伸缩器制作安装。方形伸缩器的安装以个计量，其管材长度应计入管道工程量中，有图纸尺寸时按图纸尺寸计算，无图纸尺寸时也可按表 1-8-6 计算。

方形伸缩器每个长度表（m/个） **表 1-8-6**

DN	25	50	100	150	200	250	300
	0.6	1.2	2.2	3.5	5.0	6.5	8.5
	0.6	1.1	2.0	3.0	4.0	5.0	6.0

(2) 螺纹法兰套筒伸缩器、焊接法兰套筒伸缩器、波形伸缩器安装。均以个计量，套相应定额。

3. 阀门安装工程量

均以个计量，与给水管道相同。

4. 低压器具的组成与安装工程量

采暖、热水工程中低压器具是指减压器和疏水器。

(1) 减压器安装。以连接方式（螺纹连接或焊接）和公称直径不同，分别以组计算。其中公称直径是以高压侧管道公称直径为准。设计与定额组成的阀门、压力表数量不同时，可以调整，其余不变。组成形式如下：

1) 热水系统减压器装置，见图 1-8-35。

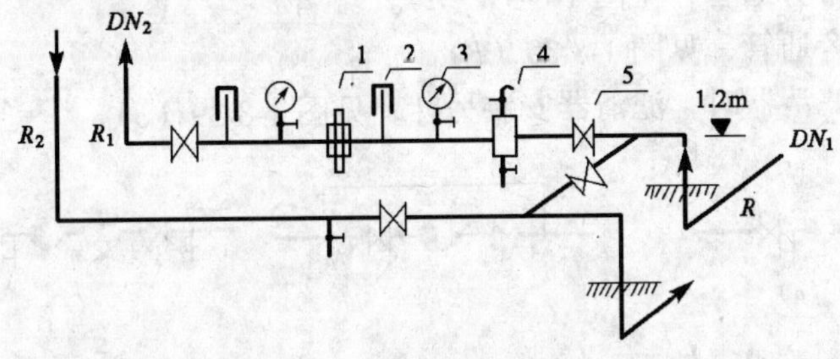

图 1-8-35 热水系统减压装置

1—调压板；2—温度计；3—压力表；4—除污器；5—阀门

2) 蒸汽凝结水管——一次减压装置，见图 1-8-36。其中减压阀为未计价材料，可为膜片式、活塞式、波纹式和薄膜式。阀前管径与减压阀同径，阀后管径比减压阀大 2 号。

3) 蒸汽凝结水管不带减压阀装置，见图 1-8-37。

4) 蒸汽凝结水管另一种形式减压装置，见图 1-8-38。

(2) 疏水器装置安装。以连接方式和公称直径的不同，分别以组计算。其中阀门不同时可以调整。疏水器可为浮筒式、倒吊桶式、热动力式、脉冲式。

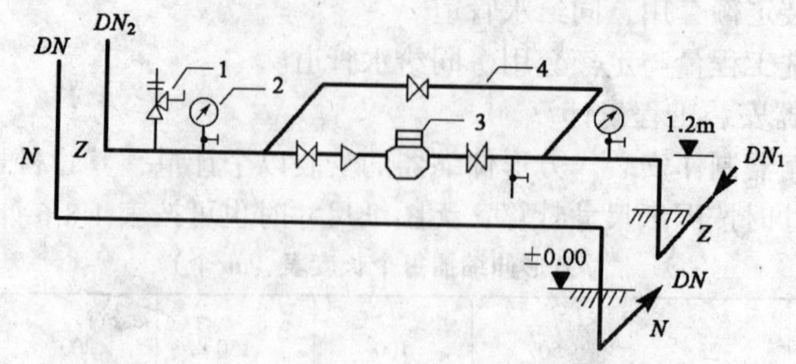

图 1-8-36 蒸汽、凝结水管减压装置

1—安全阀；2—压力表；3—减压阀；4—旁通管

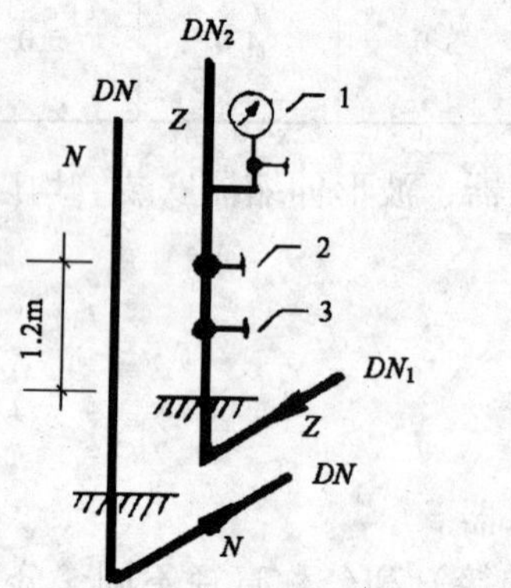

图 1-8-37 不带减压装置

1—压力表；2—调节用阀门；3—关闭用阀门

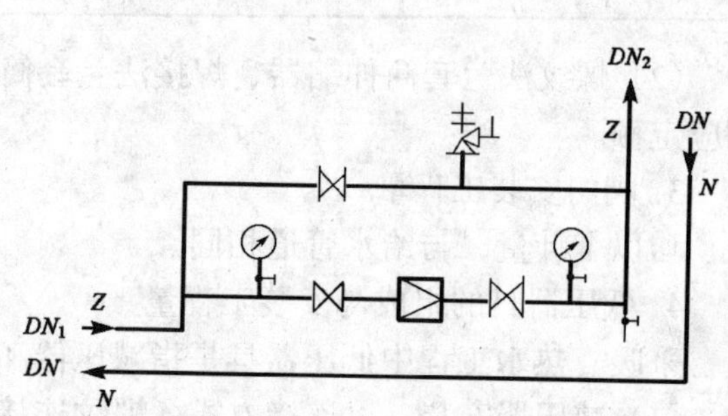

图 1-8-38 蒸汽凝结水减压装置另一形式

1）疏水器不带旁通管，见图 1-8-39（*a*）。

2）疏水器带旁通管，见图 1-8-39（*b*）。

3）疏水器带滤清器时，滤清器安装另计，见图 1-8-39（*c*）。

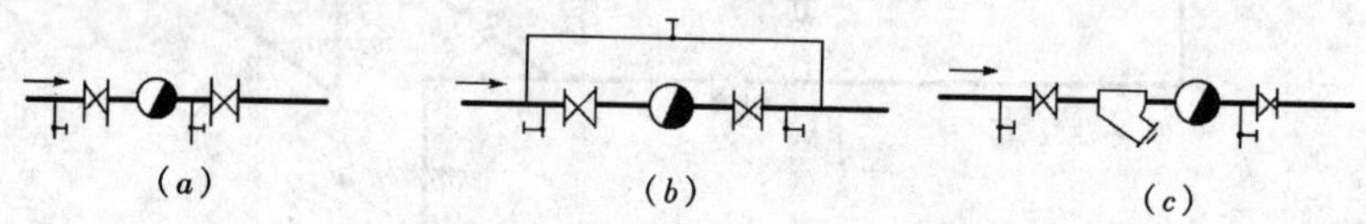

图 1-8-39 疏水器组

（*a*）不带旁通管；（*b*）带旁通器；（*c*）带滤清器

(3) 单体安装。减压器、疏水器单体安装按同管径阀门安装定额执行；安全阀按同管径阀门定额乘以 2.0 系数计算；压力表可套第十册《自动化控制装置及仪表工程》定额，或当地补充定额。见图 1-8-40。

5. 供暖器具安装工程量

(1) 铸铁散热器安装工程（四柱、五柱、翼型、M132）均以片计量，见图 1-8-41、表 1-8-7。

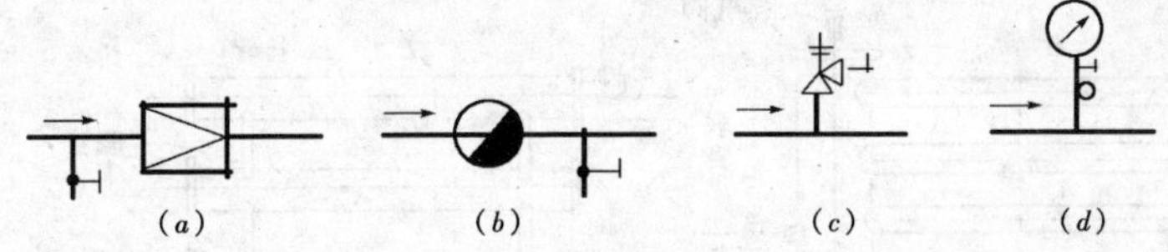

图 1-8-40　单体安装减压阀等

(a) 减压阀；(b) 疏水器；(c) 安全阀；(d) 压力表

散热片散热面积及重量　　**表 1-8-7**

型　　号	散热面积 $(m^2 \cdot 片^{-1})$	质量/ $(kg \cdot 片^{-1})$
四柱 813	0.28	7.99（有足）7.55（无足）
五柱 813	0.37	9.50（有足）8.50（无足）
M132	0.24	6.5
长翼型（大 60）	1.17	23.32
长翼型（小 60）	0.80	19.26
圆翼型（*DN*75）	1.80	38.23

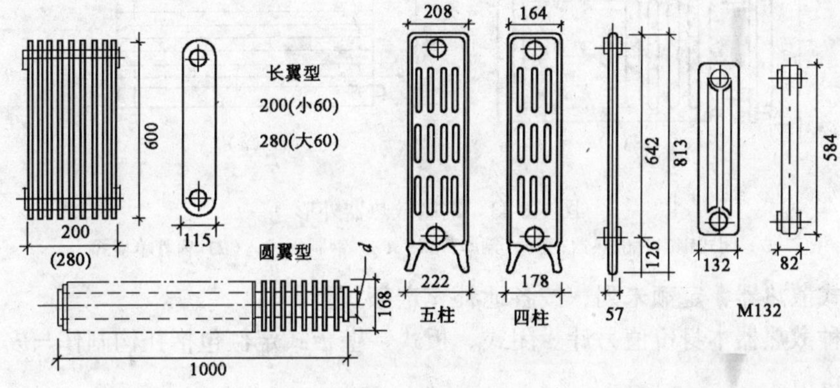

图 1-8-41　铸铁散热器

安装定额：包括制垫、加垫、组成、栽钩、稳固、打眼、堵眼、水压试验。

未计价材料：散热片。托钩、挂钩制作，安装定额已包括，但是要计算其材料数量。

柱形散热器挂装时，套 M132 定额。

M132 安装拉条时，拉条制作另外计算。

(2) 光排管散热器安装工程量。按制作散热器管材的直径不同，分别以“m”计算工程量。定额制定是按国际 A 型排管为准编制定额的，联管为计价材料，排管为未计价材料，B 型排管，同样执行这一定额，见图 1-8-42。工程量计算，排管长 $L = nL_1$ (m)，n 为排管根数。

定额包括：联管、堵板、托钩、管箍。

(3) 钢制散热器安装工程量。见图 1-8-43，钢制闭式散热器安装，以片计量；钢制板式散热器安装，以组计量；钢制壁式散热器安装，以组计量；钢制柱式散热器安装，以组计量。超过 12 片以上柱式散热器，按当地补充定额执行；钢、铝串片式散热器，钢制折

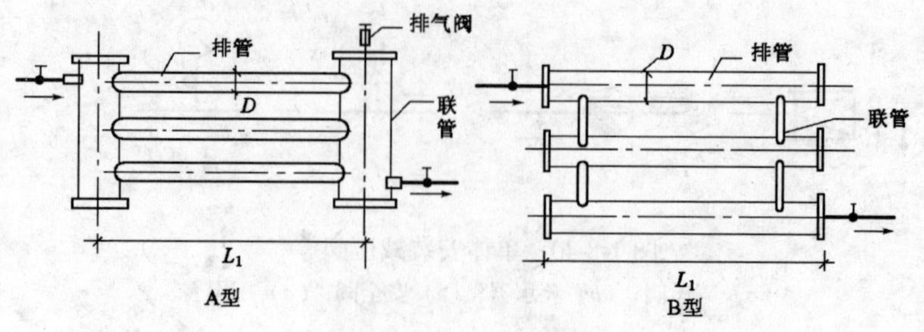

图 1-8-42　光排管散热器

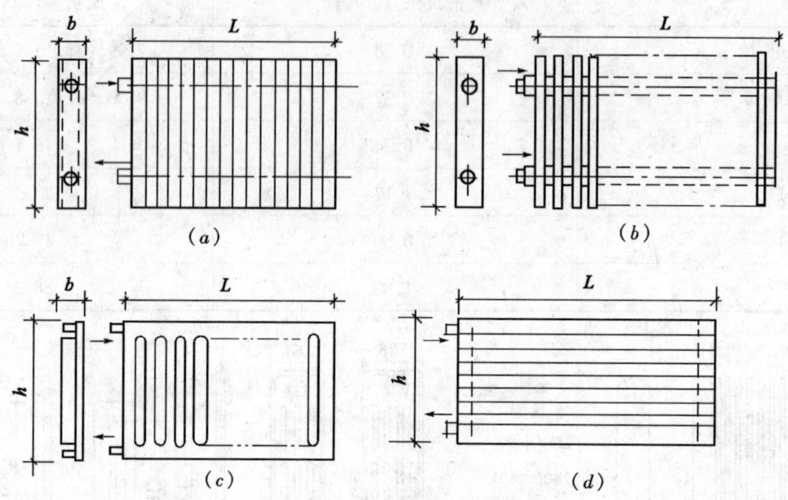

图 1-8-43　钢制散热器外形

（a）闭式钢串片散热器；（b）钢串片式；（c）钢制板式；（d）扁管单板式

边对流辐射式散热器，定额未列，按各地补充定额执行。

上述五种散热器本身价值另计。闭式、板式、壁板式定额包括托钩制作与安装，不包括托钩材料价值。

(4) 暖风机安装。以质（重）量不同，分别以台计量。暖风机有 NA85、通惠 L_2、NC 等型。暖风机的钢支架制作与安装，以“t”计量，套用第八册《给排水、采暖、煤气工程》定额有关子目；与暖风机相连的管、阀、疏水器应另行计算。

6. 小型容器制作安装工程量

(1) 各种类型的钢板水箱制作。按每个质量的不同分档，以“100kg”计量。

定额包括：放样，下料，组对，焊接，配装部件，注水试验。水箱钢材为未计价材料，按下式计算：

水箱未计材料价值 = Σ〔按图计算各型材净用量 ×（1 + 5% 损耗）〕× 各型材相应单价

水箱制作不包括除锈与油漆，必须另列项计算。水箱内刷樟丹漆 2 遍，外部刷樟丹漆 1 遍，调合漆 2 遍。

(2) 水箱安装工程量

1) 补水箱、膨胀水箱、矩形钢板水箱的安装以容积（m^3）不同分档，按个计量。圆形水箱以圆外接的矩形尺寸计算容积后，套相应容量的方形水箱安装定额。

水箱安装定额包括：水箱稳固、装配件（外人梯、内人梯）、水压试验。

水箱安装定额不包括：水箱本身价值；与水箱连接的进、出水管，计算到室内管道中；水箱玻璃水位计安装，以台计量，套第十册《自动化控制装置及仪表工程》定额有关子目；水箱支架制作与安装，型钢支架套第八册《给排水、采暖、煤气工程》定额第一章相应定额；砖、混凝土、钢筋混凝土和木质支架，套用当地土建定额；膨胀水箱中 FQ-2 型浮标液面计安装可套用第八册《给排水、采暖、煤气工程》定额相应子目。

2）集气罐、分气缸制作与安装：制作以“kg”计量，安装以个计量，套用第六册《工艺管道工程》第六章相应定额。

3）除污器制作安装：制作套用第六册《工艺管道工程》定额集气罐项目；组成安装时套第六册定额相应子目；单独安装时套第六册相同口径的阀门安装定额。

7. 采暖系统的除锈、刷油、保温工程量计算及定额套用

钢钣制作的散热器系工厂加工成品，均已除锈喷漆，不再计算除锈、刷油工程量。若因运输、保管、施工不善而产生的除锈、刷油，由责任方负担，按实计算。喷漆套用第十三册《刷油、绝热、防腐蚀工程》定额第一章相应子目。

8. 采暖系统调试

采暖工程系统调试费，《四川省安装工程估价表》规定，按采暖工程人工费的 15% 计取，其中人工工资占 20%，作为计费基础；而《全国统一安装工程定额》规定，按采暖工程人工费 21.84% 计取，不作计费基础。

9. 工程量计算中的注意事项

（1）管道安装中不包括法兰、阀门及伸缩器的制作安装，执行定额时按相应项目另计。

（2）室内外给水铸铁管，雨水铸铁管包括接头零件所需人工，但接头零件价格另计。

（3）*DN*32 以上钢管支架按管道支架定额另计。

（4）过楼板钢套管的制作安装工料，按室外钢管（焊接）项目计算。

（5）室内单出口消火栓安装，不分明装、暗装、半暗装均执行同一定额。定额内每条水龙带长度以 20m 计，如有不同时，可按实计算。

（6）室外消火栓安装定额中，未包括消火栓的短管（三通），可按实计算。

（7）消防水泵接合器安装用人工及材料是按成套产品计算的，如设计中有短管，其本身价可另计，其余不变。

（8）螺纹阀门安装适用于各种内外螺纹连接的阀门安装。

（9）各种法兰阀门安装均按法兰阀门计算。如仅为一侧法兰连接时，定额中的法兰、带帽螺栓及钢垫圈数量减半。

（10）各种法兰用垫片均按石棉橡胶板计算，如用其他材料，不作调整。

（11）水塔、水池浮漂水位标尺制作安装中，水位差及覆土厚度均系综合考虑的，执行定额时不作调整。

（12）减压器、疏水器组成与安装是按 N1、BN15-66、N108《采暖通风国家标准图集》编制的，如实际组成与此不同时，阀门和压力表的数量可按时调整，其余不变。

（13）法兰水表安装是按 S145《全国通用给水、排水标准图集》编制的，定额内包括

旁通管及止回阀，如实际安装形式与此不同时，阀门或止回阀可按实调整，其余不变。

(14) 成组安装的卫生器具，定额均已按标准图计算了给水、排水管道连接的人工和材料。

(15) 各种浴盆不论型号均统一计算，但浴盆的支座和浴盆四周侧面的砖砌和磁砖粘贴要另行计算。

(16) 各种型号的洗脸盆、洗手盆、洗涤盆，不论型号均统一计算。

(17) 化验盆安装中的鹅颈水嘴、化验单嘴、化验双嘴适用于成品件安装。

(18) 肘式开关不分单、双均统一计算。

(19) 脚踏开关应包括弯管和喷头的安装人工和材料。

(20) 淋浴器铜制品安装适用于各种成品淋浴器安装。

(21) 蒸汽——水加热器应包括莲蓬头安装，但不包括支架制作安装。阀门和疏水器安装可按相应项目计算。

(22) 冷热水混合器安装应包括温度计安装，但不包括支架制作安装。阀门安装可按相应项目计算。

(23) 各种形式（号）高（无）水箱蹲式大便器，低水箱坐式大便器应一并计算。

(24) 坐水箱坐式大便器、卫生盆、立式洗脸盆安装，适用于唐山陶瓷厂生产6201型或其他类似产品。

(25) 小便器自动冲洗式安装项目内冲洗立支管是按“北京水暖器材一厂”生产的铜管成品计算的，如用钢管管件等连接，价格可调整，人工不变。

(26) 小便槽冲洗管制作与安装不包括阀门安装，可按相应项目另行计算。

(27) 大便槽水箱托架安装已按标准图计算在定额内，不得另行计算。

(28) 电热水器、电开水炉的连接管、管件等可按相应项目另行计算。

(29) 饮水器安装中的阀门和脚踏开关安装，可按相应项目另行计算。

(30) 容积式水加热器安装、开水炉安装，定额内已按标准图计算了其中的附件，但不包括安全阀安装、本身保温、刷油和基础砌筑。

(31) 各种类型散热器不分明装或暗装，均按类型分别编制，柱型散热器为挂装时，可执行 M132 项目。

(32) 柱型和 M132 型铸铁散热器安装用拉条时，拉条另计。

(33) 定额中列出的接口密封材料为石棉橡胶板，如用胶垫或石棉绳等其他材料时，不做换算。

(34) 光排管散热器制作安装项目，单位每 10m 系指光排管长度、联管作为材料已列入定额，不得重复计算。

(35) 板式、壁板式、闭式散热器，已计算了托钩的安装人工和材料，但不包括托钩价格，如主材价不包括托钩者，托钩价格另计。

(36) 各种水箱的连接管，均未包括在定额内，可按室内管道安装的相应项目计算。

(37) 各类水箱均不包括支架制作安装，如为型钢支架执行“一般管道支架”项目，混凝土或砖支座可按土建相应项目执行。

(38) 煤气管道安装已包括了管件（弯头、三通、异径管）制作与安装，不得另计。

(39) 托钩角钢管卡制作与安装已包括在定额内，不得另计。

(40) 阀门抹密封油、研磨已包括在管道安装中，不得另计。

(41) 燃气用具安装已考虑了燃气用具前阀门连接的短管在内，不得重复计算。

(42) 活动法兰铸铁煤气管道（柔性机械接口）在安装前进行单体试验时，按单管试压有关项目执行。

(43) 活动法兰铸铁煤气管道（柔性机械接口）安装定额，已包括了接头零件安装所需用工，但接头零件及其安装所用的橡胶圈、支撑圈、螺栓数量和价格另计。

(44) 铸铁雨水管道安装定额包括接头零件安装所需用工，但接头零件数量和价格另计。

三、给排水、采暖、燃气工程规范

C.8.1 给排水、采暖、燃气管道。工程量清单项目设置及工程量计算规则，应按表1-8-8的规定执行。

C.8.1 给排水、采暖管道（编码：030801） **表1-8-8**

项目编码	项目名称	项目特征	计量单位	工程量计算规则	工程内容
030801001	镀锌钢管	1. 安装部位（室内、外） 2. 输送介质（给水、排水、热媒体、燃气、雨水） 3. 材质 4. 型号、规格 5. 连接方式 6. 套管形式、材质、规格 7. 接口材料 8. 除锈、刷油、防腐、绝热及保护层设计要求	m	按设计图示管道中心线长度以延长米计算，不扣除阀门、管件（包括减压器、疏水器、水表、伸缩器等组成安装）及各种井类所占的长度；方形补偿器以其所占长度按管道安装工程量计算	1. 管道、管件及弯管的制作，安装 2. 管件安装（指铜管管件、不锈钢管管件） 3. 套管（包括防水套管）制作、安装 4. 管道除锈、刷油、防腐 5. 管道绝热及保护层安装、除锈、刷油 6. 给水管道消毒、冲洗 7. 水压及泄漏试验
030801002	钢管				
030801003	承插铸铁管				
030801004	柔性抗震铸铁管				
030801005	塑料管（UPVC、PVC、PP－C、PP－R、PE管等）				
030801006	橡胶连接管				
030801007	塑料复合管				
030801008	钢骨架塑料复合管				
030801009	不锈钢管				
030801010	铜管				
030801011	承插缸瓦管				
030801012	承插水泥管				
030801013	承插陶土管				

C.8.2 管道支架制作安装。工程量清单项目设置及工程量计算规则，应按表1-8-9的规定执行。

C.8.2 管道支架制作安装（编码：030802） **表1-8-9**

项目编码	项目名称	项目特征	计量单位	工程量计算规则	工程内容
030802001	管道支架制作安装	1. 形式 2. 除锈、刷油设计要求	kg	按设计图示质量计算	1. 制作、安装 2. 除锈、刷油

C.8.3 管道附件。工程量清单项目设置及工程量计算规则，应按表1-8-10的规定执行。

C.8.3 管道附件（编码：030803） **表1-8-10**

项目编码	项目名称	项目特征	计量单位	工程量计算规则	工程内容
030803001	螺纹阀门	1. 类型 2. 材质 3. 型号、规格	个	按设计图示数量计算（包括浮球阀、手动排气阀、液压式水位控制阀、不锈钢阀门、煤气减压阀、液相自动转换阀、过滤阀等）	安装
030803002	螺纹法兰阀门				
030803003	焊接法兰阀门				
030803004	带短管甲乙的法兰阀				
030803005	自动排气阀				
030803006	安全阀				
030803007	减压器	1. 材质 2. 型号、规格 3. 连接方式	组	按设计图示数量计算	
030803008	疏水器				
030803009	法兰		副		
030803010	水表		组		
030803011	燃气表	1. 公用、民用、工业用 2. 型号、规格	块		1. 安装 2. 托架及表底基础制作、安装
030803012	塑料排水管消声器	型号、规格	个		安装
030803013	伸缩器	1. 类型 2. 材质 3. 型号、规格 4. 连接方式		按设计图示数量计算 注：方形伸缩器的两臂，按臂长的2倍合并在管道安装长度内计算	
030803014	浮标液面计	型号、规格	组	按设计图示数量计算	
030803015	浮漂水位标尺	1. 用途 2. 型号、规格	套		
030803016	抽水缸	1. 材质 2. 型号、规格	个		
030803017	燃气管道调长器	型号、规格			
030803018	调长器与阀门连接				

C.8.4 卫生器具制作安装。工程量清单项目设置及工程量计算规则，应按表 1-8-11 的规定执行。

C.8.4 卫生器具制作安装（编码：030804） 表 1-8-11

<table>
<tr><th>项目编码</th><th>项目名称</th><th>项目特征</th><th>计量单位</th><th>工程量计算规则</th><th>工程内容</th></tr>
<tr><td>030804001</td><td>浴盆</td><td rowspan="6">1. 材质
2. 组装形式
3. 型号
4. 开关</td><td rowspan="7">组</td><td rowspan="27">按设计图示数量计算</td><td rowspan="13">器具、附件安装</td></tr>
<tr><td>030804002</td><td>净身盆</td></tr>
<tr><td>030804003</td><td>洗脸盆</td></tr>
<tr><td>030804004</td><td>洗手盆</td></tr>
<tr><td>030804005</td><td>洗涤盆
（洗菜盆）</td></tr>
<tr><td>030804006</td><td>化验盆</td></tr>
<tr><td>030804007</td><td>淋浴器</td><td rowspan="7">1. 材质
2. 组装方式
3. 型号、规格</td></tr>
<tr><td>030804008</td><td>淋浴间</td><td rowspan="7">套</td></tr>
<tr><td>030804009</td><td>桑拿浴房</td></tr>
<tr><td>030804010</td><td>按摩浴缸</td></tr>
<tr><td>030804011</td><td>烘手机</td></tr>
<tr><td>030804012</td><td>大便器</td></tr>
<tr><td>030804013</td><td>小便器</td></tr>
<tr><td>030804014</td><td>水箱
制作安装</td><td>1. 材质
2. 类型
3. 型号、规格</td><td>1. 制作
2. 安装
3. 支架制作、安装及除锈、刷油
4. 除锈、刷油</td></tr>
<tr><td>030804015</td><td>排水栓</td><td>1. 带存水弯、不带存水弯
2. 材质
3. 型号、规格</td><td>组</td><td rowspan="4">安装</td></tr>
<tr><td>030804016</td><td>水龙头</td><td rowspan="4">1. 材质
2. 型号、规格</td><td rowspan="3">个</td></tr>
<tr><td>030804017</td><td>地漏</td></tr>
<tr><td>030804018</td><td>地面扫除口</td></tr>
<tr><td>030804019</td><td>小便槽冲洗
管制作安装</td><td>m</td><td>制作、安装</td></tr>
<tr><td>030804020</td><td>热水器</td><td>1. 电能源
2. 太阳能源</td><td rowspan="3">台</td><td>1. 安装
2. 管道、管件、附件安装
3. 保温</td></tr>
<tr><td>030804021</td><td>开水炉</td><td rowspan="2">1. 类型
2. 型号、规格
3. 安装方式</td><td>安装</td></tr>
<tr><td>030804022</td><td>容积式
热交换器</td><td>1. 安装
2. 保温
3. 基础砌筑</td></tr>
<tr><td>030804023</td><td>蒸汽－水
加热器</td><td rowspan="5">1. 类型
2. 型号、规格</td><td rowspan="2">套</td><td rowspan="2">1. 安装
2. 支架制作、安装
3. 支架除锈、刷油</td></tr>
<tr><td>030804024</td><td>冷热水
混合器</td></tr>
<tr><td>030804025</td><td>电消毒器</td><td rowspan="2">台</td><td rowspan="3">安装</td></tr>
<tr><td>030804026</td><td>消毒锅</td></tr>
<tr><td>030804027</td><td>饮水器</td><td>套</td></tr>
</table>

C.8.5 供暖器具。工程量清单项目设置及工程量计算规则，应按表 1-8-12 的规定执行。

C.8.5 供暖器具（编码：030805） 表 1-8-12

项目编码	项目名称	项目特征	计量单位	工程量计算规则	工程内容
030805001	铸铁散热器	1. 型号、规格 2. 除锈、刷油设计要求	片	按设计图示数量计算	1. 安装 2. 除锈、刷油
030805002	钢制闭式散热器		片		安装
030805003	钢制板式散热器		组		
030805004	光排管散热器制作安装	1. 型号、规格 2. 管径 3. 除锈、刷油设计要求	m		1. 制作、安装 2. 除锈、刷油
030805005	钢制壁板式散热器	1. 质量 2. 型号、规格	组		安装
030805006	钢制柱式散热器	1. 片数 2. 型号、规格	组		
030805007	暖风机	1. 质量 2. 型号、规格	台		
030805008	空气幕		台		

C.8.6　燃气器具。工程量清单项目设置及工程量计算规则，应按表 1-8-13 的规定执行。

C.8.6　燃气器具（编码：030806）　　**表 1-8-13**

项目编码	项目名称	项目特征	计量单位	工程量计算规则	工程内容
030806001	燃气开水炉	型号、规格	台	按设计图示数量计算	安装
030806002	燃气采暖炉				
030806003	沸水器	1. 容积式沸水器、自动沸水器、燃气消毒器 2. 型号、规格			
030806004	燃气快速热水热	型号、规格			
030806005	气灶具	1. 民用、公用 2. 人工煤气灶具、液化石油气灶具、天然气燃气灶具 3. 型号、规格			
030806006	气嘴	1. 单嘴、双嘴 2. 材质 3. 型号、规格 4. 连接方式	个		

C.8.7　采暖工程系统调整。工程量清单项目设置及工程量计算规则，应按表 1-8-14 的规定执行。

C.8.7　采暖工程系统调整（编码：030807）　　**表 1-8-14**

项目编码	项目名称	项目特征	计量单位	工程量计算规则	工程内容
030807001	采暖工程系统调整	系统	系统	按由采暖管道、管件、阀门、法兰、供暖器具组成采暖工程系统计算	系统调整

C.8.8　其他相关问题，应按下列规定处理：

1. 管道界限的划分。

(1) 给水管道室内外界限划分：以建筑物外墙皮 1.5m 为界，入口处设阀门者以阀门为界。与市政给水管道的界限应以水表井为界；无水表井的，应以与市政给水管道碰头点为界。

(2) 排水管道室内外界限划分：应以出户第一个排水检查井为界。室外排水管道与市政排水界限应以与市政管道碰头井为界。

(3) 采暖热源管道室内外界限划分：应以建筑物外墙皮 1.5m 为界，入口处设阀门者应以阀门为界；与工业管道界限的应以锅炉房或泵站外墙皮 1.5m 为界。

(4) 燃气管道室内外界限划分：地下引入室内的管道应以室内第一个阀门为界，地上引入室内的管道应以墙外三通为界；室外燃气管道与市政燃气管道应以两者的碰头点为界。

2. 凡涉及到管沟及井类的土石方开挖、垫层、基础、砌筑、抹灰、地井盖板预制安装、回填、运输，路面开挖及修复、管道支墩等，应按附录 A、附录 D 相关项目编码列项。

四、给排水、采暖、燃气工程编制注意事项

(一) 概况

1. 附录 C.8 给排水、采暖、燃气工程系指生活用给排水工程、采暖工程、生活用燃气工程安装，及其管道、附件、配件安装和小型容器制作等。

2. 附录 C.8 共 74 个项目，其中包括暖、卫、燃气的管道安装，管道附件安装，管支架制作安装，暖、卫、燃气器具安装，采暖工程系统调整等项目。

3. 附录 C.8 适用于采用工程量清单计价的新建、扩建的生活用给排水、采暖、燃气工程。

4. 本附录与其他相关工程的界限划分：

(1) 室内外界限的划分：

1) 给水管道以建筑外墙皮 1.5m 处为分界点，入口处设有阀门的以阀门为分界点。

2) 排水管道以排水管出户后第一个检查井为分界点，检查井与检查井之间的连接管道为室外排水管道。

3) 采暖管道以建筑外墙皮 1.5m 处为分界点，入口处设有阀门的以阀门为分界点。

4) 燃气管道由地下引入室内的以室内第一个阀门为分界点，由地上引入的以墙外三通为界。

(2) 与市政管道的界限划分：

1) 给水管道以计量表为界，无计量表的以与市政管道碰头点为界。

2) 排水管道以室外排水管道最后一个检查井为界，无检查井的以与市政管道碰头点为界。

3) 由市政管网统一供热的按各供热点的供热站为分界线，由室外管网至供热站外墙皮 1.5m 处的主管道为市政工程，由供热站往外送热的管道以外墙皮 1.5m 处分界，分界点以外为采暖工程。

(3) 与锅炉房内的管道界限划分。锅炉房内的生活用给排水、采暖工程，属本附录工程内容。锅炉房内锅炉配管、软化水管、锅炉供排水、供气、水泵之间的连接管等属工业管道范围。由锅炉房外墙皮以外的给排水、采暖管道属本附录工程范围。

5. 本附录需要说明的问题。

(1) 关于项目特征。项目特征是工程量清单计价的关键依据之一，由于项目的特征不同，其计价的结果也相应发生差异，因此招标人在编制工程量清单时，应在可能的情况下明确描述该工程量清单项目的特征。投标人按招标人提出的特征要求计价。

(2) 关于工程量清单计算规则。

1）工程量清单的工程量必须依据工程量计算规则的要求编制，工程量只列实物量，所谓实物量即是工程完工后的实体量，如土石方工程，其挖填土石方工程量只能按设计沟断面尺寸乘沟长度计算，不能将放坡的土石方量计入工程量内。绝热工程量只能按设计要求的绝热厚度计算，不能将施工的误差增加量计入绝热工程量。投标人在投标报价时，可以按自己的企业技术水平和施工方案的具体情况，将土石方挖填的放坡量和绝热的施工误差量计入综合单价内。增加的量越小越有竞标能力。

2）有的工程项目，由于特殊情况不属于工程实体，但在工程量清单计量规则中列有清单项目，也可以编制工程量清单，如本附录的采暖系统调整项目就属此种情况。

(3) 关于工程内容。工程量清单的工程内容是完成该工程量清单可能发生的综合工程项目，工程量清单计价时，按图纸、规程规范等要求选择编列所需项目。

6. 以下费用可根据需要情况由投标人选择计入综合单价。

(1) 高层建筑施工增加费；

(2) 安装与生产同时进行增加费；

(3) 在有害身体健康环境中施工增加费；

(4) 安装物安装高度超高施工增加费；

(5) 设置在管道间、管廊内管道施工增加费；

(6) 现场浇筑的主体结构配合施工增加费。

7. 关于措施项目清单。措施项目清单为工程量清单的组成部分，措施项目可按《建设工程工程量清单计价规范》表 3.3.1 所列项目，根据工程需要情况选择列项。在本附录工程中可能发生的措施项目有：临时设施、文明施工、安全施工、二次搬运、已完工程及设备保护费、脚手架搭拆费。措施项目清单应单独编制，并应按措施项目清单编制要求计价。

8. 编制本附录清单项目如涉及到管沟及管沟的土石方、垫层、基础、砌筑抹灰、地沟盖板、土石方回填、土石方运输等工程内容时，按附录 A 的相关项目编制工程量清单。路面开挖及修复、管道支墩、井砌筑等工程内容，按附录 D 有关项目编制工程量清单。

9. 本附录项目如涉及到管道油漆、除锈，支架的除锈、油漆，管道的绝热、防腐等工程量清单项目，可参照《全国统一安装工程预算定额》刷油、防腐蚀、绝热工程册的工料机耗用量计价。

（二）工程量清单项目设置

1. 附录 C.8.1　给排水、采暖、燃气管道

(1) 概况。给排水、采暖、燃气管道安装，是按安装部位、输送介质管径、管道材质、连接形式、接口材料及除锈标准、刷油、防腐、绝热保护层等不同特征设置的清单项目。编制工程量清单时，应明确描述各项特征，以便计价。

(2) 应明确描述以下各项特征：

1）安装部位应按室内、室外不同部位编制清单项目。

2）输送介质指给水管道、排水管道、采暖管道、雨水管道、燃气管道。

3）材质应按焊接钢管（镀锌、不镀锌）、无缝钢管、铸铁管（一般铸铁、球墨铸铁）、铜管（T1、T2、T3、H59－96）、不锈钢管（ICr18Ni9、ICr18Ni9Ti）、非金属管（PVC、UPVC、PPC、PPR、PE、铝塑复合、水泥、陶土、缸瓦管）等不同特征分别编制清单项目。

4）连接方式应按接口形式不同，如螺纹连接、焊接（电弧焊、氧乙炔焊）、承插、卡接、热熔、粘结等不同特征分别列项。

5）接口材料指承插连接管道的接口材料，如铅、膨胀水泥、石棉水泥等。

6）除锈标准为管材除锈的要求，如手工除锈、机械除锈、化学除锈、喷砂除锈等不同特征必须明确描述，以便计价。

7）套管形式指薄钢板套管、防水套管、一般钢套管等。

8）防腐、绝热及保护层的要求指管道的防腐蚀、遍数、绝热材料、绝热厚度、保护层材料等不同特征必须明确描述，以便计价。

（3）需要说明的问题。招标人或投标人如采用建设行政主管部门颁布的有关规定为工料计价依据时，应注意以下事项：

1）《全国统一安装工程预算定额》第八册给排水、采暖管道安装定额中，*DN*32以下的螺纹连接钢管安装均包括了管卡及托钩的制作安装，该管道如需安装支架时，应做相应调整。

2）《全国统一安装工程预算定额》第八册凡用法兰连接的阀门、暖、卫、燃气器具均已包括法兰、螺栓的安装，法兰安装不再单独编制清单项目。

3）室内铸铁排水管、铸铁雨水管、承插塑料排水管、螺纹连接的燃气管，定额均已包括管道支架的制作安装内容，不能再单独编制支架制作安装清单项目。

4）《全国统一安装工程预算定额》第八册的所有管道安装定额除给水承插铸铁管和燃气铸铁管外，均包括管件的制作安装（焊接连接的为制作管件，螺纹连接和承插连接的为成品管件）工作内容。给水承插铸铁管和燃气承插铸铁管已包括管件安装，管件本身的材料价按图纸需用量另计。除不锈钢管、铜管应列管件安装项目外，其他所有管件安装均不编制工程量清单。

5）管道若安装钢过墙（楼板）套管时，按钢套管长度参照室外钢管焊接管道安装定额计价。

6）本节所列不锈钢管、铜管及其管件安装，可参照《全国统一安装工程预算定额》第六册的相应项目计价。

2. 附录C.8.2　管道支架制作安装

概况。本附录为管道支架制作安装项目，暖、卫、燃气器具、设备的支架可使用本项目编制工程量清单。

3. 附录C.8.3　管道附件安装

（1）概况。本附录管道附件包括阀门、法兰、计量表、伸缩器、PVC排水管消声器和伸缩节、水位标尺、抽水缸、调长器，按类型、材质、型号、规格、连接方式等不同特征设置清单项目。编制工程量清单时，必须明确描述各种特征，以便计价。

（2）需要说明的问题。

1）阀门的类型应包括浮球阀、手动排气阀、液压式水位控制阀、不锈钢阀、液相自动转换阀、选择阀和各种法兰连接及螺纹连接的低压阀门。

2）各类型的阀门安装，投标人应按照其安装的繁简程度自主计价。

4. 附录C.8.4～C.8.6　卫生、供暖、燃气器具安装

（1）概况。卫生、供暖、燃气器具安装工程。卫生器具包括浴盆、净身盆、洗脸盆、

洗涤盆、化验盆、淋浴器、烘干器、大便器、小便器、排水栓、扫除口、地漏、各种热水器、消毒器、饮水器等；供暖器具包括各种类型散热器、光排管、暖风机、空气幕等；燃气器具包括燃气开水器、燃气采暖炉、燃气热水器、燃气灶具、气嘴等项目。按材质及组装形式、型号、规格、开关种类、连接方式等不同特征编制清单项目。

(2) 下列各项特征必须在工程量清单中明确描述，以便计价。

1) 卫生器具中浴盆的材质（搪瓷、铸铁、玻璃钢、塑料)、规格（1400、1650、1800)、组装形式（冷水、冷热水、冷热水带喷头)，洗脸盆的型号（立式、台式、普通)、规格、组装形式（冷水、冷热水)、开关种类（肘式、脚踏式)，淋浴器的组装形式（钢管组成、铜管成品)，大便器规格型号（蹲式、坐式、低水箱、高水箱)、开关及冲洗形式(普通冲洗阀冲洗、手压冲洗、脚踏冲洗、自闭式冲洗)，小便器规格、型号（挂斗式、立式)，水箱的形状（圆形、方形)、重量。

2) 供暖器具的铸铁散热器的型号及规格（长翼、圆翼、M132、柱型)，光排管散热器的型号（A、B型)、长度，散热器的除锈标准、油漆种类。

3) 燃气器具如开水炉的型号、采暖炉的型号、沸水器的型号、快速热水器的型号(直排、烟道、平衡)、灶具的型号（煤气、天然气、民用灶具、公用灶具、单眼、双眼、三眼)。

(3) 需要说明的问题。

1) 光排管式散热器制作安装，工程量按长度以米为单位计算。在计算工程量长度时，每组光排管之间的连接管长度不能计入光排管制作安装工程量。

2) 采暖器具的集气罐制作安装可参照本附录C.6.17编列工程量清单。

5. 附录C.8.7　采暖工程系统调整

(1) 本附录的采暖工程系统调整为非实体工程项目。但由于工程需要必须单独列项。

(2) 采暖工程系统调整工程内容应包括在室外温度和热源进口温度按设计规定条件下，将室内温度调整到设计要求的温度的全部工作。

第九节　通风空调工程

一、通风空调工程制图

(一) 通风空调施工图常用的表示方法

施工图是以统一规定的图形符号辅以简单扼要的文字说明，将通风空调工程的设计意图明确地表达出来，用以指导通风空调的工程施工。它是根据国家颁布的有关通风空调技术标准和通用图形符号绘制而成。在阅读通风空调安装图纸时，应仔细阅读总说明，熟悉图中图例、符号。在一些图纸中，由于设计人员的不同，有时候图例和符号不尽相同，因此，在阅读图纸时应特别注意。同时，作为专业工程技术人员，平时多收集各种零、部件图或图例、符号的表示方法，以便熟练掌握。

在建筑安装工程施工图中，一般常用的比例是：总平面图多采用1∶500、1∶1000、1∶2000；基本图纸一般多采用1∶50、1∶100、1∶150、1∶200；详图（又称大样图）采用1∶1、1∶2、1∶5、1∶10、1∶20、1∶50等。在通风空调安装工程中，工艺流程和系统图有时没有比例。绘图时常把物体的实际尺寸放大或缩小，图纸上所画的尺寸与实物尺寸之比称做图纸的比例。图纸上所标注的比例，第一个数字表示图纸的尺寸，第二个数字表示实物对图纸的倍数。如1:100，即实物是图纸尺寸的100倍，我们在做施工图预算时，其工程量可直接用相应的比例尺进行测量计算。

粗实线
细实线
虚线
点画线
折断线

通风空调安装图中，不同的线条表示不同的含意。

实线表示看得见的物体的轮廓线或两个面相交的棱线。实线又分粗、中、细实线三种，三种各有其用途，粗实线表示设备布置平面图的外轮廓线、通风管道平面图的外轮廓线，细实线用于尺寸线、引出线及图例中的线条。虚线表示看不见的轮廓线，点画线表示通过物体的中心线、轴线等，折断线表示不必完全画出来的物体或尺寸太大而省略的部分。

标高在建筑安装工程中，表示建筑物各部分或被安装物体的高度。下面横线为某处高度的界限，上面数字表示注明的标高值，一般用米表示，中间为标高符号。通风空调工程中的标高为相对标高，对于高层建筑，一般地底层平面相对标高为±0.00，而所有标准标高都是在此基础上计算出来的，低于±0.00标高，采用负号来表示。

（二）通风空调工程施工图的分类

通风空调工程图由基本图和详图及文字说明、主要设备材料清单等组成。基本图包括系统原理图、平面图、剖面图及系统轴测图（如图1-9-1所示）。详图包括部件加工及安装图。

1. 设计说明

设计说明中包括以下内容：

（1）工程性质、规模、服务对象及系统工作原理。

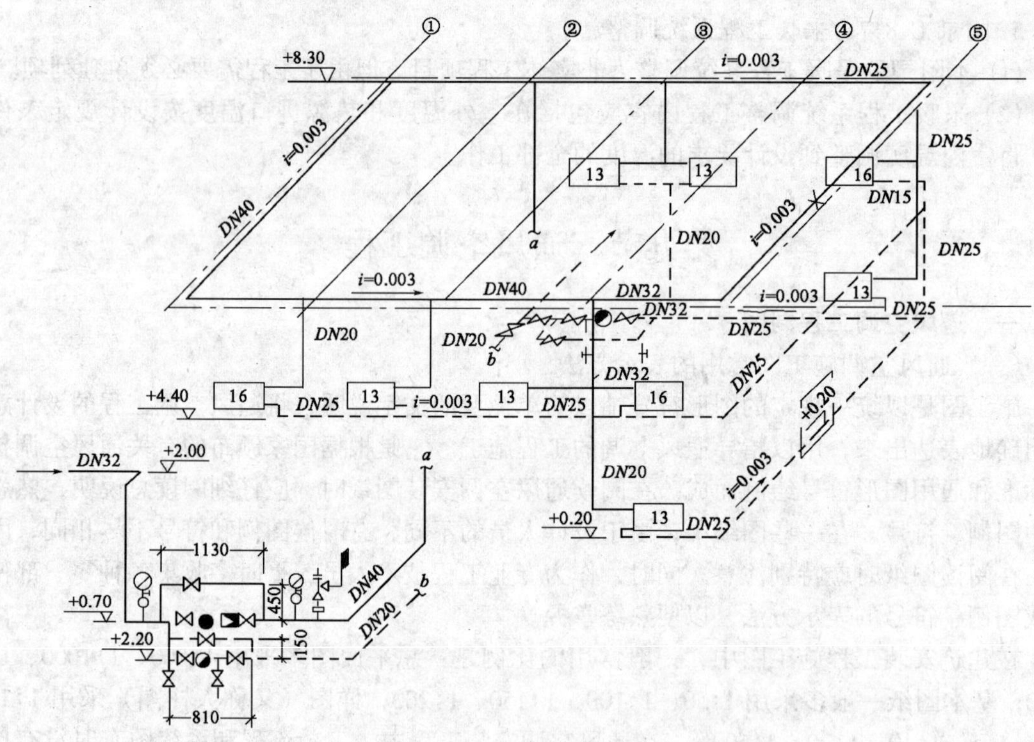

图1-9-1 采暖系统轴测图

(2) 通风空调系统的工作方式、系列划分和组成以及系统总送风、排风量和各风口的送、排风量。

(3) 通风空调系统的设计参数。如室外气象参数、室内温湿度、室内含尘浓度、换气次数以及空气状态参数等。

(4) 施工质量要求和特殊的施工方法。

(5) 保温、油漆等的施工要求。

2. 系统原埋方框图

系统原理方框图是综合性的示意图，它将空气处理设备、通风管路、冷热源管路、自动调节及检测系统联结成一个整体，构成一个整体的通风空调系统。它表达了系统的工作原理及各环节的有机联系。一般通风空调系统不绘制这种图样，比较复杂的通风空调工程才绘制。

3. 系统平面图

在通风空调系统中，平面图上表明风管、部件及设备在建筑物内的平面坐标位置。其中包括：

(1) 风管、送、回（排）风口、风量调节阀、测孔等部件和设备的平面位置、与建筑物墙面的距离及各部位尺寸。

(2) 送、回（排）风口的空气流动方向。

(3) 通风空调设备的外形轮廓、规格型号及平面坐标位置。

4. 系统剖面图

剖面图上表明风管、部件及设备的立面位置及标高尺寸。在剖面图上标出风机、风管及部件、风帽的安装高度。

5. 系统轴测图

通风空调系统轴测图又称透视图。采用轴测投影原理绘制出的系统轴测图，可以完整形象地把风管、部件及设备之间的相对位置及空间关系表示出来。系统轴测图上还注明风管、部件及设备的标高，各段风管的规格尺寸，送、排风口的型式和风量值。系统轴测图一般用单线表示。

识读系统图能更好地了解和分析平面图和剖面图。

6. 详图

通风空调详图表明风管、部件及设备制作和安装的具体形式、方法和详细构造及加工尺寸。对于一般性的通风空调工程，通常都使用国家标准图册，对于一些有特殊要求的工程，则由设计部门根据工程的特殊情况设计施工详图。

7. 设备和材料清单

通风、空调施工图中的设备材料清单，是将工程中所选用的设备和材料列出规格、型号、数量，作为建设单位采购、订货的依据。

设备材料清单中所列设备、材料的规格、型号，往往满足不了编制预算的要求，如设备的规格、型号、重量等，需要查找有关产品样本或向订货单位了解。通风管道工程量必须按照图纸尺寸详细计算，材料清单上的数量只作参考。

二、通工空调工程造价概述

(一) 通风、空调工程概述

随着科学技术的发展，人们对通风、空调的要求也越来越高。从单一的舒适性逐步向恒温、恒湿、除尘、净化方面发展。人们生活上离不开通风空调工程，生产上更是如此，尤其是高科技产业。像生产光导纤维的车间，其温、湿、尘方面的要求是非常严格的，大约在十万级以上，像这种高标准的通风空调工程，对设计、施工及管理来说，都不是一件轻松的事情。通风及空调、净化等工程正逐步渗入到生产、生活之中。

通风、空调工程是为使人们感到舒适，并保持必要的劳动条件，或根据生产工艺或科技实验的需要，要求在一定的空间内维持一定的温度、湿度、洁净度，排除指定空间的余热、余湿、有害气体、尘埃等，并送入一定数量与质量的新鲜空气，从而达到要求的空气环境，以满足人体卫生的要求和生产科技的工艺要求。

1. 通风按不同的作用范围分

(1) 全面通风。即在整个房间内，全面地进行空气交换。当有害气体在很大范围内产生并扩散到整个房间时，就需要全面通风，排出有害气体和送入大量的新鲜空气，将有害气体浓度降到容许浓度以内。

(2) 局部通风。将污浊空气或有害气体从产生的地方直接抽出，防止扩散到全室；或者将新鲜空气送到某个局部范围，改善局部范围的空气状况，称为局部通风。当车间的某些设备产生大量危害人体健康的有害气体时，采用全面的通风不能冲淡到容许浓度，或采用全面通风很不经济时，常采用局部通风。

(3) 混合通风。用全面的送风和局部的排风，或全部的排风和局部的送风混合起来的通风方式称为混合通风。

2. 通风方式按使空气流动的动力分

(1) 自然通风。利用室外冷空气和室内热空气比重的不同，以及建筑物迎风面（正压）和背风面（负压）风压的不同而进行换气的通风方式，称为自然通风。自然通风又可分三种情况：无组织通风：如一般的建筑物没有特殊的通风装置，依靠普通门窗及其缝隙进行自然通风。按照空气自然流动的规律，在建筑物的墙壁、屋顶等处，设置可以自由启闭的侧窗和天窗，以控制和调节排气的地点和数量，称为有组织的自然通风。为了充分利用风的抽力，排出室内的有害气体，可采用“风帽”装置或“风帽”与排风道相连接的方法。当进行全面通风时，风帽按一定间距安装在屋顶上。如果是局部通风，则风帽安装在加热炉、锻造炉等设备的抽气罩的排气管上。

(2) 机械通风。也叫强制通风，是利用通风机械如风机、风扇等运转所产生的抽力或压力，借助风管或其他设施，强制室内外空气交换。它可以向房间的任何地方，供给适当数量的、新鲜的、用适当方法处理过的空气；它可以从房间的任何地方以要求的速度抽出一定数量的污浊空气。机械通风可分为四种情况：

1) 送风系统：靠风机的压力向房间送给空气的通风系统称为送风系统。如图 1-9-2 所示，室外空气由可挡住室外杂物的百叶窗 1 进入进气室，进气室为处理空气的专用房间。空气经保温阀 2 至过滤器 3，由过滤器除去空气中的灰尘，再由空气加热器 4 将空气加热到所需温度，为了调节送入空气的温度可装旁通阀 5；空气经启动阀 6，被吸入通风机 7，经风管 8，由出风口 9 送入室内。

2) 排风系统：利用风机从室内抽出污浊、高温或含尘的空气，并将这些气体排入大气的通风系统称机械排风系统。机械排风系统通常由吸风口或吸尘罩、蝶阀、通风机、风

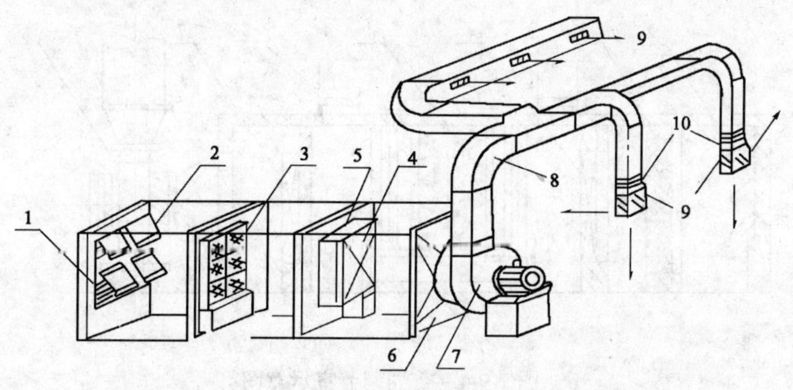

图 1-9-2　机械送风系统示意图

1—百叶窗；2—保温阀；3—过滤器；4—空气加热器；5—旁通阀；
6—启动阀；7—通风机；8—通风管网；9—出风口；10—调节阀

管和风帽组成。在排风系统中通常将输送含尘空气的排风系统，叫做除尘系统，如图 1-9-3 所示。

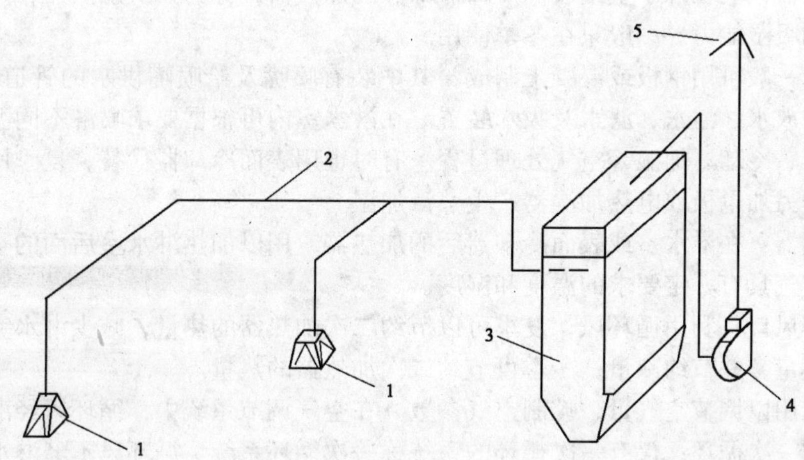

图 1-9-3　除尘系统（排风系统）示意图

1—伞形罩；2—排风管；3—除尘器；4—排风机；5—风帽

图 1-9-3 中，不要求除尘功能，即去掉 3—除尘器，即为我们认为的一般排风系统。

3）空气循环系统：如果从室内抽出的热空气不含有过多的有害气体，利用其中一部分热空气和抽进来的新鲜空气混合，经处理后再送入室内，叫空气循环系统。

4）空气调节系统：某些房间或车间根据生活或生产工艺的需要，要求室内空气的温度、湿度、风速及清洁度保持在一定范围内，并在规定范围内波动；而且要保证这种空气条件，不因室外气候条件和室内条件的变化而受到影响，否则生产就无法进行。为了保证上述条件，就需对空气进行各种处理，并随着室内、外条件的变化而进行调节。空气调节可利用专业厂生产的定型设备或按设计在现场制作的空气调节室来进行。空气调节室一般由下列各部分组成，如图 1-9-4 所示。

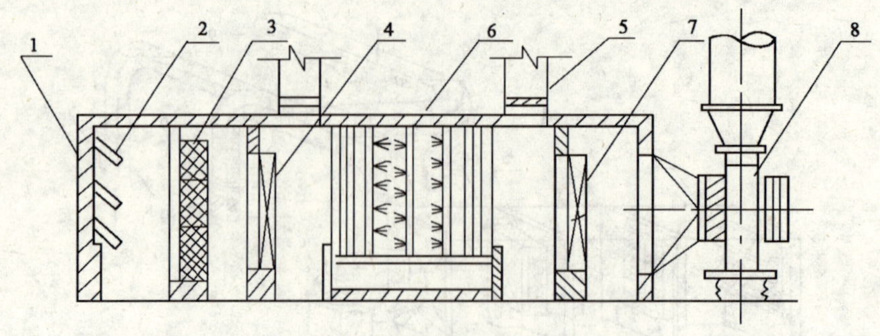

图 1-9-4　空气调节室示意图

1—百叶窗；2—保温阀；3—过滤器；4——次加热器；5—调节阀；
6—淋水室；7—二次加热器；8—通风机

百叶窗：用以挡住室外杂物的进入。

保温阀：空调室停止工作时，可防止大量室外空气进入室内。

空气过滤器：用以清除新鲜空气中的灰尘。

一次加热器：装在淋水室或表面冷却器部位的加热器，称为一次加热器，用以提高空气温度和增加吸湿能力。一般只在冬季使用。

淋水室：一般可用钢板或混凝土制成，其中装有喷嘴及给喷嘴供水的管道、配件等。下部水池装有放水、溢水、滤水及吸水装置。在淋水室内可根据要求喷淋不同温度的水对空气进行加热、冷却、加湿等空气处理过程。有时也用表面冷却器代替，夏季用冷却器干燥冷却，冬季另加电极或电热加湿器产生蒸汽加湿。

二次加热器：在淋水室或表面冷却器后的加热器，用以加热淋水室后面的空气，保证送入室内的空气具有一定要求的温度和湿度。

二次循环风口：利用循环风，夏季可以节约二次加热器的热量，减少淋水室或表面冷却器处理的风量，并节约冷量；冬季可节约二次加热器的热量。

调节阀：用以调节空气量，控制空气参数。在空气调节系统中，循环风经淋水室或表面冷却器的称一次循环；仅有一次循环的系统称一次循环系统。循环风不经淋水室或表面冷却器的叫第二次循环风；有第一次循环风和第二次循环风的系统，称为二次循环系统。

空气处理：实现对室内空气环境进行控制就是空气调节。对空气的温度、湿度洁净度等气体参数进行调节，使符合室内所要求的参数，这就是对空气的处理。

(1) 空气加热。在通风系统中，当室外空气温度较低时，就需要对送入室内的空气进行加热。在空调系统中，为了保持房间内一定的温度、湿度，不仅在冬季应对送入室内的空气进行加热，有时在夏季也需少量进行加热，以保证一定的空气相对湿度。对空气的加热方法很多，常用的有蒸汽或热水作热媒的空气加热器加热，也有的用电加热器进行加热。

(2) 空气冷却。空气冷却的方法一般可用和空气加热器原理相似的表面冷却器，使用低温水和冷盐水作冷媒的冷却方法，这种方法叫水冷式表面冷却。另一种方法是使用制冷剂（氨或氟利昂）作为冷媒，叫直接蒸发式表面冷却器。还可以利用低温水在淋水室喷成水雾，当热空气通过时和低温水接触，进行热湿交换，由接触冷却和蒸发冷却使空气温度降低。

(3) 空气加减湿。冬季室外空气温度较低，含湿量小，如果只将空气加热送到室内，相对湿度就很低，因此需要加湿；同样夏季室外空气温度高，含湿量大，单将空气冷却，那么相对湿度就更大，因此需要减湿。当然有些生产车间，根据生产工艺需要，要求保持一定的相对湿度时，有时在夏季还需要加湿，冬季需要减湿。常用的加湿方法有：可用蒸汽通过管上小孔喷出和空气混合；也可用电热和电极加湿器来蒸发水分加湿。采用淋水室喷淋加湿则是较为普遍采用的方法。减湿可用表面冷却器或固体吸湿剂和液体吸湿剂来进行。

(4) 空气净化。在通风和空气调节系统中，为了保持室内空气的洁净，以满足空调房间和生产工艺要求，送入室内的新鲜空气和再循环空气按要求进行适当的净化，这种设备叫做“空气过滤器”。空气过滤器的形式很多，常用的有网格式过滤器、静电过滤器、自动浸油过滤器、泡沫塑料过滤器等。

(5) 噪声的消除。通风系统的噪声主要由通风机运转产生，经过风道谐振传入室内。为了创造一个安静的工作环境和满足生产工艺需要（如广播电台、录音室等），可采用低噪型风机以减少噪声，还可以用消声器来消除噪声。消声器的种类很多，常用的有管式、片式、弧形声流式等。

(6) 排风除尘。在机械排风系统中，排除含有大量灰尘的空气时，应对排出的空气进行一定除尘，再排入大气，以免影响周围空气，影响环境卫生。在除尘过程中有时还可回收部分有利用价值的物料，这种除尘设备叫除尘器。在排风系统中常用的除尘器有旋风除尘器、袋式除尘器、水膜除尘器和水浴除尘器等。

(二) 常用材料及设备

1. 常用板材

在通风空调工程中，通风空调管道及部件主要用普通薄钢板、镀锌钢板制成，有时也用铝板、不锈钢板、硬聚氯乙烯塑料板以及砖、混凝土、玻璃钢、矿渣石膏板等制成。下面介绍一下常用板材。

(1) 普通薄钢板。薄钢板指厚度小于 4mm 的钢板，包括普通薄钢板（如普通碳素钢板、花纹薄钢板及酸洗薄钢板等）、优质薄钢板和镀锌层薄钢板等。

镀锌薄钢板：它是由普通薄钢板镀锌而成，其表面有锌层保护，起防腐作用，故一般不用刷漆。因镀锌薄钢是银白色，所以又称为白铁皮。由于镀锌薄钢板具有较好的耐腐蚀性能，因而在空调工程的送风、排风、净化系统中得到广泛的应用。

普通薄钢板（黑铁皮）：它是由钢坯经轧制回火处理后制成。此板由于未经防腐处理，所以遇有潮湿或腐蚀性气体时，易生锈腐蚀。普通薄钢板生产方便，价格便宜，耐腐蚀差，多用于通风的排气、除尘系统中。

冷轧钢板：它具有表面平整、光滑和机械性能好等优点，它受潮后虽然也易腐蚀生锈，但由于表面光洁，只要能及时涂刷防腐油，就可以延长使用寿命。此种薄钢板价格高于黑铁板、低于镀锌板，故在一般空调通风工程中用得很广。

(2) 不锈钢板。常用的不锈钢板有铬镍钢板和铬镍钛钢板等。不锈钢板不仅有良好的耐腐蚀性，而且有较高的塑性和良好的机械性能。由于不锈钢对高温气体及各种酸类有良好的耐腐蚀性能，所以常用来制作输送腐蚀性气体的通风管道及部件。

不锈钢能耐腐蚀的主要原因是铬在钢的表面形成一层非常稳定的钝化保护膜，如果保护膜受到破坏，钢板也就会被腐蚀。根据不锈钢板这一特点，在加工运输过程中应尽量避免使板材表面损伤。例如，不要用锋利的金属划针在不锈钢板表面画线或冲眼，一般是先在油毡等片材上下好样板再套料；手工咬口时要用木质、铜质或不锈钢工具加工。风管支架、法兰及连接螺栓最好也用不锈钢材料制作，如果采用碳钢时，应按设计规定涂刷有关涂料。

不锈钢板的强度比普通钢板要高，所以当板材厚度大于0.8mm时一般要采用焊接，厚度小于0.8mm时可采用咬口连接。当采用焊接时可采用氩弧焊，这种焊接方法加热集中，热影响区小，风管表面焊口平整。当板材厚度大于1.2mm时，可采用普通直流电焊机，选用反极法进行焊接。不锈钢板一般不采用气焊，以防止降低不锈钢的耐腐蚀性能。

当不锈钢在450~850℃之间缓慢冷却时会产生晶间腐蚀。所以，当使用不锈钢板条制作法兰时最好采用冷弯。当采用热弯时，加热湿度应控制在1100~1200℃之间。为使钢材不在450~850℃之间缓慢冷却，可把刚弯好的法兰即刻重新加热到1100~1200℃之间，然后投入冷水中迅速冷却。使用的加热炉最好是电炉，如果是普通焦炭炉，在不锈钢加热时应避免焦炭直接接触，可采用碳钢制成套管。

(3) 玻璃钢。玻璃钢是近代新型的建筑防火材料，由于具有良好的阻燃性能，防酸、防碱、防腐，制作简便、质地轻、安装方便等优点，越来越受到广大用户的欢迎，现在正逐步渗入到高层建筑和防火要求很高的建筑物中。

玻璃钢风管一般由厂家生产半成品，在现场组装而成。玻璃钢风管的安装应注意下面问题：玻璃钢风管在运输及安装中应严禁打击、碰撞，如有破损，应及时修复。安装用的支架应置于同一水平面上，以防风管扭、弯，产生应力。玻璃钢风管是由固化成型，易受外界环境的影响而变形，因此，吊、支、托架应按设计严格要求。

玻璃钢风管在原国家定额为缺项，由于科学技术的发展，玻璃钢应用的逐步推广，由天津市定额站主编、湖北省定额站参编的玻璃钢风管补充定额正好解决了全国统一定额这一缺项。该补充定额主要在如下几个方面作了补充：①玻璃钢风管的安装；②玻璃钢蝶阀的安装；③玻璃钢风口及散流器安装。该补充定额的问世，基本上解决了通风工程中采用玻璃钢风管而无计费依据的矛盾。该补充定额已由建设部向全国正式颁发，在全国施行。

(4) 铝板的种类很多，可分为纯铝板和合金铝板两种。

铝板表面有一层细密的氧化铝薄膜，从而可以阻止外部的进一步腐蚀。铝能抵抗硝酸的腐蚀，但容易被盐酸和碱类腐蚀。由99%的纯铝制成的铝板，有良好的耐腐蚀性能，但强度较低，在铝中加入一定的铜、硅、镁、锌等炼成铝合金。当铝板用于制作风管或部件时，厚度小于1.5mm时可采用咬口连接，厚度大于1.5mm时可采用焊接。在运输和加工过程中要注意保护板材表面，以免产生划痕和擦伤。

(5) 硬聚氯乙烯塑料板。硬聚氯乙烯塑料由聚氯乙烯树脂加上稳定剂和少量的增塑剂，经热塑加工而成。硬聚氯乙烯塑料，具有良好的化学稳定性，对各种酸类、碱类和盐类的作用均都稳定，但对强氧化剂如浓硝酸、发烟硫酸和芳香族碳氢化合物和氯化碳氢化合物是不稳定的。

硬聚氯乙烯塑料的热稳定性较差，一般使用温度为-10~60℃。使用温度升高，强度则急剧下降，而在低温时，塑料性脆且易裂纹。硬聚氯乙烯塑料板具有较高的强度、弹性和良好的耐腐蚀性，又便于成型加工，因此在通常空调工程中常使用聚氯乙烯塑料板卷制风管和制造风机，用以输送含有腐蚀性气体。

常用硬聚氯乙烯塑料板的厚度为2～6mm，用以制造风管。制造圆形风管可通过加热成型，然后采用塑料焊；制造方形风管可直接用木锯切断，然后进行焊接。风管与风管及部件的连接可采用法兰螺栓连接（用塑料法兰和螺栓）。

2. 型钢及辅助材料

型钢主要用于制作风管的法兰盘，大型风管的加固，管道及设备的支架、配件、吊架。常见的有角钢、圆钢、槽钢、工字钢。

通风工程中还有一类消耗材料，如垫料等这都是在其工程施工中必不可少的，如保温、刷油等材料。

垫料：垫料用于风管连接两法兰间作为衬垫，以保持接口处的严密性。比较常用的垫料有厚纸垫、石棉绳、橡胶板、软聚氯乙烯塑料板、石棉板等。厚纸垫由木质和废纸制成，使用厚度一般为3～4mm。纸垫应柔软、可挠曲、易吸油、且不易变质。通风系统一般均可选用。石棉绳由矿物中石棉纤维经加工而成，一般使用直径为3～5mm。可用于空气加热器附近的风管及输送高温空气的通风管道。橡胶板一般分人造橡胶和天然橡胶两种。一般使用厚度为3～4mm。橡胶板比较结实且有弹性，使用较广，一般使用在风管严密性要求较高的空调系统和除尘系统中。软聚氯乙烯塑料板由聚氯乙烯树脂加稳定剂和增塑剂加工而成。一般使用厚度为3～6mm。它具有很好的弹性和耐腐蚀性，因此，在输送具有腐蚀性气体的通风系统和超净系统中使用。

铆钉：铆钉用于板材与材料、风管或部件与法兰之间的连接。常用的有半圆头铆钉和平头铆钉两种，一般直径为3～6mm。

紧固件：主要用于风管法兰盘的连接和通风设备与支架的连接。螺栓的规格一般用螺栓的公称直径和螺杆长度来表示。如“M10×60”表示公称直径为10mm的粗牙普通螺纹，螺杆的长度为60mm。垫圈可分为平垫圈和弹簧垫圈两种。平垫圈垫于螺母下面，用以保护被连接件表面，用以避免被螺母擦伤，同时还能增大螺母与被连接件之间的接触面积，降低螺母作用在被连接件表面上的压力。弹簧垫圈富有弹性，用以防止螺母松动，适用于常受振动的地方。

3. 风口

送、排风口是通风空调工程的重要部件。它们的作用是按照一定的流速，将一定数量的空气送到用气的场所，或从排气点排出。为了保证良好的通风效果，对室内送、排风口应满意以下要求：

(1) 送、排风口的空气流速不宜过大，使人不致有吹风的感觉。但流速也不能过小，流速过小会降低通风效果，同时使部件尺寸加大。

(2) 送、排风口阻力要小，以免造成较大动力的消耗。

(3) 在非工业建筑中，送、排风口的构造形式应尽量与建筑的美观相配合。

(4) 送、排风口的尺寸应尽量小些。

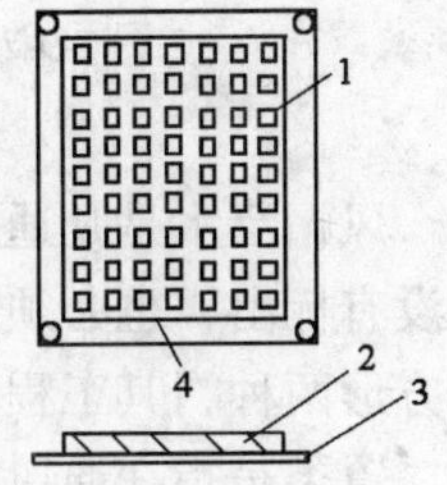

图1-9-5　活动百叶风口
1—拦护风格；2—活动叶片；3—小框；4—把手

风口的种类很多，在预算定额中是按国家标准图册中的标准型号编制的。

在民用建筑中常采用的送风口为活动百叶风口，如图1-9-5所示。这种送风口是由固定的挡护风格 1、垂直的活动叶片 2 和小框 3 组成，把手 4 是专门用来改变活动叶片的位置，以便调节通过百叶格的风量。当采用布置在隔墙内或暗装的通风管道送风时，通常采用这种送风口。安装时把它直接嵌在墙面上。在民用建筑中，除活动百叶风口外，还有单层百叶风口、双层百叶风口、三层百叶风口、连动百叶风口等。百叶送风口也用于排风系统的排风口。

在工业厂房中，一般通风量都比较大，而且风道大都采用明装，因此常采用空气分布器作为风口。空气分布器的形式很多，图 1-9-6 所示是常用的空气分布器的形式。

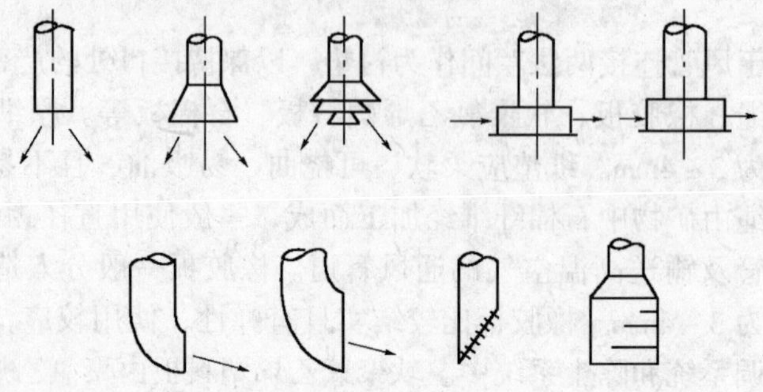

图 1-9-6　空气分布器

用于水平风道上的送风口常采用图 1-9-7 所示的形式，都是直接开在通风管道上，为了使气流均匀还常常装有导风板。

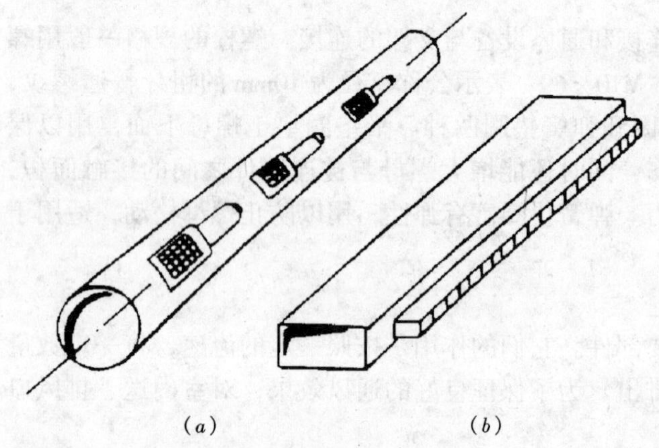

图 1-9-7　水平风管上的风口
(a) 圆风管；(b) 矩形风管

4. 风帽、罩类

风帽在排风系统中，用以向室外排除污浊空气。常用的风帽有伞形风帽、锥形风帽和筒形风帽三种形式。伞形风帽分圆形和矩形两种，适用于一般机械通风系统，可采用钢板制作，也可采用硬聚氯乙烯塑料板制作。筒形风帽适用于自然通风系统。一般还需在风帽下装滴水盘，以防止冷凝水滴在房间内。锥形风帽适用于除尘系统及非腐蚀性有毒系统，一般采用钢板制作。风帽的三种形式其构造参考相应的标准图集。

风帽泛水是凡通风管道穿出屋面时，为了防止雨水渗入，必须安装的，尽管有时施工图没有标出，也必须安装，因此在计算工程量时必须予以考虑。风帽泛水制作安装分圆形和方形两种，其工程量计算应分不同规格，按展开面积计算。

罩类是指在通风系统中的风机皮带防护罩、电动机防雨罩、以及装在排风系统中的侧吸罩、排气罩、吸、吹式槽边罩、抽风罩、回转罩等。一般排气罩制作安装按钢板不同厚度及下口周长以罩体展开面积计算。

根据《通风与空调施工及验收规范》中的有关规定，通风机的传动装置外露部分应设置防护罩。因此，即使设计图纸未注明，在编制预算时也应列项计算。同样，根据规定，安装在室外的电动机，都应计取电动机防雨罩一项。

5. 调节阀

在通风空调系统中，调节阀起调节风量及关闭有关支管的作用。通风系统常用的阀类很多，如三通调节阀、蝶阀、防火阀、多叶调节阀、空气加热器上通阀、风机启动阀、风管止回阀、光圈式阀门等。现简单介绍常用的几种调节阀：

(1) 三通调节阀：三通调节阀分手柄式和拉杆式两种，用以调节风管内的风管。

(2) 蝶阀：可分为一般、防爆、保温等几种形式，操纵形式分为手柄式和拉链式。

(3) 防火阀：其内装有一套信号及连锁装置，一旦发生火灾，风管内温度达到易熔片熔点温度时，易熔片熔断，阀门即行关闭，风机停止运转并发出信号。

6. 消声器类

消声器顾名思义其作用在于消除噪声。通风空调系统中，由于设备运行时噪声分贝值常高于规定的值，为了人们有一个安静的工作及生活环境，需安装消声器。消声器的种类和构造很多，但实际的安装工程中，常用到下列几种。

阻性消声器：这是采用多孔松散材料来消耗声能降低噪声的消声器，当声波进入消声器时，吸声材料将使一部分声能转化为热能被吸收掉。这类消声器有管式、片式、蜂窝式、迷宫式和声流式。管式消声器是将吸声材料粘贴在管道内壁而成，其断面可分圆形和矩形两种。片式消声器是由一排平行的狭矩形管式消声器组成，它的一个通道相当于一个管式消声器。蜂窝式消声器可以看作是由许多平行的小管式消声器并联而成。折板式消声器是当声波进入这种消声器后经反复多次的折射，增加了与吸声材料接触的次数，从而提高了吸声效果。迷宫式消声器又称多室式消声器，它使声波正入射，并来回折射，从而增加了消声量。

抗性消声器：这种消声器又称膨胀式消声器，是由小室和管道相连而成。这种消声器主要是利用管道内截面的改变，使沿管道传播的声波向声源方向反射回去，从而起到消声作用。

消声器除上述阻性消声器、抗性消声器两种外，还有共振性消声器、宽频带复合式消声器等。实际上列在定额内的主要为安装在风管上的消声器，主要有矿渣棉管式消声器、聚酯泡沫塑料管式消声器、卡普隆纤维管式消声器、弧形声流消声器及阻抗复合消声器等。

7. 通风空调设备

在通风空调系统中，设备安装同样占有很大的比重，现就常用的通风机及空调设备的种类、性能、安装及工程量的规则介绍如下：

(1) 通风机。通风机是通风系统的主要设备。掌握通风机的基本知识，以及通风机的常用符号和安装基本要求，对正确计算工程量和使用预算定额有重要作用。一般通风工程中所用的风机，按其作用原理可分离心式通风机和轴流式通风机两种。

1) 离心风机：主要有叶轮、机壳、进风口、出风口及电动机等组成。离心风机的压力一般可分为三类：

高压　$P>3000$ 帕斯卡（Pa）

中压　$1000\leqslant P\leqslant 3000$ 帕斯卡（Pa）

低压　$P<1000$ 帕斯卡（Pa）

离心风机的完全称呼包括：名称、型号、机号、传动方式、旋转方向和出风口位置六个部分，一般书写顺序如图 1-9-8 所示。

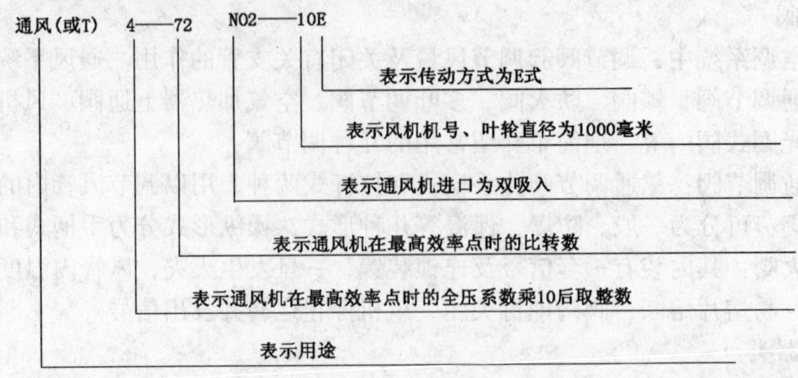

图 1-9-8

名称：一般在名称前可以加上用途字样，一般可省略，如果需要加用途字样时，可按表 1-9-1 规定采用汉字或汉语拼音字头。

汉语拼音字头的简写 表 1-9-1

用　途	代　号			用　途	代　号		
	汉　字	汉语拼音	简　写		汉　字	汉语拼音	简　写
排尘通风	排尘	CHEN	C	矿井通风	矿井	KUANG	K
输送煤粉	煤粉	MEI	M	电站锅炉引风	引风	YIN	Y
防腐蚀	防腐	FU	F	电站锅炉通风	锅炉	GUO	G
工业炉吹风	工业炉	LU	L	冷却塔通风	冷却	LENG	LE
耐高温	耐温	WEN	W	一般通风换气	通风	TONG	T
防爆炸	防爆	BAO	B	特殊风机	特殊	TE	E

型号：基本型号分为两组，每组用阿拉伯数字表示，中间用横线隔开，内容如下：

第一组——第二组

第一组表示通风机压力系数乘 10 倍后再按四舍五入进位，取一位数。

第二组表示通风机比转数化整后的整数值。

机号：用通风机的叶轮的分米尺寸表示，尾数四舍五入。在横线前加阿拉伯数字“2”者为双侧吸入，单侧吸入则不注数字。整数前冠以符号“NO”。

传动方式：电动机与通风机的传动方式共有 A、B、C、D、E、F 六种形式，如图 1-9-9所示。

图中 A 式是直联，电动机轴即为风机机轴，小型风机多采用这种连接。

B 式是间接连接，风机通过三角皮带与电动机皮带轮连接。这种连接效率低，占地面积大，大号风机常采用这种连接。

C 式也是间接连接，采用三角皮带，它与 B 式不同的是皮带轮为悬臂状，而 B 式皮带轮是在两个轴承之间。

D 式是弹性联轴器（俗称靠背轮）连接。

E 式是皮带轮连接，但风机不同于 A、B、C、D 式，风机处在两个轴承之间，对大号

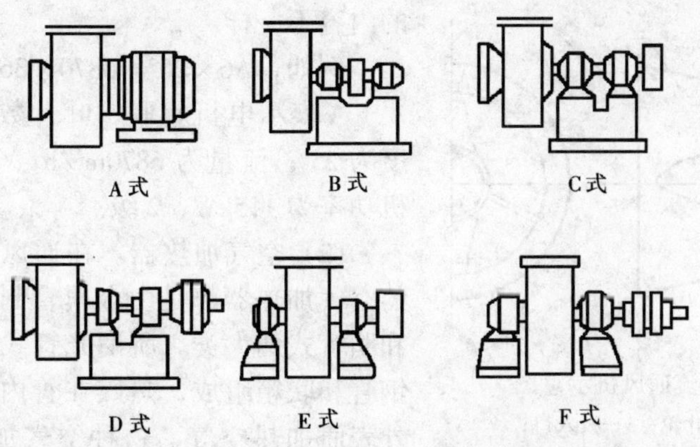

图 1-9-9 电动机与通风机的传动方式

风机采用此种连接比较稳定。

F式是联轴器连接，但不同于D式，风机不是悬臂，而在两轴承之间，此种连接多用于大号风机的连接。

旋转方向：是指风机叶轮的旋转方向，用“右”或“左”来表示。它是从电动机或皮带轮方向正视，若叶轮按顺时针方向旋转，称为右旋通风机；若叶轮按逆时针方向旋转则称为左旋通风机。

出风口位置：按叶轮旋转方向用右或左和出风口角度表示，如图 1-9-10 所示。

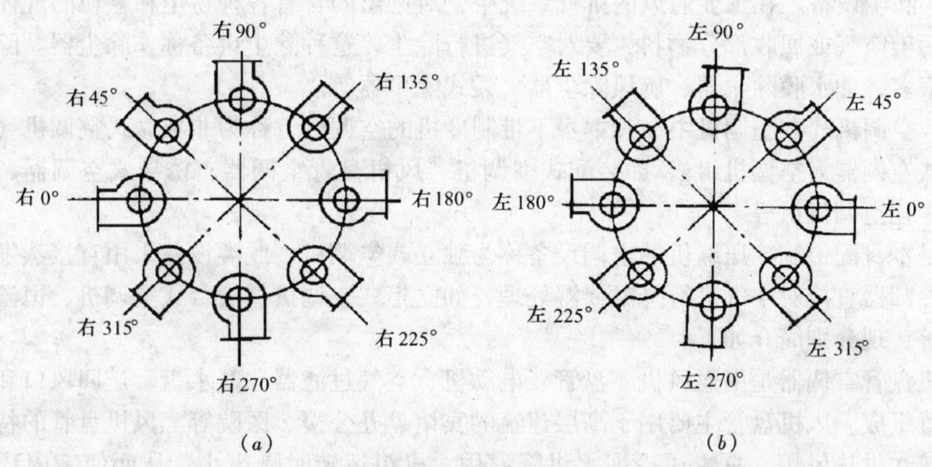

图 1-9-10 风机出风口位置

2）轴流风机。轴流风机的构造如图 1-9-11 所示，主要由机壳、叶轮、扩压器、电动机等组成。它的工作原理是由于叶轮具有斜面形状，所以当叶轮在机壳内转动时，空气一方面随叶轮转动，一方面沿着轴向推进，因空气在机壳中的流动始终沿着轴向，故称为轴流式通风机。

轴流通风机的压力划分是：

低压 $P < 500$Pa

高压 $P \geqslant 500$Pa

轴流通风机的名称表示方式：轴流通风机的名称及表示也同离心通风机一样，但代表

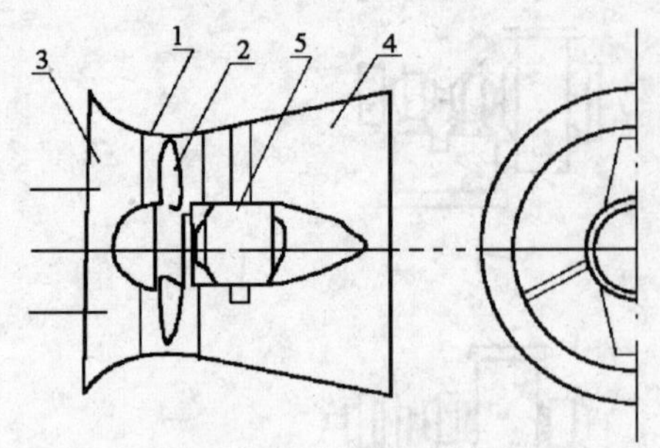

图 1-9-11　轴流通风机示意图
1—机壳；2—叶轮；3—吸入口；
4—扩压器；5—电动机

的内容不一样。

例如，A6×25°　6870×36　1.5/2

A 表示电机直联；叶片数为 6，叶片位置角度为 25°；流量为 6870m^3/h，全压为 360Pa，电动机功率为 1.5kW，2 级。

(2) 空气加热器。在通风空调工程中，常见的空气加热器都是由金属管制成的，分为光管式和肋管式两大类。所谓光管式加热器是由若干排钢管和联箱组成，热媒在管内流动，通过管子的外表面加热空气。这种空气加热器传热表面小，传热性能较差，金属耗用量也大，在空调系统中采用较少，但由于它构造简单，阻力小，易于清扫，在含尘量较大的场合可采用。肋管式加热器的换热方式与光管式加热器相同，它是用肋片管代替光管。这种肋管式加热器在空调工程中被普遍采用。

(3) 挡水板。挡水板是组成喷水室的部件之一，它是由多个直立的折板（呈锯齿）形组成的。折板一般可用 0.75～1.0mm 的镀锌钢板加工制成，也有的用玻璃条组成。挡水板的主要用途是防止悬浮在喷水室气流中的水滴被带走，同时还有使空气气流均匀分布的作用。

(4) 除尘设备。在工业通风的排气系统中，对排出的含有各种粉尘和颗粒的气体，为了防止污染空气或回收部分物料，要对空气进行除尘，这种除尘设备称作除尘器。除尘器的种类很多，如水膜除尘器、旋风除尘器、袋式除尘器等。

(5) 空调机。在空调机中，凡本身不带制冷机的空调机，称为非独立式空调机（或称非独立式空调器、空调机组），如装配式空调机、风机盘管空调器、诱导式空调器、新风机组及净化空调机组等。

凡是本身配带制冷压缩机的空调设备称为独立式空调机。此类设备采用直接蒸发表面式空气冷却器直接对空气进行降温或湿处理，如立柜式空调机、窗台式空调机、恒温恒湿空调机等，现分别简介如下。

风机盘管空调器是由通风机、盘管、电动机、空气过滤器、凝水盘、送回风口和室温控制装置组成。风机盘管主要用于高层建筑的宾馆、办公楼、医院等。风机盘管的特点是冬季送热水供热风用，夏季送冷冻水供降温用。机组运转时噪声小，从而使室内环境安静。风机设有高、中、低三种变速，具有调节的灵活性。

风机盘管的种类很多，有北京生产的 FP—2.5 型、FP—5 型、FP—7.5 型；上海生产的 FP—1 型、FP—2 型、FP—3 型等。这种风机盘管的缺点是对机组要求质量高，否则在建筑物内大量使用时会带来维修方面的困难。当风机盘管机组设有新风系统同时工作时，冬季室内相对湿度偏低，故这种方式不能用于全年室内湿度有要求的房间。

装配式空调器又称组合式空调器，分段组成，有进风段、混合段、加热段、过滤段、冷却段、回风段等区段。它是根据设计要求分别选配组成。

目前，装配式空调器种类很多，常用的有 ZK 型空调器、W 型空调机、JW 型空调器、JS 型空调机、WPB 型空调器等。图 1-9-12 所示是 JW 型空调器示意图。

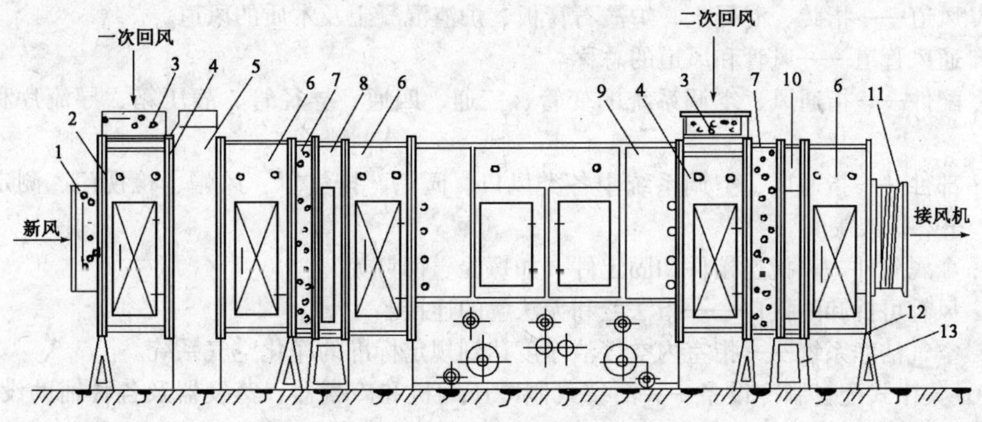

图 1-9-12 JW 型空调器示意图

1—新风阀；2—混合室法兰；3—回风阀；4—混合室；5—过滤器；6—中间室；7—混合阀；8—一次加热器；9—淋水室；10—二次加热器；11—风机接管；12—加热器支架；13—三角支架

恒温恒湿空调器适用于要求恒温恒湿的房间。它能控制房间温度在 20~25℃之间，温度波动范围不超过 ±1℃；控制相对湿度在 50%~70%，波动范围 ±10%，最小可达到 ±5%。这种恒温恒湿空调器均采用 F—12 或 F—22 为工质的直接蒸发表面式冷却器作为空气的降温除湿设备。

各种型号的空调器制冷量不同，一般在 25121~200966.4kJ/h，风量为 1700~12000m³/h。

窗式空调器是一种小型空调机组，广泛应用于医院、宾馆、住宅等公共与民用建筑中，也应用于对温度有一定要求（一般温度偏差在 ±2℃）的场所。

窗式空调器结构紧凑、体积小、重量轻，可以装在墙上或窗口上，有降温、采暖、通风等性能。一般控制温度范围为 18~28℃，冷量约为 12560.4~41868kJ/h（3000~10000kcal/h），风量为 600~2000m³/h。

窗式空调器的主要结构分为三个部分：制冷循环部分包括全封闭式压缩机、毛细管、冷凝器及蒸发器等部件；热泵空调器并带电磁换向阀；通风部分包括空气过滤器、离心式通风机、轴流风扇、电动机、新风装置以及气流导向外壳等部件；电气部分包括开关、继电器、温度控制开关等部件。电热型空调器并带电加热器等。

(6) 净化设备。空调的任务是对空气的温度、湿度进行调节和处理。由于处理的空气是新风和回风的混合气体，新风中因室外环境有尘埃的污染，因此，在某些房间或生产工艺中还要求对空气进行净化处理。所谓净化处理，主要是除去空气中的悬浮尘埃，有时在某些场合还有除臭、增加空气负离子等要求。常见的净化空气过滤器有浸油金属网格过滤器、中效过滤器、高效过滤器、空气吹淋室、超静工作台。以上各项是构成恒温洁净室的必要组成部分。

（三）名词解释

1. 通风、空调工程——通风工程是指一般送、排风和除尘、排毒工程；空调工程是指一般空调、恒温、恒湿与空气洁净工程。

2. 风管——指金属板材、聚氯乙烯板以及玻璃钢制成的管子。

3. 风道——指砖、混凝土、炉渣石膏板、炉渣混凝土及木质的风道。

4. 通风管道——风管和风道的总称。

5. 配件——指通风、空调系统的变管、三通、四通、异径管、静压箱、导流片和法兰等。

6. 部件——指通风、空调系统中各类风口、阀门、排气罩、风帽、检视门、测定孔和支、吊、托架等。

7. 金属附件——指连接件和固定件（如螺栓、铆钉等）。

8. 风管可拆卸的接口——指法兰和无法兰的连接。

9. 空气洁净系统——指室内空气洁净度达到规定标准的净化空气系统。

10. 集中式配套制冷设备——活塞式制冷压缩机和冷凝器、蒸发器及各种辅助设备、成单体安装的型式，出厂时有成套供应和不成套供应（即按需要选用）的型式。

11. 整体组装式制冷设备——制冷机、冷凝器、蒸发器及各种辅助设备组装在同一个公共底座上或供冷供热及空气处理各部分均组装在同一个箱体内，成整体安装的型式，如各种冷水机组，各种立柜式和窗台式空气调节器等。

12. 分离组装式制冷设备——制冷机、冷凝器、蒸发器及各种辅助设备成部分集中，部分分开安装的型式。有制冷机单独设置的型式、蒸发器单独设置（直接蒸发）的型式和冷凝器单独设置的型式等。

13. 管道（制冷系统）——管子和管件组合后的总称。

14. 管子——指制冷系统中原材料的直管。

15. 管件——指制冷系统中的弯管、三通、管箍、异径管等。

16. 保温层——指隔热层、防潮层、保护层组合后的总称。

17. 隔热层——在输送冷热源的空调风管及制冷管道外的隔热措施。

18. 防潮层——防止隔热层受潮的措施。

19. 保护层——对隔热层、防潮层起保护作用的措施。

（四）通风、空调工程的分类

1. 通风工程

通风就是把室外的新鲜空气适当的处理（如净化加热等）后送进室内，把室内的废气（经消毒、除害）排至室外，从而保持室内空气的新鲜和洁净程度。

通风系统按不同方式可有下列不同的分类方法：

（1）按通风系统的动力来分：

1）自然通风：自然通风可分为有组织的自然通风和无组织的自然通风两种。前者是按照空气自然流动的规律，利用侧窗和天窗控制和调节进、排气地点和数量；后者则是依靠门窗及其缝隙自然进行的。

2）机械通风：机械通风的种类很多。用安装在墙洞上的轴流风机排风是机械通风最简单的一种。除尘系统是将含尘空气从尘源抽出来，经除尘器将灰尘除掉后排至室外。

（2）按通风系统的作用范围分：

1）全面通风：全面通风是在房间内全面地进行通风换气。全面通风的目的在于将房间内的有害物冲淡至允许的浓度标准。

全面通风可以利用机械通风来实现，也可以用自然通风来实现。

2）局部通风：局部通风可分为局部排风和局部送风两种。局部排风就是在有害物产生的地方将其就地排走，使有害物不致在房间内扩散，污染大量的空气。而局部送风则是将经过处理的合乎要求的空气送到局部工作地点，造成一种良好的空气环境。

（3）按通风系统特征分：

1）进气式通风：进气式通风是向房间内送入新鲜空气。它可以是全面的，也可以是局部的。

2）排气式通风：排气式通风是将房间内的污浊空气排出。同样，它也可以是局部的或全面的。

2. 空调工程

空气调节工程是更高一级的通风。它不仅要保证送进室内空气的温度和洁净度，同时还要保持一定的干湿度和速度。

（1）空调工程按要求不同可分四类。

1）恒温恒湿空调工程：为保证产品质量，某些空调房间内的空气湿度和相对湿度要求恒定在一定数值范围内。对于这样一些保持室内温度湿度恒定的空调工程通常称为恒温恒湿空调工程。

2）一般空调工程：在某些公共建筑，例如体育馆、宾馆以及某些车间等对空气调节基数要求不需要恒定，随着室外气温的变化允许温、湿度基数在一定范围内变化，例如 $t_n = 18 \sim 28℃$，$\phi_N = 40\% \sim 70\%$，这类以夏季降温为主的空调称为一般空调（或舒适性空调）工程。

3）净化空调工程：某些生产工艺房间，不仅要求一定的温、湿度，而且对空气的洁净度有严格要求，这类房间采用的空调就是净化空调工程。

4）除湿性空调工程：在一些地下建筑物、洞库内的散湿量很大，需要对送入房间内的空气进行除湿处理，以保持室内达到规定的相对湿度，这类空调就是以除湿为主的空调工程。

（2）空调工程根据空气处理设备设置的集中程度可分为三类。

1）集中式空调系统：处理空气的空气调节器集中安装在专用机房内，空气加热、加湿用的冷源和热源，由专用的冷冻站或锅炉房供给。这类空调系统适用于大型空调系统。

2）局部式空调系统：处理空气用的冷源、空气加热加湿设备、风机和自动控制设备均组装在一个箱体内，空调箱多为定型产品。这类空调系统又称为机组系统，可直接安装在空调房间附近，就地对空气进行处理，可用于空调房间布局分散和小面积的空调工程。

3）混合式空调系统：是由集中式和局部或空调系统混合组成。常用的混合式空调系统有诱导式空调系统和风机盘管式空调系统等。

（3）按使用新风量的多少分：

1）直流式空气调节系统：直流式空气调节系统的送风全部来自室外，不利用空调房间的回风。

2）部分回风式空气调节系统：这种系统的特点是空气调节室处理的空气除了一部分室外空气外，另一部分是室内回风。

3）全部回风式空调系统（封闭式空调系统）：这种系统所处理的空气全部来自空调房间，而不补充室外新鲜空气。

(4) 按负担热湿负荷所用的介质分：

1) 全空气式空气调节系统：在这种系统中，负担空气调节负荷所用的介质全部是空气。

2) 空气－水空气调节系统：这种系统的特点是负担空调负荷的介质既有空气又有水。

3) 全水式空气调节系统：这种系统中负担空调负荷所用的介质全部是水。

4) 制冷剂式空气调节系统：在制冷剂式空调系统中，负担空调负荷所用的介质全部是制冷剂。

(5) 按风道中空气的流速分：

1) 高速空气调节系统：这种空调系统风道中的空气流速可达 20～30m/s。

2) 低速空气调节系统：低速空调系统中空气流速一般只有 8～12m/s。

(五) 通风安装工程量计算

1. 通风工程系统组成

(1) 送风（给风）系统组成（J 系统）

送风（J 风）系统组成见图 1-9-13。

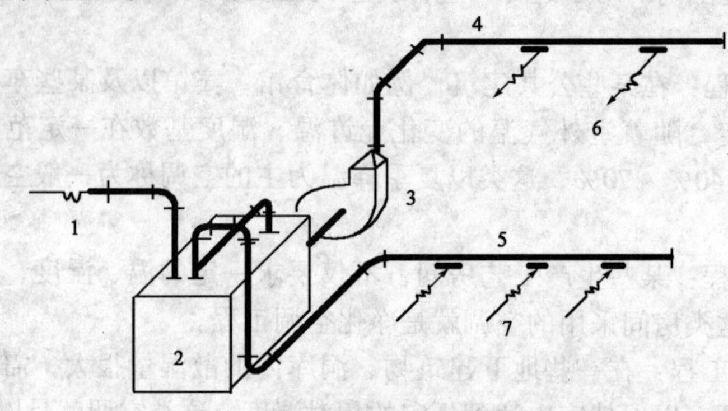

图 1-9-13　送（J）风系统组成示意

1—新风口；2—空气处理室；3—通风机；4—送风管；
5—回风管；6—送（出）风口；7—吸（回）风口

1) 新风口：新鲜空气入口。

2) 空气处理室：空气过滤、加热、加湿等处理。

3) 通风机：将处理后的空气送入风管内。

4) 送风管：将通风机送来的空气送到各个房间。管上安有调节阀、送风口、防火阀、检查孔等部件。

5) 回风管：也称排风管，将浊气吸入管道内送回空气处理室。管上安有回风口、防火阀等部件。

6) 送（出）风口：将处理后的空气均匀送入房间。

吸（回、排）风口：将房间内浊气吸入回风管道，送回空气处理室处理。

管道配件（管件）：弯头、三通、四通、异径管、法兰盘、导流片、静压箱等。

管道部件：各种风口、阀、排气罩、风帽、检查孔、测定孔和风管支、吊、托架等。

(2) 排风（P）系统组成

排风系统一般有下面几种形式，见图 1-9-14。其组成如下：

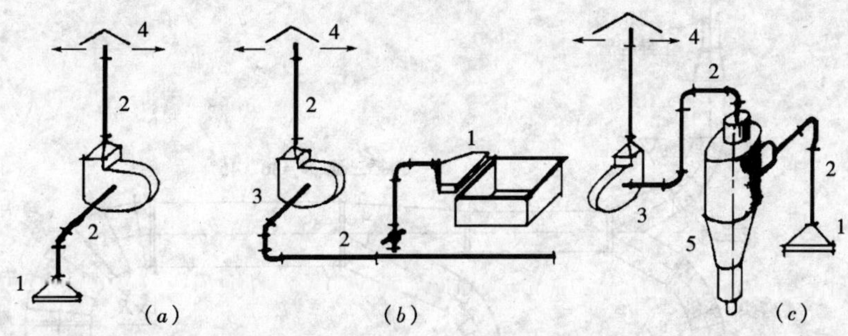

图 1-9-14　排（P）风系统组成示意

（a）P 系统；（b）侧吸罩 P 系统；（c）除尘 P 系统

1—排风口（侧吸罩）；2—排风管；3—排风机；4—风帽；5—除尘器

1）排风口：将浊气吸入排风管内。有吸风口、排风口、侧吸罩、吸风罩等部件。

2）排风管：输送浊气的管道。

3）排风机：排风机是将浊气用机械能量从排气管中排出。

4）风帽：将浊气排入大气中，防空气倒灌及防雨水灌入的部件。

5）除尘器：用排风机的吸力将带灰尘及有害质粒的浊气吸入除尘器中，将尘粒集中排除。如旋风除尘器、袋式除尘器、滤尘器等。

2. 通风安装工程量计算

(1) 风管管件（配件）展开面积计算公式

风管管件在风管系统中的形状及组合情况见图 1-9-15、图 1-9-16。

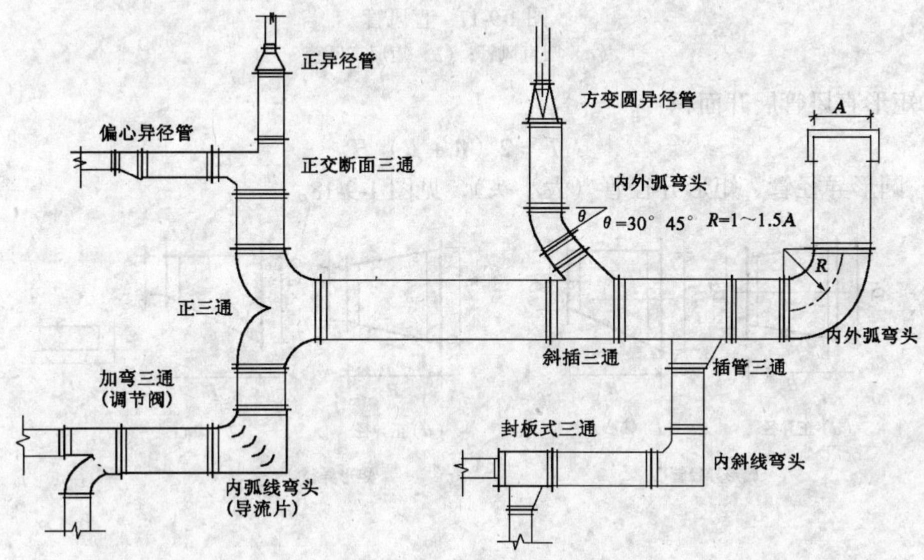

图 1-9-15　矩形风管管件形状示意图

1）圆形、矩形直管风管，见图 1-9-17。

①圆直风管展开面积：

$$F = 3.1416DH$$

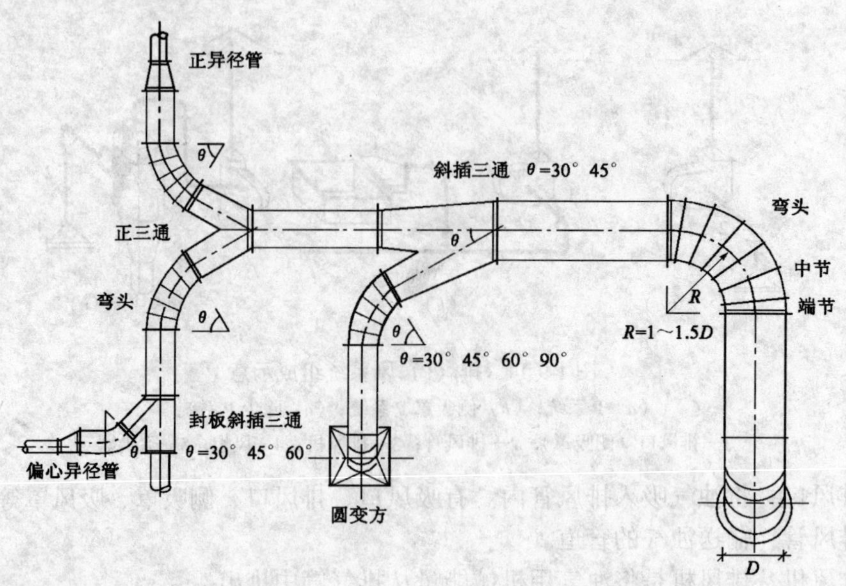

图 1-9-16　圆风管管件形状示意图

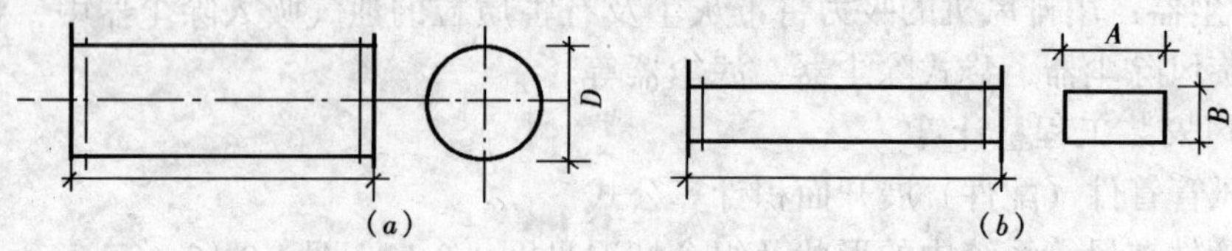

图 1-9-17　直风管

（a）圆直风管；（b）矩形直风管

②矩形直风管展开面积：

$$F = 2(A + B)H$$

2）圆形异径管、矩形异径管（大小头），见图 1-9-18。

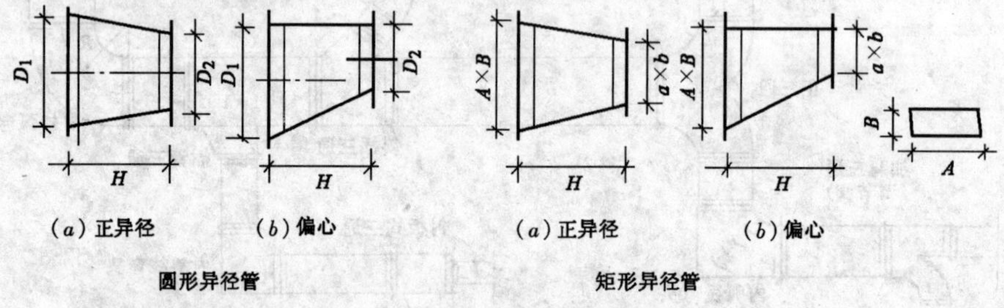

图 1-9-18　圆形、矩形异径管

展开面积计算式如下：

圆形异径管：$F_{圆} = \frac{(D_1 + D_2)}{2}\pi H$

矩形异径管：$F_{矩} = (A + B + a + b)H$

3）圆形管和矩形管弯头，见图 1-9-19。

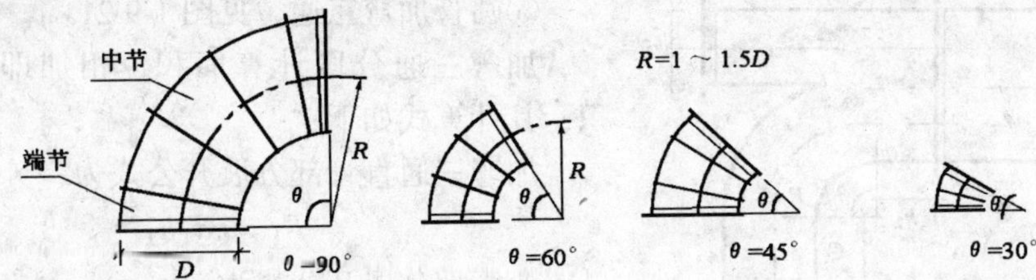

图 1-9-19　圆形管弯头

①圆形管弯头展开面积计算式：

$$F_{圆}=\frac{R\pi^2\theta D}{180°}=0.05483RD\theta$$

当 $R=1.5D$，$\theta=90°$，公式为：

$$F_{圆90°}=7.4021D^2$$

②矩形管弯头展开面积计算式：$F_{矩}=\frac{R\pi\theta}{180°}\cdot 2（A+B）$

当 $l=2（A+B）$、$R=1.5A$ 时，公式为

$$F_{矩}=0.017453R\theta l$$

4）圆形管三通（裤衩管），见图 1-9-20。

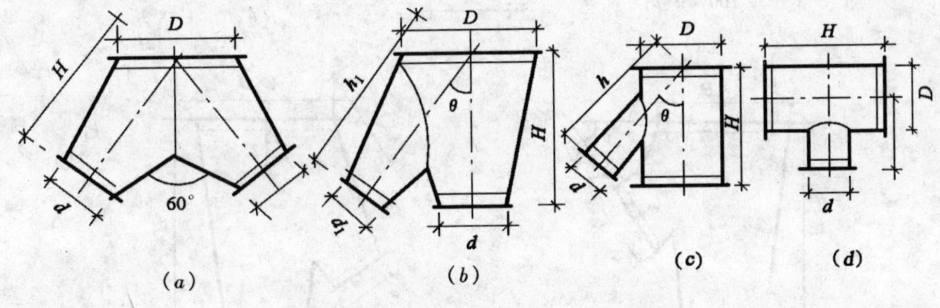

图 1-9-20　圆形管三通

（a）变径正三通；（b）变径斜插三通；（c）斜插三通；（d）正插三通

①圆形管变径正三通展开面积公式：

$$H\geqslant 5D,\quad F=\pi（D+d）H$$

②圆形管变径斜插三通展开面积公式：

$$\theta=30°，45°，60°\quad H\geqslant 5D$$

$$F=\left(\frac{D+d}{2}\right)\pi H+\left(\frac{D+d_1}{2}\right)\pi h_1$$

$$或=1.5078〔（D+d）H+（D+d_1）h_1〕$$

③斜插三通展开面积公式：

$$\theta=30°，45°，60°\quad H\geqslant 5D$$

$$F=\pi DH+\pi dh=3.1416（DH+dh）$$

④正插三通展开面积公式：

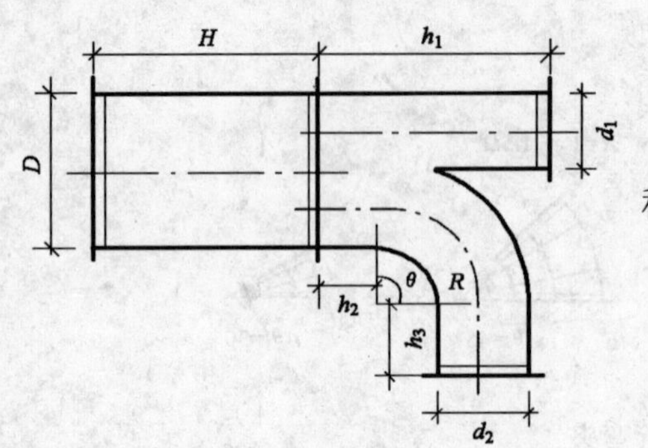

图 1-9-21　圆管加弯三通

$$F = \pi DH + \pi dh = 3.1416\ (DH + dh)$$

⑤圆管加弯三通，见图 1-9-21。

加弯三通分段计算面积，相加即得展开面积，其计算式如下：

加弯三通直管部分展开公式为：

$$F_1 = \pi d_1 h_1$$

弯管部分展开公式为：

$$F_2 = \pi d_2\ (h_2 + h_3)\ + \frac{\pi^2 R\theta}{180^\circ} \cdot d_2$$

或　$F_2 = \pi d_2\ (h_2 + h_3 + 0.017453R\theta)$

合计面积 $F = F_1 + F_2$

5）矩形管三通，见图 1-9-22。

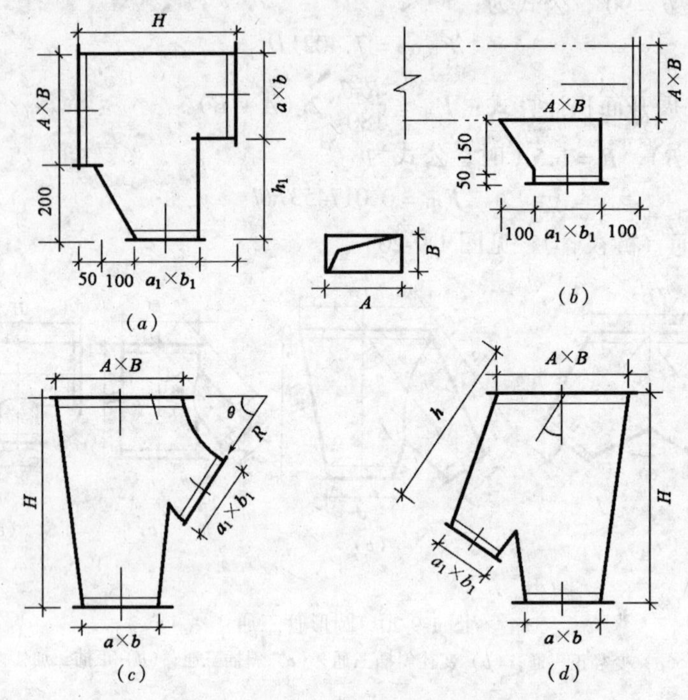

图 1-9-22　矩形管三通

（a）正断面三通；（b）插管式三通；（c）加弯三通；（d）斜插变径三通

①正断面三通展开面积公式：

$$F = \left[\frac{2\ (A + B)\ + 2\ (a + b)}{2}\right] \times H + \left[\frac{2\ (H - 100 + B)\ + 2\ (a_1 + b_1)}{2}\right] h_1$$

$$= \ (A + B + a + b)\ \cdot H + \ (H - 100 + B + a_1 + b_1)\ h_1$$

②插管式三通展开面积公式：

$$F = \left[\frac{2\ (a + b)\ + 2\ (a + 100 + b)}{2}\right] \times 200 = 400 \times \ (a + b + 50)$$

③加弯三通展开面积公式：

管断面周长为：$L=2(A+B)$　　$l=2(a+b)$　　$l_1=2(a_1+b_1)$

$$F=(A+B+a+b)H+\frac{2}{5}\pi R(a_1+b_1)$$

$$=0.5(L+l)H+0.62832l_2R$$

④斜插变径三通展开面积公式：

$$F=(A+B+a+b)H+(A+B+a_1+b_1)h$$

管断面周长为：$L=2(A+B)$　$l=2(a+b)$　$l_1=2(a_1+b_1)$时

面积也可由下式表示：

$$F=0.5(L+l)H+(L+l_1)\cdot h$$

6）天圆地方管，见图 1-9-23。

$$H\geqslant 5D$$

面积展开计算式均为：

$$F=\left(\frac{D\pi}{2}+A+B\right)H$$

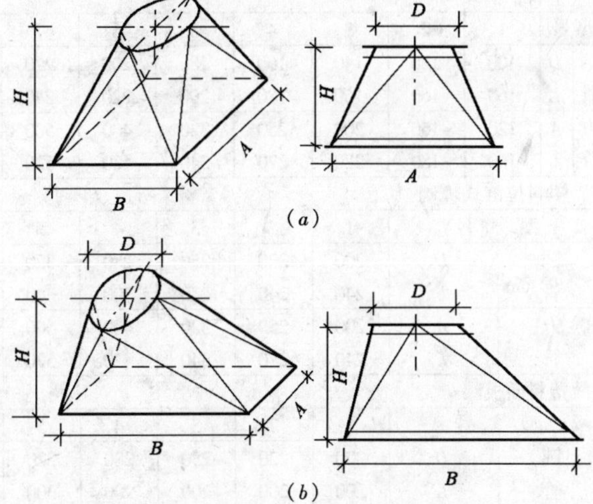

图 1-9-23　天圆地方管

（a）正天圆地方管；（b）偏心天圆地方管

(2) 风管工程量计算及定额套用。

1）用薄钢板、镀锌钢板、不锈钢板、铝板和塑料板等板材制作安装的风管工程量，以施工图图示风管中心线长度为准，按风管不同断面形状（圆、方、矩）的展开面积计算，以“m^2”计量。

①风管展开面积，不扣除检查孔、测定孔、送风口、吸风口等所占面积，咬口重叠部分也不增加。

②风管长度计算，一律以施工图所示中心线长度为准，长度也包括弯头、三通、变径管、天圆地方管件长度。支管长度以支管中心线与主管中心线交接点为分界点。风管长度不包括部件所占长度，计算风管长度时，必须扣除部件所占长度。其部件长度值按表 1-9-2所列值计取。

风管部件长度表　　　　**表 1-9-2**

序	部件名称	部件长度（mm）	序	部件名称	部件长度（mm）
①	蝶阀	150	④	圆形风管防火阀	$D+240$
②	止回阀	300	⑤	矩形风管防火阀	$B+240$
③	密闭式对开多叶调节阀	210			

密闭式斜插板阀

型号	1	2	3	4	5	6	7	8	9	10	11	12	13	14
D	80	85	90	95	100	105	110	115	120	125	130	135	140	145
L	280	285	290	300	305	310	315	320	325	330	335	340	345	350
型号	15	16	17	18	19	20	21	22	23	24	25	26	27	28
D	150	155	160	165	170	175	180	185	190	195	200	205	210	215
L	355	360	365	365	370	375	380	385	390	395	400	405	410	415
型号	29	30	31	32	33	34	35	36	37	38	39	40	41	42
D	220	225	230	235	240	245	250	255	260	265	270	275	280	285
L	420	425	430	435	440	445	450	455	460	465	470	475	480	485

续表

序	部件名称	部件长度（mm）	序	部件名称	部件长度（mm）
①	蝶阀	150	④	圆形风管防火阀	$D+240$
②	止回阀	300	⑤	矩形风管防火阀	$B+240$
③	密闭式对开多叶调节阀	210			

密闭式斜插板阀

型号	43	44	45	46	47	48
D	290	300	310	320	330	340
L	490	500	510	520	530	540

塑料手柄蝶阀

型号		1	2	3	4	5	6	7	8	9	10	11	12	13	14
圆管	*D*	100	120	140	160	180	200	220	250	280	320	360	400	450	500
	L	160	160	160	180	200	220	240	270	300	340	380	420	470	520
方管	*A*	120	160	200	250	320	400	500							
	L	160	180	220	270	340	420	520							

塑料拉链式蝶阀

型号		1	2	3	4	5	6	7	8	9	10	11
圆管	*D*	200	220	250	280	320	360	400	450	500	560	630
	L	240	240	270	300	340	380	420	570	520	580	650
方管	*A*	200	250	320	400	500	630					
	L	240	270	340	420	520	650					

塑料插板阀

型号		1	2	3	4	5	6	7	8	9	10	11
圆管	*D*	200	220	250	280	320	360	400	450	500	560	630
	L	200	200	200	200	300	300	300	300	300	300	300
方管	*A*	200	250	320	400	500	630					
	L	200	200	200	200	300	300					

注：*D*—风管外径；*A*—方风管外边宽；*B*—方风管外边高；*L*—管件长度。

③风管制作与安装定额包括：弯头、三通、变径管、天圆地方等管件及法兰、加固框和吊架、托架、支架的制作与安装。未计价材计算了板材料，而法兰和支架、吊架、托架按定额规定计算其价值后，还要计算其材料数量，按规格、品种列入材料汇总表中。

风管制作与安装定额不包括：过跨风管的落地支架制安。落地支架以“kg”计量，套用《通风、空调工程》定额设备支架子目。

④净化通风管道及部件制作与安装，工程量计算方法与一般通风管道相同，套用相应定额。但是零部件安装要算净化费，按相应部件子目安装基价的35%作为净化费，其中人工费占40%。

对净化管道与建筑物缝隙，产生的净化密封处理，按实计算费用。

⑤塑料风管、管件制作需热煨成型，用木制胎具时，其胎具木材按一等枋材计价摊销。当风管工程量在30m^2以上时，摊销0.06$m^3/10m^2$；30m^2以下时摊销0.09$m^3/10m^2$。

⑥当风管、管件、部件、非标设备发生场外运输时，在场外生产的施工组织设计方案必须经过审批，可按以下方法计算：

$$运费=车次数\times车核定吨位\times吨千米单价\times里程$$

$$车次数=\frac{加工件总重量}{车次核定吨位\times装载系数}$$

装载系数：非标准设备及通风部件为0.7；通风管及管件0.5；不足一车按一车计算。

⑦通风管制作安装，按材质、风管形状、直径大小和板料厚度不论制作方法（咬口，焊口），分别套用定额。

⑧薄钢板风管中板材，设计要求厚度不同时可以换算，人工、机械不变。

⑨风管制作安装定额中法兰垫料已按各种材料品种综合考虑的，不得换算。

⑩整个通风系统设计采用渐缩管均匀送风者，圆形管按断面平均直径，矩形管按断面平均周长套用相应规格子日，其人工乘以系数2.5。

⑪空气幕送风管制作安装，按矩形风管断面平均周长，套用相应风管规格子目，其人工乘以系数3.0，其余不变。

2）风管弯头导流叶片。按叶片图示面积以"m^2"计量。不分单叶片或香蕉形双叶片，均套同一子目。

导流叶片面积计算式如下：

单叶片面积 $F_{单}=0.017453R\theta h$ + 折边

双叶片面积 $F_{双}=0.017453h\ (R_1\theta_1+R_2\theta_2)$ + 折边

或按表1-9-3取叶片面积。

单导流叶片表面积表　（m^2/片）　　表1-9-3

风管高 B	200	250	320	400	500	630	800	1000	1250	1600	2000
导流片	0.075	0.091	0.114	0.140	0.170	0.216	0.273	0.425	0.502	0.623	0.755

3）帆布接头或人造革软管接头。按接头长度以展开面积计算，以"m^2"计量。使用人造革不使用帆布的接头时，不得换算。

4）风管检查孔制作与安装。以"kg"计量。工程量计算，可查标准图T604，或查阅定额《通风、空调工程》定额附录一《国际通风部件标准质量表》。

5）温度和风量测定孔。以个计量。套相应子目。

6）风道。以砖、石、混凝土、木、石膏板等制作、安装的通风管道，称为"风道"。按当地土建定额有关分部规定计算。

（3）风管部件——阀类制作安装工程量

部件制作安装工程量按质量计算，以"100kg"计量。标准部件质量查阅标准图或定额《通风、空调工程》附录一《国际通风部件标准质量表》计算，非标准部件按成品质量计算。

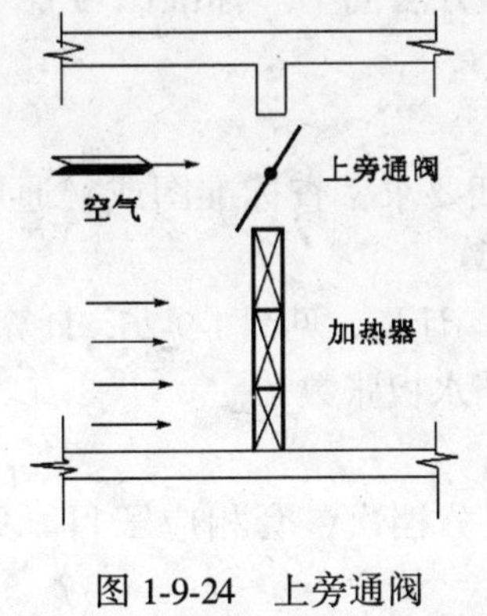

图1-9-24　上旁通阀

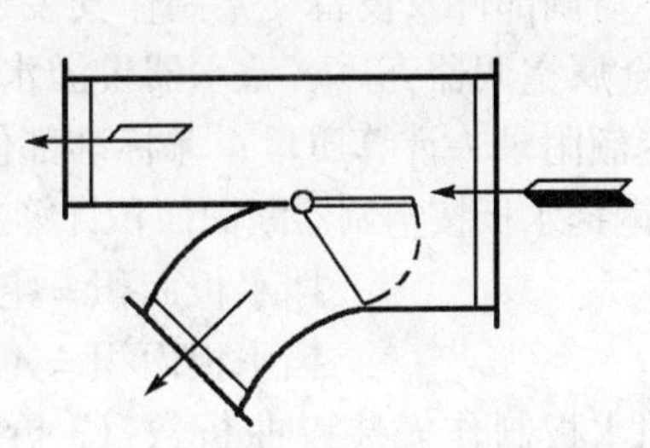
图1-9-25　三通调节阀

风管通风用阀类有：空气加热上旁通阀（图 1-9-24）、圆形瓣式启动阀、圆形（保温）蝶阀、方和矩形（保温）蝶阀、圆和方形风管止回阀、密闭式斜插板阀、矩形风管三通调节阀（图 1-9-25）、对开多叶调节阀、风管防火阀等，其质量均查阅国家通风标准图，T101、T301、T302、T303、T305、T306、T308、T356 等册，即可知规格、型号与质量。也可查安装定额《通风、空调工程》附录一《国际通风部件标准质量表》。通风用阀类按质量计算工程量套用相应子目。

（4）风管部件——风帽制作安装工程量

风帽制作以质量计算工程量，按"100kg"计量。安装以个计量。质量计算查阅标准图或定额附录，非标准部件按成品质量计算。

风帽有圆伞形、锥形、筒形。标准图查 T609、T610、T611。套相应子目。

（5）风管部件——风口制作与安装工程量

通风用风口制作绝大部分以质量计算工程量，按"100kg"计量，以个计算安装工程量。

按质量计算工程量的风口有：带调节板活动百叶风口、单层百叶风口、双层百叶风口、三层百叶风口、连动百叶风口、矩形风口、风管插板风口、旋转吹风口、圆形直片散流器、矩形空气分布器、方形直片散流器、流线型散流器、单（双）面送风口、活动蓖式风口、网式风口、135 型单（双）层百叶风口、135 型带导流片百叶风口、活动金属百叶风口等。

按面积"m^2"计量的风口有：钢百叶窗。

风口质量可查国家通风标准图 T202、T203、T206、T208、T209、T212、T261、T262、CT211、CT263、J718 等册。也可查阅全国安装定额《通风、空调工程》附录一可得到部件标准质量。

风口按质量和面积或个为单位套用相应子目。

（6）风管部件——罩类制作安装工程量

罩类制作与安装工程量，仍以质量和个计算。皮带防护罩、电动机防雨罩等质量《通风、空调工程》定额附录未列，可查标准图 T108、T110。

侧吸罩、排气罩、槽边罩、抽风罩、回转罩等质量，可查阅《通风、空调工程》定额附录一。均套相应子目。定额中未包括的，可套用相似子目。

（7）风管部件——消声器制作与安装工程量

消声器制作安装工程量，仍以质量计算，质量计算方法同上。标准图可查 T701。套相应子目。

（8）空调部件及设备支架制作安装工程量

1）金属空调器壳体、滤水器、溢水盘。按施工图纸要求，查标准图或《通风、空调工程》定额附录一计算质量；非标准部件按成品质量计算。

2）钢挡水板按空调器断面面积计算工程量。以"m^2"计量，见图 1-9-26，计算式如下：

$$挡水板面积 = 空调器断面积 \times 挡水板张数$$

或

$$挡水板面积 = A \times B \times 张数$$

钢挡水板制作安装以曲折数（3 折、6 折）和板距分档次，套相应子目。见标准图 T704。

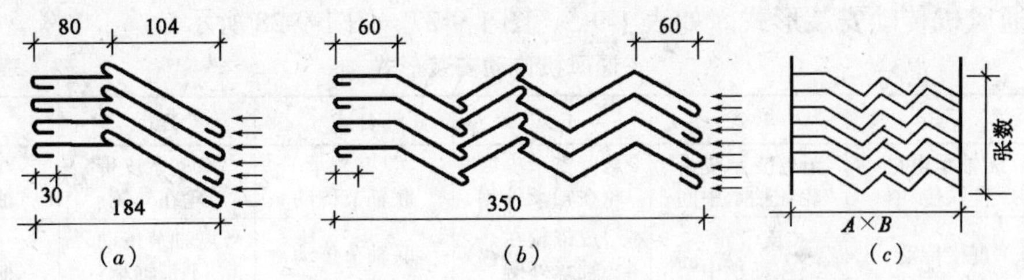

图 1-9-26　挡水板构造

(a) 前挡水板；(b) 后挡水板；(c) 工程量计算图

玻璃挡水板，套用钢板挡水板相应子目，其材料、机械均乘以系数 0.45，人工不变。

3）钢密闭门，以带视孔和不带视孔，分别以个计量，套相应子目。

4）设备支架。按施工图要求以质量计算，套相应子目。

5）清洗槽、浸油槽、晾干架、LWP 滤尘器支架的制作安装。按质量计算工程量（可查《通风、空调工程》附录一），套用设备支架子目。

(9) 除尘器安装

无论 CLG、CLS、CLT/A、XLP 等式除尘器，还是卧式旋风水膜除尘器、CLK、CCJ/A、MC、XCX、XNX、PX 等除尘器均按台计算工程量，以质量分档次套用定额。每台质量可查阅定额《通风、空调工程》定额附录一。

除尘器安装不包括除尘器价值，必须另计价。

除尘器安装不包括除尘器制作，制作另行计算。

除尘器安装不包括支架制作与安装，支架以"kg"计量，套用设备支架子目。支架形式及质量查阅标准图 T501、T505、T513、CT531、CT533、CT534、CT536、CT537、CT538 等图集。

(10) 通风机安装

通风工程中所用通风机，分为离心式和轴流式两种。

1）通风机名称代号。如表 1-9-4 所示。

离心式风机及轴流式风机机翼型式代号　　表 1-9-4

离心式风机		轴流式风机	
用途	代号	机翼型式	代号
排尘风机	C	机翼型扭曲叶片	A
输送煤粉	M	机翼型非扭曲叶片	B
防腐蚀	F	对称机翼型扭曲叶片	C
工业炉吸风	L	对称机翼型非扭曲叶片	D
耐高温	W	半机翼型扭曲叶片	E
防爆炸	B	半机翼型非扭曲叶片	F
矿井通风	K	对称半机翼型扭曲叶片	G
电站锅炉引风	Y	对称半机翼型非扭曲叶片	H
电站锅炉通风	G	等厚板型扭曲叶片	K
冷却塔通风	LE	等厚板型非扭曲叶片	L
一般通风换气	T	对称等厚板型扭曲叶片	M
特殊风机	E	对称等厚板型非扭曲叶片	N

2）通风机传动安装形式。如表 1-9-5、图 1-9-27、图 1-9-28 所示。

通风机传动安装形式 **表 1-9-5**

名称	A式	B式	C式	D式	E式	F式
离心式风机	无轴承电机直联传动	悬臂支承皮带轮在轴承中间	悬臂支承皮带轮在轴承外侧	悬臂支承联轴节传动	双支承皮带轮在外侧	双支承联轴节传动
轴流式风机	直接传动	皮带轮在轴承中	皮带轮在轴承外侧	联轴节传动	联轴节传动不带轴承	联轴节加减速器

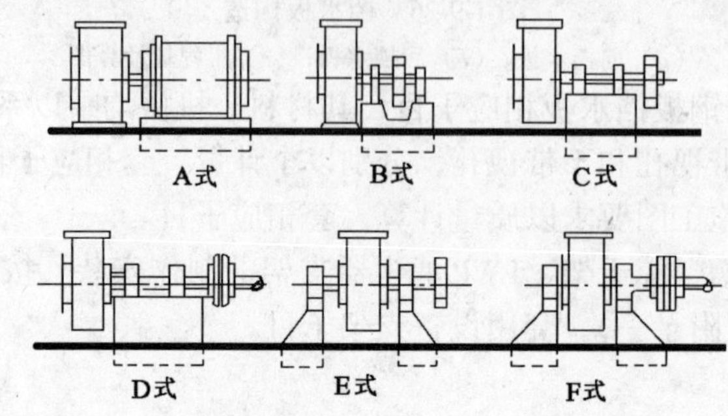

图 1-9-27　离心风机传动安装形式

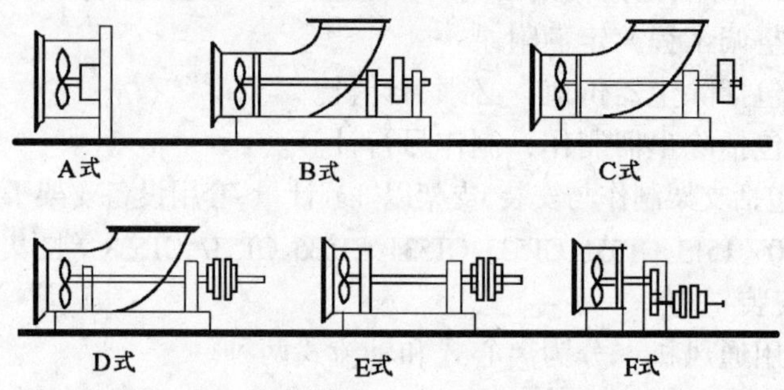

图 1-9-28　轴流风机传动安装形式

3）通风机安装。离心式或轴流式风机的安装不论风机是钢质或塑料质、不锈钢质，不论风机是左旋、右旋均以台计量。按风机形式和机号分别套用相应定额子目。

①通风机和电动机直联的风机安装，包括电动机安装；皮带或联轴器传动的，则不包括电动机安装，应另行计算（按《机械设备安装工程》定额计算）。

②通风机设备费应另行计价，不包括地脚螺栓价值。

③通风机减振台座制作安装，以“100kg”计量，套用设备支架子目。减振器（橡胶板、橡胶盆，或其他减振器），定额不包括用量，依施工图按实计算。

4）工业用通风机安装。按不同种类，以设备质量分档，以台计量。按定额《机械设备安装工程》计算。

（六）空调安装工程量计算

1. 空调系统的组成

空调系统可以满足室内空气的“四度”要求，即温度、湿度、洁度、流动速度。为了达到这“四度”要求，空调系统由能满足这些要求的设备、部件及辅助系统组成。对空气处理和供给的方式不同，可划分如下系统及其组成：

(1) 局部式供风空调系统

这类系统只要求局部空调，直接用空调机组（柜式、壁挂式、窗式等）即可达到目的。为了增加能力，根据要求可以在空调机上加新风口、电加热器、送风管及送风口等，见图 1-9-29*b*。

(2) 集中式空调系统

1）单体集中式空调系统。制冷量要求不很大时，可用空调机组配上风管（送、回）、风口（送、回）、各种风阀和控制设备等而成。这种空调机组是将各单体设备集中固定在一个底盘上，装在一个箱壳里而成，如恒温恒湿空调机组，见图 1-9-29*a*。

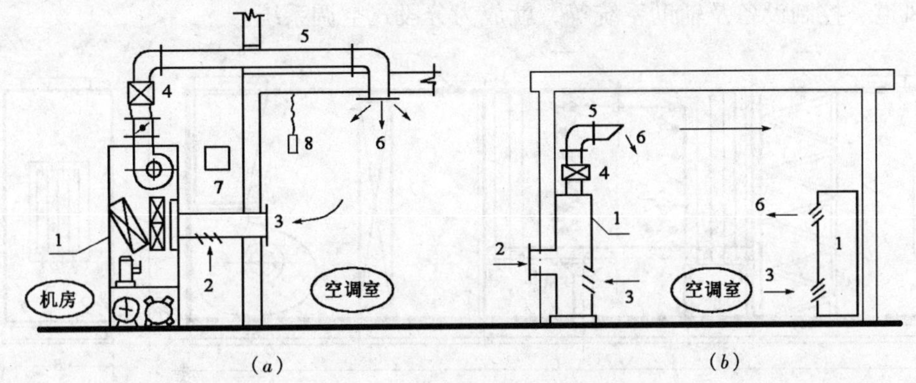

图 1-9-29

(*a*) 单体集中式空调；(*b*) 局部空调（柜式）

1—空调机组（柜式）；2—新风口；3—回风口；4—电加热器；5—送风管；6—送风口；7—电控箱；8—电接点温度计

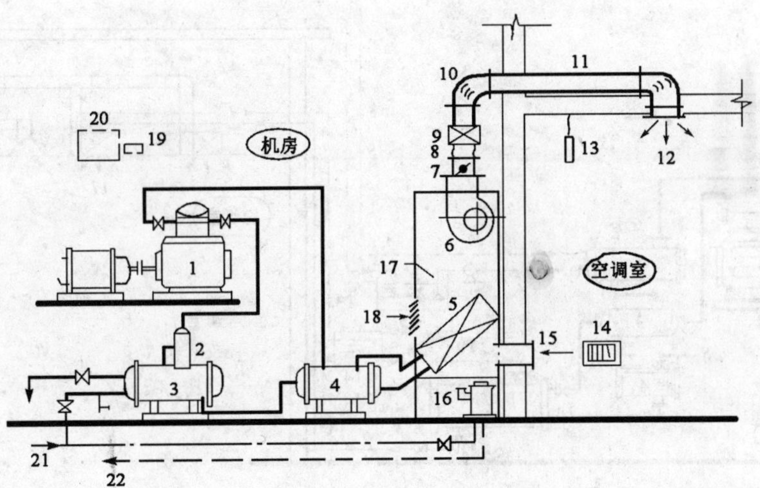

图 1-9-30 恒温恒湿集中式空调系统示意

1—压缩机；2—油水分离器；3—冷凝器；4—热交换器；5—蒸发器；6—风机；7—送风调节阀；8—帆布接头；9—电加热器；10—导流片；11—送风管；12—送风口；13—电接点温度计；14—排风口；15—回风口；16—电加湿器；17—空气处理室；18—新风口；19—电子仪控制器；20—电控箱；21—给水管；22—回水管

2）配套集中式制冷设备空调系统。当制冷量要求大时，相应设备个体较大，不能同时固定在一个底盘上，装在一个箱壳里。而是将各单体设备集中安装在一个机房内，再配上风管（送、回）、风机、风口（送、回）及各种风阀、控制设备等而成。见图 1-9-30。

3）分段组装式空调系统。将空调设备装在分段箱体内，做成各种功能的区段。如进风段、混合段、加热段、过滤段、冷却段、回风段、加湿段、挡水板段，为了检修与安装用的中间段等。这些区段在工厂里加工而成，可做成卧式和重叠式。这种空调器箱体保温良好，不用做基础，根据设计需要选用所需功能段，在施工现场组装而成，故也称为装配式空调器。其型号有 ZK、W、JW、JS、WPB、CKN 等，见图 1-9-31。若将这种空调器配上风管或风道、控制设备及辅助系统等，就成为分段式空调系统。

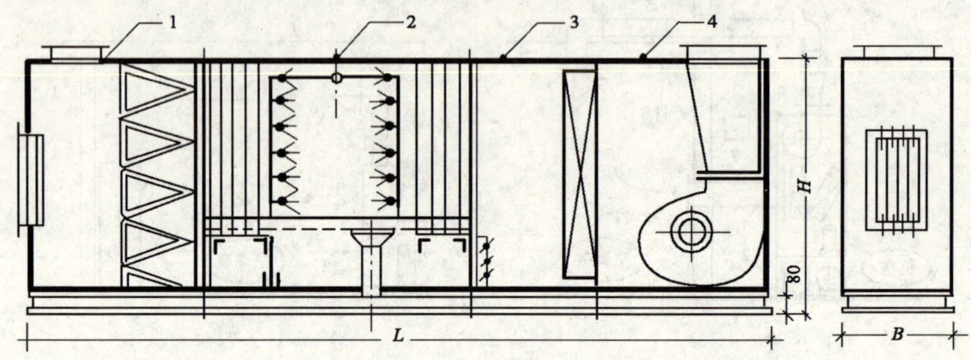

图 1-9-31 W 型分段组装式空调

1—混合及除尘段；2—淋水喷雾段；3—加热段；4—风机段

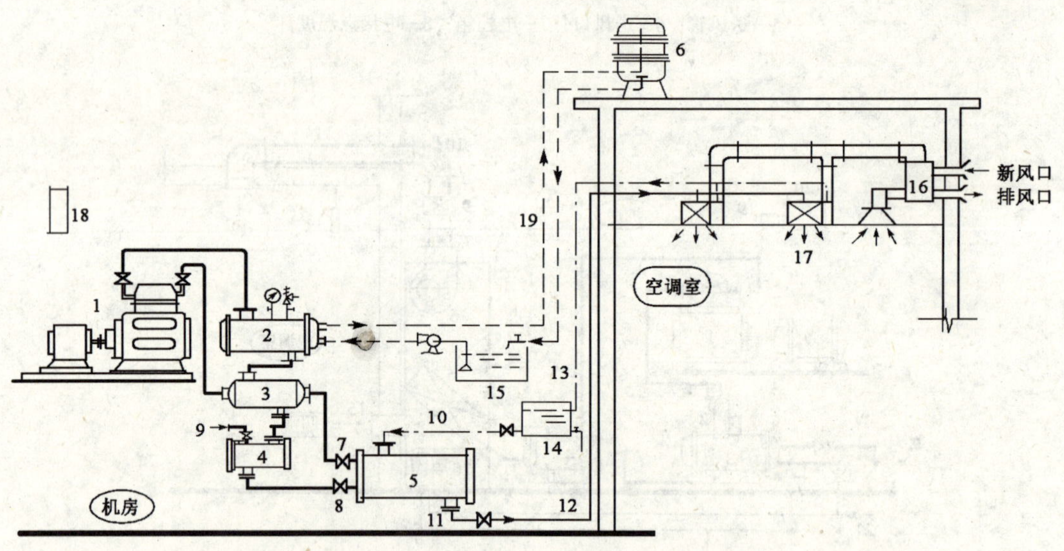

图 1-9-32 冷水机组风机盘管系统

1—压缩机；2—冷凝器；3—热交换器；4—干燥过滤器；5—蒸发器；6—冷却塔；7、8—电磁阀及热力膨胀阀；9—R_{22}入口；10—冷水进口；11—冷水出口；12—冷送水管；13—冷回水管；14—冷水箱；15—冷水池；16—空气处理机；17—盘管机及送风口；18—电控箱；19—循环水管

4）冷水机组风机盘管系统。将个体的冷水机设备，集中装在机房内，配上冷水管（送、回）、冷凝器所用的冷却塔及水池、循环水管道等。冷水管连上风机盘管，再加上空气处理机即成为一个系统，见图 1-9-32 所示。

（3）诱导式空调系统

这种系统是对空气作集中处理和用诱导器作局部处理后的混合供风方式。其诱导器是用集中空调室来的 15～25m/s 初次风（一次风）作为诱导力，就地吸收室内回风（二次风）加以处理与一次风混合后再次送出的供风系统，它是一种混合式空调系统。

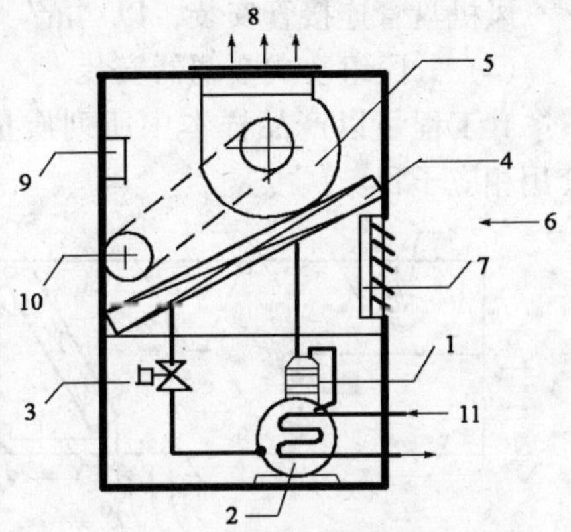

图 1-9-33　整体空调机示意
1—压缩机；2—冷凝器；3—膨胀阀；4—蒸发器；5—风机；6—回风口；7—过滤器；8—送风口；9—控制盘；10—电动机；11—冷水管

这种系统用集中式空调系统加上诱导器组成，见图 1-9-35 所示。

2. 空调系统安装工程量计算

（1）整体式空调机（冷风机、冷暖风机、恒温恒湿机组等）。如 LN_1、HK_1、LH、KT_3 等型，不论立式、卧式的安装，均按台计量。以制冷量大小分档，套用定额相应子目。整体式空调机（器）见图 1-9-33。

柜式空调为分体式时，人工乘以系数 2.0。

（2）窗式空调器安装。安装以台计量。整体式（窗式、壁挂式）查套相应子目。窗式空调器为分体式时，安装人工乘以系数 2.0。

窗式空调器安装定额不包括支架制作安装、除锈刷油、密封材料以及木制安装框和防雨装置（棚、架）等，必须另外计算。

（3）风机盘管安装。不论风量、冷量、风机功率的大小，立式、卧式结构，均以台计量。按明装、暗装套用定额。见图 1-9-34 所示。

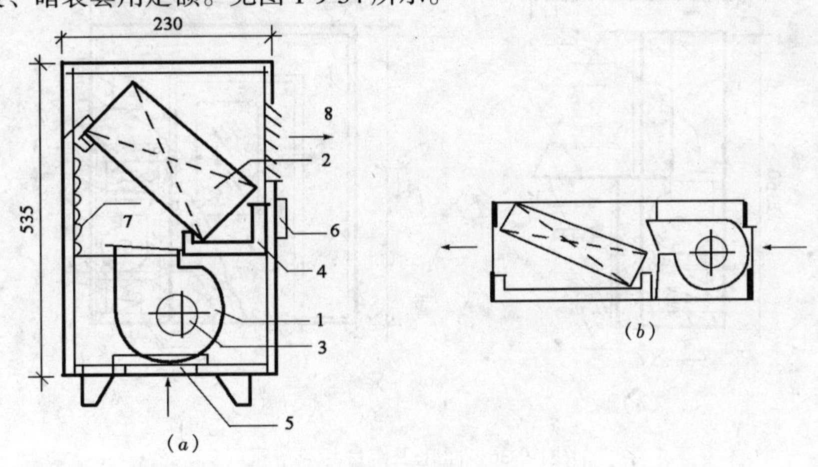

图 1-9-34　风机盘管
（a）立式；（b）卧式
1—风机；2—盘管；3—电机；4—凝结水盘；5—循环风口及过滤器；6—控制器；7—消声材料；8—出风口

风机盘管连接管安装，以“m^2”计量。套用各地补充定额。

(4) 分段组装式空调器安装

其工程量以产品样本中所列质量或铭牌质量（各段质量）为准，以“100kg”计量，套用相应子目。

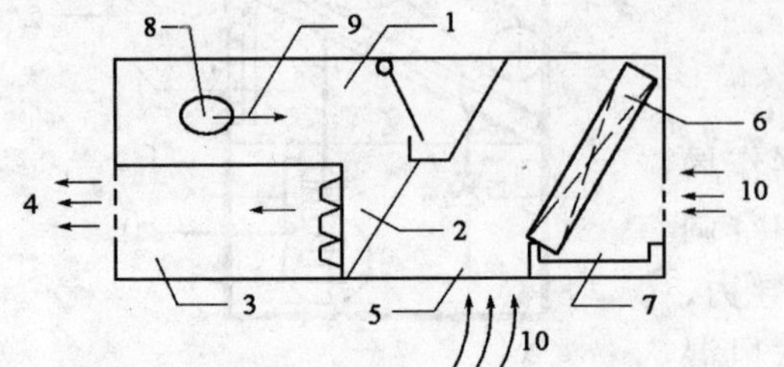

图 1-9-35 静压箱及诱导器示意

1—静压箱；2—喷嘴；3—混合段；4—送风；5—旁通风门；6—盘管；7—凝结水盘；8—一次风连接管；9—一次风；10—二次风

(5) 玻璃钢冷却塔安装。以台计量。以冷却水量为档次，套用定额相应子目。与《机械设备安装工程》定额中水塔安装不混用。

(6) 静压箱安装。以“100kg”计量，其制作与安装套相应子目。静压箱与空气诱导器可以连用，一次风进入静压箱保持一定的静压，使一次风由喷嘴高速喷出，诱导室内空气吸入诱导器中形成风流即二次风，达到局部空调目的。见图 1-9-35。

(7) 过滤器安装。以台计量。空气过滤器用多孔材料制成，如金属网、泡沫塑料、玻璃纤维、合成纤维、石棉纤维等。按过滤效果分档次套用定额。低效过滤器指：M－A、WL、LWP 型等系列。中效过滤器指：ZKL、YB、M、ZX－1 型等系列。高效过滤器指：GB、GS、JX20 型等系列。其安装形式有立式、斜式、人字形式，均以台计量。

(8) 空气加热器（冷却器）安装。以质量分档，按台计量。不论电阻丝式、电热管式、光管式、肋片式均按台计量。电加热器外壳制作安装以质量“100kg”计量，套用相应子目。

(9) 净化工作台、风淋室安装。以台计量。净化工作台安装定额指：XHK、BZK、SXP、SZP、SZX、SW、SZ、SXZ、TJ、CJ 型等系列的安装。见图 1-9-36。

(10) 洁净室安装。以质量计算，可套用《通风、空调工程》定额分段组装式空调器

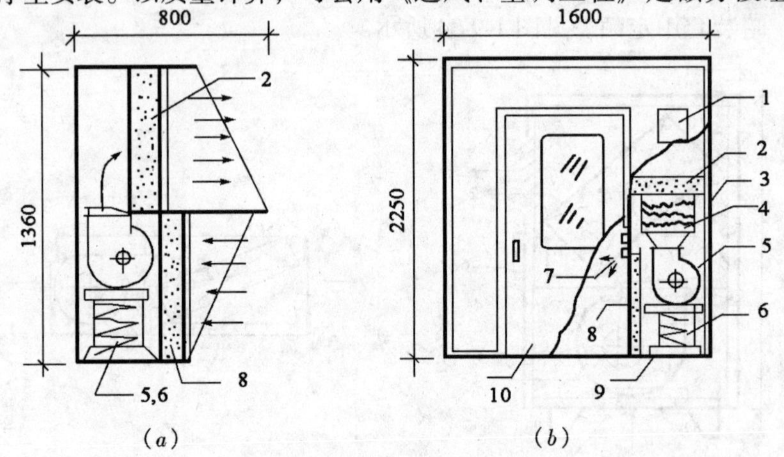

图 1-9-36 净化工作台与风淋室

(a) 净化工作台；(b) 风淋室

1—电控箱；2—高效过滤器；3—钢框架；4—电加热器；5—风机；6—减振器；7—喷嘴；8—中效过滤器；9—底座；10—风淋室门

安装子目。

（七）空调制冷设备安装工程量计算

1. 空调制冷设备

空调系统中空气需要冷却处理，其冷源有两种：一是天然冷源（深井水、硐中冷空气、冬藏的冰块）；另一种是人工冷源。

人工冷源方法很多，一般用冷剂制冷，冷剂分有氟和无氟。用冷剂制冷方法有冷剂压缩制冷、冷剂喷射制冷、冷剂吸收制冷。而工程中常用压缩冷剂方法制冷。制冷设备通常由工厂成套生产，一般包括：制冷剂压缩机和附属装置两大部分，可参见图 1-9-31 或图 1-9-32。成套设备有三种安装方式。

（1）单体安装式。在大型集中式空调中，冷量要求大，设备本体也相应大，制冷压缩机和附属装置单机制造，将其配套分体集中安装在一个房间中（机房），配上动力及控制仪表和连通风管、水管，就成为集中式空调制冷系统。制冷压缩机和附属装置安装，执行定额《机械设备安装工程》定额，如图1-9-31。

（2）整体安装式。在制造时将制冷成套设备集中布置安装在一个底座上，装入一个箱体内，形成整体形式，即整体空调机，安装时整体安装。如恒温恒湿空调机（器）、柜式、窗式空调，均属此类，如图 1-9-33 所示。它们的安装执行《通风、空调工程》定额。

（3）分离组装式。将制冷成套设备，分成几部分，按需要装在几个底座上，形成几个分机体箱。这类如：分段组装式空调器、空气处理室、柜式和窗式空调的分体式属此类，如图 1-9-30 所示。它们的安装按具体设备而定，或执行《机械设备安装工程》定额，或执行《通风、空调工程》定额。

2. 制冷设备的安装工程量及定额套用

（1）制冷压缩机的安装

1）活塞式压缩机安装。活塞式 V、W 及 S（扇形）压缩机安装以台计量，按机体质量分档，套用《机械设备安装工程》定额相应子目。不论制冷剂为氨（NH_3 或 R_{717}、氟里昂（R_{11}、R_{12}、R_{22}），均套用此定额。

V、W、S 压缩机，定额按整体安装考虑的，所以机组的质量包括主机、电动机、仪表盘及附件和底座等的总质量。

V、W、S 压缩机定额是按单级压缩机考虑的。安装同类双级压缩机时，则相应定额的人工乘以系数 1.40。

2）螺杆式制冷压缩机安装。开式（KA、KF 型），闭式（BA、BF 型）均以机体质量分档，以台计量。套用《机械设备安装工程》定额相应子目。螺杆式压缩机安装定额按压缩机为解体式安装制定的。所以与主机本体联体的冷却系统、润滑系统、支架、防护罩，同一底座上的零件和附件的质量安装定额均包括。

安装后的无负荷试运转及运转后的检查、组装、调整定额均包括。

螺杆式压缩机安装，不包括电动机等的动力机械的质量，其电动机以质量分档，按台计量，套用《机械设备安装工程》定额相应子目。

活塞式 V、W、S 压缩机安装和螺杆式压缩机安装，除遵守《机械设备安装工程》定额总说明有关规定外，定额不包括：

①与主机本体联体的各级出入口第一个阀门外的各种管道，空气干燥设备和净化设

备，油水分离设备，废油回收设备，自控系统及仪表系统的安装，以及支架、沟槽、防护罩等制作、加工。

②介质（冷剂等）的充灌。

③主机本体循环用油（定额是按设备自带考虑的）。

④电动机拆装、检查及配线接线等电气工程。

(2) 附属装置的安装

1）冷凝器安装。立式（卧式）管壳式冷凝器、淋水式冷凝器蒸发式冷凝器的安装，以台计量，以冷凝器的冷却面积分档。套《机械设备安装工程》定额相应子目。

2）蒸发器安装。立式、卧式蒸发器，以蒸发面积分档，按台计量。套《机械设备安装工程》定额相应子目。

3）储液、排液器、油水分离器安装。储液、排液器按容积分档，以台计量。油水分离器、空气分离器，以设备直径分档，按台计量。套用《机械设备安装工程》定额相应子目。

附属装置安装定额包括：

①随设备联体固定的配件安装：如放油阀、放水阀、安全阀、压力表、水位表等。

②容器单体气密性试验与排污。试验时的连带工作：装拆空气压缩机、连接试验用管道、装拆盲板、通风、检查、放气等。

单台附属设备质量对照表 **表 1-9-6**

设备名称	设备型号规格/设备参考质量（t）
立式管壳冷凝器	$\frac{50m^2}{3}$，$\frac{75}{4}$，$\frac{100}{5}$，$\frac{150}{7}$，$\frac{200}{9}$，$\frac{250}{11}$，$\frac{350}{11}$，$\frac{350}{13}$
卧式管壳冷凝器	$\frac{20m^2}{1}$，$\frac{30}{2}$，$\frac{60}{3}$，$\frac{80}{4}$，$\frac{100}{5}$，$\frac{120}{6}$，$\frac{140}{8}$，$\frac{180}{9}$，$\frac{200}{12}$
淋水式冷凝器	$\frac{30m^2}{1.5}$，$\frac{40}{2}$，$\frac{60}{2.5}$，$\frac{75}{3.5}$，$\frac{90}{4}$
蒸发式冷凝器	$\frac{20m^2}{1}$，$\frac{40}{1.7}$，$\frac{80}{2.5}$，$\frac{100}{3}$，$\frac{150}{4}$，$\frac{200}{6}$，$\frac{250}{7}$
立式蒸发器	$\frac{20m^2}{1.5}$，$\frac{40}{3}$，$\frac{60}{4}$，$\frac{90}{5}$，$\frac{120}{6}$，$\frac{160}{8}$，$\frac{180}{9}$，$\frac{240}{12}$
立式低压循环贮液器	$\frac{1.6m^2}{1}$，$\frac{2.5}{1.5}$，$\frac{3.5}{2}$，$\frac{5}{3}$
卧式高压贮液器	$\frac{1m^3}{0.7}$，$\frac{1.5}{1}$，$\frac{2}{1.51}$，$\frac{3}{2}$，$\frac{5}{2.5}$
氨油分离器	$\frac{DN350}{0.15}$，$\frac{500}{0.3}$，$\frac{700}{0.6}$，$\frac{800}{1.2}$，$\frac{1000}{1.75}$，$\frac{1200}{2}$
氨液分离器	$\frac{DN500}{0.3}$，$\frac{600}{0.4}$，$\frac{700}{0.6}$，$\frac{1000}{0.8}$，$\frac{1200}{1.0}$，$\frac{1400}{1.2}$
空气分离器	$\frac{0.45m^2}{0.06}$，$\frac{1.82}{0.13}$
氨气过滤器	$\frac{DN100}{0.1}$，$\frac{200}{0.2}$，$\frac{300}{0.5}$
氨液过滤器	$\frac{DN25}{0.025}$，$\frac{50}{0.025}$，$\frac{100}{0.05}$
中间冷却器	$\frac{2m^2}{0.5}$，$\frac{3.5}{0.6}$，$\frac{5}{1}$，$\frac{8}{1.6}$，$\frac{10}{2}$，$\frac{12}{3}$

续表

设 备 名 称	设备型号规格/设备参考质量（t）
玻璃钢冷却塔	$\frac{30m^2}{0.4}$，$\frac{50}{0.5}$，$\frac{70}{0.8}$，$\frac{100}{1}$，$\frac{150}{2}$，$\frac{250}{2.5}$，$\frac{300}{3.5}$，$\frac{500}{4}$，$\frac{700}{5.5}$
集油器	$\frac{DN219}{0.05}$，$\frac{325}{0.1}$，$\frac{500}{0.2}$
紧急泄氨器	$\frac{DN108}{0.02}$
油视镜	按支计，不计质（重）量
储气罐	$\frac{2m^3}{0.7}$，$\frac{5}{1.3}$，$\frac{8}{1}$，$\frac{11}{2.3}$，$\frac{15}{2.8}$

③制冷设备各种容器的单体气密性试验与排污，定额是按一次考虑的。如果“技术规范”或“设计要求”需做多次连续试验时，则第二次试验按第一次相应定额乘以调整系数0.9；第三次及其以上的试验，每次均按第一次的相应定额乘以系数0.75计算。

附属设备的一般起重机具摊销费计算时，按设备质量计算摊销费。若用面积“m^2”、容积“m^3”、直径“m”或“mm”等的子目规格档次时，按表1-9-6所列设备质量表选用质量计算起重机具摊销费。若缺项时，可按设备实际质量计算。摊销费计算方法，见下面所述。

3. 空调设备安装工程量计算注意事项

(1) 制冷机和附属设备安装定额不包括：地脚螺栓孔灌浆及设备底座灌浆，以灌浆的体积量分档，按灌浆混凝土体积“m^3”计量。套用《机械设备安装工程》定额相应子目。

(2) 设备安装的金属桅杆及人字架等一般起重机具的摊销费，按所安装设备的净质量（包括底座、辅机）每吨摊销费计算。每吨摊销费见各地定额规定。

(3) 制冷设备若发生超高安装可按下列系数计算超高费。若设备底座安装标高超过地面正或负10m时，定额人工和机械台班，按表1-9-7系数调整。

设备安装超高增加系数 **表1-9-7**

设备底座正或负标高（m）	15	20	25	30	40	超过40
调整系数	1.25	1.35	1.45	1.55	1.70	1.90

(4) 设备水平运输指安装现场内的水平运输，即在设备基础为点的70m范围内，超过这范围另计搬运费。

4. 工程量计算规则

(1) 薄钢板通风管道制作安装

1）通风管道。须按其材质（如镀锌薄钢板、普通薄钢板）、制作方法（咬口、焊接）、和形状（圆、方、矩形）的不同，按风管的图注不同规格以展开面积计算，并以平方米为计算单位。但检查孔、测定孔、送风口、吸风口等所占的面积均不扣除。

计算风管长度时，一律以图注中心线长度为准，包括弯头、三通、变径管、天圆地方等管件的长度，但不得包括部件所在位置的长度。其直径和周长按图注尺寸展开，咬口重叠部分不加。

2）风管附件

①软性接头（即帆布接口），按图注尺寸以平方米为单位计算。

②风管导流叶片，按叶片的面积以平方米为单位计算。

③风管检查孔，按设计选型以千克为单位计算。

④温度、温量测定孔，按设计选型以“个”为单位计算。

（2）调节阀制作安装

1）调节阀。圆形、方、矩形风管蝶阀、止回阀、风管闸板阀、密闭式插板阀，通风机进、出口（插板式、百叶式、光圈式、瓣式）启动阀，手动（对开、平开）式多叶调节阀、加热口旁通阀、上通阀及方、矩形风管三通调节阀。以标准部件依设计型号规格查阅《采暖通风国家标准设计选用手册》中的标准部件重量表，按其重量计算，并以千克为计量单位。但非标准部件按成品重量计算，并以千克为计量单位。

2）密闭式调节阀。密闭式对开多叶阀与手动式对开多叶调节阀套用同一子目。

（3）风口制作安装

1）送、吸风口。送、吸风口（插板式、网式、百叶式、活动篦板式，单面、双面送、吸风口）及圆形、方、矩形空气分布器、散流器，以标准部件以设计型号规格查阅《采暖通风国家标准图集设计选用手册》中的标准部件重量表，按其重量计算，并以千克为计量单位。非标准件按成品重量计算，并以千克为计量单位。

2）百叶窗。钢百叶窗及活动金属百叶风口以平方米为单位计算。

（4）风帽制作安装

1）风帽。伞形（带扩散管、不带扩散管）风帽、筒形风帽、锥形风帽及滴水盘、槽等，以标准部件依设计型号规格查阅《采暖通风国家标准图集设计选用手册》中的标准部件重量表，按其重量计算，并以千克为计量单位。但非标准部件按成品重量计算，并以千克为计量单位。

2）风管筝绳。按重量计算，并以千克为计量单位，单独列项。

3）风帽泛水。按面积计算，并以平方米为计量单位。

（5）罩类制作安装

罩类制作安装以标准部件依设计型号规格查阅《采暖通风国家标准图集设计选用手册》中的标准部件重量表，按其重量计算，并以千克为计量单位。

（6）消声器制作安装

片式消声器、矿棉管式消声器、聚酯泡沫管式消声器、卡普隆纤维管式消声器、弧形声流式消声器、阻抗复合式消声器，以标准部件依设计型号规格查阅《采暖通风国家标准图集设计选用手册》中的标准部件重量表，按其重量计算，并以千克为计量单位。但非标准部件按成品重量计算，并以千克为计量单位。

（7）空调部件及设备支架制作安装

金属空调器壳体、滤水器、溢水盘依设计型号规格查阅《采暖通风国家标准图集设计选用手册》中的标准部件重量表，按其重量计算，并以千克为计量单位。但非标准部件按成品重量计算，并以千克为计量单位。

挡水板按空调器断面面积计算，并以平方米为计量单位。

密闭门以个为计量单位。

设备支架依照图纸按重量计算，并以千克为计量单位。

电加热器外壳依照图纸按重量计算，并以千克为计量单位。

（8）通风空调设备安装

离心式或轴流式（离心式包括塑料、不锈钢）通风和安装，按不同型号以台为单位计算。

整体式空调机组、空调器安装按不同制冷量以台为单位计算；分段组装式空调器按重量计算。

冷却塔安装按不同型号以台为单位计算。

加热器、除尘器安装以不同重量按台为单位计算。

(9) 净化通风管道及部件制作安装

1）风管

①风管按图注不同规格以展开面积计算，并以平方米为计算单位。但检查孔、测定孔、送风口、吸风口等所占面积均不扣除。

②计算风管长度时，一般按图注中心线长度为准，包括弯头、三通、变径管、天圆地方等管件的长度，但不得包括部件所在位置的长度，其直径与周长按图注尺寸展开，咬口重叠部分不扣。

③风管导流叶片按叶片的面积计算。

2）部件按设计成品重量计算。

高、中、低效过滤器、净化工作台、单人风淋室安装以台为单位计算。

(10) 不锈钢板通风管道及部件制作安装

1）风管按图注不同规格以展开面积计算。并以平方米为计量单位。但检查孔、测定孔、送风口、吸风口等所占面积均不扣除。

2）计算风管长度时，一律以图注中心线长度为准，包括弯头、三通、变径管、天圆地方等管件的长度，但不得包括部件所在位置的长度，其直径和周长按图注尺寸展开。

(11) 铝管通风管道及部件制作安装

1）风管

①风管按图注不同规格以展开面积计算，并以平方米为计量单位。但检查孔、测定孔、送风口、吸风口等所占面积均不扣除。

②计算风管长度时，一律以图注中心线长度为准，包括弯头、三通、变径管、天圆地方等管件的长度，但不得包括部件所在位置的长度。其直径和周长以图注尺寸展开。

2）部件按设计成品计算。

(12) 塑料通风管道及部件制作安装

1）风管

①风管按图注不同规格以展开面积计算，并以平方米为计量单位。但检查孔、测定孔、送风口、吸风口等所占面积均不扣除。

②计算风管长度时，一律以图注中心线长度为准，包括弯头、三通、变径管、天圆地方等管件的长度，但不得包括部件所在位置的长度。其直径和周长以图注尺寸展开。

2）标准部件

依设计型号规格查阅《采暖通风国家标准图集设计选用手册》中的标准部件重量表，按其重量计算；但非标准部件按成品重量计算。

(13) 其他

1）通风空调工程防腐、刷油

①风管（包括配件）、设备的刷油均以平方米为单位计算。

②风帽、罩类、阀件、风口等的刷油均以千克为单位计算。

③金属支架的刷油以千克为单位计算。

2）通风空调工程绝缘、保温

①保温根据保温结构所用材质的不同，分别以立方米为单位计算。

②保护面层或保护面层的刷油按其使用材质的不同，分别以平方米为单位计算。

3）脚手架搭拆工程

按有关预算定额规定的工程量计算方法办理。

目前，在高级民用建筑中，设计常选用国外进口的铝合金百叶风口、铝合金散流器、铝合金条缝形风口等。在编制预算定额时，可采用相应的定额。另外，随着我国通风空调工程的新发展，新的产品不断出现，如 ABFK 系列百叶风口、GF 型高效过滤器、风口、孔散孔板风口、圆形直片散流器、方形直片式散流器、球形可调风口、旋转风口等。虽然目前还未纳入国家统一安装定额，但可以采用购入价或实物分析等做法来编制补充定额。

（八）通风、空调工程与安装定额其他册关系及施工预算编制的有关说明

1. 通风、空调工程与安装定额其他册关系

（1）通风、空调工程的电气控制箱、电机检查接线、配管配线等。按《电气设备安装工程》定额规定计算和套用定额。

（2）通风、空调机房给水和冷冻水管，冷却塔循环水管。用《工艺管道工程》定额的计算规则及套用定额。

（3）通风管道的除锈、刷油、保温防腐。按《刷油、防腐、保温工程》定额规定计算和套用定额。

（4）所用仪表、温度计安装。套用《自动化控制装置及仪表工程》定额。

（5）制冷机组及附属设备安装。套用《机械设备安装工程》定额。

（6）设备基础砌筑、浇筑、风道砌筑及风道防腐。套用当地土建定额。

2. 施工图预算编制的有关说明

（1）通风、空调工程定额所列各章制作和安装是综合定额，制作与安装未分别列出，若需要划分制作费与安装费时，按表 1-9-8 比例划分。

（2）高层建筑增加费，属子目系数。系数见《通风、空调工程》定额说明。

通风、空调工程制作与安装划分比例表　　表 1-9-8

章号	项目	制作/%			安装/%		
		人工	材料	机械	人工	材料	机械
第一章	薄钢板通风管道制作安装	60	95	95	40	5	5
第二章	调节阀制作安装	85	98	99	15	2	1
第三章	风口制作安装	85	98	99	15	2	1
第四章	风帽制作安装	75	80	99	25	20	1
第五章	罩类制作安装	78	98	95	22	2	5
第六章	消声器制作安装	91	98	99	9	2	1
第七章	空调部件及设备支架制作安装	86	98	95	14	2	5
第八章	通风空调设备安装	0	0	0	100	100	100
第九章	净化通风管道及部件制作安装	60	85	95	10	15	5
第十章	不锈钢板通风管道及部件制作安装	72	95	95	28	5	5
第十一章	铝板通风管道及部件制作安装	68	95	95	32	5	5
第十二章	塑料通风管道及部件制作安装	85	95	95	15	5	5

(3) 操作超高增加费，属子目系数。操作物高度距楼地面6m以上的工程，以定额规定按人工费的百分率计取。

(4) 脚手架搭拆费，属综合系数，按单位工程人工费的百分比计取，其中人工工资按百分比取后作为计费基础。

(5) 通风系统调试（整）费，按下式计算：

调试费 = 通风系统工程人工费 × 调试费率（%）

其中：人工工资占的百分率作计费基础。

调试费指送风系统，排风（烟）系统，包括设备在内的系统负荷试车。此费用于系统调试的人工、仪器使用、仪表折旧、调试材料消耗等费用。

该调试费不包括：空调工程的恒温、恒湿调试及冷热水系统、电气等相关工程的调试，发生时必须另计。

(6) 薄钢板风管刷油，仅外（或内）面刷油者，其基价乘以系数1.2；而内外均刷油者乘以系数1.1。刷油包括风管、法兰、加固框、吊托架的刷油工作，不得重复计算。

(7) 通风工程定额脚手架与风管刷油、保温定额脚手架，不分别计取，按“以主代次”原则，按通风工程定额脚手架规定计取。

三、通风空调工程规范

C.9.1 通风及空调设备及部件制作安装。工程量清单项目设置及工程量计算规则，应按表1-9-9的规定执行。

C.9.1 通风及空调设备及部件制作安装（编码：030901） 表1-9-9

项目编码	项目名称	项目特征	计量单位	工程量计算规则	工程内容
030901001	空气加热器（冷却器）	1. 规格 2. 质量 3. 支架材质、规格 4. 除锈、刷油设计要求	台	按设计图示数量计算	1. 安装 2. 设备支架制作、安装 3. 支架除锈、刷油
030901002	通风机	1. 形式 2. 规格 3. 支架材质、规格 4. 除锈、刷油设计要求			1. 安装 2. 减振台座制作、安装 3. 设备支架制作、安装 4. 软管接口制作、安装 5. 支架台座除锈、刷油
030901003	除尘设备	1. 规格 2. 质量 3. 支架材质、规格 4. 除锈、刷油设计要求			1. 安装 2. 设备支架制作、安装 3. 支架除锈、刷油
030901004	空调器	1. 形式 2. 质量 3. 安装位置		按设计图示数量计算，其中分段组装式空调器按设计图纸所示质量以“kg”为计量单位	1. 安装 2. 软管接口制作、安装
030901005	风机盘管	1. 形式 2. 安装位置 3. 支架材质、规格 4. 除锈、刷油设计要求		按设计图示数量计算	1. 安装 2. 软管接口制作、安装 3. 支架制作、安装及除锈、刷油

续表

项目编码	项目名称	项目特征	计量单位	工程量计算规则	工 程 内 容
030901006	密闭门制作安装	1. 型号 2. 特征（带视孔或不带视孔） 3. 支架材质、规格 4. 除锈、刷油设计要求	个	按设计图示数量计算	1. 制作、安装 2. 除锈、刷油
030901007	挡水板制作安装	1. 材质 2. 除锈、刷油设计要求	m^2		
030901008	滤水器、溢水盘制作安装	1. 特征 2. 用途 3. 除锈、刷油设计要求	kg		
030901009	金属壳体制作安装				
030901010	过滤器	1. 型号 2. 过滤功效 3. 除锈、刷油设计要求	台		1. 安装 2. 框架制作、安装 3. 除锈、刷油
030901011	净化工作台	类型			安装
030901012	风淋室	质量			
030901013	洁净室				

C.9.2 通风管道制作安装。工程量清单项目设置及工程量计算规则，应按表 1-9-10 的规定执行。

C.9.2 通风管道制作安装（编码：030902） **表 1-9-10**

<table>
<tr><th>项目编码</th><th>项目名称</th><th>项目特征</th><th>计量单位</th><th>工程量计算规则</th><th>工 程 内 容</th></tr>
<tr><td>030902001</td><td>碳钢通风管道制作安装</td><td rowspan="2">1. 材质
2. 形状
3. 周长或直径
4. 板材厚度
5. 接口形式
6. 风管附件、支架设计要求
7. 除锈、刷油、防腐、绝热及保护层设计要求</td><td rowspan="7">m^2</td><td rowspan="7">1. 按设计图示以展开面积计算，不扣除检查孔、测定孔、送风口、吸风口等所占面积；风管长度一律以设计图示中心线长度为准（主管与支管以其中心线交点划分），包括弯头、三通、变径管、天圆地方等管件的长度，但不包括部件所占的长度。风管展开面积不包括风管、管口重叠部分面积。直径和周长按图示尺寸为准展开
2. 渐缩管：圆形风管按平均直径，矩形风管按平均周长</td><td rowspan="2">1. 风管、管件、法兰、零件、支吊架制作、安装
2. 弯头导流叶片制作、安装
3. 过跨风管落地支架制作、安装
4. 风管检查孔制作
5. 温度、风量测定孔制作
6. 风管保温及保护层
7. 风管、法兰、法兰加固框、支吊架、保护层除锈、刷油</td></tr>
<tr><td>030902002</td><td>净化通风管制作安装</td></tr>
<tr><td>030902003</td><td>不锈钢板风管制作安装</td><td rowspan="3">1. 形状
2. 周长或直径
3. 板材厚度
4. 接口形式
5. 支架法兰的材质、规格
6. 除锈、刷油、防腐、绝热及保护层设计要求</td><td rowspan="2">1. 风管制作、安装
2. 法兰制作、安装
3. 吊托支架制作、安装
4. 风管保温、保护层
5. 保护层及支架、法兰除锈、刷油</td></tr>
<tr><td>030902004</td><td>铝板通风管道制作安装</td></tr>
<tr><td>030902005</td><td>塑料通风管道制作安装</td><td rowspan="2">1. 制作、安装
2. 支吊架制作、安装
3. 风管保温、保护层
4. 保护层及支架、法兰除锈、刷油</td></tr>
<tr><td>030902006</td><td>玻璃钢通风管道</td><td>1. 形状
2. 厚度
3. 周长或直径</td></tr>
<tr><td>030902007</td><td>复合型风管制作安装</td><td>1. 材质
2. 形状（圆形、矩形）
3. 周长或直径
4. 支（吊）架材质、规格
5. 除锈、刷油设计要求</td><td>1. 制作、安装
2. 托、吊支架制作、安装、除锈、刷油</td></tr>
<tr><td>030902008</td><td>柔性软风管</td><td>1. 材质
2. 规格
3. 保温套管设计要求</td><td>m</td><td>按设计图示中心线长度计算，包括弯头、三通、变径管、天圆地方等管件的长度，但不包括部件所占的长度</td><td>1. 安装
2. 风管接头安装</td></tr>
</table>

C.9.3　通风管道部件制作安装。工程量清单项目设置及工程量计算规则，应按表1-9-11的规定执行。

C.9.3　通风管道部件制作安装（编码：030903）　　**表 1-9-11**

项目编码	项目名称	项目特征	计量单位	工程量计算规则	工程内容
030903001	碳钢调节阀制作安装	1. 类型 2. 规格 3. 周长 4. 质量 5. 除锈、刷油设计要求	个	1. 按设计图示数量计算（包括空气加热器上通阀、空气加热器旁通阀、圆形瓣式启动阀、风管蝶阀、风管止回阀、密闭式斜插板阀、矩形风管三通调节阀、对开多叶调节阀、风管防火阀、各型风罩调节阀制作安装等） 2. 若调节阀为成品时，制作不再计算	1. 安装 2. 制作 3. 除锈、刷油
030903002	柔性软风管阀门	1. 材质 2. 规格		按设计图示数量计算	安装
030903003	铝蝶阀	规格			
030903004	不锈钢蝶阀				
030903005	塑料风管阀门制作安装	1. 类型 2. 形状 3. 质量		按设计图示数量计算（包括塑料蝶阀、塑料插板阀、各型风罩塑料调节阀）	
030903006	玻璃钢蝶阀	1. 类型 2. 直径或周长		按设计图示数量计算	
030903007	碳钢风口、散流器制作安装（百叶窗）	1. 类型 2. 规格 3. 形式 4. 质量 5. 除锈、刷油设计要求		1. 按设计图示数量计算（包括百叶风口、矩形送风口、矩形空气分布器、风管插板风口、旋转吹风口、圆形散流器、方形散流器、流线型散流器、送吸风口、活动箅式风口、网式风口、钢百叶窗等） 2. 百叶窗按设计图示以框内面积计算 3. 风管插板风口制作已包括安装内容 4. 若风口、分布器、散流器、百叶窗为成品时，制作不再计算	1. 风口制作、安装 2. 散流器制作、安装 3. 百叶窗安装 4. 除锈、刷油

续表

项目编码	项目名称	项目特征	计量单位	工程量计算规则	工程内容
030903008	不锈钢风口、散流器制作安装（百叶窗）	1. 类型 2. 规格 3. 形式 4. 质量 5. 除锈、刷油设计要求	个	1. 按设计图示数量计算（包括风口、分布器、散流器、百叶窗） 2. 若风口、分布器、散流器、百叶窗为成品时，制作不再计算	制作、安装
030903009	塑料风口、散流器制作安装（百叶窗）	1. 类型 2. 规格 3. 形式 4. 质量 5. 除锈、刷油设计要求	个	1. 按设计图示数量计算（包括风口、分布器、散流器、百叶窗） 2. 若风口、分布器、散流器、百叶窗为成品时，制作不再计算	制作、安装
030903010	玻璃钢风口	1. 类型 2. 规格	个	按设计图示数量计算（包括玻璃钢百叶风口、玻璃钢矩形送风口）	风口安装
030903011	铝及铝合金风口、散流器制作安装	1. 类型 2. 规格 3. 质量	个	按设计图示数量计算	1. 制作 2. 安装
030903012	碳钢风帽制作安装	1. 类型 2. 规格 3. 形式 4. 质量 5. 风帽附件设计要求 6. 除锈、刷油设计要求	个	1. 按设计图示数量计算 2. 若风帽为成品时，制作不再计算	1. 风帽制作、安装 2. 筒形风帽滴水盘制作、安装 3. 风帽筝绳制作、安装 4. 风帽泛水制作、安装 5. 除锈、刷油
030903013	不锈钢风帽制作安装	1. 类型 2. 规格 3. 形式 4. 质量 5. 风帽附件设计要求 6. 除锈、刷油设计要求	个	1. 按设计图示数量计算 2. 若风帽为成品时，制作不再计算	1. 风帽制作、安装 2. 筒形风帽滴水盘制作、安装 3. 风帽筝绳制作、安装 4. 风帽泛水制作、安装 5. 除锈、刷油
030903014	塑料风帽制作安装	1. 类型 2. 规格 3. 形式 4. 质量 5. 风帽附件设计要求 6. 除锈、刷油设计要求	个	1. 按设计图示数量计算 2. 若风帽为成品时，制作不再计算	1. 风帽制作、安装 2. 筒形风帽滴水盘制作、安装 3. 风帽筝绳制作、安装 4. 风帽泛水制作、安装 5. 除锈、刷油
030903015	铝板伞形风帽制作安装	1. 类型 2. 规格 3. 形式 4. 质量 5. 风帽附件设计要求 6. 除锈、刷油设计要求	个	1. 按设计图示数量计算 2. 若伞形风帽为成品时，制作不再计算	1. 板伞形风帽制作安装 2. 风帽筝绳制作、安装 3. 风帽泛水制作、安装
030903016	玻璃钢风帽安装	1. 类型 2. 规格 3. 风帽附件设计要求	个	按设计图示数量计算（包括圆伞形风帽、锥型风帽、筒形风帽）	1. 玻璃钢风帽安装 2. 筒形风帽滴水盘安装 3. 风帽筝绳安装 4. 风帽泛水安装
030903017	碳钢罩类制作安装	1. 类型 2. 除锈、刷油设计要求	kg	按设计图示数量计算（包括皮带防护罩、电动机防雨罩、侧吸罩、中小型零件焊接台排气罩、整体分组式槽边侧吸罩、吹吸式槽边通风罩、条缝槽边抽风罩、泥心烘炉排气罩、升降式回转排气罩、上下吸式圆形回转罩、升降式排气罩、手锻炉排气罩）	1. 制作、安装 2. 除锈、刷油

续表

项目编码	项目名称	项目特征	计量单位	工程量计算规则	工 程 内 容
030903018	塑料罩类制作安装	1. 类型 2. 形式	kg	按设计图示数量计算（包括塑料槽边侧吸罩、塑料槽边风罩、塑料条缝槽边抽风罩）	制作、安装
030903019	柔性接口及伸缩节制作安装	1. 材质 2. 规格 3. 法兰接口设计要求	m^2	按设计图示数量计算	
030903020	消声器制作安装	类型	kg	按设计图示数量计算（包括片式消声器、矿棉管式消声器、聚酯泡沫管式消声器、卡普隆纤维管式消声器、弧形声流式消声器、阻抗复合式消声器、微穿孔板消声器、消声弯头）	
030903021	静压箱制作安装	1. 材质 2. 规格 3. 形式 4. 除锈标准、刷油防腐设计要求	m^2	按设计图示数量计算	1. 制作、安装 2. 支架制作、安装 3. 除锈、刷油、防腐

C.9.4　通风工程检测、调试。工程量清单项目设置及工程量计算规则，应按表1-9-12的规定执行。

C.9.4　通风工程检测、调试（编码：030904）　　表 1-9-12

项目编码	项目名称	项目特征	计量单位	工程量计算规则	工 程 内 容
030904001	通风工程检测、调试	系统	系统	按由通风设备、管道及部件等组成的通风系统计算	1. 管道漏光试验 2. 漏风试验 3. 通风管道风量测定 4. 风压测定 5. 温度测定 6. 各系统风口、阀门调整

C.9.5　通风空调工程适用于通风（空调）设备及部件、通风管道及部件的制作安装工程。

四、通风空调工程编制注意事项

（一）概况

1. 通风工程包括通风及空调设备安装、各种材质的通风管道的制作安装、管道部件（阀类、风口、风帽及消声器等）制作安装项目。

2. 适用于采用工程量清单报价的新建、扩建工程中的通风空调工程。分 4 节，共 43 个清单项目，包括通风空调设备安装、通风管道制作安装、通风管道部件制作安装、通风工程检测、试调等。

3. 通风设备、除尘设备、专供为通风工程配套的各种风机及除尘设备、其他工业用风机（如热力设备用风机）及除尘设备应按相关项目编制工程量清单。

4. 需要说明的问题。

(1) 关于项目特征。项目特征是工程量清单计价的关键依据之一，由于项目的特征不同，其计价的结果也相应发生差异，因此招标单位在编制工程量清单时，应在可能的情况下明确描述该工程量清单项目的特征。投标人应按招标人提出的特征要求计价。

(2) 关于工程内容。工程量清单的工程内容是完成该工程量清单可能发生的综合工程项目，工程量清单计价时，按图纸、规程、规范等要求，选择编列所需项目。

(3) 关于工程量计算，必须依据工程量计算规则的要求编制，工程量只列实物量。所谓实物量即是工程完工后的实体量，如绝热工程量只能按设计要求的绝热厚度计算，不能将施工的误差增加量计入绝热工程量。投标人在投标报价时，可以按本企业技术水平和施工方案的具体情况将绝热的施工误差量计入综合单价内。增加的量越小越有竞标能力。

1）有的工程项目，由于特殊情况不属于工程实体，但在工程量清单计量规则中列有清单项目，也可以编制工程量清单，如通风工程检测、试调等项目就属此种情况。

2）风管法兰、风管加固框、托吊架等的刷油工程量可按风管刷油量乘适当系数计价。

3）风管部件油漆工程量按重量计算，可按部件本身重量乘适当系数计价。

5. 以下费用可根据需要情况，由投标人选择计入综合单价：

(1) 高层建筑施工增加费；

(2) 在有害身体健康环境中施工增加费；

(3) 工程施工超高增加费；

(4) 沟内、地下室内无自然采光需人工照明的施工增加费。

6. 项目如涉及到管道油漆、除锈，支架的除锈、油漆，管道的绝热、防腐蚀等内容时，可参照《全国统一安装工程预算定额》刷油、防腐蚀、绝热工程册的工料机耗用量计价。

（二）工程量清单项目设置

1. 附录 C.9.1　通风及空调设备

(1) 概况。

1）本节为通风及空调设备安装工程，包括空气加热器、通风机、除尘设备、空调器（各式空调机、风机盘管等）、过滤器、净化工作台、风淋室、洁净室及空调机的配件制作安装项目。

2）通风空调设备应按项目特征不同编制工程量清单，如风机安装的形式应描述离心式、轴流式、屋顶式、卫生间通风器，规格为风机叶轮直径4号、5号等；除尘器应标出每台的重量；空调器的安装位置应描述吊顶式、落地式、墙上式、窗式、分段组装式，并标出每台空调器的重量；风机盘管的安装应标出吊顶式、落地式；过滤器的安装应描述初效过滤器、中效过滤器、高效过滤器。

（2）需要说明的问题。

1）冷冻机组站内的设备安装及管道安装，按本附录C.1及C.6的相应项目编制清单项目；冷冻站外墙皮以外通往通风空调设备的供热、供冷、供水等管道，按附录C.8的相应项目编制清单项目。

2）通风空调设备安装的地脚螺栓按设备自带考虑。

2. 附录C.9.2　通风管道制作安装

（1）概况。

1）通风管道制作安装工程，包括碳钢通风管道制作安装、净化通风管道制作安装、不锈钢板风管制作安装、铝板风管制作安装、塑料风管制作安装、复合型风管制作安装、柔性风管安装。

2）通风管道制作安装工程量清单应描述风管的材质、形状（圆形、矩形、渐缩形）、管径（矩形风管按周长）、风管厚度、连接形式（咬口、焊接）、风管及支架油漆种类及要求、风管绝热材料、风管保护层材料、风管检查孔及测温孔的规格、重量等特征，投标人按工程量清单特征或图纸要求报价。

（2）需要说明的问题。

1）通风管道的法兰垫料或封口材料，可按图纸要求的材质计价。

2）净化风管的空气清净度按100000度标准编制。

3）净化风管使用的型钢材料如图纸要求镀锌时，镀锌费另列。

4）不锈钢风管制作安装，不论圆形、矩形均按圆形风管计价。

5）不锈钢、铝风管的风管厚度，可按图纸要求的厚度列项。厚度不同时只调整板材价，其他不做调整。

6）碳钢风管、净化风管、塑料风管、玻璃钢风管的工程内容中均列有法兰、加固框、支吊架制作安装工程内容，如招标人或受招标人委托的工程造价咨询单位编制工程标底采用《全国统一安装工程预算定额》为计价依据计价时，上述的工程内容已包括在该定额的制作安装定额内，不再重复列项。

3. 附录C.9.3　通风管道部件制作安装

（1）概况。通风管道部件制作安装，包括各种材质、规格和类型的阀类制作安装、散流器制作安装、风口制作安装、风帽制作安装、罩类制作安装、消声器制作安装等项目。

（2）下列各项特征，在编制工程量清单时，应明确描述，以便计价。

1）有的部件图纸要求制作安装，有的要求用成品部件、只安装不制作，这类特征在工程量清单中应明确描述。

2）碳钢调节阀制作安装项目，包括空气加热器上通风旁通阀、圆形瓣式启动阀、保温及不保温风管蝶阀、风管止回阀、密闭式斜插板阀、矩形风管三通调节阀、对开多叶调节阀、风管防火阀、各类风罩调节阀等。编制工程量清单时，除明确描述上述调节阀的类型外，还应描述其规格、重量、形状（方形、圆形）等特征。

3）散流器制作安装项目，包括矩形空气分布器、圆形散流器、方形散流器、流线型散流器、百叶风口、矩形风口、旋转吹风口、送吸风口、活动箅式风口、网式风口、钢百叶窗等。编制工程量清单时，除明确描述上述散流器及风口的类型外，还应描述其规格、重量、形状（方形、圆形）等特征。

4）风帽制作安装项目，包括碳钢风帽、不锈钢板风帽、铝风帽、塑料风帽等。编制工程量清单时，除明确描述上述风帽的材质外，还应描述其规格、重量、形状（伞形、锥形、筒形）等特征。

5）罩类制作安装项目包括皮带防护罩、电动机防雨罩、侧吸罩、焊接台排气罩、整体分组式槽边侧吸罩、吹吸式槽边通风罩、条缝槽边抽风罩、泥心烘炉排气罩、升降式回转排气罩、上下吸式圆形回转罩、升降式排气罩、手锻炉排气罩等，在编制上述罩类工程量清单时，应明确描述出罩类的种类、重量等特征。

6）消声器制作安装项目，包括片式消声器、矿棉管式消声器、聚酯泡沫管式消声器、卡普隆纤维式消声器、弧形声流式消声器、阻抗复合式消声器、消声弯头等。编制消声器制作安装工程量清单时，应明确描述出消声器的种类、重量等特征。

4. 附录 C.9.4　通风工程检测、调试

(1) 概况。通风工程检测、调试项目，安装单位应在工程安装后做系统检测及调试。检测的内容应包括管道漏光、漏风试验，风量及风压测定，空调工程温度、湿度测定，各项调节阀、风口、排气罩的风量、风压调整等全部试调过程。

(2) 单位工程案例。

现将某高层（21 层）写字楼通风空调工程采用《建筑工程工程量清单计价规范》计价编制工程量清单时，招标人、投标人应填报的部分表格填报形式和方法举例如下。

招标人在工程招标时应填报的部分表格如下所示。

1）分部分项工程量清单。

分部分项工程量清单

工程名称：某高层（21 层）写字楼通风空调工程　　　　第　页 共　页

序号	项目编码	项 目 内 容	计量单位	工程数量
1	030901004001	空调器安装　ZK 系列　组装式　$10000m^3/h$　重量 3500kg	台	7
2	030901005001	风机盘管安装　吊顶式　YSFP－300	台	35
		圆形镀锌钢板风管制作安装　咬口		
3	030902001001	直径 1200mm　$\delta=1.2$	m^2	319
4	030902001002	直径 1000mm　$\delta=1$	m^2	1100
5	030902001003	直径 325mm　$\delta=0.75$	m^2	725
		风管圆形止阀安装		
6	030903001001	直径　1200mm	个	7
7	030903001002	直径　1000mm	个	7
8	030903007001	双层百叶风口安装　400×400 碳钢	个	1050
9	030903007002	钢百叶窗安装　1000×1000	个	7
10	030904001001	通风工程检查调试	系统	1

2）措施项目清单。

措 施 项 目 清 单

工程名称：某高层（21层）写字楼通风空调工程　　　　第　页 共　页

序号	项目名称
1	临时设施费
2	文明施工费
3	安装施工费
4	设备保护费
5	脚手架搭拆费

第十节　自动控制及仪表安装工程

一、自动控制及仪表安装工程制图

（一）自控仪表施工图中仪表位号的表示方法

1. 仪表位号由字母代号和阿拉伯数字代号组成。仪表位号中，第一位字母表示被测变量，后继字母表示仪表的功能；数字编号可以按装置或者工段（区域）进行编制。

（1）按装置编制的数字编号，只编回路的自然数顺序号，如下所示：

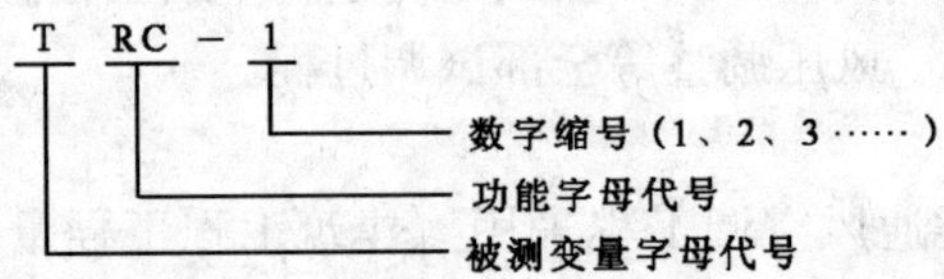

（2）按工段编制的数字编号，包括工段号和回路顺序号，一般用三位或四位数字表示。

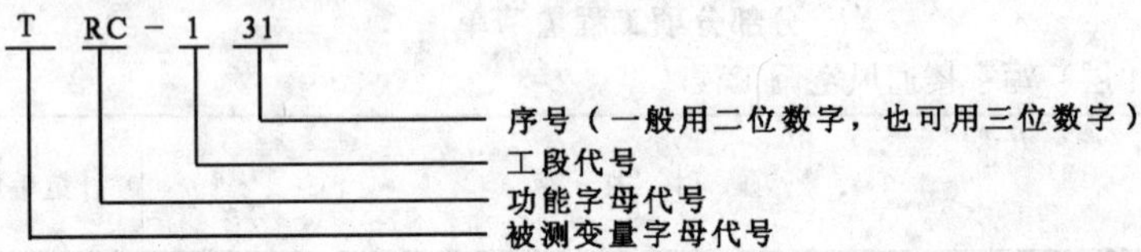

2. 仪表位号按被测变量不同进行分类，即同一个装置（或工段）的相同被测变量的仪表位号中数字编号是连续的，但允许中间有空号；不同被测变量的仪表位号不能连续编号。

3. 在工艺管道及控制流程图和仪表系统图中，标注仪表位号的方法是：字母代号填写在圆圈的上半圆中，数字编号填写在圆圈的下半圆中，如图 1-10-1 所示。（*a*）图表示集中仪表盘面安装仪表；（*b*）图表示就地安装仪表。

TRC 131　　PA 121

（*a*）　　（*b*）

图 1-10-1　仪表位号标注

（*a*）集中仪表盘面安装仪表；（*b*）就位安装仪表

4. 多机组的仪表位号一般按顺序编制，而不用相同位号加尾缀的方法。

5. 如果同一个仪表回路中有两个以上具有相同功能的仪表，可用仪表位号后附加尾缀（大写英文字母）的方法加以区别。例如：FT-201A、FT-201B 表示同一回路内的两台变送器；FV-201A、

FV-201B 表示同一回路内的两台控制阀。

6. 当属于不同工段的多个检出元件共用一台显示仪表时，仪表位号只编顺序号，不表示工段号。例如：多点温度指示仪的仪表位号为 TI－1，相应的检出元件仪表位号为 TI－1－1、TI－1－2、……。

7. 当一台仪表由两个或多个回路共用时，应标注各回路的仪表位号。例如：一台双笔记录仪记录流量和压力时，仪表位号为 FR－121/PR131；若用于记录两个回路的压力时，仪表位号应为 PR－123/PR－124 或 PR123/124。

8. 仪表位号的第一位字母代号（或者是被测变量字母和修饰字母的组合）只能按被测变量来选用，而不能依仪表本身的结构或被控变量来选用。例如：当被测变量为流量时，差压式记录仪标注 FR，控制阀标注 FV；当被测变量为液位时，差压式记录仪标注 LR，控制阀标注 LV；当被测变量为压差时，差压式记录仪标注 PdR，控制阀标注 PdV。

9. 一台仪表或一个圆圈内，后继字母应按 IRCTQSA 的顺序标注（仪表位号的字母代号最好不要超过 5 个字母）。

一台仪表或一个圆圈内，具有指示、记录功能时，只标注字母代号“R”，而不标注出“I”。

一台仪表或一个圆圈内，具有开关、报警功能时，只标注字母代号“A”，而不标注出“S”。当字母代号“SA”出现时，表示具有联锁和报警功能。

一台仪表或一个圆圈内具有多功能时，可以用多功能字母代号“U”标注。例如：FU 可以表示一台具有流量低报警、流量变送、流量指示、记录和控制等功能的仪表。

另外，一台仪表具有多个被测变量或多功能时，当仪表多个被测变量或功能可能产生混淆时，应以多个相切的圆圈表示，分别填入被测变量或字母代号。

10. 在工艺管道及控制流程图或其他设计文件中，构成一个仪表回路的一组仪表，可以用主要仪表的仪表位号或仪表位号的组合来表示。例如 TRC－131 可以代表一个温度记录控制回路。

11. 随设备成套供应的仪表，在工艺管道及控制流程图上也应标注位号，但是在仪表位号圆圈外边应标注“成套”或其他符号。

12. 仪表附件，如冷凝器、隔离装置等，不标注仪表位号。

13. 仪表冲洗或吹气系统的转子流量计、压力控制器、空气过滤器等，在工艺管道及控制流程图上一般不表示，应另出详图。

14. 在必要时，为了表达清楚，在仪表图形符号旁边可以附加简单说明。

（二）自控仪表施工图的分类

自控仪表施工图，根据自控仪表工程的繁简和各设计单位的习惯做法不同，对施工图的绘制编排有较大差别。一般有以下几种：

1. 控制室仪表盘平面布置及安装图

该图表示控制室内仪表盘、控制台、电源设备、机架等仪表设备的平面布置，安装定位点以及有关尺寸。其内容包括仪表设备的位置尺寸、定位点以及有关尺寸，电缆管线的平面布置、尺寸、定位点；基础槽钢的尺寸与地脚螺栓的定位点，预留孔洞的位置、尺寸等。

2. 仪表信号系统图

用单线图表示从变送器到二次仪表、从调节器到调节阀之间信号管线的连接关系。

内容包括仪表信号、信号传递系统及其组成的全部仪表（就地仪表、盘装仪表、架装仪表、调节阀等）。

3. 仪表供电系统和接地系统图

仪表电源根据用途不同，分别使用交流、直流电源等，在供电系统图中应包括电源的种类和全部开关，并用单线画出这些电源从工厂到装置到仪表的分配情况。

接地，包括仪表盘与分电盘本身的安全接地和仪表信号回路与屏蔽线的接地。这两种接地是不同的，应在接地系统图中表示出来。有时为了方便，也可以画在电源系统图上。

4. 电缆、管线敷设平面图

从控制室到现场仪表的配管、配线一般都采用多芯控制电缆、多芯管缆。电缆、管线敷设平面图主要表示控制电缆、管线的规格、根数、走向以及电缆、管缆的终端位置。

内容包括控制电缆的规格、根数、走向、电缆编号及电缆分布情况。包括各检测点的位置，从检测点到变送器及一次仪表的管路布置情况及毛细管的规格、根数、走向等。包括分管箱和集管箱的编号、标高、分析仪和现场盘的位置及编号。

5. 电缆槽（沟、架）敷设图

内容包括电缆槽（沟、架）的位置、形式、材料、走向、标高及定位尺寸等对安装的具体要求。

6. 盘内接线图

表示电源、仪表、仪表盘及接线端子相互之间的配线关系。其用途是：

（1）是自控仪表安装施工的主要依据，用于现场仪表和控制室内一次端子的连接。

（2）盘内接线图还表示了一次端子到盘上仪表的配线、配管的连接关系。这一部分一般都由仪表盘制造厂配好，不属于现场施工范围，仅作为现场施工的参考。

7. 分析仪表配管图

将工艺介质引入分析仪表的管线称为取样管线，对每一台分析仪表都应绘出配管图。内容包括仪表位号，样品介质名称，取样配管的形式，公用工程配管形式，工艺管道代号及工艺设备名称，使用材料名称、材质、规格、数量，以及与其他专业的关系。并标明分析仪表的名称（如 pH 计，O_2 分析仪，CH_4 气象色谱仪等）。

8. 气动仪表配管图（气源管、气动信号管）

它是根据工艺配管图和工艺设备安装图进行绘制，并表示从主管来的气源管和信号管的规格、走向等。

气动仪表配管图可分为仪表配管图和仪表气动信号配管图两种：内容包括管子的根数和走向、分管箱的位置和标高。气源管包括配管的规格和尺寸、主管道的位置、尺寸及标高，主管道出口阀的位置、尺寸与工艺管道及其他专业的关系等。

9. 仪表导压管安装图

仪表导压管安装图是以轴测图形式表现的立体示意图，其安装配管方式收集在《炼油化工设计通用图——自动控制安装图册》中，作为标准图颁发，供在施工图设计中套用。

仪表导压管安装图表示工艺管道及设备从检测点到一次仪表的连接关系。内容包括仪表位号、工艺介质名称、导压管配管方式、工艺管的材质、规格、安装标高，导压管、隔离容器等的材质、规格、安装位置以及与其他专业的关系，节流装置的形式、接管方位等。

二、自动控制及仪表安装工程造价概论

（一）自动化仪表的基本知识

在现代化工业生产过程中，为保证生产操作能够在预定的工作情况下顺利进行，需要对工艺流程的温度、压力、流量、位移、速度、浓度、黏度和成分等各种工艺参数进行测量与监视或加以操作调节。检测和调节这些参数的仪表叫工业自动化仪表。评价和比较仪表的优劣是反映仪表基本性能的指标。

1. 仪表的测量过程。所谓测量，就是用实验的方法，求出某个量的大小。测量方法有直接测量、间接测量和联立测量。将被测参数与其相应的测量单位进行比较过程叫测量过程。

2. 仪表的测量误差。人们总是希望把测量参数的真实值（称约定真值）反映出来，但实际测量值（测量值）与真实值之间始终存在着一定差值，这一差值就称为测量误差。

测量误差可分为三类：系统误差（称规律误差）、疏忽误差、偶然误差。

测量误差有两种表示方法：绝对误差、相对误差。

一台仪表在其标尺范围内各点读数的绝对误差，是指标准仪表与该仪表对同一变量进行测量时所得的两个读数之差，表示为绝对误差 = 该仪表的读数（测量值） - 标准仪表读数（约定真值）。一台仪表在其确定的参比工作条件使用时所产生的误差叫该仪表的基本误差。

（1）绝对误差表示的基本误差限为：

$$\Delta = \pm a$$

式中 Δ ——用绝对误差表示的基本误差限；

a ——一个有量纲的常数。

（2）相对误差表示的基本误差限为：

$$S = \pm \frac{\Delta}{x} \times 100\%$$

式中 S ——用相对误差表示的基本误差限；

Δ ——绝对误差表示的基本误差限；

x ——被测变量的约定真值。

（3）引用误差（也称相对百分误差或允许误差）表示的基本误差限为：

$$\gamma = \pm \frac{\Delta}{\text{标尺上限} - \text{标尺下限}} \times 100\%$$

式中 γ ——用引用误差表示的基本误差限；

Δ ——绝对误差表示的基本误差限。

3. 仪表的基本性能。

（1）计量特性。如精度等级、漂移大小、变现性等。

（2）使用与操作特性。

（3）抗干扰性能的大小。

（4）可靠性与耐用性。

4. 仪表的品质指标。仪表的品质指标是用来衡量、测量仪表好坏的参数指标。

(1) 测量仪表的精确度。精确度是用来表示仪表测量结果可靠程度的指标，它用引用误差来表示，这是因为精确度不仅与绝对误差值的大小有关，还与仪表的量程有关。精确度等级是引用误差去掉“±”号和“%”号后的数字。国家就是利用这一办法规定仪表的精确度等级。

我国常用仪表的精确度等级大致有：0.005、0.01、0.02、0.04、0.05、0.1、0.2、0.35、0.5、1.0、1.5、2.5、40等。

(2) 测量仪表的恒定度。测量仪表的恒定度常用变差（又称回差）来表示。指仪表在外界条件不变的情况下，用同一仪表对某一参数值进行正反行程（即逐渐由小到大和逐渐由大到小）测量时，仪表正反行程指示值之间存在的差值，此差值即为变差。

$$变差 = \frac{最大绝对差值}{标尺上限值 - 标尺下限值} \times 100\%$$

造成变差的原因很多。例如：传动机械的间隙、动件摩擦、弹性气件的弹性滞后的影响等。变差值不能超过精度允许的误差范围，否则为超差仪表。

(3) 测量仪表的灵敏度与灵敏限（静态特性）。灵敏度是表示仪表对被测变量变化灵敏程度，是仪表的静态特性。当仪表达到稳定后，输出增量 ΔX（指针位移量）与输入增量 $\Delta \overline{X}$（被测变量的变化量）之比来表示，即：

$$灵敏度 = \frac{\Delta X}{\Delta \overline{X}}$$

(4) 测量仪表的反应时间（动态特性）。“时间常数”指在参数值作阶跃变化后仪表值达到参数变化值63.2%所用的时间。“阻尼时间”指仪表突然输入参数值到仪表增大值与输入值之差为该表标尺范围±1%为止的时间间隔。

(5) 漂移。漂移一般发生在电动单元组合仪表或电子仪表中，指在保持一定输入信号的工作条件下，经过一段时间后输出的变化。漂移越小越好，漂移发生在起始点称为零点漂移。

综上所述，对自动化仪表进行的单体调试就是为了检查仪表本身性能是否达到指标要求。

(二) 自控仪表的分类

工业系统使用仪表的种类繁多，功能各异，分类方法很多，一般有下列几种。

1. 按仪表的能源分类

这是一种常用的分类方法，可分为液动仪表、气动仪表、电动仪表。

(1) 液动仪表具有推力大、动作平稳、作用可靠等特点，但附加设备多，目前已不广泛使用，液动仪表的能源是水或油。

(2) 气动仪表在国内使用时间已很长，是一种成熟可靠的、品种齐全的自动化仪表，气动仪表可以现场安装，直接显示被测参数或进行控制，或形成气动单元系列。

(3) 电动仪表由于它的反应速度快、精度高，产品齐全，维修方便而深受欢迎，电动仪表是以电作为能源的自动化仪表，可以现场安装，进行显示或控制，也可形成电动单元仪表系列。

2. 按仪表安装位置分类

现场仪表。泛指安装在现场的仪表，如压力表、温度计、液面计和现场安装的变送器，基地式仪表也包括在内，所以又称就地仪表。

控制室仪表。一般是指安装在控制室的仪表。控制室仪表又分中央控制室仪表和现场控制室仪表，盘装仪表和架装仪表，盘面仪表和盘后仪表。这些都是按仪表安装位置来分。

3. 按检测、调节的工艺参数分类

用最常用的分类方法可分为压力仪表（包括差压、真空、绝压）、温度仪表、流量仪表、物位仪表、化学分析仪表和机械量仪表。

以上几种分类方法不是机械的和孤立的，可以互相迭加称呼，如气动压力仪表、电动流量仪表、温度可编程调节器、现场温度指示仪表等。

4. 按仪表发展阶段分类

(1) 常规仪表

凡不含微处理器（CPU）的都称常规仪表。一般指进行 PID 模拟量控制的调节系统及检测仪表。因此，常用的气动仪表、电动仪表、引进的 I 系列、EK 系列仪表等都属常规仪表。

(2) 数字式过程控制仪表（或装置）

数字式过程控制仪表（或装置）包括由通用计算机发展起来的过程计算机系统和函数处理核心的仪表（或装置）。具有自动补偿功能并有 CPU 单元的仪表都可称为智能仪表。单回路数字调节仪表就是其中的一种。单回路数字调节仪表是单元组合仪表向微机化发展和计算机控制向分散化发展相结合的是分散型综合控制装置的最低级的过程控制级。单回路调节器有固定程序和可编程序两种。

我国主要产品有四川十八厂引进美国霍尼韦尔公司的 KMK、KMP 系列，日本公司研制由我国仪表厂制造的 YS－80 系列，美国 Foxboro 公司开发、上海福克斯波罗有限公司生产的 SPC200VMICRO 组装式仪表等。与常规仪表相比，可编程单回路调节器主要有如下优点：

1）运算控制功能丰富，可构成模拟仪表无法实现或很难实现的一些复杂，调节系统。

2）具有 DDZ－Ⅲ型仪表的特点，且维护量小。由于具有自诊断能力、逻辑判断及多种报警功能，其安全性优于模拟仪表。

3）控制方案改变容易实现，因此对于原料、产品结构经常变化的生产过程适合。

4）具有通讯功能，易于实现集中显示、操作和监督控制。

5）容易构成复杂调节系统、特殊调节回路，且投资少。

在计算机过程控制中，尤以集散系统发展最快，是完成过程控制与生产经营管理的多级网络控制系统极好的现代化设备，是一种新型的控制系统，适用于大中小型化工生产。

5. 按仪表在生产过程中的功能分类

这也是一种常见的仪表分类方式，可分为检测仪表、自动调节仪表、集中控制仪表（或装置）和执行器。

(1) 在生产过程中仅起监视、测量的仪表，称为检测仪表。

(2) 自动调节仪表是指在生产过程中起自动调节作用的仪表。电动、气动单元组合仪表中各种调节单元就是这种仪表。调节仪表又分双位调节仪表，比例调节器、重定调节器（比例积分）和三作用调节器（比例＋积分＋微分）等。

(3) 集中控制装置是多回路过程检测、控制仪表的总称。凡是具有集中显示、操作、调节功能的装置都包括在内。主要有各种巡回检测仪、遥控、遥测、遥信、遥调、程序控制器、数据处理机、工业计算机系统、集散系统等。

(4) 执行器通常是由执行机构和调节机构两部分组成，是直接改变操纵变量的仪表，是自动控制系统终端主控元件。按执行器驱动能源划分，可分为气动执行器、电动执行器和液动执行器。

1) 气动执行器中以气动调节阀应用最广泛，它是以压缩空气为动力源的仪表。气动调节阀品种很多，各种气动执行机构与各种阀组合成各种形式的气动调节阀产品，最典型的为气动薄膜调节阀。气动执行机构是气动调节阀的推动部分，调节部分是阀。常用的气动执行机构有薄膜式执行机构、活塞式执行机构、长行程执行机构。阀按调节形式划分为调节型、切断型、调节切断型。气动调节阀常带有附件，如阀门定位器、阀位传送器、手轮机构等。电动执行器是在控制系统中以电为动力源的仪表，按结构划分为电动调节阀、电磁阀、电动调速泵等。电动执行机构分为直行程电动执行机构和角行程电动执行机构。气动调节阀与电动调节阀相比，具有结构简单、动作可靠、性能稳定、成本较低、维修方便和本质防爆等特点。

2) 电动执行器具有信号传递迅速，与调节仪表连接距离长，与计算机连用方便，安装、接线简单，能源取用方便等特点。一般说，阀是通用的，可与气动执行机构配套成气动调节阀，也可与电动执行机构配合构成电动调节阀。

3) 液动执行机构使用较少，驱动能源多为油。执行机构分为曲柄式、直柄式和双侧连杆直柄式，因受附加设备的限制，应用范围有限。

直接作用调节器很像调节阀，也可归到执行器中，又称自力式调节器（阀）。由于不需要其他能源，并且直接安装在管道上，具有两位式调节作用和调节阀的功能，因此常用于自动化水平要求不高的地方，如自力式压力调节器、自力式温度调节器等。

6. 按仪表的组成分类

这也是一种常见的分类方法，可分为基地式仪表、单元组合仪表、组装式电子综合仪表装置。

(1) 基地式仪表又称复合型仪表，是一种多功能的仪表，把调节器及其他附加装置（显示、记录、报警、累积等部位）装在一台表中。有的甚至把测量元件也组装在一起，安装在现场，如温度调节器、流量调节器、压力调节器等。

(2) 单元组合仪表是现在使用的最为普遍的仪表，分为电动单元组合仪表、气动单元组合仪表。

1) 气动单元组合仪表在国内使用很普遍，在易燃、高温、有毒场合中常用的仪表。它具有安全、防爆、价廉、可靠、耐腐蚀、易维修等特点。但它的传递速度较慢，滞后较大。气动单元组合仪表按检测、控制、显示、操作等功能划分成若干单元组合成各种检测和控制系统，各单元之间的联系采用统一标准信号 0.02～0.1 MPa。气源压力 0.14MPa。

气动单元仪表必须配备气源装置及相应的供气系统，与电源相比，运行维修量大。气动仪表可通过气/电或电/气转换器与电动仪表及控制计算机联系，但不便于直接连通显示器屏幕显示及数据的储存及处理。

2) 电动单元组合仪表分为Ⅰ型、Ⅱ型、Ⅲ型。Ⅰ型是电子管式，现已淘汰。现应用较普遍的是Ⅱ型和Ⅲ型，二者不同处见表1-10-1。Ⅱ型仪表系列分成八大单元：变送单元、计算单元、给定单元、转换单元、显示单元、调节单元、辅助单元、执行单元，各功能单元组合成检测系统、调节系统，相互间构成统一信号0～10 mA串联连接。电动Ⅱ型仪表是隔爆型仪表，在仪表的外部机械结构上未采取措施防止火花引爆，不是本质安全的。

Ⅲ型仪表是在Ⅱ型仪表的结构和性能上不断完善发展起来的，同Ⅱ型仪表的作用相同的传输信号是4～20 mA，变送器采用二线制，单元之间采用并联方式连接。Ⅲ型本质结构上采取措施防止火花引爆，是本质安全仪表。Ⅲ型仪表能满足安全火花型防爆要求，并能与工业控制计算机联用，实现特殊调节要求。

电动单元组合仪表Ⅱ、Ⅲ比较 **表1-10-1**

项　目	Ⅲ　型　系　列	Ⅱ　型　系　列
电器元件	集成电路	晶体管分立元件
传递方式及信号	并联制传输信号，4～20 mA DC电流传输，1～5 V电压接收	串联制传输信号，0～10 mA DC电流传输，电流接收
连接方式	二线制	四线制
电源形式	24 VDC集中供电，有断电备用电源	交流220 V，单独分散供电
防爆式	安全火花型，有安全栅	隔爆型，无安全栅
功能	除具有一般系统要求的功能外，调节器可实现双向非平衡无扰动切换，与工业控制计算机连用构成调节器调节、计算机后备调节系统。温度变送器具有线性化功能	具有一般系统要求的功能，不能与工业过程计算机直接连用

(3) 组装式电子综合控制装置，是一种适应工业生产不断发展的需要而产生的新型仪表，组件装配式电子综合控制装置。组装式电子综合控制装置按其安装位置分为两大部分；组件柜和操作显示盘装仪表。以国产TF型（上海工业自动化研究所研制）为例，二者既可分开设置，又可以一体设置，更灵活方便。TF型所有功能组件都是通用的，根据工艺对象的要求，可以方便、合理、有机组合成各种自动控制系统，实现各种特殊调节规律，如，相关采样、自适应、超驰和非线性，并能与过程计算机最佳地兼容，实现过程控制、操作和全过程管理等。

组装式仪表是采用模拟技术和数字技术相结合的、一种将仪表与生产过程自动控制系统有机地结合在一起的综合性成套控制装置，因此，称为组装式综合控制装置而不称为仪表。组装式综合控制装置的硬件设备，按它们在系统中完成的功能一般分为8类：

1）信号转换组件。分为输入和输出组件，起信号处理和隔离作用。输入组件接受现场变送器或检测仪表的信号，并转换为系统统一信号，输出组件转换内部信号为现场统一信号（0～20 mA，开关等）。

2）计算组件。用来对信号进行加、减、乘、除、开方运算。

3）信号处理组件。实现报警、信号选择、限幅、阻尼、偏置和非线性变换、跟踪、比较自动手动切换等。

4）调节组件。是自动调节系统的核心部件，实现基本或复杂的调节作用。

5）监控组件（其他组件）。实现系统安全监视控制、保护功能的组件，包括监视、监控等组件。

6）操作器。按工艺要求实现对调节系统的遥控操作，是面板安装方式。

7）辅助组件及附件。包括电源箱、引接板、信号分配、电源分配等。

8）盘装仪表。面板安装方式，起显示、记录作用。

7. 回路系统的分类

自动化仪表有很多回路系统的类型，习惯上按仪表组成的系统的功能划分可分为：检测回路系统、调节回路系统、自动操控系统、信号连锁保护系统。

（1）检测回路系统是对工艺参数完成测量、放大、转换、指示、记录工作的回路系统。利用各种检测仪表对工艺参数进行测量、指示、记录的称为自动检测系统，如用热电阻配平衡电桥进行温度测量、指示、记录；用孔板配流量计进行流量测量、显示、累计等。自动检测仪表或系统基本组成见表 1-10-2。

自动检测仪表或系统基本组成表 **表 1-10-2**

被测参数	检测仪表			检测表名称
	检测	传送	显示	
P	弹簧管	机械传送放大机械	指针指示	弹簧压力表
L	浮筒	固定在受力管上的总轴	气压转换机械传至二次表或压力表显示	浮筒液位计
F	孔板	引压倒管	差压计	差压流量计
T	热电阻	导线	动圈仪表	电阻温度计

气动或电动单元组合仪表是由各功能单元进行组合的，组成方式见图 1-10-2。

（2）调节系统是在生产过程中，要求对工艺参数按照预先设定的工况保持不变，当偏离正常指示，调节系统能自动纠正，使生产在较理想的状态下进行。这类调节系统具有反

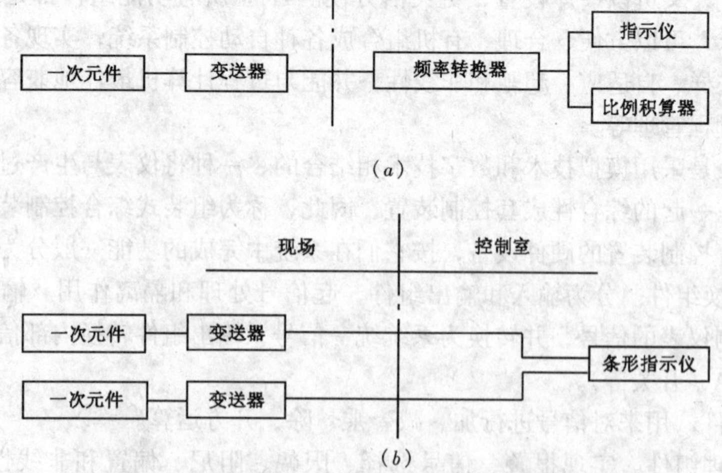

图 1-10-2 气动或电动单元组合仪表组成的检测系统
（a）流量检测系统（电动单元仪表）；（b）气动双针指示流量检测系统

馈通道，组成闭环系统，又称为自动调节系统。如果纠正偏差是由人直接操作执行机构，这种回路称为手动控制系统。自动调节系统应用最广泛。

(3) 自动操控系统有称顺序控制系统或程序控制系统，是根据预先设定或规定的步骤自动对生产过程进行的周期性操作。

(4) 信号连锁保护系统在工业生产过程中，因受一些因素的影响，导致工艺参数超出允许的变化范围、出现不正常的情况而引起事故，为此，常对一些关键性参数设有自动信号连锁保护系统，是自动控制系统中不可缺少的部分。信号连锁系统的种类很多，一般分为有触点和无触点两种。有触点是指使用继电器和接触器，无触点指使用电子开关电路的与门、或门、非门等。信号连锁系统在工业生产中应用很广，很重要，特别是在现代工业生产过程自动化程度高，操作人员少的情况下，信号连锁系统更显示出它的重要性。因为它能够在生产将要发生故障的时候，例如压力超过允许值但还不至于发生事故的时候，及时报警，引起操作人员的注意，告诉操作人员，再不采取措施，就要停车。若仍未采取得力措施，压力继续升高，在即将发生事故前再次报警，并发出连锁信号。

8. 自控仪表的回路系统构成方式

(1) 由常规仪表组成的回路系统，这是应用最广、最成熟的系统。

(2) 以过程计算机为主体得以实现的数据检测和数据处理，以及在线的直接数字控制、综合控制、控制系统；以微处理器和微处理机为基础的具有计算、存储功能的单回路、多回路调节系统和集散型综合控制系统。

(3) 由模（拟）—数（字）仪表混合组成的回路系统。

以上回路的功能，对于由常规仪表组成的回路系统是由所设计的仪表硬件功能完成的。由过程计算机和以微处理器为基础的仪表是依靠丰富的软件系统功能达到的，这种功能是常规仪表不可比拟的。

9. 回路系统的表示方法

(1) 用字母代号组合表示仪表设备安装的位号、功能、检测变量形式。

(2) 采用专用图形符号表示安装位置以及检测元件或仪表、执行器、传送型号的电缆、管、供气、供电等在流程图上的表示方法（图 1-10-3)。

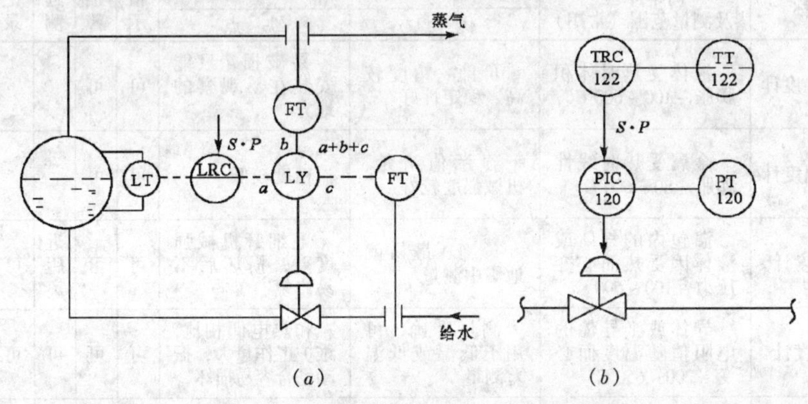

图 1-10-3　用模拟仪表表示的回路系统流程图

(*a*) 三冲量调节系统在工艺流程图上的表示方法；(*b*) 串级调节系统在工艺流程图上的表示方法

注：温度、压力串级调节系统中温度主调环节、输出作为压力副环的设定值，副调节器输出控制调节阀。

(3) 采用方框图，表示回路结构或画闭合图框。

(4) 采用功能图形符号组合，表示回路的功能或回路的结构（图 1-10-4）。在回路系统的表示中，带有微处理器或计算机控制系统与采用常规仪表组成的回路系统的表示方法，见图 1-10-5。

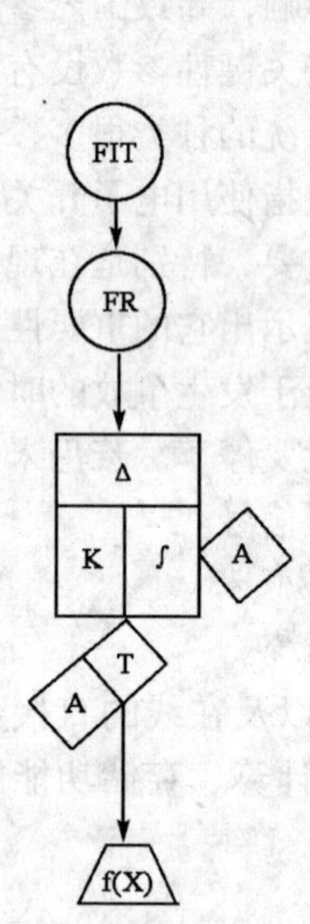

图 1-10-4 单回路系统功能图

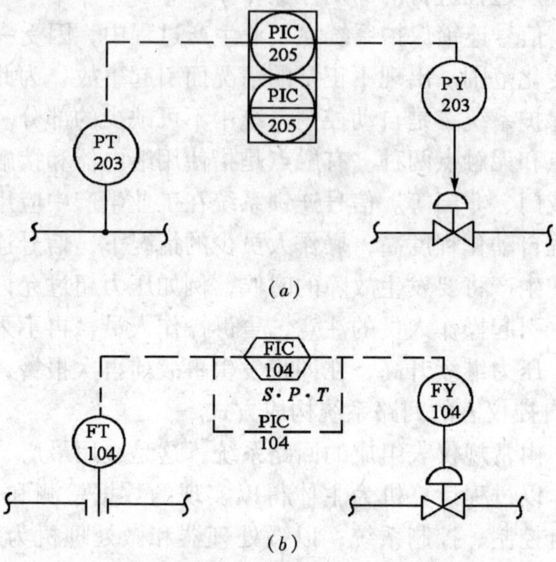

图 1-10-5 计算机过程控制回路系统流程图

（a）带有辅助操作接口集散系统共享显示/共享控制压力调节回路系统；（b）通过设定点跟踪（SPT）带模拟表备用的计算机控制

（三）常用检测仪表

1. 温度检测仪表

(1) 温度仪表的分类见表 1-10-3。

温度计的分类和性能比较表 表 1-10-3

型式	名称	简单原理及测量范围（常用）	特点		指示	报警	远测	记录	控制变送
			优点	缺点					
接触式	液体膨胀温度计	液体受热时体积膨胀 -100~600℃	价廉、精度较高、稳定性好	易破损，只能安装在易观察的地方	可	可			
	固体膨胀温度计	金属受热时线性膨胀 -80~600℃	显示值清楚、机械强度较好	精度较低	可	可			可
	压力式温度计	温包内的气体或液体因受热而必变压力 -100~600℃	价廉、最易就地集中测量	毛细管机械强度差，损坏后不易修复	可	可	近距离	可	可
	热电阻温度计	导体或半导体的电阻值随温度而必变 -200~650℃	测量准确，可用于低温或低温差测量	和热电偶相比，维护工作量大，振动场合容易损坏	可	可	可	可	可
	热电偶温度计	两种不同金属导体接点受热产生热电势 -269~2800℃	测量准确，和热电阻相比安装维护方便，不易损坏	需要补偿导线，安装费用较贵	可	可	可	可	可

续表

型式	名　称	简单原理及测量范围（常用）	特　点		指示	报警	远测	记录	控制变送
			优　点	缺　点					
非接触式	光学高温计	加热体的亮度随温度高低而变化 300～3200℃	测温范围广，携带使用方便，价格便宜	只能目测，必须熟练才能测得比较准确的数据	可				
	光电高温计	加热体的颜色随温度高低而变化 50～2000℃	反应速度快，测量较准确	构造复杂、价格高	可		可	可	可
	辐射高温计	加热体的辐射能量随温度高低而变化 100～2000℃	反应速度快	误差较大	可		可	可	可

(2) 常用温度检测仪表。

1) 压力式温度计。压力式温度计是由密封测量系统和指示仪两部分组成。密封系统由温包、毛细管、弹簧管组成。指示表部分按结构可分为指示式和指示带电接点式两种。电接点式的可用来对设定的温度值上下限进行二位调节。带接点的压力式温度计又称压力式温度开关或温度继电器。

2) 双金属温度计。双金属温度计是由两种不同体膨胀系数牢固结合的双金属片制成的感温元件温度计，可用来直接测量气体、液体和蒸气温度。带电接点双金属温度计，在工作温度超过给定值时，自动发出控制信号切断电源或报警。工业双金属温度计按结构型式分为指示型或指示带电接点型。

3) 玻璃液体温度计。

①工业内标式液体玻璃温度计，其特点是将毛细管和标尺一起封闭在玻璃管内。安装方式为直插安装。

②电接点玻璃温度计，按用途不同可分为可调式和固定式两种与继电器装置配套对某一温度点进行两位式调节和发信号。安装方式为直插安装。

③带保护套管玻璃温度计，其型式同内标式水银温度计。即内标式玻璃温度计外加保护套管，适用现场安装，在螺纹插座上固定安装。

4) 热电偶温度计。热电偶的工作端（亦称热端）直接插入待测介质中以测量温度，热电偶的自由端（冷端）则与显示仪表相连接测量热电偶产生的热电势。热电偶的测量范围为液体、蒸气、气体介质、固体介质以及固体表面温度。

热电偶的热电势随工作端温度的升高而增长，它的大小只与热电偶的材料和热电偶冷热两端的温度差有关，而与热电偶的长度、直径无关。各种热电偶的基本结构大致相似。一般有热电极、绝缘套管、保护管和接线盒等主要构成部分。其安装与使用要求如下：

①热电偶的安装与使用。安装地点应便于工作，不受碰撞振动等机械影响，并尽可能使工作端沿着介质流动方向。其固定型式有固定螺纹、焊接固定、固定法兰、活动法兰等。

②关于冷端补偿。热电偶冷端温度的恒定是保证测量精度的必要条件，因此必须采取适当措施使得冷端温度保持不变。实际应用中，冷端采用温度补偿器，恒温器，有的温度仪表可以进行温度补偿。当冷端需要引至较远的地方，需采用补偿导线把冷端延长。补偿

导线的性能同热电偶，就是与热电偶同分度号，不能用其他导线代替或乱用。

③热电偶插入被测介质的深度不得小于150 mm；插入炉膛时一般应垂直插入或水平插入，其长度不应大于500mm，否则需加支撑。用陶瓷保护的热电偶应逐渐插入介质，以免温度剧变致使保护管破裂。

5）直插一体式热电偶温度变送器。这是一种新型的测温仪表，是将热电偶的测温元件与控制电路模块做成一体化的整体式结构，变送器将冷端补偿、线性补偿和转换电路集中于一整块，安装在接线盒内（或防爆接线盒内），采用二线制信号传输方式。

直插式集成热电偶变送器采用4～20 mA DC国际标准输出信号，可与各种电动仪表、数字显示仪表及计算机控制系统配套使用，并可适用各种有爆炸危险的场所。

6）铠装热电偶。铠装热电偶直径很小，不适于在普通工业热电偶的安装固定装置上安装，安装固定装置的结构及特点见表1-10-4。

铠装热电偶安装固定装置的结构特点　　表1-10-4

序号	结构名称		特　点	用　途
1	无固定装置		结构简单、使用方便	适用于常压、温度测量点经常移动或临时需要测量的设备
2	填料螺纹		1. 结构简单、使用方便 2. 插入长度可以调整 3. 温度高、时间长、填料易老化	适用测量温度较低、压力不高的现场
3	卡套螺纹	活动卡套	1. 使用方便 2. 经过多次装拆，性能可靠，不损伤其金属套管 3. 利用松紧螺母，可以自由地调整插入长度	适用无压力不需密封的生产装置上的温度测量 测量端损坏可以去除重新焊接使用
		固定卡套	1. 使用方便 2. 结构性能可靠，多次拆装不影响耐压性能	适用具有压力生产的温度测量，可承受压力为50×10^5MPa
4	卡套法兰	活动卡套法兰	与卡套螺纹的活动卡套相同	
		固定卡套法兰	与卡套螺纹的固定卡套相同	

7）热电阻温度计。热电偶温度计是一种较为理想的高温测量仪表，但在测量较低温度时，由于产生的热电势较小，测量精度相应降低。因此在－200～500℃范围内，使用热电阻温度计测量效果较好。

热电阻温度计是由热电阻、连接导线及显示仪表组成。由于热电阻输出的是电阻信号，所以热电阻温度计与热电偶温度计一样，也可用于远距离显示或传送信号。但是由于热电阻温度计的感温部分——热电阻的体积较大，因此热容量较大，动态特性则不如热电偶温度计。

①热电阻的结构和类型。金属热电阻通常由热电阻丝、支持电阻丝的骨架、接线盒和保护套构成，除普通热电阻外，还有铠装热电阻和半导体热敏电阻等。

②热电阻测量电路。工程上，热电阻测温电路，一般采用不平衡电桥或平衡电桥电路

实现，金属热电阻作为桥路中的一个臂接入电桥。有三种接线方式：

A. 热电阻保护管内的引线及热电阻的接线盒连到显示仪表的导线为两线制。由于导线感温变化的附加电阻一起串入电桥内，会影响测温的准确性。

B. 引线为两线制，导线为三线制，导线的影响得到了改善。但引线阻值改变仍会影响测量的准确性。

C. 全部采用三线制可使导线和引线电阻分别接到相邻的两个臂上、只要保持对称变化，可以获得较高精度，这也是目前工业上常用的办法。

8）辐射式温度计。

①辐射温度计的组成：

A. 光学系统：将被测物体的辐射能量聚集在检测元件上。

B. 检测元件：或称接受器，一般使用热电堆、热电阻等热敏元件。

C. 测量仪表：把接收器输出的电信号通过电子线路交换、放大，用指针或数字形式显示出被测物质的温度值。

D. 辅助装置：根据使用环境情况，增设的冷却装置、烟尘防护装置等，分为轻型辅助装置和重型辅助装置。轻型辅助装置包括通冷凝水与压缩空气的水冷通风罩和内装外接电阻的配线盒，与水气接头管连接的橡胶软管。用于正压和温度不高的场合。重型辅助装置包括水冷保护罩、通风管、防护闸、防护信号器、配线盒、窥视管等。只用于人体难以接近的场所或恶劣的现场。

②辐射测温仪表分类见表 1-10-5。

辐射测温仪表分类 **表 1-10-5**

仪表名称	分　类	原　理	用　途
光学高温计	工业隐丝式光学高温计 电子式光学高温度计 精密光学高温度计 恒亮式光学高温度计	是利用热物体的光谱辐射亮度随温度升高而增长的原理，采用亮度均衡法实现 800℃以上的高温测量	金属熔炼、浇铸、热处理、锻轧、陶瓷焙烧等非接触测温
辐射温度计	简易式辐射温度计 调制放大式辐射温度计 偏差式辐射温度计 零平衡式辐射温度计	仪表的光学系统中设有滤光玻璃或干涉光片，使检测元件接受某个给定波段的辐射能量	测量移动、转动、不宜或不能安装热电偶的高、中温对象表面温度。测量快速自动指示和记录的静止或运动的炽热体表面温度
比色温度计	单通道单光路式比色温度计 单通道双光路式比色温度计 双通道（非调制）式比色温度计 双通道调制式比色温度计	比色温度计是利用被测对象两个不同波长（或波段）光谱辐射亮度之比实现辐射测温	测量发射率较低或测量精确度要求较高的对象的表面温度

2. 检测仪表的基本组成

检测仪表是利用各种物理学（声、光、电、磁、热、辐射等）和化学效应来实现对各种信号（包括电量与非电量）参数的测量，是自动化系统中获得各种信息的重要组成部分，也是实现参数信号与其相应的测量单位进行比较的工具。

检测仪表需要检测的变量很多，原理不同。结构也不相同，但从检测仪表的基本组成来看，是由各功能环节组成。构成的环节是由仪表的用途、原理和检测要求来决定的。一般由三部分组成，即检测环节、传送环节和显示环节。这些环节可以组合成一块检测仪表完成检测任务，也可以由具有不同功能环节的检测仪表组成自动检测系统完成检测任务。这些相互关联、具体功能不同的环节，实质都是进行信号交换、传送和显示（见图 1-10-6）。

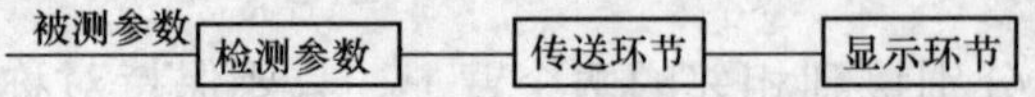

被测参数 → 检测参数 — 传送环节 — 显示环节

图 1-10-6　测量仪表组成方框图

(1) 检测环节

检测环节又称传感器或敏感元件，它直接感受到被测参数的变化并输出相应的信号（电量），如测量流量的标准孔板，测量温度的电阻体、热电偶，测量压力的弹簧管等，它是与被测对象直接发生联系的部分。它是否能准确、快速地给出信号，很大程度上决定了仪表的测量质量。

(2) 传递放大环节

传递放大环节也称转换器或变换器，它将检测环节输出的信号进行转换、或远距离传送、放大线性化或变成统一的信号，以便于显示或控制。传递放大环节的特点是需要由转换器进行必要的加工处理，如弹簧管压力表中的杠杆齿轮机构就是将弹簧管小的变形转换成指针的转动；又如电磁流量计的转换器就是将电磁流量传感器送来的微弱信号放大且消除掉干扰信号并转换成标准信号以能在显示器中显示。

(3) 显示环节

显示环节也称显示单元，由显示仪表组成。显示仪表的作用是向观察者显示被测参数的数据量值，显示可以是瞬时量指标、累积量指示、越限报警；也可以是相应的记录。显示单元指广泛使用的是模拟量指示、数字显示和图像显示几种。

(4) 压力检测及仪表

压力是一物体施加于另一物体单位面积上均匀、垂直的作用力（在物理学中称为压强），可用下式表示：

$$F = A \cdot P$$

式中　F——均匀垂直作用力（N 或 kgf）；

A——受力面积（cm^2）；

P——压力（Pa 或 kgf/cm^2）。

在压力测量中，常用大气压力（P_0）、表压力（P）、绝对压力（P_a）、负压力（真空度 P_n）。相互关系为：

$$P_{表压力} = P_{a绝对压力} - P_{0大气压力}$$

$$P_{a绝对压力} = P_{0大气压力} + P_{表压力}$$

$$P_{n负压力} = P_{0大气压力} - P_{a绝对压力}$$

1) 压力测量单位：物理大气压（标准大气压）、工程大气压、毫米水银柱和毫米水柱。

2) 压力检测仪表的分类：按其作用原可分为液柱式、弹性式、电气式及活塞式四大类。

液柱式压力计的主要特征及优缺点有：

①按其工作原理和结构形式不同，可分为：U 形管式、倾斜式、杯式和补偿式等种；

②结构简单、使用方便；

③测量精度受工作液毛细血管作用、密度及视差等因素影响；

④若工作液是水银，则容易引起水银中毒；

⑤测量范围较窄，只能测量低压和微压。

主要用途有：用来测量低压力及真空度，或作标准计量仪器。

活塞式压力计的主要特征及优缺点有：

①按其活塞的形式不同，可分为单活塞式和双活塞式两种；

②测量精度很高，可达 0.05%～0.02%；

③测量精度受浮力、温度和重力加速度的影响，故使用时需作修正；

④结构较复杂，价格较贵。

活塞式压力计的主要用途有：用来检测低一级的活塞式压力计或检验精密压力表。是一种主要的压力标准计量仪器。

弹性式压力计的主要特征及优缺点有：

①按其弹性元件的不同，可分为弹簧管式（包括单圈和多圈弹簧管），膜片式、膜盒式、波纹管式和板簧式等；

②使用范围广，测量范围宽（可以测量真空度、微压、低压、中压和高压）；

③结构简单、使用方便、价格低廉；

④若增设附加机构（如记录机构、控制元件、或电气转换装置），则可制成压力记录仪、电接点压力表，压力控制报警器和远传压力表。

其主要用途有：用来测量压力及真空度，可以就地指示，也可以远传，集中控制，或记录或报警，发信。

若采用膜片式或隔膜式结构尚可测量易结晶及腐蚀性介质的压力或真空度。

电气式压力计的主要特征及优缺点有：

①按其作用原理不同分为电位器式、应变片式、电感式、霍尔片式、振频式、压阻式、压电式和电容式等种；

②输出信号根据不同的形式，可以是电阻、电流、电压或频率等；

③输出信号需要通过测量线路或信号处理装置相配使用；

④适用范围广，发展迅速，但品种系列及质量尚需进一步完善和提高。

其主要用途有：多用于压力信号的远传、发信或集中控制，如和显示、调节、记录仪表联用，则可组成自动控制系统，广泛用于工业自动化和化工过程中。

(5) 流量检测及仪表

流量是指单位时间内通过管道（或设备）某一截面的流体数量。通常又把它叫做瞬时流量。常用单位：吨/小时（t/h)、公斤/小时（kg/h）或立方米/小时（m^3/h）。累积流量是指一段时间内流过管子某一截面流体的总量。常用单位：m^3、kg、t。

流量检测包括对液体、气体、蒸汽和固体流量的测量。化工生产主要是对气体、液体和蒸汽流量的测量。用来测量流体流量的仪表称为流量计或流量表。

1) 流量测量仪表分类

①速度式流量仪表：以流体在管道内的流速作为测量依据。

②容积式流量仪表：以单位时间内所排出的流体的固定容积的数目作为测量依据。

③质量式流量仪表：以测量流过的质量为依据。

2）流量测量仪表原理

①差压式流量计。差压式（也称节流式）流量计是基于流体流动的节流原理，利用流体经节流装置时产生的压力差而实现流量测量的。

A. 节流装置。节流装置是在管道中放置能使流体产生局部收缩的元件。应用最广的是孔板，其次是喷嘴、文丘里管和文丘里喷嘴。

B. 流量基本方程式。流量基本方程式是阐明流量与压差之间的定量关系的基本流量公式，它是根据流体力学中的伯努利方程式和连续性方程式推导而得的。即：

$$Q = \alpha\varepsilon F_0\sqrt{\frac{2g}{\gamma}\Delta p}\ (\mathrm{m^3/s})$$

$$G = \alpha\varepsilon F_0\sqrt{2g\gamma\Delta p}\ (\mathrm{kg/s})$$

式中 α——流量系数（查有关手册）；

ε——膨胀校正系数（查手册）；

F_0——节流装置的开孔截面积；

g——重力加速度；

Δp——节流装置前后的压力差；

γ——流体密度。

在工业生产中，流量常以 $\mathrm{m^3/h}$、kg/h 表示。Δp 以“$\mathrm{kg/cm^2}$”为单位，孔板、孔径以“mm”为单位。为了便于运用，当以上各量采用前述单位时，基本流量公式可换算为实用流量公式。即：

$$Q = 1.252\alpha\varepsilon d_t^2\sqrt{\frac{\Delta p}{\gamma}}\ (\mathrm{m^3/h})$$

$$G = 1.252\alpha\varepsilon d_t^2\sqrt{\Delta p\gamma}\ (\mathrm{kg/h})$$

式中 d_t——工作温度下孔板孔口直径。

由此可知：当 a、ε、d_t、γ 一定时，流量 Q（或 G）与压差 Δp 的平方根成正比。

C. 标准节流装置的选用：

a. 当要求压力损失较小时，可采用喷嘴、文丘里管等；

b. 在测量某些易使节流装置腐蚀、玷污、磨损、变形的介质流量时，采用喷嘴较采用孔板为好；

c. 在流量值和压差值相等的条件下，使用喷嘴有较高的测量精度，而且所需的直管段长度也较短；

d. 在加工制造和安装方面，以孔板为最简单，喷嘴为次之，文丘里管最复杂。造价高低也与此相应。在一般场合下，以采用孔板为多；

e. 非标准节流装置多用于黏稠、腐蚀性介质的测量。

D. 差压流量计。差压流量计一类是根据液柱压力计原理制成的，另一类是根据弹性元件变形原理制成的。节流式流量计的节流装置和差压计是配套使用的。因此不得随意调换节流装置、差压计、记录纸规格等。否则会造成完全错误的测量结果。

差压由导管送到变送器或差压计。接受差压信号的变送器称为差压变送器。它把输入的有关基础教育信号转换成气动 0.02～0.1MPa 的标准气信号，或电动 0～10 mA、4～20mA 标准电信号，输出给相应显示单元，调节单元进行检测、调节、报警。

②转子流量计。转子流量计是由一个上大下小的锥形管和一个置于锥形管中可以上下自由移动的转子组成。它必须垂直安装，并且流体必须由下向上流动。转子流量计通常有指示型与远传型两类。指示型的锥管常用玻璃制成。结构简单，价格低廉。远传型则采用金属锥形管。

③容积式流量计。它能精确地测定流过管道内流体的瞬时流量和累积流量。特别适用于测量黏度较大的流体的流量。一般常用的有椭圆齿轮流量计和腰轮流量计。

④涡轮流量计。涡轮流量计是速度流量计的一种。它的原理是置于被测流体中的涡轮（叶轮），其旋转角速度是与流速成正比。求得涡轮旋转速度，便可求得流量。涡轮流量计是由涡轮、磁电转换、前置放大器和显示仪表组成。前三部分是一个整体，总称变送器。把矩形脉冲信号输出到显示仪表，显示仪表可以进行频率/电流转换，转换成 0～10 mA 或 4～20mA 直流信号，指示瞬间流量，另一路经过单位换算运算，显示累计流量。

⑤靶式流量计。适用于高黏度、低雷诺数流体的流量测量。用于管径 15～200 mm 管道上。靶式流量变送器，把力矩变化转换成标准气信号（0.02～0.1MPa）或标准的电信号（Ⅱ型 0～10 mA 或Ⅲ型 4～20 mA）。这样便可与气动仪表或电动仪表配合使用。

⑥电磁流量计。它的工作原理基于著名的法拉第电磁感应定律。即：

$$E_x = KQ$$

式中 K——仪表常数；

Q——全积流量。

电磁流量计由变送和转换两部分组成，变送部分主要功能是把流量信号，转换成感应电势。转换部分主要是把电势转换成 0～10 mA 或 4～20 mA 的标准电信号，与电动仪表配用。常用流量计还有水表、旋涡流量计、涡轮流量计、超声波流量计等。

(6) 物位检测及仪表

在化工生产中，常常需要测量两相物料（或两种不相混合的物料）之间的界面位置，我们把这种测量统称为物位测量。把气相—液相间的界面测量叫液位测量。

1) 物位检测仪表。物位检测仪表分类见表 1-10-6。

物位检测仪表分类 **表 1-10-6**

类别		适用对象	测量方式	使用特性	安装方式	原理
直读式	金属管式	液位	连续	直观	侧面，变通管	利用连通器液柱静压平衡原理，液位高度由标尺读出
	玻璃板式	液位	连续	直观	侧面	
差压式	压力式	液位、料位	连续	用于大量程开口容器	侧面、底置	液体静压力与液位高度成正比
	吹气式	液位	连续	适用黏状液体	顶置	吹气管鼓出气泡后，吹气管内压力基本等于液柱静压
	差压式	液位、界面	连续	法兰式可用于黏性液体	侧面	容器液位与相通的差压计正负压室压力差相等

续表

类别		适用对象	测量方式	使用特性	安装方式	原理
浮力式	浮子式	液位、界面	定点、连续	受外界影响小	侧面	基于液体的浮力使浮子随液位变化而上升或下降、实现液位测量
	翻板式	液位	连续	指示醒目	侧面、弯通管	由连通管组件、浮子和翻板指示装置组成，装有永久磁铁
	沉筒式	液位、界面	连续	受外界影响小	内外浮筒	测量用浮筒沉入介质中，当液位变化，沉筒位移变化，实现液位测量
	随动式	液位、界面	连续	测量范围大、精确度高	顶置、侧面	随液位上升的敏感元件可产生的感应电势输出至显示控制表
机械接触式	重锤式	液位、界面	连续、断续	受外界影响小	顶置	这类仪表是通过探头与物料面接触时的机械力来发现物位测量、报警或控制
	旋翼式	料位	定点	受外界影响小	顶置	
	音叉式	液位、料位	定点	测量比重小，非黏性物料	侧面、顶置	
电测式	电阻式	液位、料位	定点、连续	适用导电介质的液位	侧面、顶置	利用测量元件把物位变化转换成电量进行测量的仪表
	电感式	液位	连续	介质介电常数变化影响不大	顶置	
	电容式	液位、料位	定点、连续	适用范围广	侧面、顶置	
其他	超声波式	液位、料位	定点、连续	不接触介质	顶置、侧面底置	由电子装置产生的超声波，当液位变化时，接收探头接受的声波测量信号发生变化，使放大器的振荡改变，发出控制信号
	辐射式	液位、料位	定点	不接触介质	顶置、侧面	利用核辐射穿透物质，及在物质中按一定的规律减弱的现象，确定物位
	光学式	液位、料位	定点	不接触介质	侧面	由发射部分产生光源，当被测料位变化时，由接受部分的光敏元件转换为控制信号后输出
	热学式	液位、料位	定点			微波或红外线在不同的介质常数的介质中传播时，被吸收的能量不同而确定液位变化

2）常用物位仪表。

①差压式物位计。包括压力式和差压式物位计。

差压式物位计组成如下：

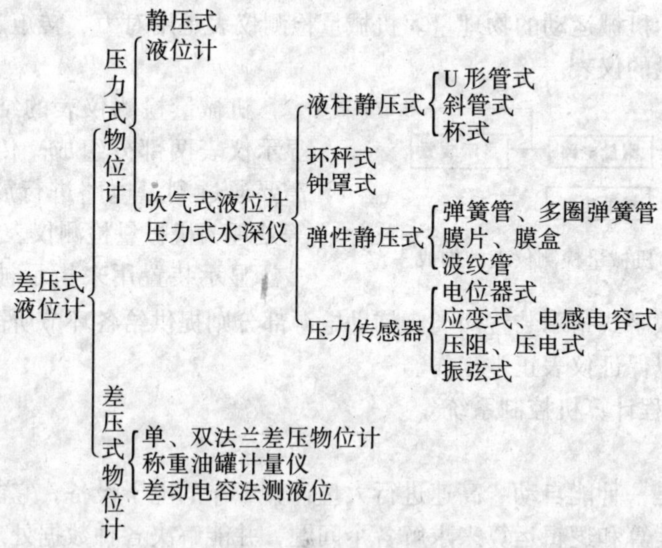

差压变送器测液位的零点迁移问题。零点迁移就是把变送器零点迁移到对应于被测液位的某一不为零的数值，作为零点输出。若迁移量是正值，叫“正迁移”，反之叫“负迁移”。力平衡差压变送器是在主杠杆上附加一个迁移弹簧来实现零点迁移的。当主杠杆施加一个迁移力时，仪表的输出则与测量力矩和迁移力矩的代数和成正比；当迁移弹簧施加主杠杆的力矩和测量力矩方向相反时，此迁移量为“正”；当迁移弹簧对主杠杆施加的力矩和测量力矩方向一致时，迁移量为“负”。迁移量的多少取决于迁移力的大小。应用零点迁移方法，可提高仪表测量灵敏度。

②称量式油罐计量仪。可用于计量各种液体或石油产品在大型罐槽中的重量。是由油罐的面积测液位的,介质温度及重度变化对测量结果影响很小。称量仪表可集中检测,多点测量,一台变送器可切换测量几个罐,变送器的输出信号,用编码方式传送到显示仪表。

③浮子式物位计。浮子式物位计应用普遍，结构简单，工作可靠，不易受外界温度、湿度、电磁场、强光、气流等影响，但可动部分易受摩擦、腐蚀及脏物影响，灵敏度变差。浮子式物位计分类如下：

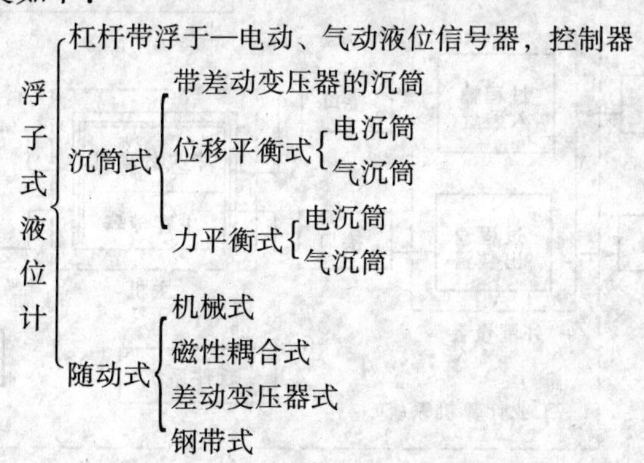

④液位开关。液位开关又称液位继电器或液位控制器，广泛用于自动化检测中液位的

报警及事故联锁系统，常用型号有LS磁感应式液位开关。采用三种结构形式：水银接点开关、干接点式开关与抗震式接点开关。

(7) 机械量检测仪表

机械量是表示机械运动的物理量。机械量检测仪表是用对力、转矩、速度、位移、加速度等机械量测量的仪表。

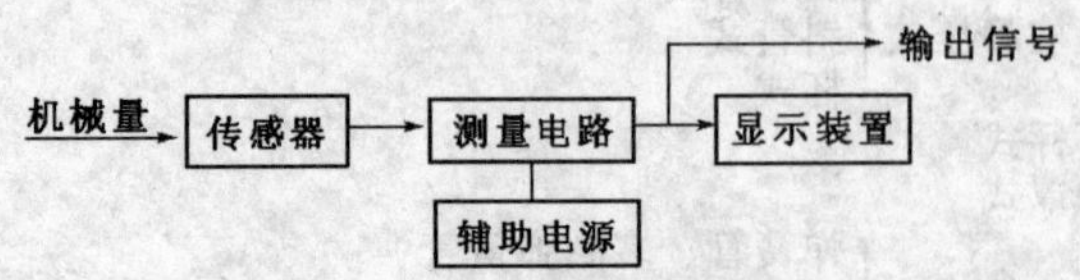

图1-10-7 机械量检测仪表的构成

机械量检测仪表的结构是由传感器和显示仪表两部分组成。传感器的输出信号需要通过测量电路进行放大、运算、变换等处理，机械量检测仪表构成见图1-10-7。

显示装置用来指示被测量的值，分模拟式指示装置和数字式指示装置两类。辅助电源部分则提供给各环节所需的一定频率波形和大小的电能，以保证仪表正常工作。

(四) 工业过程计算机控制系统

1. 概述

电子计算机是一种能自动、高速进行大量计算工作的电子设备，它能通过对输入数据进行指定的数值运算和逻辑运算来求解各个问题，并能解决各种数据处理问题。工业过程控制计算机是利用取自过程的输入和对过程的输出进行直接控制或监视过程单元运行的以控制工业生产过程为主要用途的，实现对生产过程的实时控制的专用电子计算机。

由于微型计算机的应用，使计算机过程控制应用领域得到广泛的发展。在现代化工业生产上，由于计算机用于经营管理、生产管理和过程优化控制，实现了管控一体化，计算机的作用是举足轻重的。

(1) 计算机系统的组成

计算机系统无论是通用型还是专用型或微型计算机都由硬件和软件系统两大部分组成。见图1-10-8。

计算机系统硬件是组成计算机系统的任何机械的磁性的电子装置或由部件构成的机器

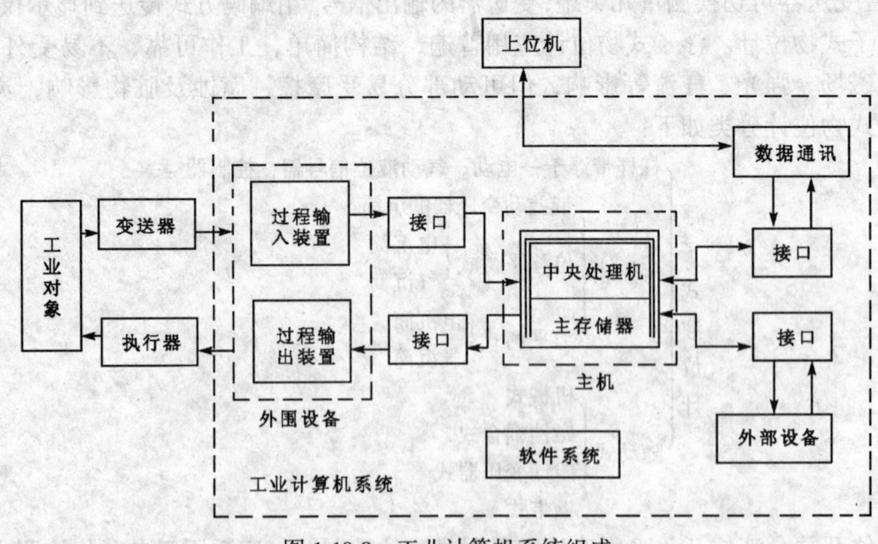

图1-10-8 工业计算机系统组成

的实体。从计算机体系结构上看，硬件由控制器、运算器、外围设备、外部设备、通讯接口组成；从安装角度，计算机系统硬件由主机箱、柜、显示器、键盘、鼠标、软硬磁盘驱动器、打印机、拷贝机等组成。

在图 1-10-8 中，计算机系统硬件由以下部分组成：

1）计算机。由接口、外围设备和主机组成。

①主机由中央处理器和主存储器组成，是计算机所以具有控制、运算、存储和各种信息处理功能的关键和核心部分。

中央处理器。是计算机的核心部件，简称 CPU。包括计算机功能单元的控制单元和运算逻辑单元（ALU）、累加器、若干保存数据的寄存器等组成。用于解释、执行、规定基本操作命令，完成对各种信息的处理工作。

存储器是存放、保存和检索数据的功能单元，根据与中央处理器 CPU 的关系分为主存储器和辅助存储器。主存储器又称计算机内存，是可寻址存储器。辅助存储器又称外存储器（外存），是计算机的外部设备。存储器“存取”的过程是将数据或指令从存储器取出，并传送到计算单元的过程，或将计算单元的数据存入存储器内。存储元件一般采用磁芯或半导体器件，磁芯存储器的记忆信息不会因停电而丢失，是永久性的存储器，半导体存储器具有工作速度快的特点。

“寄存器”是存储器的一种，用来暂时存储一定量数据的存储器。

存储器所能存放的最大的二进制信息量是以“存储容量”衡量的，并以“字”为单位，以存储器所能记忆的字数乘以字长表示，或以存储器能记忆的全部二进制信息数直接表示。“字”是由一个或多个字节组成的一组字符，在计算机中可以作为一个整体来处理或传输。“位”是计算机存贮信息容量的单位，是一组二进制数码。“字节”是计算机存贮信息的容量，以 8 位字作为一个单位，称为一个字节。通常用字节表示一个字符。换算关系如下：

千字节：　1 kB = 1024 B　　4 kB = 4 096 B　　64 kB = 65 536 B

兆字节：　1 MB = 1 024 kB　　4 MB = 4 096 kB

千兆字节：　1 GB = 1 024 MB　　4 GB = 4 096 MB 等

“字符”为表示信息而确定的一组有限的，不同的元素，如字母、数字或符号等。“字长”是计算机中字的位数或字符的数目。根据不同的机器，字长是固定的或可变的，字越长，计算机处理能力越强，速度越快。

②接口。是系统各部分之间的一种公共边界。接口通过这种边界在计算机与外围设备之间进行信息转换和通讯。不同类型的计算机，其接口电路不同，一般有直接型接口电路和条件型接口电路。

③外围设备。通常外围设备是指主机（运算器、控制器和内存储器）以外的设备，这些设备包括外存储器、输入输出设备及模数转换器、数模转换器、开关量输入输出器等，也是计算机的组成部分。但是在过程控制计算机中，“外围设备”一词常常专指模数、数模转换器、开关量输入输出设备等。由于这些设备是作为生产过程与主机之间的数据通路，故又称为过程通道，这也是工业过程计算机与通用计算机的不同之处。

过程输入输出通道的信号有模拟量、脉冲量（开关量）和数字量（开关量）三类。

A. 模拟量输入输出通道。模拟量输入通道的作用是将生产过程的参数转换成数字信息（A/D）送往计算机，包括采样器、数据放大器、模数转换器部件。采样器是多点切换开关，将模拟量过程参数按一定时间间隔依次或按某种规律接入数据放大器的输入端，数据放大器将采样器送来的模拟量信号进行放大，模数转换器再将放大器输出的模拟量信号转换为二进制或二～十进制的数码等价的数字量信息，然后并行或串行地送入计算机中。输入容量由被控对象，即需要检测的点数来决定，一般做成标准模块结构，并根据被控对象的要求选择一定数目的模块。

过程输出通道的主要部件是数模转换器（D/A），数模转换器将计算机的计算结果（数字量）转换成相应的模拟输出至被控制对象或执行器。输出通道的容量，表示模拟量输出通道包含的回路数目，根据控制要求确定。

B. 数字量输入输出通道。数字量输入通道对生产过程中某些参数，如阀门的开闭、开关的通断等断续量变化的信号进行处理，转换为计算机能接受的数字代码信号，传送给主机进行判断处理，包括开关量、脉冲量、频率量。

数字量输出通道对现场的电磁阀、电动机、泵或一些控制器发出开、关、启、停命令。输出容量按分组进行，如每次输出 16 点或分批实施，输出通道的控制点数依工业生产要求而定，如 128 点、256 点、512 点等。

C. 脉冲量输入输出通道。在生产过程中，一些流量计的输出或位置状态量是脉冲量，输入通道需要把脉冲个数（宽度）经过处理，送入主机。脉冲量输出有脉冲宽度和脉冲群两种形式，输出信号可以是接点的通断或电平的高低。

2）外部设备。计算机除主机和外围设备以外的设备，称为外部设备，包括输入输出设备（打印机、拷贝机、显示器、读取装置、感应装置、报警器、纸带机、卡片机和其他输入输出装置等）、终端、通讯设备、外存储装置、实时时钟等。主要外部设备功能如下：

①输入输出装置。起着人机联系、设备与计算机、计算机与计算机之间的通信联系作用，如控制打字机、键盘和显示终端设备等。

②显示器。用来显示过程参数、原始数据或计算结果。计算机常采用带键盘与不带键盘的图形显示器（阴极射线管 CRT），又称为屏幕显示器。图形显示器将计算机的处理结果以数字、文字、曲线或图形的形式显示出来，是人与计算机的接口设备，计算机的输入输出部件、控制部件和操作接口部件。它执行规定的控制功能，允许传送、控制、测量和操作信息，相互之间由通讯链连接。

③打印机、拷贝机。打印机是把计算机内部的处理结果以图形或文字形式打印在纸上的外部设备。

打印机按打印原理分为两大类：击打式和非击打式。击打式采用色带，以机械冲击力方式在纸上打印，如：电传打印机（用于小型计算机和微型计算机输入输出打印）、宽行打印机、针式打印机（9 针和 24 针）等。非击打式是利用电、磁、热、光等物理和化学效应印刷的，如静电式、喷墨式、激光等打印机。

拷贝机又称为硬拷贝装置。可与操作站或操作控制台连接，将 CRT 显示画面复制下来。拷贝机还有彩色硬拷贝机，是采用彩色喷射方式，复印正在显示的画面。

④其他输入输出设备。如汉字输入输出设备，赋予外部设备以处理汉字的功能，采用键盘输入方式。

⑤外存储设备（称为外存或辅助存储器）有磁存储器、半导体存储器和光存储器。外存储器是保存信息的主要设备。常用外存储器有以下几种：

A. 光盘。利用激光技术在非磁性介质或磁性介质上存储信息。光盘有存储信息容量大、读取数据快、寿命长，使用携带方便等优点。光盘要在光驱动器上使用。

B. 磁卡。具有磁性表面的卡，通过对平表面部分选择性磁化，能在磁性表面上存诸数据。

C. 磁盘。具有磁性表面的平圆盘，通过对平表面部分选择性磁化，能在磁性表面上存储数据。

D. 磁鼓。具有磁性表面的正圆柱体或圆锥体，通过对平表面部分选择性磁化，能在磁性表面上存储数据。

E. 磁带。具有磁性表面的带，通过对平表面部分选择性磁化，能在磁性表面上存储数据。

⑥实时时钟。其作用是产生标准时间信号，供给计算机所需的时钟信号，或作为中断请求信号实现对生产过程的实时控制。

⑦终端。终端是指能连接通讯网络与计算机进行信息交换的输入输出综合的设备可以共享整个网络的资源。按主机与终端间的距离有远程终端和近程终端。远程终端包括调制解调器与通讯控制器，近程不需要通讯线路和数据传输设备。按组成终端的输入输出设备和成套性，有打印终端、CRT显示终端和终端系统。终端系统指配备数据传输设备的成套的小型或微型计算机系统，包括计算机与CRT显示器、打印机、磁盘、盒式磁带机等外部设备。它可以作为网络的终端，也可以独立成为一套小型计算机系统。按处理功能分为非智能终端和智能终端，智能终端具有一定的处理功能，配备微处理器，非智能终端执行输入输出及少量的存储功能。按用途分为通用终端和专用终端。专用终端一般具有特殊用途的终端，只执行某些特殊任务。

3）软件。“软件”是数字程序系统和相关信息的有穷集合，它是计算机过程控制系统的组成部分。包括操作规则、操作系统和维修所需要的有关文件。在计算机过程控制系统中，软件处于指挥的地位，决定计算机的功能，是计算机系统与用户或控制对象联系的桥梁。软件的功能和类型很多，但是一般分为两大类，即系统软件和应用软件。

①系统软件又称软设备或支持软件、基本软件、历史软件。是机器自身配备的指挥计算机工作的软件。系统软件分为执行软件和开发软件，执行软件包括操作系统、检查和诊断程序，开发软件包括程序设计语言（编译程序、解释程序等）、模拟仿真系统、数据库。

②应用软件是用户软件。包括：

A. 过程监视程序：是对过程控制中大量的数据进行实时和非实时处理。其中，数据处理程序是一种开环应用系统，应用范围很广；工艺操作台服务程序可使操作人员完成参数选定，可以进行给定值修改和给定值、批量和趋势显示或打印。其他还有报警程序、巡回检测程序等。

B. 过程控制计算程序：有判断、事故处理（声光报警后紧急事故处理、自动切换等）、自动开停车、开环和闭环控制程序（进行PID运算、最优控制等）、信息管理程序。

C. 公用应用程序：是依用户的要求编制的信息处理、文字处理、表格处理、服务等。

(2) 计算机基本知识

①数字计算机。通过对离散数据进行算术和逻辑处理并进行运算的计算机。

②小型计算机。是一种字长 8~24 位，主存储器容量 2~3K 字节，存储周期 2μs 左右，结构简单、体积小、重量轻和操作简单的计算机。

③微型计算机。由微处理器和存储器及输入输出部件浓缩的一片或几片大规模集成电路组成，并形成的一个完整的工作系统。其中央处理装置通常至少必须有一个在外部的主存储器。微型计算机的核心部件微处理器（简称为“MPU”或“μP”）是将 CPU（算术逻辑单元、控制单元）、寄存器组、控制电路和时钟浓缩在内组成的，具有中央处理功能的大规模集成电路的芯片。

④过程计算机。利用取自过程的输入和对过程的输出直接控制和监视过程单元运行的计算机。

⑤过程控制计算机。直接控制过程中全部或部分单元的过程计算机。

⑥冗余计算机控制系统。用于特殊配置的几台计算机，其中大多数是在线的，而其他是后备的，当任一在线计算机发生故障，即可将后备计算机投入使用。

⑦多处理机。具有可以使用公共主存储器的两个或多个中央处理单元的计算机。

⑧在线设备。又称联机设备。直接与计算机进行通讯的外围设备或各种装置。

⑨离线设备。又称脱机设备。不直接与计算机进行通讯的外围设备或各种装置。

⑩译码器。输入信号来自计算机的代码转换器。

⑪编码器。输出信号送入计算机的代码转换器。

⑫调制解调器，缩写为 MODEM。是调制和解调信号的功能单元，主要功能是使数字或数据能通过模拟传输设备进行传输。

⑬地址。识别寄存器或存贮器的特定部分，或某些其他数据源或数据目标的一个字符或字符组。

⑭计算机语言。与计算机进行对话和编程用专用语言。分为高级语言和低级语言。高级语言易于理解和掌握，如 BASIC、FORTRAN、PASCAL、C 语言等；功能块语言、机器语言等都是低级语言。

⑮命令。启动、停止或继续某种操作的电脉冲、一个或一组信号。

⑯程序。将一些输出状态规定为一组输入数据或固定关系的可重复的动作序列。

⑰算法。是用于计算的程序，对给予的参数有完成数字运算的功能。

2. 工业过程计算机控制系统

计算机系统已广泛地应用于工业控制中，类型很多，可以进行直接控制，也可以进行分散型控制以及其他更为先进的控制。

(1) 工业过程计算机控制系统分类

工业控制计算机控制系统分类方法有多种，按控制方法可分为开环控制和闭环控制，见图 1-10-9。

1) 开环控制。指生产过程不直接受控制计算机发出的信息（信号）控制，只通过输入输出装置进行数据采集并进行处理，再将结果输出。在开环控制中，计算机仅按操作人员的要求计算出控制信息去控制生产过程，而不接受生产过程输出的反馈。开环控制包括开环指导、过程监视系统、数据检测与处理系统，开环控制系统图见图 1-10-10。

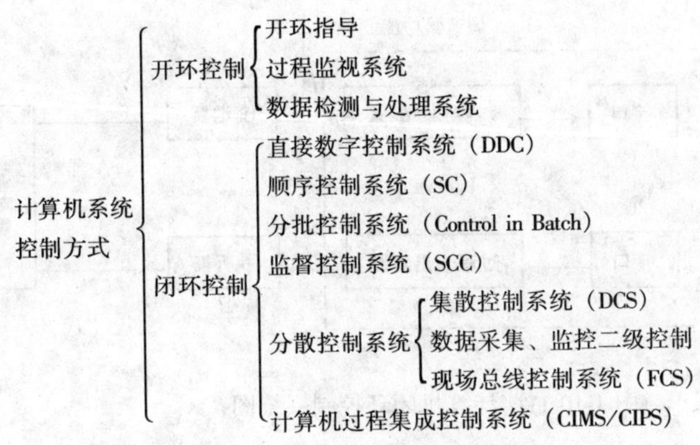

图 1-10-9　计算机控制系统分类表

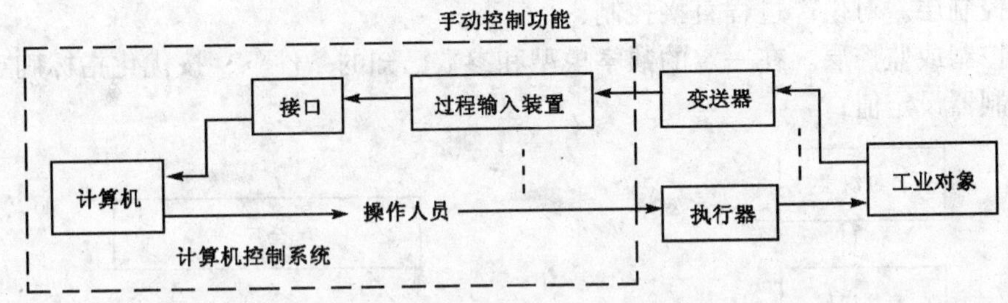

图 1-10-10　计算机开环控制系统图

①开环指导有时又称开环控制系统。但是开环指导和开环控制严格说还有些区别，开环指导是生产过程中的参数经检测、采样和计算机整理、加工（如进行生产过程质量及运行方法的计算，或与预定的要求进行比较等），输出结果，而不直接控制生产过程，仅供操作人员参考，由操作人员决定控制作用。有时为区别开环控制，开环指导则又称为开环操作指导。

②计算机监视系统是指计算机对系统或其中一部分运行状态进行观察，对可通过系统的一个或多个变量测量情况的监视，并将被测值与规定值相比较的开环系统。

③数据检测与处理系统是在时间上不连续地取得参比变量和被控变量（采样），进行数据采集和数据转换、处理的开环系统。

2）闭环控制系统。指生产过程直接受控制计算机发出的信息（信号）控制。计算机对生产过程中的参数进行采集、存储、计算、处理，并将处理结果输出送入执行仪表，达到控制生产过程的目的。与模拟仪表控制系统相比，调节器的功能由计算机代替，计算机闭环控制图见图 1-10-11；但是计算机的功能要多得多，输入输出的过程点和控制回路也多得多，并能实现最优控制和特殊控制及分级控制。应用最广的有直接数字控制、可编程逻辑控制器、集散控制系统等。

（2）计算机递阶控制系统

工业计算机控制系统是一种由很多子系统合成的大系统，结构是递阶式的，它对子系统的控制是按一定的优先和从属关系实现，形成金字塔式结构。同一级的各决策子系统可同时对下一级施加作用，同时又受上一级的干预。子系统可通过上级互相交换信息。递阶

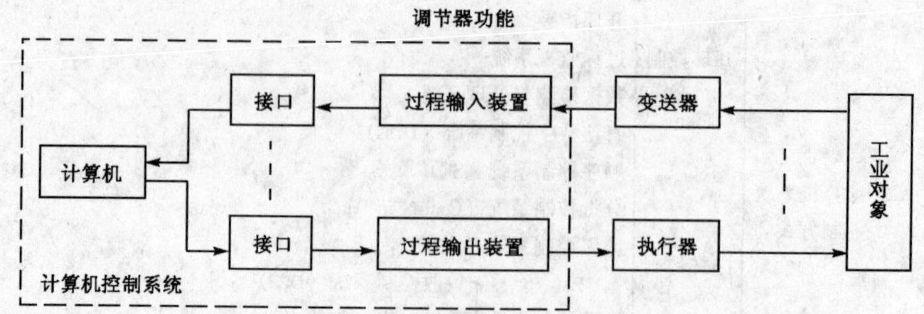

图 1-10-11　计算机闭环控制系统图

控制结构形式有三种：多层结构、多级结构和多重结构。见图 1-10-12 和图 1-10-13。

1）多层结构。控制功能的递阶分层可由四层实现：

直接控制层。对生产过程直接控制；

优化控制或监控层。在一定的数学模型和参数已知的条件下，按优化指标确定直接控制层的控制器设定值；

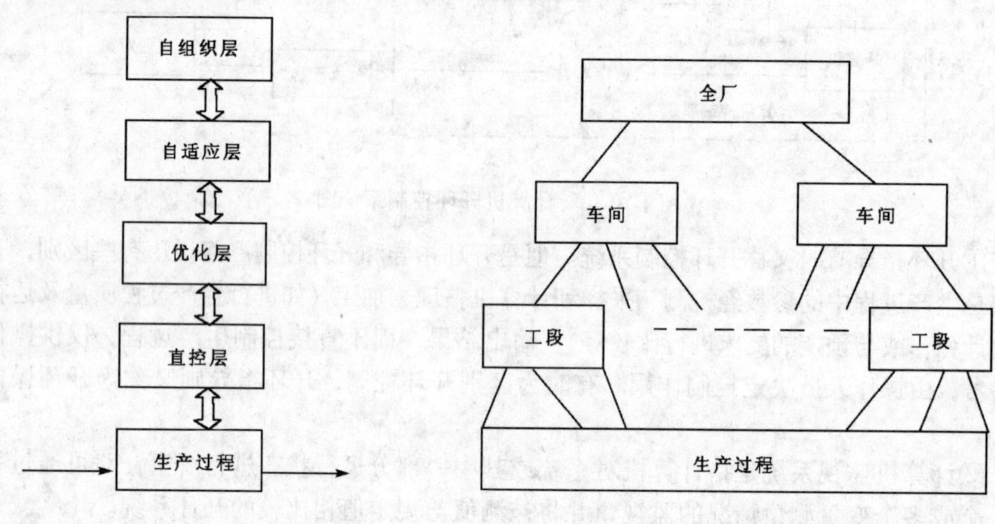

图 1-10-12　按功能划分多层结构

图 1-10-13　多机多目标结构

自适应层。通过对实际系统的观测来辨识优化层中所使用数学模型的结构和参数，使模型和实际过程尽量保持一致；

自组织层。按系统总控制目标选择下层所用模型结构、控制策略等。当目标变化时，能自动改变优化层性能指标。当辨识参数不满意时，能自动修改自适应层的控制策略。

2）多级结构。图 1-10-13 为多机多目标结构。为了减少同一级的各子系统之间信息的交换和决策的冲突而由协调级进行下级决策的协调和信息的交换。如车间级接收从各工段送来的操作决策和相应的性能信息，通过协调策略得到的干预信息再送达各个工段。

3）多重结构。是用一组模型从不同的角度对系统进行描述的多级结构。第一层把系统作为按一定规律变化的物理现象（数据采集、控制等），第二层从信息处理和控制角度，把过程作为一个受控系统；第三层从经济学角度看，把系统看作为一个经济实体，来评价它的经济效益和利润。

由以上描述可知，计算机递阶控制系统从控制规律看是：生产过程→直接数字控制→最优控制→自适应控制→管理控制（自组织）。从装置的角度看是：生产过程→装置控制级→车间监督控制级→工厂集中监督级→企业经营管理级。

(3) 计算机系统网络

工业计算机是多级控制与管理一体化综合管理控制系统，需要实时快速的传送信息的网络。将地理位置不同、具有独立功能的多个计算机系统，通过通讯设备和线路将其连接起来，并由功能完善的网络软件（网络协议、信息交换控制程序和网络操作系统）实现网络资源共享者称为计算机网络。计算机系统网络通常由小型计算机系统、通讯链路和网络节点（有时称为结点）组成。

"节点"是数据通讯中的信号变换器、通讯控制器及其联结的设备或"站"。"网络节点"是双重作用的节点，它用来负责管理和收发本机来的信息，并为远程节点送来的信息选择一条合适的链路转发出去，还能和网络其他功能一起，避免网络的拥挤和有效使用网络资源。

从所覆盖的地域范围大小分类，计算机网络可分为远程网、局域网和分布式多处理机三类。工业控制采用局域网，有基带和宽带局域网。

1）计算机网络的形式：从逻辑功能看，计算机网络分为资源子网和通信子网。通信子网提供网络的通信功能，由网络节点、通信链路和信号变换器组成。网络结构形式按照网络拓扑结构主要有总线、星形、环形、网形和树形。所谓"网络拓扑"是网络各节点之间的连接方法，"拓扑结构"是链路与节点配置和连接方式的几何抽象描述。

"通讯链"是用来连接一个部件，进行传送或接收数据的硬件。节点之间连接的道路称为链路。"总线"是多方向、多目的传输信息和数据的信息通路。除用于计算机内部相互之间的通讯外，这里所说的总线是各计算机系统之间的相互通讯。"资源共享"是通过一通讯媒体，使通讯网络中的节点实现信息的相互传送和数据库共用。

2）通讯网络的规模。通讯网络的规模是指网络所能覆盖的最大区域和允许连接的最多装置（站、结点数）。

3）网络"通讯协议、规程"。在通讯网络中，规定通讯系统站之间的相互作用，并管理在这些站交换帧的相对定时和规式的一组规则或约定，称为通讯协议。为了实现不同类型计算机系统互联，国际标准化组织 ISO 规定了开放系统互联模型，把各种协议分为七层，第一层物理层、第二层数据链路层、第三层网络层、第四层传输层、第五层对话层、第六层说明层、第七层应用层。每一层都包括信息从这一节点传到另一节点所用的设备，每一层提供与高一层的接口。

4）计算机的局域网。工厂计算机控制系统网络多用"局域网"，通常称为"LAN"。"局域网"是一种资源共享、相互对等、高速的具有局部地区通讯能力的网络，是一种最流行的信息传输方式。局域网覆盖的地理范围较小，用于工厂范围内的通讯，连接设备多，除多台计算机系统（计算机、磁盘、终端、打印机等）外，还可以连接可编程控制器、集散系统等，局域网适宜两级或多级控制。目前在物理层和链路层，广泛使用的网络协议是以太网。以太网是著名的总线网，是一组协议，采用无源介质作为总线传输信息，它是由物理层和链路层组成。物理层由硬件实现，以同轴电缆作为通讯媒体。链路层由硬件和软件共同实现。

具有相同拓扑结构的两个同类局域网互联，不合并成一个网络，在逻辑上连接一体，采用网桥的连接方式。网桥是网间连接器的特殊形式。

数据传送率的单位或信号速率的单位以波特表示。1 波特相当于每秒 1 个单位时间间隔的速率。以波特表述的速率等于每秒线路状态变化的次数。

(4) 双机切换系统

为提高系统的可靠性而设置的多机系统，称为主机和副机。系统中主机可以作为工作机，副机作为备用机。可以采用工作机通电，备用机不通电的方案，或者主机和副机共同承担任务，这样无论主机或副机出现故障，仍可由其中一台工作，维持正常的生产工况。备用机和工作机同时挂在总线上，共用一套外围设备。

(五) 使用全国统一定额计算自动化控制装置及仪表工程量应注意的问题

1. 校验仪器使用费的取定。对电子计算机、组装仪表、Ⅲ型仪表、机械量仪表和新增调节仪表的校验用标准仪器使用费取定为校验人工费的 95%，其余仪表仍为校验人工费的 95%。

2. 其他用工的取定。管路敷设为基本用工的 14%，基地式仪表为 10%。

3. 其他材料费包括钻头、砂轮片等消耗材料费；其他机械费包括冲击钻、电动砂轮机、电动切管机、运输用少量汽车、吊车台班以及占机械使用费比重不大的其他机械台班费。

4. 钢管敷设指无缝钢管或焊接钢管。燃气管是采用焊接方式连接的，如果丝接应执行镀锌钢管敷设项目。

5. 超高增加费指操作物高度距楼、地面 5m 以上的工程所要增加的操作降效费。它以人工为基数计算，超高的部分按人工费的 50% 计取，不考虑机械和材料。超高系数一般只适用于管路、电缆敷设、管架安装或没有梯子平台的仪表设备和元部件安装。

6. 表用阀门安装均包括试压。需要研磨的阀门另套用阀门研磨定额。大于 *DN*50 口径的阀门套用“工艺管道”工程的阀门定额。

7. 计算机机柜安装和外围外设不包括校接线；计算机调试（单体与系统调试）不包括与电气、仪表系统调试和与其他工种的配合，其工作范围只到与外围接口部分。与电气仪表连接发生的工程量应另行计算。

计算机调试时的不停机连续通电以 24h 为单位，其用电量和人工工日另计。

8. 系统模拟试验的“回路”，是按自控仪表施工图中的设备表和系统回路图、原理图划分的。在定额测算时，各“回路”是按以下原则划分的：

(1) 检测调节系统以回路为步距，形成“回路”至少要有两个仪表设备或元件组成。计算二个回路的自动调节系统的工程量可套用三个回路自动调节系统的子目，三个回路以上的调节系统其工程量为二套。

(2) 在控制调节系统中，除手动调节回路外，一般应具有反馈作用，是闭环的。所以基地式调节系统、程控系统等不计算调节回路数。

(3) 在所有的调节系统和检测系统中，同时带报警联锁的，可计报警联锁回路。如只有两点报警（上、下两点）而没有联锁，只能计单点报警回路。

(4) 调节系统带有指示的回路，一般不计指示回路。如果有单元组合仪表组成的指示回路，而且是形成主回路，应计调节回路和指示回路两套系统的回路数。

(5) 在自动调节系统中，自动控制又可打入手动控制，不能再计手控回路。

(6) 单元仪表组成的检测系统可以计算回路数，一般的检测系统不能计算回路数。

9. 调节阀安装除按照本册定额计算调试工程量外，本体安装应按照“工艺管道”定额中阀门安装相应项目的要求，计算调节阀安装工程量。

10. “端子板校接线”的定额是为成套盘、箱、柜（包括计算机柜、盘、专用箱、组件箱等）校接线、端子板校接线、插头等校接线而设置的。校接线的工程量应是盘、箱柜所有端子的数量，包括盘上仪表设备和元件的端子。除需要校线的仪表盘上的仪表设备、元件的端子外，其他不能重复计算工程量。

11. 定额中凡属法兰连接的各种仪表，如差压变送器、节流装置、流量仪表、调节阀、电磁阀等与工艺管道或设备接口的法兰，应执行工艺管道工程定额中法兰焊接的有关项目。

12. 关于“一次部件”的几个问题：

(1) “一次部件”是仪表安装的专用语。“一次部件”是指仪表设备、管路等与工艺管道或设备的接口部分，如温度部件、分析部件、压力部件等；

(2) “一次部件”的清洗、打磨、选用、保管以及安装配合工日，均包括在相关的仪表安装子目内，并以“（　）”表示加工配件。一次部件的安装则应另行计算工程量；

(3) 一次部件的安装只包括焊接材料。

13. 关于一次仪表和二次仪表的问题：

(1) 一次仪表和二次仪表是仪表安装工程的习惯用语。确切的名称应为测量仪表和显示仪表。测量仪表是与介质直接接触，安装在室外或就地安装的；显示仪表多在控制室盘上安装；

(2) 一次仪表是否作为材料，可按地区或部门的规定执行。

14. 自控仪表安装定额中不包括以下内容：

(1) 配合工艺无负荷和有负荷的单体与联动试车；

(2) 调节系统的动态特性试验，如设计有要求时，应另行计算；

(3) 调节系统与检测系统自动投入时，与正在运行的设备和管道连接发生的过渡措施费应另行计算；

(4) 不包括加工胎具、样板、专用工具制作费；

(5) 单体调试应按说明书的要求，在正常条件下进行，不包括修理；

(6) 仪表设备安装和管、缆敷设定额包括了支架（支座）的安装工序，但不包括其制作。各种支架综合考虑按重量（100kg 为单位）另提制作工程量。

15. 电缆敷设、电气配管、接地及电气设备、元件安装，执行《电气设备安装》，其中电缆敷设人口乘以系数 1.05，电气配管乘以系数 1.07。但沿槽板、托盘、梯架敷设电缆和电气配管时，其支架安装不得重复计算。

16. 超高增加费（操作物高度距离楼、地面 5m 以上的工程）按人工费的 50%计算。

17. 脚手架搭拆费按人工费的 15%计算，其中人工工资占 25%。

（六）主要材料损耗率

自控仪表安装工程的主要材料损耗率，按表 1-10-7 的规定计算。

主要材料损耗率表 **表 1-10-7**

材料名称	损耗率（%）	材料名称	损耗率（%）
钢管	3.5	不锈钢管	3
铜管	3	补偿导线	4
铝管	3	绝缘导线	3.5
管缆	3	电缆	2
型钢	4		

三、自动化控制仪表安装工程

C.10.1　过程检测仪表。工程量清单项目设置及工程量计算规则，应按表 1-10-8 的规定执行。

C.10.1　过程检测仪表（编码：031001） **表 1-10-8**

<table>
<tr><th>项目编码</th><th>项目名称</th><th>项目特征</th><th>计量单位</th><th>工程量计算规则</th><th>工程内容</th></tr>
<tr><td>031001001</td><td>温度仪表</td><td>1. 名称
2. 类型
3. 规格</td><td rowspan="2">支</td><td rowspan="3">按设计图示数量计算</td><td>1. 取源部件制作、安装
2. 套管安装
3. 挠性管安装
4. 本体安装
5. 单体校验调整
6. 支架制作、安装、刷油</td></tr>
<tr><td>031001002</td><td>压力仪表</td><td>1. 名称
2. 类型</td><td>1. 取源部件安装
2. 压力表弯制作、刷油、安装
3. 挠性管安装
4. 本体安装
5. 单体校验调整
6. 脱脂
7. 支架制作、安装、刷油</td></tr>
<tr><td>031001003</td><td>流量仪表</td><td>1. 名称
2. 类型
3. 规格</td><td>台</td><td>1. 取源部件安装
2. 节流装置安装
3. 辅助容器制作、安装、刷油
4. 挠性管安装
5. 本体安装
6. 单体调式
7. 脱脂
8. 支架制作、安装、刷油
9. 保护（温）箱安装（包括开孔）
10. 防雨罩制作、安装、刷油</td></tr>
</table>

续表

项目编码	项目名称	项目特征	计量单位	工程量计算规则	工程内容
031001004	物位检测仪表	1. 名称 2. 类型 3. 规格	台	按设计图示数量计算	1. 吹气装置安装 2. 辅助容器制作、安装、刷油 3. 挠性管安装 4. 本体安装 5. 脱脂 6. 支架制作、安装、刷油
031001005	显示仪表	1. 名称 2. 类型 3. 功能			1. 表盘开孔 2. 盘柜配线 3. 本体安装 4. 支架制作、安装、刷油

C.10.2 过程控制仪表。工程量清单项目设置及工程量计算规则，应按表 1-10-9 的规定执行。

C.10.2 过程控制仪表（编码：031002） **表 1-10-9**

项目编码	项目名称	项目特征	计量单位	工程量计算规则	工程内容
031002001	变送单元仪表	1. 名称 2. 类型 3. 功能	台	按设计图示数量计算	1. 取源部件安装 2. 节流装置安装 3. 辅助容器制作、安装、刷油 4. 挠性管安装 5. 仪表支柱制作、安装、刷油 6. 保护（温）箱安装（包括开孔） 7. 本体安装 8. 单体调试 9. 脱脂（包括拆装） 10. 支架制作、安装、刷油
031002002	显示单元仪表				1. 表盘开孔 2. 盘柜配线 3. 本体安装 4. 支架制作、安装、刷油
031002003	调节单元仪表	1. 名称 2. 类型 3. 功能			1. 表盘开孔 2. 盘柜配线 3. 本体安装 4. 单体调试

续表

项目编码	项目名称	项目特征	计量单位	工程量计算规则	工程内容
031002004	计算单元仪表	1. 名称 2. 类型 3. 功能	台	按设计图示数量计算	1. 盘柜配线 2. 本体安装 3. 单体调试
031002005	转换单元仪表				
031002006	给定单元仪表				
031002007	辅助单元仪表				
031002008	输入输出组件	1. 名称 2. 功能	件		
031002009	信号处理组件				
031002010	调节组件				
031002011	分配、切换等其他组件				
031002012	盘装仪表		台		1. 表盘开孔 2. 盘柜配线 3. 本体安装 4. 单体调试 5. 支架制作、安装、刷油
031002013	基地式调节仪表	1. 名称 2. 类型 3. 功能 4. 安装位置			1. 表盘开孔 2. 挠性管安装 3. 仪表支柱制作、安装、刷油 4. 保护（温）箱安装（包括开孔） 5. 本体安装 6. 单体调试 7. 支架制作、安装、刷油
031002014	执行机构	1. 名称 2. 类型 3. 功能 4. 规格			1. 挠性管安装 2. 执行仪表附件安装 3. 本体安装 4. 单体调试 5. 支架制作、安装、刷油
031002015	调节阀	1. 名称 2. 类型 3. 功能			1. 挠性管安装 2. 执行仪表附件安装 3. 阀门检查接线 4. 本体安装 5. 单体调试 6. 支架制作、安装、刷油

续表

项目编码	项目名称	项目特征	计量单位	工程量计算规则	工程内容
031002016	自力式调节阀	1. 名称 2. 类型	台	按设计图示数量计算	1. 取源部件安装 2. 本体安装 3. 单体调试 4. 支架制作、安装
031002017	仪表回路模拟试验	1. 名称 2. 类型 3. 功能 4. 点数量或回路复杂程度	回路		调试

C.10.3 集中检测装置仪表。工程量清单项目设置及工程量计算规则，应按表1-10-10的规定执行。

C.10.3 集中检测装置仪表（编码：0301003） **表 1-10-10**

项目编码	项目名称	项目特征	计量单位	工程量计算规则	工程内容
031003001	测厚测宽装置	1. 名称 2. 类型 3. 功能 4. 规格	套	按设计图示数量计算	1. 本体安装 2. 系统调试 3. 支架制作、安装、刷油
031003002	旋转机械检测仪表	1. 名称 2. 功能			1. 本体安装 2. 调试
031003003	称重装置	1. 名称 2. 类型 3. 功能 4. 规格	台		1. 本体安装 2. 系统调试 3. 皮带跑偏检测 4. 皮带打滑检测 5. 电子皮带秤标定
031003004	过程分析仪表	1. 名称 2. 类型 3. 功能	套		1. 取源部件安装 2. 辅助容器制作、安装、刷油 3. 水封制作、安装、刷油 4. 排污漏斗制作、安装、刷油 5. 挠性管安装 6. 本体安装 7. 系统调试 8. 脱脂（包括拆装） 9. 支架制作、安装、刷油

续表

项目编码	项目名称	项目特征	计量单位	工程量计算规则	工程内容
031003005	物性检测仪表	1. 名称 2. 类型 3. 功能 4. 安装位置	套	按设计图示数量计算	1. 取源部件安装 2. 挠性管安装 3. 本体安装 4. 支架制作、安装
031003006	特殊预处理装置	1. 名称 2. 类型 3. 测量点数量	套	按设计图示数量计算	1. 本体安装 2. 调整
031003007	分析柜、室	1. 名称 2. 类型	台	按设计图示数量计算	1. 基础槽钢制作、安装、刷油 2. 本体安装 3. 取样冷却器安装
031003008	气象环保检测仪表	1. 名称 2. 功能	套	按设计图示数量计算	1. 保护箱安装 2. 挠性管安装 3. 本体安装 4. 系统调试

C.10.4 集中监视与控制仪表。工程量清单项目设置及工程量计算规则，应按表1-10-11的规定执行。

C.10.4 集中监视与控制仪表（编码：031004） **表 1-10-11**

项目编码	项目名称	项目特征	计量单位	工程量计算规则	工程内容
031004001	安全监测装置	1. 名称 2. 功能	套	按设计图示数量计算	1. 挠性管安装 2. 本体安装 3. 系统调试 4. 支架制作、安装、刷油
031004002	工业电视	1. 名称 2. 安装位置	台	按设计图示数量计算	1. 挠性管安装 2. 摄像机及附属辅助设备安装 3. 本体安装 4. 支架制作、安装、刷油
031004003	远动装置	1. 名称 2. 点数量	台	按设计图示数量计算	1. 本体安装 2. 试运行

续表

项目编码	项目名称	项目特征	计量单位	工程量计算规则	工程内容
031004004	顺序控制装置	1. 名称 2. 类型 3. 功能 4. 点数量	套	按设计图示数量计算	1. 本体安装 2. 各类试验
031004005	信号报警装置	1. 名称 2. 类型 3. 点数或回路数			1. 本体安装 2. 模拟试验
031004006	信号报警装置柜、箱	1. 名称 2. 类型 3. 功能	台（个）		1. 本体安装 2. 柜箱组件、元件、安装 3. 基础槽钢制作、安装、刷油 4. 支架制作、安装、刷油
031004007	数据采集及巡回检测报警设置	1. 名称 2. 点数量	套		1. 本体安装 2. 系统试验

C.10.5 工业计算机安装与调试。工程量清单项目设置及工程量计算规则，应按表1-10-12的规定执行。

C.10.5 工业计算机安装与调试（编码：031005）　　表 1-10-12

项目编码	项目名称	项目特征	计量单位	工程量计算规则	工程内容
031005001	工业计算机柜、台设备	1. 名称 2. 类型 3. 规格	台	按设计图示数量计算	1. 基础槽钢制作、安装、刷油 2. 本体安装 3. 支架制作、安装、刷油
031005002	工业计算机外部设备	1. 名称 2. 类型 3. 功能			1. 本体安装 2. 调试
031005003	辅助存储装置	1. 名称 2. 类型 3. 规格			1. 本体安装 2. 测试
031005004	过程控制管理计算机	1. 名称 2. 类型 3. 规模			测试
031005005	生产、经营管理计算机				
031005006	管理计算机双机切换装置	1. 名称 2. 功能			

续表

项目编码	项目名称	项目特征	计量单位	工程量计算规则	工程内容
031005007	管理计算机网络设备	1. 名称 2. 功能	台	按设计图示数量计算	本体安装调试
031005008	小规模（DCS）	1. 名称 2. 类型 3. 功能			1. 本体安装 2. 回路试验
031005009	中规模（DCS）	1. 名称 2. 类型 3. 功能 4. 回路数量	套		1. 调试 2. 回路调试
031005010	大规模（DCS）				
031005011	可编程逻辑控制装置（PLC）	1. 名称 2. 点数量			
031005012	操作站及数据通讯网络	1. 名称 2. 类型 3. 功能			1. 调试 2. 系统调试
031005013	过程 I/O 组件	1. 名称 2. 类型	点		
031005014	与其他设备接口				调试
031005015	直接数字控制系统（DDC）	1. 名称 2. 点数量	套		1. 调试 2. 回路调试
031005016	现场总线（FCS）	1. 名称 2. 功能			调试
031005017	操作站（FCS）				
031005018	现场总线仪表	1. 名称 2. 类型 3. 功能	台		1. 取源部件安装 2. 节流装置安装 3. 辅助容器制作、安装、刷油 4. 挠性管安装 5. 仪表支柱制作、安装、刷油 6. 保护（温）箱安装（包括开孔） 7. 本体安装 8. 回路调试 9. 脱脂（包括拆装） 10. 支架制作、安装、刷油

C.10.6 仪表管路敷设。工程量清单项目设置及工程量计算规则，应按表1-10-13的规定执行。

C.10.6 仪表管路敷设（编码：031006） 表1-10-13

项目编码	项目名称	项目特征	计量单位	工程量计算规则	工程内容
031006001	钢管敷设	1. 名称 2. 连接方式 3. 管径	m	按设计图示以延长米计算，不扣除管件、阀门所占长度	1. 管路敷设 2. 伴热管伴热或电伴热 3. 除锈、刷油 4. 保温及保护层 5. 管道脱脂 6. 支架制作、安装、刷油
031006002	高压管敷设	1. 名称 2. 材质 3. 管径			1. 管路敷设 2. 伴热管伴热或电伴热 3. 除锈、刷油 4. 保温及保护层 5. 管道脱脂 6. 支架制作、安装、刷油 7. 焊口热处理 8. 焊口无损探伤
031006003	不锈钢管敷设	1. 名称 2. 管径			1. 管路敷设 2. 伴热管伴热或电伴热 3. 保温 4. 管道脱脂 5. 支架制作、安装、刷油 6. 焊口热处理 7. 焊口无损探伤 8. 焊口酸洗钝化
031006004	有色金属管及非金属管敷设	1. 名称 2. 材质 3. 管径			1. 管路敷设 2. 伴热管伴热或电伴热 3. 除锈、刷油 4. 保温及保护层 5. 管道脱脂 6. 支架制作、安装、刷油
031006005	管缆敷设	1. 名称 2. 材质 3. 芯数			1. 管路敷设 2. 支架制作、安装、刷油

C.10.7 工厂通讯、供电。工程量清单项目设置及工程量计算规则，应按表 1-10-14 的规定执行。

C.10.7 工厂通讯、供电（编码：031007） **表 1-10-14**

项目编码	项目名称	项目特征	计量单位	工程量计算规则	工程内容
031007001	工厂通讯线路	1. 名称 2. 类型 3. 敷设方式 4. 芯数	m （根）	按设计图示加规定预留长度以延长米计算，专用系统电缆按根计算	1. 电（光）缆敷设 2. 电（光）缆头制作、安装 3. 光缆其他安装项
031007002	工厂通讯设备	1. 名称 2. 类型 3. 功能	套	按设计图示数量计算	1. 本体安装接线 2. 调试通话系统试验
031007003	供电系统	1. 名称 2. 类型 3. 容量	套 （台）		1. 基础槽钢制作、安装、刷油 2. 本体安装 3. 检查试验

C.10.8 仪表盘、箱、柜及附件安装。工程量清单项目设置及工程量计算规则，应按表 1-10-15 的规定执行。

C.10.8 仪表盘、箱、柜及附件安装（编码：031008） **表 1-10-15**

项目编码	项目名称	项目特征	计量单位	工程量计算规则	工程内容
031008001	盘、箱、柜安装	1. 名称 2. 类型 3. 规格	台	按设计图示数量计算	1. 基础槽钢制作、安装、刷油 2. 本体安装 3. 支架制作、安装、刷油
031008002	盘柜附件、原件制作安装	1. 名称 2. 类型	个		1. 本体安装 2. 制作 3. 校接线 4. 试验

C.10.9 仪表附件安装。工程量清单项目设置及工程量计算规则，应按表 1-10-16 的规定执行。

C.10.9 仪表附件安装（编码：031009） **表 1-10-16**

项目编码	项目名称	项目特征	计量单位	工程量计算规则	工程内容
031009001	仪表阀门	1. 名称 2. 类型 3. 材质	个	按设计图示数量计算	1. 本体安装 2. 研磨 3. 脱脂
031009002	仪表支吊架	1. 名称 2. 类型	个 （m、根）		1. 本体安装 2. 制作 3. 除锈、刷油 4. 混凝土浇筑
031009003	仪表附件		个		1. 本体安装 2. 制作

C.10.10　其他相关问题，应按下列规定处理：

1. 自控仪表工程中的控制电缆敷设、电气配管配线、桥架安装、接地系统安装，应按本附录 C.2 相关项目编码列项。

2. 在线仪表和部件（流量计、调节阀、电磁阀、节流装置、取源部件等）安装，应按本附录 C.6 相关项目编码列项。

3. 火灾报警及消防控制等应按本附录 C.7 相关项目编码列项。

4. 土石方工程应按附录 A 相关项目编码列项。

四、自动化控制仪表安装工程编制注意事项

（一）概况

自动化仪表安装工程的清单项目设置，采用了传统的分类方式，以功能分类为主，按简明适用的原则，避免相同功能内容的重复设置。为新型控制仪表的工程量清单编制提供了一定的空间。本附录共分 9 节 68 个清单项目，可满足一般自动化仪表工程工程量清单编制的需要。

（二）工程量清单项目设置

1. 附录 C.10.1　过程检测仪表

本节包括温度仪表、压力仪表、流量仪表、物位仪表、显示仪表五方面内容。

适用于控制系统原始数据检测以及使用常规仪表的数据显示与调节等控制仪表工程的工程量清单设置。

工程量计量一般是根据施工图给出的工程量以支、台、块计量。

在工程量清单项目设置时，首先确定图纸给出的工程量在上述范围之内，按分部分项工程特征设置项目名称，参照对应内容设置项目编码，以其所综合的工程内容进行计价。

【例】　带电接点压力式温度计

项目编码：031001001001。解读：03 安装，10 自动化仪表安装工程，01 过程检测仪表，001 温度仪表，001 带电接点压力式温度计。最后三位码由工程量清单编制人员根据需要自行设置。

同一工程中内容完全相同的分部分项工程，在各单项工程中所使用的编码必须一致。

项目名称：带电接点压力式温度计

计量单位：台

工程内容表述。工程内容是清单项目计价的基础，是本清单项目达到使用条件（不包括系统试验）所需的全部工作，工程内容的表述必须清晰完整。如：

（1）配合工艺取源部件的位置确定；

（2）配合工艺取源部件的制作安装；

（3）温度计保护套管（材质）制作安装；

（4）毛细管敷设保护（毛细管长度）；

（5）毛细管保护管（材质、规格、长度）及支架（重量）的制作安装、刷油防腐（油漆种类、漆膜厚度）；

（6）本体安装，单体校验；

（7）挠性管（型号）安装。

本节内容覆盖面较大，有些清单项目特征字面相同，但其内容不尽相同，须按各清单项目的特点详细列项予以说明。

2. 附录 C.10.2 过程控制仪表

本节包括单元组合仪表、组件式综合控制仪表两部分内容。其中变送单元仪表。基地调节仪表、执行机构、调节阀为现场仪表，其余多为盘装架装仪表。

适用于单元组合仪表以及组装式综合控制仪表组成的显示或调节系统的安装与调试等控制仪表工程的工程量清单设置。

工程量计量一般是根据施工图给出的工程量以台、件计量。

本节变送单元仪表、基地式调节仪表综合工程内容较多，均应按设计要求和工程量清单的编制原则设置工程量清单，且不可与附录 C.10.1 相关内容重复计量。

【例】 电动差压变送器

项目编码：03l002001001

项目名称：电动差压变送器

计量单位：台

工程内容：达到使用条件的所有工作，包括：①配合工艺取源部件的位置确定；②配合工艺取源部件的制作安装；③节流装置（规格）检测安装；④辅助容器制作安装（规格、材质）；⑤仪表支柱或保温（护）箱安装；⑥仪表支架（重量）或保温箱底座的制作（重量）安装、刷油防腐（油漆种类、漆膜厚度）；⑦挠性管（型号）安装；⑧本体安装（包括单体调试）；⑨脱脂。

设计或工艺条件还有其他要求的亦必须列入。设计或工艺条件对上述内容没有要求的不可列入。如没有辅助容器的不列辅助容器，没有保温箱的不列保温箱，不需脱脂的不列脱脂。即工程内容的综合视设计或工艺条件而定。

3. 附录 C.10.3 集中检测装置仪表

本节包括机械量仪表、过程分析和物性检测仪表、气象环保检测仪表三部分内容。

适用于机械变量的监控，工艺介质的成分物性分析检测，气象环保检测等控制仪表工程的工程量清单设置。

工程量清单计量是以施工图给出的数量按台、套计量。

本节称重装置、过程分析仪表综合了较多的工程内容，在工程量清单编制过程中应根据设计要求进行组合，不要漏项也不可重复计算。

【例】 氧化锆分析仪

项目编码：031003004001

项目名称：氧化锆分析仪

计量单位：台

工程内容：按设计要求实现主项功能的全部工作，包括：①配合工艺取源部件安装；②样气处理装置（名称、规格、材质）；③设计要求的其他附属部件（名称、规格、材质）；④挠性管（型号）安装；⑤支架（重量）的制作安装、刷油防腐（油漆种类、漆膜厚度）。

因为不同的装置工艺条件的差异、设计构思的差异，其仪表的安装方式也会有很大的差异，清单项目所列的工程内容可能满足不了清单编制的需要，必须根据设计要求自行补充相应的工程内容。

4. 附录 C.10.4　集中监视与控制仪表

本节包括安全监测装置、工业电视、远动装置、顺序控制装置、信号报警装置、数据采集及巡回检测报警装置六部分内容。

适用于易燃易爆场所的安全监测，场所关键部位场面监控，以及各类数据的采集与报警等控制仪表工程的工程量清单设置。

工程量清单计量一般是以施工图给出的数量按台、套计量。

本节工业电视项包含了显示器、摄像机、附属设备。在工程量清单设置时，应根据设计选择附属工程内容组成以主项为主的综合项。有些设计采用多画面显示器并非与摄像机一一对应，类似情况的显示器、摄像机可单独列项。但是能够组合的工程内容应尽量组合。

【例】　工业电视

项目编码：03l004002001

项目名称：工业电视

计量单位：套

工程内容：内容组合包括：①显示器（盘装）；②摄像机（安装高度）；③电动云台；④操作器。

本节除工业电视以外的其他内容组合比较简单，但是亦应注意以主项组合的成套性。

5. 附录 C 10.5　工业计算机安装与调试

这一节是自控仪表清单项目中比较复杂的一节，它包括工业计算机安装与调试、管理计算机调试、基础自动化调试三部分内容。每部分内容又有较为详尽的划分，在编制工程量清单时，应确切把握清单项目使用的合理性。

适用于工业计算机硬件设备、机柜、台柜、外部设备安装，管理计算机调试，过程控制计算机硬件及功能调试，生产管理计算机硬件及功能调试，基础自动化的 DCS 调试、PLC 调试、DDC 调试、I/O 卡测试、FCS 系统及总线仪表安装调试等控制仪表工程的工程量清单设置。

工程量清单计量一般是以施工图给出的数量按台、套计量。

【例】　过程控制管理计算机调试

项目编码：031005004001

项目名称：过程控制管理计算机调试（终端数量）

计量单位：台

工程内容包括计算机硬件检查调试，功能调试。

本节（FCS）现场总线仪表的安装调试分为总线操作站调试与总线仪表安装调试。二者要对应清单项目分别列项。注意总线仪表与单元组合仪表的区分。

6. 附录 C.10.6　仪表管路敷设

本节管路敷设仅指仪表压力管路敷设，包括导压管、气源管、信号管、伴热管（或伴热电缆）四种不同功能的管线。

适用于仪表工程中碳钢管、不锈钢管、铜管、铝管、高压管、聚乙烯管、管缆及伴热管线的敷设等控制仪表工程的工程量清单设置。

工程量清单计量一般是以施工图按延长米不扣除管件、阀门所占长度以米计量。

【例】 碳钢管敷设

项目编码：031006001001

项目名称：碳钢管 $DN18\times3$

计量单位：m

工程内容包括：①钢管敷设；②管路伴热（材质、规格）；③管路保温（材料种类、厚度）；④保护层（材质、厚度）；⑤管道刷油防腐（油漆种类、漆膜厚度）；⑥支架（重量）制作安装、刷油防腐（油漆种类、漆膜厚度）。

管道敷设种类很多，施工规范的要求各不相同，工程量清单设置时应按管道种类设置相应的工程内容。

7. 附录 C.10.7 工厂通讯、供电

本节包括工厂通讯线路工程、工厂通讯设备安装调试、工厂通讯供电系统安装调试三部分内容。

适用于工厂通讯线路（附补偿电缆）敷设、通讯设备、不间断电源及其附件的安装与调试控制仪表工程的工程量清单设置。

线路工程工程量清单计量按延长米加预留长度计量，专用电缆按根计量。通讯设备、供电系统按设计图示数量按台、套计量。

工程量清单设置，线路部分按不同的敷设方式以及线芯数分别列项；通讯设备与供电系统按功能或容量分别列项。

【例】 同轴电缆敷设

项目编码：031007001001

项目名称：同轴电缆沿桥架敷设（线芯数量）

计量单位：m

工程内容：综合电缆敷设与电缆头制作。

通讯设备的安装与调试相互对应的综合安装调试列项。安装调试不对应的安装与调试分别列项。

8. 附录 C.10.8 仪表盘、箱、柜及附件安装

本节包括仪表盘、箱、柜安装，盘柜附件、元件制作安装两部分内容。

适用于各种仪表盘、箱、柜安装，仪表盘柜校接线配线，盘上元件安装，盘上附件制作安装等控制仪表工程的工程量清单设置。

工程量清单计量，盘、箱、柜根据设计图示数量按台计量；盘上元件、附件根据设计图示数量按个计量。

工程量清单设置，按设计图标示的类型、规格对应相对的清单项目直接列项。

【例】 端子箱安装

项目编码：031008001001

项目名称：端子箱（端子对数）安装

计量单位：台

工程内容：①端子箱（端子对数）安装；②端子箱支架（重量）制作安装、刷油防腐（油漆种类、漆膜厚度）。

本节涉及内容为常规仪表盘、箱、柜及其附件与元件。应与工业计算机柜、台加以区别。

9. 附录 C.10.9　仪表附件安装

本节包括仪表阀门安装、仪表工程支吊架安装、仪表附件安装。

适用于仪表工程中阀门安装，没有主项可综合的仪表工程支架制作安装，具有相对独立性的仪表附件的制作等控制仪表工程的工程量清单设置。

仪表阀门的工程量清单计量，可根据设计图标示的技术数据按个计量。支吊架安装可根据设计图要求的种类按米或按个计量。仪表附件按个计量。

工程量清单设置，以仪表阀门为主项可综合阀门研磨、脱脂等工程内容。支吊架安装可综合制作、刷油防腐、混凝土浇筑等工程内容。

【例】　碳钢阀门安装

项目编码：031009001001

项目名称：碳钢阀门 J23W－60 *DN*10 安装

计量单位：个

工程内容：阀门安装，阀门研磨，阀门脱脂。

本节包括内容不多，其中仪表阀门可直接按主项设置清单。对于仪表支吊架、仪表附件能综合到其他主项的列入其他主项。在本节中设置的清单项目，是具有相对独立性的工程内容，如槽盒专用的大型吊架、门型架，压缩空气净化分配装置。类似这些工程内容不能综合在主项之内，需单独列项。

（三）需要说明的问题

1. 项目特征。项目待征是设置清单项目的主要依据，用于区分《建设工程工程量清单计价规范》中同一清单条目下各个具体的清单项目。如《建设工程工程量清单计价规范》清单条目 031001001 温度仪表，特征中，名称是指具体清单列项的名称，用名称区分是何种温度计，写出具体的温度计名称；类型是进一步描述是何种温度计，是接触式还是感应式，是金属膨胀式还是液体膨胀式，是单支还是多支等等；规格在这里是单指接触式温度计的尾长。

2. 每一《建设工程工程量清单计价规范》清单条目，项目特征不尽相同，都有其特定的含意，对特征的理解要对应不同的主项理解，如上例温度计的“规格”仅指温度计的尾长，而《建设工程工程量清单计价规范》清单条目 031001003 流量仪表中的“规格”是指节流装置的口径，清单条目 031001004 物位检测仪表中的“规格”是指仪表长度或测量范围。

3. 工程内容是清单项目计价的基础，工程内容列项是工程量清单编制的主要工作。本章清单条目综合工程内容较多，应避免工程内容的漏项或重复，准确的工程内容列项是清单计价准确的保证。清单项目所综合工程内容能够通过主项按设计要求或工艺要求计算出工程量的，应标明设计要求或工艺要求；如果主项工程量与综合工程内容工程量不对应，在列综合项时还要列出综合工程内容的工程量。

第十一节　通信设备及线路工程

一、通信设备及线路工程造价概论

（一）通信光缆

1. 概述。光导纤维通信是一种崭新的信号传输手段。利用激光通过超纯石英（或特种玻璃）拉制成的光导纤维进行通信。多芯光纤、铜导线、护套等组成光缆，既可用于长途干线通信，传输近万路电话或若干套电视节目以及高速数据，又可用于中小容量的短距离市内通信。应用在局间中断，市局同交换机之间以及闭路电视、计算机终端网络的线路中。光纤通信不但通信容量大、中继距离长，而且性能稳定，通信可靠。缆芯小，重量轻，曲挠性好，便于运输和施工。可根据用户需要插入不同信号线或其他线组，组成综合光缆。光缆的标准长度 1 000 ± 100 m，具体制造长度可由用户和工厂协商。

2. 通信光缆分类及代号。GY——通信用室（野）外光缆：用于室外直埋、管道、槽道、隧道、架空以及水下敷设的光缆。GR——通信用软光缆：具有优良的曲挠性能的可移动光缆。GJ——通信用室（局）内光缆：适用于室内布放的光缆。GS——通信设备内光缆：适用于设备内布放的光缆。GH——通信用海底光缆：用于跨越海洋敷设的光缆。GT——通信用特殊光缆：除上述分类之外作特殊用途的光缆。

3. 光缆结构。光缆结构通常按缆芯和护套两部分来分别考虑。缆芯，按光纤位置，有支绞式、骨架式和中心束管等几种基本结构。护套，室外光缆常用下列护套：①铝-塑粘结护套（LAP）；②皱纹钢管护套；③钢-塑综合护套（PSP）；④钢丝铠装护套；⑤束管式光缆；⑥非金属高强度光缆；⑦阻燃护套光缆等等。

（二）市话通信电缆

1. 通信电缆型号及代号说明。通信电缆型号组成：类别用途—导体—绝缘—内护层—特征—外护层（数字表示）—派生—数字含义。

通信电缆代号说明。通信电缆代号说明见表 1-11-1。表 1-11-1 所示代号中所缺的代号在派生中增加 T（填充型）和 G（高频）。

通信电缆代号说明表 **表 1-11-1**

类别用途	导体	绝缘	内护套	特征	外护套	派生	数字含义	
H——市内电话电缆	T——铜芯	V——聚氯乙烯	H——橡套	C——自承式	02 03	0——第一种	0——无铠装	0——无外被层
HB——通信线	L——铝芯	Y——聚乙烯	L——铝套	D——带形	20 21	1——第二种	1——	1——纤维层
HE——长途通信电缆	G——铁芯	X——橡皮	Q——铅套	E——耳用	22 23	252——252 kHz	2——双钢带	2——聚氯乙烯护层
HH——海底通信电缆		YF——泡沫聚乙烯	V——聚氯乙烯……等	J——交换机用	23 32		3——细圆钢丝	3——聚乙烯
HJ——局用电缆		Z——纸		P——屏蔽	33 41		4——粗圆钢网	4——
HO——同轴电缆				S——水下	42 43			
HR——电话软线				Z——综合型				
HR——配线电缆				W——尾巴电缆				
HU——矿用话缆								
HW——岛屿通信电缆								
CH——船用话缆								

常用市话通信电缆的线径有 0.4mm、0.5mm、0.6mm、0.7mm、0.9mm，对数的规格有 30 对、50 对、100 对……800 对、1000 对。

2. 通信线材

(1) 铜包钢线。适用范围：用于载波架空通线路。型号规格：GTAϕ1.2、ϕ1.6、ϕ2.0、ϕ2.3、ϕ2.5、ϕ2.8、ϕ3.0、ϕ4.0、ϕ6.0。

(2) 屏蔽线

1) SBHP 型无线用橡皮绝缘橡套屏蔽电线。适用范围：供移动式无线电装置用且具有屏蔽作用。规格：0.5mm^2：2 芯、6 芯、10 芯、14 芯；0.75mm^2：4 芯、8 芯、12 芯。

2) FVNP 型聚氯乙烯绝缘尼龙护套屏蔽电线（单芯）。适用范围：供交流额定电压 250V 及以下或直流电压 500V 及以下的低压线路之用。规格：0.5mm^2、1.2mm^2。

3) CRVP 型聚氯乙烯绝缘尼龙护套屏蔽电线（单芯）。适用范围：供交流额定电压 250V 以下的电器仪表、电信电子设备及自动化装置等屏蔽线路用。规格：0.4mm^2、0.75mm^2、1.5mm^2。

4) SBVP 型聚氯乙烯绝缘和护套屏蔽线（二芯）。适用范围：适用于弱电流电器仪表、电机、电子设备屏蔽线路。规格：0.1mm^2、0.12mm^2、0.15mm^2……1.0mm^2、1.5mm^2。

5) SBVVP 型聚氯乙烯绝缘和护套屏蔽线。适用范围：同 SBVP 型。规格：芯线截面 0.06mm^2、0.1mm^2……1.0mm^2、1.5mm^2，分有单芯、二芯、三芯和四芯。

3. 通信管道材料。通信电缆管道常用的有混凝土管、钢管、铸铁管、硬聚氯乙烯管和石棉水泥管。混凝土管使用场合：一般地段线路的电缆管道均较广泛地采用。石棉水泥管使用场合：需要防腐蚀（特别是电蚀）的地段、高温地段、地基有不均匀下沉的现象时和管孔不多、距离不长的分支管道。钢管使用场合：不宜开挖的地段需采用顶管方法施工时；有较大的跨距或悬空地段；地基特别松软有不均匀下沉，或有可能遭到强烈振动时；埋深很浅、路面荷载较重的地段；有强电危险或有干扰影响需要屏蔽的地段。塑料管（硬聚氯乙烯管）使用场合：腐蚀严重或与电气线路平行接近时，需要电缆绝缘的地段；地下水位很高，或与有渗漏的排水系统相邻近；地下障碍物复杂，管道需要作多次弯曲时；穿出沟渠或振动严重的地方。

4. 通信电杆。通信电杆按材质分有：防腐木电杆、普通水泥杆、普通离心环形钢筋混凝土电杆。防腐木杆仅在特殊情况下使用。用于通信架空线路的普通水泥杆，梢径为 150mm、170mm，杆长为 8.5m、10m。普通离心环形钢筋混凝土电杆，梢径为 130mm、150mm、170mm 三种，杆长为 6～12m。

（三）通信设备

从自动电话交换机的发展历史看目前正进入第四代。第一代是步进制自动电话交换机，取代了繁重的人工交换。第二代是纵横制自动电话交换机。第三代程控分交换机是机电式计算机程控交换机，有很多缺点，如使用元件多，容量大，线束较大，而线复杂，性能不够全面，很快被第四代程控数字交换机所取代。第四代交换机是世界上交换技术最先进的，可以说是尖端技术。程控交换机具有灵活完善，接续处理速度快，稳定可靠，通话音质音量舒适感特别好，它占用的机房面积小。例如，安装步进或纵横制交换机 2000 门的机房，可安装程控交换机 1 万门，它具有很强的适应性，能与步进制、纵横制交换机相配合。步进制和纵横制交换机只能交换语言和低速数据，而程控交换机除了语言外可以交换图像，高速数据。

1. 电源设备

（1）DUZ01（系列）60/30、60/75、48/30、48/75 整流配电组合电源。本系列设备由交流配电装置、整流装置（一主一备）及直流配电装置三部分组成，共装在二个列架中。DUZ01－60/30、60/75 型适用于 400 门和 800 门以下的纵横制交换机，DUZ01－48/30、48/75 型适用于程控交换机和数字微波通信设备的供电。为了确保通信不中断，应接入一组或二组蓄电池作浮充供电。但在交流电有保证的情况下，也可不用蓄电池而由整流装置直接供电。在直供时，不论交流电的自动转换或整流器的自动转换，输出直流电压均可不中断。本设备还特别适合只有一组蓄电池的情况，平时可采用浮充工作，而在电池需要充电时，可由本设备中的一台整流器对电池充电，另一台整流器对通信设备直接供电。

（2）DXJ02－220V/1kW 型三端不间断电源设备。该设备为内装电池的完整的单相不间断电源系统。本设备能连续输出稳定的、不受市电杂声及浪涌干扰的单相 200V50Hz 正弦波电压，适用于计算机、通信、化工、仪表、医疗器械及办公室自动化等重要设备作供电装置。

DXJ02 三端不间断电源设备只进行一次能量转换，效率高、可靠性高；具有过载保护、声光告警、均衡充电与浮充充电自动转换功能；支持时间长，无倒换时间；应用专利技术，保护功率晶体管在严重过载或短路时免遭损坏。

（3）UPS－DUT50－200 型不间断电源。该电源是 400 门以下程控交换机的配套设备，该电源采用组合式结构，控制电路与蓄电池室设计于一体，当市电中断时能自动将处于浮充或充电状态的蓄电池转换到输出电路，对交换机直接供电 10h 以上，以保证设备正常运行，市电恢复后，自动对蓄电池充电。输出电压分别为 24V、48V、60V。容量为 50Ah、100Ah、150Ah、200Ah 四种，还可以根据用户要求进行设计。

（4）DZY75－48/12 型程控电源。DZY75－48/12 型自动稳压稳流整流器是专门为 240 门以下程控交换机设计的配套电源设备。具有自动稳压稳流性能，备有自动控制和手动控制两种方式，可以对蓄电池按程序和控制进行自动充电，保护蓄电池使之处于良好的工作状态，可以空载开机和直供，额定容量为 48V12A。

（5）光通信无人值守电源系统。该系统由 DXZ76－24/1020 硅太阳电池方阵、DZY76－24/35 自动稳压硅整流器、DHY76－24/5.3 直流－直流变换器、DPJ76－220/50 单相交流配电屏、DPZ76－24/50 直流配电监控屏、蓄电池组以及用户自备的移动电站等组成。具有无人值守功能，遥控信号齐全。整流器和变换器具有自动开机、保护性能好等特点。系统输出直流—24V/5.3A，是国产光通信无人站的理想供电系统。该系统已在国家一级干线工程上使用。

2. 其他电源设备

（1）DZW02 型 24/125、24/200 自动稳压稳流硅整流器。本设备可用作与蓄电池并联浮充向通信设备供电，也可用来对蓄电池组进行充电，它与 DPK05 市电转换屏、DPK04 自起动油机控制屏、DPZ09 直流配电屏组成无人值守微波站成套电源设备。本设备具有遥控、遥信及故障自动倒换性能，当采用一台整流器容量不足时，可按“稳压－稳压”方式数台并联运行，或按一台稳压数台稳流的方式并联运行。

（2）DHY10（系列）12/30、24/15、60/6、130/3 稳压变换器。本系列变换器可将通信机房的60V和48V的基础电源变换成12V、24V、60V、130V的直流电源，主要用作市内电话，长途载波及电报等多种通信设备的电源。本设备是一种高频脉宽调制型电压变换器，变换频率为20kHz。每台设备可装五套独立电源盘，同型号变换器可并联供电，具有均分负荷性能。本系列产品曾获国家优质新产品奖和邮电部科学技术进步三等奖。

(3) DND01、02（系列）220/0.5 kVA、1kVA、2kVA单相逆变器。本设备可将直流电源变换成频率为50Hz的单相220V正弦波电源，在市电停电时用作各种仪器仪表的供电电源，也可用于其他要求不间断供电的设备。输出功率有0.5kVA、1kVA和2kVA。

(4) DPJ01－380/400Ⅰ、Ⅱ型交流配电屏。本设备分为DPJ01－380/400Ⅰ型和DPJ01－380/400Ⅱ型两种，可与DPE06系列直流配电屏、DEW03系列自动稳压稳流整流器组成成套电源设备。适用于万门市话局作纵横制交换机电源。该设备曾获邮电部科学技术进步一等奖。

(5) DPZ02（系列）直流配电屏。本系列配电屏系中等规模通信机房电源设备的一部分，可与交流配电屏、自动稳压稳流整流器等组成成套电源设备。

(四) 企业电信与信号接收输送系统

1. 企业电信

(1) 厂（矿）区电话。厂（矿）区电话即工业企业内部小交换机的电话，作为工业企业对内外联系之用。

(2) 生产调度电话。在现代化的许多大中型工业企业里，为了使生产调度人员及时地了解车间生产情况，迅速地指挥、调度，调节生产及监督生产过程，设置了生产调度电话。根据生产上的需要，中小型企业一般设有一级调度，大型企业设有二级、甚至三级、四级调度。

一级调度电话就是在全厂设一个调度总机，一般叫做生产总调度电话，负责全厂的生产调度工作。二级调度就是在一些较大的企业里，除设有全厂总的生产总调度电话外，在某些较大的、调度工作频繁的车间内设置车间调度电话。在某些较大的联合企业里，除总厂设有生产总调度电话外，各分厂还设有分厂调度电话，在分厂的某些大车间里还设有车间调度电话，称为三级调度。

(3) 会议电话。会议电话也就是长途电话，市内电话和厂（矿）区电话等网络以某种方式汇接起来，使分散在各地的单位和人员以会议的形式进行通话的一种通信方式。通过会议电话可以和开会一样进行布置工作、传达文件、指挥生产和交流经验等。节省人力、物力和时间，及时解决问题。

(4) 生产扩音通信。凡生产上需要统一调度或迅速联系，而车间的噪声较大，无法使用电话时，一般可采用扩音通信，利用扩音器进行通话。

(5) 直通电话。在生产操作上或业务上有密切联系的几个单位，需要迅速而频繁地联系时，或某些生产调度系统由于用户数量不多而不设置调度电话总机，但厂（矿）区电话又不能满足其要求时，可设置直通电话。

(6) 报警信号。有些重要的、易失火的或使用煤气较多的工业企业里，设有专门的消防队、警卫部门或煤气急救站，为了能及时地向这些有关部门进行事故或火灾报警，应考虑设置报警通信号码，一般采用用户电话交换机中比较容易记忆的电话号码作为报警号码。目前各地常用的火警号码是“119”。

(7) 电钟。为了计时，在许多工业企业的办公楼、车间及公共场所装设有电钟，一般采用的电钟有交流电钟和直流电钟两种。

(8) 有线广播。有线广播是一种很好的宣传工具，它可以宣传鼓动、促进生产的发展和活跃职工的文化生活。得到广泛应用。

2. 系统的接收天线

(1) 半波振子（偶极子）天线。天线虽然有各种各样的形式，但最基本的形式只有一种，即半波偶极子天线，可由半波振子天线组成各种不同型式的复杂天线，如八木天线等。

(2) 八木天线。八木天线由一个有源振子和若干无源振子所组成，只有有源振子和天线馈线相连接。所有振子都相互平行地排列在同一平面上，并且垂直于连接它们的金属横杆。由于金属横杆通过振子的中心（振子中心为电压波节点）而且垂直于天线的电场，所以横杆可以采用金属杆，它不会影响天线的电场状况。

1) 有源振子。有源振子一般采用对称偶极振子、折合振子和复合振子等。

有源振子要根据实际用途选择。不同的振子与馈线的连接方式也有所不同。如用折合振子，当馈线采用同轴电缆时，必须加接阻抗变换装置（因折合振子的输出阻抗与同轴电缆的特性阻抗不一样）。

有源振子两臂的总长，按接收频道的 $\lambda_0/2$ 选择（λ_0 为中心频率的波长）。振子的实际长度一般比 $\lambda_0/2$ 略短，短多少和振子棒的粗细有关，较粗的棒可取得短些。

2) 无源振子

①反射器：无源振子作用之一是作为反射器用，它保证天线的单向性。一般只在有源振子后面加一个或两个反射器。因为加一个或两个反射器后，在反射器后面的场强已经很弱了，再多加反射器对于提高天线的增益帮助不大。反射器的长度较有源振子约长 5%～15%。反射器与有源振子之间的距离约为 $0.1\sim0.25\lambda_0$。

②引向器：除反射器之外的无源振子均为引向器。引向器的数目要根据需要（方向性图和增益）而定，引向器愈多，愈能提高增益，愈使方向性图尖锐。当采用 4 个引向器时，可得到 8dB 的增益和 45°的波瓣宽度；当采用 9 个引向器时，可得到 13dB 的增益和 37°波瓣宽度。原制作者八木曾经用过 20 个引向器，从而获得波瓣小至 5°的锐方向性图，但应该指出，每个引向器都是从靠近有源振子的次一个引向器寄生地获得功率的，因而每个引向器要把它的功率辐射一部分，从而使得各单元振子电流振幅依次减小，这说明天线引向振子的个数实际上是有限的。引向器的长度较有源振子约短 5%～20%。引向器与有源振子之间及引向器之间的距离为 $0.1\sim0.25\lambda_0$。

(3) 组合天线。宽频带天线可以接收多个频道的电视信号。比起频道专用天线来省天线数量，也省去信号混合的麻烦。但是由于它的其他电气性能不如频道专用天线好。比如：增益低，方向性不尖锐，抗干扰能力弱，因而它只适用于干扰较小，各频道信号接收电平相差不多的地区的 CATV 系统。然而在许多情况下都满足不了这样一些条件，因此必须考虑使用频道天线构成的组合天线。合理设计组合天线不但能满足频带要求，而且增益高，方向性好，抗干扰能力强。正因为如此，组合天线在 CATV 系统中得到了广泛的应用。

(4) 天线阵。把相同的天线上下或左右组合起来就成为天线阵。天线阵可以提高天线增益，改善天线方向性，增强抗干扰能力。当然增加天线的振子数目也有这种作用，但那是有一定限度的。当振子数多到一定程度后，再增加振子，效果就不明显了。在这种情况下，采用天线阵效果更好。天线阵可分为垂直天线阵、水平天线阵和复合天线阵。

(5) 双环天线。双环天线的结构由上下两个圆环组成，中间用双导体连接起来。当各环的周长等于一个波长时，上下环中的水平部分的感应电势相互加强，而垂直部分的感应电势相互抵消，因此，这种天线的工作方式与水平极化天线基本相同。

(6) 菱形天线。菱形天线是增益很大的宽频带非谐振定向天线。它的宽频带性能是由于利用其中电流行波而得到的，. 因此也保证了其输入阻抗不变，并能在宽频带内保持方向性图的形状。与谐振天线（如半波振子天线）不同之处，在于谐振天线的各个单元中电流分布为驻波，而菱形天线电流为行波，所以菱形天线也称为非谐振天线。

(7) X 形天线。X 形天线是由半波振子天线演变而来的，虽然通频带宽，但是增益低。半波振子天线的通频带与天线导体直径有关，天线导体越粗，通频带就越宽，要使半波振子天线成为 VHF 低频段天线即通频带为 48.5 ~ 93MHz，天线导体的直径需要增大到 100 ~ 120mm，才能保证在上述范围内输入阻抗变化不多，方向性图在整个频带内基本不变。实践证明，将半波振子做成两个 V 形，这样形成的 X 形天线其效果与上述粗直径天线差不多。随着 V 形导体张开角度的增大，通频带不断加宽，但是宽到一定程度后，方向性图随频率的变化已不能忽视。为了防止频带的边缘方向性图主瓣产生分裂，还可以将 V 形振子的两侧向电视台方向收拢。

3. 前端设备

前端设备包含从天线到分配系统的所有部件，它是系统的心脏，主要由放大器、混合器、分配器等组成，对于复杂系统，还可能有天线放大器、U/V 变换器、V/V 变换器。前端设备系根据天线输出电平的大小和系统的要求来设计的。其输出质量的好坏是整个系统的关键。

(1) 前端设备部件

1) 天线放大器。在电视服务的边远地区场强较弱，采用天线放大器是解决远距离接收的有效途径之一。一般天线输出电平低于 75dB 时，就须考虑采用天线放大器。

天线放大器系弱信号放大器，因而低噪声、高增益、工作稳定是其主要技术要求。一般噪声系统应小于 6dB，好的可以达到 4dB，国外先进水平可以达到 2.5dB。增益一般在 30 ~ 35dB。

2) U/V 变换器。UHF 频段的频率约 500 ~ 900MHz，在电缆中传输的衰减在系统中不可能直接传送。为要收看 UHF 频段节目，必须将 UHF 频段天线接收的 UHF 频道信号通过 U/V 变换器变成 VHF 频段信号，再向系统内传送，使系统内的用户能用 VHF 频段电视机收看 UHF 节目，所以 U/V 变换器也是以装在天线竖杆上为好。随着我国电视广播事业的发展，许多大城市都着手筹建播送 UHF 频段节目，U/V 变换器将成为共用天线电视系统中一个不可缺少的部件。

3) V/V 变换器。系统在某个地区，离某一发射台较近，室内直射波场强很强，会造成前重影干扰，所以必须将该频道信号转换到其他空频道接收，这就得用 V/V 变换器。

4) 放大器。放大器是 CATV 系统中的一个重要部件，用它来提高信号电平，以使系统内各用户的电平达到要求，从而能在电视屏幕上获得满意的图像。放大器以工作频段分，有 VHF 放大器和 UHF 放大器，以使用频率分，有专用频道放大器（即单一频道放大器）和宽带放大器，后者又可分全频道宽带放大器和高、低段宽带放大器等；根据输入信号电平分，有强信号和弱信号放大器；从放大器所处位置分，有天线放大器（即弱信号放大器）、前端放大器和后面分配系统用的线路放大器。

5）混合器。混合器是将多路频率信号混合起来汇成一路输出的一个部件。二路输入的混合器称二混合器，过去有高、低通宽混合器和任意不相邻二混合器，现在任意不相邻三混合器、四混合器、五混合器、六混合器、七混合器、相邻频道混合器及 U 混合器都已问世。

混合器通常由多个带通滤波器组成。每一个带通滤波器对应于一个频道，在通带以内的信号得以通过，通带以外的频率信号则呈现较大的衰减，从而使各频道之间互不影响。

（2）前端及其他辅助设备

1）调制器。调制器是电缆电视系统中，用于自办节目的一个设备。它将来自摄像机或录像机的图像视频信号和伴音信号，经调制变成可视电视接收的高频信号。

2）导频信号发生器。导频信号发生器是供干线放大器的自动增益控制和自动斜率控制用的基准信号发生装置。因为干线放大器由于环境温度和湿度的变化，其增益也要变化，另外传输电缆随环境温度和湿度的变化，其衰减值和斜率也随之变化，为此需要在电路中进行自动增益控制和自动斜率控制。由于电视台来的各频道电视信号不一样，而且经常变化，这就需要有一个基准信号作为系统自动增益控制和自动斜率控制的依据。因此，要求导频信号发生器即使在环境温度和湿度变化时，其输出电平也要稳定。导频信号的频率，一般用高、低两种频率分别对增益和斜率进行自动控制，低导频信号取 73.5MHz，高导频信号在 160~250MHz 之间选取。

3）自动关机装置。自动关机装置是实现无人管理系统的一个附加装置，特别适用于统建居民住宅区，前端由自动关机装置供给电源，当电视台信号全部结束后，自动关机装置工作，自动切断前端的供电电源。

4）频道滤波器。当某频道为弱电场强信号，加装了天线放大器后，如果邻近有一强电视信号，尽管此时天线放大器的输入滤波器对它有一定的滤波作用，但因其阻带衰减一般只有 12~15dB，滤波性能远远不够，邻近强电视信号仍会较多地串入，在天线放大器中产生交扰调制。所以，有必要在此频道天线放大器前再加装一个对应频道的滤波器，以便对邻频强信号产生较大的衰减，减少邻频信号的串入，避免交调干扰。频道滤波器实际上是一个阻带衰减较大的滤波器，其带外衰减一般要求在 20dB 以上。目前频道滤波器多采用螺旋滤波器，因螺旋滤波器插入损耗小（<1dB），且矩形系数也高（即带外衰减大）。

5）其他演播室设备。简单的演播室即是一个小型的自办节目站，它需要有录像机、监视器、调制器、摄像机等设备。复杂的演播控制中心由两大部分组成，即演播室和控制室。演播室内设备包括录像机、摄像机及电影电视转换装置。控制室内设备包括特技发生器、通用讯号发生器、节目选择器、自动编辑器、音频控制装置及监视器等。

（3）前端设备的组成形式。前端设备的组成形式取决于前端设备的输入电平及前端的输出电平。前端设备的输入电平一般就是天线馈线的输出电平，若使用了天线放大器，则为天线输出电平加天线放大器的增益。前端输出电平则根据系统规模的大小而定，系统规模小，输出电平可以低些，系统规模大，则要求输出电平高些，大致在 90 ~ 110dBμ 之间。下面分五种形式加以介绍。

1）直接混合式。当天线输出电平大于 95dBμ（实际场强也大致为此数值），则属于强场强区，此时各频道天线接收信号可直接进入前端混合，然后经过分配器分至各干线。这种形式属于无源系统，便于管理，使用也更为可靠，一般适合于一栋 70 ~ 80 户的小型系统。

2）前端放大—混合式。当天线输出电平在 75 ~ 95dBμ 之间，则属于中场强区，此时天线输出信号送至前端后，必须经过放大再进行混合、传输，才能满足系统的需要。前端放大一般采用单频道放大器（或称专用频道放大器）对不同频道信号分别进行放大，但要采用衰减器调整各频道放大器的输出电平，使之基本保持一致。这种形式多用于中型系统。

3）放大—放大—混合式。当场强过低（低于 75dBμ），天线接收的信号不能直接送经前端，必须经过天线放大器放大，提高信噪比后再加到前端分频道放大再混合，分配。

4）放大—混合—放大式。这种形式也适用于 40 ~ 75dBμ 的弱场强区，可经过天线放大器送至前端后，先混合再放大。这里前端放大器只使用一个宽带放大器，这在频道不多的情况下可以使用。这种形式可以减少放大器数量，使系统造价较低。但是，当频道数较多（4 个以上）时，则尽量不要采用这种方式，因为目前国内器件水平还受限制，交扰调制和相互调制干扰的影响是不可避免的，国外器件也只是干扰小一点，并不能完全消除，为要减少影响，需要花较大力量。

5）放大混合—混合—放大式。这种形式适合于城市宾馆、饭店等复杂系统。其中几套自办录像节目分别经过调制变成电视高频，放大后先进行混合再送到总混合器。自办音响节目也是先经过调制变成调频信号，放大后混合，再送至总混合器混合。最后经过一级动态范围很大的功率放大器放大再分配。

(4) 前端设备的供电。前端设备一般都为有源器件，有源器件的供电，多采用两台稳压电源设备集中供电，并加一套自动控制系统，若一台电源设备故障，另一台电源设备自动接通，保证系统正常工作。对天线放大器的供电，是由专用的天线电源，馈入 18V 交流。天线电源一般都安装在室内，由信号电缆馈电。

4. 信号传输分配系统

信号传输分配系统实际上是一个信号电平的有线分配网络，它由分配器、线路放大器、分支器、传输电缆、用户终端器件等组成。小系统中混合后的信号，根据需要经分配器分成若干条干线，然后通过串接在干线电缆中的分支器将信号基本上均匀地传输到各用户接收机，彼此之间具有隔离作用，使之不互相影响。在大系统中，各干线要经过长距离的电缆传输再行分配，信号有较大地衰减，为保证用户仍有足够的电平，则应串入多个线路放大器。

(1) 信号传输分配系统部件

1）分配器。混合后的总信号，根据用户分布情况，分成若干条干线传输进行功率分配，此任务由分配器来完成。分配器是进行功率分配的一个部件，它具有一个输入端和若干个输出端，将信号功率均分为两部分的称二分配器，均分为三部分的称三分配器，均分为四部分的称四分配器。有了二、三、四分配器，即可进行任意的分配组合形式。

2）分支器。分支器是串在信号干线中的一个部件，从此部件中取出一支或均匀的两支、四支支线到用户输出插孔，所以分支器是一个既有干线输入端，又有输出端和若干个分支输出端的部件。

3）线路放大器。线路放大器串入分配系统中，用来放大并补偿电缆、分支器及分配器的损耗，以便扩大系统。线路放大器的通带较宽，但并不是所有的宽带放大器都可以作线路放大器，它还必须具备线路放大器所特有的性能，根据我国频道情况，其带宽应为45~250MHz，对于双向传输系统，还要使用5~30MHz的放大器作反向传输。线路放大器具体可分为干线放大器、线路延长放大器、分支放大器。

4）衰减器。在电缆电视系统中，衰减器接入放大器的输入端或输出端，用来调节放大器的输入电平和输出电平。衰减器可单独使用也可直接装于放大器中。

5）均衡器。在传输分配系统中，常用均衡器来调整斜率和均衡幅度失真。

6）同轴连接器。同轴连接器又名高频插头。在电缆电视系统中，各部件和器件之间与同轴电缆的联接几乎全要使用同轴连接器，所以它是电缆电视系统中一个重要器件。

7）同轴电缆。同轴电缆是电缆电视系统将信号传到各处的导体，通常采用75Ω同轴电缆。

8）用户终端器件。电缆电视系统的终端器件，包持各种用户插座盒及配用的插头，用户盒分明装插座盒和暗装插座盒两种：明装插座盒适用于已建成的建筑，盒较浅。暗装插座盒则是预埋在墙内，盒体较深。按其输出标称阻抗分，有300Ω和75Ω两种。300Ω插座盒有两个香蕉孔，可直接用300Ω扁馈线送至电视机的300Ω插孔，这种插座盒已较少采用。75Ω插座盒对于75Ω插孔电视机，可直接用75Ω插头配75Ω同轴线与电视机相连，如果用在300Ω插孔电视机，则必须使用75/300Ω阻抗转换插头转换为300Ω阻抗，再用扁馈线与电视机相连。按其使用范围分：单供电视机用（单孔），供电视机与调频广播兼用（双孔），还有带有串接一分支的用户插座盒。

（五）寻呼系统与移动通信系统简介

1.寻呼系统简介

（1）Motorola高速寻呼系统简介

1）系统结构。系统结构由四部分组成：寻呼终端、控制系统、链路系统、寻呼发射机。

①寻呼终端。寻呼终端主要包括：与电话网连接的中继线接口；寻呼功能部件；语音信箱；终端控制；信息编码与网络控制器的接口。系统支持UNIPAGE、MPS2000及任何具有TNPP接口的寻呼终端，其中UNIPAGE不仅包括上述功能，而且具有与人工辅助寻呼系统（OAP）及与其他寻呼系统联网的功能。

②控制系统。Motorola的C-NET网络控制器是为适应高速寻呼而推出的控制发射网络的先进系统。C-NET控制器采用模块化设计，由信道接口单元（CIU）、网络控制单元（NCU）、网络控制开关（NCX）、网络接口单元（NIU）等组成，实现将来自寻呼终端的信息送往所有基站并控制同播发射的功能。C-NET具有POCSAG和FLEX混合编码、链路复用、前向纠错、报警和诊断等能力。

③链路系统。该系统支持卫星、无线、有线三种链路，它们有模拟链路和数字链路之分。链路速度为4800bit/s、9600bit/s和19600bit/s，模拟链路的速度限制在4800bit/s和

9600bit/s。

④寻呼发射机。有两种寻呼发射机：具有 HSC 控制的四电平移频键控调制器的 PURC5000 发射机；具有 HSC 控制的 NUCLEUS 发射机。NUCLEUS 具有适合于高速寻呼的精确四电平调制器，采用单级激励器，能提供更好的杂散和谐波衰减。

2）系统特性。

①同播控制。发射机的同播是采用存储和转发的方式，具有三种同播方法：利用监测接收机的维护周期；利用数字同步卫星的直接同步；高速寻呼使用全球定位系统（GPS）。

②编码。支持主要的寻呼协议：POCSAG 码（512bit/s、1200bit/s、2400bit/s）；GLAY 码；FLEX 码（6400bit/s）；并且支持 POCSAG 与 FLEX 的混合编码。

③自动寻呼和语音信箱。多种语音提示；信息压缩；全自动寻呼。

④可靠性。用户数据库提供备份；UNIPAGE 和 C－NET 的主要部件提供热备份；所有线路板能代电拔插，无需切断电源，确保系统的不间断服务；实时诊断报警。

⑤与人工辅助台的连接。UNIPAGE 可做到人工/自动寻呼兼容，利用 RS－232 串行接口卡采用 TNPP 协议与人工寻呼系统连接。

3）联网功能。UNIPAGE 寻呼终端可与其他兼容系统联网，所采用的协议是 TNPP。传输链路可以是 DDN 网、分组交换网或卫星。信息路由可通过系统控制台编程设定。网络拓扑可采用星形及网形。联网功能包括跟踪呼、异地呼和异地跟踪呼。

（2）Glenayre 高速寻呼系统简介

1）系统配置。Glenayre 的 GL3000 系列寻呼终端系统包括从超小型 GL3000ES 直到特大型 GL3000XL 的各种规格寻呼终端机产品。各种规格的产品尽管大小、容量、配置各不相同，但都采用相同的硬件电路和寻呼软件。Glenayre 寻呼系统的强大功能主要由其终端系统实现。

GL－C2000 系统是 Glenayre 公司推出的全新发射控制产品，包括插在 GL3000 寻呼终端内的链路控制器（LCC）、链路转发器（GL－C2100）、发射机控制器（GL－C2000）、GPS 接收器等部分。支持 NECD3、POCSAG512、1200、2400、GLAY、FLEX、ERMES、APOC 等协议以及 POCSAG 与高速协议的混合格式；采用全球定位卫星（GPS）同步方式；支持卫星、无线、有线或微波线路链接；在链路频带足够宽时（模拟最高 9600bit/s，数字最高 64000bit/s），系统可多达 31 路寻呼频道复用在一条链路上。

GL－T8000 系列发射机应用于高速寻呼，激励器采用数字信号处理（DSP）技术，支持两电平及四电平频移键控调制方式，可在多达 8 个频道上工作。整个 GL3000 寻呼终端机、GL－C2000 发射控制器和 GL－T8000 系列发射机采用统一的控制、监视和报警，GL－C2000 可以通过电话线路向控制台报告故障，或由控制台周期性对其运行情况进行查询。从一个控制台，操作人员可与系统内的所有设备交互通信，调整多种参数。

2）GL3000 系列寻呼终端。GL3000 系统采用模块式结构，分为中央处理单元和外围设备两大部分。外围设备包括中继卡、语音缓存卡、通用输出编码器（UOE）、键路控制卡（LCC）等。GL3000 采用性能先进的高速 68000 系列微软处理器和高速 VME 总线结构进行总体控制。外围组件各配置微处理器，使用单独的总线，在 CPU 的整体控制下分担各个不同部分的工作。GL3000 配置灵活，根据实际情况可选不同型号的寻呼终端，每种型号的设备仍可再进行配置。

3）系统功能

①寻呼与语音信箱。GL－3000 的寻呼与语音信箱部分从一开始就采用一体化的整体系统设计，使用统一的数据库，使得管理上方便易行。允许用户用双音频电话来输入数字和利用固定灌装信息是系统的一大特点。

②人工/自动兼容。人工台的寻呼信息可以采用 TNPP 协议、通过 GL3000 的串行口输入到系统中，达到人工寻呼与自动寻呼并存。

③联网功能。使用 TNPP 协议实现寻呼联网；网络拓扑结构可以是点对点、星形、网形、树形等各种形式；支持专线、DDN 网、X.25 网、卫星链路等不同方式；可实现漫游呼、异地呼、跟踪呼；高达 16383 个不同覆盖区域的同播呼。

④数据库管理。用户的数据库记录各种系统向用户提供服务所需的信息，可备份到软盘或光盘中存储，寻呼机主也可以通过电话对自己的密码、漫游区域等信息进行修改。

⑤监控、管理与诊断功能。系统设七种使用权限级别；系统采用莱单式操作，允许管理人员对数千个参数进行编辑修改；适时显示各种设备的运行情况和统计数字的详细信息；配有报警模块，无论终端机的哪部分出现故障，都会发出声音和显示报警。

2. 移动通信系统简介

主要介绍两种正在使用的移动电话系统，即 450MHz 大区制自动拨号无线电话系统及 900MHz 蜂窝状小区制移动电话系统。

（1）450MHz 大区制自动拨号无线电话系统。目前，我国已基本掌握 450MHz 大区制中小容量移动电话系统的全套设备生产技术。例如 714 厂、710 厂、上海邮电部第一研究所等均有产品投放市场。南京、昆明、无锡等地均采用国产设备建立了规模不大、组网简单的地区公众大区制移动电话系统。在此将介绍 714 厂（即南京无线电厂）引进德国技术生产的 MATS－$B_2$450MHz 大区制自动拨号无线电话系统。

MATS－B_2 系统是德国菲利浦公司 1981 年正式投产的自动拨号无线电话系统，其中移动台于 1983 年定型生产，具有 80 年代的先进水平。系统容量可大可小，覆盖面积也不受限制，整个系统主要由控制中心、基地台、移动台组成。

一个控制中心最多可有 72 个信道，控制 72 个信道的基地台。采用专用呼叫信道。系统工作在 UHF（甚高频）频段、双工作方式，收发频差 10MHz，信道间隔 25kHz。采用调频制，基地台输出功率 50W，使用全向高增益天线；车载台输出功率 25W，可选择全向或定向天线。由于系统采用多信道复用方式，大大增加了信道利用率。系统服务区域内所需的无线信道数，或者说对于给定的无线信道可容纳的无线用户数取决于通信话务量及呼损率。

1）控制中心。控制中心（MCC Mobile Control Centre）是自动拨号无线电话系统的核心，它一端与普通市内电话交换机接口，和市话网连成一体；另一端和基地台接口，通过基地台连接移动台，它完成把有线电话信令转换成无线信令，或把天线信令转换成有线电话信令，实现有线、无线电话的自动接续，以及自动完成多信道复用，提高无线信道利用率等任务。

控制中心的特点：机械和电气设计采用模块结构，容量可大可小，用户扩展方便、故障显示，管理和维护方便、会说时间可以限时、无线链路集中监视、数据采用微机处理，可靠性高、具有计时计费、封锁设备、采用专用呼叫信道。

信令方式：系统工作完全受控制中心控制，通话接续是全自动进行的，因此，信令的格式具有极其重要的意义，要求可靠性高，而又不能占用太长的传输时间。

控制中心设备的组成：控制中心采用交换机式结构设计，使用 2365×600×420（mm）标准机架，机架上部是终端板和电源抽屉，下部是六个标准抽屉，每个抽屉最多可插 32 块印刷板。每个抽屉下部都有监视单元，可进行电平测量，还有七段数码管及发光二极管显示故障和操作步骤，还可以连接外部测试设备进行测量。机架和抽屉间采用扁平电缆与插头连接。

电话连接过程：控制中心接入市话网可以用户线方式，也可以中继线方式。控制中心用中继线方式接入市话网。信令传输采用多频互控方式。

2）基地台。MATS－B_2 系统基地台通过四线方式与控制中心传输单元相连，是移动台与控制中心间的无线中继台，受控于控制中心。基地台主要由发射机单元、接收机单元及滤波器组成。

发射机单元：主要由 Tx 音频处理器、Tx 功率报警器、Tx 信道控制器、频率合成器、Tx 功率控制器及放大器几部分组成。

接收机单元：主要包括射频和中频电路、音频处理、自动测试电路、静噪控制和频率合成器。

双工滤波器：由腔体滤波器、定向耦合器和隔离器组成。

3）移动台。MATS－B_2 自动拨号无线电话即移动台可以实现移动台到市话、市话到移动台、移动台到移动台的自动拨号呼叫。移动台采用微机控制技术，使用大规模集成电路和厚膜混合电路技术，结构坚固并体积小巧，可靠性高。信道间隔 25kHz，信令采用双频 FSK 信号，在音频频带内传输信令速率为 100bit/s。移动台主要由主电台和控制机组成。

主电台：主要包括射频部分、中心控制及信令部分。

控制收机：带有极座的手机控制单元，提供发出或接收电话呼叫的各种功能，在键盘上按入预定指令，可以拨号、存储电话号码、检测移动台故障、测试移动台所处位置信号强弱等等。

（2）900MHz 蜂窝状小区制移动电话系统。我国规定，在沿海经济发达地区及长江流域各省、直辖市和其他直辖市、自治区首府和各省省会城市建设发展公用移动电话网时应采用 900MHz 频段，且选用 RACS/ETACS 体制。目前世界上能生产这一体制设备的厂家有：瑞典的 Ericsson 公司、美国的 Motorola 公司、日本的 NEC、加拿大的北方电信公司。这里将介绍瑞典 Ericsson 公司生产的 CMS88 蜂窝状小区制移动电话系统。

CMS88 蜂窝状移动电话系统以 AXE10 交换机为主组网。系统容量大，符合 TACS/ERACS体制，具有定期登记、位置区域登记、越区频道转换、回叫移动用户等功能。移动用户可进行人工、半自动、自动漫游。目前在世界各地得到广泛应用。

CMS88 蜂窝状移动电话系统由移动业务交换中心（MSC）、无线电基站（BS）及移动台（MS）组成。

1）移动业务交换中心。Ericsson 选择自己公司生产的存储程序控制数字电话交换机 AXE10 作为蜂窝系统核心。该交换机用于市话、国内长途、国际长途交换和北欧蜂窝状移动电话系统，目前已在世界各地成功地投入运营。AXE10 由大量子系统组成，每个子系统完成电话交换机的某一特定的功能。设计上各子系统高度独立，采用标准接口与其他子系统连接。

交换系统。交换系统包括中继和信号子系统（TSS）、公共信道信号子系统（CCS）、选组交换子系统（GSS）、移动电话子系统（MTS）、用户业务子系统（SUS）、操作维护子系统（OMS）、业务控制子系统（TCS）、计费子系统（CHS）等。

数据处理系统。数据处理系统由中央处理机子系统（CPS）、区域处理机子系统（RPS）、维护子系统（MAS）、输入/输出子系统（IOS）等组成。

2）无线基站（BS）。建成基站，应按点对点电路与移动业务交换中心相连接。而基站处理移动台与移动业务交换中新建的通信，主要为数据和话音信道起中继作用。在通话期间，基站利用监测音（SAT）和测量从移动台接收的信号强度来监视无线电传输质量。

①基站组成。基站主要由无线信道组（RCG）、交换机与无线信道接口（ERI）及电源三个功能单元组成。

②移动业务交换中心与基站的连接。移动业务交换中心与基站之间不断地进行通信、传输数据控制信令及语音信号。移动业务交换中心与基站之间的数据通信。移动业务交换中心经控制信道或话音信道向移动台发送控制指令、移动业务交换中心接收移动台信令、移动业务交换中心接收要求越区频道转换信令及为定位请求测量等信令时需进行数据通信。移动业务交换中心与基站之间的话音线路。基站话音信道单元和移动业务交换中心选组器之间的每个无线话音信道之间均有一条专用的双向话音线路。

3）移动台。移动用户设备称为移动台（MS）。瑞典 Ericsson 公司的 CMS88 系列移动台可有各种形式，如车载台、便携式、手持机等。

与基站比较，移动台的输出功率相当低。一般车载式为 3W，手持式仅 1W。移动台接入移动业务交换中心时需发送站级记号（SCM），已表明移动台最大的输出功率。控制信道通知所有移动台启动时必须用的功率电平大小，以免造成同频干扰。

移动台和基站间的数据传输。移动台和基站间的数据信号可在控制信道或话音信道上传输。TACS/ETACS 体制中的数据的传输速率为 8kbit/s。

移动台控制信道的扫描。为选择最佳控制信道，移动台必须对现用的控制信道进行搜索。只有当移动台逻辑单元自动地将第一控制信道号插入频率合成器后扫描才开始。扫描开始后，移动台接收机判断接收质量是否良好。如不好，继续扫描。只有选择到一质量较好的控制信道，才开始下一步接续。

动态存储器。动态读/写存储器内容可由移动台内微机程序改变。移动台根据从移动业务交换中心接收的数据不断修改存储器内容，如串号、只发送作移动号的七位数字、进行定期登记、系统及区域识别、指定的开始功率电平等。而移动台则根据这些数据工作。

二、通信设备及线路工程规范

C.11.1　通信设备。工程量清单项目设置及工程量计算规则，应按表 1-11-2 的规定执行。

C.11.1　通信设备（编码：031101）　　**表 1-11-2**

项目编码	项目名称	项目特征	计量单位	工程量计算规则	工程内容
031101001	蓄电池组	1. 规格 2. 型号 3. 电压 4. 容量	组	按设计图示数量计算	1. 抗震铁架安装 2. 蓄电池组安装 3. 测试

续表

项目编码	项目名称	项目特征	计量单位	工程量计算规则	工程内容
031101002	太阳能电池	1. 规格 2. 型号 3. 容量	组	按设计图示数量计算	1. 电池方阵铁架安装 2. 太阳能电池
031101003	风力发电机		台		安装
031101004	柴油发电机组		组		1. 机组安装 2. 机组体外排气系统安装 3. 机组体外燃油箱、机油箱安装
031101005	开关电源		架		1. 开关电源安装 2. 系统调测
031101006	交、直流配电屏	1. 种类 2. 规格 3. 型号	台		安装、测试
031101007	整流器	1. 规格 2. 型号 3. 容量			
031101008	电子交流稳压器				
031101009	市话组合电源		套		
031101010	调压器		台		
031101011	变换器		架（盘）		
031101012	三相不停电电源		套		
031101013	无人值守电源设备系统联测	测试内容	站		系统联测
031101014	控制段内无人站电源设备与主控联测		中继站/控制段		联测

续表

项目编码	项目名称	项目特征	计量单位	工程量计算规则	工程内容
031101015	单芯电源线	1. 规格 2. 型号	m	按设计图示数量计算	1. 敷设 2. 测试
031101016	列内电源线	1. 规格 2. 型号	列	按设计图示数量计算	1. 敷设 2. 测试
031101017	电源母线	1. 规格 2. 型号 3. 材质	m	按设计图示数量计算	1. 支架、铁架 2. 附件 3. 安装 4. 测试
031101018	接地棒（板）	1. 规格 2. 型号 3. 材质 4. 土质	根	按设计图示数量计算	1. 挖填土 2. 接地棒（板）安装 3. 敷设母线 4. 测试
031101019	户外接地母线	1. 规格 2. 型号 3. 材质 4. 土质	m	按设计图示数量计算	1. 挖填土 2. 接地棒（板）安装 3. 敷设母线 4. 测试
031101020	户内接地母线	1. 规格 2. 型号 3. 材质 4. 土质	m	按设计图示数量计算	1. 挖填土 2. 接地棒（板）安装 3. 敷设母线 4. 测试
031101021	地漆布	1. 规格 2. 型号	m^2	按设计图示数量计算	铺地漆布
031101022	电缆槽道、走线架、列架	1. 名称 2. 规格 3. 型号	m	按设计图示数量计算	1. 制作 2. 安装 3. 除锈、刷油
031101023	列头柜、列中柜、尾柜、空机架	1. 名称 2. 规格 3. 型号	架	按设计图示数量计算	1. 制作 2. 安装 3. 除锈、刷油
031101024	电源要配架	1. 规格 2. 型号	架	按设计图示数量计算	1. 安装 2. 测试
031101025	可控硅整流发生器	1. 规格 2. 型号	台	按设计图示数量计算	1. 安装 2. 测试
031101026	房柱抗震加固	按设计规格要求	处	按设计图示数量计算	加固件预制、安装
031101027	抗震机座	按设计规格要求	个	按设计图示数量计算	安装
031101028	保安配线箱	1. 规格 2. 型号 3. 容量	个	按设计图示数量计算	安装
031101029	总配线架	1. 规格 2. 型号 3. 容量	架	按设计图示数量计算	1. 安装 2. 穿线板 3. 滑梯
031101030	壁挂式配线架	1. 规格 2. 型号 3. 容量	架	按设计图示数量计算	安装
031101031	保安排、试线排	1. 规格 2. 型号 3. 容量	块	按设计图示数量计算	安装、测试
031101032	测量台、业务台、辅助台	1. 规格 2. 型号 3. 容量	台	按设计图示数量计算	安装、测试
031101033	列架、机台、事故照明	1. 规格 2. 型号 3. 容量	列（台、处）	按设计图示数量计算	安装、试通
031101034	机房信号设备	1. 规格 2. 型号 3. 容量	盘	按设计图示数量计算	安装、试通

续表

项目编码	项目名称	项目特征	计量单位	工程量计算规则	工程内容
031101035	设备电缆	1. 名称 2. 规格 3. 型号	m	按设计图示数量计算	1. 放绑 2. 编扎、焊（绕、卡）接
031101036	总配线架、中间配线架跳线		条		敷设、焊（绕、卡）接、试通
031101037	列内、列间、信号线				布放、焊（绕、卡）接、试通
031101038	中间配线架改接跳线、总配线架带电改接跳线				
031101039	电话交换设备		架		1. 机架、机盘、电路板安装 2. 测试
031101040	维护终端、打印机、话务台告警设备		台		安装、调测
031101041	程控车载集装箱	1. 规格 2. 型号	箱		安装
031101042	用户集线器（SLC）设备	1. 规格 2. 型号 3. 容量	线/架		安装、调测
031101043	市话用户线硬件测试	1. 测试类别 2. 测试内容	千线		测试
031101044	中继线 PCM 系统硬件测试		系统		
031101045	长途硬件测试		千路端		
031101046	市话用户线软件测试		千线		
031101047	中继线 PCM 系统软件测试		系统		
031101048	长途软件测试		千路端		
031101049	用户交换机（PABX）	1. 规格 2. 型号 3. 容量	线		安装、调测

续表

项目编码	项目名称	项目特征	计量单位	工程量计算规则	工程内容
031101050	安装数字分配架（DDF）	1. 规格 2. 型号 3. 容量	架	按设计图示数量计算	安装
031101051	安装光分配架（ODF）				
031101052	光传输设备（SDH）	1. 名称 2. 规格 3. 型号	端		1. 机架（柜）安装 2. 本机安装、测试
031101053	光传输设备（PDH）				
031101054	再生中继架		架		安装、调测
031101055	远供电源架		架（盘）		
031101056	子网管理系统设备		站		
031101057	本地维护终端设备				
031101058	子网管理系统试运行	1. 测试类别 2. 测试内容			试运行
031101059	本地维护终端试运行				
031101060	监控中心及子中心设备	1. 名称 2. 规格 3. 型号	套		安装、调测
031101061	光端机主/备用自动转换设备				
031101062	数字公务设备				
031101063	数字公务系统运行试验	1. 运行类别 2. 测试内容	系统（站）		运行试验
031101064	监控系统运行试验（PDH）		站		

续表

项目编码	项目名称	项目特征	计量单位	工程量计算规则	工程内容
031101065	中继段光端调测	1. 测试类别 2. 测试内容	系统/中继段	按设计图示数量计算	光端调测
031101066	数字段光端调测	1. 测试类别 2. 测试内容	系统/数字段	按设计图示数量计算	光端调测
031101067	复用设备系统调测	1. 测试类别 2. 测试内容	系统/端	按设计图示数量计算	系统调测
031101068	光电调测中间站配合	1. 测试类别 2. 测试内容	站	按设计图示数量计算	中间站配合
031101069	四波波分复用器	1. 名称 2. 规格 3. 型号	套/端	按设计图示数量计算	安装、测试
031101070	八波波分复用器	1. 名称 2. 规格 3. 型号	套/端	按设计图示数量计算	安装、测试
031101071	光转换器	1. 规格 2. 型号	个	按设计图示数量计算	安装、测试
031101072	光线路放大器（ILA）	1. 规格 2. 型号	系统	按设计图示数量计算	安装、测试
031101073	数字段中继站（光放站）光端对测	1. 测试类别 2. 测试内容	系统/站	按设计图示数量计算	光端对测
031101074	数字段端站（再生站）光端对测	1. 测试类别 2. 测试内容	系统/站	按设计图示数量计算	光端对测
031101075	调测波分复用网管系统	1. 测试类别 2. 测试内容	系统/站	按设计图示数量计算	调测
031101076	数字交叉连接设备（DXC）	1. 名称 2. 规格 3. 型号	系统/站	按设计图示数量计算	安装、测试
031101077	基本子架（包括交叉控制等）	1. 名称 2. 规格 3. 型号	子架	按设计图示数量计算	安装、测试
031101078	155Mb/s接口子架	1. 名称 2. 规格 3. 型号	子架	按设计图示数量计算	安装、测试
031101079	2Mb/s接口盘	1. 名称 2. 规格 3. 型号	盘	按设计图示数量计算	安装、测试
031101080	连通测试	1. 测试类别 2. 测试内容	端口	按设计图示数量计算	连通测试

续表

项目编码	项目名称	项目特征	计量单位	工程量计算规则	工程内容
031101081	数字数据网（DDN）设备	1. 名称 2. 规格 3. 型号	架	按设计图示数量计算	安装
031101082	调测数字数据网（DDN）设备	1. 测试类别 2. 测试内容	节点机		调测
031101083	系统打印机	1. 规格 2. 型号	套		
031101084	数字（网络）终端单元（DTU或NTU）	1. 名称 2. 规格 3. 型号	架		安装、调测
031101085	数字交叉连接设备（DACS）				
031101086	网管小型机	1. 规格 2. 型号	套		
031101087	网管工作站				
031101088	分组交换设备	1. 名称 2. 规格 3. 型号			
031101089	调制解调器				
031101090	分组交换网管中心设备				
031101091	铁塔（不含铁塔基础施工）	1. 规格 2. 型号	t		架设
031101092	微波抛物面天线	1. 规格 2. 型号 3. 地点 4. 塔高	副		安装、调测
031101093	馈线	1. 规格 2. 型号 3. 地点 4. 长度	条		
031101094	分路系统	1. 规格 2. 型号	套		安装

续表

项目编码	项目名称	项目特征	计量单位	工程量计算规则	工程内容
031101095	微波设备	1. 名称 2. 规格 3. 型号	架	按设计图示数量计算	安装、测试
031101096	监控设备		套（部）		
031101097	辅助设备		盘（部）		
031101098	直放站设备		全套		
031101099	数字段内中继段调测	1. 测试类别 2. 测试内容	系统/段		调测
031101100	数字段主通道调测				
031101101	数字段辅助通道调测				
031101102	数字段内波道倒换		段		测试
031101103	两个上下话路站监控调测		系统/站		调测
031101104	配合数字终端测试				
031101105	全电路主通道调测		系统/全电路		
031101106	全电路主通道上下话路站调测		站/全电路		
031101107	全电路辅助通道调测		系统/全电路		
031101108	全电路辅助通道上下话路站调测		站/全电路		
031101109	全电路主控站集中监控性能调测		系统/站		

续表

项目编码	项目名称	项目特征	计量单位	工程量计算规则	工程内容
031101110	全电路次主控站集中监控性能调测	1. 测试类别 2. 测试内容	站	按设计图示数量计算	调测
031101111	稳定性能测试				
031101112	一点多址数字微波通信设备	按站性质立项	站		安装、调测
031101113	测试一点对多点信道机	1. 名称 2. 规格 3. 型号	套		单机测试
031101114	一点对多点通信系统联测	1. 测试类别 2. 测试内容	站		联测
031101115	天馈线系统	1. 规格 2. 型号			1. 安装调试天线底座 2. 安装调试天线主、副反射面 3. 安装调试驱动及附属设备 4. 调测天馈线系统
031101116	高功放分系统设备	1. 规格 2. 型号 3. 功率			
031101117	1:1站地面公用设备分系统	1. 规格 2. 型号 3. 方向数	方向/站		安装、调测
031101118	3:1站地面公用设备分系统				
031101119	电话分系统SCPC设备	1. 规格 2. 型号 3. 路数	路/站		
031101120	电话分系统IDR设备（一路2Mb/s）				
031101121	电话分系统TDMA设备	1. 规格 2. 型号	站		
031101122	电话分系统工程勤务ESC				
031101123	电视分系统（TV/FM）		系统/站		
031101124	低噪声放大器	1. 规格 2. 型号 3. 倒换比例	站		

续表

项目编码	项目名称	项目特征	计量单位	工程量计算规则	工程内容
031101125	监测控制分系统监控桌	1. 规格 2. 型号 3. 每桌盘数	站	按设计图示数量计算	安装、调测
031101126	监测控制分系统微机控制	1. 规格 2. 型号	站	按设计图示数量计算	安装、调测
031101127	地球站设备站内环测	1. 测试类别 2. 测试内容	站	按设计图示数量计算	站内环测
031101128	地球站设备系统调测	1. 测试类别 2. 测试内容	站	按设计图示数量计算	系统调测
031101129	小口径卫星地球站（VSAT）中心站高功放（HPA）设备	1. 规格 2. 型号	系统/站	按设计图示数量计算	安装、调测
031101130	小口径卫星地球站（VSAT）中心站低噪声放大器（LPA）设备	1. 规格 2. 型号	系统/站	按设计图示数量计算	安装、调测
031101131	中心站（VSAT）公用设备（含监控设备）	1. 规格 2. 型号	套	按设计图示数量计算	安装、调测
031101132	中心站（VSAT）公务设备	1. 规格 2. 型号	套	按设计图示数量计算	安装、调测
031101133	控制中心站（VSAT）站内环测及全网系统对测	1. 测试类别 2. 测试内容	站	按设计图示数量计算	站内环测及全网系统对测
031101134	小口径卫星地球站（VSAT）端站设备	1. 规格 2. 型号	站	按设计图示数量计算	安装、调测

C.11.2　通信线路工程。工程量清单项目设置及工程量计算规则，应按表1-11-3的规定执行。

C.11.2　通信线路工程（编码：031102）　　表 1-11-3

项目编码	项目名称	项目特征	计量单位	工程量计算规则	工程内容
031102001	路面	1. 性质 2. 结构	m^2	按设计图示宽度×长度计算	开挖
031102002	挖填管道沟及人孔坑	1. 土质 2. 回填方式	m^3	按设计图示截面积×长度计算	1. 施工测量 2. 挖填管道沟及人孔坑 3. 挡土板及抽水
031102003	挖填光（电）缆沟及接头坑				1. 施工测量 2. 挖填光缆沟及接头坑 3. 挡土板及抽水
031102004	混凝土管道基础	1. 规格 2. 标号	km	按设计图示数量计算	浇筑
031102005	混凝土管道基础加筋	规格	m		制作铺设
031102006	水泥管道	1. 性质 2. 型号 3. 孔数	km		铺设
031102007	塑料管道				
031102008	钢管管道		m		
031102009	长途专用塑料管道	1. 规格 2. 型号 3. 孔数 4. 方式	km		1. 敷设小口径塑料管 2. 大管径内人工穿放小口径塑料管
031102010	通信管道混凝土包封	1. 规格 2. 标号			浇筑
031102011	通信电（光）缆通道	1. 类型 2. 规格	m/处		砌筑
031102012	微机控制地下定向钻孔敷管	1. 规格 2. 型号 3. 孔数 4. 长度	处		钻孔敷管
031102013	人孔	1. 规格 2. 型号 3. 砌筑方式	个		砌筑
031102014	手孔				
031102015	人（手）孔防水	1. 类型 2. 规格	m^2		防水

续表

项目编码	项目名称	项目特征	计量单位	工程量计算规则	工程内容
031102016	立通信电杆	1. 规格 2. 型号 3. 材质 4. 土质	根（座）	按设计图示数量计算	1. 测量 2. 挖、填土 3. 立杆 4. 组装
031102017	电杆加固及保护	1. 名称 2. 规格	处 （根、块）	按设计图示数量计算	安装
031102018	撑杆	1. 材质 2. 土质	根	按设计图示数量计算	1. 挖、填土 2. 安装
031102019	拉线	1. 种类 2. 规格 3. 程式 4. 土质	条	按设计图示数量计算	1. 挖、填土 2. 安装
031102020	装电杆附属装置	1. 名称 2. 规格	处（条）	按设计图示数量计算	安装
031102021	架空吊线	1. 规格 2. 程式 3. 地区	km	按设计图示数量计算	架设
031102022	架空光缆	1. 规格 2. 程式 3. 地区	km	按设计图示数量计算	架设
031102023	埋式光缆	1. 规格 2. 程式 3. 地区	km	按设计图示数量计算	敷设
031102024	人工敷设塑料子管	1. 规格 2. 程式 3. 子管数	km	按设计图示数量计算	敷设
031102025	管道（含室外通道）光缆	1. 规格 2. 程式	km	按设计图示数量计算	1. 测量 2. 敷设
031102026	槽道光缆	1. 规格 2. 程式	m	按设计图示数量计算	敷设
031102027	槽板沿墙光缆	1. 规格 2. 程式	m	按设计图示数量计算	敷设
031102028	室内通道光缆	1. 规格 2. 程式	m	按设计图示数量计算	敷设
031102029	引上光缆	1. 规格 2. 程式	条	按设计图示数量计算	敷设

续表

项目编码	项目名称	项目特征	计量单位	工程量计算规则	工程内容
031102030	水底光缆	1. 规格 2. 程式 3. 土质 4. 方法	m	按设计图示数量计算	1. 测量 2. 敷设 3. 接续
031102031	海底光缆	1. 规格 2. 程式 3. 方法	km		敷设
031102032	架空电缆	1. 名称 2. 规格 3. 程式 4. 方式			
031102033	埋式电缆				1. 测量 2. 敷设
031102034	管道（通道）电缆				敷设
031102035	墙壁电缆		m		
031102036	槽道（含地槽）顶棚内电缆				
031102037	引上电缆		条		
031102038	总配线架成端电缆				
031102039	市话光缆接续	1. 规格 2. 程式	个		接续、测试
031102040	长途光缆接续				
031102041	光缆成端接续		芯		
031102042	市话光缆中继段测试	1. 测试类别 2. 测试内容	中继段		测试
031102043	长途光缆中继段测试				
031102044	电缆芯线接续	1. 规格 2. 程式	百对		接续、测试
031102045	电缆芯线改接				改接、测试
031102046	堵塞成端套管		个		安装

续表

项目编码	项目名称	项目特征	计量单位	工程量计算规则	工程内容
031102047	充油膏套管接续	1. 规格 2. 程式	个	按设计图示数量计算	安装
031102048	封焊热可缩套管				
031102049	包式塑料电缆套管				
031102050	气闭头				
031102051	电缆全程测试	1. 测试类别 2. 测试内容	百对		测试
031102052	进线室承托铁架	1. 规格 2. 型号	条		安装
031102053	托架		根		
031102054	进线室钢板防水窗口	规格	处		制作、安装
031102055	交接箱	1. 种类 2. 规格 3. 程式 4. 容量	个		1. 站台、砌筑基座安装 2. 箱体安装 3. 接线模块（保安排、端子板、试验排、接头排）安装 4. 列架安装 5. 成端电缆安装 6. 地线安装 7. 连接、改接跳线
031102056	交接间配线架		座		
031102057	分线箱	1. 规格 2. 程式 3. 容量	个		制作、安装、测试
031102058	分线盒				
031102059	充气设备	1. 规格 2. 型号 3. 容量	套		安装、测试、试运转

续表

项目编码	项目名称	项目特征	计量单位	工程量计算规则	工程内容
031102060	告警器、传感器	名称、型号	个	按设计图示数量计算	安装、调试
031102061	电缆全程充气		km		充气试验
031102062	顶钢管	1. 规格 2. 程式	m		顶管
031102063	铺钢管、塑料管	1. 规格 2. 程式 3. 材质			铺设
031102064	铺大长度半硬塑料管	1. 规格 2. 程式			
031102065	铺砖	铺设方式			
031102066	铺水泥盖板、水泥槽	1. 种类 2. 规格 3. 程式			
031102067	石砌坡、坎、堵塞、三七土护坎、封石沟	1. 名称 2. 规格	m^3		砌筑
031102068	关节型套管	1. 规格 2. 型号	m		安装
031102069	水线地锚或永久标桩	1. 名称 2. 规格	个		
031102070	水底光缆标志牌	规格	块		
031102071	排流线	1. 规格 2. 程式 3. 材质	km		敷设
031102072	消弧线、避雷针	1. 名称 2. 规格 3. 程式	处		安装
031102073	对地绝缘监测装置	1. 规格 2. 型号			
031102074	埋式光缆对地绝缘检查及处理	按设计要求	km		查修

C.11.3　建筑与建筑群综合布线。工程量清单项目设置及工程量计算规则，应按表1-11-4的规定执行。

C.11.3　建筑与建筑群综合布线（编码：031103）　　**表 1-11-4**

项目编码	项目名称	项目特征	计量单位	工程量计算规则	工程内容
031103001	钢管	1. 规格 2. 程式	m	按设计图示数量计算	敷设
031103002	硬质 PVC 管	1. 规格 2. 程式	m	按设计图示数量计算	敷设
031103003	金属软管	1. 规格 2. 程式	根	按设计图示数量计算	敷设
031103004	金属线槽	1. 规格 2. 程式	m	按设计图示数量计算	敷设
031103005	塑料线槽	1. 规格 2. 程式	m	按设计图示数量计算	敷设
031103006	过线（路）盒（半周长）	1. 规格 2. 程式	个	按设计图示数量计算	安装
031103007	信息插座底盒（接线盒）	1. 规格 2. 程式 3. 安装地点	个	按设计图示数量计算	安装
031103008	吊装式桥架	1. 规格 2. 程式	m	按设计图示数量计算	安装
031103009	支撑式桥架	1. 规格 2. 程式	m	按设计图示数量计算	安装
031103010	垂直桥架	1. 规格 2. 程式	m	按设计图示数量计算	安装
031103011	砖槽	规格	m	按设计图示数量计算	砌筑
031103012	混凝土槽	规格	m	按设计图示数量计算	砌筑
031103013	落地式机柜、机架	1. 名称 2. 规格 3. 程式	架	按设计图示数量计算	安装
031103014	墙挂式机柜、机架	1. 名称 2. 规格 3. 程式	架	按设计图示数量计算	安装
031103015	接线箱	1. 规格 2. 型号	个	按设计图示数量计算	安装
031103016	抗震底座	1. 规格 2. 程式	个	按设计图示数量计算	制作、安装

续表

项目编码	项目名称	项目特征	计量单位	工程量计算规则	工程内容
031103017	4对对绞电缆	1. 规格 2. 程式 3. 敷设环境	m	按设计图示数量计算	1. 敷设、测试 2. 卡接（配线架侧）
031103018	大对数非屏蔽电缆				
031103019	大对数屏蔽电缆				
031103020	光缆				敷设、测试
031103021	光缆护套				敷设
031103022	光纤束	1. 规格 2. 程式			气流吹放、测试
031103023	单口非屏蔽八位模块式信息插座	1. 规格 2. 型号	个		安装、卡接
031103024	单口屏蔽八位模块式信息插座				
031103025	双口非屏蔽八位模块式信息插座				
031103026	双口屏蔽八位模块式信息插座				
031103027	双口光纤信息插座				安装
031103028	四口光纤信息插座				
031103029	光纤连接盘		块		
031103030	光纤连接	1. 方法 2. 模式	芯		接续、测试
031103031	电缆跳线	1. 名称、型号 2. 规格	条		制作、测试
031103032	光纤跳线				
031103033	电缆链路系统测试	1. 测试类别 2. 测试内容	链路		测试
031103034	光纤链路系统测试				

C.11.4　移动通讯设备工程。工程量清单项目设置及工程量计算规则，应按表 1-11-5 的规定执行。

C.11.4　移动通讯设备工程（编码：031104）　　　　表 1-11-5

项目编码	项目名称	项目特征	计量单位	工程量计算规则	工程内容
031104001	全向天线	1. 规格 2. 型号 3. 塔高 4. 环境	副	按设计图示数量计算	安装
031104002	定向天线				
031104003	室内天线	1. 规格 2. 型号			
031104004	卫星全球定位系统天线（GPS）				安装、调测
031104005	射频同轴电缆		条		布放
031104006	室外馈线走道	1. 规格 2. 程式 3. 敷设环境	m		
031104007	避雷器	1. 规格 2. 型号	个		安装
031104008	室内分布式天、馈线辅属设备	1. 规格 2. 型号 3. 程式	个（架、单元）		安装、调测
031104009	馈线密封窗	规格	个		安装
031104010	基站天、馈线调测	1. 测试类别 2. 测试内容	条		调测
031104011	分布式天、馈线系统调测		副		系统调测
031104012	泄漏式电缆调测		条		调测
031104013	落地式、壁挂式基站设备	1. 规格 2. 型号 3. 程式	架		安装、检测
031104014	信道板		载频		
031104015	直放站设备		站		安装、调测
031104016	基站监控配线箱		个		安装

续表

项目编码	项目名称	项目特征	计量单位	工程量计算规则	工程内容
031104017	CSM 基站系统调测	1. 测试类别 2. 测试内容	载频/站	按设计图示数量计算	系统调测
031104018	CDMA 基站系统调测		扇·载/站		
031104019	寻呼基站系统调测		频点/站		
031104020	自动寻呼终端设备	1. 规格 2. 型号 3. 程式	架		安装、调测
031104021	数据处理中心设备		条		
031104022	人工台		台		
031104023	短信、语音信箱设备		架		
031104024	操作维护中心设备（OMC）		套		
031104025	基站控制器、编码器		架		安装
031104026	调测基站控制器、编码器		中继		调测
031104027	GSM 定向天线基站及 CDMA 基站联网调测	1. 测试类别 2. 测试内容	站		联网调测
031104028	寻呼基站联网调测				

C.11.5　其他相关问题，应按下列规定处理：

1. 建筑群子系统敷设架空管道、直埋、墙壁光（电）缆工程，应按表 1-11-3 相关项目编码列项。

2. 通信线路工程接地装置应按表 1-11-2 相关项目编码列项。

三、通信设备及线路工程编制注意事项

（一）概况

通信设备及线路工程工程量清单项目设置，采用了较为详细的项目设置方式，方便了工程量清单编制过程中清单项目的准确选用。各清单项目综合工程内容较少，一般可直接列项。本附录共分 4 节 270 个清单项目，可满足一般通信设备及线路工程工程量清单编制的需要。

（二）工程量清单项目设置

1. 附录 C.11.1　通信设备

本节包括通信设备的供电系统；交换、传输设备的安装与调试。

适用于各类通信系统的设备安装与调试。

工程量计量以设计图示数量按相应的计量单位计量。

工程量清单设置，按设计图给定的工程量的名称以及各类技术参数，参照对应的清单项目设置项目编码；按分部分项工程特征设置项目名称；以其所综合的工程内容进行计价。

【例】　柴油发电机组

项目编码：031101004001

项目名称：柴油发电机组 320kW

计量单位：组

工程内容包括：①发电机组安装；②机组体外排气系统安装；③机组体外燃油箱、机油箱安装。

本节清单项目设置较为详细，与工程量的对应性强，清单项目的选用需准确。

2. 附录 C.11.2　通信线路

本节内容包括光电缆敷设，通信线路保护，通信线路附属工程。

适用于线路工程中的土方及地面开挖，线路保护管敷设，架空线路的电杆架设，线路测试及线路工程的附属工程。

工程量计量以设计图示数量按相应的计量单位计量。

工程量清单设置，按设计图标示的工程量的名称以及各类技术参数，参照对应的清单项目设置。

【例】　立通信电杆

项目编码：031102016001

项目名称：立通信电杆（杆长）

计量单位：根

工程内容表达：完成电杆竖立的全部工作，包括：①测量定位；②挖填土（土质类别）；③电杆竖立（杆长）；④横担及抱箍组装。

本节清单项目设置较为详细，与工程量的对应性强，清单项目的选用需准确。

3. 附录 C.11.3　建筑与建筑群综合布线

本节包括建筑物与建筑群的线路敷设、线路通道开筑、线路保护、线路用箱盒安装、线路接插件安装及线路测试等有关工作。

适用于建筑物与建筑群的电缆敷设、光缆敷设工程。

工程量计量以设计图示数量按相应的计量单位计量。

工程量清单设置，按设计图标示的工程量的名称以及各类技术参数，参照对应的清单项目设置。

【例】 屏蔽电缆敷设

项目编码：031103021001

项目名称：大对数屏蔽电缆敷设（线芯对数）

计量单位：m

工程内容：电缆（规格、型号）沿桥架敷设、测试。

本节清单项目设置较为详细，与工程量的对应性强，清单项目的选用需准确。

4. 附录 C.11.4 移动通信设备

本节包括移动通信信号接收系统、信号传输系统、信号接收系统的安装与调试。

适用于移动通信设备的天、馈线系统的安装调试，基站设备的安装调试。

工程量计量以设计图示数量按相应的计量单位计量。

工程量清单设置，按设计图标示的工程量的名称以及各类技术参数，参照对应的清单项目设置。

【例】 卫星全球定位系统天线

项目编码：031104005001

项目名称：卫星全球定位系统天线（GPS）

计量单位：副

工程内容：天线系统安装，天线系统调整测试。

天线安装仅指天线本体的安装，不包括基础（铁塔等）安装。

（三）需要说明的问题

1. 项目特征。项目特征是设置清单项目的主要依据，用于区分《建设工程工程量清单计价规范》中同一清单条目下各个具体的清单项目。如《建设工程工程量清单计价规范》清单条目 031101013 无人值守电源设备系统联测，特征中，测试内容是按不同的测试内容区别列项。

2. 每一清单条目，项目特征不尽相同，都有其特定的含意，对特征的理解要对应不同的主项理解。

3. 工程内容是清单项目计价的基础，本章清单条目综合工程内容较少，且有些应属工序内容，所以工程计价时要避免工程内容的重复。准确的工程内容列项是清单计价准确的保证。清单项目所综合工程内容能够通过主项按设计要求或工艺要求计算出工程量的，应标明设计要求或工艺要求；如果主项工程量与综合工程内容工程量不对应，在列综合项时还要列出综合工程内容的工程量。

第十二节 建筑智能化系统设备安装工程

一、建筑智能化系统设备安装工程造价概论

智能型建筑 IB（Intelligent Building）是以计算机和网络为核心的信息技术向建筑行业的应用与渗透，它完美地体现了建筑艺术与信息技术的结合，形成既有安全舒适和高效特

性又将科学技术与文化艺术相互融合的综合体，现在已经成为评价综合经济国力的具体表征之一，并将以龙头产业的面貌进入21世纪，成为当今世界各类建筑特别是大型建筑的主流。

智能型建筑主要由土建、机电、装潢、弱电智能化四部分组成。土建部分犹如人之躯体，机电设备部分如人之器官，装潢部分如人之衣着，智能化设备部分如人之大脑，而计算机网络则如人之神经。智能型建筑的基本要素是通信系统的网络化、办公业务自动化和智能化、建筑柔性化和建筑物管理服务的自动化。可以说智能型建筑是今日科技与智慧的结合，明日安全与舒适的保证。

智能型建筑的最终目标是系统集成，也就是能将建筑物中用于综合布线、楼宇自控、计算机系统的各种相关网络中所有分离的设备及其功能信息，有机地组合成一个既相互关联又统一协调的整体，各种硬件与软件资源被优化组合成一个能满足用户功能需要的完整体系，并朝着高速度、高集成度、高性能价格比的方向发展。

从系统的观点而言，系统性能的优劣既反映在系统总体结构的合理性上，也反映在所采用的技术层次上和选用的设备是否具有RAS特性（可靠性、适用性和可维护性），在此基础上，系统达到的目标及优化程度则成为评价系统水平的核心。在信息发展浪潮的带动和驱使下，楼宇智能化系统迈入数字化和网络化将是大势所趋，其实现功能将会有很大的提升，逐步融入可视化、网络化、集成化与智能化的发展大潮之中。

智能建筑的系统集成经历了从子系统功能级集成到控制系统与控制网络的集成，再到当前的信息系统与信息网络集成的发展阶段。在媒体内容一级上进行综合与集成，可将它们无缝地统一在应用的框架平台下，并按应用的需求来进行连接、配置和整合，以达到系统的总体目标。

新近有人提出智能建筑的新定义，认为智能建筑是根据适当选择优质环境模块来设计和构造，通过设置适当的建筑设备，获取长期的建筑价值来满足用户的要求。他们提出智能建筑的核心是下列8个优质环境模块：

（1）环境友好——包括健康和能量；

（2）空间利用率和灵活性；

（3）生命周期成本——使用与维修；

（4）人的舒适性；

（5）工作效率；

（6）安全——火灾、保安与结构等；

（7）文化；

（8）高科技的形象。

（一）智能建筑系统的基本知识

1. 智能建筑的分类

智能建筑的发展已经并将继续呈现出多样化的特征，从单栋大楼到连片的建筑广场，从大到摩天大楼到小至家庭住宅，从集中布局的楼宇到地理分散的居民小区，均被统称为智能建筑。智能建筑能使人与人之间的距离拉得很近，实现零时间、零距离的交流。对智能建筑可有如下的类型和层次结构：

（1）智能大楼。智能大楼主要是指将单栋办公类大楼建成为综合智能化大楼。智能大楼的基本框架是将BA、CA、OA三个子系统结合成一个完整的整体，发展趋势则是向系统集成化、管理综合化和多元化以及智能城市化的方向发展，真正实现智能大楼作为现代化办公和生活的理想场所。

(2) 智能广场。未来智能建筑会从单幢大楼转变为成片开发，形成一个位置相对集中的建筑群体，称之为智能广场（plaza）。而且不再局限于办公类大楼，会向公寓、酒店、商场、医院、学校等建筑领域扩展。

智能广场除具备智能大楼的所有功能外。还有系统更大、结构更复杂的特点，一般应具有智能建筑集成管理系统IBMS，能对智能广场中所有楼宇进行全面和综合的管理。

(3) 智能化住宅。智能化住宅的发展分为三个层次，首先是家庭电子化（HE，Home Electronics），其次是住宅自动化（HA，Home Automation），最后是住宅智能化，美国称其为智慧屋（WH，Wise House），欧洲则称为时髦屋（SH，Smart Home）。

智能化住宅是指通过家庭总线（HDS，Home Distribution System）把家庭内的各种与信息相关的通讯设备、家用电器和家庭保安装置都并入到网络之中，进行集中或异地的监视控制和家庭事务性管理，并保持这些家庭设施与住宅环境的协调，提供工作、学习、娱乐等各项服务，营造出具有多功能的信息化居住空间。

智能化住宅强调人的主观能动性，重视人与居住系统的协调，从多方面方便居住者的生活环境，全面提高生活的质量。

(4) 智能化小区。智能化小区是对有一定智能程度的住宅小区的笼统称呼。智能化小区的基本智能被定义为“居家生活信息化、小区物业管理智能化、IC卡通用化”。智能小区建筑物除满足基本生活功能外，还要考虑安全、健康、节能、便利、舒适五大要素，以创造出各种环境（绿色环境、回归自然的环境、多媒体信息共享环境、优秀的人文环境等），从而使小区智能化有着不同的等级。

小区智能化将是一个过程，它将伴随着智能化技术的发展及人们需求的不断增长而增长和完善，它表明了可持续发展性应是小区智能化的重要特性。

(5) 智能城市。在实现智能化住宅和智能化小区后，城市的智能化程度将被进一步强化，出现面貌一新以信息化为特征的智能城市。

智能城市的主要标志首先是通讯的高度发达，光纤到路边FTTC（Fiber To The Curb）、光纤到楼宇FTTB、光纤到办公室FTTO、光纤到小区FTTZ、光纤到家庭FTTH；其次是计算机的普及和城际网络化，届时，在经历了“统一的连接”、“实时业务的集成”、“完全统一”（Full Convergence）三个发展阶段后，将出现在网络的诸多方面进行统一的“统一网络”。计算机网络将主宰人们的工作、学习、办公、购物、炒股、休闲等几乎所有领域，电子商务成为时尚；再次是办公作业的无纸化和远程化。

(6) 智能国家。智能国家是在智能城市的基础上将各城际网络互联成广域网，地域覆盖全国，从而可方便地在全国范围内实现远程作业、远程会议、远程办公。也可通过Internet或其他通讯手段与全世界相沟通，进入信息化社会，整个世界将因此而变成地球村一般。

2. 智能大楼的基本模型

智能大楼代表着对物业自动化的需求，最基本的是实现楼宇控制的自动化BA、楼宇通讯自动化CA和办公自动化OA。但更重要的是应以信息集成为核心，能够连接所有与之相关的对象，并根据需要综合地相互作用，以实现整体的目标。最新的技术是将智能大楼信息集成建立在建筑物内部网 Intranet 的基础上，通过 Web 服务器和浏览器技术来实现整个网络上的信息交互、综合与共享，实现统一的人机界面和跨平台的数据库访问，因此能够做到局域和远程信息的实时监控、综合共享数据资源、对全局事件作快速处理和一体化的科学管理。

智能大楼的建设途径通常遵循设计自上而下、一步到位，实施则自下而上、分步进行的原则。核心则是选择好智能大楼解决方案，应考虑的重要因素有：

(1) 价格因素。包括系统解决方案定价是否合理，是否提供了较好的性能价格比，系统功能是否齐全等。

(2) 系统本身的性能。整体解决方案应考虑 21 世纪员工对办公环境和舒适性的要求，采用的系统和设备应是标准化的，具有良好的开放性、灵活性和可扩充性，是一个面向未来的解决方案。

(3) 选择一个好的总承包商是实现系统方案的关键。一个好的总承包商应具有丰富的系统集成和工程管理经验，拥有优秀的项目管理和综合技术人才，熟悉各种智能系统产品，并能承担起整个大楼工程的责任。

(4) 选择技术先进而且成熟的方案。考虑到智能大楼本身未来的飞速发展以及将来业主对智能大楼的功能需求，应尽可能采用先进的技术和设备，选用的系统应是标准化的，具有良好的开放性、灵活性和可扩展性。

例如针对智能大楼中的智能建筑物管理系统 IBMS，若选择 IBM 公司最新推出的“智能大楼综合管理平台系统”，可将大楼的智能化推上一个更高的层次，是完整的智能大楼解决方案之一，代表了智能大楼发展的方向和潮流。

(5) 系统规划和设计要满足工程分阶段实施的可能性。这是因为智能大楼是高新技术项目，用户对系统的功能要求以及对工程费用的承受能力均具有分阶段性的特点所致。

3. 智能大楼的集成模式

(1) 子系统集成与中央集成。智能大楼的系统集成有两个层面，即中央的集成（它代表系统从总体到局部自上而下的整体规划）和子系统的集成（即从下而上实现子系统各项功能的集成）。为此首先要在用 BA、CA、OA 三个子系统级各自集成，子系统集成是以功能实现为目标的基础集成，在形成建筑物管理系统 BMS、计算机网络系统 CNS、办公自动化系统 OAS 这三个独立的子系统之后，在此基础上再对各子系统作中央集成，这是以提高效率为目标的高层次集成。

智能大楼的中央管理机系统本质上是一个复杂的计算机网络系统，各个子系统与该网络的接口方式，也就是两者之间的硬件连接，大致可分为如下 4 种情况：

1) 直接与主网接口方式，如 OA 子系统中的工作站等。

2) 子系统本身有自己的监控主机，而且其主机可与主网直接接口，如 BAS 子系统等。

3) 子系统本身虽然有自己的监控主机，但因其主机没有与主网直接接口的功能，需要通过网络接口设备与主网相连，如低档巡更系统、门禁系统等。

4) 子系统本身没有自己的监控主机，只能将其通过智能网络接口设备与主网相连，如有线电视系统等。

(2) 软件集成的两种模式。智能大楼的软件集成有下列两种不同的模式：

1) 子系统集成模式。即各个子系统的操作与管理软件可以不在同一个计算机平台上，中央管理机系统在进行系统集成时，需要与各子系统之间建立通讯协议，其集成难度和造价较高。

2）控制器集成模式。它采用统一的操作系统，运行在同一个计算机平台上，各子系统与中央管理机系统之间没有明显的主从管理关系，而是并行处理、资源与任务共享关系。

其实现方法是将各子系统采集和控制的信号都汇总到现场控制器，通过分布式操作系统软件来调度现场控制器采集到的信息，并设置信息传送路径（目标接点），而中央管理机系统可以有一台或者多台并行处理主机，任何一台并行处理主机可以接受和处理智能管理系统的全部信息，也可以通过系统的信息途径分配、接受和处理某一个系统的信息。

控制器集成模式不但可以实现一体化的集成，而且系统的并行处理主机是互为热备份的，因此被认为是一种先进的系统集成方式。

(3) 为实现系统集成对子系统的要求。为了保证系统集成的实现，要求各子系统应具备以下性能：

1）网络模型采用TCP/IP协议，可以方便地实现网络互联和信息交换。

2）局域网组网技术采用符合国际标准IEEE802.X的以太网技术联网，保证各系统信息的传递。

3）局域网操作系统采用Windows NT网络操作平台，可不仅具有开放式的体系结构，还有众多用户的运行在Windows平台上的应用软件，这样，统一的操作环境、统一的ODBC技术使信息共享，交换非常方便。

4）网络计算采用客户机/服务器模式，网络服务器采用高配置与高性能的计算机。以集中方式管理局域网的共享资源，而工作站为本地用户访问本地资源和访问网络资源提供服务，在服务器上运行SQL Server数据库服务器，可以保证资源的开放和信息的共享。

上述要求对于基于计算机网络技术和计算机应用软件技术开发的系统来说，是非常容易实现的。如办公自动化系统、物业管理系统、视频点播系统、卫星通信系统、程控交换机系统等都不难做到。但是，某些楼宇自控系统则不一定具备，特别是那些自身有一定特点但又不是标准的运行在以太网上的系统更是如此，这需要注意。

4. 建筑物自动化系统的集成内容

(1) 楼宇设备自控系统。楼宇设备自控系统是智慧型大楼的基础，目标是对大楼的机电设备和能源实现智能化管理，为创建安全、舒适的生活与工作环境所必备，它包括楼宇的变配电、空调与通风、给排水、照明、电梯以及停车场管理，故也称为建筑物自动化，它对保证建筑物的运行是必不可少的。

从广义的意义上讲，楼宇的闭路电视监控、防盗报警、出入口管理等保安自动化以及与大楼生命悠关的消防自动化，也属此范畴。

目前，楼宇设备自控系统BAS刚开始步入现场总线控制系统FCS，大多数仍采用以分散控制与集中管理为其特点的集散控制系统DCS，它有着可靠性高、灵活经济、易于扩展等优点，楼宇设备DCS自动控制系统一般具有下述的三级控制和二级网络结构：

1）现场级采样控制部件——硬件为直接数字控制器（DDC)，DDC具有可靠性高、控制功能强、易于编写程序的特点。它能对位置分散的传感器及电动调节阀门等就地采集特征参数、测量过程参数并予以存储，也可以根据上位机指令或运算结果来驱动控制执行机构达到控制目标。现场信号有数字量输入DI、数字量输出DO、模拟量输入AI、模拟量输出AO等4种，因均是低压弱电信号，故要求传感器和执行机构连接到DDC的线缆长度一般不超过十几米。

2）监控级网络控制器——也称为控制分站，通常选用工业控制现场总线，较常用的是RS485或LonWorks。该级起着承上启下的作用，它一方面接收并指令执行管理层级发送来的控制命令，使现场级的DDC按规定执行检测、控制、管理动作，另一方面它对现场级上传来的信息进行存储、转发、报警、打印。

3）管理信息级——使用以太网、ARCNET等类局域网，以PC机作为中央监控主机和实时操作系统平台。该级是对所有的楼宇自控系统实行集中监测、管理和优化控制的场所，一方面操作管理人员可通过组态软件经由局部网络对监控层传送控制命令，另一方面又通过逆向途径随时了解系统和被控设备的运行状况。

就集散系统的发展而言，由于现场总线的引入，不仅将传统的传感/变送器、执行机构等现场仪表与终端控制器之间的多回路直接连接方式过渡到全数字化、多变量、双向、多站并有冗余功能的异步串行通信方式，甚至两者合二为一。楼宇自动化系统从而也将进入全分布式控制方式，此时中央监控作用为监视下层智能节点的独立运转，以及方便地实现点到点通讯。应用现场总线的分散控制系统结构图如图1-12-1所示。

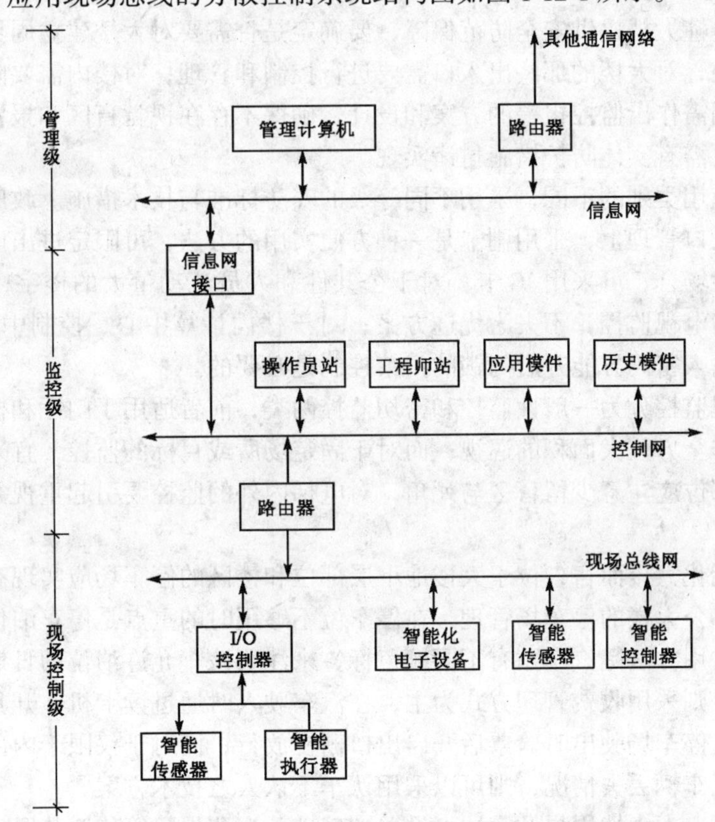

图1-12-1　应用现场总线的分散控制系统结构示意图

（2）保障楼宇安全的系统。智能大楼从万丈平地屹立，费时耗资，如若疏忽一时，则将毁于一旦，因此必须真正做到安全第一，增强防范意识。为此，除设置围墙和栏杆等实体防护装置以及采用人工巡更等措施外，最有效的手段是技术防范，即采用消防报警系统和灭火联动控制、闭路电视监控和防盗探测报警。出入口控制与管理等技术与设施，在严格日常管理的基础上，才能确保大楼的平安。

1）消防报警系统

①火灾报警对确保建筑物的安全重要非凡，有消防报警系统是大楼投入使用的先决条件。火灾探测器是及时发现和报警火情的关键，根据使用环境的不同，产生火灾报警信号的探测装置，可以是传统烟感、温感、光感等各类火灾探测器，也可以是自带 CPU 的智能离子烟感探测器或者烟感复合智能探测器。火灾报警信号通过数据总线传送给判定单元和火灾报警监控主机。在对火灾信息进行处理后，如果确认发生火灾及其部位后，将产生火灾报警信号、触发消防设备的联动、运转消防水泵和喷淋系统、启动排烟机、落下防火卷帘门，以将火灾消灭在萌发状态。

除此之外，智能化的消防系统还通过通信或计算机网络与城市消防调度指挥系统相连，以获得更为强有力的消防后援。

②为了满足消防紧急广播疏散人员以及日常的公共广播和背景音乐之需，在大楼内装备公共广播系统，既是现代化的标志之一，也在一定程度上体现了办公环境的文明层次。

2）楼宇的安全防范系统

①为了对整幢大楼提供安全防范保障，要确定是否需要对大楼建立周界保护，对大楼是否作巡视监控，对大楼的那些出入口需要进行控制和管理；对楼内需要防护的区域和某些特定的目标则需作出监控报警的方案和设计，确保不存在视觉盲区和报警探测盲区；对重点保护目标更需有实体防护措施付诸实现。

②按大楼使用类别的不同，采用不同等级的安防标准与技术措施。政府机关大楼应重点放在严格出入口管理上，采用刷卡是一种方便实用的方法，可限定进出区域和时间，对保密要求较高的场合，可采用 IC 卡；对于公共性和人员流动量大的楼宇，采用通道式出入口辅之以闭路电视监控，不失为优选方案；对于楼内计算中心、控制中心等机要场所，实行刷卡加上输入密码方能开启门锁的门禁控制是必要的。

③闭路电视监控分为一般性监控和密切监控两类，前者适用于门厅和楼道等场所，可采用云台扫描作全方位大面积的巡视；而对于固定场所或目标的监控，宜采用定位定焦死盯方式；监控部位应注意少留盲区与死角，对电梯内外的监控要引起重视并从技术上予以保证。

④对于智能化大楼而言，位于大楼地下层部位和楼区的停车场应实现有效方便的监控与管理。政府办公大楼的停车场管理，在停车位不够用时的重点是停车泊位权限及允许泊车时间长短，常用方法是汽车贴有不同颜色标签来注明该车允许泊位的日期；对于高档写字楼这类大楼，则采用收费管理方式为主，在汽车驶入时通过读卡机、开具票据或记帐后开启栅栏机，从停车场驶出时验票后开启出口栅栏放行；而对于仅限于内部使用的停车场并且重点是防范车辆丢失情况，则可以采用认车不认人之技术方案。

⑤如有必要，在大楼周界及底层可设置玻璃破碎探测报警等传感装置，在易于发生危害之处安装紧急报警按钮，及时通知大楼监控中心是必要的。对于楼内需要严格控制出入的场所，应用电视摄像视频移动探测报警装置，或人体生物特征识别装置，如指纹、掌纹、视网膜、脸形等，是非常实用和有效的。

(3) 建筑物自动化系统的集成

完成保安、消防、楼宇设备自控三大子系统之后，初步实现了建筑物的自动化系统，在此基础上应进行功能集成，作三位一体式的集中管理，最终构造出建筑物管理系统 BMS (Building Management System)，这不仅将提高建筑物自动化系统的综合服务功能，也将增强物业管理的效益，成为智慧性大楼系统集成最根本的基础。

5. 通信自动化系统与网络集成

通讯自动化 CA 的系统集成主要是网络集成，是智能化大楼最重要的组成部分，号称 3A 之首，它贯穿于大楼建设的全过程，是依靠综合布线这种物理网来加以实现的。

通信网络有电信综合网络、有线电视网络和以 Internet 为代表的计算机网络三种类型。虽然它们各自的业务范围、服务领域、管理体制、网络结构、传输介质等方面均有所不同，但也有相互融合之处，而且未来的发展是三网合一，从而使智能化大楼真正从幕后走向现实，通过网络技术带给人们快捷便利和高效的生活节奏。

(1) 电信综合网络是由电信部门运营管理的公共电信网络，如电话网、电报网、帧中继、DDN 网等，以向用户提供电话、传真、会议电视以及数据通信等通信业务，连接范围最广，服务范围也最广。综合业务数字网络 ISDN，特别是宽带 ISDN (B-ISDN) 是近期发展的目标。

(2) 有线电视网络 (CATV) 提供电视和图文电视等广播业务，一般由有限电视公司运营，CATV 网采用模拟传输方式，是一种模拟网络，一般覆盖一个城市，在城市之间可通过微波、卫星和光纤相连，CATV 也正在逐渐开辟数据传输和可视电话业务。利用有线电视技术和机顶盒技术，可以提供丰富信息，支持服务，包括游戏和电视放送节目，甚至 Internet 上网技术，为人们提供无限的想像空间。

(3) 计算机网络为各个部门自己管理、实现计算机的互联，为计算机之间进行文件传送和资源共享提供服务，它以实现大数据量和多媒体通信、高频率度为其特点。以大楼为节点的 Internet 网最具发展潜力，通过综合布线技术加上网络服务器来构架出 Internet 内部局域网，从而使数据能在大楼内外流通，这是智能大楼的真正内涵。

智能大厦一种可能的网络结构如图 1-12-2 所示。

6. 办公业务的自动化支持及软件网络

办公自动化是用高新技术来获取信息和辅助办公的先进手段，其基本用途主要表现在下列三个方面：

(1) 信息管理系统 (MIS)，将电子数据处理通过信息交换及资源共享而相互联系起来，通过组织与访问数据库或建立数据仓库来达到准确、快速、高效之目标。

(2) 辅助决策系统 (DSS)，它包括提出问题、收集资料、建立数学模型、分析评估、优选方案等一系列环节，辅助决策者作出正确有效的选择，它是办公自动化中的上层建筑。当前正在与人工智能、知识挖掘等技术相结合而推动发展。

(3) 网络应用与电子商务，是通过网络应用来满足人们工作、商务、学习、生活、休闲、娱乐等多方面的需要，沟通与外部世界的联系。电子商务的主要角色是企业 (Business) 和消费者 (Consumer)，因此在企业之间的网上交易 B to B (Business to Business) 和企业与消费者之间的网上交易 B to C (Business to Consumer) 将是两种最有发展潜力的电子商务模式，将深刻地影响整个社会。

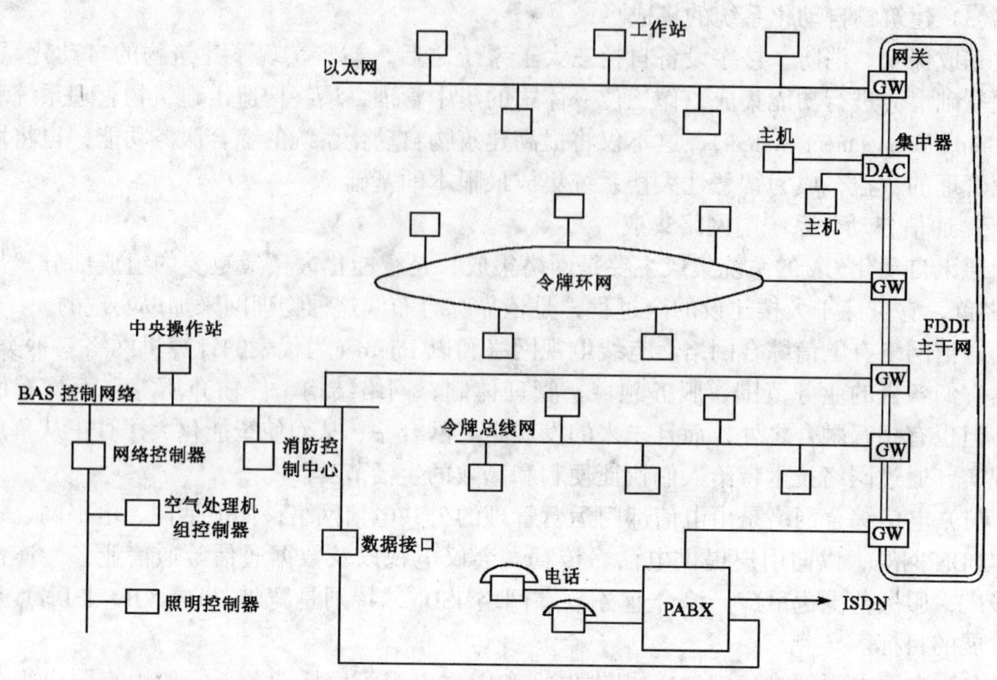

图 1-12-2　智能大厦网络总体结构图

办公自动化系统的技术核心是计算机网络支持下的各类应用软件。办公自动化系统的集成主要是各种软件界面的集成。

7. 智能建筑物管理系统 IBMS

智能化大楼的技术演变要求建筑物自动化联网运行，并最终形成智能建筑物管理系统 IBMS，对建筑物作中央集成管理。

IBMS 是智能型建筑的综合管理系统，从功能平面图上看，它是 BA、CA、OA 三者的交集，代表的是大楼所有物理资源的“总管”，硬件核心是大楼主干网络管理服务器；网络协议目前有 ISO 的七层协议和 TCP/IP 网络通信协议，两者并存；网络操作系统可以是中小型主机上运行的 Unix，也可以是 PC 类服务器上适用的 Windows NT 客户机/服务器模式。

智能化大楼的网络结构通常是层次性结构，如图 1-12-3 所示。从系统管理层次结构而言，实现 BA、CA 和 OA 的系统为中低层，而 IBMS 则为在它们之上的中央高层，呈现出典型的递阶性结构。

8. 电信通信网络

电信通信系统包括音频通信、数据通信、图像传输、多媒体通信四个方面。音频通信采用电话机和手机，是最普及的系统。而通过电信系统实现高速数据传输则是技术的核心。这样不仅可传送文字和数据，也可传输图像，特别是数据量很大的视频动态图像，令人鼓舞。多媒体通信离不开计算机和网络，发展前景最被看好。

（1）音频通话电信网络

1）无线音频通信

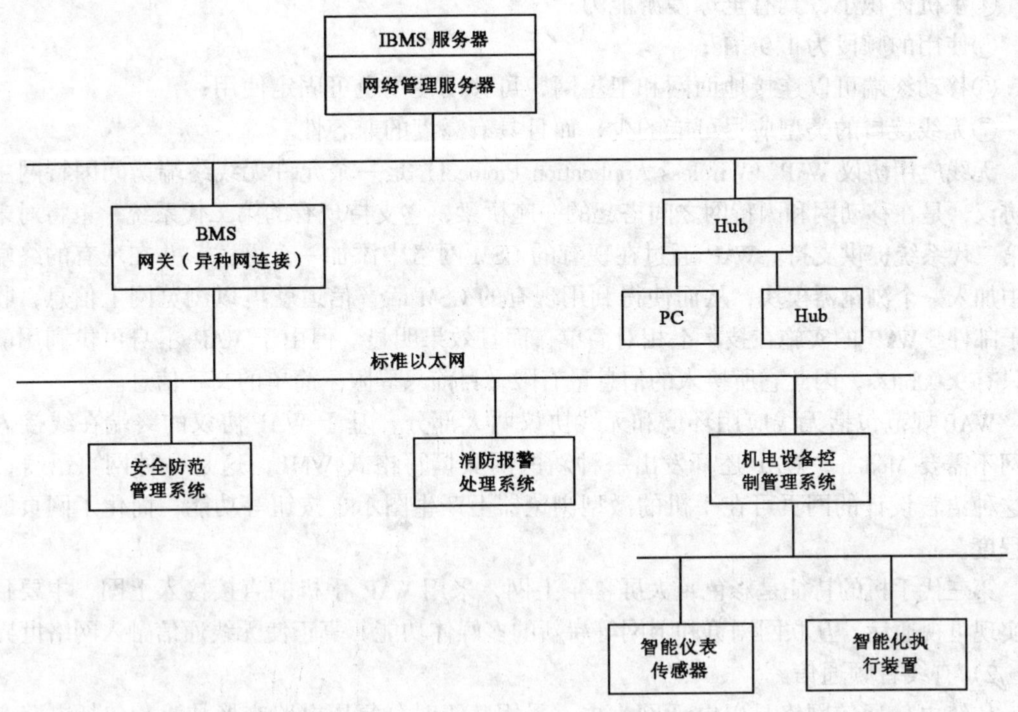

图 1-12-3 智能建筑物管理系统 IBMS

无线通信系统的发展最激动人心。人们预言无线通信使世界发生的巨变将超过汽车和计算机的发明。至理名言是“有了移动通信系统，就可以把互联网络装进每个人的口袋里”。

移动通信系统经历了采用模拟和频分多址（FDMA）技术的第一代通信系统，采用数字式技术、包括以 GSM 为代表的时分多址 TDMA 和数字式窄带 CDMA 的第二代（2G）系统后，现正向以宽带码分多址技术为核心的第三代（3G）宽带系统发展。移动通信和 Internet 这两个快速发展的技术相结合产生的多媒体通信技术，将是未来移动通信的发展方向。

国际电信联盟总称第三代移动通信系统为 IMT—2000（International Mobile Telecommunications—2000)，即 2000 年左右投入业务，其核心工作频段为 2000MHz，多媒体业务最高接入速率第一阶段为 2000kbits。IMT—2000 的主要目标和要求有：全球漫游、低成本的多模终端、多种应用环境、高话音质量和频谱效率、灵活的空中接口、与 2G 的兼容性、高速接入速率（用户高速移动时为 144kbs、满速移动时为 384kbs、静止时为 2Mbs)、丰富的图像媒体业务以及快速的新业务提供等。在 IMT—2000 时代的通信网络将是固定、移动和因特网融合在一起的网络，无线风光在三代。

第三代移动通信系统，即能满足国际电联 ITU 提出的 IMT—2000 要求的，它需具备的基本特征有：

①全球范围设计的高度兼容性；

②IMT—2000 中的业务与固定网络的业务兼容；

③高质量；

④手机体积小，具有全球漫游能力；

⑤使用的频段为 1.9GHz；

⑥移动终端可以连接地面网和卫星网，可移动使用也可固定使用；

⑦无线接口的类型应尽可能的少，而且具有高度的兼容性。

无线应用协议 WAP（Wireless Application Protocol）是一个允许无线终端访问因特网主页的协议，是在移动网和因特网之间搭起的一座桥梁，它支持现有的第二代系统，也将对未来的第三代系统提供支持。WAP 通过在现有的 GSM 网络中添加一个网关，并在现有的终端设备中加入一个浏览器模块，从而使得利用现有的 GSM 话音信道就可以浏览网上信息，收发电子邮件。WAP 的实施在技术上相对简单，而且效果明显。但由于 WAP 本身可供利用的带宽只有 9600bit/s，因此它所接入的信息量有限，目前只局限于简单的文字信息。

WAP 规范包括无线应用环境和无线协议两大部分，基于 WAP 协议的终端在线接入互联网不需要 Modem，WAP 还开发出一种新的网页撰写格式 WML，这是一种网页语言，应用这种语言设计的网页可在手机的微型浏览器上产生图示、按钮等功能，简化了网页的复杂程度。

第三代手机的特征是彩色 + 大屏幕 + 上网，采用 WAP 手机的直接接入上网，主要目标是实现可视通话、互联网浏览和上网等崭新的多媒体功能，真正使无线通信融入网络世界。

2）有线音频通信

传统电信通信网络是以电话网为主，采用基于时分复用电路交换技术，包括电路交换或分组交换来实现各用户之间的通信，从交换局到用户之间为点到点连接，为通信双方建立了一条点到点的通信链路。在通信过程中通信双方始终占有这一条通路。电信网络结构如图 1-12-4 所示，电信网络的核心是数字程控交换机 PABX（Private Automatic Branch Exchange）。

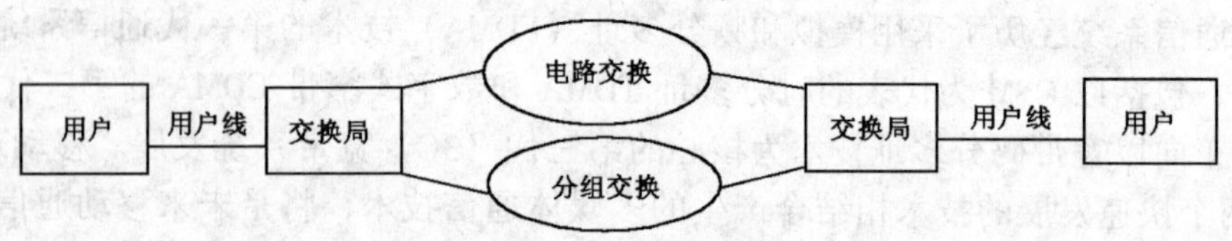

图 1-12-4　有线电信网络结构

3）可视电话系统

在通电话的同时能见到通话人的影像是人们的愿望，可视电话可满足这种要求。但通话方和受话方均需有可视电话设备，包括内嵌摄像机、电路板、外接电视机和外接电话机，这样通话双方都可既听到对方的声音，又能见到对方的活动影像。以 STARTEL—2001 型可视电话系统为例，典型规格如表 1-12-1 所示。其操作过程和功能包括有：

可视电话系统典型规格　　表 1-12-1

传输模式	话音和影像同步传送与接收
影像清晰度	CIF　352 × 288 QCIF　176 × 144 SQCIF　128 × 96

续表

传输模式	话音和影像同步传送与接收
影像传输速度 电话线传输速度	最大 15 帧/s 最大 33.6kbps
视讯标准	系统 ITU—T　H.324 话音 ITU—T　G.723 影像 ITU—T　H.263
内嵌摄像机 显示画面 话音规格 影像规格	1/4″ 全屏幕，1/4 屏幕，1/8 屏幕，分割双画面 频率响应　50Hz～3.4kHz 自动增益控制 AGC 自动回音消除 AES NTSC/PAL 切换式
连接插座	音频/视频输出插座 电话线插座 电话机插座
电话线规格	POTS，一般电话线

①在开启电源后，拿起听筒或有电话打进来，首先会看到自己的影像，之后便可直接作影像通话，包括直接拨号出去或接收来电。

②当电话接通后，在电话键盘上按“#”键后，显示选单，再按启动影像通话模式代码键后，则进行线路连接。

③当影像通话接通后，按下“#”键后则显示出主功能菜单，以此可改变屏幕上影像的显示方式（只显示对方、只显示己方、双方同时显示）、显示影像大小（全屏、1/4 屏、1/8 屏）、选择影像清晰度和影像显示速度的快慢、镜头动作。

显示对/己方画面	2—尺寸	3—画质	4—镜头	5—结束

④选择 4 后按不同数字键可控制镜头动作，包括作左右移动、上下调整、拉近推远、停格静止或连续动态画面显示、镜头开启（可视）或关闭（非可视）。

1—左右移动	2—上下调整	3—拉近推远	4—停格	5—开关

⑤在设定响铃次数和密码后，若对方无人接电话，拨号者仍可于远端启动影像通话，即进行远距离监控。

4）数字式程控交换机

在现阶段，虽然语音通信也是重要环节，但是非话通信业务的增长率已超过电话业务的增长率，目前，具有 ISDN 功能的数字程控交换机 PABX 已经将计算机的数据通讯和语音通讯结合在一起，实现语音、数据、图文和视频信息的一体化传输与交换，为此而建立和利用各种公共数据网，实现与外界的通信与连网。有 X.25 分组交换数据网 PSPDN、数字数据网 DDN 以及综合业务数字网 ISDN，如有需要和可能，也可利用卫星通信网或建立微波通讯网。PABX 结构见图 1-12-5。

智能大厦的全数字式程控交换机一般应具备 500 门和 50 对中继线，采用功能分配的分布分级控制方式，具有 ISDN 接口功能和自诊断功能，以满足多样化的通信业务需要。此类型可选机型有 SIEMENS（西门子）的 HICOM300E、372，HARRIS 的 H20-20MAP640 端

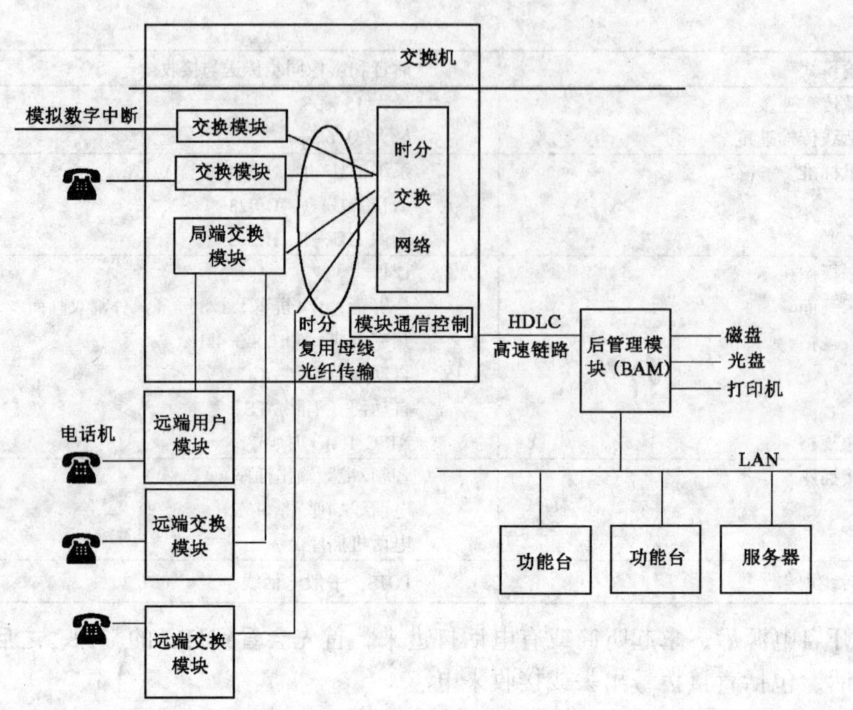

图 1-12-5　PABX 结构

口非冗余系统、H20-20MAP768 端口冗余系统、华为公司的 C&C08A 系统等。其规格和配置如表 1-12-2 所示。

数字程控交换机选型比较　　表 1-12-2

序号	产地	制造商	型号/规格	配置
1	德国	SIEMENS	HICOM-300E	模拟用户数：512 门 模拟中继线：48
2	德国	SIEMENS	HICOM-372	模拟用户数：512 门 模拟中继线：48
3	中国	HARRIS	H20-20MAP640 端口非冗余系统	模拟用户数：512 门 数字用户数：8 模拟中继线：40 数字中继线：0
4	中国	HARRIS	H20-20MAP768 端口冗余系统	模拟用户数：512 门 数字用户数：8 模拟中继线：40 数字中继线：0
5	中国	华为	C&C08A	模拟用户数：512 门 摸拟中继线：48

（2）数据通信电信网络

数据通信是继电报、电话业务之后的第三种最大的通信业务，但它与电报、电话业务不同，它所实现的主要的是“人（通过终端）—（计算）机”通信和“机—机”通信，但也包括“人（通过智能终端）—人”的通信，它是依照一定的协议，利用数据传输技术在两个终端之间传输数据信息的一种通信方式和通信业务，可实现计算机和计算机、计算机和终端、终端与终端之间的数据信息传递，数据通信现已成为时代的主题，因为只有实现了完全的数据通信才能实现完全的网络通信。与网共舞，数据为先。

数据通信有两个特点，一是数据通信中传递的信息均以二进制数据形式来表现，一是数据通信总是与远程信息处理相联系的。

虽然在传统的电话网中采用 Modem 可以进行数据通信，但是，为了满足数据通信日益增长的需求，电信部门还建立了独立于电话网的数据网，数据网采用基于统计复用的分组交换技术，即将信息分解为一个个数据包（分组），并以包的形式进行传输与交换，在整个通信过程中通信双方不是自始至终占有一条通路，而只有在传递数据包时才占有通路，这样通信节点处的分组交换机在找不到空闲路由时需将数据包暂存，故节点分组交换机具有存储和转发功能。目前，国内面向用户的通信网络主要有：

低速网络——公用交换电话网 PSTN、分组交换网 X.25。

中高速网络——综合业务数据网 ISDN、数字数据网 DNN、帧中继网络（Frame Relay）。

数据通信的传输手段如图 1-12-6 所示。将在下面分别论述。

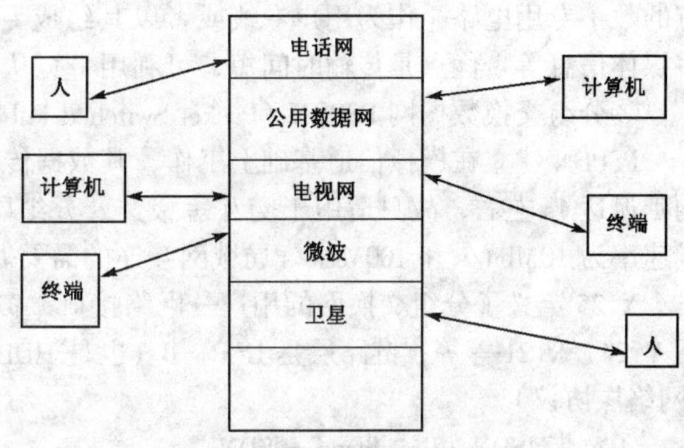

图 1-12-6 数据传输手段

1）有线数据通信网络

① 公用电话网 PSTN（Public Switched Telephone Network）

模拟电话线路属于电路交换，其特点是呼叫一旦建立起来，两个用户之间就有了通过网络中交换机形成的直通网络，在模拟电话线上只能传输模拟信号，可用带宽为 300～2400Hz，为了传输数字信息必须利用调制解调器，速率大多为 28.8kbit/s 和 33.6kbit/s。

假设用户（A）与 ISP（B）都以模拟电话线路经 V.34Modem（即普通 28.8/33.6k Modem）连接至公用电话网 PSTN，由于现在的 PSTN 主干网都已采用数字传输系统，因此无论是上行数据还是下行数据都至少要经过一次 A/D（模拟信号到数字信号）和 D/A（数字信号到模拟信号）转换，而 A/D 转换过程会不可避免地产生量化噪声，在理论上，量化噪声的存在使得 V.34Modem 通过 PSTN 的传输速率被限制在 35kbit/s 以内。

现在绝大多数 ISP 都能通过 ISDN、DDN、TI 等数字专线与 PSTN 相连，这就意味着 ISP 端并不需要进行 A/D 转换，下行数据不受量化噪声的影响，X2、K56Flex、V.90 正是利用了这一点来使下行数据达到 56k 的传输速度，而上行数据仍按 V.34 进行传输，这种上下行速率不一样的非对称结构体系是 56k Modem 具有的特点。电路交换方式如图 1-12-7 所示。

模拟电话线因其线路可连接到世界任何地方，传输成本低，传输延迟小，因此对多媒体通信具有现实意义。但模拟电话线传输速率低，区区 56kbit/s 对于包括视频信号的多媒体传输而言，显然是浅溪行大船。

②数字数据网 DDN（Digital Data Network）

DDN 是点对点的数字电路固定连接，不需呼叫建立过程。只是物理层的连接，链路

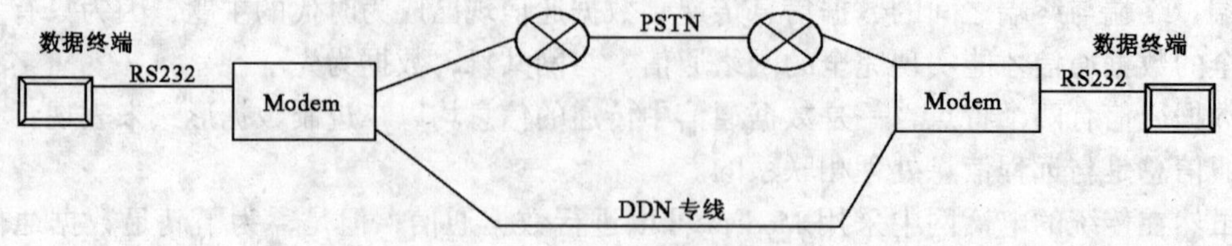

图 1-12-7　电路交换方式

层及以上协议都由用户来定。物理层最常见的是 V.35 和 V.24 接口；链路层最常用的是 PPP 协议（HDLC 的一个变种）；网络层当然可以是 IP 了（RFC 里有 IP Over PPP）。

DDN 以光纤传输系统为主传输数据信号，它提供中高速率、高质量点到点和点到多点的数字专用电路，作为用户专线或者以其组成专用计算机网来传送数据、图像、语音、多媒体信息等。优点是传输时间短，可利用带宽从 1.2kbit/s 至 2.08Mbit/s，传输质量高。

③分组交换数据网 PSPDN（Packet Switched Public Data Network）

PSPDN 建立在模拟信道基础上工作，其数据传输速率在 64kbit/s 以下，网络的分组平均延迟达 1s 左右，故只适用于交互短报文，分组网很难支持多媒体通信，也不能满足总线速率为 10Mbit/s 和 100Mbit/s 局域网互连的需要。

X.25 定义了分组交换网的用户—网络接口，覆盖了七层协议中的 1～3 层，物理层可用 V.24，X.21 等等；链路层是 LAP—B（也是 HDLC 的一个变种）；还有 X.25 分组层协议（网络层协议）。

④宽带 ISDN（Broadband—ISDN）

B—ISDN 是当前世界各国竞相发展的网络与技术，其用户线上的信息传输速率能高达 155.52Mbit/s，目标是实现未来通信网所能提供的全部业务，包括连续的恒定比特速率（如话音）和不连续的可变比特速率（如计算机通信及某些压缩的图像信号等）的信息传输。B—ISDN 使用的交换技术是异步传送模式 ATM，而 ATM 的物理基础是采用 SDH 标准的光纤传输网络。目前 ATM 产品仅能实现不同制式计算机或不同制式计算机网络的连接和交换，真正要将计算机业务与电话业务合并应用，更进一步组成电话、计算机、电视等多种业务的宽带网还将待以时日。

⑤通过电话双绞线实现的宽带传输

主要采用 xDSL 数字用户环路，是一种先进的调制技术，它是在双绞铜线的两端分别接入 DSL 调制解调器，利用数字信号的高频宽带特性，进行高速传送数据。与传统 Modem 相比，因 DSL 直接将数字信号调制在电话线上，免去了 A/D 转换之劳，故可获得高得多的带宽和速率，这正是 DSL 技术的迷人之处。

最常用的是非对称用户数字环路 ADSL（Asymmetric Digital Subscriber Line），只要在局端和用户端的电话线输入口各用一台 ADSL 调制解调器即可连通。它不仅可以传送高品质的视频信号，而且还可以实现话音/数据混合传输。其下行通信速率远比上行通信的速率高，ADSL 的下行速率受传输距离影响，在 2700m 时能达到 8.4Mbit/s，而在 5500m 时则降为1.54Mbit/s，ADSL 的上行速率介于 16kbit/s～640kbit/s 之间。因此 ADSL 比较适合视频点播类的分布式服务，不太适用于点对点之间的连接。

ADSL 利用传统的电话线，将非对称的传输特点与 Internet 浏览下行数据多、上行数据少的特点相结合，它解决了发生在ISP和最终用户间的“最后一公里”传输瓶颈问题，因此被认为是新一代Internet接入技术的热门候选。1999年6月ITU通过了G.Lite标准（又称为G.992.2），由于其选用了1.5M的下行速率，因而又被称为“轻量级的ADSL”。

除ADSL外，还有高速率数字用户环路HDSL（High data rate Digital Subscriber Line）、单用户数字环路SDSL（Single—line Digital Subscriber Line）、甚高速数字用户环路VDSL（Very high data rate Digital Subscriber Line）等，各有其利弊及应用领域。HDSL是利用二对或三对双绞线进行传输的对称型，其上下行最高速率可达2.048Mbit/s，传输距离为3～5km。

xDSL从电信网这种思路解决多媒体接入。DSL技术利用现有的电话线提供Internet接入，下行速率可达8Mbit/s以至更高。因此，DSL技术受到电信公司欢迎。用于小型办公室和家庭（small office and home office，SOHO）的xDSL调制解调器，除可提供传输接口，支持传统的LAN/WAN协议外，也可以接入Internet和帧中继网等，有的还在一个设备上提供以太网端口和ISDN远程访问端口，成为新的热点。

⑥光纤通信

目前使用的光纤通信系统，普遍采用的是数字编码、强度调制—直接检波通信系统，如图1-12-8所示。强度这里是光源，指单位面积上的光功率，所谓强度调制是用信号直接调制光源的光强，使之随信号电流呈线性变化，直接检波是指信号直接在接收机的光频上检测为电信号。图中PCM复用设备为电端机，发送光端机是将电信号变换为光信号的光发射机、采用的光源是半导体激光器（LD）或半导体发光二极管（LED），它们都是通过加正向偏帜电流而使其发光的半导体二极管，但LD发出的是激光，而LED发出的是荧光。发送光端机将已调制的光波送入光导纤维，经光导纤维传送至接收光端机。接收光端机是将光信号变换成电信号的光接收机，光信号先经光电二极管（PIN）或雪崩二极管（APD）检波变为电脉冲，然后经过放大、均衡、判决等适当处理恢复成发送端时的电信号，再送至接收电端机。

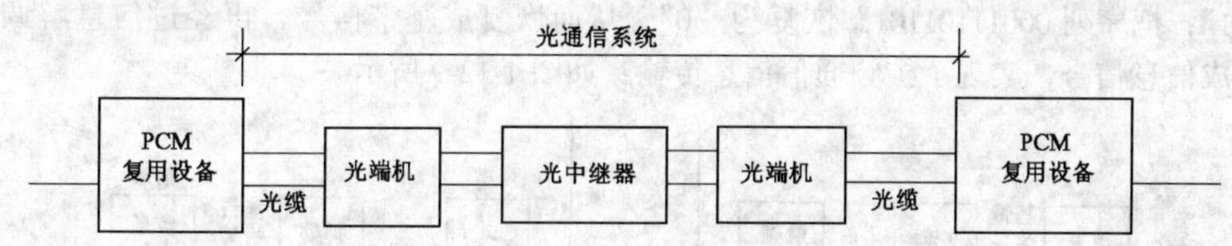

图1-12-8　光纤通信系统

光纤通信是当前通信网络最重要和最发达的传输手段，目前光通信主要有同步数字序列SDH（Synchrous Digital Hierachy）和准同步数字序列PDH，但是光纤传输正从PDH转向SDH。

SDH除了容量很大外，其最大特点是具有统一的比特率，有规定的不同速率等级，因而不存在码速调整的问题。SDH还规定统一的光接口标准，为不同厂家设备的互联提供了条件。SDH有其独特的复用结构技术和防止传输媒介中断确保通信安全可靠的自愈保护环，以及很强的网管功能。

我国采用的SDH系列按国际电讯联盟建议，其基本信号是STM-1（155.52Mbit/s），更高的等级是用N个STM-1复用组成，如STM-4（622.8Mbit/s）、STM-16（2488.32Mbit/s）、

STM-64（10Gbit/s，达 12 路话路）。其中密集波分复用（DWDM）设备最为引人注目。DWDM 技术可将光纤的容量扩大数十倍上百倍。

2）无线数据通讯系统

主要介绍扩频无线通信（Spread spectrum Communication）。

无线通讯系统，特别是无线移动通讯方式，可随时随地不受地理环境影响进行数据信息交换，具有方便快捷的应用特性，可弥补智能大厦有线数据通信的不足。

仙农（Shannon）定理指出，在被传输的基带信号速率一定时，可以用不同的传输频带和相应的信噪比来实现传输，即传输频带和信噪比是可以互换的，传输频带越宽，传输信噪比可以降低，甚至在信号被噪声淹没的情况下，只要传输频带足够宽，仍能保证可靠通信。扩频通信技术正是应用仙农定理，利用扩展基带信号频谱的方法来实现低信噪比的可靠传输，而且能带来抗干扰性强、保密性好等一系列的好处，成为当前最先进的无线通信制式。扩频无线通信的实现方法有下列几种：

①直接序列扩频方式（Direct sequece Spread Specturm，DSSS）；

②跳频扩频方式（Frequency Hoping Spread Specturm，FHSS）；

③跳时方式；

④宽带线性调频方式；

⑤上述方式的混合方式。

在这几种方式中，最常用的是直接序列扩频方式。该方式首先将模拟系统中的调频（FM）或调相（PM）等基带信号、数字系统中的脉冲编码调制（PCM）信号、计算机直接输出的数据信号在扩频调制器被扩频成宽带信号，也就是把被传数字信号的每一个“1”与“0”都用其特定的伪随机数序列去代替，例如“1”用“11100010010”而“0”用“00011101101”去代替，经扩频调制后的信号再送至射频调制器，再经天线发射到接收端，再经过射频解调器后由扩频解调器进行解扩，即将收到的序列“11100010010”恢复为“1”，把序列 00011101101”恢复为“0”，从而恢复成基带信号，再经过信息解调器而还原成信息信号，实现了扩频通信信息传输，如图 1-12-9 所示。

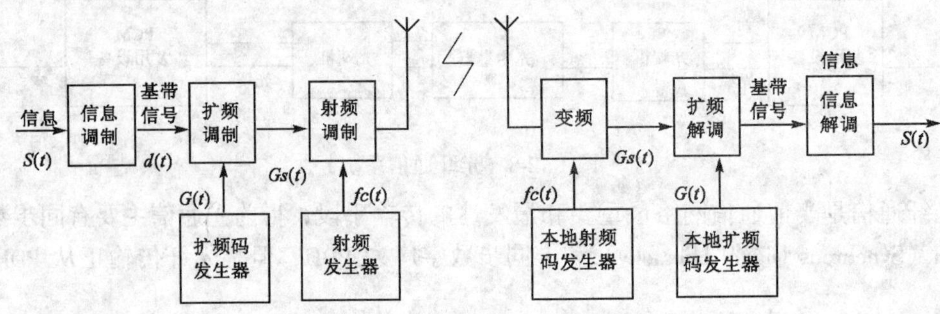

图 1-12-9　DSSS 扩频无线通信系统

扩频微波通信有使用 900MHz 频带的，但国外正越来越多地使用 2.4GHz、5.7GHz 和 24GHz 的低功率微波带。在国内，无线扩频传输的工作频段可选 2.4～2.4385GHz，扩码长度为 N×16 位，在点对多点连接时，中心采用全向天线，子站采用定向天线，以码分多址 CDMA 信道管理方式工作。无线扩频传输距离可达 30km，高分辨率彩色或黑白视频信号，通过扩频可以 128kbit/s 或更高的速率传输。

扩频通信网络的拓朴结构有无中心和有中心两种形式，见图 1-12-10。

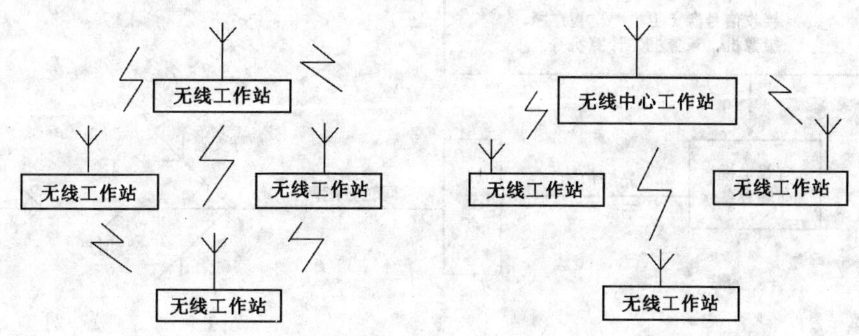

图 1-12-10　扩频无线网络的两种拓朴结构

（二）电视通信网络

电视通信网络包括有线电视系统 CATV 和卫星电视系统。有线电视系统包含有：

早期的共用天线电视系统 CATV（Community Antenna Television），现已改名为 MATV（Master Antenna Television）。传统的共用天线电视网是一个模拟频分的单向广播式网络，优点是传输带宽，缺点是不经改造无法开通交互式业务。

当前的邻频有线电视系统 CATV（Cable Television），系统内传输的频道数较多，卫星和微波传送的节目也馈入系统，包括利用增补频道方式进行传输，传输距离远。近年付载波多路复用技术被应用到 CATV 接入网中，接入网的主干部分采用光缆传输，而分配网络仍采用同轴电缆。这种光电混合的接入网也需将现有的单向 HFC 接入网改造成双向 HFC 接入网，再利用电缆调制解调器开展双向宽带业务。

未来的宽带综合数字业务网。目前正在发展第三代 CATV（城市综合信息网）和融合多媒体技术与有线和无线通信网络、广播和 CATV 网络的多媒体通信系统，多媒体通信系统融计算机的交互性、通信的分布性和广域性、电视的真实性为一体，会成为 21 世纪的主要通信方式。从上网角度而言，可以认为交互式 CATV + 多媒体化 = 信息高速公路。

随着技术上的进步，有线电视系统现在已从初期只能传递 12 个频道发展到能提供 40 个以上的频道，当前已规范的有频带为 300MHz 的 28 个频道，频带为 450MHz 的 47 个频道，频带为 550MHz 的 60 个频道，以及 750MHz 的频道。

（1）有线电视系统 CATV 的组成。CATV 由信号接收部分、前端部分、干线传输部分和分配网络等组成。CATV 具有如图 1-12-11 所示的树状拓扑结构。

1）信号接收部分可提供通过高增益多单元定向天线接收的无线电视信号、通过专用微波设备接收的当地有线电视台节目、各种口径抛物面天线接收并经变频放大和制式转换后输出频率为 970 ~ 1470MHz 的卫星电视信号、系统本身播放的摄像机、影碟机、录像机输出等自办节目，是单路的通过线路传输的模拟电视信号。

2）前端部分的功能是将接收的各种电视信号进行处理，使之成为符合系统传输要求的高频电视信号，并送入多路混合器，最终输出一个复合信号，送入干线传输网中。

3）干线传输部分的功能是将前端部分输出的高频电视信号不失真地传送到系统分配网络的输入端口，同时信号电平要满足系统分配网络的要求。干线传输系统大多采用 VHF 频

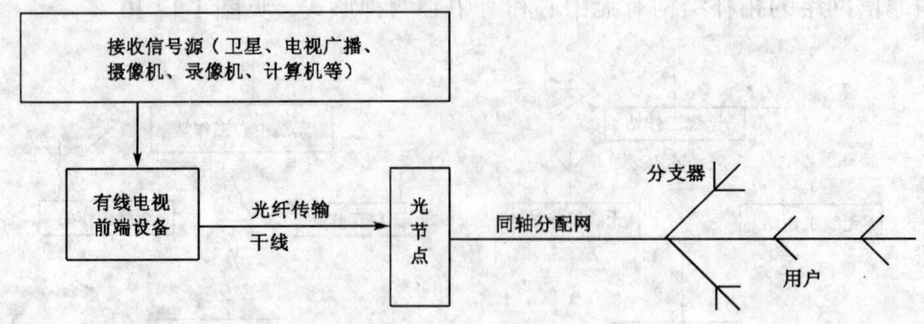

图 1-12-11 CATV 网络

段，20km 内传输媒介以同轴电缆为主，30～40km 或更长的传输干线以光缆或微波线路为宜。

4）分配网络则是将干线传输过来的高频电视信号分配到每个用户终端，保证每个用户终端的信号电平为 70±5dB，分配网络中使用了大量的分支器，以将信号从信号源分配到网络中的所有用户，一般无法区分网络上的各个用户，如果要对用户进行控制，则只能通过对信号加密来实现。

（2）CATV 用于可视图文通信

CATV 除以同一前端不同终端方式正向传输图像外，也可提供逆向传输通路，并且提供数字编码和视频压缩，完成传输的数字化，实现可视图文的双路交互式通信。为了适应信息高速公路的需要和向增值服务提供良好的平台，CATV 宜采用 5～750MHz 双向邻频传递方式，即以频率分割方式经同一电缆分别传送上下行信号，上行频段为 5～40MHz，下行频段为 50～750MHz，其中 50～550MHz 用于电视广播信号传输，550～750MHz 为数据信息传输。

为此，有线电视光纤网络的运行可设置两个 1550nm 波长的光学系统数字平台，其中一个数字平台用来传输广播电视节目；另一个数字平台用来满足双向数据业务和部分广播电视业务的需要，包括互联网业务、计算机业务、数据广播业务及高清晰度电视等。

有线电视网络 CATV 采用光纤和同轴电缆传输的混合光纤同轴网络 HFC（Hybrid Fiber/Coax），宽带化程度最高，能够采用最新技术率先跨入宽带交换。但是 CATV 是以一对多的模式建立的，难以建立点对点的对称式连接。另外从理论上讲，HFC 虽大多支持双向传输功能，但要进行不间断数据通信就必须进行双向改造，主要是应用线缆调制解调器 Cable modem 技术。用户经由线缆调制解调器，可以通过有线电视混合光纤同轴网络 HFC 接入 Internet 网，并实现高速传输，通常下行速率可达 36Mbit/s，用于影视点播、网上购物、电子银行、远程会议、函授教育等。上行速率也有 10Mbit/s，用于上网和多媒体通信。是一种很有前途的宽带 IP 接入技术。但对于 Cable modem，最大的缺点恐怕也是 QoS 问题。

近来，不断有开发 CATV 网宽带资源的技术方案提出和实施，归纳起来，就是要对 CATV 进行改造还是不进行改造的问题。改造的目的是克服双向 HFC 网络固有的误码率高和有反向通道噪声的缺陷，改为以单向 HFC 网络来实现的方案。如在原有的单向 HFC 网络上叠加高速以太网来向用户提供上网，还有以单向 HFC 网络上增加 N—ISDN 网来提供多功能服务等。

但是不对 CATV 进行改造的方案更好，其中以 IP 网架构在 HFC 的光缆上最为可取，将是未来开展多媒体业务的发展方向。特别是如若再采用波分复用及密集波复用技术（DWDM），每根光纤的带宽将从20Gbit/s提高到400Gbit/s，此种宽带传输能力再与G位路由交换机的交换及选路能力结合起来，就将构成IP优化光纤网络，会成为21世纪通信网的主流。

利用HFC技术可以实现将PC接入Internet，HFC网络很有可能发展成为宽带通信网的主体，并与多媒体计算机结合实现多媒体通信。由于HFC基于模拟传输方式，所以可以综合接入多种业务信息，目前可以实现的业务有电话、模拟广播电视、数字广播电视、点播电视、数字交互业务等，将电话网、数据网和CATV网合并在一起构成的HFC网可以提供原来三个网的各种业务，也就是人们常说的“三网合一”。在当前FTTH还不现实的情况下，采用主干线为光纤、接入网为同轴电缆的HFC系统，能够将电话、数据通信和CATV三者配合在一起经济有效地传送。

（三）宽带接入网技术

接入网（Access Network）除包含用户线传输系统、复用设备外，还包括数字交叉连接设备和用户/网络接口设备。接入网技术可分为有线接入技术、无线接入技术和标准接口三个方面。根据传输媒体的不同，目前的接入方案见表1-12-3，可分为如下5类，这5种网络系统被称为信息高速公路的五大干道。

1. 宽带接入方式分类

(1) 基于电信网用户线的DSL接入技术，铜线和光纤是有线接入的两大类。

铜线是传统接入网的主要媒体，由此产生了数字用户线（DSL）技术。包括ADSL、HDSL、SDSL、VDSL，统称为xDSL。ADSL下行速率达8Mbit/s，上行速率达640kbit/s，能传输3~5km的距离，所支持的主要业务是因特网和电话。VDSL在双绞线上下行传输速率可扩展至25Mbit/s~52Mbit/s，同时允许1.5Mbit/s的上行速率，其传输距离则分别缩减至1000m或300m左右。很适合光纤到小区的接入方式。

光纤是未来接入网的主要实现技术，从应用角度分类，光纤接入网（Optic Access Network，OAN）可划分为两种不同的类型：光纤到大楼（FTTB——Fiber To The Building）与光纤到路边（FTTC——Fiber To The Curb）；光纤到家庭（FTTH——Fiber To The Home）与光纤到办公室（FTTO——Fiber To The Office）。FTTH和FTTO为一种全光纤的网络结构，把用户侧的光纤网络单元（ONU）设置在用户家里，用户与业务节点之间以全光纤作传输，因此无论在带宽方面还是在传输质量和维护方面都十分理想，适合各种交互式业务。解决宽带接入的最终途径是FTTH，但这离现实还很遥远。而FTTB是用光纤代替主干铜线电缆，光纤网络单元（ONU）置放在大楼内，用铜线或同轴电缆延伸到用户。用户可以广泛使用高速数据、电子检索、电子邮件、可视图文、远程教育等宽带业务，非常适合现代智能大楼。由于用户对带宽的需求不断提高，密集波分复用（DWDM）正在从网络核心向终端用户推进。

接入方式一览表 **表1-12-3**

<table>
<tr><th>接入方式</th><th>媒体</th><th>分类</th><th></th><th>带宽</th><th>速率(bit/s)</th><th>传输距离</th><th>传输方式</th><th>传输信息</th></tr>
<tr><td rowspan="4">有线接入网</td><td rowspan="4">铜双绞线</td><td rowspan="4">DSL</td><td>HDSL</td><td>窄带</td><td>1~2M</td><td>3~5km</td><td>数字模拟</td><td>语音数据</td></tr>
<tr><td>ADSL</td><td>窄带</td><td>7~10M</td><td>3~5km</td><td>数字</td><td>语音数据 VOD</td></tr>
<tr><td>SDSL</td><td>窄带</td><td>1~2M</td><td>3.3km</td><td>数字</td><td>数据</td></tr>
<tr><td>VDSL</td><td>窄带</td><td>13~52M</td><td>1.5km</td><td>数字</td><td>数据</td></tr>
</table>

续表

接入方式	媒体	分类		带宽	速率(bit/s)	传输距离	传输方式	传输信息
有线接入网	光纤	光纤	FTTH	无限	高速	远距离	任何方式	语音数据图像
			FTTO	无限	高速	远距离	任何方式	语音数据图像
			FTTC	宽带	高速	远距离	数字模拟	语音或图像
			FTTB	宽带	高速	远距离	数字模拟	语音或图像
		同轴	HFC	1000M	高速	远距离	数模兼容	语音数据图像
无线接入网	移动无线接入网	蜂窝区移动电话网		窄带				电话
		无线寻呼网		窄带				
		无绳电话网		窄带				电话
		集群电话网		窄带				电话
		卫星全球移动通信网		窄带				电话
		个人通信网		窄带				电话
	固定无线接入网	微波一点多址		窄带				电话
		蜂窝区移动接入		窄带				电话
		无线用户环		窄带				电话
		蜂窝移动通信		窄带				电话
		无线技术		窄带				电话

(2) 基于有线电视网络的 Cable Modem 接入技术，基于 CATV 发展起来的 HFC 系统是当前最适合应用的并能向 FITL 过渡的最佳宽带接入网，它将光纤用于宽带传输，同轴电缆用于连接用户终端，带宽可接近 1000MHz，可提供多种业务，具有广阔的发展前景。Cable Modem 用户共享下行数据带宽，而每一个子信道下行通道的数据吞吐量都可以达到 25Mbit/s ~ 40Mbit/s。但需要将传统的有线网升级为双向的 HFC 网络才能实现双向宽带传输数字化多媒体信息，开通因特网高速接入等增值业务。

(3) 卫星通信广播系统，固定卫星接入是从交换节点到固定用户终端采用无线接入，它实际上是 PSTN/ISDN 网的无线延伸。固定无线接入方式有微波一点多址、蜂窝区移动接入的固定应用、无线用户环路、卫星 VSAT 网等。

(4) 无线移动通信系统，移动无线接入网包括蜂窝区移动电话网、无线寻呼网、无绳电话网、卫星全球移动通信网直至个人通信网等等，是当今通信行业中最活跃的领域之一。在用无线通信技术来连接交换机到用户终端的无线本地环路（Wireless Local Loop）中，宽带 CDMA 可在宽频带内优化高速分组数据传输，能满足无线 Internet 接入的高数据率要求。此外，本地多路分配业务接入（LMDS）已经面市，它利用地面转接站而不是卫星来转发数据，通过 RF 频带最多可提供 10Mbps 的数据流量，它采用蜂窝单元，以毫米波 28GHz 的带宽向用户传送 VOD、广播和电视会议等宽带业务。

(5) 基于以太网的高速局域网接入。基于 IP 的宽带城域网技术有 POS（Packet Over

SDH）和 GE（Gigabit Ethernet）。以太网接入方式与 IP 网很相似，在技术上可以达到 10/100/1000Mbit/s 三级，采用专用的无碰撞全双工光纤连接，已可以使以太网的传输距离大为扩展。以太网技术将 IP 包直接封装到以太网帧中，是目前与 IP 配合最好的协议之一，它使以变长帧来传送变长的 IP 包。在当前因特网迅速发展的情况下，以太网正在转变成一种主要的接入方式。今年初，加拿大的 CANARIE 公司提出了 G 比特 Internet 到家（Gigabit Internet To the Home—GITH）网络。其费用远远低于 FTTH，比 XDSL 高一些而低于 HFC。

2. 三网合一的实现途径

所谓三网合一指的是将有线电视网、电信网和计算机网合并成一线三通的公众信息网。融合（Convergence）成为一道亮丽的风景线。所有的通信设备都可以高速接入 Internet 业务，而视频、音频及图像在数字化后与数据一样传输，TV、PC 甚至手机都可以成为 Internet 的终端，但是，三网融合应该是高层应用以及接入和用户终端的融合。是宽带城域网的一个发展方向。由于电信网和有线电视网是各自分立并分别运营但都在每个家庭会合的系统，而计算机是依托电信网传输数据但有它自己的 Modem、网络协议和应用软件，为了实现“三网合一”，需要进行下列改造：

（1）有线电视网升级改造为双向化和多媒体化，这是因为交互式 CATV + 多媒体化 = 信息高速公路。

（2）入户网选择 CATV，城市间互连利用电信网，从而使有线电视与电信相融合。

（3）PC 机加插图文电视接收卡，从而使 PC 成为有线电视业务的家庭终端。

有线电视网、电信网和计算机网这三大独立系统性能与未来要建立的公用高速通信网络平台的关系如表 1-12-4 所示。

三大分立网与公用高速通信网的比较 **表 1-12-4**

网络	电信网	有线电视网	计算机网	公用高速通信网
速度	低速	高速	高速	高速
带宽	窄	宽带	窄	宽带
交互性	交互式	目前为单向	交互性	交互式
信息量	一般	一般	大	将很大量
使用方便	方便	方便	目前欠方便	方便
到家庭	到	到	将来可到	通过 CATV 可到

从技术与成本等方面考虑，比较适宜的方案是在原有线电视网络的基础上利用 Cable Modem 技术来实现“三网合一”，构建一个统一的网络。使之能够承载多种服务类型，有灵活的用户接口和从窄带到宽带的广谱的接入带宽，利用有线电视网的设备与特有优势，能提供高速的 Internet 接入，从而有良好的性能价格比。

如此构建的网络，将有 Internet、本地城域网、局域网三层结构。视应用端数据流量大小而可选择宽带 IP 网络、光纤同轴电缆混合网（HFC）、拨号上网这三种不同的接入方式。图 1-12-12 示出了一个实际使用的城域宽带多媒体网的逻辑结构图。

电信、电脑、电器三者实现的一体化则称为“三电合一”，其技术支撑点是数字化，是在网络中传输的比特流，三电一体化产品的核心是计算机，它们将成为“三网合一”的终端。

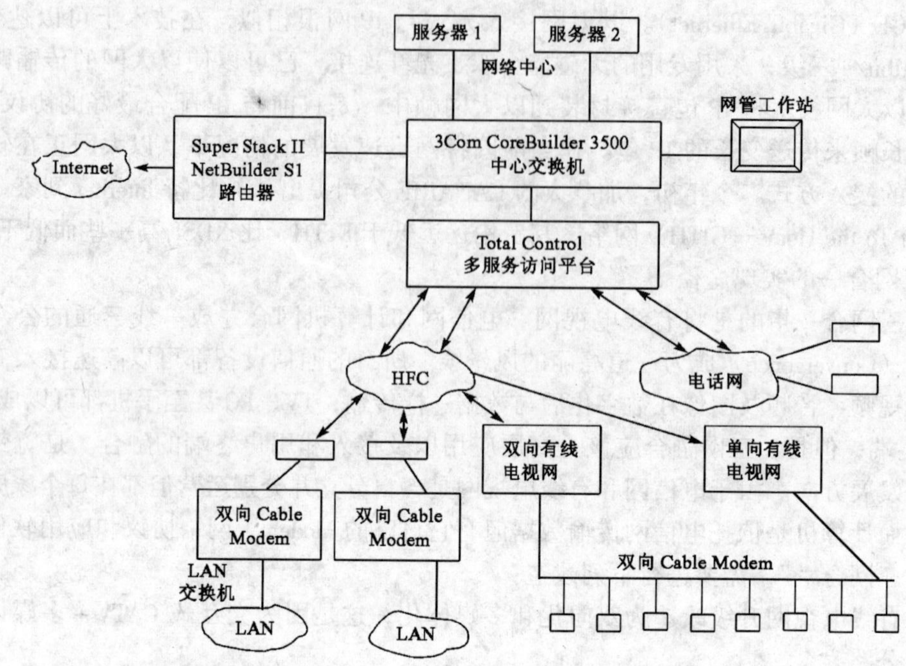

图 1-12-12　一个城域宽带多媒体网的逻辑结构图

（四）小区三表远传自动抄表系统

小区三表远传系统有多种多样的实现方案。首先是采用脉冲式电表、水表、燃气表，输出电信号，供给数据采集器进行收集和处理，然后由小区的管理计算机接收由数据采集器发送的资料数据，存入其收费数据库中，必要时沟通电力公司、自来水公司、煤气公司和银行，完成用户三表信息的数据交换和费用收取。

自动抄表系统的实现主要有几种模式，即总线式抄表系统、电力载波式抄表系统和利用电话线路载波方式等。总线式抄表系统的主要特征是在数据采集器和小区的管理计算机之间以独立的双绞线方式连接，传输线自成一个独立体系，可不受其他因素影响，维修调试管理方便。电力载波式抄表系统的主要特征是数据采集器将有关数据以载波信号方式通过低压电力线传送，其优点是一般不需要另铺线路，因为每个房间都有低压电源线路，连接方便。其缺点是电力线的线路阻抗和频率特性几乎每时每刻都在变化，因此传输信息的可靠性成为一大难题，故要求电网的功率因数在 0.8 以上。另外，电力总线系统是否与（CATV、无线射频、互联网络等）其他总线方式的相互开放和兼容，也是一个要考虑的因素。

1. 电力载波三表远传系统

即采用电力载波方式来传送三表集抄数据，可以连接城市和乡镇，应用范围包括 380V 低压配电网的小区、10kV 中高压配电网的城市和乡镇，也可对电力网络、供水管路、供气管路作智能综合管理。如图 1-12-13 所示。

（1）传感器——传感器是加装在电表、水表和煤气表内的脉冲电路单元，信号采样是采用无接触的光电技术。

（2）电力载波采集管理机——电力载波采集管理机通过传感器对管辖下的电表、水

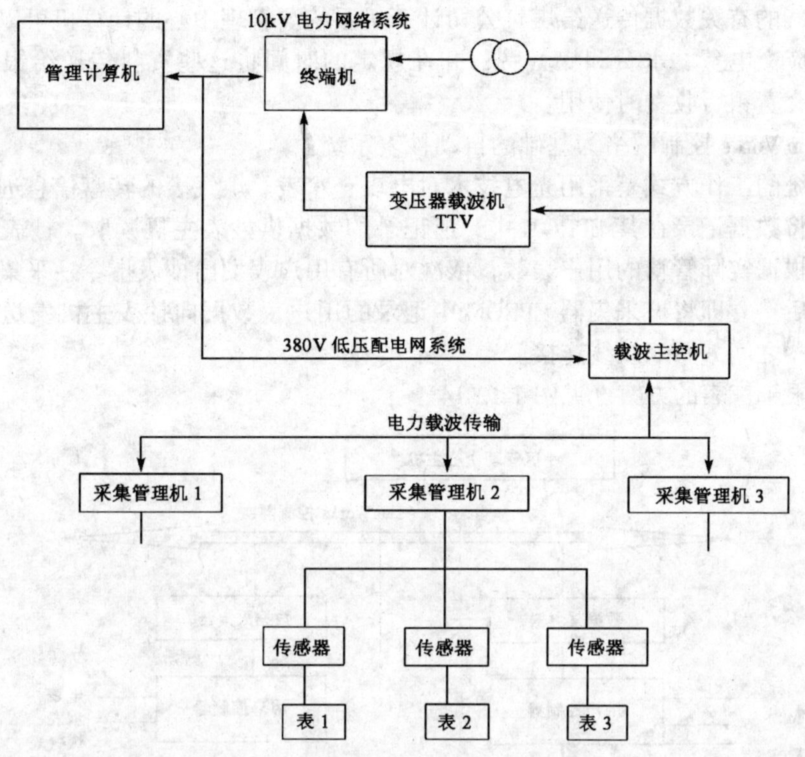

图 1-12-13　电力载波三表远传系统

表、煤气表进行实时记录，并将记录到各电表、水表和煤气表的数据予以存储、调用，同时接收来自主控机的各种操作命令和回送各用户表的数据。电力载波采集管理机的精度与电表、水表、煤气表的精度一致。电力载波采集管理机内设断电保护器，数据在断电后长期保存。

(3) 电力载波主控机——电力载波主控机负责对管辖下的电力载波采集器传送来的数据进行实时记录，并将数据予以存储和等候管理中心的调用，同时将管理中心的各种操作命令传递给电力载波采集器。电力载波主控机的 RS232 通信接口可与便携式终端直接通信，利用便携式终端可用于在现场设置参数及电表、水表和煤气表的初始值。

电力载波采集器与电表、水表、煤气表内传感器之间采用普通导线直接连接，电表、水表、煤气表通过安装在其内传感器的脉冲信号方式传输给电力载波采集器，电力载波采集器接收到脉冲信号转换成相应的计量单位后进行计数和处理，并将结果存储。电力载波采集器和电力载波主控机之间的通信采用低压电力载波传输方式。电力载波采集器平时处于接收状态，当接收到电力载波主控机的操作指令时，则按照指令内容进行操作，并将电力采集器内有关数据以载波信号形式通过低压电力线传送给电力载波主控机。

管理中心的计算机和电力载波主控机之间是通过市话网进行通信的，管理中心的计算机可以随时调用电力载波主控机的所有数据，同时管理中心的计算机通过电力载波主控机将参数配置传送给电力载波采集器。管理中心的计算机具有实时、自动、集中抄取电力载波主控机的数据，实现集中统一管理用户信息，并将电的有关数据传送给电力公司计算机系统、水的有关数据传送给自来水公司计算机系统、热水的有关数据传送给热力公司计算机系统、煤气的有关数据传送给煤气公司计算机系统。管理中心的计算机可以准确、快速的计算用户应交电费、水费和煤气费，并在规定的时间将这些资料传送给银行计算机系统，供用户交费银行收费时使用。

2. 以LonWorks控制网络为基础的自动抄表系统

此类系统的工作方式是采用光电技术对电表、水表、煤气表的转盘信息进行采样，采集器计数并将数据记录在其EPROM中，所记录的数据供抄表主机读取。抄表主机读取数据的过程是根据实际管辖的用户表数，依次对所有用户表发出抄表指令，采集器在正确无误接收指令后，立即将该采集器EPROM中记录的用户表数据向抄表主机发送出去，抄表主机与采集器之间采用双绞线连接。

(1) 仅限于三表的方案（见图1-12-14）

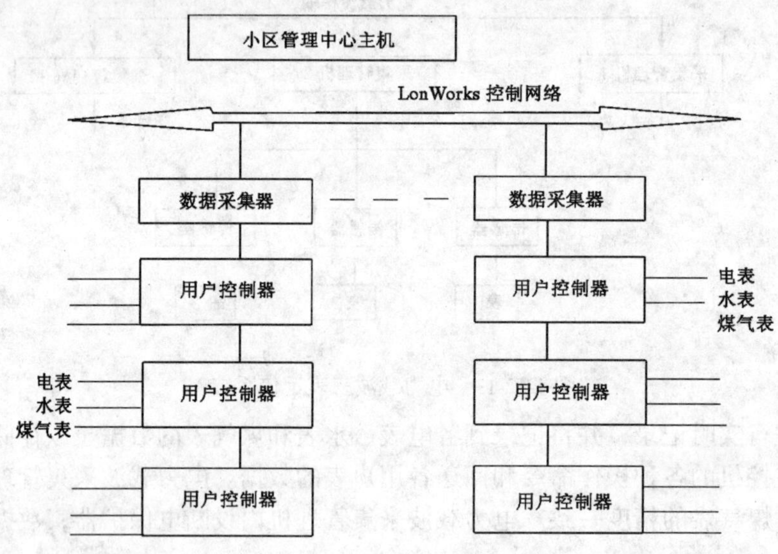

图1-12-14 LonWorks分布式控制网络自动抄表系统

(2) 包含三表在内的一体化方案（见图1-12-15）

管理中心的计算机与抄表主机之间通过市话网通信。管理中心的计算机可对抄表主机内所有环境参数进行设置，控制抄表主机的数据采集、读取抄表主机内的数据、进行必要的数据统计管理。管理中心的计算机不仅会将有关电的数据传送给电力公司计算机系统、有关水的数据传送给自来水公司计算机系统、有关热水的数据传送给热力公司计算机系统、有关煤气的数据传送给煤气公司计算机系统，而且管理中心的计算机同时会准确快速地计算出用户应交纳的电费、水费和煤气费，并将这些资料传送给银行计算机系统，供用户在银行交费时使用。

3. 以公共电话网作传输媒介的自动抄表系统（见图1-12-16）

该系统由脉冲电能表或多功能电能表、远程抄表终端、公共电话网、中心通信控制器、PC机或工作站等部分组成。其中远程抄表终端由数据处理单元和数据通信单元组成，数据处理单元能够记录、处理、储存电能计量数据，数据处理单元能够通过市话线路将有关数据传输到管理中心。远程抄表终端可完成多表输入、多种费率、多种时段划分方式的电能计量、负荷管理、通过公共电话网实现远距离传输数据等功能。

该系统这种通过市话线路实现远程计量方式，较之用无线信道或电力线载波进行通信

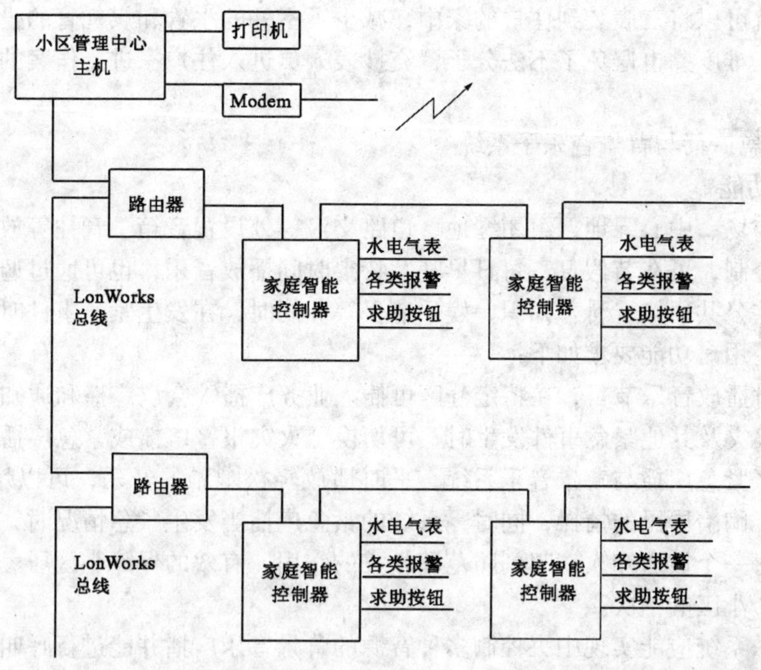

图 1-12-15　包含三表在内的一体化方案

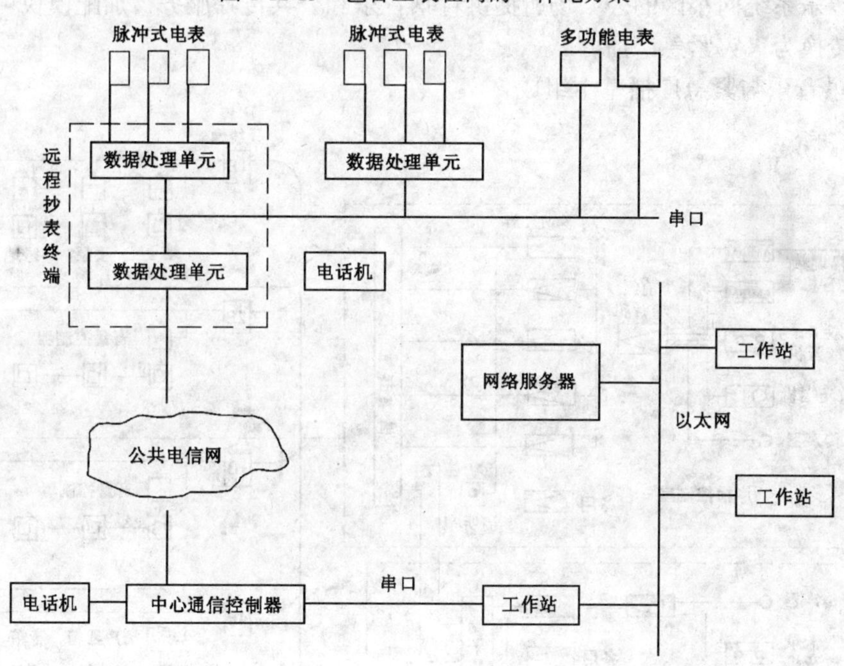

图 1-12-16　以公共电话网传输的自动抄表系统

干扰小，因而更为可靠，不但节省初期投资，而且安装使用简便。

4. 通过有线电视网作传输媒介的自动抄表系统

采用电子水表、电子电表、电子煤气表，电缆数据终端对三表进行读数，将其存储在EPROM中，管理中心的计算机通过有线电视网络读取住户家中的三表，实现远程自动抄表。这样，就可以将三表装到住户的家中，减少了室外的水管和煤气管的投资建设，同时也减轻了施工难度。也避免了不法分子冒充抄表人员进入住户家进行作案的可能，保障了住户的安全。

（五）紧急广播与背景音乐子系统

1. 系统功能

在小区广场、中心绿地、组团绿地、道路交汇等处设置音箱、音柱等放音设备，由管理中心集中控制，可在节假日、每日早晚及特定时间播放音乐，也可通过遍布于小区内的音箱播放一些公共通知、科普知识、娱乐节目等。同时，在发生紧急事件时可作为紧急广播强制切入使用。功能要求如下：

(1) 平时播放音乐节目，在特定分区可插入业务广播、会议广播和通知等；

(2) 当火灾及其他紧急事件发生时，可切换至火灾报警广播或紧急广播。

建立小区紧急广播与背景音乐系统，平时播放轻松幽雅的音乐，可以培养小区温馨、和谐的氛围，陶冶居民的情操；同时，系统的紧急广播当发生紧急情况时，可以高效、简捷地通知到每一个被通知人，起到防范和救灾的作用，有效的保障小区居民的生命财产安全，提升整个小区的档次。

背景音乐系统应能实现中央控制多种音源的背景音乐广播并能进行呼叫广播以及紧急情况时插入报警。

背景音乐系统向小区的公共场所提供背景音乐和公共传呼服务，加配模块可在火灾情况下自动转换为火灾紧急广播。

2. 背景音乐与紧急广播基本组成

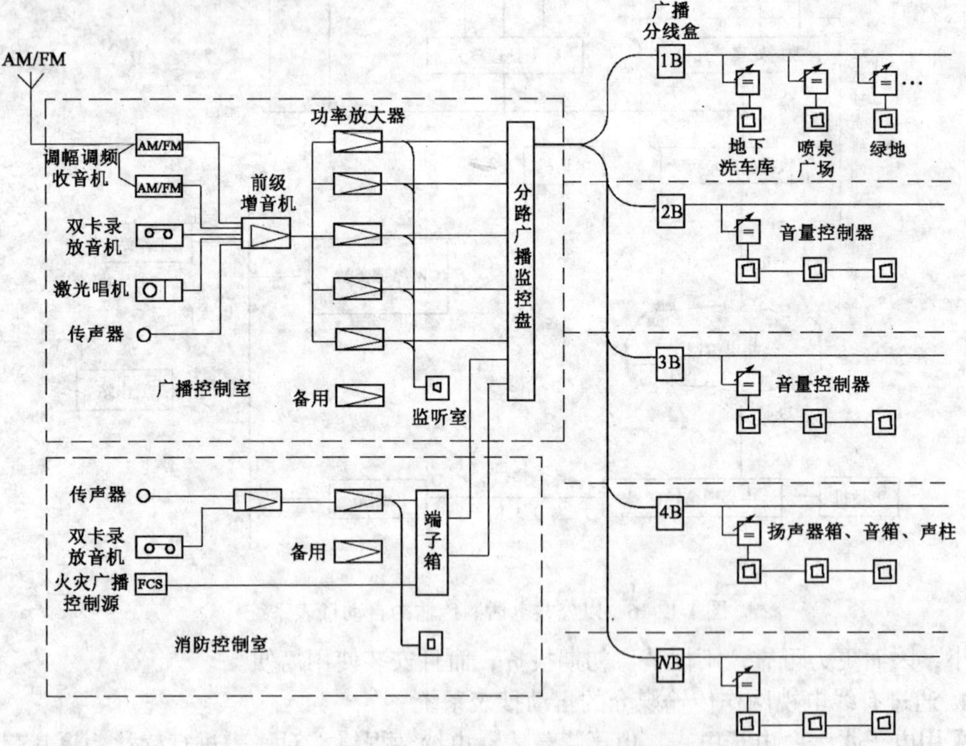

图 1-12-17　背景音乐和紧急广播系统原理图

背景音乐和紧急广播控制系统由音源设备、信号处理设备、传输线路和放音等部分组成。原理如图 1-12-17 所示。

(1) 音源设备

提供节目源信号，有 AM/FM 调谐器、电唱机、激光唱机、自动循环双卡座、话筒和现场播音器、麦克风等。

1) AM/FM 调谐器用于接收无线电广播节目，满足小区住户对音乐和信息的需求。

2) 激光唱机也称为 CD 唱机，是广播系统的主要节目源，可编辑播放的音乐节目，音质好。

3) 自动循环卡座可对语音节目和音乐节目进行反复播放，大大减少更换节目带来的麻烦。

4) 现场播音其主要用于消防指挥等紧急情况。

(2) 信号处理设备

将音源信号进行放大、加工、处理和调整。主要完成信号的放大、电压的放大和功率的放大，其次具有音源信号选择的功能。有节目选择器、前置放大器、功率放大器、监听器和多区输出选择器等。

1) 节目选择器对背景音乐和紧急广播系统提供的可供选择的节目源如 AM/FM 无线节目广播，CD 唱碟节目、循环卡座节目和正常语音广播等进行选择，选出一路后送到后级进行放大播出。

2) 前置放大器完成选出信号的前置放大，还可对重放声音的音色、音量和音响效果进行调整和控制。

3) 功率放大器将前置放大器送来的信号进行功率放大，通过传输线路送到扬声器。功率放大器可分为对信号幅度的调整和处理如放大器，对信号频率的调整和处理如频率均衡器，对信号时间的调整和处理如混响器等。

4) 监听器用于监听功率放大器的输出是否正常，尽快的发现功率放大器的输出故障，从而确保系统的正常运行。

(3) 传输线路

由于住宅小区分散和服务区域广、距离长，为了减少传输线路引起的损耗，可采用高压传输方式，传输线不必很粗。

(4) 放音设备

将放大和处理后的信号转变为声音，主要为扬声器及音箱。衡量扬声器的质量主要根据其功率、效率、输入阻抗、频率范围、频率失真及指向性的技术指标。

基于 IP 传输的住宅小区的广播系统如图 1-12-18 所示。

3. 系统设计

(1) 设计原则

1) 根据住宅小区的定位和对系统的要求对广播区域进行分区，确定扬声器的数量、型号，根据所需功率，确定功率放大器的型号和数量。

2) 根据系统对音源的要求，选定节目源设备和相关的前级放大器或信号切换放大装置。

3) 确定信号流的优先切换权。

4) 划分分区：

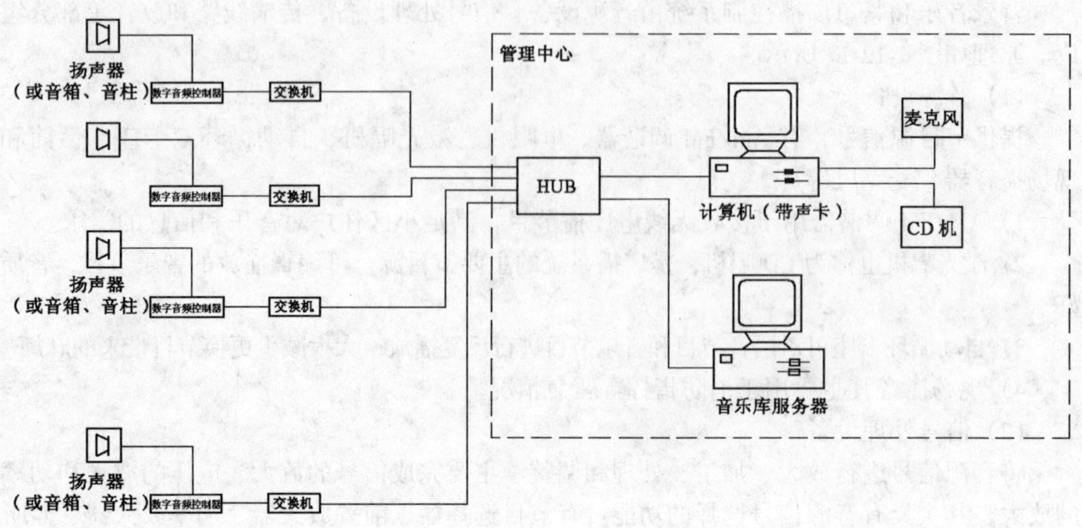

图 1-12-18　基于 IP 的公共广播系统

①根据楼层的功能划分；

②根据对音源播放的声级、内容、音量等的要求划分；

③根据分布区域划分，如某些区域的广播比较集中，可划分为一个区；

④根据火灾事故广播控制划分；

⑤根据用户类别划分；

⑥根据广播线路路由划分。

5）分区广播，在进行划分分区后，按照一定的处理使得扬声器能够适应不同区域对音频信号的不同要求。

6）紧急广播的设计：

①消防报警信号具有最高优先权，可切断背景音乐和其他广播状态。

②便于消防值班人员的操作。

③紧急广播时，使用消防电源供电。

④传输电缆和扬声器应具有阻燃特性，紧急广播线路应独立敷设。

⑤紧急广播用扬声器的额定功率不小于 3W，间距不大于 15m。

⑥背景音乐和紧急广播控制系统应公用扬声器，所有广播区域平时播放背景音乐，一旦被某楼层的火警信号触发，广播主机应自动控制相关层所有扬声器播发紧急消息。

⑦线路的垂直部分沿竖井内的线槽敷设，水平部分用镀锌钢管。

⑧消防紧急广播部分的电源应采用消防电源，同时应具有直流备用电池。消防联动装置的直流操作电源应采用 24V。

⑨音乐信息源采用双卡磁带机、CD 多盘激光唱机、广播用话筒。

⑩在消防中心同时设置紧急广播播放控制系统，配置紧急广播控制机，话筒功放等设备，平时处于热备用状态，一旦发生火灾等异常情况，即可受控于消防联动信号，自动放送预先录制的紧急疏散广播或通过话筒广播现场疏散指令。

⑪系统提供的多套音源，经过调音台可任选一路音源，将其音量调整到合适水平，输

出至主放大器。

⑫系统采用智能型专业消防紧急广播设备，可与消防系统联动。当收到消防系统传来报警信号后，可自动对着火层及相邻层进行消防紧急广播，亦可用话筒进行人工指挥。系统所在功能可以现场中文菜单式编程完成。

⑬控制主机能自动对本系统进行监测，系统的各种状态（报警、广播、联动等）均通过指示灯显示，使操作人员对系统状态一目了然。

SM40系统其各种功能模块的灵活配置能满足各种需求：可根据系统的规模和功能组建特殊呼叫站；各路音频信号可经特殊处理（音调、音频动态压缩、动态音量控制）；系统可组建多个通道，即各扬声器区可被指定同时播放不同音乐内容，而各区间无相互影响；提示信号和录音信息按预编程序要求自动指定区域播放；由程序指定控制继电器卡实现对外围设备的联动和显示。

（2）Panasonic智能公共广播系统

Panasonic智能公共广播系统为了满足大型建筑物开发，为复杂的保安和管理系统提供了可靠性极高的紧急广播。

该系统的功能特点如下：

1）传输各种业务信息的灵活性。模拟了计算机设计的矩阵系统能够同时从16个复杂的BGM或自动广播声源中随心所欲的选择8个，同时传送至各个楼层、各个房间和各个角落。

多功能遥控麦克风可以从远离传送设备的地方广播或回答，最多可以控制160路扬声器回路，且传送地点可以根据需要自由选择。

2）在一个保安管理系统中建立准备快速的紧急广播系统。可以根据不同的保安和管理系统，设计紧急呼叫网络，（a）在多处控制到全楼的紧急传输系统。（b）由20个基站系统控制器和扩展控制器构成的系统最多可以容纳160个扬声器。

系统控制器装有中央处理器（CPU），紧急广播的操作过程将会由一个发音设备和一个带背景光的液晶显示屏来引导，所以，在任何紧急情况下，都能保证操作的准确性。

本系统提供RS232C接口可以和个人计算机相连，系统的传输状态可以在显示屏上显示出来。

3）优良的结构与维护，简单易行的操作。在设备动作的同时，系统操作和设备维护的状态都可以监测到。系统设置、调整及更换简单。

除设置需要进行少量的连线外，系统采用前端接线，安装容易。

为了实现快速且准确的传输，将由一台内置的计算机以声音和液晶显示屏上的字符进行引导操作，系统控制器的液晶显示屏最多可显示120个英文字符（30字×4行），控制面板上的发光提示使系统状态一目了然。

4. 系统示例

根据小区规划设计的具体情况，可以把整个小区的每一栋楼室内、室外、地下停车库分区。

（1）系统配置要求

1）背景音乐系统

该系统提供三路音源，一路卡座机，一路调谐机和CD播放机，经过程控功能可以任意选择。

使用分区选择器可控制任一分区广播的通断。

使用分区呼叫站可以对整个小区任一分区进行业务和商情及音乐广播。

使用背景音乐时，输入到扬声器的功率为3W，业务及紧急广播时为4.5W。

2）消防紧急广播

该系统采用专业的紧急广播设备，可与消防系统相连接并联动。当收到消防系统传来的报警控制信号后，可自动对有警情的楼栋及相邻的楼栋进行消防紧急广播，亦可手动使用所附话筒进行人工指挥。

当进行正常背景音乐广播时，一旦需要进行紧急广播，本系统会自动切断背景音乐，进行紧急广播。

紧急广播时输入到音响的输出功率为4.5W。

所有音箱的连线均直接从中心接出，方便快捷，有利于今后的日常维护。

（2）背景音乐系统

1）设备选型。背景音乐系统采用飞利浦SM30系统，系统主要由以下几个部分组成：

系统中心机房设备：循环双卡座、SM-30中央控制器19in架装式、SM-30广播控制台输入模块、SM-30中央控制输入模块、SM-30留言输入模块、SM-30音乐输入模块、SM-30继电器模块、SQ-45功率放大器、调谐接收器/CD播放机、SM-30呼叫站。

系统传输线路：双绞线。

前端设备：室内吸顶扬声器，室外音响。

①SM-30中央控制器（LBB1280/40）

SM-30扩声管理系统的中央控制器，可接纳10个应用模块，发出50种不同的报时、报警讯号，台式和机架安装式。

这个控制中心是SM-30扩声管理系统的主机，它包括：机壳、装在机壳内的系统主微处理器及10个附加应用模块的插槽。机壳正面有LCD显示器、各种功能键、电源开关。SM-30没有放大器，必须与一个或多个SQ45放大器一起使用。

②呼叫站输入模块（LBB1283/00）

这种SM-30的模块线路卡为2个呼叫站提供接口，每个都有独立的音量控制。系统最多可容纳3个LBB1283，呼叫站的最远距离1km。

③中央控制模块（LBB1284/00）

该模块的功能为可将8个遥控开关接入SM-30，是插入式模块，光学隔离开关。

每个模块最多可将8个遥控开关接到控制中心，中心最多可接纳6个LBB1284/00模块，即48个遥控开关。这些开关在内部有隔离光处理。

可以控制输入触发报警信号和录音口信并将它们按优先顺序送入相应的通道，也可以用控制输入直接触发某些指定的区，采用插入式安装。

④留言输入模块（LBB1285/00）

技术指标：数字化记录4段讲话资料，每段都可以单独提取，关断电源后，录音可保存30d，总录音时间65s。

模块含1个记忆芯片，它可用数字方式记录口信。最多可记录4段分开的口信，累计时间65s。

选播口信之前可以先播1个提请听众注意的报警信号。口信之后可以接播音员的现场讲话，这种连贯的行为按SM-30的程序执行。用户只须使用1只外加的话筒就可以把口信记录或转录到集成电路芯片上。市电保持芯片的记忆内容，万一断电，备用电池可接续30d。

⑤音乐输入模块（LBB1286/10）

技术指标：用它可将3个独立的音源接入SM-30；所有输入独立调节音量。

通过这个模块可以把3个不同的音源输入SM-30，适合输入唱片放出的信号。每路输入有2个荷花插口，可以输入立体声信号，在模块内混合成单声道。各输入的音量可以单独调整。

操作者可用系统主机正面板上的4个功能键控制输入的音源音量。

⑥继电器模块（LBB1287/00）

技术指标及功能：将放大器信号送到各播音区；接纳2路独立模块信号。

在SM30系统中可以装备2台独立的放大器（或多声道放大器中的2个声道），1个播放背景音乐，另一个处理喊话信号。

分区继电器模块可把放大后的音乐、喊话信号分送到6个独立的扬声器区。最多可以并用6个LBB1287/00模块，因此可控制36个区。

⑦SM-30呼叫站（LBB9568/30）

技术指标与功能：可选择的扬声器区多达18个，4个功能键，每个SM-30系统可装入6个此种呼叫站。

操作者不仅可以用呼叫站的话筒转入讲话，还可以用呼叫站控制音乐和讲话的传送路线。用数码键盘可以对18个扬声器区进行选择。

设有1个回忆键，用它可以重新调出上一次的状态。用4个功能键可对报警和钟声信号、预录口信、优先顺序、扬声器区的放声路线、触发控制继电器、音量控制等功能预编程序。

⑧功率放大器（LBB1348/40）

技术指标：含1路、2路、4路放大器的多种机型，音频输入带输出变压器，装入19in机架，内装扬声器匹配变压器，备有后台放置的安装附件。

LBB1348/40是完整系列的功率放大器，有的机型在同一机壳中装入多至4台放大器。适合多播音区的公共广播系统，也可以用在SM30和SM40扩音管理系统中。

每个放大器模块有2路平衡音频线路电平输入："音乐"和"优先呼叫"。音乐输入有可调的预制音量控制器，在选择从不同音源来的音乐作输入时，这一功能使音量调整十分方便。"优先呼叫"可以使音乐信号自动消声，以播放讲话。SQ45的特点还有：输出变压器有50、70、100V抽头，可以推动不同的扬声器组。变压器的输出通过12芯的插头与扬声器连接。还有一个特点是，可以在监听信号中插入一个20kHz的平衡测试信号，以监测放大器的性能。

放大器可以用市电供电，也可以用48V电池直流供电（带极性保护），随机带1根2m长的电源线，终端接2芯并带接地触点的电源插头，还带一个CEE电源插头。

⑨扬声器

室外立柱式扬声器（YXLH10-1）额定噪声功率10W；吸顶式扬声器（YXX3-07）额定噪声功率3W。

SM30系统的原理图如图1-12-19所示。

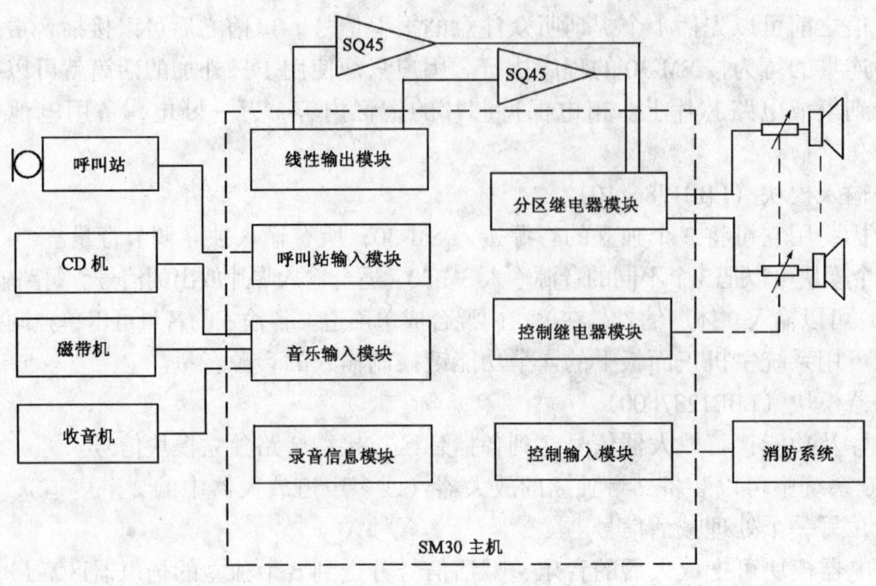

图 1-12-19　SM30 系统原理图

SM30 扩声管理系统可将扬声器分为 36 个区，微处理机按预编程序处理不同优先等级的喊话、报警时指定区域的录音信息播放及控制继电器对指定外围设备的驱动等功能，实现紧急广播时扬声器音量越权，可方便的与多个 SQ45 功放环接成双通道系统以灵活驱动各扬声器区，并设有与消防系统的联动接口。

2）背景音乐系统的主要特点

扬声器的分布均匀，确保满意的背景音乐，分区的功能使播放背景音乐和呼叫讲话能够同时分区进行而互不干扰；道路两侧采用的室外立柱式扬声器，绿化带中采用草地音箱。该扬声器外观大方、频带宽、失真小，草地蘑菇音箱外形、颜色与自然和谐统一。

系统在平时可作为背景音乐系统使用，有利于培养小区温馨、和谐的氛围，陶冶居民的情操；紧急情况时，起到防范和救灾的作用，能有效保障小区居民的生命财产安全，从而提升小区的档次。

(3) 紧急广播系统

1）紧急广播系统的特点

符合紧急用广播设备的技术标准：由于火灾事故具有突发性，就要求紧急广播系统能够迅速的进行疏导广播，其紧急广播设备严格按照技术标准设计，所采用的零部件符合技术标准。

先进的电子技术：连接遥控控制器的控制方式，采用串行传输方式。用于语言报警的音源，采用 EPROM 的 DVAS 系统（Digital Voice Announcement System）。

声音警报：无论是自动（与火灾报警系统联动）还是手动的情况下，都能发出声音警报，其声音警报是由旋律音和语言组成的三阶段（火灾警报联动广播、火灾广播、非火灾广播）自动广播。

2）系统组成

采用智能化紧急广播设备。设备具有群体广播以及与消防报警系统联动等功能。可以自由设定广播区域，一旦火灾或其他紧急情况发生时，可以完成背景音乐与紧急广播的切换。

主机部分：紧急/业务控制主机与增设控制面板配合可以负责各区的紧急广播，根据具体情况划分分区。发生火灾时可先进行确认，确认是发生火灾时可立即进行紧急广播。如果是误报，可进行解除并恢复待机状态。

连接扩展部分：消防广播控制切换端子具备与消防报警系统连动的功能，可接收火灾报警系统传来的无电压干触点的 24V 报警信号。以自然楼层为紧急联动分区，主要用于和消防报警系统的联动及紧急广播与背景音乐的切换。一旦接到消防报警信号则相关区域进入紧急状态，并进行紧急广播，而其他区域可不受影响的播放背景音乐。

（六）楼宇的安全防范

对于楼宇安全保障系统应具备的功能及涵盖的范围，目前还没有严格的界定，我们将楼宇安全保障系统的体系结构及其功能定位于图像监视功能、探测报警功能、控制功能和自动化辅助功能这四大功能的框架上。

1. 楼宇安全保障系统的功能分析

(1) 楼宇安全保障系统的四项功能

一方面，大型安全防范系统由于设备众多和功能繁杂，为了能够有效的进行管理，必须周密组织，另一方面针对特定的系统，必须强化其主要功能，形成以中央监控室内的计算机系统为核心的综合性楼宇安全保障系统，功能框图如图 1-12-20 所示，其可能实现功能包括下列四大类。

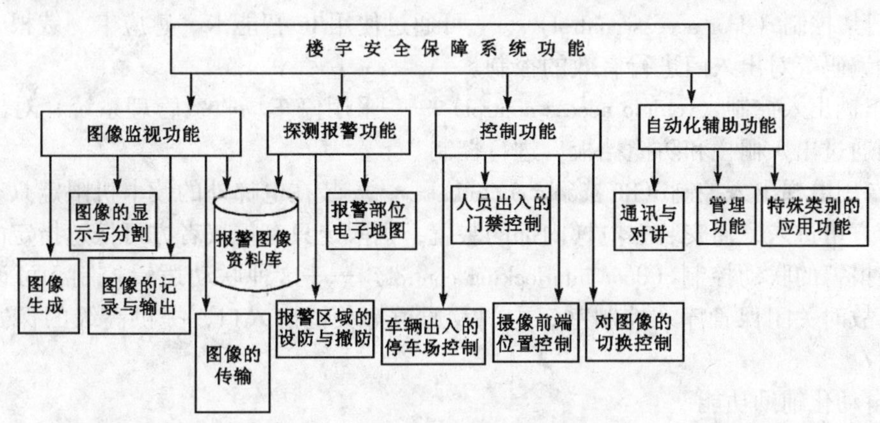

图 1-12-20　楼宇安全保障系统功能框图

1）图像监控功能

视像监控（video surveillance）——采用各类摄像机和闭路电视技术、模拟或数字记录、多屏幕显示、红外照明装置及切换控制主机，对大楼内部与外界进行有效的监控。

影像验证（visual verification）——在出现报警时，显示器上显示出报警现场的实况，以便直观地确认报警，并作出有效的报警处理。

图像识别系统（video identification system）——在读卡机读卡作凭证识别时，可调出所储存的员工相片加以确认，并通过图像扫描比对来鉴定访者。

2）探测报警功能

①内部防卫探测（internal intrusion detection）——所配置的感应器包括双鉴移动探测器，被动红外探测器、玻璃破碎探测器、声音探测器、光纤回路、门接触点及指示门锁状态。

②周界防卫探测（perimeter intrusion detection）——精选拾音电缆、光纤、惯性传感器、地下电缆、电容型感应器、微波和主动红外探测器等探测技术、对围墙、高墙及无人区域进行保安探测。

③报警点监控（duress alarm points）——工作人员可通过按动蜂鸣报警按钮或在读卡机输入特定的序列密码发出警报。通过内部通讯系统和闭路电视系统的联动控制，将会自动地在发生报警时进行监听和监视。

④图形鉴定（graphical verification）——监视控制中心自动地显示出楼层平面图上处于报警状态的信息点，使值班操作员及时获知报警信息，并迅速、有效、正确地进行接警处理。

3）控制功能

①对于图像系统的控制，最主要的是图像切换显示控制和操作控制，控制系统结构有：

A. 中央控制设备对摄像前端一一对应的直接控制；

B. 中央控制设备通过解码器完成的集中控制；

C. 新型分布式控制。

②识别控制，包括：

A. 门禁控制（door access control）——可通过使用IC智能卡、感应卡、威根卡、磁性卡、磁性编码等对出入门进行有效的控制。

B. 车辆出入控制（vehicle access control）——采用停车场收费管理系统，对出入停车场的车辆通过出入栅栏和防撞挡板，进行控制。

C. 专用电梯出入控制（lift access control）——安装在电梯外的读卡机限定只有具备一定身份者方可进入，而安装在电梯内部的装置，则限定只有授权者方可抵达指定的楼层。

响应报警的联动控制（door interlocking control）——这种联动逻辑控制，可设定在发生紧急事故时关闭保管库、控制室、主门及通道等关键出入口，提供高级的保安控制功能。

4）自动化辅助功能

①内部通讯（intercom）——内部通讯系统提供中央控制室与员工之间的通讯功能。这些功能包括召开会议、与所有工作站保持通讯、选择接听的副机、防干扰子站及数字记录等功能，它与无线通讯、电话及闭路电视系统综合在一起，能更好的行使鉴定功能。

②双向无线通讯（2way radio）——双向无线通讯为中央控制室与动态情况下的员工提供灵活而实用的通讯功能，无线通讯器也配备防袭报警设备。

③有线广播（public address）——矩阵式切换设计，提供在一定区域内灵活地播放音乐、传送指令、广播紧急信息用。

④电话拨打（telephone）——在发生紧急情况下，提供向外界传送信息的功能。当手提电话系统有冗余时，与内部通讯系统的主控台综合在一起，提供更有效的操作功能。

⑤巡逻管理（guard tour）——巡更点可以是门锁或读卡机，巡更管理系统与闭路电视

系统结合在一起，检查巡更员是否巡更到位，以确保安全。

⑥员工考勤（time attendance）——读卡机可方便地用于员工上下班考勤，该系统还可与工资管理系统联网。

⑦资源共享与设施预定（resource & facilities booking）——综合保安管理系统与楼宇管理系统和办公室自动化管理系统联网，以有效地共享会议室等公共设施，如通过读卡机才能进入和使用，同时自动启动灯光、空调等设施。

(2) 楼宇安全保障系统的三大组成部分

闭路电视监控子系统、防盗防侵入探测报警子系统和门禁控制子系统是楼宇安全保障系统基本和通用的三大组成部分，楼宇安全保障系统的组成框图如图 1-12-21 所示。

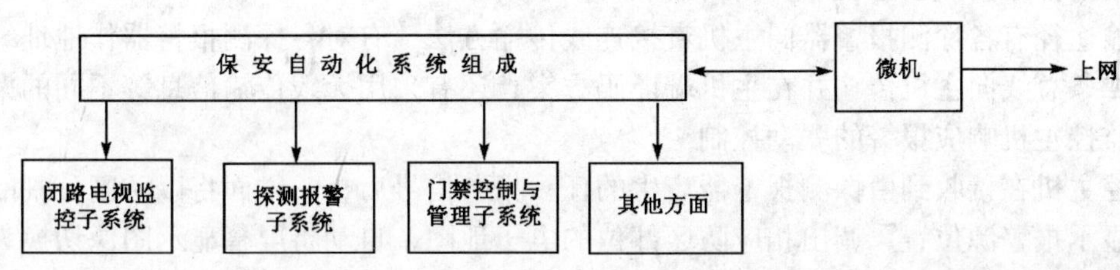

图 1-12-21 安全防范系统组成框图

1）闭路电视监控系统

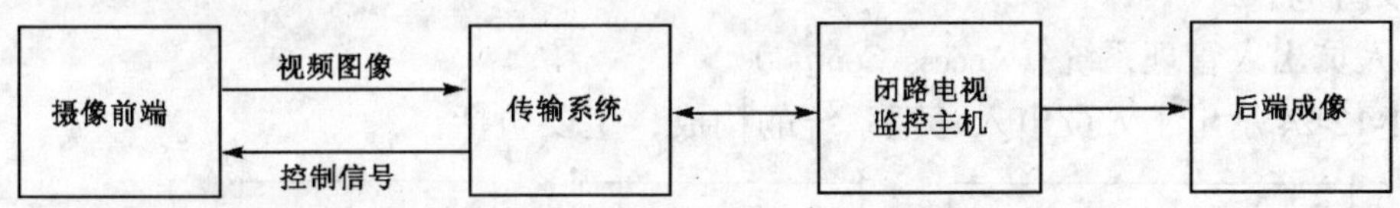

图 1-12-22 闭路电视监控系统

闭路电视监控系统也称为 CCTV（Closed circuit Television），如图 1-12-22 所示，包括：

摄像前端装置，包括有各类摄像机、定焦或变焦变倍镜头、实现摄像机上下左右运动及旋转扫描的云台、保护摄像机与镜头的防护罩等。

既有摄像前端向控制主机传输的视频图像，传输介质有同轴电缆、光缆和双绞线构成的有线传输方式以及由发射机、接收机组成的无线传输信道，也有从控制主机传送给摄像前端的控制信号。

闭路电视监控主机，也称为视频信号矩阵切换控制器，是闭路电视监控系统的核心。主要功能是接收传输来的视频图像并按需要切换到指定的显示器上，但也具有控制功能，如能对前端装置执行云台上下俯仰、左右旋转运动；对镜头光圈、聚焦和变倍进行调节控制；对云台运动和镜头设置进行按预置位的快速定位；让摄像机按预定日期和指定时间段执行巡回扫描，记录和打印系统内发生的所有操作动作。

后端设备，主要是成像和记录装置，包括视频显示器、视频分配器、多画面图像分割器、录像设备等。

2）防盗防侵入探测报警系统（Detection & Alarm）

系统如图 1-12-23 所示，主要包括：

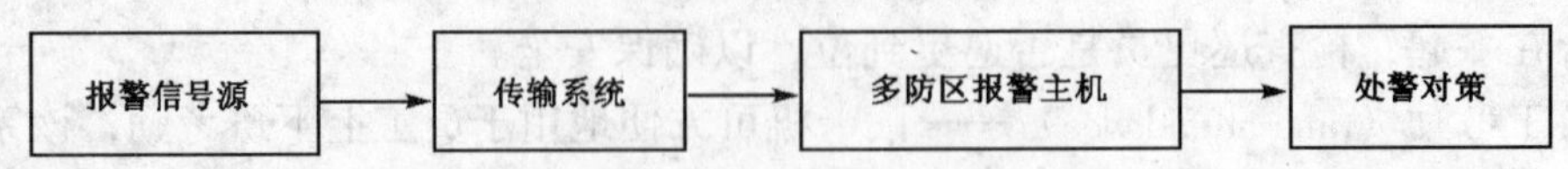

图 1-12-23　探测报警系统

①报警探测信号源

产生报警的基础是采用红外、微波、超声、磁开关、光遮断、玻璃破碎声音与频率、振动、视频图像灰度变化等各种物理传感方式制成的探测报警器。为了实现有效的防盗报警功能，一要选择可靠适用的探测报警器，灵敏度不够将导致漏报；灵敏度过高将产生误报。二是要对各监视部位合理布局所选择的探测报警器。

②报警信号向监控主机的自动传输

传输途径有各探测报警器向主机直接连线传输方法、有对各探测报警器作地址编码然后共用二条总线向主机传输并在主机端译码方案，还有采用无线传输信息等不同的渠道。

③监控主机响应报警的联动控制

监控主机在接收到由探测报警器产生的任一报警信号后，一方面将以防区分割的形式确定和显示报警源位置，调出相应防区部位的电子地图，自动将屏幕显示图像切换为产生报警区域的影像，并予以记录存储，以声音或字符提示对该防区应采取警发措施，必要时还需人工将复核后的报警信号通过电话线或计算机网络向区域性警报监视中心传送。另一方面将通过继电器常开触点 NO 或常闭触点 NC 执行相关的报警联动控制动作，以作处警对策予以防范。

3）人员出入管理系统（Access Control）

图 1-12-24 示出了人员出入管理系统的构成，主要包括：

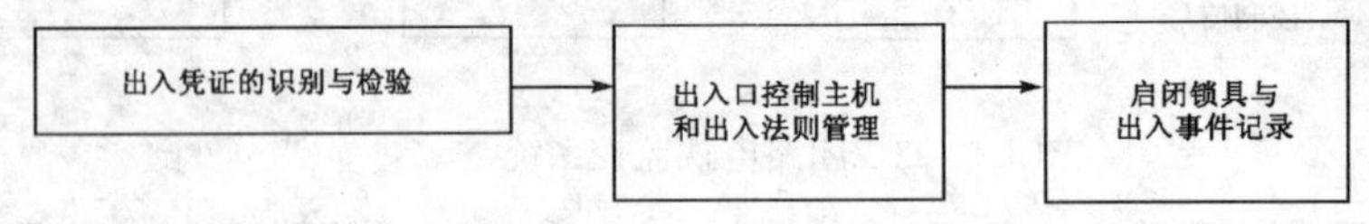

图 1-12-24　人员出入管理系统

①凭证识别与验证放行

仅当进入者具有有效出入凭证时才予以放行，否则将拒绝其进入，出入凭证有磁卡、IC 卡、感应卡等各类卡片；由固定代码式或乱序式健盘输入之密码；（指纹、掌纹、视网膜、脸面、虹螟等）人体生物特征，多种多样五花八门。

②出入口控制主机及管理法则

对保安密级要求特高的场合可设置出入单人多重控制（需要二次输入不同密码）、二人出入法则（即要有二人在场方能进入）等出入门管理法则，也可以对允许出入者设定时间限制。出入凭证的验证可以仅限于进入验证，也可以为出入双向验证。出入口控制主机将根据制定的出入管理法则，对验证人员控制其进出。

③锁具启闭的控制以及登录所有的进出记录。所有的人员进出记录均存入存贮器中，可供连机检索和打印输出。

出入口控制系统不仅适用于人员的进出管理，还可应用于车辆，实现对停车场的管理，出现了专门的停车场管理与收费系统，这对于政府办公大楼、智能楼宇等建筑物底层附有停车场的建筑，有着重要的意义。

(3) 楼宇安全保障系统的本质分析

楼宇安全保障系统，除了控制云台的运动和镜头的缩放外，从本质上而言，可归纳为实现如图 1-12-25 所示的四种切换控制，即：

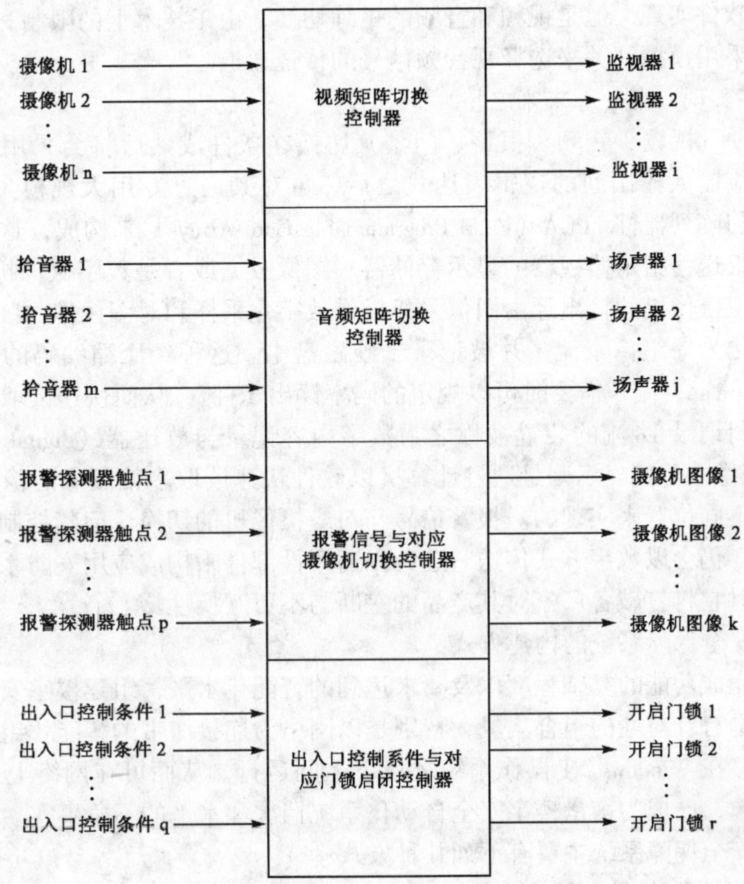

图 1-12-25 楼宇安全保障系统的技术核心

视频矩阵切换控制——摄像机的图像经切换而送往不同的监视器。

音频矩阵切换控制——各个拾音器输出的声音经切换而送往不同位置处的扬声器。

报警信号与对应摄像机的切换控制——当探测到报警信号后，能够立即显示发生报警部位的图像实况。

出入口控制条件与对应门锁的启闭控制——允许符合条件的人与车进入，拒绝不符合条件的人与车闯入。

依技术层次的不同，实现楼宇安全保障系统的技术途径可分为以下三类：

1) 全模拟实现方案——技术成熟并已被广泛地实用

视频矩阵切换和音频矩阵切换全部采用模拟开关实现，以确定模拟视音频信号的传送通道，而报警信号与对应摄像机的切换、门禁控制信号与对应门锁的开启控制，则属于开关量控制，信号以数字方式传送。图像的显示用监视器，图像的记录用模拟录像机，图像的分割用模拟式图像分割器装置。

2）部分模拟、部分数字实现方案——当今正在成为主流

在此种方案中，报警信号与对应摄像机的切换、门禁控制信号与对应门锁的开启控制，因都是开关量控制，信号以数字方式传送。图像的记录将更多地采用硬磁盘以数字方式存储，不仅存储容量巨大，也能快速读取和检索。图像的分割既可以模拟式装置、也可通过计算机以软件实现。但是视频和音频的矩阵切换，由于技术上的限制和性能价格比考虑，大多仍将采用模拟开关来选择视音频信号的传送通道。

3）全数字实现方案——未来之星

上述的4种（视频、音频、报警、门禁）切换在条件成熟后将会采用数字方式来实现，在写出对应输入输出间的逻辑表达式之后，可对其通过专用大规模集成电路VLSI，或者以可编程门阵列器件FPGA（Field Programmable Gate Arrays）来构成，这样可将输入图像对应的像素组送往指定监视器的显示存储器。图像数据或者是数字摄像机输出的DV格式，或者是模拟摄像机的输出经由图像采集板作数字化采样和对图像作MPEG压缩从而也将每幅图像转化为一组像素流，并被记录于硬磁盘中。这种经压缩编码的数字信息称为TS（Transport Stream）流，需要时可以规定的码率读出TS流，从而快速读取或检索出所需要的图像，专门记录TS流的装置被称之为数字内容记录与放送器（digital content recorder and player)。图像的分割显示则是通过计算机以软件快速读取多幅图像的像素流并将它们定位于屏幕的不同位置来实现的。报警信号与对应摄像机的切换、门禁控制信号与对应门锁的开启控制，仍会以数字方式传送。这种以通用性部件来构成应用安防系统的思路将被发扬光大，同时它将打破各厂家对其产品的垄断与不可互换性。

（4）楼宇安全保障系统的构建方式

根据所要完成功能的复杂程度以及要求达到的智能化水平，组建楼宇安全保障系统比较优选的方法是有针对性的组合集成，特别是以网络为连接纽带的智能化组合。系统具有微机控制和能够在Windows NT操作系统环境下上网运行，从而可在网络上遥控或远程观看电视监控图像，已成为衡量楼宇安全自动化系统档次和水平的不争事实。

组建楼宇安全保障系统主要有下列几种方式：

1）以视频矩阵切换控制器为主构成系统

该类系统具有结构简单、容易实现的特点，矩阵切换控制设备与每台摄像机间视频与控制信号的传输，既可以是同轴电缆加多芯缆线传输的常规类型，也可以是以单根同轴电缆传输的同轴视控型。视频矩阵切换控制器也实时响应由各类报警探测器发送来的报警信号并联动实现对应报警部位摄像机图像的切换显示。但其本质是独立式系统，不一定具备连机上网能力。

该类结构的发展趋势之一是不局限于视频切换，而将音频也包纳在其中，从而实现视频音频同步全交叉矩阵切换。趋势之二是健盘以有线方式连接外，有的增配红外无线遥控器，趋势之三是增强视频矩阵切换控制器本身的菜谱编程功能，可通过选择菜单完成系统状态、工作方式和显示方式、预置位设置与快速预置定位、报警探测的布防与撤防、报警联动控制等编程项目的设置和执行，也有将汉字字库芯片植入其中以实现用汉字标识摄像机名和工作状态等提示性信息。

2）网络式结构系统

这是以网络为核心的系统，所有的子系统或设备均可上网运行，并通过网络完成信息

的传送和交互，此时监控装置完成基本监视与报警功能，网络通信实现命令传递与信息交换，计算机系统则统一整个保安管理系统的运行。其特点一是能组合成大范围的监控系统，二是监控图像与报警信息具有在网上传输的能力，特别是影像的传输。网络的类型主要有以太网或快速以太网、光纤网络等。三是可以实现综合性保安管理功能，从而有可能在图像压缩、多路复用等数字化进程基础上，实现将电视监控、探测报警和出入口控制这安防三要素真正有机结合在一起的综合数字网络，特别是将其建立在社会公共信息网络之上。四是它能够较好地与智能大厦管理控制系统相结合，成为智能化楼宇管理系统 IBMS 的有机组成部分或者融合成一体。图 1-12-26 示出了一种实用系统的结构框图。

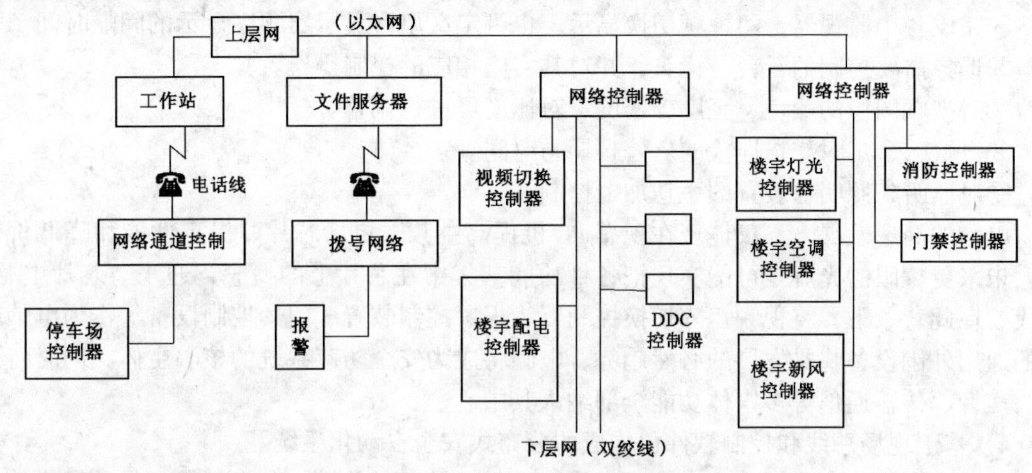

图 1-12-26　大型网络式监控系统框图

3）微机连接视频矩阵切换控制器组成系统

在该结构中完成视频切换与控制的仍是视频矩阵切换控制器，但微机起着上位机指挥命令的作用，既可以替代专用键盘实现视频切换显示及控制前端等动作，也可以其显示屏作为主监视器显示任何视频图像。若在微机中配备视频图像采集卡，则可具有报警时刻报警现场图像采集存储及报警图像资料库检索查询等功能，该微机同时还可以管理门禁控制装置。微机本身也可参与联网以接收来自网上的其他信息源，图 1-12-27 示出了其基本结构。视频矩阵切换控制器与上位微机之间通过 RS232 或 RS485 标准接口相连和进行通信。

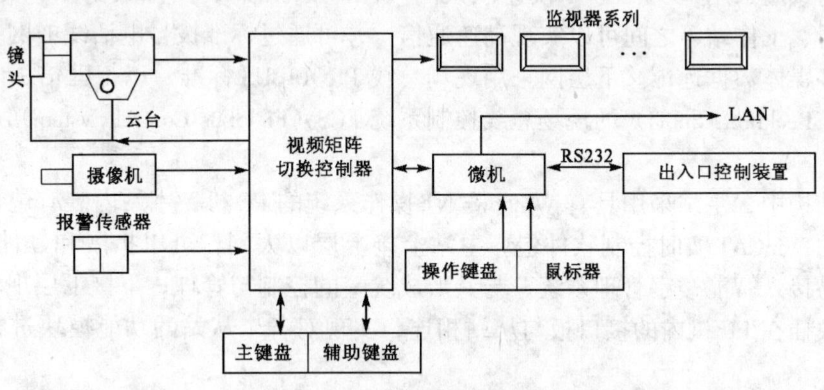

图 1-12-27　连接微机的方案

视频矩阵切换控制器连接微机组成的上下位式系统不仅将系统的控制档次升级，而且微机的引入将大大丰富系统的信息资源，如可以很方便地实现汉字系统、快速查询报警信息等等，运行这类系统时，只需要通过按动微机的鼠标或者键盘，就可以选择和运行系统控制软件，控制软件的主要功能有：

①输入保密字以隐含显示方式完成系统注册，防止无关人员非法使用系统。

②对于报警区域作设防或撤防处理，可对报警记录进行查询。

③定义报警图像的捕获方式，对报警图像作图像处理、存储、检索和回放。

④可查询系统控制范围内人员的出入记录，并以统计报表方式打印输出。

⑤完成各个监视器上的视频切换显示，也可定义单台显示器顺序显示的间隔时间。

⑥选择需要控制的云台与镜头，并对其实施相应的控制操作。

⑦对视频图像的颜色、亮度、灰度、对比度可进行调整。

⑧设置云台定时扫描巡检的启停日期与时间。

⑨对监听、照明等装置的手动加电控制。

电脑的高速发展，不仅体现在现有 PC 机提高主频、更新芯片、提高性能和降低价格上，未来更耀眼的光辉是可能实现把各种功能都集中在芯片上的概念，迎来"芯片电脑"时代，在此背景下，将视频矩阵切换控制器、报警控制装置、门禁控制设备等作为电脑芯片的通用外围设备将是发展的必然趋势，电脑将成为安全防范系统的核心主体，同时将视频、声音、传输通信等多媒体功能全部纳入其中。

4）基于现场总线和控制软件包构成的分布式安全自动化系统

在楼宇安全自动化系统中，视频切换、选择被控摄像前端、各类报警信号的输入等多数是开关量信号，因此，可采用工业控制中的可编程序控制器硬件或者软件包来实现对开关量的控制。

但由于硬件 PLC 中的 I/O 模块与中央控制单元结构集中在一起，从而使得 PLC 中的 I/O 模块与受控设备之间的信号传输线依然很长，为此，本书作者引入现场总线控制系统 PCS（Fieldbus Control System），进而提出了基于现场总线和软件 PLC 的分布式安全自动化系统，以实现信号传输的全数字化、系统结构的全分散式、通信网络的开放互联性和技术标准的全开放性。

基于现场总线的楼宇安全自动化系统的总体结构如图 1-12-28 所示。它采用两层网结构，上层局域网采用 100Base - T 快速以太网（Fast Ethernet），图像数据库、文件服务器、网络控制器、工作站等之间可以实现高速通信，并可通过标准拨号电话线或网关与异地通信，实现多媒体数据远传。下层网采用现场总线 PROFIBUS 标准，以德国倍福电气有限公司（Elektro Beckhoff GmbH）的现场总线控制系统 FCS（Fieldbus Control System）产品为实现基础。

在此结构中，主站采用具有 Windows NT 操作系统的 PC 机，主站内装有包含 PLC 控制软件在内的 WinCAT 实时控制软件包。主站上接上层以太网，可以扩展和延伸系统资源，并且很容易接入智能楼宇管理系统，与其形成统一的控制与管理；下接下层现场总线，主站通过一块插在 PC 机内的接口板与从站相连，实现对各个从站的功能模块进行通信和控制。

从站由一个总线耦合器（bus coupler）及最多 64 个总线功能模块（bus terminal）和一

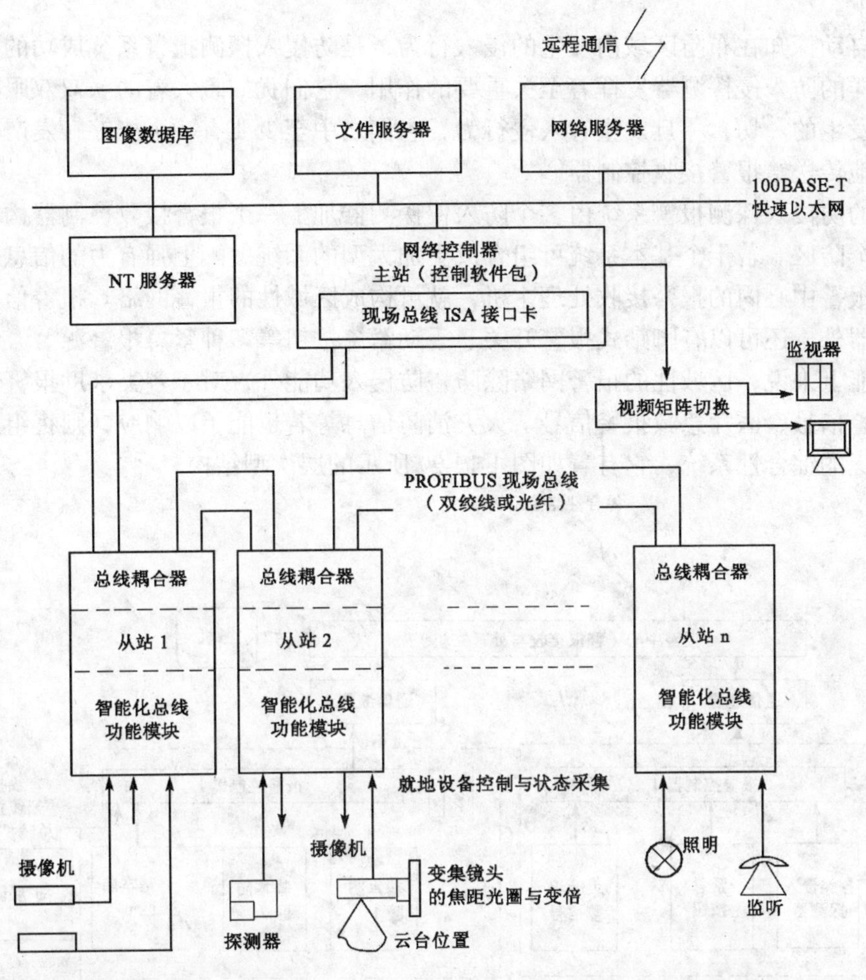

图 1-12-28　基于现场总线的安全自动化系统结构

个总线结束模块（bus end terminal）构成。总线耦合器是集成式通信处理器，它能通过内部总线和各个功能模块之间进行通讯，也可和现场总线通讯。总线耦合器内嵌微处理机，其 CPU 是一个带有外围电路的 Intel 芯片，外围电路包括 4MB 快闪存储器、4MB 动态随机存储器、8kB Nov－RAM，512kB EPROM、两个串行接口、一个扩展用的接插位置和同步串行端子总线插孔。嵌装 PC 的智能化总线耦合器可用于输入/输出通道、对设备进行控制、实现调节功能。功能模块则包括有数字输入 DI 板、数字输出 DO 板、继电器输出板、模拟输入 AI 板、模拟输出板 AO 等，外形尺寸很小（为 12mm × 100mm × 68mm），它们均可嵌装在符合 DIN 标准的 35mm 宽滑轨上，形成现场总线“电子接线端子排”。从而有统一的通用接口。这种结构的最大优点是从站可以安装在任何现场，通过双绞线或光纤连线实现现场总线的连接，从而实现系统的全分散化。

2. 防侵入探测报警系统

防侵入探测报警系统的功能是用物理方法和电子技术，来自动探测发生在布防监测区域内的侵入行为，产生报警信号，并向值班人员辅助提示发生报警的区域部位、显示可能采取的对策。

能够自动探知在布防区域内发生的侵入行为，是防侵入探测报警系统成功的关键，在此各种各样的防入侵探测器发挥着至关重要的作用，它们犹如瞪大着的一双双眼睛，时刻注视着所发生的一切，一旦发生有入侵行为，它们之中至少要有一个能够触发产生报警信号，实时地传送给报警接收控制器。

基本的防侵入探测报警系统由多个防入侵探测器加上一个报警接收控制器构成，监视一个或几个防区。若干个基本系统可组合成更加大型的系统。配上强有力的信息传送线路和区域性报警中心内的报警接收处理主机，就可构成区域性的报警网络。报警信号除各类侵入探测器外，还可以有脚踏式报警开关、手动紧急按钮等多种紧急报警源。

从功能上来说，区域性的报警网络除防盗防侵入功能外，对于各类求助报警信号、煤气泄漏报警信号、医疗急救报警信号、火灾消防信息等若也能予以响应，则将组成报警内容更加广泛的综合性系统，它有着如图 1-12-29 所示的层次型结构。

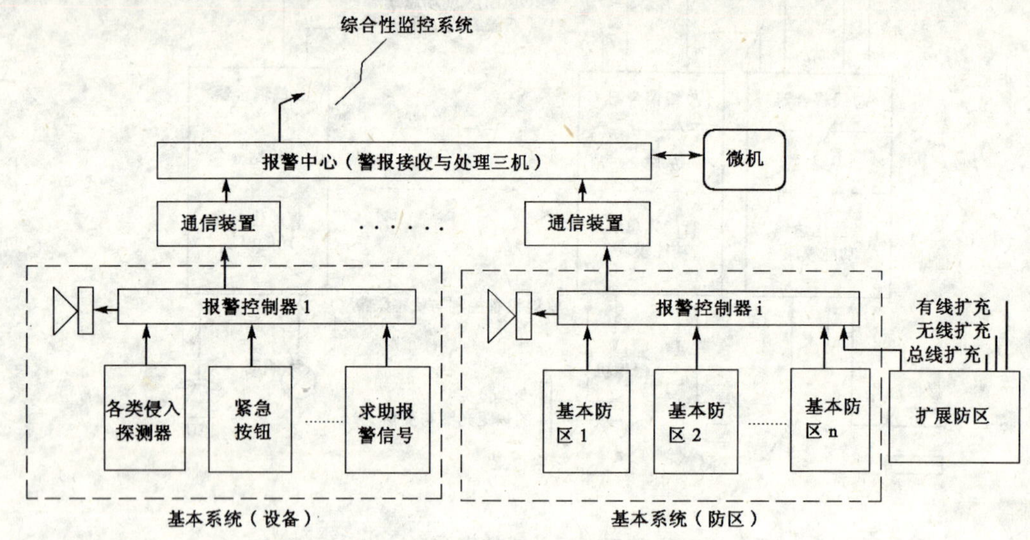

图 1-12-29　楼宇防盗报警系统的结构

(1) 防侵入探测报警系统的特点

1) 输入端多，分布于布防区域内多种多样的侵入探测器都与之相连；

2) 系统为触发式工作，仅当有侵入行为发生时，系统才会产生声光报警信号，警铃大作，因此系统的输入可视为以开关工作方式为主；

3) 系统较易受到干扰，由于环境因素加之侵入探测器的灵敏度较高时，有可能触发误报警，产生虚假的报警信号。根据统计，系统运行中的误报率可能会高于 80%，成为必需面对的严峻现实，因此通过各种措施，在保证不漏报的前提下千方百计降低误报是关键。

4) 系统对触发报警不应立即响应，而应该先有报警复核，稍作延迟响应再转发报警则更为稳妥，当然，这里存在着应立即报警和因要执行复核而造成时间延误之间的矛盾，这需要视具体情况而加以妥善设置。作为触发报警复核的最强有力手段，则是报警与监控摄像机及灯光的联动，当某一部位发生报警时，除能够指示出报警部位外，更能将发生报警部位的监控图像在监视上显示，使值班人员一目了然，这是将防侵入探测报警系统与闭路电视监控系统二者合一的方法，是安全防范系统发展的必然趋势之一，此时报警区域图像的实时捕捉与记录，形成报警图像资料库文件，更是微机化报警处理系统的用武之地。

(2) 楼宇内的探测与报警

任何防盗报警系统，都会受到某些意想不到的情况或者受环境因素的影响而被触发，发出错误的警报。一套较完善的系统，需要各种不同感知探测器配合及合理的部署，才能取长补短，有效过滤错误的警报，但又不致于漏报，完成周密而有效的安全防护。

1) 室内探测传感器（sensor）

①热感红外线探测器。其原理是任何物体包括生物或矿物，因表面热度的不同，都会辐射出强弱不等的红外线。红外光是波长介于微波与可见光之间、具有向外辐射能力的电磁波，红外光的波长范围是 $0.78 \sim 1 \times 10^3 \mu m$，频率范围是 $3 \times 10^5 \sim 3.84 \times 10^8$MHz，因物体的不同，其所辐射之红外光波长亦有差异。人体所辐射的红外线波长在 10μm 左右，热感式红外线侦测器，即利用此方式来侦测人体。

执行红外光能量侦检的感知器，依侦测原理的不同，分量子型及热能型两种。由于热能型感知器的灵敏度与波长没有依存关系，可在室温下使用，因此是目前防盗系统中作为人体感知器及自动灯控所使用最多的。它有 7 ~ 15μm 之带通特性的光学滤波器，当接近人体的温度发生变化时，就能产生反应。被动红外探测器中的 IFT 技术可自动调节报警触发阈值。传感器中的红外传感源有双源、4 源等种类，红外源几何形状有方形和交叠形，有模拟式或数字式自动脉冲数调节。

②微波物体移动感知器。是利用超高频无线电波的多普勒频移来进行侦测。由于它的频率与雷达所用的频率相近，有人称为雷达警报器，其实这并不适合，真正的雷达除了能够测出物体的出现以外，还能够测出物体的方位、距离与速度等。由于微波的辐射可穿过干的水泥墙及玻璃，在使用时需考虑方向与位置的问题。通常适合于开放式空间或广场。

③开关。开关是防盗系统中最基本、简单而经济有效的感知器。开关一般装于门窗上，线路的连接可分常开与常闭式两种。最常用的开关有微动开关与磁簧开关两种。

一般机械式的开关容易有接点锈触，而导致接触不良的情形，因此众多场合都改用磁簧开关。磁簧开关之构造是利用磁性簧片，以适当的间隔重叠，和惰性气体一起封入玻璃内成磁性驱动开关，当磁场接近时产生异极诱导，当磁性吸力较磁簧机械弹力高时会使接点闭合，而当磁力消失时，接点即弹回开路状态。由于接点部分和惰性气体一起被密封，因此，不受开关切换时所产生的火花和大气中潮湿、尘埃等的影响。寿命较长，可靠性也大为提高。在大型安全系统中，开关最常被用来做第一线的防护，然后再由好几个其他感知器支援，形成较周密的监侦网。

④侦光式行动侦测器。必须在有光线的环境中才能使用。它是利用两个光电池或光电晶体等组成差动检知装置，能够侦检出周围光线的微量变化。当视野内状况正常，两个感知器的输出在一特定值；如果有物体通过，不论是进入或离开它的视野，所造成的光线变化，会使两个感光器产生差异，脱离正常值。而整体性背景光线的强弱变化，并不会造成它的差异。侦光式行动侦测器，由于不需发送出任何能量，因此，可以做得体积小及非常省电，也不易被人察觉。唯一的条件是需要有稳定的背景光源，一般用于室内，利用灯光作为光源较适合。

⑤接近式感测器。所感测的距离通常在几十厘米以内，甚至不到1cm。依感测方式，可分为电磁式、电容式及光电式三种，接近式感测器用于防盗系统，大多用于定点检测，如检测门把是否被人触动，保险柜是否被移动、是否有人经过门等等。

⑥玻璃破碎感知器。将压电式微音器装于对着玻璃面之位置，由于只对10～15kHz高频的玻璃破碎声音进行有效的检测，因此不会受到玻璃本身的振动而引起反应。普遍应用于玻璃门窗的防护。

⑦超声波物体移动探测器。20kHz以上的声波称为超声波。超声波物体移动感知器，需要一个能够发送超声波及另一个负责接收回波的换能器，也有发射及接收换能器共存在一个本体上的。平常发射用的换能器，发送出一固定频率的超声波，散布在侦测的空间中，如果有一物体反射回来超声波，其频率会发生频率偏移，藉以检测出是否有物体移动。这种频率偏移现象，称为多普勒效应。但超声波物体移动感知器，容易受到振动和气流的影响。

⑧振动探测器。依其原理，可分机械惯性及压电效应式两种。机械惯性式是利用软簧片终端之重锤，当受到振动时因而产生惯性振动，振幅够大时，即碰触到在旁之另一金属片，因而引发警报。压电效应式是利用压电材料因振动产生的机械变形，而产生出电荷，由此电荷的大小来判断振动的幅度，并可藉电路调整来改变灵敏度。目前由于机械式较容易锈蚀，且体积也较大，逐渐以压电式为主。

2）降低误报率的措施与途径

①为了降低采用单一探测原理装置易产生的误报，途径之一是将红外、微波、超声等探测方法组合成双鉴式，也就是基于两种技术原理的复合式报警器。据统计，双鉴探头与单技术探头相比，误报率可相差400倍。更有两次信号核实的自适应式双鉴探测器和以两组完全独立的红外探测器双重鉴证来减少误报。Pyronix公司还推出了微波+红外+IFT（双边独立浮动触发阈值）+微波监控（微波故障指示）的四鉴探测器。

②采用智能微处理器技术来进一步降低误报率，使探测装置智能化，采取的主要措施有：

A. 探测器内装有微处理器，能够智能分析人体移动速度和信号幅度，即根据人体移动产生信号的振幅、时间长度、峰值、极性、能量等信号，与CPU内置的“移动/非移动信号特性数据库”作比较，如果不符合特性，则立即将其排除；如果属移动信号，则再进一步分析移动的类型，从而作出是否输出报警或者等待下一组信号的决断。

B. 在双鉴器内当一种传感器技术发生故障时，能自动转换到以另一种传感器技术作单技术探测器。C&K则采用灵敏度均一的光学透镜与S波段微波相结合来使探测器能准确地区分人与动物的移动。

C. 对被动红外探测器，以微处理器控制数字式温度补偿，实现温度的全补偿，并有非常理想的跟踪性，从而可克服因温度升降而导致的误报和漏报。

D. 采用全数字化探测方案——即把被动红外传感器上的微弱模拟信号，不经模拟电路作放大和滤波等处理，而是将其直接转换为数字信号，输入到功能强大的微处理器中，再在软件的控制下完成信号的转换、放大、滤波和处理，从而获取不受温度影响和没有变形的高纯度、高精度及高信噪比的数字信号，之后再通过软件对信号的性质及室内背景的温度与噪音量作进一步分析，最终决定是否报警。此种措施提高了探测器对环境的适应性。

③工艺和技术上的改进：

A. 在含红外源探测器中，对红外源作全密封处理，从而能够防止气流干扰。

B. 有的探测器能自动调整报警阈值，通过具有可调脉冲数来减少误报和漏报，克服各类电磁波对其的干扰，例如采用双边独立浮动阈值技术 IFT，仅当检测到频率为 0.1～10Hz 的人体信号时，才将报警阈值固定在某一数值，超过此数值则触发报警；对非人体信号则视为干扰信号，此时报警阈值随干扰信号的峰值自动调节但不给报警信号。有的探测器装有精密的电子模拟滤波器来消除交流电源干扰或用电子数字滤波器来减少电子干扰，更有通过在高频率的动态数字采样后，由微处理器软件来分辨射频/电磁干扰，并将干扰与移动信号相分离。

C. 有的探测器采用四元热释电传感器或独特的算法使之具有防止小动物触发误报的机制与功能。

D. 有独特的防遮盖功能，在 1m 内发生的遮盖或破坏探测器企图，都将触发报警，探测器的球形硬镜片能增大所封锁的角度和范围，准确接收任何方向的信号。

E. 将微型摄像机与探测传感器相结合，形成多功能探测器，将更为全面有效，例如由带针孔镜头的板机式 CCD 摄像机与双元红外及微音监听器构成的产品。

F. 开发高可靠性低价位的新型探测技术也在进行之中，例如微功耗的防盗雷达扫描技术已进入实用阶段。

G. 有 3 个微波工作频率可供选择，如 10.515G、10.525G、10.535G，这样在某一区域内安装多只微波探测器时，不会产生同频干扰。此外，采用 K 波段（24G）微波探测，可有效地降低微波的穿透能力，减少环境干扰，既提高了灵敏度，还降低了误报。

(3) 视频移动探测报警

视频移动探测器的工作原理非常简单，如果在摄像机视野范围内有物体运动，它们必然会引起视频信号对比度的改变，通过对有一定时间间隔的两个图像进行比较，就能判断出在这段时间内在这台摄像机的视野范围内是否有警报发生。对于金融系统和文博场馆内要害部位的安全防范，特别是在下班期间，这是一种既方便又可靠的适用途径。在发生紧急事件时，保安人员也可走进任何一个检测区域来触发报警，以便寻求帮助。

1) 视频移动探测器的基本功能

视频移动探测器原理虽然简单，但因光照变化、摄像机抖动和雨雪等自然现象也会引起对比度的改变，进而引发报警，为了避免此类情况发生，从设计上要采取一系列措施来抑制误报，并能据以分析引起警报的原因，这是与红外线或超声波运动追踪器所不同的。

①视频移动探测器以事先用摄像机拍摄下的一幅监控目标图像作为标准，并与随后一段时间的摄像机图像进行分析对比，在对比图像的改变后迅速作出反应，高指标的系统即使图像的对比度在测量中只改变 0.01%，系统仍可判断出来，而且测量速度很快，基本达到实时。

②用户可以调整每个探测区的大小、形状、位置和灵敏度，有的还能用逻辑操作和时间函数而与其他的探测区域相连，从而可以设定在某一方向上的警报标准。

③用户可选择测量时间段（如从 40ms 到 10s 分为几档），并以此时间段得到的结果进行结论分析，从而将缓慢运动的物体和快速运动的物体区分开来。

这样，高性能的视频移动探测器可让用户根据非常复杂的监控环境来设定相应的警报标准，并保证了极高的可靠性，有的装置对探测到的运动物体还可进行跟踪。用户也能很方便地将它连接到警报图像存储记录系统。

2）视频移动报警器的性能指标

①可以在摄像机图像中指定多个（如 64 个）独立的探测区域，每个探测区域可以是任意形状的并可有大小不同的面积，以适应不同的探测要求，此外，对每个探测区域的检测灵敏度参数也可进行设置，还可定义目标与背景之间总的对比度变化。

②每个探测区域可单独地作“布防”或“撤防”设置，以适应各出入口、大厅、停车场等检测区域特殊时间段的作业要求。

③在警报探测到以后 40ms 内发出报警信号，包括警报发出位置、摄像机编号等辅助信息。

④可以有下列多种不同的探测触发报警方式，详见图 1-12-30。

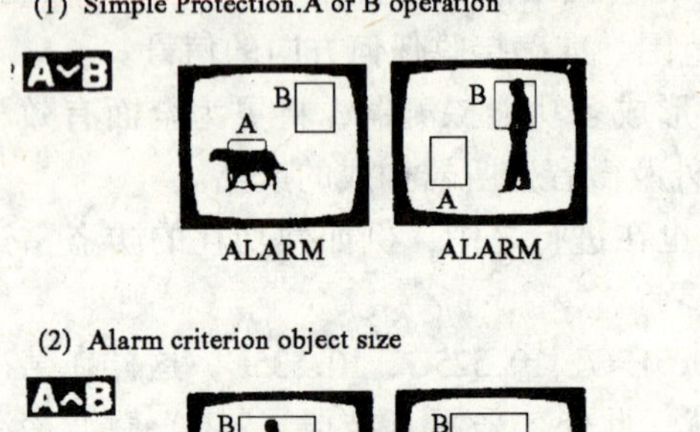

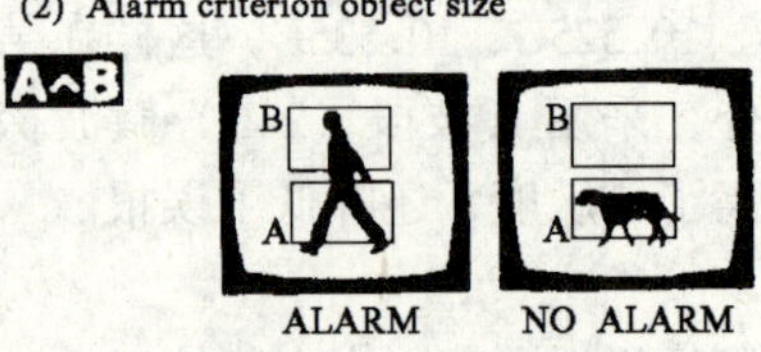

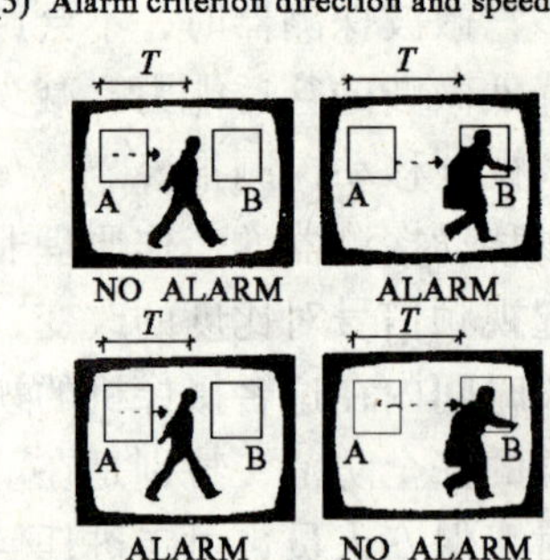

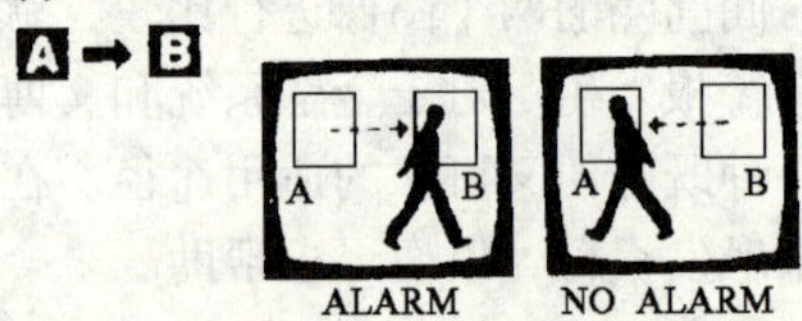

图 1-12-30　多种不同的探测触发报警方式

A. 标准触发报警方式——在定义区域内的任何变化均可触发报警。如在监控区域中设置 A 和 B 两个传感区，并把敏感度调节到所需水平，当运动物体出现在传感区 A 或 B 中时，警报就被触发。

B. 根据目标大小确定警报标准——传感区域上下排列，两个传感区域不一定要同样大小，如果只侦测到运动目标出现在一个传感区中，则不会触发警报，只有当目标同时出现在两个传感区中时，才会触发警报。

C. 根据目标运动方向确定警报标准——只有当运动目标先出现在 A 中，再出现在 B 中时，警报才被触发，如果方向相反，则不会触发，而且只需调换传感区，就能轻易地改变追踪方向。

D. 根据目标运动速度确定警报标准——传感区设置于重点防卫部位（如档案室或保密地区入口）的两侧，只要运动物体出现在任一传感区（A 或 B），而超过设定的时间

(0.1 ~ 10s) 还未出现在另一传感区，警报即被触发。

E. 根据目标运动方向和速度确定警报标准——同时设定方向和速度两种不同标准。第一种情况是运动目标在特定的时间内先出现在 A 中，又出现在 B 中，警报即可触发，这样可消除运动过快或过慢引起警报。第二种情况是运动目标在特定时间内经过 A 传感区，而未经过 B 传感区，警报即触发。

⑤可有透射补偿校正功能，用来标定监视区域各位置的物体大小容差。

⑥每个探测器可储存 4 个半图，它们可以是不同警报发生时刻的 4 个图像。也可以是同一个警报发生时的 4 个过程图像（警报前、报警时、报警后）

(4) 报警的接收与处理装置

早期的报警接收与处理系统是在报警中心有单独的报警接收机与电话网络相连，接收上报的报警信号，再以报警中心的 PC 机对报警信号进行处理，如图 1-12-31 (*a*) 所示。接收报警的装置视其管辖防区的多少，可以只有一个报警接收控制器。但是如果有众多的防区，或者因为报警探测器布局地域分散而使各个防区的报警信号众多时，一般可有二级结构，下一级为报警接收控制器，上一级为警报接收与处理主机。报警探测器发出的警报信号先接至与其相连接的报警接收控制器，再由报警接收控制器传送到报警接收与处理主机，构成二级系统。

现时的报警系统则是不设报警接收机，而用一台或多台 PC 机直接连接众多的调制解

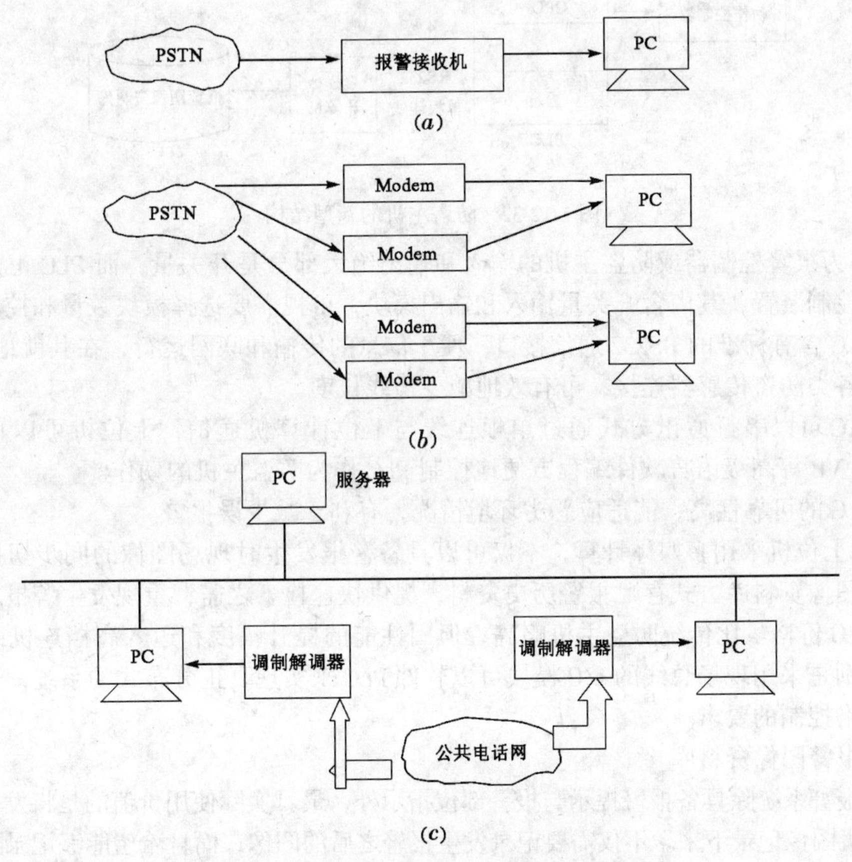

图 1-12-31　报警系统不同的结构方案

调器，PC 机上运行接警软件，同时也具备数据处理和管理功能。如图 1-12-31（b）所示。

更先进的是网络服务器方案，如图 1-12-31（c）所示。它适用于中大规模的报警网，系统局域网内设服务器，上报的报警信息以数据库形式存放在网络服务器上，相关的处理也由服务器来完成，PC 机作为客户端负责接收报警信号和数据处理任务的提交，从而真正解决了系统在信息接收与数据处理上存在的资源争用矛盾。

本书作者的专利提出了就地采用工业控制技术中的可编程序控制器（PLC）取代报警控制器和防盗主机的方案，并且已经成功地应用于工程实践中，被证明有性能高、连线少、易组网的特点，系统结构如图 1-12-32 所示，对这种结构的主要考虑是：

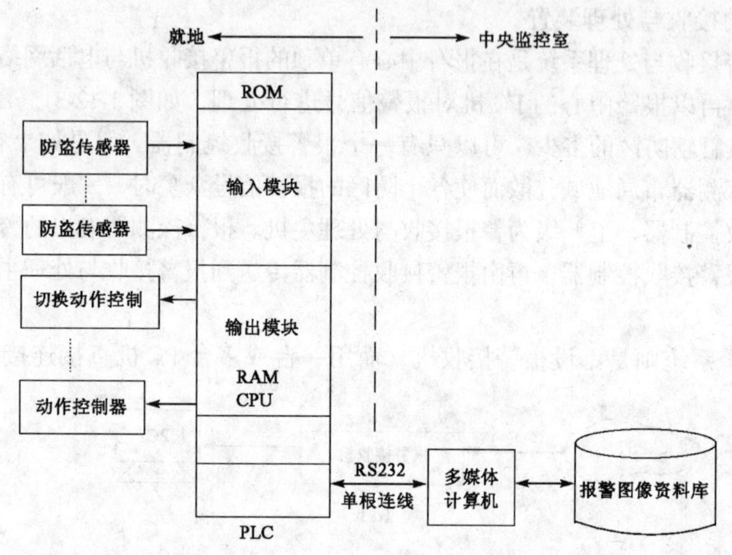

图 1-12-32　防盗主机的新型结构

1）作为报警控制器或防盗主机的输入和输出绝大部分是开关量，而 PLC 正是开关逻辑的典型控制装置，其内含开关量输入和输出模块，可视需要选择模块数量和控制点数。

2）PLC 含有标准的 RS232 通信接口，便于信息的传输和联网运行，在其就地安装时，很容易与各类防盗传感器连接，可有效地减少连线长度。

3）PLC 可以串行通讯方式通过单根连线与上位计算机通信，上位机可以视窗软件 windows 和 VB 等高级语言软件编程方便地控制 PLC 作为防盗主机的动作。

4）PLC 的可靠性高，能适应恶劣环境情况，有利于减少误报警。

5）如上位机采用多媒体计算，不仅可以具备警报发生时现场图像的同步切换，而且可以动态图像资料库方式存贮报警历史资料，提供快速检索之需，重现发生警报之过程。

6）PLC 价格虽比传统防盗主机略高，但因性能的提升幅度和迈入高档连机系统而被补偿，特别是采用现场总线的 I/O 模块可以软件 PLC 来实现真正分布式的系统，更能适应分布式网络控制的要求。

（5）报警图像资料库

防盗报警系统除具备报警提示与报警部位指示外，最具实际使用价值的是将发生报警部位的摄像机图像记录下来。不仅需要记录发生报警之后的图像，而且希望能够记录下发生报警时刻之前的图像，这样对于证实报警或追踪破案均有现实意义，这就是智能化报警系统的体现。

报警信号来源于各类防盗传感器，而摄像机图像的捕获与采集则需要计算机硬件和软件的支持。报警图像资料库的形成过程见图 1-12-33。

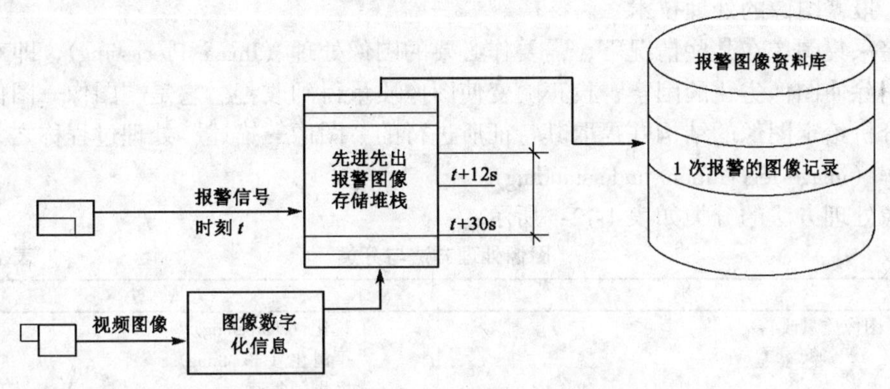

图 1-12-33　报警图像资料库的形成过程

在重点监控的场所或部位，不仅要求装备有当发生报警时能够自动切换显示与之相对应部位摄像机图像的连动系统，而且在平时以巡回方式逐个对监控部位的摄像机图像进行采集，之后将结果暂时贮存于计算机中开辟的专用报警图像存贮堆栈中，该堆栈以先进先出（FIFO）方式工作，在防盗传感器没有任何报警信号发生时，该存贮堆栈内容随时间推移而被不断地刷新；当有任一报警信号发生，则暂时停止刷新过程，转而将发生报警部位的摄像机图像保存并缩短图像采集间隔时间，以记录到该摄像机每秒数帧的图像；这样在发生报警瞬间以及其前后时刻的图像均有记录。在此之后，将该摄像机长约 2～3min 的若干帧图像视作一次报警事件记录，将其转入报警图像资料库，形成历史文件，可供事后作联机检索调阅。在完成一次报警的处理后，系统又转入正常的巡检采样与存贮刷新过程。

对图像捕获参数调整软件有下列两种实用的方法：

1）在 Visual BASIC 平台上利用多媒体视窗软件中的媒体控制接口 MCI（Media control interface）来实现。MCI 在控制视频、音频、外设等设备方面，提供了与设备无关的应用程序正是由于 MCI 的设备无关性，使得用它来开发应用系统无需了解每种多媒体产品的细节，为各种各样的多媒体设备提供一个共同的接口，大大提高了应用系统的开发效率。

可以使用两种 MCI 接口与 MCI 设备通信，一种是使用命令消息接口函数，另一种是使用命令字符串接口函数，这两种函数中的任一种都可访问所有的 MCI 设备性能，不同之处在于它们的基本命令结构及其发送信息到设备的原型。

命令字符串接口使用文本串命令控制 MCI 设备，文本串中包含执行一个命令所需的信息。MCI 分析文本串，并把它翻译成能送到命令消息接口中的消息、标志和数据结构。由于命令字符串接口编程简单，易于在 VB 平台上开发应用软件，因此可用 MCI 命令字符串接口来实现图像的单帧捕捉、调整图像的大小及在屏幕上的位置，以及包含色调（hue）、饱和度（saturation）、对比度（contrast）、亮度（brightness）在内的彩色设置。

2）利用 video for windows 软件。

video for windows 是对 windows 的一种扩展，它能把摸拟视频转化为数字化数据，可播放从传统模拟视频源得到的视频剪贴，视频剪贴的框架大小可选，但最大为整屏的 1/4（320×240）；色调亮度等显示参数可调；图像捕捉可有单帧捕捉、带 MCI 控制的单帧捕捉、动态视频捕获、带 MCI 控制的动态视频捕获等多种方式。

（6）报警图像的处理技术

报警采集图像在某些情况下，需要作必要的图像处理（Image Processing），即对给定的图像，消除使图像劣化的因素，校正畸变使图像质量得到改善。它是“图像→图像”的变换。而分析给定图像的结构并提取其特征所进行的“图像→描述”处理过程称之为图像识别和理解（image recognition/understanding）。

图像处理方法的分类如表 1-12-5 所示：

图像处理方法与分类 **表 1-12-5**

分　类	方　法
图像质量改善	锐化（sharpening） 平滑化（smoothing） 模糊的复原（restoration）
图像分析（image analysis）	边缘和线检测（edge&line detection） 区域划分（region segmentation） 形状特征测量 几何计算（geometric transformation） 纹理分析（texture） 匹配（matching）
图像重建 （image reconstruction）	投影像的重组 利用体视对形成的立体像 全息图的再生

模拟图像首先要通过采样而数字化，也就是把时间上和空间上连续的图像变换成离散的像素的集合，其次由于像素的值（浓淡值）还是连续值，还需要通过量化（quantization）将浓淡值变换成离散整数值，即灰度等级（gray level），此后即可对其进行数字化处理，图像的运算处理方式有：

1）局部处理（local operation）和大局处理（global operation），这其中包括点处理（浓淡图像的二值化处理、灰度变换等）、邻域处理和大局处理。

2）迭代处理（iterative operation），是反复地运用一种运算直至满足给定条件，从而得到输出图像的一种处理方式。

3）跟踪处理（tracking operation），从起始像素开始，检查输入图像和已得到的输出结果，求出下一步应该处理的像素，抑或终止处理。

4）位置不变处理（position invariant operation）和位置可变处理（position variant operation），即求输出图像像素 JP（I，J）值的计算方法与其在图像内的（I，J）有无关系。

对图像的处理，有对整个画面进行处理，但也有仅对画面中特定部分进行处理的窗口处理（window operation）和模板处理（mask operation）。

对报警图像的处理而言，主要的是作图像增强，以改善图像的视觉效果，提高图像的清晰度，同时也便于计算机做图像轮廓抽取和各种特征分析。从增强处理的作用域出发，图像增强有空间域法和频率法两大类。空间域法处理时直接对图像灰度作运算。灰度变换有全域线性变换、分段线性变换等方法，灰度变换可使图像动态范围加大、图像对比度扩展，从而使图像清晰、特征明显。对于图像灰度级分布情况的统计可以直方图来表示。而频率法处理是在图像的某种变换域内，对图像的变换系数值进行运算，即作某种修正，然后通过逆变换获得增强图像，是一种间接增强的方法。频域增强处理主要采用各类低通滤波或高通滤波器。

由于闭路电视摄像系统拍下的影像经常不清晰，可能难以从中辨认出疑犯的面目。英国斯塔福德郡大学正在开发一种软件，把闭路电视系统记录下的活动影像分解为多幅静止图像，再对不同角度的图像进行分析，从中选取出面部如眼睛、鼻子、嘴、头发等重要的特征数据，再在计算机上“拼合”出头部完整的三维图像，特别是清晰的疑犯面部图像。日本卫生医学工程公司开发出人脸影像超级姿势比对系统（3D Rugle for Superimposition），辨识技术的研究非常活跃。

二、建筑智能化系统设备安装工程规范

C.12.1　通讯系统设备。工程量清单项目设置及工程量计算规则，应按表 1-12-6 的规定执行。

C.12.1　通讯系统设备（编码：031201）　　**表 1-12-6**

项目编码	项目名称	项目特征	计量单位	工程量计算规则	工程内容
031201001	微波窄带无线接入系统基站设备	1. 名称 2. 类别 3. 类型 4. 回路数	台（个）	按设计图示数量计算	1. 本体安装 2. 软件安装 3. 调试 4. 系统设置
031201002	微波窄带无线接入系统用户站设备				1. 本体安装 2. 调试
031201003	微波窄带无线接入系统联调及试运行	1. 名称 2. 用户站数量	系统		1. 系统联调 2. 系统试运行
031201004	微波宽带无线接入系统基站设备	1. 名称 2. 类别 3. 类型 4. 回路数	台（个）		1. 本体安装 2. 软件安装 3. 调试 4. 系统设置
031201005	微波宽带无线接入系统用户站设备	1. 名称 2. 类别			1. 本体安装 2. 调试
031201006	微波宽带无线接入系统联调及试运行	1. 名称 2. 用户站数量	系统		1. 系统联调 2. 系统试运行 3. 验证测试

续表

项目编码	项目名称	项目特征	计量单位	工程量计算规则	工程内容
031201007	会议电话设备	1. 名称 2. 类别 3. 类别	台 (架、端)	按设计图示数量计算	1. 本体安装 2. 检查调测 3. 联网试验
031201008	会议电视设备	1. 名称 2. 类别 3. 类型 4. 回路数	台（对、系统）		1. 本体安装 2. 软硬件调测 3. 功能验证

C.12.2　计算机网络系统设备安装工程。工程量清单项目设置及工程量计算规则，应按表 1-12-7 的规定执行。

C.12.2　计算机网络系统设备安装工程（编码：031202）　　**表 1-12-7**

项目编码	项目名称	项目特征	计量单位	工程量计算规则	工程内容
031202001	终端设备	1. 名称 2. 类型	台	按设计图示数量计算	1. 本体安装 2. 单体测试
031202002	附属设备	1. 名称 2. 功能 3. 规格			
031202003	网络终端设备	1. 名称 2. 功能 3. 服务范围	台（套）		1. 安装 2. 软件安装 3. 单体调试
031202004	接口卡	1. 名称 2. 类型 3. 传输数率			1. 安装 2. 单体调试
031202005	网络集线器	1. 名称 2. 类型 3. 堆叠单元量			
031202006	局域网交换机	1. 名称 2. 功能 3. 层数（交换机）			
031202007	路由器	1. 名称 2. 功能			
031202008	防火墙	1. 名称 2. 类型 3. 功能			

续表

项目编码	项目名称	项目特征	计量单位	工程量计算规则	工程内容
031202009	调制解调器	1. 名称 2. 类型	台（套）	按设计图示数量计算	1. 安装 2. 单体调试
031202010	服务器系统软件	1. 名称 2. 功能	套		1. 安装 2. 调试
031202011	网络调试及试运行	1. 名称 2. 信息点数量	系统		1. 系统测试 2. 系统试运行 3. 系统验证测试

C.12.3 楼宇、小区多表远传系统。工程量清单项目设置及工程量计算规则，应按表1-12-8 的规定执行。

C.12.3 楼宇、小区多表远传系统（编码：031203） **表 1-12-8**

项目编码	项目名称	项目特征	计量单位	工程量计算规则	工程内容
031203001	远传基表	1. 名称 2. 类别	个	按设计图示数量计算	1. 本体安装 2. 控制阀安装 3. 调试
031203002	抄表采集系统设备	1. 名称 2. 类别 3. 功能	台		1. 本体安装 2. 采集器安装 3. 控制箱安装 4. 单体调试
031203003	多表采集中央管理计算机	1. 名称 2. 功能			1. 本体安装 2. 软件安装 3. 单体调试

C.12.4 楼宇、小区自控系统。工程量清单项目设置及工程量计算规则，应按表1-12-9的规定执行。

C.12.4 楼宇、小区自控系统（编码：031204） **表 1-12-9**

项目编码	项目名称	项目特征	计量单位	工程量计算规则	工程内容
031204001	中央管理系统	1. 名称 2. 控制点数量	台	按设计图示数量计算	1. 本体安装 2. 系统软件安装 3. 单体调整
031204002	控制网络通讯设备	1. 名称 2. 类别			1. 本体安装 2. 软件安装 3. 单体调试

续表

项目编码	项目名称	项目特征	计量单位	工程量计算规则	工程内容
031204003	控制器	1. 名称 2. 类别 3. 功能 4. 控制点数量	台	按设计图示数量计算	1. 本体安装 2. 控制箱安装 3. 软件安装 4. 单体调试
031204004	第三方设备通讯接口	1. 名称 2. 类别	个		1. 本体安装 2. 单体调试
031204005	空调系统传感器及变送器	1. 名称 2. 类型 3. 功能	支（台）		1. 本体安装 2. 调整测试
031204006	照明及变配电系统传感器及变送器				1. 本体安装 2. 调整测试
031204007	给排水系统传感器及变送器				
031204008	阀门及执行机构	1. 名称 2. 类型 3. 规格 4. 控制点数量	台（个）		1. 本体安装 2. 单体测试
031204009	住宅（小区）智能化设备	1. 名称 2. 类型 3. 控制点数量	台（套）		1. 本体安装 2. 智能箱安装 3. 软件安装 4. 系统调试
031204010	住宅（小区）智能化系统	1. 名称 2. 类型	系统		1. 系统试运行 2. 系统验证测试

C.12.5 有线电视系统。工程量清单项目设置及工程量计算规则，应按表 1-12-10 的规定执行。

C.12.5 有线电视系统（编码：031205） **表 1-12-10**

项目编码	项目名称	项目特征	计量单位	工程量计算规则	工 程 内 容
031205001	电视共用天线	1. 名称 2. 型号	副	按设计图示数量计算	1. 本体安装 2. 单体调试

续表

项目编码	项目名称	项目特征	计量单位	工程量计算规则	工 程 内 容
031205002	前端机柜	名称	个	按设计图示数量计算	1. 本体安装 2. 连接电源 3. 接地
031205003	电视墙	1. 名称 2. 监视器数量			1. 机架、监视器安装 2. 信号分配系统安装 3. 连接电源 4. 接地
031205004	前端射频设备	1. 名称 2. 类型 3. 频道数量	套		1. 本体安装 2. 单体调试
031205005	微型地面站接收设备	1. 名称 2. 类型	台		1. 本体安装 2. 单体调试 3. 全站系统调试
031205006	光端设备	1. 名称 2. 类别 3. 类型			1. 本体安装 2. 单体调试
031205007	有线电视系统管理设备	1. 名称 2. 类别			1. 本体安装 2. 系统调试
031205008	播控设备	1. 名称 2. 功能 3. 规格			1. 播控台安装 2. 控制设备安装 3. 播控台调试
031205009	传输网络设备	1. 名称 2. 功能 3. 安装位置	个		1. 本体安装 2. 单体调试
031205010	分配网络设备	1. 名称 2. 功能 3. 安装形式			1. 本体安装 2. 电缆头制作、安装 3. 电缆接线盒埋设 4. 网络终端调试 5. 楼板、墙壁穿孔

C.12.6 扩声、背景音乐系统。工程量清单项目设置及工程量计算规则，应按表1-12-11的规定执行。

C.12.6 扩声、背景音乐系统（编码：031206） **表 1-12-11**

项目编码	项目名称	项目特征	计量单位	工程量计算规则	工 程 内 容
031206001	扩声系统设备	1. 名称 2. 类别 3. 回路数 4. 功能	台	按设计图示数量计算	安装
031206002	扩声系统	1. 名称 2. 类别 3. 功能	只（副、系统）		1. 单体调试 2. 试运行
031206003	背景音乐系统设备	1. 名称 2. 类别 3. 回路数 4. 功能	台		安装
031206004	背景音乐系统	1. 名称 2. 类型 3. 功能	台（系统）		1. 单体调试 2. 试运行

C.12.7 停车场管理系统。工程量清单项目设置及工程量计算规则，应按表1-12-12的规定执行。

C.12.7 停车场管理系统（编码：031207） **表 1-12-12**

项目编码	项目名称	项目特征	计量单位	工程量计算规则	工 程 内 容
031207001	车辆检测识别设备	1. 名称 2. 类型	套	按设计图示数量计算	1. 本体安装 2. 单体调试
031207002	出入口设备				
031207003	显示和信号设备	1. 名称 2. 类别 3. 规格			
031207004	监控管理中心设备	名称	系统		1. 安装 2. 软件安装 3. 系统联试 4. 系统试运行

C.12.8　楼宇安全防范系统。工程量清单项目设置及工程量计算规则，应按表1-12-13的规定执行。

C.12.8　楼宇安全防范系统（编码：031208）　　表 1-12-13

项目编码	项目名称	项目特征	计量单位	工程量计算规则	工程内容
031208001	入侵探测器	1. 名称 2. 类别	套	按设计图示数量计算	1. 本体安装 2. 单体调试
031208002	入侵报警控制器	1. 名称 2. 类别 3. 回路数			
031208003	报警中心设备	1. 名称 2. 类别			
031208004	报警信号传输设备	1. 名称 2. 类别 3. 功率			
031208005	出入口目标识别设备	1. 名称 2. 类型			1. 本体安装 2. 系统调试
031208006	出入口控制设备		台		
031208007	出入口执行结构设备	1. 名称 2. 类别			
031208008	电视监控摄像设备	1. 名称 2. 类型 3. 类别			1. 本体安装 2. 云台安装 3. 镜头安装 4. 保护罩安装 5. 支架安装 6. 调试 7. 试运行
031208009	视频控制设备	1. 名称 2. 类别 3. 回路数			1. 本体安装 2. 单体调试 3. 试运行

续表

项目编码	项目名称	项目特征	计量单位	工程量计算规则	工 程 内 容
031208010	控制台和监视器柜	1. 名称 2. 类型	台	按设计图示数量计算	安装
031208011	音频、视频及脉冲分配器	1. 名称 2. 回路数			1. 本体安装 2. 单体调试 3. 试运行
031208012	视频补偿器	1. 名称 2. 通道量			
031208013	视频传输设备	1. 名称 2. 类型			
031208014	录像、记录设备	1. 名称 2. 类型 3. 规格			
031208015	监控中心设备				
031208016	CRT 显示终端	1. 名称 2. 类型			
031208017	模拟盘				
031208018	安全防范系统		系统		1. 联调测试 2. 系统试验运行 3. 验交

C.12.9 其他相关问题，应按下列规定处理：

1．“建筑智能化系统设备安装工程”适用于楼宇、小区的建筑智能化系统工程。

2．与“建筑智能化系统设备安装工程”有关的综合布线工程、通讯系统设备（部分）安装工程，应按本附录 C.11 相关项目编码列项。

三、建筑智能化系统设备安装工程编制注意事项

（一）概况

建筑智能化系统设备安装工程工程量清单项目设置，以功能分类为主，各功能相对组成较为独立的体系。按项目本身特点与附录 C.10、附录 C.11 作了适度的交叉。本附录共分 8 节 68 个清单项目，可满足一般建筑智能化系统设备安装工程工程量清单编制的需要。

（二）工程量清单项目设置

1. 附录 C.12.1　通讯系统设备

本节包括数字微波通讯、会议电话、会议电视三部分内容。

适用于微波无线接入通信系统设备的安装与调试，会议电话、会议电视设备的安装与调试。

工程量计量以设计图示数量按相应的计量单位计量。

工程量清单设置，按设计图标示的工程量的名称以及各类技术参数，参照对应的清单项目设置。

【例】　会议电话

项目编码：031201007001

项目名称：会议电话主机

计量单位：台

工程内容：会议电话主机安装与调试。

本节与附录 C.11.1 通信设备安装内容交叉，清单项目设置以建筑物或建筑群通讯设备安装为对象，具有相对的特殊性或局域性。工程量清单编制可参照上述规范。

2. 附录 C.12.2　计算机网络系统设备

本节包括计算机（微机及附属设备）和网络系统设备。

适用于楼宇、小区智能化系统中计算机网络系统设备的安装、调试工程。

工程量计量以设计图示数量按台、套、系统计量。

工程量清单设置，按设计图标示的工程量的名称以及各类技术参数，参照对应的清单项目设置。

【例】　网络服务器

项目编码：031202003001

项目名称：部门级网络服务器安装调试

计量单位：套

工程内容：服务器安装调试。

本节所涉及的调试包括本体调试和系统调试。本体调试综合在主项内，系统调试单独列项，系统试运行单独列项，验证测试单独列项。

3. 附录 C.12.3　楼宇、小区多表远传系统

本节包括楼宇、小区多表远传系统的基表及控制设备、抄表采集系统、中央管理系统等内容。

适用于楼宇、小区多表远传系统设备安装与调试。

工程量计量以设计图示数量按台、个计量。

工程量清单设置，按设计图标示的工程量的名称以及各类技术参数，参照对应的清单

项目设置。

【例】 远传用户煤气计量表

项目编码：031203001001

项目名称：远传用户煤气计量表

计量单位：个

工程内容：远传用户煤气计量表，燃气用电动阀安装。

本节相互对应的工程内容应进行综合列项，相对独立不便综合的工程内容单独列项。

4. 附录 C.12.4 楼宇、小区自控系统

本节包括楼宇、小区自控系统中水、电、风系统，控制网络通讯设备，智能化其他设备。

适用于楼宇、小区空调系统、照明及配电系统、给排水系统、控制网络通讯系统的中央控制。

工程量计量以设计图示数量按相应的计量单位计量。

工程量清单设置，按设计图标示的工程量的名称以及各类技术参数，参照对应的清单项目设置。

【例】 风管式温度传感器

项目编码：031204005001

项目名称：风管式温度传感器

计量单位：台

工程内容：安装，调整，测试。

本节所涉及的调试包括本体调试和系统调试。本体调试综合在主项内，系统调试单独列项，系统试运行单独列项，验证测试单独列项。

5. 附录 C.11.5 卫星/有线电视系统

本节包括卫星电视、有线广播电视、闭路电视三部分内容。

适用于楼宇、小区内卫星电视系统，有线广播电视系统，闭路电视系统的安装调试工程。

工程量计量以设计图示数量按相应的计量单位计量。

工程量清单设置，按设计图标示的工程量的名称以及各类技术参数、参照对应的清单项目设置。

【例】 网络放大器

项目编号：031205010001

项目名称：放大器安装

计量单位：个

工程内容表述：①放大器本体安装（暗装）；②电缆接头（数量）；③暗盒埋设（规格）；④调试。

本节所涉及的调试包括本体调试和系统调试，均综合在主项内。

6. 附录 C.12.6 扩声、广播、背景音乐系统

本节包括扩声、广播、背景音乐系统三部分内容。

适用于小区、会场、广场的扩声、广播、背景音乐系统的安装与调试。

工程量计量以设计图示数量按相应的计量单位计量。

工程量清单设置，按设计图标示的工程量的名称以及各类技术参数，参照对应的清单项目设置。

【例】 扩声系统功率放大器

项目编码：031206001001

项目名称：功率放大器（双路入双路出）

计量单位：台

工程内容：放大器安装。

本节所涉及的调试包括本体调试、系统调试和系统试运行。本体调试综合在主项内，系统调试单独列项，系统试运行单独列项。

7. 附录 C.12.7　停车场管理系统

本节包括停车场管理系统的中心管理、车辆识别、出入口控制、标示显示等内容。

适用于大型收费停车场管理系统、小区停车管理系统的安装调试。

工程量计量以设计图示数量按套、系统计量。

工程量清单设置，按设计图标示的工程量的名称、类型、规格，参照对应的清单项目设置。

【例】 IC 卡通行券阅读机

项目编码：031207002001

项目名称：IC 卡通行券阅读机

计量单位：套

工程内容：本体安装，单体调试。

本节的调试包括本体调试、系统联试和系统试运行。本体调试综合在主项内，系统联试单独列项，系统试运行单独列项。

8. 附录 C.12.8　楼宇安全防范系统

本节包括入侵探测设备、出入口控制设备、电视监控设备、终端显示设备等内容。

适用于新建、改建楼宇（或建筑物）安全防范系统的安装调试。

工程量计量以设计图示数量按台、套、系统计量。

工程量清单设置，按设计图标示的工程量的名称、类型、规格，参照对应的清单项目设置。

【例】 总线制防盗报警控制器

项目编号：031208002001

项目名称：总线制防盗报警控制器（64 路）

计量单位：套

工程内容：本体安装，单体调试。

本节所涉及的调试包括本体调试、系统调试和试运行，均综合在主项内。

（三）需要说明的问题

1. 项目特征。项目特征是设置清单项目的主要依据，用于区分《建设工程工程量清单计价规范》中同一清单条目下各个具体的清单项目。如《建设工程工程量清单计价规范》清单条目 031204008 阀门及执行机构特征中，名称是指具体清单列项的名称，用名称区分是何种阀门及执行机构，写出具体的阀门及执行机构名称；类型是进一步描述是何种阀门及执行机构，是调节阀还是开关阀；规格在这里是阀门的口径。

2. 每一清单条目，项目特征不尽相同，都有其特定的含意，对特征的理解要对应不同的主项理解。

3. 工程内容是清单项目计价的基础，工程内容列项是工程量清单编制的主要工作。清单设置时应避免工程内容的漏项或重复，准确的工程内容列项是清单计价准确的保证。清单项目所综合工程内容能够通过主项按设计要求或工艺要求计算出工程量的，应标明设计要求或工艺要求；如果主项工程量与综合工程内容工程量不对应，在列综合项时还要列出综合工程内容的工程量。

第十三节　长距离输送管道工程

一、长距离输送管道工程制图

管道施工图是管道工程的“语言”。有了它，才能进行工程量的计算，编制出工程预算，继而进行管道施工。因此，学会阅读管道施工图，是从事管道预算工作的一项基本功。

为了学会阅读管道施工图，首先应了解管道施工图是怎样绘制出来的。也就是说，必须懂得制图的基本原理。

(一) 投影图的分类

在日常生活中，我们经常看到，空间物体在光线的照射下，能在地面或墙面产生影子，这影子实际就是图形。同一个物体在阳光和灯光下会产生不同的影子。这就是说，物体、光线和影子之间存在着一定的内在联系。日常生活中的这种现象，在制图学中就称为投影。

在制图学中，把照射的光线称之为投射线（投影线），把接受影子的面称为投影面（视图面），把产生的影子称为投影图。

投影图分为中心投影图和平行投影图。其中平行投影图又包括正投影图和轴测投影图两种。

照射物体的光线有两种：一种光线是放射光线，如普通灯光。它是由一个中心发出的光线。放射光线照射物体所产生的投影，称为中心投影。中心投影在投影面上形成的图形称透视图，也称中心投影图。中心投影与照相成影的原理相似，图像接近于视觉映像。所以透视图有逼真感，直观性强。但它作图复杂，且度量性差，工程上较少采用，这里不再详述。另一种光线是互相平行的光线，如太阳光。由互相平行的光线照射物体所产生的投影称平行投影。由于平行光线与投影面或被照射物体的角度不同，所以平行投影又分为正投影和斜投影两种，由它们产生的投影图分别为正投影图和轴测投影图。

正投影图和轴测投影图广泛应用在管道施工图中。下边分别加以介绍。

(二) 正投影图

用一组平行的射线通过物体的轮廓，将物体的结构形状投射到与射线垂直的平面上，这样获得平面图形的方法称为正投影法。运用正投影法产生的平面图称为正投影图（正视图）。

1. 正投影的基本规律

物体的形状、大小都可以看作是一些线和面的结合，一个物体的投影，也就是组成这个物体的线和面的投影组合。点、线和面的投影，都具备各自的特点。

（1）点的正投影规律

点的正投影仍是点，如图 1-13-1 所示。

（2）直线的正投影规律

1）直线平行于投影面，其投影仍为一直线，其长短相等，如图 1-13-2（*a*）所示；

2）直线垂直于投影面，其投影积聚为一点，如图 1-13-2（*b*）所示；

3）直线倾斜于投影面，其投影仍是直线，但长度缩短，如图 1-13-2（*c*）所示；

4）直线上任意一点的投影，仍在该直线的投影上，如图 1-13-2 所示。

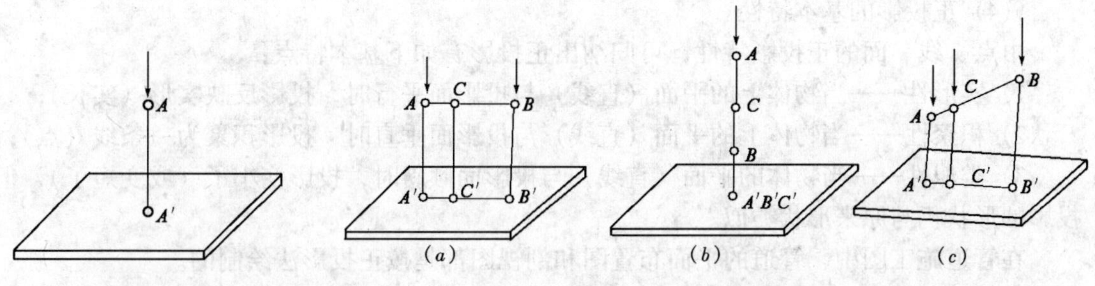

图 1-13-1　点的正投影

图 1-13-2　直线的正投影

（3）平面的正投影规律

1）平面平行于投影面，投影仍为平面，其形状、大小均不变，如图 1-13-3（*a*）所示；

2）平面垂直于投影面，投影积聚成一直线，如图 1-13-3（*b*）所示；

3）平面倾斜于投影面，投影仍是平面，但投影变形，面积缩小，如图 1-13-3（*c*）所示；

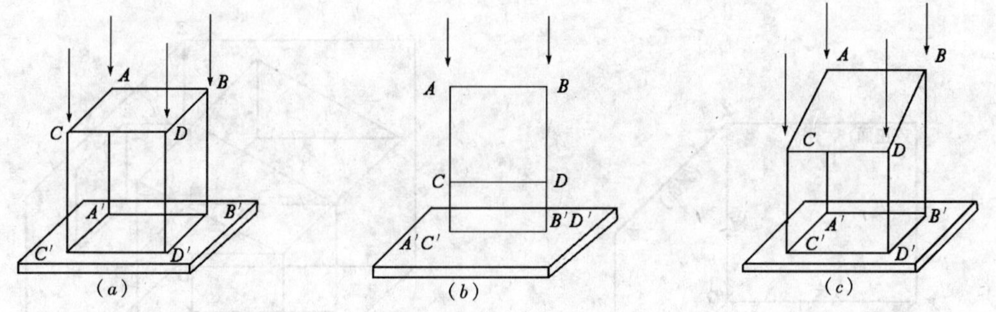

图 1-13-3　平面的正投影

4）一个平面与投影面垂直，其正投影为一条直线，这个面上任何一点、线或其他图形的投影也都积聚在这一条直线上，如图 1-13-4 所示；

5）两个或两个以上的点（线或面）投影，叠合在同一投影面上，称为这些点（线或面）的重合，如图 1-13-5 所示。

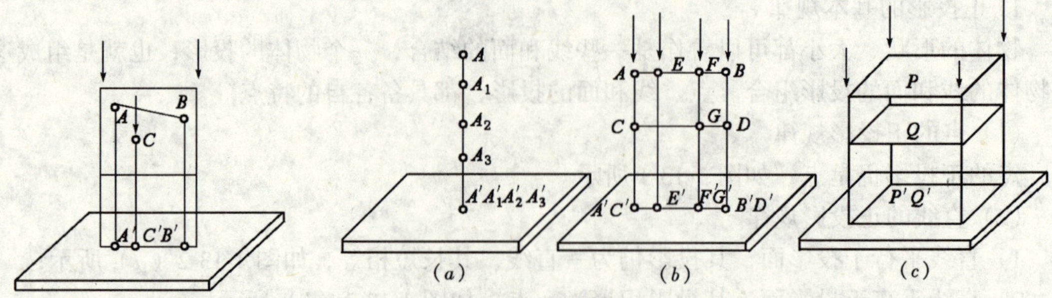

图 1-13-4　垂直面正投影的积聚特性

图 1-13-5　叠合点、线、面正投影的重合特性

(4) 正投影的基本特性

由点、线、面的正投影特性，可归纳出正投影有如下基本特点：

1）实形性——当物体上的平面（直线）与投影面平行时，投影反映实形（实长）；

2）积聚性——当物体上的平面（直线）与投影面垂直时，投影积聚为一条线（点）；

3）类似性——当物体的平面（直线）与投影面倾斜时，投影变小了（或变短了），但投影的形状仍与原来形状类似。

在管道施工图中，管道的平面布置图和剖视图都是按正投影法绘制的。

2. 三面视图

(1) 三面视图的形成

一个正投影图，虽然能够准确地反映物体某一个面的形状和大小，但不能反映出这个物体的全部形状和尺寸。一个空间物体，一般来说它有正面、顶面和侧面三个方向的形状，同时也有三个方向的尺寸即长度、宽度和高度。为此，一般采用三个互相垂直的平面作投影面，如图 1-13-6 所示。将物体放在其中，分别对三个投影面作正投影，就可以得到物体三个面的正投影面，如图 1-13-7 所示。将这三个正投影面结合起来，就能真实地反映物体的形状和尺寸了。这就是通常所说的三面视图。

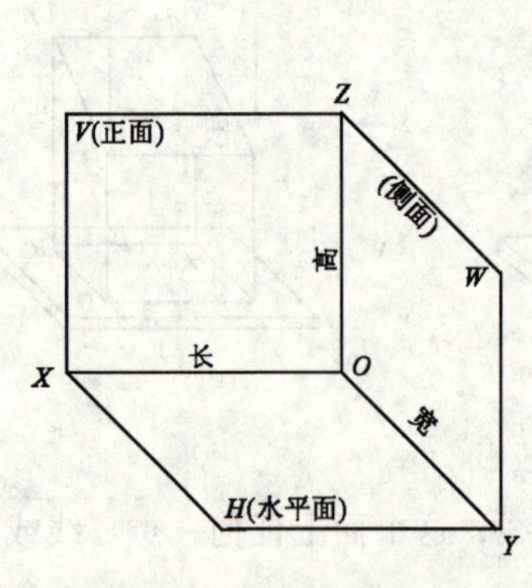

图 1-13-6　三投影面

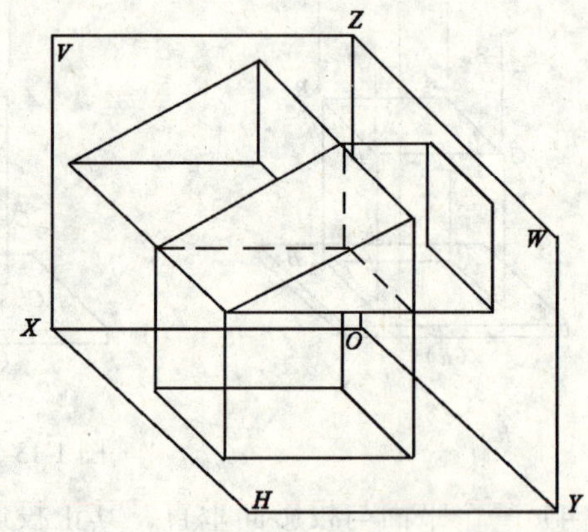

图 1-13-7　三角形斜垫块三面投影

在图 1-13-6 中，水平放着的投影面叫水平投影面（水平面），用英文字 H 表示。在 H 投影面上产生的投影叫水平投影图，管道工程图中称为平面图。它相当于从上往下看物体

所产生的形状，故又称俯视图或顶视图。

垂直水平投影面的，叫做正立投影面（正面），用英文字母 V 表示。在 V 投影面上产生的投影图叫正立投影图，管道工程图中称为立面图。它相当于从正面看物体所产生的形状，故又称为主视图。

同时垂直水平投影面和正立投影面的叫做侧立投影面（侧面），用英文字母 W 表示。在 W 投影面上产生的投影图叫侧立投影图，管道工程图中称为侧面图。它相当于从左（右）看物体所产生的形状，故又称左（右）视图。

三个投影面相交的三条棱线称为投影轴。平面 H 与立面 V 的交线称为 X 轴，平面 H 与侧面 W 的交线称为 Y 轴，立面 V 与侧面 W 的交线称为 Z 轴。这三个轴互相垂直，并相交于 O 点。

在工程图上，三个视图需画在一张平面图纸上，因此，设想立面 V 保持不动，把平面 H 绕 OX 轴向下旋转 90°，侧面 W 绕 OZ 轴向右旋转 90°，如图 1-13-8 所示。这样三个投影面就在一个平面上了，如图 1-13-9 所示。

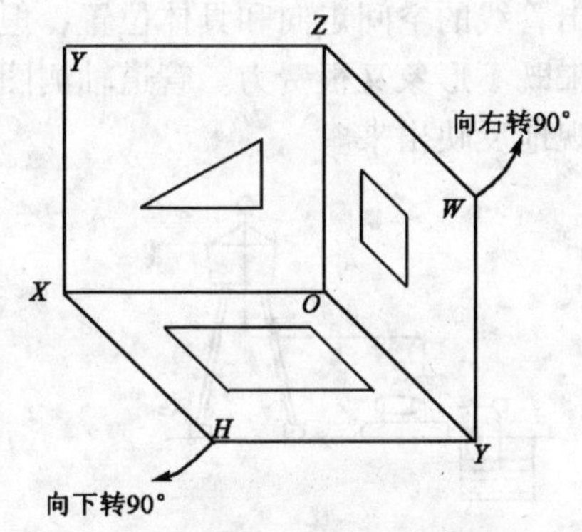

图 1-13-8　投影面将要展开

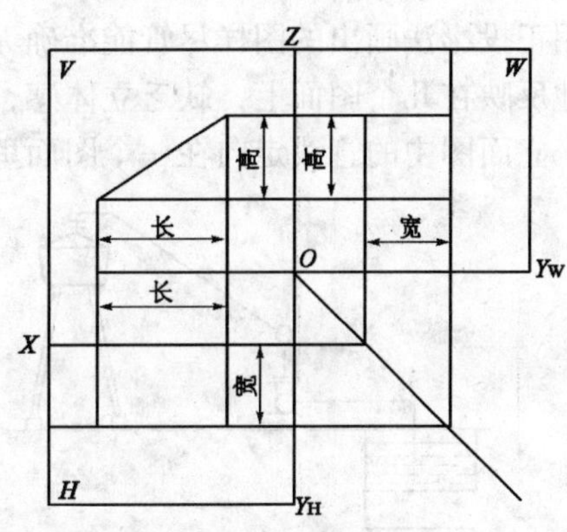

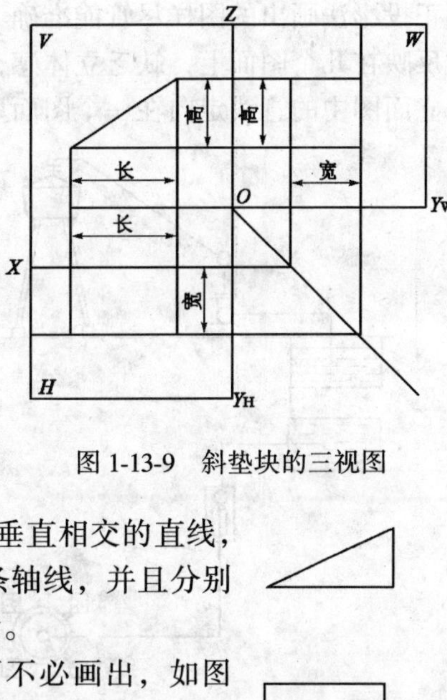

图 1-13-9　斜垫块的三视图

三个投影面展开以后，三条投影轴成为两条垂直相交的直线，原 OZ 和 OX 位置不变，OY 分成 OY_H 和 OY_W 两条轴线，并且分别与 OZ 和 OX 两轴在一条直线上，如图 1-13-9 所示。

在实际的工程图中，投影面的边框、轴线可不必画出，如图 1-13-10所示。

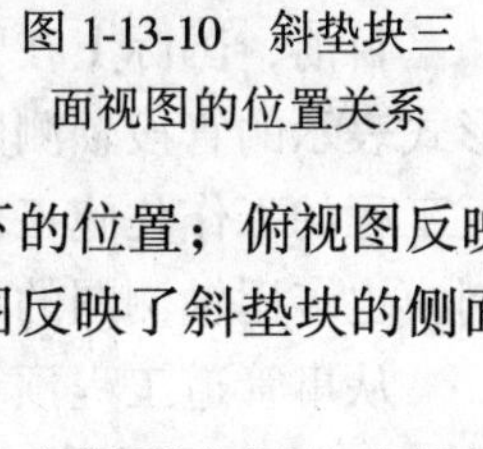

图 1-13-10　斜垫块三面视图的位置关系

（2）三面视图投影规律

在三面投影图中，每个投影面都反映物体一个面的形状和长、宽、高中两个方向的尺寸。从图 1-13-10 所示的三视图中可看出，主视图反映了斜垫块的立面三角形状及它的长度、宽度和左右、上下的位置；俯视图反映了斜垫块的顶面形状，它的长度、宽度和左右、前后的位置；左视图反映了斜垫块的侧面形状，它的宽度、高度和前后、上下位置。

投影时，物体是在同一个位置分别向三个投影面投影的，这样三个视图之间必然保持下面的投影关系：

①主视图和俯视图，长对正；

②主视图和左视图，高平齐；

③俯视图和左视图，宽相等。

简单地说，三面投影图具有长对正、高平齐、宽相等的投影关系，简称为“三等”关系。如图 1-13-9 所示。

三面投影的“三等”关系，是制图和识图的基本规律，必须牢牢掌握，熟练运用，严格遵守。

（三）轴测图

管道的平面布置图、剖面图都是按正投影法绘制的，它能够准确地完整地反映管线的空间走向、具体位置，但缺乏立体感，读起来很费力。

管道的轴测图能够把平面、立面图中管子的走向在一个图面上形象、直观地反映出来，它的线条清晰完整，富有立体感，使人一目了然地了解整个管路系统的空间走向和位置，从而建立起完整的空间立体概念。图 1-13-11 是一组水池、水泵和水塔的管路图。这组管路的流程是由水泵进口处的管道从水池里吸水，然后通过水泵出口处的管道把水送到水塔里。管路虽然很简单，但必须把平面图、立面图和侧面图结合起来才能看懂。由此可见，用正投影法画出的图样尽管能准确无误地反映出管线的空间走向和具体位置，但由于分散地反映在几个图面上，缺乏立体感，所以看起来既不形象又很费力。管道轴测图则能把平、立面图中的管线走向在一个图面里形象、直观地反映出来。

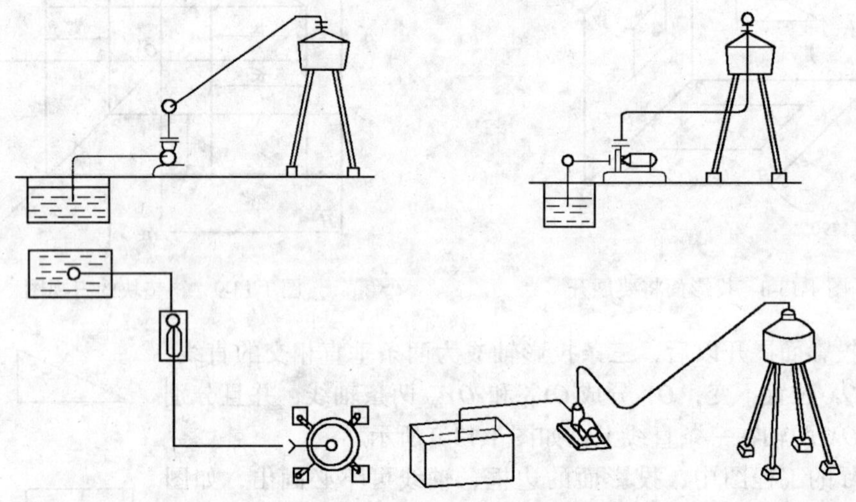

图 1-13-11　管道平、立、侧面图同轴测图的比较

目前，国际上在管道工程设计方面已全面推广模型设计，采用电子计算机绘制以单线形式表示的管段轴测图取代过去的管道布置图，以加快设计速度，提高设计质量，并为管道工程的工作化施工创造条件。另外，设计人员的现场技术交底，管子预制加工的草图绘制，也多用轴测图的形式，因此，轴测图在管道施工图中占有重要地位。

从事管道工程预算，就必须学会管道轴测图的识读并掌握简单的绘制方法。

1. 轴测投影图

用一组平行的投射线，把旋转到一定角度的物体，连同它的三个坐标轴一起投射在一个投影面上，所得到的立体图称轴测投影图，简称轴测图。如图 1-13-12 所示。

产生轴测投影图的投影面称轴测投影面。物体上三个坐标轴 $O'X'$、$O'Y'$、$O'Z'$ 在轴

测投影面上的投影 OX、OY、OZ 称轴测轴，简称轴。我们就是利用这三条轴来确定物体在空间上下、左右、前后的位置和具体尺寸的。轴测轴的方向称为轴向，轴测轴之间的夹角称为轴间角，轴测轴 OX 和 OY 与水平线的夹角称轴倾角。物体上平行于长、宽、高一个方向的直线，分别平行于相应的轴测轴，而且还分别有一定缩短率。所谓缩短率，也就是投影长度对原长之比，也称为轴向变形系数。OX、OY、OZ 轴向的变形系数分别用 p、q、r 表示。

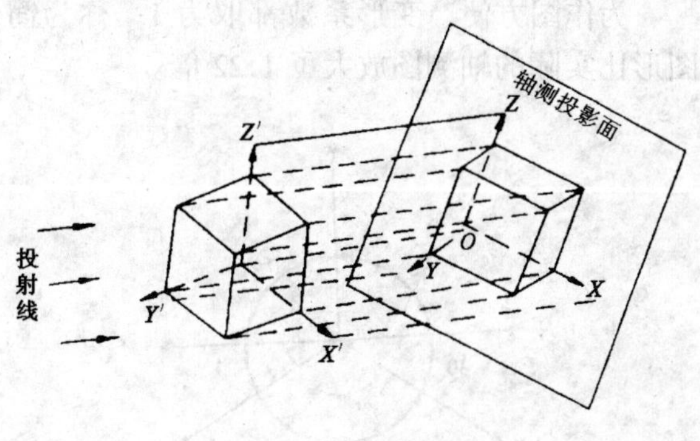

图 1-13-12　轴测投影图

2. 轴测图的分类

根据物体的坐标轴、投影线与轴测投影面三者的位置与角度不同，轴测图可分为以下两大类：

一种是使物体三个方向的面连同它的三个坐标轴与轴测投影面相倾斜。用互相平行的投射线垂直于轴测投影面，这样得到的投影图称轴测正投影图，简称正轴测。如图1-13-13所示。

另一种是使物体一个方向的面和它的两个坐标轴与轴测投影面相平行，用互相平行的投射线与轴测投影斜交进行投影，所得到的轴测斜投影，简称斜轴测。如图 1-13-14 所示。

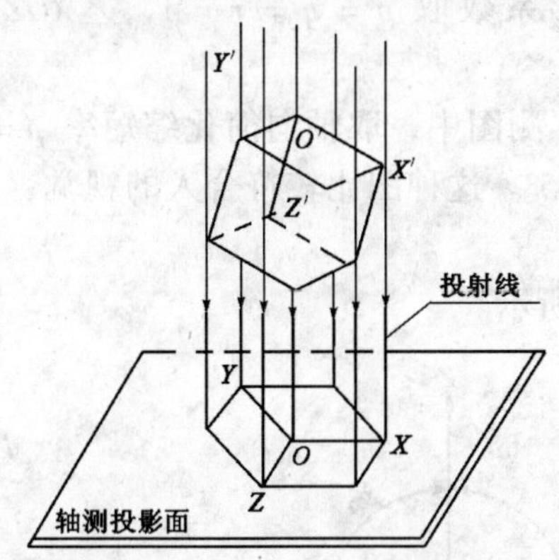

图 1-13-13　轴测正投影图

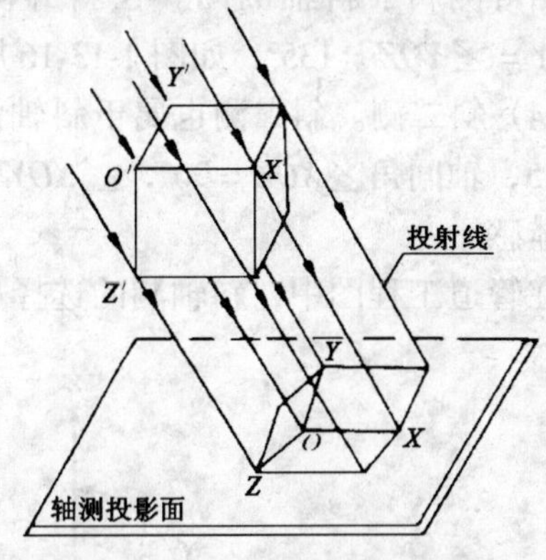

图 1-13-14　轴测斜投影图

在正轴测和斜轴测投影中，因物体相对轴测投影面的位置不同，轴向变形系数也不同，故每类可分为三种：

(1) 当轴向变形系数 $p=q=r$ 时，为正等测或斜等测投影图；

(2) 当轴向变形系数 $p=q\neq r$ 或 $p\neq q=r$ 或 $p=r\neq q$ 时，为正二测或斜二测投影图；

(3) 当轴向变形系数 $p\neq q\neq r$ 时，为正三测或斜三测投影图。

在施工图中，国际上推荐使用正等测、正二测和斜二测投影图。

3. 常用的轴测图

(1) 正等测。正等测属于正轴测图。据推导，在正等测图中，变形系数 $p=q=r=0.82$，$\angle XOY=\angle YOZ=\angle ZOX=120°$。

为作图方便，变形系数都取为 1，称为简化缩短率。如图 1-13-15 所示。这样画出的图形比实际的轴测图放大了 1.22 倍。

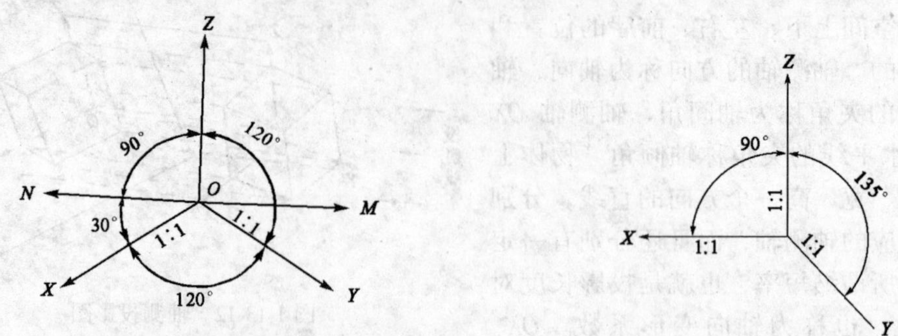

图 1-13-15 正等测轴间角、轴倾和轴向简化缩短率 图 1-13-16 斜等测轴间角和轴向简化缩短率

(2) 正二测

正二测也属于正轴测图。在正二测投影图中，$p = r = 0.94$，$q = 0.47$，$\angle XOZ = 97°10'$，$\angle YOZ = \angle XOY = 131°25'$。

为作图方便，在正二测投影图中，取 $p = r = 1$，$q = \frac{1}{2}$，这样画出的轴测投影图比实际投影图放大了 1.06 倍。

(3) 斜等测

斜等测属于斜轴测图。在斜等测图中，变形系数取 $p = q = r = 1$，$\angle XOZ = 90°$，$\angle XOY = \angle YOZ = 135°$，如图 1-13-16 所示。

(4) 斜二测。斜二测也属于斜轴测图。在斜二测图中，取轴向简化缩短率 $p = r = 1$，$q = 0.5$，轴间角$\angle XOZ = 90°$，$\angle XOY = \angle YOZ = 135°$。这种图比较符合人的视觉，有较好的立体感。

在管道工程图中，斜轴测的选择如图 1-13-17 所示。

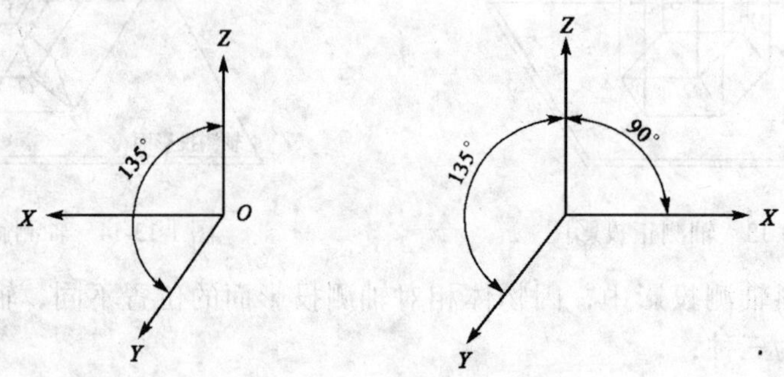

图 1-13-17 斜轴测轴的选择

(5) 轴测投影图的特点

1) 在正轴测投影中，由于物体主面对轴测投影面的倾斜度不同，或在斜轴测投影中，由于投影射线与轴测投影面的倾斜角度不同，同一物体，可以画出无数个不同的轴测图。

2) 因轴测图是用平行投射线进行投影的，所以被照射物体上的直线，在轴测图上仍为直线；物体上平行于某一坐标轴的直线，在轴测图上仍应平行于相应的轴测轴；物体上互相平行的直线，其轴测投影仍平行；被照射物体上任一直线的分段的比例在轴测图投影上的比例不变；物体上的直线与轴测投影面相倾斜，该直线的投影必须缩短。

3）平行于 *XOZ* 坐标面的图形，在斜轴测图中反映实形。

4）轴测轴的方向可以取相反方向，绘图时轴测轴可以向相反方向任意延长。

5）*OZ* 轴一般画成铅垂位置，*OX*、*OY* 轴按规定取向。

（四）管道的单、双线图

管道的施工图，从图形上可分为单线图和双线图。在实际施工中，要安装的管线往往很长而且很多，把这些管线画在图纸上时，线条肯定会纵横交错相互覆盖，不易分清。为了在图纸上能完整显示这些代表管子和管件的线条，一定得把每根管子和管件都画得很小很细才行，这样，管子和管件的壁厚就很难再用虚线和实线表示清楚。所以，在图形中仅用两根线条表示管子和管件形状。这种不再用线条表示管子壁厚的方法简明易懂，通常叫做双线表示法。由它绘出的图样称为双线图。

另外，由于管子的截面尺寸比管子的长度尺寸要小得多，在小比例的施工图中，往往把管子的壁厚和空心的管腔全部看成是一条线的投影。这种用单根粗实线来表示管子和管件的图样。通常叫做单线表示法，由它画成的图样称为单线图。

1. 管子的单、双线图

图 1-13-18 分别表示了同一短管的三视图、双线图、单线图。

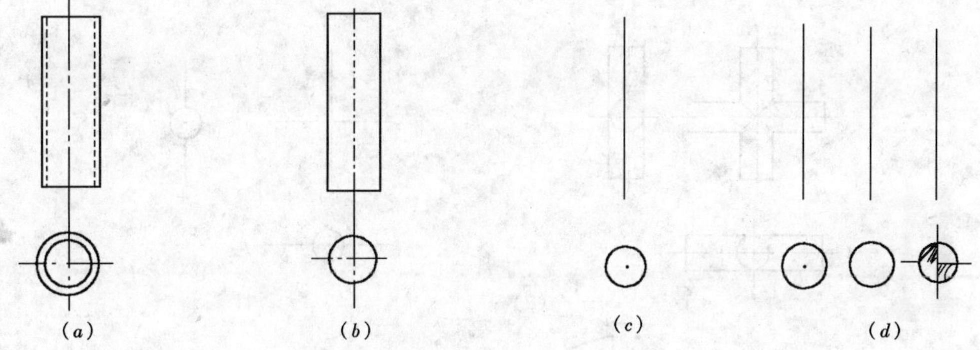

图 1-13-18　短管表示法

（*a*）用三视图形表示的短管；（*b*）用双线图形式表示的短管；

（*c*）用单线图形式表示的短管；（*d*）三种画法意义相同

图 1-13-18（*b*）是短管的双线图，对于初读管道图者，切勿把空心圆管的双线图误认为实心圆柱体的三视图。图 1-13-18（*c*）是短管的单线图，根据投影原理，它的平面投影应积聚成一个小圆点，但为了便于识别，在小圆点外面加画一个圆，但也有在施工图中仅画成一个小圆，小圆的圆心并不加点。从国外引进的施工图中，表示积聚的小圆被十字线一分为四，其中有两个小对角处，打上细斜线阴影，这三种单线图画法，如图 1-13-18（*d*）所示。图形虽不同，但表达的意义却相同。

图 1-13-19 分别表示管道常用管件弯头、三通、四通、大小头的单、双线图。

2. 管子的积聚

根据前述投影积聚原理可知，一根直管积聚后的投影和双线图表示就是一个小圆，用

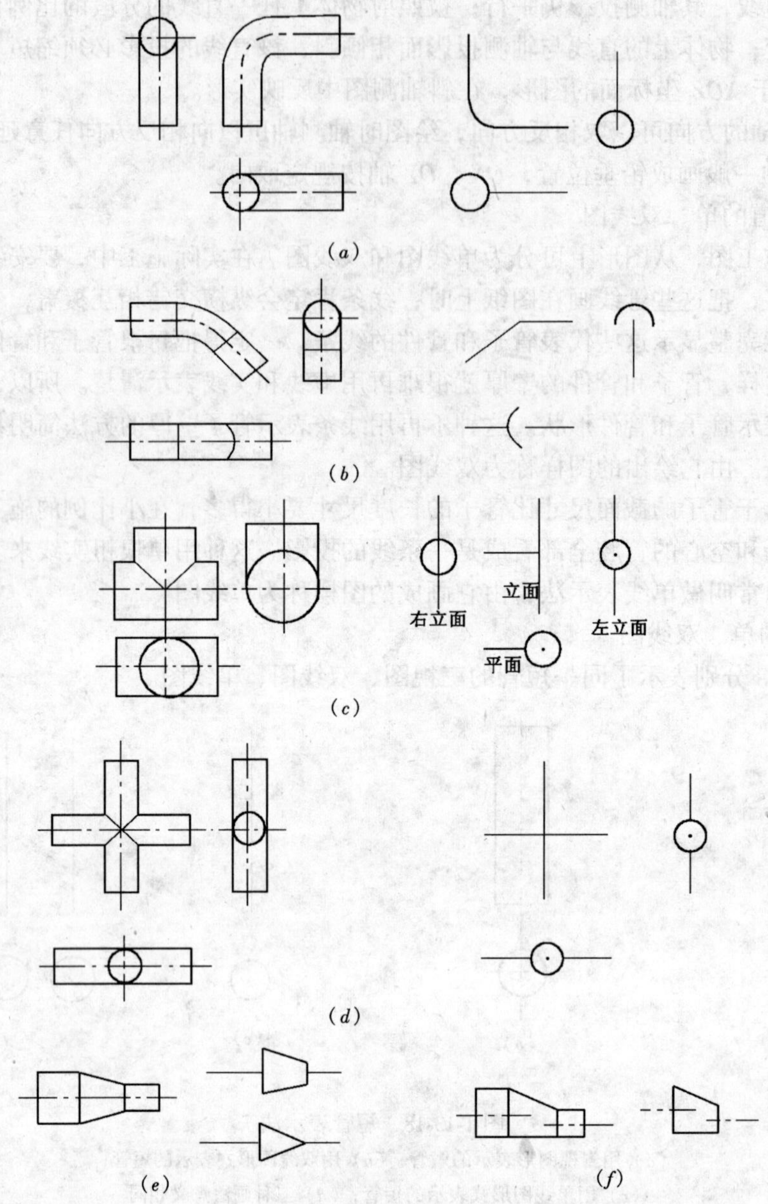

图 1-13-19　常用管件的单、双线图

（*a*）90°弯头的双、单线图；（*b*）45°弯头的双、单线图；（*c*）三通的双、单线图；
（*d*）四通的双、单线图；（*e*）同心大小头的单、双线图；（*f*）偏心大小头的单、双线图

单线图形则为一个小点，（为了便于识别，规定把它画成一个圆心带点的小圆），如图 1-13-18（*b*）、（*c*）所示。

弯管是由直管和弯头两部分组成。直管积聚后的投影是个小圆，与直管连接的弯头，在拐弯前的投影也积聚成小圆，而且同直管积聚成小圆的投影重合，如图 1-13-20（*a*）所示。

如果先看到横管弯头的背部，在平面图上显示的仅仅是弯头背部的投影，与它相连的

直管部分虽然积聚成小圆，但被弯头的投影所遮盖，故呈虚线，如图 1-13-20（*b*）所示。

在用单线图表示时，前者先看到立管断口，后看到横管的弯头，一定要把立管画成一个圆心带点的小圆，代表横管的直线画到小圆边，见图 1-13-20（*a*）。后者，则要把立管画成小圆，代表横管的直线则画抵圆心，见图 1-13-20（*b*）。

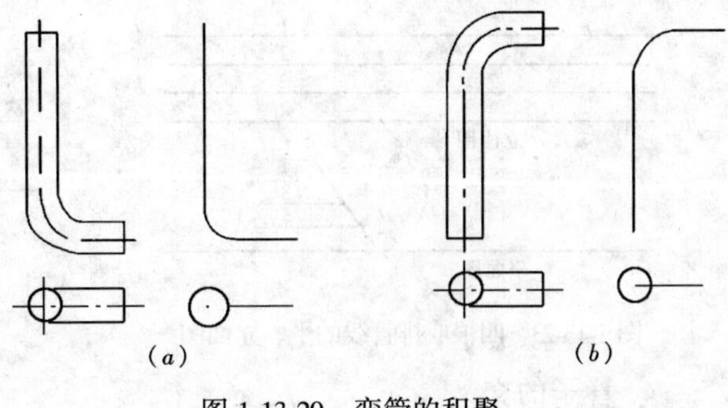

图 1-13-20　弯管的积聚

3. 管子的重叠

长短相等、直径相同（或接近）的两根管子如果叠合在一起，它们在某一面的投影就完全重合，反映在投影面上积聚成一根管子的投影，这种现象就称为管子的重叠。

为了识图方便，对重叠管线的表示方法作了规定，当投影中出现两根管子重叠时，假想前（上）面一根管子已经截去一段（用折断符号表示），这样便显露出后（下面）一根管子。工程图中称这种表示管线的方法为折断显露法。

图 1-13-21 是两根重叠管线平面图，表示断开的管线高于中间显露的管线；如果所示是立面图，那么断开的管子表示在前，中间显露的管线表示在后。

图 1-13-22 是弯管和直管两根重叠管线的平面图。当弯管高于直管时它的平面图如图 1-13-22（*a*）所示，画起来一般是让弯管和直管稍微断开 3mm ~ 4mm，断开处时可加折断符号（也可不加折断符号）。如果是立面图，则表示弯管在前，直管在后。当直管高于弯管时，一般是用折断符号将直管折断，并显露出弯管，它的平面图如图 1-13-22（*b*）所示。如果此图是立面图时，表示直管在前，弯管在后。

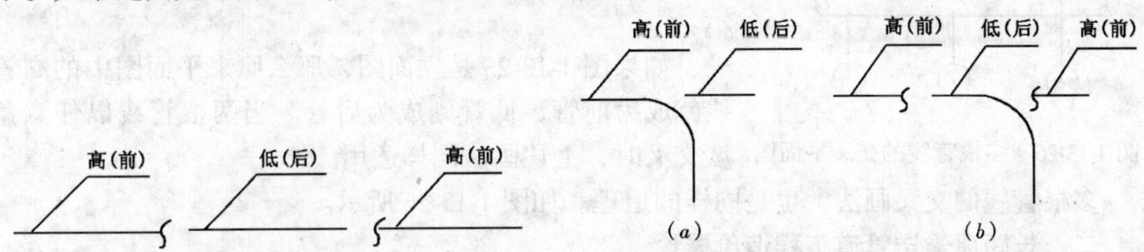

图 1-13-21　两根重叠直管的表示方法

图 1-13-22　直管和弯管的重叠表示

图 1-13-23 所示的平、立面图，表示了四根管径相同、长短相等、由高向低、在同一铅垂面内的平行排列管线。如果仅看平面图，不看管线编号的标注，很容易误认为是一根管线，但对照立面图就知道是四根管线了，编号自上而下分别为 1、2、3、4。如果用折断显露法来表示四根重叠管线，如图 1-13-24 所示，就可以清楚看到，1 号为最高管，2 号为次高管，3 号为依低管，4 号为最低管。

运用折断显露法画管线时，需要注意：折断符号为对应表示时，才能理解为原来的管线是相通的。如图 1-13-24 所示，1 号管用 S 形状的“~”（一曲）表示，那么管线另一端相应也必定用“~”；2 号管线用“≈”（二曲）表示，相对应的另一端也要用“≈”；依此类推，不可混淆。

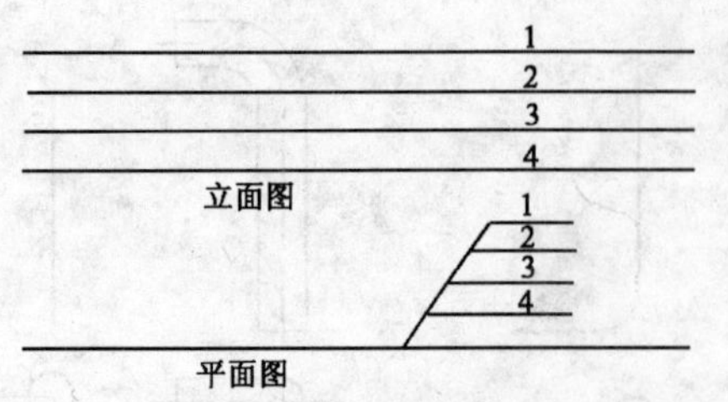

图 1-13-23　四根成排管线的平、立面图

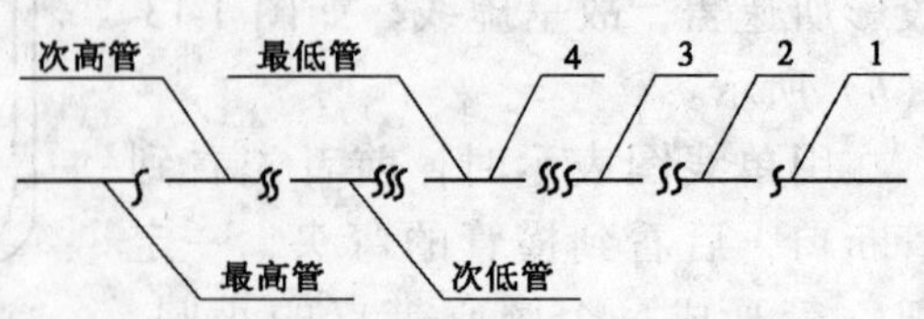

图 1-13-24　用折断显露法表示的平面图

4. 管子的交叉

在施工图中经常出现交叉线条，它是实际管线投影相交所致。如果两路管径投影交叉，高的管线不论是用双线或用单线表示，它都显示完整；低的管线在单线图中用断开表示，在双线图中则用虚线表示。如图 1-13-25（*a*）、（*b*）所示。

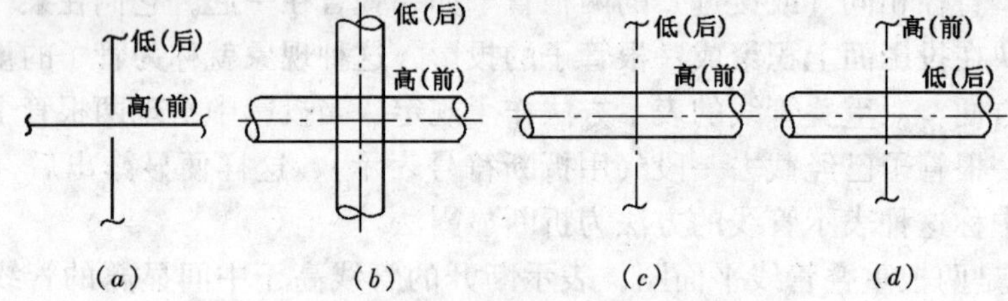

图 1-13-25　两根管线的交叉

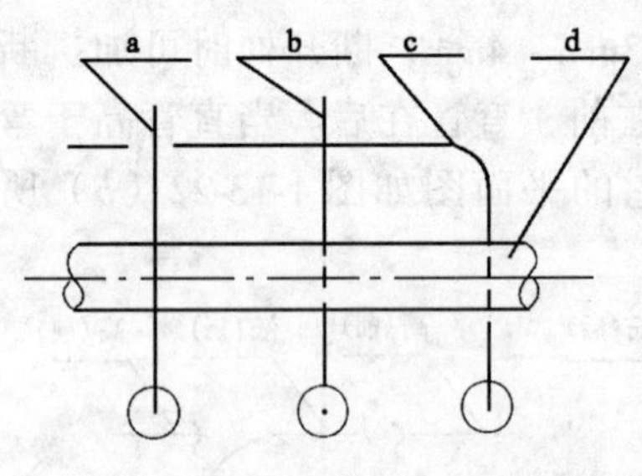

图 1-13-26　多根管线的交叉平面图

在单、双线图同时存在的平面图中，如果大管（双线）高于小管（单线），那么小管的投影在与大管投影相交的部分用虚线表示，如图 1-13-25（*c*）所示；如果小管子高于大管时，则不存在虚线，如图 1-13-25（*d*）所示。

如果图 1-13-25 是立面图，那么原来平面图中的高管线就成为前管，低管则成为后管。当两根管线以任意角度交叉时，上述画法同样适用。

多根管线的交叉画法，也是同样的道理。如图 1-13-26 所示。

二、长距离输送管道工程造价概论

（一）管道穿跨越工程等级

大、中、小型穿跨等级的划分如下：

(1) 穿越河渠、湖泊工程等级见表 1-13-1。

表 1-13-1

河渠湖泊特征 / 工程等级	常年枯水位水面宽度（m）	常年枯水位水深（m）
大型	≥200	不计水深
	≥100～<200	≥5
中型	≥100～<200	<5
	≥40～<100	不计水深

续表

河渠湖泊特征 / 工程等级	常年枯水位水面宽度（m）	常年枯水位水深（m）
小型	<40	不计水深

注：1. 当枯水期最大流速大于2m/s者，中小型工程等级提高一级。大型工程不提高等级，但应加强施工稳管措施。

2. 当管径 $DN \geqslant 500$mm时，中小型工程等级提高一级，大型工程不提高等级，但应加强管道结构措施。

3. 有特殊要求的工程，经过论证后可提高工程等级。

（2）穿越冲沟工程等级见表 1-13-2。

表 1-13-2

冲沟特征 / 工程等级	冲沟深度（m）	冲沟边坡度（°）
大型	40≥	>25
中型	10～40	>25
小型	≤10	

注：冲沟边坡小于表列坡角者，大中型工程等级降低一级。

（3）跨越工程等级见表 1-13-3。

表 1-13-3

跨度类别 / 工程等级	总跨长度（m）	单跨长度（m）
大型	≥300	≥150
中型	≥100～<300	≥50～<150
小型	<100	<50

注：1. 当管径 $DN \geqslant 500$mm时，中小型工程等级提高一级。大型工程不提高等级，但应加强结构措施。

2. 有特殊要求的工程，经过论证后可提高工程等级。

（二）管道穿越工程施工

管道水下穿越施工包括以下步骤：

（1）水下管沟开挖的施工方法。水下管沟开挖的施工方法，通常是使用各类挖掘机械（如拉铲、抓斗挖掘机、挖泥船和射水装置等）或采用水下爆破方法。

1）拉铲挖沟。拉铲工作原理见图 1-13-27。

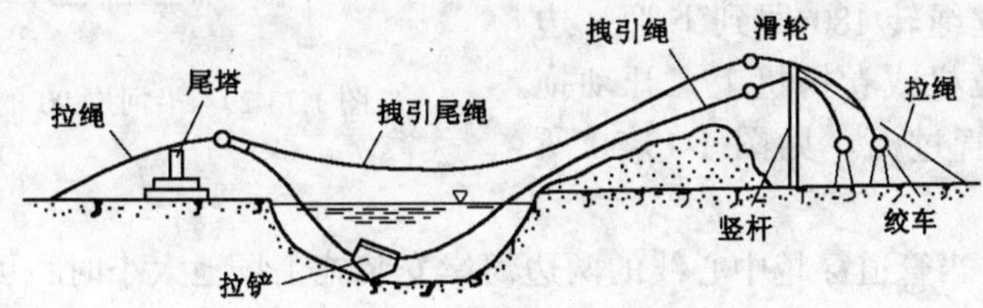

图 1-13-27　拉铲工作原理

拉铲容积有 0.5m³、0.7m³、1.0m³ 三种规格，常用 5t 双筒卷扬机或通井机作牵引动力。拉铲适用于水深较浅的河道施工，例如大型河流两岸的浅水地带或流速较慢、水深不大的中型河流。管沟开挖深度一般为 2m，最大开挖深度可达 4m。

2）抓斗挖掘机挖沟。水深小于 4m，河面宽度不超过 150m 时，水下管沟开挖可采用安装在驳船或浮船上的抓斗挖掘机作业。水深 8m 以上的大型河流，应采用挖泥船或吸泥船开挖管沟。

3）射水装置。这种方法是利用高压水泵，凭借高压水力在水底冲开一条沟槽，管线沿沟拖管过江。射水装置适用于砂夹土或粒径小于10mm的卵石夹砂、卵石夹的土质。

4）爆破法。适用于河床为岩石层的管沟开挖，还适用于不宜采用机械的沼泽地带或软地层管沟的开挖。爆破法分两种：一种是裸露爆破，另一种是钻孔爆破。

(2) 拖管过河：管线拖管过河常用两种方法，一种方法是管线从岸边沿水下管沟拖管；另一种方法是管线在水中漂浮过江。

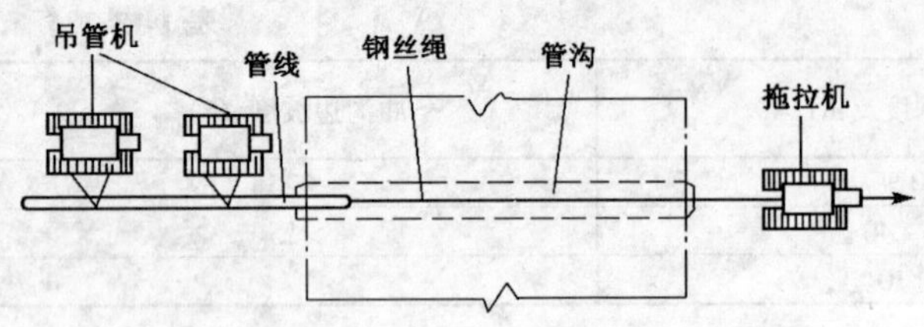

图 1-13-28　不改变移动方向的拖管方式

1）拖管过河的一般施工步骤：在岸上将管子按预定长度焊成“管条”，完成试压、探伤、防腐绝缘和包衬，采取必要的加重措施；修建管线发送道架，把管线安放在道架上；将拖拉管线的钢丝绳下放到沟底；用拖拉机或卷扬机把管线拖管过河；潜水员检查，管线正确的坐落在设计的管沟位置，然后稳管回填。

2）管道过河的拖管方式。

第一种方式，当河岸两边平坦，有宽敞的施工场地，足以能供放置穿越的整段管线时，拖拉设备便可安装在河岸的一边，管线从河岸的一边拖拉到另一边，不需要改变拖管的移动方向，见图1-13-28所示。

第二种方式，如果拖拉管线的河岸一边有坡度，只允许拖拉设备在狭长的岸边移动，在这种情况下管线过河，就要利用滑轮改变钢丝绳拖管的移动方向，图1-13-29示意表明了沿河岸90°的拖管情形。

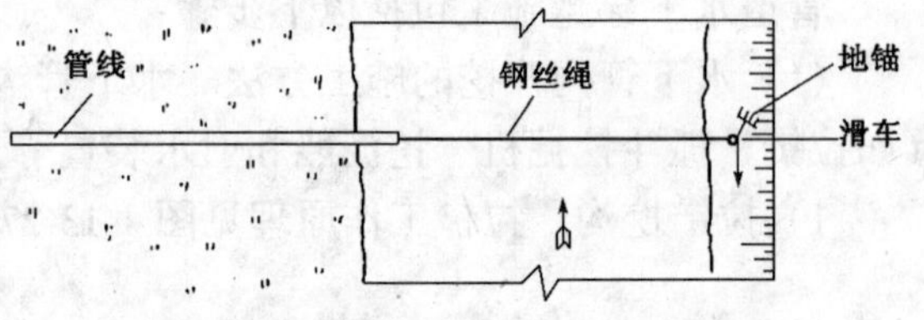

图 1-13-29　沿河岸90°的拖管方式

第三种方式，当河岸一边为陡坡或为水所淹而不能利用拖拉设备拖管时，可采取从下管的河岸拖管，即在难于施展拖管的河岸一边装一滑轮，用以改变钢丝绳的移动方向，使钢丝绳转180°回到下管一边的河岸，栓到拖拉机或卷扬机上，开动拖拉机或卷扬机拖管过河。见图1-13-30所示。

第四种方式，当管道穿越中心线的两边河岸安装施工场地太小时，可采取逐段连接管线的办法拖管过河，见图1-13-31所示。

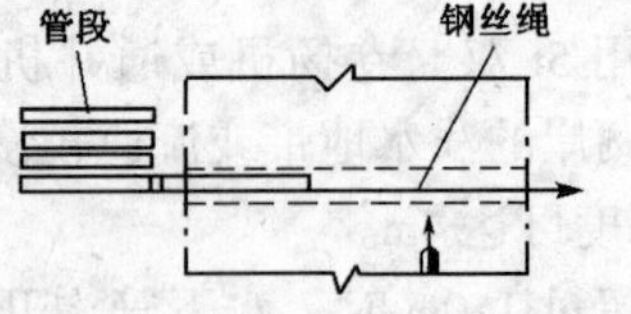

图 1-13-30　从下管一边河岸的拖管方式

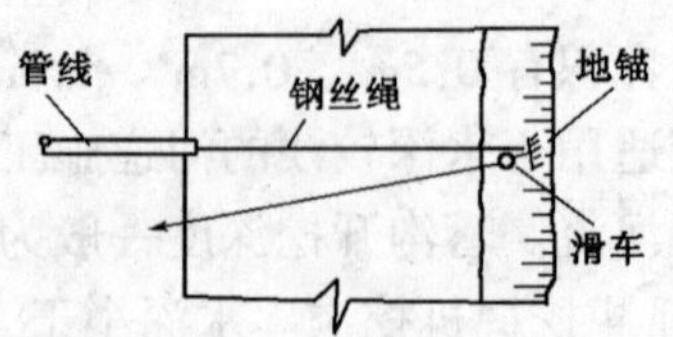

图 1-13-31　逐段接拖管方式

(3) 管线在水中漂浮过江。这种方法是把管线摆在河岸一边使之垂直于水流方向，从水下管沟上面牵引管线到对岸，然后在管道中注水（当管线上装有浮筒时切脱浮筒），使管线准确地落在管沟中心线位置。

主要施工步骤：

1）完成管道组对焊接，系好浮筒和标志。

2）拖管下水使管线漂浮在水下管沟上面，并借助绷点和浮筒在管沟中心线上定位，下管之前保持这个位置不动。

3）向管内灌水或开脱浮筒，使管线沉入管沟内。

4）管线漂浮过河的定位见图 1-13-32。

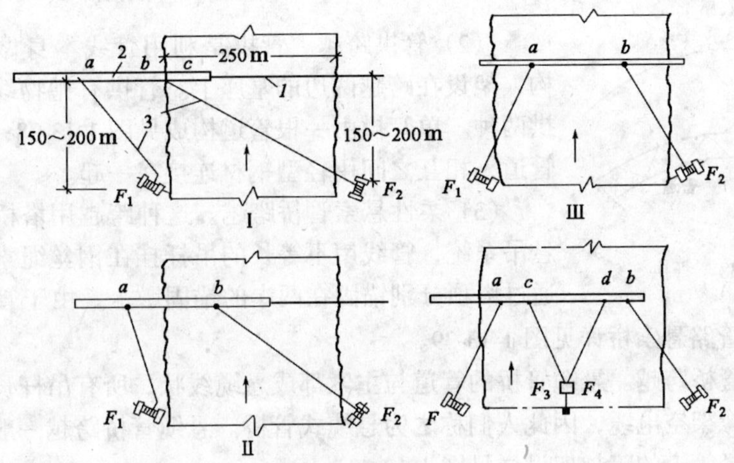

图 1-13-32 管线漂浮过河定位在中心线上示意

(4) 水下管道稳管。水下穿越管线施工时，为了克服水的浮力以防管线漂起，需要对管线作加重来达到稳管的目的。通常采用以下几种稳管方法。

1）钢筋混凝土马鞍块稳管；

2）铸铁块稳管；

3）钢丝网混凝土连续覆盖层稳管；

4）复壁管空间灌注加重水泥浆稳管；

5）钢筋镀锌钢丝石笼稳管。

(三) 管道跨越形式及简介

我国采用的跨越管道形式大致有以下几种：

(1) 梁式跨越。利用管线本身作承重梁，直接架设在跨越两边的支墩上或吊挂在支架上。常见的形式有：

1）直管支架，见图 1-13-33。

2）"Ⅱ"形管桥，见图 1-13-34。

3）轻型托架，见图 1-13-35。

4）桁架，见图 1-13-36。

5）吊架，见图 1-13-37。

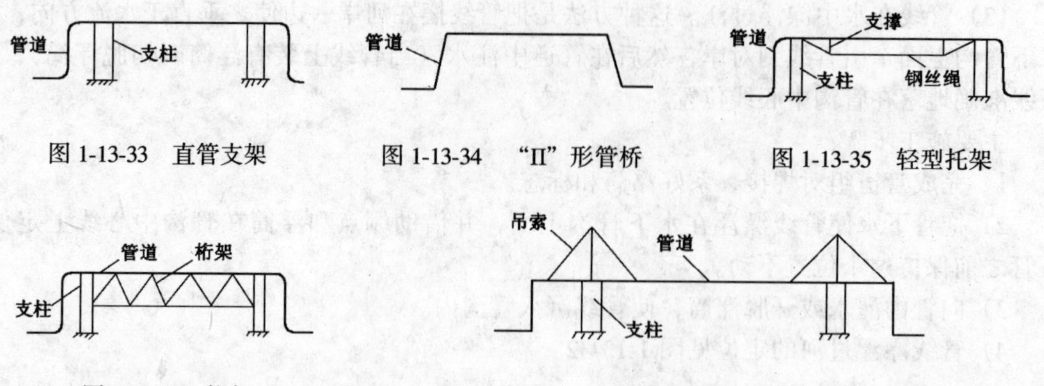

图 1-13-33　直管支架　　图 1-13-34　“Π”形管桥　　图 1-13-35　轻型托架

图 1-13-36　桁架　　图 1-13-37　吊架

图 1-13-38　管拱

（2）管拱跨越。管拱是利用管线本身做成的曲线型结构，架设在跨越两边的基座上。管拱有抛物线管拱和圆形管拱两种。单管拱由一根管道构成见图 1-13-38；组合拱有几根管道，相互之间用轻型钢材连接在一起。

（3）柔性悬索管桥跨越。这种跨越用塔桥和钢丝绳做成悬吊系统，管线用不等长的吊杆挂在钢丝绳索上，主索两端通过塔顶分别锚固在两岸的锚固墩上，由于管道作为桥面体系，共同组成管路悬索桥详见图 1-13-39。

（4）悬缆管桥跨越。悬缆管桥的管道与主索都成悬缆线状，所有吊杆长度均相等。由于组合形状很像架空电缆，因此人们称之为悬缆式管桥。悬缆管桥跨越一般适用于跨度较大的中、小口径管道的跨越架设详见图 1-13-40。

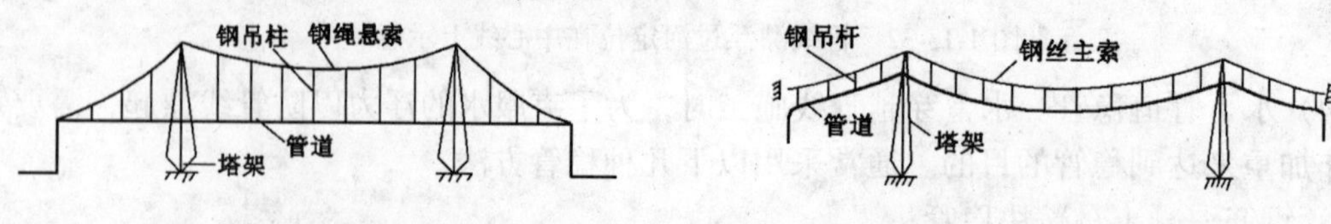

图 1-13-39　柔性悬索管桥　　图 1-13-40　悬缆管桥

（5）悬链管桥跨越。悬链管桥的特点是不用主索和吊杆，而是充分利用管道本身的强度，承受跨越拉力、弯曲等综合应力，结构较悬索管桥和悬挂管桥简单，而又具备悬挂管桥的特点。适用于大跨度的中、小口径管道的跨越架设，详见图 1-13-41。

（6）斜拉索管桥跨越。这是一种新型跨越结构形式。这种形式的跨越管道由跨越两岸钢结构塔顶以均匀间距引出的多根钢丝绳斜向拉住，以斜拉索代替主索。由于斜拉索利用管道自身重量平衡，因此可以减少斜拉索中间的支墩支架。斜拉索管桥采用了水平直管形式，不受自由弯曲半径限制，因此适用于大口径管道跨越大型河流。见图 1-13-42。

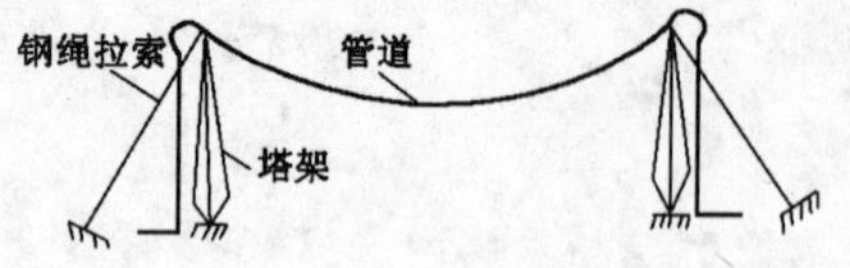

图 1-13-41　悬链管桥

图 1-13-42　斜拉索管桥

关于跨越形式的选用，应根据不同情况来考虑。跨度小于50m，管径较小的小型跨越工程，可采用直管支架或“Π”钢架；中型跨越工程，跨度为50～120m之间者，通常采用吊架、托架、桁架或管拱形式；大型跨越工程超过120m，一般采用柔性悬索管桥、悬缆管桥或悬链管桥；大口径管道采用斜拉索管桥。

（四）管道线路附属工程

1. 管通阴极保护

（1）牺牲阳极的规格及种类见表1-13-4。

表1-13-4

名　称	规　格（mm）	比　重	单重（kg）
锌合金	40×48×44×600	7.3	8.5
镁合金	52×72×52×700	1.84	4.15
铝合金	ϕ75～ϕ100×600～700	2.83	12.5～15.5

（2）牺牲阳极填料配方见表1-13-5。

表1-13-5

项　目	膨润土	石膏粉	硫酸镁	芒　硝	生石灰	食　盐
锌阳极	50%	25%		25%		
镁阳极	50%	15%	35%			
铝阳极	30%				30%	40%

2. 管通试压、严密性试验及吹扫

（1）长输管道试压及吹扫

1）管线分段耐压试验。耐压试验应在土方回填后进行，试压前应对试压用管件、阀门、仪表等进行检查和校验，合格后方可使用。根据《长输管道线路工程施工及验收规范》的要求，根据水源、排水条件等因素，管道应分段作耐压试验。每段以10～15km为宜，每段自然高差不得大于30m。

耐压试验注水时，应排尽管道内部的空气，然后应分阶段升压，并反复检查。当升压至强度试验压力1/3时，停压15min，再升至强度试验压力2/3时，停压15min，再升至强度试验压力，稳压4h，其压降不得大于1%强度试验压力为合格。然后降至工作压力进行严密性检验，稳压24h，其压降不大于1%试验压力为合格。

试压段取定为12.5km试压采用离心泵注水，水泥车计压。

2）管线站间试水压。站间试压在进、出站阀组安装完毕、站间管道接通后进行。试压程序要求应符合分段试压的规定。站间试压只进行严密性试验，不再进行强度试验。

3）管段空气试压。试验压力应均匀缓慢上升，每小时升压不得超过1MPa，当试验压力大于3MPa时，分三次升压，即在压力分别为30%、60%试验压力时，停止升压，并稳压半小时后，对管道进行观察，若未发现异常，便可继续升压直至试验压力。

当试验压力为2～3MPa时，分两次升压，压力为50%试验压力时，稳压半小时后进行观察，若未发现问题，便可继续升压，直至试验压力。

在试验压力下应稳压6h，并沿线检查，管道无断裂、无变形、无渗漏。其压降小于2%试验压力，强度试验为合格。

4）管线通球扫线。通球扫线应在整体联合试运前进行，各站应设置临时排污管，通球时应将污水排至排水沟，直至将管球推出。

通球扫线可用水或压缩空气推动球，如球受阻，可逐步提高水或压缩空气的压力。但最大推球压力不得大于工作压力的 1.25 倍。

各种管径通球吹扫每 30km 用水量见表 1-13-6。

表 1-13-6

公称直径（mm）	每次通球需水量（m^3）	公称直径（mm）	每次通球需水量（m^3）
100～125	356.50	400	4500
150～200	779.61	500	7500
250	1926	600	10730
300	2770	700	14095
350	3767	800	18363

（2）油气田管道耐压试验、严密性试验和通球扫线

1）管道耐压试验。管道耐压试验，应先升到试验压力，进行强度检查。合格后，将管内压力降到设计压力，进行严密性检查。较长管道可分段试验，每段 8～10km。管道耐压试验压力值、升压步骤及稳压时间的规定见表 1-13-7。

表 1-13-7

介质		水		压缩空气	
检验项目		强度	严密性	强度	严密性
试验压力	设计压力 $P \leqslant 10$	$1.25P$，且不小于 0.4	P	$1.15P$	P
	设计压力 $P>10$	$1.5P$	P	–	–
升压步骤		分三次升压，升压值依次为试验压力的 1/2，1/3，1/6；每次间隔 15min；第三次升压速度不大于 0.1MPa/min	–	升压间隔为 20min，其他要求同水介质试验	–
稳压时间		每公里 20min，且不小于 1h	每公里 1h，且不小于 4h	每公里 10min，且小于 1h	每公里 1h，且不小于 12h
管道试验合格标准		目测无变形	巡线检查无泄漏	目测无变形	巡线检查无泄漏，压降率试验合格

强度水压试验用水量见表 1-13-8。

表 1-13-8

公称直径（mm）	1km 用水量（m^3）	公称直径（mm）	1km 用水量（m^3）	公称直径（mm）	1km 用水量（m^3）
40	1.43	150	19.47	350	105.02
50	2.20	175	26.40	400	138.16
65	3.63	200	34.54	450	174.90
80	5.50	225	43.67	500	215.93
100	8.69	250	54.01		
125	13.53	300	77.77		

2）管道分段严密性试验。管道分段严密性试验以无弯管、无异径管、无三通的自然段进行分段。每段长度不宜大于 5km。

管道分段严密性试验压力为 0.6MPa，介质为空气，空管道两端均升到 0.6MPa 后进行焊缝渗漏检查和压降试验。当管内温度与周围环境温度相同且管道两端压力平衡后开始稳压。稳压时间为每公里 1～2h。

3）管道通球扫线。管道通球扫线应先分段通球，每段长度不宜超过 10km。管道分段通球合格后，进行整体通球，管道通球压力不得大于管道设计压力。

（五）管道土方工程量计算

在管道安装工程中，经常要遇到挖管沟、管沟松土回填、挖水道构筑物土方的计算，按照定额规定，土方工程量的计算要执行地区建筑工程预算定额。

在计算土方工程量时，首先要区别土层类别。土层、岩石分类如表 1-13-9 所示。

土层、岩石分类规定　　表 1-13-9

土类	土壤名称	鉴别方法
普遍土（Ⅰ、Ⅱ类）	1. 潮湿的黏性土和黄土 2. 软的盐土和碱土 3. 含有建筑材料碎屑或碎石、卵石的堆积土和种植土	用锹、条锄挖掘，需用脚蹬，少许用镐
坚土（Ⅲ类土）	1. 中等密实的黏性土和黄土 2. 含有碎石、卵石或建筑材料碎屑的潮湿性土和黄土	主要用镐、条锄、少许用锹
砂砾坚土（Ⅳ类土）	1. 坚硬密实的黏性土和黄土 2. 含有卵石（体积占 10%～30%、重量在 25kg 以下的石块）的中等密实的黏性土或黄土	全部用镐、条锄挖掘、少许用撬棍挖掘
坚硬砂砾土（Ⅴ类土）	1. 坚硬质实土含有石块（体积占 30%以上，重量在 25kg 以上） 2. 胶结不紧的砾石 3. 重而易碎的硬质软岩 4. 花砂路面	全部用镐、条、锄、撬棍挖掘
普通岩	松砂石，黏性胶结特别密实的卵石、软片石，颗粒组织较松软的砂岩（包括棉砂岩），坚硬密实的红石谷子，碎裂的石灰岩，硬土质的片石、页岩、硬石膏	少许用镐，部分爆破开挖
坚硬岩	红砂岩、水成岩、石灰质粘结的砾岩、坚硬的青纱岩、片麻岩、硬石灰岩、花岗岩、火成岩、橄榄岩、玄武岩、闪长岩、辉绿岩、麻充油岩、粒状石英岩、砂质片岩等	全部用爆破或大锤楔子硬打方法开挖

其次，要根据设计开挖深度选用放坡系数，确定沟底宽度。在设计未作规定时，深度超过：普通土 1.25m，坚土 1.5m，砂砾坚土 2m 时，需要计算放坡系数，放坡系数见表 1-13-10。当使用挡土板时，该段管沟不得计算放坡系数。

深度在 5m 以内的放坡系数表　　表 1-13-10

土类	人工挖土	机械挖土	
		机械在槽底	机械在槽边
普通土	1:0.67	1:0.50	1:0.75
坚土	1:0.33	1:0.25	1:0.67
砂砾坚土	1:0.25	1:0.10	1:0.33

挖管沟宽度，如设计无规定时，可按表 1-13-11 计算。

管沟宽度表 表 1-13-11

埋设深度在 1.5m 内沟底宽度（m）

管径（mm）	铸铁管、钢管、石棉水泥管	混凝土管、钢筋混凝土管、预应力钢筋混凝土管	缸瓦管	附注
50 ~ 70	0.60	0.80	0.70	1. 当管沟深度在 2m 以内及有支撑时上表数字应增加 0.1m 2. 当管沟深度在 3m 以内及有支撑时上表数字应增加 0.2m
100 ~ 200	0.70	0.90	0.80	
250 ~ 350	0.80	1.00	0.90	
400 ~ 450	1.00	1.30	1.10	
500 ~ 600	1.30	1.50	1.40	
700 ~ 800	1.60	1.80	–	
900 ~ 1000	1.80	2.00	–	
1100 ~ 1200	2.00	2.30	–	
1300 ~ 1400	2.20	2.60	–	

管沟回填土工程量应扣减管底以下管基垫层及直径大于等于 500mm 的管道体积，直径小于 500mm 的管道所占体积可不扣除。扣减的体积可参照表 1-13-12 或按实际计算。

每延长米扣减体积 表 1-13-12

管径（mm）/ 管道种类	减去数量（m^3）					
	500 ~ 600	700 ~ 800	900 ~ 1000	1100 ~ 1200	1300 ~ 1400	1500 ~ 1600
钢　管	0.24	0.44	0.71	–	–	–
铸铁管	0.27	0.49	0.77	–	–	–
混凝土管	0.33	0.60	0.92	1.15	1.35	1.55
缸瓦管						

其他问题均按定额规定。

三、长距离输送管道工程规范

C.13.1　管沟土石方工程。工程量清单项目设置及工程量计算规则，应按表 1-13-13 的规定执行。

C.13.1　管沟土石方工程（编码：031301） 表 1-13-13

项目编码	项目名称	项目特征	计量单位	工程量计算规则	工程内容
031301001	管沟土方	1. 土层类别 2. 挖土深度 3. 管沟宽度 4. 运距	m^3	按设计图示沟底宽度（m）、乘以原地自然标高与沟底标高的标高差为断面（m^2）、乘以设计管沟长度（m）以体积计算	1. 开挖 2. 管沟支护 3. 管沟排水降水 4. 运输
031301002	管沟石方	1. 岩石类别 2. 挖土深度 3. 管沟宽度 4. 运距			1. 开挖（爆破、凿岩） 2. 管沟支护 3. 管沟排水降水 4. 运输
031301003	回填	1. 回填方式 2. 回填土来源 3. 运距		1. 土方段管沟的回填量按图示挖方量计算，不扣除管道所占体积，余土就地摊平，不计算余土外运 2. 石方段管沟的回填量按图示挖方量计算，扣除管道所占体积，按扣除余量计算石方外运	1. 购土、采筛 2. 松填 3. 夯填 4. 运输

C.13.2　管沟敷设工程。工程量清单项目设置及工程量计算规则，应按表1-13-14的规定执行。

C.13.2　管沟敷设工程（编码：031302）　　**表 1-13-14**

项目编码	项目名称	项目特征	计量单位	工程量计算规则	工程内容
031302001	测量放线	地形地貌	km	按设计图示长度计算	测量放线
031302002	施工作业带清理	地形地貌	km	按设计图示管道长度计算	施工作业带清理
031302003	管道运输	1. 管道、管件规格 2. 地形地貌 3. 路面等级 4. 运距	km	1. 按设计图示管段全长扣除弯头及站场长度计算 2. 弯头、弯管按设计图示数量个数计算	1. 管段运输 2. 管件运输
031302004	管段安装	1. 地段类型 2. 材质 3. 规格 4. 组焊方式 5. 焊接工艺 6. 除锈、防腐、保温设计要求 7. 管道清管、试压、干燥设计要求 8. 管段连头材质、规格、种类 9. 标志桩、里程桩、转角桩设计要求	km	按设计图示管线长度扣除穿跨越、弯头、弯管及站场长度计算	1. 布管 2. 焊口预热 3. 管段组焊 4. 补口补伤 5. 管道现场保温、外保护层 6. 安装及除锈、刷油、防腐 7. 管道清管、试压、干燥 8. 管段下沟 9. 警示带敷设 10. 连头 11. 防腐层检测 12. 焊接、工艺评定 13. 标志桩、里程桩、转角桩制作、安装
031302005	冷弯管制作	管道规格	个	按设计图示数量计算	冷弯管制作
031302006	管件安装	1. 材质 2. 种类、规格 3. 除锈、防腐、保温设计要求	个	按设计图示数量计算，包括热煨弯头、冷弯管、三通、绝缘法兰、绝缘接头、绝缘短管、锚固法兰	1. 布管 2. 焊口预热 3. 管件组焊 4. 管件防腐、保温 5. 补口补伤

续表

项目编码	项目名称	项目特征	计量单位	工程量计算规则	工程内容
031302007	线路阀门安装	1. 工程直径 2. 安装方式 3. 支座材质、规格、类型 4. 除锈、防腐设计要求	个	按设计图示数量计算	1. 检查清洗 2. 支座制作、安装、除锈、防腐 3. 阀门安装
031302008	永久性水工保护	1. 形式 2. 结构	m^3	按设计图示数量计算（包括抛石稳管、重晶石块压载、钢筋混凝土连续覆盖、现浇混凝土稳管、复壁管、挡土墙、护坡、护壁、护岸等）	水工保护
031302009	管口焊缝无损检测	1. 检测方式 2. 管道规格	口	按设计技术要求及设计规范计算	管口焊缝无损检测
031302010	固定墩	1. 体积 2. 有筋、无筋 3. 混凝土强度等级	个	按设计图示数量计算	1. 基坑开挖回填 2. 锚固件安装 3. 模板制作、安装 4. 现场浇筑 5. 钢筋配制
031302011	阴极保护	1. 保护方式 2. 电极材料	项	按设计要求的保护方式（强制电流阴极保护、牺牲阳极阴极保护、排流阴极保护）计算	1. 安装 2. 调试
031302012	地貌恢复	地形地貌	m^2	按设计及勘探要求，以图示管线长度和作业带宽度计算	恢复地形、地貌

C.13.3 管道穿越、跨越工程。工程量清单项目设置及工程量计算规则，应按表1-13-15的规定执行。

C.13.3 管道穿越、跨越工程（编码：031303） 表 1-13-15

项目编码	项目名称	项目特征	计量单位	工程量计算规则	工程内容
031303001	公路穿越（大开挖）	1. 路面、路基、操作坑、管沟土质类别 2. 穿越长度 3. 管道材质、规格、运距 4. 有、无套管及套管材质、规格 5. 管道组焊方式、焊接工艺 6. 管道除锈、防腐设计要求 7. 管道清管、试压设计要求 8. 阴极保护设计要求	处	按设计图示穿越长度分类计算	1. 路面、管沟、操作坑开挖、回填、修复 2. 套管运输、安装、封堵 3. 穿越管段组焊、预热 4. 补口补伤 5. 穿越管道清管、试压、干燥 6. 管卡支撑制作、安装、除锈、防腐 7. 管体穿越 8. 阴极保护 9. 管段连头
031303002	公路、铁路穿越（钻孔、顶管）	1. 穿越地段 2. 穿越方式 3. 穿越长度 4. 操作、接收坑土质类别分类 5. 管道材质、规格 6. 有、无套管 7. 套管材质、规格、运距 8. 管道组焊方式、焊接工艺 9. 除锈、防腐设计要求 10. 管道清管、试压设计要求 11. 阴极保护设计要求 12. 管段连头材质、规格、种类			1. 操作、接收坑开挖、回填、修复 2. 套管运输、安装、封堵 3. 穿越管段组焊、预热 4. 补口补伤 5. 横钻孔机钻孔 6. 顶管穿越、接口 7. 钻孔、顶管工作坑设施安装、拆除 8. 防空管、排水管制作、安装 9. 穿越管道清管、试压、干燥 10. 管卡支撑制作、安装、除锈、防腐 11. 管体穿越、拖拉头安装、拆除 12. 阴极保护 13. 管段连头

续表

项目编码	项目名称	项目特征	计量单位	工程量计算规则	工程内容
031303003	隧道内管道安装	1. 管道材质 2. 管道规格 3. 安装方式 4. 焊接工艺 5. 管道清管、试压、干燥设计要求 6. 除锈、刷油、防腐设计要求 7. 基础的设计要求	处	按设计图示跨越长度分类计算	1. 管段组焊、预热、安装 2. 补口补伤 3. 管道清管、试压、干燥 4. 管道托架制作、安装、除锈、防腐 5. 基础
031303004	跨越管道安装	1. 跨越方式 2. 跨越长度 3. 跨越土建设计要求 4. 塔架、斜拉索设计要求 5. 管道材质、规格 6. 管道组焊方式、焊接工艺 7. 管道除锈、防腐设计要求 8. 管道清管、试压设计要求			1. 跨越土建施工 2. 穿越管段组焊、预热、安装 3. 补口补伤 4. 穿越管道清管、试压、干燥 5. 管卡支撑制作、安装、除锈、防腐 6. 塔架制作、安装、吊装 7. 斜拉索安装
031303005	地下障碍物穿越	1. 穿越长度 2. 障碍物 3. 土质类别		按设计图示穿越长度分类计算	1. 操作坑开挖、回填 2. 管道穿越
031303006	小河沟渠穿越	1. 穿越方式 2. 穿越长度 3. 管道材质 4. 管道规格 5. 管道组焊方式、焊接工艺 6. 管道除锈、防腐设计要求 7. 管道清管、试压设计要求 8. 有、无发送道 9. 管段连头的材质、规格、种类		按设计图示穿越长度分类计算（河宽40m以内为小河）	1. 管沟开挖、回填 2. 管道组装焊接 3. 补口补伤 4. 管道清管、试压 5. 拖拉头（发送道）制作、安装、拆除 6. 管道穿越 7. 水工保护 8. 管段连头

续表

项目编码	项目名称	项目特征	计量单位	工程量计算规则	工程内容
031303007	大中型河流穿越	1. 穿越方式 2. 穿越长度 3. 管道材质 4. 管道规格 5. 管道组焊方式、焊接工艺 6. 管道除锈、防腐设计要求 7. 管道清管、试压设计要求 8. 有、无发送道 9. 管段连头的材质、规格、种类	处	按设计图示穿越长度分类计算（穿越长度按河两岸阀室的距离计算，无阀室时以两岸固定墩距离计算，两者全无时以干线连接的弯头为界点计算）	1. 管沟开挖、回填 2. 管道组装焊接 3. 补口补伤 4. 管道清管、试压 5. 拖拉头（发送道）制作、安装、拆除 6. 管道穿越 7. 水工保护 8. 管段连头
031303008	水平定向钻穿越工程	1. 穿越地段 2. 穿越地段地质类别 3. 穿越长度 4. 管道材质 5. 管道规格 6. 管道组焊方式、焊接工艺 7. 管道除锈、防腐设计要求 8. 管道清管、试压设计要求 9. 管段连头的材质、规格、种类	m	按设计图示的穿越长度分类计算	1. 测量放线 2. 清理作业带 3. 防腐管运输、布管、组焊 4. 补口补伤 5. 管道清管、试压 6. 钻机安装调试 7. 钻导向孔、扩孔 8. 管道穿越 9. 管段连头

C.13.4 其他相关问题，应按下列规定处理：

1. 管道界限划分：

1）在厂区、油田、气田、油库区范围以外，管道长度25km以上的输油、输气管道；

2）由水源地取水点至厂区或城市第一个储水点之间的距离10km以上的输水管道；

3）由煤气厂（站）至城市第一个配气点之间距离10km以上的输气管道。

2. “长距离输送管道工程”适用于各种压力、各种介质长距离输送管道。

3. 阀室应按附录 A、附录 D 和本附录的相关项目编码列项。

四、长距离输送管道工程编制注意事项

（一）概况

1. 长距离输送管道工程，包括管沟土石方、管沟敷设、管道穿越及跨越等项目。

2. 本附录适用于采用工程量清单报价的新建、扩建项目的长距离输送管道工程。

3. 下列管道属于长距离输送管道工程：

（1）厂区、油田、气田、库区范围以外输送至其他受汽（油）点的管道长度在 20km 以上的输油、输气管道；

（2）由水源地取水点至城市或厂区的第一个储水点之间，管道长度在 10km 以上的输水管道；

（3）由气源供应地（厂）至城市的第一个配气点之间，管道长度在 10km 以上的输气管道。

4. 关于项目特征。项目特征是工程量清单计价的关键依据之一，由于项目的特征不同，其计价的结果也相应发生差异，因此招标单位在编制工程量清单时，应在可能的情况下明确描述该工程量清单项目的特征。投标人应按招标人提出的特征要求计价。

5. 关于工程量清单计算规则。工程量清单的工程量必须依据工程量计算规则的要求编制，工程量只列实物量，所谓实物量即是工程完工后的实体量，如土石方工程，其挖填土石方工程量只能按设计沟断面尺寸乘沟长度计算，不能将放坡的土石方量计入工程量内。绝热工程量只能按设计要求的绝热厚度计算，不能将施工的误差增加量计入绝热工程量。投标人在投标报价时，可以按本企业技术水平和施工方案的具体情况将土石方挖填的放坡量和绝热的施工误差量计入综合单价内。增加的量越小越有竞标能力。

6. 关于工程内容。工程量清单的工程内容是完成该工程量清单可能发生的综合工程项目，工程量清单计价时，按图纸、规程、规范等要求，选择编制所需项目。

7. 关于措施项目清单。措施项目清单为工程量清单的组成部分，措施项目可按照《建设工程工程量清单计价规范》表 3.3.1 所列项目根据工程需要情况选择列项，措施项目应单独编制措施项目清单。

（二）工程量清单项目设置

1. 附录 C.13.1　管沟土石方

概况。本附录为长距离输送管道土石方工程，不论土方或石方工程量清单的工程量均不能计入土方的放坡量和石方多余量。投标人在投标报价时，可将土石方放坡量和多余量按工程情况和企业技术能力计入土石方工程量清单综合单价中。

2. 附录 C.13.2　管沟敷设

（1）概况。本附录为长距离输送管道的管沟敷设，其中包括测量管线、施工作业带清理、管段运输、管段安装、冷弯管制作、管件安装、线路阀门的安装、永久性水工保护、管口焊缝无损检测、固定墩安装、阴极保护、地貌恢复等项目。

（2）需要说明的问题。

1）本附录所列特征指的是：

①地段类型指山地、平原。

②组焊方式指沟上焊及沟下焊。

③焊接工艺指一般焊接、下向焊。

④阴极保护的保护方式指强制电流阴极保护、牺牲阳极阴极保护、排流阴极保护。

⑤地形地貌指水田、旱田、荒地。

2）管道安装的布管指采用机械化布管，如不能用机械化布管的地域，可按施工组织设计的方案计价。

3）作业带清理的工程内容包括树木砍伐、挖树根、建筑物及构筑物拆除、坟墓迁移、作业带开拓、作业带平整等。

3. 附录 C.13.3 管道穿越、跨越

（1）概况。长距离输送管道的管道穿越及跨越工程，包括公路大开挖穿越，公路、铁路钻孔及顶管穿越，隧道内管道安装、跨越管道安装，地下障碍物穿越，小河、沟渠穿越，大中型河流穿越，水平定向钻穿越工程。

（2）需要说明的问题。

1）本节计量单位中的“m/处”，系指在每一处跨越的管道工程量。如在全部长距离输送管道工程中，有相同特征的穿越有 5 处，每处为 20m、15m、13m、25m、18m，其工程量清单应按 5 处计算，每处的米数按上述米数计算；不能将上述的 5 处长度合并按一处 91m 计价。

2）公路穿越、铁路穿越、跨越管道安装的管卡支撑制作安装，包括木支撑、塑料支撑、钢支撑。木支撑以“m^3”为计量单位，塑料支撑以“片”为计量单位，钢支撑以“kg”为计量单位。编制工程量清单时应标出支撑的种类。

3）跨越管道安装特征中的跨越方式是指拱跨、斜拉、索跨、悬跨、门形跨、复壁管直跨等。其中中小型跨越长度为 60m 以内、重量 70t 以内的按门跨和直跨；跨越长度超过 60m 以上时按斜拉索跨的中跨吊装计价。跨越管道的重量应包括主管、套管、绝热层、附件等重量。

4）地下障碍物穿越指长距离输送管道穿越管道、电缆、光缆等障碍。

第二章 工程量清单计价实例

第一节 工程量清单设置与计价举例

一、C.1 机械设备安装工程工程量清单设置与计价举例

分部分项工程量清单

工程名称：机械设备安装工程　　　　第　页　共　页

序号	项目编码	项目名称	计量单位	工程数量
1	030101001001	台式抛光机 1.5t 台式抛光机 1.5t 本体安装 无收缩水泥二次灌浆材料调差	台	1
2	030102002001	液压机 300t 液压机 300t 本体安装 无收缩水泥二次灌浆 木垫式管架 管架刷红丹底漆两遍 管架刷银粉漆两遍	台	1
3	030103003001	砂模造型设备 6t 砂模造型设备 6t 本体安装 无收缩水泥二次灌浆	台	1
4	030104003001	手动单梁起重机 10t　14m 手动单梁起重机 10t　14m　本体安装	台	1
5	030105001001	混凝土梁上起重机轨道 混凝土梁上起重机轨道安装，压板螺栓固定纵向孔距 600mm，横向孔距 260mm　38kg/m 车档制作 车档安装 0.25t	m	120
6	030108002001	离心式引风机 1.5t 离心式引风机本体安装 1.5t 拆装检查 无收缩水泥二次灌浆	台	1
7	030109001001	离心式深水泵 2t 离心式深水泵 2t　本体安装 拆装检查 无收缩水泥二次灌浆	台	2
8	030110003001	H 型中间同轴同步电动压缩机 H 型中间同轴同步电动压缩机解体安装 120t 电动机安装 10t 环氧水泥二次灌浆	台	2
9	030111006001	冲天炉 10t/h 冲天炉安装　熔化率 10t/h 出渣导轨安装　43kg/m 车档制作、安装 炉体结构及设备除锈 炉体结构刷有机硅耐热漆两遍，刷两次 设备刷红丹防锈底漆调合面漆各两遍	台	1
10	030113002001	盐水制冰设备加水器 0.8t 盐水制冰设备加水器 0.8t　本体安装 设备除锈 刷红丹漆两遍 岩棉保温　$\delta = 50$mm 镀锌钢板保护层　$\delta = 0.5$mm	台	1

【序号1】　台式抛光机一台，重1.5t，本体安装，无收缩水泥二次灌浆。

(1) 台式抛光机，重1.5t，本体安装（全统定额1—3）

1) 人工费：　212.86元/台×1台=212.86元

2) 材料费：　168.3元/台×1台=168.3元

3) 机械费：　43.66元/台×1台=43.66元

(2) 无收缩水泥二次灌浆材料调差：77kg/台×0.48元/kg×1台=36.96元

（查全国统一安装工程预算定额知水泥消耗量为77kg/台，以下雷同）

(3) 综合

1) 直接费合计：461.78元

2) 管理费：　461.78元×34%=157.01元

3) 利润：　461.78元×8%=36.94元

4) 总计：　461.78+157.01+36.94=655.73元

5) 综合单价：　655.73元÷1台=655.73元/台

【序号2】　液压机一台，安装，重为300t，无收缩水泥二次灌浆，木垫式管架刷红丹底漆两遍，银粉漆两遍，其中管架表面积4.48m^2，重80kg。

(1) 液压机300t本体安装

1) 人工费：　23.22元/工日×866.675工日=20124.19元

2) 材料费：　10436.15元/台×1台=10436.15元

3) 机械费：　14285.60元/台×1台=14285.60元

(2) 无收缩水泥二次灌浆材料调差

1270kg/台×0.48元/kg×1台=609.60元

(3) 木垫式管架

1) 人工费：　1.73元/kg×80kg=138.40元

2) 材料费：　1.74元/kg×80kg=139.20元

3) 机械费：　1.15元/kg×80kg=92元

(4) 管架机械除中锈

1) 人工费：　2.51元/m^2×4.48m^2=11.24元

2) 材料费：　1.15元/m^2×4.48m^2=5.15元

3) 机械费：无

(5) 管架刷红丹防锈漆第一遍

1) 人工费：　0.053元/kg×80kg=4.24元

2) 材料费：　0.009元/kg×80kg=0.72元

3) 机械费：　0.07元/kg×80kg=5.6元

4) 醇酸防锈漆：　1.16kg/100kg×80kg=0.928kg

0.928kg×8.5元/kg=7.89元

(6) 管架刷红丹防锈漆第二遍

1) 人工费：　0.051元/kg×80kg=4.08元

2) 材料费：　0.008元/kg×80kg=0.64元

3) 机械费：　0.07元/kg×80kg=5.6元

4）醇酸防锈漆：$0.95kg/100kg \times 80kg = 0.76kg$

$0.76kg \times 8.5$ 元/kg = 6.46 元

（7）管架刷银粉漆第一遍

1）人工费：0.051 元/kg × 80kg = 4.08 元

2）材料费：0.004 元/kg × 80kg = 0.32 元

3）机械费：0.07 元/kg × 80kg = 5.6 元

4）酚醛清漆：$0.25kg/100kg \times 80kg = 0.2kg$

$0.2kg \times 9$ 元/kg = 1.8 元

（8）管架刷银粉漆第二遍

1）人工费：0.051 元/kg × 80kg = 4.08 元

2）材料费：0.003 元/kg × 80kg = 0.24 元

3）机械费：0.07 元/kg × 80kg = 5.6 元

4）酚醛清漆：$0.23kg/100kg \times 80kg = 0.184kg$

$0.184kg \times 9$ 元/kg = 1.66 元

（9）综合

1）直接费合计：45900.14 元

2）管理费：45900.14 × 34% = 15606.05 元

3）利润：45900.14 × 8% = 3672.01 元

4）总计：45900.14 + 15606.05 + 3672.01 = 65178.20 元

5）综合单价：65178.20 元 ÷ 1 台 = 65178.20 元/台

【序号 3】 砂模造型设备一台，安装，重 6t，无收缩水泥二次灌浆。

（1）砂模造型设备安装，重 6t

1）人工费：826.33 元/台 × 1 台 = 826.33 元

2）材料费：170.49 元/台 × 1 台 = 170.49 元

3）机械费：356.15 元/台 × 1 台 = 356.15 元

（2）无收缩水泥二次灌浆

62kg/台 × 1 台 × 0.48 元/kg = 29.76 元

（3）综合

1）直接费合计：1382.73 元

2）管 理 费：1382.73 × 34% = 470.13 元

3）利　　润：1382.73 × 8% = 110.62 元

4）总　　计：1382.73 + 470.13 + 110.62 = 1963.48 元

5）综 合 单 价：1963.48 元 ÷ 1 台 = 1963.48 元

【序号 4】 手动单梁起重机安装，重 10t，跨距 14m。

（1）手动单梁起重机安装

1）人工费：539.4 元/台 × 1 台 = 539.4 元

2）材料费：197.18 元/台 × 1 台 = 197.18 元

3）机械费：254.99 元/台 × 1 台 = 254.99 元

（2）综合

1）直接费合计：991.57 元

2）管理费：　　991.57 × 34% = 337.13 元

3）利润：　　991.57 × 8% = 79.33 元

4）总计：　　991.57 + 337.13 + 79.33 = 1408.03 元

5）综合单价：　　1408.03 元 ÷ 1 台 = 1408.03 元/台

【序号 5】　混凝土梁上起重机轨道安装，压板螺栓固定，纵向孔距 600mm，横向孔距 260mm，轨道型号 38kg/m，车档重 1t，制作安装。

（1）混凝土梁上起重机轨道安装

1）人工费：　　43.93 元/m × 120m = 5271.60 元

2）材料费：　　129.53 元/m × 120m = 15543.60 元

3）机械费：　　7.67 元/m × 120m = 920.40 元

（2）车档制作

1）人工费：　　697.3 元/t × 1t = 697.3 元

2）材料费：　　1968.74 元/t × 1t = 1968.74 元

3）机械费：　　244.85 元/t × 1t = 244.85 元

（3）车档安装 0.25t/组，共 4 组

1）人工费：　　344.12 元/t × 1t = 344.12 元

2）材料费：　　208.22 元/t × 1t = 208.22 元

3）机械费：无

（4）综合

1）直接费合计：25198.83 元

2）管理费：　　25198.83 元 × 34% = 8567.60 元

3）利润：　　25198.83 元 × 8% = 2015.91 元

4）合计：　　25198.83 + 8567.60 + 2015.91 = 35782.34 元

5）综合单价：　　35782.34 元 ÷ 120m = 298.19 元/m

【序号 6】　离心式引风机本体安装，1 台，重 1.5t，拆装检查，无收缩水泥二次灌浆。

（1）离心式引风机本体安装，重 1.5t

1）直接费：　　402.17 元/台 × 1 台 = 402.17 元

2）材料费：　　245.42 元/台 × 1 台 = 245.42 元

3）机械费：　　63 元/台 × 1 台 = 63 元

（2）离心式引风机拆装检查

1）直接费：　　186.92 元/台 × 1 台 = 186.92 元

2）材料费：　　32.65 元/台 × 1 台 = 32.65 元

3）机械费：无

（3）无收缩水泥二次灌浆

102kg/台 × 0.48 元/kg × 1 台 = 48.96 元

（4）综合

1）直接费合计：979.12 元

2）管理费：　$979.12 \times 34\% = 332.90$ 元

3）利润：　$979.12 \times 8\% = 78.33$ 元

4）总计：　$979.12 + 332.90 + 78.33 = 1390.35$ 元

5）综合单价：　1390.35 元 ÷ 1 台 = 1390.35 元/台

【序号 7】　离心式深水泵安装，2 台，2t/台，拆装检查，无收缩水泥二次灌浆。

（1）离心式水泵安装，重 2t

1）人工费：　775.78 元/台 × 2 台 = 1551.56 元

2）材料费：　181.65 元/台 × 2 台 = 363.30 元

3）机械费：　47.23 元/台 × 2 台 = 94.46 元

（2）无收缩水泥二次灌浆

40kg/台 × 0.48 元/kg × 2 台 = 38.40 元

（3）离心式深水泵拆装检查

1）人工费：　380.81 元/台 × 2 台 = 761.62 元

2）材料费：　57.05 元/台 × 2 台 = 114.10 元

3）机械费：无

（4）综合

1）直接费合计：2923.44 元

2）管理费：　$2923.44 \times 34\% = 993.97$ 元

3）利润：　$2923.44 \times 8\% = 233.88$ 元

4）总计：　$2923.44 + 993.97 + 233.88 = 4151.29$ 元

5）综合单价：　4151.29 元 ÷ 2 台 = 2075.65 元/台

【序号 8】　活塞式 H 型中间同轴同步（电动机驱动）压缩机解体安装，重 120t，电动机安装，重 10t，环氧水泥二次灌浆。

（1）H 型中间同轴同步电动压缩机解体安装，重 120t

1）人工费：　28802.32 元/台 × 2 台 = 57604.64 元

2）材料费：　8763.37 元/台 × 2 台 = 17526.74 元

3）机械费：　14136.17 元/台 × 2 台 = 28272.34 元

（2）电动机安装，重 10t

1）人工费：　1025.16 元/台 × 2 台 = 2050.32 元

2）材料费：　777.92 元/台 × 2 台 = 1555.84 元

3）机械费：　889.08 元/台 × 2 台 = 1778.16 元

（3）环氧水泥二次灌浆材料调差

（1264kg/台 + 357kg/台）× 2 台 × 13 元/kg = 42146 元

（4）综合

1）直接费合计：150934.04 元

2）管理费：　$150934.04 \times 34\% = 51317.57$ 元

3）利润：　$150934.04 \times 8\% = 12074.72$ 元

4）总计：　$150934.04 + 51317.57 + 12074.72 = 214326.33$ 元

5）综合单价：　214326.33 元 ÷ 2 台 = 107163.17 元/台

【序号 9】 冲天炉安装，其熔化率为 10t/h、出渣导轨安装，43kg/m，车档制作、安装，炉体结构及设备除锈，炉体结构刷有机硅耐热漆两遍，刷两次，设备刷红丹防锈底漆、调合面漆各两遍。（其中像导轨长 100m 等数据，查阅冲天炉安装技术参数表，以下同）

（1）冲天炉安装，熔化率为 10t/h

1）人工费：　　5304.14 元/台 × 1 台 = 5304.14 元

2）材料费：　　2457.79 元/台 × 1 台 = 2457.79 元

3）机械费：　　3547.99 元/台 × 1 台 = 3547.99 元

（2）出渣导轨安装，预埋钢底板焊接式，轨道型号 43kg/m

1）人工费：　　42.4 元/m × 100m = 4240 元

2）材料费：　　22.76 元/m × 100m = 2276 元

3）机械费：　　7.48 元/m × 100m = 748 元

（3）车档制作

1）人工费：　　697.3 元/t × 0.4t = 278.92 元

2）材料费：　　1968.74 元/t × 0.4t = 787.50 元

3）机械费：　　244.85 元/t × 0.4t = 97.94 元

（4）车档安装

1）人工费：　　266.33 元/t × 0.4t = 106.53 元

2）材料费：　　202.00 元/t × 0.4t = 80.8 元

3）机械费：无

（5）炉体结构及设备表面除中锈

1）人工费：　　2.508 元/m^2 × 290m^2 = 727.32 元

2）材料费：　　1.148 元/m^2 × 290m^2 = 332.92 元

3）机械费：无

（6）炉体结构刷有机硅耐热漆四遍

1）人工费：　　（0.74 + 0.72）元/m^2 × 174m^2 × 2 = 508.08 元

2）材料费：　　（0.38 + 0.34）元/m^2 × 174m^2 × 2 = 250.56 元

3）机械费：无

4）有机硅耐热漆：（0.089 + 0.085）kg/m^2 × 174m^2 × 2 = 60.552kg

60.552kg × 9.2 元/kg = 557.08 元

（7）设备刷红丹防锈底漆两遍，调合面漆两遍

1）人工费：　（0.58 + 0.56 + 0.58 + 0.56）元/m^2 × 116m^2 = 264.48 元

2）材料费：　（0.11 + 0.1 + 0.03 + 0.03）元/m^2 × 116m^2 = 31.32 元

3）机械费：无

4）醇酸防锈漆：　（0.146 + 0.128）kg/m^2 × 116m^2 = 31.784kg

31.784 × 8.5 元/kg = 270.16 元

5）酚醛调合漆：　（0.104 + 0.092）kg/m^2 × 116m^2 = 22.736kg

22.736 × 9 元/kg = 204.62 元

（8）综合

1）直接费合计：23072.15 元

2）管理费：$23072.15 \times 34\% = 7844.53$ 元

3）利润：$23072.15 \times 8\% = 1845.77$ 元

4）总计：$23072.15 + 7844.53 + 1845.77 = 32762.45$ 元

5）综合单价：32762.45 元 ÷ 1 台 = 32762.45 元/台

【序号 10】 盐水制冰设备加水器一台，本体安装，重 0.8t，设备除锈，刷红丹漆两遍，岩棉保温 $\delta = 50$mm，镀锌钢板保护层，$\delta = 0.5$mm。

（1）盐水制冰设备加水器本体安装，重 0.8t

1）人工费：272.37 元/台 × 1 台 = 272.37 元

2）材料费：202.83 元/台 × 1 台 = 202.83 元

3）机械费：26.73 元/台 × 1 台 = 26.73 元

（2）设备除中锈

1）人工费：2.51 元/$m^2 \times 26m^2 = 65.26$ 元

2）材料费：1.15 元/$m^2 \times 26m^2 = 29.9$ 元

3）机械费：无

（3）设备刷红丹漆两遍

1）人工费：（0.58 + 0.56）元/$m^2 \times 26m^2 = 29.64$ 元

2）材料费：（0.11 + 0.1）元/$m^2 \times 26m^2 = 5.46$ 元

3）机械费：无

4）醇酸防锈漆：（0.146 + 0.128）$kg/m^2 \times 26m^2 = 7.124kg$

$7.124kg \times 8.5$ 元/kg = 60.55 元

（4）岩棉保温，厚度为 $\delta = 50$mm

1）人工费：134.68 元/$m^3 \times 1.07m^3 = 144.11$ 元

2）材料费：72.70 元/$m^3 \times 1.07m^3 = 77.79$ 元

3）机械费：6.75 元/$m^2 \times 1.07m^3 = 7.22$ 元

4）岩棉板：$1.03m^3/m^3 \times 1.07m^3 = 1.102m^3$

$1.102m^3 \times 45$ 元/$m^3 = 49.59$ 元

（5）镀锌钢板保护层，$\delta = 0.5$mm

1）人工费：5.55 元/$m^2 \times 27m^2 = 149.85$ 元

2）材料费：1.28 元/$m^2 \times 27m^2 = 34.56$ 元

3）机械费：3.2 元/$m^2 \times 27m^2 = 86.4$ 元

4）镀锌钢板：$1.2kg/m^2 \times 27m^2 = 32.4kg$

$32.4kg \times 2.7$ 元/kg = 87.48 元

（6）综合

1）直接费合计：1329.74 元

2）管理费：$1329.74 \times 34\% = 452.11$ 元

3）利润：$1329.74 \times 8\% = 106.38$ 元

4）总计：$1329.74 + 452.11 + 106.38 = 1888.23$ 元

5）综合单价：1888.23 元 ÷ 1 台 = 1888.23 元/台

分部分项工程量清单计价表

工程名称：机械设备安装工程　　　　　　　　　　　　　　　　　　　　　　　　　　第　页共　页

序号	项目编码	项目名称	计量单位	工程数量	金额（元）	
					综合单价	合价
1	030101001001	台式抛光机 1.5t 台式抛光机 1.5t 本体安装 无收缩水泥二次灌浆材料调差	台	1	655.73	655.73
2	030102002001	液压机 300t 液压机 300t 本体安装 无收缩水泥二次灌浆材料调差 木垫式管架 管架机械除中锈 红丹防锈漆第一遍 红丹防锈漆第二遍 银粉漆第一遍 银粉漆第二遍	台	1	65178.20	65178.20
3	030103003001	砂模造型设备 6t 砂模造型设备 6t　本体安装 无收缩水泥二次灌浆材料调差	台	1	1963.48	1963.48
4	030104001001	电动双梁桥式起重机 10t　14m 电动双梁桥式起重机 10t　14m　安装	台	1	1408.03	1408.03
5	030105001001	混凝土梁上起重机轨道 混凝土梁上起重机轨道安装，压板螺栓固定纵向孔距 600mm，横向孔距 260mm　38kg/m 车档制作 车档安装 0.25t	m	120	298.19	35782.34
6	030105001001	离心式引风机 1.5t 离心式引风机　本体安装　1.5t 拆装检查 无收缩水泥二次灌浆材料调差	台	1	1390.35	1390.35
7	030109001001	离心式深水泵　2t 离心式深水泵　2t　本体安装 拆装检查 无收缩水泥二次灌浆材料调差	台	2	2075.65	4151.29
8	030110007001	H 型中间同轴同步电动压缩机 H 型中间同轴同步电动压缩机解体安装　120t 电动机安装　10t 环氧水泥二次灌浆材料调差	台	2	107163.17	214326.33
9	030111006001	冲天炉　10t/h 冲天炉安装　熔化率 10t/h 出渣导轨安装　43kg/m 车档制作、安装 炉体结构及设备除锈 炉体结构刷有机硅耐热漆四遍 设备刷红丹防锈底漆调合面漆各两遍	台	1	32762.45	32762.45
10	030113002001	盐水制冰设备加水器 0.8t 盐水制冰设备加水器 0.8t　本体安装 设备除锈 刷红丹漆两遍 岩棉保温　$\delta=50$mm 镀锌钢板保护层　$\delta=0.5$mm	台	1	1888.23	1888.23
		合　计				359506.43

分部分项工程量清单综合单价计算表

工程名称：机械设备安装工程　　　　计量单位：台

项目编码：030101002001　　　　工程数量：1

项目名称：台式抛光机　1.5t　　　　综合单价：655.73 元

序号	定额编号	工程内容	单位	数量	其中：(元)					
					人工费	材料费	机械费	管理费	利润	小计
1	1-3	台式抛光机　1.5t	台	1	212.86	168.3	43.66			
		无收缩水泥二次灌浆材料调差	kg	77		36.96				
		合　　计	台	1	212.86	205.26	43.66	157.01	36.94	655.73

分部分项工程量清单综合单价计算表

工程名称：机械设备安装工程　　　　计量单位：台

项目编码：030102002001　　　　工程数量：1

项目名称：液压机 300t　　　　综合单价：65175.40 元

序号	定额编号	工程内容	单位	数量	其中：(元)					
					人工费	材料费	机械费	管理费	利润	小计
2	1-190	液压机　300t	台	1	20124.19	10436.15	14285.60			
		无收缩水泥二次灌浆材料调差	kg	1270		609.60				
	6-2846	木垫式管架	kg	80	138.40	139.20	92.00			
	11-17	管架机械除中锈	m^2	4.48	11.24	5.15				
	11-117	红丹防锈漆第一遍	kg	80	4.24	8.61	5.60			
	11-118	红丹防锈漆第二遍	kg	80	4.08	7.1	5.60			
	11-122	灰色调合漆第一遍	kg	80	4.08	2.12	5.60			
	11-123	灰色调合漆第二遍	kg	80	4.08	1.9	5.60			
		合　　计	台	1	20290.31	11209.83	14400.00	15606.05	3672.01	65178.20

分部分项工程量清单综合单价计算表

工程名称：机械设备安装工程　　　　计量单位：台

项目编码：030103003001　　　　工程数量：1

项目名称：砂模造型设备　6t　　　　综合单价：1963.48 元

序号	定额编号	工程内容	单位	数量	其中：(元)					
					人工费	材料费	机械费	管理费	利润	小计
3	1-252	砂模造型设备　6t	台	1	826.33	170.49	356.15			
		无收缩水泥二次灌浆材料调差	kg	51		29.76				
		合　　计	台	1	826.33	200.25	356.15	470.13	110.62	1963.48

分部分项工程量清单综合单价计算表

工程名称：机械设备安装工程　　计量单位：台

项目编码：030104001001　　工程数量：1

项目名称：手动单梁桥式起重机　10t　14m　　综合单价：1408.03 元

序号	定额编号	工程内容	单位	数量	其中：(元)					
					人工费	材料费	机械费	管理费	利润	小计
4	1-363	手动单梁桥式起重机 10t　14m	台	1	539.4	197.18	254.99			
		合　计	台	1	539.4	197.18	254.99	337.13	79.33	1408.03

分部分项工程量清单综合单价计算表

工程名称：机械设备安装工程　　计量单位：m

项目编码：030105001001　　工程数量：120

项目名称：混凝土梁上起重机轨道安装　　综合单价：298.19 元

序号	定额编号	工程内容	单位	数量	其中：(元)					
					人工费	材料费	机械费	管理费	利润	小计
5	1-400	混凝土梁上起重机轨道安装 压板螺栓固定纵向孔距 600mm 横向孔距 260mm　38kg/m	m	120	5271.60	15543.60	920.40			
	1-476	车挡制作	t	1	697.30	1968.74	244.85			
	1-472	车挡安装　0.25t	t	1	344.12	208.22				
		合　计	m	120	6313.02	17720.56	1165.25	8567.60	2015.91	35782.34

分部分项工程量清单综合单价计算表

工程名称：机械设备安装工程　　计量单位：台

项目编码：030108003001　　工程数量：1

项目名称：离心式引风机 1.5t　　综合单价：1390.35 元

序号	定额编号	工程内容	单位	数量	其中：(元)					
					人工费	材料费	机械费	管理费	利润	小计
6	1-676	离心式引风机本体安装　1.5t	台	1	402.17	245.42	63.00			
	1-735	拆装检查	台	1	186.92	32.65				
		无收缩水泥二次灌浆材料调差	kg	102		48.96				
		合　计	台	1	589.09	327.03	63.00	332.90	78.33	1390.35

分部分项工程量清单综合单价计算表

工程名称：机械设备安装工程　　计量单位：台

项目编码：030109001001　　工程数量：2

项目名称：离心式深水泵 2t　　综合单价：2075.65 元

序号	定额编号	工程内容	单位	数量	其中：(元)					
					人工费	材料费	机械费	管理费	利润	小计
7	1-835	离心式深水泵　2t	台	2	1551.56	363.30	94.46			
	1-952	拆装检查	台	2	761.62	114.10				
		无收缩水泥二次灌浆材料调差	kg	80		38.40				
		合　计	台	2	2313.18	515.80	94.46	993.97	233.88	4151.29

分部分项工程量清单综合单价计算表

工程名称：机械设备安装工程　　　　计量单位：台

项目编码：030110007001　　　　工程数量：2

项目名称：H型中间同轴同步电动压缩机解体安装　　　　综合单价：107163.17元

序号	定额编号	工程内容	单位	数量	其中：(元) 人工费	材料费	机械费	管理费	利润	小计
8	1-1134	H型中间同轴同步电动压缩机解体安装 120t	台	2	57604.64	17526.74	28272.34			
	1-1282	电动机安装 10t	台	2	2050.32	1555.84	1778.16			
		环氧水泥二次灌浆材料调差	kg	3242		42146.00				
		合计	台	2	59654.96	19082.58	30050.50	51317.57	12074.72	214326.33

分部分项工程量清单综合单价计算表

工程名称：机械设备安装工程　　　　计量单位：台

项目编码：030111006001　　　　工程数量：1

项目名称：冲天炉 10t/h　　　　综合单价：32762.03元

序号	定额编号	工程内容	单位	数量	其中：(元) 人工费	材料费	机械费	管理费	利润	小计
9	1-1157	冲天炉安装 熔化率10t/h	台	1	5304.14	2457.79	3547.99			
	1-436	出渣导轨安装 43kg/m	m	100	4240	2276	748			
	1-476+1-471	车档制作安装	t	0.4	385.45	868.3	97.94			
	11-17	炉体结构及设备除锈	m^2	290	727.32	332.92				
	11-111+11-112	炉体结构刷有机硅耐热漆四遍	m^2	174	508.08	807.64				
	11-84+11-85+11-93+11-94	设备刷红丹防锈底漆调合面漆共四遍	m^2	116	264.48	506.1				
		合计	台	1	11429.47	7248.75	4303.93	7844.53	1845.77	32762.45

分部分项工程量清单综合单价计算表

工程名称：机械设备安装工程　　　　计量单位：台

项目编码：030113002001　　　　工程数量：1

项目名称：盐水制冰设备加水器0.8t　　　　综合单价：1888.23元

序号	定额编号	工程内容	单位	数量	其中：(元) 人工费	材料费	机械费	管理费	利润	小计
10	1-1232	盐水制冰设备加水器 0.8t 本体安装	台	1	272.37	202.83	26.73			
	11-17	设备除锈	m^2	26	65.26	29.90				
	11-84+11-85	刷红丹漆两遍	m^2	26	29.64	66.01				
	11-1867	岩棉保温 $\delta=50mm$	m^3	1.07	144.11	127.38	7.22			
	11-2200	镀锌钢板保护层 $\delta=0.5mm$	m^2	27	149.85	122.04	86.40			
		合计	台	1	661.23	548.16	120.35	452.11	106.38	1888.23

二、C.2 电气设备安装工程工程量清单项目设置与计价举例

分部分项工程量清单

工程名称：电气设备安装工程　　　　　　　　　　　　　　　　　　　　第　页共　页

序号	项目编码	项目名称	计量单位	工程数量
1	030201001001	油浸电力变压器安装 SL_1 - 1000kV·A/10kV （1）变压器需作干燥处理 （2）绝缘油需过滤 （3）铁构件制作安装	台	1
2	030201001002	油浸电力变压器安装 SL_1 - 500kV·A/10kV 铁构件制作安装	台	1
3	030201002001	干式电力变压器安装 SG - 100kV·A/10 - 0.4 铁构件制作安装	台	2
4	030212002001	小型塑料线槽安装 25 × 15	m	82
5	030212003001	线槽配线 BVV2.5mm^2	m	645
6	030212003002	塑料夹板配线（二线） 砖混 BVV2.5mm^2	m	523
7	030212003003	塑料槽板配线（二线） 木结构 BVV6mm^2	m	428
8	030212003004	塑料槽板配线（三线） 砖混结构 BVV2.5mm^2	m	325
9	030213001001	防水防尘灯具安装 直杆式 灯具 × D1395 - Y2 × 20W	套	12
10	030213001001	半圆球吸顶灯安装 ϕ250mm	套	45
11	030213004001	吸顶式荧光灯具 组装型 单管	套	28
12	030204031001	板式暗开关 单控 双联	套	43

【序号 1】　油浸电力变压器 SL_1 - 1000kV·A/10kV 一台，安装，变压器需做干燥处理，绝缘油需过滤，铁梯扶手等构件制作，安装。

（1）油浸电力变压器安装、SL_1 - 1000kV·A/10kV

1）人工费：　　　　　470.67 元/台 × 1 台 = 470.67 元

2）材料费：　　　　　245.43 元/台 × 1 台 = 245.43 元

3）机械费：　　348.44 元/台 × 1 台 = 348.44 元

（2）变压器干燥

1）人工费：　　456.04 元/台 × 1 台 = 456.04 元

2）材料费：　　853.53 元/台 × 1 台 = 853.53 元

3）机械费：　　36.57 元/台 × 1 台 = 36.57 元

（3）干燥棚搭拆

1）人工费：　　510 元/座 × 1 座 = 510 元

2）材料费：　　1190 元/座 × 1 座 = 1190 元

3）机械费：无

（4）变压器油过滤

1）人工费：　　78.48 元/t × 0.71t = 55.72 元

2）材料费：　　219.56 元/t × 0.71t = 155.89 元

3）机械费：　　328.10 元/t × 0.71t = 232.95 元

（5）铁梯扶手等构件制作、安装。

1）人工费：　　（2.51 + 1.63）元/kg × 2.5kg = 10.35 元

2）材料费：　　（1.32 + 2.44）元/kg × 2.5kg = 9.4 元

3）机械费：　　（4.14 + 2.54）元/kg × 2.5kg = 16.7 元

（6）综合

1）直接费合计：4591.69 元

2）管理费：　　4591.69 × 34% = 1561.17 元

3）利润：　　4591.69 × 8% = 367.34 元

4）总计：　　4591.69 + 1561.17 + 367.34 = 6520.2 元

5）综合单价：6520.2 元 ÷ 1 台 = 6520.2 元/台

【序号 2】　油浸式电力变压器安装，一台，SL_1 – 500kV·A/10kV，基础型钢制作安装。

（1）油浸式电力变压器安装，SL_1 – 500kV·A/10kV

1）人工费：　　274.92 元/台 × 1 台 = 274.92 元

2）材料费：　　188.65 元/台 × 1 台 = 188.65 元

3）机械费：　　273.16 元/台 × 1 台 = 273.16 元

（2）铁梯、扶手等构件制作、安装

1）人工费：　　（2.51 + 1.63）元/kg × 1.1kg = 4.55 元

2）材料费：　　（1.32 + 2.44）元/kg × 1.1kg = 4.14 元

3）机械费：　　（4.14 + 2.54）元/kg × 1.1kg = 7.35 元

（3）综合

1）直接费合计：752.77 元

2）管理费：　　752.77 × 34% = 255.94 元

3）利润：　　752.77 × 8% = 60.22 元

4）总计：　　752.77 + 255.94 + 60.22 = 1068.93 元

5）综合单价：　　1068.93 元 ÷ 1 台 = 1068.93 元/台

【序号 3】　干式电力变压器安装，2 台，型号为 SG－100kV·A/10－0.4，铁构件制作、安装。

（1）干式电力变压器安装，2 台，型号为 SG－100kV·A/10－0.4

1）人工费：　174.61 元/台×2 台＝349.22 元

2）材料费：　111.75 元/台×2 台＝223.5 元

3）机械费：　62.18 元/台×2 台＝124.36 元

（2）铁构件制作、安装

1）人工费：　（2.51＋1.63）元/kg×1.6kg＝6.62 元

2）材料费：　（1.32＋2.44）元/kg×1.6kg＝6.02 元

3）机械费：　（4.14＋2.54）元/kg×1.6kg＝10.69 元

（3）综合

1）直接费合计：720.41 元

2）管理费：　720.41×34%＝244.94 元

3）利润：　720.41×8%＝57.63 元

4）总计：　720.41＋244.94＋57.63＝1022.98 元

5）综合单价：　1022.98 元÷2 台＝511.49 元/台

【序号 4】　小型塑料线槽安装，25×15，长 82m。

（1）小型塑料线槽安装 25×15

1）人工费：　3.48 元/m×82m＝285.36 元

2）材料费：　0.63 元/m×82m＝51.66 元

3）机械费：无

（2）综合

1）直接费合计：337.02 元

2）管理费：　337.02×34%＝114.59 元

3）利润：　337.02×8%＝26.96 元

4）合计：　337.02＋114.59＋26.96＝478.57 元

5）综合单价：　478.57 元÷82m＝5.84 元/m

【序号 5】　线槽配线，BVV2.5mm^2，长 645m。

（1）线槽配线，BVV2.5mm^2

1）人工费：　0.23 元/m×645m＝148.35 元

2）材料费：　0.03 元/m×645m＝19.35

3）机械费：无

（2）主材：绝缘导线 BVV2.5mm^2

0.8 元/m×645m×1.02＝526.32 元

（3）综合

1）直接费合计：694.02 元

2）管理费：　694.02×34%＝235.97 元

3）利润：　694.02×8%＝55.52 元

4）总计：　694.02＋235.97＋55.52＝985.51 元

5）综合单价：　　　　　985.51 元 ÷ 645m = 1.53 元/m

【序号 6】　塑料夹板配线，砖混结构，二线，BVV2.5mm^2，长 523m。

（1）塑料夹板配线，砖混结构，二线，BVV2.5mm^2

1）人工费：　　　　　1.88 元/m ×（523 ÷ 2）m = 491.62 元

2）材料费：　　　　　1.20 元/m ×（523 ÷ 2）m = 313.8 元

3）机械费：无

（2）主材：绝缘导线 BVV2.5mm^2

0.8 元/m × 2.2m/m ×（523 ÷ 2）m = 460.24 元

（3）综合

1）直接费合计：1265.66 元

2）管理费：　　　　　1265.66 × 34% = 430.32 元

3）利润：　　　　　1265.66 × 8% = 101.25 元

4）总计：　　　　　1265.66 + 430.32 + 101.25 = 1797.23 元

5）综合单价：　　　　　1797.23 元 ÷ 523m = 3.44 元/m

【序号 7】　塑料槽板配线，木结构，二线，BVV6mm^2，长 428m。

（1）塑料槽板配线，木结构，二线，BVV6mm^2

1）人工费：　　　　　1.38 元/m ×（428 ÷ 2）m = 295.32 元

2）材料费：　　　　　0.31 元/m ×（428 ÷ 2）m = 66.34 元

3）机械费：无

（2）主材

1）绝缘导线 BVV6mm^2：　1.2 元/m × 2.26m/m × 214m = 580.37 元

2）塑料槽板 38 - 63：　21 元/m × 1.05m/m × 214m = 4718.7m 元

（3）综合

1）直接费合计：5660.73 元

2）管理费：　　　　　5660.73 × 34% = 1924.65 元

3）利润：　　　　　5660.73 × 8% = 452.86 元

4）总计：　　　　　5660.73 + 1924.65 + 452.86 = 8038.24 元

5）综合单价：　　　　　8038.24 元 ÷ 428m = 18.78 元/m

【序号 8】　塑料槽板配线，砖混结构，三线，BVV2.5mm^2，长 325m。

（1）塑料槽板配线（三线），砖混结构，BVV2.5mm^2

1）人工费：　　　　　4.06 元/m ×（325 ÷ 3）m = 439.83 元

2）材料费：　　　　　0.8 元/m ×（325 ÷ 3）m = 86.67 元

3）机械费：无

（2）主材

1）绝缘导线 BVV2.5mm^2：0.8 元/m × 2.26m/m × 108.3m = 195.81 元

2）塑料槽板 38 - 63：　21 元/m × 1.05m/m × 108.3m = 2388.02 元

（3）综合

1）直接费合计：3110.33 元

2）管理费：　　　　　3110.33 × 34% = 1057.51 元

3）利润：　　　　$3110.33\times8\%=248.83$ 元

4）总计：　　　　$3110.33+1057.51+248.83=4416.67$ 元

5）综合单价：　　4416.67 元 ÷ 325m = 13.59 元/m

【序号 9】　防水防尘灯具安装，直杆式，灯具为 XD1395 – Y2 × 20W，12 套。

（1）防水防尘灯具安装

1）人工费：　　　　6.87 元/套 × 12 套 = 82.44 元

2）材料费：　　　　4.96 元/套 × 12 套 = 59.52 元

3）机械费：无

（2）主材

成套灯具 × D1395 – Y2 × 20W：125 元/套 × 1.01 套/套 × 12 套 = 1515 元

（3）综合：

1）直接费合计：1656.96 元

2）管理费：　　　　$1656.96\times34\%=563.37$ 元

3）利润：　　　　$1656.96\times8\%=132.56$ 元

4）总计：　　　　$1656.96+563.37+132.56=2352.89$ 元

5）综合单价：　　2352.89 元 ÷ 12 套 = 196.07 元/套

【序号 10】　半圆球吸灯安装，灯罩直径 $D=250$mm，45 套。

（1）半圆球吸顶灯安装，$D=250$mm

1）人工费：　　　　5.02 元/套 × 45 套 = 225.9 元

2）材料费：　　　　11.98 元/套 × 45 套 = 539.1 元

3）机械费：无

（2）主材

半圆球吸顶灯（$D=250$mm）：50 元/套 × 1.01 套/套 × 45 套 = 2272.5 元

（3）综合

1）直接费合计：3037.5 元

2）管理费：　　　　$3037.5\times34\%=1032.75$ 元

3）利润：　　　　$3037.5\times8\%=243$ 元

4）总计：　　　　$3037.5+1032.75+243=4313.25$ 元

5）综合单价：　　4313.25 元 ÷ 45 套 = 95.85 元/套

【序号 11】　吸顶式荧光灯具，组装型，单管，28 套。

（1）吸顶式荧光灯具安装

1）人工费：　　　　5.57 元/套 × 28 套 = 155.96 元

2）材料费：　　　　4.27 元/套 × 28 套 = 119.56 元

3）机械费：无

（2）主材

吸顶式荧光灯：35 元/套 × 1.01 套 × 28 套 = 989.8 元

（3）综合

1）直接费合计：1265.32 元

2）管理费：　　　　1265.32 元 × 34% = 430.21 元

3）利润：　　　　　　　　1265.32 元 × 8% = 101.23 元

4）总计：　　　　　　　1265.32 + 430.21 + 101.23 = 1796.76

5）综合单价：　　　　　1796.76 元 ÷ 28 套 = 64.17 元/套

【序号 12】　板式暗开关，单控，双联，43 套。

（1）板式暗开关，安装，43 套

1）人工费：　　　　　　2.07 元/套 × 43 套 = 89.01 元

2）材料费：　　　　　　0.62 元/套 × 43 套 = 26.66 元

3）机械费：无

（2）主材

照明开关：　　　　4.5 元/只 × 1.02 只/套 × 43 套 = 197.37 元

（3）总计

1）直接费合计：313.04 元

2）管理费：　　　　　　313.04 × 34% = 106.43 元

3）利润：　　　　　　　313.04 × 8% = 25.04 元

4）总计：　　　　　313.04 + 106.43 + 25.04 = 444.51 元

5）综合单价：　　　　444.51 元 ÷ 43 套 = 10.34 元/套

分部分项工程量清单计价表

工程名称：电气设备安装工程　　　　　　　　　　　　　　　　　　　　第　页共　页

序号	项目编码	项目名称	计量单位	工程数量	金额（元）	
					综合单价	合价
1	030201001001	油浸电力变压器安装 $SL_1-1000kV \cdot A/10kV$ （1）变压器需作干燥处理 （2）绝缘油需过滤 （3）铁构件制作安装	台	1	6520.2	6520.2
2	030201001002	油浸电力变压器安装 $SL_1-500kV \cdot A/10kV$ 铁构件制作安装	台	1	1068.93	1068.93
3	030201002001	干式电力变压器安装 SG - 100kV·A/10 - 0.4 铁构件制作安装	台	2	511.49	1022.98
4	030212002001	小型塑料线槽安装 25 × 15	m	82	5.84	478.57
5	030212003001	线槽配线 $BVV2.5mm^2$	m	645	1.53	985.51
6	030212003002	塑料夹板配线（二线） 砖混 $BVV2.5mm^2$	m	523	3.44	1797.23
7	030212003003	塑料槽板配线（二线） 木结构 $BVV6mm^2$	m	428	18.78	8038.24
8	030212003004	塑料槽板配线（三线） 砖混结构 $BVV2.5mm^2$	m	325	13.59	4416.67
9	030213001001	防水防尘灯具安装 直杆式 灯具 XD1395 - Y2 × 20W	套	12	196.07	2352.89
10	030213001001	半圆球吸顶灯安装 $\phi 250mm$	套	45	4313.25	95.85

续表

序号	项目编码	项目名称	计量单位	工程数量	金额（元）	
					综合单价	合价
11	030213004001	吸顶式荧光灯具 组装型 单管	套	28	64.17	1796.76
12	030204031001	板式暗开关 单控 双联	套	43	10.34	444.51
		合　　计				29018.34

分部分项工程量清单综合单价计算表

工程名称： 计量单位：台

项目编码：030201001001 工程数量：1

项目名称：油浸式电力变压器安装 SL_1 – 1000kV·A/10kV 综合单价：6520.2 元

序号	定额编号	工程内容	单位	数量	其中：（元）					
					人工费	材料费	机械费	管理费	利润	小计
1	2 – 3	油浸式电力变压器 SL_1 – 1000kV·A/10kV 安装	台	1	470.67	245.43	348.44			
2	2 – 25	变压器干燥	台	1	456.04	853.53	36.57			
3	补	干燥棚搭拆	座	1	510.0	1190.0				
4	2 – 30	绝缘油过滤	t	0.71	55.72	155.89	232.95			
5	2 – 358 + 2 – 359	铁梯、扶手等构件制作安装	kg	2.5	10.35	9.4	16.7			
		合　　计			1502.78	2454.25	634.66	1561.17	367.34	6520.2

分部分项工程量清单综合单价计算表

工程名称： 计量单位：套

项目编码：030204031001 工程数量：43

项目名称：扳把开关暗装（单控双联） 综合单价：10.34 元

序号	定额编号	工程内容	单位	数量	其中：（元）					小计
					人工费	材料费	机械费	管理费	利润	
1	2 – 1638	板把开关暗装（双联）	10 套	4.3	89.01	26.66				
2		照明开关	只	43.86		197.37				
		合　　计		—	89.01	224.03		106.43	25.04	444.51

分部分项工程量清单综合单价计算表

工程名称： 计量单位：台

项目编码：030201001002 工程数量：1

项目名称：油浸式电力变压器安装 SL_1 – 500 综合单价：1068.93 元

序号	定额编号	工程内容	单位	数量	其中：（元）					小计
					人工费	材料费	机械费	管理费	利润	
1	2 – 2	油浸式电力变压器安装 SL_1 – 500	台	1	274.92	188.65	273.16			
2	2 – 358 + 2 – 359	铁梯、扶手等构件制作安装	kg	1.1	4.55	4.14	7.35			
		合　　计			279.47	192.79	280.51	255.94	60.22	1068.93

分部分项工程量清单综合单价计算表

工程名称： 计量单位：台

项目编码：030201002001 工程数量：2

项目名称：干式电力变压器安装 SG－100kV·A/10－0.4 综合单价：511.49 元

序号	定额编号	工程内容	单位	数量	其中：（元）					小计
					人工费	材料费	机械费	管理费	利润	
1	2－1	干式电力变压器安装 SG－100kV·A/10－0.4	台	2	349.22	223.50	124.36			
2	2－358	铁构件制作	100kg	1.6	4.02	2.11	6.62			
3	2－359	铁构件制作	100kg	1.6	2.60	3.91	4.07			
		合计			355.84	229.52	135.05	244.94	57.63	1022.98

分部分项工程量清单综合单价计算表

工程名称： 计量单位：m

项目编码：030212002001 工程数量：82

项目名称：小型塑料线槽安装 25×15 综合单价：5.84 元

序号	定额编号	工程内容	单位	数量	其中：（元）					小计
					人工费	材料费	机械费	管理费	利润	
1	2－594	小型塑料线槽安装 25×15	10m	8.2	285.36	51.66				
		合计			285.36	51.66		114.59	26.96	478.57

分部分项工程量清单综合单价计算表

工程名称： 计量单位：m

项目编码：030212003001 工程数量：645

项目名称：线槽配线 BVV2.5mm^2 综合单价：1.53 元

序号	定额编号	工程内容	单位	数量	其中：（元）					小计
					人工费	材料费	机械费	管理费	利润	
1	2－1337	线槽配线 BVV2.5mm^2	100m	6.45	148.35	19.35				
2		绝缘导线 BVV2.5mm^2	m	657.9		526.32				
		合计			148.35	545.67		235.97	55.52	985.51

分部分项工程量清单综合单价计算表

工程名称： 计量单位：m

项目编码：030212003002 工程数量：523

项目名称：塑料夹板配线 综合单价：3.44 元

序号	定额编号	工程内容	单位	数量	其中：（元）					小计
					人工费	材料费	机械费	管理费	利润	
1	2－1247	塑料夹板配线 BVV2.5mm^2	100m	5.23	491.62	313.8				
2		绝缘导线 BVV2.5mm^2	m	575.3		460.24				
		合计			491.62	774.04		430.32	101.25	1797.23

分部分项工程量清单综合单价计算表

工程名称： 计量单位：m

项目编码：030212003003 工程数量：428

项目名称：塑料槽板（二线）配线 BVV6mm^2 综合单价：18.78 元

序号	定额编号	工程内容	单位	数量	其中：（元）					小计
					人工费	材料费	机械费	管理费	利润	
1	1306	塑料槽板（二线）配线 BVV6mm^2 砖混	100m	4.28	295.32	66.34				
2		绝缘导线 BVV6mm^2	m	483.64		580.37				
3		塑料槽板 38－63	m	244.7		4718.7				
		合计			295.32	5365.41		1924.65	452.86	8038.24

分部分项工程量清单综合单价计算表

工程名称： 计量单位：m

项目编码：020212015002 工程数量：325

项目名称：塑料槽板（三线）配线 BVV2.5mm^2 综合单价：13.59 元

序号	定额编号	工程内容	单位	数量	其中：（元）					小计
					人工费	材料费	机械费	管理费	利润	
1	1311	塑料槽板（三线）配线 BVV2.5mm^2 砖混	100m	3.25	439.83	86.67				
2		绝缘导线 BVV2.5mm^2	m	244.76		195.81				
3		塑料槽板 38－63	m	113.72		2388.02				
		合计			439.83	2670.5		1057.51	248.83	4416.67

分部分项工程量清单综合单价计算表

工程名称： 计量单位：套

项目编码：030213001001 工程数量：12

项目名称：防水防尘灯具安装（直杆式） 综合单价：196.07 元

序号	定额编号	工程内容	单位	数量	其中：（元）					小计
					人工费	材料费	机械费	管理费	利润	
1	2－1602	防水防尘灯具安装直杆式	10套	1.2	82.44	59.52				
2		主材灯具 XD 1395－Y2×20W	套	12.12		1515				
		合计			82.44	1574.52		563.37	132.56	2352.89

分部分项工程量清单综合单价计算表

工程名称： 计量单位：套

项目编码：030213001001 工程数量：45

项目名称：半圆球吸顶灯安装 ϕ250 综合单价：95.85 元

序号	定额编号	工程内容	单位	数量	其中：（元）					小计
					人工费	材料费	机械费	管理费	利润	
1	2－1384	半圆球吸顶灯安装 ϕ250	10套	4.5	225.9	539.1				
2		半圆球吸顶灯	套	45.45		2272.5				
		合计			225.9	2811.6		1032.75	243	4313.25

分部分项工程量清单综合单价计算表

工程名称： 计量单位：套

项目编码：030213004001 工程数量：28

项目名称：吸顶式荧光灯具（组装型）单管 综合单价：64.17 元

序号	定额编号	工程内容	单位	数量	其中：（元）					小计
					人工费	材料费	机械费	管理费	利润	
1	2－1585	吸顶式荧光灯具（组装型）	10套	2.8	155.96	119.56				
2		吸顶式荧光灯	套	28.28		989.8				
		合计			155.96	1109.36		430.21	101.23	1796.76

三、C.3 热力设备安装工程工程量清单设置与计价举例

分部分项工程量清单

工程名称：热力设备安装工程　　　　第　页　共　页

序号	项目编码	项目名称	计量单位	工程数量
1	030301001001	中压链条炉安装 35t/h－39－450 钢炉架安装 水冷系统安装 过热系统安装 省煤器安装 空气预热器安装 本体管路系统安装 炉体金属结构安装 本体平台扶梯安装 燃烧装置安装 除渣装置安装 水压试验 风压试验 烘炉、煮炉严密试验及安全门调整 本体油漆	台	1
2	030301001001	中压煤粉炉 130h/h－39－450 钢炉架安装 汽包安装 水冷系统安装 过热系统安装 省煤器安装 空气预热器安装 本体管路系统安装 炉体金属结构安装 本体平台扶梯安装 燃烧装置安装 除灰装置安装 水压试验 风压试验 烘炉、煮炉严密试验及安全门调整 本体油漆	台	1

【序号 1】 中压链条炉安装，锅炉容量为 35t/h－39－450，其内容包括钢炉架安装，水冷系统安装，过热系统安装，省煤器安装，空气预热器安装，本体管路系统安装，炉体金属结构安装，本体平台扶梯安装，燃烧装置安装，除渣装置安装，水压试验，本体油漆，风压试验，烘炉、煮炉严密试验及安全门调整。（钢炉架重量等数据可查阅特定成套锅炉重量参照表）

（1）链条炉钢结构安装，35t/h

1）人工费：　　346.67 元/t×20.3t＝7037.40 元

2）材料费：　　396.68 元/t×20.3t＝8052.60 元

3）机械费：　　411.33 元/t×20.3t＝8350.00 元

（2）水冷系统安装，35t/h

1）人工费：　　1073.46 元/t×15.1t＝16209.25 元

2）材料费： 739.25元/t×15.1t＝11162.68元

3）机械费： 1314.07元/t×15.1t＝19842.46元

（3）过热系统安装

1）人工费： 664.09元/t×13t＝8633.17元

2）材料费： 478.56元/t×13t＝6221.28元

3）机械费： 502.17元/t×13t＝6528.21元

（4）省煤器安装

1）人工费： 448.61元/t×17.5t＝7850.68元

2）材料费： 294.76元/t×17.5t＝5158.3元

3）机械费： 502.65元/t×17.5t＝8796.38元

（5）空气预热器安装

1）人工费： 244.97元/t×10.10t＝2474.20元

2）材料费： 145.28元/t×10.10t＝1467.33元

3）机械费： 271.71元/t×10.10t＝2744.27元

（6）本体管路系统安装

1）人工费： 1812.09元/t×4.79t＝8679.91元

2）材料费： 1148.01元/t×4.79t＝5498.97元

3）机械费： 918.71元/t×4.79t＝4400.62元

（7）炉体金属结构安装

1）人工费： 452.79元/t×16.8t＝7606.87元

2）材料费： 301.25元/t×16.8t＝5061元

3）机械费： 452.37元/t×16.8t＝7599.82元

（8）本体平台扶梯安装

1）人工费： 506.89元×10.1t＝5119.59元

2）材料费： 369.18元×10.1t＝3728.72元

3）机械费： 499.16元×10.1t＝5041.52元

（9）燃烧装置安装

1）人工费： 5969.86元/台×1台＝5969.86元

2）材料费： 4904.00元/台×1台＝4904.00元

3）机械费： 2289.19元/台×1台＝2289.19元

（10）除渣装置安装

1）人工费： 1286.85元/t×4t＝5147.4元

2）材料费： 993.80元/t×4t＝3975.2元

3）机械费： 414.20元/t×4t＝1656.8元

（11）水压试验

1）人工费： 1156.59元/台×1台＝1156.59元

2）材料费： 1692.95元/台×1台＝1692.95元

3）机械费： 443.65元/台×1台＝443.65元

（12）本体油漆

1）人工费： 2169.91元/台×1台＝2169.91元

2）材料费： 9906.53元/台×1台＝9906.53元

3）机械费： 4297.48元/台×1台＝4297.48元

(13）风压试验

1）人工费：　516.88 元/台×1 台=516.88 元

2）材料费：　782.04 元/台×1 台=782.04 元

3）机械费：　106.62 元/台×1 台=106.62 元

(14）烘炉、煮炉严密性试验及安全门调整

1）人工费：　5970.79 元/台×1 台=5970.79 元

2）材料费：　13078.74 元/台×1 台=13078.74 元

3）机械费：　1967.76 元/台×1 台=1967.76 元

(15）综合

1）直接费合计：239297.62 元

2）管理费：　239297.62×34%=81361.19 元

3）利润：　239297.62×8%=19143.81 元

4）合计：　239297.62+81361.19+19143.81=339802.62 元

5）综合单价：　339802.62 元÷1 台=339802.62 元/台

【序号 2】 中压煤粉炉，其锅炉容量为 130h/h－39－450，其内容包括钢炉架安装，汽包安装，水冷系统安装，过热系统安装，省煤器安装，空气预热器安装，本体管路系统安装，炉体金属结构安装，本体平台扶梯安装，燃烧装置安装，除灰装置安装，水压试验，本体油漆，风压试验，烘炉、煮炉严密试验及安全门调整。

(1）煤粉炉钢结构安装，130t/h

1）人工费：　228.72 元/t×38.1t=8714.23 元

2）材料费：　243.67 元/t×38.1t=9283.83 元

3）机械费：　422.91 元/t×38.1t=16112.87 元

(2）汽包安装

1）人工费：　2342.20 元/套×2 套=4684.4 元

2）材料费：　716.48 元/套×2 套=1432.96 元

3）机械费：　4225.37 元/套×2 套=8450.74 元

(3）水冷系统安装

1）人工费：　889.33 元/t×71.89t=63933.93 元

2）材料费：　693.99 元/t×71.89t=49890.94 元

3）机械费：　1252.25 元/t×71.89t=90024.25 元

(4）过热系统安装

1）人工费：　638.09 元/t×43.5t=27756.92 元

2）材料费：　530.16 元/t×43.5t=23061.96 元

3）机械费：　711.75 元/t×43.5t=30961.13 元

(5）省煤器安装

1）人工费：　679.18 元/t×52.9t=35928.62 元

2）材料费：　481.42 元/t×52.9t=25467.12 元

3）机械费：　695.68 元/t×52.9t=36801.47 元

(6）空气预热器安装

1）人工费：　109.83 元/t×125.7t=13805.63 元

2）材料费：　74.87 元/t×125.7t=9411.16 元

3）机械费：　253.40 元/t×125.7t=31852.38 元

(7) 本体管路系统安装

1) 人工费: 1549.70 元/t × 9.7t = 15032.09 元

2) 材料费: 926.09 元/t × 9.7t = 8983.07 元

3) 机械费: 1185.08 元/t × 9.7t = 11495.28 元

(8) 炉体金属结构安装

1) 人工费: 398.92 元/t × 18t = 7180.56 元

2) 材料费: 287.52 元/t × 18t = 5175.36 元

3) 机械费: 627.30 元/t × 18t = 11291.4 元

(9) 本体平台扶梯安装

1) 人工费: 444.20 元/t × 17.10t = 7595.82 元

2) 材料费: 341.21 元/t × 17.10t = 5834.69 元

3) 机械费: 993.14 元/t × 17.10t = 16982.69 元

(10) 燃烧装置安装

1) 人工费: 1549.70 元/台 × 1 台 = 1549.70 元

2) 材料费: 566.35 元/台 × 1 台 = 566.35 元

3) 机械费: 1999.77 元/台 × 1 台 = 1999.77 元

(11) 除灰装置安装

1) 人工费: 418.66 元/t × 6.8t = 2846.89 元

2) 材料费: 230.22 元/t × 6.8t = 1565.50 元

3) 机械费: 361.99 元/t × 6.8t = 2461.53 元

(12) 水压试验

1) 人工费: 2013.64 元/台 × 1 台 = 2013.64 元

2) 材料费: 3146.04 元/台 × 1 台 = 3146.04 元

3) 机械费: 805.56 元/台 × 1 台 = 805.56 元

(13) 本体油漆

1) 人工费: 4911.49 元/台 × 1 台 = 4911.49 元

2) 材料费: 19762.41 元/台 × 1 台 = 19762.41 元

3) 机械费: 9804.75 元/台 × 1 台 = 9804.75 元

(14) 风压试验

1) 人工费: 728.41 元/台 × 1 台 = 728.41 元

2) 材料费: 2004.61 元/台 × 1 台 = 2004.61 元

3) 机械费: 258.63 元/台 × 1 台 = 258.63 元

(15) 烘炉、煮炉严密试验及安全门调整

1) 人工费: 4270.62 元/台 × 1 台 = 4270.62 元

2) 材料费: 29987.68 元/台 × 1 台 = 29987.68 元

3) 机械费: 1930.95 元/台 × 1 台 = 1930.95 元

(16) 综合

1) 直接费合计: 667760.03 元

2) 管理费: 667760.03 × 34% = 227038.41 元

3) 利润: 667760.03 × 8% = 53420.80 元

4) 合计: 667760.03 + 227038.41 + 53420.80 = 948219.24 元

5) 综合单价: 948219.24 元 ÷ 1 台 = 948219.24 元/台

分部分项工程量清单综合单价计算表

工程名称： 计量单位：台

项目编码：030301001001 工程数量：1

项目名称：中压链条炉安装 35t/h－39－450 综合单价：339802.62 元

序号	定额编号	工程内容	单位	数量	其中：（元）					
					人工费	材料费	机械费	管理费	利润	小计
1	3－1	钢架安装	t	20.3	7037.4	8052.6	8350.00			
2	3－8	水冷系统	t	15.1	16209.25	11162.68	19842.46			
3	3－12	过热系统	t	13	8633.17	6221.28	6528.21			
4	3－16	省煤器安装	t	17.5	7850.68	5158.3	8796.38			
5	3－20	空气预热器安装	t	10.10	2474.20	1467.33	2744.27			
6	3－24	本体管路系统安装	t	4.79	8679.91	5498.97	4400.62			
7	3－29	炉体金属结构	t	16.8	7606.87	5061	7599.82			
8	3－33	本体平台扶梯	t	10.10	5119.59	3728.72	5041.52			
9	3－37	燃烧装置	套	1	5969.86	4904.00	2289.19			
10	3－41	除渣装置	t	4	5147.4	3975.2	1656.8			
11	3－45	水压试验	台	1	1156.59	1692.95	443.65			
12	3－52	风压试验	台	1	516.88	782.04	106.62			
13	3－55	烘、煮炉严密试验及安全门调整	台	1	5970.79	13078.74	1967.76			
14	3－48	本体油漆	台	1	2169.91	9906.53	4297.48			
		合计			84542.5	80690.34	74064.78	81361.19	19143.81	339802.62

分部分项工程量清单综合单价计算表

工程名称： 计量单位：台

项目编码：030301001001 工程数量：1

项目名称：中压煤粉炉安装 130t/h－39－450 综合单价：948219.24 元

序号	定额编号	工程内容	单位	数量	其中：（元）					
					人工费	材料费	机械费	管理费	利润	小计
1	3－4	钢架安装	t	38.1	8714.23	9283.83	16112.87			
2	3－7	汽包安装	台	2	4684.4	1432.96	8450.74			
3	3－11	水冷系统	t	71.89	63933.93	49890.94	90024.25			
4	3－15	过热系统	t	43.5	27756.92	23061.96	30961.13			
5	3－19	省煤器安装	t	52.9	35928.62	25467.12	36801.47			
6	3－23	空气预热器安装	t	125.7	13805.63	9411.16	31852.38			
7	3－27	本体管路系统安装	t	9.7	15032.09	8983.07	11495.28			
8	3－32	炉体金属结构	t	18	7180.56	5175.36	11291.4			
9	3－36	本体平台扶梯	t	17.10	7595.82	5834.69	16982.69			
10	3－40	燃烧装置	套	1	1549.70	566.35	1999.77			
11	3－44	除渣装置	t	6.8	2846.89	1565.50	2461.53			
12	3－47	水压试验	台	1	2013.64	3146.04	805.56			
13	3－54	风压试验	台	1	728.41	2004.61	258.63			
14	3－57	烘、煮炉严密试验及安全门调整	台	1	4270.62	29987.68	1930.95			
15	3－51	本体油漆	台	1	4911.49	19762.41	9804.75			
		合计			200952.95	195573.68	271233.4	227038.41	53420.80	948219.24

四、C.5 静置设备与工艺金属结构制作安装工程工程量清单设置与计价举例

分部分项工程量清单

工程名称：静置设备安装工程　　　　　　　　　　　　第　页 共　页

序号	项目编码	项目名称	计量单位	工程数量
1	030501002001	碳钢 Q235 填料塔制作 ϕ3000 H45000 126.5t 碳钢 Q235 填料塔本体制作 接管 *DN*80 接管 *DN*100 接管 *DN*200 设备人孔制作、安装 PN1.5 *DN*450 地脚螺栓制作 ϕ48 水压试验 2MPa325m^3 焊缝预热 $\delta=32$mm 焊缝后热 $\delta=32$mm 喷砂除锈 聚氨酯底漆三遍	台	1
2	030502004001	碳钢 Q235 填料塔安装 ϕ3000 H45000 126.5t 基础标高 6m 碳钢填料塔本体安装 吊耳 150t 水压试验 2MPa325m^3 岩棉板保温 $\delta=60$mm 镀锌钢板保护层 地脚螺栓孔灌浆 设备底座与基础间灌浆 设备填充 ϕ15 瓷环乱堆	台	1
3	030504001001	对接式 10000m^3 碳钢拱顶油罐制作、安装 对接式 10000m^3 碳钢拱顶油罐本体制作、安装 型钢圈制作 人孔安装 ϕ600 透光孔安装 ϕ500 防火器安装 ϕ200 安全阀安装 ϕ200 呼吸阀安装 ϕ200 泡沫器安装 PC-24 清扫孔安装 量油管制作、安装 ϕ150 罐顶量油管结合管安装 ϕ150 罐顶结合管安装 ϕ200 进油管 ϕ350 罐壁进出油结合管 ϕ50 罐壁进出油结合管 ϕ200 罐壁进出油结合管 ϕ350 水压试验 红丹防锈漆两遍 岩棉板保温 $\delta=60$mm 镀锌钢板保护层 壁板卷弧胎具制作 顶板预制胎具制作	台	1

分部分项工程量清单

工程名称：静置设备安装工程　　　　　　　　　　　　　　　　　　　　　　　第　页共　页

序号	项目编码	项目名称	计量单位	工程数量
4	030505001001	$2000m^3$ 球罐组焊 $\delta=36$mm 241t 球罐本体组焊 焊缝预热 $\delta=36$mm 焊缝后热 $\delta=36$mm 整体热处理 地脚螺栓孔灌浆 水压试验 气密试验 红丹防锈漆两遍 岩棉板保温 $\delta=60$mm 镀锌钢板保护层 胎具制作 胎具安装与拆除 焊接工艺评定 产品焊接试板试验 板材超声波探伤 板材周边超声波探伤	台	1
5	030506001001	$200000m^3$ 低压湿式螺旋气柜　2100t 气柜本体制作、安装 型钢圈制作 铸铁配重 组装胎具制作 组装胎具安装、拆除 轨道煨弯胎具制作 焊缝热处理 充水、气密、快速升降试验 喷砂除锈 聚氨酯底漆两遍 聚氨酯中间漆一遍 聚氨酯中间漆增一遍 聚氨酯面漆两遍 焊缝无损探伤	台	1
6	030507002001	格栅板扇形平台制作、安装　0.6t 格栅板扇形平台本体制作、安装 喷砂除锈 聚氨酯底漆两遍 聚氨酯中间漆一遍 聚氨酯中间漆增一遍 聚氨酯面漆两遍	t	5

【序号 1】　碳钢 Q235 填料塔制作，$\phi3000$，$H=45000$mm，重 126.5t，接管为 4 个 *DN*80，4 个 *DN*100，2 个 *DN*200，2 个设备人孔，42 个地脚螺栓，1 台水压试验，500mm 焊缝，表面积 $438m^2$，需喷砂除锈，刷聚氨酯底漆三遍。

（1）碳钢 Q235 填料塔制作，126.5t

1）人工费：　　480.19 元/t × 126.5t = 60744.04 元

2）材料费：　　713.83 元/t × 126.5t = 90299.50 元

3）机械费：　　1206.88 元/t × 126.5t = 152670.32 元

（2）设备接管 *DN*80，制作安装

1）人工费：　　16.49 元/个 × 4 个 = 65.96 元

2）材料费：　　7.88 元/个 × 4 个 = 31.52 元

3）机械费：　　23.83 元/个 × 4 个 = 95.32 元

（3）设备接管 *DN*100，制作安装

1）人工费：　　43.42 元/个 × 4 个 = 173.68 元

2）材料费：　　31.97 元/个 × 4 个 = 127.88 元

3）机械费：　　53.14 元/个 × 4 个 = 212.56 元

（4）设备接管 *DN*200，制作安装

1）人工费：　　65.48 元/个 × 2 个 = 130.96 元

2）材料费：　　58.64 元/个 × 2 个 = 117.28 元

3）机械费：　　82.57 元/个 × 2 个 = 165.14 元

（5）设备人孔制作、安装，*PN*1.5，*DN*450

1）人工费：　　153.72 元 × 2 个 = 307.44 元

2）材料费：　　168.72 元 × 2 个 = 337.44 元

3）机械费：　　213.81 元 × 2 个 = 427.62 元

（6）地脚螺栓制作，ϕ48mm

1）人工费：　　14.33 元/个 × 42 个 = 601.86 元

2）材料费：　　112.32 元/个 × 42 个 = 4717.44 元

3）机械费：　　24.62 元/个 × 42 个 = 1034.04 元

（7）水压试验，2MPa，设备容积 325m^3

1）人工费：　　955.74 元/台 × 1 台 = 955.74 元

2）材料费：　　2478.58 元/ × 1 台 = 2478.58 元

3）机械费：　　485.02 元/台 × 1 台 = 485.02 元

（8）焊缝预热：$\delta = 32$mm

1）人工费：　　8.499 元/m × 500mm = 4249.5 元

2）材料费：　　39.906 元/m × 500mm = 19953 元

3）机械费：　　4.734 元/m × 500mm = 2367 元

（9）焊缝后热

1）人工费：　　8.963 元/m × 500mm = 4481.5 元

2）材料费：　　154.525 元/m × 500mm = 77262.5 元

3）机械费：　　4.96 元/m × 500mm = 2480 元

（10）喷砂除锈

1）人工费：　　3.042 元/m^2 × 438m^2 = 1332.40 元

2）材料费：　　1.802 元/m^2 × 438m^2 = 789.28 元

3）机械费：　　10.728 元/m^2 × 438m^2 = 4698.86 元

4）石英砂：

$$0.032m^3/m^2 \times 438m^2 = 14.02m^2$$

$$14.02m^3 \times 6 元/m^3 = 84.12 元$$

（11）聚氨酯底漆三遍

1）人工费：　　（2.136 + 1.347）元/m^2 × 438m^2 = 1525.55 元

2）材料费：　　（1.514 + 0.481）元/m^2 × 438m^2 = 873.81 元

3）机械费：（1.816 + 1.061）元/m^2 × 438m^2 = 1260.13 元

4）聚氨酯底漆：

$$（0.2 + 0.1）kg/m^2 \times 438m^2 = 131.4kg$$

$$131.4kg \times 45 元/kg = 5913 元$$

（12）综合

1）直接费合计：443449.99 元

2）管理费：443449.99 × 34% = 150773.00 元

3）利润：443449.99 × 8% = 35476.00 元

4）总计：443449.99 + 150773 + 35476 = 629698.99 元

5）综合单价：629698.99 元 ÷ 1 台 = 629698.99 元/台

【序号 2】 碳钢 Q235 填料塔安装，ϕ300，H = 45000mm，重 126.5t，基础标高 6m，两个 150t 的吊耳，1 台水压试验，容积 325m^3，δ = 60mm 的岩棉板保温，镀锌钢板保护层，地脚螺栓孔灌浆，设备底座与基础间灌浆，设备填充 ϕ15 瓷环、乱堆。

（1）碳钢 Q235 填料塔安装，重 126.5t，基础标高 6m

1）人工费：6874.28 元/台 × 1 台 = 6874.28 元

2）材料费：10111.35 元/台 × 1 台 = 10111.35 元

3）机械费：4643.02 元/台 × 1 台 = 4643.02 元

（2）吊耳制作安装，荷载 150t

1）人工费：478.56 元/个 × 2 个 = 957.12 元

2）材料费：1839.86 元/个 × 2 个 = 3679.72 元

3）机械费：449.36 元/个 × 2 个 = 898.72 元

（3）水压试验，2MPa，325m^3

1）人工费：955.74 元/台 × 1 台 = 955.74 元

2）材料费：2478.58 元/台 × 1 台 = 2478.58 元

3）机械费：485.02 元/台 × 1 台 = 485.02 元

（4）岩棉板保温，δ = 60mm

1）人工费：112.62 元/m^3 × 27m^3 = 3040.74 元

2）材料费：72.70 元/m^2 × 27m^3 = 1962.9 元

3）机械费：6.75 元/m^3 × 27m^3 = 182.25 元

4）岩棉板：

$$1.03m^3/m^3 \times 27m^3 = 27.81m^3$$

$$27.81m^3 \times 45 元/m^3 = 1251.45 元$$

（5）镀锌钢板保护层

1）人工费：14.605 元/m^2 × 438m^2 = 6396.99 元

2）材料费：0.011 元/m^2 × 438m^2 = 4.82 元

3）机械费：3.877 元/m^2 × 438m^2 = 1698.13 元

4）镀锌钢板：

$$1.2kg/m^2 \times 438m^2 = 525.6kg$$

$$525.6kg \times 2.7 元/kg = 1419.12 元$$

(6) 地脚螺栓孔灌浆

1) 人工费: 81.27 元/$m^3 \times 0.95m^3 = 77.21$ 元

2) 材料费: 213.84 元/$m^3 \times 0.95m^3 = 203.15$ 元

3) 机械费: 无

(7) 设备底座与基础间灌浆

1) 人工费: 119.35 元/$m^3 \times 0.57m^3 = 68.03$ 元

2) 材料费: 302.37 元/$m^3 \times 0.57m^3 = 172.35$ 元

3) 机械费: 无

(8) 设备填充 $\phi15$ 瓷环、乱堆

1) 人工费: 209.44 元/$t \times 36t = 7539.84$ 元

2) 材料费: 24.59 元/$t \times 36t = 885.24$ 元

3) 机械费: 65.53 元/$t \times 36t = 2359.08$ 元

(9) 综合

1) 直接费合计: 58344.85 元

2) 管理费: $58344.85 \times 34\% = 19837.25$ 元

3) 利润: $58344.85 \times 8\% = 4667.59$ 元

4) 总计: $58344.85 + 19837.25 + 4667.59 = 82849.69$ 元

5) 综合单价: 82849.69 元 $\div 1$ 台 $= 82849.69$ 元/台

【序号 3】 对接式 10000m^3 碳钢拱顶油罐制作、安装,型钢圈制作,人孔安装,透光孔安装,防火器安装,安全阀安装,呼吸阀安装,泡沫器安装,清扫孔安装,量油管制作、安装,罐顶量油管结合管安装,进油管 $\phi350$,罐壁进出油结合管,6 个 $\phi50$,2 个 $\phi200$,2 个 $\phi350$,水压试验,机械除中锈,刷红丹防锈底漆两遍,刷油面积 1666m^2,岩棉管保温,$\delta = 60mm$,镀锌钢板保护层面积为 1673m^2,壁板卷弧胎具制作,顶板预制胎具制作。

(1) 对接式 10000m^3 碳钢拱顶油罐制作、安装

1) 人工费: 258.67 元/$t \times 219t = 56648.73$ 元

2) 材料费: 198.22 元/$t \times 219t = 43410.18$ 元

3) 机械费: 688.07 元/$\times 219t = 150687.33$ 元

(2) 型钢圈制作

1) 人工费: 266.10 元/$t \times 5.81$ 元 $= 1546.04$ 元

2) 材料费: 127.51 元/$t \times 5.81$ 元 $= 740.83$ 元

3) 机械费: 373.26 元/$t \times 5.81$ 元 $= 2168.64$ 元

(3) 人孔安装, $\phi600$

1) 人工费: 37.15 元/个 $\times 2$ 个 $= 74.30$ 元

2) 材料费: 93.88 元/个 $\times 2$ 个 $= 187.76$ 元

3) 机械费: 43.52 元/个 $\times 2$ 个 $= 87.04$ 元

(4) 透光孔安装, $\phi500$

1) 人工费: 44.12 元/个 $\times 3$ 个 $= 132.36$ 元

2) 材料费: 72.34 元/个 $\times 3$ 个 $= 217.02$ 元

3) 机械费: 60.62 元/个 $\times 3$ 个 $= 181.86$ 元

(5) 防火器安装，$\phi200$

1) 人工费： 13.93元/个×4个=55.72元

2) 材料费： 27.19元/个×4个=108.76元

3) 机械费：无

(6) 安全阀安装，$\phi200$

1) 人工费： 18.58元/个×2个=37.16元

2) 材料费： 27.19元/个×2个=54.38元

3) 机械费：无

(7) 呼吸阀安装，$\phi200$

1) 人工费： 18.58元/个×2个=37.16元

2) 材料费： 27.19元/个×2个=54.38元

3) 机械费：无

(8) 泡沫器安装，PC-24

1) 人工费： 95.2元/个×4个=380.8元

2) 材料费： 73.68元/个×4个=294.72元

3) 机械费： 64.02元/个×4个=256.08元

(9) 清扫孔安装

1) 人工费： 278.18元/个×2个=556.36元

2) 材料费： 296.16元/个×2个=592.32元

3) 机械费： 384.48元/个×2个=768.96元

(10) 量油管制作、安装，$\phi150$

1) 人工费： 508.05元/套×1套=508.05元

2) 材料费： 88.36元/套×1套=88.36元

3) 机械费： 466.60元/套×1套=466.60元

(11) 罐顶量油管结合管安装，$\phi150$

1) 人工费： 15.09元/个×1个=15.09元

2) 材料费： 7.34元/个×1个=7.34元

3) 机械费： 15.92元/个×1个=15.92元

(12) 罐、顶结合管安装，$\phi200$

1) 人工费： 18.34元/个×8个=146.72元

2) 材料费： 10.65元/个×8个=85.2元

3) 机械费： 21.76元/个×8个=174.08元

(13) 进油管，$\phi350$

1) 人工费： 199.92元/个×1个=199.92元

2) 材料费： 201.31元/个×1个=201.31元

3) 机械费： 234.01元/个×1个=234.01元

(14) 罐壁进出油结合管，6个$\phi50$

1) 人工费： 8.13元/个×6个=48.78元

2) 材料费： 4.56元/个×6个=27.36元

3）机械费：　8.23 元/个 × 6 个 = 49.38 元

（15）罐壁进出油结合管，2 个 ϕ200

1）人工费：　26.70 元/个 × 2 个 = 53.4 元

2）材料费：　16.69 元/个 × 2 个 = 33.38 元

3）机械费：　27.07 元/个 × 2 个 = 54.14 元

（16）罐壁进出油结合管，ϕ350

1）人工费：　32.04 元/个 × 2 个 = 64.08 元

2）材料费：　30.29 元/个 × 2 个 = 60.58 元

3）机械费：　35.29 元/个 × 2 个 = 70.58 元

（17）水压试验

1）人工费：　1288.71 元/座 × 1 座 = 1288.71 元

2）材料费：　11855.12 元/座 × 1 座 = 11855.12 元

3）机械费：　1470.47 元/座 × 1 座 = 1470.47 元

（18）机械除中锈

1）人工费：　2.508 元/m^2 × 1666m^2 = 4178.33 元

2）材料费：　1.148 元/m^2 × 1666m^2 = 1912.57 元

3）机械费：无

（19）刷红丹防锈漆两遍

1）人工费：　（0.58 + 0.56）元/m^2 × 1666m^2 = 1899.24 元

2）材料费：　（0.11 + 0.10）元/m^2 × 1666m^2 = 349.86 元

3）机械费：无

4）醇酸防锈漆：

（0.146 + 0.128）kg/m^2 × 1666m^2 = 456.484kg

456.484kg × 8.5 元/kg = 3880.11 元

（20）岩棉板保温 δ = 60mm

1）人工费：　112.62 元/m^3 × 103m^3 = 11599.86 元

2）材料费：　72.70 元/m^3 × 103m^3 = 7488.1 元

3）机械费：　6.75 元/m^3 × 103m^3 = 695.25 元

4）岩棉板：

1.03m^3/m^3 × 103m^3 = 106.09m^3

106.09m^3 × 45 元/m^3 = 4774.05 元

（21）镀锌钢板保护层

1）人工费：　11.796 元/m^3 × 1673m^2 = 19734.71 元

2）材料费：　0.419 元/m^2 × 1673m^2 = 700.99 元

3）机械费：　3.877 元/m^2 × 1673m^2 = 6486.22 元

4）镀锌钢板：

1.2kg/m^2 × 1673m^2 = 2007.6kg

2007.6kg × 2.7 元/kg = 5420.52 元

（22）壁板卷弧胎具制作

1）人工费：　　574.00 元/套 × 1 套 = 574.00 元
2）材料费：　　4025.64 元/套 × 1 套 = 4025.64 元
3）机械费：　　431.91 元/套 × 1 套 = 431.91 元
(23) 顶板预制胎具制作
1）人工费：　　406.81 元/套 × 1 套 = 406.81 元
2）材料费：　　3896.88 元/套 × 1 套 = 3896.88 元
3）机械费：　　334.78 元/套 × 1 套 = 334.78 元
(24) 综合
1）直接费合计：355287.31 元
2）管理费：　　355287.31 × 34% = 120797.69 元
3）利润：　　355287.31 × 8% = 28422.98 元
4）总计：　　355287.31 + 120797.69 + 28422.98 = 504507.98 元
5）综合单价：　　504507.98 元 ÷ 1 台 = 504507.98 元/台

2000m^3 球罐组焊、200000m^3 低压湿气螺旋气柜和格栅板扇形平台制作、安装的综合单价计算方法与碳钢 Q235 填料塔制作、安装等雷同，不再举例，其结果看分部分项工程量清单综合单价计算表。

分部分项工程量清单计价表

工程名称：静置设备安装工程　　　　第　页　共　页

序号	项目编码	项目名称	计量单位	工程数量	金额（元）	
					综合单价	合价
1	030501002001	碳钢 Q235 填料塔制作　ϕ3000　H45000　126.5t 碳钢 Q235 填料塔本体制作 接管　DN80 接管　DN100 接管　DN200 设备人孔制作安装　PN1.5 DN450 地脚螺栓制作　ϕ48 水压试验 2MPa 325m^3 焊缝预热　δ = 32mm 焊缝后热　δ = 32mm 喷砂除锈 聚氨酯底漆三遍	台	1	629698.99	629698.99
2	030502004001	碳钢 Q235 填料塔安装　ϕ3000　H45000　126.5t　基础标高 6m 碳钢填料塔本体安装 吊耳 150t 水压试验 2MPa 325m^3 岩棉板保温 δ = 60mm 镀锌钢板保护层 地脚螺栓孔灌浆 设备底座与基础间灌浆 设备填充 ϕ15 瓷环乱堆	台	1	83009.78	83009.78
3	030504001001	对接式 10000m^3 碳钢拱顶油罐制作、安装 对接式 10000m^3 碳钢拱顶油罐本体制作、安装 型钢圈制作 人孔安装 ϕ600 透光孔安装 ϕ500 防火器安装 ϕ200 安全阀安装 ϕ200	台	1	504508.74	504508.74

续表

序号	项目编码	项目名称	计量单位	工程数量	金额（元）	
					综合单价	合价
3	030504001001	呼吸阀安装 $\phi200$ 泡沫器安装 PC－24 清扫孔安装 量油管制作、安装 $\phi150$ 罐顶量油管结合管安装 $\phi150$ 罐顶结合管安装 $\phi200$ 进油管 $\phi350$ 罐壁进出油结合管 $\phi50$ 罐壁进出油结合管 $\phi200$ 罐壁进出油结合管 $\phi350$ 水压试验 红丹防锈漆两遍 岩棉板保温 $\delta=60$mm 镀锌钢板保护层 壁板卷弧胎具制作 顶板预制胎具制作	台	1	504508.74	504508.74

分部分项工程量清单

工程名称：静置设备安装工程　　　　第　　页共　　页

序号	项目编码	项目名称	计量单位	工程数量	金额（元）	
					综合单价	合价
4	030505001001	2000m^3 球罐组焊 $\delta=36$mm　241t 球罐本体组焊 焊缝预热 $\delta=36$mm 焊缝后热 $\delta=36$mm 整体热处理 地脚螺栓孔灌浆 水压试验 气密试验 红丹防锈漆两遍 岩棉板保温 $\delta=60$mm 镀锌钢板保护层 胎具制作 胎具安装与拆除 焊接工艺评定 产品焊接试板试验 板材超声波探伤 板材周边超声波探伤	台	1	1208020.99	1208020.99
5	030506001001	200000m^3 低压湿式螺旋气柜　2100t 气柜本体制作、安装 型钢圈制作 铸铁配重 组装胎具制作 组装胎具安装、拆除 轨道煨弯胎具制作 焊缝热处理 充水、气密、快速升降试验 喷砂除锈 聚氨酯底漆两遍 聚氨酯中间漆一遍 聚氨酯中间漆增一遍 聚氨酯面漆两遍 焊缝无损探伤	台	1	7283097.1	7283097.1

续表

序号	项目编码	项目名称	计量单位	工程数量	金额（元）	
					综合单价	合价
6	030507002001	格栅板扇形平台制作、安装 0.6t 格栅板扇形平台本体制作、安装 喷砂除锈 聚氨酯底漆两遍 聚氨酯中间漆一遍 聚氨酯中间漆增一遍 聚氨酯面漆两遍	t	5	32312.74	32312.74
		合计			9740488.25	

分部分项工程量清单综合单价计算表

工程名称：静置设备安装工程　　计量单位：台

项目编码：030501002001　　工程数量：1

项目名称：碳钢 Q235 填料塔制作 ϕ3000 *H*45000 126.5t　　综合单价：629698.99 元

序号	定额编号	工程内容	单位	数量	其中：（元）					
					人工费	材料费	机械费	管理费	利润	小计
1	5-176	碳钢 Q235 填料塔制作 ϕ3000 *H*45000 126.5t	t	126.5	60744.04	90299.50	152670.32			
	5-477	接管 *DN*80	个	4	65.96	31.52	95.32			
	5-478	接管 *DN*100	个	4	173.68	127.88	212.56			
	5-481	接管 *DN*200	个	2	130.96	117.28	165.14			
	5-552	设备人孔制作、安装 *PN*1.5 *DN*450	个	2	307.44	337.44	427.62			
	5-610	地脚螺栓制作 ϕ48	个	42	601.86	4717.44	1034.04			
	5-1258	水压试验 2MPa 325m^3	台	1	955.74	2478.58	485.02			
	5-2284	焊缝预热 δ = 32mm	m	500	4249.50	19953.00	2367.00			
	5-2297	焊缝后热 δ = 32mm	m	500	4481.50	77262.50	2480.00			
	11-22	喷砂除锈	m^2	438	1332.40	873.4	4698.86			
	11-355 + 11-356	聚氨酯底漆三遍	m^2	438	1525.55	6786.81	1260.13			
		合计	台	1	74568.63	202985.35	165896.01	150773	35476	629698.99

分部分项工程量清单综合单价计算表

工程名称：静置设备安装工程　　计量单位：台

项目编码：030502004001　　工程数量：1

项目名称：碳钢 Q235 填料塔制作 ϕ3000 *H*45000 126.5t 基础标高 6m　　综合单价：82849.69 元

序号	定额编号	工程内容	单位	数量	其中：（元）					
					人工费	材料费	机械费	管理费	利润	小计
2	5-1024	碳钢 Q235 填料塔制作 ϕ3000 *H*45000 126.5t 基础标高 6m	台	1	6874.28	10111.35	4643.02			
	5-1614	吊耳 150t	个	2	957.12	3679.72	898.72			
	5-1258	水压试验 2MPa 325m^3	台	1	955.74	2478.58	485.02			
	11-1868	岩棉板保温 δ = 60mm	m^3	27	3040.74	3214.35	182.25			
	11-2203	镀锌钢板保护层	m^2	438	6396.99	1423.94	1698.13			
	11-1414	地脚螺栓孔灌浆	m^3	0.95	77.21	203.15				
	11-1419	设备底座与基础间灌浆	m^3	0.57	68.03	172.35				
	5-1116	设备填充 ϕ15 瓷环乱堆	t	36	7539.84	885.24	2359.08			
		合计	台	1	25909.95	22168.68	10266.22	19837.25	4667.59	82849.69

分部分项工程量清单综合单价计算表

工程名称：　　　　　　　　　　　　　　　　　　　　　　　　　计量单位：台

项目编码：030504001001　　　　　　　　　　　　　　　　　　工程数量：1

项目名称：对接式 10000m³ 碳钢拱顶油罐制作、安装　　　　　　综合单价：504507.98 元

序号	定额编号	工程内容	单位	数量	其中：(元)					
					人工费	材料费	机械费	管理费	利润	小计
3	5-1675	对接式 10000m³ 碳钢拱顶油罐本体制作、安装	t	219	56648.73	43410.18	150687.33			
	5-2225	型钢圈制作	t	5.81	1546.04	740.83	2168.64			
	5-1700	人孔安装 ϕ600mm	个	2	74.30	187.76	87.04			
	5-1701	透光孔安装 ϕ500mm	个	3	132.36	217.02	181.86			
	5-1742	防火器安装 ϕ200mm	个	4	55.72	108.76				
	5-1757	安全阀安装 ϕ200mm	个	2	37.16	54.38				
	5-1757	呼吸阀安装 ϕ200mm	个	2	37.16	54.38				
	5-1747	泡沫器安装　PC-24	个	4	380.80	294.72	256.08			
	5-1729	清扫孔安装	个	2	556.36	592.32	768.96			
	5-1765	量油管制作、安装　ϕ150mm	套	1	508.05	88.36	466.60			
	5-1715	罐顶量油管结合管安装 ϕ150mm	个	1	15.09	7.34	15.92			
	5-1716	罐顶结合管安装 ϕ200mm	个	8	146.72	85.20	174.08			
	5-1727	进油罐 ϕ350mm	个	1	199.92	201.31	234.01			
	5-1718	罐壁进出油结合管 ϕ50mm	个	6	48.78	27.36	49.38			
	5-1722	罐壁进出油结合管 ϕ200mm	个	2	53.40	33.38	54.14			
	5-1725	罐壁进出油结合管　ϕ350mm	个	2	64.08	60.58	70.58			
	5-1809	水压试验	座	1	1288.71	11855.12	1470.47			
	11-17	机械除中锈	m²	1666	4178.33	1912.57				
	11-84	红丹防锈漆第一遍	m²	1666	966.28	2250.77				
	11-85	红丹防锈漆第二遍	m²	1666	932.96	1979.21				
	11-1868	岩棉板保温　$\delta=60$mm	m³	103	11599.86	12262.15	695.25			
	11-2202	镀锌钢板保护层	m²	1673	19734.71	6121.51	6486.22			
	5-1815	壁板卷弧胎具制作	套	1	574.00	4025.64	431.91			
	5-1820	顶板预制胎具制作	套	1	406.81	3896.88	334.78			
		合　　计	台	1	100186.33	90467.73	164633.25	120797.69	28422.98	504507.98

分部分项工程量清单综合单价计算表

工程名称：静置设备安装工程　　　　　　　　　　　　　　计量单位：台

项目编码：030505001001　　　　　　　　　　　　　　　　工程数量：1

项目名称：2000m³ 球罐安装　　　　　　　　　　　　　　综合单价：1056663.09 元

序号	定额编号	工程内容	单位	数量	其中：（元）					
					人工费	材料费	机械费	管理费	利润	小计
4	5－1969	2000m³ 球罐组焊 δ = 36mm 241t	t	241	74146.06	64573.54	235454.59			
	5－2285	焊缝预热 δ = 36mm	m	737	6264.50	33305.03	3987.17			
	5－2297	焊缝后热 δ = 36mm	m	737	6603.52	118435.90	4156.68			
	5－2335	整体热处理	台	1	27158.58	58634.32	4034.37			
	1－1414	地脚螺栓孔灌浆	m³	0.29	23.41	61.59				
	5－1997	水压试验	台	1	2335.54	4829.76	1147.37			
	5－2005	气密试验	台	1	2374.71	225.98	4304.42			
	11－17	机械除中锈	m²	782	1962.82	899.30				
	11－84	红丹防锈漆第一遍	m²	782	453.56	86.02				
	11－85	红丹防锈漆第二遍	m²	782	437.92	78.20				
	11－1885	岩棉板保温　δ = 60mm	m³	48	8519.77	5974.69	327.16			
	11－2201	镀锌钢板保护层	m²	787	10195.53	739.49	3162.50			
	5－1981	胎具制作	台	1	3773.48	54929.42	4812.35			
	5－1989	胎具安装与拆除	台	1	20185.84	2648.47	39679.55			
	5－2259	焊接工艺评定	项	1	24.85	39.84	68.18			
	5－2260	产品焊接试板试验	台	1	241.95	299.45	616.42			
	5－2273	板材超声波探伤	m²	156	76.64	2798.00	991.58			
	5－2274	板材周边超声波探伤	m	1474	1400.30	31469.90	1768.80			
		合　计	台	1	166178.97	273438.90	304511.14	253003.86	59530.32	1056663.19

分部分项工程量清单综合单价计算表

工程名称：静置设备安装工程　　计量单位：座

项目编码：030506001001　　工程数量：1

项目名称：200000m³ 低压湿式螺旋气柜　　综合单价：7283097.1 元

序号	定额编号	工程内容	单位	数量	其中：(元)					
					人工费	材料费	机械费	管理费	利润	小计
5	5－2047	气柜本体制作、安装	t	2100	1211742.00	519330.00	1948401.00			
	5－2225	型钢圈制作	t	58	15433.80	7395.58	21649.08			
	5－2054	铸铁配重	t	7.3	61.03	1010.17	463.55			
	5－2074	组装胎具制作	座	1	22818.06	109330.78	21480.40			
	5－2084	组装胎具安装、拆除	座	1	11495.06	1427.41	5314.64			
	5－2094	轨道煨弯胎具制作	座	1	922.07	8317.60	1922.52			
	5－2292	焊缝热处理	m	2101	18530.82	274054.44	4265.03			
	5－2114	充水、气密、快速升降试验	座	1	7198.20	79639.88	9402.30			
	11－22	喷砂除锈	m²	20000	60800.00	36000.00	214600.00			
	11－355	聚氨酯底漆两遍	m²	20000	42800.00	30200.00	36400.00			
	11－357	聚氨酯中间漆一遍	m²	20000	20000.00	6600.00	15600.00			
	11－358	聚氨酯中间漆增一遍	m²	20000	20000.00	6600.00	15600.00			
	11－359	聚氨酯面漆两遍	m²	20000	40000.00	6800.00	31200.00			
	5－2261	焊缝无损探伤	张	7003	65060.97	116045.23	63030.00			
		合　　计	座	1	1536862.00	1202751.10	2389328.52	1743840.15	410315.33	7283097.1

分部分项工程量清单综合单价计算表

工程名称:静置设备安装工程　　计量单位:t

项目编码:030507002001　　工程数量:5

项目名称:格栅板扇形平台制作、安装　0.6t　　综合单价:32312.74 元

序号	定额编号	工程内容	单位	数量	其中:(元)					
					人工费	材料费	机械费	管理费	利润	小计
6	5－2146	格栅板扇形平台制作安装　0.6t	t	5	3034.85	1443.00	3172.60			
	11－34	喷砂除锈	kg	5000	1450.00	850.00	8550.00			
	11－365	聚氨酯底漆两遍	kg	5000	600.00	440.00	350.00			
	11－367	聚氨酯中间漆一遍	kg	5000	290.00	100.00	350.00			
	11－368	聚氨酯中间漆增一遍	kg	5000	290.00	95.00	350.00			
	11－369	聚氨酯面漆两遍	kg	5000	580.00	110.00	700.00			
		合　　计	t	5	6244.85	3038.00	13472.60	7736.85	1820.44	32312.74

五、C.6 工业管道工程工程量清单设置与计价举例

分部分项工程量清单

工程名称：A 车间工业管道安装工程　　　　第　页共　页

序号	项目编码	项目名称	计量单位	工程数量
1	030601004001	低压碳钢 $\phi219\times8.5$ 无缝钢管安装(热轧 20 号钢手工电弧焊、安装一般钢套管、水压试验、水冲洗、刷防锈漆两次、硅酸盐涂抹绝热 $\delta=50$)	m	315
2	030601006001	低压 $\phi159\times5$ 不锈钢管安装(热轧 1Cr18Ni9Ti、氩弧焊、水压试验、酸洗、四氯化碳脱脂、超细玻璃棉毡绝热 $\delta=50$、镀锌钢板保护层)	m	230
3	030604002001	低压碳钢　*DN*200　管件安装(电弧焊、弯头 15 个、三通 10 个)	个	25
4	030604004001	低压不锈钢　*DN*150　管件安装(氩弧焊、弯头 15 个、三通 3 个)	个	18
5	030607003001	低压碳钢　*DN*200　法兰阀门安装(j41H－25－200)	个	5
6	030607003002	低压不锈钢　*DN*150　法兰阀门安装(j41W－25P－150)	个	3
7	030610002001	低压碳钢　*DN*200　平焊法兰安装(电弧焊 2.5MPa)	副	5
8	030610004001	低压不锈钢　*DN*150　平焊法兰安装(氩弧焊 2.5MPa)	副	3
9	030616003001	焊缝 X 射线探伤(80×300)	张	50
10	030615001001	管支架制作安装(一般支架,人工除锈,刷一遍防锈漆,两遍调合漆)	kg	200

措施项目清单

工程名称：A 车间工业管道安装工程　　　　第　页共　页

序号	项目名称
1	临时设施费
2	文明施工费
3	二次搬运费
4	组装平台搭拆费
5	脚手架搭拆费

【序号 1】　无缝钢管热轧，$\phi219\times8.5$，钢套管制作、安装，做水压试验及水冲洗，无缝钢管刷防锈漆，做硅酸盐涂抹绝热。

(1) $\phi219\times8.5$ 无缝热轧钢管安装

1) 人工费：　4.036 元/m×315m＝1271.34 元

2) 材料费：　1.444 元/m×315m＝454.86 元

3) 机械费：　8.675 元/m×315m＝2732.63 元

4) 主材：$\phi200$ 低压碳钢管

长度：　0.957m/m×315m＝301.5m

材料费：　301.5m×160 元/m＝48240 元

(2) 钢套管制作安装

1) 人工费：　42.52 元/个×5 个＝212.6 元

2) 材料费：　13.56 元/个×5 个＝67.8 元

3) 机械费：　0.48 元/个×5 个＝2.4 元

4) 主材：$\phi250$ 碳钢管

材料费：　0.3m/个 ×5 个×50 元/m＝75 元

(3) 低压管道液压试验

1) 人工费：　1.314 元/m×315m＝413.91 元

2) 材料费：　0.678 元/m×315m＝213.57 元

3）机械费：　　$0.162元/m \times 315m = 51.03元$

（4）水冲洗

1）人工费：　　$0.79元/m \times 100m = 79元$

2）材料费：　　$0.854元/m \times 100m = 85.4元$

3）机械费：　　$0.17元/m \times 100m = 17元$

4）水的费用：

$$2.16t/100m \times 315m = 6.804t$$

$$6.804t \times 0.95元/t = 6.46元$$

（5）管道刷防锈漆两遍

1）人工费：　　$(0.627 + 0.627)元/m^2 \times 217m^2 = 272.12元$

2）材料费：　　$(0.113 + 0.101)元/m^2 \times 217m^2 = 46.44元$

3）机械费：无

4）醇酸防锈漆的费用：

$$(0.131 + 0.112)元/m^2 \times 217m^2 = 52.731kg$$

$$52.731kg \times 8.5元/kg = 448.21元$$

（6）管道硅酸盐涂沫绝热，$\delta = 50mm$

1）人工费：　　$90.33元/m^2 \times 329m^2 = 29718.57元$

2）材料费：　　$0.82元/m^2 \times 329m^2 = 269.78元$

3）机械费：　　$11.25元/m^2 \times 329m^2 = 3701.25元$

4）硅酸盐涂抹料：

$$0.508m^3/m^2 \times 329m^2 = 167.132m^3$$

$$167.132m^3 \times 48元/m^3 = 8022.34元$$

（7）综合

1）直接费合计：96401.71元

2）管理费：　　$96401.71 \times 34\% = 32776.58元$

3）利润：　　$96401.71 \times 8\% = 7712.14元$

4）总计：　　$96401.71 + 32776.58 + 7712.14 = 136890.43元$

5）综合单价：　　$136890.43 \div 315m = 434.57元/m$

【序号2】　低压不锈钢管安装，$\phi159 \times 5$，氩弧焊，做水压试验，管道酸洗，管道脱脂，管道绝热，镀锌钢板保护层。

（1）$\phi159 \times 5$低压不锈钢管安装

1）人工费：　　$5.055元/m \times 230m = 1162.65元$

2）材料费：　　$2.555元/m \times 230m = 587.65元$

3）机械费：　　$8.878元/m \times 230m = 2041.94元$

4）低压不锈钢管热轧：

$$0.938m/m \times 230m = 215.74m$$

$$215.74m \times 250元/m = 53935元$$

（2）水压试验

1）人工费：　　$1.314元/m \times 230m = 302.22元$

2）材料费：　　$0.678元/m \times 230m = 155.94元$

3）机械费：　　$0.162元/m \times 230m = 37.26元$

（3）管道酸洗

1）人工费：　1.807 元/m × 230m = 415.61 元
2）材料费：　1.586 元/m × 230m = 364.78 元
3）机械费：　0.53 元/m × 230m = 121.9 元
4）酸洗液：　0.5878kg/m × 230m = 135.194kg
135.194kg × 0.7 元/kg = 94.64 元
5）烧碱：　0.1575kg/m × 230m = 36.225kg
36.225kg × 1 元/kg = 36.23 元
6）水：　0.1296t/m × 230m = 29.808t
29.808t × 0.95 元/t = 28.32 元

（4）管脱脂，脱脂介质为四氯化碳
1）人 工 费：　0.9497 元/m × 230m = 218.43 元
2）材 料 费：　2.2323 元/m × 230m = 513.43 元
3）机 械 费：　0.6884 元/m × 230m = 158.33 元
4）四氯化碳：　0.7805 元/m × 230m = 179.515 元
179.515 元 kg × 7 元/kg = 1256.61 元

（5）无碱超细玻璃棉毡绝热，$\delta = 50mm$
1）人工费：　50.16 元/m^3 × 7.87m^3 = 394.76 元
2）材料费：　20.3 元/m^3 × 7.87m^3 = 159.76 元
3）机械费：　6.75 元/m^3 × 7.87m^3 = 53.12 元
4）无碱超细玻璃棉毡：
$1.03m^3/m^3 \times 7.87m^3 = 8.106m^3$
8.106m^3 × 1100 元/m^3 = 8916.6 元

（6）镀锌铁皮保护层，$\delta = 0.5mm$
1）人工费：　5.712 元/m^2 × 197m^2 = 1125.26 元
2）材料费：　1.297 元/m^2 × 197m^2 = 255.51 元
3）机械费：　3.6 元/m^2 × 197m^2 = 709.2 元
4）镀锌铁皮：　1.2kg/m^2 × 197m^2 = 236.4kg
236.4kg × 5.5 元/kg = 1300.2 元

（7）综合
1）直接费小计：74345.35 元
2）管理费：　74345.35 × 34% = 25277.42 元
3）利润：　74345.35 × 8% = 5947.63 元
4）总计：　74345.35 + 25277.42 + 5947.63 = 105570.4 元
5）综合单价：　105570.4 元 ÷ 230m = 459.00 元

【序号 3】　低压碳钢 *DN*200 对焊管件安装，用电弧焊。

（1）*DN*200 管件安装，电弧焊
1）人工费：　20.211 元/个 × 25 个 = 505.28 元
2）材料费：　11.965 元/个 × 25 个 = 299.13 元
3）机械费：　23.38 元/个 × 25 个 = 584.5 元

（2）无缝弯头 *DN*200：　240 元/个 × 15 个 = 3600 元

（3）低拔无缝三通：　260 元/个 × 10 个 = 2600 元

（4）综合

1）直接费合计：7588.91 元

2）管理费：　　7588.91 元 × 34% = 2580.23 元

3）利润：　　7588.91 元 × 8% = 607.11 元

4）总计：　　7588.91 元 + 2580.23 + 607.11 = 10776.25 元

5）综合单价：　　10776.25 元 ÷ 25 个 = 431.05 元/个

【序号 4】 低压不锈钢 *DN*150 对焊管件安装，氩弧焊。

（1）*DN*150 管件安装

1）人工费：　　22.554 元/个 × 18 个 = 405.97 元

2）材料费：　　26.456 × 18 个 = 476.21 元

3）机械费：　　41.037 元/个 × 18 个 = 738.67 元

（2）弯头 *DN*150：　　570 元/个 × 15 个 = 8550 元

（3）三通 *DN*150：　　3800 元/个 × 3 个 = 11400 元

（4）综合

1）直接费合计：21570.85 元

2）管理费：　　21570.85 × 34% = 7334.09 元

3）利润：　　21570.85 × 8% = 1725.67 元

4）总计：　　21570.85 + 7334.09 + 1725.67 = 30630.61 元

5）综合单价：　　30630.61 元 ÷ 18 个 = 1701.70 元/个

【序号 5】 低压碳钢法兰阀门安装，*DN*200。

（1）低压碳钢法兰阀门安装

1）人工费：　　44.74 元/个 × 5 个 = 223.7 元

2）材料费：　　13.39 元/个 × 5 个 = 66.95 元

3）机械费：　　48.62 元/个 × 5 个 = 243.1 元

（2）法兰阀门 j41H – 25 – 200：　　260 元/个 × 5 个 = 1300 元

（3）螺栓带帽及垫 22 × 90：　　4.5 元/个 × 120 个 = 540 元

（4）综合

1）直接费合计：2373.75 元

2）管理费：　　2373.75 × 34% = 807.08 元

3）利润：　　2373.75 × 8% = 189.9 元

4）合计：　　2373.75 + 807.08 + 189.9 = 3370.73 元

5）综合单价：　　3370.73 元 ÷ 5 个 = 674.15 元/个

【序号 6】 低压不锈钢法兰阀门安装，*DN*150。

（1）法兰阀门安装

1）人工费：　　28.54 元/个 × 3 个 = 85.62 元

2）材料费：　　10.94 元/个 × 3 个 = 32.82 元

3）机械费：　　7.35 元/个 × 3 个 = 22.05 元

（2）不锈钢法兰阀门 j41W – 25P – 150：7300 元/个 × 3 个 = 21900 元

（3）不锈钢螺栓带帽及垫 22 × 85：7.5 元/个 × 3 个 = 22.5 元

（4）综合

1）直接费合计：22062.99 元

2）管理费：　　22062.99 × 34% = 7501.42 元

3）利润：　　22062.99 × 8% = 1765.04 元

4）合计：　　　　22062.99 + 7501.42 + 1765.04 = 31329.45 元
5）综合单价：　　　　31329.45 元 ÷ 3 个 = 10443.15 元/个

【序号 7】　低压碳钢平焊法兰阀门安装，*DN*200。

（1）低压碳钢平焊法兰安装，*DN*200
1）人工费：　　　　18 元/副 × 5 副 = 90 元
2）材料费：　　　　18.03 元/副 × 5 副 = 90.15 元
3）机械费：　　　　21.86 元/副 × 5 副 = 109.3 元
（2）碳钢平焊法兰，2.5MPa、*DN*200：320 元/副 × 5 副 = 1600 元
（3）综合
1）直接费合计：1889.45 元
2）管理费：　　　　1889.45 × 34% = 642.41 元
3）利润：　　　　1889.45 × 8% = 151.16 元
4）总计：　　　　1889.45 + 642.41 + 151.16 = 2683.02 元
5）综合单价：　　　　2683.02 元 ÷ 5 副 = 536.60 元/副

【序号 8】　低压不锈钢平焊法兰安装，*DN*150。

（1）低压不锈钢平焊法兰安装，*DN*150
1）人工费：　　　　22.24 元/副 × 3 副 = 66.72 元
2）材料费：　　　　27.49 元/副 × 3 副 = 82.47 元
3）机械费：　　　　15.81 元/副 × 3 副 = 47.43 元
（2）不锈钢平焊法兰 2.5MPa，*DN*150：170 元/副 × 3 副 = 510 元
（3）综合
1）直接费合计：706.62 元
2）管理费：　　　　706.62 × 34% = 240.25 元
3）利润：　　　　706.62 × 8% = 56.53 元
4）合计：　　　　706.62 + 240.25 + 56.53 = 1003.4 元
5）综合单价：　　　　1003.4 元 ÷ 3 副 = 334.47 元/副

【序号 9】　焊缝 X 射线无损探伤。

（1）焊缝 X 射线无损探伤
1）人工费：　　　　10.681 元/张 × 50 张 = 534.05 元
2）材料费：　　　　21.547 元/张 × 50 张 = 1077.35 元
3）机械费：　　　　10.348 元/张 × 50 张 = 517.4 元
（2）综合
1）直接费合计：2128.8 元
2）管理费：　　　　2128.8 × 34% = 723.79 元
3）利润：　　　　2128.8 × 8% = 170.30 元
4）合计：　　　　2128.8 + 723.79 + 170.30 = 3022.89 元
5）综合单价：　　　　3022.89 元 ÷ 50 张 = 60.46 元/张

【序号 10】　管道支架制作、安装。

（1）管道支架制作、安装
1）人工费：　　　　2.248 元/kg × 200kg = 449.6 元
2）材料费：　　　　1.217 元/kg × 200kg = 243.4 元
3）机械费：　　　　0.995 元/kg × 200kg = 199 元

4）型钢：　1.06kg/kg × 200kg = 212kg

212kg × 3.5 元/kg = 742 元

（2）支架人工除轻锈

1）人工费：　0.0789 元/kg × 200kg = 15.78 元

2）材料费：　0.025 元/kg × 200kg = 5 元

3）机械费：　0.0696 元/kg × 200kg = 13.92 元

（3）支架刷防锈漆两遍

1）人工费：　（0.0534 + 0.0511）元/kg × 200kg = 20.9 元

2）材料费：　（0.0081 + 0.0072）元/kg × 200kg = 3.06 元

3）机械费：　（0.07 + 0.07）元/kg × 200kg = 28 元

4）醇酸防锈漆：　（0.92 + 0.78）kg/100kg × 200kg = 3.4kg

3.4kg × 8 元/kg = 27.2 元

（4）支架刷两遍调合漆

1）人工费：　（5.11 + 5.11）元/100kg × 200kg = 20.44 元

2）材料费：　（0.26 + 0.23）元/100kg × 200kg = 0.98 元

3）机械费：　（6.96 + 6.96）元/100kg × 200kg = 27.84 元

4）酚醛调合漆各色：　（0.8 + 0.7）kg/100kg × 200kg = 3kg

3kg × 8 元/kg = 24 元

（5）综合

1）直接费合计：1821.6 元

2）管理费：　1821.6 × 34% = 619.34 元

3）利润：　1821.6 × 8% = 145.73 元

4）合计：　1821.6 + 619.34 + 145.73 = 2586.67 元

5）综合单价：　2586.67 元 ÷ 200kg = 12.93 元/kg

措施项目清单计价表

工程名称：A 车间工业管道安装工程　　第　页共　页

序号	项目名称	金额（元）
1	临时设施费	9940
2	文明施工费	604
3	二次搬运费	5640
4	组装平台搭拆费	24077
5	脚手架搭拆费	984
	合　计	41245

分部分项工程量清单计价表

工程名称：A 车间工业管道安装工程　　第　页共　页

序号	项目编码	项目名称	计量单位	工程数量	金额（元）	
					综合单价	合价
1	030601004001	低压碳钢 $\phi219 \times 8.5$ 无缝钢管安装（热轧 20 号钢手工电弧焊、安装一般钢套管、水压试验、水冲洗、刷防锈漆两次、硅酸盐涂抹绝热 $\delta = 50$）	m	315	434.57	136890.43
2	030601006001	低压 $\phi159 \times 5$ 不锈钢管安装（热轧 1Cr18Ni9Ti、氩弧焊、水压试验、酸洗、四氯化碳脱脂、超细玻璃棉毡绝热 $\delta = 50$、镀锌钢板保护层）	m	230	459.0	105570.4

续表

序号	项目编码	项目名称	计量单位	工程数量	金额（元）	
					综合单价	合价
3	030604002001	低压碳钢 DN200 管件安装（电弧焊、弯头 15 个、三通 10 个）	个	25	431.05	10776.25
4	030604004001	低压不锈钢 DN150 管件安装（氩弧焊、弯头 15 个、三通 3 个）	个	18	1701.70	30630.61
5	030607003001	低压碳钢 DN200 法兰阀门安装（j41H－25－200）	个	5	674.15	3370.73
6	030607003001	低压不锈钢 DN150 法兰阀门安装（j41W－25P－150）	个	3	10443.15	31329.45
7	030610002002	低压碳钢 DN200 平焊法兰安装（电弧焊 2.5MPa）	副	5	536.60	2683.02
8	030610006001	低压不锈钢 DN150 平焊法兰安装（氩弧焊 2.5MPa）	副	3	334.47	1003.4
9	030616003001	焊缝 X 射线探伤（80×300）	张	50	60.46	3022.89
10	030615001001	管支架制作安装（一般支架，人工除锈、刷一次防锈漆二次调合漆）	kg	200	12.93	2586.67
		合　计				327863.85

（6）分部分项工程量清单综合单价计算表。

分部分项工程量清单综合单价计算表

工程名称：A 车间工业管道安装工程　　计量单位：m

项目编码：030601004001　　工程数量：315

项目名称：低压碳钢　ϕ219×8.5 无缝钢管安装　　综合单价：434.57 元

序号	定额编号	工程内容	单位	数量	其中：（元）					
					人工费	材料费	机械费	管理费	利润	小计
1	6－36	管道安装	m	315	1271.34	454.86	2732.63			
2		无缝钢管热轧　ϕ219×8.5，20 号	m	301.5		48240				
3	6－2975	一般钢套管制作安装 DN250	个	5	212.6	67.8	2.4			
4		无缝钢管热轧 ϕ245×8.5	m	1.5		75				
5	6－2429	水压试验　200	m	315	413.91	213.57	51.03			
6	6－2476	水冲洗	m	315	79	85.4	17			
7		水	t	6.804		6.46				
8	11－53 11－54	管道刷防锈漆	m^2	217	272.12	46.44				
9		醇酸防锈漆	kg	52.73		448.21				
10	11－2126	管道硅酸盐涂抹绝热	m^2	329	29718.57	269.78	3701.25			
11		硅酸盐涂抹料	m^3	167.132		8022.34				
		合　计			31967.54	57929.86	6504.31	32776.58	7712.14	136890.43

分部分项工程量清单综合单价计算表

工程名称：A 车间工业管道安装工程　　计量单位：m

项目编码：030601006001　　工程数量：230

项目名称：低压不锈钢管安装　ϕ159×5　　综合单价：459.0 元

序号	定额编号	工程内容	单位	数量	其中：（元）					
					人工费	材料费	机械费	管理费	利润	小计
1	6－139	低压不锈钢管安装 ϕ159×5 氩弧焊	m	230	1162.65	587.65	2041.94			
2		不锈钢管　1Cr18Ni9Ti 热轧	m	215.74		53935				

续表

序号	定额编号	工程内容	单位	数量	其中：(元)					
					人工费	材料费	机械费	管理费	利润	小计
3	6－2429	水压试验	m	230	302.22	155.94	37.26			
4	6－2505	管酸洗	m	230	415.61	364.78	121.9			
5		盐酸	kg	135.194		94.64				
6		烧碱	kg	36.23		36.23				
7		水	t	29.81		28.32				
8	6－2512	管脱脂	m	230	218.43	513.43	158.33			
9		四氯化铁	kg	180		1256.61				
10	11－1988	管绝热	m^3	7.87	394.76	159.76	53.12			
11		无碱超细玻璃棉毡	m^3	8.11		8916.6				
12	11－2199	镀锌钢板保护层	m^2	197	1125.26	255.51	709.2			
13		镀锌钢板　$\delta=0.5$	kg	236.4		1300.2				
		合　计			3618.93	67604.67	3121.75	25277.42	5947.63	105570.4

分部分项工程量清单综合单价计算表

工程名称：A车间工业管道安装工程　　　　计量单位：个

项目编码：030604002001　　　　工程数量：25

项目名称：低压碳钢　*DN*200　管件安装　　　　综合单价：431.05元

序号	定额编号	工程内容	单位	数量	其中：(元)					
					人工费	材料费	机械费	管理费	利润	小计
1	6－653	管件安装　*DN*200电弧焊	个	25	505.28	299.13	584.5			
2		无缝弯头 *DN*200	个	15		3600				
3		冷拔无缝三通	个	10		2600				
		合　计			505.28	6499.13	584.5	2580.23	607.11	10776.25

分部分项工程量清单综合单价计算表

工程名称：A车间工业管道安装工程　　　　计量单位：个

项目编码：030604004001　　　　工程数量：18

项目名称：低压不锈钢　*DN*150　管件安装　　　　综合单价：1701.70元

序号	定额编号	工程内容	单位	数量	其中：(元)					
					人工费	材料费	机械费	管理费	利润	小计
1	6－755	管件安装　*DN*150氩弧焊	个	18	405.97	476.21	738.67			
2		弯头　*DN*150	个	15		8550				
3		三通　*DN*150	个	3		11400				
		合　计			405.97	20426.21	738.67	7334.09	1725.67	30630.61

分部分项工程量清单综合单价计算表

工程名称：A 车间工业管道安装工程　　计量单位：个

项目编码：030607003001　　工程数量：5

项目名称：低压碳钢法兰阀门安装　*DN*200　　综合单价：674.15 元

序号	定额编号	工程内容	单位	数量	其中：（元）					
					人工费	材料费	机械费	管理费	利润	小计
1	6－1281	低压碳钢法兰阀门安装 *DN*200	个	5	223.7	66.95	243.1			
2		法兰阀门 j41H－25－200	个	5		1300				
3		螺栓带帽及垫　22×90	套	120		540				
		合　计			223.7	1906.95	243.1	807.08	189.9	3370.73

分部分项工程量清单综合单价计算表

工程名称：A 车间工业管道安装工程　　计量单位：个

项目编码：030607003002　　工程数量：3

项目名称：低压不锈钢法兰阀门安装　*DN*150　　综合单价：10443.15 元

序号	定额编号	工程内容	单位	数量	其中：（元）					
					人工费	材料费	机械费	管理费	利润	小计
1	6－1280	低压不锈钢法兰阀门安装 *DN*150	个	3	85.62	32.82	22.05			
2		不锈钢法兰阀门 j41W－25P－150	个	3		21900				
3		不锈钢螺栓带帽及垫　22×85	套	80		22.5				
		合　计			85.62	21955.32	22.05	7501.42	1765.04	31329.45

分部分项工程量清单综合单价计算表

工程名称：A 车间工业管道安装工程　　计量单位：副

项目编码：030610002001　　工程数量：5

项目名称：低压碳钢平焊法兰阀门安装　*DN*200　　综合单价：536.60 元

序号	定额编号	工程内容	单位	数量	其中：（元）					
					人工费	材料费	机械费	管理费	利润	小计
1	6－1510	低压碳钢平焊法兰阀门安装 *DN*200	副	5	90	90.15	109.3			
2		碳钢平焊法兰　2.5MPa *DN*200	副	5		1600				
		合　计			90	1690.15	109.3	642.41	151.16	2683.02

分部分项工程量清单综合单价计算表

工程名称：A 车间工业管道安装工程　　计量单位：副

项目编码：030610006001　　工程数量：3

项目名称：低压不锈钢法兰安装　*DN*150　　综合单价：334.47 元

序号	定额编号	工程内容	单位	数量	其中：（元）					
					人工费	材料费	机械费	管理费	利润	小计
1	6－1537	低压不锈钢平焊法兰　*DN*150	副	3	66.72	82.47	47.43			
2		不锈钢平焊法兰 2.5MPa *DN*150	副	3		510				
		合　计			66.72	592.47	47.43	240.25	56.53	1003.4

分部分项工程量清单综合单价计算表

工程名称：A 车间工业管道安装工程　　计量单位：张

项目编码：030616003001　　工程数量：50

项目名称：焊缝 X 射线无损探伤　　综合单价：60.46 元

序号	定额编号	工程内容	单位	数量	其中：(元)					
					人工费	材料费	机械费	管理费	利润	小计
1	6－2536	焊缝 X 射线无损探伤	张	50	534.05	1077.35	517.4			
		合　　计			534.05	1077.35	517.4	723.79	170.30	3022.89

分部分项工程量清单综合单价计算表

工程名称：A 车间工业管道安装工程　　计量单位：kg

项目编码：030615001001　　工程数量：200

项目名称：管支架制作安装　　综合单价：12.93 元

序号	定额编号	工程内容	单位	数量	其中：(元)					
					人工费	材料费	机械费	管理费	利润	小计
1	6－2845	管支架制作安装	kg	200	450	243	199			
2		型钢	kg	212		742				
3	11－7	支架人工除轻锈	kg	200	16	5	14			
4	11－119、120	支架刷防锈漆两次	kg	200	20.9	3.06	28			
		防锈漆（醇酸）	kg	3.4		27.2				
5	11－126、127	支架刷两次调合漆	kg	200	20.44	1	28			
		酚醛调合漆	kg	3		24				
		合　　计			507.34	1045.26	269	619.34	145.37	2586.67

（7）措施项目费计算表。

措施项目费计算表

工程名称：A 车间工业管道安装工程　　第　页共　页

序号	工程内容	单位	数量	其中：(元)					
				人工费	材料费	机械费	管理费	利润	小计
1	临时设施	项	1	2000	5000	100	1260	1580	9940
2	文明施工	项	1	20	300		126	158	604
3	二次搬运	项	1	2000	500	300	1260	1580	5640
4	组装平台搭拆	m^2	150	2246	12942	5700	1415	1774	24077
5	脚手架搭拆费	项	1	200	500		126	158	984
	合　　计			6466	19242	6100	4187	5250	41245

六、C.7 消防工程工程量清单设置与计价举例

分部分项工程量清单

工程名称：A 高层（27 层）写字楼消防工程　　　　第　页 共　页

序号	项目编码	项 目 名 称	计量单位	工程数量
1	030701003001	消防栓管道安装，一般无缝钢管　108×4.5，镀锌，螺纹连接	m	650
2	030701001001	水喷淋管道安装　镀锌焊接钢管　*DN*100　螺纹连接	m	450
3	030701012001	报警装置安装　湿式　*DN*100	组	1
4	030701014001	水流指示器安装　法兰连接　*DN*100	个	27
5	030701016001	末端试水装置安装　*DN*25	组	27
6	030701015001	减压孔板安装　*DN*80	个	27
7	030701007001	阀门安装　*DN*100　法兰连接　j41T-16-100	个	30
8	030703004001	碳钢平焊法兰安装　*DN*100　电弧焊	副	30
9	030701011001	水喷头安装　有吊顶　*DN*15	个	450
10	030701018001	室内消火栓安装　双栓　*DN*70　铝合金箱	套	108
11	030701019001	地上式消防水泵结合器安装　*DN*100	套	4
12	030704001001	管支架制作安装，手工除轻锈，一次防锈漆，两次银粉	kg	1850
13	030705001001	点型探测感烟器安装　总线制	只	250
14	030705003001	按钮安装	只	108
15	030705004001	模块安装　单输出	只	250
16	030705008001	重复显示器安装　总线制	台	27
17	030705007001	报警联动一体机安装 500 点以下　落地式	台	1
18	030706001001	自动化报警系统调试 500 点以下	系统	1
19	030706002001	水灭火系统控制装置调试 500 点以上	系统	1

措 施 项 目 清 单

工程名称：A 高层（27 层）写字楼消防工程　　　　第　页 共　页

序号	项 目 名 称
1	临时设施费
2	文明施工费
3	安全施工费
4	二次搬运费
5	脚手架搭拆费

【序号 1】　消防栓管道安装，ϕ 108×4.5，一般无缝钢管，镀锌，螺纹连接。

（1）管道安装

1）人工费：　　7.639 元/m×650m = 4965.35 元

2）材料费：　　8.012 元/m×650m = 5207.8 元

3）机械费：　　0.814 元/m×650m = 529.1 元

4）镀锌钢管：　　10.2m/10m×650m = 663m

663m × 55 元/m = 36465 元

（2）无缝钢管镀锌费：650m × 7 元/m = 4550 元

（3）主体结构配合费：4965.35 元 × 5% = 248.27 元

（4）高层建筑增加费：4965.35 元 × 11% = 546.19 元

（其中主体结构配合费费率和高层建筑增加费费率见消防及安全防范设备安装工程说明）

（5）综合

1）直接费小计：52511.71 元

2）管理费：52511.71 × 34% = 17853.98 元

3）利润：52511.71 × 8% = 4200.94 元

4）总计：52511.71 + 17853.98 + 4200.94 = 74566.63 元

5）综合单价：74566.63 元 ÷ 650m = 114.72 元/m

【序号 2】 水喷淋管道安装，镀锌焊接钢管 *DN*100，螺纹连接。

（1）水喷淋管道安装，镀锌焊接钢管 *DN*100，螺纹连接

1）人工费：7.639 元/m × 450m = 3437.55 元

2）材料费：1.62 元/m × 450m = 729 元

3）机械费：0.926 元/m × 450m = 416.7 元

（2）镀锌钢管：1.02m/m × 450m = 459m

459m × 96 元/m = 44064 元

（3）镀锌钢管接头零件：

0.519 个/m × 450m = 234 个

234 个 × 35 元/个 = 8190 元

（4）管网水冲洗

1）人工费：0.646 元/m × 450m = 290.7 元

2）材料费：1.407 元/m × 450m = 633.15 元

3）机械费：0.11 元/m × 450m = 49.5 元

（5）高层建筑增加费：（3437.55 + 290.7）元 × 11% = 410.11 元

（6）综合

1）直接费小计：58220.71 元

2）管理费：58220.71 × 34% = 19795.04 元

3）利润：58220.71 × 8% = 4657.66 元

4）总计：58220.71 + 19795.04 + 4657.66 = 82673.41 元

5）综合单价：82673.41 元 ÷ 450m = 183.72 元/m

【序号 3】 湿式报警装置安装，*DN*100。

（1）湿式报警装置安装 *DN*100

1）人工费：159.99 元/组 × 1 组 = 159.99 元

2）材料费：341.07 元/组 × 1 组 = 341.07 元

3）机械费：29.68 元/组 × 1 组 = 29.68 元

（2）湿式报警装置：25000 元/组 × 1 组 = 25000 元

(3) 平焊法兰：2.2 片/组 × 1 组 = 2.2 片

2.2 片 × 70 元/片 = 154 元

(4) 高层建筑增加费：

159.99 元 × 11% = 17.60 元

(5) 综合

1) 直接费合计：25702.34 元

2) 管理费：　25702.34 × 34% = 8738.80 元

3) 利润：　25702.34 × 8% = 2056.19 元

4) 合计：　25702.34 + 8738.80 + 2056.19 = 36497.33 元

5) 综合单价：　36497.33 元 ÷ 1 组 = 36497.33 元/组

【序号 4】　水流指示器安装法兰连接 *DN*100。

(1) 水流指示器安装

1) 人工费：　34.60 元/个 × 27 个 = 934.2 元

2) 材料费：　42.37 元/个 × 27 个 = 1143.99 元

3) 机械费：　12.35 元/个 × 27 个 = 333.45 元

(2) 水流指示器：5000 元/个 × 27 个 = 135000 元

(3) 平焊法兰 1.6MPa *DN*100：2.2 片/个 × 27 个 = 59.4 片，取 60 片

64 元/片 × 60 片 = 3840 元

(4) 高层建筑增加费：934.2 元 × 11% = 102.76 元

(5) 综合

1) 直接费合计：141354 元

2) 管理费：　141354 × 34% = 48060.36 元

3) 利润：　141354 × 8% = 11308.32 元

4) 合计：　141354 + 48060.36 + 11308.32 = 200722.68 元

5) 综合单价：　200722.68 元 ÷ 27 个 = 7434.17 元/个

其他项的综合单价计算方法均与以上几项相同，不再一一列举。

分部分项工程量清单计价表

工程名称：A 高层（27 层）写字楼消防工程　　　　第　页共　页

序号	项目编码	项目名称	计量单位	工程数量	金额（元）	
					综合单价	合价
1	030701003001	消防栓管道安装　一般无缝钢管 108 × 4.5　镀锌螺纹连接	m	650	114.72	74566.63
2	030701001001	水喷淋管道安装　镀锌焊接钢管 *DN*100　螺纹连接	m	450	183.72	82673.41
3	030701012001	报警装置安装　湿式　*DN*100	组	1	36497.33	36497.33
4	030701014001	水流指示器安装　法兰连接　*DN*100	个	27	7434.17	200722.68
5	030701016001	末端试水装置安装　*DN*25	组	27	195.64	5282.4
6	030701015001	减压孔板导安装　*DN*80	个	27	513.41	13862.04
7	030701007001	阀门安装　*DN*100　法兰连接　j41T-16-100	个	30	549.633	16489.04
8	030702004001	碳钢平焊接法兰安装　*DN*100　电弧焊	副	30	216.03	6480.88

续表

序号	项目编码	项目名称	计量单位	工程数量	金额（元） 综合单价	合价
9	030701011001	水喷头安装　有吊顶　*DN*15	个	450	93.03	376790.9
10	030701018001	室内消火栓安装　双栓　*DN*70 铝合金箱	套	108	3041.35	328465.88
11	030701019001	地上式消防水泵结合器安装　*DN*100	套	4	3837.55	15350.19
12	030704001001	管支架制作安装，手工除轻锈，一次防锈漆，两次银粉	kg	1850	11.16	20641.33
13	030705001001	点型探测感烟器安装　总线制	只	250	242.39	60597.44
14	030705003001	按钮安装	只	108	114.56	12372.46
15	030705004001	模块安装　单输出	只	250	152.02	38005.59
[illegible]	[illegible]	重复显示器安装　总线制	台	27	2793.19	75416.2
18	030705001001	自动化报警系统调试　500 点以下	系统	1	16887.35	16887.35
19	030705002001	水灭火系统控制装置调试　500 点以上	系统	1	15133.58	15133.58
		合　计				1400442.48

措施项目清单计价表

工程名称：A 高层（27 层）写字楼消防工程　　　　第　页　共　页

序号	项目名称	金额（元）
1	临时设施费	10840
2	文明施工费	4920
3	安全施工费	9840
4	二次搬运费	5740
5	脚手架搭拆费	2710
	合　计	34050

分部分项工程量清单综合单价计算表

工程名称：A 高层（27 层）写字楼消防工程　　　　计量单位：m

项目编号：030701003001　　　　工程数量：650

项目名称：消火栓管道安装　　　　综合单价：114.72 元

序号	定额编号	工程内容	单位	数量	其中：（元） 人工费	材料费	机械费	管理费	利润	小计
1	8-95	管道安装　108×4.5	m	650	4965.35	5207.8	529.1			
2		一般无缝钢管　108×4.5	m	663		36465				
3		无缝钢管镀锌费	元			4550				
4		主体结构配合费	元		248.27					
5		高层建筑增加费	元		546.19					
		合　计			5759.81	46222.8	529.1	17853.98	4200.94	74566.63

分部分项工程量清单综合单价计算表

工程名称：A 高层（27 层）写字楼消防工程　　计量单位：m

项目编号：030701001001　　工程数量：450

项目名称：水喷淋管道安装　*DN*100　　综合单价：183.72 元

序号	定额编号	工程内容	单位	数量	其中：（元）					
					人工费	材料费	机械费	管理费	利润	小计
1	7－73	管道安装　*DN*100	m	450	3437.55	729	416.7			
2		镀锌钢管	m	459		44064				
3		镀锌钢管接头零件	个	234		8190				
4	7－135	管网水冲洗	m	450	290.7	633.15	49.5			
5		高层建筑增加费	元		410.11					
		合　计			4138.36	53616.15	466.2	19795.04	4657.66	82673.41

分部分项工程量清单综合单价计算表

工程名称：A 高层（27 层）写字楼消防工程　　计量单位：组

项目编号：030701012001　　工程数量：1

项目名称：湿式报警装置安装　*DN*100　　综合单价：36497.33 元

序号	定额编号	工程内容	单位	数量	其中：（元）					
					人工费	材料费	机械费	管理费	利润	小计
1	7－80	湿式报警装置安装	组	1	159.99	341.07	29.68			
2		湿式报警装置	组	1		25000				
3		平焊法兰　1.6MPa	片	2.2		154				
4		高层建筑增加费	元		17.6					
		合　计			177.59	25495.07	29.68	8738.80	2056.19	36497.33

分部分项工程量清单综合单价计算表

工程名称：A 高层（27 层）写字楼消防工程　　计量单位：个

项目编号：030701014001　　工程数量：27

项目名称：水流指示器安装法兰连接　*DN*100　　综合单价：7434.17 元

序号	定额编号	工程内容	单位	数量	其中：（元）					
					人工费	材料费	机械费	管理费	利润	小计
1	7－94	水流指示器安装	个	27	934	1144	333			
2		水流指示器　*DN*100	个	27		135000				
3		平焊法兰 1.6MPa *DN*100	片	59.4		3840				
4		高层建筑增加费	元		103					
		合　计			1037	139984	333	48060.36	11308.32	200722.68

分部分项工程量清单综合单价计算表

工程名称：A 高层（27 层）写字楼消防工程　　　　计量单位：组

项目编号：030701016001　　　　工程数量：27

项目名称：末端试水装置安装　*DN*25　　　　综合单价：195.64 元

序号	定额编号	工程内容	单位	数量	其中：（元）					
					人工费	材料费	机械费	管理费	利润	小计
1	7－102	末端试水装置安装	组	27	947	1243	62			
2		阀门　Z15T－16－25	个	54.54		1364				
3		高层建筑增加费	元		104					
		合　计			1051	2607	62	1264.8	297.6	5282.4

分部分项工程量清单综合单价计算表

工程名称：A 高层（27 层）写字楼消防工程　　　　计量单位：个

项目编号：030701015001　　　　工程数量：27

项目名称：减压孔板安装　*DN*80　　　　综合单价：513.41 元

序号	定额编号	工程内容	单位	数量	其中：（元）					
					人工费	材料费	机械费	管理费	利润	小计
1	7－99	减压孔板安装	个	27	332	1101	223			
2		减压孔板　*DN*80	个	27		6750				
3		平焊法兰　1.6MPa	片	54		1319				
4		高层建筑增加费	元		37					
		合　计			369	9170	223	3319.08	780.96	13862.04

分部分项工程量清单综合单价计算表

工程名称：A 高层（27 层）写字楼消防工程　　　　计量单位：个

项目编号：030701007001　　　　工程数量：30

项目名称：法兰阀门安装　j41T－16－100　　　　综合单价：549.63 元

序号	定额编号	工程内容	单位	数量	其中：（元）					
					人工费	材料费	机械费	管理费	利润	小计
1	6－1278	法兰阀门安装	个	30	589	220	110			
2		法兰阀门　j41T－16－100	个	30		9150				
3		碳钢螺栓　16×70	个	480		1478				
4		高层建筑增加费	元		65					
		合　计			654	10848	110	3948.08	928.96	16489.04

分部分项工程量清单综合单价计算表

工程名称：A 高层（27 层）写字楼消防工程　　　　计量单位：副

项目编号：030702004001　　　　工程数量：30

项目名称：平焊法兰安装　1.6MPa　*DN*100　　　　综合单价：216.03 元

序号	定额编号	工程内容	单位	数量	其中：（元）					
					人工费	材料费	机械费	管理费	利润	小计
1	6－1507	法兰安装	副	30	299	226	218			
2		碳钢平焊法兰 1.6MPa　*DN*100	片	60		3788				

续表

序号	定额编号	工程内容	单位	数量	其中：（元）					
					人工费	材料费	机械费	管理费	利润	小计
3		高层建筑增加费	元		33					
		合　计			332	4014	218	1551.76	365.12	6480.88

分部分项工程量清单综合单价计算表

工程名称：A 高层（27 层）写字楼消防工程　　计量单位：个

项目编号：030701011001　　工程数量：4050

项目名称：水喷头安装　*DN*15 有吊顶　　综合单价：93.03 元

序号	定额编号	工程内容	单位	数量	其中：（元）					
					人工费	材料费	机械费	管理费	利润	小计
1	7－77	水喷头安装	个	4050	25672.95	25988.85	6309.9			
2		有装饰盘水喷头　*DN*15	个	4091		204550				
3		高层建筑增加费	元		2824					
		合　计			28496.95	230538.85	6309.9	90217.54	21227.66	376790.9

分部分项工程量清单综合单价计算表

工程名称：A 高层（27 层）写字楼消防工程　　计量单位：套

项目编号：030701018001　　工程数量：108

项目名称：室内消火栓安装　双栓　*DN*70　　综合单价：3041.35 元

序号	定额编号	工程内容	单位	数量	其中：（元）					
					人工费	材料费	机械费	管理费	利润	小计
1	7－106	消火栓安装	套	108	3009	1057	117			
2		室内消火栓　*DN*70 双栓铝合金箱	套	108		226800				
3		高层建筑增加费	元		331					
		合　计			3340	227857	117	78646.76	18505.12	328465.88

分部分项工程量清单综合单价计算表

工程名称：A 高层（27 层）写字楼消防工程　　计量单位：组

项目编号：030701019001　　工程数量：4

项目名称：地上式消防水泵结合器安装　*DN*100　　综合单价：3837.55 元

序号	定额编号	工程内容	单位	数量	其中：（元）					
					人工费	材料费	机械费	管理费	利润	小计
1	7－123	地上式消防水泵结合器安装　*DN*100	组	4	194.12	573.52	21			
2		地上式消防水泵结合器　*DN*100	组	4		10000				
3		高层建筑增加费	元		21.35					
		合　计			215.47	10573.52	21	3675.40	864.80	15350.19

分部分项工程量清单综合单价计算表

工程名称：A 高层（27 层）写字楼消防工程　　计量单位：kg

项目编号：030704001001　　工程数量：1850

项目名称：管支架制作安装　　综合单价：11.16 元

序号	定额编号	工程内容	单位	数量	其中：（元）					
					人工费	材料费	机械费	管理费	利润	小计
1	7－131	管支架制作安装	kg	1850	3824	1929	1441			
2		型钢	kg	1961		5510				
3	11－7	支架手工除轻锈	kg	1850	146	46	129			
4	11－119	支架涂防锈漆一次	kg	1850	99	16	129			
5	11－122	支架涂两次银粉漆	kg	1850	189	132	258			
6	123	银粉漆	kg	8.88		75.48				
7		醇酸防锈漆	kg	17.02		144.67				
8		高层建筑增加费	元		468					
		合　计			4726	7853.15	1957	4942.29	1162.89	20641.33

分部分项工程量清单综合单价计算表

工程名称：A 高层（27 层）写字楼消防工程　　计量单位：只

项目编号：030705001001　　工程数量：250

项目名称：点型探测感烟器安装（总线制）　　综合单价：242.39 元

序号	定额编号	工程内容	单位	数量	其中：（元）					
					人工费	材料费	机械费	管理费	利润	小计
1	7－6	感烟器安装	只	250	3425	1177.5	195			
2		感烟器	只	250		37500				
3		高层建筑增加费	元		376.75					
		合　计			3801.75	38677.5	195	14509.25	3413.94	60597.44

分部分项工程量清单综合单价计算表

工程名称：A 高层（27 层）写字楼消防工程　　计量单位：只

项目编号：030705003001　　工程数量：108

项目名称：按钮安装　　综合单价：114.56 元

序号	定额编号	工程内容	单位	数量	其中：（元）					
					人工费	材料费	机械费	管理费	利润	小计
1	7－12	按钮安装	只	108	2157	786	133			
2		按钮	只	108		5400				
3		高层建筑增加费	元		237					
		合　计			2394	6186	133	2962.42	697.04	12372.46

分部分项工程量清单综合单价计算表

工程名称：A高层（27层）写字楼消防工程　　计量单位：只

项目编号：030705004001　　工程数量：250

项目名称：模块安装、单输出　　综合单价：152.02元

序号	定额编号	工程内容	单位	数量	其中：（元）					
					人工费	材料费	机械费	管理费	利润	小计
1	7-13	模块安装	只	250	10565	2055	482.5			
2		模块	只	250		12500				
3		高层建筑增加费	元		1162					
		合计			11727	14555	482.5	9099.93	2141.16	38005.59

分部分项工程量清单综合单价计算表

工程名称：A高层（27层）写字楼消防工程　　计量单位：台

项目编号：030705008001　　工程数量：27

项目名称：重复显示器安装、总线制　　综合单价2793.19元

序号	定额编号	工程内容	单位	数量	其中：（元）					
					人工费	材料费	机械费	管理费	利润	小计
1	7-49	重复显示器安装	台	27	9743	501	1295			
2		重复显示器	只	27		40500				
3		高层建筑增加费	元		1071					
		合计			10814	41001	1295	18057.4	4248.8	75416.2

分部分项工程量清单综合单价计算表

工程名称：A高层（27层）写字楼消防工程　　计量单位：台

项目编号：030705007001　　工程数量：1

项目名称：报警驱动一体机安装500点以下落地　　综合单价：4207.15元

序号	定额编号	工程内容	单位	数量	其中：（元）					
					人工费	材料费	机械费	管理费	利润	小计
1	7-44	报警驱动一体机安装	台	1	1100	73.78	168			
2		一体机	台	1		1500				
3		高层建筑增加费	元		121					
		合计			1221	1573.78	168	1007.35	237.02	4207.15

分部分项工程量清单综合单价计算表

工程名称：A高层（27层）写字楼消防工程　　计量单位：系统

项目编号：030705001001　　工程数量：1

项目名称：自动报警系统调试500点以下　　综合单价：16887.35元

序号	定额编号	工程内容	单位	数量	其中：（元）					
					人工费	材料费	机械费	管理费	利润	小计
1	7-197	自动报警装置调试500点以下	系统	1	7210	673.74	3215.76			
2		高层建筑增加费	元		793					
		合计			8003	673.74	3215.76	4043.45	951.4	16887.35

分部分项工程量清单综合单价计算表

工程名称：A 高层（27 层）写字楼消防工程　　　　计量单位：系统

项目编号：030705002001　　　　工程数量：1

项目名称：水灭火系统控制装置调试 500 点以上　　　　综合单价：15133.58 元

序号	定额编号	工程内容	单位	数量	其中：（元）					
					人工费	材料费	机械费	管理费	利润	小计
1	7－202	水灭火装置调试	系统	1	8743	235	717.45			
2		高层建筑增加费	元		962					
		合　计			9705	235	717.45	3623.53	852.60	15133.58

措施项目费计算表

工程名称：A 高层（27 层）写字楼消防工程　　　　第　页　共　页

序号	工程内容	单位	数量	综合单价：（元）					
				人工费	材料费	机械费	管理费	利润	小计
1	临时设施费	项	1	2000	5000	1000	1260	1580	10840
2	文明施工费	项	1	1000	2000	500	630	790	4920
3	安全施工费	项	1	2000	4000	1000	1260	1580	9840
4	二次搬运费	项	1	2000	500	400	1260	1580	5740
5	脚手架搭拆费	项	1	500	1500		315	395	2710
	合　计								34050

七、C.8 给排水、采暖、燃气工程工程量清单设置与计价举例

分部分项工程量清单

工程名称：某高层（12 层）住宅楼采暖工程　　　　第　页　共　页

序号	项目编码	项目名称	计量单位	工程数量
		室内焊接钢管安装螺纹连接，手工除锈，刷一次防锈漆，两次银粉漆，镀锌钢板套管		
1	030801001001	*DN*15	m	1325
2	030801001002	*DN*20	m	1855
3	030801001003	*DN*25	m	1030
4	030801001004	*DN*32	m	95
		室内焊接钢管安装和手工电弧焊，手工除锈，刷两次防锈漆，纤维管壳保温，$\delta=50$，玻璃布保护层，刷两次调合漆，钢套管		
5	030801002005	*DN*40	m	120
6	030801002006	*DN*50	m	230
7	030801002007	*DN*70	m	180
8	030801002008	*DN*80	m	95
9	030801002009	*DN*100	m	70
		方形伸缩器制作		
10	030803013001	*DN*100	个	2
11	030803013002	*DN*80	个	2
12	030803013003	*DN*70	个	4

续表

序号	项目编码	项目名称	计量单位	工程数量
13	030803013004	*DN*50	个	4
		阀门安装，螺纹连接		
14	030803001001	J11T－16－15	个	84
15	030803001002	J11T－16－20	个	76
16	030803001003	J11T－16－25	个	52
17	030803003001	法兰阀门安装　J11T－16－100	个	6
18	030805001001	铸铁散热器安装柱型　813,手工除锈,刷一次防锈漆,两次银粉漆	片	5385
19	030803005001	自动排气阀安装　*DN*20	个	5
20	030802001001	管道支架制作安装，手工除锈，一次防锈漆，两次调合漆	kg	1200
21	030807001001	采暖系统调整	系统	1

措施项目清单

工程名称：某高层（12层）住宅楼采暖工程　　　　第　页　共　页

序号	项目名称
1	临时设施费
2	文明施工费
3	安全施工费
4	二次搬运费
5	脚手架搭拆费

【序号1】　室内焊接钢管安装，*DN*15，螺纹连接，镀锌钢板套管，手工除锈，刷一次防锈漆，两次银粉漆。

（1）管道安装，*DN*15，螺纹连接

1）人工费：　42.49元/10m×1325m＝5630元

2）材料费：　12.41元/10m×1325m＝1643元

3）机械费：无

4）焊接钢管 *DN*15：　1.02m/m×1325m＝1352m

1352m×4元/m＝5408元

（2）镀锌钢板套管制作　*DN*25

1）人工费：　0.7元/个×250个＝175元

2）材料费：　1.00元/个×250个＝250元

3）机械费：无

（3）管道除轻锈，手工

1）人工费：　7.89元/$10m^2$×$88m^2$＝69.43元

2）材料费：　3.38元/$10m^2$×$88m^2$＝29.74元

3）机械费：无

（4）管道刷一次防锈漆，两次银粉漆

1）人工费：　（6.27＋6.5＋6.27）元/$10m^2$×$88m^2$＝167.552元

2）材料费：　（1.13＋4.81＋4.37）元/$10m^2$×$88m^2$＝90.728元

3）机械费：无

4）酚醛防锈漆：　　　　$1.31kg/10m^2 \times 88m^2 = 11.53kg$

$11.53kg \times 8.5$ 元/kg = 98.005 元

5）酚醛清漆：　　　（0.36 + 0.33）$kg/10m^2 \times 88m^2 = 6.07kg$

$6.07kg \times 8$ 元/kg = 48.56 元

（5）高层建筑增加费

人工费合计 × 3% = 181.27 元

（6）主体结构配合费

人工费合计 × 5% = 302.12 元

（7）综合

1）直接费合计：14093.41 元

2）管理费：　　　$14093.41 \times 34\% = 4791.76$ 元

3）利润：　　　$14093.41 \times 8\% = 1127.47$ 元

4）总计：　　$14093.41 + 4791.76 + 1127.47 = 20012.64$ 元

5）综合费用：　　20012.64 元 ÷ 1325m = 15.10 元/m

【序号 2】　室内焊接钢管电弧焊连接，*DN*40，钢套管制作安装，手工除锈，刷两次防锈漆，缠玻璃布保护层，刷两次调合漆。

（1）*DN*40 钢管焊接，安装

1）人工费：　　　42.03 元/10m × 120m = 504.36 元

2）材料费：　　　6.19 元/10m × 120m = 74.28 元

3）机械费：　　　5.89 元/10m × 120m = 70.68 元

4）焊接钢管　*DN*40：　　1.02m/m × 120m = 123m

123m × 13 元/m = 1599 元

（2）钢套管制作安装，*DN*65

1）人工费：　　　22.29 元/10m × 9m = 20.061 元

2）材料费：　　　16.87 元/10m × 9m = 15.183 元

3）机械费：　　　11.52 元/10m × 9m = 10.368 元

4）焊接钢管 *DN*65：　　1.02m/m × 9m = 9.2m

9.2m × 15 元/m = 138 元

（3）管道手工除轻锈

1）人工费：　　　7.89 元/$10m^2 \times 18m^2$ = 14 元

2）材料费：　　　3.38 元/$10m^2 \times 18m^2$ = 6 元

3）机械费：无

（4）管道刷二遍防锈漆

1）人工费：　　（6.27 + 6.27）元/$10m^2 \times 18m^2$ = 23 元

2）材料费：　　（1.13 + 1.01）元/$10m^2 \times 18m^2$ = 4 元

3）机械费：无

4）酚醛防锈漆：　　（1.31 + 1.12）$kg/10m^2 \times 18m^2 = 4.37kg$

$4.37kg \times 8.5$ 元/kg = 37 元

（5）纤维管壳保温，$\delta = 50mm$

1）人工费：　　108.44 元/m^3 × 2.17m^3 = 235.3 元

2）材料费：　　27.84 元/m^3 × 2.17m^3 = 60.4 元

3）机械费：　　6.75 元/m^3 × 2.17m^3 = 14.65 元

4）岩棉瓦：　　1.03m^3/m^3 × 2.17m^3 = 2.24m^3

2.24m^3 × 650 元/m^3 = 1456 元

（6）玻璃布保护层

1）人工费：　　1.091 元/m^2 × 65m^2 = 71 元

2）材料费：　　0.02 元/m^2 × 65m^2 = 1 元

3）机械费：无

4）玻璃丝布：　　1.4m^2/m^2 × 65m^2 = 91m^2

91m^2 × 4.5 元/m^2 = 410 元

（7）玻璃布面刷两次调合漆：

1）人工费：　　（2.113 + 1.834）元/m^2 × 65m^2 = 257 元

2）材料费：　　（0.064 + 0.046）元/m^2 × 65m^2 = 7.2 元

3）机械费：无

4）酚醛调合漆：　　（0.19 + 0.15）kg/m^2 × 65m^2 = 22.1kg

22.1kg × 8.5 元/kg = 187 元

（8）高层建筑增加费：人工费合计 × 3% = 33.74 元

（9）主体结构配合费：人工费合计 × 5% = 56.24 元

（10）综合

1）直接费合计：5305.16 元

2）管理费：　　5305.16 × 34% = 1803.75 元

3）利润：　　5305.16 × 8% = 424.41 元

4）总计：　　5305.16 + 1803.75 + 424.41 = 7533.33 元

5）综合费用：　　7533.33 元 ÷ 120m = 62.78 元/m

【序号 3】　方形伸缩器制作，安装，*DN*100。

（1）方形伸缩器制作，安装，*DN*100

1）人工费：　　95.67 元/个 × 2 个 = 191.34 元

2）材料费：　　53.47 元/个 × 2 个 = 106.94 元

3）机械费：　　34.48 元/个 × 2 个 = 68.96 元

（2）高层建筑增加费：　　191.34 × 3% = 5.74 元

（3）主体结构配合费：　　191.34 × 5% = 9.567 元

（4）综合

1）直接费合计：383 元

2）管理费：　　383 × 34% = 130.22 元

3）利润：　　383 × 8% = 30.64 元

4）总计：　　383 + 130.22 + 30.64 = 543.86 元

5）综合单价：　　543.86 元 ÷ 2 个 = 271.93 元/个

【序号 4】　螺纹阀门安装，*DN*15。

(1) 螺纹阀门安装，*DN*15

1) 人工费：　2.32 元/个 × 84 个 = 194.88 元

2) 材料费：　2.11 元/个 × 84 个 = 177.24 元

3) 机械费：无

4) 螺纹阀门：　1.01 个/个 × 84 个 = 84.84 个

85 个 × 12 元/个 = 1020 元

(2) 高层建筑增加费：194.88 元 × 3% = 5.846 元

(3) 主体结构配合费：194.88 元 × 5% = 9.744 元

(4) 综合：

1) 直接费合计：1408 元

2) 管理费：　1408 × 34% = 478.72 元

3) 利润：　1408 × 8% = 112.64 元

4) 合计：　1408 + 478.72 + 112.64 = 1999.36 元

5) 综合单价：　1999.36 元 ÷ 84 个 = 23.80 元/个

【序号 5】　铸铁散热器安装，柱型 813，暖气片人工除锈，刷一次防锈漆，两次银粉漆。

(1) 铸铁散热器安装

1) 人工费：　0.96 元/片 × 5385 元 = 5169.6 元

2) 材料费：　7.81 元/片 × 5385 元 = 42056.85 元

3) 机械费：无

4) 柱型散热器 813 足片：　0.32 片/片 × 5385 片 = 1723.2 片

1723 片 × 14.9 元/片 = 25672.7 元

5) 柱型散热器 813 无足：　0.7 片/片 × 5385 片 = 3769.5 片

3770 片 × 14 元/片 = 52780 元

(2) 散热器人工除锈

1) 人工费：　0.84 元/m^2 × 1508m^2 = 1267 元

2) 材料费：　0.34 元/m^2 × 1508m^2 = 512.72 元

3) 机械费：无

(3) 散热器刷一次防锈漆、两次银粉漆

1) 人工费：(0.77 + 0.79 + 0.77) 元/m^2 × 1508m^2 = 3513.64 元

2) 材料费：(0.12 + 0.47 + 0.54) 元/m^2 × 1508m^2 = 1704.04 元

3) 机械费：无

4) 酚醛防锈漆：0.11kg/m^2 × 1508m^2 = 165.88kg

165.88kg × 8.5 元/kg = 1409.98 元

5) 酚醛清漆：(0.045 + 0.041) kg × m^2 × 1508m^2 = 129.69kg

129.69kg × 8 元/kg = 1040 元

(4) 高层建筑增加费：人工费合计 × 3% = 298.52 元

(5) 主体结构配合费：人工费合计 × 5% = 497.53 元

(6) 综合

1）直接费合计：135923.18 元

2）管理费：135923.18 × 34% = 46213.88 元

3）利润：135923.18 × 8% = 10873.85 元

4）总计：135923.18 + 46213.88 + 10873.85 = 193010.91 元

5）综合单价：193010.91 元 ÷ 5385 片 = 35.84 元/片

【序号 6】 管道支架制作、安装，手工除锈、刷一次防锈漆，两次调合漆。

（1）管道支架制作、安装

1）人工费：2.35 元/kg × 1200kg = 2820 元

2）材料费：1.94 元/kg × 1200kg = 2328 元

3）机械费：2.24 元/kg × 1200kg = 2688 元

4）型钢：1.02kg/kg × 1200kg = 1224kg

1224kg × 3.7 元/kg = 4528.8 元

（2）管道支架除轻锈

1）人工费：0.079 元/kg × 1200kg = 94.8 元

2）材料费：0.025 元/kg × 1200kg = 30 元

3）机械费：0.07 元/kg × 1200kg = 84 元

（3）管道支架刷一次防锈漆、两次银粉漆

1）人工费：(5.34 + 5.11 + 5.11)元/100kg × 1200kg = 186.72 元

2）材料费：(0.81 + 3.93 + 3.18)元/100kg × 1200kg = 95.04 元

3）机械费：(6.96 + 6.96 + 6.96)元/100kg × 1200kg = 250.56 元

4）酚醛防锈漆：0.92kg/100kg × 1200kg = 11.04kg

11.04kg × 8.5 元/kg = 93.59 元

5）酚醛清漆：(0.25 + 0.23)kg/100kg × 1200kg = 5.76kg

5.76kg × 8 元/kg = 46.08 元

（4）综合

1）直接费合计：13494.19 元

2）管理费：13494.19 × 34% = 4588.02 元

3）利润：13494.19 × 8% × 1079.54 元

4）总计：13494.19 + 4588.02 + 1079.54 = 19161.75 元

5）综合单价：19161.75 元 ÷ 1200kg = 15.97 元/kg

分部分项工程量清单计价表

工程名称：某高层（12 层）住宅楼采暖工程　　　　第　页　共　页

序号	项目编码	项 目 名 称	计量单位	工程数量	金额（元）	
					综合单价	合价
		室内焊接钢管安装螺纹连接，手工除锈，刷一次防锈漆，两次银粉漆，镀锌钢板套管				
1	030801002001	*DN*15	m	1325	15.10	20012.64
2	030801002002	*DN*20	m	1855	18.72	34723.3

续表

序号	项目编码	项目名称	计量单位	工程数量	金额（元）	
					综合单价	合价
3	030801002003	*DN*25	m	1030	25.13	25883.76
4	030801002004	*DN*32	m	95	30.48	2895.74
		室内焊接钢管安装和手工电弧焊，手工除锈，刷两次防锈漆，纤维管壳保温，$\delta=50$，玻璃布保护层，刷两次调合漆，钢套管				
5	030801002005	*DN*40	m	120	62.78	7533.33
6	030801002006	*DN*50	m	230	68.37	15724.17
7	030801002007	*DN*70	m	180	86.32	15536.96
8	030801002008	*DN*80	m	95	107.39	10201.89
9	030801002009	*DN*100	m	70	133.20	9323.72
		方形伸缩器制作				
10	030803013001	*DN*100	个	2	271.93	543.86
11	030803013002	*DN*80	个	2	204.48	408.96
12	030803013003	*DN*70	个	4	148.39	593.56
13	030803013004	*DN*50	个	4	86.98	347.9
		阀门安装，螺纹连接				
14	030803001001	J11T－16－15	个	84	23.80	1999.36
15	030803001002	J11T－16－20	个	76	26.66	2026.34
16	030803001003	J11T－16－25	个	52	32.91	1711.1
17	030803003001	法兰阀门安装　J11T－16－100	个	6	967.73	5806.38
18	030805001001	铸铁散热器安装柱型813，手工除锈，刷一次防锈漆，两次银粉漆	片	5385	35.84	193010.91
19	030803005001	自动排气阀安装　*DN*20	个	5	87.47	437.36
20	030802001001	管道支架制作安装，手工除锈，一次防锈漆，两次调合漆	kg	1200	15.97	19161.75
21	030807001001	采暖系统调整	系统	1	9168.94	9168.94
		合　计				377051.93

分部分项工程量清单综合单价计算表

工程名称：某高层（12层）住宅楼采暖工程　　　计量单位：m

项目编号：030801002001　　　工程数量：1325

项目名称：室内焊接钢管安装螺纹连接　*DN*15　　　综合单价：15.10元

序号	定额编号	工程内容	单位	数量	其中：（元）					
					人工费	材料费	机械费	管理费	利润	小计
1	8－98	管道安装　*DN*15	m	1325	5630	1643				
2		焊接钢管　*DN*15	m	1352		5408				
3	8－169	镀锌钢板套管制作 *DN*25	个	250	175	250				
4	11－1	手工除锈	m^2	88	69.43	29.74				
5	11－53、56、57	刷一次防锈漆，两次银粉漆	m^2	88	168	90.73				
6		酚醛防锈漆	kg	11.53		98				
7		酚醛清漆	kg	6.07		48.56				
8		高层建筑增加费	元		181.27					
9		主体结构配合费	元		302.12					
		合　计			6525.82	7568.03		4791.76	1127.47	20012.64

分部分项工程量清单综合单价计算表

工程名称：某高层（12层）住宅楼采暖工程　　　　计量单位：m

项目编号：030801002002　　　　工程数量：1855

项目名称：室内焊接钢管安装螺纹连接　*DN*20　　　　综合单价：18.72元

序号	定额编号	工程内容	单位	数量	其中：（元）					
					人工费	材料费	机械费	管理费	利润	小计
1	8-99	管道安装　*DN*20	m	1855	7882	3825				
2		焊接钢管　*DN*20	m	1892		10368				
3	8-170	镀锌钢板套管制作安装　*DN*32	个	267	371	401				
4	11-1	手工除锈	m^2	159	125.5	54				
5	11-52、56、57	刷一次防锈漆，两次银粉漆	m^2	159	303	164				
6		酚醛防锈漆	kg	21		177				
7		酚醛清漆	kg	11		88				
8		高层建筑增加费	元		260.45					
9		主体结构配合费	元		434.08					
		合　计			9376.03	15077		8314.03	1956.24	34723.3

分部分项工程量清单综合单价计算表

工程名称：某高层（12层）住宅楼采暖工程　　　　计量单位：m

项目编号：030801002003　　　　工程数量：1030

项目名称：室内焊接钢管安装螺纹连接　*DN*25　　　　综合单价：25.13元

序号	定额编号	工程内容	单位	数量	其中：（元）					
					人工费	材料费	机械费	管理费	利润	小计
1	8-100	管道安装　*DN*25	m	1030	5261	3014	106			
2		焊接钢管　*DN*25	m	1051		8461				
3	8-171	镀锌钢板套管制作　*DN*40	个	105	146	158				
4	11-1	手工除锈	m^2	109	86	37				
5	11-53、56、57	刷一次防锈漆，两次银粉漆	m^2	109	208	113				
6		酚醛防锈漆	kg	14.3		122				
7		酚醛清漆	kg	7.5		60				
		小　计	元		5701	11965	106			
8		高层建筑增加费	元		171					
9		主体结构配合费	元		285					
		合　计			6157	11965	106	6197.52	1458.24	25883.76

分部分项工程量清单综合单价计算表

工程名称：某高层（12层）住宅楼采暖工程　　　计量单位：m

项目编号：030801002004　　　工程数量：95

项目名称：室内焊接钢管安装螺纹连接　*DN*32　　　综合单价：30.48元

序号	定额编号	工程内容	单位	数量	其中：（元）					
					人工费	材料费	机械费	管理费	利润	小计
1	8－101	管道安装　*DN*32	m	95	485	335	10			
2		焊接钢管　*DN*32	m	97		1000				
3	8－172	镀锌钢板套管制作 *DN*40	个	21	29	32				
4	11－1	手工除锈	m^2	12	9	4				
5	11－52、56、57	刷一次防锈漆，两次银粉漆	m^2	12	42	23				
6		酚醛防锈漆	kg	2		17				
7		酚醛清漆	kg	1		8				
		小　计	元		565	1419	10			
8		高层建筑增加费	元		17					
9		主体结构配合费	元		28.25					
		合　计			610.25	1419	10	693.35	163.14	2895.74

分部分项工程量清单综合单价计算表

工程名称:某高层(12层)住宅楼采暖工程　　　计量单位:m

项目编号:030801002005　　　工程数量:120

项目名称:室内焊接钢管电弧焊连接　*DN*40　　　综合单价:62.78元

序号	定额编号	工程内容	单位	数量	其中：（元）					
					人工费	材料费	机械费	管理费	利润	小计
1	8－110	管道安装　*DN*40	m	120	504	74	71			
2		焊接钢管　*DN*40	m	123		1599				
3	8－26	钢套管制作安装 *DN*50	m	9	20	15	10			
4		焊接钢管　*DN*50	m	9.2		138				
5	11－1	手工除锈	m^2	18	14	6				
6	11－53、54	刷油	m^2	18	23	4				
7		防锈漆	kg	4.4		37				
8	11－1826	纤维管壳保温　$\delta=50$	m^3	2.17	235	60	15			
9		岩棉瓦	m^3	2.24		1456				
10	11－2153	玻璃布保护层	m^2	65	71	1				
11		玻璃丝布	m^2	91		410				
12	11－246、247	布面油漆	m^2	65	257	7.2				
13		调合漆	kg	22		187				
		小　计	元		1124	3998.2	96			
14		高层建筑增加费	元		33.74					
15		主体结构配合费	元		56.24					
		合　计			1513.98	3994.2	96	1803.75	424.41	7533.33

分部分项工程量清单综合单价计算表

工程名称:某高层(12层)住宅楼采暖工程　　计量单位:m

项目编号:030801002006　　工程数量:230

项目名称:室内焊接钢管电弧焊连接　*DN*50　　综合单价:68.37元

序号	定额编号	工程内容	单位	数量	其中: (元)					
					人工费	材料费	机械费	管理费	利润	小计
1	11-111	管道安装 *DN*50	m	230	1063	255	147			
2		焊接钢管 *DN*50	m	235		3636				
3	8-273	钢套管制作安装 *DN*70	m	15	35	23	18			
4		焊接钢管 *DN*70	m	15.2		325				
5	11-1	手工除锈	m^2	43	34	15				
6	11-53、54	刷油	m^2	43	55	3				
7		防锈漆	kg	6		100				
8	11-1826	纤维管壳保温 $\delta=50$	m^3	4.16	451	116	28			
9		岩棉瓦	m^3	4.28		2780				
10	11-2136	玻璃布保护层	m^2	125	136	3				
11		玻璃丝布	m^2	175		796				
12	11-246、247	布面油漆	m^2	125	493	15				
13		调合漆	kg	43		365				
		小　计	元		2267	8432	193			
14		高层建筑增加费	元		68.01					
15		主体结构配合费	元		113.35					
		合　计			2448.36	8432	193	3764.94	885.87	15724.17

分部分项工程量清单综合单价计算表

工程名称：某高层（12层）住宅楼采暖工程　　计量单位：m

项目编号：030801002007　　工程数量：180

项目名称：室内焊接钢管电弧焊连接　*DN*70　　综合单价：86.32元

序号	定额编号	工程内容	单位	数量	其中: (元)					
					人工费	材料费	机械费	管理费	利润	小计
1	8-112	管道安装 *DN*70	m	180	936	567	505			
2		焊接钢管 *DN*70	m	184		3934				
3	8-28	钢套管制作安装 *DN*80	m	10	28	20	13			
4		焊接钢管 *DN*80	m	10.2		278				
5	11-1	手工除锈	m^2	43	34	15				
6	11-53、54	刷油	m^2	43	27	5				
7		防锈漆	kg	6		100				
8	11-1834	纤维管壳保温 $\delta=50$	m^3	3.73	205	71	25			
9		岩棉瓦	m^3	3.84		2495				
10	11-2153	玻璃布保护层	m^2	107	117	2				
11		玻璃丝布	m^2	150		683				
12	11—246、247	布面油漆	m^2	107	422	12				
13		调合漆	kg	36		306				
		小　计	元		1769	8488	543			
14		高层建筑增加费	元		53.07					
15		主体结构配合费	元		88.45					
		合　计			1910.52	8488	543	3720.12	875.32	15536.96

分部分项工程量清单综合单价计算表

工程名称:某高层(12层)住宅楼采暖工程　　　　计量单位:m

项目编号:030801002008　　　　工程数量:95

项目名称:室内焊接钢管电弧焊连接　*DN*80　　　　综合单价:107.39元

序号	定额编号	工程内容	单位	数量	其中:（元）					
					人工费	材料费	机械费	管理费	利润	小计
1	8-113	管道安装　*DN*80	m	95	560	356	318			
2		焊接钢管　*DN*80	m	97		2645				
3	8-29	钢套管制作安装　*DN*100	m	9	30.6	37.8	9.9			
4		焊接钢管　*DN*100	m	9.14		328				
5	11-1	手工除锈	m^2	27	21	9				
6	11-53、54	刷油	m^2	27	169	31				
7		防锈漆	kg	12		81				
8	11-1834	纤维管壳保温　$\delta=50$	m^3	2.17	119	41	15			
9		岩棉瓦	m^3	2.24		1455				
10	11-2153	玻璃布保护层	m^2	60	65	1				
11		玻璃丝布	m^2	84		382				
12	11—246、247	布面油漆	m^2	60	237	7				
13		调合漆	kg	20		170				
		小　计	元		1201.6	5543.8	342.9			
14		高层建筑增加费	元		36.05					
15		主体结构配合费	元		60.08					
		合　计			1297.73	5543.8	342.9	2442.71	574.75	10201.89

分部分项工程量清单综合单价计算表

工程名称：某高层（12层）住宅楼采暖工程　　　　计量单位：m

项目编号：030801002009　　　　工程数量：70

项目名称：室内焊接钢管电弧焊连接　*DN*100　　　　综合单价：133.20元

序号	定额编号	工程内容	单位	数量	其中:（元）					
					人工费	材料费	机械费	管理费	利润	小计
1	8-114	管道安装　*DN*100	m	70	510	378	320			
2		焊接钢管　*DN*100	m	71		2550				
3	8-30	钢套管制作安装　*DN*125	m	9	36	54	13			
4		焊接钢管　*DN*125	m	9.14		478				
5	11-1	手工除锈	m^2	24	19	8				
6		刷油	m^2	24	15	3				
7	11-53、54	防锈漆	kg	3		50				
8	11-1834	纤维管壳保温　$\delta=50$	m^3	1.8	99	34	12			
9		岩棉瓦	m^3	1.85		1202				
10	11-2153	玻璃布保护层	m^2	49	53	1				
11		玻璃丝布	m^2	69		314				
12	11—246、247	布面油漆	m^2	49	193	5				
13		调合漆	kg	17		145				
		小　计	元		925	5222	345			
14		高层建筑增加费	元		28					
15		主体结构配合费	元		46					
		合　计			999	5222	345	2232.44	525.28	9323.72

分部分项工程量清单综合单价计算表

工程名称：某高层（12层）住宅楼采暖工程　　　　计量单位：个

项目编号：030803013001　　　　工程数量：2

项目名称：方形伸缩器制作　*DN*100　　　　综合单价：271.93元

序号	定额编号	工程内容	单位	数量	其中：（元）					
					人工费	材料费	机械费	管理费	利润	小计
1	8-222	方形伸缩器制作	个	2	191	107	69			
2		高层建筑增加费	元		6					
3		主体结构配合费	元		10					
		合计			207	107	69	130.22	30.64	543.86

分部分项工程量清单综合单价计算表

工程名称：某高层（12层）住宅楼采暖工程　　　　计量单位：个

项目编号：030803013002　　　　工程数量：2

项目名称：方形伸缩器制作　*DN*80　　　　综合单价：204.48元

序号	定额编号	工程内容	单位	数量	其中：（元）					
					人工费	材料费	机械费	管理费	利润	小计
1	8-221	方形伸缩器制作	个	2	134	76	67			
2		高层建筑增加费	元		4					
3		主体结构配合费	元		7					
		合计			145	76	67	97.92	23.04	408.96

分部分项工程量清单综合单价计算表

工程名称：某高层（12层）住宅楼采暖工程　　　　计量单位：个

项目编号：030803013003　　　　工程数量：4

项目名称：方形伸缩器制作　*DN*70　　　　综合单价：148.39元

序号	定额编号	工程内容	单位	数量	其中：（元）					
					人工费	材料费	机械费	管理费	利润	小计
1	8-220	方形伸缩器制作	个	4	151	120	134			
2		高层建筑增加费	元		5					
3		主体结构配合费	元		8					
		合计			164	120	134	142.12	33.44	593.56

分部分项工程量清单综合单价计算表

工程名称：某高层（12层）住宅楼采暖工程　　　　计量单位：个

项目编号：030803013004　　　　工程数量：4

项目名称：方形伸缩器制作　*DN*50　　　　综合单价：86.98元

序号	定额编号	工程内容	单位	数量	其中：（元）					
					人工费	材料费	机械费	管理费	利润	小计
1	8-219	方形伸缩器制作	个	4	89	82	67			
2		高层建筑增加费	元		3					
3		主体结构配合费	元		4					
		合计			96	82	67	83.3	19.6	347.9

分部分项工程量清单综合单价计算表

工程名称：某高层（12层）住宅楼采暖工程　　计量单位：个

项目编号：030803001001　　工程数量：84

项目名称：螺纹阀门安装　*DN*15　　综合单价：23.80元

序号	定额编号	工程内容	单位	数量	其中：（元）					
					人工费	材料费	机械费	管理费	利润	小计
1	8-241	阀门安装	个	84	195	177				
2		阀门　J11T-16-15	个	84.84		1020				
3		高层建筑增加费	元		6					
4		主体结构配合费	元		10					
		合　计			211	1197	—	478.72	112.64	1999.36

分部分项工程量清单综合单价计算表

工程名称：某高层（12层）住宅楼采暖工程　　计量单位：个

项目编号：030803001002　　工程数量：76

项目名称：螺纹阀门安装　*DN*20　　综合单价：26.66元

序号	定额编号	工程内容	单位	数量	其中：（元）					
					人工费	材料费	机械费	管理费	利润	小计
1	8-242	阀门安装	个	76	176	204				
2		阀门　J11T-16-20	个	76.76		1033				
3		高层建筑增加费	元		5					
4		主体结构配合费	元		9					
		合　计			190	1237	—	485.18	114.16	2026.34

分部分项工程量清单综合单价计算表

工程名称：某高层（12层）住宅楼采暖工程　　计量单位：个

项目编号：030803001003　　工程数量：52

项目名称：螺纹阀门安装　*DN*25　　综合单价：32.91元

序号	定额编号	工程内容	单位	数量	其中：（元）					
					人工费	材料费	机械费	管理费	利润	小计
1	8-243	阀门安装	个	52	145	179				
2		阀门　J11T-16-25	个	52.52		870				
3		高层建筑增加费	元		4					
4		主体结构配合费	元		7					
		合　计			156	1049	—	409.7	96.4	1711.1

分部分项工程量清单综合单价计算表

工程名称：某高层（12 层）住宅楼采暖工程　　　　计量单位：个

项目编号：030803003001　　　　工程数量：6

项目名称：焊接法兰阀安装　*DN*100　　　　综合单价：967.73 元

序号	定额编号	工程内容	单位	数量	其中：（元）					
					人工费	材料费	机械费	管理费	利润	小计
1	8－261	阀门安装	个	6	130	929				
2		阀门　J41T－16－100	个	6		2942	77			
3		高层建筑增加费	元		4					
4		主体结构配合费	元		7					
		合　计			141	3871	77	1390.26	327.12	5806.38

分部分项工程量清单综合单价计算表

工程名称：某高层（12 层）住宅楼采暖工程　　　　计量单位：片

项目编号：030805001001　　　　工程数量：5385

项目名称：铸铁散热器安装柱型　813　　　　综合单价：35.84 元

序号	定额编号	工程内容	单位	数量	其中：（元）					
					人工费	材料费	机械费	管理费	利润	小计
1	8－491	铸铁散热器安装	片	5385	5169.6	42056.85				
2		散热器柱型 813 有足	片	1723		25672.7				
3		散热器柱型 813 无足	片	3769		52780				
4	11－4	散热器人工除锈	m^2	1508	1267	513				
5	11－198、200、201	散热器油漆	m^2	1508	3514	1704				
6		防锈漆	kg	165.88		1409.98				
7		酚醛清漆	kg	130		1040				
		小　计	元		9950.6	12176.53				
8		高层建筑增加费	元		298.52					
9		主体结构配合费	元		493.53					
		合　计			10746.65	125176.53	—	46213.88	10873.85	193010.91

分部分项工程量清单综合单价计算表

工程名称：某高层（12 层）住宅楼采暖工程　　　　计量单位：个

项目编号：030803005001　　　　工程数量：5

项目名称：自动排气阀安装　*DN*20　　　　综合单价：87.47 元

序号	定额编号	工程内容	单位	数量	其中：（元）					
					人工费	材料费	机械费	管理费	利润	小计
1	8－300	自动排气阀安装	个	5	26	32				
2		自动排气阀	个	5		248				
3		高层建筑增加费	元		1					
4		主体结构配合费	元		1					
		合　计			28	280	—	104.72	24.64	437.36

分部分项工程量清单综合单价计算表

工程名称：某高层（12层）住宅楼采暖工程　　计量单位：kg

项目编号：030802001001　　工程数量：1200

项目名称：管道支架制作安装　　综合单价：15.97元

序号	定额编号	工程内容	单位	数量	其中：(元)					
					人工费	材料费	机械费	管理费	利润	小计
1	8-178	支架制作安装	kg	1200	2820	2328	2688			
2		型钢	kg	1224		4528.8				
3	11-7	除锈	kg	1200	95	30	84			
4	11-119、122、123	油漆	kg	1200	187	95	250.56			
5		防锈漆	kg	11		93.59				
6		酚醛清漆	kg	6		46.08				
		小　计	元		3102	7121.47	3022.56			
7		高层建筑增加费	元		93.06					
8		主体结构配合费	元		155.1					
		合　计			3350.16	7121.47	3022.56	4588.02	1079.54	19161.75

分部分项工程量清单综合单价计算表

工程名称：某高层（12层）住宅楼采暖工程　　计量单位：系统

项目编号：030807001001　　工程数量：1

项目名称：采暖工程系统调整　　综合单价：9168.94元

序号	工程内容	单位	数量	其中：(元)					
				人工费	材料费	机械费	管理费	利润	小计
1	采暖工程系统调整	系统	1	1271	5085				
2	高层建筑增加费	元		38					
3	主体结构配合费	元		63					
	合　计			1372	5085	—	2195.38	516.56	9168.94

措施项目费计算表

工程名称：某高层（12层）住宅楼采暖工程　　第　页　共　页

序号	项目名称	单位	数量	综合单价：(元)					
				人工费	材料费	机械费	管理费	利润	小计
1	临时设施费	项	1	1500	4000	1000	945	1185	8630
2	文明施工费	项	1	1000	1500	500	630	790	4420
3	安全施工费	项	1	1000	2500	1000	630	790	5920
4	二次搬运费	项	1	2000	500	4000	1260	1580	9340
5	脚手架搭拆费	项	1	400	1200		252	316	2168
	合　计			5900	9700	6500	3717	4661	30478

八、C.9通风空调工程工程量清单设置与计价举例

分部分项工程量清单

工程名称：某高层（21层）写字楼通风空调工程　　　　第　页　共　页

序号	项目编码	项　目　内　容	计量单位	工程数量
1	030901004001	空调器安装　ZK系列　组装式　10000m^3/h　重量　3500kg	台	7
2	030901005001	风机盘管安装　吊顶式　YSFP－300	台	35
		圆形镀锌钢板风管制作安装　咬口		
3	030902001001	直径　1200mm　$\delta=1.2$	m^2	319
4	030902001002	直径　1000mm　$\delta=1$	m^2	1100
5	030902001003	直径　325mm　$\delta=0.75$	m^2	725
		风管圆形止回阀安装		
6	030903001001	直径　1200mm	个	7
7	030903001002	直径　1000mm	个	7
8	030903007001	双层百叶风口安装　400mm×400mm碳钢	个	1050
9	030903007002	钢百叶窗安装　1000mm×1000mm	个	7
10	030904001001	通风工程检查试调	系统	1

措施项目清单

工程名称：某高层（21层）写字楼通风空调工程　　　　第　页　共　页

序号	项　目　名　称
1	临时设施费
2	文明施工费
3	安全施工费
4	设备保护费
5	脚手架搭拆费

【序号1】　空调器安装，3500kg，10000m^3/h，帆布接合管制作安装。

（1）空调器安装，100kg

1）人工费：　　45.05元/台×7台＝315.35元

2）材料费：无

3）机械费：无

4）空调器ZK系列，10000m^3/h

7台×150000元/台＝1050000元

（2）帆布接合管制作安装

1）人工费：　　47.83元/m^2×13m^2＝621.79元

2）材料费：　　121.74元/m^2×13m^2＝1582.62元

3）机械费：　　1.88元/m^2×13m^2＝24.44元

（3）高层建筑增加费：　总人工费×5%＝46.86元

（4）综合

1）直接费合计：1052591.06元

2）管理费：　　1052591.06×34%＝357880.96元

3）利润： 1052591.06 × 8% = 84207.28 元

4）总计： 1052591.06 + 357880.96 + 84207.28 = 1494679.31 元

5）综合单价： 1494679.31 元 ÷ 7 台 = 213525.61 元/台

【序号 2】 风机盘管安装，吊顶式，YSFP – 300，帆布接合器制作安装。

（1）风机盘管安装，吊顶式

1）人工费： 23.45 元/台 × 35 台 = 820.75 元

2）材料费： 66.11 元/台 × 35 台 = 2313.85 元

3）机械费： 3.79 元/台 × 35 台 = 132.65 元

4）风机盘管 YSFP – 300：35 台 × 1045 元/台 = 36575 元

（2）帆布接合管制作、安装

1）人工费： 47.83 元/m^2 × 10m^2 = 478.3 元

2）材料费： 121.74 元/m^2 × 10m^2 = 1217.4 元

3）机械费： 1.88 元/m^2 × 10m^2 = 18.8 元

（3）高层建筑增加费： 总人工费 × 5% = 64.95 元

（4）综合

1）直接费合计：41621.7 元

2）管理费： 41621.7 × 34% = 14151.38 元

3）利润： 41621.7 × 8% = 3329.74 元

4）总计： 41621.7 + 14151.38 + 3329.74 = 59102.82 元

5）综合单价： 59102.82 元 ÷ 35 台 = 1688.65 元/台

【序号 3】 圆形镀锌钢板风管制作安装，直径为 1200mm，$\delta = 1.2$，咬口，风管检查孔制作安装，规格 370mm × 340mm 2.89kg/个，法兰加固框、吊支架刷一次防锈漆，两次银粉漆。

（1）圆形镀锌钢板风管制作、安装

1）人工费： 19.783 元/m^2 × 1319m^2 = 26093.78 元

2）材料费： 20.355 元/m^2 × 1319m^2 = 26848.25 元

3）机械费： 0.696 元/m^2 × 1319m^2 = 918.02 元

4）镀锌钢板 δ1.2： 1.138m^2/m^2 × 1319m^2 = 1501m^2

1501m^2 × 60 元/m^2 = 90060 元

（2）风管检查孔制作、安装，370 × 340 2.89kg/个

1）人工费： 4.87 元/kg × 2.89kg/个 × 70 个 = 985.2 元

2）材料费： 5.44 元/kg × 2.89kg/个 × 70 个 = 1101 元

3）机械费： 1.17 元/kg × 2.89kg/个 × 70 个 = 237 元

（3）法兰加固框，吊支架除锈

1）人工费： 7.89 元/100kg × 264kg = 20.8 元

2）材料费： 2.50 元/100kg × 264kg = 6.6 元

3）机械费： 6.96 元/100kg × 264kg = 18.4 元

（4）法兰加固框、支吊架刷一次防锈漆，两次银粉漆

1）人工费： （5.34 + 5.11 + 5.11）元/100kg × 264kg = 41.0784 元

2）材料费：（0.81 + 3.93 + 3.18）元/100kg × 264kg = 20.9088 元
3）机械费：（6.96 + 6.96 + 6.96）元/100kg × 264kg = 55.1232 元
4）酚醛防锈漆：0.92kg/100kg × 264kg = 2.43kg
2.43kg × 8.5 元/kg = 20.66 元
5）酚醛清漆：（0.25 + 0.23）kg/100kg × 264kg = 1.27kg
1.27kg × 8 元/kg = 10.16 元
（5）高层建筑增加费：总人工费 × 5% = 1357.04 元
（6）综合
1）直接费合计：147793.22 元
2）管理费：147793.22 × 34% = 50249.70 元
3）利润：147793.22 × 8% = 11823.46 元
4）总计：147793.22 + 50249.70 + 11823.46 = 209866.38 元
5）综合单价：209866.38 元 ÷ 1319m^2 = 159.11 元/m^2

【序号 4】 圆形风管止回阀安装，直径 1200mm。

（1）圆形风管止回阀安装
1）人工费：11.61 元/个 × 7 个 = 81.27 元
2）材料费：19.63 元/个 × 7 个 = 137.41 元
3）机械费：无
4）圆形风管止回阀：600 元/个 × 7 个 = 4200 元
（2）高层建筑增加费：81.27 元 × 5% = 4 元
（3）综合
1）直接费合计：4422.68 元
2）管理费：4422.68 × 34% = 1503.71 元
3）利润：4422.68 × 8% = 353.81 元
4）总计：4422.68 + 1503.71 + 353.81 = 6280.20 元
5）综合单价：6280.20 元 ÷ 7 个 = 897.17 元/个

【序号 5】 双层百叶窗安装，400mm × 400mm。

（1）双层百叶窗安装，400mm × 400mm
1）人工费：10.45 元/个 × 1050 个 = 10972.5 元
2）材料费：4.3 元/个 × 1050 个 = 4515 元
3）机械费：0.22 元/个 × 1050 个 = 231 元
4）双层百叶窗，400 × 400：1050 个 × 200 元/个 = 210000 元
（2）高层建筑增加费：10972.5 元 × 5% = 548.63 元
（3）综合
1）直接费合计：226267.13 元
2）管理费：226267.13 × 34% = 76930.82 元
3）利润：226267.13 × 8% = 18101.37 元
4）总计：226267.13 + 76930.82 + 18101.37 = 321299.32 元
5）综合单价：321299.32 元 ÷ 1050 个 = 306 元/个

分部分项工程量清单计价表

工程名称：某高层（21层）写字楼通风空调工程　　　　第　页共　页

序号	项目编码	项目名称	计量单位	工程数量	金额（元）	
					综合单价	合价
1	030901004001	空调器安装　ZK系列组装式　$10000m^3/h$ 重量　3500kg	台	7	213525.61	1494679.31
2	030901005001	风机盘管安装　吊顶式　YSFP－300	台	35	1688.25	59102.82
		圆形镀锌钢板风管制作安装　咬口				
3	030902001001	直径　1200mm　$\delta=1.2$	m^2	1319	159.11	209866.38
4	030902001002	直径　1000mm　$\delta=1$	m^2	1100	133	146294.95
5	030902001003	直径　325mm　$\delta=0.75$	m^2	715	118.65	84835.56
		风管圆形止回阀安装				
6	030903001001	直径　1200mm	个	7	897.17	6280.20
7	030903001002	直径　1000mm	个	7	754.63	5282.4
8	030903007001	双层百叶风口安装　400mm×400mm碳钢	个	1050	306	321299.32
9	030903007002	钢百叶窗安装　1000mm×1000mm	个	7	306.31	2144.2
10	030904001001	通风工程检查试调	系统	1	17987.14	17987.14
		合　计				2347772.28

分部分项工程量清单综合单价计算表

工程名称：某高层（21层）写字楼通风空调工程　　　　计量单位：台

项目编号：030901004001　　　　工程数量：7

项目名称：组装式空调器安装　$10000m^3/h$ ZK系列　　　　综合单价：213525.61元

序号	定额编号	项目名称	单位	数量	其中：（元）					
					人工费	材料费	机械费	管理费	利润	小计
1	9－247	空调器安装　3500kg	台	7	315.35					
2		空调器ZK系列　$10000m^3/h$	台	7		1050000				
3	9－41	帆布接合管制作安装	m^2	13	622	1583	24			
		小　计			937.35	1051583	24			
4		高层建筑增加费	元		46.86					
		合　计			984.21	1051583	24	357880.96	84207.28	1494679.31

分部分项工程量清单综合单价计算表

工程名称：某高层（21层）写字楼通风空调工程　　　　计量单位：台

项目编号：030901005001　　　　工程数量：35

项目名称：风机盘管安装吊顶式　YSFP－300　　　　综合单价：1688.25元

序号	定额编号	措施项目名称	单位	数量	其中：（元）					
					人工费	材料费	机械费	管理费	利润	小计
1	9－245	风机盘管安装	台	35	820.75	2314	133			
2		风机盘管　YSFP－300	台	35		36575				
3	9－41	帆布接合管制作安装	m^2	10	478	1217	19			
		小　计			1298.75	40106	152			
4		高层建筑增加费	元		64.95					
		合　计			1363.7	40106	152	14151.38	3329.74	59102.82

分部分项工程量清单综合单价计算表

工程名称：某高层（21层）写字楼通风空调工程　　计量单位：m^2

项目编号：030902001001　　工程数量：1319

项目名称：圆形镀锌钢板风管制作安装　直径　1200mm　$\delta=1.2$ 咬口　　综合单价：159.11元

序号	定额编号	措施项目名称	单位	数量	其中：（元）					
					人工费	材料费	机械费	管理费	利润	小计
1	9-4	圆形镀锌钢板风管制作安装	m^2	1319	26094	26848	918			
2		镀锌薄钢板	m^2	1501		90060				
3	9-42	风管检查孔制作安装 370mm×340mm 2.89kg/个	个	70	985	1101	237			
4	11-119、122、123	法兰加固框、吊支架油漆 一次防锈漆，两次银粉漆	kg	264	41	21	55			
5		酚醛清漆	kg	2.43		20.7				
6		防锈漆	kg	1.3		10.4				
7	11-7	法兰加固框、支吊架除锈	kg	264	20.8	7	18.4			
		小　计	元		27140.8	118068.1	1228.4			
8		高层建筑增加费	元		1357.04					
		合　计			28497.84	118068.1	1228.4	50249.70	11823.46	209866.38

分部分项工程量清单综合单价计算表

工程名称：某高层（21层）写字楼通风空调工程　　计量单位：m^2

项目编号：030902001002　　工程数量：1100

项目名称：圆形镀锌钢板风管制作安装　直径　1000mm　$\delta=1.0$ 咬口　　综合单价：133元

序号	定额编号	措施项目名称	单位	数量	其中：（元）					
					人工费	材料费	机械费	管理费	利润	小计
1	9-3	圆形镀锌钢板风管制作安装	m^2	1100	17189.7	19415	1357			
2		镀锌薄钢板	m^2	1252		62409				
3	9-42	风管检查孔制作安装 370mm×340mm 2.89kg/个	个	56	789	881	189			
4	11-119、122、123	法兰加固框、支吊架油漆 一次防锈漆，两次银粉漆	kg	220	34	17	46			
5		酚醛清漆	kg	1.5		12				
6		防锈漆	kg	2		17				
7	11-7	法兰加固框、吊支架除锈	kg	220	17.4	5	15			
		小　计	元		18030.1	82486	1607			
8		高层建筑增加费	元		901.51					
		合　计			18931.61	82486	1607	35028.37	8241.97	146294.95

分部分项工程量清单综合单价计算表

工程名称：某高层（21层）写字楼通风空调工程　　计量单位：m^2

项目编号：030902001003　　工程数量：715

项目名称：圆形镀锌钢板风管制作安装　直径　325mm　$\delta=0.75$ 咬口　　综合单价：118.65元

序号	定额编号	措施项目名称	单位	数量	其中：（元）					
					人工费	材料费	机械费	管理费	利润	小计
1	9-2	圆形镀锌钢板风管制作安装	m^2	715	14925	10396	1712			
2		镀锌薄钢板	m^2	814		30432				
3	9-42	风管检查孔制作安装 370mm×340mm　2.89kg/个	个	42	589	658	141			
4	11-119、122、123	法兰加固框、吊支架油漆 一次防锈漆，两次银粉漆	kg	143	22	11	30			
5		酚醛清漆	kg	1		8				
6		防锈漆	kg	2		17				
7	11-7	法兰加固框、吊支架除锈	kg	143	11	4	10			
		小　计	元		15547	41526	1893			
8		高层建筑增加费	元		777.35					
		合　计			16324.35	41526	1893	20312.74	4779.47	84835.56

分部分项工程量清单综合单价计算表

工程名称：某高层（21层）写字楼通风空调工程　　计量单位：个

项目编号：030903001001　　工程数量：7

项目名称：圆形风管止回阀安装　直径　1200mm　　综合单价：897.17元

序号	定额编号	措施项目名称	单位	数量	其中：（元）					
					人工费	材料费	机械费	管理费	利润	小计
1	9-80	圆形风管止回阀安装	个	7	81	137				
2		圆形风管止回阀	个	7		4200				
3		高层建筑增加费	元		4					
		合　计			85	4337	—	1503.71	353.81	6280.20

分部分项工程量清单综合单价计算表

工程名称：某高层（21层）写字楼通风空调工程　　计量单位：个

项目编号：030903001002　　工程数量：7

项目名称：圆形风管止回阀安装　直径　1000mm　　综合单价：754.63元

序号	定额编号	措施项目名称	单位	数量	其中：（元）					
					人工费	材料费	机械费	管理费	利润	小计
1	9-80	圆形风管止回阀安装	个	7	81	137				
2		圆形风管止回阀	个	7		3500				
3		高层建筑增加费	元		2					
		合　计			83	3637	—	1264.8	297.6	5282.4

分部分项工程量清单综合单价计算表

工程名称：某高层（21层）写字楼通风空调工程　　计量单位：个

项目编号：030903007002　　工程数量：1050

项目名称：双层百叶窗安装　400mm×400mm　　综合单价：306.00元

序号	定额编号	措施项目名称	单位	数量	其中：（元）					
					人工费	材料费	机械费	管理费	利润	小计
1	9－135	双层百叶窗安装	个	1050	10972.5	4515	231			
2		双层百叶窗　400mm×400mm	个	1050		210000				
3		高层建筑增加费	元		548.63					
		合　计			11521.13	214515	231	76930.82	18101.37	321299.32

分部分项工程量清单综合单价计算表

工程名称：某高层（21层）写字楼通风空调工程　　计量单位：个

项目编号：030903007002　　工程数量：7

项目名称：钢百叶窗安装　1000mm×1000mm　　综合单价：306.31元

序号	定额编号	措施项目名称	单位	数量	其中：（元）					
					人工费	材料费	机械费	管理费	利润	小计
1	9－163	钢百叶窗安装	个	7	82	24				
2		钢百叶窗　1000mm×1000mm	个	7		1400				
3		高层建筑增加费	元		4					
		合　计			86	1424	—	513.4	120.8	2144.2

分部分项工程量清单综合单价计算表

工程名称：某高层（21层）写字楼通风空调工程　　计量单位：系统

项目编号：030904001001　　工程数量：1

项目名称：通风工程检测试调　　综合单价：17987.14元

序号	措施项目名称	单位	数量	其中：（元）					
				人工费	材料费	机械费	管理费	利润	小计
1	通风工程检测试调	系统	1	3166	9501				
	合　计			3166	9501	—	4306.78	1013.36	17987.14

九、C.10自动化控制仪表安装工程工程量清单设置与计价举例

分部分项工程量清单

工程名称：　　第　页　共　页

序号	项目编码	项　目　名　称	计量单位	工程数量
1	031001001001	双支热电偶 取源部件配合安装 不锈钢温度计套管安装 防爆金属挠性管安装	支	10

续表

序号	项目编码	项 目 名 称	计量单位	工程数量
2	031001001002	单式热电偶 取源部件配合安装 不锈钢温度计套管安装 防爆金属挠性管安装	支	33
3	031001001003	双金属温度计 取源部件配合安装 不锈钢温度计套管安装	支	25
4	031001001004	压力式温度计 毛细管长 10m 取源部件配合安装 不锈钢温度计套管安装	支	1
5	031001002001	就地弹簧管压力表 取源部件配合安装 碳钢压力表弯制作 不锈钢压力表弯制作 压力表弯安装	块	87
6	031001003001	椭圆齿轮流量计	台	7
7	031001003002	就地双波纹管差压计 取源部件配合安装 节流孔板安装 *DN*50 文丘里管 *DN*350 保护箱	台 个 块 块 个	4 8 2 2 4
8	031001004001	玻璃板液位计 $L=500$	台	2
9	031002002001	智能单回路记录仪	套	1
10	031002015001	气动薄膜调节阀调试配合安装 防爆金属挠性管 过滤器减压阀 电气阀门定位器	套	43
11	031002001001	压力变送器 取源部件配合安装 防爆金属挠性管安装 支架制作安装 仪表立柱制作安装 保护箱	台 kg	13 260
12	031002001002	差压变送器 取源部件配合安装 节流孔板 *DN*50 节流孔板 *DN*80 节流孔板 *DN*100 节流孔板 *DN*150 节流孔板 *DN*200 节流孔板 *DN*600 支架制作安装 仪表立柱制作安装 隔离罐制作安装 防爆金属挠性管安装 保护箱	台 个 块 块 块 块 块 块 kg 个 个 根 台	26 52 7 5 5 4 4 1 520 26 12 26 26
13	031002003001	全刻度指示调节仪	台	6
14	031002002002	两笔小型记录仪	台	18

续表

序号	项目编码	项 目 名 称	计量单位	工程数量
15	031002001003	气动内浮筒液位变送器 过滤器减压阀	台	16
16	031002008001	仪表盘 2300×1100×2500	块	4
		基础槽钢 10号	m	25
		手工除中锈	100kg	2.5
		红丹防锈漆两遍	100kg	2.5
17	030208004001	电缆槽盒 150mm×25mm	m	652
18	030208003001	有缝钢管 *DN* 60×3.5	m	60
19	030212001001	钢结构配管 *DN* 21.25×2.75	m	900
		明装铝合金防爆穿线盒	个	130
		支架制作安装	kg	785
20	031006001001	无缝钢管安装 *DN* 10×2	m	56
		支架制作安装	kg	49
21	031006001002	无缝钢管安装 *DN* 14×2	m	56
		支架制作安装	kg	49
		石棉绳保温 5kg	m^2	2.5
		玻璃布保护层	m^2	2.5
		油毡纸	m^2	2.5
		布面刷银粉漆两遍	m^2	2.5
22	031006004001	紫铜管安装 *DN*6×1	m	3000
		支架制作安装	kg	200
23	030208002001	电缆敷设 RVVP2×1	m	7650
		控制电缆头制作安装	个	510
24	031009001002	承插焊碳钢截止阀 *DN*15	个	68
25	031009001003	法兰碳钢闸阀 *DN*20	个	40
26	031009001004	法兰碳钢闸阀 *DN*40	个	44

【序号1】 双支热电偶10支，取源部件10个配合安装，不锈钢温度计套管10个安装，金属挠性管10根安装。

(1) 双支热电偶，10支

1) 人工费： 16.25元/支×10支=162.5元

2) 材料费： 2.2元/支×10支=22元

插座（带丝堵）：1套/支×10支×17元/套=170元

3) 机械费： 1.17元/支×10支=11.7元

(2) 金属挠性管10根，安装

1) 人工费： 35.76元/10支×10支=35.76元

2) 材料费： 0.54元/10支×10支=0.54元

挠性管（带接头）：10根/10支×10支×50元/根=500元

3) 机械费：无

(3) 不锈钢温度计套管10个，安装

1) 人工费： 8.59元/个×10个=85.9元

2) 材料费： 4.72元/个×10个=47.2元

温度计套管：1个/1个×10个×5元/个=50元

3) 机械费： 4.91元/个×10个=49.1元

（4）取源部件 10 个，配合安装

1）人工费：　3.95 元/个 × 10 个 = 39.5 元

2）材料费：　0.49 元/个 × 10 个 = 4.9 元

3）机械费：无

（5）配合联动试车

1）人工费：3.44 元

2）材料费：3.44 元

3）机械费：无

（6）综合

1）直接费合计：1186.48 元

2）管理费：　1186.48 × 34% = 403.40 元

3）利润：　1186.48 × 8% = 94.92 元

4）总计：　1186.48 + 403.40 + 94.92 = 1684.8 元

5）综合单价：　1684.8 元 ÷ 10 支 = 168.48 元/支

【序号 2】　就地弹簧管压力表 87 块，不锈钢压力表弯 7 个制作安装，碳钢压力表弯 7 个制作，取源部件 87 配合安装。

（1）就地弹簧管压力表 87 块

1）人工费：　12.07 元/块 × 87 块 = 1050.09 元

2）材料费：　4.16 元/块 × 87 块 = 361.92 元

取源部件：　1 套/块 × 80 元/套 × 87 块 = 6960 元

仪表接头：　1 套/块 × 135 元/套 × 87 块 = 11745 元

3）机械费：　0.58 元/块 × 87 块 = 50.46 元

（2）不锈钢压力表弯 7 个制作

1）人工费：　36.46 元/10 个 × 7 个 = 25.52 元

2）材料费：　13.67 元/10 个 × 7 个 = 9.57 元

仪表接头：　20 套/10 个 × 7 个 × 135 元/套 = 1890 元

不锈钢管：　7m/10 个 × 7 个 × 10 元/m = 49 元

3）机械费：　6.11 元/10 个 × 7 个 = 4.28 元

（3）不锈钢压力表弯 7 个安装

1）人工费：　10.91 元/10 套 × 14 套 = 15.27 元

2）材料费：　2.21 元/10 套 × 14 套 = 3.09 元

压力表表弯：　10 个/10 套 × 14 套 × 5 元/个 = 70 元

3）机械费：无

（4）碳钢压力表弯 7 个制作

1）人工费：　29.95 元/10 个 × 7 个 = 20.97 元

2）材料费：　13 元/10 个 × 7 个 = 9.1 元

仪表接头：　20 套/10 个 × 7 个 × 135 元/套 = 1890 元

冷拔无缝钢管：　7m/10 个 × 7 个 × 17 元/m = 83.3 元

3）机械费：　4.56 元/10 个 × 7 个 = 3.19 元

(5) 取源部件 87 个配合安装

1) 人工费: 3.95 元/个×87 个=343.65 元

2) 材料费: 0.49 元/个×87 个=42.63 元

3) 机械费: 无

(6) 配合联动试车

1) 人工费: 14.55 元

2) 材料费: 14.55 元

3) 机械费: 无

(7) 综合

1) 直接费合计: 1968.92 元 (不计主材)

2) 管理费: 1968.92×34%=669.43 元

3) 利润: 1968.92×8%=157.51 元

4) 总计: 1968.92+669.43+157.51=2795.86 元

5) 综合单价: 2795.86 元÷87 块=32.14 元/块

【序号 3】 气动薄膜调节阀 43 台, 金属挠性管 43 根安装, 过滤器减压阀, 电气阀门定位器各 43 台。

(1) 气动薄膜调节阀 43 台调试配合安装

1) 人工费: 84.52 元/台×43 台=3634.34 元

2) 材料费: 5.92 元/台×43 台=254.56 元

仪表接头: 1 套/1 台×43 台×135 元/套=5805 元

3) 机械费: 139.90 元/台×43 台=6015.7 元

(2) 过滤器减压阀 43 台

1) 人工费: 4.41 元/台×43 台=189.63 元

2) 材料费: 1.33 元/台×43 台=57.19 元

仪表接头: 2 套/台×43 台×135 元/套=11610 元

3) 机械费: 2.73 元/台×43 台=117.39 元

(3) 电气阀门定位器 43 台

1) 人工费: 27.17 元/台×43 台=1168.31 元

2) 材料费: 3.00 元/台×43 台=129 元

仪表接头: 2 套/台×43 台×135 元/套=11610 元

3) 机械费: 19.03 元/台×43 台=818.29 元

(4) 金属挠性管 43 根安装

1) 人工费: 35.76 元/10 根×43 根=153.77 元

2) 材料费: 0.54 元/10 根×43 根=2.32 元

挠性管 (带接头): 10 根/10 根×43 根×50 元/根=2150 元

3) 机械费: 无

(5) 配合联动试车:

1) 人工费: 97.71 元

2) 材料费: 97.71 元

3）机械费：无

（6）综合

1）直接费合计：12735.94 元（不包括主材）

2）管理费：　　$12735.94 \times 34\% = 4330.22$ 元

3）利润：　　$12735.94 \times 8\% = 1018.88$ 元

4）总计：　　$12735.94 + 4330.22 + 1018.88 = 18085$ 元

5）综合单价：　　18085 元 ÷ 43 台 = 420.58 元/台

【序号 4】 压力变送器 13 台，取源部件 13 个配合安装，金属挠性管 13 根安装，支架 260kg，制作安装，仪表立柱 13 根制作安装，压力变送器 13 台，保护箱 13 台。

（1）压力变送器，13 台

1）人工费：　　71.52 元/台 × 13 台 = 929.76 元

2）材料费：　　6.9 元/台 × 13 台 = 89.7 元

取源部件：　　1 套/台 × 13 台 × 80 元/套 = 1040 元

仪表接头：　　1 套/台 × 13 台 × 135 元/台 = 1755 元

3）机械费：　　20.36 元/台 × 13 台 = 264.68 元

（2）保护箱，13 台

1）人工费：　　52.01 元/台 × 13 台 = 676.13 元

2）材料费：　　14.77 元/台 × 13 台 = 192.01 元

仪表接头：　　4 套/台 × 13 台 × 135 元/台 = 7020 元

3）机械费：　　8.22 元/台 × 13 台 = 106.86 元

（3）取源部件配合安装，13 个

1）人工费：　　3.95 元/个 × 13 个 = 51.35 元

2）材料费：　　0.49 元/个 × 13 个 = 6.37 元

3）机械费：无

（4）金属挠性管安装，13 根

1）人工费：　　35.76 元/10 根 × 13 根 = 46.49 元

2）材料费：　　0.54 元/10 根 × 13 根 = 0.70 元

挠性管（带接头）：10 根/10 根 × 13 根 × 50 元/根 = 650 元

3）机械费：无

（5）支架制作 260kg

1）人工费：　　319.74 元/100kg × 260kg = 831.32 元

2）材料费：　　138.60 元/100kg × 260kg = 360.36 元

普通钢板 $\delta 1.0 \sim 1.5$：104kg/100kg × 260kg × 3.7 元/kg = 1000.48 元

3）机械费：　　106.32 元/100kg × 260kg = 276.43 元

（6）支架安装，260kg

1）人工费：　　190.17 元/100kg × 260kg = 494.44 元

2）材料费：　　22.02 元/100kg × 260kg = 57.25 元

角钢（综合）：4.6kg/100kg × 260kg × 3.5 元/kg = 41.86 元

3）机械费：　　28.54 元/100kg × 260kg = 74.20 元

(7) 仪表立柱制作安装，13 根

1) 人工费： 202.01 元/10 根 × 13 根 = 262.61 元

2) 材料费： 84.13 元/10 根 × 13 根 = 109.37 元

仪表立柱 DN50 × 1500：10 个/10 根 × 13 根 × 320 元/个 = 4160 元

普通钢板 δ10： 39.3kg/10 根 × 13 根 × 3.5 元/kg = 178.82 元

3) 机械费： 6.31 元/10 根 × 13 根 = 8.20 元

(8) 配合联动试车

1) 人工费：36.87 元

2) 材料费：36.87 元

3) 机械费：无

(9) 综合

1) 直接费合计：4913.51 元（不包括主材）

2) 管理费： 4913.51 × 34% = 1670.59 元

3) 利润： 4913.51 × 8% = 393.08 元

4) 总计： 4913.51 + 1670.59 + 393.08 = 6977.18 元

5) 综合单价： 6977.18 元 ÷ 13 台 = 536.71 元/台

【序号 5】 差压变送器 26 台，取源部件 52 个配合安装，节流孔板为 7 块 DN50，5 块 DN80，5 块 DN100，4 块 DN150，4 块 DN200，1 块 DN600，支架 520kg，制作、安装，仪表立柱 26 根，制作安装，隔离罐一个制作安装，金属挠性管 26 根安装，26 台保护箱。

(1) 差压变送器 26 台

1) 人工费： 76.16 元/台 × 26 台 = 1980.16 元

2) 材料费： 7.15 元/台 × 26 台 = 185.9 元

取源部件： 1 套/台 × 26 台 × 80 元/套 = 2080 元

仪表接头： 2 套/台 × 26 台 × 135 元/套 = 7020 元

3) 机械费： 26.03 元/台 × 26 台 = 676.78 元

(2) 取源部件 52 个，配合安装

1) 人工费： 3.95 元/个 × 52 个 = 205.4 元

2) 材料费： 0.49 元/个 × 52 个 = 25.48 元

3) 机械费：无

(3) 节流孔板，7 块 DN50，5 块 DN80，5 块 DN100，4 块 DN150，4 块 DN200，1 块 DN600

1) 人工费：14.40 元/块 × 7 块 + 40.63 元/块 × (5 + 5)块 + 52.71 元/块 × (4 + 4)块 + 94.04 元/块 × 1 块 = 1022.82 元

2) 材料费：0.98 元/块 × 7 块 + 73.12 元/块 × (5 + 5)块 + 151.63 元/块 × (4 + 4)块 + 346.17 元/块 × 1 块 = 2297.27 元

3) 机械费： 241.44 元/块 × 1 块 = 241.44 元

(4) 支架制作，520kg

1) 人工费： 319.74 元/100kg × 520kg = 1662.65 元

2) 材料费： 138.60 元/100kg × 520kg = 720.72 元

普通钢板 δ1.0～1.5：104kg/100kg × 520kg × 3.7 元/kg = 2000.96 元

3）机械费：　106.32 元/100kg × 520kg = 552.86 元

（5）支架安装

1）人工费：　190.17 元/100kg × 520kg = 988.84 元

2）材料费：　22.02 元/100kg × 520kg = 114.50 元

角钢（综合）：　4.6kg/100kg × 520kg × 3.5 元/kg = 83.72 元

3）机械费：　28.54 元/100kg × 520kg = 148.41 元

（6）仪表立柱 26 根，制作安装

1）人工费：　202.01 元/10 根 × 26 根 = 525.23 元

2）材料费：　84.13 元/10 根 × 26 根 = 218.74 元

仪表立柱 *DN*50 × 1500：10 个/10 根 × 26 根 × 320 元/个 = 8320 元

普通钢板 δ10：39.3kg/10 根 × 26 根 × 3.5 元/kg = 357.63 元

3）机械费：　6.31 元/10 根 × 26 根 = 16.41 元

（7）隔离罐 12 个，制作

1）人工费：　58.75 元/个 × 12 个 = 705 元

2）材料费：　12.25 元/个 × 12 个 = 147 元

3）机械费：　17.45 元/个 × 12 个 = 209.4 元

（8）隔离罐 12 个，安装

1）人工费：　12.77 元/个 × 12 个 = 153.24 元

2）材料费：　7.16 元/个 × 12 个 = 85.92 元

仪表接头：　3 套/个 × 12 个 × 135 元/套 = 4860 元

3）机械费：无

（9）金属挠性管 26 根安装

1）人工费：　35.76 元/10 根 × 26 根 = 92.98 元

2）材料费：　0.54 元/10 根 × 26 根 = 1.40 元

挠性管（带接头）：10 根/10 根 × 26 根 × 50 元/根 = 1300 元

3）机械费：无

（10）保护箱 26 台

1）人工费：　52.01 元/台 × 26 台 = 1352.26 元

2）材料费：　14.77 元/台 × 26 台 = 384.02 元

仪表接头：　4 套/台 × 26 台 × 135 元/套 = 14040 元

3）机械费：　8.22 元/台 × 26 台 = 213.72 元

（11）配合联动试车

1）人工费：111.99 元

2）材料费：111.99 元

3）机械费：无

（12）综合

1）直接费合计：15155.61 元（不含主材）

2）管理费：　15155.61 × 34% = 5152.91 元

3）利润：　　　$15155.61 \times 8\% = 1212.45$

4）总计：　　　$15155.61 + 5152.91 + 1212.45 = 21520.97$ 元

5）综合单价：　　　21520.97 元 ÷ 26 台 = 827.73 元/台

分部分项工程量清单计价表

工程名称：　　　　　　　　　　　　　　　　　　　　　　第　页　共　页

序号	项目编码	项目名称	计量单位	工程数量	金额（元）	
					综合单价	合价
1	031001001001	双支热电偶 取源部件配合安装 不锈钢温度计套管安装 防爆金属挠性管安装	支	10.00	168.48	1684.8
2	031001001002	单式热电偶 取源部件配合安装 不锈钢温度计套管安装 防爆金属挠性管安装	支	33.00	92.35	3047.48
3	031001001003	双金属温度计 取源部件配合安装 不锈钢温度计套管安装	支	25.00	84.22	2105.55
4	031001001004	压力式温度计 毛细管长　10m 取源部件配合安装 不锈钢温度计套管安装	支	1.00	153.18	153.18
5	031001002001	就地弹簧管压力表 取源部件配合安装 碳钢压力表弯制作 不锈钢压力表弯制作 压力表弯安装	块	87	32.14	2795.86
6	031001003001	椭圆齿轮流量计	台	7	307.13	2149.88
7	031001003003	就地双波纹管差压计 取源部件配合安装 节流孔板安装　*DN*50 文丘里管　*DN*350 保护箱	台 个 块 块 个	4 8 2 2 4	720.59	2882.35
8	031001004001	玻璃板液位计 $L = 500$	台	2	63.07	126.13
9	031002002001	智能单回路记录仪	套	1	389.83	389.83
10	031002015001	气动薄膜调节阀调试配合安装 防爆金属挠性管 过滤器减压阀 电气阀门定位器	套	43	420.58	18085
11	031002001003	压力变送器 取源部件配合安装 防爆金属挠性管安装 支架制作安装 仪表立柱制作安装 保护箱	台 kg	13 260	536.71	6977.18

续表

序号	项目编码	项目名称	计量单位	工程数量	金额（元）	
					综合单价	合价
12	031002001004	差压变送器	台	26.00	827.73	21520.97
		取源部件配合安装	个	52		
		节流孔板　*DN*50	块	7		
		节流孔板　*DN*80	块	5		
		节流孔板　*DN*100	块	5		
		节流孔板　*DN*150	块	4		
		节流孔板　*DN*200	块	4		
		节流孔板　*DN*600	块	1		
		支架制作安装	kg	520		
		仪表立柱制作安装	个	26		
		隔离罐制作安装	个	12		
		防爆金属挠性管安装	根	26		
		保护箱	台	26		
13	031002003001	全刻度指示调节仪	台	6	346.29	2077.71
14	031002002002	两笔小型记录仪	台	18	123.26	2218.7
15	031002001005	气动内浮筒液位变送器　过滤器减压阀	台	16	192.81	3084.95
16	031002008001	仪表盘　2300mm×1100mm×2500mm	块	4	956.25	3824.99
		基础槽钢　10号	m	25		
		手工除锈	100kg	2.5		
		红丹防锈漆两遍	100kg	2.5		
17	030208004002	电缆槽盒　150mm×25mm	m	652	15.09	9836.48
18	030208003001	有缝钢管　ϕ60×3.5	m	60	34.85	2090.83
19	030212001001	钢结构配管　ϕ21.25×2.75	m	900	29.96	26963.53
		明装铝合金防爆穿线盒	个	130		
		支架制作安装	kg	785		
20	031006001001	无缝钢管安装　ϕ10×2	m	56	27.54	1542.25
		支架制作安装	kg	49		
21	031006001002	无缝钢管安装　ϕ14×2	m	56	79.52	4453.28
		支架制作安装	kg	49		
		石棉绳保温　5kg	m^2	2.5		
		玻璃布保护层	m^2	2.5		
		油毡纸	m^2	2.5		
		布面刷银粉漆两遍	m^2	2.5		
22	031006004001	紫铜管安装　ϕ6×1	m	3000	109.10	327287.53
		支架制作安装	kg	200		
23	030208002001	电缆敷设　RVVP2×1	m	7650	6.28	48051.07
		控制电缆头制作安装	个	510		
24	031009001002	承插焊碳钢截止阀　*DN*15	个	68	126.38	8593.53
25	031009001003	法兰碳钢闸阀　*DN*20	个	40	81.01	3240.32
26	031009001004	法兰碳钢闸阀　*DN*40	个	44	102.31	4501.57
		合计				509684.95

分部分项工程量清单综合单价计算表

工程名称：自动化控制仪表　　　　计量单位：支

项目编号：031001001001　　　　工程数量：10

项目名称：双支热电偶　　　　综合单价：168.48 元

序号	定额编号	工程内容	单位	数量	其中：（元）					
					人工费	材料费	机械费	管理费	利润	小计
1	10－735	取源部件配合安装	个	10.00	39.50	4.90				
	10－737	不锈钢温度计套管安装	个	10.00	85.90	97.20	49.10			
	10－668	金属挠性管安装	根	10.00	35.80	501				
	10－11	双支热电偶	支	10.00	162.50	192.00	11.70			
		配合联动试车			3.44	3.44				
		合　计			327.14	798.54	60.80	403.40	94.92	1684.8

分部分项工程量清单综合单价计算表

工程名称：自动化控制仪表　　　　计量单位：支

项目编号：031001001002　　　　工程数量：33

项目名称：单支热电偶　　　　综合单价：92.35 元

序号	定额编号	工程内容	单位	数量	其中：（元）					
					人工费	材料费	机械费	管理费	利润	小计
2	10－735	取源部件配合安装	个	33.00	130.35	16.17				
	10－737	不锈钢温度计套管安装	个	33.00	283.47	320.76	162.03			
	10－668	金属挠性管安装	根	33.00	118.14	502				
	10－10	单支热电偶	支	33.00	490.38	64.13	36.96			
		配合联动试车			10.86	10.86				
		合　计			1033.20	913.92	198.99	729.68	171.69	3047.48

分部分项工程量清单综合单价计算表

工程名称：自动化控制仪表　　　　计量单位：支

项目编号：031001001003　　　　工程数量：25

项目名称：双金属温度计　　　　综合单价：84.22 元

序号	定额编号	工程内容	单位	数量	其中：（元）					
					人工费	材料费	机械费	管理费	利润	小计
3	10－735	取源部件配合安装	个	25.00	98.75	12.25				
	10－737	不锈钢温度计套管安装	个	25.00	214.75	243.00	122.75			
	10－2	双金属温度计	支	25.00	278.75	473.50	25.25			
		配合联动试车			6.89	6.89				
		合　计			599.14	735.64	148.00	504.15	118.62	2105.55

分部分项工程量清单综合单价计算表

工程名称：自动化控制仪表　　　　计量单位：支

项目编号：031001001004　　　　工程数量：1

项目名称：压力式温度计　　　　综合单价：153.18 元

序号	定额编号	工程内容	单位	数量	其中：（元）					
					人工费	材料费	机械费	管理费	利润	小计
4	10-735	取源部件配合安装	个	1.00	3.95	0.49				
	10-737	不锈钢温度计套管安装	个	1.00	8.59	9.72	4.91			
	10-3	压力式温度计　毛细管长　10m	支	1.00	43.42	27.81	7.72			
		配合联动试车			0.63	0.63				
		合　计			56.59	38.65	12.63	36.68	8.63	153.18

分部分项工程量清单综合单价计算表

工程名称：自动化控制仪表　　　　计量单位：块

项目编号：031001002001　　　　工程数量：87

项目名称：就地弹簧管压力表　　　　综合单价：32.14 元

序号	定额编号	工程内容	单位	数量	其中：（元）					
					人工费	材料费	机械费	管理费	利润	小计
5	10-735	取源部件配合安装	个	87.00	343.65	42.63				
	10-738	碳钢压力表弯制作	个	7.00	21.00	9.10	3.22			
	10-739	不锈钢压力表弯制作	个	7.00	25.55	9.59	4.27			
	10-740	压力表弯安装	套	14.00	15.26	3.08				
	10-25	就地弹簧管压力表	块	87.00	1050.09	361.92	50.46			
		配合联动试车			14.55	14.55				
		合　计			1470.10	440.87	57.95	669.43	157.51	2795.86

分部分项工程量清单综合单价计算表

工程名称：自动化控制仪表　　　　计量单位：台

项目编号：031001003001　　　　工程数量：7

项目名称：椭圆齿轮流量计　　　　综合单价：307.13 元

序号	定额编号	工程内容	单位	数量	其中：（元）					
					人工费	材料费	机械费	管理费	利润	小计
6	10-40	椭圆齿轮流量计	台	7.00	658.28	636.02	218.82			
		配合联动试车			0.44	0.44				
		合　计			658.72	636.46	218.82	514.76	121.12	2149.88

分部分项工程量清单综合单价计算表

工程名称：自动化控制仪表　　　　计量单位：台

项目编号：031001003002　　　　工程数量：4

项目名称：就地双波纹管差压计　　　　综合单价：720.59元

序号	定额编号	工程内容	单位	数量	其中：（元）					
					人工费	材料费	机械费	管理费	利润	小计
7	10-735	取源部件配合安装	个	8.00	31.60	3.92				
	10-64	节流孔板安装 *DN*50	块	2.00	28.80	1.96				
	10-68	节流孔板安装 *DN*350	块	2.00	140.24	439.72				
	10-60	就地双波纹管差压计	台	4.00	212.68	294.68	51.08			
	10-680	保护箱	台	4.00	208.04	599.08				
		配合联动试车			9.01	9.01				
		合计			630.37	1348.37	51.08	690.14	162.39	2882.35

分部分项工程量清单综合单价计算表

工程名称：自动化控制仪表　　　　计量单位：台

项目编号：031001004001　　　　工程数量：2

项目名称：玻璃板液位计　　　　综合单价：63.07元

序号	定额编号	工程内容	单位	数量	其中：（元）					
					人工费	材料费	机械费	管理费	利润	小计
8	10-75	玻璃板液位计 *L*=500	台	2.00	44.58	42.90				
		配合联动试车			0.67	0.67				
		合计			45.25	43.57		30.20	7.11	126.13

分部分项工程量清单综合单价计算表

工程名称：自动化控制仪表　　　　计量单位：套

项目编号：031002002001　　　　工程数量：1

项目名称：智能单回路记录仪　　　　综合单价：389.83元

序号	定额编号	工程内容	单位	数量	其中：（元）					
					人工费	材料费	机械费	管理费	利润	小计
9	估	智能单回路记录仪	套	1.00	183.44	16.95	69.98			
		配合联动试车		2.08	2.08					
		合计			185.52	19.03	69.98	93.34	21.96	389.83

分部分项工程量清单综合单价计算表

工程名称：自动化控制仪表　　　　计量单位：台
项目编号：031002015001　　　　工程数量：43
项目名称：气动薄膜调节阀　　　　综合单价：420.58 元

序号	定额编号	工 程 内 容	单位	数量	其中：（元）					
					人工费	材料费	机械费	管理费	利润	小计
10	10-668	金属挠性管安装	根	43.00	153.94	2.15				
	10-276	气动薄膜调节阀调试配合安装	台	43.00	3634.36	254.56	6015.70			
	10-219	过滤器减压阀	台	43.00	189.63	57.19	117.39			
	10-290	电气阀门定位器	台	43.00	1168.31	129.00	818.29			
		配合联动试车			97.71	97.71				
		合　计			5243.95	540.61	6951.38	4330.22	1018.88	18085

分部分项工程量清单综合单价计算表

工程名称：自动化控制仪表　　　　计量单位：台
项目编号：031002001003　　　　工程数量：13
项目名称：压力变送器　　　　综合单价：536.71 元

序号	定额编号	工 程 内 容	单位	数量	其中：（元）					
					人工费	材料费	机械费	管理费	利润	小计
11	10-735	取源部件配合安装	个	13.00	51.35	6.37				
	10-668	金属挠性管安装	根	13.00	46.54	0.65				
	2-360	支架制作	kg	260.00	832.00	361.40	275.60			
	2-361	支架安装	kg	260.00	494.00	57.20	75.40			
	10-726	仪表立柱制作安装	根	13.00	262.60	109.33	8.19			
	10-124	压力变送器	台	13.00	929.76	89.7	264.68			
	10-680	保护箱	台	13.00	676.13	192.01	106.86			
		配合联动试车			36.87	36.87				
		合　计			3329.25	853.53	730.73	1670.59	393.08	6977.18

分部分项工程量清单综合单价计算表

工程名称：自动化控制仪表　　　　计量单位：台
项目编号：031002001004　　　　工程数量：26
项目名称：差压变送器　　　　综合单价：827.73 元

序号	定额编号	工 程 内 容	单位	数量	其中：（元）					
					人工费	材料费	机械费	管理费	利润	小计
12	10-735	取源部件配合安装	个	52.00	205.40	25.48				
	10-64	节流孔板　*DN*50	块	7.00	100.80	6.86				
	10-65	节流孔板　*DN*80	块	5.00	203.15	365.60				
	10-65	节流孔板　*DN*100	块	5.00	203.15	365.60				
	10-66	节流孔板　*DN*150	块	4.00	210.84	606.52				
	10-66	节流孔板　*DN*200	块	4.00	210.84	606.52				
	10-69	节流孔板　*DN*600	块	1.00	94.04	346.17	241.44			

续表

序号	定额编号	工程内容	单位	数量	其中：（元）					
					人工费	材料费	机械费	管理费	利润	小计
12	2-360	支架制作	kg	520.00	1664.00	722.80	551.20			
	2-361	支架安装	kg	520.00	988.00	114.40	150.80			
	10-726	仪表立柱制作安装	根	26.00	525.20	218.66	16.38			
	10-125	差压变送器	台	26.00	1980.16	185.90	676.78			
	10-728	隔离罐制作	个	12.00	705.00	147.00	209.40			
	10-729	隔离罐安装	个	12.00	153.24	85.92				
	10-668	金属挠性管安装	根	26.00	93.08	1.30				
	10-680	保护箱	台	26.00	1352.26	384.02	213.72			
		配合联动试车			111.99	111.99				
		合　计			8801.15	4294.74	2059.72	5152.91	1212.45	21520.97

分部分项工程量清单综合单价计算表

工程名称：自动化控制仪表　　计量单位：台

项目编号：031002003001　　工程数量：6

项目名称：全刻度指示调节仪　　综合单价：346.29 元

序号	定额编号	工程内容	单位	数量	其中：（元）					
					人工费	材料费	机械费	管理费	利润	小计
13	10-144	全刻度指示调节仪	台	6.00	646.44	41.52	753.60			
		配合联动试车			10.81	10.81				
		合　计			657.25	52.33	753.60	497.48	117.05	2077.71

分部分项工程量清单综合单价计算表

工程名称：自动化控制仪表　　计量单位：台

项目编号：031002002002　　工程数量：18

项目名称：两笔小型记录仪　　综合单价：123.26 元

序号	定额编号	工程内容	单位	数量	其中：（元）					
					人工费	材料费	机械费	管理费	利润	小计
14	10-138	两笔小型记录仪	台	18.00	927.90	60.12	551.34			
		配合联动试车			11.55	11.55				
		合　计			939.45	71.67	551.34	531.24	125.00	2218.7

分部分项工程量清单综合单价计算表

工程名称：自动化控制仪表　　计量单位：台

项目编号：031002001005　　工程数量：16

项目名称：气动内浮筒液位变送器　　综合单价：192.81 元

序号	定额编号	工程内容	单位	数量	其中：（元）					
					人工费	材料费	机械费	管理费	利润	小计
15	10-189	气动内浮筒液位变送器	台	16.00	1096.00	532.80	378.08			
	10-219	过滤器减压阀	个	16.00	70.56	21.28	43.68			
		配合联动试车			15.05	15.05				
		合　计			1181.61	569.13	421.76	738.65	173.8	3084.95

分部分项工程量清单综合单价计算表

工程名称：自动化控制仪表　　计量单位：块

项目编号：031002008001　　工程数量：4

项目名称：仪表盘　　综合单价：956.25 元

序号	定额编号	工 程 内 容	单位	数量	其中：（元）					
					人工费	材料费	机械费	管理费	利润	小计
16	2－356	基础槽钢	m	250	120.18	83.80	23.18			
	11－8	手工除锈	kg	250	31.35	12.28	17.40			
	11－117	红丹防锈漆第一遍	kg	250	13.35	26.7	17.40			
	11－118	红丹防锈漆第二遍	kg	250	12.78	22.1	17.40			
	11－672	大型通道盘 2300mm × 1100mm × 2500mm	块	4.00	1081.12	167.44	1008.04			
		配合联动试车			19.57	19.57				
		合　计			1278.35	331.89	1083.42	915.84	215.49	3824.99

分部分项工程量清单综合单价计算表

工程名称：自动化控制仪表　　计量单位：m

项目编号：030208004002　　工程数量：652

项目名称：电缆槽盒　　综合单价：15.09 元

序号	定额编号	工 程 内 容	单位	数量	其中：（元）					
					人工费	材料费	机械费	管理费	利润	小计
17	2－543	电缆槽盒　150mm × 25mm	m	652.00	4814.76	1603.92	404.24			
		配合联动试车			52.59	52.59				
		合　计			4866.35	1656.51	404.24	2355.21	554.17	9836.48

分部分项工程量清单综合单价计算表

工程名称：自动化控制仪表　　计量单位：m

项目编号：030208003001　　工程数量：60

项目名称：有缝钢管敷设　$\phi 60\times3.5$　　综合单价：34.85 元

序号	定额编号	工 程 内 容	单位	数量	其中：（元）					
					人工费	材料费	机械费	管理费	利润	小计
18	2－539	有缝钢管　$\phi 60\times3.5$	m	60.00	783.00	603.00	64.20			
		配合联动试车			11.11	11.11				
		合　计			794.11	614.11	64.20	500.62	117.79	2090.83

分部分项工程量清单综合单价计算表

工程名称：自动化控制仪表 计量单位：m

项目编号：030212001001 工程数量：900

项目名称：钢结构配管 ϕ 21.25×2.75 综合单价：29.96 元

序号	定额编号	工程内容	单位	数量	其中：（元）					
					人工费	材料费	机械费	管理费	利润	小计
19	2－1059	钢结构配管 ϕ21.25×2.75	m	900.00	2880.00	3411.00	1386.00			
		镀锌钢管 ϕ20	m	927		4171.5				
	2－1380	明装铝合金防爆穿线盒	个	130.00	371.80	91.00				
		接线盒	个	133		133				
	2－360	支架制作	kg	785	2512.00	1091.15	832.10			
	2－361	支架安装	kg	785	1491.50	172.70	227.65			
		配合联动试车			108.50	108.50				
		合计			7363.80	9178.85	2445.75	6456.06	1519.07	26963.53

分部分项工程量清单综合单价计算表

工程名称：自动化控制仪表 计量单位：m

项目编号：031006001001 工程数量：56

项目名称：无缝钢管安装 ϕ 10×2 综合单价：27.54 元

序号	定额编号	工程内容	单位	数量	其中：（元）					
					人工费	材料费	机械费	管理费	利润	小计
20	10－565	无缝钢管安装 ϕ 10×2	m	56.00	261.52	176.40	43.68			
	2－360	支架制作	kg	49	156.80	256.60	51.94			
	2－361	支架安装	kg	49	93.10	18.7	14.21			
		配合联动试车			6.57	6.57				
		合计			517.99	458.27	109.83	369.27	86.89	1542.25

分部分项工程量清单综合单价计算表

工程名称：自动化控制仪表 计量单位：m

项目编号：031006001002 工程数量：56

项目名称：无缝钢管安装 ϕ 14×2 综合单价：79.52 元

序号	定额编号	工程内容	单位	数量	其中：（元）					
					人工费	材料费	机械费	管理费	利润	小计
21	10－565	无缝钢管安装 ϕ14×2	m	56.00	261.52	2029.32	43.68			
	2－360	支架制作	kg	49	156.80	256.6	51.94			
	2－361	支架安装	kg	49	93.10	18.7	14.21			
	11－2151	石棉绳保温	m^2	2.5	30.48	75	1.70			
	11－2153	玻璃布保护层	m^2	2.5	2.73	52.55				
	11－2159	油毡纸	m^2	2.5	2.80	14.5				
	11－252	布面刷银粉漆第一遍	m^2	2.5	5.28	3.5				
	11－253	布面刷银粉漆第二遍	m^2	2.5	4.58	3.1				
		配合联动试车			7.01	7.01				
		合计			564.30	2460.28	111.53	1066.28	250.89	4453.28

分部分项工程量清单综合单价计算表

工程名称：自动化控制仪表　　　　计量单位：m

项目编号：031006004001　　　　工程数量：3000

项目名称：紫铜管安装　φ6×1　　　　综合单价：109.10元

序号	定额编号	工程内容	单位	数量	其中：（元）					
					人工费	材料费	机械费	管理费	利润	小计
22	10－580	紫铜管安装　φ6×1	m	3000.00	5010.00	1890.00	180.00			
		紫铜管	m	3060.00		18360				
		仪表接头	套	1500		202500				
	2－360	支架制作	kg	200.00	640.00	1047.6	212.00			
	2－361	支架安装	kg	200.00	380.00	76.2	58.00			
		配合联动试车			65.19	65.19				
		合　计			6095.19	223938.99	450.00	78364.62	18438.73	327287.53

分部分项工程量清单综合单价计算表

工程名称：自动化控制仪表　　　　计量单位：m

项目编号：030208002001　　　　工程数量：7650

项目名称：电缆敷设　RVVP2×1　　　　综合单价：6.28元

序号	定额编号	工程内容	单位	数量	其中：（元）					
					人工费	材料费	机械费	管理费	利润	小计
23	2－672	电缆敷设　RVVP2×1	m	7650	7420.50	4054.50				
	2－680	控制电缆头制作安装	个	510	6155.70	15708.00				
		配合联动试车			250.04	250.04				
		合　计			13826.24	20012.54		11505.19	2707.10	48051.07

分部分项工程量清单综合单价计算表

工程名称：自动化控制仪表　　　　计量单位：个

项目编号：031009001002　　　　工程数量：68

项目名称：承插焊碳钢截止阀　*DN*15　　　　综合单价：126.38元

序号	定额编号	工程内容	单位	数量	其中：（元）					
					人工费	材料费	机械费	管理费	利润	小计
24	10－708	承插碳钢截止阀 *DN*15	个	68.00	710.60	5134	193.12			
		配合联动试车			7.03	7.03				
		合　计			717.63	5141.03	193.12	2057.61	484.14	8593.53

分部分项工程量清单综合单价计算表

工程名称：自动化控制仪表　　　　计量单位：个

项目编号：031009001003　　　　工程数量：40

项目名称：法兰碳钢闸阀　*DN*20　　　　综合单价：81.01元

序号	定额编号	工程内容	单位	数量	其中：（元）					
					人工费	材料费	机械费	管理费	利润	小计
25	10－710	法兰碳钢闸阀 *DN*20	个	40.00	195.20	2061.2	18.40			
		配合联动试车			3.56	3.56				
		合　计			198.76	2064.76	18.40	775.85	182.55	3240.32

分部分项工程量清单综合单价计算表

工程名称：自动化控制仪表　　　　计量单位：个

项目编号：031009001004　　　　工程数量：44

项目名称：法兰碳钢闸阀　*DN*40　　　　综合单价：102.31元

序号	定额编号	工程内容	单位	数量	其中：（元）					
					人工费	材料费	机械费	管理费	利润	小计
26	10－710	法兰碳钢闸阀 *DN*40	个	44.00	214.72	2927.32	20.24			
		配合联动试车			3.92	3.92				
		合　计			218.64	2931.24	20.24	1077.84	253.61	4501.57

十、C.11 通信设备及线路工程工程量清单设置与计价举例

分部分项工程量清单

工程名称：　　　　第　页　共　页

序号	项目编码	项目名称	计量单位	工程数量
1	031101001001	防爆蓄电池组　24V　1000A 双层抗震铁架　*W*＝600mm 蓄电池冲放电	组 m 组	10.00 10.00 10.00
2	031101006001	24V 落地式直流配电屏　600mm×1000mm×2100mm	台	4.00
3	031101012001	三相不停电电源　100kV·A	套	2.00
4	031101034001	总信号灯盘	盘	1.00
5	031101034002	列信号灯盘	盘	4.00
6	031101034003	信号设备	盘	5.00
7	031101039001	电话交换机架 电话交换机架调试	架	10.00
8	031101039002	电话交换机台 电话交换机台调测	台	2.00
9	031101039003	记录设备安装调测　4架	套	1.00
10	031101039004	路由示忙灯	个	20.00
11	031101040001	打印机	台	4.00
12	031101035001	槽道放、绑设备电缆　100m/条	条	80.00
13	031101035002	走道放、绑设备电缆　100m/条	条	80.00
14	031101035003	编扎、焊接设备电缆　104芯	条	20.00
15	031101035004	编扎、焊接设备电缆　24芯	条	80.00

分部分项工程量清单计价表

工程名称：　　　　　　　　　　　　　　　　　　　　　　　　　　　　　　第　页　共　页

序号	项目编码	项目名称	计量单位	工程数量	金额（元）	
					综合单价	合价
1	031101001001	防爆蓄电池组　24V　1000A 双层抗震铁架　$W=600$mm 蓄电池冲放电	组	10.00	1443.22	14432.17
2	031101006001	24V 落地式直流配电屏　600mm×1000mm×2100mm	台	4.00	210.16	840.64
3	031101012001	三相不停电电源　100kV·A	套	2.00	1734.6	3469.2
4	031101034001	总信号灯盘	盘	1.00	27.76	27.76
5	031101034002	列信号灯盘	盘	4.00	8.24	32.95
6	031101034003	信号设备	盘	5.00	34.22	171.11
7	031101039001	电话交换机架 电话交换机架调试	架	10.00	1220.42	12204.19
8	031101039002	电话交换机台 电话交换机台调测	台	2.00	339.95	679.89
9	031101039003	记录设备安装调测　4 架	套	1.00	5720.89	5720.89
10	031101039004	路由示忙灯	个	20.00	36.64	732.72
11	031101040001	打印机	台	4.00	29.11	116.44
12	031101035001	槽道放、绑设备电缆　100m/条	条	80.00	51.12	4089.6
13	031101035002	走道放、绑设备电缆　100m/条	条	80.00	70.08	5606.16
14	031101035003	编扎、焊接设备电缆　104 芯	条	20.00	47.71	954.24
15	031101035004	编扎、焊接设备电缆　24 芯	条	80.00	16.61	1329.12
		合　计				50407.08

分部分项工程量清单综合单价计算表

工程名称：　　　　　　　　　　　　　　　　　　　　　　　　　　　计量单位：组

项目编号：031101001001　　　　　　　　　　　　　　　　　　　　　工程数量：10

项目名称：防爆蓄电池组　24V 1000A　　　　　　　　　　　　　　　综合单价：1443.22 元

序号	定额编号	工程内容	单位	数量	其中：（元）					
					人工费	材料费	机械费	管理费	利润	小计
1		防爆蓄电池组　24V 1000A	组	10	655.00	68.00				
		双层抗震铁架　$W=$ 600mm	m	10	350.00	30.00				
		蓄电池冲放电	组	10	7602.50	1458.00				
		合　计			8607.50	1556.00	—	3455.59	813.08	14432.17

分部分项工程量清单综合单价计算表

工程名称：　　　　　　　　　　　　　　　　　　　　　　　　　　　计量单位：台

项目编号：031101006001　　　　　　　　　　　　　　　　　　　　　工程数量：4

项目名称：落地式直流配电屏　24V　　　　　　　　　　　　　　　　综合单价：210.16 元

序号	定额编号	工程内容	单位	数量	其中：（元）					
					人工费	材料费	机械费	管理费	利润	小计
2		24V 落地式直流配电屏 600mm × 1000mm × 2100mm	台	4	500.00	92.00				
		合　计			500.00	92.00	—	201.28	47.36	840.64

分部分项工程量清单综合单价计算表

工程名称：　　　　　　　　　　　　　　　　　　　　　　　　　　　计量单位：套

项目编号：031101012001　　　　　　　　　　　　　　　　　　　　　工程数量：2

项目名称：三相不停电电源　100kV·A　　　　　　　　　　　　　　　综合单价：1734.6 元

序号	定额编号	工程内容	单位	数量	其中：（元）					
					人工费	材料费	机械费	管理费	利润	小计
3		三相不停电电源 100kV·A	套	2	2367.50	75.60				
		合　计			2367.50	75.60	—	830.65	195.45	3469.2

分部分项工程量清单综合单价计算表

工程名称：
项目编号：031101034001
项目名称：总信号灯盘

计量单位：盘
工程数量：1
综合单价：27.76 元

序号	定额编号	工 程 内 容	单位	数量	其中：(元)					
					人工费	材料费	机械费	管理费	利润	小计
4		总信号灯盘	盘	1	18.75	0.80				
		合 计			18.75	0.80	—	6.65	1.56	27.76

分部分项工程量清单综合单价计算表

工程名称：
项目编号：031101034002
项目名称：列信号灯盘

计量单位：盘
工程数量：4
综合单价：8.24 元

序号	定额编号	工 程 内 容	单位	数量	其中：(元)					
					人工费	材料费	机械费	管理费	利润	小计
5		列信号灯盘	盘	4	20.00	3.20				
		合 计			20.00	3.20	—	7.89	1.86	32.95

分部分项工程量清单综合单价计算表

工程名称：
项目编号：031101034003
项目名称：信号设备

计量单位：盘
工程数量：5
综合单价：34.22 元

序号	定额编号	工 程 内 容	单位	数量	其中：(元)					
					人工费	材料费	机械费	管理费	利润	小计
6		信号设备	盘	5	112.50	8.00				
		合 计			112.50	8.00	—	40.97	9.64	171.11

分部分项工程量清单综合单价计算表

工程名称：
项目编号：031101039001
项目名称：电话交换机架

计量单位：架
工程数量：10
综合单价：1220.42 元

序号	定额编号	工 程 内 容	单位	数量	其中：(元)					
					人工费	材料费	机械费	管理费	利润	小计
7		电话交换机架	架	10	2182.50	158.00				
		电话交换机架调试	架	10	6250.00	4.00				
		合 计			8432.50	162.00	—	2922.13	687.56	12204.19

分部分项工程量清单综合单价计算表

工程名称：

项目编号：031101039002

项目名称：电话交换机台

计量单位：台

工程数量：2

综合单价：339.95元

序号	定额编号	工 程 内 容	单位	数量	其中： (元)					
					人工费	材料费	机械费	管理费	利润	小计
8		电话交换机台	台	2	150.00	28.00				
		电话交换机台调测	台	2	300.00	0.80				
		合 计			450.00	28.80	—	162.79	38.3	679.89

分部分项工程量清单综合单价计算表

工程名称：

项目编号：031101039003

项目名称：记录设备

计量单位：套

工程数量：1

综合单价：5720.89元

序号	定额编号	工 程 内 容	单位	数量	其中： (元)					
					人工费	材料费	机械费	管理费	利润	小计
9		记录设备安装调测4架	套	1	4000.00	28.80				
		合 计			4000.00	28.80	—	1369.79	322.30	5720.89

分部分项工程量清单综合单价计算表

工程名称：

项目编号：031101039004

项目名称：路由示忙灯

计量单位：个

工程数量：20

综合单价：36.64元

序号	定额编号	工 程 内 容	单位	数量	其中： (元)					
					人工费	材料费	机械费	管理费	利润	小计
10		路由示忙灯	个	20	500.00	16.00				
		合 计			500.00	16.00	—	175.44	41.28	732.72

分部分项工程量清单综合单价计算表

工程名称：

项目编号：031101040001

项目名称：打印机

计量单位：台

工程数量：4

综合单价：29.11元

序号	定额编号	工 程 内 容	单位	数量	其中： (元)					
					人工费	材料费	机械费	管理费	利润	小计
11		打印机	台	4	80.00	2.00				
		合 计			80.00	2.00	—	27.88	6.56	116.44

分部分项工程量清单综合单价计算表

工程名称：　　　　计量单位：条

项目编号：031101035001　　　　工程数量：80

项目名称：槽道放、绑设备电缆　　　　综合单价：51.12 元

序号	定额编号	工程内容	单位	数量	其中：（元）					
					人工费	材料费	机械费	管理费	利润	小计
12		槽道放、绑设备电缆 100m/条	条	80	2800.00	80.00				
		合　计			2800.00	80.00	—	979.2	230.4	4089.6

分部分项工程量清单综合单价计算表

工程名称：　　　　计量单位：条

项目编号：031101035002　　　　工程数量：80

项目名称：走道放、绑设备电缆　　　　综合单价：70.08 元

序号	定额编号	工程内容	单位	数量	其中：（元）					
					人工费	材料费	机械费	管理费	利润	小计
13		走道放、绑设备电缆 100m/条	条	80	3740.00	208.00				
		合　计			3740.00	208.00	—	1342.32	315.84	5606.16

分部分项工程量清单综合单价计算表

工程名称：　　　　计量单位：条

项目编号：031101035003　　　　工程数量：20

项目名称：编扎、焊接设备电缆　104 芯　　　　综合单价：47.71 元

序号	定额编号	工程内容	单位	数量	其中：（元）					
					人工费	材料费	机械费	管理费	利润	小计
14		编扎、焊接设备电缆 104 芯	条	20	640.00	32.00				
		合　计			640.00	32.00	—	228.48	53.76	954.24

分部分项工程量清单综合单价计算表

工程名称：　　　　计量单位：条

项目编号：031101035004　　　　工程数量：80

项目名称：编扎、焊接设备电缆　24 芯　　　　综合单价：16.61 元

序号	定额编号	工程内容	单位	数量	其中：（元）					
					人工费	材料费	机械费	管理费	利润	小计
15		编扎、焊接设备电缆 24 芯	条	80	840.00	96.00				
		合　计			840.00	96.00	—	318.24	74.88	1329.12

十一、C.12 建筑智能化系统设备安装工程工程量清单设置与计价举例

分部分项工程量清单

工程名称：

序号	项目编码	项目名称	计量单位	工程数量
1	031203001001	远传冷水表 冷水用电动阀 *DN*15	个	1200
2	031203001002	远传脉冲电表	个	1200
3	031203001003	远传煤气表 煤气用电动阀 *DN*20	个	1200
4	031203002001	电力载波抄表集中器 抄表控制箱	个	30
5	031203002002	分散式远程总线抄表采集器 抄表控制箱	个	30
6	031203002003	分散式远程总线抄表主机	个	2
7	031203002004	多表采集智能终端 多表采集智能终端调试	个	2
8	031202004001	通讯接口卡	个	80
9	031203002005	分线器	个	240
10	031203003001	多表采集中央管理计算机 抄表数据管理软件系统联调	台	1
11	031204004002	通讯接口转换器	个	240
12	031205001001	电视共用天线 CT2/1－5 安装调试	副	1
13	031205002001	前端机柜 2m	个	2
14	031205003001	带抽屉电视墙 监视器 24 台	个	2
15	031205004001	全频道前端 12 频道	套	6
16	031205004002	挂式邻频前端 12 频道	套	2
17	031205005001	接收机	台	100
18	031205005002	解码器	台	100
19	031205005003	数字信号转换器	台	25
20	031205005004	制式转换器	台	25
21	031205005005	功分器	台	10
22	031205007001	寻址控制器	台	2
23	031205007002	数据通道调制器	台	10
24	031205007003	网络（费）管理控制器	台	10
		收费管理系统调试	台	10

分部分项工程量清单计价表

工程名称：

序号	项目编码	项目名称	计量单位	工程数量	金额（元）	
					综合单价	合价
1	031203001001	远传冷水表 冷水用电动阀 *DN*15	个	1200	21.61	25934.88
2	031203001002	远传脉冲电表	个	1200	26.78	32134.03
3	031203001003	远传煤气表 煤气用电动阀 *DN*20	个	1200	24.91	29888.16
4	031203002001	电力载波抄表集中器 抄表控制箱	个	30	49.34	1480.14
5	031203002002	分散式远程总线抄表采集器 抄表控制箱	个	30	84.37	2531.03
6	031203002003	分散式远程总线抄表主机	个	2	46.05	92.1
7	031203002004	多表采集智能终端 多表采集智能终端调试	个	2	80.61	161.21
8	031202004001	通讯接口卡	个	80	46.09	3687.45
9	031203002005	分线器	个	240	6.44	1547.23
10	031203003001	多表采集中央管理计算机 抄表数据管理软件系统联调	台	1	338.53	338.53
11	031204004002	通讯接口转换器	个	240	10.65	2556
12	031205001001	电视共用天线 CT2/1－5 安装调试	副	1	363.25	363.25
13	031205002001	前端机柜 2m	个	2	151.11	302.21
14	031205003001	带抽屉电视墙 监视器 24台	个	2	1100.43	2200.86
15	031205004001	全频道前端 12频道	套	6	302.22	1813.34
16	031205004002	挂式邻频前端 12频道	套	2	580.93	1161.86
17	031205005001	接收机	台	100	42.15	4214.7
18	031205005002	解码器	台	100	44.98	4498.27
19	031205005003	数字信号转换器	台	25	44.98	1124.57
20	031205005004	制式转换器	台	25	37.88	947.07
21	031205005005	功分器	台	10	30.14	301.37
22	031205007001	寻址控制器	台	2	74.64	149.27
23	031205007002	数据通道调制器	台	10	74.64	746.35
24	031205007003	网络（费）管理控制器	台	10	214.59	2145.91
		收费管理系统调试	台	10		
		合　计				120319.79

分部分项工程量清单综合单价计算表

工程名称： 计量单位：个

项目编号：031203001001 工程数量：1200

项目名称：远传冷水表 综合单价：21.61 元

序号	定额编号	工程内容	单位	数量	其中：（元）					
					人工费	材料费	机械费	管理费	利润	小计
1	13-4-1	远传冷水表	个	1200	9000.00	336.00				
		冷水用电动阀 *DN*15	个	1200	6300.00	1992.00	636.00			
		合计			15300.00	2328.00	636.00	6209.76	1461.12	25934.88

分部分项工程量清单综合单价计算表

工程名称： 计量单位：个

项目编号：031203001002 工程数量：1200

项目名称：远传脉冲电表 综合单价：26.78 元

序号	定额编号	工程内容	单位	数量	其中：（元）					
					人工费	材料费	机械费	管理费	利润	小计
2	13-4-2	远传脉冲电表	个	1200	8100	14385.60	144.00			
		合计			8100.00	14385.60	144.00	7694.06	1810.37	32134.03

分部分项工程量清单综合单价计算表

工程名称： 计量单位：个

项目编号：031203001003 工程数量：1200

项目名称：远传煤气表 综合单价：24.91 元

序号	定额编号	工程内容	单位	数量	其中：（元）					
					人工费	材料费	机械费	管理费	利润	小计
3	13-4-3	远传煤气表	个	1200	11100.00	420.00				
		煤气用电动阀 *DN*20	个	1200	6900.00	1992.00	636.00			
		合计			18000.00	2412.00	636.00	7156.32	1683.84	29888.16

分部分项工程量清单综合单价计算表

工程名称： 计量单位：个

项目编号：031203002001 工程数量：30

项目名称：电力载波抄表集中器 综合单价：49.34 元

序号	定额编号	工程内容	单位	数量	其中：（元）					
					人工费	材料费	机械费	管理费	利润	小计
4		电力载波抄表集中器	个	30	262.50	270.96				
		抄表控制箱	个	30	225.00	284.46				
		合计			487.50	555.42	—	354.59	83.43	1480.14

分部分项工程量清单综合单价计算表

工程名称： 计量单位：个

项目编号：031203002002 工程数量：30

项目名称：分散式远程总线抄表采集器 综合单价：84.37 元

序号	定额编号	工程内容	单位	数量	其中：（元）					
					人工费	材料费	机械费	管理费	利润	小计
5		分散式远程总线抄表采集器	个	30	975.00	297.96				
		抄表控制箱	个	30	225.00	284.46				
		合计			1200.00	582.42	—	606.02	142.59	2531.03

分部分项工程量清单综合单价计算表

工程名称： 计量单位：个

项目编号：031203002003 工程数量：2

项目名称：分散式远程总线抄表主机 综合单价：46.05 元

序号	定额编号	工程内容	单位	数量	其中：（元）					
					人工费	材料费	机械费	管理费	利润	小计
6		分散式远程总线抄表主机	个	2	45.00	19.864				
		合计			45.00	19.86	—	22.05	5.19	92.1

分部分项工程量清单综合单价计算表

工程名称： 计量单位：个

项目编号：031203002004 工程数量：2

项目名称：多表采集智能终端 综合单价：80.61 元

序号	定额编号	工程内容	单位	数量	其中：（元）					
					人工费	材料费	机械费	管理费	利润	小计
7		多表采集智能终端	个	2	22.50	14.18				
		多表采集智能终端调试	个	2	75.00	1.00	0.85			
		合计			97.50	15.18	0.85	38.60	9.08	161.21

分部分项工程量清单综合单价计算表

工程名称： 计量单位：个

项目编号：031203002005 工程数量：80

项目名称：通讯接口卡 综合单价：46.09 元

序号	定额编号	工程内容	单位	数量	其中：（元）					
					人工费	材料费	机械费	管理费	利润	小计
8		通讯接口卡	个	80	2400.00	196.80				
		合计			2400.00	196.80	—	882.91	207.74	3687.45

分部分项工程量清单综合单价计算表

工程名称： 计量单位：个

项目编号：031203002006 工程数量：240

项目名称：分线器 综合单价：6.44元

序号	定额编号	工程内容	单位	数量	其中：（元）					
					人工费	材料费	机械费	管理费	利润	小计
9		分线器	个	240	780.00	309.60				
		合计			780.00	309.60	—	370.46	87.17	1547.23

分部分项工程量清单综合单价计算表

工程名称： 计量单位：台

项目编号：031203003001 工程数量：1

项目名称：多表采集中央管理计算机 综合单价：338.53元

序号	定额编号	工程内容	单位	数量	其中：（元）					
					人工费	材料费	机械费	管理费	利润	小计
10		多表采集中央管理计算机	台	1	87.50	0.50				
		抄表数据管理软件系统联调	台	1	150.00	0.40				
		合计			237.50	0.90	—	81.06	19.07	338.53

分部分项工程量清单综合单价计算表

工程名称： 计量单位：个

项目编号：031203003002 工程数量：240

项目名称：通讯接口转换器 综合单价：10.65元

序号	定额编号	工程内容	单位	数量	其中：（元）					
					人工费	材料费	机械费	管理费	利润	小计
11		通讯接口转换器	个	240	1800.00					
		合计			1800.00	0.00	0.00	612	144	2556

分部分项工程量清单综合单价计算表

工程名称： 计量单位：副

项目编号：031205001001 工程数量：1

项目名称：电视共用天线 综合单价：363.25元

序号	定额编号	工程内容	单位	数量	其中：（元）					
					人工费	材料费	机械费	管理费	利润	小计
12		电视共用天线 CT2/1 -5 安装调试	副	1	250.00	0.60	5.22			
		合计			250.00	0.60	5.22	86.97	20.46	363.25

分部分项工程量清单综合单价计算表

工程名称： 计量单位：个

项目编号：031205002001 工程数量：2

项目名称：前端机柜 综合单价：151.11 元

序号	定额编号	工程内容	单位	数量	其中：（元）					
					人工费	材料费	机械费	管理费	利润	小计
13		前端机柜 2m	个	2	120.00	92.82				
		合　计			120.00	92.82	—	72.36	17.03	302.21

分部分项工程量清单综合单价计算表

工程名称： 计量单位：个

项目编号：031205003001 工程数量：2

项目名称：电视墙 监视器 24 台 综合单价：1100.43 元

序号	定额编号	工程内容	单位	数量	其中：（元）					
					人工费	材料费	机械费	管理费	利润	小计
14		带抽屉电视墙监视器 24 台	个	2	1350.00	199.90				
		合　计			1350.00	199.90	—	526.97	123.99	2200.86

分部分项工程量清单综合单价计算表

工程名称： 计量单位：套

项目编号：031205004001 工程数量：6

项目名称：全频道前端 12 频道 综合单价：302.22 元

序号	定额编号	工程内容	单位	数量	其中：（元）					
					人工费	材料费	机械费	管理费	利润	小计
15		全频道前端 12 频道	套	6	795.00	215.10	266.90			
		合　计			795.00	215.10	266.90	434.18	102.16	1813.34

分部分项工程量清单综合单价计算表

工程名称： 计量单位：套

项目编号：031205004002 工程数量：2

项目名称：挂式邻频前端 12 频道 综合单价：580.93 元

序号	定额编号	工程内容	单位	数量	其中：（元）					
					人工费	材料费	机械费	管理费	利润	小计
16		挂式邻频前端 12 频道	套	2	365.00	315.71	137.50			
		合　计			365.00	315.71	137.50	278.19	65.46	1161.86

分部分项工程量清单综合单价计算表

工程名称： 计量单位：台

项目编号：031205005001 工程数量：100

项目名称：接收机 综合单价：42.15 元

序号	定额编号	工 程 内 容	单位	数量	其中： (元)					
					人工费	材料费	机械费	管理费	利润	小计
17		接收机	台	100	1750.00	611.50	606.60			
		合 计			1750.00	611.50	606.60	1009.15	237.45	4214.7

分部分项工程量清单综合单价计算表

工程名称： 计量单位：台

项目编号：031205005002 工程数量：100

项目名称：解码器 综合单价：44.98 元

序号	定额编号	工 程 内 容	单位	数量	其中： (元)					
					人工费	材料费	机械费	管理费	利润	小计
18		解码器	台	100	2000.00	359.00	808.80			
		合 计			2000.00	359.00	808.80	1077.05	253.42	4498.27

分部分项工程量清单综合单价计算表

工程名称： 计量单位：台

项目编号：031205005003 工程数量：25

项目名称：数字信号转换器 综合单价：44.98 元

序号	定额编号	工 程 内 容	单位	数量	其中： (元)					
					人工费	材料费	机械费	管理费	利润	小计
19		数字信号转换器	台	25	500.00	89.75	202.20			
		合 计			500.00	89.75	202.20	269.26	63.36	1124.57

分部分项工程量清单综合单价计算表

工程名称： 计量单位：台

项目编号：031205005004 工程数量：25

项目名称：制式转换器 综合单价：37.88 元

序号	定额编号	工 程 内 容	单位	数量	其中： (元)					
					人工费	材料费	机械费	管理费	利润	小计
20		制式转换器	台	25	375.00	89.75	202.20			
		合 计			375.00	89.75	202.20	226.76	53.36	947.07

分部分项工程量清单综合单价计算表

工程名称： 计量单位：台

项目编号：031205005005 工程数量：10

项目名称：功分器 综合单价：30.14元

序号	定额编号	工程内容	单位	数量	其中：（元）					
					人工费	材料费	机械费	管理费	利润	小计
21		功分器	台	10	50.00	81.35	80.88			
		合计			50.00	81.35	80.88	72.16	16.98	301.37

分部分项工程量清单综合单价计算表

工程名称： 计量单位：台

项目编号：031205007001 工程数量：2

项目名称：寻址控制器 综合单价：74.64元

序号	定额编号	工程内容	单位	数量	其中：（元）					
					人工费	材料费	机械费	管理费	利润	小计
22		寻址控制器	台	2	100.00	5.12				
		合计			100.00	5.12	—	35.74	8.41	149.27

分部分项工程量清单综合单价计算表

工程名称： 计量单位：台

项目编号：031205007002 工程数量：10

项目名称：数据通道调制器 综合单价：74.64元

序号	定额编号	工程内容	单位	数量	其中：（元）					
					人工费	材料费	机械费	管理费	利润	小计
23		数据通道调制器	台	10	500.00	25.60				
		合计			500.00	25.60	—	178.70	42.05	746.35

分部分项工程量清单综合单价计算表

工程名称： 计量单位：台

项目编号：031205007003 工程数量：10

项目名称：网络（费）管理控制器 综合单价：214.59元

序号	定额编号	工程内容	单位	数量	其中：（元）					
					人工费	材料费	机械费	管理费	利润	小计
24		网络（费）管理控制器	台	10	500.00	5.60				
		收费管理系统调试	台	10	1000.00	5.60				
		合计			1500.00	11.20	—	513.81	120.90	2145.91

第二节　某宿舍楼电气工程工程量清单报价示例

一、某宿舍楼电气工程工程量清单

工 程 量 清 单

招　　　标　　　人：　　×××　　（单位签字盖章）

法　定　代　表　人：　　×××　　（签字盖章）

中介机构法定代表人：　　×××　　（签字盖章）

造价工程师及注册证号：　×××　　（签字盖执业专用章）

编　　制　　时　　间：×年×月×日

总 说 明

工程名称：某宿舍楼电气工程　　　　　　　　　　　　　　　第　页 共　页

1. 工程概况：该工程为××学院学生宿舍楼，共5层，层高3m，各层房间均配有电灯、电扇和插座，楼顶装有避雷带。

2. 招标范围：电气工程。

3. 工程质量要求：优良工程。

4. 工程量清单编制依据：

4.1　由××方建筑工程设计事务所设计的施工图1套；

4.2　由××公司编制的《某宿舍楼电气工程施工招标邀请书》、《招标文件》和《某宿舍楼电气工程答疑会议纪要》；

4.3　工程量清单计量按照国标《建设工程工程量清单计价规范编制》。

5. 因工程质量要求优良，故所有材料必须持有市以上有关部门颁发的《产品合格证书》及价格在中档以上的建筑材料。

分部分项工程量清单

工程名称：某宿舍楼电气工程 第 页 共 页

序号	项目编码	项目名称	计量单位	工程数量
		C.2.4 控制设备及低压电器安装		
1	030204018001	配电箱，型号为 XRM102A，宽 600mm，高 200mm，安装高度 1.6m	台	5
2	030204031001	小电器，板式暗开关，单联，安装高度 1.5m	套	45
3	030204031002	小电器，板式暗开关，双联，安装高度 1.5m	套	60
4	030204031003	小电器，板式暗开关，三联，安装高度 1.5m	套	10
5	030204031004	小电器，吊扇，56min，胀管螺栓固定，安装高度 2.5m	套	75
6	030204031005	小电器，单相三孔插座，暗装，86 系列，安装高度 1.5m	套	140
		C.2.9 防雷及接地装置		
7	030209002001	避雷装置，接地线为扁钢 40×4，接地极为角钢 60×60，避雷带及避雷引下线均为 $\phi14$ 圆钢	项	1
		C.2.11 电气调整试验		
8	030211002001	送配电装置系统，1kV 以下交流供电系统	系统	1
9	030211002002	送配电装置系统，接地极系统	系统	1
		C.2.12 配管、配线		
10	030212001001	电气配管，*DN*50 钢管暗配，砖混结构	m	19.3
11	030212001002	电气配管，*DN*20 硬质塑料管暗配，砖混结构	m	1790.85
12	030212003001	电气配线，*DN*50 钢管内穿 BLV50 线	m	19.5
13	030212003002	电气配线，*DN*50 钢管内穿 BLV10 线	m	6.5
14	030212003003	电气配线，*DN*50 钢管内穿 BV16 线	m	50.4
15	030212003004	电气配线，*DN*50 钢管内穿 BV10 线	m	16.8
16	030212003005	电气配线，*DN*20 硬塑料管内穿 BV2.5 线	m	3581.7
		C.2.13 照明器具安装		
17	030213001001	普通吸顶灯及其他灯具，半圆球吸顶灯	套	45
18	030213004001	荧光灯，普通荧光灯，单管	套	150

措施项目清单

工程名称：某宿舍楼电气工程　　　　　　　　　　　　　　　　　　　　第　页　共　页

序号	项　目　名　称	计量单位	工程数量
1	脚手架搭拆费		

其他项目清单

工程名称：某宿舍楼电气工程　　　　　　　　　　　　　　　　　　　　第　页　共　页

序号	项　目　名　称	金额（元）
1	招标人部分	
1.1	不可预见费	
1.2	材料购置费	
1.3	其他	
2	投标人部分	
2.1	总承包服务费	
2.2	零星工作项目费	
2.3	其他	
	合　　计	

零星工作项目表

工程名称：某宿舍楼电气工程　　　　　　　　　　　　　　　　　　　　第　页　共　页

序号	名　　称	计量单位	数量
1	人工		
2	材料		
3	机械		

安装工程量计算式

序号	工程项目及名称	单位	数量
	直接费项目		
	一、电气部分		
1	照明配电箱 1×5=5台	台	5
2	端子板外部接线（2.5mm²） 9×5=45（个头）	个头	45
3	*DN*50钢管暗敷 5.7m（进户点至二楼配电箱距离）+1.6m（配电箱安装高度）+3m（1号配电箱至2号配电箱的距离）+3m×3（3个配电箱高差）=19.3m	m	19.3
4	*DN*20硬质塑料管 {16.5（1号回路管长度）+16.5（2号回路管长度）+66.45（4号回路管长）+42.2（3号回路管长）+56.94（5号回路管长）+40.08（6号回路管长）+18.9（7号回路管长）+22.5（8号回路管长）+43.6（9号回路管长）+［3（层高）-1.5（开关安装高度）］×23处} m×5层=358.17m×5=1790.85m	m	1790.85
5	*DN*50钢管内穿BLV50线，3根 ［5.7（进户点至二楼配电箱距离）+（0.2+0.6）（电线进入配电箱的预留长度）］m×3根=19.5m	m	19.5
6	*DN*50钢管内穿BLV10线，1根 5.7（进户点至二楼配电箱距离）+0.8（电线进入配电箱的预留长度）=6.5m	m	6.5
7	*DN*50钢管内穿BV16线，3根 ［（19.3-5.7）（管道敷设长度）+0.8（预留长度）×4］×3根=50.4m	m	50.4
8	*DN*50钢管内穿BV10线，1根 ［（19.3-5.7）（管道敷设长度）+0.8（预留长度）×4］×1根=16.8m	m	16.8
9	*DN*20硬质塑料管内穿BV2.5线，2根 1790.8m×2根=3581.7m	m	3581.7
10	接线盒 *n*=270	个	270
11	开关盒 *n*=115个	个	115
12	半圆球吸顶灯 9套/层×5层=45套	套	45
13	荧光灯（单管） 30套/层×5层=150套	套	150
14	板式开关（单联） 9套/层×5层=45套	套	45

续表

序号	工程项目及名称	单位	数量
	直接费项目		
15	板式开关（双联） 12套/层×5层=60套	套	60
16	板式开关（三联） 2套/层×5层=10套	套	10
17	吊扇 15台/层×5层=75台	台	75
18	单相三孔插座 28套/层×5层=140套	套	140
19	角钢接地极，60mm×60mm 3根/处×4处=12根	根	12
20	户外接地母线 15m×4=60m	m	60
21	接地跨接处 $n=4$处	处	4
22	避雷带，ϕ14圆钢 ［36（建筑物长）+13.8（建筑物宽）］×2=99.6m	m	99.6
23	混凝土块的制作 $n=100$块	块	100
24	避雷引下线，ϕ14圆钢 ［3m（层高）×5层+0.45（室内外高差）-2.2m］×4根=53m	m	53
25	户内接地母线 ［2.2+1.69（基础埋深）］×4根=15.56m	m	15.56
26	断接卡子 $n=4$套	套	4
27	交流供电系统调试 $n=1$系统	系统	1
28	接地极调试 $n=1$系统	系统	1

二、某宿舍楼电气工程工程量清单报价表

工程量清单报价表

投　　　标　　　人：　×××　（单位签字盖章）

法　　人　　代　　表：　×××　（签字盖章）

造价工程师及证号：　×××　（签字盖执业专用章）

编　　制　　时　　间：×年×月×日

(一) 投标总价

建　　设　　单　　位：________________

工　　程　　名　　称：某宿舍楼电气工程

投　　标　　总　　价：(小写)：

(大写)：

投　　标　　人：×××　(单位签字盖章)

法　定　代　表　人：×××　(签字盖章)

编　　制　　时　　间：×年×月×日

单位工程费汇总表

工程名称：某宿舍楼电气工程　　　　第　页　共　页

序号	项　目　名　称	金额（元）
1	分部分项工程费合计	
2	措施项目费	
3	其他项目费合计	
4	规费	
5	税金	
	小计	

（二）总 说 明

工程名称：某宿舍楼电气工程　　　　第　页　共　页

1. 工程概况：该工程为××学院学生宿舍楼，共5层，层高3m，各层房间均配有电灯、电扇和插座，楼顶装有避雷带。

2. 招标范围：电气工程。

3. 工程质量要求：优良工程。

4. 工程量清单编制依据

4.1　由××方建筑工程设计事务所设计的施工图1套；

4.2　由××公司编制的《某宿舍楼电气工程施工招标邀请书》、《招标文件》和《某宿舍楼电气工程答疑会议纪要》；

4.3　工程量清单计量按照国标《建设工程工程量清单计价规范编制》；

4.4　市场材料价格参照××市建设工程造价管理站×年×月发布的材料价格及结合市场调查后，综合取定。

5. 因工程质量要求优良，故所有材料必须持有市以上有关部门颁发的《产品合格证书》及价格在中档以上的建筑材料。

分部分项工程量清单计价表

工程名称： 第 页 共 页

序号	项目编码	项目名称	计量单位	工程数量	金额（元）	
					综合单价	合价
		C.2.4 控制设备及低压电器安装				
1	030204018001	配电箱，型号为XRM102A，宽600mm，高200mm，安装高度1.6m	台	5	809.93	4049.65
2	030204031001	小电器，板式暗开关，单联，安装高度1.5m	套	45	23.89	1075.23
3	030204031002	小电器，板式暗开关，双联，安装高度1.5m	套	60	38.28	2296.8
4	030204031003	小电器，板式暗开关，三联，安装高度1.5m	套	10	47.97	479.74
5	030204031004	小电器，吊扇，56min，胀管螺栓固定，安装高度2.5m	套	75	240.04	18002.96
6	030204031005	小电器，单相三孔插座，暗装，86系列，安装高度1.5m	套	140	9.05	1266.3
		C.2.9 防雷及接地装置				
7	030209002001	避雷装置，接地线为扁钢40×4，接地极为角钢60×60，避雷带及避雷引下线均为ϕ14圆钢	项	1	3260.77	3260.77
		C.2.11 电气调整试验				
8	030211002001	送配电装置系统，1kV以下交流供电系统调试	系统	1	463.41	463.41
9	030211002002	送配电装置系统，接地极系统调试	系统	1	562.16	562.16
		C.2.12 配管、配线				
10	030212001001	电气配管，*DN*50钢管暗配，砖混结构	m	19.3	32.42	625.70
11	030212001002	电气配管，*DN*20硬质塑料管暗配，砖混结构	m	1790.85	7.22	12927.41
12	030212003001	电气配线，*DN*50钢管内穿BLV50线	m	19.5	9.22	179.88
13	030212003002	电气配线，*DN*50钢管内穿BLV10线	m	6.5	3.69	23.97
14	030212003003	电气配线，*DN*50钢管内穿BV16线	m	50.4	8.8	443.57
15	030212003004	电气配线，*DN*50钢管内穿BV10线	m	16.8	4.76	79.99
16	030212003005	电气配线，*DN*20硬塑料管内穿BV2.5线	m	3581.7	1.8	6461.38
		C.2.13 照明器具安装				
17	030213001001	普通吸顶灯及其他灯具，半圆球吸顶灯	套	45	56.72	2552.31
18	030213004001	荧光灯，普通荧光灯，单管	套	150	88.45	13267.5

措施项目清单计价表

工程名称：某宿舍楼电气工程　　　　第　页　共　页

序号	项 目 名 称	金额（元）
1	脚手架搭拆费	
2	环境保护费	
3	冬雨期施工费	
4	临时设施费	
5	文明、安全施工费	
	合　计	

其他项目清单计价表

工程名称：某宿舍楼电气工程　　　　第　页　共　页

序号	项 目 名 称	金额（元）
1	招标人部分	
1.1	不可预见费	
1.2	材料购置费	
1.3	其他	
	小　计	
2	投标人部分	
2.1	总承包服务费	
2.2	零星工作项目费	
2.3	其他	
	小　计	
	合　计	

零星工作项目表

工程名称：某宿舍楼电气工程　　　　第　页　共　页

序号	名　称	计量单位	工程数量	金额（元）	
				综合单价	合价
1	人工				
	小　计				
2	材料				
	小　计				
3	机械				
	小　计				
	合　计				

分部分项工程量清单综合单价分析表

工程名称　　　　　　　　　　　　　　　　　　　　　　　　　　　　　第　页 共　页

序号	项目编码	项目名称	定额编码	工程内容	单位	数量	其中　(元)					综合单位	合价
							人工费	材料费	机械费	管理费	利润		
1	030204018001	配电箱			台	5						809.93	4049.65
			2-264	照明配电箱安装	台	5	41.80	34.39	—	7.62	3.81		87.62×5
				照明配电箱	台	5	—	600	—	60	30		690×5
			2-329	端子板有外部接线	个	45	0.77	2.35	—	0.31	0.16		3.59×45
2	030204031001	小电器			套	45						23.89	1075.23
			2-1637	板式暗开关，单联	套	45	1.97	0.45	—	0.24	0.12		2.78×45
				照明开关，单联	套	45.9	—	18	—	1.8	0.9		20.7×45.9
3	030204031002	小电器			套	60						38.28	2296.8
			2-1638	板式暗开关，双联	套	60	2.07	0.62	—	0.27	0.13		3.09×60
				照明开关，双联	套	61.2	—	30	—	3	1.5		34.5×61.2
4	030204031003	小电器			套	10						47.97	479.74
			2-1639	板式暗开关，三联	套	10	2.16	0.79	—	0.3	0.15		3.4×10
				照明开关，三联	套	10.2	—	38	—	3.8	1.9		43.7×10.2
5	030204031004	小电器			套	75						240.04	18002.96
			2-1702	吊扇安装	台	75	9.98	3.75	—	1.37	0.69		15.79×75
				吊扇	台	75	—	195	—	19.5	9.75		224.25×75
6	030204031005	小电器			套	140						9.05	1266.3
			2-1668	单相三孔暗插座	套	140	2.11	0.65	—	0.28	0.14		3.18×140
				单相三孔暗插座	套	142.8	—	5	—	0.5	0.25		5.75×142.8
7	030209002001	避雷装置			项	1						3260.77	3260.77
			2-690	角钢接地极	根	12	11.15	2.65	6.42	2.02	1.01		23.25×12
			2-697	户外接地母线	m	60	7.08	0.18	0.14	0.74	0.37		8.51×60
			2-696	户内接地母线	m	15.56	3.18	2.25	0.39	0.58	0.29		6.69×15.56
			2-701	接地跨接线	处	4	2.58	5.54	0.71	0.88	0.44		10.15×4
			2-745	避雷引下线	m	53	2.62	1.44	0.89	0.50	0.25		5.7×53
			2-747	断接卡子制作安装	套	4	8.36	3.61	0.02	1.20	0.6		13.79×4
			2-748	避雷网敷设	m	99.6	2.14	1.14	0.46	0.37	0.19		4.3×99.6
			2-750	混凝土块制作	块	100	1.07	1.06	—	0.21	0.11		2.45×100
				角钢 L60×60	kg	123.12	—	2.84	—	0.28	0.14		3.26×123.12
				扁钢 -40×4	kg	75.6	—	3	—	0.3	0.15		3.45×75.6
				圆钢 ϕ 14	kg	193.48	—	2.84	—	0.28	0.14		3.26×193.48
8	030211002001	送配电装置系统			系统	1						463.41	463.41

续表

序号	项目编码	项目名称	定额编码	工程内容	单位	数量	其中（元）					综合单位	合价
							人工费	材料费	机械费	管理费	利润		
			2-849	交流供电系统调试	系统	1	232.20	4.64	166.12	40.30	20.15		463.41×1
9	030211002002	送配电装置系统			系统	1						562.12	562.16
			2-886	接地网调试	系统	1	232.20	4.64	252.00	48.88	24.44		562.16×1
10	030212001001	电气配管			m	19.3						32.42	625.70
			2-1013	*DN*50 钢管暗配	m	19.3	3.69	1.54	0.30	0.55	0.28		6.36×19.3
				钢管 *DN*50	m	19.88	—	22	—	2.2	1.1		25.3×19.88
11	030212001002	电气配管			m	1790.85						7.22	12927.41
			2-1098	*DN*20 硬质塑料管暗配	m	1790.85	1.11	0.04	0.29	0.14	0.07		1.65×1790.85
				*DN*20 硬质塑料管	m	1898.30	—	3.1	—	0.31	0.16		3.57×1898.30
			2-1377	暗装接线盒	个	270	1.05	2.15	—	0.32	0.16		3.68×270
				接线盒	个	275.4	—	5	—	0.5	0.25		5.75×275.4
			2-1378	暗装开关盒	个	115	1.12	1.00	—	0.21	0.11		2.44×115
				开关盒	个	117.3	—	2.5	—	0.25	0.13		2.88×117.3
12	030212003001	电气配线			m	19.5						9.22	179.88
			2-1181	钢管内穿 BW50	m	19.5	0.46	0.21	—	0.07	0.03		0.77×19.5
				BLV50 线	m	20.48	—	7.00	—	0.7	0.35		8.05×20.48
13	030212003002	电气配线			m	6.5						3.69	23.97
			2-1177	钢管内穿 BW10 线	m	6.5	0.23	0.13	—	0.04	0.02		0.42×6.5
				BLV10 线	m	6.83	—	2.7	—	0.27	0.14		3.11×6.83
14	030212003003	电气配线			m	50.4						8.8	443.57
			2-1202	钢管内穿 BV16 线	m	50.4	0.26	0.25	—	0.05	0.03		0.59×50.4
				BV16 线	m	52.92	—	6.8	—	0.68	0.34		7.82×52.92
15	030212003004	电气配线			m	16.8						4.76	79.99
			2-1201	钢管内穿 BV10 线	m	16.8	0.22	0.24	—	0.05	0.02		0.53×16.8
				BV10 线	m	17.64	—	3.5	—	0.35	0.18		4.03×17.64
16	030212003005	电气配线			m	3581.7						1.80	6461.38
			2-1172	硬塑料管内穿 BV2.5 线	m	3581.7	0.23	0.18	—	0.04	0.02		0.47×3581.7
				BV2.5 线	m	4154.77	—	1.00	—	0.1	0.05		1.15×4154.77
17	030213001001	普通吸顶灯			套	45						56.72	2552.31
			2-1384	半圆球吸顶灯	套	45	5.02	11.98	—	1.7	0.85		19.55×45
				半圆球吸顶灯	套	45.45	—	32	—	3.2	1.6		36.8×45.45
18	030213004001	荧光灯			套	150						88.45	13267.5
			2-1581	单管荧光灯	套	150	5.57	30.94	—	3.65	1.83		41.99×150
				单管荧光灯	套	151.5	—	40	—	4	2		46×151.5

措施项目费分析表

工程名称：某宿舍楼电气工程　　　　第　页　共　页

序号	措施项目名称	单位	数量	其中：　(元)					
				人工费	材料费	机械费	管理费	利润	小计
1	脚手架搭拆								
1.1	脚手架搭拆费								
2	环境保护费								
3	冬雨期施工费								
4	临时设施费								
5	文明、安全施工费								
	合　计								

主要材料价格表

工程名称：某宿舍楼电气工程　　　　第　页　共　页

序号	材料编码	名称规格	单位	数量	单价(元)	合价(元)

设计说明书

1. 配电箱为成品，型号为 XRM102A，宽 600mm，高 200mm。

2. 开关均为跷板式开关；吊扇为 56min，胀管螺栓固定；插座为 86 系列。

3. 该工程每层楼设一照明配电箱，供电干线从二楼处架空引入户，进入二楼总配电箱（总配电箱兼二楼分配电箱），干线为塑料绝缘铝芯塑料线。

4. 设备安装高度：开关 1.5m，插座 1.5m，配电箱 1.6m，日光灯 2.5m，吊扇 2.5m。

5. 施工图中未标明导线规格型号及敷设方式者均为铜芯塑料绝缘线，穿塑料管 *DN*20

沿墙敷设，即 BV（2×2.5）VG20-QA。

6. 避雷带用 ϕ 14 圆钢制成；引下线也为 ϕ 14 圆钢；接地线为扁钢 40×4；接地极为角钢 60×60，每根长度为 2.5m。接地极距楼外墙皮 5m。

7. 避雷引下线距地 2.2m 处做断接卡子，供测量接地电阻用。接地电阻应小于等于 10Ω。

8. 防雷装置各种金属件必须镀锌。

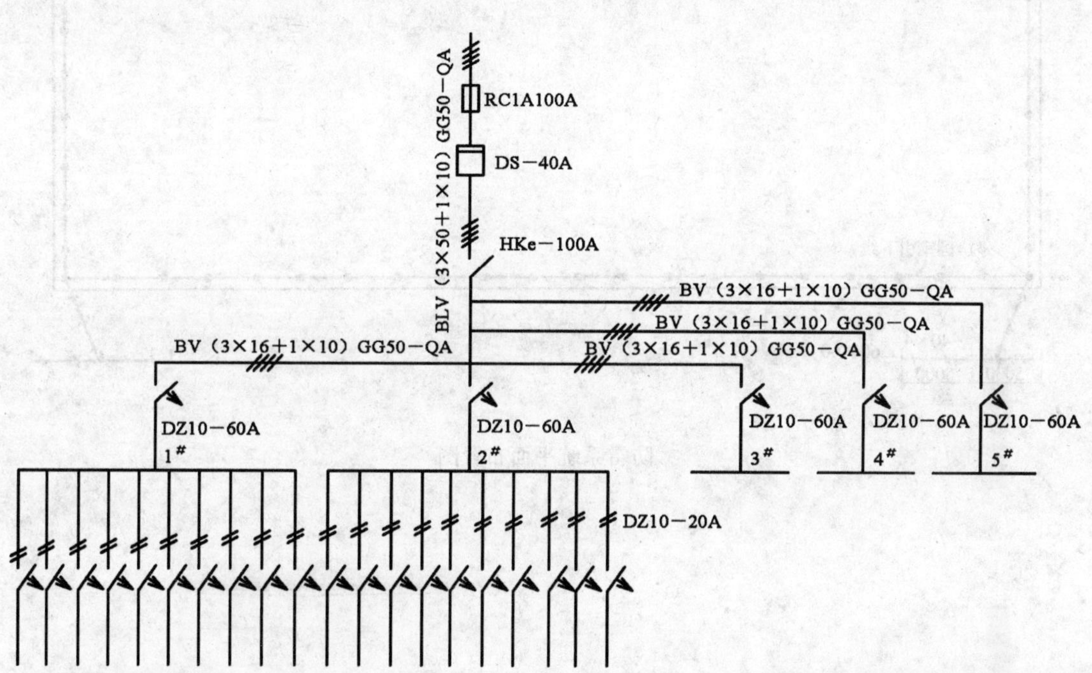

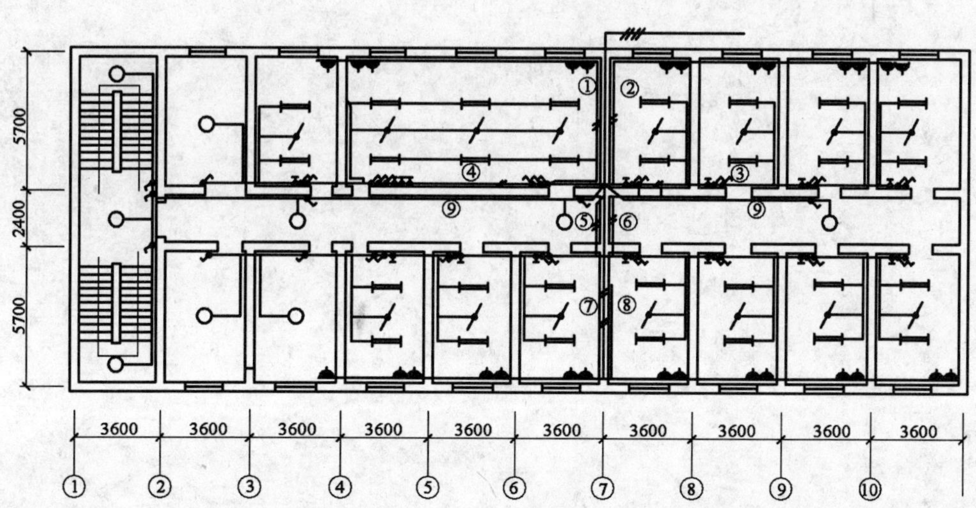

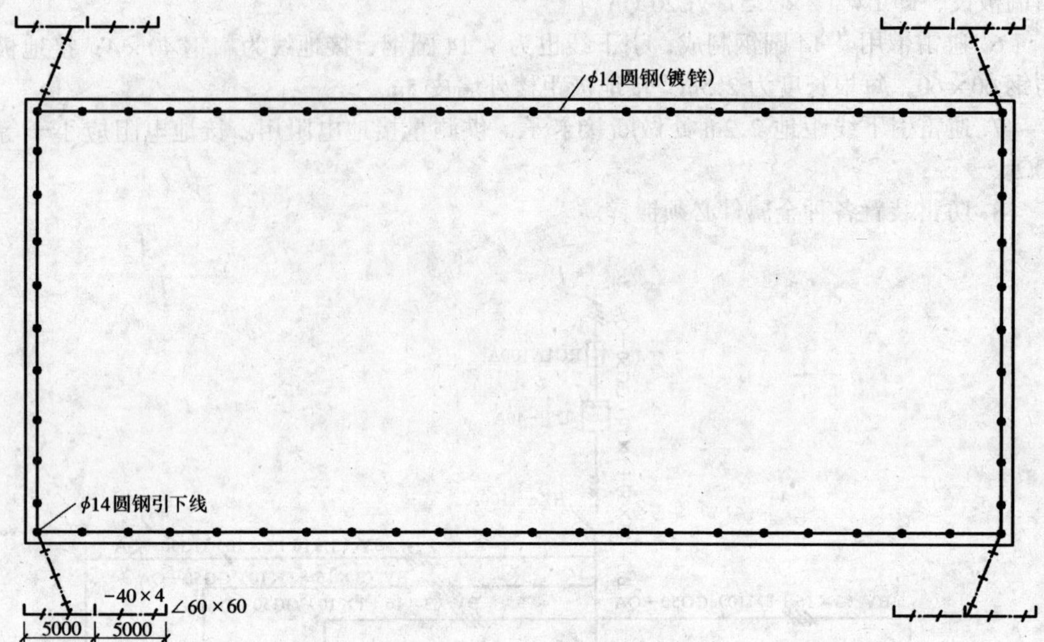

防雷系统平面布置图